W0269374

HANDBUCH DER SPEZIELLEN PATHOLOGISCHEN ANATOMIE UND HISTOLOGIE

BEARBEITET VON

G. ABELSDORFF-BERLIN · A. v. ALBERTINI-ZÜRICH · M. ASKANAZY-GENF · G. AXHAUSEN-BERLIN · C. BENDA-BERLIN · W. BERBLINGER-JENA · H. BORCHARDT-BERLIN · R. BORRMANN-BREMEN · W. CEELEN-BONN · H. CHIARI-WIEN · E. CHRISTELLER†-BERLIN · F. DANISCH-JENA A. DIETRICH-TÜBINGEN · A. ECKERT-MÖBIUS-HALLE · A. ELSCHNIG-PRAG · TH. FAHR-HAMBURG · WALTHER FISCHER-ROSTOCK · E. FRAENKEL † · HAMBURG · O. FRANKL-WIEN · W. GERLACH-BASEL · E. v. GIERKE-KARLSRUHE · S. GINSBERG-BERLIN · R. GREEFF-BERLIN · GEORG B. GRUBER · GÖTTINGEN · R. HANSER-LUDWIGSHAFEN · C. HART †-BERLIN · G. HAUSER-ERLANGEN · K. HELLY-ST. GALLEN · F. HENKE-BRESLAU · E. HERTEL-LEIPZIG · G. HERXHEIMER-WIESBADEN · G. HERZOG-GIESSEN · E. v. HIPPEL-GÖTTINGEN P. HUEBSCHMANN-DÜSSELDORF · E. JACOBSTHAL-HAMBURG · L. JORES-KIEL · C. KAISERLING-KÖNIGSBERG · K. KAUFMANN-BERLIN · MAX KOCH†-BERLIN · WALTER KOCH-BERLIN G. E. KONJETZNY-DORTMUND · E. J. KRAUS-PRAG · E. KROMPECHER†-BUDAPEST · R. KÜMMELL-HAMBURG · F. J. LANG-INNSBRUCK · W. LANGE-LEIPZIG · A. LAUCHE-BONN · W. LÖHLEIN-JENA H. LOESCHCKE-MANNHEIM · O. LUBARSCH-BERLIN · R. MARESCH-WIEN · H. MARX-MÜNSTER E. MAYER-BERLIN · H. MERKEL-MÜNCHEN · H. v. MEYENBURG-ZÜRICH · ROBERT MEYER-BERLIN · J. MILLER-BARMEN · J. G. MÖNCKEBERG†-BONN · H. MÜLLER-MAINZ · H. O. NEUMANN-MARBURG · S. OBERNDORFER · MÜNCHEN · W. PAGEL-HEIDELBERG · A. PETERS-ROSTOCK ELSE PETRI-BERLIN · L. PICK-BERLIN · K. PLENGE-BERLIN · A. PRIESEL-WIEN · W. PUTSCHAR-GÖTTINGEN . H. RIBBERT†-BONN · O. RÖMER-LEIPZIG · R. RÖSSLE-BERLIN · E. ROESNER-BRESLAU · W. ROTH-WIESBADEN · H. G. RUNGE-HAMBURG · F. SCHIECK-WÜRZBURG M. B. SCHMIDT-WÜRZBURG · MARTHA SCHMIDTMANN-CANNSTATT · A. SCHMINCKE-TÜBINGEN · A. SCHULTZ-KIEL · O. SCHULTZ-BRAUNS-BONN · E. SEIDEL-HEIDELBERG C. SEYFARTH-LEIPZIG · H. SIEGMUND-KÖLN · W. SPIELMEYER-MÜNCHEN · C. STERNBERG-WIEN · O. STEURER-TÜBINGEN · O. STOERK†-WIEN · A. v. SZILY-MÜNSTER · M. THÖLLDTE-WIESBADEN · M. VERSÉ-MARBURG · K. WALCHER-MÜNCHEN · J. WATJEN-HALLE C. WEGELIN-BERN · A. WEICHSELBAUM†-WIEN · K. WESSELY-MÜNCHEN · K. WINKLER-BRESLAU · K. WITTMAACK-JENA · E. WOLFF-BERLIN

HERAUSGEGEBEN VON

F. HENKE UND O. LUBARSCH
BRESLAU   BERLIN

ZEHNTER BAND

PATHOLOGISCHE ANATOMIE UND HISTOLOGIE DER VERGIFTUNGEN

SPRINGER-VERLAG

BERLIN HEIDELBERG GMBH

1930

PATHOLOGISCHE ANATOMIE UND HISTOLOGIE DER VERGIFTUNGEN

BEARBEITET VON

ELSE PETRI

MIT 96 ZUM GROSSEN TEIL FARBIGEN ABBILDUNGEN

SPRINGER-VERLAG
BERLIN HEIDELBERG GMBH
1930

ISBN 978-3-7091-5969-9   ISBN 978-3-7091-6003-9 (eBook)
DOI 10.1007/978-3-7091-6003-9

Inhaltsverzeichnis.

Pathologische Anatomie und Histologie der Vergiftungen[1].

Von

Else Petri-Berlin.

Mit 96 Abbildungen[2].

Vorwort.

Aus einem mir — besonders bei gerichtlichen Sektionen — fühlbaren Mangel heraus entstand der Wunsch und gestaltete sich die Aufgabe einer umfassenden Bearbeitung der pathologischen Anatomie und Pathohistologie der gesamten Vergiftungen, die für den Fachpathologen, den Gerichtsarzt und den Gewerbehygieniker, wie auch für den Toxiko-Pharmakologen, den Chemotherapeuten und physiologischen Chemiker gleicherweise brauchbar sein sollte.

Der Zwang, eine ungeheure Fülle von Stoff in einen übersehbaren Rahmen zu spannen, forderte allerknappeste Darstellungsweise, so daß Theorien und Meinungsstreitigkeiten nur wenig Platz eingeräumt werden durfte, ich aber auch die klinischen Beobachtungen in ihren Beziehungen zu den pathologisch-anatomischen Befunden nicht immer in vielleicht wünschenswertem Ausmaße berücksichtigen konnte. Jedoch wurde einzelnen in der heutigen Industrie vielfach verwandten Stoffen, welche demzufolge unter Umständen toxikologisch-gewerbehygienisch von Bedeutung sein können, ein etwas breiterer Raum gegönnt.

Bereits beim Planen der Arbeit, noch mehr aber im Verfolge derselben war ich mir bewußt, daß eine restlose Erfüllung dessen, was mir vorschwebte, auf allergrößte Schwierigkeiten stoßen mußte im Hinblick auf die a) häufig recht unzulänglichen und ungenauen, der Unterlagen ermangelnden und somit bei kritischer Sichtung nicht verwertbaren Angaben im Schrifttum, b) die Unbrauchbarkeit der Organe in einem hohen Hundertsatz der Fälle (fortgeschrittene Fäulnis zufolge Leichenbeschlagnahme u. dgl.), c) die ungeordnete und mangelhafte Zusammenarbeit vom pathologischen Anatom, Neuropathologen, Gerichtsarzt usw.

Wenn es trotz alledem noch gelang, einen immerhin ganz ansehnlichen Stoff für die Bearbeitung nutzbar zu machen, so danke ich dies zuvörderst dem wohlwollenden Entgegenkommen der vielen, die mich auf meine Bitte hin durch Überlassung von Sonderdrucken, Rohstoff und Präparaten in wertvollster Weise unterstützten. (Ihre Namen werden jeweils beim Beschreiben der Einzelbefunde Erwähnung finden.)

Zur Ergänzung der am Menschen gewonnenen Untersuchungsergebnisse mußten Organveränderungen von experimentell oder auch spontan vergifteten

---

[1] Die Arbeit wurde im August 1930 abgeschlossen.

[2] Die makro- und mikroskopischen Zeichnungen wurden von Frau Ottavia Boari-Laur (jetzt Zürich), die Mikrophotographien von Frl. E. Hootz (Berlin) angefertigt.

Tieren und zwar im wesentlichen von Säugetieren herangezogen werden. Es war dies unumgänglich in den Fällen, in welchen es sich um wenig angewandte oder selten zum Tode führende Gifte handelte, und mithin durch die in der Menschenpathologie zur Verfügung stehenden kargen Befunde die Wirkungsweise des betreffenden Giftes noch nicht gesichert werden konnte. Dabei ist — wie auch auf anderen Gebieten — stets von neuem zu betonen, daß die Aufgabe des Tierversuches nur darin bestehen kann, durch Prüfung des Tierorgans auf Giftansprechbarkeit Forschungsrichtungen zu weisen, Arbeitshypothesen aufzustellen. Zeigt es sich doch bei der Nebeneinanderstellung der erzielten Organveränderungen immer wieder, daß Reaktionsfähigkeit und -weise weder der Organe verschiedener Tierarten untereinander, noch der von Mensch und Tier ohne weiteres gleichgesetzt werden können. Tierversuche mit Giften, die — ohne Beziehung zu menschlichen Vergiftungsfällen — lediglich von theoretischem Belange sind, fanden keine Berücksichtigung.

Die Einteilung der Arbeit wurde so vorgenommen, daß im Hauptteil jeder Abschnitt ein Gift und seine Wirkungen auf die einzelnen Organe behandelt. Ein zweiter, kleinerer, in differentialdiagnostische Tabellen gegliederter Teil ist bestimmt, durch Voranstellung des Organs und seiner durch die einzelnen Gifte bedingten Veränderungen als Nachschlagewerk bei unklaren Vergiftungsfällen zu dienen.

Bei der Anordnung der als Gifte in Frage kommenden Stoffe wurde nicht einheitlich vorgegangen, sondern aus Zweckmäßigkeitsgründen teils nach rein chemischen, teils nach pharmakologisch-therapeutischen und botanisch-zoologischen Gesichtspunkten.

Bezüglich Benutzung und Anführung der Einzelarbeiten ist zu bemerken, daß von den unzähligen einschlägigen Mitteilungen, von denen mir sicherlich noch diese und jene wichtige entgangen sein dürfte, selbstverständlich nur die den Zweck der Arbeit fördernden und neue Gesichtspunkte hineintragenden Veröffentlichungen ausgewählt werden konnten.

Einleitung.

Die zahlreich vorliegenden (s. E. Frey, Kobert, Kratter, Zangger u. a.), im Kerne gleiches besagenden Bestimmungen der Begriffe „Gift" und „Vergiftung" lassen sich dahin zusammenfassen, daß jeder in den Körper eingeführte — auch an sich indifferente — chemische, einigermaßen gut wasserlösliche Stoff unter bestimmten, von Ort, Stärke, Art und Dauer der Einwirkung, Ansprechbarkeit des Betroffenen (s. Fr. Herrmann, B. Kisch u. a.), Augenblickszustand der Organe u. a. m. abhängigen Umständen zum „Gift" werden kann, nämlich dann, wenn das von ihm ausgelöste chemische oder physiko-chemische Geschehen aus den Grenzen der normalen Lebensvorgänge herausfällt, d. h. ein mit dem Zelleben nicht mehr vereinbares Plus oder Minus an Leistungsausschlägen hervorruft, bzw. diese in falsche Richtung drängt oder völlig lahmlegt.

Demgemäß wird — unter Außerachtlassung, daß derartige, als „Gift" bezeichnete Stoffe unter bestimmten Bedingungen die Zelleistung auch in erwünschtem (therapeutischem) Sinne beeinflussen können — in den Sprachgebrauch des Wortes „Vergiftung" ein lediglich die schädigenden Ausschläge berücksichtigendes Werturteil hineingelegt. Es wäre also richtiger, diese Arbeit, welche sich zwar in erster Reihe, aber doch nicht ausschließlich mit den das Zelleben bedrohenden oder lähmenden Auswirkungen der fraglichen Stoffe befaßt, nicht „Vergiftungen" zu überschreiben, sondern: „Anatomisch nachweisbare Gewebsveränderungen unter dem Einfluß von außen zugeführter chemisch wirksamer Stoffe".

Von diesen werden im allgemeinen nur diejenigen besprochen, auf deren Zufuhr der Durchschnitt der Menschen mit Abweichungen von der Norm antwortet, d. h. es bleiben die allergischen Zustände unberücksichtigt, welche durch die gebräuchlichen Nahrungsmittel bzw. sonstige Reize des täglichen Lebens (Pferdehaare usw.) ausgelöst werden können. Lediglich einige Pflanzen wie Primeln usw., die in dieser Hinsicht besonders hervorstechen, wurden in den Kreis der zu betrachtenden Stoffe mit aufgenommen.

Allgemeines.

a) Theorien zur Giftaufnahme.

Die Meinungen über Giftaufsaugungsfähigkeit und Giftdurchlässigkeit der unversehrten Epidermis laufen weitgehend auseinander. So äußern sich FILEHNE, SCHWENKENBECHER u. a. in bejahendem Sinne, und zwar sollen zuvörderst Stoffe, die sowohl wasser- als auch lipoidlöslich sind, Aussicht haben, durch die äußeren Hautschichten hindurch in die tieferliegenden Gewebe einzudringen; auch stehe den durch Hautfette verseiften oder in fettsaure Salze übergeführten Metallen kein nennenswertes Hindernis entgegen. K. B. LEHMANN betont geradezu die überraschende Giftaufnahmefähigkeit der unverletzten menschlichen Haut für viele organische Gifte, von denen Anilin, Nitrobenzol und seine Abkömmlinge in erster Reihe zu nennen sind; desgleichen sollen Guajakol, Salol usw. besonders schnell und leicht durch die Epidermis treten (R. WINTERNITZ). Ein vermittelnder Standpunkt wird von R. BOEHM eingenommen, wenn er seine Forschungsergebnisse dahin deutet, daß nach Beseitigung des Fettüberzuges wahrscheinlich wasserlösliche Stoffe in geringem Maße, alkohol-, äther- und chloroformlösliche in noch kleineren Mengen und nur sehr langsam in die Säftebahn übertreten. DU MESNIL dagegen lehnt auf Grund seiner Beobachtungen die Möglichkeit einer Stoffaufnahme durch die gesunde menschliche Haut überhaupt ab: Kommt es zu einer örtlichen oder allgemeinen Körperreaktion, so muß nach seiner Anschauung eine — beim (wiederholten) Einreiben bzw. Auftragen des fraglichen Stoffes auf mechanische Weise hervorgerufene oder zufolge chemischer Umsetzungen entstandene — Hautverletzung vorgelegen haben.

Bei der Frage des Aufsaugungsvermögens sind neben dem chemischen Zellaufbau (insbesondere dem Lipoidgehalt der Zellplasmahaut) das Quellungsvermögen der toten Hornschicht, ferner die chemisch-physikalischen Vorgänge wie Osmose und Diffusion in Rechnung zu setzen (PERUTZ, SÜSSMANN).

Die Aufnahme von Giften durch die Atmungswege ist für alle die Gase, Dämpfe und sonstigen Stoffe möglich, welche sich mit der Alveolarluft mischen und mit dieser in die Blutbahn übertreten können. Die Einzelvorgänge bei der Absorption sind im allgemeinen noch wenig bekannt.

Viele Stoffe, die — auf anderem Wege einverleibt — unverändert in den Körperausscheidungen wiederkehren, werden — peroral beigebracht — im Verdauungsschlauch durch Fermente gespalten. Die Salzsäure des Magens kann Salze, welche an sich wenig löslich sind, löslicher machen. Verbindungen geringer Alkalität werden im Magen durch Hydrolyse zu starken Basen umgewandelt (KIPPER).

Man hat die Aufnahme lipoidunlöslicher Stoffe vom Darm her durch interepitheliale Aufsaugung zu erklären versucht. So konnte HÖBER das Eindringen durch die Kittsubstanz z. B. für molybdänsaures Ammonium nachweisen. Vielleicht kommen entsprechende Vorgänge für die Aufsaugung anderer giftiger Metallverbindungen in Betracht; findet man doch eingeführtes Silberalbuminat reduziert als schwarzgefärbte Körnchen hauptsächlich in den Gewebslücken und — von der leukozytären Speicherung abgesehen — niemals im Innern der Zellen.

b) Theorien der Giftwirkung.

Diese befassen sich mit den mutmaßlichen Vorgängen im Augenblick des Zusammentreffens von Gewebe und wirksamem Stoff. Es ist zu unterscheiden zwischen akuter, metatoxischer und chronischer Vergiftung.

Die Auslösung akuter Giftwirkung soll nach der Meinung von H. Meyer fast ausschließlich den lipoidlöslichen bzw. -lösenden Stoffen zukommen. Diese Anschauung deckt sich im wesentlichen mit derjenigen von Zangger, nach welcher die vom Körper aufgenommenen Gifte akut nur in unmittelbarer Nähe zu wirken vermögen, also nur bei Umspülung der durch ihre Anwesenheit aus dem Leistungsgleichgewicht gebrachten Zellen. Andernfalls kommt es zu metatoxischen Reaktionen, d. h. langsam sich auswirkenden Veränderungen: Schaffung von Krankheitsbereitschaft, Empfindlichkeiten gegenüber anderen Stoffen u. a. m.

Heubner unterscheidet a) zeitlose, b) zeitgebundene Giftwirkungen. Bei a) handelt es sich um Änderungen eines Zustandes (Narkose, Anästhesie usw.), b) ist gekennzeichnet durch Rhythmenwechsel im Ablauf eines Geschehens. Zeitgebunden sind notwendigerweise alle Stoffwechselvorgänge und mithin solche Vergiftungen, bei denen das Gift selbst als Katalysator auftritt, wobei das Hauptgewicht auf das Fortschreiten der Vorgänge und auf die Dauerveränderung des betroffenen Gewebes zu legen ist. Die Voraussetzung dieser „Allobiase" führt zum Verständnis der chronischen Vergiftung.

Als die bekanntesten physiko-chemisch wirksamen Einzelfaktoren sind außer der bereits erwähnten Lösung von Zell- und Zellmembranlipoiden zu nennen: osmotische Druckunterschiede, Adsorption gelöster Stoffe an Kolloide, Denaturierung (d. h. Änderung des natürlichen kolloidalen Zustandes durch Fällung oder Verflüssigung) von Eiweißkörpern u. a. m.

Nach der — auf Versuchen mit künstlich geschaffenen Potentialdifferenzen beruhenden — Theorie von Beutner ist im Grunde jede, also auch die Reizwirkung durch Gifte, ein elektrischer Vorgang. Wenn die Annahme zutrifft, daß das lebende Gewebe ähnliche Potentialdifferenzen enthält wie die benutzten künstlichen Systeme, so würde ein Zusatz etwa von Alkaloiden zunächst eine Änderung der elektrischen Potentialdifferenzen im Gewebe hervorrufen.

(Alles Nähere s. bei Beutner, ferner bei Busch, Heubner, Kipper, Tendeloo, Zangger u. a.)

c) Bemerkungen zur Diagnosenstellung.

Während in den Veröffentlichungen des älteren Schrifttums (s. Angaben bei W. Gerlach, Kobert, Kratter) dem Verhalten der Totenstarre und der Leichenpupille diagnostisch eine bemerkenswerte Stellung eingeräumt wurde, schätzen wir heute (auf Grund neuerer Forschungsergebnisse) deren Bedeutung nur gering oder gleich Null.

Schon Brown-Séquard (1861) und Ranke (1879) beschäftigten sich mit der Erscheinung der Totenstarre, welche von Paltauf begrifflich bestimmt wurde als „ein eigentümlicher, einige Zeit nach dem Tode auftretender Zustand vermehrter Konsistenz in der willkürlichen Muskulatur, der sich in verminderter Dehnbarkeit, blässerer Farbe und einem Stich ins Bräunliche kundtut". BROWN-SÉQUARD kam durch Beobachtungen am Tiere zu der Überzeugung, daß die jeweiligen — bei den einzelnen Tierarten wechselnden — Eigenheiten der Starre in bestimmten ursächlichen Beziehungen zu der Art des Sterbens (Auftreten von Krämpfen usw.) stehen müßten, eine Anschauung, die später ihre Bestätigung gefunden hat. Wir wissen jetzt, daß der zeitliche Ablauf und die Stärke der Leichenstarre weitgehend beeinflußt werden durch die Temperatur (Wärme als Beschleunigungsfaktor!) und die chemische (von der Tätigkeit abhängige) Beschaffenheit des Muskels im Augenblick des Todeseintritts: Agonale heftige Muskelzusammenziehungen (wie sie u. a. auch zum Bilde der Vergiftung mit Strychnin, Blausäure und sonstigen „Krampfgiften" gehören) verursachen in der Regel schnelles Einsetzen und mächtige Ausbildung der Starre. Jedoch erreicht diese bei kachektischen Personen bzw. an gelähmt gewesenen Gliedern unter allen Umständen nur geringe Grade oder bleibt ganz aus.

Die zur Erstarrung führenden chemischen Umsetzungen hängen zuvörderst von dem Ernährungszustand des Muskels ab: Der glykogenhaltige Muskel liefert durch reichliche Milchsäurebildung eine saure, der glykogenarme eine alkalische Starre. Die Einzelvorgänge bei Entstehung der Starre werden durch das Ineinandergreifen dreier Faktoren zu erklären versucht: 1. dem osmotischen Druck beim molekularen Zerfall, 2. dem osmotischen oder dem Gasdruck der Kohlensäure, 3. der Fixierung des Muskels durch Alkaliproteine (WACKER).

Die Verlaufsrichtung der Starre unterliegt in der Regel dem NYSTENschen Gesetz: Beginn an der Nackenmuskulatur, Fortschreiten auf Rumpf-, Arm-, Beinmuskeln, Lösung in der gleichen Reihenfolge. Noch vor der Skeletmuskulatur erstarrt das Herz. F. STRASSMANN hat am Tiere gesehen, daß es bei keiner Todesart zum systolischen Herzstillstand kommt. Selbst nach Strychnineinwirkung ist das Herz in Diastole, der Muskel weich. Erst durch die sehr bald einsetzende Starre ändert sich das Verhältnis: Man findet bei späterer Untersuchung fast stets den linken Ventrikel zusammengezogen und zum größten Teil oder ganz entleert.

Die auch für die glatten Muskeln geltenden Gesetze der Erstarrung bedingen naturgemäß postmortale Formveränderungen der Pupillen. Einer anfangs stetig zunehmenden Verengerung folgt für kurze Zeit ein bleibender Zustand, dann allmählich fortschreitende Erweiterung. Die Verengerung beginnt beim Tiere etwa 2 Stunden nach Todeseintritt, zeigt ihren Höhepunkt 6—24 Stunden später. Die Endstellung ist nach 24—48 Stunden erreicht (PLACZEK: Pupillenmessungen am Tier). Beim Menschen ist der höchste Grad der Verengerung frühestens 10 Stunden nach dem Tode zu beobachten. Weitere Messungen waren aus äußeren Gründen nicht durchführbar. F. STRASSMANN erklärt ausdrücklich für die Mehrzahl der Fälle den Pupillenbefund an der Leiche als diagnostisch nichtssagend, zumal die Pupille sich mit Lebensende gewöhnlich erweitert. Ganz vereinzelt mag die Größe des Pupillendurchmessers — unter Berücksichtigung aller sonstigen Vergiftungsmerkmale — diagnostisch verwertbar sein, aber auch nur dann, wenn sie sich als unverändert bezeigte vom Augenblick des Todes bis zur Obduktion. Unter Hinweis auf den Einfluß von Länge des Todeskampfes, Krämpfen, Erstickung usw. mahnen auch FLURY u. a., aus dem Verhalten der Pupille keine entscheidenden Schlüsse zu ziehen.

Besondere Schwierigkeit bietet die Diagnosenstellung bei zeitlich zusammenfallender Einwirkung mehrerer bzw. bei Zufuhr verschiedener aneinander gekoppelter Gifte, mit welcher man in jetztzeitigen technischen Betrieben (Verwendung ungereinigter Produkte!) häufig rechnen muß (J. MÜLLER,

ZANGGER). Es führt dies zur Verdeckung und Verschiebung der Kennzeichen des einzelnen Giftes.

Die Frage nach der Krankheitsursache scheint in dem Augenblick am unentwirrbarsten, wo die Vergiftung von den gewöhnlichen Merkmalen abweicht, weil sie bereits vorher chronisch Giftgeschädigte (Alkoholiker, Morphinisten usw.) erfaßt, die, wie die Erfahrung lehrt, in ihrer veränderten Ansprechbereitschaft am ehesten und stärksten jeder beliebigen Giftwirkung unterliegen, eine Tatsache, der in gewerblichen Betrieben und von gewerbeärztlicher Seite noch nicht genügend Rechnung getragen wird. Nach den — sich auf neueste Forschungen (HOFER u. a.) stützenden — Ausführungen ZANGGERS muß man annehmen, daß gemeinsam in den Körper gelangende Gifte sich in ihren Wirkungen nicht lediglich addieren, sondern sich darüber hinaus steigern und umwandeln. Demzufolge wird verständlich, daß unter Umständen der genossene Alkohol die Giftwirkung z. B. von Nitrobenzol, Anilin usw. überhaupt erst auslöst, daß er die Entstehung einer Phosphor-, einer Quecksilbervergiftung usw. in hohem Maße begünstigt.

Aus dem Gesagten geht hervor, daß der Möglichkeit einer Diagnosensicherung an Hand der einzelnen Organbefunde enge Grenzen gesteckt sein werden. Man muß sich stets vor Augen halten, daß mit „spezifischen" Veränderungen im strengen Sinne meist nicht gerechnet werden darf, daß die Art und Weise, in welcher Organe, Gewebe und Zellen von Mensch und Tier auf die Einwirkung allerverschiedenster Schädlichkeiten überhaupt antworten können, auf verhältnismäßig wenige, sich stetig wiederholende und im wesentlichen nur gradmäßig unterscheidbare Reaktionsformen beschränkt sind, andererseits aber auch ein wesensgleicher Reiz (im Sonderfall das gleiche Gift) bei verschiedenen Personen und unter verschiedenen Umständen wechselnde Gewebserscheinungen hervorrufen kann. Darüber hinaus müssen wir auf eine Diagnosenstellung in allen den Vergiftungsfällen verzichten, „in welchen die anatomische Untersuchung insuffizient ist. Nicht deshalb, weil es dabei keine Sedes morbi gibt, sondern deshalb, weil die Krankheit keine sichtbaren Veränderungen an den ergriffenen Teilen hervorgebracht hat" (VIRCHOW: Internat. med. Kongr. Rom 1894).

Für den Nachweis von Giften in der Leiche ist es von Wichtigkeit zu wissen, daß — wie Versuche an Hunden lehren — auch nach Todeseintritt viele peroral eingeführte Stoffe (Laugen, Mineralsäuren, Oxalsäure usw.) durch die noch erhaltene Magenwand hindurchgehen und innerhalb weniger Tage — abhängig von der Lage und Haltung der Leiche — dieses oder jenes Nachbarorgan des Magens durchtränken können. Einzelne Stoffe, wie etwa Arsen, diffundieren im toten Körper vom Magen aus fortlaufend in die anliegenden Gewebe, so daß der Nachweis innerlich gereichten Arsens im Gehirn nicht vor Ablauf von vier Wochen gelingen dürfte. Nach dem Ausfall ihrer Tierversuche folgern F. STRASSMANN und KIRSTEINER, daß man aus dem Giftgehalt der einzelnen Organe gegebenenfalls entscheiden könne, ob das fragliche Gift während des Lebens, in der Agone oder erst nach dem Tode eingeführt wurde.

Erster Teil.

Die einzelnen Gifte in ihren Wirkungen auf die einzelnen Organe.

A. Metalle.

1. Kalium.

Das Kalium als solches und die Mehrzahl seiner Verbindungen ist für die Pathologie der Vergiftungen ohne nennenswerte Bedeutung (Kaliumhydroxyd siehe unter Laugen). Das wassergierige Kalium carbonale (Pottasche) kann in fester Form oder gesättigter Lösung der Laugenvergiftung nahekommende Erscheinungen hervorrufen (JAKSCH, LESSER). Konzentrierte Lösungen erzeugen tiefgreifenden Gewebstod, welcher Geschwürsbildungen, Narben, Strikturen nach sich zieht.

Laut Angaben von LESSER, MERKEL, ZANGGER wurden verschiedentlich schwere, auch tödliche (perorale) Vergiftungen mit dem — hauptsächlich als Düngemittel und zur Herstellung von Schießpulver bzw. Sprengstoffen benutzten — Kaliumnitrat (Salpeter) beobachtet. Magen und Zwölffingerdarm zeigten in solchen Fällen akute katarrhalisch-hämorrhagische Entzündung mit umschriebenen Ätzungen. Auch machten sich Störungen vonseiten des Herzens des Zentralnervensystems und der Niere bemerkbar, für welche entsprechende anatomische Befunde nicht nachweisbar waren. Die Krankheitserscheinungen sind wahrscheinlich zurückzuführen auf gemeinsame Kali- und Nitratwirkung, vielleicht kommt auch der Einfluß des im Körper gebildeten Nitrits dazu (ZANGGER).

F. ROST fütterte Ratten mit Kalisalzen, um die Frage zu klären, ob und in welcher Weise die im Kunstdünger vorhandenen Stoffe die Gewebe des Tieres beeinflussen. Wurde Tieren über Geschlechterfolgen fort z. B. Kali nitricum gereicht, so kam es in der zweiten Generation und bei weiterer Fütterung auch noch in späteren Generationen zu einer auf thrombotischem Gefäßverschluß beruhenden Gangrän des Schwanzes oder Vorderfußes.

Klinische Beobachtungen erweckten die — vorerst noch der Unterlagen entbehrenden — Vermutungen, daß Alkalimetalle durch Bronchialschleimhaut und Gallenwege ausgeschieden werden. Gesichert ist bis jetzt nur die Ausscheidung des Kaliums mit dem Urin.

Eine Methode zum Kaliumnachweis im Schnitt wurde von W. JACOBI und W. KEUSCHER ausgearbeitet. Durch Reaktion mit Platinchlorid kommt es zur Bildung lichtbrechender Kristalle aus Kaliumchlorplatinat.

Anhang: Perkaglyzerin.

Das als Ersatzmittel für Glyzerin häufig — vor allem während des Krieges — verwandte Perkaglyzerin (konz. Lösung von Kaliumlaktat) rief bei Anwendung als Klysma des öfteren schwere, durch schleimigblutige Stühle gekennzeichnete Reizzustände im Dickdarm hervor (MENDEL, KARCZAG), welche gelegentlich auch zu eingreifenden anatomischen Veränderungen führen konnten. So zeigt ein Präparat in der pathologisch-anatomischen Sammlung der Charité (Berlin) pseudomembranöse Kolitis.

2. Strontium.

Das (in seinen Verbindungen dem Kalzium ähnelnde) Strontium spielt toxikologisch nur eine geringe Rolle.

Die Verätzungen des Auges mit Strontiumoxyd (THIES) stehen der Schwere nach etwa zwischen Laugen- und Kalkverätzungen. Jedoch bewirken kleinste in das Auge hineingespritzte Strontiumteilchen an diesem tiefgreifendere Gewebezerstörungen als alle Laugen.

Von STOELTZNER liegen Untersuchungen über experimentelle Strontiumrachitis vor. Diese unterscheidet sich von der echten Rachitis außer durch annähernd normale Knorpelverkalkung vor allem dadurch, daß das angebildete osteoide Gewebe nur bei allerspärlichster Kalkzufuhr wirklich kalklos bleibt. Es verkalkt sofort, sobald ausreichend Kalk zum Futter zugesetzt wurde, woraus zu ersehen ist, daß das Osteoid bei der Strontiumrachitis gut kalkaufnahmefähig ist.

3. Barium.

Obwohl chemisch dem Kalzium nahe verwandt, ist das Barium sehr giftig und in seinen löslichen, vor allem wasser- oder säureverdünnten Salzen (Chloride, Karbonate, Nitrate usw.) schon nach Gaben von wenigen Gramm für den Menschen tödlich. Da die zum Röntgen benutzten unlöslichen Verbindungen an sich gänzlich ungiftig wirken, sind die Unglücksfälle bei röntgenologischen Untersuchungen (ALTHOFF u. a.) Verunreinigungen bzw. Verwechslungen mit löslichen Bariumsalzen zur Last zu legen. Massenvergiftungen (z. B. in Warschau 1921) durch Nahrungsmittelverfälschungen mit Bariumsalzen sind beschrieben worden (OLBRYCHT).

Tierversuchsergebnisse kennzeichnen das Barium vornehmlich als Herzund Muskelgift. Über das Wesen der Vergiftung bestehen verschiedene Meinungen. Nach der alten, jetzt überholten Anschauung von ONSUM (1863) war die Todesursache in Verstopfung der Lungengefäße mit intravital entstandenem schwefelsauren Baryt zu suchen, eine Vermutung, die in den Organbefunden (LORENZ) keine Stütze fand. KUNKEL nimmt an, daß Bariumsalze die zu den Protoplasmabausteinen gehörenden schwefelsauren Verbindungen zersetzen; dadurch würde sich auch der besonders starke Einfluß des Giftes auf die Muskelsubstanz erklären, da gerade hier viel Schwefelsäure vorhanden sei. Durch längere Einwirkung (z. B. bei gewerblicher Vergiftung: Staubeinatmung in Mühlen, welche der Zerkleinerung von Barium-Superoxyd dienen) werden anfänglich Reiz-, dann Lähmungserscheinungen ausgelöst (KIPPER), welche zu Rückschlüssen auf eine — wenn auch chemisch und anatomisch noch nicht gesicherte — Affinität des Giftes zum Zentralnervensystem nötigen.

Der Tod tritt bei akuter Vergiftung in der Regel innerhalb der ersten 24 Stunden unter Atemlähmung, in den stürmisch verlaufenden Fällen unter Krämpfen ein. Dem Chlorbarium wird die Eigenheit nachgesagt, daß es vorzugsweise Leistung und gewebliches Verhalten des Arteriensystems beeinflusse (A. BENNECKE).

Die örtliche Wirksamkeit des Bariums tritt gegenüber der Allgemeinvergiftung zurück (KIPPER); nur Ätzbaryd (Bariumhydroxyd) und Bariumsulfid in gesättigten Lösungen sind als schwache Ätzmittel für die Schleimhaut des Verdauungsschlauches anzusprechen. Bei Schädigung des letzteren können die klinischen Erscheinungen — besonders wenn der Tod auf späterer Vergiftungsstufe eintritt — völlig dem Krankheitsbilde der subakuten Arsen- bzw. der Fluorvergiftung gleichen (LORENZ, OLBRYCHT). Die Ausscheidung des Giftes erfolgt mit Erbrochenem, Harn, Kot und Speichel.

Die Totenstarre wird als auffallend stark ausgebildet bezeichnet (LORENZ u. a.). Am vergifteten Tiere war schon nach wenigen Minuten der Unterleib bretthart, dabei tympanitisch aufgetrieben (R. BOEHM).

Chronische (gewerbliche) Vergiftung zieht Abmagerung nach sich.

Bei Leichenöffnung ist das Blut gewöhnlich dunkel und flüssig (Würz). Die beim Tier als erstes in die Augen springende hochgradige, für Bariumwirkung geradezu merkmalsmäßig verwertbare Zusammenziehung von Herz-, Darm-, Harnblasen- und Gebärmuttermuskulatur (Bary, R. Boehm u. a.) ist infolge Fäulnis beim Menschen meist nicht mehr ausgeprägt (Kipper), jedoch aus dem mangelnden Inhalt der Hohlorgane zu erraten. Dazu gesellen sich strotzende Füllung auch der kleinsten Gefäße und Blutungen in fast allen Organen (Jaksch, Onsum). Klebrige Beschaffenheit des Bauchfells — wohl als beginnende Entzündung anzusprechen — wird als Begleiterscheinung schwererer Magen-Darmschäden erwähnt.

Die Lunge spricht auf das Gift mit starker Verengerung ihrer Gefäße und mit Blutaustritten in die Alveolen an (U. Wolff). Beim Tiere (Hund) fand Hoppe-Seyler (angeführt bei Onsum) hämorrhagische zerfallende Infarkte, Onsum in den Lungenbläschen blutiges Ödem und Blut, in den Gefäßen Fibrinklumpen.

Die gefäßangreifende Eigenschaft des Chlorbariums führte in den Versuchen von A. Bennecke zu scharf umrissenen Ergebnissen. Wurden die intravenös vergifteten Tiere nach mindestens achttägiger Versuchsdauer getötet, so zeigte sich die Aorta verkalkt, aneurysmatisch erweitert. Die feineren geweblichen Veränderungen bestanden in Lockerung der grobwellig verlaufenden Muskelzüge, in Quellung, Vakuolisierung und Auflösung der Muskelkerne. Die elastischen Fasern, teils auseinandergerissen, teils miteinander verklumpt, fielen durch eigenartig verwaschenen Farbton bei mangelnder Lichtbrechung auf. Die rückschrittlichen und hyperplastischen Vorgänge in der Innenhaut griffen nur an den Stellen Platz, wo die Mittelschichten zerfielen und verkalkten bzw. verfetteten.

Gelangen Bariumsalze (Karbonat und Sulfat) in den Magen-Darmschlauch, so kann man die harten, weißen, für das bloße Auge möglichenfalls mit Arsen zu verwechselnden, sand- bis hirsekorngroßen Bariumkörnchen (Lorenz, Dinslage und Bartschat, M. Seidel u. a.), die auch als mörtelähnlich geschildert werden (Mayrhofer-Meixner), auf der Schleimhaut des Magens und oberen Dünndarms finden. Im übrigen erschöpfen sich die Befunde im Verdauungsschlauch — von den verhältnismäßig selten vorhandenen, geringgradigen Ätzwirkungen (Kipper, Fröhner u. a.) abgesehen — in Stomatitis, Speicheldrüsenschwellung (Würz), Erosionen, Schleimhautödem, -rötung und -blutung (Onsum, Zangger u. a.), welche nach Ausführungen von U. Wolff die große Kurvatur des Magens, den Zwölffingerdarm, die Peyerschen Haufen bevorzugen. Würz sah bei rektaler Zufuhr von (irrtümlich gewähltem) Bariumsulfat bereits nach wenigen Stunden die rot und braun verfärbte Dickdarmschleimhaut bis zum Colon descendens hinauf geschwollen, durch Blutaustritte bunt gesprenkelt, leicht gekörnt und wie gegerbt, besetzt mit feinsten gelblichen Salzbröckeln.

Zu diesem Befund gesellte sich — als Zeichen der Allgemeinvergiftung — eine in Parenchymverfettung und Protoplasmaaufquellung (Glykogenablagerung) zutage tretende Leberschädigung, welche bei ihrem Zustandekommen vielleicht den Boden durch eine ursprünglich vorhandene Magen-Darmstörung vorbereitet fand.

Verfolgen wir den Fall Würz weiter, so ließ er auch Schäden am Nierengewebe nicht vermissen, die über Epithelquellung und -abstoßung bis zu umschriebenen Epithelnekrosen fortschritten. Thromben in zahlreichen Markkapillaren vervollständigten das histologische Bild, in welchem man um die verstopften Gänge herum, wie auch in ihrer Lichtung, Ablagerung feinster schwarzer Körnchen (Barium?) erkennen konnte. Von Würz als Stütze und zur

Klärung seiner Befunde herangezogene Tierversuche ergaben Nierenveränderungen in der geschilderten Richtung. PILLIET et MALBEC, die ihren Tieren Chlorbarium unter die Haut spritzten, konnten nur Glomerulusblutüberfüllung, zu Hämoglobinurie führende Blutaustritte in den geraden Kanälchen und Verfettung der Kanälchenepithelien erzielen.

Die gerötete und geschwollene Harnblasenschleimhaut weist bei Mensch und Tier Blutaustritte in großer Zahl auf (SCHEDEL, U. WOLFF, WÜRZ).

Der Bariumnachweis ist zu führen in Herzblut, Urin und in sämtlichen Eingeweiden.

4. Radioaktive Stoffe.
(Radium, Mesothorium, Thorium, Polonium.)

Nur die Wirkung der — in Form gelöster Salze bzw. aufgeschwemmter unlöslicher Salze — peroral, durch Einatmung, durch das Unterhautgewebe oder intravenös in den Blutumlauf gelangten strahlenden Stoffe hat uns hier zu beschäftigen. Ihr Einfluß im Körperinnern ist ein größerer und erzeugt umfassendere Störungen in den Leistungen des Zellplasmas, als bisher bekannt und gemeinhin angenommen wurde (ZANGGER). Ausführliches darüber siehe bei REGAUD und LACASSAGNE: Die histo-physiologischen und pathologisch-anatomischen Grundlagen der Strahlenbiologie.

Die einzelnen, in ihren chemisch-physikalischen Eigenschaften einander sehr ähnlichen strahlenden Stoffe unterscheiden sich auch in ihren anatomisch nachweisbaren Wirkungen auf die Gewebe nicht wesentlich voneinander, so daß die — durch Einspritzung verschiedenster radioaktiver Stoffe — bei Tieren hervorgerufenen Allgemeinreaktionen und histologisch faßbaren Organveränderungen im großen und ganzen übereinstimmen, d. h. sie betreffen zuvörderst den blutbereitenden Apparat, wodurch unmittelbar die zelluläre Zusammensetzung des strömenden Blutes, besonders im leukozytären Anteil, beeinflußt wird.

Wie die von GUDZENT und LEVY (an Ratten vorgenommenen) Versuche erkennen lassen, ist auch kein nennenswerter Unterschied zu buchen zwischen der Wirksamkeit des äußerlich (als Bestrahlung) angewandten und des eingespritzten Thoriums. In beiden Versuchsreihen finden sich annähernd die gleichen, offenbar hauptsächlich durch freigewordene α-Strahlen bedingten Gewebeschäden, womit die Unabhängigkeit der biologischen Wirksamkeit vom Zufuhrsort der Strahlen erwiesen sein dürfte.

In das Blut gelangt, wird ein Teil der nicht gasförmigen radioaktiven Stoffe durch die „Eliminationsorgane" (REGAUD und LACASSAGNE) schnell mit Urin und Galle, daneben auch mit Speichel und Darmsaft (PLESCH) ausgeschieden. Ferner soll die Atmungsluft radioaktiv werden (MARTLAND). Nach der Vorstellung von REGAUD und LACASSAGNE geht das Gift durch die Epithelien der gewundenen Nierenkanälchen in den Harn über (s. Niere); in der Lunge bewirkt die Abschilferung der mit radioaktiven Stoffen gespeicherten Zellen die Giftausscheidung. Ein geringerer Teil der strahlenden Substanzen wird in einzelnen Organen längere Zeit zurückgehalten. Wie MARTLAND u. a. annehmen, sind die — auf dem Blut- und Lymphweg fortgeschafften — Salze im Retikuloendothel gespeichert zu finden (Feststellung mit dem Elektroskop am Lebenden!) und werden von diesen erst nach Monaten allmählich abgegeben. In die Zelle eingeschlossen, sollen die strahlenden Stoffe dauernde Strahlungen (α- und β-Strahlen) aussenden und somit die eigenen und die benachbarten Zelien bis zur Auflösung schädigen.

Als Speicherorgane kommen in erster Reihe Knochenmark, Niere, Milz, Leber, Lunge in Frage: die sehr schwierige und umständliche Mengenmessung des Giftes (Radioaktivitätsbestimmung in der Asche der einzelnen Gewebe) vermittelt bis jetzt nur ganz grobe Verteilungsverhältnisse. P. LAZARUS gibt eine Methode an, den Gehalt der Organe an radioaktiven Stoffen zu ermitteln, indem man dieselben nach Paraffineinbettung mit einer photographischen Platte in Verbindung bringt. Laut Angabe von BICKEL werden von Thorium X etwa 80% im Körper zurückgehalten, so daß, wenn die Einspritzungen einander schnell folgen, eine kumulativ-toxische, ja, tödliche Wirkung nicht ausgeschlossen ist.

Giftbedingte allgemeine Blutungsbereitschaft wird in stärkerem Grade gewöhnlich nur beim Hunde beobachtet; jedoch zeigt der Fall ORTH (Behandlung einer an chronischem Gelenkrheumatismus leidenden 57jährigen Patientin mit Thorium X), daß Blutungsneigung auch in der Menschenpathologie nicht unbekannt ist (s. H. LÖHE, KOSOKABE, SALLE und DOMARUS u. a.). Zu ihrer Erklärung sucht man einerseits Beeinflussung der Gefäßnerven heranzuziehen, andererseits darf die Möglichkeit einer Erstschädigung der Gefäßwand nicht außer acht gelassen werden. Auch möchte die Veränderung der Blutbeschaffenheit eine Rolle spielen.

Unter die Haut gegebene unlösliche Salze des Radiothors können, wie auch Tierversuche lehren (PRADO TAGLE), lange Zeit am Ort der Einverleibung liegen bleiben und hier — schon in Spuren (LACASSAGNE) — Hautnekrosen hervorrufen. PRADO TAGLE sah bei seinen gespritzten Mäusen um das unter die Haut angelegte Radiothoriumlager herum reaktiv leukozytäre Entzündung, Gewebseinschmelzung und Vernarbung. Allmählich erst erfolgt die Abfuhr der Radiothoriumteilchen.

Bringt man einen Tropfen radioaktiver Stoffe auf eine leicht angeritzte Hautstelle, so entstehen Erscheinungen wie nach Verbrennung. W. FRIEDLÄNDER beobachtete bei einer Arbeiterin nach mehrjährigem Benetzen der Haut mit wässeriger Lösung von Thoriumnitrat eine „Thoriumdermatitis" mit Hypertrophie der gesamten Hautdecke, seröser Durchtränkung und polsterartiger Schwellung des Gewebes bis zu weißglänzender Hyperkeratose und zentralem Gewebszerfall.

Von ASKANAZY und JENTZER wurden Thrombosen vortäuschende Fettgewebsnekrosen nach Einspritzung von Radiumemanation in Blutadern beschrieben: Man fand bei einer 42jährigen Frau am dritten Tage nach der Giftzufuhr das Blutgefäß in einen harten, schmerzhaften Strang umgewandelt. Die scheinbare Thrombose entpuppte sich als perivenöse Fettgewebsnekrose, hervorgerufen durch das in den Fettstoffen gespeicherte Radium, welches zwar den Tod der Fettzellen veranlaßt, gleicherzeit aber, nach Verschwinden der zerfallenen Massen, die Fettzellregeneration anregt. Es kommt hier die Neigung des Fettgewebes zum Ausdruck, gewisse Stoffe leichter aufzunehmen und zu speichern als andere.

Über das Auftreten von Knochen- insbesondere Unterkiefernekrosen, wie sie ähnlich nach chronischer Einwirkung von Phosphor zu finden sind, wird von verschiedenen Seiten berichtet (MARTLAND-MISCH, OLIVER u. a., Zusammenstellung gewerbehygienisch wichtiger Krankheitsbilder siehe bei LAET). Auf photographischem Wege ließ sich (z. B. in den Fällen BERRY) in den betroffenen Knochen, vorzugsweise in den äußeren Kortikalisschichten ein erheblicher Gehalt an radioaktiven Stoffen nachweisen.

Bei zwei 15jährigen, tödlich erkrankten Ziffernblattmalerinnen (Anfeuchtung des in Radium-Mesothoriumpräparate getauchten Pinsels mit den Lippen!) wurde ein osteogenes Sarkom aufgefunden. Die in Photogrammen und elektroskopisch geprüfte Radioaktivität (α-Strahlung!) der in die Neubildung einbezogenen Knochen veranlaßte MARTLAND and HUMPHRIES ursächliche Beziehung zwischen gewerblicher Schädigung und Gewächsbildung

aufzustellen, und zwar sollte sich letztere auf dem Boden einer giftbedingten Osteitis entwickelt haben. Oliver zählt unter den Vergiftungserscheinungen Hüftgelenkentzündung
und fibröse Verwachsungen an den Gelenken auf.

Über Veränderungen der Luftwege liegen bis jetzt nur spärliche, aus Tierversuchen stammende Berichte vor. H. Hirschfeld sah Blutungen und entzündliche Vorgänge in der Lunge.

Von Bedeutung ist vor allem das Verhalten des Blutes und der blutbereitenden Organe, denn hier finden sich zuvörderst die für die Vergiftung mit
radioaktiven Stoffen kennzeichnenden Merkmale. Die Betroffenen, in der Regel
mit Bepinseln von Uhrblattziffern beschäftigte Arbeiter und Arbeiterinnen,
gehen — oft noch Jahre nach Aufgeben der gefährlichen Tätigkeit (Berry) —
unter den Erscheinungen zunehmender leukopenischer Anämie zugrunde
(Oliver), ein Geschehen, welches dazu führte, die leukozytenzerstörende Wirksamkeit der strahlenden Stoffe für Heilzwecke (bei Leukämie usw.) nutzbar zu
machen. Hämoglobin und Erythrozytenzahl sind herabgesetzt (Krecke-Bumm).
Das Blutbild zeigt neben Leukopenie relative und absolute Lymphozytose,
Anisozytose, Megaloblasten usw. Niemals finden sich im Blute Zeichen von
Hämolyse; gegen eine solche spricht auch das Fehlen nennenswerter Organ-
hämosiderose (W. Friedländer, Martland and Humphries, Yamauchi).

Bei gespritzten Tieren lassen sich nach Zufuhr kleiner Gaben radioaktiver
Stoffe Polynukleose und Erythrozytenzunahme (Kosokabe), mit steigenden
Giftmengen eine bald in Leukopenie umschlagende Leukozytose verfolgen. Die
Einverleibung massiger Giftmengen bewirkt von vornherein allerstärkste
Leukopenie bis zu vollkommener Aleukie, gepaart mit (möglicherweise zur
Todesursache werdenden) Blutungsbereitschaft, welch letztere beim Men-
schen jedoch nur vereinzelt anzutreffen ist (s. auch Brill und Zehner,
H. Hirschfeld und Meidner, Pappenheim und Plesch).

Das Knochenmark ist beim Menschen in der Regel rot und besteht
vorwiegend aus kernhaltigen roten Blutzellen und Megaloblasten, birgt auffallend wenig Eosinophile. Der Hämosideringehalt ist hier (wie auch in der
Milz) sehr gering.

Das Versuchstier zeigt in allen blutbereitenden Organen, und zwar am
stärksten im Knochenmark, mehr oder minder fortgeschrittene Parenchym-
atrophie und Blutungen (H. Hirschfeld u. a.). Beim Kaninchen sahen Lacassagne und Mitarbeiter Umwandlung in Fettmark und Wucherung der Kapillarendothelien.

Lymphknoten und -knötchen waren in den Tierversuchen von Da Silva
Mello — selbst nach Einspritzung hoher Gaben — nur wenig geschädigt, während
Lacassagne und Mitarbeiter von Zerstörung der Lymphknoten, Hypertrophie
und Mobilisation der Retikuloendothelien sprechen.

George and Gettler veröffentlichten den Fall einer 25jährigen Arbeiterin,
welche an den Folgen einer ulzerösen Stomatitis verstarb. Bei der fünf Jahre
später erfolgenden Ausgrabung des Leichnams konnten aus Knochen, Leber,
Lunge, Milz, Gehirn etwa insgesamt 48 mg Radium freigemacht werden.

In dem bisher einzigen nach therapeutischer Anwendung beobachteten
schweren Vergiftungsfall eines 15jährigen Knaben, der Thorium X erhalten hatte
und nach 8 Spritzen (etwa fünf Monate nach Beginn der Kur) unter andauernder Ausscheidung blutiger Stühle und sonstigen Zeichen allgemeiner
Blutungsbereitschaft verstarb, zeigte der Magen-Darmkanal, am stärksten
in seinen untersten Abschnitten, zahlreiche Blutungen und Schleimhautnekrosen.
Die Gefäße waren außerordentlich erweitert und prall mit Blut gefüllt, in
welchem das völlige Fehlen der Leukozyten auffiel (Gudzent, Orth). Während
der Verdauungsschlauch der reinen Pflanzenfresser verhältnismäßig giftfest

zu sein scheint, bewirken beim Hund schon kleine Mengen radioaktiver Stoffe massige Blutungen in Schleimhaut und Unterschleimhaut.

Die Leber soll beim Tier mit Parenchymzerfall ansprechen (PAPPENHEIM und PLESCH).

Wie REGAUD und LACASSAGNE ausführen, werden die radioaktiven Stoffe durch die Niere und zwar durch die Tubulusepithelien ausgeschieden. Stärkere Giftgaben sollen Nephritis erzeugen, kleinere fortschreitende Sklerose. Beim Kaninchen zeigen sich die Epithelien der gewundenen Kanälchen vakuolisiert, hyalinisiert und abgestoßen (LACASSAGNE und Mitarbeiter), während beim Hunde massige Zwischengewebsblutungen im Vordergrund stehen, sich zuweilen auch die Kapselräume prall mit Erythrocyten gefüllt finden (s. auch H. HIRSCHFELD und MEIDNER). Ähnliches Aussehen (mit Blutpünktchen übersäte Oberfläche!) bot die Niere des oben erwähnten Knaben. Hier fanden sich außerdem in den geraden Kanälchen graubräunliche Zylinder, die, wie vereinzelte Zellumrisse noch erkennen ließen, aus Erythrozyten zusammengesintert waren. An der Harnblase waren in diesem Fall Schleimhautblutungen festzustellen.

Im Hinblick auf die häufig vorhandene Blutdrucksenkung dachten verschiedene Untersucher an regelwidrige Leistungen der Nebenniere. Diese soll gleichsinnige Veränderungen wie unter dem Einfluß von Chloroform und Saponin erkennen lassen: von der Größe der Giftzufuhr abhängige Lipoidverschiebung, schließlich Verlust von Lipoiden und Chromierbarkeit (SALLE und DOMARUS).

W. FRIEDLÄNDER spricht von Leistungsstörungen der Keimdrüsen. Beim Kaninchen bewirken die von den perikanalikulären Zellen ausgesandten radioaktiven Teilchen Hodenatrophie mit Schwund und Zerfall der spermabildenden Elemente (REGAUD und LACASSAGNE).

Beim Kaninchen wurde Untergang der Thymuszellen gesehen (LACASSAGNE und Mitarbeiter).

5. Magnesium.

Innerlich gegebene Magnesiumverbindungen zeigen im allgemeinen keine nennenswerte Giftwirkung. Die von THATCHER 1928 mitgeteilte, eine 26jährige Frau betreffende akute Vergiftung nach peroraler Zufuhr von Magnesiumsulfat gehört zu den wenigen bekannt gewordenen Fällen mit tödlichem Ausgang. Die Sektion ergab blutüberfüllte Organe. Im Magen fand sich gelbbraune, mit Blut untermischte Flüssigkeit; die Schleimhaut war dunkelrot und zeigte zahlreiche ausgedehnte Blutaustritte (s. auch BOOS).

Einzelne Tierversuchsergebnisse liegen vor. OGAWA konnte nach intravenösen Gaben von Chlormagnesium bei Kaninchen nach 7—10 Monaten Xerophthalmie erzielen. STANDER, welcher Hunden Magnesiumsulfat intramuskulär und intravenös einspritzte, sah in der Leber geringfügige zentrale Zerfallsherde, in der Niere Epithelverfettung, welche auf die Tubuli contorti beschränkt waren, während beim Normalhunde das Fett hauptsächlich in den Tubuli recti gespeichert wird.

Der Nachweis des Metalls gelingt in Harn, Magen-Darm (GADAMER).

6. Zink.

Der (normalerweise vorhandene, jedoch der Menge nach wechselnde) Zinkgehalt in den Körpergeweben wird — wie die Tierversuche von NUCK, REMY und HOLTZMANN zeigen — bei Einatmung von reinem Zinkstaub vermehrt und zwar in erster Reihe in Lungen und Nieren, daneben auch in Knochen (s. MASKEWITZ-GADAMER) und Leber, geringgradig in Muskulatur, Milz und Gehirn. Das Metall, welches sich in seinen toxikologischen Eigenschaften dem Kupfer anschließt, wird im Körper nicht gespeichert: Es ist ein „Passageelement". Seine Ausscheidung erfolgt offenbar ohne Gesetzmäßigkeit. Man nimmt an, daß sie — unter Schädigung der betreffenden Organe — durch die Magen-Darmdrüsen, die Niere, weniger durch Leber und Brustdrüsen vor sich geht.

Zink enthält häufig Blei und auch Arsen (Zangger), so daß seine Wirkung unter Umständen keine einheitliche und eindeutige ist. Die Zinksalze haben, je nach der Art ihres Säureanteils, örtlich adstringierende (Zinksulfat usw.) oder ätzende Wirkung, welch letztere im Chlorzink, das vorzugsweise in der Vergiftungsstatistik Englands eine Rolle spielt (Véber), am allerstärksten zu Tage tritt. Außer dem Säureanteil verdankt das Chlorzink der hochgradigen Affinität zum Wasser seine Ätzkraft. Die Giftigkeit des Metalls an sich steht demgegenüber im Hintergrund. Das Salz zerfließt auf dem feuchten Gewebe und sickert in die darunter liegenden Schichten ein. Damit erklären sich die tiefgreifenden Ätzschorfe, welche, abgesehen von ihrer Ausdehnung, keine Besonderheiten erkennen lassen.

Versuche von Orfila, der Hunde nach subkutaner Beibringung feingepulverten Zinkvitriols innerhalb von 6 Tagen unter typischen anatomischen Erscheinungen eingehen sah, beleuchten die Gefahr der Zinkaufnahme in die Gewebe, welche auch — wie die Fälle aus der Menschenpathologie lehren — durch den gar nicht seltenen tödlichen Ausgang intrauteriner Chlorzinkeinspritzungen stets von neuem erhärtet wird.

Das klinischerseits als „Gießfieber" bezeichnete (siehe die Grundfragen seiner Pathogenese usw. bei Horia Safir), durch Einatmen von Zinkdämpfen hervorgerufene Krankheitsbild (z. B. bei Arbeitern in Gießhütten), welches von Sigel als akute Metallvergiftung angesprochen wird, ermangelt, ebenso wie die tabesähnlichen Erscheinungen und Lähmungen der Metallgießer, vorerst noch aller pathologisch-anatomischen Befunde. Für die zerebrospinalen Störungen ist vermutlich weniger das Zink selbst, als seine Verunreinigungen (s. oben) verantwortlich zu machen. Horia Safir möchte die Auslösung des Gießfiebers ganz allgemein mit einer zur Bildung von Schweralbuminaten (s. auch Kisskalt) im Körper führenden Metallwirkung überhaupt erklären. Nach der Meinung von Drinker und Mitarbeitern ist die „Metallfieberreaktion" abhängig von Metallteilchen, welche die Lungenbläschen erreichen und dort bleiben.

Der Übergang des Zinks in die Gewebe erfolgt wahrscheinlich in Form von Albuminaten, die in Wasser unlöslich, jedoch in Säuren und Alkalien leicht löslich sind.

A. Örtliche Wirkung.

Ätzende Zinkverbindungen verursachen an berührten Schleimhäuten alle Grade der Entzündung von Blutüberfüllung bis Schorfbildung, welch letztere an der Haut (Außenfläche der Lippen usw.) niemals — nicht einmal bei Einwirkung 50%iger Chlorzinklösung — auftritt, ein beachtlicher Umstand bei peroralen Vergiftungen.

Die Schilderung des chlorzinkbenetzten Verdauungsschlauches als dem Orte der eingreifendsten, unter dem Einfluß des stärkst ätzenden Zinksalzes zustandegekommenen Veränderungen möge an den Anfang der Betrachtungen gestellt werden. Die Schleimhautschädigung nach Zinksulfat (Buchner 1882) ist nicht dem Wesen, wohl aber dem Grade nach verschieden. (Ausführliche kasuistische Zusammenfassung [40 Fälle] s. bei Matzdorf 1910.) Der Befund bei akuter Schleimhautverätzung — vom Munde abwärts bis zum Magenausgang (bzw. auf den Dünndarm übergreifend) — entspricht in wesentlichen Punkten dem bei Einwirkung konzentrierter Mineralsäuren: Die gerunzelte,

z. T. lederartig verdickte, etwaig mit Blutungen durchsetzte, nekrotisierte Innenschicht ist entweder von weißlichen, stets trockenen und festsitzenden Schorfen überlagert, oder das Epithel löst sich in Fetzen ab (C. SEYDEL). Die von entzündlichen Infiltraten geschwollene Schleimhaut wird durch kleine Geschwüre zerfressen, von blutig-fetzigen Massen bedeckt gefunden. Die Dickdarminnenhaut ist nach peroraler Zufuhr glatt und blaß; bringt man jedoch Chlorzinklösung unmittelbar in den Mastdarm (MATZDORF), so zieht sich dieser zusammen und zeigt bräunliche Schleimhautverfärbung.

Die Beobachtung, daß mit Zinkdämpfen (z. B. in Schweißereien) in Berührung kommende Arbeiter häufig über Magenbeschwerden klagen, ließ ORATOR an die Möglichkeit eines Verschluckens von Zinkdämpfen mit dem Speichel denken. Das Zink würde dann als feine Suspension in den Magen gelangen, in welchem sich bei bestehender Hypersekretion möglicherweise eine Zinkchloridverbindung bilden und die Schleimhaut anätzen könnte.

Fortgesetzte innerliche Einverleibung von Zinkoxyd erzeugte beim Hund Abschürfungen und flache Geschwüre in den oberen Abschnitten des Verdauungsschlauches.

Spätfolgen der innerlichen Vergiftung (nach 6—7 Wochen) wurden durch Leichenöffnung und Operation bekannt: Sie sind — soweit nicht Magen-Darmwanddurchbrüche vorlagen — in der Regel gekennzeichnet durch narbige Zusammenziehung des Magens und perigastritische Verwachsungen (JAKSCH). Im Falle KAREWSKI, in welchem große, zusammenhängende Schleimhautfetzen ausgestoßen worden waren, entpuppte sich der aufs äußerste geschrumpfte Magen bei der Operation als walzenförmiger, harter, an den Nachbarorganen festhaftender Körper; der Pförtner war steinhart verdickt. Weniger ausgesprochene Befunde ergab die Sektion eines sechs Wochen nach Arbeitsbeginn verstorbenen Gießhüttenarbeiters: Weißlich verfärbte Magenschleimhaut, hochgradige Schrumpfung des Darmkanals (POPOFF).

Wie weit die häufig nachweisbaren Diffusionsverätzungen der dem Magen-Darmrohr anliegenden Eingeweide zu Lebzeiten entstehen, ist schwer zu entscheiden. Sie betreffen zuvörderst die Milz, deren Parenchym an den giftdurchtränkten Stellen in gelblich-trockene nekrotische Massen verwandelt wird (E. HARNACK und HILDEBRANDT, C. SEYDEL).

Genitale, durch Spülungen bzw. Einlegen von Tampons verursachte Chlorzinkverätzung spielt im toxikologischen Schrifttum eine beachtenswerte Rolle: Über Todesfälle zufolge Durchtritt des Giftes von den Geschlechtsorganen her in die Bauchhöhle ist zu wiederholten Malen berichtet worden. In der Regel findet man Ätzung der Gebärmutter- (BUTTERSACK, HOFMEIER u. a.) und Scheidenschleimhaut, welch letztere sich im Falle FÜTH als dickwandiger, fast vollständiger Scheidenausguß ablöste. Zuweilen kann die Spur des Ätzsalzes durch die entzündlich verschwollene Tubenlichtung unmittelbar in das kleine Becken hinein verfolgt werden, oder es zeigt ein scharf umrissener, fleckig geröteter Bauchfellbezirk über dem weichen Gebärmutterkörper den Weg des Chlorzinks in die Bauchhöhle an, welche in einem derartigen Fall (ROLLER) hellgelbe, chlorzinkhaltige, offenbar auch ins Nierenbecken übergetretene Flüssigkeit aufwies.

Zu erwähnen sind noch die örtlich reizenden Zinkdämpfe, welche katarrhalische Entzündungen an den oberen Luftwegen, gelegentlich auch Glottisödem nach sich ziehen.

Das Zustandekommen der von C. SEYDEL (bei einem innerlich vergifteten Kind) beschriebenen nekrotisierenden Laryngitis und Verätzung der — sich derb und lederartig anfühlenden — hinteren Lungenabschnitte konnte sowohl durch Chlorzinkaspiration als durch Giftdiffusion (von dem schwergeschädigten Verdauungsschlauch aus) erklärt werden.

B. Allgemeinwirkung.

Der **chronisch** Vergiftete (z. B. Hüttenarbeiter) ist **anämisch**, abgemagert. JAKSCH spricht von **Muskelatrophie**. In einzelnen Fällen können
Petechien den ganzen **Körper** bedecken (TUCKWELL).

Das **Gießfieber** geht einher mit **Blutveränderungen**: Leukozytensturz
und Linksverschiebung (HORIA SAFIR); gelegentlich tritt (nur klinischerseits
beobachtete) Milz- und Leberschwellung auf (GRAEVE, SAFIR).

Bei Tieren soll sich nach Angaben von ZANGGER durch Zinksulfatgaben akute Leberatrophie hervorrufen lassen.

Das **Magen-Darmrohr** spricht als Ausscheidungsorgan auf die mittelbare
Giftwirkung mit Blutungen, kleinen Geschwüren usw. an, in ähnlicher Weise,
aber sehr viel geringerem Grade, als wie oben geschildert wurde (BUTTERSACK).

Von größerer Bedeutung sind die geweblichen Schäden an der **Niere**. Diese
können den Tod durch Harnsperre herbeiführen (BUTTERSACK). 63 Tage nach
erfolgter intrauteriner Chlorzinkätzung fand BUTTERSACK bei einer 27 Jährigen
zahlreiche hyaline Glomeruli und fleckweis kleinzellige Infiltrate, begleitet
von Kanälchenepithelquellung und -abstoßung. KAREWSKI sah als **Spätfolge**
hämorrhagische Nephritis. Neigung zu Blutungen und Fettspeicherung wird
von verschiedenen Seiten mitgeteilt (HELPUP, C. SEYDEL u. a.). Tierversuchsergebnisse bewegen sich mehr in Richtung der „nekrotisierenden Metallnephrose"
(MATZDORFF).

Der **Giftnachweis**, welcher in der Leiche noch lange möglich ist, wird am
besten an Leber (Galle), Fäzes, Harn, Magen-Darminhalt erbracht.

7. Kadmium.

Die Wirkungen der Kadmiumverbindungen, welche sich nach Angabe von
STARKENSTEIN - L. LEWIN den der Zinksalze stark annähern sollen, sind nur aus
Tierversuchen bekannt.

Bei **akuter** Vergiftung mit löslichen Salzen wurden beobachtet: **Lungen**
infarkte und subpleurale Blutungen, katarrhalische bzw. ulzeröse **Gastroen**
teritis (KOBERT); ferner verkalkende **Nephrosen**, etwa der Art wie nach
Quecksilbervergiftung und von diesen nur durch langsameren Ablauf der rückschrittlichen Umwandlungen unterschieden (SEVERI).

Standen Tiere längere Zeit hindurch unter Giftwirkung, so magerten sie
völlig ab und wiesen außer den genannten Befunden noch **Gingivitis** bzw.
Stomatitis als Zeichen der **chronischen** Metallschädigung auf. **Leber** und
Herz konnten hochgradig verfettet sein.

Der **Metallnachweis** gelingt noch lange Zeit nach der Giftzufuhr in Blut,
Leber, Milz, Magen-Darm (und Inhalt), Niere, Harn, Gehirn.

8. Quecksilber.

Das Quecksilber steht als Vergiftungsursache zahlenmäßig mit an erster
Stelle. Abgesehen von den vielen Selbstmord- und Mordfällen, wird es infolge
seiner Dienstbarmachung zu Heilzwecken zum Urheber vieler (akut-subakut
verlaufender) therapeutischer Vergiftungen.

Quecksilberpräparate werden auf Grund ihrer — in löslichen und aufspaltbaren Verbindungen — wirksamen Hg-Ionen zum schweren Protoplasmagift.
Während der Ablauf der **Allgemeinvergiftung** lediglich zeitlich beeinflußt
wird von Ort und Form des zugeführten Giftes, schwächt sich die **unmittel**
bare Wirkung mit Herabsetzung von Molekularlöslichkeit und -zerfall stufenweise ab vom Sublimat herunter bis zum Kalomel, welch letzteres zwar nach

Abbau im Darm auf dessen Schleimhaut noch einen Reiz ausübt, z. B. aber nicht mehr das zarte Augenepithel angreifen kann (H. Curschmann).

Die Aufnahme des Giftes in den Körper erfolgt 1. mit der Atemluft (als Dämpfe oder fein verteilter Staub), 2. peroral, 3. durch die Haut (in Form von metallischem Quecksilber — was umstritten ist — oder als Salz), 4. vom Unterhautgewebe aus. Legte man (Garcia) bei Ratten ein Quecksilberlager unter der Haut an, so machte dieses von einer gewissen unteren Mengengrenze an keine Erscheinungen mehr. Gab man jedoch den Quecksilberträgern Halogene, so wurden die Metallager in Bewegung gesetzt und führten zu tödlicher Vergiftung. Die perorale Zufuhr von metallischem Quecksilber auch in größeren Mengen ist gewöhnlich toxikologisch bedeutungslos. (S. aber Buschmann: gleichzeitige Einnahme von metallischem Quecksilber und Chlorwasser.)

Alle auf Schleimhäute, Wundflächen usw. gebrachten Quecksilberpräparate unterliegen vor der Aufsaugung in den Körper der gleichen chemischen Umsetzung: Sie bilden entweder mit Eiweiß Verbindungen, die in überschüssigem Eiweiß und Chlornatrium löslich sind oder Doppelsalze aus Quecksilberalbuminat und Kochsalz. Derart gebunden, kreist das Quecksilber in den Geweben und verteilt sich hier stets in annähernd gleicher Weise, d.h. die stärkste Ablagerung findet man — wie Tierversuche lehren (Joh. Müller) — gewöhnlich (dem Grade nach abgestuft) in Gallenblase, Niere, Darm (hier von unten nach oben abnehmend), Leber, Nebenniere; schwächere Speicherung, oft nur in Spuren, in allen anderen Organen, wobei eine gewisse Übereinstimmung herrscht im Grade der krankhaften Organveränderungen und dem Maß der Giftspeicherung.

Brachte Voigt seinen Tieren das Gift unmittelbar in die Blutbahn, so fand er in den stark blutgefüllten Lungen- und Nierenkapillaren zahlreiche mit feinsten Quecksilberteilchen beladene Freßzellen. Ferner war Quecksilber in der Milz teils intrazellulär, teils frei in der Pulpa, im Knochenmark als spindel- und sternförmige, offenbar den Retikuloendothelien zugehörende Niederschläge nachzuweisen.

Über den histochemischen, an Tieren erprobten Quecksilbernachweis siehe bei Almkvist, H. Borchardt, Christeller und Sammartino, Lombardo, Reganali. Die Christellerschen Ergebnisse zeigten im allgemeinen Übereinstimmung mit denen von Almkvist, jedoch auch einige bemerkenswerte Unterschiede insofern, als sich reichlichere Quecksilbermengen aufdecken ließen und die (in der Hauptsache die Retikuloendothelien betreffende) Ablagerung in Form gröberer Körner erfolgte.

Die Hauptmasse des Giftes wird mit dem Harn, der geringere Anteil mit dem Stuhlgang aus dem Körper entfernt. Der Urin (Nachweis des Quecksilbers im Harn siehe bei S. Gutmann) weist — auch nach Aussetzen der Metallzufuhr — monate- bis jahrelang Quecksilber auf (Stock u. a.). Der Quecksilbergehalt in Liquor, Schweiß, Milch usw. ist in der Regel nicht beträchtlich; doch werden nekrobiotische Vorgänge an den (für die nicht mehr leistungsfähige Niere eintretenden) Schweißdrüsenzellen erwähnt (Lombardo). Die Erscheinung laktierender Mammae bei Virgines nach akuter Vergiftung ist beachtlich (Lebedow und Bobrowa, eigene Beobachtung). Chemische Prüfungen des Brustdrüsengewebes wurden in derartigen Fällen offenbar noch nicht vorgenommen. Histologische Untersuchungen zeigten mir das Bild sezernierender Drüsen ohne nennenswerte Abweichungen von der Norm.

Schnelle Einführung größerer Giftmengen bedingt meist binnen kurzem tödlichen Ausgang. Hält bei längerdauernder Aufnahme kleiner Gaben die Ausscheidung des Giftes mit der Zufuhr nicht Schritt, so führt Anhäufung von Quecksilberverbindungen im Körper zur subakut-chronischen Vergiftung, in der Regel angekündigt durch Stomatitis (mercurialis).

Die Frage nach der Wirkungsweise des Quecksilbers im Körper, seinem unmittelbaren oder nur mittelbaren Einfluß auf das Zelleben, wird sehr verschieden beantwortet. Untersucher wie Priebatsch und Th. Rosenheim, welch letzterer bei Durchblutung der lebenden Niere aus der gesteigerten Diurese auf unmittelbare Reizung des Nierenepithels schloß, stellten die Protoplasma-schädigung in den Vordergrund. Andere Forscher sahen in Blutveränderungen und intravasalen Gerinnungen (E. Kaufmann, O. Silbermann) oder in nervös bedingter Blutstromverlangsamung bzw. -stillstand (Elbe, Ricker und seine Schule u. a.) die erste Ursache der bis zum Protoplasmazerfall führenden Gewebestörung. Der Erstangriff des Giftes auf das Gefäßnervensystem muß nach den Ausführungen von Weiler aus der Tatsache gefolgert werden, daß bei Abscheidung des Giftes die Giftkonzentration, welche man als unmittelbar gewebeschädigend kennt, in Darm und Niere niemals erreicht wird, das Gift sich andererseits in zahlreichen Organen ablagert, ohne daß es in diesen überhaupt zu merklichen Störungen kommt. (Weiteres über Entstehungstheorien der Vergiftung siehe bei Darm und Niere.)

Die Organveränderungen, welche — wie erwähnt — unabhängig von der Art der Präparate und dem Ort ihrer Zufuhr durch das reine Quecksilber und die Mehrzahl seiner Verbindungen in gleicher Weise verursacht werden, sollen erst gemeinsam besprochen, Sondererscheinungen (nach Einverleibung von metallischem Quecksilber und von Sublimat) dann für sich betrachtet werden. Quecksilbersulfid (Zinnober) ist unlöslich und demzufolge — abgesehen von seiner Quecksilberdampfwirkung — als ungiftig anzusprechen.

I. Akut-subakute Vergiftung.

Die ganz akute Vergiftung (z. B. nach Sublimathändedesinfektion [Wengler]) kann sich in plötzlich einsetzender Schwellung und Rötung der Gesichtshaut äußern. Perutz sah während des Krieges in Knallquecksilber- und Sprengkapselfabriken häufig Augenentzündungen. Bei örtlicher Verwendung von Kalomel und gleichzeitiger innerlicher Joddarreichung gibt es am äußeren Auge allerschwerste Jodquecksilberverätzungen: Konjunktivalchemosis, diphtheroide Beläge, gelegentlich Hornhauttrübung und -geschwüre. Die noch im Konjunktivalsack zu findenden Kalomelreste sehen gelblichgrün aus (L. Lewin und Guillery).

Im Verlaufe einer Quecksilberbehandlung beobachtete Guilbert das Auftreten von Blutungen in Glaskörper (und Netzhaut), deren ursächliche Beziehungen zum Quecksilber gesichert schienen, da sie in ähnlicher Weise durch Heineke früher beim vergifteten Tiere erzeugt worden waren.

An zahlreichen Körperstellen lassen sich unter Umständen auf Einspritzungen von Ol. cinereum (siehe metall. Quecksilber), Kalomel usw. zurückzuführende Abszesse, Nekrosen u. dgl. (bzw. Narben nach solchen) auffinden. So sah Dohi nach subkutaner Kalomelzufuhr am Orte der Einverleibung allerstärkste, mit Hohlraumbildung einhergehende Entzündung.

Von größerem Belange sind die — sich entweder gleichmäßig über den ganzen Körper ausbreitenden oder umschriebenen — vielgestaltigen, wahrscheinlich infolge übermäßiger Quecksilberansprechbarkeit des Betroffenen zur Entwicklung gelangenden Hauterkrankungen. (Der Sitz der merkuriellen Überempfindlichkeit wird in den sympathischen Nerven und ihren Ganglienzellen gesucht.) Außer den (häufig von Furunkulosen gefolgten) Follikulitiden, welche sich im Verlaufe der Schmierkur entwickeln können (siehe metall. Quecksilber), lassen sich bei endermatischer, aber auch bei subkutaner und innerlicher Behandlung zahlreiche Formen des merkuriellen Exanthems verfolgen: Urtikaria, scharlachähnliche Ausschläge, Erytheme mit zentralen Blutaustritten, Papeln, Quaddeln, impetiginöse und nässende Ekzeme (Abb. 1 und 2) u. a. m. Purpuraartige, an Werlhofsche Krankheit gemahnende Blutungen sind selten und als Anzeichen schwerster, gewöhnlich tödlich endender Allgemeinerkrankung zu werten.

Mit den geweblichen Vorgängen, welche zur Entstehung der quecksilberbedingten Hautleiden führen, hat sich ALMKVIST eingehend beschäftigt. Er unterscheidet zwei Stufen im Ablauf des krankhaften Geschehens: 1. die toxische, mit Gefäßerweiterung und Ödem einhergehende Kreislaufstörung, 2. die Entzündung durch bakterielle Infektion, für welche das Quecksilber nur den Boden vorbereitet.

Nach schweren Stomatitiden (s. unten) stellen sich gelegentlich Kiefernekrosen ein (FABER, W. SCHULZE, SINNHUBER-WEINSTEIN u. a.).

Abb. 1. Dermatitis mercurialis (Sammlung des pathol. Instituts am Virchow-Krankenhaus, Berlin, Prof. CHRISTELLER †).

Bei Leichenöffnung zeigen die Körperhöhlen, serösen Häute usw. keine Abweichungen von der Norm.

Ab und an finden sich Veränderungen am Zentralnervensystem. Einzelfälle von Hirnpurpura (A. DIETRICH u. a.) bzw. Blutaustritten in die graue Substanz des Rückenmarks (auch beim Tier: PEROW) nach akuter Quecksilberanwendung sind bekannt geworden. Ein Präparat in der kriegspathologischen Sammlung, Berlin (Dir. Prof. M. BUSCH) zeigt einen solchen, durch Einreiben von grauer Salbe zustandegekommenen Fall. Ähnliche Befunde bekam HEINEKE beim sublimatvergifteten Tier zu sehen.

Über Blutungen in die Netzhaut im Verlauf einer Quecksilberbehandlung berichtet GUILBERT.

Die feineren histologischen Vorgänge in der Nervensubstanz sind beim Menschen verhältnismäßig wenig erforscht. LEYDEN (1893) mußte anläßlich

eines tödlich verlaufenen Falles von „Paralysis ascendens" nach akuter Vergiftung, bei dem an spinale Purpura gedacht wurde, den Rückenmarksbefund
als nichtssagend bezeichnen und sich damit begnügen, auf die klinischerseits
beobachteten Fälle von Polyneuritis mercurialis hinzuweisen. Diese scheinen
durch die später von HELLER (Berlin) vorgenommenen Tierversuche eine anatomische Erklärung gefunden zu haben: Es stellte sich heraus, daß bei polyneuritischen Erscheinungen zwar das Rückenmark selbst unversehrt, die peripherischen Nerven jedoch schon an der Austrittsstelle erkrankt waren. Der Ausfall

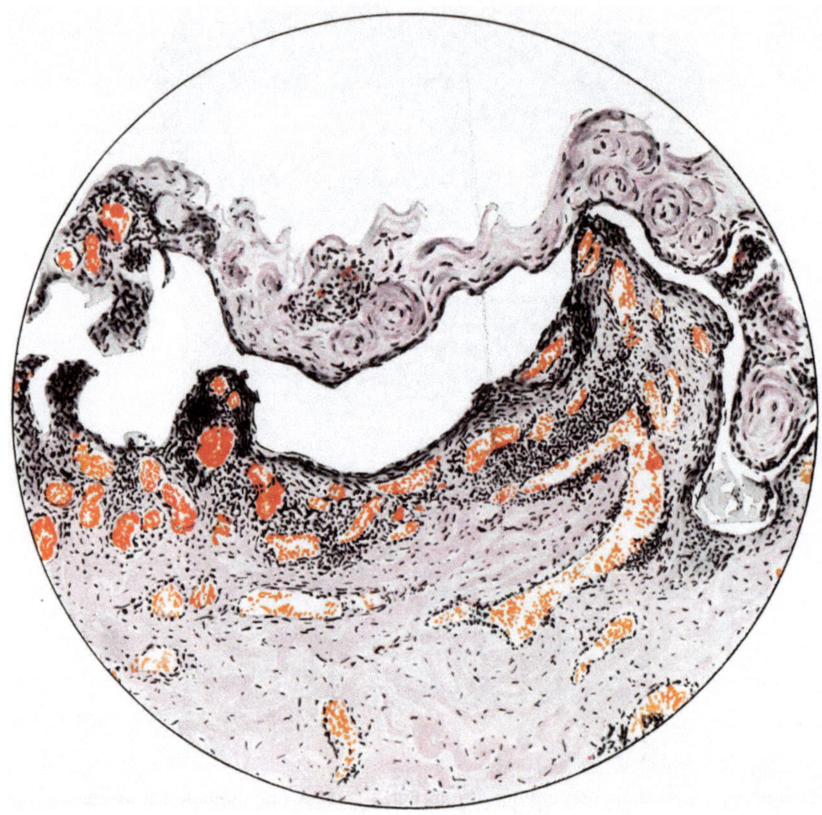

Abb. 2. Dermatitis mercurialis: Hyper- und Parakeratose mit Hornperlenbildung, blasige Abhebung
der Epidermisschichten (Häm.-Eosin).

der Tierversuche von POPOFF deckte sich nicht mit den HELLERschen Befunden,
was POPOFF in der von ihm vertretenen Meinung bestärkte, daß (nach Sublimateinwirkung) rückschrittliche Umwandlungen im Rückenmark die Hauptrolle
spielten, Veränderungen, wie er sie bei Tieren gleicherweise durch Gaben von
Arsen bzw. Blei erzielen konnte.

Mit den heute gebräuchlichen histologischen Untersuchungsmethoden gelang es vereinzelt, Ganglienzellschäden im Gehirn, insbesondere in der Rinde
festzustellen: Es treten plumpe, mächtig geschwollene, strukturlose Zellen mit
breiten, klobigen Ausläufern auf, die z. T. der Neuronophagie zum Opfer fallen.
Auch finden sich perivaskuläre Nekrosen mit Veränderung des Zentralgefäßes
u. a. m. (WEIMANN: Nach rektaler Spülung mit Sublimatlösung; DE CRINIS
u. a.).

Affen, bei denen intramuskuläre Einspritzungen und Schmierkuren angewandt wurden, ließen (vor allem an der Hirnbasis) zellig faserige Verdickung der weichen Häute, Gefäßneubildung, Lymphscheideninfiltrate, Gliawucherung usw. erkennen (Lucke and Kolmer).

Im blutreichen Plexus solaris fand sich bei Kaninchen, denen täglich 0,5 ccm 0,1%ige Sublimatlösung pro kg Körpergewicht beigebracht wurde (Scala) Austritt von roten und weißen Blutzellen, Haargefäßthrombosen, Ganglienzellkernpyknose, Myelinzerfall der Nervenfasern u. a. m.

Nach Ausführungen von E. Hesse und von Granzow kam es beim sublimatvergifteten Tier an der Hypophyse zu rückschrittlichen Gewebsumwandlungen und Zellnekrosen, Befunde, die dem Wesen und Sitz nach an die Veränderungen bei Diphtherie erinnerten. Auffallend war die größere Ansprechbarkeit der weiblichen, ganz besonders der trächtigen Tiere. Diese Befunde veranlaßten mich, auf etwaig histologisch nachweisbare Hypophysenstörungen beim Menschen zu fahnden. Es ist mir in einschlägigen Fällen niemals geglückt, sichere Abweichungen von der Norm festzustellen.

Stauungs- und Entzündungserscheinungen an den Atmungsorganen machen sich in Glottisödem, Bronchitis, Lungenblutungen und Herdpneumonien bemerkbar. Die Gefäße der Lungen sehen wie injiziert aus (Heineke). Das Blut ist überall dünnflüssig, läßt — wie Falkenberg ausdrücklich betont — nirgends Gerinnungen innerhalb der Gefäße erkennen.

Im Gegensatz dazu weist Perow bei seinen Tieren auf Thrombenbildung in hyalinisierten Lungengefäßen hin. Im übrigen spricht das Tier in annähernd gleicher Weise an wie der Mensch. Gewöhnlich wird die Lunge am stärksten mitgenommen: Man findet hier Blutüberfüllung, Ödem, Infarzierungen, hämorrhagische Entzündungen (Kirchgässer, Skudro). Bei Mäusen, welche nach den Angaben von Ricker und Hesse einen besonderen, von dem der anderen Säuger abweichenden Strömungstyp haben, führte die im Anfang der Vergiftung bestehende Reizung der Gefäßnerven (Ricker) nie zu entzündlichen, sondern stets nur zu zirkulatorischen Störungen.

Eines der wichtigsten und frühesten, oft auch alleiniges Kennzeichen der Allgemeinvergiftung sind die Vorgänge in der Mundhöhle. Bei der Stomatitis mercurialis (Zusammenstellung der Mundschleimhautveränderungen siehe bei Misch) finden wir Mundschleimhaut, Zahnfleisch, Tonsillen, Zunge entzündlich angeschwollen, letztere gelegentlich so stark, daß sie nicht mehr im Munde Platz hat und heraushängt. Unter dem Druck der Zähne kann die Zungenmuskulatur schwer geschädigt werden: Die Fasern atrophieren oder erfahren wachsartige Umwandlung. Schwärzung des Zahnfleischsaumes (und der Zähne) durch Einlagerung von Schwefelquecksilber tritt gleichzeitig auf mit Geschwürsbildungen und brandig-verjauchenden Vorgängen, die, gewöhnlich am Unterkiefer beginnend, auf die Zahnfächer übergreifen können. Pulpitis und Periodontitis, Alveolarrandnekrosen bedingen den häufigen Zahnausfall.

Beteiligung der Speicheldrüsen an dem krankhaften Geschehen wird zuweilen beobachtet (Eichhorst, Lebedow und Bobrowa u. a.); sie beruht entweder auf Fortleitung der Stomatitis oder auf unmittelbarer Reizwirkung des in den Drüsen ausgeschiedenen Quecksilbers.

Nach Ausheilung der Mundkrankheiten sind narbige Verwachsungen zwischen Zunge und Mundboden, Wange und Kiefer (Bildung von Pseudoankylosen im Kiefergelenk) nicht selten.

Die neuzeitliche Auffassung über die Entstehungsweise der Quecksilberstomatitis (siehe auch Dickdarm!), die von verschiedenen Seiten, so auch von Siegmund und Weber vertreten wird, vermutet den auslösenden Umstand in dem metallischen Quecksilber, welches — auf dem Blutwege herangebracht — in den Kapillarendothelien und Gefäßwandzellen abgelagert wird, dadurch Strömungserschwerungen hervorruft und in der Folge Blutungen und Gewebsnekrosen.

Magenschleimhautschäden treten in nennenswertem Grade nur nach peroraler Einverleibung von Sublimat (s. das.) auf. Hydrargyrum bijodatum (siehe

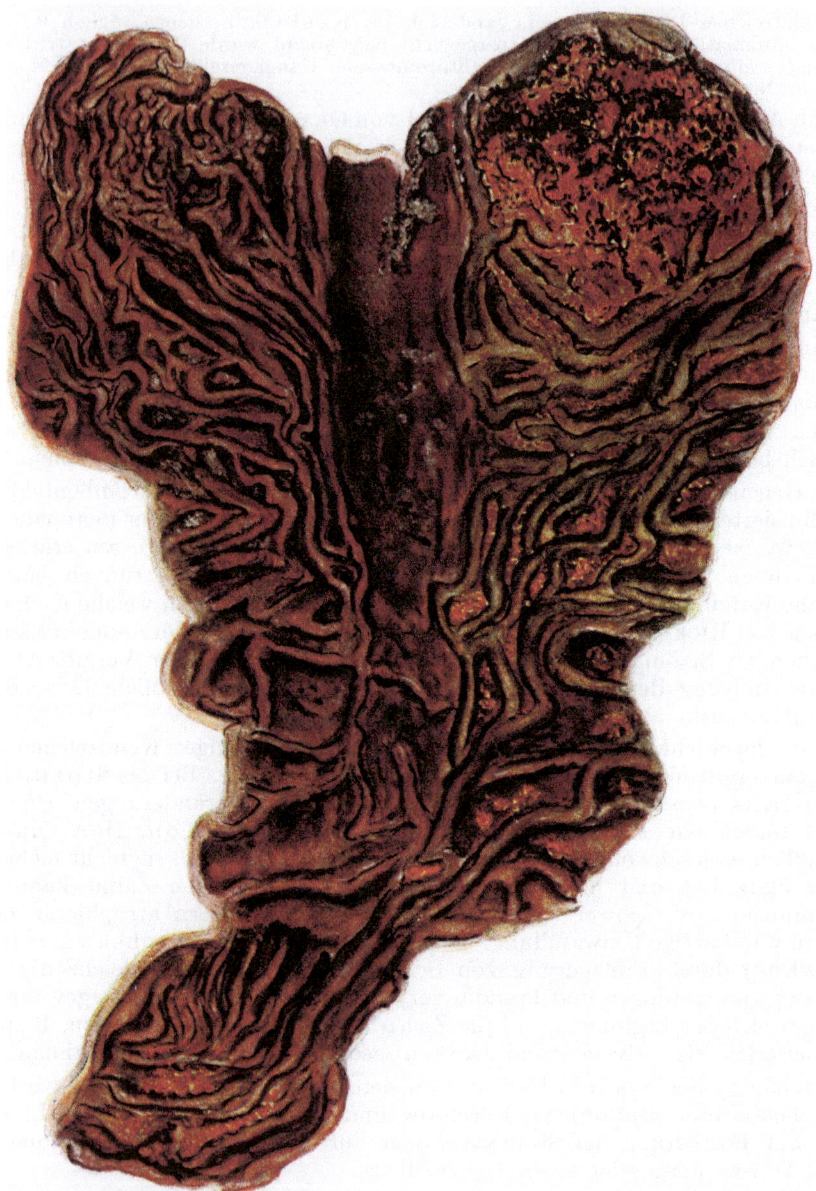

Abb. 3. Magen bei Vergiftung mit Quecksilberjodid. Tod nach 40 Stunden in Anurie. (Sammlung des pathol. Instituts am Krankenhaus Westend-Berlin. Prof. W. KOCH).

bei E. R. GRAWITZ und WAEGNER) hat verhältnismäßig geringe Ätzwirkung. Durch die Liebenswürdigkeit der Herren Prof. UMBER und Prof. W. FISCHER (Krankenhaus Westend-Berlin) gelang es mir, einen vielleicht einzig dastehenden

Fall, in welchem 25 g Hydrarg. bijod. in Pulverform peroral eingenommen worden waren, zur Abbildung (3) zu bringen. Die Schleimhaut, welche am Mageneingang spärlich streifenförmige Nekrosen auf Faltenhöhe erkennen läßt, ist im Magengrund mit den gelbroten, bröckligen Massen des verschluckten pulverförmigen Quecksilberpräparates bedeckt, ähnlich der Anfangsteil des Zwölffingerdarms.

KLIEN fand nach einer 10 Wochen währenden Kur mit Ol. cinereum-Einspritzungen atrophierende chronische Gastritis. Die Schleimhaut war zufolge Anhäufung entzündlicher Zellen und Bindegewebswucherung verdickt, die Drüsenschläuche schmal, die Unterschleimhaut auffallend gefäßreich.

Der Dickdarm (Beschreibung desselben siehe unter Sublimat!) gilt — obwohl nicht unwidersprochen — als eines der Hauptausscheidungsorgane. Die Verhältnisse liegen wahrscheinlich ähnlich wie in der Mundhöhle: Seine Gewebe, in der Widerstandsfähigkeit durch die Giftabsonderung herabgesetzt, leiden unter bakteriell bedingten Fäulnisvorgängen. Die Geschwürsbildungen hängen nicht mit der Quecksilberabscheidung allein zusammen, sondern sind auf vereinte Wirkungskraft von in Blut und Gewebssäften kreisendem Quecksilber und örtlich entstandenen Eiweißzersetzungsstoffen zurückzuführen (ALMKVIST).

Der Anschauung von OVERBECK (und ähnlich von Lomholt), nach welcher das Quecksilber hauptsächlich mit der Galle in den Darm gelangt, wurde von ALMKVIST entgegengehalten, daß er bei seinen Tieren nach Anlegung eines künstlichen Afters in sämtlichen Abschnitten des Verdauungsrohres, auch im Magen, Quecksilber nachweisen konnte. Die einzelnen Vorgänge bei der Giftausscheidung und -Wirkung sieht er einmal in Transsudation aus den hochgradig erweiterten Oberflächenkapillaren, womit Beziehungen zwischen Giftkonzentration und Blutversorgung hergestellt werden; zum anderen sucht er die Ursache der Gewebestörungen in einer Erstschädigung der Gefäßwand, hervorgerufen durch endotheliale Speicherung von Schwefelquecksilber, das — bereits intrakapillär — aus dem im Blute vorhandenen Quecksilber und dem resorbierten Fäulnisprodukt Schwefelwasserstoff entsteht. Zu dieser Deutung wurde er veranlaßt durch die von verschiedenen Seiten (HEILBORN, MARCHAND u. a.) beschriebenen braunschwarz-körnigen Niederschläge in der Gefäßwand, deren — damals heiß umstrittene — Entstehung (s. ELBE) formalinbedingt gewesen sein möchte.

Ein unmittelbarer Beweis für die Quecksilberabsonderung durch die Dickdarmschleimhaut war — wie UMEDA (1928) ausführt — bisher noch nicht zu erbringen. Subkutan vergiftete Tiere bekommen eine typische hämorrhagisch-nekrotisierende Kolitis, die scharf begrenzt auf den Faltenkuppen der Blinddarmschleimhaut nahe der Klappe beginnt und von dort nach den anderen Dickdarmabschnitten und dem Wurmfortsatz weiterschreitet. Dagegen zeigten Tiere mit Dünndarmfisteln (nach Verschluß und Versenkung des kaudalen Stumpfes in die Bauchhöhle) keine erheblichen Schleimhautveränderungen im Dickdarm. Daraus schließt UMEDA, daß das Gift irgendwo in oralen Abschnitten des Verdauungsschlauches ausgeschieden wird und mit dem Darminhalt zum Blinddarm gelangt, um hier, nach Eindickung der Fäzes genügend konzentriert, seine Wirkung zu entfalten. Demzufolge beständen ähnliche Verhältnisse wie in der Niere, wo die histologisch nachweisbare Parenchymschädigung auch erst in den Kanälchen — d. h. dem Orte höherer Giftkonzentration — zu finden sei.

Veränderungen am Dickdarm nach therapeutischer Verwendung von Salyrgan (eigene Beobachtung) und von Novasurol mögen Erwähnung finden. An einem Präparat der Sammlung WALKHOFF (Stubenrauchkrankenhaus, Lichterfelde) fanden sich auf der stark geröteten und mit Blutaustritten durchsetzten Schleimhaut spärlich oberflächliche, grüngelblich verfärbte Nekrosen.

Gewebliche Einzelheiten über das Verhalten der Niere, welche je nach der Art des benutzten Quecksilberspräparates zwar mit wesensgleichen, aber gradweise unterschiedlichen Veränderungen anspricht, siehe bei Sublimat. HEITZMANN berichtet über starke Lipoidspeicherung in den Kapillarendothelien der Niere nach Modenolvergiftung am Kaninchen.

Die Kenntnis von der Absonderung des Quecksilbers durch die Epithelien der gewundenen Nierenkanälchen und der aufsteigenden Schenkel — also durch die Zellen, welche nach den Untersuchungen von HEIDENHAIN überhaupt feste Stoffe ausscheiden — scheint gesichert mit Hilfe eines histochemischen Nachweises, welchen Almkvist an Tieren erbrachte (ausführliche Darstellung der Methode siehe in: Nord. med. Arch. 1093, Abt. II, Heft 2). Die histochemische Reaktion beruht auf Verwendung von schwefelwasserstoffhaltiger Fixationsflüssigkeit, in welcher Schwefelquecksilber im Augenblick der Fixierung niedergeschlagen wird.

In der Milz wurden nach länger dauernder Vergiftung Blutungen, Follikelatrophie und Pulpahyperplasie gesehen. Voigt fand beim intravenös vergifteten Tier das Quecksilber teils intrazellulär gespeichert, teils frei in der Pulpa liegend.

Orsós beschreibt in den portalen Lymphknoten Rindennekrosen. Heineke erwähnt bei seinen Tieren Schwellung und Blutaustritte an den Gekröselymphknoten. Diese Befunde (wahrscheinlich entzündliche Vorgänge!) dürften denen entsprechen, welche — nach eigener Beobachtung — auch beim Menschen (als Begleiterscheinung des krankhaften Geschehens im Verdauungsschlauch) festzustellen sind.

Wiederholte Gifteinspritzungen führten beim Kaninchen am Knochenmark nur zu starker Haargefäßerweiterung und -schlängelung. Die Fettzellen schienen atrophisch, doch war eine beachtliche Steigerung der Blutzellbildung nicht festzustellen. Maggiora dagegen berichtet über vermehrte Tätigkeit des Markes (nach länger dauernder Sublimatvergiftung); ferner fielen die reichlich vorhandenen Megakaryozyten durch ungewöhnlich hochgradige phagozytäre Tätigkeit auf. Bisweilen gelang im Knochenmark der chemische Quecksilbernachweis. Bei intravenöser Giftzufuhr waren am Versuchstier gleichmäßig verteilte, spindel- und sternförmige, wahrscheinlich an Retikuloendothelien verankerte Quecksilberniederschläge nachzuweisen (Voigt).

Gemäß der Anschauung von Zangger kann Quecksilber durch Entwicklung hämolytischer Eigenschaften zum Blutgift werden. Blutkörperchenzerfall würde Gefäßthrombosierung nach sich ziehen. Bei akuter Giftwirkung setzt — mengenmäßig durchaus nicht immer den (etwaig eitrig-entzündlichen) Vorgängen am Verdauungsschlauch gleichlaufend. — im strömenden Blut Leukozytose mit Linksverschiebung ein (Brieger, J. Jacobi u. a.), die auch in einer fast regelmäßig zu beobachtenden Leukozytenstase in den giftgeschädigten Organen zu Tage tritt. Eine befriedigende Erklärung für die Mehrausschwemmung von Blutzellen fehlt vorerst: Es wird „formativer Reiz" auf das Knochenmark angenommen. Demgegenüber fand Lüddicke, der sich mit dem Einfluß geringfügiger Quecksilbermengen auf das Differentialblutbild beschäftigte, dasselbe lymphozytotisch. Er denkt an katalytische bzw. katalyseähnliche Vorgänge, welche zu Mehrleistung des lymphozytären Apparates führen.

Bei Tierversuchen mit dem Quecksilberpräparat Modenol fielen die im Blutplasma fein verteilten, jedoch niemals bis zur Gefäßverstopfung führenden Lipoidtröpfchen auf (Heitzmann).

Über unmittelbare Ätzwirkung an den äußeren Geschlechtsteilen siehe bei Sublimat (S. 41). Die Tatsache, daß auch nach Quecksilbereinspritzungen und nach peroraler Sublimateinverleibung umschriebene (meist nur geringgradige) entzündlich-nekrotisierende Vorgänge an Vulva und Vagina auftreten, spricht dafür, daß das Gift auch hier ausgeschieden wird.

α) Sonderwirkungen des metallischen Quecksilbers.

Das metallische Quecksilber wird in Dampfform oder fein verteilt durch Lunge und Unterhautgewebe, vielleicht auch durch die Haut (s. unten) in den Körper aufgenommen. Perorale Zufuhr ist — auch in größeren Mengen — fast bedeutungslos (frühere Behandlung des Ileus mit Quecksilber!), da die Vorbedingungen für Lösung des Metalls im Magen-Darmkanal ungünstige sind (Starkenstein). Gesetzt, es erfolge wirklich von der Darmschleimhaut her der

Übergang des Giftes in die Säftebahn, so geschieht es derart langsam, daß selten
einmal Krankheitserscheinungen auftreten. (Zusammenstellung älterer einschlägiger Arbeiten s. bei FÜRBRINGER.) In dem tödlich verlaufenden Fall
BUSCHMANN war kurz vor Einnahme des metallischen Quecksilbers Chlorwasser getrunken worden, so daß sich in den Geweben offenbar Sublimat gebildet hatte. Die Vergiftung wurde gesichert durch das Auffinden zahlreicher
Quecksilberkügelchen im Dickdarm.

Über eine ungewöhnliche Art der Quecksilberauf-
nahme und -vergiftung wurde kürzlich von DRÜGG berichtet. Der Vorgang betraf eine Krankenpflegeschülerin,
welche beim Herunterschlagen der Quecksilbersäule das
Thermometer zerbrach, wobei kleine Glassplitter in eine
winzige Wunde am Finger eindrangen. Nach 14 Tagen
zeigte sich in der Nähe der verletzten Stelle eine Anschwellung. Die Röntgenaufnahme ergab Quecksilber
im Gewebe; dieses wurde beim Einschneiden in das
bezeichnete Gebiet auch gefunden. Etwa eine Woche
später stellten sich allgemeines Krankheitsgefühl und
Magen-Darmbeschwerden ein: Es entwickelten sich allmählich die typischen Anzeichen der Quecksilbervergiftung (grauer Saum am Zahnfleisch usw.). Offenbar waren durch die feinperlige Lagerung des Metalls
im Gewebe geeignete Verhältnisse für reichlichere Giftaufsaugung geschaffen worden.

Über die Wirkungen unmittelbar in die Blutbahn gebrachten metallischen Quecksilbers siehe
unter Gefäße (Fall UMBER).

Die resorptiven Giftwirkungen weichen
in nichts von den oben beschriebenen Allgemeinschäden durch Quecksilber überhaupt ab.
Das Verhalten des bei Einverleibung des Metalls
berührten Gewebes erfordert gesonderte Betrachtung.

Nach endermaler Massage fein verteilten
Quecksilbers, dessen Einfluß auf den Gesamtkörper — wie man heute glaubt — zum guten
Teil auf Einatmung der beim Einreiben sich
bildenden Dämpfe beruhen dürfte (Versuche von
SKUDRO u. a.), erscheint in den eingeriebenen
Bezirken die ganze Oberhaut grau verfärbt
durch Ausstopfung der Poren mit kleinsten,
schwarzen, metallisch glänzenden Körnchen.
Mikroskopisch soll man — was ich nach
Durchmustern zahlreicher Reihen- und Stufen-
schnitte nicht bestätigen konnte — Metall-
kügelchen in den Drüsengängen und Haarwurzelscheiden (J. NEUMANN, ZUELZER) auf-

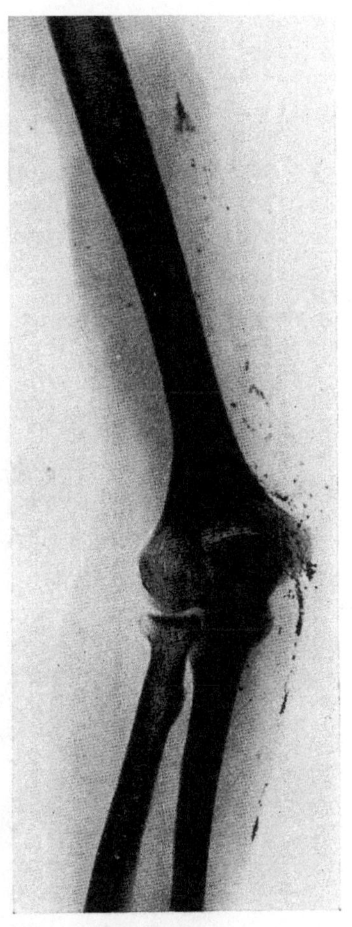

Abb. 4. Quecksilber in der Kubitalvene. (Fall Prof. UMBER,
Krankenhaus Westend-Berlin).

finden, aber — nach der Meinung von FÜRBRINGER u. a. — niemals zwischen
den einzelnen Epidermisschichten oder im Korium. Andere Untersucher
(BLOMBERG, EBERHARD, OESTERLEN, OVERBECK) wollen Quecksilber auch im
Rete Malpighii gesehen haben. Wie die Beobachter der abgelagerten Kügelchen ausführen, findet man die Menge des Metalls wenige Tage nach seiner
Zufuhr offensichtlich vermindert, ein Teil der Talgdrüsen ist fettig-körnig
zerfallen. Im Hinblick auf diese, oft mit entzündlichen Erscheinungen vergesellschafteten Vorgänge wird die örtliche Bildung eines löslichen Queck-
silbersalzes erwogen.

Frische und ältere Abszesse und Narben kennzeichnen die Einspritzungsstellen am Gesäß: Der Muskel wird hier von grauweißlichen bis -bräunlichen,
streifenförmigen Herden durchsetzt, welche vereinzelt mit talgartigen Massen
ausgefüllte Hohlräume in sich bergen können. Daneben sieht man zystische
Gebilde, deren Inhalt zusammengesetzt ist aus bakterienfreiem, graugelblichem
oder graugrünlichem Eiter, Fett- und Quecksilbertröpfchen (s. auch Tierversuche

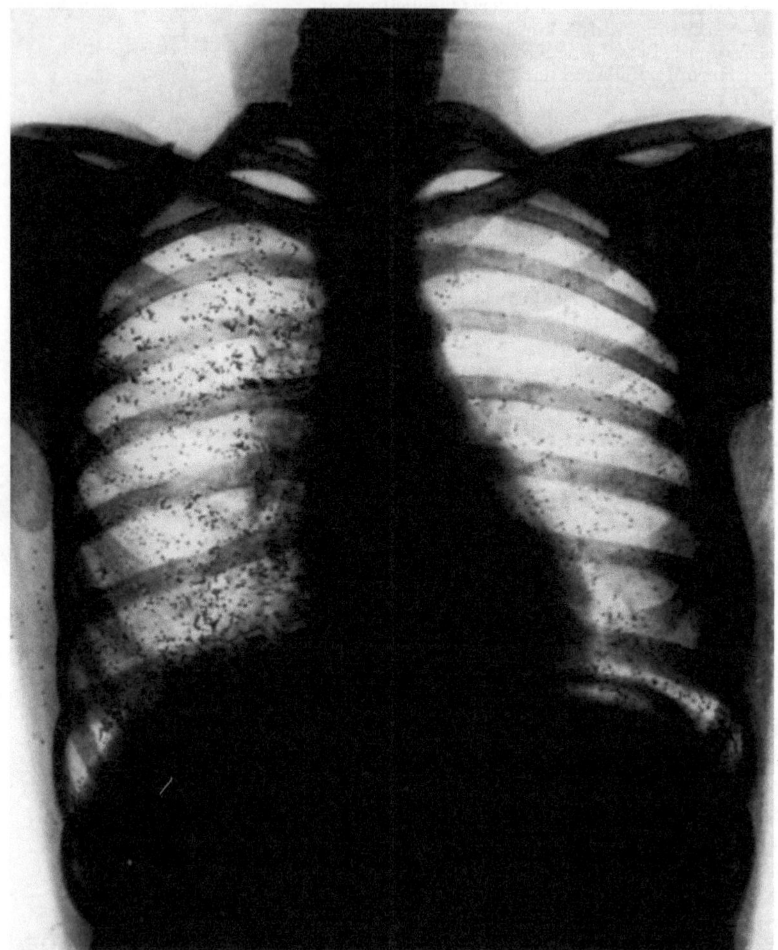

Abb. 5. Quecksilberembolien in Lungengefäßen, Quecksilberteich im rechten Ventrikel
(Fall Pros. UMBER, Krankenhaus Westend-Berlin).

von JANOWSKI). Quecksilberkügelchen finden sich auch in Riesenzellen der
Abszeßmembran (DOHI, KLIEN, RISEL u. a.). LUKASIEWICZ unterscheidet in
den Eiterherden vier (von außen nach innen einander folgende) Bezirke: 1. Quecksilberhaltige Nekrosen, 2. eitriges Granulationsgewebe, 3. wachsartige Muskel-
Umwandlung, 4. wucherndes Sarkolemm.

Entgegen der allgemeinen Anschauung von der Unmöglichkeit einer Quecksilberwanderung im Körper, wies JUCKUFF am Tiere die Fortbewegung der Quecksilbertröpfchen
in den Gewebespalten nach. Spritzte er unter die Rückenhaut eines Tieres metallisches
Quecksilber, so konnte er dessen Verbleib in den Safträumen des Bindegewebes verfolgen;

von dort aus gelangte ein großer Teil in Körperhöhlen und Lunge, um hier vorerst frei oder abgekapselt liegen zu bleiben.

H. Hoff nahm Versuche an Hunden vor, welche bezweckten, das Eindringen des eingeriebenen bzw. intramuskulär, intravenös oder endolumbal eingespritzten Metalles in das Zentralnervensystem festzustellen. Die nach der Methode von E. Ludwig und E. Zillner vorgenommene Bestimmung ergab geringe Quecksilbermengen nach Einbringung in die Haut. Ferner ließ sich die Tatsache sichern, daß endolumbal einverleibtes Metall mit dem Liquor fortgeschafft wurde. War das Zentralnervensystem selbst (z. B. durch entzündliche Veränderungen) mitgenommen, oder lag außerdem Schädigung von Darm usw. vor, so erhöhten sich die in der Nervensubstanz nachweisbaren Quecksilbermengen.

In einem einzigartigen, von Umber (Krankenhaus Westend-Berlin) mitgeteilten Fall waren zu Selbstmordzwecken 2 ccm (!) metallisches Quecksilber in die Armvene eingespritzt worden (Abb. 4). Abgesehen von zahllosen Metallembolien in kleinen und größeren Gefäßen der Lungen (Abb. 5), konnte man im Röntgenbild auf dem Boden der rechten Herzkammer einen flachen Quecksilberteich feststellen, der die Tätigkeit des Herzens scheinbar nicht beeinflußte; wie denn überhaupt die Gesamtfolgeerscheinungen der Metalleinverleibung außerordentlich gering waren (s. dagegen Harmon: Tödliche Vergiftung nach intravenösen Sublimatgaben). Die noch nach Jahren in fast unveränderter Stärke in der Blutbahn röntgenologisch nachzuweisenden Quecksilbermengen wurden offenbar — nach vorübergehenden Krankheitszeichen — auf die Dauer reizlos vertragen. Anders im Falle Litzen (angef. bei Umber), in welchem die intravenöse Zufuhr von 150 g Oleum ciner. ein schweres Krankheitsbild auslöste und nach sechs Tagen zum Tode führte. Aus den vorgefundenen kurzen Angaben war allerdings nicht zu ermitteln, welche Rolle die Einbringung des Öles in die Strombahn beim Krankheitsablauf gespielt hatte.

Lungenembolien traten auch im Falle Klotz nach intramuskulärer Einverleibung eines unlöslichen Quecksilberpräparates auf. Es blieb ungeklärt, ob die Metallverschleppung durch irrtümlich erfolgte intravenöse Zufuhr oder auf Grund einer Muskelzerreißung und Übertritt des Giftes in ein dabei eröffnetes Gefäß zustande gekommen war.

Laut Mitteilung von Jung ist der transplazentare Übergang des (bei Schwangeren zur Schmierkur verwendeten) Quecksilbers auf den Fetus durch chemischen Nachweis des Metalls in Fruchtwasser und Kindskörper erwiesen.

β) Sonderwirkungen des Sublimats.

Nach Tierversuchsergebnissen von H. Schlesinger regen kleinste Sublimatgaben Wachstum und Gewichtszunahme im Säugetierkörper an. Dennoch ist Sublimat das giftigste aller Quecksilberverbindungen: Als geringste tödliche Gabe wird 0,18 g angesehen. Die ausgedehnten Eiweißflächen von Schleimhäuten und Wundhöhlen reißen das Quecksilber unter Bildung von Quecksilberalbuminaten gierig an sich. Führt die Verätzung nicht schon innerhalb 24 Stunden zum Tode, so treten Zeichen der Allgemeinvergiftung auf. Der Organbefund bei intravenöser Sublimatzufuhr (Harmon: 4 Fälle) unterscheidet sich von dem nach andersgearteter Gifteinverleibung lediglich durch das Fehlen von Veränderungen im Magen-Dünndarm. Ganz akut tödliche Vergiftung endet beim Tiere mit Asphyxie, was Perow veranlaßte, an eine Erstschädigung der Herzganglien oder des Rückenmarks zu denken.

Bei peroraler Anwendung ist möglicherweise Verätzung der Lippen nachweisbar. Über Gewebeschäden an anderen Körpereingangspforten siehe bei äußeren Geschlechtsteilen.

Auf das Auge gebrachtes Sublimat bedingt Hornhaut- und Bindehautentzündung, streifige und großfleckige Ätzschorfe (Földessy, Jaeger). Im Tierversuch wurde fetzige Bindehautabstoßung, Hornhauttrübung, Blutungen in Iris usw. erzielt (L. Lewin und Guillery).

Bereits schwache Sublimatlösungen wirken bei empfindlichen Menschen hautreizend: Auftreten von Sublimatekzemen nach Händedesinfektion (Wengler u. a.)! Sublimat in größerer Konzentration, wie es in Salben, Umschlägen usw. verwandt wird, ruft an der Haut oberflächliche Entzündung und Bläschenbildung hervor; auf epidermisentblößten Flächen entstehen tiefe Wunden mit verschorfendem Grund (Gefahr der Giftaufsaugung!). Nach Ätzung von Papeln mit Solutio Plenckii wurden örtliche Nekrosen beobachtet (E. v. Hofmann).

Trotz Vorhandenseins schwerster, etwaig völlige Harnsperre bedingender Nierenschäden, wird das Auftreten von Ödemen an Gesicht (A. Held) und Gliedmaßen verhältnismäßig selten beobachtet (s. auch J. Jacobi: Ansteigen des Körpergewichts ohne Auftreten von Ödemen).

Sublimateinspritzungen bedingen an der Einstichstelle Eiweißfällung und in der Folge langsam ablaufende Entzündung ohne eitrige Einschmelzung (Prévost).

Die Leichenöffnung bringt an den Körperhöhlen keinerlei kennzeichnende Befunde: Man sieht lediglich bedeutende Gefäßerweiterung an den Baucheingeweiden (Saikowsky) und Blutungen in den serösen Häuten.

Entzündungs- und Ätzerscheinungen an den Luftwegen, wie sie z. B. Mann in seinem Atlas der Tracheobronchoskopie abbildet, gehen auf Aspiration bei Verschlucken des Giftes zurück (Bendersky u. a.).

Uncharakteristische Perikard- und Myokardblutungen mit Quellung der den Blutungsherden anliegenden Muskelfasern sind häufig. Muskelzellvakuolisation und -kernpyknosen weisen auf noch nicht genauer erforschte Parenchymschädigungen hin.

Eine Veröffentlichung von Tilp (s. auch Rüther) beschäftigt sich mit dem Vorkommen von Kalkherden im Herzmuskel. Diese wurden in einem Fall beobachtet, in welchem der Vergiftete 40 ccm einer $5\,^0/_0$igen Sublimatlösung getrunken hatte und fünf Tage später verstorben war. Die Wand der linken Herzkammer fand sich durchsetzt von hanfkorn- bis linsengroßen, orangegelben, unscharf begrenzten Bezirken, welche beim Mikroskopieren im ungefärbten Schnitt schwarzkörnig bestäubte Muskelfasern erkennen ließen. Das gefärbte Präparat zeigte verkalkte Muskelbündel, die, verdickt und verlängert, teils wellig verliefen, teils kolbig aufgetrieben waren. Dazwischen sah man — hie und da von reaktiven Rundzellansammlungen umgeben — Strecken zerfallener oder wachsartig umgewandelter Fibrillen. Nach Ausführungen von M. B. Schmidt (Diskussionsbemerkung zum Vortrage Tilp) könnte die Erscheinung der Kalkmetastasen ein Ausdruck sein für Kalkstoffwechselstörungen auf dem Boden herabgesetzter Nierenleistung, welch letztere — zufolge Verwässerung des Blutes — veränderte Löslichkeitsbedingungen für den Kalk schafft. Rüther denkt dagegen an Kalkablagerung in vorher sublimatgeschädigten „degenerativ veränderten Muskelfasern“. Perow, der, wie eingangs erwähnt, auf Grund von Tierversuchsergebnissen für eine Erstschädigung der Herzganglien eintritt, hält dieselbe durch den Befund zerfallender Ganglienzellen für erwiesen.

Genauere Beschreibungen von Gefäßwandveränderungen liegen nur von Seiten tierexperimentell arbeitender Forscher vor. Sublimateinspritzungen sollen nach Mitteilung von Philosophow bei Tieren ähnlich wirken wie Adrenalin: In der Aorta splittern sich die Lamellen auf, Zerfalls- und Verkalkungsherde zerstören streckenweise die Mediaschichten. Die kleineren Gefäße beantworten den Giftreiz mit „Endothelschwellung und -abstoßung“, Hyalinisierung der Wandschichten und schließlich mit Bildung roter Thromben (Perow).

Auf der Schleimhaut des Verdauungsschlauches (s. Merkel, ds. Handb. Bd. IV/1) erweist sich das — in fester Form oder in Lösung aufgenommene —

Sublimat als schweres Ätzgift: Zu der Wirkung der sofort entstandenen Quecksilberalbuminate gesellt sich wahrscheinlich noch der Einfluß der Salzsäure (R. BOEHM, KOBERT). Schleimhautverätzungen an Lippe, Wange, Zunge, Gaumenbögen, oberem Speiseröhrenteil (Abb. 6) bilden sich meist nur bei höherer Giftkonzentration aus. Streifenförmig verlaufende Nekrosen, Geschwüre und eitrige Entzündung im untersten Drittel der Speiseröhre kommen häufiger vor.

Der Befund am Magen ist — entsprechend dem Wechsel der äußeren Umstände und der persönlichen Giftansprechbarkeit — außerordentlich mannigfaltig.

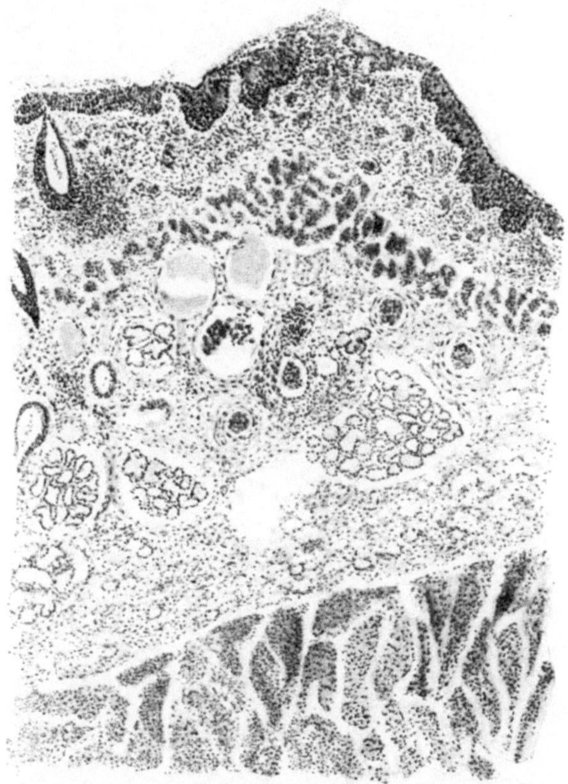

Abb. 6. Ösophagitis bei Sublimatvergiftung (Sammlung des pathol. Instituts am Stubenrauch-Krankenhaus Berlin-Lichterfelde. Pros. Dr. WALKHOFF).

Nach Einnahme von Sublimatpastillen kann sich die Mageninnenfläche mit Eosin durchtränken; doch wird in solchen Fällen der schwach rosige Farbton gewöhnlich von Gewebezerstörungen überdeckt. Die schwersten Veränderungen lassen sich naturgemäß nach Einverleibung des Giftes in Substanz an den Stellen nachweisen, wo das Gift längere Zeit haften blieb. Abhängig von dem Grade der Blutgefäßfüllung bei Eintritt der Vergiftung bilden sich auf der — stets mehr oder minder ödematös entzündlich geschwollenen — Schleimhaut (flächige und streifige) braunschwarze oder weiße Quecksilberalbuminatschorfe, welch letztere an das anatomische Bild bei Karbolsäureverätzung erinnern; oder es treten weiße Tupfen auf, wie man sie nach Benetzung der Schleimhaut mit absolutem Alkohol sehen kann. Stauungsblutüberfüllung, Blutungen, diphtherische Entzündungen

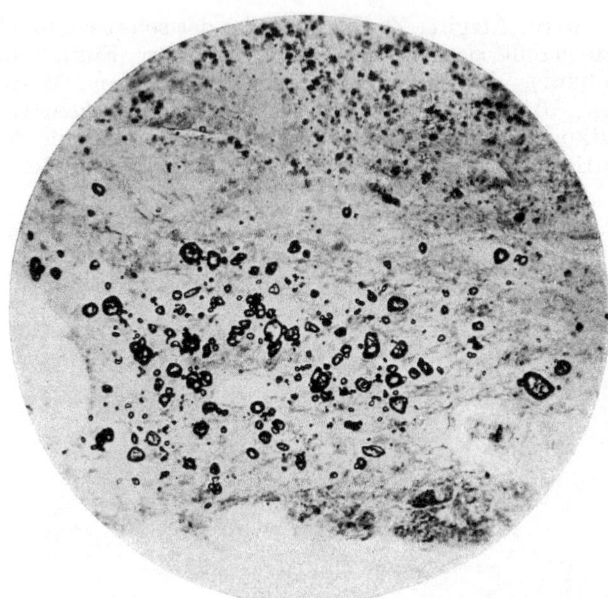

Abb. 7. Sublimatkristalle in der Magenschleimhaut (Sammlung Dr. EDM. MAYER, Urbankrankenhaus. Berlin). 132 fache Vergrößerung.

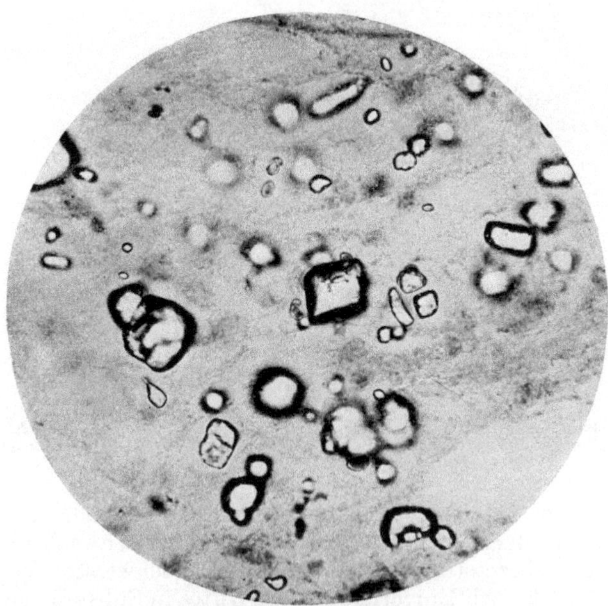

Abb. 8. Sublimatkristalle in der Magenschleimhaut (Sammlung Dr. EDM. MAYER, Urbankrankenhaus, Berlin). 480 fache Vergrößerung.

und — seltener — Geschwürsbildungen vervollständigen die Befunde. Bei schweren Verätzungen wird die Magenwand lederartig fest, starr, bleigrau.

Magenwandphlegmone als Folgeerscheinung wird von SCHALL erwähnt.

Bei Tieren sah PEROW Entwicklung von Schleimzysten zufolge allerstärkster Schleimabsonderung.

Das mikroskopische Bild ist nach peroraler Sublimateinfuhr — besonders in den Fällen fehlender Verätzung — oft wundervoll klar zufolge der raschen Gewebsfixation von der Schleimhaut her. Gelegentlich findet man Sublimatkristalle (Abb. 7 und 8). Oberflächliche Nekrosen, mächtige kapilläre Erythrozyten- und Leukozytenstase, Ödem des Zwischengewebes, das ungeheuerliche Ausmaße annehmen kann (Abb. 9), bis in die Muskelschichten

Abb. 9. Hochgradiges Ödem der Magenwand bei Sublimatvergiftung. (Sammlung Dr. EDM. MAYER, Urbankrankenhaus, Berlin). 9 fache Vergrößerung.

hineinreichende Blutungen (hämorrhagische Infarzierungen! s. Abb. 10) sind die hervorstechendsten Merkmale der Sublimateinwirkung. An Stellen, deren weißliche Trübung schon dem bloßen Auge erkennbar ist, sieht man die Drüsenschläuche entweder zerfallen oder in schmale Epithelbänder bzw. in mit Leukozyten angefüllte Zysten umgewandelt. Das noch erhaltene Drüsenepithel ist meist platt, plump, zeigt einzelne Mitosen auf. In einem — mir von Herrn Dr. WALKHOFF (Stubenrauchkrankenhaus, Lichterfelde) freundlicherweise überlassenen — Präparat spielen sich die Zerfallsvorgänge in erster Reihe an den Hauptzellen ab, während die großen, z. T. mehrkernigen Belegzellen besonders gut erhalten (durch Lebendfixation) und kräftig gefärbt erscheinen (Abb. 11).

Gelbweiße, durch intraepitheliale Einlagerung von mineralischen Klümpchen und drusenförmigen (Kalk- ?) Bröckeln hervorgerufene Pünktchen in der Schleimhaut beschreibt E. KAUFMANN.

Die oberen Teile des Darmrohres nehmen nicht immer an dem krankhaften Geschehen teil. Gelegentlich sieht man in einzelnen, mitunter recht

ausgedehnten Dünndarmabschnitten das Bild der verschorfenden Enteritis:
Dunkelrot sammetartige Schwellung der (von zahlreichen Blutungen durchsetzten) Schleimhaut, gelbgrünlich-bräunliche Nekrotisierung bzw. Verschorfung
der durch entzündliches Ödem versteiften Faltenhöhen (Abb. 12).

Der Grad der Schleimhautschäden im Dickdarm, welchem neben der Niere
wahrscheinlich die Hauptarbeit bei der Ausscheidung des Giftes zukommt
(s. S. 23), wird von einigen Untersuchern in ein mittelbares Verhältnis zur
Schwere der Nierenerkrankung gebracht: Mit zunehmendem Versagen der
Nierentätigkeit wächst die Leistungsbeanspruchung der Dickdarmschleimhaut

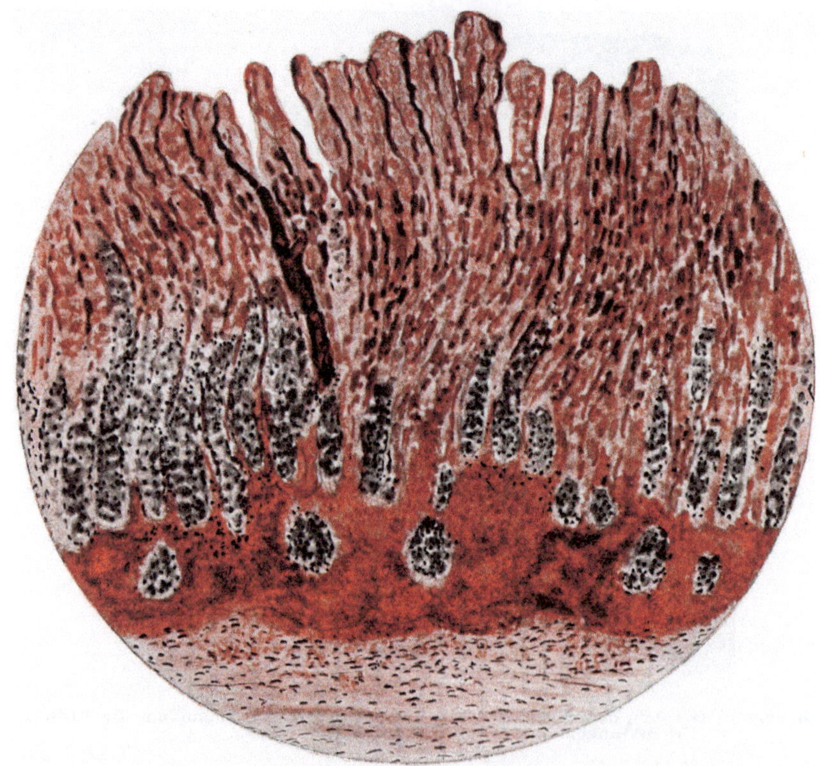

Abb. 10. Massige Durchblutung der Magenschleimhaut bei Sublimatvergiftung
(Sammlung Dr. Weimann, Gerichtsärztliches Institut, Berlin).

und damit die Auslieferung seiner Gewebe an das Gift. Die Theorien über
Verhalten und Wirkungsweise des Quecksilbers im Dickdarm s. S. 23.
Zu ihrer Ergänzung möge eine Beobachtung am lebenden Tiere (Ricker und
Foelsche) Erwähnung finden: Bei akut tödlicher (subkutaner) Sublimatgabe
tritt anfangs Dauerverengerung der arteriellen Bauchgefäße, dann — infolge
zunehmender Herzschwäche — Venenerweiterung und Blutstromverlangsamung
ein. Somit wären die Schleimhautschäden am Darm letzten Endes auf giftbedingte Kreislaufstörungen zurückzuführen. Auch Elbe fand die kleinen Arterien
zusammengezogen, sah hyaline Haargefäßthromben rückläufige venöse Stauung,
hämorrhagische Infarzierung und Nekrosen verursachen.

Die Schleimhautveränderungen im Dickdarm zeigen in der Regel andere
Beschaffenheit als die des Dünndarms: Ungleichmäßig fleckförmig oder die

Darminnenfläche mit kleinen Aussparungen völlig deckend, breiten sich hä-
morrhagisch-nekrotisierend-ulzeröse oder diphtherische Entzündungsvorgänge
aus. Unter Umständen kann die ganze Innenschicht des geweiteten, durch
Ödem und Ansammlung von Entzündungsstellen dickwandig gewordenen Darms
mit wulstigen Schorfen bedeckt sein. Das Bild ist ein solches, daß häufig
Schwierigkeiten bei der merkmalsmäßigen Abgrenzung gegenüber bazillärer

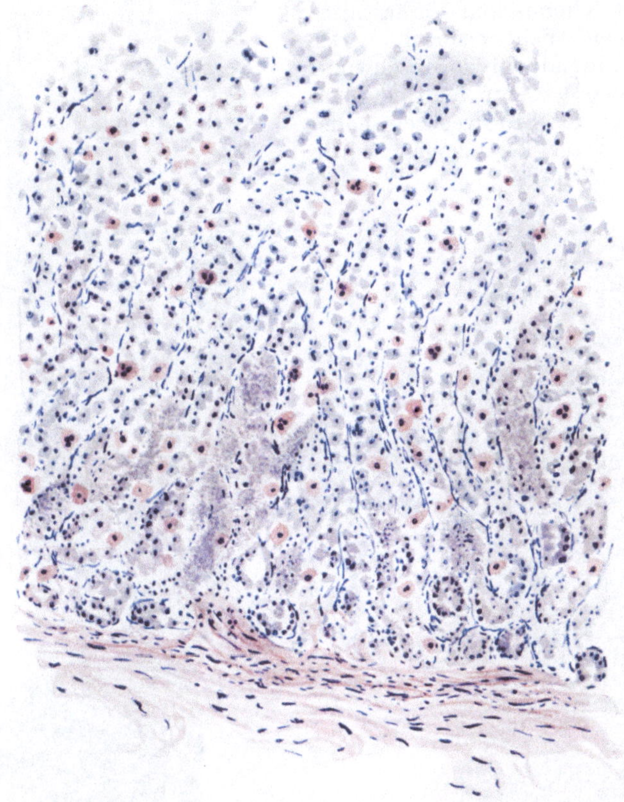

Abb. 11. Magen bei 10 Tage alter Sublimatvergiftung: oberflächliche Nekrosen, auffallend gute Fixation
der Belegzellen (Sammlung des pathol. Instituts am Stubenrauchkrankenhaus Berlin-Lichterfelde,
Pros. Dr. WALKHOFF).

Ruhr und urämischen Darmveränderungen entstehen. Mit fortschreitender
Schleimhautzerstörung sieht man neben tiefgreifenden, den Rand unter-
grabenden Geschwüren die zerfetzten Schleimhautreste in der Darmlichtung
flottieren. Große Stücke derselben können als Schläuche ausgestoßen werden
(Abb. 13). Als Begleiterscheinung und Folgezustände der Darmerkrankung
werden Periproktitis und Peritonitis serofibrinosa beobachtet (COBLINER).

Das mikroskopische Bild zeigt in den noch leidlich erhaltenen Abschnitten
ähnliche Veränderungen wie das des Magens. Von den tiefen Drüsenteilen sind
gewöhnlich noch kleine Bezirke vorhanden; die Drüsenzellen schwellen, hellen
sich auf und erinnern dann an die Epithelien der Schleim- und Speicheldrüsen
(ALMKVIST).

Das — nach den Versuchsergebnissen von Voigt in Stern- und Leberzellen gespeicherte — Quecksilber soll im Leberparenchym mit Globulinen eine lockere, beim Knochen mit Säuren zerfallende Verbindung eingehen (R. Boehm, Slowtzoff, Vámossy). In einer neueren Arbeit von Horsters wird darauf hingewiesen, daß Schwermetalle fast ausnahmslos in der Leber fixiert und entgiftet werden, daß insbesondere die Quecksilbersalze hier sehr fest verankert werden. Die physikalisch-chemischen Verhältnisse sind im einzelnen nicht erforscht: Der fast immer zu findende Glykogenschwund (Meixner) legt vorerst nur den Gedanken an Beeinflussung des Stoffwechsels nahe. Speicherung größerer Fettmengen wurde

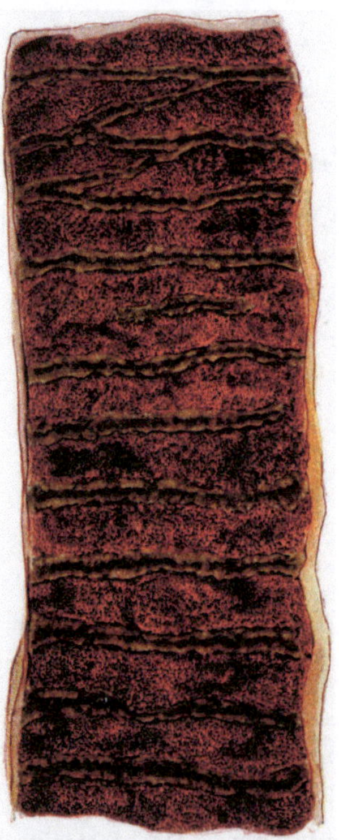

Abb. 12. Verschorfende Enteritis bei Sublimatvergiftung (Sammlung des pathol. Instituts am Virchow-Krankenhaus, Berlin. Prof. Christeller †).

Abb. 13. Stück der ausgestoßenen Darmmukosa bei Gangräna mercurialis (Nr. 170 b / 1911 der Sammlung des pathol. Instituts am Virchow-Krankenhaus, Berlin, Prof. Christeller †).

nur bei Tieren gesehen (Mc. Nider). Die experimentell (Heitzmann u. a.) fast regelmäßig zu erzielenden Zerfalls- und Regenerationsvorgänge an den Leberzellen finden auch in den Arbeiten der Menschenpathologie gelegentlich Erwähnung (Durante u. a.).

Nach Untersuchungen am Tier (Heitzmann) spielt sich das regeneratorische Geschehen in der Hauptsache an den Gallengangsepithelien ab. Wurde Kaninchen

verdünnte Sublimatlösung in die Gekrösevene gespritzt (STECKELMACHER), so
griff das Gift nicht die Leberzellen an, wohl aber zeigten sich die Sternzellen fast
durchwegs zerstört. Wahrscheinlich wirkt das Gift am unmittelbarsten auf das
Gefäßendothel bzw. Retikuloendothel ein, wie auch nach der — sich auf Versuchsergebnisse stützenden — An-
schauung von GOLDZIEHER and
PECK die Erfolge der Quecksilber-
therapie durch (morphologisch
nachweisbare) Reizung und Akti-
vitätserhöhung des Retikuloendothels in Leber und Milz bedingt
sein sollen.

Beim Menschen konnte HEITZ-
MANN nach 5tägiger Vergiftung in
der bläulichgrau getönten, makroskopisch strukturlosen Leber ungleichmäßig angeordnete Nekroseherde nachweisen, desgleichen neu-
gewucherte Zellgruppen und einzelne Zellen mit atypischen und
typischen Mitosen. Ähnliche, wenn
auch nicht so stark ausgeprägte
Bilder hatte ich selbst zu sehen
Gelegenheit (zwei Fälle 5 bzw.
10 Tage alter Vergiftung). Subkapsuläre und interlobuläre Blutungen, entzündliche Infiltrate ergänzen in der Regel die Befunde
(HEINEKE). In den Gefäßen liegende kristallinische Gebilde unbestimmter Natur werden von
DURANTE erwähnt.

Man spricht gemeinhin von der
„Sublimatniere", obwohl diese
anatomisch keinen einheitlichen
Begriff darstellt und kaum sonst
noch eine Art der Nierenschädigung so vielgestaltige Formen aufweist. Nachdem ich das — mir
von vielen Seiten zur Verfügung
gestellte — reiche Material und
das einschlägige Schrifttum ge-
sichtet habe, dünkt es mich unmöglich, an den von ASKANAZY
und NAKATA aufgestellten, zeitlich bedingten drei Entwick-

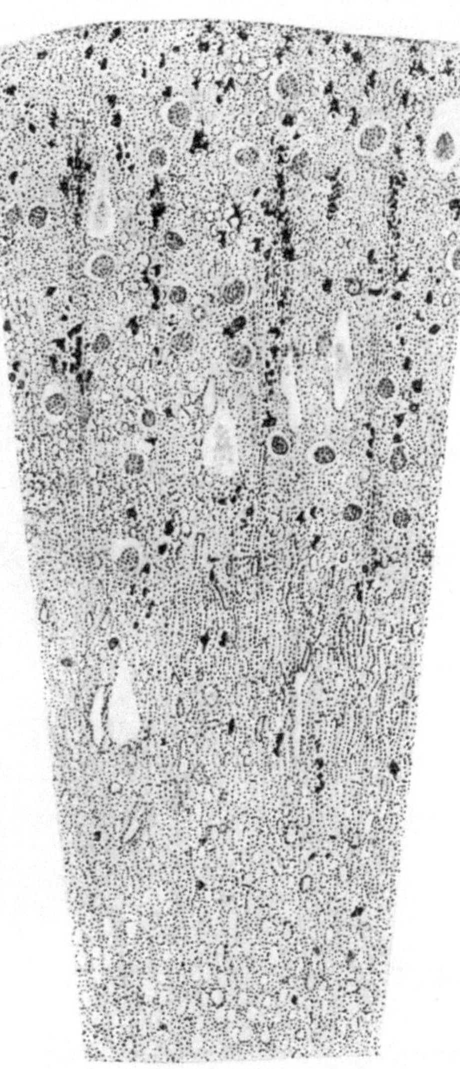

Abb. 14. Niere bei Sublimatvergiftung.
Starke Verkalkung. Übersichtsbild.

lungsstufen der Sublimatniere festzuhalten. Neben Giftmenge und Vergiftungsdauer kommen sicherlich unbekannte Einflüsse wie allgemeine Leistungsfähigkeit und Augenblickszustand der Niere u. a. m. in Frage bei Entstehung
und Ablauf der krankhaften Veränderungen (s. auch FAHR, dieses Handbuch VI/1), welche in ihrer Gesamtheit unter dem Namen der nekrotisierend-
verkalkenden Nephrose so bekannt sind, daß ich mich in ihren Schilderungen
kurz fassen kann.

Die Ausscheidungsstätte des Quecksilbers wird — auf Grund der an vergifteten Tieren gewonnenen Ergebnisse — von der Mehrzahl der Untersucher (s. aber Kosugi!) in die distalen gewundenen Abschnitte und in den Übergang der Hauptstücke zu den Schleifen verlegt. Die ersten Wirkungen des Giftangriffes sind — wie die älteren Beobachter (Heineke, F. Klemperer, Kohan, Priebatsch, Schlayer u. a.) ausführen — am Epithel zu suchen, nach neueren Anschauungen (Ricker, Stracke, Weiler) am Gefäßsystem, dessen motorische Störungen im anatomischen Bild der Stauungsblutüberfüllung ihren Ausdruck finden.

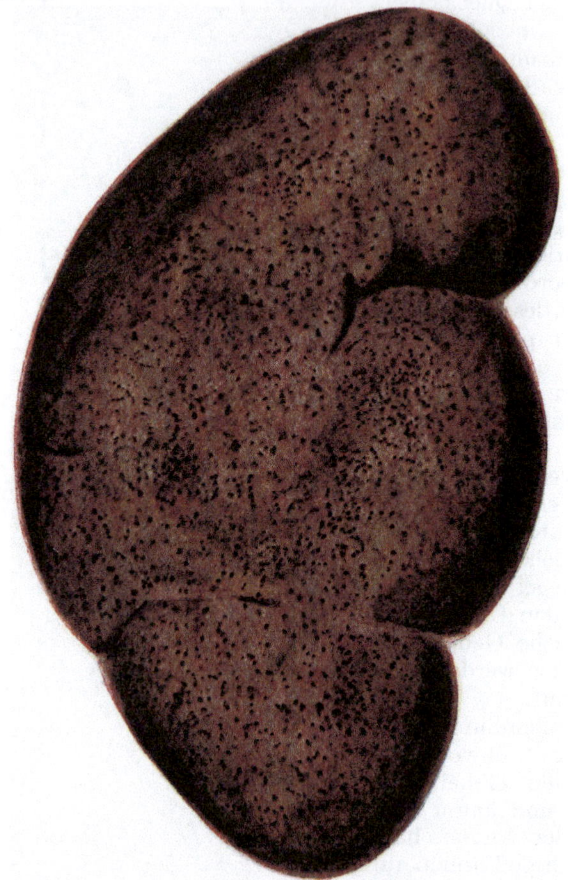

Abb. 15. Niere bei akuter Sublimatvergiftung. Starke Gefäßfüllung. Kleinste Rindenblutungen (Sammlung des pathol. Instituts am Virchow-Krankenhaus, Berlin. Prof. Christeller †).

Scheinbar ohne einleitende Quellungsvorgänge setzt die Epithelnekrose unmittelbar ein (Suzuki), wobei die Fälle schwersten Paremchymzerfalls nicht in dem Maße zur Kalkspeicherung zu neigen scheinen, wie solche mit weniger ausgesprochener Nekrotisierung (Fahr). Die Niederschläge von phosphor- und kohlensaurem Kalk, die nicht spezifisch für die Sublimatvergiftung sind, sondern in ähnlicher Weise bei Einwirkung von Urannitrat, Bismut. subnitr., Glyzerin und anderen Giften in Erscheinung treten, finden sich nach den Ausführungen von Suzuki in der Hauptsache dort, „wo die geraden Übergangsabschnitte innerhalb der Markstrahlen der Rinde verlaufen". Demgegenüber betont Saikowsky, der als Erster die Salzablagerung erkannte und deutete, ihre regellose Verteilung (Abb. 14). Leutert erklärt die herdförmige Verkalkung damit, daß sich jeweils nur bestimmte Nierenteile in Tätigkeit befinden. Über die Ursachen der Kalkablagerung gehen die Ansichten in weitestem Maße auseinander, zumal auch die Herkunft des gespeicherten Kalkes noch umstritten ist: Die von PRÉVOST bei Nagetieren festgestellte Entkalkung der Knochen scheint beim Menschen nicht in Frage zu kommen (E. KAUFMANN u. a.). Die Leistungsuntüchtigkeit der verschorften Dickdarmschleimhaut, welche Herabsetzung der Kalkausscheidung im Gefolge hat, soll nach der einen Meinung

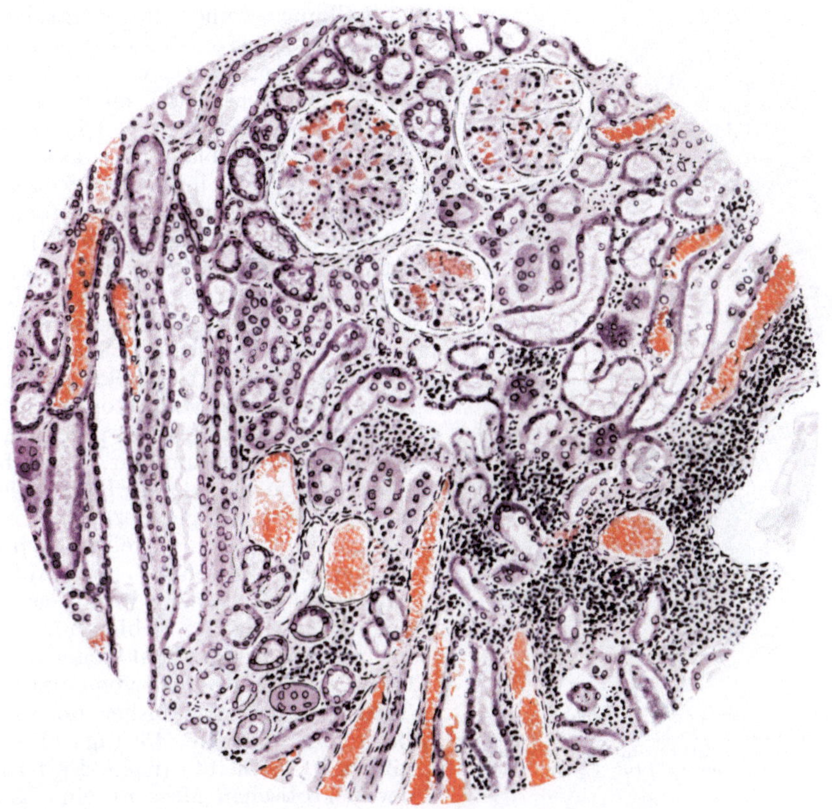

Abb. 16. Niere nach 8 Tage alter Sublimatvergiftung (1¹/₂ g. peroral). Erythrozyten in Kanälchenlichtungen, interstitielle Infiltrate. (Sammlung des pathol. Instituts am Stubenrauch-Krankenhaus Berlin-Lichterfelde. Pros. Dr. WALKHOFF.)

(M. B. SCHMIDT u. a.) erhöhten Kalkgehalt und Verschlechterung der Löslichkeitsverhältnisse des Kalkes im Urin bedingen, bei dessen Absonderung nun die nekrotischen Massen den reichlich dargebotenen Kalk an sich reißen können. Andere Untersucher wie z. B. F. KLEMPERER lehnen ein Wechselverhältnis zwischen Nieren- und Darmerkrankung grundsätzlich ab. Dritte sprechen von Kalküberschwemmung des Gewebes bei gleichzeitiger Stoffwechselstörung zufolge Nephritis (RABL) oder von Erstschädigung der Gefäßwände (LEUTERT).

Vergegenwärtigen wir uns in großen Zügen den Ablauf des krankhaften Geschehens am Gewebe, soweit er sich von den einzelnen vorliegenden Befunden ablesen läßt: Es wird mit Beginn der Vergiftung in dem — noch nicht vergrößerten — weichen, gelblich bis graugelblich-roten, durch allerstärkste Venenzeichnung gekennzeichneten Organ (Abb. 15) das histologische Bild

beherrscht von Kreislaufstörungen (Stauungsblutüberfüllung, etwaig auch interstitielle und glomeruläre Blutungen [Abb. 16]). Mit weiterem Fortschreiten der
Erkrankung treten die typischen Veränderungen an den Kanälchenepithelien
auf, bei welchen nach der Schilderung von Harmon zwei Formen rückschrittlicher Umwandlung unterschieden werden müssen: Solche, die einhergehen mit
1. Homogenisierung und Basophilie des Protoplasmas, 2. azidophiler Granulierung
des Zelleibes. Zu dem schnell um sich greifenden Epithelzerfall gesellen sich
sehr bald mehr oder minder ausgeprägte Verkalkungs- und Regenerationspro-
zesse. Die Niere ist zu dieser Zeit in der Regel vergrößert, von wechselnder,
bald weißgelber, bald mehr ins Rote spielender Grundfarbe. Die Bezirke
stärkerer Kalkablagerung kann man oft schon an ihrer grauweißlichen
Fleckung und strahligen Streifung mit bloßem Auge erkennen (Abb. 17). Ver-
fettungen sind spärlich vorhanden, fehlen in den nekrotischen Zellen vollkommen. Im Verlaufe der Zellneubildung haften den Wänden der mißgestalteten,
mit nekrotischen (verkalkten) Massen mehr oder minder vollgestopften Kanälchen anfangs Haufen von plumpen, oft miteinander verklumpten, stark färbbaren Zellen an, deren Kerne vielge-staltig, vereinzelt geradezu ungeheuerlich geformt sind, zuweilen atypische und typische Mitosen aufweisen (Abb.18).
Aus diesem Zellgewirr formt sich all-mählich ein flaches (Abb. 19), später
mehr zylindrisches, dicht stehendes Epi-thel. Nach dem Bericht von Gorke und
Töppich über eine bisher noch nicht bekannte Spätstufe (45 Tage alte Vergiftung!) verbleibt (nach Entfernung der nekrotischen Massen) eine Kanäl-

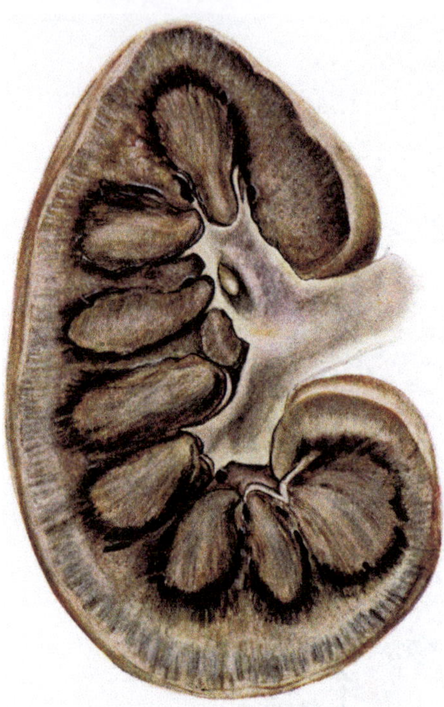

Abb. 17. Sublimatniere mit hochgradiger Rin-
denverkalkung. (S. Nr. 1283/1913 der Sammlung
des Pathol. Instituts am Krankenhause
Moabit-Berlin. Prof. Jaffé).

chenbekleidung aus jüngstentstandenen, vom Normalen völlig abweichenden,
hochkubischen und zylindrischen Zellen neben flachen, unregelmäßig gestalteten
Epithelien. Beide Zellformen verfallen offenbar erneuter Abstoßung.

Hand in Hand mit den reparatorischen gehen reaktive, z. T. eitrige Entzündungsvorgänge und Bindegewebswucherung, die — sofern die Vergiftung nicht
tödlich endete — zu Narbenbildung und Schrumpfung führen können.

Eine neuere Arbeit von A. Held (1928) übermittelt uns histologische Befunde
von zweizeitig gewonnenen Nierenpräparaten und gewährt uns somit Einblick
in das Entstehen und Fortschreiten der „Sublimatnephrose“. Das (in den ersten
Tagen der Vergiftung) bei der Nierenentkapselung erhaltene Organstück einer
37jährigen Frau zeigte nachstehende Veränderungen: In zahlreichen Epithelien
(besonders der gewundenen Kanälchen, aber auch der Kapselblätter) hyaline —
im Tierversuch gleicherweise zu beobachtende — Tropfen, in vielen Kanälchenlichtungen massenhaft Erythrozyten, welche — da an diesen Stellen die Epithelien fehlten — nur durch eine feine Haut von den Haargefäßen des Zwischengewebes getrennt, wahrscheinlich durch Kapillarwand und Epithelmembran in

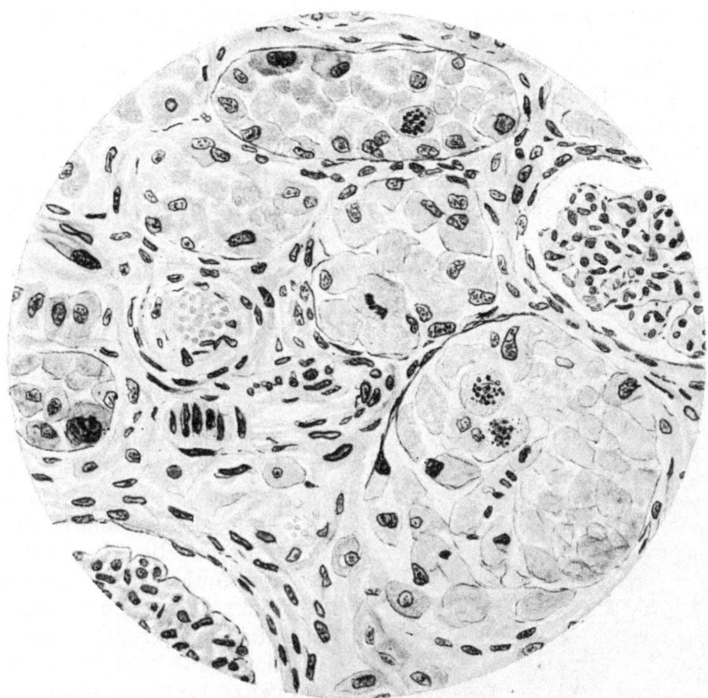

Abb. 18. Niere bei Sublimatvergiftung. Epithelnekrosen und regeneratorische Wucherungen (mit typischen und atypischen Mitosen).

Abb. 19. Niere bei 10 Tage alter Sublimatvergiftung. (Bereits wieder reichliche Urinausscheidung. Tod durch Hämatemesis.) Starke Kanälchenerweiterung. Auskleidung der Lichtungen mit endothelartigen Zellen. Kalkzylinder. (E. Nr. 46/23 der Sammlung des pathol. Instituts am Urbankrankenhaus, Berlin. Pros. Dr. EDMUND MAYER.)

die Lichtungen übergetreten waren, denn in den oberhalb gelegenen Kanälchenabschnitten konnten nennenswerte Mengen von Erythrozyten nicht nachgewiesen werden. Die Glomerulusschlingen zeigten sich aufgequollen, plump,
körnig-streifig verdichtet, ihre Zellkerne, soweit überhaupt noch erkennbar,
zu dicken Chromatinstreifen umgewandelt. Der 30 Stunden später erhobene
Sektionsbefund gestaltete sich in der Hauptsache folgendermaßen: Stärkere
leukozytäre Bindegewebsinfiltration, Kapselepithelwucherungen mit halbmond-
ähnlichen Bildungen. Im Hinblick auf das Gesamtbild spricht A. HELD von
„Glomerulonephrose".

Als Ergänzung zu diesem Bericht seien die Tierversuchsergebnisse von
KOSUGI herangezogen. Aus ihnen geht hervor, daß die allerfrühe-
sten Veränderungen (etwa bis zu 7 Stunden nach Gifteinverleibung) augenscheinlich an den Knäuelschlingen in Form von
Ödem und Homogenisierung ihrer Wände einsetzen. Dann erst beginnt die tubuläre Schädigung, während die glomeruläre wieder
abnimmt, so daß letztere später leicht übersehen werden kann (s.
auch Tierversuche von HEINEKE, G. MOORE und Mitarbeiter, PHO-
TAKIS und NIKOLAIDIS, PRÉVOST u. a.). KOSUGI nimmt auf Grund
seiner Ergebnisse an, daß das Subli-mat durch die Glomerulusschlingen, unter Schädigung derselben abgesondert wird, daß es zur Veränderung der Hauptstücke erst dann kommt, wenn die zunächst
niedrige Giftkonzentration sich intrazellulär durch granuloide
Speicherung erhöht und zwar am stärksten im Grenzgebiet zwischen

Abb. 20. Harnblase. Schlcimhautnekrosen durch Subli-
matausscheidung. (S. Nr. 1283/1913 des pathol. Instituts
am Krankenhause Moabit-Berlin. Prof. JAFFÉ).

gewundenen und geraden Abschnitten. Die Meinung RICKERs, daß die Tubulus-
veränderungen von der subkortikalen Zone aus durch die Rinde hindurch stock-
werkweise fortschreiten, wird abgelehnt.

Beim Menschen bekommen wir diese ganz frühen Vergiftungszustände
außerordentlich selten zu sehen und so erklärt es sich, daß Schilderungen über
scheinbare Abweichungen von dem „typischen Bilde der Sublimatniere" in
den zahllosen einschlägigen Mitteilungen nur ganz vereinzelt zu finden sind
(FAHR, LÖHLEIN u. a.). Ab und an (ELBE, HEINEKE, A. HELD u. a.) liest man von
diffuser Kapillarschädigung (ähnlich wie bei Eklampsie) mit Wandverdickung,
Epithelschwellung und intraepithelialer Lipoidspeicherung, von Erythrozytendiapedese, Exsudat im Kapselraum u. a. m. Niemals sind etwaig vorhandene
Glomerulusnekrosen verkalkt.

GIERKE spricht von Zylindern aus zerfallenden Epithelien, die sich zwar mit Hämatoxylin
dunkelblau färbten, aber nicht Kalk-, sondern Eisenreaktion gaben. HEINEKE erwähnt
den reichen Hämosideringehalt in der Grenzschicht von Mark und Rinde. Zahlreiche Fibrin-
und Leukozytenthromben in den Vasa afferentia wurden von MÉNÉTRIER et DERVILLE
beobachtet (nach Vergiftung zufolge intravaginaler Sublimatspülung). Über Thromben

und Endothelwucherung berichtet auch PEROW. (Zusammenstellung älterer Nierenbefunde s. bei F. KLEMPERER 1889).

Der Urin enthält zuweilen reduzierende Substanzen.

Therapeutisch gegen Gonorrhöe verwandte Sublimateinspritzung in die Harnröhre kann rasch eintretende Verengerung derselben zur Folge haben. Schon zwei Tage nach der Giftanwendung stellte ASCH hochgradige Entzündung in der Gegend der LITTRÉschen Drüsen und in den MORGAGNIschen Krypten fest. Die Harnblase ist gewöhnlich leer, zusammengezogen (mangelnde Harnabsonderung!). Durch unmittelbaren Giftreiz (nach Spülungen) oder mittelbar (durch Giftausscheidung) bedingte Schleimhautblutungen und nekrotisierend-hämorrhagische Entzündung (Abb. 20) wurden verschiedentlich gesehen (KRAMER [Schleswig] u. a.).

Befunde an der Nebenniere wie herabgesetzte Chromierbarkeit der Markzellen und rückschrittliche Umwandlung der Rindenelemente — vorwiegend in der Zona reticularis — sind hauptsächlich bei weiblichen Versuchstieren festzustellen (E. HESSE). Infiltrate und — auch beim Menschen zu beobachtende — Blutungen (CIVIDALLI e LEONCINI) treten demgegenüber zurück.

GRANZOW weist auf gesteigerte Follikelatresie in den Eierstöcken hin.

Zu Fruchtabtreibungszwecken vorgenommene Einlagen von Sublimatpastillen in die Scheide oder vaginale Spülungen mit Sublimatlösungen (M. C. SEXTON, JUNGMICHEL, MANGILI u. a.) bewirkten zu wiederholten Malen tödlich endende Vergiftungsfälle (JOERS: Tod nach 8 Tagen u. v. a.). Die grauweißen Beläge, linsen- bis bohnengroßen oberflächlichen Schleimhautverluste und -nekrosen an den hochgradig ödematösen Schamlippen kommen sowohl als örtliche Ätzungen (DURLACHER, JOERS, THORET, VOLLMER u. a.), wie auch als resorptive Erscheinungen zur Beobachtung (s. S. 24).

Der transplazentare Übergang des Giftes von der Mutter auf den Fetus ist an Hand von chemischen Analysen in Fruchtwasser und Kindskörper, wie auch durch den histologischen Befund an den Organen des Kindes bewiesen worden (MIRTO, F. STRASSMANN und E. ZIEMKE). Nach kleinen Sublimatgaben findet man Quecksilber nur in der Plazenta, nicht aber im Fetus (PORAK). (S. auch Tierversuche von SOLI UGO.) Dem Übertritt des Giftes in das Blut der Frucht geht die Schädigung der Plazenta voran (F. STRASSMANN u. a.). So konnten H. MARX und A. SORGE nach Beibringung großer Giftmengen bei ihren Versuchstieren schwere Zerstörungen in Gebärmutterwand und Serotina nachweisen, welch letztere sich in eine fast kernlose Platte umgewandelt hatte. Auch im Chorionepithel erwies sich der Zellzerfall als beträchtlich; die Bluträume waren prall gefüllt, das Amnion zeigte ausgedehnte Nekrosen.

Der Quecksilbernachweis gelingt stets im Urin (s. S. GUTMANN), mit welchem das Gift zwar immer nur in kleinen Mengen, jedoch noch monatelang nach Unterbrechung der Quecksilberzufuhr ausgeschieden wird. Ferner können Niere, Pankreas, Leber (Galle), Lunge, Inhalt und Wandungen von Magen-Darm, Speichel, Milch, Schweiß, Blut zum Nachweis herangezogen werden. Nach Einspritzungen findet sich auch Metall in den Haaren.

II. Chronische Vergiftung.

Die chronische, durch dauernde Aufnahme allerkleinster Giftmengen (vor allem von metallischem Quecksilber) hervorgerufene Vergiftung spielt im wesentlichen nur als Gewerbekrankheit (bei Arbeitern in Gruben, Spiegelfabriken, Hutfabriken usw.) eine Rolle, kommt allerdings ganz vereinzelt auch nach therapeutischer Quecksilberverwendung vor (A. ALEXANDER und K. MENDEL). Kürzlich berichtete ALEXANDRA ADLER über eine chronische

Vergiftung auf medikamentöser Grundlage bei einem Syphilidophoben, welcher seit langem alljährlich wiederholt Schmierkuren vorgenommen hatte. Ferner wurden beim Arbeiten in Laboratorien Vergiftungserscheinungen beobachtet (STOCK, ARNOLDI, STOCK und ZIMMERMANN), die in ihrem schleichenden Verlauf gewisse Anklänge an Saturnismus erkennen ließen.

Von Belang ist die in den letzten Jahren vielfach erwogene Frage, ob bei besonders quecksilberempfindlichen Personen eine Vergiftung durch Tragen von Amalgamplomben in den Zähnen möglich sei (STOCK).

Angeblich wird der Quecksilberdampf in der Lunge zurückgehalten und soll dort örtliche Reizwirkung ausüben. FÜRBRINGER (1880) stellte sich geradezu vor, daß eine Verdichtung des Metalldampfes zu regulinischen Kügelchen auf der Schleimhaut der Luftwege stattfinde.

Der chronisch Vergiftete bietet bei ausgeprägtem Krankheitsbild mit seinen blutleeren Schleimhäuten, der welken, blassen Haut und der atrophischen Muskulatur, dem Haar- und Zahnausfall das Bild des Marasmus praecox, der „Kachexia mercurialis" (KUSSMAUL). In den ganz seltenen Fällen, welche mit schwerer Stomatitis einhergehen, kann man Nekrosen der Kieferränder und Zahnfächer sehen (DE RENZI, angeführt bei O. SEIFERT); auch Pseudoankylosen der Kiefergelenke infolge narbiger Verwachsungen zwischen Wange und Kiefer werden beobachtet. Im Rahmen der Kachexie wäre noch die Entkalkung, das Brüchigwerden der Knochen zu nennen (PRÉVOST).

Jahrelange Beschäftigung in Knallquecksilber- und Sprengkapselfabriken ruft bei den Arbeitern schwere Hauterkrankungen (Ausschläge und nässende Ekzeme) hervor. Auch fällt die tiefschwarze Verfärbung der Zähne auf (PERUTZ).

Die Anämie findet ihre Erklärung in beträchtlichem, an der Organhämosiderose meßbarem Erythrozytenzerfall (PERUTZ). Nach Angaben von E. KAUFMANN und von MAGGIORA gehen Erythrozyten- und Hämoglobinverminderung einher mit Zunahme der polymorphkernigen Elemente. Mikrozyten, Megalo- und Normoblasten erscheinen im Blutbild. LÜDDICKE spricht von Lymphozytose, deren Zustandekommen er durch katalytische und katalyseähnliche, zu Reizung des lymphatischen Apparates führende Vorgänge zu erklären versucht.

Bei Tieren sieht man nach länger dauernder Verfütterung kleinster Giftmengen keine ernstlichen Gesundheitsstörungen. Es ist im Gegenteil Neigung zu vermehrtem Fettansatz und Zunahme der Erythrozytenzahl festzustellen (H. MEYER und R. GOTTLIEB, H. SCHLESINGER).

Fortgesetzte Einatmung von Quecksilberdampf führt zu Schleimhautreizungen an dem obersten Abschnitt der Luftwege und verursacht langwierige Katarrhe im Nasenrachenraum mit eitriger und blutiger Schleimabsonderung und Schorfbildung (STOCK).

Im allgemeinen wird das Krankheitsbild der chronischen Vergiftung beherrscht von Störungen, die auf Schädigung des Zentralnervensystems hinweisen (Erethismus mercurialis), ohne daß bisher anatomische Veränderungen an der nervösen Substanz nachzuweisen gewesen wären. A. E. KULKOW, der sich u. a. eingehend mit den die zerebrale Erkrankung begünstigenden Umständen (Einfluß von Alkohol, überstandenen Infektionskrankheiten, familiärer Überempfindlichkeit usw.) beschäftigte, berichtet über Besonderheiten in der Erscheinungsform der bei Thermometerarbeitern auftretenden Quecksilberenzephalopathie: der klinische Ablauf weist vornehmlich auf Beteiligung des Kleinhirns und seiner Bahnen hin. In einem der beobachteten Fälle gelang der Quecksilbernachweis im Liquor, was KULKOW veranlaßte, an ein Versagen der Blutliquorschranke zu denken. H. HOFF vermutet neurotrope Eigenschaften des Giftes.

In einer neueren Arbeit von GUILJAROWSKY und WINOKUROFF wird über angeblich quecksilberbedingte Schädigung des Nervensystems bei einem 6 Monate alten, der Familie eines Thermometerheimarbeiters zugehörigen Kind berichtet. Im Gehirn konnte man Gefäßendothelwucherung mit Lichtungsverengerung nachweisen, der Nervus tibialis post. zeigte starke Bindegewebswucherung, in den Ganglien des Halssympathicus waren viele nervöse Elemente geschrumpft, die Kapselzellen vermehrt. Der Befund wird von den Berichterstattern selbst als ursächlich nicht eindeutig bezeichnet, da das Kind an einer Streptokokkeninfektion zugrunde gegangen war.

Bei chronisch vergifteten Hunden konnte MIGLIUCCI rückschrittliches Geschehen in den Zellen der motorischen Hirngebiete und im Vorderhorn des Rückenmarks beobachten. LETULLE unterschied nach seinen Befunden am Tiere drei Arten der Nervenfaserschädigung: Myelinschwellung, körniger Zerfall, segmentäre Atrophie.

Wie mir Dr. E. BAADER (Berlin-Lichtenberg) auf Grund seiner umfassenden, in den Quecksilberbergwerken Spaniens und Italiens gesammelten und daher wohl einzigartig dastehenden Erfahrungen mitteilte, ist das Vorkommen der für akut-subakute Vergiftungen kennzeichnenden, in den alten Arbeiten auch noch für die chronische Form vermerkten Stomatitis außerordentlich selten (s. FLORET, KOELSCH, OLIVER, O. SEIFERT). Auch besteht nach Meinung des gleichen Gewährsmanns kein ursächlicher Zusammenhang zwischen einer etwaig auftretenden Stomatitis und dem — ebenfalls nur ganz vereinzelt zu beobachtenden (TELEKY, KUSSMAUL) — Quecksilbersaum, da letzterer vorzugsweise in gutem, straffem Zahnfleisch anzutreffen ist, wo das Quecksilber in ähnlicher Weise abgelagert wird wie Blei und Wismut, vielleicht nur etwas flächenhafter. Quecksilberspeicherung kommt auch zustande in der Lippenschleimhaut und an der Zungenspitze, hier als stecknadelkopfgroße, haufenweis angeordnete Punkte. MISCH schildert die bei einem Hutarbeiter gefundenen Veränderungen in der Mundhöhle etwa folgendermaßen: Die in entzündlichgerötetem, nirgends ulzeriertem Zahnfleisch stehenden Zähne sind von einem feinen, scharf abgegrenzten, bläulich-grauen Saum in fortlaufender Linie umzogen. An der Lippen- und Wangenschleimhaut, an der Zungenunterseite und dem harten Gaumen findet sich die gleiche bläuliche Verfärbung, die, wie das histologische Bild zeigt, bedingt ist durch Quecksilbereinlagerung in die Tunica propria, besonders der Schleimhautpapillen.

Nach den Angaben früherer Untersucher macht die — nicht auf unmittelbaren Quecksilbereinfluß zurückzuführende, sondern durch die (der allgemeinen Kachexie entsprechend) ungünstige Ernährung der Mundschleimhaut hervorgerufene — „gewerbliche Stomatitis" in der Regel nur leichtere Erscheinungen: Belegte Zunge, reichlichere Speichelabsonderung, Zahnfleischschwellungen und -blutungsneigung. In vereinzelten Fällen mit schwererem Verlauf geht jedoch das krankhafte Geschehen mitunter bis zu Schleimhautzerfall und Knochenzerstörungen (s. oben). In der alten Arbeit von TELEKY (s. auch KUSSMAUL) wird besonderer Wert auf die kupferrote Färbung von Rachen- und Mundschleimhaut gelegt. O. SEIFERT, ähnlich SCHUHMACHER (Aachen), SOMMERBRODT sprechen die „Pharynxhydrargyrose" als erstes frühzeitiges Vergiftungszeichen an. Diese beginnt dicht unterhalb des Zungengrundes in Form herdweis gruppierter, schneeweißer (von den Untersuchern nicht näher gekennzeichneter!) Auflagerungen von ½ — 1 cm Umfang, die einer leicht blauen oder umschrieben geröteten Schleimhaut aufsitzen.

Darm- oder Nierenveränderungen sind bei echten chronischen Vergiftungen niemals zu beobachten.

9. Kupfer.

Das rein metallische Kupfer gilt im allgemeinen als ungiftig. Wie FRÖHNER angibt, beherbergte ein Hund ein großes kupfernes Geldstück, ohne Schaden zu leiden, 12 Jahre lang im Magen. Dagegen meint TSCHISCH, daß uns

Beobachtungen am Menschen und Tierversuchsergebnisse wohl berechtigten, Kupfer als Gift anzusprechen, wenn auch nicht in dem Sinne wie Blei, Arsen usw., da nach Unterbrechung der Kupferzufuhr der Körper bald wieder sein normales Verhalten zeigt.

Die Kupfersalze sind hinsichtlich ihrer örtlichen Wirkungskraft zwischen die adstringierenden und die ätzenden Metallsalze einzureihen, nähern sich jedoch mehr den letzteren, denn stärkere Lösungen ätzen den Magen-Darmkanal beträchtlich.

Bei der akuten peroralen Vergiftung ist die Grenze zwischen gastroenteritischen und resorptiven Erscheinungen schwer zu ziehen. Nach Angaben von Meerowitsch und Moissejewa setzt sich das Gesamtkrankheitsbild zusammen aus 1. gastroenteritischen Störungen (blutige, später durch Schwefelkupferbildung schwarz gefärbte Stühle!), 2. Ikterus, 3. Anämie, 4. Störungen von Seiten des Zentralnervensystems, 5. Nierenschädigung geringeren Grades.

Die Ansichten über Möglichkeit und Vorkommen chronischer, etwa mit chronischer Bleischädigung auf eine Stufe zu setzender Kupfervergiftung streben weit auseinander. E. Harnack u. a. schließen sich der ablehnenden Haltung der französischen Giftforscher (Houlès u. a.) an: „Wo von chronischer Kupfervergiftung gesprochen wird, handelt es sich entweder um Wirkung anderer, dem Kupfer beigemengter Metalle oder um vorübergehende Krankheitserscheinungen" (L. Lewin). So wird besonders betont (Merkel, Zangger u. a.), daß eine chronische (gewerbliche) Vergiftung mit Allgemeinerscheinungen nicht einmal bei bronzestaubbedeckten Arbeitern bekannt sei, daß eine wesentliche Gesundheitsbeeinträchtigung auch dann nicht zu bemerken war, wenn Haut, Haare, Nägel, Schweiß sich grün färbten.

Dennoch scheinen klinische Erfahrungen und anatomische Befunde — sowohl aus der Menschen- wie aus der Tierpathologie — die Streitfrage in bejahendem Sinne zu beantworten. Nach den Ausführungen Koberts muß man eine „chronische Vergiftung im Sinne der praktischen Medizin annehmen". Baum und Seeliger gewannen bei der Durchsicht zahlreicher einschlägiger Arbeiten den Eindruck, daß die meisten Untersucher von der Giftigkeit länger zugeführter (auch kleinerer) Kupfergaben überzeugt seien: Man kann in Versuchen an Schafen, Ziegen Hunden, Katzen eine chronische Vergiftung im wissenschaftlichen Sinne erzeugen, wobei Zeit und Stärkegrad im Auftreten der anatomisch faßbaren Veränderungen hauptsächlich von der Tierart und von Menge und Art der gewählten Kupferpräparate abhängen.

Tierversuchsergebnisse wie die von Ellenberger und Hofmeister sind in ihren ursächlichen Beziehungen zum Kupfer zwar nicht abzustreiten, aber sie sind mit Rücksicht auf die Eigenheiten der — des Brechakts nicht fähigen — Wiederkäuer und wegen der ungeheuerlichen Höhe der einverleibten Giftmengen, durch welche es zu Verätzung und Nekrose der Magenschleimhaut kam, nicht geeignet, die Frage nach der resorptiv chronischen Vergiftung zu beantworten.

Kupfer als reines Metall ist — wie Fröhner an dem Beispiel des Hundes gezeigt hat (s. auch L. Lewin: Verfütterung feinsten Metalls) — vom Magen her wirkungslos. In den löslichen Verbindungen (vornehmlich den schwefel-, essig-, arsensauren) wird das Metall — nach Bildung von Albuminaten — von Wundflächen aus leicht, schwerer von der Darmschleimhaut her in die Säftebahn aufgesogen (E. Harnack) und hauptsächlich in der Leber abgelagert (Ellenberger und Hofmeister, Feltz und Ritter u. a.).

Mallory koppelte in seinen Gedankengängen chronische Kupfervergiftung und Hämochromatose aneinander. Er wurde dazu bestimmt durch den großen Kupfergehalt der zirrhotisch-hämochromatotischen Leber.

Die von Schönheimer und Oshima (1929) mit kolorimetrischer Methode ausgeführte Bestimmung der Kupfermenge ergab bei 17 Analysen in der Normalleber 1—3 mg Kupfergehalt pro Kilo gegenüber 10—60 mg in der hämochromatotischen Leber. Doch ziehen die Untersucher noch keine ursächlichen Schlüsse daraus. Die im Institut von LUBARSCH (Charitè-Berlin) vorgenommenen Prüfungen zeitigten völlig andere Ergebnisse: Danach steht die Höhe der Kupferspeicherung in der Leber weder zu dem Pigmentgehalt, noch zu der Bindegewebsvermehrung in einem bestimmten mengenmäßigen Verhältnis. Auch berechtigen überraschend hohe Kupferwerte bei einer großen Zahl von Tot- und Neugeborenen zu dem Schluß, daß das in Frage stehende Kupfer überhaupt nicht von außen in den Körper eingeführt wurde. (S. auch ADRIANOFF und ANSBACHER, KLEINMANN und KLINKE, FUNK and CLAIR, OSHIMA und SIEBERT, A. VOGT.)

Die Einatmung kupferhaltigen Staubes soll nach Angabe von ZANGGER Erscheinungen typischer Schwermetallvergiftung (s. auch FILEHNE) hervorrufen. Gesteigerte, in Lähmungen (muskulären oder spinalen Ursprungs) gipfelnde Wirkung erhält man bei intravenöser bzw. subkutaner Einverleibung löslicher, nicht eiweißfällender Doppelsalze.

Nach den Untersuchungen von VOIGT ist das bei Tieren unmittelbar in die Blutbahn eingebrachte kolloidale Kupfer in den blutreichen Bezirken von Leber und Lunge wieder zu finden, ferner intra- bzw. perivaskulär und intraepithelial gespeichert in der Niere. BAUM und SEELIGER stellten fest, daß bei Vergiftung tragender Tiere Kupfer in großen Mengen auf den Fetus übergeht und in dessen Organen zurückgehalten wird.

Die Ausscheidung des Giftes scheint schnell zu erfolgen durch Leber, Niere, Magen-Darm, angeblich auch durch die Haut- und Milchdrüsen.

Bei akuter (peroraler) Vergiftung findet man gelegentlich Grün- oder Blaufärbung von Lippen und Mundwinkeln. W. BAUMANN (s. auch NENCKI), welcher an die Möglichkeit einer Bildung basischen Kupferparahämoglobins denkt, hebt den hellroten Farbton der Totenflecke hervor. Bei langsamerem Krankheitsverlauf ist Auftreten von Ikterus des öfteren zu beobachten (FILEHNE, KOBERT, ROBERTS).

Durch Einatmung von Kupferstaub, Tragen schlechter Goldlegierungen im Munde usw., langdauernd geschädigte Personen sollen elend werden, abmagern (KOBERT, MURRAY).

Mit Kupfer hantierende Arbeiter (auch Messing- und Bronzearbeiter) sind kenntlich an ihrer rötlichen bzw. grünlichen Haarfarbe, dem — hart an das entzündete und geschwollene, etwaig auch verfärbte Zahnfleisch grenzenden — bläulichgrünen, durch Einlagerung von Kupferteilchen herrührenden Zahnhalssaum („Kupfersaum“), den grün gefleckten, fast bronziert aussehenden oder mit blauschwarz glänzender Patina (L. LEWIN) überzogenen Zähnen (BERNATZIK, HARNACK, JAKSCH, KOBERT, H. FISCHER u. a.). Die Verfärbung der Haare wird zu Wege gebracht durch eine — von M. OPPENHEIM als Erstem mikroskopisch festgestellte — Ablagerung bläulich-gelblicher, scharf gerandeter, pyramidenförmiger oder rhombischer Kristalle, etwaig auch gestaltloser Massen von Kupferoxydul, die sich in Ammoniak mit blauer Farbe lösen.

Verätzung der Augenbindehäute (beim Beizen) zufolge Abbrechen von Kupferstiften (Blaustein) kommt vor (ZIRM u. a.). Als Gewerbeschädigung ist die (nach den Beobachtungen von HESS mit den Jahren wieder verschwindende) „Verkupferung“ der Hornhaut (URBANEK) durch Eindringen feinster Kupfersplitter zu nennen. Das Hornhautepithel erscheint dann braun oder grünlich verfärbt: Nach Untersuchungen von A. VOGT (und ähnlich JESS) finden sich Kupfersalze in den untersten Epithelschichten, in der BOWMANNschen Membran, gelegentlich auch in den oberflächlichen Hornhautlamellen. Die Kupferdurchtränkung geht, nachdem sie die Epithelschranke durchbrochen hat, unter Umständen bis weit in das Linsenparenchym.

Gleich wie Haar und Zähne können die unbedeckten Hautflächen (ebenso ihre Abscheidungen) einen grünlichen Schimmer annehmen, der dadurch zustande kommt, daß auf die Epidermis niedergeschlagene Kupferteilchen von den Säuren der Hautabsonderungen in gefärbte Salze übergeführt werden. Unter dem Mikroskop sieht man dann einen kristallinischen Kupferbelag.

MALLORY erwähnt — als Teilerscheinung allgemeiner Hämochromatose — die endermale Ablagerung eisenhaltigen Pigments.

Über akut resorptive, tödlich endende Wirkungen von Kupferpräparaten, welche zur Behandlung von Hautkrankheiten benutzt wurden, berichten THAL und PETHEÖ. Letzterer sah einen $2^1/_2$jährigen Knaben, welchem die ekzematöse Kopfhaut von einem Kurpfuscher mit in Rahm gelöstem Kupfersulfat eingerieben worden war. An den geätzten Stellen, die sich durch angetrocknete, schmutzig-hellblaue, mit den Haaren verklebte Massen von der Umgebung abhoben, fanden sich bis auf die Knochenhaut reichende Gewebsverluste. Im Falle THAL war — nach der in den Dörfern Litauens üblichen Weise — Krätze mit einer Fett-Kupfersalzsalbe behandelt worden. Die hochgradige Verätzung zog Venenthromben, Gangrän, Tod nach sich.

Nach subkutaner Anwendung von Lekutyl (Verbindung von zimtsaurem Kupfer und Lezithin) fanden sich an der Einverleibungsstelle Infiltrate und Muskelnekrosen (M. OPPENHEIM). Einspritzungen von Kupfersalzen in die Muskulatur verursachten örtlichen Gewebszerfall mit Verkalkung und Bildung eines entzündlichen, reichlich riesenzellhaltigen Reaktionswalls (ERNST, angeführt bei FRÖHNER).

Bei schwerem akuten Vergiftungsverlauf beobachtet man nach Eröffnung der Körperhöhlen eine — auch im Tierversuch zu erzielende (FILEHNE) — vor allem beim Jugendlichen (PETHEÖ) sehr deutliche Organanämie. Parenchymverfettung, Blutaustritte in den serösen Häuten und in vielen Eingeweiden werden erwähnt.

Nach einer sonst nirgends bestätigten Angabe von KOBERT sollen bei chronischer Vergiftung — in Übereinstimmung mit den aus altgriechischen Gräbern stammenden Funden grüngefärbter, menschlicher Skeletreste (Kuprismus durch Benutzung von Bronzegeschirren) — die Weichteile und Knochen zufolge Kupfereinlagerung grün verfärbt sein.

Besondere Aufmerksamkeit wird von einigen Untersuchern dem Aussehen des Blutes geschenkt, welches angeblich auch beim Menschen die — von Tierversuchen her bekannte — Braunfärbung zufolge Entwicklung von Hämatin annimmt. R. BENEKE beobachtete (nach peroraler Zufuhr von Kupfervitriol) eigentümlich krümelige Erstarrung des gesamten Leichenblutes, die anscheinend auf besonders gearteter Erythrozytenagglutination beruhte. Es soll möglich sein, peroral einverleibtes Kupfersulfat in der Blutbahn wiederzufinden (REICHMANN). Die Schädigung der Blutzellen (bzw. des blutbereitenden Apparates) offenbart sich in beträchtlicher Erythrozytenverminderung (PETHEÖ) bzw. — wie im Falle REICHMANN — in Anisozytose, Neutrophilie, Auftreten vereinzelter Normoblasten und Myelozyten, bemerkenswerter Vermehrung der Blutplättchen. Das im Falle REICHMANN gerötete und geschwollene Knochenmark wies eine — auch für das Alter des vergifteten ($2^1/_2$jährigen) Kindes — hochgradige Erythro- und Myelopoese auf.

Eingehende Untersuchungen des Blutbildes wurden von SEMENSKAJA an den Arbeitern der Kupferwalzwerke Georgiens vorgenommen, deren Ergebnisse dahin zusammenzufassen sind, daß die gefundenen unbedeutenden Verschiebungen in der Erythro- und Myelopoese kaum auf Kupfervergiftung zurückzuführen sein dürften. VACCA gibt an, daß bei Meerschweinchen nach Verfütterung wiederholter kleiner Gaben von Kupfersulfat Bluteosinophilie festzustellen war.

Beim peroral vergifteten Menschen ließen sich in der Lunge Haargefäßthromben und Blutungen feststellen. Durch intratracheale Einführung von Kupferstaub konnte MALLORY Entzündung und Nekrosen im Lungengewebe seiner Versuchstiere erzeugen.

Werden Kupfersalze in fester Form oder in Lösung verschluckt, so gestattet die blaugrüne Farbe des (etwaig mit Giftbröckeln untermengten) Erbrochenen, die entsprechende Verfärbung der Zunge, der geschwollenen bzw. ulzerierten und verschorften Mundschleimhaut eine sichere Diagnosenstellung schon während des Lebens.

An Skorbut gemahnende Zahnfleischveränderungen, die sich bei sämtlichen Mitgliedern einer Familie langsam entwickelten, wurden von M. Böhm als subakute Vergiftungserscheinungen zufolge Benutzung kupferhaltigen Kochgeschirrs gedeutet. Die am Rande des Kupfersaums (s. S. 45) sich abspielenden entzündlichen Vorgänge im Zahnfleisch stehen ihrem Wesen nach offenbar der Stomatitis bei anderen Schwermetallvergiftungen nahe (s. Mentberger: Kupferstomatitis bei 5 Patienten). Etwaig vorkommende Ohrspeicheldrüsenentzündung (Chauffard) dürfte auf Fortleitung entzündlicher Vorgänge vom Munde her zurückzuführen sein.

Größere Mengen von Kupfersalzen hinterlassen beim Verschlucken ihre Spuren bereits im Schlund (Horoszkiewicz). Die Wand des Verdauungsschlauches bis hinab zum Zwölffingerdarm kann in schweren Fällen zufolge Verätzung und Verschorfung verdickt, hart, trocken, wie gegerbt und brüchig erscheinen (W. Baumann, Maschka, Reichmann, Wachholz u. a.). Alle vom Gift berührten Schleimhautstellen, Geschwüre, Schorfe usw. weisen den merkmalsmäßig wertvollen grünblauen Farbton auf, der nach Behandlung mit Ammoniak in tiefes Blau umschlägt. Reimers (angef. bei Fröhner) fand bei Fohlen, welche mit Kupfersulfat gebeizten Weizen gefressen hatten, die Schleimhäute gelbrot.

Blutungen, Erosionen, hämorrhagisch- ulzerierende, auch dysenterische (E. Kaufmann) Entzündungen im Magen-Darmkanal werden bei Menschen und Haustieren (Fröhner) angetroffen und sind zweifellos in den tieferen Abschnittten des Darmrohrs — den Eigenheiten der Metallvergiftung entsprechend — durch die Ausscheidung des Kupfers hervorgerufen (Kant, Petheö, Zangger u. a.). Der Darminhalt ist gewöhnlich grünlich verfärbt, kann auch mit Blut untermischt sein.

Das mikroskopische Bild der Magenwand zeigt in der Regel völlig nekrotische, von der Unterschleimhaut durch eine entzündliche Zone abgesetzte Schleimhautschichten. Horoszkiewicz sah nach peroraler Zufuhr von Kupferazetat die Oberfläche mit homogenen, gleichsam glasartigen Massen überlagert; auch das gequollene, die Drüsen zusammendrängende Bindegewebe zeigte ähnlich glasige Beschaffenheit.

Reichliche (hämochromatotische) Pigmentablagerung im Pankreas und in der zirrhotischen Leber wird von Mallory — im Hinblick auf den angeblich beträchtlich vermehrten Kupfergehalt in derartigen Lebern (s. S. 44) — als Ausdruck chronischer Vergiftung gewertet, in welcher Meinung der Forscher durch den Ausfall seiner Tierversuche bestärkt wurde: Brachte er Ratten peroral oder subkutan Kupferazetat bzw. Kupferstaub bei, so kam es nach drei Monaten zu Erscheinungen von Leberparenchymatrophie, -zerfall und -regeneration, nach zwölf Monaten zum Bilde der hämochromatotischen Zirrhose, gekennzeichnet durch intrazellulär gelagertes eisenpositives Pigment bei gleichzeitigem Vorhandensein von eisennegativem Pigment im Zwischengewebe (s. auch die Versuche von Hall and Butt, Baum und Seeliger, Oshima und Siebert u. a.). Nach der Meinung von Kossá müßte auch die — sonst nirgends erwähnte — Verkalkung in der Leber als Zeichen der chronischen Vergiftung angesprochen werden. Untersuchern wie Filehne, Ellenberger und Hofmeister gelang es bei ihren — allerdings nur kürzere Zeit unter Kupferwirkung gehaltenen — Tieren lediglich Parenchymverfettung und -zerfall, Bindegewebs- und Gallengangswucherung in der teigig schlaffen, trüben Leber hervorzurufen. Polson, der neuerdings (1929) die Versuche von Mallory wiederholte, konnte (nach Anwendung von Kupferazetat) nur negative Ergebnisse erzielen, machte aber darauf aufmerksam, daß bei dreien seiner Vergleichstiere die natürliche Entwicklung einer Leberzirrhose zu verfolgen war.

Die von MALLORY vertretene Anschauung scheint durch eine von ASKANAZY (s. auch ADRIANOFF und ANSBACHER) beigebrachte Statistik gestützt zu werden. Aus der Statistik geht nämlich hervor, daß die Zahl der in Genf zu beobachtenden Leberzirrhosen erstaunlich hoch ist, daß ferner unter 43 derartigen Fällen 16mal Pigmentkalksteine nachweisbar waren, die im allgemeinen besonders reich an Kupfer sind. Da die dortige Bevölkerung häufig und reichlich in Kupfergefäßen aufbewahrten Wein (Most) genießt (s. auch Pigmentzirrhose und Alkohol!), wird von ASKANAZY die Möglichkeit einer Kupferschädigung ernstlich erwogen. Dagegen führten die nach gleicher Richtung hin im Institut von LUBARSCH unternommenen Untersuchungen (wie bereits oben mitgeteilt) zu Ergebnissen, welche durchaus nicht geeignet waren, die ursächlichen Beziehungen des Kupfers zur Pigmentzirrhose zu sichern. Auch FLINN and GLAHN äußern in ihrer kürzlich erschienenen tierexperimentellen Arbeit starke Zweifel, daß das Zustandekommen von Pigmentspeicherung und Zirrhose auf dem zur Fütterung benutzten Kupfer an sich beruhe, da andere chemische Stoffe, ja, sogar die zur Ernährung der Versuchskaninchen verwandten Karotten den gleichen Erfolg wie die Kupfergaben hatten.

Auf die Nierenbeschaffenheit Vergifteter wird in keiner Veröffentlichung eingegangen, es sei denn, daß man einen kurzen Vermerk über Verfettung findet (MASCHKA). Sichtet man die — zwar im großen und ganzen in ihren Schilderungen recht primitiv gehaltenen — Ergebnisse der Tierversuchsarbeiten, welche Befunde wie „hämorrhagische Nephritis" (ELLENBERGER und HOFMEISTER), Veränderungen in Richtung der „Metallniere" u. a. m. (FILEHNE, FRÖHNER, KOSSÁ) verzeichnen, so nimmt es Wunder, daß die Niere des Menschen sich völlig kupferfest verhalten soll. Dennoch wage ich nicht, eine hochgradige Parenchymschädigung, die ich an der Niere eines Kupferdruckers zu sehen Gelegenheit hatte, ohne weiteres reiner Kupferwirkung zuzuschreiben, zumal das gewebliche Verhalten z. T. gewisse Anklänge an das der Bleiniere bot. Das Bemerkenswerteste war die ausgedehnte Epithelabschilferung: In einzelnen gewundenen Kanälchen, aber auch in den Schleifenschenkeln lagen aus Eiweiß und Zellzerfallsmassen zusammengesinterte, z. T. verkalkte Massen. Vielgestaltige große und plumpe Zellen ließen an regeneratorische Vorgänge von noch erhaltenen wandständigen Kanälchenepithelien aus denken.

Die Nebennieren zeigen bei Tieren außerordentlich starke Fettspeicherung (FILEHNE).

In die Scheide (zur Beschleunigung des Menstruationseintritts usw.) eingeführte Kristalle von Kupfervitriol hinterließen im hinteren Scheidengewölbe an der Berührungsstelle, an welcher noch krümelige Massen als Reste des Giftes aufzufinden waren, eine 4 mm tiefe, verschorfende Ätzstelle; die umliegenden, sich fetzig ablösenden Teile waren schmutzigblau verfärbt (desgl. der Scheidenausfluß), die kleinen Schamlippen ödematös gequollen (KÜHN).

Der Nachweis des Kupfers, der noch lange in der Leiche möglich ist, ergibt — den Ausführungen auf S. 44 u. 45 entsprechend — in der Leber (Galle) die höchsten Kupferwerte, dann in Milz, Niere, Darm. Am längsten hält sich das Metall in Leber, Pankreas, Niere, Nervensystem, Muskeln.

10. Silber.

Die ersten Versuche, die Wirkungsweise des Silbers im Säugetierkörper zu erforschen, gehen auf ORFILA zurück. Das reine, unlösliche Metall galt als ungiftig, die Allgemeinwirkung der — nur in kleinsten Mengen von den Geweben aufgesogenen — löslichen Verbindungen wurde gering eingeschätzt. Daß tatsächliche eine — wenn auch außerordentlich langsam vor sich gehende — Silberaufnahme in den Körper stattfinden konnte, war aus der Erscheinung der Argyrie zu ersehen. Nach parenteraler Einverleibung von Silbersalzen beobachtete man bei Tieren das Auftreten zentral bedingter Lähmungen.

Wie KOBERT annahm, soll die Ausscheidung des Metalls (durch Vermittlung von silbertragenden Leukozyten) im Magen-Darmkanal, Leber, Niere erfolgen.

Während früher die therapeutische, namentlich zu chronischen „Vergiftungen" (Argyrie) Anlaß gebende Verwendung des Silbernitrats eine große Rolle spielte, hat die neuzeitliche Medizin dem kolloidalen Silber ein weites Wirkungsfeld eingeräumt (s. die Ausführungen von KOLLER-AEBY und TH. KOLLER), wodurch bisher unbekannte Vergiftungswege und -formen in Erscheinung traten.

α) Kolloidales Silber.

Einzelne Fälle sind bekannt geworden, in welchen nach intravenöser Kollargoleinspritzung bzw. nach -Pyelographie kollapsartige Zustände und Tod eintraten (FAHR) oder sich binnen weniger Tage als Zeichen der Allgemeinvergiftung tödlich endende Blutungsbereitschaft (hämorrhagische Diathese) entwickelte (E. HERZOG und A. ROSCHER, RÖSSLE, VILL). Die biologischen Vorgänge, welche diese akut einsetzenden Vergiftungserscheinungen auslösen, liegen vorläufig im Dunklen. VOIGT, der beim Tiere nach einmaliger Zufuhr von kolloidalem Silber (in die Blutbahn) das rasche Verschwinden desselben aus dem Blute, die Verteilung des Metalles in Milz, Leber, Knochenmark, Lunge, Magen usw. verfolgen konnte, faßte seine diesbezüglichen Überlegungen dahin zusammen, daß unter noch nicht näher zu bezeichnenden Umständen durch das Miteinanderwirken verschiedener kolloider Stoffe einverleibtes kolloidales Silber zum Allgemeingift werden kann. Im Falle E. HERZOG und A. ROSCHER sucht man unwillkürlich nach ursächlichen Beziehungen zwischen dem krankhaften Geschehen und der histologisch nachweisbaren Kollargolblockade retikuloendothelialer Elemente (Gegensatz zur Argyrie!), wie sie auch in den Tierversuchen von E. COHN, VOIGT u. a. zu Tage tritt.

Das Verhalten der Blutgefäße läßt daran denken, daß — zufolge uns nicht bekannter chemisch-physikalischer Vorgänge — die Berührung des Silbers mit der Gefäßwand zum Ausgangspunkt der Vergiftung wird. Findet doch die — während des Lebens an Haut und Schleimhäuten beobachtete — Blutungsneigung wahrscheinlich ihre anatomische Erklärung in ausgedehnten und vielerorts auftretenden, von Blutgerinnung gefolgten Gefäßwandveränderungen wie Endothelverfettung, Faserquellung, Zerfallsherde, intramurale feinkörnige Silberniederschläge, Anlagerung von Kollargolklumpen an die Gefäßwände usw. (Beim Tiere lassen sich mit der Durchspülungsmethode intravitale Gefäßverlegungen erzielen: KIONKA.)

Derartige Gefäßstörungen und thrombotische Verschlüsse riefen Blutungen in der Varolsbrücke hervor (E. HERZOG und A. ROSCHER). Im Blutungsbereich ließen sich mit Kollargolkörnchen beladene Ganglienzellen nachweisen.

Auch die — im Blutbild zu Tage tretende — gewebliche Schädigung am blutzellbereitenden Apparat ging offenbar letzten Endes auf Regelwidrigkeiten im Blutkreislauf zurück: Kollargolklumpenhaltige Blutaustritte, Gewebszerfallsgebiete wechselten im Knochenmark (s. auch VILL) mit kleinen hämoblastischen Bezirken, deren — vereinzelt silberspeichernde — Zellen bereits rückschrittliche Umwandlungen aufwiesen. Die Milz (bzw. Lymphknoten) kann bei Versagen des Knochenmarks ausgleichend eintreten: Man sah im Falle

E. HERZOG und A. ROSCHER — neben massiger Kollargol- und Hämosiderinablagerung — in der Pulpa beträchtliche Erythro- und Myelopoese, ähnlich in den — makroskopisch rot erscheinenden — Lymphknoten.

Die geschwollene, von Blutungen durchsetzte Leber sprach mit geringgradiger Myelopoese an. Außerdem waren herdförmige Infiltrate im vermehrten Bindegewebe, erythrozyten- und kollargolspeichernde Riesenzellen festzustellen.

In der Niere standen Epithelnekrosen und entsprechende reparative Vorgänge im Mittelpunkt des geweblichen Geschehens. Zellen der Glomeruluskapseln bargen vereinzelt und spärlich, wandständige und abgestoßene Kanälchenepithelien reichlicher Kollargolkörnchen in sich. Die Lichtung der Knäuelschlingen war z. T. durch Kollargolklumpen verlegt. In dem von PFLUGRAD mitgeteilten Falle kam es zu schwerer hämorrhagischer Nephritis.

Bei den durch Pyelographie verursachten Unglücksfällen (FAHR, RÖSSLE, OEHLECKER) bilden die Schäden in der Niere und in deren Bett naturgemäß den Hauptbefund. Sie kommen wahrscheinlich zustande, wenn infolge Erschwerung der Harnleiterdurchströmung stärkerer Druck angewendet werden muß oder wenn sich der Abfluß des Kollargols nach der Einspritzung verzögert. In den genannten Fällen zeigte sich bei der Leichenöffnung Nierenlager und -kapsel und das periureterale Gewebe ödematös durchtränkt von grünlichschwärzlicher, im Beckenbindegewebe am kräftigsten ausgeprägter Farbe. An der Anordnung der Ätzstellen im Nierenbecken und der Nekroseherde im Nierenparenchym ließ sich der vom Kollargol genommene Weg verfolgen. FAHR schildert das (ähnlich im Tierversuch zu erzielende) Aussehen der betroffenen Niere als diffus graubräunlich mit zarter schwärzlicher Zeichnung, welche — wie sich unter dem Mikroskop herausstellte — durch Anfüllung der Lymphbahnen mit Kollargol hervorgerufen war. Die Kanälchennekrosen konnten sowohl durch unmittelbare Ätzwirkung, als auf dem Boden von Ernährungsstörungen zufolge Saftspaltenverschluß entstanden sein.

Auf dem Lymphwege weitergeschlepptes Kollargol ließ sich bis in Pankreas und Leber hinein verfolgen, welch letztere im Falle RÖSSLE (s. auch Tierversuche von FAHR) umschriebenen Parenchymzerfall aufwies.

Vereinzelt vorgenommene Untersuchungen am vergifteten Tier beschäftigten sich vorzugsweise mit der Beeinflussung des blutbereitenden Apparates. Wir sehen, wie beim Kaninchen das (etwaig schwarzbraun verfärbte) Knochenmark, ferner Milz und Thymus zu blutzellbildender, insbesondere myelopoetischer Tätigkeit angeregt werden (ACHARD et WEIL, E. HERZOG und A. ROSCHER u. a.). Sei es nun, daß die neuentstandenen Zellen von vornherein minderwertig sind, sei es, daß die im Übermaß in Anspruch genommenen Gewebe sich bei längerdauernder Silbereinwirkung erschöpfen, jedenfalls ist — genügend lange Vergiftungszeit vorausgesetzt — auf späteren Vergiftungsstufen eine, am Blutbild abzulesende, unaufhaltsam fortschreitende Anämie festzustellen (HERZOG und ROSCHER).

Zu diesem Zeitpunkt findet man Verfettung und Nekrosen in der Leber. Der letztgenannte Befund wurde verständlich durch die — geradezu massige — Speicherung feinkörnigen Silbers in den Sternzellen, vor allem aber durch kapilläre Kollargolverschlußpfröpfe (VOIGT). Diese waren in gleicher Weise auch in Lunge und Niere anzutreffen, ohne — wie es schien — hier nennenswerte Schäden auszulösen.

β) Silberverbindungen.

Die wichtigste Silberverbindung, das Nitrat, erweist sich zufolge seiner starken Affinität zu Eiweißstoffen — welche nur in ganz dünnen, lediglich adstringierend wirkenden Giftlösungen nicht zum Ausdruck kommt — als ein zwar heftiges, aber nur oberflächliches Ätzgift. Die zur Entstehung von Eiweiß-albuminaten führende Reaktion erfolgt an Haut, Schleimhaut und Wundflächen unter anfänglicher Ausscheidung eines zell- und fibrinreichen Exsudates (SCHU-JENINOFF), späterer Bildung eines erst weißen, mit Ausfällung von Silber und Silberoxyd (unter Einfluß des Sonnenlichtes) sich schwärzenden Schorfes. Dieser hindert das weitere Vordringen des Giftes.

Chronische Allgemeinvergiftungen mit Silbersalzen, welche — sofern man die Argyrie nicht als solche gelten lassen will — beim Menschen unbekannt sind, äußern sich beim Tiere in Anämie und beträchtlichem Schwund des Muskel- und Fettgewebes (BOGOSLOWSKY, ROZSAKEGZI).

Bei peroraler Zufuhr von Argentum nitricum werden gelegentlich weiß-violette, schnell nachdunkelnde Ätzschorfe an den Mundwinkeln gefunden.

Argentumhaltige Salben bzw. Flüssigkeiten (Umschläge) können an der Haut entzündliche Zustände (Bläschenbildung) hervorrufen. Langdauernde Benetzung der Finger mit dem Silbersalz (z. B. bei Photographen) schwärzt die Finger-nägel (J. HELLER). Subkutane Einspritzungen von Argentum verursachen örtliche Epidermisverfärbung und (etwaig eitrige und mit Gewebszerfall verbun-dene) Entzündungsvorgänge (J. HIRSCH, P. ROSENSTEIN, R. WINTERNITZ).

Nach wiederholten Argentumeinträufelungen in den Konjunktivalsack kann sich Bindehautverätzung einstellen (L. LEWIN und GUILLERY).

Der Körperhöhlenbefund zeigt keine nennenswerten Merkmale. F. A. FALCK sah nach Einspritzungen unter die Haut örtliche, in die Tiefe greifende Ver-ätzung, welche sich durch Unterhaut und Muskulatur bis auf Bauchfell, Dickdarm und Leber erstreckte.

BOGOSLOWSKY (ähnlich ROZSAKEGZI) schildert bei chronisch vergifteten Tieren fettige Entartung und — von Zwischengewebsvermehrung gefolgten — Zerfall der schlaffen, blassen Muskulatur (besonders der Schenkel-, Bauch- und Rückenmuskeln).

Über Veränderungen am Zentralnervensystem des Menschen wird in den einschlägigen Arbeiten nichts mitgeteilt. Tiere sprechen auf das Gift mit intra- und extraduralen Rückenmarksblutungen, perivaskulären, z. T. hämorrhagischen Infiltraten und vakuolärer Plasmaumwandlung der Ganglien-zellen an (TSCHISCH). Die Vorderhornzellen des Rückenmarks erscheinen be-trächtlich verkleinert (NISSL).

Im Falle EDEL (Tod durch Verschlucken eines Höllensteinstiftes) wurde ungeheuerliche Schleimabsonderung in den oberen Abschnitten der Luftwege beobachtet. Vergiftete man Tiere durch länger fortgesetzte Fütterung mit Silbersalzen (ROZSAKEGZI), so begannen in der blutreichen, ödematösen Lunge die Zellen der Septen zu wuchern, die Epithelien verfetteten und zerfielen. E. HARNACK erwähnt nur die silbergraue Farbe der Lungen. HECHT, welcher sich mit Untersuchungen zur Pathogenese der Pneumonieriesenzellen beschäf-tigte, bediente sich bei seinen Kaninchen u. a. auch des (in die Luftröhre ein-gebrachten) Silbernitrats: Die rotgelb gefleckte Lunge hatte zufolge Durchsetzung mit miliaren, grauweißen, über die Schnittfläche vorspringenden Herden ein eigenartiges Aussehen, das — wie die histologischen Bilder erkennen ließen — bedingt war einerseits durch pralle Ausfüllung einzelner Lungenbläschen mit epithelialen Zellverbänden und Pneumonieriesenzellen gleichenden Gebilden, zum anderen durch knötchenförmige, um Gefäße und Bronchien herum ange-ordnete Riesenzellgruppen. (Mit Kupfersulfat u. a. waren ähnliche Verände-rungen zu erzeugen; es dürfte sich demnach nicht um einen chemischen, sondern eher um Fremdkörperreiz gehandelt haben.)

Ätzt man die Blutgefäßwand unmittelbar (ZURHELLE), so nehmen die betroffenen absterbenden Stellen binnen kurzem schwarze Farbe an, das Blut wird durch die Wand hindurch mitgeätzt und gerinnt. In die Blutbahn gespritztes Argochrom (Methylenblausilber) oder Argoflavin (Trypaflavinsilber) bewirken örtliche Verdickungen der Venenwand, möglicherweise bis zum Gefäßverschluß (C. Bruck, H. Fuchs u. a.).

Das Verhalten des Blutbildes nach längerdauernder Verfütterung von Silbersalzen prüfte Bogolowsky. Er schloß aus seinen Tierversuchsergebnissen, daß die Erythrozyten unter Einfluß des Silbers abblassen, d. h. ihr Hämoglobin an das Blutplasma abgeben und in der Folge ihre Form verändern.

Da Eiweiß und Chlornatrium, wie auch der sonstige Inhalt des Magens das Silber augenblicklich an sich reißen, werden selbst große Silbersalzmengen — dank ihrer reinen Oberflächenwirkung — kaum einmal lebensgefährlich. So erklärt es sich auch, daß ein Verschlucken von Lapisstiften, welche beim Betupfen der Rachenschleimhaut abbrachen — von Ausnahmen abgesehen (Edel) — keine schwerwiegenden Folgen nach sich zog.

Peroral zugeführtes Argentum nitricum bewirkt gewöhnlich schon in den oberen Abschnitten des Verdauungsschlauches fleck- und strichweise Ätzung und bläulichweiße bis violette, am Lichte sich schnell schwärzende Verschorfung. In dem — wie es scheint einzig dastehenden — Falle Edel war die Schädigung der Speiseröhre so hochgradig, daß deren Lichtung durch croupöse Membranen fast verschlossen wurde. Im allgemeinen ist der Magen Hauptsitz der Veränderungen: Die entzündlich infiltrierte, schieferfarbene, etwaig auch mit käseartigen Massen bedeckte Schleimhaut weist Abschürfungen, Geschwüre, Schorfe auf, während die oberen Darmteile — sofern sie überhaupt noch mitbetroffen werden — in der Regel nur Blutungen und entzündliche Vorgänge erkennen lassen (Tschisch).

Langdauernde Einverleibung von Silberverbindungen soll laut Mitteilung von L. Lewin „chronischen Magen-Darmkatarrh, Stomatitis und Gingivitis argentique" hervorrufen. Wie weit diese Veränderungen sich mit denen bei Argyrie decken, ist aus den Angaben nicht ersichtlich.

Von den mit Tieren arbeitenden Untersuchern (Bogoslowsky, F. A. Falck u. a.), konnte lediglich M. Roth am Verdauungsschlauch bemerkenswerte Schäden in Form von Geschwürsbildungen erzielen, die sich bezüglich Gestaltung und fehlender Heilungsneigung dem chronischen Magengeschwür des Menschen zur Seite stellen ließen.

Die meist tonfarbene, teigig-geschwollene Leber zeigt vereinzelte Blutungen und vermehrte Fettspeicherung (Edel, Tschisch). Beim Versuchstier konnte man auf chronischer Vergiftungsstufe zirrhotische Prozesse und Nekrosen sehen (Rozsakegzi). Auffallend reichliche Galleabsonderung wird von Bogoslowsky als etwas Besonderes erwähnt.

Die Niere spricht beim Tier (Rozsakegzi) auf die Giftzufuhr mit „mächtiger Epithelschwellung und Abschilferung" an.

Argyrie.

Die bei stetiger (sowohl therapeutischer, wie gewerblicher) Aufnahme kleinster Silbermengen sich ausbildende örtliche oder allgemeine (Larsen: Exogene und endo- bzw. hämatogene) Argyrie ist streng genommen nicht als Vergiftung aufzufassen, da das Metall in der Regel als allerfeinste schwarzgraue Körnchen am Orte seiner ersten Ablagerung für immer reaktionslos liegen bleibt, und das Gesamtbefinden des Betroffenen gewöhnlich nicht darunter leidet. Auch im Falle Everbusch, in welchem es sich um ein anämisches, infolge Lidekzembehandlung argyrotisch gewordenes Kind handelte, war sicherlich nicht die Silberspeicherung als solche, sondern das Befallensein des Magen-Darms zum Verhängnis geworden, da dessen (an sich schon vorhandene und nun noch gesteigerte) Leistungsuntüchtigkeit offenbar den Tod verschuldete. Andererseits glaubte Rosenow (1928), bei einer wegen Magengeschwür mit Argentum nitricum behandelten Kranken Zeichen minderwertiger Nierentätigkeit (Einschränkung der Konzentrationsfähigkeit mit der bestehenden allgemeinen Argyrie in ursächliche Beziehungen setzen zu dürfen.

Man kann wohl sagen: „Kein Organ bleibt von Argyrie verschont". Jedoch kommen nach den Ausführungen von Kobert zuvörderst drei Organgruppen für die metallische Niederschlagsbildung in Betracht: 1. Alle dem Sonnenlicht ausgesetzten Körperteile (zufolge photochemischer Mitwirkung!), 2. die Aufsaugungswege: oberer Dünndarm, Gekröselymphbahnen und -knoten, Leber (zufolge Begünstigung der Metallreduktion durch Sauerstoffarmut des Pfortaderkreislaufs!), 3. Schweißdrüsenknäuel, Plexus chorioidei, Nierenglomeruli (zufolge unbekannter Ursache!). Niere und Aderhautgeflecht des Gehirns scheinen das Silber durchschnittlich am häufigsten und am mächtigsten zu speichern. Kino möchte die Silberablagerung als Gradmesser für die Blutversorgung der einzelnen Organe gelten lassen. In der Tat spricht manches für eine Begünstigung der Niederschlagsbildung durch reichliche Säfteströmung: Sind doch bindegewebig verödete Bezirke so gut wie frei von Metall.

Mit der Entstehungstheorie der Argyrose haben sich neuere Untersucher kaum noch befaßt. In alten Arbeiten (Frommann, L. Kramer) kann man lesen, daß in den Verdauungsschlauch gelangtes Silber hier wahrscheinlich in Albuminate übergeführt und durch die Zotten des Darms aufgesogen wird. Nach einer anderen, ursprünglich von Virchow (Zellularpathologie) vertretenen Meinung, kommt es schon im Magen zur Reduktion des Metalls, und feinste Silberteilchen werden, ohne in den Darm zu gelangen, bereits an Ort und Stelle vom Gewebe aufgenommen.

Die betroffenen Organe (bzw. Gewebe) gewinnen ein gleichmäßig oder streifigfleckig schiefriges bzw. bleistiftfarbenes bis blauschwarzes, fast metallisch glänzendes Aussehen, bedingt durch zarteste, fast staubförmige, dem Grade nach wechselnde Niederschläge metallischen Silbers. Dieses findet sich beim Menschen frei im Gewebe, gewöhnlich in enger Lagebeziehung zu elastischen und diesen nahestehenden Substanzen, eine Erscheinung, welche dafür sprechen soll, daß die genannten Stoffe Silber aus seinen Lösungen zu reduzieren vermögen (Blaschko). Nur ganz vereinzelt wird über Silberspeicherung innerhalb der Zellen berichtet, so von Gettler, Rhoads and Weiss, welche in dem, die Zeichen allgemeiner Argyrose darbietenden Fall eines früheren Silberminenarbeiters Metall in den Phagozyten der Milz- und Lymphknotensinus gefunden zu haben glauben. Die chemische Untersuchung der Gewebe ergab fabelhafte Silbermengen: Der Gesamtsilbergehalt des Körpers wurde auf 90 — 100 g geschätzt.

Die älteste Veröffentlichung über Argyrie (der Augenbindehäute) stammt von Graham aus dem Jahre 1843. Zahlreiche Mitteilungen haben sich in den folgenden Jahrzehnten angereiht (Crusius, Dohi, Jahn, Knies u. v. a.). Frommann nahm 1860 als Erster mikroskopische Untersuchungen vor und glaubte — ebenso wie später Loew u. a. — das Silber innerhalb der Zellen gesehen zu haben. (Intrazelluläre Silberablagerung bei Tieren s. bei Kahlden, Huet.)

Am äußeren Auge (Gewerbeargyrie der Galvaniseure usw.) findet man das Silber in den Saftkanälchen der dann braun verfärbten Hornhaut (doch hier verhältnismäßig selten, wenn die Epithelschicht unversehrt war), in den oberflächlichen Lymphgefäßen der geraden Augenmuskeln und an die elastischen Fasern der Bindehaut angelagert (Blind, J. Hirschberg, Knies, L. Lewin und Guillery, Steindorff, Subal u. a.). Ein Fall, in welchem auch die Netzhaut grauweiß getrübt und fein gepünktelt erschien, wird von Teleky mitgeteilt. Hoppe (Köln) fand nach langjähriger Argentum nitricum-Einträufelung neben ausgedehnter Bindehautargyrie die trübbraune, an olivgrünes Glas erinnernde Hornhaut übersät mit teilweise vaskularisierten Flecken. Silberdurchtränkung der Schichten unter der vorderen Linsenkapsel und Metalleinlagerungen in das Glaskörpergerüst wurden von Larsen 1927 erstmalig geschildert.

Die makroskopische Beschaffenheit der Haut zeigt nach endermaler (exogen-gewerblicher) und nach peroraler Silbereinverleibung keine grundsätzlichen Unterschiede, doch werden bei ersterer in der Regel nur die unbedeckten Körperteile betroffen sein. Mikroskopisch findet man bei der Argyrose des Silberarbeiters (Koelsch, Blaschko) unter unveränderter Epidermis im Gefäßbindegewebe, das sich scharf gegen die unpigmentierten Epithelschichten abhebt, feinste metallische, teils von schwarzer Kruste überzogene, teils bindegewebig abgekapselte Silberteilchen, die sich als Splitter von außen in die Haut

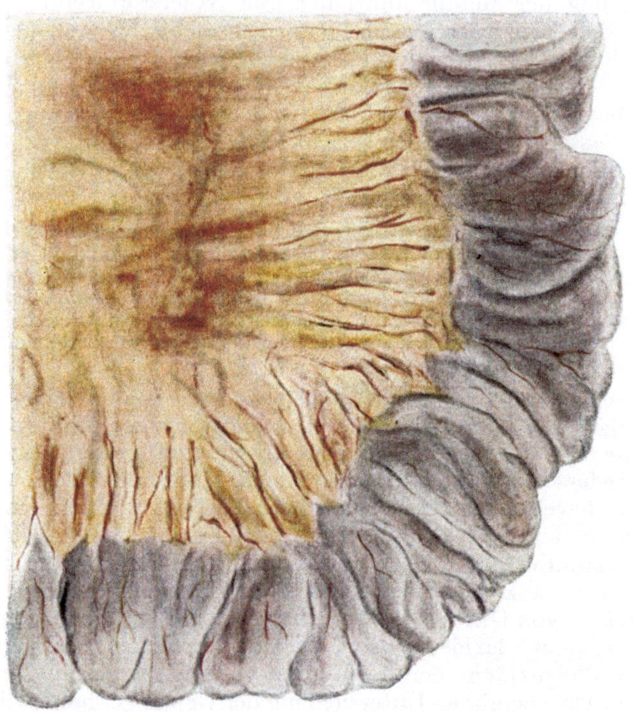

Abb. 21. Argyrie des Dünndarms. (Nr. 180e/1909 der Sammlung des pathol. Instituts am Virchow-Krankenhaus, Berlin. Prof. Christeller †.)

einbohrten und im Korium liegen blieben. Wie Koelsch annimmt, werden sie zu Silberalbuminat umgewandelt, dann gelöst, in die Umgebung ausgeschwemmt und dort — wieder zu feinkörnigem Silber reduziert — auf die (elastischen) Gewebsfasern niedergeschlagen, woraus sich das zarte, braunschwarze Netzwerk erklärt, welches die größeren Metallteilchen strahlenförmig im Kreise umlagert. Auch die festen Grenzmenbranen (bindegewebige Haarbälge, Wand der Talgdrüsen, Perimysium usw.) sind Träger des niedergeschlagenen Silbers.

Die Zähne können dunkel-braungrün, das Nagelbett grau verfärbt sein (Teleky). Auch wird auf gelbrote Tönung des Haupthaares hingewiesen (J. Hirschberg u. a.).

Über Mitbeteiligung des Ohrs bei der gewerblichen Argyrose der Glasperlenversilberer schreibt L. Schubert: „Das Trommelfell erschien nicht durchscheinend, sondern glanzlos blaugrau; auch fiel der bleigraue Farbton im knorpeligen Teil des äußeren Gehörgangs auf.“

An den Fasern der (gleichmäßig betroffenen) Herzmuskulatur ist besonders schön zu sehen, wie sich das Metall in dichten Säumen dem Sarkolemm anschmiegt. In Epi- und Endokard, in den Gefäßen des Herzens ist die Silberspeicherung geringer.

Obwohl gewöhnlich die kleinen und kleinsten Blutgefäße bei der Metallablagerung bevorzugt zu werden scheinen, kann gelegentlich das Aorteninnere — vor allem an den sklerosierten Stellen — massige rauchgraue Fleckung und Streifung aufweisen. Mikroskopisch sieht man dann alle Schichten im Verlauf der elastischen Fasern wie mit Silberstaub bestreut, während die adventitiellen Gefäße — dem Ablagerungstyp der kleineren Blutgefäße entsprechend — außer den intramuralen reichliche perivaskuläre Silberniederschläge erkennen lassen.

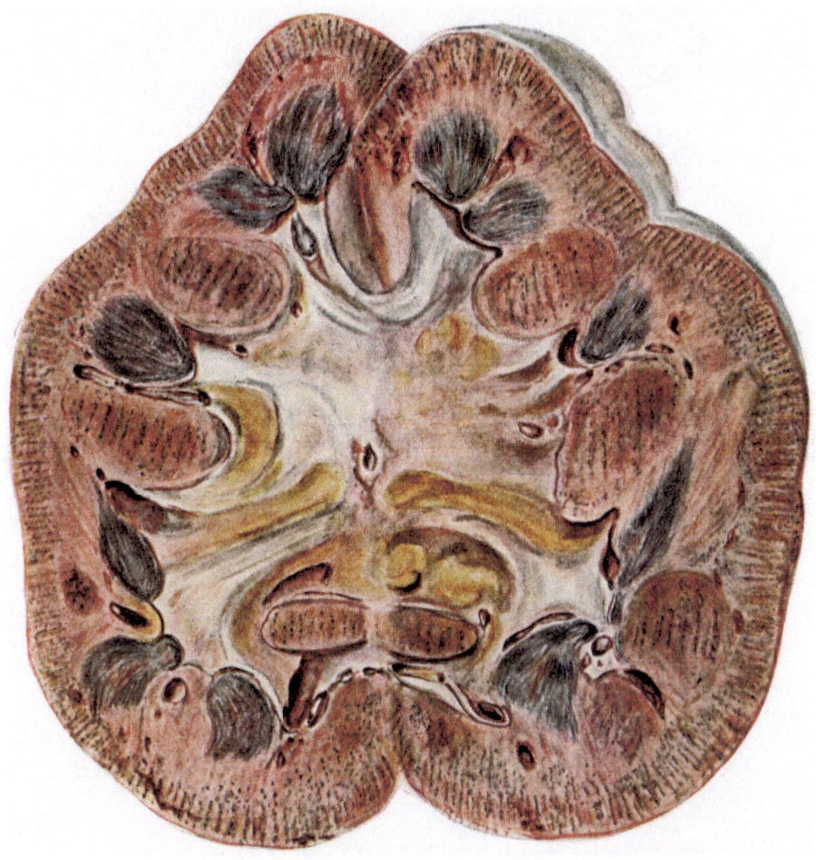

Abb. 22. Hochgradige Argyrie der Nieren, bes. stark in den Papillen. (Nr. 180c/1909 der Sammlung des pathol. Instituts am Virchow-Krankenhaus, Berlin. Prof. Christeller †.)

Die oberen Abschnitte des Verdauungsschlauches werden von der allgemeinen Argyrose meist verschont. Jedoch wies im Falle Teleky auch die Mundschleimhaut — mit Ausnahme des Zahnfleischsaums — Silberspeicherung auf. Tendeloo bringt eine histologische Abbildung von der Mundschleimhaut des Menschen (nach längerer örtlicher Einwirkung von Argentum nitricum): Die Gewebsspalten (Lymphbahnen) stellen sich durch Silberniederschläge als schwarzbräunliches, fein verzweigtes Netz und untereinander verbundene Balken dar. Frommann schildert die Innenfläche des grauschwärzlichen Dünndarms (Abb. 21) als übersät mit schwarzen, Falten und Furchen entlang am gedrängtesten stehenden Körnchen.

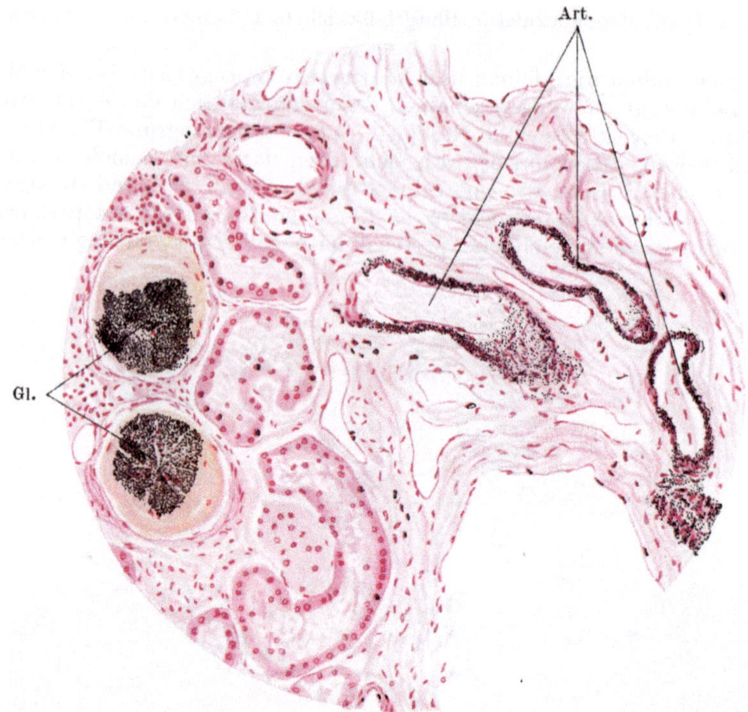

Abb. 23. Argyrose der Niere. Silberablagerung in Glomerulis (Gl.) und Arterien (Art.) Karminfärbung. (Aus LUBARSCH: Pathologische Ablagerungen, Speicherungen und Ausscheidungen, dieses Handb. Bd. VI/1. S. 563).

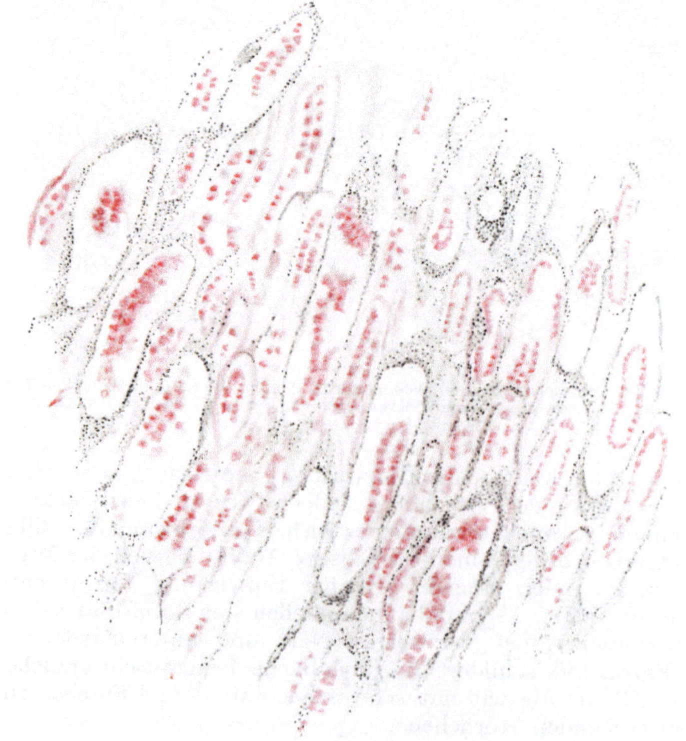

Abb. 24. Argyrie der Niere. Silberablagerung in den Papillen. Karminfärbung. (Sammlung des pathol. Instituts am Virchow-Krankenhaus, Berlin. Prof. CHRISTELLER †).

Hält man dünne (durchscheinende) Schnitte der Milz gegen das Licht (FROMMANN), so bemerkt man feine dunkle Striche und Kreise, welche den aschgrau verfärbten Venen zugehören. Ähnliche Zeichnungen erhält man in der Leber, deren Haargefäße sich als völlig unbeteiligt erweisen.

Als Lieblingssitz des Silbers in der Niere (s. LUBARSCH dies. Handb. VI/1) sind die Grenzbezirke der (mehr oder weniger stark graublauschwarz getüpfelten und gestrichelten) Rinden- und Marksubstanz zu bezeichnen; doch kann die Verteilung des Metalls von Fall zu Fall wechseln und gelegentlich völlig anders geartet sein (Abb. 22). Wie das mikroskopische Bild lehrt, findet sich das Silber in den Glomerulusschlingen (Abb. 23), in der Membrana propria der Harnkanälchen, im derben Bindegewebe der Marksubstanz (Ab. 24) und in den Blutgefäßwandungen, läßt mithin in der Art seiner Ablagerung gewisse Ähnlichkeit mit dem des Amyloids erkennen, worauf KAHLDEN besonders hinweist. Die von letzterem vermerkten entzündlich-proliferativen Vorgänge im Zwischengewebe sind offenbar anderen Umständen, nicht aber dem — an und für sich reizlosen — Silber zur Last zu legen.

Der Nachweis des Silbers (bei der akuten peroralen Vergiftung) erfolgt am besten im Magen-Darminhalt. Zur Argyrie sei bemerkt, daß die merkmalsmäßige Abgrenzung des Silbers gegenüber anderen Pigmenten dadurch gelingt, daß Silber im Gewebe durch Zusatz von Zyankalium oder konzentrierter Salpetersäure gebleicht wird.

11. Gold.

Vor Jahren schrieb POULSSON, das Verhalten des Goldes zum Organismus sei durchaus unklar: Während die einen Forscher die Resorptivwirkung des Metalls als selbstverständlich hinnahmen und — in Gleichsetzung mit sonstigen Schwermetallvergiftungen — den Begriff der „chronischen Goldintoxikation" aufstellten, wurde von anderer Seite jeder resorptive und damit auch jeder therapeutische Einfluß des Goldes auf die Gewebe geleugnet. Die Frage nach der toxikologischen Bedeutung der Goldsalze hat mit Einsetzen der — schon früher angewandten und dann verlassenen, heute vor allem für die Tuberkulosebehandlung nutzbar gemachten — Goldverwendung Pharmakologen und Kliniker erneut beschäftigt, und es ist lebhaft besprochen worden, ob die Vergiftungszeichen, die man z. B. bei Sanokrysingebrauch sah, auf Metallwirkung (nach Spaltung der einverleibten komplexen Goldverbindung) zurückzuführen seien. Man hat versucht, die Krankheitserscheinungen aus der Annahme her zu erklären, daß Sanokrysin die Tuberkelbazillen tötet, worauf mit Freiwerden von Toxinen Exantheme, Stomatitis usw. auftreten. Als Stütze für diese Anschauung wird das Krankheitsbild angeführt, welches ab und an bei der Behandlung mit KOCHs Tuberkulin beobachtet wurde (WÜRTZEN u. a.: Tuberkulinshock). Andererseits kann nicht in Abrede gestellt werden, daß eine Anzahl von Fällen unverkennbare Ähnlichkeit mit verschiedenen subakut-chronisch verlaufenden Metallvergiftungen aufweist (HANSBORG).

Die intravenöse Zufuhr größerer Goldmengen bei Tieren ergab, daß Gold im allgemeinen zwar sehr viel weniger giftig ist als die übrigen Schwermetalle, daß es aber doch bedrohliche toxische Wirkungen hervorrufen kann: Der Tod des Tieres erfolgt unter Krämpfen und den Erscheinungen aufsteigender Lähmung.

Ähnlich wie Zufuhr von Platin zieht die Einverleibung von Goldverbindungen infolge Erschlaffung der kontraktilen Gefäßbestandteile Herabsetzung der Gefäßwandspannung nach sich (HEUBNER, H. SCHULTZ), die in allseitigen Kreislaufsstörungen ihren Ausdruck findet. Auch in der Giftansprechbarkeit von Haut, Verdauungsschlauch, Niere erkennt man gewisse Übereinstimmung mit der Wirksamkeit anderer Schwermetalle.

Örtliche Ätzung führt zu Gelb- bzw. Violettfärbung der Gewebe, ruft an Haut und Schleimhaut Bildung schwarzer Schorfe hervor.

Schon 1916 hatte sich Lombardo mit Erfolg bemüht, das Gold im Gewebe histochemisch nachzuweisen; auch gelang es, die bei Tieren im Unterhautgewebe angelegten Goldlager nach der Reaktion von Paal sichtbar zu machen.

Die von Christeller-Kurosu (s. auch H. Borchardt) ausgearbeiteten und mit verschiedenen Goldpräparaten erprobten histochemischen Methoden gestatten uns, mit Hilfe technisch einfacher Mittel (Behandlung der Schnitte mit Zinnchlorür bzw. Silbernitrat) das Gold in den meisten Organen als braunschwarze, dem Kohlepigment in Farbe und Gestalt ähnliche Massen auszufällen.

Durch diese Darstellung des Metalls, wie auch durch die von Voigt angewandte Dunkelfeldmethode ist es bis zu einem gewissen Grade möglich geworden, über die mengenmäßige Verteilung des Goldes in den einzelnen Organen, über das Verhalten der für die Metallspeicherung in Frage kommenden Gewebeteile etwas auszusagen. In den von H. Borchardt vorgenommenen Untersuchungen fand sich — unabhängig von der Art der Giftbeibringung — in allen Organen Gold, und zwar deckten sich bezüglich der Mengenverteilung die histochemischen Befunde mit den mikrochemisch gemachten Analysen: Das Gold kreist anfangs mit dem strömenden Blut und kann in den weißen Blutzellen aufgefunden werden als „Transportgold". Sodann wird es zum großen Teil von dem Retikuloendothel und von zahlreichen Histiozyten abgefangen und gespeichert. Demgemäß enthalten auch die Organe mit dem mächtigsten Retikuloendothel am reichlichsten „Speichergold". Christeller-Gallinal führten die Prüfungen an gesunden und tuberkulösen Organen des Menschen durch und konnten daraus Schlüsse auf das Verhalten des Goldes zu tuberkulösen Herden ziehen.

Das jetzt zu Heilzwecken vorzugsweise benutzte Sanokrysin, dessen Wirkung auf die Abspaltung freien Goldes bezogen wird (K. Faber, Friedmann u. a.), soll nach Angabe von Möllgard zwar schnell diffusionsfähig sein, sich aber im Körper erst allmählich zersetzen und — wie die Erfahrung am Menschen lehrt — nur sehr langsam (durch die Niere und den Dickdarm) wieder ausgeschieden werden. So war noch $8\frac{1}{2}$ Monate nach Zufuhr von 11,5 g Sanokrysin (d. h. 4,3 g Gold) etwa 40% im Körper aufzufinden (Hansborg). (Über Bestimmung der Mengenverteilung in den einzelnen Organen s. bei Brahn und Weiler.)

Akute Erscheinungen der Allgemeinvergiftung äußern sich in erster Reihe an der Haut im Aufsprießen urtikarieller, masern-, scharlach- und pityriasisähnlicher, zuweilen auch schuppender oder papulöser Ausschläge (Abb. 25), ohne Bevorzugung bestimmter Körperteile (O. Kiess, Rothmann, Würtzen u. a.). Kleinste Hautblutungen wurden von A. Mayer (und ähnlich Secher) beobachtet, an Salvarsanschädigung gemahnende Desquamativdermatitis von K. Faber beschrieben. Zimmerli und Lutz schildern eine, ungefähr vier Monate nach Abschluß der dritten Sanokrysinkur aufgetretene, eigentümliche Hautverfärbung: Die dem Licht ausgesetzten Körperteile nahmen einen graulividen Farbton an, wie er etwa bei Anilinvergiftung zu sehen ist. Mikroskopisch fand sich im Korium (vorwiegend im Stratum papillare) eine, sowohl der Anordnung, wie der Farbe und Form nach ungewöhnliche Pigmentanhäufung: Kleinste rundliche und ovale, tiefschwarze, zum größten Teil in Gefäßendothelien und Spindelzellen gespeicherte Körner und Bröckel. Von der intrazellulären Lagerung abgesehen, erinnerte die Art der Pigmentierung an die von der Argyrose her bekannte. Man könnte demgemäß — wie bereits von verschiedenen Seiten vorgeschlagen wurde — von „Chrysosis" sprechen.

Nach Abklingen der akuten Hauterkrankungen bleiben häufig — ähnlich wie nach Salvarsan- bzw. Arseneinwirkung — zahlreiche, anfänglich an die Follikel gebundene, dann zusammenfließende Keratosen zurück (H. Ritter u. a.). Im Falle Jäger und Kohl war, da die Kranke vorher wegen Psoriasis

reichlich Arsen bekommen hatte, der ursächliche Zusammenhang zwischen Golddermatitis und Keratose nicht gesichert.

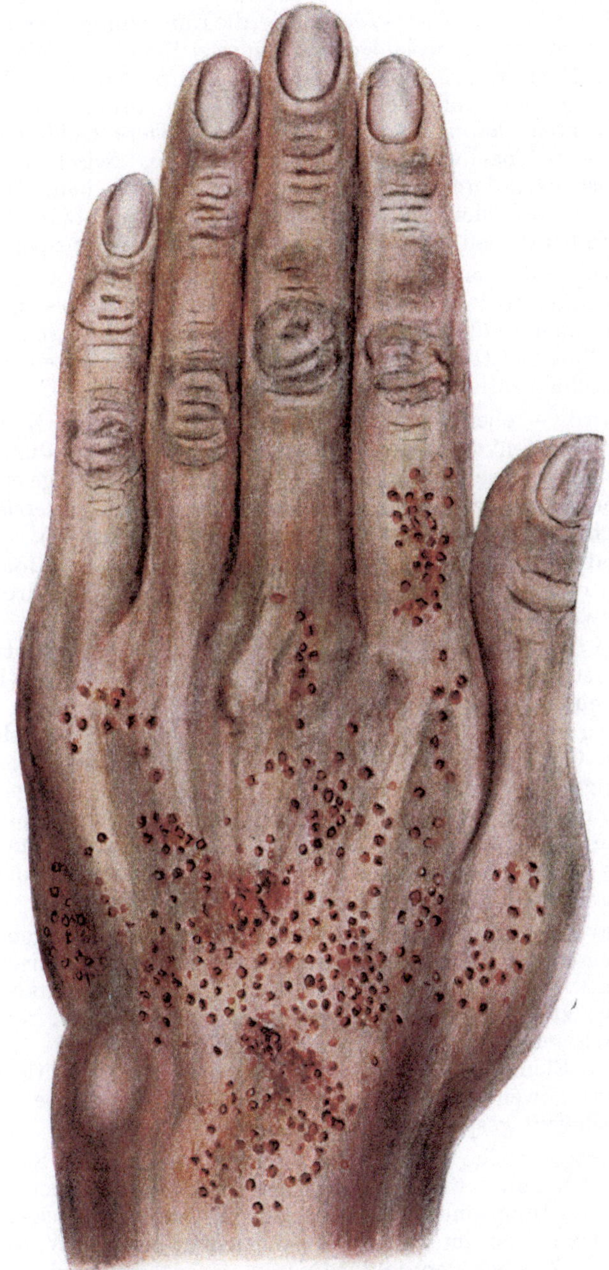

Abb. 25. Papulo-maculöses Exanthem nach Sanocrysinbehandlung.

Vereinzelt sah man Verlust des **Haupthaares** (H. Ritter), Ausfallen der
Fingernägel.

Nach Goldeinspritzung unter die Haut (Gefahr der Hautnekrosen!) färben sich Zellen, Fasern, Sarkolemmschläuche bei der Paalschen Reaktion stark violett. Schamberg beobachtete nach einer Einspritzung von kolloidalem Gold, die irrtümlicherweise in das perivenöse Gewebe ging, die Entstehung einer ausgedehnten, graublauen Hautverfärbung, welche durch keinerlei Mittel zum Weichen gebracht werden konnte. Nach Tierversuchsergebnissen zu urteilen, war die Verfärbung durch Ablagerung von Gold bedingt. Denn bei Anwendung der Methode Christeller-Kurosu kann man am gespritzten Tiere Goldniederschläge im Unterhautgewebe nachweisen als braunschwarze, zwischen Bindegewebs- und Muskelfasern extra- und intrazellulär gelagerte Körnchen. In erster Reihe beteiligen sich Spindelzellen und Elemente des reaktiv entzündeten Gewebes, wie auch die Zellen der äußeren Haarwurzelscheiden an der Speicherung.

Bei Öffnung intravenös (innerhalb weniger Minuten) vergifteter Tiere ergab sich allerstärkste Venenfüllung, welche die Gefäße bis in die kleinsten Verzweigungen hinein sichtbar machte. Das Blut war hellrot, schwer gerinnend. Blutfülle und Blutaustritte in den Eingeweiden beherrschten das Bild. Die Darmserosa erschien rötlich bis blaurot getönt (Heubner).

Das Gold wird — ebenso wie Platin — als vorzugsweises Haargefäßgift angesprochen: Man denkt an unmittelbare Wandschädigung durch Lockerung der Kittsubstanz und Auseinanderweichen der Uferzellen als Folge einer Lähmung der kontraktilen Substanz. Heubner spricht geradezu von zerrissenen Haargefäßen (S. auch Jäger und Kohl: Hämorrhagische Diathese?).

Langdauernd (peroral) verabreichte Gaben nicht ätzender Goldsalze verursachten an den oberen Luftwegen Katarrhe, selbst Bildung kroupöser Membranen (Aronowitsch).

Das Gewebe der gesunden und der tuberkulösen Lunge beantwortet — wie wir aus Tierversuchen wissen — den Giftreiz verschiedenartig (Pagel u. a.). Hämoptoë bei einem sonst gesunden Tier weist auf hochgradige, in mächtiger Haargefäßfüllung und Parenchymblutungen zu Tage tretende Kreislaufstörungen hin (A. Mayer, Orfila). Unmittelbar in die Blutbahn gebrachtes Sanokrysin rief in der Lunge des Meerschweinchens innerhalb von sechs Tagen über das ganze Gewebe hin verstreute, alveoläre Zerfallsherde hervor mit randständigem, fibrinös-zelligem Esxudat (Pagel). Heubner sah nach subakutem Vergiftungsverlauf bei den zum Versuche benutzten Mäusen Hepatisation der Lunge und Verstopfung der kleinen Bronchien durch hyaline Massen.

In der tuberkulösen Lunge ist das die kranken Teile umgebende Gewebe entzündlich gerötet, die Tuberkel selbst sind durchblutet (Gelpke, A. Feldt, A. Mayer u. a.). Nach Ausführungen von Christeller-Kurosu neigt die erkrankte Lunge zu besonders starker Speicherung von Gold, welches sich — nur schwer unterscheidbar von anthrakotischem Pigment — vor allem in phagozytierenden Elementen der Alveolarwände und in Adventitialzellen niedergeschlagen findet, zuweilen in solcher Stärke, daß die Gewebe bei schwacher Vergrößerung schwarz gesprenkelt erscheinen.

Beachtenswerte örtliche Reiz- bzw. Ätzwirkungen an der Schleimhaut des Verdauungsschlauches werden beim Menschen nicht gesehen. Als Ausdruck der Allgemeinvergiftung sind in vereinzelten Fällen an Quecksilberstomatitis erinnernde Veränderungen im Munde zu finden (Rothmann, W. Simon, Kohrs, Harlesse u. a.). Zufolge der goldbedingten Haargefäßschäden bewirken bei vergifteten Tieren hochgradige Kreislaufstörungen so mächtige Blutfüllung und Blutaustritte in der Magenwand, daß diese geradezu blutunterlaufen aussehen kann und ähnliche Bilder entstehen wie nach Vergiftung mit Arsen und Sepsin (Heubner). Kleine, lange Zeit hindurch innerlich zugeführte Gaben nicht ätzender Goldsalze riefen beim Tier zuweilen umschriebene Wandnekrosen hervor (ARONOWITSCH 1881).

Die mit Ekchymosen übersäte, tiefrote oder dunkelbraun-fleckige Leber des Tieres (HEUBNER, A. MAYER) neigt zur Fettspeicherung, insbesondere in den Sternzellen, deren Struktur nach Angabe von PAGEL für einen gewissen, vielleicht durch Ablagerung größerer Goldmassen (KUROSU) ausgelösten Reizzustand sprechen soll.

Die histochemische Prüfung der Organe sanokrysinbehandelter Tuberkulöser ergab die stärkste Goldanhäufung im Lebergewebe (GALLINAL), während bei Goldarbeitern, welche jahrelang Goldstaub einatmeten, für die Metallablagerung vorzugsweise Bronchiallymphknoten, Milz, Niere, Lunge in Frage zu kommen scheinen (ARNOLD).

Schon RABUTEAU (1880), OESTERLEN u. a. waren bei ihren Versuchstieren nach längerer Einfuhr von Goldchlorid Krankheitserscheinungen aufgefallen, welche auf Schädigung der Niere hindeuteten. Mit Einsetzen der — anfänglich hochdosierten — Goldtherapie zwangen klinische Beobachtungen dazu, ein Augenmerk auf das gewebliche Verhalten der Niere zu richten. Diesbezügliche Veröffentlichungen aus der Menschenpathologie liegen meines Wissens nicht vor. Durch die Freundlichkeit von Herrn Dr. ULRICI (Waldhaus Charlottenburg) kam mir aus Kopenhagen stammendes Material zu Gesicht, welches (neben chronisch tuberkulösen Veränderungen) Nierenparenchymschäden vom Typ der „Metallnephrose" erkennen ließ. Dieser Befund, in Gemeinschaft mit den (noch zu besprechenden) am Tiere erzeugten Nierenveränderungen, versetzt uns bis zu einem gewissen Grade in die Lage, aus klinischen Angaben (FOGH, ROTHMANN, SERGEANT) Rückschlüsse auf das krankhafte Geschehen in der Niere zu ziehen.

Nach den Ausführungen von HEUBNER weist die Niere des Tieres mit Beginn der Vergiftung nur Blutungen auf; bei subakutem Krankheitsablauf entwickelt sich das Bild der „Metallniere". Vor einigen Jahren nahm PAGEL an gesunden und tuberkulösen Meerschweinchen ausgedehnte Untersuchungen vor. Die durch Sanokrysingaben hervorgerufenen Nierenschäden, welche nach PAGELs Schilderungen (Vorkommen von Epitheldegeneration und -nekrose, lebhafte Epithelregeneration) wohl zweifellos als eine Art „Metallnephrose" anzusprechen waren, zeigten sich bei tuberkulösen Tieren weniger ausgeprägt als bei gesunden. Diese Tatsache findet ihre Erklärung in dem — von KUROSU histochemisch festgestellten — Umstand, daß in der tuberkulösen Niere bei weitem kleinere Goldmengen abgelagert werden als in der — geradezu als bevorzugte Goldspeicherungsstätte zu bezeichnenden — Niere gesunder Tiere. Die Goldkörnchen finden sich hier hauptsächlich in Kapillarendothelien und in Spindelzellen des Rindenzwischengewebes; auch sieht man einzelne Kanälchenlichtungen vollgestopft mit kugeligen, goldpositiven Schollen, welche offenbar den von PAGEL als nekrotisch-verkalkte Epithelzylinder bezeichneten Gebilden entsprechen, die aber nach Meinung von CHRISTELLER-KUROSU eher als hyaline, goldbeladene Eiweißschollen zu deuten wären. Beim Kalb erzielte MÖLLGARD erst durch sehr hohe Sanokrysingaben Epithelschädigung.

Die Milz speichert das Gold als Körnchen, die z. T. frei in den Pulpamaschen liegen, vor allem aber im Plasma der Pulpazellen nachweisbar sind. PAGEL sah (außer Hämosiderose) bei seinen vergifteten Meerschweinchen starke retikuläre Zellwucherungen, plasmazellreiche Follikel und auffallend viel Knochenmarksriesenzellen. Die Sinus strotzten von erythrozytenhaltigen endothelialen Makrophagen.

Zum Schlusse möge ein von BRUHNS übermittelter, in seinem Verlauf ungewöhnlicher Fall Erwähnung finden, der nur durch besonders starke Überempfindlichkeit der Betroffenen zu erklären war. Es handelte sich um eine an Lupus erythematodes erkrankte Person. Diese zeigte sofort nach Krysolganeinspritzung eine beträchtliche Herdreaktion in Form ödematös-blauroter Gesichtsschwellung, welche auf Rachen und Kehlkopf übergriff. Die Kranke starb am nächsten Tage. Die Sektion ergab starkes Ödem an weichem Gaumen, Kehlkopf, Schlund, im mediastinalen Bindegewebe. Auch die Niere war mächtig geschwollen, zeigte Blutaustritte in der Rinde und — neben älteren arteriolosklerotischen Schrumpfungsherden — ausgedehnte perivaskuläre Zellanhäufungen, „Quellung" der Kanälchenepithelien, Eiweiß und vereinzelt auch Erythrozyten in den Kanälchenlichtungen.

12. Aluminium (Alaun).

Aluminium als Metall ist ungiftig. Seine in Form gelöster Salze unter Umständen recht starke Ätzwirkung an Haut und Schleimhäuten beruht auf Bildung einer Eiweißaluminiumverbindung. So sah ESAU nach Umschlägen mit essigsaurer Tonerde an der Hand innerhalb 24 Stunden schwerste Hautnekrosen entstehen. SEIBERT and WELLS berichten über örtliche Reizerscheinungen (beim Kaninchen) nach intravenösen Aluminiumsalzgaben.

Werden größere Mengen flüssiger Salze, von denen vor allem das Kalialaun — zufolge seines die Giftwirkung verdoppelnden Kalibestandteiles — toxikologisch bedeutsam ist, innerlich eingeführt, so können sich — wie HICQUET es sah — auf der Mund-, Rachen- und Speiseröhrenschleimhaut graugelbe Auflagerungen finden. TARDIEU erzählt von einem Mädchen, dessen Erkrankung auf Grund des Rachenbefundes zuerst als gangränöse Angina angesprochen wurde, später aber, als sich bei der chemischen Organuntersuchung große Mengen von Alaun fanden, als tödliche Alaunvergiftung gedeutet werden konnte (s. auch KRAMOLIK). Schon bei Mundspülungen mit (gar nicht besonders starker) Alaunkochsalzlösung sollen sich — nach der Mitteilung von DUSCHKOW-KESSIAKOFF — gelegentlich Zahnfleischnekrosen einstellen. An der Schleimhaut des Magens, in geringerem Grade auch an der des Dünndarms, kann die Verätzung dermaßen stark werden, daß die grauweiß verfärbte Innnenfläche sich wie gegerbt anfühlt, bröckelig wird (JAKSCH, KOBERT, ORFILA). Im Falle E. ZIEMKE, in welchem der Betroffene auf Rat eines Kurpfuschers zum Abtreiben von Gallensteinen ein Gemisch von Kalialaun, Zink- und Kupfersulfat eingenommen hatte, fand man bis tief in die Unterschleimhaut gehende Nekrosen, welche jedoch kaum der Alaunwirkung allein zur Last gelegt werden dürften. Das auf solche Weise geschädigte Gewebe bildet naturgemäß keinen Schutz mehr gegen den Übertritt des Giftes in die Säftebahn (DÖLLKEN).

Verhältnismäßig geringe Giftwirkung erzielte SIEM (angef. bei DÖLLKEN) nach Einspritzung einer Aluminiumsalzlösung bei Tieren, z.B. Hunden und Katzen: Die Veränderungen an der Magen-Darmschleimhaut bestanden lediglich in Blutfülle und Schwellung; ganz selten einmal traten kleine Geschwüre auf.

Über Harnblasenverätzung infolge eines Abtreibungsversuches berichtet ANDLER (unter Aufzählung ähnlicher Fälle). Es handelte sich um eine 25 jährige, welche 22 ccm hochkonzentrierte Lösung essigsaurer Tonerde statt in die Gebärmutter in die Harnblase eingeführt hatte, worauf sich allerschwerste nekrotisierende Zystitis entwickelte. Das zystoskopische Bild ließ an Stelle der Ureterenmündungen zwei über linsengroße, starre Löcher mit glatten Rändern erkennen. Gleicherzeit konnte der Harnrückfluß durch den Harnleiter in das Nierenbecken verfolgt werden: Durch Giftwirkung auf die Muskulatur des vesikalen Ureterendes hatte sich eine Starre der Harnleiterwand ausgebildet.

Das Vorkommen von Leberverfettung, Auftreten von Blutungen in Leber, Niere, Herz wird bei Menschen und Tieren angegeben. SIEM erwähnt

Epithelnekrosen an den gewundenen Nierenkanälchen, SEIBERT and WELLS sprechen bei ihren Tieren von „toxischen Nekrosen" in der Niere.

Die klinisch häufig im Vordergrund stehenden Erscheinungen von Seiten des Zentralnervensystems gehen wahrscheinlich auf Schäden am Rückenmark zurück, deren Kenntnis wir allerdings bisher nur Tierversuchen verdanken. So konnte DÖLLKEN das Auftreten kapillärer Blutungen in der grauen Substanz, rückschrittliche Umwandlungen an Nervenfasern und Ganglienzellen besonders in den vorderen Wurzeln beobachten.

SEIBERT and WELLS, welche Kaninchen langdauernd kleine Gaben von Aluminiumsalzen verabreichten, glauben an Hand der Milzbefunde Rückschlüsse auf Schädigung der roten Blutzellen (Hämloyse) ziehen zu dürfen.

Der Aluminiumnachweis gelingt in Leber, Milz, Harn (Spuren!), nach Angabe von DÖLLKEN auch in der Niere.

13. Thallium.

Thallium wird aus Rückständen bei der Lithoponeherstellung, also ursprünglich aus Zinksalzen gewonnen. Es steht im periodischen System zwischen Quecksilber und Blei und hat zu letzterem nicht nur chemische und biologische Beziehungen, sondern ist auch toxikologisch gewissermaßen mit ihm verknüpft, da die ungereinigten Thalliumsalze Blei enthalten und gleich diesem Darmerscheinungen, Neuralgien, Gelenkbeschwerden, basophile Körnelung im Blut u. a. m. hervorrufen (BUSCHKE und BERMANN). Die dreiwertige Form des Metalls scheint bei rasch verlaufender Vergiftung keine nennenswerte Wirkung auszulösen; die einwertige verursacht Störungen im peripherischen und zentralen Nervensystem (tetanische Krämpfe, Herzlähmung usw.), welche unter Umständen an die nervöse Form der chronischen Arsenvergiftung erinnern können (FRIDLI: Ähnlichkeit mit Atropinvergiftung!). Eine aus dem Jahre 1891 stammende Arbeit von LUCK (einem Schüler KOBERTs), welche sich mit Aufsaugung, Ablagerung und Ausscheidung des Giftes beschäftigt, dürfte heute kaum noch uneingeschränkte Gültigkeit haben. Grundlegende neuere Forschungen auf diesem Gebiet scheinen allerdings bisher nicht veröffentlicht worden zu sein.

Die therapeutische Verwendung des Thalliums hat gelegentlich akut zu schweren, ja tödlichen Vergiftungen geführt (MERKEL u. a.), ohne daß eine anatomische Todesursache aufzufinden gewesen wäre. Thalliumhaltige Präparate (Rattengift Zeliopaste u. a. m.) wurden verschiedentlich zu Mordzwecken benutzt (BRIEGER, HABERDA, KAPS u. a.). Über einen tödlich verlaufenden Vergiftungsfall nach irrtümlicher peroraler Einnahme von Thalliumazetat berichtet FRIDLI.

Subakut-chronische (gewerbliche), mit Allgemeinerscheinungen wie Schlaflosigkeit, ziehenden Schmerzen und Krämpfen in den Waden, Verdauungsstörungen (Wechsel von Verstopfung und Durchfällen), gelegentlich mit Kachexie und Lähmungen einhergehende Vergiftung wird bei Arbeitern in der Farben- und Fensterglasindustrie, vor allem aber bei den mit der Darstellung von Thallium Beschäftigten beobachtet. Man muß demnach annehmen, daß die Thalliumsalze durch die unversehrte Haut hindurchgehen und zufolge langsamer Giftausscheidung im Körper angehäuft werden. (S. bei TELEKY ausführliches einschlägiges Schrifttum.)

Der Nachweis des Metalls, der im allgemeinen einige Wochen nach Aussetzen der Giftzufuhr nicht mehr möglich ist, wird am besten an der Muskulatur, besonders der unteren Gliedmaßen geführt (ALTHOFF), ferner in Harn (HABERDA, DEUTSCH) und Fäzes, in Galle, Tränenflüssigkeit (MARMÉ), im Gehirn (in Spuren).

Nach Angabe von SCHEE findet sich bei Vergiftung tragender Tiere verhältnismäßig viel Metall in den (durch transplazentaren Giftübergang geschädigten)
Feten. Zuweilen ist in den Leichenteilen nur noch das mit Thallium eng vergesellschaft vorkommende Zink vorhanden. (Über jodometrische Bestimmung
des Thalliums in Leichenteilen s. in der Arbeit von FRIDLI.) Bei den kleinen
Versuchstieren scheint das Gift im ganzen Körper zu kreisen und in allen
Organen gespeichert zu werden (BUSCHKE und LANGER).

Die wenigen bisher vorliegenden Sektionsbefunde aus der Menschenpathologie werden in wünschenswerter Weise durch zahlreiche Tierversuchsergebnisse ergänzt. BUSCHKE und EHRHARDT beschäftigten sich mit der Giftansprechbarkeit der Nachkommen vergifteter Muttertiere. Von einer mit
todbringenden Metallmengen gefütterten tragenden Ratte blieben sämtliche
Junge am Leben, doch zeigten diese — obwohl die Giftausscheidung mit der
Milch gering war — vorübergehende Alopezie und dauernde Wachstumsschäden. Junge Tiere beantworten chronischen Vergiftungsreiz mit Ernährungsund Wachstumsstörungen (HECKE). Über die Eingeweideveränderungen an
vergifteten Tieren s. unten.

Mit Rücksicht auf die Befunde an der Haut, am Skeletsystem usw. wird an eine besondere Affinität des Metalls zu den endokrinen Drüsen, insbesondere zu den Epithelkörperchen
gedacht.

DAVIES fand bei thalliumbehandelten Kindern die unteren Gliedmaßen
geschwollen, heiß und rot, unregelmäßig bläulich gefleckt (s. auch Fall FRIDLI).
Außerdem stellte sich eine mit Erguß einhergehende Kniegelenkentzündung
ein. In dem kriminellen, subakut verlaufenden Falle von KAPS (und ähnlich bei
UHLIRZ) wurde — ohne Vorliegen einer Nephritis — das Gesicht ödematös, an
beiden Wangen entwickelte sich ein bläschenförmiger Hautausschlag. Auch
FRIDLI macht auf Vasomotorenstörungen an Gesicht und Lippen aufmerksam.

Das die Thalliumvergiftung — vor allem in ihrer chronischen Form (RUBE
und HENDRICKS) — kennzeichnende Merkmal, welchem das Metall seine Wertschätzung als Heilmittel verdankt, ist der Haarausfall. Dieser tritt, häufig
von Dermatitis und Dermatosen (DEUTSCH u. a.) begleitet, an den verschiedensten
Körperteilen auf und ist der am vergifteten Tier zu erzielenden Alopezie
durchaus gleichzusetzen. Mikroskopisch kann man (nach Angabe von OLIVER)
in solchen Fällen Gewebsschwund an den Haarbälgen feststellen, ein Befund,
der von BUSCHKE und PEISER nicht bestätigt wurde. Die letztgenannten
Untersucher betonen im Gegenteil ausdrücklich, daß an Haarfollikeln und Anhangsgebilden der Haut keinerlei Veränderungen nachweisbar seien, daß es sich
mithin um geweblich nicht faßbare Leistungsstörungen handeln müsse.

Im Tierversuche lassen sich demgegenüber Hyperplasie des Stratum corneum,
Atrophie der Haarbälge und inneren Wurzelscheiden, Talgdrüsendegeneration
u. a. m. erzielen (FIOCCO, MAMOLI). HECKE schildert bei seinen Ratten die
Haarbälge als blasig erweitert, statt der Haare zerfaserte Hornmassen enthaltend.

Nach der Vermutung von E. M. LEWIN kommt die Alopezie wahrscheinlich zustande
durch Gleichgewichtsstörung im sympathischen Nervensystem, welches die Ernährungsreize für das Haar vom Rückenmark her zu übermitteln hat.

TELEKY weist auf die Rotfärbung der Haare bei Thalliumarbeitern hin.
GREVING und GAGEL beobachteten an den Fingernägeln trophische Störungen
in Form von weißlichen, quer über die Nägel ziehenden Bändern.

Beim Tiere können die Gliedmaßenknochen (bzw. Zähne) entkalken,
dementsprechend weich und mißgestaltet werden, Wachstumshemmungen zeigen;
auch der weiche Schädelknochen erwies sich als verkürzt in Länge und Breite:
Es fand sich umschriebene Endostverdickung und fibröse Umwandlung des
Marks, kurzum, Veränderungen, wie man sie bei malazischen Erkrankungen
zu sehen bekommt (BUSCHKE und Mitarbeiter).

Über Auftreten von Augenbindehaut- und Lidentzündung bzw. -ekzem berichtet Kaps. Buschke und Peiser erzielten in ihren Tierversuchen entzündliche, mit Aussetzen der Thalliumgaben zurückgehende Erscheinungen an der Iris, ferner intraokulare Blutungen und — bei sonstiger Gesundung des Tieres bestehenbleibende — Linsentrübungen, konnten mithin Ergebnisse buchen, die sich mit den an Arbeitern gemachten Beobachtungen des Gewerbehygienikers bis zu einem gewissen Grade decken. Das Zustandekommen derartiger Veränderungen wurde von Ginsberg an seinen thalliumgefütterten Ratten schrittweise verfolgt: Bei den doppelseitig symmetrischen Linsentrübungen traten zarte Radspeichenzeichnungen in den vorderen Linsenschichten auf. Erkrankung der ganzen Linse war häufig vergesellschaftet mit Iritis, welche ihrerseits hintere Hornhautverwachsungen nach sich zog. Die durch Einfluß des Thalliums ausgelösten Vorgänge unterschieden sich im ganzen erheblich von denen, die zum Naphthalinstar führen.

Anatomische Befunde, welche die häufig festzustellenden Erscheinungen von Seiten des zentralen und peripherischen Nervensystems (Davies, Buschke und Mitarbeiter) erklären könnten, wurden beim Menschen (s. aber Ph. Schneider: „Degenerative Veränderungen" beim Tier!) bisher nicht beschrieben. Im Falle Kaps, in welchem der Vergiftete vollständig erblindete, nahm man offenbar keine Untersuchungen des inneren Auges vor. Buschke und E. Langer sprechen von starker „Gehirnschwellung", von „retrobulbärer Neuritis" nach akuter Vergiftung. Letztere leitet vielleicht zu der von Rube und Hendricks bei schwerer gewerblicher Vergiftung festgestellten Optikusatrophie über. Nach Ausführungen von Teleky (auf der Versammlung der Gesellschaft für Gewerbehygiene zu Hamburg, 1929) kommen bei Thalliumarbeitern eingreifende, bis zur Netzhautablösung (Erblindung!) fortschreitende Störungen am inneren Auge vor.

Buschke und W. Joël sahen beim Tier nach chronischer Thalliumzufuhr umschriebenen Sehnervenschwund, Greving und Gagel in den peripherischen Nerven weitgehenden Markscheidenzerfall und teilweise Zerstörung der Achsenzylinder.

Fridli erwähnt in einem tödlich verlaufenden Fall die Bildung brauner Ringe an den Zähnen. Über das Vorkommen von Stomatitis (leichteren Grades) wird von F. Redlich Mitteilung gemacht. Die eingangs genannten Regelwidrigkeiten in der Verdauung weisen auf den Magen-Darmkanal als Erfolgsorgan des Giftes hin. Auch wird an Giftausscheidung in den Dickdarm gedacht (Marmé). In den — drei Knaben zwischen 10 und 12 Jahren betreffenden — Fällen von Merkel fand sich lediglich mittelgradiger Entzündungszustand des Darms. Ph. Schneider spricht bei seinen peroral vergifteten Hunden von hämorrhagischer, sich bis in den unteren Dünndarm erstreckender Gastroenteritis. Im allgemeinen scheint der Verdauungsschlauch des Tieres auf den Giftreiz sehr viel heftiger anzusprechen als der des Menschen. Findet man beim Tier doch — auch bei parenteraler Gifteinverleibung (Seitz u. a.) — zumeist Blutungen (Seitz: Gefäßberstung!), Entzündungsvorgänge, Geschwürsbildungen und reaktive Gewebswucherung, ja, Entwicklung gutartiger Hyperplasien und epithelialer Gewächse (Buschke und Mitarbeiter). Am Vormagen der Ratte kann man in solchen Fällen inmitten großer, flächenhafter Blutungen gelbliche, diphtherischen Belägen ähnelnde Auflagerungen sehen oder papillomartige Hornbildungen (Olivier), die beim Abheben einen Schleimhautverlust hinterlassen. Im Magen-Darmkanal der vergifteten Ratte (Hecke) sind die Lymphknötchen für das bloße Auge kenntlich als schwarze, oft als Buckel vorspringende Haufen mit deutlicher Zeichnung. Die Knötchen werden bei längerem Liegen an der Luft dunkler, wahrscheinlich zufolge Bildung schwarzen Schwefelthalliums (Kobert).

Das Blutbild des Vergifteten läßt Abweichungen vom Normalen erkennen. Auf die basophile Erythrozytentüpfelung wurde schon anfangs hingewiesen. Auch finden sich Eosinophilie (Rube und Hendricks, Teleky) und Lymphozytose (Buschke, Greving und Gagel, F. Redlich, Zinsser) in den Berichten vermerkt. Szentkiralyi beobachtete bei einem 13jährigen Knaben nach Enthaarung mit Thallium aceticum das Auftreten sekundärer Anämie ohne Blutbildveränderung. Deutsch schildert das Blut bei akuter Vergiftung als anfangs polychromatisch mit erhöhten Erythrozytenwerten und Gehalt an basophil Getüpfelten. Allmählich stellte sich neutrophile Leukozytose mit Linksverschiebung ein, welche wiederum Lymphozytose und Eosinophilie Platz machte.

Das nach osteomalazischen Vorgängen beim Tier (s. oben) noch erhaltene Knochenmark ist lymphoid und durch Blutungen und Pigmentanhäufung bunt gefleckt (Buschke und Mitarbeiter).

Großer Wert wird im Tierversuch auf das Verhalten der endokrinen Drüsen gelegt (Buschke und Mitarbeiter), welche angeblich deutliche gewebliche Abweichungen von der Norm erkennen lassen. Diese sollen zustandekommen durch anfängliche, als Ursache der endokrinen Störungen anzusprechende Alkalose. Die Schilddrüse wird als kolloidarm mit geschrumpften Bläschen geschildert (Wegelin, Buschke und Peiser u. a.), die Nebennieren sollen Herabsetzung der Chromierbarkeit und Verminderung des Lipoidgehaltes zeigen. Hecke beschreibt sie (bei vergifteten Ratten) als vergrößert, mit massenhaften Zellvakuolen im Mark und mit zahlreichen Hohlräumen, welche eigenartig homogene, runde, oft geschichtete Gebilde enthalten. Über Wesen und Entstehung dieser „Gebilde" ist nichts Näheres ausgesagt.

Der Hode thalliumvergifteter Ratten wird von verschiedenen Beobachtern als atrophisch bezeichnet. Seine ausführliche histologische Beschreibung findet sich bei Hecke. Danach treten — durch exzentrische Kernvakuolen gekennzeichnete — Entartungsformen und Zwischenstufen von Spermiozyten und Spermiden auf; gelegentlich finden sich riesenzellartige Synzytien von Spermiden und Spermatogonien (s. auch unter Alkohol), schwanzlose Spermien, Riesenzellen mit Mitosen u. a. m. Gleicherzeit schrumpfen die Zwischenzellen und gehen, wie die Kernpyknose erkennen läßt, zugrunde.

Bindegewebsvermehrung in den Epithelkörperchen wird von italienischer Seite (s. Kaps) als anatomischer Ausdruck schwerer Erkrankung angesprochen.

Für die gelegentlich bei Tieren auftretenden Störungen im Brunstzyklus war bisher ein entsprechender anatomischer Befund in den Eierstöcken nicht zu ermitteln, was die Untersucher Buschke, Zondek und Bermann in ihrer Vermutung bestärkte, daß der Erstangriffspunkt des Giftes in den endokrinen Organen gesucht werden müsse.

14. Eisen.

Die örtliche Wirkung der Eisensalze ist — je nach ihrem Säureanteil bzw. der Leichtigkeit, mit welcher die Verbindung gespalten wird — eine adstringierende oder ätzende: Es tritt das Eisen mit dem Eiweiß zusammen und die frei gewordene Säure wirkt selbständig. Die stärkste örtliche Wirkung kommt dem Eisenchlorid und dem -vitriol zu, die in gesättigter Lösung reine Ätzmittel sind. Nach sehr großen peroralen, als Fruchtabtreibungsmittel benutzten Gaben hat man den Tod unter den Erscheinungen schwerster akuter Gastroenteritis und des dadurch bedingten Kollaps eintreten sehen. Bei langsamer Zufuhr kleiner Mengen zeigen die Eisenverbindungen keine Giftwirkung (Nölke). Das von Zangger erwähnte Eisenkarbonyl wird — zufolge seiner Fettlöslichkeit —

wahrscheinlich u. a. die Eigenschaft eines Nervengiftes entfalten (s. S. 68); jedoch liegen darüber keine sicheren Beobachtungen vor.

Die Versuche von QUINCKE u. a. belehren uns, in welchem Teil des Darmrohrs die Aufsaugung des Metalls vor sich geht. QUINCKE gab verschiedenen Tieren Eisenpräparate, tötete die Tiere nach kurzer Zeit und prüfte nun in Reihenschnitten den ganzen Darmkanal. Mit Hilfe des Reagens Schwefelammonium ergab sich an zwei Stellen ausgeprägte Eisenreaktion: Im Zwölffingerdarm und im Anfangsteil des Dickdarms. Das mikroskopische Bild erweckte den Eindruck, als ob das Eisen im Begriff sei, von der Lichtung des Zwölffingerdarms her in die Gewebe vorzudringen, während es sich im Dickdarm in Richtung zur Schleimhautoberfläche fortzubewegen schien, Befunde, die als Aufsaugungsvorgänge im oberen und als solche der Ausscheidung im unteren Darmrohr gedeutet werden können. Das Verhalten des von außen eingebrachten Eisens im Körper hat man sich — auf Grund histochemischer Untersuchungen — so vorzustellen, daß lösliche Eisenverbindungen die Epithelzellen durchdringen, aufgespalten und mit dem Chylus fortgeschafft und schließlich in Milz, Leber, Knochenmark abgelagert werden; das hier gespeicherte und nach Bedarf an die Blutbahn abgegebene Metall wird letzten Endes in Dickdarm und Niere ausgeschieden (GLAEVECKE).

Die Möglichkeit des Eisenübertritts in die Säftebahn vom Unterhautgewebe bzw. von Wundflächen aus ist im Tierversuch gesichert worden (ORFILA u. a.), doch sind die feineren Vorgänge dabei noch nicht erforscht. Ausgesprochene Anzeichen von Allgemeinvergiftung kommen nur zustande, wenn — was beim Menschen kaum je der Fall sein dürfte — lösliche, nicht eiweißfällende Doppelsalze unmittelbar in die Blutbahn gelangen. Dann ähnelt die Wirkung des Eisens im Körper der des Arsens (bzw. Antimons): Die Tiere sterben unter Sinken des Blutdrucks (offenbar infolge peripherischer Gefäßlähmung!) und Anzeichen von Magen-Darmstörungen. Außer entzündlichen Vorgängen am Verdauungsrohr bietet der Sektionsbefund in derartigen Fällen keine Besonderheiten.

Die bei Metallarbeitern zu findenden Augenbindehautentzündungen, Erosionen am Naseneingang u. dgl., Erscheinungen von Seiten der Haut wie Ekzeme, Furunkulose sind mehr der Ausdruck mechanischer, denn toxischer Reize und gehören deshalb — ebenso wie die durch Einatmung von Eisenstaub bedingten Erkrankungen der Atmungsorgane — nicht mehr in den Kreis unserer Betrachtungen.

M. REICH schildert einen als „Siderosis conjunctivae" bezeichneten, durch Ätzung mit Eisenvitriol hervorgerufenen Zustand an den Augen russischer Soldaten: Geschwüre, die unter Hinterlassung rotbrauner Flecke abheilten.

Beibringung von Eisenchlorid unter die Haut zieht phlegmonöse Entzündung (mit örtlicher Lymphangitis) nach sich.

Die bei längerer peroraler Zufuhr von Eisenpräparaten auftretende Schwarzfärbung der Zähne, gelegentlich auch des Zahnfleisches, ist eine durch Fällung der Nahrungsmittelgerbsäure oder durch Bildung von Schwefeleisen verursachte Erscheinung. Diese Eisenverbindungen haften am leichtesten an Rauhigkeiten und in oberflächlichen Rissen der Zähne bzw. der Schleimhaut, wodurch vorher nicht beachtete Gewebsverluste sichtbar werden (POULSSON). Das bei (mit Eisenchlorid arbeitenden) Galvanoplastikern zu beobachtende (E. BAADER) Abbröckeln der — unter Mitwirkung von Graphitstaub — bräunlich verfärbten Zähne ist mehr eine Säure- denn Metallwirkung: „Säurenekrose".

Wird Metallstaub (in gewerblichen Betrieben) verschluckt, so haftet ein Teil desselben, mit Schleim usw. zu Borken eingetrocknet, der entzündlich gereizten Rachenschleimhaut an. Ätzende Eisensalze (Chlorid, Vitriol) unterscheiden sich in ihren Wirkungen auf die Schleimhaut des Verdauungsschlauches dem Wesen nach nicht von anderen Ätzgiften. Erwähnenswert ist noch die aus Tierversuchsergebnissen bekannte Ansprechbarkeit des Magen-Darms auf parenterale Eiseneinverleibung. Im Magen beschränkt sich der Befund gewöhnlich auf Blutfülle und allerorts zu findende kleinste Blutaustritte, während der Darm — außer der Dunkelverfärbung durch Einlagerung von Schwefeleisen — entzündliche Erscheinungen erkennen läßt (KOBERT, ORFILA, H. MEYER und WILLIAMS u. a.). Schwefeleisen färbt den Magen-Darminhalt schwarzgrünlich, die Fäzes neigen zu Konkrementbildung (L. LEWIN).

5*

Glaevecke wies bei seinen Tieren im Verlauf der ersten Stunden, welche einer subkutanen Einverleibung von Eisensalzen folgten, zunehmende (gleichmäßige und körnige) Eisenreaktion einzelner Leberzellgruppen nach. Später vorgenommene Untersuchungen zeigten nur noch spärliche Reaktion an den Läppchenrändern.

Neuestens hat Zangger darauf aufmerksam gemacht, daß das als Verstärker des Automobilbenzins benutzte Eisenkarbonyl, über dessen Wirkung — welche offenbar an die des Nickelkarbonyls (s. S. 69) anklingt — wir noch sehr wenig wissen, ein schweres Lebergift zu sein scheint. Es bleibt die Frage offen, welchem Teil der Verbindung die Giftwirkung zukommt.

Den Beweis dafür, daß die Niere als Giftausscheidungsorgan dient, erbrachte Glaevecke bereits 1883 mit Hilfe der Quinckeschen Reaktion. Spritzte er einem Kaninchen Eisensalze in das Unterhautgewebe, so fanden sich große, die Lichtung verlegende Eisenklumpen in den gewundenen Harnkanälchen. Die Glomeruli waren stets metallfrei. Intra- und extraepitheliale eisenpositive Körnchen schienen durch ihre Lage unmittelbar an der dem Kanälcheninnern zugewandten Epithelmembran für Durchwanderung des Metalls in die Lichtung zu sprechen. Kobert, der einem Hunde 24 Tage lang in das Unterhautgewebe zitronensaure Eisenoxydullösung zuführte, erzielte in der blutreichen und — wie es schien (Leukozytendiapedese, Zylinderbildung!) — entzündlich gereizten Niere umschriebene Kanälchenepithelverkalkung in einzelnen Rindenbezirken. (Ähnliche Veränderungen ließen sich auch nach Einwirkung von Kobalt und Nickel feststellen!)

Todesfälle nach Einführung von Eisensalzen in die Geschlechtsorgane (z. B. beim Versuch der Blutstillung mit Eisenchlorid!) sind vereinzelt beschrieben worden und wohl auf Weiterleitung des Giftes in die Bauchhöhle zurückzuführen oder mit seiner Aufsaugung in die Säftebahn (vor allem im puerperalen Uterus), ganz besonders aber mit ausgedehnter örtlicher Gefäßthrombosierung zu erklären. Man findet (nach Angaben von L. Lewin) z. B. an der Wundfläche des mit Eisenchlorid in Berührung gebrachten Gebärmuttergrundes zahlreiche von dunkelbraunen Gerinnseln angefüllte, klaffende Gefäße. Die schwarzbraune Verfärbung vom Anfangsteil des Eileiters zeigt den Weg des Giftes in die (mit schwärzlicher, eisenchloridhaltiger Flüssigkeit benetzte) Bauchhöhle an. Bei chronischer Endometritis sah man nach intrauteriner Einbringung von Eisensalzen den Tod schon innerhalb von zwei Stunden eintreten. In einem solchen Falle fanden sich die Uterinvenen in weiter Ausdehnung thrombosiert (L. Lewin).

Über einen neueren histochemischen Eisennachweis (Bildung eins bräunlichroten Eisenlackes) s. bei Ono und Yokoyama, ferner bei Kockel.

15. Nickel.

Nach den am Tiere gewonnenen Untersuchungsergebnissen von Mascherpa (1927) wird das peroral fein verstäubt eingeführte metallische Nickel vom Magen-Darmkanal her in die Säftebahn aufgenommen und rasch wieder — vor allem durch den Darm (histochemischer Nachweis des Nickels daselbst [Mascherpa]) — ausgeschieden. Unmittelbar in das Blut gebracht, sind die Wirkungen des Nickels denen des Eisens und Kobalts gleichzusetzen: Die Versuchstiere gehen ein unter den Zeichen heftiger Gastroenteritis, unter Krämpfen und (offenbar zentral bedingter) Lähmung.

Vergiftungen durch Nickelverbindungen spielen in der Menschenpathologie keine nennenswerte Rolle. In gewerblichen Betrieben (Herstellung von Nickelmetall) treten vereinzelt anatomisch nachweisbare Schäden in Erscheinung. An der Haut des Arbeiters entwickelt sich beim Hantieren mit Nickelsulfat ein umschriebenes oder über den ganzen Körper gehendes, knötchenförmiges Ekzem („Nickelkrätze" bzw. -„Flechte"), für dessen Entstehung man möglichenfalls nicht so sehr das Nickel selbst als die bei seinem Verreiben gebrauchten Chemikalien (Benzin, Petroleum usw.) anschuldigen darf (SCHULTZE [Fulda]). Nach der Meinung von JADASSOHN und SCHAAF besteht auch die Möglichkeit, daß in vielen Fällen keine Nickel-, sondern Kalkekzeme vorliegen.

Bedeutsamer sind die von dem — sehr flüchtigen — Nickelkarbonyl hervorgerufenen, in Lungen- und Hirnblutungen, rückläufiger Umwandlung der Hirnganglienzellen (MOTT), Parenchym- und Gefäßendothelverfettung bestehenden Veränderungen. Auch diese möchten weniger dem Einfluß des Metalls zuzuschreiben sein, als durch die Wirkung des vom Nickelkarbonyl abgetrennten Kohlenoxyds zustande kommen (ZANGGER). Wahrscheinlich geht die Aufspaltung der Verbindung in der Lunge vor sich, denn hier konnte KISSKALT Nickelteilchen nachweisen.

Einige Tierversuchsergebnisse können die spärlichen Beobachtungen am Menschen ergänzen. Nach — gewöhnlich subkutaner — Beibringung von Nickelsalzen treten auf akuter Vergiftungsstufe von Blutungen begleitete Entzündungserscheinungen im Magen-Darm auf, welche bei stärkerer Ausbildung mit ihrer kapillären Blutüberfüllung, ihren geschwollenen und erodierten Lymphknötchenhaufen, den pseudomembranösen Auflagerungen im Dünndarm (F. WOHLWILL) ungemein an das sich bei der Arsenvergiftung abspielende krankhafte Geschehen erinnern können. Nach Zufuhr von Schwefelammonium lassen sich im Protoplasma der Schleimhautepithelien schwarze Metallniederschläge nachweisen. Die Nickelkörnchen finden sich auch in Leukozyten und frei im Bindegewebe (MASCHERPA).

16. Kobalt.

Das der Eisengruppe zugehörende Kobalt erweist sich unmittelbar in die Blutbahn gebracht als heftiges Gift. Die Versuchstiere sterben binnen kurzem unter Krämpfen und Erscheinungen zentraler Lähmung (POULSSON). Mit kleinen gepulverten Kobaltmengen längere Zeit hindurch gefütterte Tiere blieben im Wachstum zurück und gingen im Verlauf von etwa vier Wochen zugrunde (KLARA und KARL WALTNER). Aus den Versuchsergebnissen von MASCHERPA ist zu schließen, daß peroral zugeführtes feinverstäubtes Metall in die Gewebe aufgenommen und rasch wieder ausgeschieden wird, wahrscheinlich zum größten Teil durch den Darm.

Die chronische Einwirkung (in gewerblichen Betrieben) des Kobalts auf die Haut steht der des Nickels nahe (M. OPPENHEIM). Laut Angaben von MARGAIN findet man bei Kobalterzwäschern drei verschiedenartige Hauterkrankungen: 1. Allgemeine Handtellerhyperkeratose, 2. siebförmige Beschaffenheit der Haut, 3. oberflächliche Geschwüre. M. OPPENHEIM beobachtete bei einer Arbeiterin Dermatitis mit flacher Geschwürsbildung. Die Erkrankung war gekennzeichnet durch follikulär angeordnete, dicht gedrängte, jedoch einzeln stehende hellrote Knötchen.

RAMBOUSEK erwähnt, daß die Arbeit in Kobaltminen Harnblasengewächse erzeugen könne.

Nach wiederholter Giftzufuhr läßt sich beim Tier bereits in der zweiten Woche Erythrozyten- und Hämoglobinvermehrung um 20—25% feststellen. Wurden geringe Kobaltmengen monatelang verfüttert, so fand sich ein Anstieg der Erythrozyten bis über 10 Millionen, Hämoglobingehalt bis zu 165%, während das Blutbild in seinen Zellformen unbeeinflußt blieb. Die Knochen wiesen ausgesprochene Porose auf (WALTNER). Auch MASCHERPA macht Angaben über das hämatopoetische Vermögen des Kobalts.

Im Verdauungsschlauch sind beim Tier — auch nach Metallzufuhr unter die Haut — Entzündungsvorgänge zu beobachten (MASCHERPA, POULSSON).

17. Mangan.

Über die therapeutische Wirksamkeit des — früher bei Chlorose empfohlenen — Mangans ist nichts bekannt. Von der gesunden Schleimhaut aus tritt das Metall allerhöchstens in ganz geringen Mengen in die Gewebe über (J. Cahn, Kobert); Vergiftungserscheinungen stellen sich demzufolge erst nach vorheriger örtlicher Ätzung ein. Tierversuche ergaben, daß unmittelbar dem Blut zugeführte Manganverbindungen den Tod durch Sinken des Blutdrucks nach sich ziehen, daß sie in den bei der Giftausscheidung berührten Geweben (vor allem im Darm, weniger in der Niere) Entzündungen hervorrufen. Nach den Ausführungen von Handovsky, Schulz und Staemmler kommen auch Galle und Aszites für die Wiederabgabe des Giftes in Frage. An der Speicherung des Metalls sollen sich Leber und Knochen beteiligen. Voigt fand (nach intravenöser Einverleibung) bei seinen Tieren Mangan in der Leber ausgefällt, ferner, teils kristallinisch, teils regellos zusammengeballt, in der Lunge und in Nierenepithelien.

Für die toxikologische Betrachtung ist zuvörderst das Kaliumpermanganat von Bedeutung, welches dank seines kraftvollen Oxydationsvermögens schon in $1^0/_0$iger Lösung zum Ätzmittel wird: nach Abgabe von Sauerstoff schlägt sich Manganoxydul am Orte der Reduktion als braune Masse nieder. Die Sauerstoffentziehung geht augenblicks vor sich, so daß die Wirkung auf die Oberfläche beschränkt bleibt.

B. Epstein sah bei jungen, in Kaliumpermanganatlösungen gebadeten Kindern auf der Haut entzündliche Herde mit tiefschwarzen Fleckchen entstehen, deren histologische Bilder akute Exsudation in das Epithel, Epithelverschorfung und perivaskuläre Blutungen erkennen ließen. Offenbar hatten ungelöste Körnchen der Substánz die Hautnekrosen hervorgerufen. Im allgemeinen zeigen die mit übermangansaurem Kalium in Berührung gekommenen Körperteile (Hände, Gesicht usw.) lediglich braune Flecke und Striche (Homma, Racine). Nur an vorher epithelentblößten Stellen treten schwarze, oberflächliche Ätzborken auf. Wurde das Gift in Lösung peroral eingenommen, so zeichnen sich möglicherweise zwei, an beiden Mundwinkeln geschlängelt abwärts verlaufende bräunliche Streifen von der blassen Haut ab (Eichhorst).

Lippenschleimhaut, Zahnfleisch sind meist entzündlich geschwollen bzw. leicht verschorft, in Gemeinschaft mit den Zähnen violettbraun bis schwarz gefleckt oder — wie im Falle Siegel — mit abstreifbaren Kristallen bedeckt. E. Adler sah vier Tage nach der Vergiftung schwere Halsphlegmone mit Hautemphysem an Hals und Brust, welche sich von den verätzten Rachenorganen aus entwickelt hatten.

Chronisch Vergiftete (Arbeiter in Braunsteinmühlen, beim Trocknen von Manganhyperoxydschlamm Beschäftigte usw.) neigen zu Haarausfall (Davis and Huey), Augenlidentzündungen (Friedel), Lockerung von Zahnfleisch und Zähnen (Koelsch), sind bei schwererer Erkrankung jedoch vor allem kenntlich an dem starren, maskenartigen Gesichtsausdruck, der seltsamen Körperhaltung (Charles), der Stellung von Bein und Fuß: Diese sind einwärts gerollt, der Kranke läuft auf den Metatarsophalangealgelenken (Hilpert).

Die Eröffnung der Körperhöhlen ergibt nichts Kennzeichnendes. Das Blut soll nach Angabe von E. Thomson auf früher Vergiftungsstufe kirschrot, dünnflüssig sein. Für das Auftreten von Methämoglobinämie besteht, trotz der von E. Adler beschriebenen eigentümlich graugelblichen, an Kalichlorikumvergiftung erinnernden Gesichtsfarbe, kein Anhaltspunkt. L. Schwarz weist auf die bei Braunsteinarbeitern zu beobachtende Polyzythämie hin, welche er (in gemeinsam mit Pagels vorgenommenen Versuchen) bis zu einem gewissen Grade auch an Tieren erzeugen konnte. Eines der Tiere beantwortete den chronischen Giftreiz anfänglich mit Erythrozyten- und Hämoglobinvermehrung, ging aber schließlich an Anämie zugrunde.

Motorische Lähmungen (durch Couper 1837 als Erstem bei Braunsteinmüllern beobachtet), psychische Störungen, klinische Bilder ähnlich der multiplen Sklerose bzw. der Paralysis agitans und zerebellare Erscheinungen (Cohen u. a.) lenken bei chronischem Vergiftungsablauf die Aufmerksamkeit in erster Reihe auf das Verhalten des Zentralnervensystems, dessen pathologisch-anatomische Ausbeute in den wenigen untersuchten Fällen bisher unbefriedigend war. Nach Mitteilung von J. Löwy ergaben die spärlichen zur Verfügung stehenden Sektionsbefunde „Vergrößerung der perivaskulären Räume" in den Linsenkernen und Sehhügeln, „degenerative Prozesse" in der Brücke und in Fasern der Raphe. Der Hauptsitz der Erkrankung wird im striopallidären System gesucht (Siegel), eine Vermutung, welche durch die Beobachtung von E. Adler (frische Blutungen im Linsenkern bei akuter Vergiftung!) eine gewisse Stütze erhält. Ältere Untersucher (Jaksch, Embden) sprechen von Erweichungsherden und Höhlenbildungen in den Stammganglien, Casamajor von zerebraler Lymphstauung.

F. H. Lewy und L. Tiefenbach bemühten sich, die Frage im Tierversuch zu lösen: Kaninchen wurden wochen- und monatelang mit Mangan gefüttert bzw. zum Einatmen von Manganstaub gezwungen, bis sie ausgesprochene Muskelsteifheit aufwiesen. Zu diesem Zeitpunkt konnten die Untersucher im Gehirn ausgedehnte geringgradige, daneben umschriebene schwerere Gewebsschäden (in Corpus striatum, Rinde, Ammonshorn) nachweisen, welche in ihrer Anordnung längs Gefäßen mit fibrös verdickter, infiltrierter Wand Beziehungen zu diesen wahrscheinlich machten. Im Corpus striatum, vorwiegend in seiner grauen Substanz, ließen sich ausgesprochene Entzündungsherde feststellen: Massenhaft Lymphozyten und Plasmazellen in den adventitiellen Räumen, perivaskuläre Gliawucherung, Neubildung von Haargefäßen bzw. Endothelsprossen. Rückschrittliche Umwandlungen an Ganglienzellen, Achsenzylindern und Markscheiden erinnerten an Bilder, welche Shimazono beim chronisch Bleivergifteten sah. Grünstein und Popowa (1929) hielten mangangeschädigte Kaninchen bis zu vier Monaten am Leben und fanden vorzugsweise die kleinen Nervenzellen im Nucleus caudatus und im Putamen betroffen. Die Zerfallsvorgänge waren von Neuronophagie und Gliawucherung begleitet. In zwei Fällen hatten sich große gliöse Knötchen in der grauen und weißen Substanz entwickelt.

Die beim Verschlucken von Kaliumpermanganat in die oberen Luftwege geratenen Massen rufen hier alle Grade der — zuweilen von Glottisödem (Box) begleiteten — Entzündung hervor: Allerstärkste Gefäßfüllung, sammetartige Schwellung und Rötung, von welcher sich die ausgedehnten oder punktförmigen, tief braunschwarzen Manganflecke abheben (Rubin und Dorner, Siegel), schwere hämorrhagische Tracheobronchitis, ulzerös-jauchige Vorgänge am Kehldeckel. Herdpneumonien usw. schließen sich häufig an (E. Adler).

Die Herzmuskulatur zeigt in der Regel, sowohl bei akutem wie bei chronischem Krankheitsverlauf, mehr oder minder starke feinsttropfige Verfettung (Homma, Siegel u. a.).

Beachtliche Veränderungen finden sich — vor allem nach peroraler Einnahme von Kaliumpermanganat in fester Form — am Verdauungsschlauch, vorzugsweise in seinen oberen Abschnitten: Mund- und Zungenschleimhaut, Gaumen, Tonsillen, Rachenring sind tiefviolett-schwarzbraun verfärbt, etwaig mit diphtherischen Belägen (Siegel) oder derb inkrustierten, schwarzbraunen Schorfen bedeckt (Homma, Eichhorst, Racine). Der Rachen scheint in der Regel am stärksten betroffen zu werden. E. Adler (ähnlich Rubin und Dorner, Siegel) schildert eitrig-jauchige, nekrotisierende, auf Epiglottis und Larynx übergreifende Entzündung der Pharynxwand, mit fetziger Zerstörung der Gewebe im Sinus pyriformis, so daß der hintere Anteil des Schildknorpels völlig freigelegt wurde. Die blutreiche und mit Blutungen durchsetzte Magenschleimhaut ist häufig braunschwarz inkrustiert, oberflächlich, meist streifig verätzt bzw. verschorft (Box, Homma). Als Mageninhalt finden sich schwärzliche Blutklumpen oder mit schwarzen Bröckeln und Gewebsfetzen (Epithelverbände) untermischte Flüssigkeit. Nach Verschlucken von Kaliumpermanganat-Kristallen ließen sich Reste derselben noch auf der Schleimhaut nachweisen (Homma). In dem ganz besonders schwer verlaufenden Fall Siegel war die Magenwand bis auf 1 cm Dicke angeschwollen, Schleimhautnekrosen und Verschorfung fehlten. Dagegen zeigte die Unterschleimhaut gelblichweiße Streifen, die sich histologisch als leukozytäre Infiltrate erwiesen (s. auch Kobert: Wandphlegmone).

Die (zwecks Feststellung der Ausscheidungsorgane) mit parenteraler Manganeinverleibung durchgeführten Tierversuche ergaben im Magen-Darmrohr außer kleinen Blutungen und geringfügiger Entzündung keinen nennenswerten Befund (J. Cahn, Kobert).

In der Leber des Menschen läßt sich im allgemeinen nur feintropfige Verfettung beobachten. Handovsky, Schulz und Staemmler erzielten bei subakut bis chronisch vergifteten Tieren mäßige diffuse Sternzellverfettung und Hämosiderose, kleine Nekroseherde, leichte Bindegewebsvermehrung, Wucherung und Verfettung der kleinen Gallengänge, während Findlay, der seine Versuche über längere Zeit fortführen konnte, zirrhotische Prozesse auslöste (s. auch Grünstein und Popowa).

Die Milz ließ bei den Versuchen der Letztgenannten Erweiterung von Venen und Sinus, ferner Wucherung des Retikuloendothels erkennen. Auch fiel das Vorhandensein „polynukleärer Riesenzellen" auf. In der Nebenniere fanden sich kleine, der Netzschicht zugehörende nekrotische Herde.

Über das Verhalten der Niere unter Manganeinwirkung liegen nur spärliche (autoptisch gewonnene) Mitteilungen vor, deren eine von Glomerulusschwellung und umschriebenen Nekrosen an den Kanälchenepithelien zu berichten weiß (Siegel), während andere nichts als feintropfige Fetteinlagerung erwähnen. Die beim Tiere erzeugten Nierenschäden sollen einerseits Anklänge an die „Metallniere" bieten: herdweise Epithelnekrosen und Verkalkung (Weichselbaum u. a.), dann wieder werden sie als (hämorrhagisch) entzündlich geschildert (Handovsky, Kossá u. a.) oder — bei chronischem Verlauf — als zirrhosierend (Kobert).

Der Metallnachweis wird geführt in Urin, Galle, Mageninhalt (Rubin und Dorner).

18. Chrom.

Von toxikologischer Bedeutung sind vor allem die sehr stark giftige Chromsäure (Chromsäureanhydrid) und einzelne chromsaure Salze. Zufolge ihres Wasseranziehungsvermögens und ihrer Fähigkeit, organische Stoffe kraftvoll zu oxydieren (Abgabe grünen Chromoxyds!) bewirken Chromverbindungen in fester Form oder in gesättigter Lösung an den Berührungsstellen tiefe, trocken verschorfende Ätzwunden. Verdünnte Lösungen härten lediglich durch Eiweißfällung das Gewebe. Laut Angabe von Rössle dringt die Chromsäure unter Bildung von Chromeiweißverbindungen rasch in das lebende Gewebe ein. Die Aufsaugung des Metalls in die Säftebahn geht von Schleimhäuten und Wunden aus vor sich; ferner kommt Giftaufnahme durch Einatmen pulverförmiger Salze in Frage. Die Vergiftungserscheinungen setzen in der Regel ein mit Entleerung gelbgrünlich gefärbten, später bluthaltigen Magen-Darminhalts. Akut tödliche Fälle verlaufen mitunter ohne jede anatomische Veränderung. Beim Tier gleicht die mit Krämpfen und Lähmung einhergehende Allgemeinvergiftung durchaus der Wirkung anderer Schwermetalle. Der größte Teil der Chromsäureverbindungen erzeugt bei verschiedenen Warmblütlern Glykosurie (ohne Hyperglykämie), welche in die Gruppe des sog. Nierendiabetes eingereiht wird (Kossá).

Nach den Ausführungen von Güntz und von Zdarek erfolgt die Speicherung des Chroms in Leber, Milz, Pankreas, Niere, offenbar unter Bevorzugung des leimgebenden Gewebes. Als Hauptausscheidungsorgane sind Niere und Darm zu nennen (Olbrycht).

Ältere Berichte über akute Todesfälle nach chirurgischen Verätzungen siehe bei Mosetig (1874). Die chronische (Kobert, K. B. Lehmann), wahrscheinlich niemals den Charakter einer schwerwiegenden Allgemeinerkrankung annehmende Vergiftung der Arbeiter in Chromatfabriken wurde von Hermanni (1901) zusammenfassend dargestellt. Die neuesten Arbeiten auf diesem Gebiet (mit ausführlicher Angabe des Schrifttums) verdanken wir M. Reischer und Glesinger und K. B. Lehmann. Letzterer zählt alle Möglichkeiten des Zustandekommens von Vergiftungen in gewerblichen Betrieben auf durch: 1. Lösungen, welche Haut und Schleimhäute unmittelbar reizen, 2. Kristallbrocken, die in die Kleider fallen, 3. Staub, 4. Tröpfchen, die aus kochenden Lösungen emporgerissen werden.

Bei akuter Vergiftung kann man Haut, Skleren und Schleimhäute (Zahnfleisch) gelbgrün bis rotgelblich, etwaig auch (infolge Reduktion des Chromats zu Chromoxyd) blaugrau verfärbt sehen (Kobert, H. Meyer, Puppe u. a.). Kunkel hält den gelben Farbton für die Teilerscheinung eines durch Leberschädigung bedingten Ikterus (s. auch Linstow, Reischer und Glesinger, Hugo Schulz). Nach Trinken von (schwefelsäurehaltiger) Induktionsflüssigkeit nahmen im Falle Baeyer die geschwollenen Lippen außen graublauen, innen braungelben, das Zahnfleisch blaßgrünen Farbton an. Bemerkenswert ist ein von Leopold (Gluchau) mitgeteilter Todesfall, in welchem ein Säugling durch Einatmung von verstäubendem Chromblei getötet wurde. Das Kopfhaar des Kindes zeigte gelblichen Metallglanz durch Auflagerung von kristallinischem, gelbem Staub, der sich chemisch als chromsaures Blei erwies. Lediglich Mita berichtet von Ätzflecken in der Umgebung des Mundes und am Handteller; sie waren offenbar durch Berührung mit Erbrochenem hervorgerufen worden.

Gewerblich (chronisch) Vergiftete werden blaß (Pander), an den Augenbindehäuten bilden sich hartnäckige, oft geschwürige Entzündungszustände aus, die Hornhaut, in welcher man Chromsäure nachweisen kann (Bayer), erscheint an den Stellen, wo das getrübte Epithel teils abgestoßen, teils bläschenförmig hochgehoben (ulzeriert) ist, braunfleckig-stippig (Cords, Kobert).

Bedeutsamere Gewerbeschäden, über welche im neueren Schrifttum nur noch spärliche Angaben zu lesen sind, stellen sich an der Haut ein: Ausgedehnte makulöse Exantheme, Knötchen- und Pustelbildung, Furunkulose (Delpech et Hillairet u. a.: Neigung zu Ekzemen bei stark Schwitzenden!), Pseudopsoriasis (Kobert) usw. Außerdem ist das Auftreten syphilisähnlicher Geschwüre zu beachten, die, kreisrund, wie mit dem Locheisen gestanzt, vereinzelt bis auf den Knochen reichend, zumeist an Lippen, Armen, Händen, Schenkeln, Skrotum, Penis zu finden sind. In diesen Bezirken schwillt die Haut an oder ist auch mit bläschenartigem Ausschlag besetzt. Möglicherweise schließen sich Lymphangitis und -noditis an. Die gesunde, unverletzte Haut wird angeblich vom Chrom nicht angegriffen; wahrscheinlich schützt aber nur die genügend verhornte Epidermis gegen stärkere Giftkonzentrationen (K. B. Lehmann). Andererseits können akut entstandene Ätznekrosen so tief gehen und so große Hautflächen umfassen, daß die aufgesogenen Giftmengen binnen weniger Tage den Tod herbeiführen (Brieger).

Im Falle Colden, in welchem die Vergiftung durch Einreibung einer krätzegeschädigten Haut verschuldet worden war, stellte sich an der Netzhaut eine zwei Papillen große, dem Gefäß unmittelbar anliegende, also offenbar diapedetisch entstandene Blutung ein.

Bei Arbeitern, welche der chronischen Einwirkung von Chromatstaub ausgesetzt sind, treten uns schwerste, merkmalsmäßig gegenüber anderen Vergiftungen zu verwertende Veränderungen an den obersten Luftwegen entgegen: Eingeatmete und an der feuchten Nasenschleimhaut festhaftende Metallstäubchen verursachen schmerzlose, ulzerös-nekrotisierende Entzündung, die in der Regel schon innerhalb kurzer Zeit (8—10 Tage) an der grauweißen, dann zerfallenden Stelle anfangs umschriebenen Durchbruch, schließlich völlige Zerstörung der Nasenscheidewand nach sich zieht (Bamberger, Delpech et Hillairet, Passow, Rudloff, Hugo Schulz u. v. a.).

Nasenschleimhautgeschwüre und -Scheidewanddurchbruch lassen sich bei Katzen durch Bichromatspray leicht erzeugen. Der Theorie von dem bohrenden Finger als dem wesentlichsten Umstand für das Zustandekommen der Gewebsschäden dürfte keine allgemeine Bedeutung zuzusprechen sein (K. B. Lehmann). Der Sitz von Geschwür und Durchbruchsstelle erklärt sich daraus, daß hier der eintretende Luftstrom anprallt und sein Chromat ablagert, daß die getroffene Stelle durch Zylinderepithel schlecht geschützt (Hermanni) und der Knorpel gefäßlos ist. P. Müller betont, daß auch andere chemische Schädigungen (Kalisalze, Kainit u. a. m.) in der Nase ähnliche Geschwürsbildungen hervorrufen können.

Fortgeleitete Entzündungsvorgänge führen offenbar zu der von Kobert erwähnten chronischen, häufig von Trommelfellzerreißung gefolgten Otitis media. Röpke gibt Entzündungsvorgänge am äußeren Gehörgang an.

Nach der Anschauung von L. Lewin bewirkt das Chromat in den (an der Giftausscheidung mitbeteiligten?) tiefergelegenen Atmungswegen chronisch entzündliche Reizzustände, da man — abgesehen von Lungenparenchymblutungen (Klimesch u. a.) — auch die Schleimhaut der Luftröhrenäste rot und geschwollen, die des Kehlkopfs ulzeriert (Ähnlichkeit mit luetischen Geschwüren!) finden kann (Mackenzie u. a.).

Über das zelluläre Verhalten des — infolge Bildung geringer Methämoglobinmengen (Kobert, H. Meyer, Schumm) zuweilen bräunlich erscheinenden — Blutes und über die Veränderungen an den blutbereitenden Organen wurde verschiedentlich Mitteilung gemacht. Brieger fand Erythrozytenzerstörung und -vakuolisierung bei ausgesprochener Anisozytose, reichem Gehalt an Normoblasten und Jollykörperchen, daneben Hyperleukozytose, welch letztere mit ihrer starken Linksverschiebung sich dem Blutbild bei der myeloischen Leukämie annäherte. Der Untersucher erörtert die Möglichkeit der Wirkung freier H-Ionen auf das strömende Blut. Auch Forschbach und Mitarbeiter berichten von neutrophiler, an Jugendformen reicher Leukozytose und beträchtlicher Blutplättchenvermehrung, von Degenerationserscheinungen im Erythrozytenprotoplasma. Nach der Meinung von Pander muß man, besonders bei chronischer Gifteinwirkung, an unmittelbaren Einfluß des Chroms auf den blutzellbereitenden Apparat denken.

Das Knochenmark wandelte sich bei Tierversuchen von Brieger und Breitbach (intravenöse Zufuhr von Chromsäure und -salzen) fast rein myeloisch um. Versuche mit Giftlösungen von wechselnder Stärke sprachen nicht so sehr für eine Knochenmarksreizung durch abgelagertes Chrom (Zdarek) als für Wirksamkeit anderer, noch unbekannter Faktoren. Da sich das von Brieger geschilderte Blutbild im Anschluß an Hautverätzung (nach Verwendung chromhaltiger Salbe) entwickelte, muß vielleicht an knochenmarksreizende Einflüsse durch Aufsaugung absterbender Gewebeteile gedacht werden.

Das Nebennierenmark wurde bei den in Frage stehenden Tierversuchen während des Lebens chromiert.

Die Mehrzahl der akuten Vergiftungen kommt durch perorale Gifteinnahme zustande: demgemäß werden in solchen Fällen schwere Veränderungen in der Schleimhaut des ganzen Verdauungsschlauches anzutreffen sein (ausführliche Darstellung derselben s. bei MERKEL dies. Handb. Bd. IV/1). Am weichen Gaumen findet man Geschwüre, Nekrosen (BURGHART), Ätzschorfe im ganzen Mund (dessen Höhle noch Spuren grüngelber Flüssigkeit beherbergen kann), in Rachen, Speiseröhre, Magen-Darm (nach den unteren Abschnitten hin abnehmend) alle Stufen der Entzündung bis zu geschwürigem Zerfall (BAMBERGER, BERKA, KLIMESCH, KOBERT, LINSTOW, H. MEYER u. a.). Das Aussehen der betroffenen Schleimhaut, insbesondere des Magens, ist — in Abhängigkeit von der Art der Chromverbindung, der Stärke ihrer Lösung, dem Grad ihrer chemischen Zersetzung — außerordentlich wechselnd: Bald wird die Innenfläche geschildert als grünlich-graubraun, bald als graugelb, dunkelbraunrot (reicher Blutgehalt!), als sammetartig gequollen, gefältelt oder starr und auffallend trocken (MUCHA), geschrumpft (RÖSSLE), von kapillären Blutungen durchsetzt, linsen- bis pfenniggroßen Oberflächenverlusten unterbrochen. Mikroskopisch sieht man, wie die Deckzellen auf weite Strecken hin abgestoßen werden (mehlsuppenartige Flüssigkeit im Darm!), wie an dem lebend fixierten Gewebe in der Tiefe statt der Magendrüsenlichtungen die Zell- und Kerntrümmer der abgestorbenen Drüsenepithelien liegen. Als besonderen Befund zählt RÖSSLE durch Chromsäureeinwirkung bedingtes Hervortreten der Nervenendfibrillen und der Sarkolemmhüllen auf. M. REISCHER und GLESINGER fanden nach Aufnahme von 2—3 g Kaliumbichromatkristallen bei dem am zweiten Tage darauf erfolgenden Tode das Drüsenepithel auffallend gut erhalten, durch zahlreiche Mitosen ausgezeichnet. Die Schichten der Unterschleimhaut zeigen in der Regel mäßigen Gehalt an Erythrozyten, Rundzellen und gelapptkernigen Elementen.

In dem von PUPPE in seinem Atlas angeführten Fall (s. auch RÖSSLE) war die grau verätzte Innenhaut der Speiseröhre am Magenmund so derb und fest, daß man die Epitheldecke abheben konnte. FÜRBRINGER sah bei schwerster hämorrhagischer Gastroenteritis ganz besonders starke Schwellung von Einzel- und Haufenlymphknötchen. Ein von LEOPOLD (GLUCHAU) erwähnter Wanddurchbruch des gallertig erweichten Magens ist aller Wahrscheinlichkeit nach als postmortales Geschehnis aufzufassen.

Der Mageninhalt wird als rot bis gelb oder (nach Zersetzung der Chromsalze) als grünlich-graubraun, von harzigem Geruch beschrieben (PUPPE), kann nach Verschlucken von Kaliumbichromikum in fester Form — wie im Falle FAGERLUND — noch rotgelbe Kristalle enthalten.

Die mittelbar, durch vorübergehende bzw. (bei Fabrikarbeitern) längerdauernde Chromausscheidung hervorgerufenen, den oben geschilderten wesensgleichen Veränderungen am Verdauungsschlauch sind durchschnittlich viel geringgradiger (GERGENS, HERMANNI: Tierversuche), abgesehen von den Befunden am Dickdarm, der mit seinen ausgebreiteten Geschwüren Bilder wie bei der bazillären Dysenterie darbieten kann.

An syphilitische Veränderungen gemahnende Schleimhautverluste (nach chronischer Einwirkung) wurden wie an Haut und Kehlkopf, so auch an Gaumen und Tonsillen beobachtet.

Feintropfige Fetteinlagerung in die Leberzellen wird ziemlich einstimmig in allen Sektionsberichten mit angeführt.

Im Sinne der „Metallnephrose" zu deutende Nierenschäden sind beim Menschen nach chronischer Gifteinwirkung offenbar überhaupt nicht vorhanden (K. B. LEHMANN), bei akuter Vergiftung meist nachweisbar (BRIEGER, HANSER, HERMANNI, MUCHA, OLBRYCHT, POSNER, M. REISCHER und GLESINGER u. a.), jedoch sehr viel weniger ausgesprochen als beim Versuchstier, welches — unter

Bevorzugung der proximalen, für die Chromausscheidung in Betracht kommenden Kanälchenabschnitte — am Epithel nach anfänglicher Absonderung tropfiger Massen, ausgedehnte, unter Vakuolenbildung vor sich gehende Absterbeerscheinungen und Verkalkungsvorgänge erkennen läßt (Baehr, Gergens, Kabierske, Kahlden, Neuberger, Oliver, Suzuki u. a.). Gewöhnlich kommt es an der blutreichen Niere zu Blutungen in die toten Parenchymgebiete, in Kapselräume und Kanälchen (klinische Hämaturie!). Entzündliche intrakapsuläre Ausschwitzung, „Schwellung" der Kapselepithelien, kleinzellige Infiltrate werden als Befunde angegeben (H. Meyer u. a.). Bei längerer Lebensdauer machen sich an den erhaltenen Kanälchenzellen bei Mensch und Tier Zeichen überstürzter Regeneration mit Riesenzellbildungen bemerkbar (Brieger, Hanser, Merkel, Urban); Zwischengewebswucherungen setzen ein, leiten zum Endzustand der Granularatrophie über (Pander, R. M. Pearce, Viron u. a.). Die bei den Versuchen von Ophüls an chronisch vergifteten Hunden erzielten Nierenveränderungen möchte der Untersucher nicht dem Chromeinfluß zuschreiben.

Wenn Kobert und mehr noch L. Lewin zu der Annahme neigen, daß auch beim Menschen Schrumpfnieren zufolge wiederholter Zufuhr kleiner Chromatmengen auftreten können, so fehlt dafür vorläufig jeder Anhaltspunkt (s. K. B. Lehmann).

Die Reizwirkung des mit dem Urin entfernten Metalls zieht möglicherweise kleine Blutungen, (eitrige) Entzündung in der Harnblasenschleimhaut nach sich (Gergens, H. Meyer).

Nach Scheidenspülung mit chromhaltiger Flüssigkeit sah Sticker bedrohliche Erscheinungen von Allgemeinvergiftung einsetzen. Die Scheidenschleimhaut zeigte sich gerunzelt, trocken, gelbverschorft.

Der Nachweis des Chroms gelingt im Magen-Darminhalt, in Niere, Leber, Milz; er ist an der Leiche noch lange möglich.

19. Uran.

Das in der Allgemeinwirkung dem Chrom sehr nahe stehende Uran spielt, obwohl es mit zu den giftigsten Schwermetallen gehört, in der Menschenpathologie keine Rolle. Dennoch erfordert Uran unsere Beachtung im Hinblick auf seine Bedeutung für die experimentelle Erforschung der Nierenpathologie (einschlägiges Schrifttum s. bei Bartfeld, Fahr). Alle hier mitgeteilten Befunde beziehen sich mithin auf Tierversuchsergebnisse.

Das Wesen der allgemeinen Giftwirkung ist noch nicht genügend erforscht. Ein großer Teil des zugeführten Metalls wird sehr schnell mit dem Urin wieder ausgeschieden. Angaben über Uranverteilung und Urannachweis in den Organen s. bei W. Straub (VIII. Pharmakologentagung Hamburg 1928) und bei H. Eitel, welcher eine — auf Fluoreszenz der Uranverbindungen im ultravioletten Licht beruhende — Nachweismethode ausgearbeitet hat. Laut Ausführungen von Fleckseder u. a. haben wir im Uran ein vorzugsweises Gefäßgift zu sehen (Jaksch: hämorrhagische Diathese): Serös-blutige bzw. rein seröse Höhlenergüsse gehören zum Bild der Uransalzvergiftung. Die Entstehung des „Uranhydrops" hängt nach Meinung von P. F. Richter (s. auch Fleckseder) nicht von der Nierenerkrankung ab — „die Urannephritis unterscheidet sich in keiner Weise von anderen toxischen Nephritiden, bei denen auf experimentellem Wege niemals Wassersucht erzielt werden konnte" —, sondern von Einflüssen, die außerhalb der Niere liegen, möglicherweise von toxischer Blut- und Lymphkapillarschädigung.

Die Ursache der häufig auftretenden Hyperglykämie und Glykosurie, welche mit Radioaktivität des Urans in ursächlichen Zusammenhang gebracht wird (Hamburger und Brinkmann), bedarf noch der Klärung. Die Vermutung, daß sie renalen Ursprungs sei (E. Frank u. a.), ist nicht aufrecht zu erhalten gegenüber der Tatsache ihres Vorkommens am nierenlosen Tiere (Fleckseder).

Mit verschieden großen Giftmengen behandelte Kaninchen zeigten Kalkablagerung in der Skeletmuskulatur, Arteriosklerose vom Typ der Mediaverkalkung in Aorta, Pulmonalis und in den großen von der Aorta abgehenden Gefäßen (DOMINGUEZ).

GURRIERI erzielte nach Einspritzung von Uranazetat beim Hunde Rückenmarksveränderungen (in den Pyramidensträngen): Geringere Färbbarkeit der Achsenzylinder, Myelinverminderung.

Ältere Untersucher (KOBERT u. a.) berichten über hämorrhagisch-ulzeröse Gastroenteritis. DOMINGUEZ fand Kalkablagerungen in den Muskelschichten des Magens.

MC. NIDER sah in der Leber beachtliche Verfettung und Nekrosen, Befunde, welche alle als nebensächlich gegenüber den weitgehenden geweblichen Störungen in der Niere zurücktreten. Da die „Urannephritis" bereits von FAHR (s. dies. Handb. Bd. VI/1) ausführlich dargestellt worden ist, kann ich mich damit begnügen, in großen Zügen die Ergebnisse der zahlreichen Tierversuche wiederzugeben, ohne weitgehende theoretische Erörterungen daran zu knüpfen. BAEHR unterscheidet bei der „Uranglomerulonephritis", welche stark alterative Eigenschaften aufweist, zwei Gruppen von Veränderungen: 1. An subakute Glomerulonephritis erinnernde Bildungen wie Verödung der Knäuel und halbmondförmige Kapselepithelwucherungen (s. auch CHRISTIAN, KARSNER and DENIS); 2. herdförmige Knäuelschlingennekrosen, derart, wie sie sich bei embolischer Herdnephritis finden. CHRISTIAN and O'HARE zählen die verschiedenartigsten Glomerulusschäden auf: Hyaline Tropfen in Kapillarwänden, Fibrinthromben in Haargefäßen, Erweiterung des Kapselraumes durch Einlagerung körniger Massen, Wucherung von Kapillarendothelien und Kapselepithelien. W. ROTH und BLOSS sprechen von „Glomerulusnekrosen", indem sie an die gleichsinnigen Befunde beim Schweinerotlauf erinnern. DOMINGUEZ hebt die — auch an den BOWMANNschen Kapseln festzustellenden — Kalkablagerungen hervor.

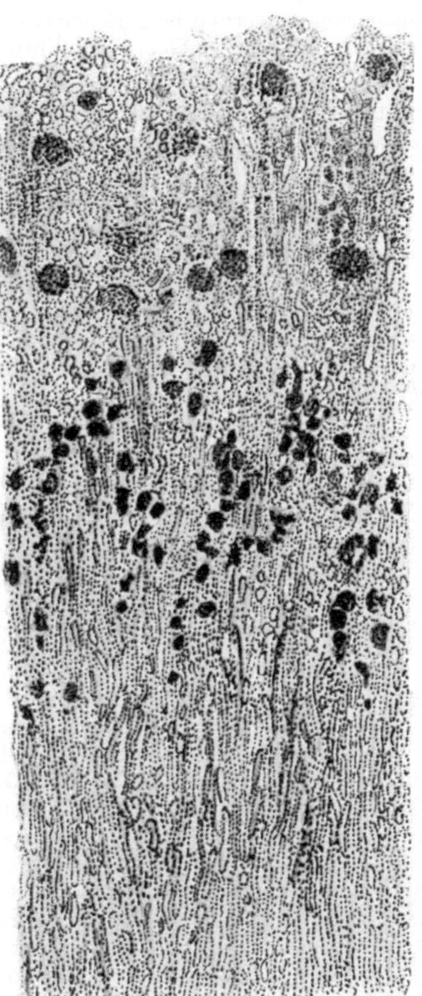

Abb. 26. Niere eines mit Urannitrat vergifteten Kaninchens. Übersichtsbild. Stärkste Verkalkung in der Grenzzone. (Sammlung Pros. Dr. K. LÖWENTHAL, Krankenhaus Berlin-Lichtenberg.)

Nach den Ausführungen von BARTFELD, OLIVER, SCHLAYER, SUZUKI u. a. wird das Uran in den distalen Abschnitten der Hauptstücke ausgeschieden (s. aber EITEL), ist mithin ein vorzugsweises Tubulusgift, welches klinische und anatomische Krankheitsbilder hervorruft, die weitgehende Ähnlichkeit mit denen nach Einwirkung von Chrom und Sublimat zeigen (Abb. 26).

Chronische Vergiftung bewirkt in erster Reihe mächtige, das Parenchym erdrückende Wucherung des späterhin schrumpfenden Bindegewebes (Dickson). Die mittelgroßen Nierengefäße nehmen bis zu einem gewissen Grade an der Erkrankung teil: Die Kerne der Wandschichten wuchern, stärkere Rundzelleinlagerungen werden bemerkbar (Fleckseder). Bei höherer Urankonzentration führt thrombotischer Gefäßverschluß zu Infarktbildungen.

Mc. Nider verfolgte an chronisch vergifteten Hunden Nierenleistung und anatomisches Verhalten während der einzelnen Vergiftungsabschnitte, um auf diese Weise den Anteil des Kanälchenepithels an der Harnbildung zu klären. Er fand bei tödlich vergifteten Tieren Fibrose der Glomeruli und Epithelschädigung an den proximalen Hauptstücken. Hunde, welche sich erholten und wieder annähernd regelrechte Nierentätigkeit aufwiesen, zeigten weitgehende Epithelregeneration.

Wodurch die — aus den Berichten der einzelnen Untersucher abzulesende — Verschiedenartigkeit der anatomischen Befunde hervorgerufen wird, ist noch nicht sichergestellt. Fahr denkt an die Möglichkeit einer stärkeren toxischen Glomerulusschädigung durch das bei verlangsamter Blutströmung in den Haargefäßschlingen hängenbleibende Uran, eine Vermutung, welche durch die Versuchsergebnisse von Wiesel und Hess gestützt zu werden scheint. Diese konnten Glomerulonephritis regelmäßig erzeugen, wenn der Urangabe Adrenalin zugesetzt und damit künstliche Strömungserschwerung geschaffen wurde. Nach Ansicht von Mc. Nider schwächt sich mit zunehmendem Alter des Tieres die Widerstandsfähigkeit gegen das Gift ab: Junge Tiere sollen so gut wie gar nicht auf Uran ansprechen.

20. Zinn.

Über das Zinn liegen im toxikologischen Schrifttum wenig beachtenswerte Mitteilungen vor. Angebliche Zinnvergiftungen (Bildung von Zinnchlorür und pflanzensaurem Zinn in Eßgeschirren!) sind in der Regel der Wirkung verdorbener Nahrungsmittel zuzuschreiben. Auch bei dauernder Beschäftigung mit dem Metall zeigen die in Frage kommenden Arbeiter keine beunruhigenden Krankheitserscheinungen, obwohl durch den Nachweis von Zinn im Urin die Aufnahme des Metalls in den Körper bewiesen ist (Pedley). Die Vorgänge beim Übertritt des Zinns in die Säftebahn, wie auch das Verhalten des Metalls im Körper sind nicht recht geklärt. Wir wissen nur, daß Zinn von der Niere ausgeschieden wird, ohne hier Schäden zu hinterlassen (Handovsky). Die perorale Zufuhr größerer Zinnmengen kann Reizerscheinungen von seiten des Magen-Darmkanals hervorrufen.

Lange Zeit zurückliegende Tierversuche von P. White ergaben bei parenteraler Gifteinverleibung in Verdauungsschlauch und Harnblase stärkere Schleimhautdurchblutung und geringfügige Blutaustritte, beim Hunde gelegentlich Entzündung und reichliche Schleimabsonderung, selten einmal Geschwüre im Magen. Die Leber war blaß, sehr vergrößert, wies kleine Infarkte auf.

Die vereinzelt bekanntgewordenen Befunde aus der Menschenpathologie (Vaubel u. a.) sind in der Hauptsache auf die Mundhöhle beschränkt und als örtliche Reizwirkung aufzufassen. So kann man bei Klempnern infolge Einatmung (von zinnwasserstoffhaltigen) Lötwasserdämpfen ausgedehnte Verätzungen zu sehen bekommen: Die anfangs gerötete und gelockerte Schleimhaut von Mund und Rachen wird später trocken, lederartig, rissig und stößt sich unter Umständen — wie im Falle Koelsch, in welchem der Betroffene nach 15tägiger Krankheitsdauer unter septischen Erscheinungen zugrunde ging — in eitrigen

Fetzen ab. Gelegentlich wird über Graufärbung des Zahnfleisches, Geschwürsbildung am Zungenrand berichtet.

Der chemische Nachweis des Zinns soll in Magen-Darminhalt und -schleimhäuten, in Gehirn, Rückenmark, Leber, Niere, Muskeln möglich sein. Über histochemischen Nachweis (Fällung eines orangegelben Zinnlacks) s. bei Ono und Yokoyama.

Anhang: Zinnäthyl (bzw. Zinnmethyl).

Dieses ist weniger giftig als die entsprechende Bleiverbindung. Nach Angaben von Zangger bedingt chronische Einwirkung Schädigung des Nervensystems, vor allem des Sehnerven: Es entwickelt sich eine „Neuroretinitis optica".

21. Blei.

Dem Blei kommt in toxikologischer Hinsicht eine wichtige Stellung zu, die es teils seiner häufigen Verwendung, teils seinen eigenartigen Aufsaugungs- und Ausscheidungsverhältnissen verdankt. Seine örtliche adstringierende Wirkung beruht auf Eiweißfällung und Entstehung unlöslicher Eiweißverbindungen, welche einen festen Belag bilden und somit die Wirksamkeit des Giftes auf die Oberfläche beschränken.

Übertritt in die Säftebahn, Speicherung und damit wahrscheinlich auch Wirkungsweise des Bleis sind grundsätzlich verschieden je nach Form und Ort der Zufuhr (P. Schmidt), für welch letztere Atmungswege und Wundflächen in Frage kommen, in der Hauptsache jedoch das Verdauungsrohr, denn — abgesehen von den akuten peroralen Bleisalzvergiftungen — werden durch Verschlucken von Bleistaub bzw. von verdichteten Metalldämpfen in den Arbeitsräumen im Laufe der Jahre dem Körper bedeutende Giftmengen angeboten (Annuschat). Im Magen (s. auch unter Verdauungsschlauch bei akuter Vergiftung) bildet sich mit der Salzsäure lösliches Bleichlorid, dieses wird durch Speisefett zu fettsaurem Blei umgewandelt, in der Galle aufgeschwemmt und so von den Geweben aufgesogen. Nach älteren Angaben von Harnack soll dagegen die Galle resorptionsbehindernd wirken, indem die Gallensäuren das Blei ausfällen. Bei der Einatmung bleihaltiger Luft kommt das Metall — wie Tierversuche lehren — unmittelbar in das Blut (Schmeertmann). Doch wird hier in der Regel, auch wenn die Organe massenhaft Blei enthalten, nur wenig Metall gefunden, da mit der kurzlebigen Blutzelle auch das Gift schnell aus dem Blute verschwindet (Oliver). Die unverletzte Epidermis ist nach der Meinung der einen (Süssmann u. a.) nicht giftdurchgängig, andere Untersucher, wie Schmeertmann, bezeichnen die Haut als nicht zu unterschätzende Eintrittspforte für Blei, da zweifellos durch Gebrauch bleihaltiger Schminke (bei Schauspielern usw.) Vergiftungen vorgekommen sind.

Dank der langsamen Aufsaugung des Giftes vom Magen-Darmrohr her, sind akute Allgemeinwirkungen beim Menschen selten. Bei chronischer Bleizufuhr gelangt der nicht ausgeschiedene (geringere) Teil des Metalls auf dem Blutweg in die Organe (vorzüglich in Leber, Niere, Knochen, Darm), wird lange Zeit hindurch von den Geweben festgehalten und entfaltet hier seine Wirksamkeit: „Es bleibt sozusagen kein Organ verschont" (Coën e D'Ajutolo). Wie Aub und Mitarbeiter feststellen konnten (s. auch Litzner: „die Bleikrankheit im Lichte neuerer Forschung", ferner Weyrauch), wird das Metall sogar in Zahnwurzelhaut, Zahnstein und -zement abgelagert. Der Bleigehalt des Zentralnervensystems wird verschieden beurteilt (B. Behrens und Pachur). Klinische Beobachtungen weisen auf das Zentralnervensystem als eines der ersten

Erfolgsorgane des Giftes hin (Harnack), da z. B. nach Einnahme von Bleiglätte der Tod unter Krämpfen eintreten kann. Auch wurden bei Tieren nach Einspritzung organischer Bleiverbindungen unregelmäßig ataktische Bewegungen und an Chorea erinnernde Zuckungen wahrgenommen, Erscheinungen, die im Hinblick auf ähnliche Krankheitsbilder bei der chronischen Vergiftung des Menschen nicht ohne Belange sind.

Nach dem jetzigen Stande der Forschung (den neusten zusammenfassenden Bericht s. bei P. Schmidt, Leiser und Litzner) versucht man, die Giftwirkung des Bleis im Körper mit seinem unmittelbaren Angriff auf die glatte Gefäßmuskulatur einheitlich zu erklären. Tierversuche haben ergeben, daß bei Durchströmung des Gefäßrohres mit Bleisalzen die Gefäßlichtung eine beträchtliche und ständig zunehmende Verengerung erfährt (Tscherkess), wobei sich das Gefäßsystem der Baucheingeweide am empfindlichsten zeigt.

Die Ausscheidung des Metalls erfolgt sehr langsam und in unregelmäßigen Zeitabständen durch Niere (Litzner), Darm, mit Galle, Speichel, Milch. Bei gestillten Säuglingen vergifteter Mütter war hoher Bleigehalt im Kopfhaar nachweisbar (Tada). Das in den Darm abgesonderte Metall wird von den Schwefelalkalien des Darminhalts in unlösliches Schwefelblei übergeführt. Bleiabgabe durch die Epidermis wird behauptet (Oddo et Silbut) auf Grund schwärzlicher Verfärbung der mit Schwefelwasserstoff in Berührung gebrachten Hautbezirke. Teleky mutmaßt zwar endermales Vorhandensein von Blei, hält dieses aber für ursprünglich von außen eingelagertes, nun aus Haarbälgen usw. ausgeschwemmtes Metall. Nach Tierversuchsergebnissen von Blina läßt sich Blei auch in den Schweißdrüsen nachweisen. Ob es hier eingelagert oder ausgeschieden wird, geht aus der Mitteilung nicht hervor.

Für Vergiftungen kommen hauptsächlich in Frage:

> Metallisches Blei
> Bleioxyd (Bleiglätte)
> Bleisuperoxyd (Menninge)
> Bleikarbonat
> Bleiazetat
> Bleisulfid (Bleiglanz).

I. Akut-subakute Vergiftung.

Nach den Ausführungen von Harnack ist die akute Bleivergiftung gleichzusetzen mit örtlich ätzender Giftwirkung und daher von anders bedingten Verätzungen dem Wesen nach nicht zu unterscheiden. Die von den Geweben aufgesogenen Giftmengen sind in der Regel so gering, daß sie nur ausnahmsweise schwerere Allgemeinschäden und tödliches Ende durch Allgemeinvergiftung nach sich ziehen. Von den meisten Untersuchern wird die besondere Verlaufsart der Bleivergiftung beim Kinde betont, welche — im Gegensatz zu der Erkrankung des Erwachsenen — lediglich als akute Dyspepsie anspricht. Vergiftungsfälle durch Anwendung bleihaltiger Umschläge, Auftragung von Bleipflastern und -salben (Verseifung des Fettes zu fettsaurem Blei!) wurden vereinzelt bekannt (L. Müller u. a.). Vielleicht finden die Bleiverbindungen ihren Weg entlang Haarschaft, Balg- und Schweißdrüsen.

Die häufigste Art der akuten Vergiftung ist die perorale, welche zufolge örtlicher Ätzung gelegentlich unter dem Bilde schwerster Gastroenteritis innerhalb weniger Tage zu Tode führen kann. Eine große Rolle spielt die perorale Zufuhr bleihaltiger Präparate (z. B. Diachylonpillen [Priestley], Bleiglätte, Bleiazetat usw.: Kolde, Prange, Saturski u. a.) als Fruchtabtreibungsmittel, die als solche sehr beliebt sind im Hinblick darauf, daß Arbeiterinnen, die mit Blei beschäftigt sind, zu Fehlgeburten neigen. Außerdem genügen oft schon sehr geringe Giftmengen, die Fruchtablösung in die Wege zu leiten. Nach den Ausführungen von BELL, BLAIR, HENDRY and ANNETT hat das Blei eine besondere Affinität zum chorialen Epithel, so daß durch die Wirkung auf das fetale Ektoderm der Abort zustande kommt, ohne daß der mütterliche Körper irgendwie geschädigt wird.

Das Auftreten von Ikterus (PRANGE, DECASTELLO und OSZACKI u. a.), von kleinen Hautblutungen an den Gliedmaßen wurde beobachtet (O. ISRAEL: Tuberkulosebehandlung mit Plumb. acet.).

An der (subkutanen) Einspritzungsstelle von Plumb. acet. fand KUMITA nach einigen Tagen bei seinen Tieren ausgedehnte knotige Verhärtungen, hervorgerufen durch Einlagerung von Kalk in den tieferen Hautschichten. Diese Gebiete erschienen förmlich durchtränkt von Salzen, die in den Randbezirken als Balken und Spieße ausgefallen waren.

Nach Umschlägen mit basisch-essigsaurem Bleioxyd (Bleiwasser) auf das Auge kann es zu Salzniederschlägen in der Hornhaut kommen: Weißgelbliche (milchfarbene), fest anhaftende Streifen von kreidiger (körnig-rauher) oder emailleartiger Beschaffenheit. Die Trübungen lösen sich langsam unter Zurücklassung hartnäckiger Hornhautgeschwüre (L. LEWIN und GUILLERY).

Über das Verhalten des Zentralnervensystems beim Menschen ist nichts bekannt geworden. Bei vergifteten Tieren kann man kleinste Blutungen auftreten sehen, so daß purpuraähnliche Bilder entstehen. Nach Angabe von POPOFF gemahnt der anatomische Befund an den bei Arsenvergiftung, doch ist er schwächer ausgeprägt als dieser. CAMUS spritzte Bleisalzlösungen in Zerebrospinalflüssigkeit: Die mit bleihaltiger Flüssigkeit durchtränkten Teile des Gehirns wurden schwärzlich verfärbt (Einwirkung von Schwefelwasserstoff?).

Gemäß der Anwendungsweise und den Eigenschaften des Giftes ist die Schleimhaut des Verdauungsschlauches Hauptsitz des krankhaften Geschehens. Man findet als Ausdruck örtlicher Reizwirkung: Weißgraufärbung der Mundschleimhaut, Zahnfleischabschürfungen, in schwereren Fällen auch ulzeröse Stomatitis (TELEKY). Nach Einnahme von Bleikarbonat in Natron zeigte die Wangenschleimhaut mehrere fingernagelgroße schwarzgrüne Flecke, vereinzelt mit zentralen, in die Tiefe gehenden Geschwüren. Das Zahnfleisch war schwarz verfärbt (H. SCHMIDT). Der auch schon auf akut-subakuter Vergiftungsstufe zu beobachtende (HOLM, PRANGE u. a.), sonst für die chronische Vergiftung als kennzeichnend angesprochene Bleisaum ist nicht als Folge der Ätzung, sondern bereits als Anzeichen der Allgemeinvergiftung zu werten.

P. SCHMIDT beschäftigte sich eingehend mit der Frage: Was wird aus dem verschluckten Bleisalz im Magen? Je nach dessen Füllungszustand wird ein kleinerer oder größerer Teil des Bleisalzes durch die Salzsäure in Bleichlorid umgewandelt, d. h. gelöst. Ob weiterhin das Bleichlorid bei der Eiweißverdauung mit Eiweiß oder Pepton eine neue chemische Verbindung bildet oder ob es sich diesem nur physikalisch-adsorptiv anlagert, ist unentschieden. Auf alle Fälle muß man sich das Metall nach dem Übertritt in die Schleimhaut körperlich vorstellen, allerdings in feinster Staubform. Im Dünndarm erleiden die Bleisalze unter dem Einfluß von alkalischen Darmsäften, von Galle und Fett eine Umsetzung zu fettsaurem, von der Galle allerfeinst aufgeschwemmtem Blei. Das Fortschaffen des Giftes geht offenbar sowohl auf dem Blut- wie auf dem Lymphwege vor sich. Somit muß also die gesamte Innenauskleidung des Gefäßsystems gewissermaßen eine Durchtränkung mit Metallteilchen erfahren.

Bei der hämorrhagisch-korrosiven Gastroenteritis zeigt die mit Blutungen durchsetzte (PRIESTLEY), gerötete und erweichte Schleimhaut weißliche, später aschgrau verfärbte Beläge, ist etwaig mit weißlich-zähen, gleichsam gegerbt erscheinenden Gerinnseln bedeckt. Der — zufolge Muskellähmung — meist reichlich gefüllte Darm enthält gelegentlich blutige Stühle und erweist sich in seinen tieferen Abschnitten schwarz verfärbt durch Bleisulfid.

Die Niere soll auf die akute Vergiftung mit Gefäßkrampf ansprechen (Fahr). Zwischengewebsblutungen, entzündliche Zellanhäufungen wurden gefunden (Holm). Rathery et Michel schildern bei einer mit Bleiessig vergifteten, nach 21 Tagen an Urämie verstorbenen 38jährigen Frau die Niere als weich und geschwollen, von herdförmigen Rundzellansammlungen und Blutungen durchsetzt. An den Glomeruluskapseln zeigten sich Epithelwucherungen, das Kanälchenepithel war z. T. verfettet und abgelöst, in der Kanälchenlichtung lagen Zylinder aus Epithelien und Erythrozyten. F. A. Falck sah nach 5 Stunden die Niere seiner Kaninchen, denen er unter die Haut essigsaures Blei beigebracht hatte, braunrot verfärbt, der Urin wies Blut auf. Ein Bericht über das feinere gewebliche Verhalten fehlt.

Morphologische Blutveränderungen als Ausdruck resorptiver Schädigung wurden gelegentlich beobachtet. Prange beschrieb ein polychromatisches Blutbild mit einzelnen Normoblasten und zahlreichen basophil Getüpfelten. Bei einer mit Silberglanz — dieser enthält in der Regel reichlich Bleiglanz — vergifteten Frau entwickelten sich Erscheinungen akut „toxischer Anämie", die von Ulrik in Richtung der „akuten Leukose" gedeutet wurden. In einem von Holm veröffentlichten Fall (Vergiftung mit Bleioxyd), welcher sich durch Zerfall der Blutzellen auszeichnete, konnte auf Grund des vorhandenen Bleisaums die Diagnose der Bleivergiftung mit Sicherheit gestellt werden.

Im Tierversuch läßt sich kurz nach Bleizufuhr starke Tätigkeit des Knochenmarks mit regelwidrigen Kernzerstörungen in den Erythroblasten nachweisen. Neben der Reizung des Knochenmarks scheint das Blei schon bei den ersten Gaben — wie der erhöhte Abbau geschädigter Blutzellen in der Milz vermuten läßt — starken Zerfall reifer Erythrozyten zu bewirken. Offenbar handelt es sich um wesensgleiche, nur schneller ablaufende Vorgänge in Blut und blutbereitenden Organen wie bei der chronischen Vergiftung (s. auch Rathery et Michel, G. Seiffert und Arnold).

Ungeachtet der dem Blei zugesprochenen abortiven Wirkung werden krankhafte Befunde an den Geschlechtsorganen in der Regel vermißt. Holm erwähnt „Vaginalblutung".

II. Chronische Vergiftung.

Diese ist kurzweg als Gewerbekrankheit zu bezeichnen, denn chronische Bleivergiftungen auf anderer als gewerblicher Grundlage (etwa durch Aufbewahrung von Nahrungsmitteln in bleihaltigen Gefäßen usw.) spielen in der Vergiftungsstatistik zahlenmäßig keine Rolle. Die persönliche Giftansprechbarkeit scheint sehr verschieden; im allgemeinen sind jüngere Personen mehr gefährdet (Oliver). Die Krankheit erhält durch ihren unregelmäßigen, ja geradezu sprunghaften Ablauf eine eigene Note.

Es liegt am nächsten, Bleianhäufung in den Körpergeweben für das Zustandekommen der chronischen Vergiftung verantwortlich zu machen. Nach den Untersuchungen von W. Straub (und ähnlich Erlenmeyer) kann sich die chronische Schädigung jedoch auch auf andere Weise entwickeln: Legte man bei Katzen unter der Haut ein Lager von unlöslichen Bleisalzen an, so wurden erst nach mehreren, ohne Krankheitserscheinungen verlaufenden Wochen die ersten Vergiftungszeichen bemerkbar. Die von diesem Zeitpunkt an in regelmäßigen Zeitabständen vorgenommenen Prüfungen ergaben, daß die Menge des ausgeschiedenen Giftes genau dem Verlust an Metall entsprach, welchen das subkutane Bleilager erlitten hatte. Die Organe blieben praktisch giftfrei. Aus den Versuchsergebnissen zog der Berichterstatter den Schluß, daß man die chronische Vergiftung unter diesen Umständen ansprechen müsse nicht als Folge einer

Metallanhäufung in den Geweben (chemische Kumulation), sondern einer — von dem Metallager ausgehenden — Summation von einzelnen an sich geringfügigen Reizen (dynamische Kumulation).

Die Gefahren des in fein verteilter Form aufgenommenen Metalls ergeben sich aus der gewerblichen Vergiftungsstatistik. Umstritten aber ist die Frage der toxikologischen Bedeutung kompakter Metallmassen wie etwa Bleikugeln (bzw. -schrot), die von Jägern gewohnheitsmäßig im Mund gehalten, gelegentlich auch verschluckt werden, wie im Körper steckengebliebene Bleigeschosse usw. Der Streit der diesbezüglichen Meinungen erklärt sich vielleicht durch die außerordentliche Verschiedenheit in der Giftansprechbarkeit der einzelnen Betroffenen. Man fand z. B., daß Bleikugeln jahrelang, ohne Erscheinungen zu machen, in den Geweben beherbergt werden konnten, daß Leichenteile Blei enthielten und die Träger des Metalls während des Lebens keinerlei Vergiftungszeichen dargeboten hatten. Trotzdem warnen L. LEWIN u. a. (s. Knochen!) vor Unterschätzung der Giftwirkung durch Blei in festen Massen. Nach den neueren Veröffentlichungen zu urteilen, scheint sich die Anschauung der Möglichkeit einer — oft erst nach Jahrzehnten zu Tage tretenden — Vergiftung durch Steckschüsse usw. mehr und mehr Bahn zu brechen (HABS, W. HAAGEN, KÜTTNER, MEDINGER, WIETING und EFFENDI u. a.). Das Wirksamwerden der im Gewebe liegengebliebenen Bleimassen dürfte von deren Löslichkeit und Salzbildung in den Körpersäften abhängen. Wie die Verfärbung und Oberflächenbeschaffenheit der Geschosse erkennen läßt, wird Blei von allen etwaig sonst noch vorhandenen Metallen (Kupfer, Zinn, Eisen usw.) am ehesten angegriffen (DRÜNER). Es kommt zu einer Durchtränkung der Nachbargewebe mit Bleisalzen; selten nur werden (L. LEWIN) weiße Krusten von Bleichlorid bemerkt (s. auch Knochen und Gelenke).

Viele Bleiarbeiter haben unter den Fingernägeln bleihaltigen Staub: bald weißes Bleikarbonat, bald rotes Bleioxyd oder schwarzes Schwefelblei.

Bei Verdacht auf Bleivergiftung gilt der erste Blick dem Verhalten des Zahnfleisches: Fehlen des als pathognostisch angesprochenen Bleisaumes an Schneide- und Eckzähnen sagt nichts gegen die Diagnose (s. Verdauungsschlauch).

Der fahlgrau bzw. blaß-gelblich („Bleikolorit") oder ikterisch (SCHNIEWIND u. a.) verfärbte Körper ist in außerordentlich elendem Zustand: Mangel jeglichen Fettpolsters soll für die Krankheitserkennung geradezu merkmalsmäßig verwertbar sein (KIPPER). Nach der Meinung von P. SCHMIDT kann sich das sog. Bleikolorit auf dem Boden von Gefäßkrämpfen entwickeln. Dem Vorkommen des —wie es heißt z. T. beträchtlichen — Ikterus der Haut (Subikterus der Skleren) wird neuerdings von gewerbehygienischer Seite besondere Beachtung geschenkt: Gilt dieser doch als Stütze für die Mutmaßung giftbedingter Leberschäden höheren Grades (HELENE FREIFELD, KOELSCH, C. LEWIN und CHAJES, M. MATTHES u. a.). Laut Angaben von E. ZADEK wiesen etwa 20% der in der Umberschen Klinik (Westend-Berlin) beobachteten Bleivergifteten Ikterus (mit sicheren Leberschäden!) auf. C. LEWIN spricht von Bildern, wie man sie bei Vergiftung mit Arsenwasserstoff, Phosphor usw. sehen kann.

Gelegentlich ist die Haut eigentümlich pastös-ödematös; es stellen sich Herpes oder Ekzeme z. B. an den Ohrmuscheln ein (ROHRER).

Oft findet man die Pupillen verzogen, den Leib eingesunken und bretthart. Hochgradiger Schwund der Muskulatur, vor allem an den Gliedmaßen — die von HERTZ and JOHNSON beobachtete Atrophie beider Gesichtshälften dürfte als Einzelbefund anzusprechen sein — ist der anatomische Ausdruck für die „Paralysis saturnina". Die Muskelveränderungen beginnen, das Versorgungsgebiet des Nervus radialis umgreifend, fast immer einseitig und zwar am stärkst beanspruchten Arm und schreiten vom Unter- auf den Oberarm und von da auf die Schulter fort. Nur ausnahmsweise — und dann meist bei Jugendlichen — werden die unteren Gliedmaßen (im Bereich der Nn. Peronei und Extens. digit.) beteiligt. (Histologische Befunde und Fragen der Pathogenese s. später.) Die Eigentümlichkeit, daß bei bestimmten Arbeitern bestimmte Muskelgruppen bevorzugt werden, wird von TELEKY mit der EDINGERschen Aufbrauchtheorie zu erklären versucht. Demgemäß wäre die elektive Wirkung des Bleis auf gewisse Nerven nur eine scheinbare.

Zum Schwund gesellen sich durch Lähmung bedingte Verkürzungen der Muskel, ferner Umformungen der Gelenke: Überreste der „Bleigicht". Auslösung und Entstehungsweise dieser, nicht unerläßlich zum Krankheitsbild der chronischen Bleivergiftung gehörenden, aber doch häufig — namentlich bei Männern — anzutreffenden Gelenkerscheinungen werden von verschiedener, so insbesondere von französischer und englischer Seite (s. auch W. EBSTEIN, LÜTHJE u. a.) zu „gichtischer Diathese" in ursächliche Beziehung gesetzt. Auch beim Fehlen von Gichtanfällen findet man eine bemerkenswert starke Retention intravenös einverleibter Harnsäuren (UMBER). Nach neueren Forschungen (ERKENS) wären die „Arthralgien" der Bleikranken durch Gefäßkrämpfe zu erklären.

Klinisch und pathologisch-anatomisch (nach der Angabe von TELEKY dagegen sollen autoptisch keine krankhaften Gewebsveränderungen nachweisbar sein!) verhält sich die „Bleigicht" ganz wie die gewöhnliche Fußgicht, verbreitet sich jedoch rascher als diese über viele und auch über sonst nie oder selten befallene Gelenke. Die Neigung zu Tophusbildungen und gelenkverunstaltenden Vorgängen scheint ausgeprägter zu sein als bei gewöhnlicher Gicht („Gichtnekrosen": LÜTHJE). Untersucher wie SCHRADER (s. auch W. HOFMANN) gehen in ihren Folgerungen so weit, daß sie die Arthritis urica geradezu als Glied in die Gesamtheit der bleibedingten Krankheitserscheinungen einreihen bzw., wie TELEKY u. a., einer durch das Blei geschaffenen Gichtbereitschaft das Wort reden.

Nachdem bereits in den letzten Jahrzehnten des vorigen Jahrhunderts, vor allem von französischer Seite (BUSY, CASSIERER, DECLOUX, MADER, SAINTON, RAYNAUD, RIBADEAU und Mitarbeiter u. a.) das Auftreten örtlicher Kreislaufsstörungen an den Gliedmaßen bei Bleiarbeitern beobachtet worden war, hat KAZDA 1923 auf das Vorkommen voll ausgebildeter, spontaner Gliedmaßengangrän bei Schriftsetzern in noch jugendlichem Alter hingewiesen. Da sich derartige Fälle binnen kurzem dreimal wiederholten, dürfte kein Zweifel an den ursächlichen Zusammenhängen zwischen Bleischädigung und Gangrän bestehen, zumal es WELLER im Tierversuche gelang, trockenen Brand an den Ohren hervorzurufen, indem er die Tiere mit Bleieiweiß fütterte (s. aber GERBIS). Vorerst scheinen nur spärliche einschlägige Berichte aus der Menschenpathologie vorzuliegen, auch die neuesten Lehrbücher der Gewerbemedizin erwähnen die „Bleigangrän" noch nicht. Durch persönliche Freundlichkeit von Dr. E. BAADER wurde mir Mitteilung von einem 1926 im Kaiserin-Auguste-Viktoria-Krankenhaus (Berlin-Lichtenberg) behandelten 31jährigen Anstreicher, an dessem linken, seit langem schmerzenden Fuß sich schließlich trockener Brand entwickelt hatte. Zucker, Alkohol, Tabak waren als Ursachen in diesem Fall mit Gewißheit auszuschließen; auch sicherten kennzeichnende Erscheinungen wie Hämatoporphyrinausscheidung, Blutbildveränderung usw. die Bleiätiologie.

Für das Zustandekommen des Gewebstodes werden Regelwidrigkeiten in der Gefäßwandleistung oder anatomische Gefäßveränderungen angeschuldigt, jedoch sind weder die näheren Entstehungsbedingungen, noch das pathohistologische Geschehen bisher erforscht.

Bei Leichenöffnung zeigen die Körperhöhlen im allgemeinen keine bemerkenswerten Abweichungen von der Norm. GALVAGNI beschrieb beim

Menschen bindegewebige Verwachsungen von Magen, Leber, Milz mit ihrer Umgebung, auffallende Derbheit von Netz und Gekröse, die er als „Mesenteriitis saturnina" bezeichnet. Näheres über die Befunde war aus den Angaben nicht ersichtlich. Die ursächlichen Beziehungen zur Bleivergiftung dürften fraglich sein. Ophüls sah beim chronisch vergifteten Meerschweinchen mit allgemeiner Serositis verbundene Höhlenergüsse.

Die Körpermuskulatur, welche an den Gliedmaßen, der Brustwand bis auf $1/_3$ der ursprünglichen Masse geschwunden sein kann, zeigt schmutziggrauen bzw. graugelblichen Farbton, ist undeutlich gefasert, die Muskelbäuche sind wenig scharf voneinander und von den Faszien bzw. Bändern abgesetzt. C. Friedländer fand den Rippenteil des großen Brustmuskels zu einer dünnen Haut zusammengeschrumpft. Das mikroskopische Bild wird von rückschrittlichen Vorgängen beherrscht, denen reaktive Zell- und Bindegewebswucherung folgen. Die Muskelfasern werden schmal, verfetten staubförmig oder gewinnen wachsartigen Glanz und zerfallen schließlich; in den leeren Sarkolemmschläuchen ordnen sich die wuchernden Kerne zu Längsreihen. Bei stärkster Verödung sind nur noch einzelne der ursprünglichen Fasern mit ihrer Hülle vorhanden, an Stelle des zerstörten Muskelparenchyms tritt zell- und faserreiches Bindegewebe (Coën e d'Ajutolo, Eisenlohr u. a.).

Gesenius erwähnt Blutungen durch Gefäßzerreißungen. Die in den betroffenen Muskelgebieten verlaufenden Nervenzweige sind in der Regel entartet (s. peripherische Nerven), scheinen gelegentlich aber auch unversehrt, ein Umstand, welcher den Untersuchern Recht geben würde, die an Erstschädigung der Muskulatur denken, vielleicht auf dem Boden intramuskulärer Bleiablagerung (C. Friedländer, Eisenlohr, Gusserow). Jedoch sieht die Mehrzahl der Forscher den Ursprung des Leidens in nervösen Störungen.

Nach Angabe von Gusserow soll der Knochen bei chronisch Vergifteten bedeutende Metallmengen (Schmeertmann: Bleitriphosphat) speichern.

Der Einfluß von Knochen- und Gelenksteckschüssen auf den Gesamtkörper wird — wie bereits oben ausgeführt — verschieden beurteilt: Lehnen Bonhoff u. a. (auf Grund zahlreicher klinischer Beobachtungen) die toxikologische Bedeutung der Bleigeschosse auch ab, so wird heute doch von vielen Seiten auf die Möglichkeit einer Bleilösung und -aufsaugung im fetthaltigen Knochen hingewiesen, zumal Fälle vorliegen, in denen 10 Jahre und länger nach erlittener Verletzung sich Vergiftungserscheinungen bemerkbar machten, die mit operativer Entfernung des Geschosses sofort verschwanden. Man fand in solchen Fällen Blei als Plättchen und Stäubchen in den grauschwarz verfärbten Knochen und in der Knochenhaut gewissermaßen eingefilzt, häufig als Kern bindegewebiger Knötchen. Auch im Knochenmark waren unregelmäßige, z. T. intrazellulär gelagerte Klumpen und kugelige Körnchen nachweisbar, die sowohl bei auffallendem wie bei durchscheinendem Lichte schwarz erschienen (Küster und L. Lewin). Im Falle Kohlschütter, in welchem die Vergiftung auf einen steckengebliebenen Kniegelenkschuß zurückgeführt werden mußte, zeigten Gelenkkapsel und -knorpelüberzug eigenartig hellblaue Farbe. Das Geschoß hatte sich in die Gelenkfläche der Tibia platt eingedrückt, am Hinterrand des Knochens konnte man einen bindegewebigen Sack mit fettig schmieriggrauem Inhalt bemerken. Die rauchgraue bis schwärzliche Farbe wurde — wie die mikroskopische Untersuchung eines Gelenkkapselstückes lehrte — durch Einlagerung von „Fremdkörpern" (Habs) in die Bindegewebslücken hervorgerufen. Offenbar waren die gelösten Bleiverbindungen in der Grundsubstanz des faserigen Bindegewebes ausgefallen.

Beim chronischen Vergiftungsablauf kommen als letzte Todesursache häufig massige Blutungen bzw. Erweichung (A. Rühl u. a.) im Zentralnervensystem in Frage, deren Entstehung auf — später noch zu besprechende — Gefäßwandveränderungen zurückgeführt werden müßen. Die im Gehirn abgelagerten Bleimengen sollen in schweren Fällen so beträchtlich sein, daß es zu gleichmäßiger Graufärbung des Organs kommt (Zangger), eine Angabe, die von J. Löwy stark angezweifelt wird. Auch ich hatte in mehreren einschlägigen Fällen niemals Gelegenheit, derartiges zu beobachten. Mit den Bemerkungen über Hirnödem (Haberda: „pastöses Ödem") ist nicht viel anzufangen. Quensel erwähnt Atrophie der Hirnsubstanz. E. Baader konnte gleichfalls bei einem 58jährigen, 31 Jahre hindurch in Akkumulatorenfabriken beschäftigt gewesenen Arbeiter, der unter Krämpfen und Bewußtseinsverlust starb, ein hochgradig atrophisches Gehirn feststellen. Auf den Schnitten, besonders im Linsenkerngebiet, fiel das „siebartige Aussehen" auf: Baader vergleicht es mit Schweizerkäse. Zahlreiche kleine Erweichungsherde erinnerten an die Tierversuchsergebnisse von H. Lehmann, Spatz und Wisbaum. In der Substanzia nigra fand sich melanotisches Pigment auch außerhalb der Ganglienzellen frei in der Glia, besonders um die Gefäße herum gespeichert. In den reichlich vorhandenen perivaskulären Infiltraten wurde die Erklärung für die in den letzten 18 Monaten zu beobachtende mimische Starre gesucht.

Für das — außerordentlich wechselnde — klinische Krankheitsbild der „Encephalopathia saturnina" (mit Erscheinungen ähnlich wie bei multipler Sklerose, mit Krämpfen u. a. m.) und für die spinalen Erkrankungen (Eichhorst, C. Lewin und R. Treu u. a.) dürften — genügende Frische des Leichengewebes vorausgesetzt — mit Hilfe der heutigen verfeinerten Untersuchungsmethoden sicherlich in vielen Fällen entsprechende histologische Befunde zu erbringen sein. Noch klaffen auf diesem Gebiet zufolge der Ungunst der Umstände weite Lücken in unserem Wissen, denn, verfügt der Neuropathohistologe in der Regel nicht über den notwendigen Rohstoff, so ist der pathologische Anatom nur ausnahmsweise auf die neurohistologische Technik eingestellt und in der Deutung ihrer Ergebnisse ausreichend geübt. Somit mußten wir uns bisher hauptsächlich Versuchsergebnissen als Stütze und wesentlicher Quelle unserer Kenntnisse zuwenden, und erst neuerdings wird beim Menschen dem feineren geweblichen Verhalten der bleigeschädigten nervösen Substanz die ihm zukommende Beachtung geschenkt.

Vorerst mögen einige ältere, z. T. etwas verschwommen klingende Mitteilungen angeführt werden. (Zusammenstellung älterer Arbeiten s. bei Popoff 1893.) Nach der Meinung von H. Oppenheim sind kleine Blutaustritte infolge Gefäßwandveränderungen, „Poliomyelitis acuta mit gangliozellulärer Degeneration und Atrophie" für motorische Schwäche und Lähmungen verantwortlich zu machen. Die Angaben über Blutaustritte in der Nervensubstanz kehren im ausländischen Schrifttum (s. Legge und Goadby) des öfteren wieder. Teleky gab noch 1922 seiner Verwunderung darüber Ausdruck, daß derartige Befunde in neueren deutschen Arbeiten so gut wie nie erwähnt wurden. Die Gründe dafür liegen vielleicht in der mangelnden Sicherung, daß es sich hierbei in der Tat um bleibedingte Blutungen und nicht vielmehr — da ja viele Bleikranke durch Versagen der Niere zugrunde gehen — um urämische Erscheinungen handelte. In den letzten Jahren finden sich von einzelnen Untersuchern perivaskuläre Blutungen vermerkt (Helene Freifeld u. a.).

W. Straub spricht von Pyramidenbahnschädigung, Alteration der Oblongatakerne. Cadwalader, Fleck, Goldflam, Philippe et Gothard buchen entzündliche und rückschrittliche Veränderungen im Gehirn bzw. Rückenmark. Ihr Zustandekommen dürfte — nach der Anschauung von Kionka — am einfachsten zu erklären sein durch die Annahme einer Erstschädigung des Blutes (s. das.), welche Gefäßverlegung (Thrombosierung) nach sich zieht.

Als eine der neuesten Arbeiten auf diesem Gebiet ist die von STAEMMLER über anatomische Befunde bei Bleiepilepsie zu nennen. Die weitgehende Übereinstimmung mit den von HELENE FREIFELD beschriebenen Veränderungen ist überraschend. Der in Frage stehende Kranke hatte Dämmerzustände, Wutausbrüche, Depressionen, epileptische Anfälle und starb schließlich im Koma. Bei der Sektion zeigten sich die Hirnwindungen abgeplattet, die Furchen verstrichen, die Ventrikel eng, die Substanz auffallend blaß bzw. in den grauen Teilen gelblich-fleckig. Es bestand kein Ödem, das Gewebe war eher trocken. Mikroskopisch fanden sich knötchenförmige Gliazellwucherungen (Abb. 27) in den verschiedensten Hirnteilen, vorzugsweise in der weißen Substanz, um kleine

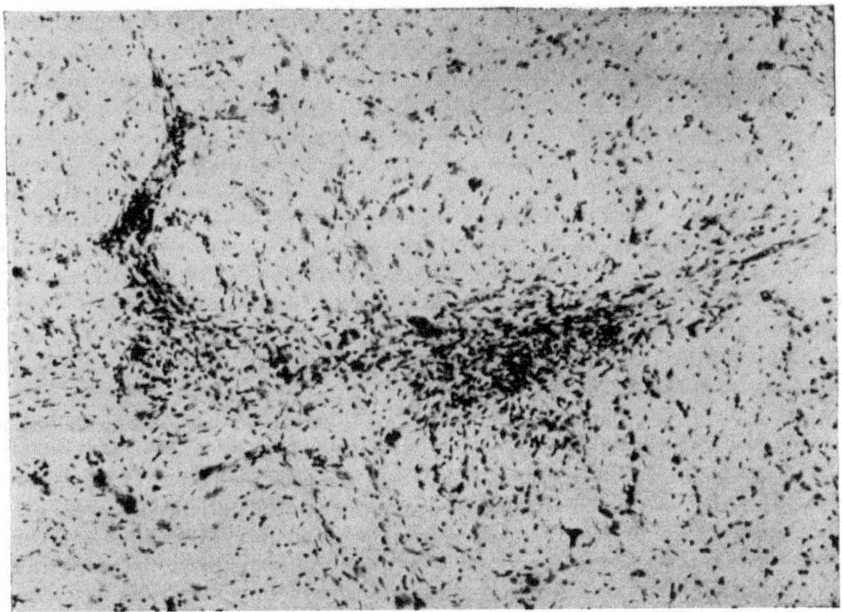

Abb. 27. Gehirn bei Bleiepilepsie. Wucherung der Glia und der Gefäßwandzellen. Boden der Rautengrube. (Sammlung Prof. STAEMMLER, Chemnitz.)

Blutgefäße gruppiert. Die Olive wies im oberen Abschnitt fast völligen Gliazellschwund auf, im Kleinhirn herrschte bemerkenswerte Armut an Purkinjezellen. Dagegen war keine Zelldegeneration der Art festzustellen, wie sie H. LEHMANN und Mitarbeiter im Tierversuche beobachteten. Die ausgesuchte Schädigung des Ammonshorns, wie man sie bei Bleiepilepsie des öfteren finden soll, wird von SPIELMEYER mit der eigenartigen Gefäßversorgung dieses Gebietes erklärt. Nach der Anschauung von VOGT (angef. bei EWSEROWA) wäre diese Erscheinung als „Pathoklyse" aufzufassen, d. h. als besondere Ansprechbarkeit bestimmter Nervenelemente auf bestimmte Schädigungen.

Die zahlreichen Veröffentlichungen von Tierversuchsergebnissen belehren uns über den geweblichen Umbau, insbesondere der grauen Vorderhörner. Es werden beschrieben: Wabig-körnige Zellerkrankung (NISSLs „schwere Zellschädigung"), etwaig von reaktiven Entzündungszuständen begleitete Gestaltsänderungen und Zerfall der spezifischen Elemente, als Folgeerscheinung Sklerose oder auch Atrophie (LUGARO, MEDUNA, RIBAKOW, STIEGLITZ, VILLAVERDE). Amöboide Gliaumwandlung, Achsenzylinderauftreibung (H. LEHMANN und Mitarbeiter), kleine Blutungen sind gelegentlich vorhanden. Shimazono betont die allerorts nachweisbare Vermehrung der Elzholzschen Körperchen. Ewserowa, welcher Hunde monatelang mit Bleiweiß fütterte, kam zu dem Ergebnis, daß Lebensdauer des Tieres und Schwere des Krankheitsbildes nicht unmittelbar abhängig seien von der Menge des einverleibten Bleis. Er fand: a) ausgebreitete rückschrittliche Vorgänge in somatischen Zentren von Gehirn und Rückenmark, vorwiegend bald in den tiefen Rindenschichten, bald im Tuber cinereum angeordnet: Die Zellen zeigten unebene zerrissene Ränder, stellenweise Neuronophagie usw., b) Zellwucherungen in den Gefäßwänden, die an luetische Veränderungen in kleinen Gefäßen erinnerten, c) ketten- und herdförmige Gliawucherung (s. Staemmler).

Die entzündlich-degenerativ-atrophischen Vorgänge im Rückenmark schreiten über die vorderen Wurzeln auf die peripherischen Nerven fort. Die betroffenen Nervenzweige sind — vor allem in ihren distalen Enden — auffallend schmal und durchscheinend grau (C. Friedländer). Im Mikroskop sieht man die Faserbündel aufgelockert, wellig angeordnet; ihr Verlauf ist z. T. nur noch von zerfallenden (schollig-klumpigen) Myelinmassen angedeutet, so daß ähnliche Strukturen entstehen wie bei der „Alkoholneuritis" (s. Abb. 81). Zahlreiche längliche Kerne zeigen Wucherungsvorgänge am Neurilemm an. Phagozytose (Messing), Infiltrate und Blutungen in den Nervenscheiden ergänzen das Bild. Auf späterer Vergiftungsstufe bleibt ein bindegewebiger, nur spärliche Nervenfasern mit sich führender Strang übrig (Eichhorst, Gombault, Lancereaux, C. Westphal u. a.).

Im Tierversuch konnte Schädigung der motorischen Nervenendplatten erzeugt werden (Villaverde).

Einen Fall von Lähmung des Nervus laryngeus sup. (im Zusammenhang mit Larynxblutungen) beschreiben Sajous und ähnlich Noth (angef. bei Legge und Goadby).

Auf eingreifende — bei Mensch und Tier anzutreffende — Veränderungen in den Bauchplexus (coeliacus, myentericus usw.), welche sich schon dem Finger und dem unbewaffneten Auge in elastischer Derbheit und Härte des Gewebes, in der auffallend weißen Farbe kundtun, wird von verschiedensten Seiten hingewiesen und ursächliche Beziehungen zwischen diesen und der Bleikolik gesucht (R. Maier u. a.). Die einen sprechen von sklerosierender Entzündung (Galvagni), die anderen bezeichnen die Vorgänge als rein degenerativ-(hyalin) sklerosierend mit Ganglienzellschrumpfung usw. (Bonome, Helene Freifeld, Kussmaul und R. Maier, Ravenna). So wiesen z. B. bei den Tieren von R. Maier die Ganglien im gesamten Darmrohr hochgradige Parenchymschäden (Vakuolenbildung, schollen Zerfall, Atrophie) auf, neben Homogenisierung und Verhärtung des Bindegewebes. Die zeitliche Folge des geweblichen Geschehens läßt sich aus diesen Endzuständen nicht mehr ablesen.

Die im Vergiftungsverlaufe so häufig zu beobachtende Amblyopie und (etwaig vorübergehende) Amaurose ist entweder als eine Folge der Nierenerkrankung (Retinitis albuminurica) oder als solche des unmittelbaren Gifteinflusses auf das innere Auge (bzw. auf sein Gefäßsystem) anzusehen. (Zusammenstellung der bleibedingten Augenerkrankungen s. bei L. Heine). Nach der Meinung von Rambousek führen Krämpfe der Netzhaut- und Sehnervengefäße zur Erblindung: In langen Krampfzuständen geht der Sehnerv zugrunde. Als annähernd regelmäßiger Befund sind entzündlich-degenerativ-atrophische Veränderungen an den peripherischen optischen Leitungsbahnen zu buchen (Bihler, Uhthoff). Lichtungsverengernde Vorgänge (Wandverdickung, Thromben) an den kleinen Gefäßen des Sehnervenstammes, der Netz- und Aderhaut rufen Blutungen hervor, führen zu unzureichender Ernährung des Gewebes und demzufolge zu unaufhaltsam fortschreitender Zerstörung der nervösen Substanz (L. Lewin und Guillery, Oeller).

Unter den zahlreichen Beschwerden des chronisch Bleivergifteten sind Schwindelgefühl, Ohrensausen usw. zu nennen, ohne daß bisher sichere anatomische Schäden am inneren Ohr nachweisbar gewesen wären. Bemühungen, diese Krankheitserscheinungen zu erklären, endeten — mangels greifbarer Unterlagen — alle in Mutmaßungen. O. Wolf dachte an seröses Exsudat im Labyrinth, Rohrer spricht von Sklerose der Paukenhöhle und nicht näher bezeichneten „Labyrinthaffektionen". Nach der Anschauung von Sacher dürfte lediglich Schädigung des Ramus cochlearis nervi acustici in Frage kommen.

Die muskuläre Hypertrophie des Herzens entspricht den erschwerten Durchströmungsverhältnissen in der verengten peripherischen Blutbahn. Rückschrittliche Veränderungen an den Muskelfasern (Coën e d'Ajutolo, Langerhans) gehen jedenfalls auf Erstschädigung der Kranzgefäße zurück.

Obwohl — entgegen der vorherrschenden Meinung (s. bei Thorel, Kockel und Timm u. a.) — von einzelnen Untersuchern (s. bei Jores) ein ursächlicher Znsammenhang zwischen Bleiwirkung und Gefäßerkrankungen bestritten wird, läßt sich meines Erachtens die pathologische Anatomie der chronischen Bleivergiftung geradezu auf den Hauptnenner: Gefäßschädigung bringen. Denn so vielgestaltig und vielerorts die Organveränderungen an Bleivergifteten auch auftreten mögen, letzten Endes verdanken sie — von Ausnahmen abgesehen — ihren Ursprung Regelwidrigkeiten in Leistung und Bau der Gefäße, wobei den Leistungsabweichungen von der Norm wahrscheinlich der zeitliche Vorrang zukommt.

Wie eingangs erwähnt, können beim Tier krampfartige Zusammenziehungen der Gefäßwandmuskulatur im Beginn der Vergiftung beobachtet werden. Beim Menschen sind wir nur in der Lage, fortgeschrittene Stufen oder Endzustände des krankhaften geweblichen Geschehens zu erfassen, welches — in allen Organen wesensgleich — durch die vorzugsweise Beteiligung der Intima kleiner und kleinster Gefäße gekennzeichnet ist. Die Beschaffenheit der Gefäßwände gestattet in dem Zeitpunkt der Vergiftung, in welchem wir die Gewebe gewöhnlich zu sehen bekommen, keinen Rückschluß mehr auf die Natur und das zeitliche Nacheinander der geweblichen Einzelvorgänge. Diese, meist unter der Bezeichnung Arteriolitis (Fahr) bzw. Endarteriitis (obliterans) zusammengefaßt, sind im Hinblick auf den Sitz der Erkrankung grundsätzlich von der gewöhnlichen Sklerose der kleinen Gefäße zu trennen. An den mittleren und kleinen Arterien gestalten sich in Anordnung und Art der Veränderungen ähnliche Bilder wie bei der Aortensklerose: Die verdickte Innenhaut kann gegebenenfalls zur mächtigsten Schicht der ganzen Wand werden, ungleichmäßig bald hier, bald dort knopfförmig und polsterartig in die Lichtung vorspringen oder sich rundum vorschieben bis zu völligem Lichtungsverschluß. Bei den Wachstumsvorgängen splittern die Intimalamellen und mit ihnen die Lamina elastica interna unter teilweiser Zerreißung der elastischen Fasern auf; das neugebildete Gewebe bekommt eine eigene Note zufolge Lückenbildungen und massigem Auftreten wabiger (Neutralfette und Lipoide speichernder) Zellen (Abb. 28 u. 29). Ähnlich geartete, aber geringgradigere Auffaserung und Verfettung der Media, Kalkherde in der tiefsten Intimaschicht (Fahr), Wandnekrosen in thrombosierten Bezirken (Oeller), intramurale Ansammlung lymphatischer Elemente und bindegewebige Verdickung oder Zellarmut und Hyalinisierung der Wand, gelegentlich auch Verkalkung (A. Rühl) der äußeren Gefäßschichten lassen — oft bei dem gleichen Fall — die mannigfaltigsten Bilder entstehen.

Als besonders bemerkenswert und — wie mich dünkt — merkmalsmäßig verwertbar ist das Verhalten der Hirngefäße anzusprechen, welche so hochgradig und ausgedehnt in der beschriebenen Weise verändert sein können, daß

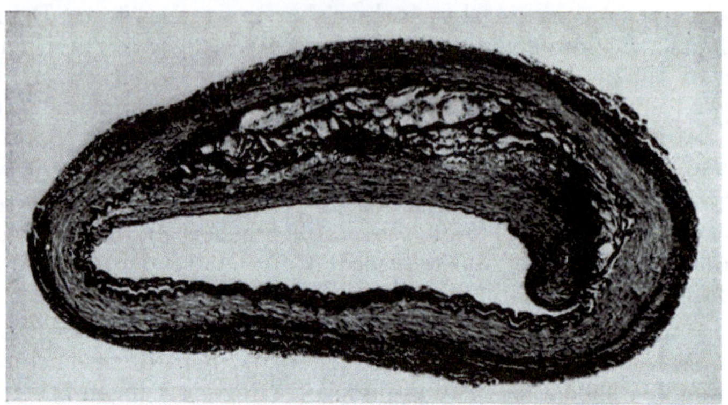

Abb. 28. Kleine Hirnarterie bei chronischer Bleivergiftung. 45 fache Vergrößerung. (S. Nr. 371/25 des pathol. Instituts am Krankenhaus Neukölln-Berlin. Pros. Dr. Ehlers.)

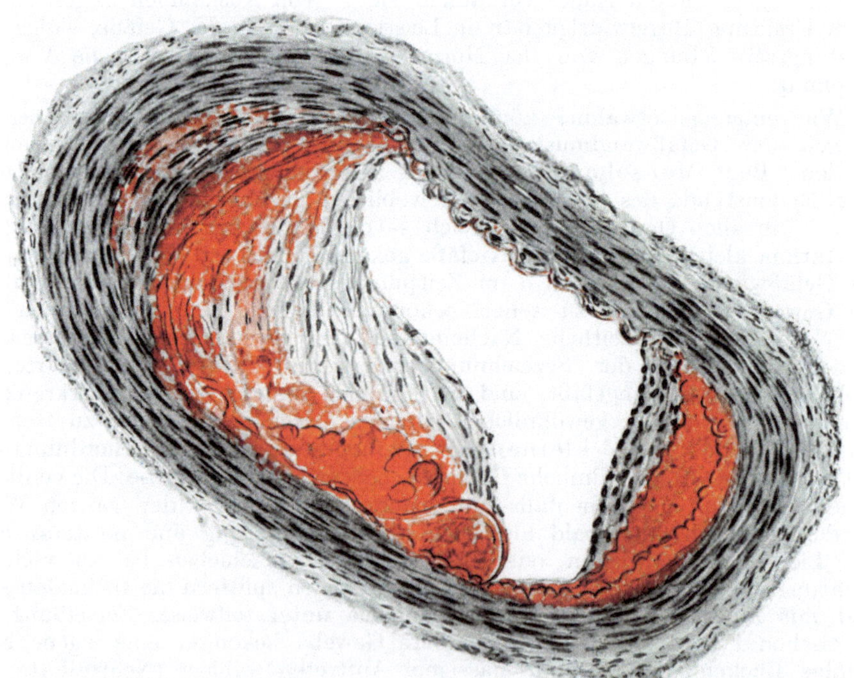

Abb. 29. Kleine Hirnarterie bei chronischer Bleivergiftung. Massige Lipoideinlagerung in der gewucherten Intima. Sudanreaktion.

sie — zu weißgelben, starren, kaum noch geschlängelten Rohren mit rosenkranzartigen Anschwellungen umgewandelt — bis in die feinsten Verästelungen hinein zu verfolgen sind. Bei Beurteilung mit dem bloßen Auge fallen gegenüber den gewöhnlichen sklerosierenden Vorgängen ins Gewicht: 1. Das vorzugsweise

Befallensein der Gefäße an der Konvexität, 2. die gleichmäßige Beteiligung aller Hemisphärengefäße, 3. die Ausdehnung der Veränderungen bis in die feinsten Zweige hinein. GESENIUS hebt die — angeblich von Blutungen per rhexin gefolgte — aneurysmatische Erweiterung des Gefäßrohres hervor.

Die oberen Luftwege scheinen in Form von Rhinitis und Pharyngolaryngitis an der Vergiftung häufig beteiligt zu sein (SACHER). Angaben wie Ödem und Emphysem der Lunge sind für die Diagnosenstellung ohne Belange. HELENE FREIFELD bucht kapilläre (durch Krampfanfälle hervorgerufene?) Embolien von Knochenmarksriesenzellen in der Lunge.

RIBADEAU sah beim Meerschweinchen nach Bleisalzzufuhr unter die Haut myeloide Umwandlung aller blutbereitenden Organe. Die vergrößerte Milz mit ihren weiten Pulpamaschen, engen Sinus, kleinen, zellarmen Follikeln enthielt reichlich Knochenmarkselemente, am massigsten Normoblasten. G. SEIFFERT und ARNOLD schildern erhöhten Blutzellabbau, welcher besonders die gekörnelten roten Zellen und die in ihrem Kern geschädigten Erythroblasten betraf. Sonstige Angaben über einschlägige Befunde bei Tieren beschränken sich auf Blutungen und Pulpazellhämosiderose (JORES, TSCHERKESS).

Auch die Milz des Menschen zeigt — neben Gefäßwandveränderungen — teilweise gewebliche Umgestaltung im myeloischen Sinn. Blutüberfüllte Pulpabezirke erinnern an Bilder, wie man sie bei hämolytischem Ikterus zu sehen bekommt.

Die Zusammensetzung des Knochenmarks ist im Hinblick auf die zelluläre Beschaffenheit des strömenden Blutes von besonderer Bedeutung. Knochenmarksanalysen an der Leiche liegen nur vereinzelt vor; soweit ich selbst sie durchführen konnte, ergaben sie ein fettzellarmes, offenbar zufolge oligodynamischer Bleiwirkung in Tätigkeit versetztes, gewöhnlich von eosinophilen Elementen strotzendes Gewebe, das aber getüpfelte Erythrozyten, auf die ich hauptsächlich mein Augenmerk richtete, stets vermissen ließ. Das Fehlen dieser Zellformen (s. Blut) darf kaum als Gegenbeweis für deren — noch immer umstrittene — Entstehung im Knochenmark verwertet werden, da der negative Ausfall der Untersuchungen in schlechter Färbbarkeit der Leichengewebe beruhen könnte oder — wie WALTERHÖFER auf Grund seiner Tierversuchsergebnisse vermutete — in dem Verschwinden der sehr empfindlichen Elemente kurz vor dem Tode. E. GRAWITZ nimmt gegenüber der Frage des zentralen Ursprungs der basophil Getüpfelten einen kraß verneinenden Standpunkt ein, da „das Knochenmark niemals Zellen zeigte, die mit gekörnten des strömenden Blutes hätten verglichen werden können" . . . , so daß sich ergibt, daß „die gekörnten Zellen ganz sicher nicht präformiert im Knochenmark sind".

Wenn HELENE FREIFELD von Untergang und von Vermehrung der Megakaryozyten spricht, so wird sie für letztere den Beweis schuldig bleiben müssen, denn die — bei den einzelnen Menschen und in den verschiedenen Knochenmarksabschnitten außerordentlich wechselnde — Zahl der Knochenmarksriesenzellen möchte kaum zu bestimmen sein.

Beim Versuchstiere soll im pulpös umgewandelten Knochenmark das Auftreten basophil-granulierter Erythrozyten verschiedentlich beobachtet worden sein (FERRATA, RIBADEAU u. a.). Nach den Ausführungen von WALTERHÖFER lassen sich beim Kaninchen ihre einzelnen Entwicklungsstufen im Mark geradezu verfolgen. JORES spricht von einem zwar fettarmen, aber in der zelligen Zusammensetzung unveränderten Mark.

Alle das strömende Blut und seine biochemischen Veränderungen (OMELJANOWITSCH und PAVLENKO) betreffenden Fragen sind ausführlich dargestellt in der Arbeit von P. SCHMIDT.

Das Blei ist im Serum und vermutlich auch im Plasma zum größten Teil als nicht dialysable Verbindung, zum kleinen Teil in dialysabler Form — als Bleiion — enthalten. Bringt man Blut und etwas Bleisalz zusammen, so geht die weitaus größte Metallmenge in den Blutkörperchenbrei: Offenbar wird eine kolloidale Bleiverbindung an der Erythrozytenoberfläche adsorbiert (B. Behrens). P. Schmidt und Barth gelang es, bei Tieren Blei in den Erythrozyten nachzuweisen; doch ist die Bleiaufnahme der roten Zellen offenbar eine vorübergehende. In den aus den letzten Jahren stammenden Kaninchenversuchen von Bickert wurden durch Behandlung mit verschiedenen Bleiverbindungen Hämolysine im Serum erzeugt, deren Wirkung bei peroralen Gaben größer war als bei subkutanen. Die Höhe des hämolytischen Titers war abhängig von der Löslichkeit des jeweilig benutzten Bleisalzes. Wahrscheinlich beruht die Blutzerstörung auf einem — durch Bildung von Bleiphosphat — hervorgerufenen „Elastizitätswechsel" der roten Blutkörperchen (Oliver), denn nach der Meinung von Aub und Mitarbeitern findet sich Blei in feinen Mengen kolloidal suspendiert im Blutserum als tertiäres Phosphat.

Das Blutbild des chronisch Vergifteten ist das eines schwer Anämischen, gekennzeichnet durch Aniso- und Poikilozytose, Oligozythämie, einzelne Normoblasten. Auch kann es leukämieartige Zusammensetzung zeigen mit beträchtlicher Erhöhung der Gesamtleukozytenwerte, etwaig mit beachtlichem lymphozytären Einschlag (Schmeertmann: Bis zu 40%, Thiele u. a.). Das Hauptaugenmerk wird im allgemeinen auf die — durchaus nicht immer vorhandenen, nach Aussetzen der Bleiarbeit zumeist innerhalb kurzer Zeit verschwindenden — basophil getüpfelten Erythrozyten gelenkt, obgleich ihnen als merkmalsmäßiges Hilfsmittel im Hinblick auf ihr Vorkommen auch bei Wirkung anderer anämisierender Gifte wie Nitrobenzol usw. (Breitburg und Mitarbeiter, Teleky, Naegeli: „Vorkommen von basophil Getüpfelten im Knochenmark bei aplastischer regeneratorischer Anämie" u. a.) jetzt kaum noch die Bedeutung beigemessen wird wie in früherer Zeit. Laut Mitteilung von L. Schmidt-Kehl, der sich auf Tier- und Eigenversuche stützt, sind erhöhte (durch Vermehrung des Koturibilins nachweisbare) Hämoglobinzersetzung und das Auftreten von Tüpfelzellen zeitlich gleichzusetzen. Doch fehlen bei längerer Kohlen- bzw. Zementstaubeinatmung oder bei fortgesetzter Alkoholaufnahme die getüpfelten Zellen, um deren Abstammung auch heute noch der Meinungsstreit tobt. Die Frage hat sich zugespitzt auf zentrale (L. Schmidt-Kehl) oder peripherische, regenerative oder degenerative, karyogene oder plasmatische Entstehung der basophilen Granula? Zur Fragebeantwortung werden in erster Reihe Tierversuchsergebnisse herangezogen, da — wie oben erwähnt — die Beobachtungen am Leichenknochenmark (Askanazy, E. Grawitz u. a.) zu einer endgültigen Stellungnahme nicht ausreichen und über — durch Knochenmarkspunktion — am Lebenden gewonnene Befunde meines Wissens noch keine Veröffentlichungen vorliegen. Wohl die meisten Forscher (Rauch, Schmeertmann, Teleky, Walterhöfer u. a.) erblicken in den getüpfelten Zellen unter Einfluß des Bleies überschnell gebildete, ausgeschwemmte und umgewandelte rote Jugendformen, so daß das Auftreten der Tüpfel gewissermaßen als Zeichen einer — wenn auch krankhaften — Regeneration zu werten wäre (Morawitz). Zugunsten dieser Anschauung führt Naegeli das Vorkommen basophiler Körner in embryonalen Blutzellen an.

Es mehren sich die Stimmen, welche für die Karyogenese der Granula eintreten (E. Koch, P. Schmidt und Barth u. a.), denn es soll das Blei schon die Stammzellkerne angreifen: Bereits wenige Stunden nach Einverleibung unter die Haut findet sich das Gift in Vogelblutkernen gespeichert (P. Schmidt und Barth). Nach der Vorstellung von P. Schmidt wirkt das Blei auf die blutbildenden Zellen des Knochenmarks ein: Beim Aufsplittern des Normoblastenkerns mischen sich die Kernbröckel mit dem übrigen Zellinhalt und werden zu basophilen Körnern. Demgegenüber führen K. Voit und Roese an, daß bei spezifischer Nuklealfärbung die Granula des Meerschweinchenerythrozyten keine entsprechende Färbung aufweisen. Brückner und Spatz sprechen sich neuerdings dahin aus, daß die basophile Substanz der Erythrozyten im Nativzustand ein sehr labiler und reaktionsfähiger Körper sei, der sich wahrscheinlich im Solzustand im Protoplasma junger Erythrozyten befinde. Die verschiedenen

Erscheinungsformen wie Polychromasie, basophile Tüpfelung usw. seien von diesem Gesichtspunkt aus nur als Kunstprodukte aufzufassen und ihr Vorkommen hänge im wesentlichen von der jeweils benutzten Darstellungsmethode ab. Ähnlich äußern sich G. SEIFFERT und ARNOLD. Demnach sind die Granula nicht Reste zerfallender Erythroblastenkerne, zumal die Erythroblasten starke Plasmakörnelung bei unversehrten Kernen zeigen können.

Besonders beachtenswert sind Tierversuchsergebnisse von H. LEHMANN: Am Meerschweinchen ließ sich ein Blutbild wie das des chronisch Bleivergifteten allein durch den von außen wirkenden Reiz feuchter Wärme (Wärmestauung) erzeugen. Berücksichtigt man, daß in vielen Gewerbebetrieben hohe Wärme- und Feuchtigkeitsgrade herrschen, so muß zum mindesten erwogen werden, ob dieser Umstand nicht vielleicht erst die Vorbedingung für die Giftwirkung auf die Blutzellen schafft, womit sich die Fragengesamtheit noch verwickelter gestaltet.

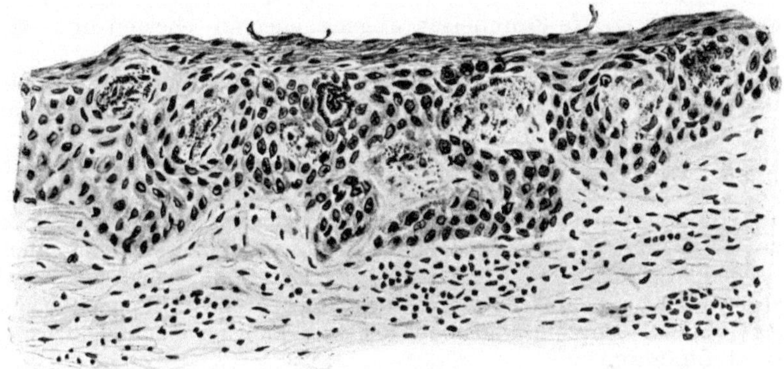

Abb. 30. Bleisaum. Stärkste Ablagerung des Schwefelbleis in den Zahnfleischpapillen.

Bei der chronischen (gewerblichen) Bleischädigung spielt der Verdauungsschlauch als Gifteintrittspforte eine unbedeutende Rolle (K. F. HOFFMANN), und die in ihm zu findenden Gewebeschäden dürften in der Hauptsache Teilerscheinung der Allgemeinerkrankung sein. Das im Blut kreisende Bleialbuminat wird durch die Haargefäße in der Mundschleimhaut ausgeschieden, und es kommt zur Bildung des — in nur etwa 20 % aller Vergiftungsfälle fehlenden (TELEKY) — Bleisaums, einer durch Einlagerung von Schwefelblei hervorgerufenen schiefer- bzw. blaugrauen, häufig von Gingivitis (J. ADLER-HERZMARK) oder Alveolarpyorrhoe (LEGGE und GOADBY) begleiteten Mißfärbung am Zahnfleischsaum der Schneide-, weniger der Eckzähne, die sich noch lange hält nach Aussetzen der Metallzufuhr. E. BAADER weist darauf hin, daß die Speicherung von Schwefelblei des öfteren nur an der lingualen Seite oder palatinal vorkommt und deshalb übersehen wird. Mit dem Bleisaum nicht zu verwechselnde Blutstauungen in der unmittelbaren Nachbarschaft der dunklen Metallstreifen und -pünktchen heben sich von diesen als bläulich-violette Bezirke ab. Mit Vergrößerung des Stauungsbereichs schwindet das Zahnfleisch mehr und mehr: Die — an der Krone oft bräunlich bis grünlich verfärbten — Zähne scheinen sich zu verlängern.

Als Abart des Bleisaums bezeichnet TELEKY braune flächige Flecken an der Schleimhaut des Processus alveolaris, an der Innenseite von Lippen und Wangen (s. auch BAADER, LEGGE and GOADBY: Einteilung der Bleisaumarten).

Wird in den — durch die Lupe dann als gestrichelte und gepünktelte Metalläderchen erkennbaren — Haargefäßen der Schleimhautpapillen das Blei herangeschwemmt, so entstehen — falls genügend schwefelhaltige Fäulnisprodukte zwischen den Zähnen vorhanden waren — schwarzbraune, körnige Niederschläge von Bleisulfid (H. Ruge u. a.). Diese liegen — intra- und extrazellulär (Siegmund und Weber), angeblich (P. Schmidt u. a.) vorzugsweise perikapillär — besonders in den Papillen der Gingiva (Abb. 30) und verleihen der Schleimhaut den eigenartig schmutzigen Farbton. O. Roth erwägt, ob an der Bildung des Bleisaums auch zerfallende Erythrozyten beteiligt seien, eine Mutmaßung, die durch nichts zu beweisen oder auch nur zu stützen ist.

Dem Bleisaum ähnliche Bilder kann man nach Vergiftung mit Quecksilber, Wismut, Silber und anderen Metallen sehen zufolge Entwicklung und Ablagerung entsprechender Schwefelmetallverbindungen. Nach der Anweisung von Barenque läßt sich der Bleisaum von den durch Wismut usw. bedingten Veränderungen unterscheiden, indem man Wasserstoffsuperoxyd auf die dunklen Stellen tropft: durch Bildung von Bleisulfat entfärben sich diese.

Stomatitis soll man nach den Erfahrungen von Teleky kaum einmal bei chronischer, sondern in der Regel nur bei schwerster akuter Vergiftung finden, und zwar wird das straffe Zahnfleisch Jugendlicher am ehesten und stärksten betroffen.

Örtliche Ätzwirkung an der Schleimhaut des Verdauungsschlauches kommt bei chronischer Vergiftung kaum in Frage. Nach ¾ Jahre während Zufuhr kleiner Bleiweißmengen sah Kipper nur „Gerbung".

In seltenen Fällen wird Knochennekrose des Oberkiefers beschrieben, gelegentlich entzündliche Anschwellung der Ohrspeicheldrüse erwähnt, in welch letzterer die Vorstufe der — hauptsächlich von fränzösischen Berichterstattern (Achard u. a.) angegebenen — chronischen, sklerosierenden Parotitis zu sehen ist. Plötzliches Aufflammen der Entzündung soll gleichzeitig mit Auftreten von Darmkoliken einsetzen und mit deren Abklingen wieder verschwinden; auf der Entzündungshöhe soll Blei im Speichel nachweisbar sein (Klippel et Chabrol).

Das Verhalten des Magens ist vor allem bemerkenswert. Schon vor Jahrzehnten veröffentlichte Oeller einen Fall, in dem ein 34jähriger Maler unter den Erscheinungen der „Hämoptoë" zugrunde ging. Bei der Sektion wurden lediglich zahlreiche Ekchymosen festgestellt, ein Befund, der, in Gemeinschaft mit oberflächlichen Erosionen, späterhin außerordentlich häufig beschrieben wurde und der auch in der Tierpathologie bekannt ist (z. B. Metzger: Saturnismus bei Kühen, die aus einem Kübel Bleifarbe gesoffen hatten). Die Ursache der Gewebestörung wurde in bleibedingter regelwidriger Blutversorgung gesucht. Für die Entwicklung der bei einer großen Zahl von Bleikranken zu beobachtenden Geschwürsbildungen im Magen und Zwölffingerdarm (Schmeertmann, Schiff u. a.) dürften wahrscheinlich entweder anatomische Erstschädigung der Gefäßwand (Coën e d'Ajutolo, Jores, R. Maier) oder nervöse Vorgänge (Lichtenbelt, Schiff, A. Glaser: Toxische Vagotonie [Blei als Vagusgift!]) ursächlich in Frage kommen: Wissen wir doch durch die Untersuchungen von G. v. Bergmann u. a., daß Geschwüre entstehen können zufolge nervös bedingter sekretorischer und motorischer Leistungsänderungen. Rösler, der Fälle von Saturnismus mit spastischem Sanduhrmagen sah, spricht von erhöhtem Reizzustand des Eingeweidenervensystems und stellt eine neurotisch-spastisch-ischämische Theorie der Geschwürsentstehung auf, sich dabei auf die Tierversuchsergebnisse von K. Westphal (Pilokarpinvergiftung am Kaninchen) stützend (s. auch das anatomische Verhalten des sympathischen Nervensystems!).

Neuerdings wird hervorgehoben (Gutzeit 1928), daß die Mehrzahl der Bleikranken zu dyspeptischen Beschwerden neigt, weil die dauernde Zufuhr des Giftes offenbar Abweichungen vom normalen Magenchemismus nach sich zieht (s. auch G. v. Bergmann). Man kann alle Formen der Gastritis bzw. Gastroenteritis beobachten von reinen Oberflächenkatarrhen mit Blutüberfüllung und Schleimbelag bis zu hochgradiger Schleimhauthypertrophie und -atrophie. Derartige Befunde darf man als annähernd beständig bezeichnen. Bereits 1872 schilderten A. KUSSMAUL und R. MAIER bei einem, durch menningehaltigen Makuba-Schnupftabak Vergifteten die Magen-Darmwand als auffallend verdünnt und verhältnismäßig reich mit Fettgewebe durchwachsen. Die Drüsen stellten sich oft nur noch dar als Reihen nebeneinanderliegender, von Fettkörnchen ausgefüllter Lücken. Bindegewebige Wucherungen der Unterschleimhaut gehen in der Regel mit dem Schwund von Schleimhaut und Muskulatur Hand in Hand. Zufolge Lymphbahnabschnürungen treten zystenartig erweiterte Spalträume im Gewebe auf. Stärkere Einlagerung von Neutralfetten und Lipoiden (positive Reaktion nach CIACCIO!) in den Zellen der Fundusdrüsen (unter Bevorzugung der Belegzellen) können die Magenschleimhaut blaßgelb, opak, wie gefeldert erscheinen lassen. Die Fettspeicherung in der Muskulatur erreicht nie höhere Grade.

Regeneratorische Vorgänge am Parenchym sind wohl nur beim Tiere beobachtet worden (COËN). Eigentümlich weißliche Strichelung der stark verdickten Kaninchenmagenwand sah KUMITA nach 30 Gaben von Plumbum acet. auftreten: Die Unterschleimhaut war mit Kalkkörnchen übersät, während die Muskelfasern von Kalksalzen frei geblieben waren.

Die Vorgänge, welche zu der blauschwarzen, von eingelagertem Bleisulfid herrührenden Verfärbung der Dickdarmschleimhaut (besonders auf den Faltenhöhen) führen, können denen, die sich am Zahnfleisch abspielen, gleichgesetzt und gewissermaßen auch als Bleisaum bezeichnet werden (P. SCHMIDT, JORES, TELEKY u. a.). Sammetartige Schwellung und Rötung und graue Beläge auf der Dickdarminnenfläche findet man bei C. FRIEDLÄNDER angegeben, mit dem ausdrücklichen Hinweis darauf, daß in dem betreffenden Fall keine Urämie vorlag.

In allen Fällen chronischer Vergiftung lassen sich in der Leber, welche das peroral zugeführte Metall als kohlensaures oder fettsaures Salz von den Darmgefäßen her aufnimmt und speichert (KOELSCH), beträchtliche Bleimassen nachweisen. SICCARDI E RONCATO wollen in den Sternzellen vergifteter Hunde kleine, von ihnen als metallisches Blei angesprochene Körnchen gefunden haben.

Die gewöhnlich leicht gelbe, nur ausnahmsweise stärker ikterische Hautfarbe (s. das.) des Kranken, zusammen mit dem Auftreten größerer Mengen von Urobilin und Koproporphyrin (beim Hämochromogenabbau entstehender Zwischenstoff) im Harn, das Vorhandensein von Hypercholesterinämie lassen an eine Leberleistungsänderung denken in Richtung eines gestörten Abbaues von Hämochromogen zu Bilirubin und Urochrom und mangelhafter Rückbildung des im Darm gebildeten Urobilins zu Bilirubin, im Sinne einer Einschränkung der Cholesterinzerstörung und der Harnstoffbildung (BRUNELLE, CERESOLI, KOELSCH, P. SCHMIDT).

Es ist — namentlich von gewerbehygienischer Seite — darauf hingewiesen worden, daß wahrscheinlich eingreifende bleibedingte Schäden am Lebergewebe vorliegen müßten, ohne daß die histologischen Befunde bisher für die Sicherung dieser Vermutung ausreichend gewesen wären. Man liest in den Sektionsberichten in der Regel nur Vermerke über die — auch schon klinischerseits (DECASTELLO und OSZACKI, C. LEWIN u. a.) festgestellte — Vergrößerung des Organs. Gelegentlich treten, wie ich selbst beobachten konnte, zahlreiche kleine und größere Parenchymblutungen auf. Da jedoch der Bleikranke häufig — wie auch in meinem Falle — am Versagen der Niere (in Urämie) zugrunde geht, kann das Zustandekommen derartiger Blutaustritte auch urämisch bedingt sein. TSCHERKESS sucht den auslösenden Umstand dafür in Lähmung des Vasomotoren.

M. ROSENBERG möchte einen ursächlichen Zusammenhang erblicken zwischen Leberzirrhose (Bronzediabetes) und langdauernder Beschäftigung mit Blei, da bei dem in Frage kommenden Vergifteten die ersten Krankheitserscheinungen von Seiten der Leber im 16. Lebensjahr (in welchem die Tätigkeit mit Blei begann) gleichzeitig mit den ersten Zeichen der Bleivergiftung einsetzten. Vielleicht, so folgert ROSENBERG, trafen Erythrozytenschädigung und -zerfall zusammen mit angeborener Minderwertigkeit der Zellsysteme, denen die Verarbeitung des aus dem Hämoglobin stammenden Eisens obliegt. Diesen Hypothesen tritt GERBIS entgegen unter dem Hinweis darauf, daß die Voraussetzungen für die vermutete Ätiologie mit den gewerbehygienischen Erfahrungen nicht in Einklang ständen. Dagegen findet M. ROSENBERG eine Stütze für seine Anschauung in der etwas später erschienenen Arbeit von C. LEWIN. Auch dieser glaubt, die Entstehung einer bei zwei Bleiarbeitern gefundenen Leberzirrhose auf den Einfluß des Bleies zurückführen zu können, wozu ich die Fragen äußern möchte: Weshalb soll nicht auch einmal ein Bleikranker eine Leberzirrhose bekommen? Darf aus der bloßen Tatsache des Zusammentreffens zweier Krankheiten schon eine ursächliche Beziehung zwischen diesen abgeleitet werden? Die gleichen Fragen gelten für die von demselben Berichterstatter herangezogenen zweimaligen Befunde akuter Leberatrophie (s. auch M. MATTHES), in welchen die Bleibedingtheit von Gutachterseite abgelehnt wurde, zumal in der Leber kein Blei chemisch nachweisbar war. W. BRANDIS (1929) erörtert die Möglichkeit, daß der Zustand einer vorher schon geschädigten Leber sich unter Bleieinwirkung akut verschlimmere, daß z. B. Alkoholismus die Leber des Bleikranken besonders giftempfindlich mache.

An pathologisch-anatomischen Leberbefunden beim (zufällig vergifteten) Haustier (METZGER-KÜHL) und beim Versuchstier sind zu nennen: Verfettung wechselnden Grades, Blutungen, kleine Nekrosen, umschriebener Parenchymschwund (OPHÜLS), gelegentlich Bilder, die an die akute Leberatrophie beim Menschen gemahnen (GLIBERT). Ferner werden gesehen: chronisch interstitielle Entzündung, (COËN: Periangiocholitis hyperplastica) und Bindegewebswucherung. F. C. WOOD äußert sich dazu, daß die Zerfallsherde offenbar durch Haargefäßthrombosen hervorgerufen wurden, und daß man nicht berechtigt sei, derartige Befunde auf den Menschen zu übertragen, zumal schon die einzelnen Tierarten in ihrer Giftansprechbarkeit untereinander außerordentliche Verschiedenheit zeigen. (Weitere Tierversuchsarbeiten s. bei LEGGE und GOADBY.)

Die auf „vaskulärer Nephrosklerose" (BATTAGLIA u. a.) beruhende Bleischrumpfniere ist außerordentlich häufig die letzte Todesursache nach einem sich unter Umständen jahrzehntelang hinziehenden Leiden. BEINTKER nimmt an, daß sich bereits zu Beginn der Vergiftung „vorübergehende degenerative Veränderungen" abspielen, da man in frischen Vergiftungsfällen Formelemente im Harn findet. Bei der Sektion unterscheidet sich die makroskopische Beschaffenheit des zähen, dunkelrot-bräunlichen Organs in nichts von dem Aussehen der gewöhnlichen arteriolosklerotischen Schrumpfniere. Dennoch bestehen dieser gegenüber weitgehende Abweichungen in Ort und Art der Gefäßwandschädigung, in dem Verhalten der Kanälchen (AIELLO u. a.), Unterschiede, welche die Bleiniere von anderen Schrumpfnieren streng sondern. Erstsitz der Veränderungen ist die Rinde, welche nach Angaben von FAHR etwa doppelt so viel Blei speichert als das Mark.

Der Einfluß des Giftes auf das Gefäßsystem tritt in der Niere am stärksten zu Tage: Die Glomeruli veröden in großer Ausdehnung, die erhaltenen Knäuelschlingen sind meist zusammengefallen, teils geschrumpft; andere Glomeruli sind auffallend groß und kernreich, vereinzelt speichern sie doppeltbrechendes Fett. TSCHERKESS sah beim Tier interkapilläre Blutungen, JORES intrakapsuläres Exsudat. Der – uns schon bekannte (s. S. 89) – Gefäßwandumbau erstreckt sich von den größeren Arterien über die Vasa afferentia bis in das venöse System. Die Membranae propriae der Kanälchen sind hyalin-bindegewebig verdickt (GAYLER), das (lipoidhaltige) Zwischengewebe erscheint fast glasig und läßt die außergewöhnlich weiten Kanälchen besonders gut hervortreten. Diese sehen stellenweise wie mit flachem Epithel ausgekleidete Zysten aus (Abb. 31) und können zufolge Einstülpungen und papillären Leistenbildungen geradezu adenomartige Bildungen vortäuschen, was JORES veranlaßte, von ,,kompensatorischer Hyperplasie" zu sprechen. Ganze Reihen abgehobener, aber noch kernhaltiger Deckzellen liegen in den Lichtungen der geraden

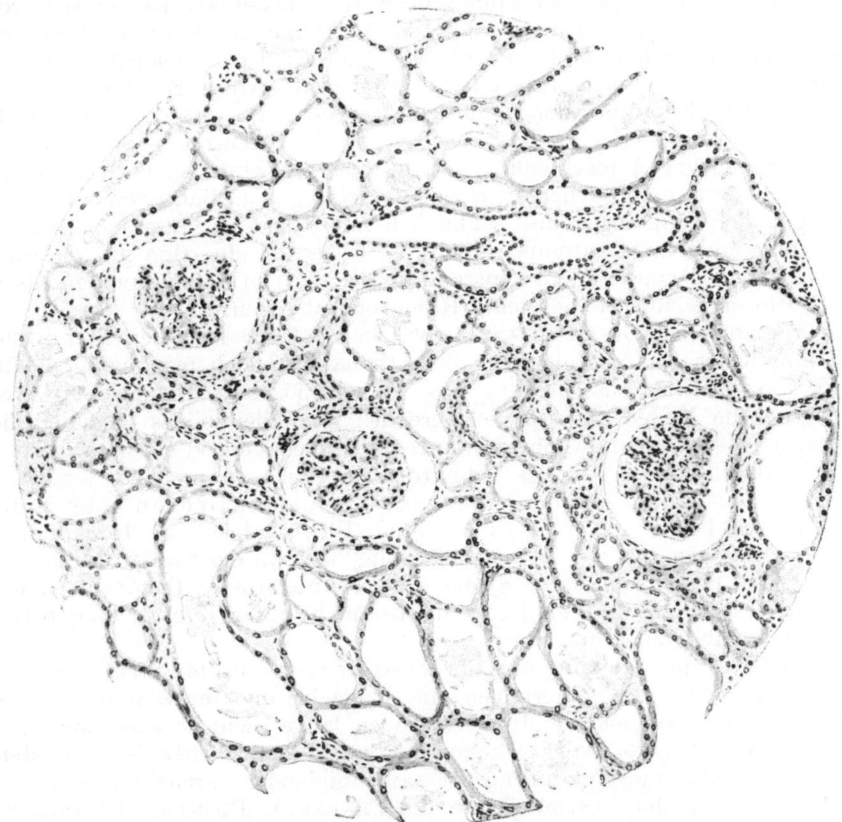

Abb. 31. Niere bei chronischer Bleivergiftung. Hochgradige Kanälchenerweiterung.

Kanälchen. TSCHISTOWITSCH sah bei einem in Urämie Verstorbenen massige, bis zum Lichtungsverschluß führende Kanälchenepithelabstoßung. Häufig lagerten sich den Zellgruppen Kalkmassen an, auch fanden sich (als Anzeichen pathologischer Regeneration) in den Kanälchen Riesenzellen bzw. Synzytien, so daß ähnliche Bilder wie in der ,,Sublimatniere" entstanden. Derartige Vorgänge scheinen beim Menschen außerordentlich selten zu sein, doch waren Epithel- zerfall und -regeneration und Kalkablagerung im Tierversuch des öfteren zu beobachten (COËN e D'AJUTOLO, HOFFA, JORES, OPHÜLS). Die herdförmigen Zellanhäufungen im geschrumpften und stellenweise vermehrten Bindegewebe setzten sich aus Entzündungszellen und aus den Epithelien zusammengefallener Kanälchen zusammen.

Brogsitter und Wodarz, welche die Beziehungen zwischen Blei- und Gichtniere erörtern, kommen zu dem Ergebnis, daß bei der Gicht zwar bezüglich der Gefäßveränderungen gewisse Gleichsinnigkeit mit der Bleiwirkung bestehe, daß dagegen der Kanälchenbefund (Schrumpfung der geraden Kanälchen) und die betont entzündlichen Vorgänge in den Glomeruli dem geweblichen Verhalten der Gichtniere einen besonderen Stempel aufdrücken.

Während der Bleikolik — also offenbar von den Darmspasmen zeitlich abhängig (Schmeertmann) — ist der Harn dunkler als gewöhnlich auf Grund seines Gehaltes an Porphyrin (Kipper u. a.), welches kein echtes Hämatoporphyrin sein, sondern dem Kotporphyrin nahestehen soll (Schumm). Die Bedeutung des Porphyrinnachweises als Frühdiagnosemittel ist noch umstritten (L. Schwarz); neuerdings scheint ihm größere Wichtigkeit beigemessen zu werden. Auch beschäftigt man sich in gesteigertem Maße mit der Frage nach der Entstehung bzw. Abstammung des Porphyrins, die offenbar — da Hämoglobin als Muttersubstanz des Porphyrins gilt — mit gesteigertem Erythrozytenzerfall in ursächlichem Zusammenhang gebracht werden muß (Hirschhorn und Robitschek) und die sich vielleicht — so folgert P. Schmidt — an wiederholte kleine Darmblutungen anschließt. Die Auffassung gewinnt an Boden, daß Porphyrin im Darm unter synergetischer Mitwirkung von Bakterien aus Hämoglobin gebildet, aufgesogen und schließlich mit dem Urin ausgeschieden wird. Einen völlig anderen Standpunkt nimmt H. Günther ein: Ihm gilt der Saturnismus lediglich als auslösender Umstand für die auf dem Boden einer chemischen Konstitutionsanomalie erwachsende Hämatoporphyrinurie.

Über Erzeugung von (Hämato)-Porphyrinurie beim Tier berichtet Liebig: Nach innerlicher Dauerzufuhr von Bleikarbonat ließ sich regelmäßig in Harn und Kot vermehrte Ausscheidung von Hämatoporphyrin nachweisen, wobei die abgegebene Menge und die Schwere des Krankheitsbildes einander nicht entsprachen. Wie Liebig annimmt, muß das Knochenmark, ein wichtiger Bleispeicher, als Bildungsstätte des Hämatoporphyrins angesprochen werden.

Von den Veränderungen der innersekretorischen Drüsen unter Einfluß des Bleies weiß Peisachowitsch zu berichten. Die Angaben über „Rückbildungsvorgänge, Bläschenatrophie, Epithelabstoßung" usw. in der Schilddrüse, über „Schwächung des chromaffinen Systems der Nebenniere" (beurteilt nach der Stärke der Chromreaktion) sind zu unbestimmt gehalten, um für diagnostische Zwecke brauchbar zu sein.

Ob das Blei eine Wirkung auf die Keimdrüsen ausübt, steht noch nicht fest. Der Hode zeigt Veränderungen, die denen bei anderen zehrenden Krankheiten im Wesen weitgehend gleichen, jedoch lange nicht so stark ausgeprägt sind wie z. B. bei chronischer Alkoholschädigung. Der herdweis vorhandenen Kanälchenatrophie und Zerstörung des samenbildenden Parenchyms entspricht die Herabsetzung der Spermiogenese (E. Fraenkel, Posner). Spermatidenriesenzellen (s. Alkohol), ungeteilt liegenbleibende Spermatozyten treten vereinzelt auf. Die Vermehrung von Bindegewebe und Zwischenzellen (Berberich und Jaffé) ist nicht beständig. In den Tierversuchen von Peisachowitsch, Pennetti erwies sich die Samenbildung als stark vermindert bzw. erloschen. Stieve konnte dagegen bei Kaninchen, die wochenlang größere Bleimengen bekamen, keine anatomische Veränderung feststellen.

Das Blei geht — wie auch Tierversuche lehren (Stieve) — in den Plazentarkreislauf über (J. Löwy) und vergiftet die Frucht, wodurch der Boden für fetale Mißbildungen vorbereitet wird (Coën e d'Ajutolo). Es sollen in der bleihaltigen Niere und Leber des Fetus Gefäßwandschäden und zirrhotische Veränderungen beobachtet worden sein.

Der Bleinachweis gelingt im Urin in Spuren (etwa 2—3 Wochen lang), in Galle (Leber), Niere, Gehirn, Rückenmark, Knochen usw. jahrelang, auch noch Jahre nach Todeseintritt.

Über histochemischen Bleinachweis (Bildung von rötlichviolettem Bleilack im Gewebe) s. bei Ono und Yokoyama.

Anhang: Tetraäthylblei.

Eine kurze Betrachtung über das — als Zusatz für Motorbenzin verwandte — flüchtige Tetraäthylblei möge hier angeschlossen werden. Die Kenntnisse über seine Wirkungen im Körper sind noch gering, die klinischen Vergiftungszeichen erinnern an Delirium tremens. Laut Angaben von Zangger tritt nach Aufnahme des (auch perkutan wirkenden) Giftes durch die Lungen der Tod unter Krämpfen und Erscheinungen von Seiten der Medulla oblongata ein.

Über die möglichen anatomischen Veränderungen unterrichtet uns lediglich eine knapp gefaßte Mitteilung der Amerikaner Norris and Gettler, welche vier tödlich endende Fälle zu beobachten Gelegenheit hatten. Dreimal fand sich hämorrhagische Pneumonie, ähnlich wie bei akuter Grippe, in allen Fällen gelbliche Hautfarbe, Blutungen im Knochenmark, rote Thromben in den Hirngefäßen.

22. Wismut.

Zusammenstellung älterer Arbeiten s. bei Steinfeld, neuerer bei Büeler.

Das Metall, welches hinsichtlich seiner pharmakologischen Wirkungsweise und der Auslösung anatomisch nachweisbarer Schäden dem Quecksilber weitgehend ähnelt, wird in erster Reihe von frischen Wundflächen (Brandwunden!) aus und zwar in bedeutender Menge in die Säftebahn aufgesogen. (Vergiftungsfälle nach Wundbehandlung s. bei Gaucher et Balli, E. Glaeser, Torrione: Vergiftung nach Füllung eines Lungenhohlraumes mit Beckscher Paste.) Der — vor allem bei Kindern zu beobachtende — Vergiftungsablauf ist, entsprechend der verhältnismäßig langsamen Wismutaufnahme in die Gewebe, meist ein subakut-chronischer. Vergiftete Tiere antworten mit Krämpfen, Lähmung, Atmungsstillstand.

Kleine peroral gereichte Gaben gehen vom Magen-Darmkanal aus gar nicht oder in so geringem Maße in die Gewebe über, daß Vergiftungen auf diesem Wege zu den größten Seltenheiten gehören. Gewöhnlich wird das gesamte Metall mit den — durch Wismutoxydul und Schwefelwismut schwarzgefärbten — Fäzes ausgeschieden. Schwefelwismut kann dabei in Hämatinkristallen gleichenden Formen ausfallen. Unmittelbar in die Blutbahn gebracht (Gefahr der Wismutinfarkte!), wirkt das Metall ionisiert sehr giftig; andererseits wird zufolge seiner schnellen Ausscheidung keine Dauerwirkung erzielt. Memmesheimer hat sich mit dem Verhalten des intravenös einverleibten Wismuts beschäftigt und ist auf Grund seiner Untersuchungen an Mensch und Tier zu dem Ergebnis gekommen, daß eine Art Entgiftung des Metalls möglich ist, wenn man dieses in Form einer Adsorptionskoppelung mit Arsen in die Blutbahn bringt. Im Augenblick der Einspritzung wird eine starke Erschütterung der Kolloidstabilität des Blutes hervorgerufen. Anfangs ist Wismut im strömenden Blut nachweisbar, im Serum hauptsächlich in dialysablem, im Plasma vorwiegend in nicht dialysablem Zustand; späterhin wird es von den Abfangorganen aufgenommen.

Der Nachweis seiner, fast stets intrazellulär (unter Bevorzugung des Retikuloendothels) in Niere, Milz, Lunge usw. erfolgenden Ablagerung, seiner Ausscheidung durch Niere und Dickdarmschleimhaut wird mittels der histochemischen Reaktion nach Komaya erleichtert: Man sieht das Metall als orangefarbene Niederschläge im Gewebe liegen (s. auch Califano, Vonkennel). Zollinger glaubt, auf Grund seiner Tierversuchsergebnisse Blut als Transportflüssigkeit, Eiter als Lösungsmittel (Bildung von Albuminaten!) ansprechen zu dürfen.

Wie es scheint (Leonard and Love: Versuche an trächtigen Kaninchen), findet kein nennenswerter transplazentarer Übergang von Wismutsalzen auf den Fetus statt. Erst 48 Stunden nach Vergiftung des Muttertieres konnte man Metall in ganz geringen Mengen in der fetalen Niere auffinden.

Die des öfteren bei Röntgenuntersuchungen — zufolge bakterieller Zersetzung (Reduktion) von Bismutum subnitricum — auftretenden Vergiftungen sind nicht dem Metall als solchem, sondern der wahrscheinlich sich bildenden salpetrigen Säure zur Last zu legen und gleichen demgemäß in klinischem und anatomischem Krankheitsbild den sonstigen (mit Zyanose, Kollaps usw. einhergehenden) methämoglobinämischen Erkrankungen (A. Böhme, A. Reich, J. Zadek u. a.). Zollinger denkt an Additionswirkung von Metall und Säure. Nowak und Gütig weisen auf das baldige Verschwinden des offenbar sehr schnell in Oxyhämoglobin übergehenden Nitromethämoglobins hin, so daß in derartigen Fällen unter Umständen mit dem Fehlen kennzeichnender Blut- und Organveränderungen gerechnet werden muß.

Nicht recht geklärt sind die unmittelbar im Anschluß an intravenöse Wismuteinspritzungen erfolgenden shockartigen Todesfälle, welche durch negativen Sektionsbefund ausgezeichnet sind. P. Fraenkel sieht konstitutionelle oder konditionale Faktoren wie Status thymo-lymphaticus, Status menstruationis, Wirbelsäulenverkrümmung usw. als begünstigend für das Zustandekommen dieser Zufälle an.

Akut mit Bismutum subnitricum Vergiftete (Nowak und Gütig, Prior u. a.) weisen die typische Hautfarbe der Methämoglobinämischen auf (A. Böhme u. a.).

Bei langsamerem (möglicherweise monatelang währendem) Krankheitsverlauf nach reiner Metallvergiftung sind die Betroffenen kachektisch, ihr Aussehen ist livide, blaßgrünlich-grau oder auch ikterisch (Dorn, J. Munck u. a.), die Lippen können grau- bis schwarzblau verfärbt sein (Windrath).

Tiere werden nach chronischer Wismutzufuhr mager und anämisch (Feder-Meyer).

Nach den Ausführungen von Büeler (s. auch Dubinsky) beschränkt sich die — in ihrer Stärke offenbar nicht nur von der Menge des aufgenommenen Metalls, sondern auch von konstitutionellen und sonstigen Umständen mit abhängige — Wismutablagerung im Munde (Wismutsaum!) nicht immer auf den Zahnfleischrand (Ähnlichkeit mit Bleisaum!), gelegentlich kommt auch ausgedehntere oder fleckig blauschwärzliche Pigmentierung der ganzen Mundschleimhaut (die Zunge mit einbegriffen) vor (Starkenstein u. a.). Die Zähne lockern sich, fallen aus. Mehr oder minder schwere, aphthös-ulzerös-diphtherische, seltener gangräneszierende Stomatitis (etwaig auch Angina) stellt sich bei längerdauernder Vergiftung ein (Martens, Misch, J. Munck, F. Petersen, A. Reich, Windrath u. v. a.). Zwei Fälle von echter, der Plaut-Vinzentschen ähnelnde Angina werden von H. Rosenfeld mitgeteilt. Das Vergiftungsbild begann mit Tonsillennekrose. Erst nach einigen Tagen wurde — entsprechend den Vorgängen beim Zustandekommen des (in diesem Falle nicht vorhandenen) Wismutsaums — blauschwarze Pigmentierung durch Wismutsulfidniederschlag sichtbar.

H. Löhe und H. Rosenfeld äußern sich über den — als erstes und zuverlässigstes Vergiftungszeichen geltenden — Wismutsaum in seiner Beziehung zum Gesamtkörper. Die Pigmentspeicherung ist mit dem Kapillarmikroskop im lebenden Gewebe zu beobachten. Wahrscheinlich kreist das farblos erscheinende Wismutoxyd — an Eiweiß gebunden — in den Haargefäßen, besonders der Schleimhautpapillen, an deren Scheiteln sich durch Schwefelwasserstoffdiffusion Niederschläge bilden. Demnach wäre mit intrakapillärem Sitz des Saums zu rechnen. Dem widerspricht nach Anschauung der meisten Untersucher das histologische Bild, denn dieses läßt die gleiche Anordnung und Lagerung des Metalls erkennen, wie man sie beim Blei- und Quecksilbersaum (s. das.) zu sehen bekommt und ist mithin diesen gegenüber merkmalsmäßig nicht abzugrenzen. (Gesamtes einschlägiges Schrifttum s. bei Juliusberg.)

Am Ort subkutaner Wismuteinverleibung, der dann geschwärzt erscheint oder durch ein umschriebenes netzförmiges Exanthem (BÜELER) gekennzeichnet sein kann, läßt sich Wismut noch längere Zeit hindurch in Haut, Unterhaut und den unmittelbar darunter liegenden Muskelschichten nachweisen (NEUBER, KOMAYA). Häufig entwickelt sich infolge der örtlichen Reizung zu Verkalkung neigendes Granulationsgewebe, jedoch nur selten Abszesse (GRUMACH, STARKEN-STEIN).

Geraume Zeit nach intraglutealer Einspritzung von Spirobismol (ölige Aufschwemmung eines unlöslichen Wismutsalzes mit geringem Jodzusatz) ließen sich im Röntgenbilde im Bereich der Beckenmuskulatur zarte, ungleichmäßige, nicht scharf abgesetzte Verdichtungen feststellen. Als schattengebende Stoffe dürften Wismut und Jod anzusprechen sein. Wismut wird von der Einspritzungsstelle aus so langsam in die Gewebe aufgesogen, daß noch nach 150 Tagen Verdichtungen im Röntgenbilde auffindbar sein können. In einem zweiten entsprechenden Fall war der nach 8 Monaten zu erhebende Röntgenbefund nicht als rein metallbedingt, sondern als ein der Einspritzung folgender Verkalkungsvorgang in den nekrotischen Muskelfasern zn deuten, Erscheinungen, wie sie am Tier nicht selten zu verfolgen sind (JAFFÉ). Möglicherweise kommt auch — ähnlich wie bei der traumatischen Myositis ossificans — Knochenbildung (Metaplasie) an Stelle der zerstörten Muskulatur in Betracht (LEESER u. a.).

Die Hauterkrankungen, welche in Form fleckiger exsudativ-bullöser Entzündungen (DORN, KERL, MARTENS), eitrig bzw. gangränös zerfallender Pusteln (WINDRATH), urtikarieller und lichenoider Ausschläge zu Tage treten, dürften in der Regel als Ausdruck der Allgemeinvergiftung zu werten, in manchen Fällen jedoch durch Verstopfung der Hautarterien und -Arteriolen mit Massen feiner Wismutnadeln zu erklären sein (W. FREUDENTHAL, JOULIA).

Bei der Öffnung der Körperhöhlen hat man — abgesehen von der kennzeichnenden Verfärbung der Organe und des meist flüssigen, gerinnselarmen Blutes (E. MEYER) in Fällen von Methämoglobinämie — keinen nennenswerten Befund.

Eine von KERL beschriebene Eosinophilie des Blutes war wohl der in diesem Fall vorhandenen Dermatitis zuzuschreiben.

Über Veränderungen an Gehirn und Rückenmark des Menschen ist meines Wissens nichts bekannt geworden. In der Übersichtsarbeit von BÜELER wird Neuritis optica mit nachfolgender Optikusatrophie erwähnt. SOBOL und SWETNIK sahen beim intramuskulär (mit Bismutum subgallicum) vergifteten Kaninchen nach 2—3 Monaten Blutergüsse am Kleinhirn, an der weichen Hirnhaut und an den Hirngefäßen proliferative Erscheinungen, an den Ventrikelplexus „degenerative Vorgänge".

Kapillarendothelien der Lunge, Pulpazellen der — mit kleinen Blutungen durchsetzten (A. REICH) — Milz bergen im Tierversuch histochemisch nachweisbare Mengen grobkörnigen Metalls (KOMAYA).

Gleichartige, wie die bei Beschreibung der Mundhöhle aufgezählten, durch Ausscheidung des Metalls hervorgerufene Veränderungen, die des öfteren von Blutungen begleitet sind (MORY), finden sich in den unteren Abschnitten des Darmkanals (O. FISCHER u. a), der in der Mehrzahl der Fälle zufolge intrazellulärer, mit Vorliebe dem Verlauf der Lymphgefäße folgender Speicherung von Schwefelwismut durchgehend schwarz verfärbt ist. Auch soll das Schwefelwismut als unlösliche Verbindung in den Haargefäßen des Darms niedergeschlagen werden, somit den Blutkreislauf behindern und die Entstehung von Nekrosen und Geschwüren bewirken (MAHNE).

Bei unmittelbarer Reizung (Klysmen zur Röntgenuntersuchung!) ist die — mit erheblichen Mengen von Wismutbrei bedeckte — Dickdarmschleimhaut lediglich geschwollen und gerötet (A. BÖHME, A. BENNEKE und HOFMANN).

Verengerungen der Darmlichtung, welche den Hindurchtritt der Fäzes erschweren, begünstigen, wie der Fall E. Meyer zeigt, das Zustandekommen einer Allgemeinvergiftung: Es fand sich in dem — zwischen zwei tuberkulose-bedingten Engstellen — festgehaltenen, grüngrauen Darminhalt massenhaft Wismut und viel Nitrit.

Bei Tieren sieht man, auch nach parenteraler Einverleibung, Magen- und Darmschleimhaut gleicherweise schwarz pigmentiert. Geschwürsbildungen an der kleinen Kurvatur und am Pylorus (Feder-Meyer), größere Schleimhautverluste im Darm wurden beobachtet. In derart gekennzeichneten Bezirken sind die Lymphgefäße mit schwarzen, vor allem den Lymphzellen zugehörenden Massen angefüllt (F. Petersen).

Laut Angabe von Starkenstein treten (nach Wismuttherapie) Schäden am Leberparenchym auf, welche meines Erachtens eher mit der in den betreffenden Fällen meist vorhandenen Lues, denn mit Wismutwirkung in ursächliche Beziehung gesetzt werden dürften. J. Munck spricht sogar von Leberzirrhose. Diese würde sich — wie man aus seiner Darstellung entnehmen muß — im Verlauf einer zweimonatlichen Wismutbehandlung entwickelt haben. Es wird eine Arbeit von Lacapère et Galliot angeführt; die genannten Untersucher haben (nach intravenöser Zufuhr von Wismuttartarat in schwefelhaltiger Lösung) beim Tiere die Entstehung einer Leberschrumpfung verfolgt.

Die Nierenveränderungen lassen sich beim Menschen weder dem Grad noch der Art nach den durch Quecksilber bewirkten an die Seite stellen: Epithel-abschilferung, -zerfall und -verkalkung (Dorn, J. Munck, A. Reich u. a.) treten zurück vor Blutungen und Hämoglobinausscheidung in die gewundenen Kanälchen, vor glomerulitischen Vorgängen, interstitiellen Blutaustritten und Infiltraten (Uyeno-Langhans, Windrath). Das histochemisch zu verfolgende Wismut nimmt (nach den Ausführungen von Komaya) seinen Weg durch Glomerulusendothelien und Kanälchendeckzellen in die Kanälchenlichtung. Bei vergifteten Tieren kann das histologische Bild der Niere entweder ein glomerulonephritisches sein oder weitgehend dem nach Sublimat-, Aloin- und Kantharidinanwendung ähneln; jedoch werden auch die Glomeruli und die distalen Kanälchenabschnitte an den nekrotisierend-verkalkenden Vorgängen beteiligt (W. Engelhardt-Blum, Neuberger, F. Petersen).

Die Harnblasenschleimhaut ist in einzelnen Fällen trübe, gerötet und sammetartig aufgelockert, zeigt möglicherweise Fibrinauflagerungen (W. Engelhardt).

Der Wismutnachweis gelingt lange in der Leiche. Am besten zu benutzen sind Magen-Darminhalt, Harn, Speicheldrüsen, Darmwand, Niere. Auch Leber, Magen, Milz, Knochen, Gehirn sollen Wismut enthalten (Komaya). Bei Vergiftungen mit Bismutnitrat fand sich Metall in Blut und Leber, salpetrige Säure in Blut und Perikardflüssigkeit (A. Böhme), im Urin (E. Meyer).

23. Osmium.

Von den Osmiumverbindungen ist toxikologisch nur das — im täglichen Sprachgebrauch kurz als Osmiumsäure bezeichnete — Osmiumtetroxyd (Überosmiumsäureanhydrid) von Belang, gelbe Prismen, welche, in Wasser gelöst, schon bei gewöhnlicher Temperatur stechende, die Schleimhaut der Augen und Luftwege angreifende Dämpfe abgeben und von organischen Stoffen unter Ausscheidung eines fein verteilten, schwarzen Metalls reduziert werden.

Demgemäß findet man — vor allem als Gewerbekrankheit in der Glühlampenindustrie usw. — schwerste, mitunter ulzeröse Entzündungen der Augenbindehäute, Schwarzfärbung (Verätzung) an den unbedeckten Körperstellen, deren **Haut** unter der dauernden Reizwirkung zu Ödem, (hämorrhagisch-bullösen) Dermatitiden, schuppenden Exanthemen, trockener Gangrän usw. neigt (H. Fischer, Jaksch, Starkenstein).

Akute Schleimhautentzündung und -ätzung (Seiler: Auftreten von Koryza schon binnen 1—2 Stunden), chronische Katarrhe spielen sich gewöhnlich in den **oberen Luftwegen** ab und können gelegentlich durch Weiterleitung der Entzündung Pneumonie nach sich ziehen (Kobert).

Arbeiter, welche die Substanz darstellen, sollen leicht an **Nephritis** erkranken (Kobert, L. Lewin).

Innerlich gegeben, wirkt Osmium wie ein Schwermetall (Starkenstein).

24. Platin.

Die löslichen Verbindungen des Platins, die früher in der Syphilisbehandlung verwandt wurden, sind giftig. Gelegentlich kommt es zu Platinchlorwasser-stoffvergiftungen in Laboratorien (Gadamer). Die Kenntnisse von der — am Verhalten des Gefäßsystems meßbaren — **Wirkungsweise des Giftes**, welche an die der Goldverbindungen anklingt, verdanken wir zuvörderst **Tierversuchs-ergebnissen**. Sowohl Platin wie Gold rufen Herabsetzung der **Gefäßwand-spannung** hervor mit nachfolgender Blutstromverlangsamung (Gelpke, Kebler, H. Schultz), die in mächtiger Gefäßfüllung und zahlreichen Blutaustritten in den lockeren Geweben (vor allem des Bauches) ihren Ausdruck findet.

Hauteinreibungen mit Platinchlorid sollen nach Angabe von L. Lewin zufolge örtlicher Reizung Erytheme und Bläschenbildung verursachen.

Die **Allgemeinvergiftung**, über welche wenig bekannt ist, äußert sich vor allem in Erscheinungen von Seiten des **Zentralnervensystems**.

Der **Nachweis** des Platins wird im Magen-Darminhalt geführt.

B. Metalloide.

1. Fluor.

Nur die — sämtlich giftigen — Verbindungen des Fluors sind von toxikologischem Belange, besonders seine in (den früher freihändig verkauften) Rattengift-präparaten enthaltenen Salze (Fluornatrium usw.). Ihre Giftigkeit beruht auf der Fähigkeit, den Geweben die lebensnotwendigen Kalkmengen zu entziehen (Starkenstein u. a.). Ronzani spricht von saurer Reaktion des vergifteten Blutes, die nach Meinung anderer Untersucher mit dem Faulen der Leiche zusammenhängen soll. Versuche über den Einfluß des Fluors auf den Zellstoffwechsel liegen von Ewig vor. Danach entfalten Fluoride eine ausgesprochen hemmende Wirkung auf das glykolytische Ferment der Zellen, während deren Atmung nur wenig verändert wird. Fluor ist also nicht schlechthin ein Zell- bzw. Fermentgift, sondern hat spezifische Teilwirkungen.

Bei so hoher Giftkonzentration, daß sie praktisch keine Rolle spielen dürfte, bilden sich Fluoralbuminate, wodurch plötzliche Muskelstarre oder augenblickliche Gerinnung des Blutes bewirkt werden kann (Schwyzer).

α) Fluorwasserstoff.

Die außerordentlich **stark ätzenden**, an Salzsäurewirkung erinnernden **Eigenschaften** des Fluorwasserstoffs sind nicht dessen Säurecharakter zuzuschreiben, sondern der geringen Dissoziation, d. h. dem hohen Gehalt an ungespaltenen Fluorwasserstoffmolekülen (Wieland und Kurtzahn). Das farblose, an der Luft rauchende Gas erzeugt bei Arbeitern (in Glasfabriken usw.) auf der

Haut anfangs weiße Flecke und Quaddeln, dann mit Eiter gefüllte Blasen, wie sie sich ähnlich auch nach Einwirkung von Tellur- und Selenwasserstoff einstellen (Koelsch, O. Seifert). Andere Personen beantworten den Reiz mit ekzemartigen Ausschlägen. P. Krause sah, wie sich nach äußerlicher Anwendung des (Difluorphenyl enthaltenden) Keuchhustenmittels Antitussin in Salbenform als Folge der Einreibungen hartnäckige oberflächliche Hautgeschwüre entwickelten.

Die Fingernägel zeigen an der Lunula Zerstörungen. Wenn die Ätzung tiefer geht, stirbt die Nagelplatte ab und wird herausgestoßen (J. Heller).

Entzündungen und Geschwüre an Augenbindehaut und Hornhaut sind nichts Seltenes (Koelsch).

Ferner werden durch die Dämpfe in den oberen Abschnitten des Atmungsweges von der Nase abwärts schwerste Katarrhe, fibrinös-entzündliche und geschwürige Vorgänge ausgelöst (Ronzani [auch am Tiere], O. Seifert), in der Lunge entwickeln sich interstitielle Pneumonien oder katarrhalische Bronchopneumonien.

Trinken von Ätztinte, das bereits eine Stunde später den Tod zur Folge hatte (Huppert), führte zu tiefgreifender Verätzung der Kehlkopfschleimhaut, Verschorfungen im Mund und ausgedehnten Verätzungen im Magen-Dünndarm. (Wesensgleiche, nur nicht so mächtige Befunde siehe in der Arbeit bei Rosner: Vergiftung mit Kieselfluorwasserstoff enthaltendem Montanin.) Der Tod tritt meist so schnell ein, daß sich nur selten ein so ausgesprochener Befund herausbildet.

Der chemische Nachweis von Flußsäure gelingt im Mageninhalt und in den Organen.

β) Fluorsalze.

Die Sektion der an Fluorsalzvergiftung Verstorbenen bietet in der Regel wenig Kennzeichnendes, die in den einzelnen Fällen etwaig festzustellenden Befunde ergeben kein einheitliches Bild. Dyrenfurth und Kipper heben die auffallende Verteilung des dunklen, flüssigen Blutes (Raestrup) hervor: Meist zeigen die Bauchorgane Stauungsblutüberfüllung, in schroffem Gegensatz zu der Blutleere des Gehirns und der Brustorgane.

Die nicht den eigentlichen Ätzgiften zugehörenden Fluorsalze haben verschiedentlich, innerlich zugeführt, von der Mundhöhle bis in den Darm hinein von Kreislaufsstörungen und entzündlichen Erscheinungen begleitetes Absterben des Oberflächenepithels bewirkt. Die von Kipper beschriebenen tiefergehenden Nekrosen konnten nicht mit Sicherheit als während des Lebens entstanden angesprochen werden (s. auch Dalla Volta). Abgesehen von den reaktionslosen Fällen (Berg u. a.), hat man mit einer dunkel- bis braunrot verfärbten, ödematös bzw. entzündlich geschwollenen (s. Abb. 32), gelegentlich mit Blutaustritten durchsetzten Schleimhaut zu rechnen, der feine Schleimauflagerungen oder schokoladenartiger, mit Flocken und Krümeln untermischter Inhalt anhaften (Berg, Kipper, Kockel und Zimmermann, Raestrup u. a.). Die Veränderungen am Verdauungsschlauch, welche unter Umständen denen nach Arsen- oder Bariumvergiftung weitgehend gleichen können (Hillenberg u. a.), treten wie nach innerlicher, so auch nach subkutaner oder intravenöser Fluorsalzzufuhr auf (Dalla Volta, Kobert, Krausse (Glogau), H. Schultz, Tappeiner). Geschwürsbildungen sind selten, da der Tod meist innerhalb weniger Stunden erfolgt (H. Fischer, Lührig).

Im Tierversuch findet man sämtliche Abstufungen der nekrotisierenden Entzündung von leichter Rötung bis zu starker Verätzung (Kipper).

Bemühungen, die klinischerseits beobachteten, auf Kalkentziehung zurückgeführten zerebralen Erscheinungen (SCHWYZER: Muskelzuckungen, Krämpfe, Benommenheit, DALLA VOLTA: Lähmung des Vasomotorenzentrums als Todesursache!) zu anatomischen Befunden in Beziehung zu setzen, haben noch zu keinem Ergebnis geführt. Doch ließen sich, sofern der Beweis einer schon zu Lebzeiten vorhandenen sauren Beschaffenheit des Blutes (s. RONZANI) erbracht würde, die Krankheitszeichen von Seiten des Zentralnervensystems zwanglos erklären durch Änderung der chemischen Gewebsreaktion im Sinne einer Säuerung.

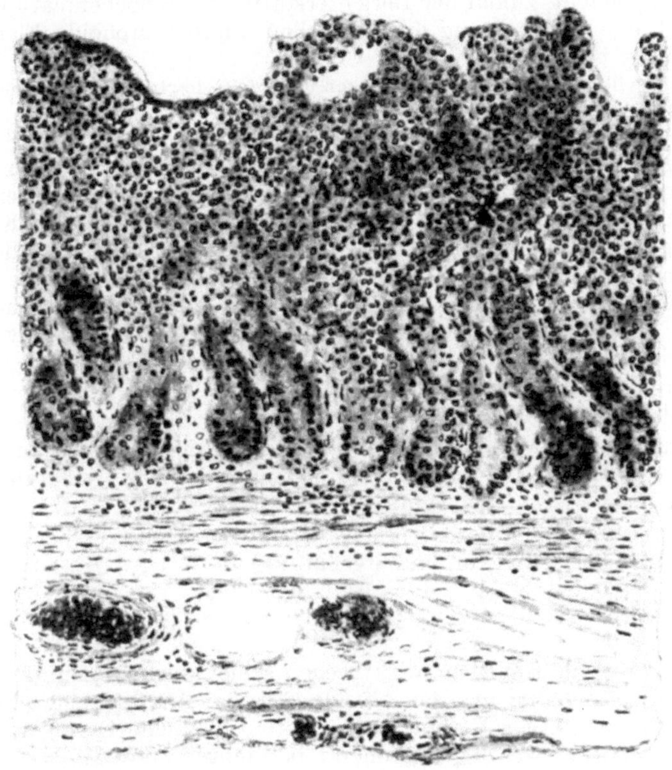

Abb. 32. Fluorsalzvergiftung. Massige Zellinfiltrate in der Magenschleimhaut.
(Sammlung Dr. WEIMANN, Gerichtsärztl. Institut, Berlin.)

An den Atmungsorganen sah DALLA VOLTA bei innerlich vergifteten Tieren Blutüberfüllung der Luftröhrenschleimhaut und Blutaustritte in die Lungenbläschen.

Den Befunden kleintropfiger, mehr oder minder ausgedehnter Verfettung in der Leber (KIPPER, BRANDL und TAPPEINER) dürfte mit Rücksicht auf die weiten Schwankungen innerhalb der normalen Grenzen der Fetteinlagerung kaum Wert beizumessen sein. Im Tierversuch ergab sich bei chronischer Vergiftung Ikterus, der von SCHWYZER als hepatogen angesprochen wurde mit der Begründung, daß die Kalkausscheidung in der Leber erhöht sei und damit zur Verstopfung der Gallengänge führe.

Die von KIPPER bei Begutachtung der Magenwandnekrosen (s. oben) erwogene Möglichkeit, daß es sich um eine Fäulniserscheinung handeln könne, dürfte den in seinem Fall erhobenen Befund von „Nekrosen und Desquamation" der Nierenepithelien wertlos machen. Die Bemerkung von Brandl und Tappeiner über „Epitheldegeneration" beim Hunde läßt völlig im unklaren, ob überhaupt, bzw. in welcher Weise das Nierengewebe auf die Vergiftung angesprochen hatte.

Über Veränderungen des Blutes nach langdauerndem Genuß von Bier aus fluoridhaltigem Glas berichtet Schwyzer: Das Blut zeigte vermehrte Gerinnbarkeit mit Neigung zu Thrombenbildung und Lymphozytose. Mit Rücksicht auf diesen Befund und auf die Angaben des Kranken über Schmerzen in den unteren Gliedmaßenknochen wurde an lymphadenoide Knochenmarksumwandlung gedacht, zumal der Berichterstatter im Knochenmark chronisch vergifteter Tiere Verdrängung der Fettzellen durch lymphoide Elemente feststellen konnte.

Christiani will bei seinen (bis zu 94 Tagen unter Gifteinwirkung gehaltenen) Versuchstieren Wucherung des Schilddrüsenparenchyms gesehen haben.

Von Bedeutung ist noch das Verhalten der Knochen und Sehnen am chronisch vergifteten Tier. Schwyzer bucht nur kurz: Verarmung an Kalksalzen, während Brandl und Tappeiner, welche Hunde längere Zeit hindurch mit Fluornatrium fütterten, die Sehnen als rauh und trübe, den Knochen als weiß, härter und spröder als normal, als spiegelnd und glitzernd an den geschliffenen Flächen schildern. Dies eigenartige Verhalten war — wie die histologische Untersuchung lehrte — bedingt durch Ablagerung zahlreicher, kleiner, glänzender, offenbar als Fluorkalzium anzusprechender Kristalle von Würfel- und Oktaederform in den Haversschen Kanälen der kompakten und in den Lücken der spongiösen Substanz.

Ein ähnliches Bild bot der Dünnschliff einzelner Zähne, welche, bei scheinbarer Unversehrtheit der Kronen, an der Wurzel wie zerfressen aussahen. Bei den Ratten von Bergara wurden die Zähne undurchsichtig, weißgrau und wiesen dunkle und helle Flecke und symmetrische Streifen auf.

Der Nachweis des Fluornatriums gelingt in Knochen, Knorpeln, Zähnen, Haut, Haaren, Leber (Brandl und Tappeiner).

2. Chlor.

Das Chlor, wie alle Halogene, wirkt wegen seiner starken Affinität zu anderen Grundstoffen vernichtend auf das lebende Gewebe. Da das reine Chlor und die einzelnen Gruppen seiner Verbindungen unterschiedliche Organveränderungen bedingen, müssen sie, wie folgt, gesondert betrachtet werden:

1. Reines Chlor,
2. Chloride,
3. Chlorsaures Kalium,
4. Organische Chlorverbindungen.

Abgesehen von den chronischen Schädigungen in gewerblichen Betrieben kommen zumeist akute Vergiftungen in Frage.

Erfolgt die Vergiftung durch Chloreinatmung, so läßt sich unmittelbar nach Todeseintritt Chlor in Lunge, Blut, Gehirn nachweisen (Geruch!). Später ist freies Chlor in Leichenteilen nicht mehr auffindbar.

α) Reines Chlor.

Natives Chlorgas (bzw. -wasser) und Chlorgas abspaltende Chloride (Kalziumchlorid, Phosphoroxychlorid usw.) können im Hinblick auf ihre wesentliche Übereinstimmung in Wirkungsweise und -ergebnis gemeinsam besprochen werden.

Gasförmiges Chlor ist im Reagensglase ein Gift mit scharf ausgeprägter physikalisch-chemischer Aktivität: Beim Durchleiten durch Tierserum wandelt es dieses in ein undurchsichtiges Gerinnsel um, die Komplementmenge des Serums wird verringert (KRITSCHEWSKY und FRIEDE).

Die mit Einatmung von Chlorgas plötzlich eintretende Bewußtlosigkeit wird von R. ADELHEIM durch Erregung von Sperreflexen und respiratorischem Tetanus zu erklären versucht, d. h. durch einen Zustand, der — wie etwa bei Bronchiolitis obliterans diffusa — zur Asphyxie führen muß.

Akute Vergiftung.

Überall wo freies Chlor die Gewebe berührt, hinterläßt es Reiz- und Ätzspuren. Das ä u ß e r e A u g e antwortet mit B i n d e h a u t - und L i d - entzündung bzw. mit Lidekzem, bei höherer Konzentration des Giftes auch mit Anätzung der H o r n h a u t (EULENBERG, H. LEHMANN). Im T i e r versuche (KRITSCHEWSKY und FRIEDE) kann man schon mit unbewaffnetem Auge sehen, wie sich die unter Chlorgaswirkung stehende Kaninchenhornhaut trübt zufolge Verminderung des Dispersionsgrades der Zellkolloide.

Nach i n n e r l i c h e r Darreichung von C h l o r k a l k lösung (Fall KOB) sah man Verätzung der U n t e r l i p p e (kleine Brandschorfe).

Mit L e i c h e n ö f f n u n g strömt dem Obduzenten C h l o r g e r u c h entgegen, in erster Reihe aus dem Gehirn, gelegentlich auch einmal aus Bauch- und Brust- höhle (BINZ).

Der gesamte A t m u n g s a p p a r a t wird — wie man bereits in jahrzehnte- lang zurückliegenden T i e r versuchen feststellen konnte — im allerhöchsten Maße mitgenommen, wenn auch beim Menschen nicht bis zur Anätzung des Lungengewebes, was BINZ z. B. bei seinen Kaninchen erreichte, wenn er Ströme von Chlor in die Lunge trieb. Beim M e n s c h e n zeigt sich die Giftansprechbar- keit zuvörderst in Schleimhautkatarrhen mit zäher Schleimbildung, Blutungen, ödematös entzündlichen bzw. pseudomembranösen Vorgängen von der N a s e ab- wärts bis in die L u n g e. Die starke Schädigung von K e h l k o p f und L u f t - r ö h r e ohne wesentliche Beteiligung der Mund- und Rachenhöhle wird darauf zurückgeführt, daß bei k u r z e r Berührung durch Gase oder Flüssigkeiten dem Plattenepithel größere Widerstandsfähigkeit innewohnt als dem Zylinderepithel.

Zufolge des sofortigen Einsetzens allerstärksten, viele Alveolarwände spren- genden L u n g e n ödems und -emphysems machen sich die ersten Krankheits- zeichen meist unmittelbar mit Einatmung des Chlorgases bemerkbar (SURY- BIENZ). Doch kann der Tod in solchen Fällen — nach scheinbar krankheits- freier Zwischenzeit — erst Wochen später eintreten, innerhalb welcher sich all- mählich zum Tode führende Lungenveränderungen ausbilden (O. KRAMER: Zahl- reiche alte und frische hämorrhagische Infarkte, fibrinöse Pneumonie usw.).

Ein sofort unter den Erscheinungen des L a r y n x k r o u p erkranktes Kind wies bei der Leichenöffnung in Trachea und Bronchien festhaftende weiße Pseudomembranen auf (EULEN- BERG), ein Befund, den H. LEHMANN an ak u t vergifteten T i e r en bestätigen konnte. Hielt dieser jedoch seine Tiere längere Zeit hindurch unter Chlorwirkung, so entwickelten sich eitrige Tracheobronchitis und hämorrhagische Bronchopneumonien.

FLORET beschreibt einen S p ä t t o d e s f a l l nach Einatmung von P h o s p h o r o x y - c h l o r i d. Der betroffene Arbeiter erkrankte am 1. 9. 22 akut unter bronchitischen und Reizerscheinungen von Seiten der o b e r e n L u f t w e g e. Er litt seitdem ständig an Katarrhen der Atmungsorgane und asthmaartigen Zuständen. Der Tod erfolgte am 8. 6. 23. Die wesentlichsten S e k t i o n s e r g e b n i s s e waren: T r a c h e o b r o n c h i t i s und K e h l - k o p f g e s c h w ü r e, L u n g e n emphysem, Bronchiektasien und Herdpneumonien in sämt- lichen Lappen mit entsprechender fibrinöser Pleuritis. Es scheint dies der bisher einzig bekannt gewordene Vergiftungsfall nach Einwirkung von Phosphoroxychlorid zu sein. Auf Grund der klinischen Erscheinungen und des Obduktionsbefundes müssen die Schäden denen nach reiner Chlorgaswirkung unmittelbar an die Seite gestellt werden.

Die Wirkung des Phosphortrichloriddampfes gleicht der durch Phosphoroxychlorid hervorgerufenen weitgehend. Man findet schwere, bis zu Nekrosen fortschreitende Entzündungsvorgänge an der Schleimhaut der oberen Luftwege, Hepatisation der Lunge, Pleuritis usw., auch können sich Bilder entwickeln, wie wir sie nach Phosgenvergiftung (s. S. 118) zu sehen bekommen (Zangger).

Da in einer mit Chlorgas gesättigten Luft das Verschlucken kleiner Giftmengen meist unvermeidlich ist, weist die Schleimhaut der Speiseröhre usw. in solchen Fällen gleichsinnige, jedoch weitaus geringere Schäden wie die Innenfläche der Luftwege auf (Sury-Bienz, Binz, H. Lehmann). Gewebsveränderungen von anderem Ausmaß finden sich dagegen nach innerlicher Verabreichung von (Kalziumchlorid enthaltender!) Chlorkalklösung. So zeigte sich im Falle Kob der Verdauungsschlauch des im Alter von 6 Tagen einer Verwechslung zum Opfer gefallenen Kindes verhältnismäßig stark mitgenommen: Man fand an der Unterlippe kleine, in Abstoßung begriffene Brandschorfe, in der Mundhöhle (besonders Zunge) umfassende Desquamativentzündung. Die Speiseröhre war in ganzer Ausdehnung mit der zu gelblich-grauen Massen umgewandelten, noch festsitzenden nekrotischen Schleimhaut ausgekleidet, während die mit mißfarbigem Schleim bedeckte Mageninnenwand nur fleckförmige Rötung aufwies.

Als Zeichen der Allgemeinvergiftung wird auffällige Neigung zu Thrombenbildung genannt, welche O. Kramer, der eine — den Todeseintritt wahrscheinlich beschleunigende, wenn nicht gar verursachende — Thrombosierung der Kranzgefäße des Herzens und zahlreicher Lungenarterien beobachtete, an die Möglichkeit einer Erstschädigung des Blutes denken läßt. Diesen Vermutungen fehlt zwar bisher jede Stütze; sie können aber im Hinblick auf die Wirkungsweise des chlorsauren Kaliums und den in Richtung der Hämolyse laufenden Ergebnissen von Tierversuchen (Eulenberg: Braunfärbung des Blutfarbstoffes, dunkelbraunschwärzliche Fleckung der Lungen) nicht ganz abgelehnt werden.

Als weitere Tierversuchsergebnisse sind zu buchen: Ödem und Blutungen in der Herzmuskulatur, Zellvakuolisierung und Blutaustritte in der Leber, Blutungen in Hirnhäuten, Zentralkanal des Rückenmarks und in der Substanz des verlängerten Marks, welch letzteres auch an Achromatose und Chromatolyse kenntliche Schädigung der Ganglienzellen und Neuronophagie aufwies (Kritschewsky und Friede).

Chronische Vergiftung.

Das Äußere des chronisch (gewerblich) Kranken ist gekennzeichnet durch Kachexie, frühes Altern, Zerstörung der Zähne, bleiche, gelbgrünliche Hautfarbe (Biedermann). Die Fingernägel werden rissig und bröckelig. Einzelne klavusartige Keratosen finden sich an den Handflächen (Bettmann), oder es schwillt — z. B. nach Benutzung des Chlorkalks als Händedesinfiziens — die hyperhidrotische, Schrunden aufweisende Haut an der Palma manus an.

Als bemerkenswertestes Anzeichen längerer Chlorgaseinwirkung ist neben Verfärbung, Runzelung und Trockenheit der Haut die (zuerst von Herxheimer beschriebene) „Chlorakne" zu nennen, eine Erkrankung, welche zuvörderst Arbeiter befällt, die mit Erzeugung von Chlor auf elektrolytischem Wege beschäftigt sind. Es wird in Erwägung gezogen, ob neben der äußeren Schädlichkeit nicht auch die dauernd eingeatmeten Chlordämpfe — ähnlich wie innerlich verabreichtes Brom und Jod — zufolge Ausscheidung des Giftes durch die Haut die Krankheitsentwicklung begünstigen (Bettmann, Török). Das Bild der sich hauptsächlich im Gesicht und am Halse, aber auch an Rumpf und Gliedmaßen ausbreitenden Chlorakne gestaltet sich oft recht bunt, da

Follikulitis und eitrige Einschmelzungen zu den anfangs vorhandenen Komedonen hinzukommen. Der dunkelgraue Grundfarbton der Haut ist bedingt durch das Nebeneinander zahlloser feinster, schwarzer Punkte. Die Verfärbung kann so stark sein, daß sie mit der Wirkung einer aus der Nähe abgefeuerten Pulverladung verglichen worden ist. Bei längerer Krankheitsdauer entwickeln sich von den schwarzköpfigen Komedonen und rotumrandeten Aknepusteln gelegentlich Hunderte zu derben, z. T. auch atheromatösen bis pflaumengroßen Knoten (tuberöse, fast tumorartige Ausschläge), die nach der Abheilung wulstige, blaurote Narben hinterlassen (BETTMANN u. a.).

Der histologische Bau dieser Gebilde ist gekennzeichnet durch Hyperkeratosen, durch Pigmentablagerungen in den unteren Epidermisschichten und im Korium, welch letzteres durch zahlreiche, vielleicht aus Talgdrüsen hervorgegangene, epithelial ausgekleidete Talg- und Hornzystchen ein eigenartiges Aussehen bekommen kann.

Nach chronischer Gaseinatmung finden sich an der Schleimhaut der Luftwege wesensgleiche, im Verlauf nur weniger stürmische Veränderungen (chron. Rhinitis usw.) als bei der akuten Vergiftung. Der Dauerreiz auf das Lungengewebe schafft günstige Verhältnisse für die Entwicklung chronisch-entzündlicher bzw. gangränöser Vorgänge (BIEDERMANN).

β) Chloride.

a) Kalziumchlorid
b) Phosphoroxychlorid } (s. unter *a*)
c) Phosphortrichlorid

d) Natriumchlorid.

Die durch Kochsalz bei Arbeitern in Heringssalzereien hervorgerufenen Handekzeme gehören in das Gebiet der Gewerbeschäden.

Bei innerer Zufuhr ist die Wirkung des Natriumchlorids in erster Reihe abhängig von der Art der Beibringung und von dem augenblicklichen Zustand des Magens und der Niere. Größere Mengen trockenen Kochsalzes erzeugen wie jeder wasseranziehende Stoff heftige Gastroenteritis (KOBERT u. a.) bzw. Schleimhautverätzung, die mit dem Tode enden kann, weshalb in China das Kochsalz gerne zu Selbstmordzwecken benutzt wird (POULSSON). Sektionsberichte derartiger Todesfälle sind mir nicht bekannt geworden.

Es fanden sich lediglich kurz erwähnt: Fall COMBS, in welchem Tötung durch Einspritzung einer gesättigten Natriumchloridlösung erfolgte, ferner Fall JOACHIMOGLU (angef. im Handbuch der sozialen Hygiene): Hier trat der Tod 24 Stunden nach Einnahme eines halben Pfundes Kochsalz ein, das als Wurmabtreibungsmittel hatte dienen sollen.

Das Schrifttum kennt zufällige Vergiftungen von Haustieren, besonders von Rindern. Wie beim Menschen, so macht auch beim Tier erst in großen Mengen zugeführtes Kochsalz Krankheitserscheinungen: Es wirkt örtlich reizend und entzündungserregend, nach der Aufnahme in die Säftebahn als lähmendes Nervengift. Zuweilen ist der Sektionsbefund negativ; häufig jedoch findet sich akute Gastroenteritis. Wiederkäuer zeigen im Labmagen Schwellung, Rötung, Blutungen. Bei langsamerem Vergiftungsablauf entwickelt sich beim Rind diphtherische Enteritis (FRÖHNER-STOHRER). Das Blut kann auffallend hellrot und dünnflüssig sein.

Infolge langdauernden Kochsalzmißbrauches soll sich nach Angaben von L. LEWIN eine „skorbutähnliche Dyskrasie" herausbilden und der Tod unter Versagen des Herzens (WINIGRADOW: Salzwirkung auf die Ganglien?) oder unter Lähmungserscheinungen (Wasserentziehung aus dem Zentralnervensystem?) eintreten.

Der osmotische Druck des Blutes, der sich auch bei intravenöser Zufuhr hypo- oder hypertonischer Lösungen unverändert hält, wird durch Einspritzung gesättigter Kochsalzlösungen sofort aus dem Gleichgewicht gebracht: Die Erythrozyten schrumpfen und ballen sich zusammen.

Obgleich nicht eigentlich mehr in den Rahmen der Natriumchloridschädigungen hineingehörend, mögen hier doch noch einige Berichte über Verhalten der Gewebe nach überreichlicher Einverleibung physiologischer Kochsalzlösung Platz finden. Das Blut wird dünn und hellrot, die sich schwer bildenden Gerinnsel sind durchsichtig, auffallend wäßrig, schwappend. Sämtliche Organe finden sich wäßrig durchtränkt. In dem trüben, blassen Herzmuskel erkennt man mikroskopisch eine außerordentliche Weite der Gefäßspalten und Durchtritt roter Blutzellen (KOBERT, RÖSSLE). Für RÖSSLE waren diese Befunde, eine Folge zu langsamer Entwässerung, vor allem aus pathogenetischen Gesichtspunkten von Belange. Er suchte die Ursache in Verlegung der Nierenkapillaren auf der Grundlage einer toxischen Erstreizung der Kapillarendothelien, bzw. in der ungeheueren Erweiterung der perikapillären Spalträume, die bis zu völliger Zusammendrückung der kleinen Gefäße gehen kann.

RAUM fand bei seinen Tieren Vakuolisierung der Leberzellen, HOESSLI in Herz und Nieren intrazelluläre, neutralrotfärbbare Myelingebilde, von ihm als Zeichen der Fettphanerose gewertet.

γ) Chlorsaures Kalium.

Eine Übersicht des alten Schrifttums findet sich bei BRENNER (1880).

Die örtliche Reizwirkung des Chlors tritt beim chlorsauren Kalium zurück gegenüber der das Krankheitsbild bestimmenden Allgemeinwirkung des Giftes, welches in der Regel vom Magen-Darmkanal her in die Blutbahn aufgenommen wird. Das Wesen der Vergiftung beruht auf Entwicklung von Chlorsäure und deren Einwirkung auf die roten Blutkörperchen. Der im Reagensglas zu beobachtende Vorgang der Hämatin- und Methämoglobinbildung spielt sich in gleicher Weise im lebenden Körper bei Mensch und Tier ab, wobei sich Kaninchen und Meerschweinchen verhältnismäßig giftfest erweisen. Als letzte Todesursache wird von FALKENBERG das Versagen der Sauerstoffversorgung angesprochen ("innere Erstickung"), während andere Untersucher (wie O. SILBERMANN) sie in massiger Thrombenbildung suchen. Vielleicht kommt auch Kaliumwirkung auf das Herz in Frage. Nicht zu vergessen ist die Leistungsbehinderung der hämoglobinurischen Niere.

Die Ausscheidung des Giftes erfolgt (schon nach etwa 10 Minuten) fast unzersetzt mit dem Harn. In Leichenteilen wurde chlorsaures Kalium angeblich noch 60 Tage nach dem Tode aufgefunden.

Vergiftungen sind oft beobachtet worden (Verschlucken von Gurgelwasser, Verwechslung mit anderen Salzen usw.); sie nehmen je nach der Menge des zugeführten Giftes einen verschiedenen Verlauf. Bei den ganz akuten, binnen weniger Stunden tödlich endenden Fällen stehen Magenerscheinungen im Vordergrund.

Örtliche.Wirkung.

Die innerliche Zufuhr des Giftes ruft entzündliche, bei Tieren bis zur Verätzung gehende Vorgänge an der Schleimhaut des Verdauungsschlauches hervor. So findet man beim Tiere die Mundschleimhaut in weißlichen Fetzen abgelöst, während beim Menschen die graugelblich oder blaugrau verfärbte, etwaig von kleinen Blutaustritten durchsetzte Magen-Darminnenhaut, sowie die Schleimhaut der Gallenausführungsgänge und die PEYERschen Haufen lediglich stark geschwollen sind und die entzündliche Erscheinungen meist keine höheren Grade erreichen.

Allgemeinwirkung.

Die Leiche zeigt die auf Einwirkung von „Blutgiften" hinweisenden kennzeichnenden Hautfarbtöne: Von gelblicher (ikterischer) oder blaßgrauer Tönung bis zur dunkelbräunlichgrauen fleckigen bzw. gleichmäßigen, Finger- und Zehennägel mit einbegreifenden Verfärbung, in einzelnen Fällen unter Beteiligung der Augenbindehäute (LEHNERT). Die infolge ihres Gefäßreichtums besonders dunkle Farbe der Lippen fällt auf. Die Totenflecke entsprechen dem Gesamtfarbton. Nach Meinung von LANDERER ist der Ikterus ein hämatogen-polycholischer.

Gliedmaßenödem und Hautblutungen sind als Anzeichen von Kreislaufstörungen zu werten. Die Blutungen sind meist nur flohstichartiger Natur (Purpura), können jedoch gelegentlich bis handtellergroß werden (WOHLGEMUTH: an Ober- und Unterschenkeln). Das Vorkommen von Hautausschlägen wird erwähnt.

Die Farbe der harten Hirnhaut ist bräunlichgrau mit dunkleren Flecken, die des Plexus chorioideus mehr rötlichbraun. BILLROTH sah nach Behandlung einer Zystitis mit chlorsaurem Kalium ausgesprochene Verfärbung der Hirnsubstanz: Das Mark schmutzigweiß mit einem Stich ins Braune, die Rinde schmutzigbraun. In den Hirnventrikeln fand sich entsprechend verfärbter Liquor.

Es besteht meist starke Füllung der kleinen Gefäße in der Luftröhrenschleimhaut. In den Lungenbläschen finden sich massenhaft Erythrozyten und abgestoßene Alveolarepithelien mit mehr oder minder beträchtlicher Pigmentspeicherung. ROMANOW gibt Fettembolien in den Gefäßen der Lunge (wie auch in denen anderer Organe) an. Aus seinem Bericht geht nicht hervor, ob der Tod in diesem Fall unter Krämpfen eingetreten war.

MARCHAND schließt mit Recht aus dem baldigen Einsetzen der Hämoglobinausscheidung und der schnellen Entstehung des Milztumors auf massige Blutzellzerstörung schon im Beginn der Vergiftung. Das gewöhnlich flüssige Blut zeigt den durch Gehalt an Hämoglobin und Methämoglobin bedingten typischen schokolade-sepiafarbenen, in den Blutleitern der harten Hirnhaut und im Herzen kaffeesatzartigen (RIESS) Farbton, der sich auch nicht ändert, wenn man es der Luft aussetzt. Mikroskopisch findet man zerfallende rote Blutzellen in allen Abstufungen, Blutzelltrümmer und -schatten, scharf umrissene Ringe von unregelmäßig gezackter Form mit stark lichtbrechenden Innenkörperchen (O. HUBER, RIESS), welch letztere in frischem Zustand auf basische Farbstoffe ansprechen, fixiert dagegen durch Eosinophilie ausgezeichnet sind: „Hämoglobinämische Innenkörper" (EHRLICH), Gebilde, die nach der Meinung von PAPPENHEIM durch Verbindung von Hämoglobin mit Cholesterin entstehen. Die Zahl der ausgelaugten Zellen mit Innenkörpern nimmt bei tagelangem Stehen des Blutes zu.

Mit der Blutzerstörung geht -neubildung Hand in Hand: Das Blutbild ist auf diesen Vergiftungsstufen durch eine, an Jugendformen reiche Leukozytose ausgezeichnet; gleicherzeit treten Normoblasten auf. Auch das etwa vom dritten Tage an zu beobachtende Vorkommen basophil getüpfelter Erythrozyten wird von F. LANGE (im Gegensatz zu LEHNERT u. a.,) als Regenerationszeichen gewertet. (Über die getüpfelten Erythrozyten s. unter Blei.)

Die in Milzpulpa und -follikeln intra- und extrazellulär angehäuften Blutzelltrümmer und -abbaustoffe bedingen die Schwarzbraunfärbung und außerordentliche Größenzunahme des Organs, welch letztere — wie JAWEIN im Tierversuche feststellte — fast genau der Menge der zugrunde gegangenen Erythrozyten entspricht: Ein Absinken der Erythrozytenzahl um 1—3 Millionen ruft eine 2—5fache Milzvergrößerung hervor. Nach Ausführungen von LANDERER soll diese jedoch außerdem auf Blutneubildung bzw. reaktiver Lymphozytenwucherung beruhen.

Das schokoladen- bis schmutziggraubraune Knochenmark ist mehr oder minder stark in Tätigkeit. Die Gefäße sind strotzend gefüllt. Das aufgelockerte Retikulum enthält in seinen weiten Maschen Haufen zerfallender, freier oder phagozytierter Blutzellen. Unter den Massen neugebildeter Elemente fällt der stark lymphatische Einschlag auf (LEHNERT, RIESS).

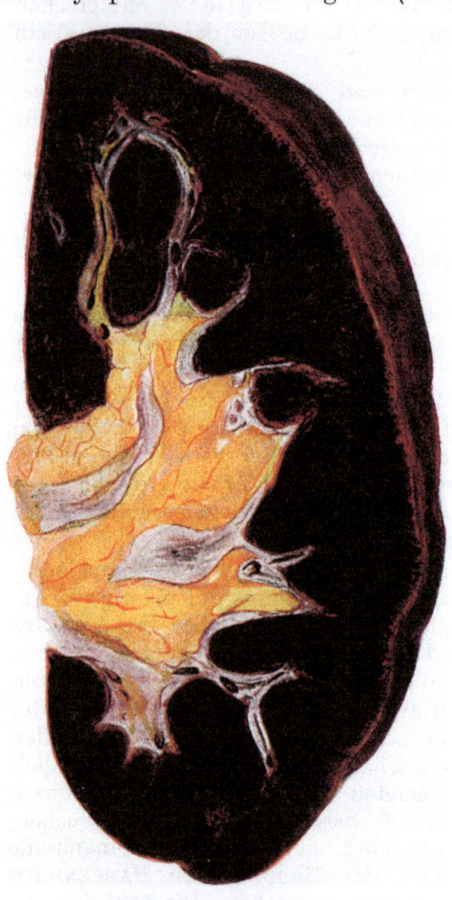

Abb. 33. Hämoglobinurische Niere bei Kali-Chlorikum-Vergiftung. (Sammlung des pathol. Instituts am Virchow-Krankenhaus, Berlin. Prof. CHRISTELLER †).

WINIGRADOW sah nach Fütterung von Hunden Beeinflussung sowohl der Blutstrombahn (Gefäßerweiterung, Stauung), als auch des Blutes selbst, die sich außer in Zellzerfall in Gerinnungsneigung kundtat.

Im Verdauungsschlauch (s. örtliche Wirkung!) wurden von LANDERER, GRÜNEFELDER, SUDECK u. a. Geschwüre festgestellt, deren Entstehung wahrscheinlich auf Gefäßverstopfungen mit verklumpten Erythrozytentrümmern bzw. Hämoglobin- und Methämoglobinschollen zurückzuführen war.

Das Verhalten der Leber entspricht dem Blutzerfall: Durch Anhäufung von Erythrozytenresten und Pigment wird das Organ wesentlich vergrößert, derb, schokoladenfarben; die Haargefäße sind prall gefüllt, z. T. verlegt durch vielgestaltige Blutzellen und deren Trümmer (MARCHAND). Dazu gesellt sich kapilläre Gallenstauung (LEHNERT).

Die Gallenblase ist mit dickflüssiger, farbstoffreicher Galle gefüllt.

Die in vielen Fällen wohl als Todesursache anzusprechende Leistungsbehinderung der Niere (zufolge Abscheidung und Kanälchenverstopfung mit freiem und umgewandeltem Blutfarbstoff) findet ihren anatomischen Ausdruck in dem bekannten Bild der hämoglobin- bzw. methämoglobinurischen Niere („Nephrose"). MARCHAND u. a. schildern das Organ als vergrößert, schmutzig - bräunlich (Abb. 33), mit fleckiger Rinde, streifiger Marksubstanz, mit schwarzem, bröckligem Blut im Nierenbecken. Mikroskopisch zeigen sich Kapselräume und Kanälchenlichtungen angefüllt mit rotbräunlichen, krümeligen oder auch homogenen Massen, mit glasigen, rundlichen (aus abgestoßenen Epithelien entstehenden?) Gebilden und rhombischen Kristallen von rotbrauner Farbe (WEIGERT). Die Kanälchenepithelien beteiligen sich an dem krankhaften Geschehen in wechselndem, meist jedoch in geringem Ausmaße mit körnigem Zerfall, Abstoßung einzelner Zellen und ganzer Epithelreihen (FAHR). Verschiedene Untersucher (E. KAUFMANN u. a.) sprechen geradezu von „tubulären Epithelnekrosen". Eigenartige farblose, intraepithelial gelegene Kristalle von säulenförmiger Gestalt sah MARCHAND bei seinen Hunden. Obwohl sie ihn an farblose Blutkristalle erinnerten, kommt er zu dem Schluß, „daß es nur umgewandelte Epithelkerne sein könnten". Die verhältnismäßig stärksten Epithelveränderungen findet man an den gewundenen Kanälchen und dem absteigenden Teil der HENLESchen Schleifen.

RIESS erwähnt noch — bei Erhaltenbleiben des Epithels — umschriebene Entzündungsherde in der Rinde.

Über hämorrhagisch-entzündliche Vorgänge in der Harnblasenschleimhaut berichtet MARCHAND. Der Blaseninhalt besteht in der Regel aus trübem, bräunlichgelbem, mit graubraunen Klümpchen untermischtem Harn, der neben Hämoglobin und Methämoglobin auch Hämatin enthalten kann (LEHNERT, MARCHAND u. a.).

Chlorsaure Salze erzeugen bei Hunden (J. CAHN) Meliturie, die auf eine Stufe zu stellen ist mit dem nach Amylnitritzufuhr auftretenden Diabetes.

Durch LEHNERTS Darstellung kennen wir die Wirkung des — auch zu Abtreibungszwecken benutzten — Giftes auf den Fetus, welche sich bei der geringen Widerstandsfähigkeit der Gewebe der Frucht in einer, die Blutschädigung der Mutter noch bei weitem übertreffenden Zerstörung des fetalen Blutes äußert. Ebenso wie Uterus und Plazenta wies in dem beobachteten Fall auch der ganze Fetus graubräunliche Verfärbung auf.

δ) Organische Chlorverbindungen.

<table>
<tr><td>a) Chloräthyl.</td><td rowspan="5">Siehe unter
Narkotika
der Fettreihe</td></tr>
<tr><td>b) Trichloräthylen.</td></tr>
<tr><td>c) Tetrachloräthan.</td></tr>
<tr><td>d) Trichlormethan (Chloroform).</td></tr>
<tr><td>e) Tetrachlormethan.</td></tr>
</table>

f) Methylchlorid.

Die Ätzwirkung des reinen Chlors kommt — bereits stark abgeschwächt — nur noch in zwei der hier aufgezählten organischen Chlorverbindungen zum Ausdruck, im Äthylenchlorhydrin und im Methylchlorid, einem in neuester Zeit in Technik und Industrie (zur Kälteerzeugung) viel verwandten Stoff.

Nach Untersuchungen von A. MAYER, MAGNE et PLANTEFOL über die allgemeine Wirkungskraft der Karbonate und Chlorkarbonate des Chlormethyls muß man schließen, daß die Giftigkeit der Verbindungen zunimmt mit der Zahl der Chlormoleküle.

Der einzige bisher vorliegende Sektionsbefund bei tödlich verlaufener Methylchloridvergiftung (F. SCHWARZ-ZANGGER) wies keinerlei kennzeichnende Vergiftungsmerkmale auf. Die Erscheinungen an den Organen glichen weitgehend denen bei Erstickung. Die auf Grund des makroskopischen Aussehens vermuteten Hirnblutungen wurden histologisch nicht gesichert.

Eine starke Blutgefäßfüllung der Luftröhrenschleimhaut ließ auf Reizwirkung des Chlors schließen. Laut Angaben von A. MAYER, MAGNE et PLANTEFOL kommt es nach Aufnahme des Chlormethyls in Dampfform zu hochgradigem (tödlichem) Lungenödem.

F. SCHWARZ, der zur Klärung des von ihm beobachteten Falles das Gift an Tieren erprobte, hebt aus seinen Versuchsergebnissen die hochgradige Schädigung des Atmungsapparates: eitrige Bronchitis, Blutungen in die Lungenbläschen, desquamierende und eitrige Herdpneumonien usw. hervor. Nebenbei erwähnt er interstitielle Myokarditis und rückschrittliche Vorgänge in den Vorderhörnern des Rückenmarks.

Zur Frage der ursächlichen Beziehungen von Chlormethylwirkung und fleckförmiger Leberverfettung kann an Hand einer Mitteilung nicht Stellung genommen werden. Vielleicht liegt dieser Leberbefund noch in den Grenzen des Normalen. Dennoch erfordert er unsere Aufmerksamkeit im Hinblick auf die Wirkungsweise der dem Chlormethyl chemisch nahestehenden Chlorverbindungen, von denen einzelne als schwere Lebergifte bekannt sind.

g) Äthylenchlorhydrin.

Über die — wie Tierversuche erkennen lassen — zweifellos hohe Giftigkeit des als Lösungsmittel für Harze usw. bei der Lack- und Farbenherstellung benutzten Äthylenchlorhydrins finden sich im deutschen Schrifttum noch keine für unsere Zwecke brauchbaren Einzelveröffentlichungen. Es ist das Verdienst von Koelsch, die spärlichen bisher beim Menschen bekannt gewordenen Vergiftungserscheinungen zusammengestellt zu haben.

Nach Einwirkung des Giftes in Dampfform zeigt sich die Hornhaut getrübt infolge raschen Epithelzerfalls. Die Zellverbände werden in großen Fetzen abgestoßen, das eindringende Kammerwasser führt zu Quellungserscheinungen.

In akut tödlich verlaufenden Fällen fand man zahlreiche Blutaustritte in der Schleimhaut von Luftröhre und größeren Bronchialästen, entzündliche Abstoßung ausgedehnter Schleimhautbezirke und einzelne hirsekorngroße Geschwüre. Die Lunge wies Entzündungsherde auf.

Das Verhalten des Magen-Darmkanals wird als akut katarrhalisch bezeichnet.

Bei Versuchstieren sind die parenchymatösen Organe stark verfettet. „Veränderungen" an den Nieren werden erwähnt.

Anhang: Trichloressigsäure.

Versuche über die Ätzwirkung der Trichloressigsäure wurden von Schuje- ninoff (s. einschlägiges Schrifttum daselbst) am Tiere vorgenommen. Die Haut des Meerschweinchens zeigte keine nennenswerten Entzündungserscheinungen; langsame Wucherung des kutanen und subkutanen Bindegewebes führte zu allmählicher Schorflösung.

Dagegen wies die Schleimhaut der Hundezunge nach 24 Stunden alle Zeichen hochgradiger Entzündung auf: Erweiterung und stellenweise Thrombosierung der Gefäße, Leukozytenwandstellung, leukozytäre Infiltrate in allen Gewebsschichten usw.

3. Kampfgase.

Zusammenstellung der im Weltkriege hauptsächlich verwendeten Kampfgase:

α) Phosgen (= Karbonylchlorid = Chlorkohlenoxyd).

β) Gelbkreuzstoff (= Dichloräthylsulfid = Yperit = Senfgas).

ϑ) Chlorpikrin (= Nitrochloroform).

δ) Lokal reizende Arsenverbindungen.
      Arsentrichlorid.
      Äthylarsinchlorid.
      Chlorvinyldichlorarsin (-Lewisite).
      Arsenige Säure.
      Arsenverbindungen der Fettreihe.

ε) Perstoff oder Perlit (perchlorameisensaures Methylester).

Weitere als Kampfgase in Frage kommende, in ihrer Wirkung mit den aufgezählten weitgehend übereinstimmende Stoffe s. bei Fröhner.

Genau genommen handelt es sich nicht um Gase, sondern um flüchtige, meist flüssige oder auch feste Stoffe, die in feinverstäubtem oder dampfförmigem Zustand zur Wirkung kommen (Staehelin). Ihre Wirkungskraft beruht auf der Eigenschaft, sich mit Wasser unter Bildung ätzender oder giftiger Stoffe zu zersetzen, auf ihrer Oberflächenaffinität und Lipoidlöslichkeit (A. LAUCHE). Je nach Überwiegen der einen oder anderen Wirkung unterscheidet FLURY drei Gruppen und zwar solche 1. mit starker Reiz- und geringer Giftwirkung, 2. mit etwa gleich starker Reiz- und Giftwirkung, 3. mit schwacher Reiz- und starker Giftwirkung.

Nach einer Einteilung von WACHTEL sind in der Mehrzahl der Fälle die Vergiftungserscheinungen als Mischformen dreier Krankheitstypen aufzufassen, die gekennzeichnet sind a) durch primäres Lungenödem, Stauungserscheinungen in allen Organen, b) durch primär pseudomembranöse (meist absteigende) Pharyngolaryngitis und Tracheobronchitis, c) durch allgemeine Gewebs- und Kapillargefäßschäden.

Die Besprechung der Kampfgase erfolgt sinngemäß an dieser Stelle mit Rücksicht auf den Chlorbestandteil, welcher bei ihrer überwiegenden Zahl die Wirkungsweise des Giftes in erster Reihe mitbestimmt.

Von den akut-subakuten Vergiftungen sind die Nach- und Spätkrankheiten (Zusammenstellung s. bei STAEHELIN) zu trennen, welche nicht bei allen Gasen in gleicher Weise vorhanden sind (M. C. WINTERNITZ).

α) Phosgen.

Solange die chemische Zusammensetzung des Phosgens noch unbekannt war, wurde es schlechthin als „Kampfgas" (bzw. als „deutsches Kampfgas") bezeichnet. Mithin gehören viele der unter der Überschrift „Kampfgasvergiftung" zusammengetragenen Befunde in diesen Abschnitt.

Das Krankheitsbild wird beherrscht von eingreifenden Veränderungen in der Lunge und von deren unmittelbaren Folgen: Schädigung des Blutes und der Kreislaufsorgane durch Flüssigkeitsverlust (R. ADELHEIM, HEITZMANN u. a.). Die von LAQUEUR und R. MAGNUS geradezu als Schulbeispiel der Gasvergiftung bezeichnete Phosgenvergiftung ist nach Ansicht STIEFLERs nicht allein den Wirkungen des Phosgens an sich zuzuschreiben, sondern zum guten Teil dem bei Zersetzung des Giftes oder bei Explosion der Sprenggase freiwerdenden Kohlenoxyd.

Nur sehr hohe Giftkonzentration bedingt örtliche Blutzerstörung (unter Hämatinbildung) und Ätzwirkung, welch letztere — wie HEITZMANN u. a. auf Grund von Tierversuchen annahmen — durch Salzsäureabspaltung in dem feuchten Gewebe der Luftröhrenschleimhaut zustande kommen soll.

In schwersten Fällen trat der Tod zufolge allgemeiner Stauung des Lungenblutstroms bereits innerhalb weniger Minuten ein. Nach der — 150 Todesfälle berücksichtigenden — Zusammenstellung von GROLL liegt die Durchschnittsdauer der Vergiftung zwischen 12 und 14 Stunden, während 2 und 3 Tage alte Fälle seltener sind. A. LAUCHE, auf die Angaben von W. KOCH zurückgreifend, unterscheidet nach dem klinischen Ablauf drei Vergiftungsstufen: a) Den akuten Gastod, b) das Stadium des Lungenödems, c) das Stadium der Sekundärinfektion.

Der Vergiftete sieht zyanotisch aus. Im Falle F. WOHLWILL fand sich beginnende Gangrän an Unterschenkel und Fuß zufolge einer von Herzkammerthromben ausgehenden Embolisierung der Arteria poplitea.

Als Spätkrankheit wird Lid- und Augenbindehautentzündung beobachtet (P. KRAUSE).

Bei Leichenöffnung zeigt sich auffallende Blutüberfüllung, nicht nur der Lunge, sondern auch der Unterleibsorgane. Eine — auf allgemeiner Stauung beruhende — Blutungsbereitschaft tritt in kleinfleckigen Blutungen an den serösen Häuten zu Tage. Die Neigung zu Blutgerinnung äußert sich in thrombotischem Verschluß der Venen z. B. der Vena mesent. sup. (ROOS) und der unteren Gliedmaßenvenen. „Stumpfer Glanz" von Bauchfell und Hirnhäuten, die Trockenheit der Muskulatur finden ihre Erklärung in der regelwidrigen Verteilung der Körperflüssigkeit (s. Lunge).

Bereits bei Frühtodesfällen findet man — neben Ödem und Blutfülle der weichen Hirnhäute und der Hirnsubstanz — über die Marklager verstreut kleinste Blutaustritte, besonders reichlich in den Stammganglien (B. FISCHER

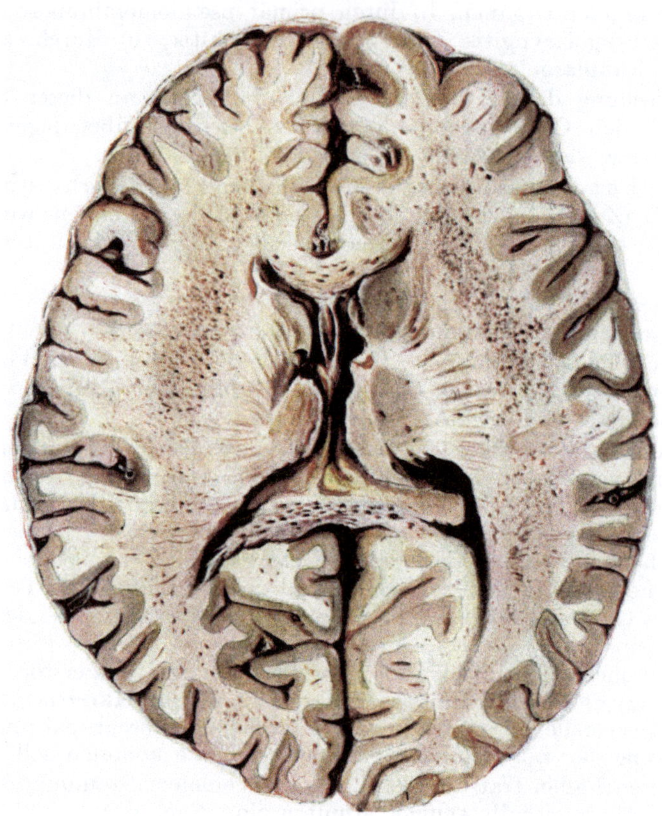

Abb. 34. Hirnpurpura nach 2 Tage alter „Kampfgasvergiftung".
(Kriegspathol. Sammlung, Berlin. Prof. M. BUSCH).

und E. GOLDSCHMIDT, KIRSCHBAUM, ROOS, M. B. SCHMIDT u. a.), ausnahmsweise auch in der weißen Substanz des Rückenmarks (ASCHOFF). Nach Meinung von W. KOCH ist vom zweiten Tage an die Hirnpurpura (Abb. 34) als fast regelmäßiger Befund zu buchen. Durch Zusammenfließen der stecknadelkopfgroßen, zumeist ring- und kugelförmigen Blutungen können sich umfangreiche Blutherde bilden, sind jedoch in der Ausdehnung, wie sie WEIMANN im Balken sah, selten, desgleichen Erweichungen (ROOS u. a.), die sich gewöhnlich nur in der Umgebung älterer, bräunlich gefärbter Blutungsbezirke finden (M. B. SCHMIDT). Das nekrotische Gebiet kann von einem breiten Wall gewucherter, fortsatz- und protoplasmareicher Gliazellen umgeben sein. Daneben läuft rückschrittliche Umwandlung der Rindenganglienzellen. F. WOHLWILL schildert das Bild der sog. primären (in seinem Fall hauptsächlich auf das verlängerte Mark und die Brücke beschränkten) Reizung Nissls, d. h. Ganglienzellschwellung, zentrale Tigrolyse usw., deren Entstehung bei Lebzeiten ihm fraglos erscheint, da sich Wucherungsvorgänge an Gefäßwand und Glia nachweisen ließen.

Ausgedehntere Blutpfropfbildungen in den Hirngefäßen (Brack), Thromben im Längsblutleiter, wie ich sie an einem Präparat der kriegspathologischen Sammlung, Berlin (Prof. M. Busch) sah, Infiltrate in Hirnhäuten und Gefäßwänden (s. auch Tierversuche von Businco) sind offenbar Einzelbefunde.

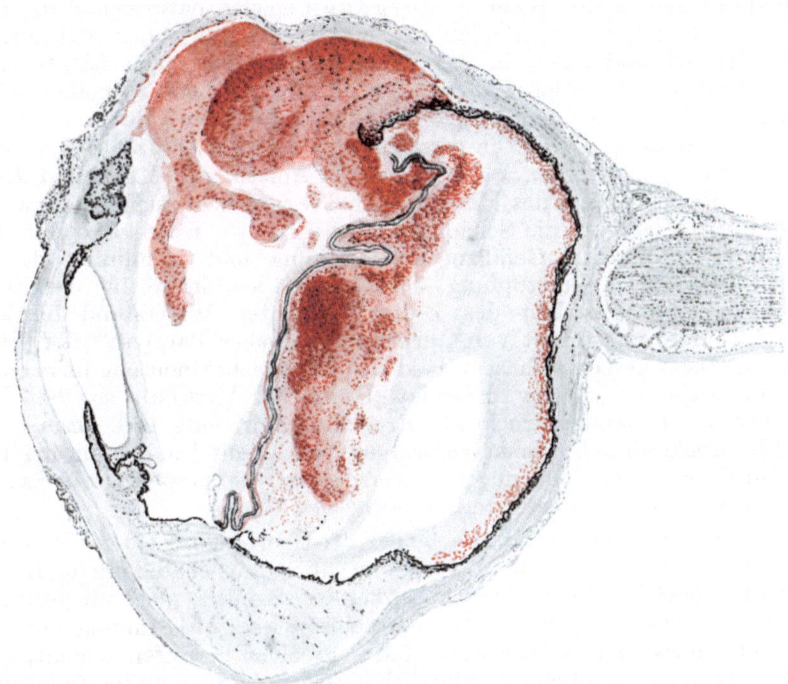

Abb. 35. Massige Blutung in das Augeninnere bei „Kampfgasvergiftung“.
(Kriegspathol. Sammlung, Berlin. Prof. M. Busch.)

Zurückbleibende anatomische Schäden am Zentralnervensystem erklären die nervösen Erscheinungen, welche sich bei den wenigen Überlebenden oft ausbilden (Stiefler: Striärer Symptomenkomplex).

Obwohl das Bild der phosgenbedingten Gehirnveränderungen von dem nach Kohlenoxydeinwirkung in der Regel abweicht, glauben einzelne Untersucher (Stiefler u. a.) dennoch, dem sich entwickelnden Kohlenoxyd (s. S. 115) eine ursächliche oder zum mindesten unterstützende Rolle bei der Entstehung der Hirnpurpura zuschreiben zu müssen. Die Anschauungen über die Einzelvorgänge am Gewebe laufen in annähernd gleicher Richtung: Angriff des Giftes an Gefäßnerven oder Gefäßwand, Herabsetzung der Gefäßkontraktionsfähigkeit, venöse Rückstauung (Leukozytenstase) mit allen ihren Folgen. Ferner begünstigt erhöhte Gerinnbarkeit des Blutes die Thrombenbildung in den kleinen Gefäßen und Kapillaren, so daß man das — dem jeweiligen Blutungsherd zugehörige — axiale Gefäß häufig verschlossen findet (Groll, Kirschbaum, Ricker, Roos u. a.).

Die mächtige, zu Blutungen in das Augeninnere (Abb. 35) führende venöse Stauung wirkt sich entweder unmittelbar am Auge aus oder mittelbar durch thrombotischen Verschluß von Zentralvenenästen (Saupe). Hierzu kommt in den Aderhautkapillaren die von Erythrozytenzerfall begleitete, durch Flüssigkeitsentziehung hervorgerufene Eindickung des Blutes (A. Gutmann). Die Netzhaut wird ödematös aufgelockert, besonders in ihren Stäbchen- und Zapfenschichten, letztere heben sich vom Pigmentepithel ab. Das gestaute Blut in den ausgebuchteten Venen der Durascheide drückt den Sehnerven zusammen. Oswald beschreibt einen Fall mit doppelseitigem embolischen Verschluß der Zentralarterie, dem sich hämorrhagische Neuroretinitis, Kornealgeschwüre, vor allem aber Optikusatrophie anschlossen.

Die Störungen in den Atmungsorganen spielen naturgemäß die Hauptrolle. Wie schon erwähnt, können die (nervös [Ricker] oder anatomisch bedingten) Kreislaufstörungen in der Lunge unmittelbar nach Einatmung des Gases so hochgradig werden, daß sie den oft überraschend schnellen tödlichen Ausgang der Vergiftung erklären. Um das zum Tode führende Geschehen zu verstehen, muß man sich die verschiedenen in gleicher Richtung wirkenden Umstände vor Augen halten. Von Seiten der Amerikaner Meek and Eyster, welche die Eigenschaften des Phosgens im Tierversuche erprobten, wird das Hauptgewicht gelegt auf die Schädigung der unteren Luftwege mit der ihr folgenden reflektorischen Gefäßzusammenziehung und Hemmung der Herztätigkeit, dem durch Verstopfung der Haargefäße (Zerstörung der Erythrozyten, leichte Gerinnbarkeit des Blutes!) erhöhten Widerstand im kleinen Kreislauf. W. Koch spricht von „primärer toxischer Paralyse‘‘ der Lungenkapillaren. Dazu gesellt sich sehr bald das atmungsbehindernde intraalveoläre und interstitielle Trans- bzw. Exsudat (Heubner, Ricker), so daß letzten Endes der, im Gesamteindruck als Erstickung wirkende Tod verursacht ist durch Blutdrucksenkung, Plasmaverarmung und damit Eindickung des Blutes, und schließlich durch ungenügende Versorgung der Gewebe mit Sauerstoff zufolge nicht ausreichender Arterialisierung des Blutes.

Der Entwicklung des Exsudats soll nach der Überzeugung einiger Untersucher (R. Adelheim, Laqueur und R. Magnus u. a.) örtliche Schädigung der Lungenbläschen vorangehen. Wenn — wie R. Adelheim ausführt — bei mikroskopischer Prüfung derartiger Lungen nur die ungeheure Haargefäßfüllung hervortritt, das Alveolarepithel selbst aber wenig oder gar nicht betroffen scheint, so darf man nicht vergessen, daß eine so plötzlich einsetzende Störung im Zelleben noch nicht im gestaltlichen Zellverhalten seinen Ausdruck zu finden braucht, sondern lediglich in Änderung der natürlichen kolloidalen Zustände und chemischen Zusammensetzung des Protoplasmas gedacht werden kann.

Erfolgt der Tod innerhalb der ersten Stunde, so ist nach den Schilderungen von W. Koch die Lunge noch lufthaltig, nicht ödematös, eher als trocken, lederartig zu bezeichnen, auffallend dunkelrötlichbraun (Erythrozytenzerstörung), erscheint mikroskopisch wie gekocht und verätzt. Die Alveolen sind teils zusammengefallen, teils gebläht, ihre stellenweise homogenisierten Wände mit einem zähen, glasigen Belag („Quellungssäume‘‘ nach Aschoff) versehen.

Bei längerer Krankheitsdauer entwickelt sich ein charakteristischer Befund, dessen Kenntnis 1914 zuerst von Roos vermittelt wurde. Die außerordentlich umfangreichen, ganz besonders in den Randteilen (auch durch interstitielles Emphysem) stark geblähten Lungen sind umspült und durchtränkt von Blutflüssigkeit, so daß sie sich wie mit Wasser gefüllte Säcke anfühlen. Die Pleuren nehmen gallertig-schwappende Beschaffenheit an. Durch ein Nebeneinander von geblähten und zusammengefallenen (Flusser), von angeschoppten und durchbluteten Gewebsteilen zeigt die Lungenoberfläche ein marmoriertes Aussehen.

Histologisch (s. Abb. 36) wechseln ausgedehnte Bezirke zellfreien bzw. entzündlichen — auch interstitiellen — Ödems mit solchen alveolärer Blutausstopfung, mit Atelektasen und mit serös-hämorrhagischen, katarrhalisch-desquamativen oder abszedierenden Entzündungsherden, Befunde, die mit denen nach Verbrennung verglichen werden (HEUBNER u. a.). Die Lungenbläschen, deren Wandungen z. T. ein- und auseinandergerissen, z. T. durch prall gefüllte Haargefäße scharf gezeichnet sind, werden durch das ödematös verbreiterte,

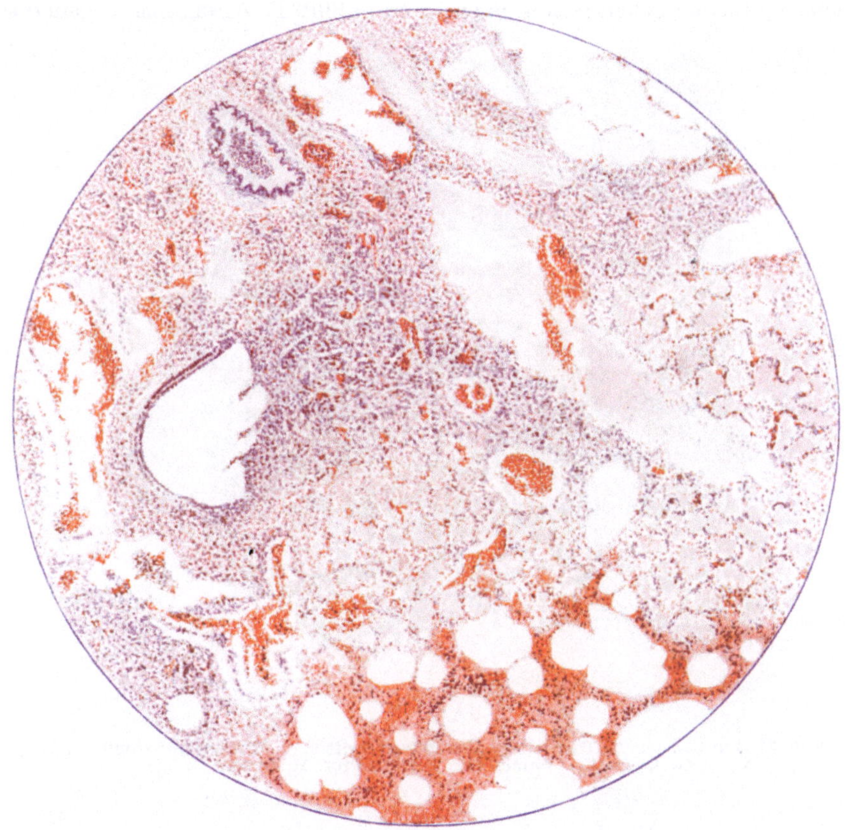

Abb. 36. Lunge bei Phosgengasvergiftung. Allerstärkstes Ödem. Blutungen. Entzündung. Häm.-Eosin.
(Sammlung des pathol. Instituts am Stubenrauchkrankenhaus, Berlin-Lichterfelde.
Pros. Dr. WALKHOFF).

glasig glänzende Zwischengewebe von einander getrennt. F. WOHLWILL beschreibt bei Frühtodesfällen vorwiegend eitrige interstitielle und alveoläre Pneumonie mit großen Rundzellen und riesenzellartigen Gebilden, in den Gefäßlichtungen mächtige, wahrscheinlich aus Fibrin und abgestoßenen Endothelien zusammengesinterte Klumpen und Schollen. Zahlreiche Lungengefäßthromben gestalten das mikroskopische Bild meist noch bunter (B. FISCHER und E. GOLDSCHMIDT: Frühtodesfälle). Die kleinen Bronchien, auch soweit sie nicht verstreuten oder zusammenfließenden Herdpneumonien angehören, nehmen in wechselndem Maße an den entzündlichen Vorgängen teil. Wie ich — in den mir liebenswürdigerweise von Herrn Dr. WALKHOFF (Kreiskrankenhaus Lichterfelde) über-

lassenen Schnittpräparaten — sah, fehlt bei stärkerer Beteiligung das Bronchial-
epithel, die Lichtung wird durch fibrinarme, aber bakterien- und leukozytenreiche Pfröpfe, die der stellenweise nekrotischen Wand aufsitzen, mehr oder
weniger eingeengt bzw. verschlossen. Andere Fälle zeigen vorwiegend fädige
Ausschwitzungen, welche das Bronchusrohr als pseudomembranöse Auflagerungen
auskleiden. Auf späteren Vergiftungsstufen machen die nekrotisierend-ent-
zündlichen Vorgänge solchen reparativer Natur Platz (Bronchiolitis fibrosa
obliterans: Groll u. a., s. Abb. 37). Von den vereinzelt stehengebliebenen
Bronchusepithelien gehen (schon nach 72 Stunden: R. Adelheim) regenerative,

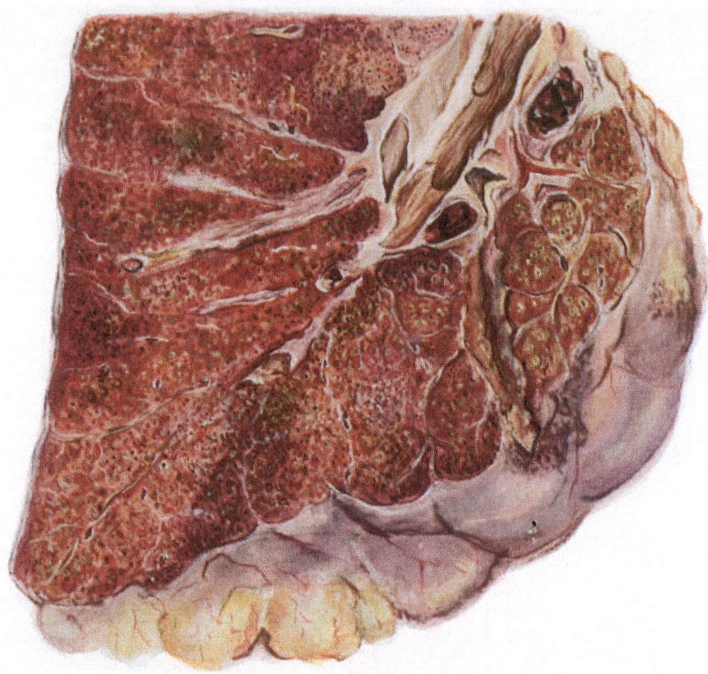

Abb. 37. Lunge nach 10 Tage alter „Kampfgasvergiftung". Bronchiolitis obliterans.
(Kriegspathol. Sammlung, Berlin. Prof. M. Busch.)

z. T. metaplastische Wucherungen aus mit synzytialen Bildungen und polypen-
ähnlichen Auswüchsen, stellenweise von solcher Massigkeit, daß man präkanzeröse Zustände vor sich zu haben glaubt.

Auch die Entzündungsherde im Lungenparenchym lassen durch Granu-
lationsgewebsentwicklung Neigung zur Ausheilung erkennen. Mit völliger
Wiederherstellung der Lungenleistungsfähigkeit dürfte in schwereren Fällen
kaum je zu rechnen sein, denn wir sind gewöhnt, als Spätfolgen der Vergiftung (Zusammenstellung s. bei Staehelin) hochgradiges Emphysem, stets
von neuem aufflackernde, mit metaplastischen Schleimhautveränderungen einhergehende Bronchitiden (Pappenheimer), miliare chronische Pneumonien,
Lungengangrän, von Bronchiektasenbildung gefolgte Lungenschrumpfung u. a. m.
zu sehen (Achard, Clerc, F. Reiche, O. Kramer u. a.). F. Wohlwill beobachtete bei einem Spättodesfall den Entstehungsbeginn von Corpora amylacea
aus abgestoßenen Epithelien: Scharf begrenzte Kügelchen, welche Jod- und
Methylviolettreaktion gaben.

Ein großer Teil der Vergiftungen aus dem Jahre 1916 endete unter den Erscheinungen putrider Bronchitis und anschließender Lungengangrän, was FLUSSER veranlaßte, einen putriden und einen toxischen Typ der Vergiftung zu unterscheiden.

In den oberen Abschnitten der Atmungswege spielen sich in der Regel wesensgleiche, wenn auch gradweise verschiedene Vorgänge wie in der Lunge ab. Bei dem Hamburger Unglücksfall 1928 waren unter den zahlreichen Opfern fünf Frühtodesfälle mit nur unbedeutender Schleimhautrötung und allerhöchstens fleckweisen Epithelverlusten (F. WOHLWILL), während sonst gewöhnlich alle durch Phosgen verursachten geweblichen Störungen von einer, die Vergiftung geradezu kennzeichnenden übermäßigen Blutfülle begleitet sind. Die meist festzustellende hämorrhagische bzw. fibrinöse Tracheobronchitis erinnert in gewissen Zeitpunkten an das anatomische Bild der Grippe. Bei betonter Ätzwirkung, die — im Gegensatz zur Gelbkreuzstoffvergiftung — seltener in Erscheinung tritt, bilden sich Erosionen am Schlundring, schmutziggraue Beläge, seichte Geschwüre und Nekrosen in Luftröhre und Kehlkopf (BLUMENFELD, GROLL, W. KOCH, MÉNÉTRIER et COYON). Auch pseudomembranöse Rhinitis ist beobachtet worden.

P. KRAUSE, welcher das Ergehen ehemals Vergifteter jahrelang verfolgte, konnte als Späterkrankungen chronisch verlaufende Rhinitis und anginöse Prozesse neben chronisch rezidivierender Bronchitis feststellen.

Das — besonders rechtsseitig — hochgradig erweiterte Herz ist — ebenso wie die größeren Gefäße — gewöhnlich mit ungeschichtet geronnenen, der Speckhaut ermangelnden Blutmassen vollgestopft. Die Muskelstarre scheint auszubleiben oder kann sich wegen der ungeheuer starken Füllung der Herzkammern nicht geltend machen. Auf Myokarditis hinweisende klinische Beobachtungen (FREHSE) fanden keine anatomische Bestätigung; wohl aber hat GROLL — von ihm als Endokarditis angesprochene — Veränderungen an der Herzinnenhaut wahrgenommen, die sich offenbar mit den Befunden R. ADELHEIMs decken. Dieser sah nämlich in späteren Zeitpunkten der Vergiftung an Klappen und Sehnenfäden und zwischen den Muskelbalken thrombotische Auflagerungen, nach deren Abstreifen sich die Innenhaut wohl als getrübt, sonst aber als unversehrt erwies. Trotz des negativen Ausfalls der histologischen Untersuchung vertritt ADELHEIM die Auffassung, daß man von einer toxischen (Eiweißzerfallstoxikose!) Thromboendokarditis sprechen müsse. In den von F. WOHLWILL sezierten Fällen fanden sich an beiden Herzkammerspitzen Thromben. Von hier aus waren Embolien in den absteigenden Ast des linken Kranzgefäßes (frischer Infarkt an der linken Herzspitze!) und in die Arteria poplitea geschleudert worden (beginnende Gangrän an Unterschenkel und Fuß!). Unspezifische kleine Blutungen im zuweilen verfetteten Herzmuskel (FLORET) und in seinen Häuten vervollkommnen das pathologisch-anatomische Bild. Eitrige Perikarditis wird in russischen Arbeiten erwähnt.

Erachtet man die Veränderung der Blutbeschaffenheit allein als nicht ausreichend, um die in fast allen Organen, insbesondere in Lunge und Gehirn (BRACK u. a.) hervortretende Neigung zur Thrombenbildung zu erklären, so muß dem Gedanken einer Schädigung der Gefäßwand näher getreten werden (GROLL u. a.). Dennoch sind nur wenige Untersucher den feineren Gefäßveränderungen nachgegangen. So schildert R. ADELHEIM die Endothelien in den Lungengefäßen als ,,unregelmäßig begrenzt, gequollen, in die Lichtung vorspringend''. F. WOHLWILL sah klumpig-schollige, wahrscheinlich aus Fibrin und abgestoßenen Endothelien zusammengebackene Massen, welche das Gefäßrohr verstopften. Rückläufige Vorgänge eingreifender Art wie Endothelzerfall, völliges Absterben des Wandgewebes an dem — oft bauchig ausgesackten — Gefäßrohr (WEIMANN) machen den thrombotischen Verschluß der den zerebralen Blutungsbezirken zugehörenden Gefäße verständlich.

Das durch den Mund eingeatmete Gas hinterläßt seine vorwiegend entzündungserregenden, weniger ätzenden Spuren an Zunge, Zahnfleisch, Rachen (Blumenfeld), wobei die starke Beteiligung des lymphatischen Gewebes bemerkenswert ist. Auf die Blutungen, die im Gefolge der allgemeinen Kreislaufsstörungen auch im Magen-Darmrohr zu sehen sind, haben Weimann u. a. hingewiesen. Infarzierung längerer Darmstücke durch thrombotischen bzw. embolischen Verschluß der Gekrösegefäße sind des öfteren beobachtet worden (Roos u. a.).

Man kann die — nicht unbedingt zum Vergiftungsbilde gehörende — Leberschädigung (Aschoff, Groll) am besten mit der durch Chloroformeinwirkung hervorgerufenen vergleichen. Es findet sich ein Nebeneinander von Verfettung, Zerfallsherden (auch an neugebildetem Gewebe) mit stark leukozytärer Reaktion und regenerativen Vorgängen unter Mitbeteiligung des knötchenförmig wuchernden retikuloendothelialen Apparates (R. Adelheim). Ein von F. Pick obduzierter Spätfall (6½ Wochen alt) ließ deutlich den Umbau des Organs etwa im Sinne einer ausheilenden akuten Atrophie erkennen.

Ein Präparat der kriegspathologischen Sammlung Berlin (Dir. Prof. M. Busch) zeigte ausgedehnte Infarktbildung in der Niere auf thrombotischer oder embolischer Grundlage. In dem umfangreichen Schrifttum der Kampfgasvergiftung wird das Verhalten der Niere verhältnismäßig wenig berücksichtigt. R. Adelheim bucht Gewebsblutungen, Erythrozyten in den Kapselräumen, Blutzylinder. Die von ihm noch erwähnte „Nekrobiose" an den Kanälchenepithelien dürfte vielleicht als Ausdruck regelwidriger Blutversorgung anzusprechen sein. F. Wohlwill sah in einem Fall die Rinde — ähnlich wie bei hämoglobinurischen Nieren — ausgesprochen braun verfärbt, fand mikroskopisch aber nichts, was auf Hämoglobindurchtritt hindeutete, sondern lediglich hochgradige Erweiterung aller Haargefäße.

Über Stauungsblutüberfüllung und herdförmige Blutungen in Rinde und Mark der Nebenniere wird berichtet. Der Schwund der lipoiden Stoffe aus den Rindenzellen soll ein regelmäßiges Vorkommnis sein. R. Adelheim spricht von kleinen, besonders die Zona reticularis betreffenden Nekrosen und von perivaskulären Infiltraten im Mark.

H. Mayer erforschte den Abbau des Blutfarbstoffs unter dem Einfluß des Phosgens und konnte sowohl im Tierversuch, als auch bei der Massenvergiftung in Hamburg 1928 in fast allen Fällen kurze Zeit nach stattgehabter Vergiftung beträchtliche Hämatinmengen im Blute nachweisen, welche sich — wie er annimmt — durch Einwirkung des hydrolytisch aus Phosgen abgespaltenen Chlorwasserstoffs entwickelt hatten. Die grobe Beschaffenheit des Blutes hängt im allgemeinen von der Erkrankungsdauer ab: In den ersten Stunden ist das Blut gewöhnlich flüssig, schwarzrot, schwer gerinnbar, später — zufolge erhöhter Viskosität — eher dicklich-geleeartig, bildet unter Umständen zusammenhängende, vom Herzen aus sich bis in die kleinen Gefäße erstreckende, schmierige Kruormassen ohne Speckhaut, die sich aus den einzelnen Gefäßen wie Würstchen ausdrücken lassen (R. Adelheim, Groll).

Die — auch bei Nachkrankheiten festzustellenden — Leukozytosen (F. Pick, Roos) dürften in den eitrigen Entzündungsvorgängen an den Atmungswegen ihre ausreichende Erklärung finden.

Von der Milz ist nur bekannt, daß sich ausgedehnte hämorrhagische Infarkte entwickeln können (Präparat der kriegspathologischen Sammlung, Berlin Dir. Prof. M. Busch). Die auch hier sehr starke Stauungsblutüberfüllung tritt in Blutungen zu Tage, welche — wie das histologische Bild zeigt — sehr bald durch Phagozytose beseitigt werden (R. ADELHEIM).

Befunde im Knochenmark wie Blutaustritte, kleine erythro- und myeloblastische Herde, die R. ADELHEIM als Antwort auf den Sauerstoffmangel ansprechen möchte, sind nichtssagend und für die Diagnosenstellung mithin wertlos.

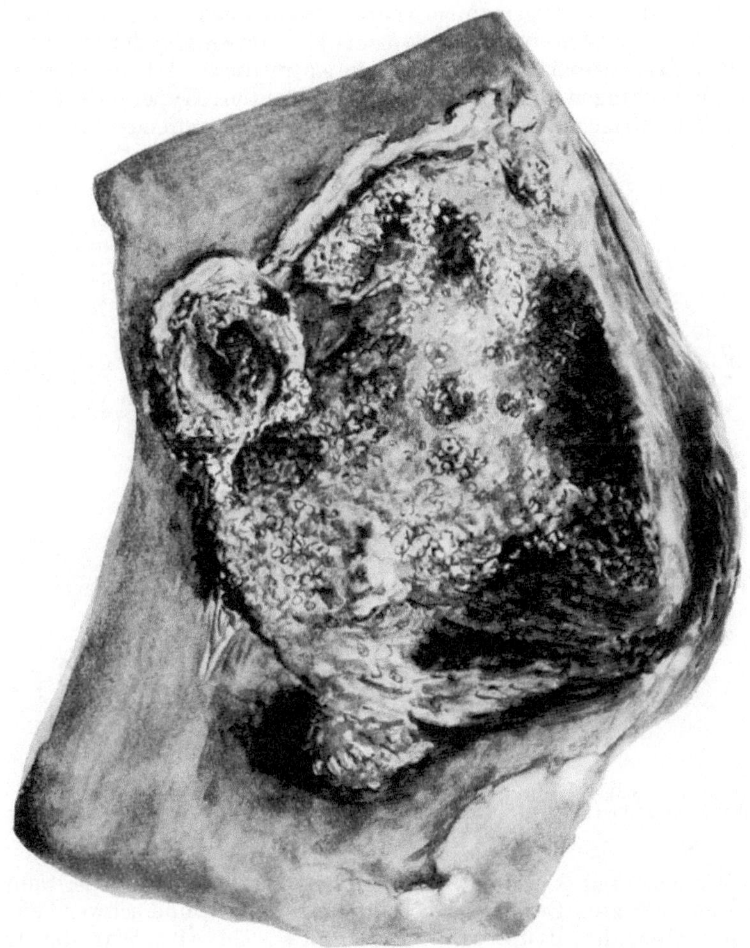

Abb. 38. Ausgedehnte Ulceration der Gesäßhaut nach Gelbkreuzstoffvergiftung. (Kriegspathol. Sammlung Berlin. Prof. M. BUSCH).

β) Gelbkreuzstoff (Dichloräthylsulfit).

Im Gelbkreuzstoff, das von FLURY und WIELAND als ein Zellgift von mehr chronischer Wirkung („Pathobiose"!) angesprochen wird, haben wir es zuvörderst mit einem stark ätzenden Körper zu tun. Da jeder Stoff, der in hoher Konzentration als Ätzmittel auftritt, in schwacher entzündungserregend bzw. lediglich reizend (hyperämisierend) wirkt, dürfen wir bei der Gelbkreuzstoffvergiftung demgemäß die mannigfaltigsten Befunde nebeneinander erwarten.

Bei der Besichtigung des Äußeren fallen am Auge auf: Bindehautblutungen, Chemosis, Lidrandekzeme, eitrige Blepharitis, Hornhauttrübungen,

-geschwüre und -nekrosen (Flury und Wielahd, B. Fischer und E. Gold-schmidt, A. Gutmann).

Die Haut und sichtbaren Schleimhäute können durch Berührung mit dem Kampfgas unmittelbar schmutzig bräunlichen bzw. gelbgrünlichen (pseudo-ikterischen) Farbton annehmen. Bisweilen tritt — wahrscheinlich durch Blut-resorption bedingter — allgemeiner, echter, wenn auch geringgradiger Ikterus auf (W. Koch). Vor allem bei Frühtodesfällen (etwa von der zweiten Stunde an) sieht man Hautveränderungen, wie sie in dieser Art und diesem Grade bei anderen Verätzungen kaum zu finden sein möchten: Hyperämie, Schwellung, Bildung großer eitriger Blasen, flächenhafte, oft tiefgreifende Geschwüre mit

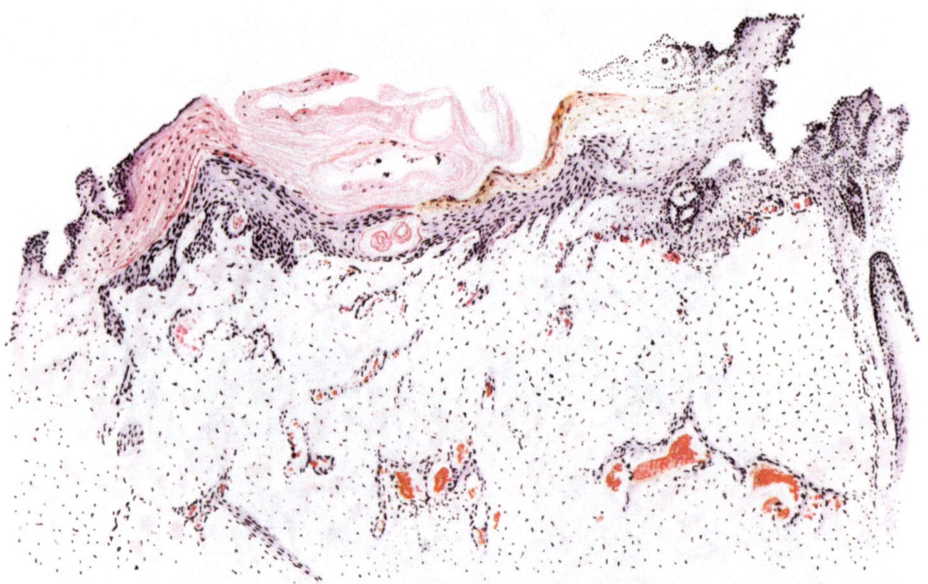

Abb. 39. Haut bei Gelbkreuzstoffvergiftung. Parakeratose. Ulzeration. (Sammlung des pathol. Instituts am Stubenrauch-Krankenhaus, Berlin-Lichterfelde. Pros. Dr. Walkhoff.)

und ohne Verschorfung (s. Abb. 38), ferner Bläschen, die häufig perlschnurartig am Rande der verätzten Bezirke aufgereiht sind, platzen und schwer heilen. Be-vorzugt sind Gesicht, Rücken, Hodensack, Gesäß. War die Wirkung weniger kräftig, dann kommt es nur zur Entwicklung von Herpes labialis, Akne, Furunkulose u. dgl. (Velden), oder die Haut wird ödematös durchtränkt, be-ginnt kleienförmig zu schuppen. Langsamerer Vergiftungsablauf begün-stigt das Zustandekommen ausgedehnter Pigmentierungen, die dann in Gemein-schaft mit den Stellen epidermisentblößter eingetrockneter Kutis die Haut merk-würdig feldern durch braune grobnetzartige Zeichnungen.

Die Hauterkrankung scheint sich auf dem Boden einer Ersterweiterung und Durchlässigkeit der Haargefäße zu vollziehen (Heitzmann): Die Oberhaut quillt auf, ihre z. T. kernlos gewordenen und hyalinisierten bzw. verhornten Schichten werden aufgespalten, abgehoben, fassen Hohlräume (Senfgasblasen!) zwischen sich (s. Abb. 39). Abgestorbene, die tiefen Talgdrüsen (Ausfällung von Cholesterinkristallen!) mit einbeziehende Bezirke schieben sich dazwischen; reaktive Infiltrate, Blutungen vervollständigen das Bild.

Die Leichenöffnung ergibt bei der ersten Betrachtung Dunkelblaurotverfärbung der Bauchorgane, kleine Blutaustritte in Leber, Niere, Milz, Magen.

Auf anämische Herde, wachsartige Veränderungen des geraden Bauchmuskels nach Einwirkung von feindlichem Dichloräthylsulfit weist HEITZMANN

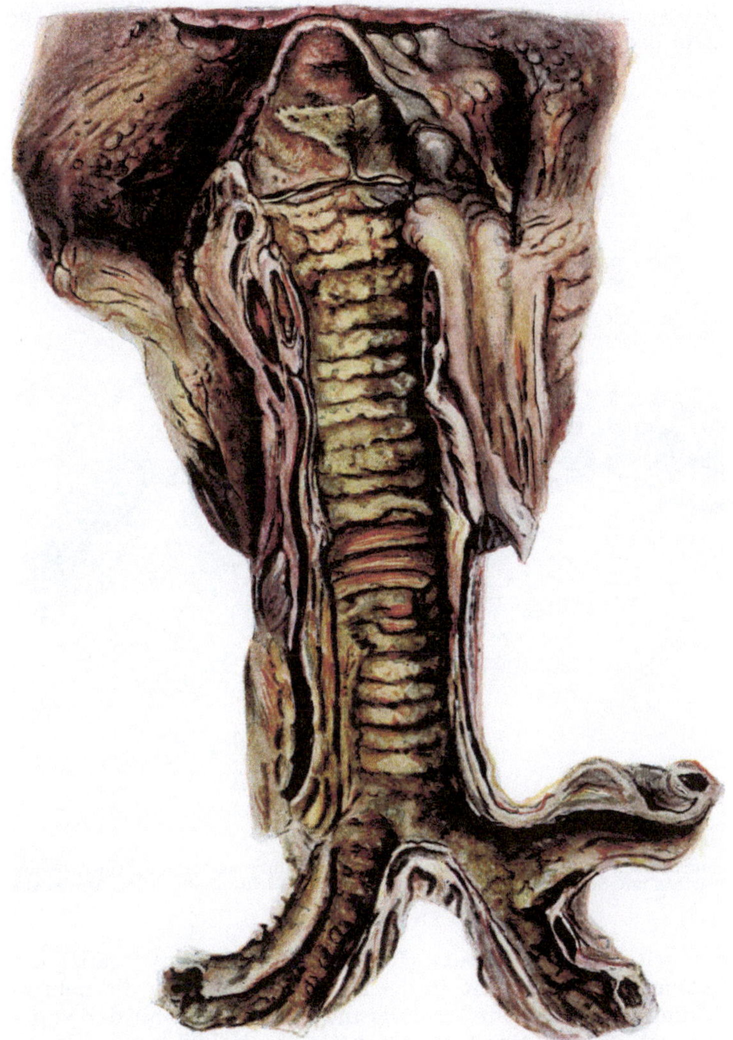

Abb. 40. Diphtherisch-nekrotisierende Tranchcobronchitis bei Gelbkreuzstoffvergiftung.
(Kriegspathol. Sammlung, Berlin. Prof. M. BUSCH).

hin. Nach Angabe von W. KOCH sollen größere Muskelhämatome (etwa in der Form wie bei schweren infektiös-toxischen Erkrankungen) beobachtet werden.

Im Gegensatz zur Vergiftung mit Phosgen tritt die Purpura des Gehirns nach Einwirkung von Gelbkreuzstoff nur in ganz vereinzelten Fällen auf (HEITZMANN).

Die Atmungsorgane in allen ihren Abschnitten sind die Haupterfolgs-organe des auf sie wahrscheinlich unmittelbar einwirkenden Giftes. Die frühe-sten Veränderungen finden sich in den oberen Luftwegen (Abb. 40). Aschoff und W. Koch unterscheiden bei der Vergiftung vier Entwicklungsstufen: a) Katar-rhalisches Stadium (1. Tag), b) Stadium der pseudomembranösen Laryngo-tracheitis (2.—3. Tag), c) Stadium der deszendierenden Tracheitis, Bronchitis und Bronchopneumonie (vom 4. Tag an), d) Stadium der Abszeß- und Gan-gränbildung in der Lunge (vom 10. Tage ab).

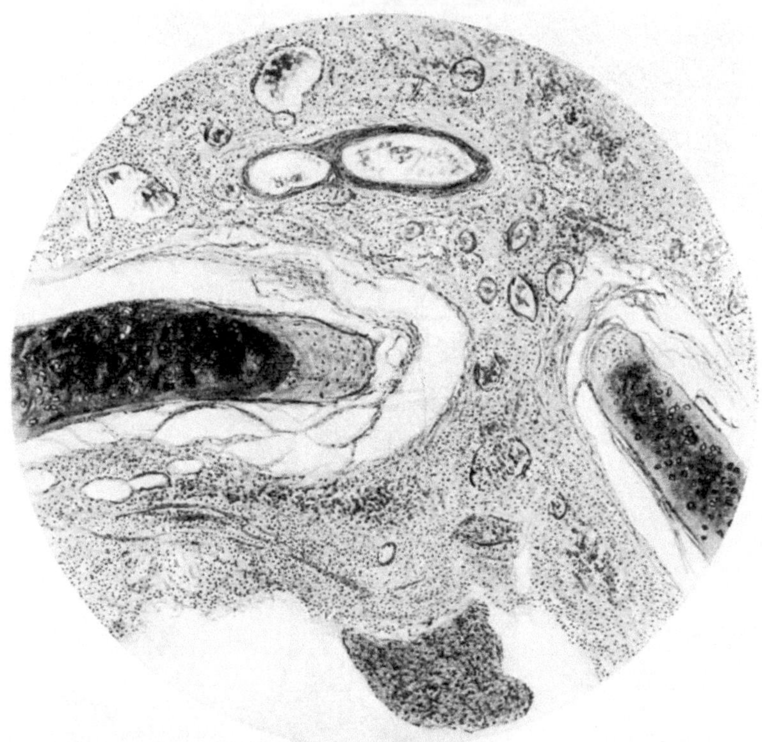

Abb. 41. Hämorrhagisch-nekrotisierende Bronchitis nach Gelbkreuzstoffvergiftung. (Sammlung des pathol. Instituts am Stubenrauch-Krankenhaus, Berlin-Lichterfelde. Pros. Dr. Walkhoff.)

Wie die — am vergifteten Tiere (Flury und Wieland) ergänzten — Beob-achtungen erkennen lassen, steht in der Mehrzahl der Fälle die nekrotisierend-ätzende Wirkung des Giftes im Vordergrund. Man findet an der von entzünd-lichem Ödem gelockerten Schleimhaut Geschwürsbildungen, Nekrosen, vor allem aber pseudomembranöse Beläge von der hinteren Rachenwand an ab-wärts bis in die feinsten Bronchiolen. Diese geben durch pfropfartiges Vor-springen ihrer die Bronchiallichtung auskleidenden Fibrinhäutchen (Abb. 41) Anlaß zu dem (für das bloße Auge) körnigen, bzw. wie mit Knötchen über-säten Aussehen der Lungenschnittfläche. Nach 6—7tägiger Krankheitsdauer zerfallen die geschädigten Wände der intrapulmonalen Bronchien geschwürig oder sterben, gelegentlich mitsamt dem zugehörigen Lungengewebe, reaktions-los ab (s. Abb. 42) und werden mit ihren toten Massen Brutstätten für Bak-terien. Wahrscheinlich bilden — ähnlich wie in der Phosgenlunge — übrig-

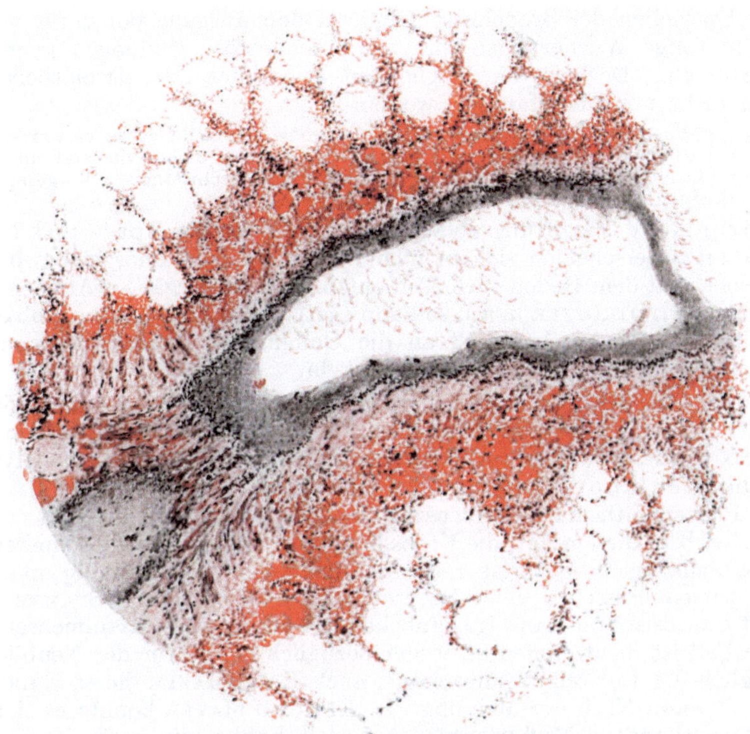

Abb. 42. Bronchusnekrose nach Gelbkreuzstoffvergiftung. Häm.-Eosin. (Sammlung des pathol. Instituts am Stubenrauch-Krankenhaus, Berlin-Lichterfelde. Pros. Dr. WALKHOFF.)

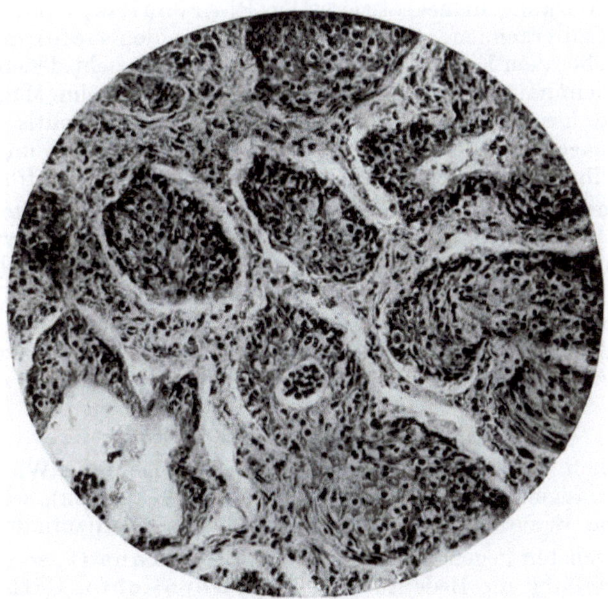

Abb. 43. Lunge bei Gelbkreuzstoffvergiftung. Massige regeneratorische Wucherung des Bronchialepithels. (Sammlung des pathol. Instituts am Stubenrauch-Krankenhaus, Berlin-Lichterfelde. Pros. Dr. WALKHOFF.)

gebliebene Epithelien der Bronchusschleimhaut den Ausgangspunkt für strang-
und drüsenförmige Wucherungen, die an präcanceröse Bildungen gemahnen
können (Abb. 43). Doch ist die Möglichkeit atypischen Alveolarepithelwachs-
tums auch nicht von der Hand zu weisen.

Kurz zu erwähnen ist noch das — differentialdiagnostisch vielleicht zu verwertende —
Verhalten der Luftröhrenschleimdrüsen, die durch Desquamativkatarrh und herd-
förmige Nekrosen ihre Beteiligung an den entzündlich-rückschrittlichen Vorgängen der
Umgebung erkennen lassen (Wätjen).

Der chronische Vergiftungsablauf (Velden) bzw. die Spät- und Nach-
krankheiten unterscheiden sich in nichts von den nach Phosgeneinwirkung.
Wie auch sonst auf dem Boden chronisch-entzündlicher Vorgänge (Arnsperger,
Poscharissky, Strotkötter u. a.), so kann sich — wie ich selbst zu beobachten
Gelegenheit hatte — im Anschluß an die Gelbkreuzstoffvergiftung metapla-
stischer Knochen im Lungengewebe entwickeln.

Die Möglichkeit ursächlicher Beziehungen zwischen alter Kampfgasvergiftung
und Krebsentstehung wird von Hünermann und von Spamer erörtert. Im Falle
Hünermann wurde 6 Jahre nach Einwirkung von Gelbkreuzstoff ein polypöses
Gewächs im Kehlkopf gefunden, das von dem Berichterstatter als „ver-
hornendes Plattenepithelkarzinom" bezeichnet wird. Es ist nicht recht ersichtlich, worauf sich in diesem Fall die Krebsdiagnose gründete; von destruierendem
Wachstum, Zellatypien usw. ist nirgends die Rede, Beschreibung und Abbildungen passen besser zu einer Pachydermie. Auch der von Spamer (Vergiftung mit französischem Kampfgas unbekannter chemischer Zusammensetzung)
mitgeteilte Fall ist nicht eindeutig, weder bezüglich der Natur der Neubildung,
noch bezüglich der Entstehungsursache (s. auch Hart-Mayer dieses Handbuch
Bd. III/1, S. 459). Nach der Meinung von Edmund Mayer könnte es sich um
eine bereits vorhandene Pachydermie gehandelt haben, die nach der Gaseinwirkung atypisch wurde.

Im Anfangsteil des Verdauungsschlauches gibt sich noch die unmittelbare (ätzende) Wirkung in nekrotisierender Pharyngitis, Speicheldrüsen-
blutungen usw. zu erkennen. Die Erscheinungen in den tieferen Abschnitten
sind wohl zweifellos dem Einfluß des im Darmrohr ausgeschiedenen Giftes zuzuschreiben. Schleimhautkatarrhe und -blutungen (letztere im Magen vielleicht
durch Brechakte hervorgerufen!), vor allem aber schwerste Colitis ulcerosa bzw.
pseudomembranacea wurden durch Tierversuche (Flury und Wieland,
Heitzmann) in ihren ursächlichen Beziehungen zum Gelbkreuzstoff sichergestellt.

Über das Verhalten der Niere als Ausscheidungsorgan des Giftes sind unsere
Kenntnisse recht mangelhaft. Heitzmann sah Eiweiß und Erythrozyten in
Kapselräumen und in Kanälchen, deren Deckzellen z. T. „nekrobiotische Vorgänge"
aufwiesen.

Blutungen in die Nebenniere wurden bekannt (Heitzmann).

Die Blutgerinnung scheint beschleunigt zu sein. Tierversuche (Flury und Wieland)
ergaben im Blutbild Erythrozyten in Stechapfelform und Normoblasten.

γ) Chlorpikrin (Nitrochloroform).

Wahrscheinlich wurde dieses Kampfgas, dessen chemische Wirksamkeit auf
oxydativen Vorgängen beruht (Gildemeister und Heubner), wenig benutzt,
da nur spärliche Bemerkungen darüber im Schrifttum aufzufinden waren.

Am empfindlichsten gegen die Dämpfe ist die Hornhaut, so daß der Stoff
bei seiner Darstellung die Bedeutung eines gewerblichen Giftes bekam.

Flusser betont die Gelbfärbung der mit dem Gas in Berührung kommenden
Haut.

Über den Einfluß des Giftes auf die Lungen belehren uns lediglich die Tierversuche von Heitzmann, Gildemeister und Heubner: Hochgradiges, an Phosgenvergiftung erinnerndes, aber schneller ablaufendes Ödem ist neben Emphysem das hervorstechendste Merkmal der Chlorpikrinwirkung. Haargefäßfüllung und Blutungen halten sich in mäßigen Grenzen, desgleichen die entzündlichen Erscheinungen an den kleinen Bronchien, die von peribronchitischer Reaktion begleitet sind.

δ) Lokal reizende Arsenverbindungen (in Dampfform).

Die als Kampfgase nur eine untergeordnete Rolle spielenden chlorhaltigen Arsenverbindungen (Arsentrichlorid, Äthylarsindichlorid usw.)

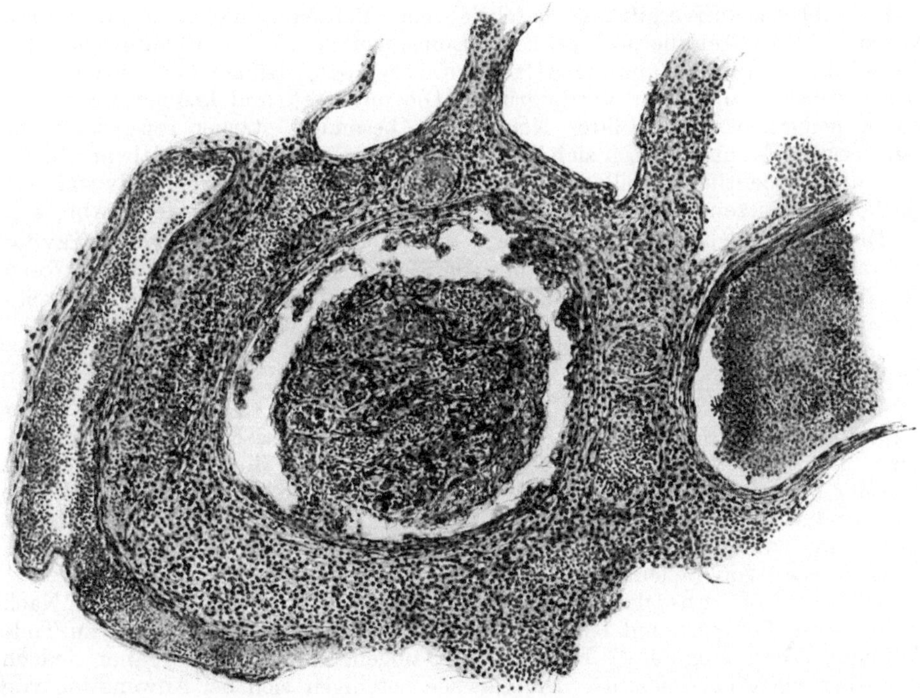

Abb. 44. Lunge bei Vergiftung mit Perstoff. In die Bronchiallichtung hineinhängendes Granulom. (Sammlung Prof. Miller. Städt. Krankenhaus Barmen.)

bringen in ihrer Wirkungsweise den Einfluß beider Giftbestandteile zum Ausdruck. Sie vermögen bereits in allergeringster Konzentration örtliche Entzündung und Nekrose der Gewebe hervorzurufen.

An der Haut verursachen sie Brandblasen bzw. Dermatitis und Nekrosen mit blutig durchtränkter Umgebung. Entsprechende Veränderungen können sich am äußeren Auge finden.

Angeblich wurde echte (jedoch anatomisch nicht gesicherte) Neuritis der sensiblen Nervenendigungen in den Fingerspitzen beobachtet.

Bei Tieren sieht man Entzündung und Vereiterung der Speicheldrüsen, Ödem, Blutungen, Entzündung aller zugänglichen Schleimhäute. Endo- und Perikarditis ist beschrieben worden. Die Leber antwortet mit massiger Fetteinlagerung.

Das Verhalten chlorfreier, in Dampfform benutzter Arsenverbindungen (arsenige Säure, Kakodylverbindungen usw.) den Organen gegenüber ist uns durch die Tierversuche von Flury bekannt geworden. Es zeigt sich, daß alle in dieser Form angewandten Arsenverbindungen örtlich reizend-ätzende Wirkung ausüben. Über ihre Allgemeinwirkung s. bei Arsen.

ε) Perstoff (perchlorameisensaures Methylester).

Es liegt lediglich eine Mitteilung von Miller vor über dieses, offenbar nur selten verwendete Kampfgas.

Im Zentralnervensystem fanden sich spärlich perivaskuläre Blutaustritte, dagegen reichlicher kleine „Degenerationsherde" in den Basalganglien.

Die Erkrankung der Atmungswege bot gegenüber den unter Phosgen- und Gelbkreuzstoffvergiftung beschriebenen Befunden nichts grundsätzlich Neues, jedoch waren die prall gefüllten Lungengefäße mit ihren häufig von Blutungen durchsetzten Wandungen frei von Thromben. Hämorrhagisch-pneumonische Herde standen im Vordergrund. Die mittleren und kleinen Bronchien waren bemerkenswert in ihrer Neigung zu besonders starker reparatorischer Wucherung: Es entwickelten sich die Lichtung verlegende „Bronchialwärzchen", d. h. außerordentlich kapillarreiche (kavernomartige), der Bronchialwand wie ein Polyp aufsitzende Gebilde aus vernarbendem Granulationsgewebe (Abb. 44).

Die Leber zeichnete sich durch das Vorhandensein unregelmäßiger (intravital entstandener?) Nekroseherde aus, bot somit, ebenso wie in den Rindennekrosen der Nebenniere, gewisse Anklänge an die Gewebestörungen nach Phosgeneinwirkung.

4. Brom.

Brom ist in chemischer und toxikologischer Hinsicht weitgehend dem Chlor vergleichbar: Wie dieses wirkt es in seinen Dämpfen stark reizend auf die Atmungswege. Doch kommen Gewebeschäden durch reines Brom (in flüchtiger oder auch in fester Form) verhältnismäßig selten zur Beobachtung. Der Zahl und Schwere nach sind vor allem die Vergiftungen durch Bromsalze (Bromkalium, -natrium usw.) und durch organische Bromverbindungen (Bromoform, Bromäthyl, -methyl usw.) von Bedeutung.

Die Bromausscheidung erfolgt mit Harn, Milch, Speichel, Schweiß. Nach Angabe von Löffler und Rütimeyer gelingt bei akuter, unmittelbar zu Tode führender Vergiftung der Nachweis des Halogens in Blut und Organen, jedoch nur kurz nach Todeseintritt. Die Gewebe beteiligen sich bei Anwendung von Bromsalzen scheinbar alle an der Giftspeicherung (Féré), am stärksten die mit langsamem Stoffwechsel (Knorpel, Knochen). P. Guttmann verweist auf die nach langem Bromkaliumgebrauch auftretende Bromreaktion im Inhalt der Aknepusteln.

α) Reines Brom und Bromsalze.

Abgesehen von örtlichen (Reiz- und Ätz-)Wirkungen haben wir es zu tun mit allgemeinen Vergiftungserscheinungen durch Bromaufsaugung, welche, unter dem Namen „Bromismus" zusammengefaßt, verschiedenartigster Natur sein können.

Akute Vergiftung.
1. Örtliche Wirkung.

Brom in Dampfform hinterläßt an den berührten Haut- und Schleimhautflächen tiefgelbe bis braune, oft mit Blasenbildung vergesellschaftete Ätzstellen (Sehrwald). Allerstärkste Schleimhautreizung zeigt sich vor allem an den

Augenbindehäuten und in den Luftwegen: Von der Nase abwärts bis in die kleinsten Bronchien kann die Schleimhaut gebräunt, entzündlich geschwollen bzw. verätzt (JURASZ) und mit Infiltraten durchsetzt sein. Herdentzündungen und kleine Blutungen in der meist ödematösen Lunge kommen häufig vor.

Einspritzungen unter die Haut bewirken ausgedehnte Gewebsnekrosen (JANOWSKI).

Ganz beträchtlich sind auch die Gewebeschäden nach peroraler Aufnahme von Brom in fester Form. KOBERT teilt einen solchen Fall mit (Fall SNELL), den ich wegen seiner Seltenheit ausführlicher wiedergeben möchte. Es wurden 30 g Brom in Substanz eingeführt, der Tod erfolgte nach 7 Stunden. Die entzündlich-geschwollene Mund- und Schlundschleimhaut war gelbbraun getönt, der größte Teil der Mageninnenfläche abgestorben, mit fester, wie gegerbt aussehender Schicht überzogen. In Bauchfell und Netz ließen sich bereits zu diesem Zeitpunkt Entzündungsvorgänge feststellen. Die Bauchhöhle roch nach Brom. Entsprechende Tierversuche (KOBERT) ergaben im Magen neben glänzend violettschwarzen Flecken ausgedehnte Ätzspuren: Erosionen, aschgraue Ulzerationen und gangränöse Schorfe. Gleicherzeit wiesen Kehlkopf und Luftröhre alle Stufen entzündlicher Veränderungen auf bis zur Pseudomembranbildung.

Durch die heute vielfach geübte Verwendung von Bromsalzen zur Zysto- und Pyelographie ist die Möglichkeit örtlicher (und resorptiver) Schädigung in den Harnwegen gegeben. Aus der Arbeit von HINDSE-NIELSEN (in welcher weitere einschlägige Angaben nachzulesen sind) führe ich einen hierher gehörenden Fall kurz an: Am 17. 12. 26 wurden einem 53jährigen Mann 250 ccm einer 20%igen Bromnatriumlösung in die Harnblase gespritzt und die Bromflüssigkeit erst etwa eine Stunde später durch Spülung wieder entleert. In den folgenden 14 Tagen traten schwere, von Ausscheidung blutigen Harns begleitete Tenesmen auf. 6 Wochen später ließen sich durch Sectio alta kleine Steine und Gewebsfetzen (nekrotisierte glatte Muskulatur!) entfernen. Der Tod trat nach weiteren 3 Wochen ein. Die Obduktion ergab hämorrhagische Zystitis mit Schleimhautabstoßung, teilweiser Nekrose und narbiger Schrumpfung der Harnblasenwand, Befunde, die im Hinblick auf den Krankheitsverlauf wohl mit Sicherheit als Folge der Zystographie mit hypertonischer, nicht schnell genug wieder aus der Blase entfernter Bromnatriumlösung angesprochen werden können.

2. Allgemeinwirkung.

Der Übertritt des Broms in die Säftebahn erfolgt von Haut und Schleimhäuten aus. Als früheste und kennzeichnendste Erscheinungen der Allgemeinvergiftung sind mannigfache Hauterkrankungen zu nennen: Ausschläge in Quaddelform, akneartige Pusteln mit rotem Hof und — besonders an den Unterschenkeln — tuberöse Bildungen (s. unter chronischer Vergiftung), die histologisch keine nennenswerten Abweichungen gegenüber den durch Jod (s. S. 134) hervorgerufenen Gewebestörungen darbieten. Nach Zufuhr von Bromsalzen bemerkte man auch vereinzelt Roseolen und Blutungen, letztere von E. KAUFMANN als toxische Purpura angesprochen. Ein neuerdings von BORGZINNER veröffentlichter Fall von akutem, durch Gesichtsherpes ausgezeichnetem Bromismus war zurückzuführen auf Pyelographie mit Verwendung von Bromnatriumlösung als Kontrastmittel. (Im Urin war noch nach 86 Tagen Brom nachweisbar!).

Über anatomisch faßbare Gewebsveränderungen an den Eingeweiden ist in der Menschenpathologie nichts Sicheres bekannt. JAKSCH spricht als einziger über ,,anfängliche Schwellung, dann Atrophie der Leber". Quellenangaben, Unterlagen, Bestätigungen von anderer Seite für diese Bemerkung fehlen. In den Tierversuchen von Eulenburg und P. Guttmann (Vergiftung von Kaninchen mit Bromkalium) konnte stärkere Fettspeicherung in der Leber, wie sie etwa nach Wirkung organischer Bromverbindungen zu finden ist, nicht nachgewiesen werden.

Chronische Vergiftung.

Chronisch vergiftete Personen werden marantisch, ein auffallend starker Foetor ex ore geht von ihnen aus. Erscheinungen an den äußeren Augen (Bindehaut- und Lidentzündung) sind häufig.

Die Hautveränderungen: Aknepusteln, papulopustulöse Ausschläge, Ekzeme, Furunkel, Geschwüre (Zumbusch) usw. drücken dem Krankheitsbilde den Stempel auf. Das Bromoderma, dessen tumorartige Gestaltung ausgesprochener ist als beim Jododerma tuberosum, zeigt in seinen Formen außerordentliche Mannigfaltigkeit. L. Lewin beschreibt einen tuberösen Hautausschlag als erbsen- bis haselnußgroße, fleischfarbige oder dunkelbraune Gebilde, die meist neben Geschwüren oder dunklen, harten, in der Mitte eingesunkenen Infiltrationen angeordnet sind. Die Hautdrüsen finden sich an dieser Stelle entzündet, durch Zunahme des Kutisgewebes werden die Hautpapillen vergrößert. In anderen Fällen bestimmen Abszesse, Entzündungs- und Wucherungsvorgänge an den Gefäßen das histologische Bild (Pini: „Angiodermatose").

Mit Rücksicht auf das seltene Vorkommen des Bromoderma im Säuglingsalter verdienen die Mitteilungen von Scherer und von Dollinger noch Erwähnung. Sie betrafen Kinder mit auffallend kräftig entwickelten, im Höchstgrade Gewächsbildungen gleichenden Knoten, die von teils rosaweißer, wachsartig glänzender, teils braun verschorfter Haut bedeckt waren. Histologisch fanden sich die wesentlichsten Veränderungen an den Hautdrüsen; die epidermoidale Hypertrophie mit ihrer besonders mächtigen Entwicklung des Stratum corneum erklärte die tumorartige Gestaltung.

Über das anatomische Verhalten des Zentralnervensystems ist in der Menschenpathologie nichts bekannt. Fröhner erwähnt unter anderem, daß es bei chronisch vergifteten Haustieren (deren Muskulatur als „fettig degeneriert" bezeichnet wird) zu „Myelitis und stellenweiser Sklerosierung des Rückenmarks", zu „Vergrößerung und Degeneration der Hirnganglienzellen" komme. Tschisch versuchte bereits im Jahre 1885 am Tiere den Beweis einer Rückenmarksschädigung durch Bromkalium zu erbringen. Wieweit seine damaligen, auf unzulänglichen Untersuchungsmethoden aufgebauten Berichte über „degenerative Vorgänge" Gültigkeit beanspruchen können, muß unentschieden bleiben.

β) **Organische Bromverbindungen** (s. unter Narkotika der Fettreihe).

5. Jod.

Das — etwas schwächer als die anderen Halogene — örtlich reizende, in Form von Lösungen, Salzen, organischen Verbindungen verwendete Jod wird leicht durch die Haut (s. Fall Galli), von Schleimhäuten und Wundflächen her aufgenommen, und zwar soll es an Eiweiß gekoppelt in das Blut übergehen. Man vermutet allgemein, daß nach Zufuhr von Jodpräparaten — seien es anorganische oder organische — Jod im Körper abgespalten wird und erst in freiem Zustande zu wirken beginnt. Über sein Verhalten in den Geweben, seine chemischen Umsetzungen usw. ist noch wenig bekannt. Auch über die Ausscheidungsverhältnisse besteht keine einheitliche Meinung. Vielleicht wird das Jod —

hauptsächlich als Jodnatrium — durch Niere, Magen, Bronchien (Jodgeruch der Ausatmungsluft!), wie auch mit anderen Körperabsonderungen wieder entfernt.

HEILMEYER und STURM stellten fest, daß bereits wenige Minuten nach intravenöser Jodzufuhr der auffallend reichlich abgeschiedene Magensaft beträchtliche Jodmengen enthält, daß parenteral einverleibtes Jod mithin einen Reiz für die Magensaftabsonderung darstellt.

Wahrscheinlich wird in der Regel ein Teil des Jods in den Geweben zurückgehalten und verteilt sich hier auf die Mehrzahl der Organe. Nach den Angaben von HERZFELD und HAUPT bleiben Gehirn und Rückenmark, Fett- und Knochengewebe jodfrei, nach neueren Untersuchungen von FELLENBERG (1926) scheint sich dagegen auch das Großhirn am Festhalten des Jods zu beteiligen. Hauptspeicherungsorgan ist die Schilddrüse. Auch erkrankte Gewebe (tuberkulöse, karzinomatöse, eitrige) bezeigen eine auffallende Anziehungskraft dem Jod gegenüber.

Versagen der Ausscheidungswege, vor allem der Niere (GERSON, POLLAND, J. NEUMANN) oder Überempfindlichkeit der Behandelten führt zu akuten Vergiftungserscheinungen (Jodismus acutus). Die meisten der tödlichen Vergiftungen kamen durch therapeutische Einspritzung zu großer Jodmengen in die mit Serosa ausgekleideten Hohlräume, in Abszeßhöhlen oder in Zysten (z. B. Ovarialzysten) zustande (EDM. ROSE u. a.).

Der Nachweis des Jods in der Schilddrüse, in Blut, Haut usw. ist nur bei Vorhandensein großer Jodmengen für stattgehabte Vergiftung beweiskräftig. Knochen- und Fettgewebe sind praktisch jodfrei. Unter pathologischen Verhältnissen verschiebt sich die Verteilung zugunsten erkrankter Organe: Bei Eiterungen, Krebs, Lues, Tuberkulose findet sich in den kranken Körperteilen zwei- bis dreimal soviel Jod wie im entsprechenden Normalgewebe. Eine Methode zum histochemischen Nachweis gibt neuerdings HINTZELMANN an.

α) Jod in anorganischer Form.

Bei Jodismus acutus findet sich Ödem bzw. starke Blutfülle der Augenlider und -bindehäute.

Das hervorstechendste Merkmal der chronischen Vergiftung ist die „Jodkachexie", gekennzeichnet durch fortschreitenden Verfall mit äußerster Abmagerung und Anämie (nach Angabe von R. BOEHM auch durch Atrophie der drüsigen Organe).

Pinselt man Haut mit Jodtinktur, so zeigt sich die örtliche (zu Heilzwecken benutzte) Reizwirkung des Jods in anfänglicher Rötung und Schwellung der betroffenen Stelle, die braungefärbte Oberhaut kann sich nach wiederholten Pinselungen in großen Stücken abschälen. Als Zeichen übermäßiger Ansprechbarkeit treten gelegentlich schon nach einmaligem Auftragen von Jodtinktur papulöse Ausschläge (O. ROSENTHAL), serum- und bluthaltige Blasen auf (TOPP). Auch oberflächliche Gangrän wurde beobachtet (BORELLI: nach Vorbereitung zur Laparatomie). Gewöhnlich trifft man — wie auch im Tierversuche (SCHEDE) zu sehen ist — schon im Verlaufe der ersten Stunde in allen Gewebsschichten eine in die Tiefe gehende, mitunter bis auf die Knochenhaut, ja, auf Knochen und Knochenmark (SCHEDE: beim Kaninchen Lockerung und Lösung der Epiphysenknorpel!) übergreifende, seröse Ausschwitzung und Massenauswanderung weißer Blutzellen an, welch letztere, mitsamt dem umgebenden Gewebe, innerhalb der nächsten Tage fettig zerfallen und fortgeschafft werden (BINZ, COEN, FRITZLER u. a.). Untergegangene und eingeschmolzene Teile werden — unter lebhafter regenerativer Beteiligung der Gefäßwandzellen — durch neugebildetes Bindegewebe und Epidermis binnen kurzem ersetzt (COEN).

Abgesehen von dieser unmittelbaren Reizwirkung verursacht das (aufgesogene) Jod bei seiner Ausscheidung durch die Haut mannigfache Erkrankungen an dieser: Fleckige, leuchtend rote Erytheme von kurzem Bestand, umschriebene Ödeme, Purpura, kleinfleckig-masernähnliche Ausschläge (Gerson), knötchenförmige Ekzeme (G. Peter), Papeln, Pusteln und Akneknoten, vesikuläre und bullöse Bildungen (Polland: Jodpemphigus bei einem Nephritiker!), Phlegmone, Gangrän. So beschreibt Andry eine — nach Mißbrauch von Jodkalium bei einem 47jährigen Manne auftretende — ausgedehnte Gangrän in Achselhöhle, Schenkeln und Perineum. (Schriftenverzeichnis seltener Jodexantheme s. bei J. Neumann.)

Bereits bestehende Aknepusteln werden bei Menschen, die Jodalkalien nehmen, röter und größer; neue von gleicher Beschaffenheit sprießen auf an Gesicht, Brust, Schultern, Rücken. Noch bunter wird das Aussehen durch weinrot gefärbte Follikulitiden. Aus letzteren entwickeln sich in einzelnen Fällen bis walnußgroße, unregelmäßig gestaltete Gebilde: Jododerma tuberosum, die von A. Schütze, N. Walker u. a. als orangegelbe oder gelbrötliche, derbschwammige, breitbasig oder gestielt aufsitzende Tumoren geschildert werden. Diese erinnern in ihrer mikroskopischen Beschaffenheit an Epitheliome zufolge massiger Wucherungsvorgänge im Stratum germinativum und an den Talgdrüsen. Außerdem finden sich in der Lederhaut beträchtliche leukozytäre, betont eosinophile Infiltrate, Blutaustritte und Gefäßwandverdickungen.

Die Entstehungsursache der vielgestaltigen Hautleiden wird in örtlicher Jodanhäufung gesucht (N. Walker: Nachweis von Jod in herausgeschnittenem Gewebe) oder in Spaltung der Jodsalze durch den sauren Talgdrüseninhalt. Das auf diese Weise frei gewordene Jod reizt zur Entzündung.

Hühne rieb Kaninchen Joddermasan in die Haut ein, und es gelang ihm, in Haarbalgdrüsen und Haarbälgen das Jod histologisch nachzuweisen: „Die Haarbälge umsäumten wie braune Korallenketten den Haarschaft". Im Korium und im subkutanen Muskel fanden sich zwischen den Zellen Jodschollen abgelagert.

Bringt man (das in freiem Zustand als Zellgift wirkende) Jod in Substanz, Dampf oder Lösung auf das äußere Auge, so antwortet dieses mit Entzündung; auch nimmt der Bulbus zufolge reichlicher Absonderung und nicht hinreichend schneller Ableitung der Tränenflüssigkeit auffallend glänzende Beschaffenheit an. Die Entzündung kann in Phlyktänenbildung, Hornhauttrübung, auch geschwürigem Zerfall ausklingen. Die bei Allgemeinvergiftung sich einstellenden Erscheinungen sind in der Regel auf katarrhalische Bindehautreizung und Lidödem beschränkt. Bei manchen Menschen kommt es zu Chemosis und Herpes (L. Lewin und Guillery).

Bei Leichenöffnung zeigt sich die Körpermuskulatur verfettet (Kobert) oder — wie R. Boehm an seinen Hunden nach intravenöser Jodsalzzufuhr sah — sehr trocken und dunkel (Wasserentziehung!), etwaig mit zahlreichen kleinen Blutungen durchsetzt (besonders Interkostalmuskeln!). Ferner besteht auffallender Blutreichtum des Unterhautbindegewebes, es finden sich kleine Blutungen in Pleura und Mediastinum, seröse Ergüsse in Brustraum und Herzbeutel.

Nach Einspritzung von Jodtinktur in Eierstockszysten (Edm. Rose) erschienen alle Baucheingeweide wie mit Jodtinktur bestrichen, im Bauchraum hatte sich hellbräunliche, schwach jodhaltige Flüssigkeit angesammelt.

Bei ganz schwerem chronischen Vergiftungsverlauf gesellen sich zu der Erkrankung der Haut usw. Erscheinungen von Seiten des Zentralnervensystems, ohne daß bisher entsprechende pathologisch-anatomische Befunde nachzuweisen waren.

Während das Jod im Reagenzglas nach Zerstörung der roten Blutzellen Hämoglobin schnell in Methämoglobin überführt, verursacht es im Körper zwar Hämoglobinämie (gewöhnlich geringeren Grades) zufolge Erythrozytenauflösung, niemals aber kommt es zur Methämoglobinbildung (MARCHAND).

Über das Verhalten des Blutbildes beim Menschen sind mir keine Angaben bekannt geworden. KLOSE erzielte im Tierversuch relative Leukozytose mit anfangs verminderten, dann vermehrten Lymphozyten.

Nach intravenösen Gaben von PREGLscher Lösung wurde Schädigung der unmittelbar betroffenen Venenwand gesehen (DATTNER).

Von dem Gedanken ausgehend, daß für das Zustandekommen des — auch anatomisch häufig veränderten — Kropfherzens (LOOS u. a.) vielleicht eine übermäßige Jodausschüttung verantwortlich gemacht werden könne, fütterte TAKANA lange Zeit hindurch Ratten mit kleinen Gaben von Jodsalzen und bekam auf diese Weise tatsächlich vereinzelt kleine knotige oder perivaskuläre Rundzellansammlungen im Herzmuskel.

Einwirkung von Jod in Dampfform oder Lösung bedingt an den Schleimhäuten der oberen Luftwege Blutfülle, Epithelabschuppung, Schleimhautverluste, Auflagerung orangegelber Pseudomembranen. R. HEINZ suchte den Ablauf entzündlicher Vorgänge an der Pleura zu verfolgen, zu welchem Zwecke er seinen Kaninchen 2%ige Jodlösung in den Brustraum spritzte. Durchgehends kam es zu entzündlicher Gewebsreizung ohne Nekrose. Die vermehrte Gefäßdurchlässigkeit zeigte sich in Erythrozytendurchtritt und in Ausscheidung von Fibrin, welches mächtige Auflagerungen bildete. Diese gingen bereits nach 48 Stunden in nicht mehr stumpf lösbare Verwachsungen über.

Die durch Allgemeinvergiftung (Ausscheidung von freiem Jod?) hervorgerufenen Veränderungen an den Schleimhäuten sind im wesentlichen die gleichen wie die nach unmittelbarer örtlicher Reizung: Ödem, entzündliche Vorgänge, Blutungen von der Nase und ihren Nebenhöhlen (Jodschnupfen!) abwärts bis in die feinsten Bronchien. Hochgradiges Glottisödem kann zu lebensbedrohlichen Erscheinungen führen. Pseudomembranöse Laryngitis (KOBERT), katarrhalische Pneumonie (R. BOEHM) wurden nach Füllungen von Körperhöhlen bzw. nach Einspritzung von Jodkaliumlösung in eine Struma beobachtet.

Die innigen Beziehungen zwischen Jod und Leistungen bzw. geweblichem Verhalten seines Hauptspeicherungsorganes, der Schilddrüse, sind von besonderem Belange mit Rücksicht auf den augenblicklichen Stand der Basedowtherapie, bei welcher man, auf den Angaben von NEISSER und PLUMMER (angef. bei EDM. MAYER) fußend, kleinste Jodmengen zur Vorbereitung für die Operation der Basedowschilddrüse gibt, um (nach der Theorie von PLUMMER) den „dysthyreoitischen" Anteil des Basedow auszuschalten. Voraussetzung für dieses Heilverfahren ist das unmittelbare Anschließen der Operation, da andererseits bedrohliche Steigerung des „hyperthyreoitischen" Anteils einsetzen würde. (Näheres s. bei EDMUND MAYER.)

Nach übermäßigem Gebrauch von Jod, das ursprünglich als Vorbeugungsund Behandlungsmittel für Strumen eingeführt wurde auf Grund der Lehre, daß Kolloidkröpfe durch Jodmangel bedingt seien, traten gelegentlich Fälle von „Jodbasedow" auf (O. ROTH u. a.). Oder aber die Drüse schwoll akut schmerzhaft an (GUNDOROW, LUBLINSKI, SELLEI u. a.), bzw. es kam zu mehr oder minder ausgedehnten Blutungen. In solchen Fällen kann man geradezu von toxischer Wirkung sprechen (v. GIERKE: „Toxische Thyreoiditis"), die auch in gesteigertem, von entzündlichen Vorgängen begleitetem Epitheluntergang und vermehrter Kolloidresorption zu Tage treten soll (WEGELIN u. a.). Zur Rolle des Jods als Ursache der chronischen Thyreoiditis nehmen BRÜNGER, REIST Stellung.

Die, sich z. T. auf Tierversuchsergebnisse stützenden Ausführungen von WEGELIN (s. dieses Handbuch Bd. VIII) sind dahin zuzammenzufassen, daß

kleine Jodgaben die Kolloidabsonderung anregen, welche Wirkung sich besonders
deutlich an der wachsenden und der hypertrophischen Schilddrüse zeigt, daß
andererseits — nach den Arbeiten von Des Lignéris (angef. bei Wegelin) —
fortgesetzte Jodzufuhr Schädigung und vorzeitiges Altern des Drüsengewebes
nach sich zieht.

Von den vielen, zur Erforschung des Jodeinflusses auf das gewebliche Verhalten der Schilddrüse, auf ihre Regenerationsfähigkeit, ihre postoperative
kompensatorische Hypertrophie usw. vorgenommenen Tierversuchen können
hier nur wenige herausgegriffen werden. Die meisten Versuchsanordnungen bestanden darin, daß man beim Normaltier ein Stück Schilddrüse herausnahm
und die Vorgänge im Gewebe des übriggebliebenen Teiles einerseits bei unbehandelten, andererseits bei jodgefütterten Tieren beobachtete. Gray gibt an,
daß nach Entfernung von Drüsenteilen beim Meerschweinchen die Regeneration
bei mit Jodkali behandelten Tieren rascher erfolge als beim unbehandelten
Vergleichstier. Etwa die gegenteilige Auffassung wird von Marine vertreten,
wenn er sagt, daß die postoperative kompensatorische Hyperplasie hintangehalten
werde durch intraperitoneal eingespritzte kleine Jodmengen, daß bereits bestehende Hyperplasie unter Jodeinwirkung zurückgehe. Gray and L. Loeb
verabreichten Meerschweinchen innerlich Jodkali. Sie beobachteten während
der ersten drei Wochen Zunahme der Kernteilungsfiguren, dann kam ein Zeitraum, wo Mitosenabnahme und Erscheinungen von Epithelschwund einsetzten,
letztere wohl als Folge des Druckes durch stark vermehrte Sekretlieferung (s. auch
L. Loeb, Klose, Rabinovitsch u. v. a.).

Aus alledem geht hervor, daß — gleich wie die Beobachtungen am Menschen
— die Tierversuche mannigfaltige und einander vielfach widersprechende Ergebnisse zeitigten als getreues Spiegelbild der vorläufig noch nicht zu lösenden
Wirrnisse in der Fragengesamtheit, welche das gewebliche Verhalten der „Basedowschilddrüse" (oder besser der Schilddrüse bei klinischem Basedow!) unter dem
Einfluß von Jodgaben betrifft. Ein näheres Eingehen auf die Fülle der auf
disem Gebiet geleisteten Einzelarbeiten (Hoche, Giordano u. v. a.) gehört
nicht in diesen Rahmen. Ich verweise daher auf die neueste zusammenfassende
und sich mit den Grundfragen auseinandersetzende Darstellung von Edmund
Mayer und Fürstenheim.

Pinselung der Gaumenmandel mit Jodtinktur führte nach drei Tagen
zu einer sich bis in das Gaumensegel hinein erstreckenden Gangrän (Mounier).
Laut Angabe von O. Seifert kann innerliche Joddarreichung ulzero-
membranöse Stomatitis nach sich ziehen. Im Anschluß an Verschlucken von
10—12 g Jodtinktur sah man noch Heilung eintreten; bei größeren Gaben
erfolgte der Tod innerhalb weniger Tage. Im Magen liegen dann dunkelgelbe
bzw. blaue Massen (Bildung von Jodstärke!) oder hellbraune Konkremente,
die weder Eisen- noch Jodreaktion geben. Die — bei leichteren peroralen
Vergiftungen nicht immer braun gefärbte — Schleimhaut antwortet in der
Regel mit Schwellung, Blutungen, Desquamativentzündung, umschriebenen
Nekrosen und oberflächlichen Geschwürsbildungen. Bei Gewebsschädigungen
höheren Grades können Schlund und Speiseröhre, ja, Magen und Zwölffingerdarm von orangegelben Pseudomembranen ausgekleidet sein, die Schleimhaut sich in Fetzen ablösen (Lande et Muraret, Kobert). Phlegmone der
Speiseröhrenwand wird beschrieben (F. Herrmann). Als einzigartiges Vorkommnis dürfte eine nach Zufuhr von 3,5 g Jodkali innerhalb von drei Tagen
sich entwickelnde Gastritis phlegmonosa (Klieneberger) anzusprechen sein,
sofern tatsächlich das Jodkali und nicht eine kurz vor dem Tode verabfolgte
Kalomelgabe ursächlich in Frage kam. Zum mindesten muß die Möglichkeit
einer Ätzwirkung durch Bildung von Jodquecksilber erwogen werden, wenn

KLIENEBERGER auch hervorhebt, daß klinisch schon vor der Kalomeldarreichung Erscheinungen von Seiten des Magens bestanden hatten.

Scheidet der Magen (jedenfalls durch die Labdrüsen) das Jod ab, so nimmt er dabei kennzeichnende Beschaffenheit an: Die Schleimhaut kann in solchem Fall „wie mit Jodtinktur bestrichen aussehen" und reines Jod enthalten (R. BOEHM, EDM. ROSE). Nach Jodeinspritzung in Hohlräume sah KOBERT im Magen braune Verfärbung, Blutungen, Epithelabstoßung, Geschwürsbildung.

Bei allgemeinem, den Nephritiker am ehesten ergreifendem Jodismus entwickeln sich im obersten Abschnitt des Verdauungsschlauches Schleimhauterscheinungen, die den Erkrankungen an der Haut weitgehend ähneln. Man findet Zahnfleischschwellung und -blutungen, gelegentlich Stomatitis, Pemphigusblasen und Geschwüre am Gaumen, Schwellung bzw. Entzündung der Gaumenmandeln und der Speicheldrüsen (DANLOS, LUBLINSKI). Zuweilen tritt Parotitis als einziges Zeichen stattgehabter Vergiftung auf (RÉNON et FOLLET u. a.).

J. NEUMANN konnte bei einem an Dermatitis tuberosa leidenden Nierenkranken die Wesensgleichheit der Haut- und Schleimhautschädigung an der mit Effloreszenzen und Geschwüren übersäten Magenschleimhaut feststellen. Ähnlich POLLAND, in dessen Fall der Betroffene mit einem knötchenförmigen Gesichtsausschlag behaftet war und entsprechende Bildungen im Magen aufwies: Die am Pförtner ulzerierte Schleimhaut war in ganzer Ausdehnung dicht durchsetzt mit linsen- bis bohnengroßen, gelblichen oder grau belegten, z. T. geschwürig zerfallenden Infiltraten und gallig durchtränkten nodulären Effloreszenzen.

Bei chronischer Vergiftung beteiligt sich vor allem der Darm in stärkerem Maße mit Blutungen, Entzündungen und Geschwürsbildungen an den krankhaften Vorgängen (KOBERT).

Die Leber wird einstimmig als verfettet bezeichnet (KOBERT, KÓSSA u. v. a.). BINZ, dessen Tiere drei Stunden nach der Vergiftung zugrunde gingen, hebt die Fettspeicherung in den Sternzellen hervor.

Die Berichte über histologisch faßbare Schäden an der Niere des Menschen sind recht mangelhaft. LANDE et MURARET, waren scheinbar die einzigen, welche bisher eingreifendere gewebliche Störungen feststellten: Nach Einnahme von 30 g Jodtinktur konnten sie (bei dem 30 Stunden später in Urämie erfolgten Tode) ausgedehnte Kanälchennekrosen nachweisen. Nicht näher ausgeführte oder begründete Angaben über „Epithelverfettung, Glomerulonephritis, Anurie" u. dgl. finden sich in den Sammelwerken von JAKSCH und von KOBERT.

Zahlreich dagegen sind die Veröffentlichungen von Tierversuchsergebnissen, welche jedoch, wie aus dem Mangel an entsprechenden Berichten aus der Menschenpathologie geschlossen werden muß, kaum auf dem Menschen übertragbar sein dürften. In ihnen findet die beim Tiere stärker zu Tage tretende, Hämoglobinurie bzw. Hämaturie auslösende und den Fettstoffwechsel beeinflussende Wirksamkeit des Jods ihren Ausdruck (R. BOEHM, KÓSSA, LEBEDEFF u. a.). Je nach Tierart und benutzten Präparaten wechseln die von den einzelnen Untersuchern übermittelten Befunde. Es wird aufgezählt: Kapillarendothelwucherung (RIBBERT), Ausscheidung von Kalkzylindern (KÓSSA), Blutungen in das Gewebe (R. BOEHM) u. a. m. Spritzte BAEHR einem Kaninchen längere Zeit hindurch Jodsalze in die Nierenarterie, so entwickelte sich eine tubuläre Schrumpfniere und Gefäßsklerose. Es wird angenommen, daß die unmittelbare Wirkung des Giftes auf das Gewebe (besonders in den unteren Labyrinthabschnitten) von Kanälchenschwund gefolgte Leistungsherabsetzung bedingt, daß sich die hyperplastischen, zur Sklerose führenden Vorgänge an den Gefäßwänden der Parenchymzerstörung anschließen.

Venulet und Dmitrowski wollen beim Kaninchen nach Einspritzung von Jodkalium im Nebennierenmark Abnahme der Chrombräunung beobachtet haben. Auf Grund dieser scheinbar verminderten Erzeugung chromaffiner Substanz, für welche beim Menschen bisher nicht die geringsten Anhaltspunkte vorliegen, soll das Jod als spezifisches Mittel gegen Arteriosklerose angesprochen werden.

Über einen etwaigen Einfluß des Jods auf die Geschlechtsorgane des Menschen, welchen die Untersucher früherer Zeiten in Atrophie von Hoden und Mammae zu sehen glaubten, ist nichts irgendwie Begründetes auszusagen, denn die an Tieren gemachten Erfahrungen, die möglicherweise zugunsten einer schädigenden Jodeinwirkung sprechen könnten, lassen sich kaum auf den Menschen übertragen. Die Tierversuchsergebnisse sind kurz dahin zusammenzufassen, daß Unfruchtbarkeit sowohl bei weiblichen wie bei männlichen Mäusen eintritt, daß schwangere Tiere vorzeitig werfen (O. Loeb und Zöppritz). Dabei bleibt unentschieden, ob man es mit unmittelbarer Jod- oder aber mit mittelbarer Schilddrüsenwirkung zu tun hat. Grumme erzielte durch Fütterung großer Mengen von Jodtropon keine anatomischen Veränderungen, während Majerus (nach subkutanen Gaben von Jodvasogen) und L. Adler (nach subkutanen Gaben von Jodsalzen) hochgradige Parenchymstörungen im Hoden feststellen konnten. Das etwa auf ein Fünftel des Ursprünglichen verkleinerte, auf der Schnittfläche strukturlose Organ ergab mikroskopisch schwerste Schädigung der samenbildenden Zellen: Abstoßung derselben in die Lichtung, Mangel an Spermatogonien, Bildung von Riesenzellen aus Spermatiden, deren Entstehungsweise der von Kyrle bei Röntgenschädigung beschriebenen zu entsprechen schien (s. auch Alkohol). Das Endergebnis bestand in mehr oder minder vollständiger Azoospermie. Die mangelnde Übereinstimmung in den Befunden der mit verschiedenen Jodpräparaten arbeitenden Untersucher ist vielleicht mit dem letztgenannten Umstand in ursächlichen Zusammenhang zu bringen, da nicht alle Präparate eine Abspaltung von molekularem Jod gestatten.

Braude und Schwarzmann spritzten geschlechtsreifen Kaninchen und Mäusen Jodpräparate unter die Haut. Es zeigte sich, daß der Grad der am Eierstock zu erzielenden Veränderungen in erster Reihe abhängig war von der Menge, nicht so sehr von der Dauer der Jodzufuhr. Die Kaninchen wurden nicht tragend und wiesen in ausgeprägten Fällen u. a. am Eierstock untergehendes Follikelepithel und Schwund der Eizellen auf. Bei den Mäusen hörten die zyklischen Umwandlungen an der Scheidenschleimhaut auf.

Die beim Menschen an der Gebärmutter hervorzurufende, oft allerstärkste Blutüberfüllung der Schleimhaut kann Metrorrhagien nach sich ziehen (L. Lewin),

β) Organische Jodverbindungen.

a) Jodoform.

Der Vorgang des Jodoformübertritts in das Gewebe ist noch nicht recht erforscht: Eine Aufsaugung des unveränderten Stoffes in die Säftebahn erscheint zum mindesten zweifelhaft, da sein Nachweis als solcher in Blut oder Körperabsonderungen niemals gelang. Offenbar findet Jodabspaltung statt, denn schon 36—48 Stunden nach Verwendung von Jodoform gibt der Harn Jodreaktion (Falkson). Sicher ist, daß selbst trockene kristallinische Substanz von der unversehrten Haut her wirksam ist, sei es nun, daß freigewordenes Jod verdunstet und eingeatmet wird, sei es, daß im Talgdrüsensekret eine Lösung des Jodoforms statthat (Begünstigung der Jodoformwirksamkeit durch fette Stoffe!). Je fettreicher eine Wundfläche ist, um so leichter scheint die Zersetzung des Giftes und seine Aufnahme in den Säftestrom vor sich zu gehen, womit die zahlreichen

Jodoformvergiftungen nach Mammaamputationen, nach Einspritzungen in Wundhöhlen (F. König u. a.) ihre Erklärung finden.

Laut Meinung von Zangger ist die bei manchen Menschen anzutreffende Jodoformempfindlichkeit wahrscheinlich durch die Methylgruppe bedingt. Es würde dies auch zu den gelegentlich zu beobachtenden zerebralen Vergiftungserscheinungen passen.

Selten findet sich Ikterus, häufiger Hautausschläge.

Reizerscheinungen von Seiten des äußeren Auges wie Konjunktivitis, Phlyktänen, „Drüsenvereiterung" werden von L. Lewin beschrieben.

Noch Wochen nach Einbringung von Jodoform in die Bauchhöhle kann man — wie Falkson auch bei seinen Tieren sah — Reste der kristallinischen Massen in Klümpchen zusammengeballt und von jungem Bindegewebe überzogen zwischen den Darmschlingen nachweisen.

Giani e Ligorio glaubten, bei vergifteten Tieren „akute Degeneration" in den Zellen des Zentralnervensystems, inbesondere auch der Spinalganglien buchen zu dürfen.

Die Muskelfasern des Herzens, die Epithelien der Lunge und das Parenchym der großen Körperdrüsen neigen — auch beim Tier — unter Einfluß des Jodoforms zu beträchtlicher Fettspeicherung (Binz, Elbe, Falkson, Platen u. a.).

Der Magen-Darmkanal beantwortet die Vergiftung mit Schleimhautblutungen und katarrhalisch-entzündlichen Vorgängen.

Die Leber des Kaninchens spricht — wie auf fast alle Reize — so gleichfalls auf Jodoform mit feinkörniger intrazellulärer Kalkablagerung an (Kóssa). Kalkinfarkte sind auch in der Harnblase gelegentlich nachweisbar. Blutungen in das perirenale und renale Gewebe (Hämaturie!) kommen im Tierversuche vor. Elbe berichtet über Vorhandensein von Epithelzylindern in den Lichtungen der Nierenkanälchen, über vermehrtes Auftreten von Fett im Nierenmark.

b) Isoform (Parajodanisol).

Das als Wundpulver gebrauchte Isoform soll Hauterkrankungen (Dermatitiden) bewirken (E. Hoffmann u. a.).

Nicht begründete Angaben von O. Seifert besagen, daß als Ausdruck der Allgemeinvergiftung Hämolyse eintreten könne. Ferner wird von dem gleichen Berichterstatter das Vorkommen von Nekrosen in Leber, Milz, Niere erwähnt. Auch dafür fehlen Quellenangaben und Unterlagen.

Anhang:
Jodhaltige Mittel zur röntgenographischen Darstellung von Hohlräumen.
α) Umbrenal (Jodlithium).

W. K. Fränkel teilt eine akute, nach Pyelographie mit Umbrenal auftretende Vergiftung mit: Die 34jährige Patientin erkrankte eine Stunde nach Vornahme der Pyelographie mit Allgemeinbeschwerden, Erbrechen, blutigem Urin. Später stellte sich Hautausschlag am Rumpf, ferner Lidödem, Gesichtsschwellung und Rhinitis ein.

β) Biloptin (Dijodatophan).

Obwohl dieses, zur röntgenologischen Darstellung der Gallenblase benutzte Mittel seine giftigen Eigenschaften in erster Reihe dem Atophanbestandteil verdanken dürfte, soll es im Hinblick auf seine Verwendung hier mit abgehandelt werden.

G. Schwarz schildert, wie eine 30jährige Frau am zweiten Tage nach Einnahme von 5 g Biloptin unter Auftreten von Ikterus bedrohliche, auf die Leber hinweisende Krankheitserscheinungen bekam. Da über Leberschädigung durch Atophan (s. daselbst) Mitteilungen vorliegen, war daran zu denken. daß Leberleistungsstörungen eingetreten waren, daß sich — vielleicht als Vorstufen der akuten Atrophie zu deutende — krankhafte Vorgänge abspielten in einer möglicherweise überempfindlichen oder bereits vorher geschwächten Leber. Die Erkrankung ging in diesem Falle mit Heilung aus.

Über — klinischerseits beobachtete — Nierenreizung (Auftreten von Zylindrurie, etwaig auch Erythrozyten im Urin) berichtet A. Herrmann, ähnlich A. Fränkel, Kamnitzer u. a. Nach Meinung von E. Joël handelt es sich dabei um „Atophanzylindrurie".

ϑ) Lipjodol.

Gortan und Saiz, welche sich mit dem Verhalten des (zur Ventrikelographie gebrauchten) aufsteigenden Lipjodols beschäftigten, konnten noch 20 Monate nach seiner Beibringung in den Lumbalsack einen großen Teil des zugeführten Mittels in den Ventrikeln und an den Hirnfurchen nachweisen.

δ) Jodipin.

Jodipin, ein Additionsprodukt von Jod und Sesamöl, verhält sich ähnlich wie Lipjodol. Spritzt man es in den Lumbalsack, so sind unter Umständen — wie der Fall Pinéas lehrt — noch nach Monaten an der Hirnbasis reichlich rundliche, bis linsengroße, goldgelbe, z. T. träubchenartig angeordnete Gebilde auffindbar. Sie haften der Pia an und begleiten die basalen Gefäße. Gleichartige Massen sieht man auch in dichten Beeten am Dach der Seitenventrikel und an den in der Fissura longitudinalis verlaufenden Gefäßen. Die einzelnen Beeren, die in der Hauptsache aus Lipoiden und Fettsäuren bestehen, lassen sich leicht mit der Pinzette ablösen.

Grävinghoff, der die Wirkung des Jodipins auf den Ablauf eitriger Entzündungen im Gehirn erproben wollte, fand von dem eingespritzten Jodipin lediglich den Plexus chorioideus gelblich verfärbt und in gallertige Massen eingebettet.

Übertritt des Jodipins in die Nierenvenen bei Anwendung des Mittels zur Kontrastfüllung des Nierenbeckens wurde von Behrenroth beobachtet. Wahrscheinlich war es zu einer Berstung feiner Venenäste gekommen; eine Klärung des Geschehens mit Hilfe von Pyelographie an der Leiche gelang bisher nicht.

In die Gelenkhöhle eingefülltes Jodipin wird hier langsamer aufgesogen und (mit dem Harn) wieder ausgeschieden, als bei Zufuhr unter die Haut oder in die Muskeln. Gröbere Schädigungen an den Gelenkflächen waren nicht festzustellen, jedoch fanden sich Jodipintröpfchen in den Zellen des Gelenkknorpels eingelagert.

Im Blut wurde nachhaltige Lymphozytose bemerkt (Kobes und Militzer).

ε) Jodtetragnost-Merck (Tetrajodphenolphthalein-Natrium).

Das zur röntgenologischen Darstellung der Gallenblase und zur Leberleistungsprüfung dienende Präparat verursachte — intravenös gegeben — in dem ersten und bisher einzigen genau untersuchten Vergiftungsfall Beyreis nach 6 Tagen den Tod. Bei dem Vergifteten, einem 35jährigen Arbeiter, fand man das Blut lackfarben. Der ganze Verdauungsschlauch wies eingreifende Veränderungen auf. So zeigte sich schon während des Lebens das Zahnfleisch dunkelbraunrot geschwollen, mit Blutaustritten durchsetzt. An der Leiche waren Zahnfleisch, Wangen- und Rachenschleimhaut, Mandeln, Schlund und Speiseröhre bis zum Mageneingang (hämorrhagisch) entzündet und mit schmierigen, dicken, grau- oder gelblichweißen Belägen bedeckt. Ähnliche Auflagerungen ließen sich in dem mit schwärzlichblutiger, schokoladenartiger Flüssigkeit gefüllten Magen feststellen. Der Darm fiel schon von außen durch seine starke, blaurote Gefäßzeichnung auf. Seine Wand war entzündlich-ödematös verdickt, die Schleimhaut in ganzer Ausdehnung durch nekrotisierend-entzündliche, im Dünndarm vor allem die Zottenhöhen erfassende Vorgänge gekennzeichnet.

Als regelwidrige Leberbefunde werden nur „vollkommener Lipoidmangel, Quellung, Kernblähung und Karyolyse in den Sternzellen" angegeben. Im Tierversuche ließen sich Nekrosen erzeugen (OSTENBERG and ABRAMSON [angef. bei CZIKE]). Nach der Meinung von MAURER and GATEWOOD sind diese durch die Wirkung von Halogensäuren bedingt, welche in der Leber frei werden.

Vor allem bemerkenswert sind die Epithelnekrosen in den gewundenen und geraden Kanälchen der Niere: Zahlreiche Lichtungen enthielten abgestoßene zusammengesinterte Zellen; Kalkschollen lagen vereinzelt nur im Markzwischengewebe. OSTENBERG and ABRAMSON berichten bei ihren Tieren nur über das Auftreten von Hämoglobin- und Zylindrurie.

Es waren demnach im Falle BEYREIS die stärksten Schäden an den vermutlichen Ausscheidungsorganen des Giftes, d. h. an Darm und Niere zu beobachten. Die Art der Befunde erinnerte an die Veränderungen bei Quecksilbervergiftung. Dies, wie das Vorhandensein chemisch gesicherter Quecksilberspuren in den Organen bewog den Untersucher, an die Möglichkeit zu denken, daß der Verstorbene in letzter Zeit eine Quecksilberkur durchgemacht haben könne, eine Mutmaßung, für welche Unterlagen nicht zu erbringen waren.

Über das Vorkommen quaddelartiger Hauterscheinungen nach Jodtetragnostgaben wird von CZIKE Mitteilung gemacht.

Die von dem gleichen Untersucher an vergifteten Tieren vorgenommenen Blutprüfungen ergaben Resistenzherabsetzung der Erythrozyten und Hämolyse, starke Erhöhung des Bilirubingehalts.

6. Sauerstoff.

Die sauerstoffbedingte Schädigung des menschlichen Körpers ist nicht eigentlich als Vergiftung anzusprechen, da sie durch rein physikalische Ursachen: Bildung von Gasembolien (z. B. bei Caissonarbeitern) hervorgerufen wird.

Hunde und Kaninchen, die in einer mehr als $70^0/_0$ Sauerstoff enthaltenden Luft sich aufhielten, bekamen allgemeine Vergiftungserscheinungen. An anatomischen Befunden ließen sich anfangs nur hämorrhagisches Ödem, später auch Zellansammlungen im Zwischengewebe der Lunge nachweisen (FAULKNER and BINGER).

Den gewebereizenden Einfluß chronisch zugeführten Ozons erprobte H. SCHULTZ an Tieren. Diese zeigten (eitrig) entzündliche Augenerkrankungen, verfettete Herzmuskulatur, Bronchitis und Peribronchitis, Ödem, Blutaustritte und Herde beginnender Entzündung in der Lunge. Da die Luftröhrenschleimhaut außer Stauungsblutüberfüllung keine krankhaften Befunde erkennen ließ, hält SCHULTZ die Lungenerkrankung nicht für eine Folge unmittelbarer, sondern eher resorptiv bedingter zentraler, zu übermäßiger Lungentätigkeit anregender Reizung.

7. Wasserstoffsuperoxyd.

Dieses ist im allgemeinen ebensowenig wie der Sauerstoff als ein Gift im eigentlichen Sinne zu bezeichnen: Seine an sich schon leichte, unter Einfluß von Fermenten und Enzymen noch gesteigerte Zersetzlichkeit (Aufschäumen!) kann — vor allem bei Anwendung in geschlossenen Körperhöhlen — durch Hervorrufen von Gasembolien gefährliche Folgen nach sich ziehen.

Auf Grund der Versuche an Tieren, bei welchen sich auch nach Zufuhr unter die Haut Gasbläschen in Hohlvene, Herz und zahlreichen kleinen Lungengefäßen fanden, muß man schließen, daß wahrscheinlich ein Teil des Wasserstoffsuperoxyds in ungespaltenem Zustande von der — emphysematösen — Einspritzungsstelle her die Gefäßwand durchdringt (P. GUTTMANN u. a.).

Außerdem scheint Wasserstoffsuperoxyd von Wundflächen und serösen Häuten aus in die Gewebe aufgenommen zu werden, anders ließe sich der von LAACHE mitgeteilte plötzliche Tod nach Einspritzung in eine Empyemfistel nicht deuten. Die in diesem Falle in den Hirngefäßen nachzuweisenden Gasblasen erklären vielleicht die klinische Beobachtung, daß nach Verwendung des Mittels Erscheinungen von Halbseitenlähmung auftreten können (POULSSON).

Über einen eigentümlichen Fall schwerster örtlicher Schädigung nach Benutzung von Wasserstoffsuperoxyd zu kosmetischen Zwecken berichtet BERDE: Die betreffende Person hatte (eigenen Angaben zufolge), um die Haare zu entfärben, $30^0/_0$iges Hydrogen unter einem Filzhut auf die Kopfhaut einwirken lassen. Als Erfolg zeigte sich ausgedehnte Gangrän der Kopfschwarte und stückweises Abbrechen der holzkohlenartig umgewandelten Haarflechten.

8. Schwefel.

Der reine Schwefel spielt als Vergiftungsursache keine Rolle. Giftige Wirksamkeit entfaltet das Metalloid erst in seinen Verbindungen. Sog. Schwefelvergiftungen sind wahrscheinlich auf Verunreinigungen des Schwefels mit Arsen bzw. Selen zurückzuführen.

Peroral beigebracht, verläßt die Hauptmenge des Metalloids unverändert den Körper, nur ein Teil wird im Darm in Schwefelwasserstoff übergeführt (MALOSSI), hier möglicherweise als solcher in die Säftebahn aufgenommen und im Blute oxydiert. Als Salbe in die Haut eingeriebener Schwefel geht nach Angabe von STIEGLER in die Körpergewebe über und wird z. T. durch die gesamte Körperdecke als Schwefelwasserstoff wieder ausgeschieden.

α) Schwefelwasserstoff.

Schwefelwasserstoff, der sich im Augenblick der Berührung des Schwefels mit vielen organischen Stoffen bei Körpertemperatur entwickelt, ist (neben Ammoniak, Kohlensäure und Sumpfgas) der Hauptbestandteil des Kloakengases, und ihm sind die akut tödlichen Vergiftungen zuzuschreiben, von denen Arbeiter in Mistgruben, Kanalisation usw. betroffen werden. $0,7^0/_0$—$0,8^0/_0$ Schwefelwasserstoff in der Atemluft können auf die Dauer lebensgefährlich werden.

BELKY (1886) nahm an, daß Schwefelwasserstoff dem Oxyhämoglobin Sauerstoff entziehe und sich mit einem Teil desselben zu Wasser oxydiere, daß der dadurch freigewordene Schwefel die phosphorsauren Salze des Kalium und Natrium zu Sulfiden umwandele.

Nach neueren — in Tierversuchsergebnissen begründeten — Anschauungen von RODENACKER-WARBURG (1927) beruht das Zustandekommen der Vergiftung darauf, daß das im Blute katalytisch wirksame Eisen in Eisensulfid übergeführt und dadurch — ähnlich wie bei der Zyanidvergiftung — die Fähigkeit der Zelle zur Sauerstoffverarbeitung gehemmt wird, es mithin zur „inneren Erstickung" kommt. Die Oxydationsstörungen in den höchstempfindlichen Ganglienzellen bestimmen das klinische Vergiftungsbild.

Der Aufnahme von Luft mit mehrprozentigem Giftgehalt folgt augenblickliche Bewußtlosigkeit: „Apoplektische Form der Vergiftung", bei welcher der Tod nach wenigen Stunden eintritt. Der Eingeweidebefund ist nichtssagend, über das Verhalten des Blutes s. später. Die unter Koma und Krämpfen zu Tode führende „tetanische Vergiftungsform" ist durch langsameren Ablauf gekennzeichnet.

Entgegen den Angaben anderer Forscher (HEFFTER, J. POHL u. a.), daß durch die Lunge Schwefelwasserstoff ausgeschieden wird, konnte RAMBOUSEK in eigenen, mit Schwefelmilch durchgeführten Versuchen keine Spur des Giftes in der Atmungsluft nachweisen.

An der ganz frischen Leiche fällt starke Zyanose auf. Die durch Umwandlung des Blutfarbstoffes hervorgerufene Gelblich-Grünfärbung der Haut — insbesondere der Totenflecke — und der durch die Bauchdecken durchschimmernden blutreichen Organe wird erst einige Zeit nach dem Tode, d. h mit Beginn der Fäulnis bemerkbar (KOBERT). Die Totenstarre ist kräftig ausgeprägt. Schnelles Faulen der Leiche soll kennzeichnend sein (W. KLEIN u. a.). Andere Untersucher betonen gerade das Fehlen der Zersetzungserscheinungen.

Die Reizwirkung des Gases auf das äußere Auge wird sichtbar an Binde- und Hornhautentzündung, Hornhauterosionen und -trübung. Man kann diese z. B. beobachten bei Arbeitern, welche, mit der Kunstseidenherstellung beschäftigt, am Entstehungsorte der ersten Rohfäden tätig sind (d. h. in den Räumen, wo die Viskose in die schwefelsäurehaltigen Becken hineingepreßt wird). Vor allem gefährdet sind Schwefelgrubenarbeiter, bei welchen die Erscheinungen schon nach 1—3stündigem Aufenthalt in der schwefelwasserstoffhaltigen Luft auftreten können (MITA). Die Bindehäute werden als sammetartig geschwollen geschildert (KRAHNSTÖVER); um den Limbus herum und in der Tiefe sind strotzend gefüllte, bläuliche Gefäße zu sehen: Isolierte ziliare Injektion (s. auch HESSBERG, SCHOLTE u. a.).

Tierversuche mit Schwefelwasserstoff ergaben in der Lidspaltenzone oberflächliche punktförmige Hornhautinfiltrate (A. GUTMANN).

Bei Öffnung entströmt der Leiche der kennzeichnende Geruch nach Schwefelwasserstoff. Mit Bleiazetat getränktes Fließpapier wird in der Bauchhöhle durch Bildung von Schwefelblei geschwärzt.

Das Blut kann möglicherweise nach Schwefelwasserstoff riechen, dünnflüssige Beschaffenheit zeigen (E. KAUFMANN: Hypinose) und entweder tief dunkelrot sein (W. KLEIN) oder braunen bis grünlich schimmernden — besonders beim Faulen auftretenden — Farbton annehmen (Bildung von Sulfhämoglobin bzw. Methämoglobin!), der in seiner Stärke offenbar von der Alkaleszenz des Blutes beeinflußt wird (E. MEYER). Der spektroskopische Nachweis des Sulfhämoglobins gelingt nur, wenn der Tod während der Einatmung des Giftes erfolgte und die Giftkonzentration ausreichend hoch war. Er ist lediglich für noch nicht stärker zersetzte Leichen beweiskräftig.

Am Gehirn sind Mark- und Rindensubstanz — besonders nach längerem Liegen an der Luft — blaugrau bis schwärzlichgrau verfärbt.

Der vor allem bei chronischer Gaseinwirkung zu findende Reizzustand an der Schleimhaut der Luftwege (Rhinitis usw.) kann einerseits von der Einatmung, andererseits, wie — nicht unwiedersprochen (RAMBOUSEK) — vermutet wird (E. MEYER u. a.), von Ausscheidung des Gases durch die Lunge herrühren. Für letztere sprechen die Tierversuche von SKWORZOW, bei welchen nach Einführung wäßriger Schwefelwasserstofflösung in den Mastdarm Erkrankungen von Seiten der Atmungsorgane in Erscheinung traten: Die schmutzigrote, durch Blutungen und luftleere Teile marmorierte Lunge wies mikroskopisch, außer intraalveolärem Erythrozytenaustritt und Epithelabstoßung, als Quelle der größeren Blutungen Wandrisse in den thrombosierten Gefäßen auf. Auch die Gewebsschichten der Luftröhre und ihrer Äste waren mit Blutaustritten durchsetzt. Nach Gaseinatmung sind beim Tier die entzündlichen Vorgänge stärker betont (MAGNANIMI, MALOSSI). Der Befund an der Lunge des Menschen besteht — neben ausgeprägtem Emphysem — in der Hauptsache in Stauungs- und Entzündungserscheinungen: Ödem, Pleuraergüsse, Herdpneumonien.

Bei ungewöhnlich massiger Bildung von Schwefelwasserstoff im Darm werden die Stühle dünn, schwarzgrün. Durch Einbringung eines Schwefelwasserstoffstroms in den Mastdarm konnte E. Meyer bis in das Ileum hinaufreichende, alle Darmwandschichten erfassende grünliche Verfärbung erzielen, die durch die Darmschlingen hindurch auf die Leber übergegangen war. An dieser hat Malossi beim chronisch vergifteten Tier „Herdnekrosen" und über das Durchschnittsmaß hinausgehende Hämosiderinspeicherung in den Sternzellen beobachtet.

Wie Magnanimis Versuche am Tiere zeigten, können sich innerhalb weniger Minuten histologisch nachweisbare Nierenveränderungen ausbilden in Form von „auffallend starker Glomerulusfüllung, Schwellung und Abstoßung von Epithelien" der gewundenen Kanälchen. Bei chronischer Gifteinwirkung (auf Kaninchen und Meerschweinchen) fand Malossi Epithelverfettung und ausgedehnte Verkalkung im Bereich der Pyramiden.

β) Schwefelkohlenstoff (und Kohlenoxysulfid).

Schwefelkohlenstoff zeigt in seinen pharmakologischen Eigenschaften, insbesondere in seinen Beziehungen zu den Lipoiden des Körpers weitgehende Ähnlichkeit mit den Narkoticis der Fettreihe (J. Pohl).

Akute Vergiftung.

Diese ist (z. B. nach Einatmen des Gases in Fabrikbetrieben) verhältnismäßig selten. Auch über akut tödlich endende Vergiftungen nach peroraler Giftzufuhr liegen nur ganz vereinzelte Berichte vor (Foreman).

Meist gleicht der Sektionsbefund dem bei Erstickungstod, ermangelt also kennzeichnender Merkmale, die chemische Untersuchung der Leichenteile fällt negativ aus (Harmsen, Radziejewski). Gelegentlich sind hellrote Totenflecke, kleine Hautblutungen, kirschrotes, flüssiges Blut geeignet, Verdacht auf Kohlenoxydvergiftung zu erwecken (v. Brunn).

Die Augenbindehäute finden sich gewöhnlich geschwollen und gerötet (Harmsen).

Bei Eröffnung der Bauchhöhle bzw. des Magens macht sich Geruch nach Schwefelkohlenstoff bemerkbar.

Das Blut antwortet auf die Vergiftung mit Erythrozytenzerstörung. Zersetzung des Hämoglobins unter Methämoglobinbildung ist nach den Untersuchungen von Kromer wohl auszuschließen. Bei Tieren (Tamassia) erscheinen die Blutzellen verkleinert und kräftiger als sonst in der Umrißzeichnung; sie verlieren ihre Durchsichtigkeit, zerfallen schließlich in Stücke. Das Auftreten von — nicht näher beschriebenem oder gedeutetem — schwarzem und gelbem Pigment soll beobachtet worden sein.

Das Gehirn, vor allem die graue Substanz, ist gelbgrünlich verfärbt.

Nach Verschlucken des Giftes waren hämorrhagische Gastritis und größere Blutmengen im Mageninnern nachweisbar (s. auch die Tierversuche von Arezzi).

Der Inhalt der entzündlich veränderten Harnblase riecht nach Schwefelkohlenstoff.

Arezzi erzielte bei seinen Tieren beträchtliche Blutfüllung der Nierenglomerulii und Fettspeicherung in den Epithelien der gewundenen Kanälchen.

Chronische Vergiftung.

Sehr viel häufiger als die akute ist die chronische Vergiftung, die typische Gewerbekrankheit der Gummiarbeiter. (Ausführliche Darstellung s. bei Laudenheimer.)

Der Geschädigte erscheint blaß, kachektisch, ist gekennzeichnet durch hochgradigen Schwund von Körpermuskulatur und Fettgewebe (BRUCE). Es fällt die — durch peripherische Neuritis bedingte — Überstreckung einzelner Finger auf. Die Augenbindehäute haben einen livide-aschgrauen Farbton (SCHWALBE). Keratitis mit nachfolgendem Staphylom wird von KOELSCH angegeben. Die — gelegentlich durch Aknepusteln oder Ekzeme verunstaltete — Haut wird mit Todeseintritt zyanotisch.

An den Zahnalveolen findet man — ähnlich wie nach chronischer Phosphoreinwirkung — Entzündungs- und Eiterungsvorgänge (HARMSEN), so daß sich auf Druck hellgelbe, stinkende Flüssigkeit aus dem Zahnfleisch entleert. Auch Nekrosen am Kieferknochen kommen vor (KOELSCH); die zugehörigen Lymphknoten sind geschwollen.

Bei Leichenöffnung fällt der Geruch nach Schwefelkohlenstoff auf.

Die Schilddrüse sah SCHWALBE bei (entmilzten!) vergifteten Kaninchen vergrößert und pigmentreich.

Eingreifende — beim Menschen bisher allerdings kaum einmal anatomisch nachgewiesene — Veränderungen am Nervensystem müssen vorhanden sein, denn nur so lassen sich die mannigfachen nervösen Erscheinungen (Pseudotabes, Psychosen, peripherische Neuritis usw.) erklären, welche während des Lebens das Krankheitsbild beherrschen (BONHOEFFER, QUENSEL, VOITEL u. a.). An groben Befunden sind meist nur Ödem und kapilläre Blutungen zu nennen (RÖSELER). Da der Schwefelkohlenstoff Fette und Lipoide löst, kann er — wie uns zahlreiche Tierversuche lehren — an der lipoidreichen Nervensubstanz seine zerstörende Wirksamkeit entfalten. So sieht man bei den Versuchstieren im Gehirn und Rückenmark (besonders an den hinteren Wurzeln) weißgelbe, bis erbsengroße Erweichungsherde (POINCARÉ, SCHWALBE, TAMASSIA), Chromatolyse usw. in den Ganglienzellen und am Dendriten beginnende Faserentartung (G. KÖSTER u. a.). Letztere ist auch in Spinal- und Sympathikusganglien nachweisbar.

Ein von QUENSEL veröffentlichter — ursächlich allerdings nicht ganz eindeutiger — Fall aus der Menschenpathologie zeigt der Art nach teilweise Übereinstimmung mit den Tierversuchsergebnissen, bleibt jedoch bezüglich Ausdehnung und Stärke des anatomisch faßbaren krankhaften Geschehens weit hinter diesen zurück. Der Fall betraf einen 23jährigen Schlosser, der schon vorher „nicht normal" gewesen sein soll. Bei der 8 Stunden nach Todeseintritt erfolgten Leichenöffnung ließen sich im Gehirn zahlreiche Schäden feststellen: Neben kleinsten Blutaustritten waren uncharakteristische histologische Bilder zu sehen wie Gewebslücken (umschriebener Gewebszerfall oder Lymphstauung?), kleinste beginnende Erweichungsherde usw., Befunde, die im Hinblick auf die Vorgeschichte des Verstorbenen nicht ohne weiteres als schwefelkohlenstoffbedingt angesprochen werden konnten.

Die peripherischen Nerven antworten in erster Reihe mit entzündlichen Erscheinungen. Taucht man eine Tierpfote in flüssigen Schwefelkohlenstoff (G. KÖSTER), so entwickelt sich eine von den Hautnerven aus aufsteigende Neuritis.

Der Schwefelkohlenstoffamblyopie liegt — und hier sind viele Berührungspunkte mit den Befunden nach Nikotin- und Alkoholmißbrauch — eine von Atrophie gefolgte chronische Entzündung in Netzhaut und retrobulbärem Optikusabschnitt zugrunde. Die Papille erscheint in solchen Fällen trübe, blaß oder mißfarbig-rötlich, die sie umgebende Netzhaut nimmt gelegentlich moireeartiges Aussehen an (GALEZOWSKI, L. LEWIN und GUILLERY).

Feinkörnige Verfettung der „degenerierenden und atrophierenden" Herz-muskulatur, Erweiterung und Zerreißung arterieller Hirngefäße beschreiben Poincaré, Schwalbe.

Die Dämpfe des Giftes bewirken unmittelbare entzündliche Reizerscheinungen an den oberen Abschnitten des Atmungsweges, während die Ausscheidung des aufgesogenen Giftes offenbar verantwortlich zu machen ist für die Kreis-laufsstörungen in der Lunge, welche zu herdförmiger Blutüberfüllung, hämor-rhagischen Infarkten und größeren, oft nur noch an Resten gelösten Blut-farbstoffs und massiger Pigmentablagerung zu erkennenden Blutungen führen (Michele, Röseler, Schwalbe).

Bei Transportarbeitern zeigten sich nach viermonatlicher Beschäftigung schwere Verdauungsstörungen, die ihre Erklärung in nekrotisierend-hämorrha-gischer Gastritis fanden (Redaelli). Ähnliche Veränderungen erzielte Michele nach Giftfütterung bei Tieren. Schwalbe dagegen sah den Hauptsitz der Erkrankung in dem stark pigmentierten Darm.

Blut- und Fettreichtum der Leber (Poincaré) und Niere (Michele) sind zu erwähnen. Redaelli stellte bei den bereits genannten Arbeitern in der Niere „Schädigung" von Kapsel- und Kanälchenepithelien fest. Beim Tiere wiesen stärkere Pigmentspeicherungen in Glomeruluskapsel und Zwischengewebe auf frühere Blutaustritte hin (Schwalbe).

Beträchtliche Hämosiderose des Nebennierenmarks wird von Poincaré angegeben.

Die große dunkle Milz zeichnet sich durch ihren Reichtum an intra- und extrazellulär gelagertem, z. T. eisenpositivem Pigment aus. Letzteres ist auch in größeren Mengen im Knochenmark gespeichert (Schwalbe), bald in den Mark-zellen, bald im perivaskulären Gewebe.

Welche Vorgänge sich an dem doch offenbar (Hämosiderose der Organe!) geschädigten Blut abspielen, läßt sich aus den sehr verschieden lautenden Veröffentlichungen nicht recht ersehen.

Die von Delpech gebuchte Atrophie des Hodens bedarf noch der Bestätigung von anderer Seite.

Der Nachweis des Giftes gelingt in Blut, Harn, Leber, Milz, Niere, Magen und -inhalt.

9. Selen.

Selen übt in seinen Verbindungen ähnliche Giftwirkungen auf den Säuge-tierkörper aus wie das Arsen und ist ebenso wie dieses als reines Metalloid un-giftig. In der Menschenpathologie spielen Selenverbindungen keine nennens-werte Rolle. Die ersten Angaben über ihre Wirkung auf das Tier stammen von Japha und Rabuteau (angef. bei Czapek und Weil). Bereits 5 Minuten nach Einspritzung von (örtlich reizendem) selenigsaurem Natrium, bei innerlicher Darreichung nach etwa 15 Minuten, setzen beim Warmblütler Benommenheit, Atemlähmung, Störungen von Seiten des Verdauungschlauches als erste Ver-giftungserscheinungen ein, die in peripherischer Lähmung der Gefäßnerven im Splanchnikusgebiete gipfeln. Die ausgeatmete Luft riecht sehr bald nach Knob-lauch. Bringt man das Gift unmittelbar in die Blutbahn, so finden sich feinste Selenteilchen in den inneren Organen (besonders der Leber) abgelagert (Meiss-ner). Bei sehr schnellem Todeseintritt bleiben unter Umständen Störungen im Verdauungsschlauch völlig aus.

Pathologisch anatomische Veränderungen am Zentralnervensystem konnten bisher nicht nachgewiesen werden.

Laut Angaben von Achard und Ramond sollen sich Blut und blutbildende Organe nach Einspritzung von kolloidalem Selen „verändern".

Der Selenwasserstoff wird während der Einatmung in der atmosphärischen Luft leicht zersetzt und das metallische (rote) Selen in den Luftwegen niedergeschlagen. Hier wirkt es — gewissermaßen als Fremdkörper — entzündlich reizend (O. Seifert) und zwar beim Tiere so hochgradig, daß tödliche Pneumonien beobachtet werden (Meissner). Ähnliche Erscheinungen lassen sich durch subkutane Gaben von Selenverbindungen erzielen.

Der Sektionsbefund im Verdauungsschlauch des vergifteten Tieres wird von Czapek und Weil als kennzeichnend angesprochen. Im Magen ist die Schleimhaut meist nur an wenigen umschriebenen Stellen gerötet; dagegen sind hochgradige Blutfülle, Schwellung und Auflockerung im Bereiche des Zwölffinger- und oberen Dünndarms die beständigsten Vergiftungszeichen. Die Veränderungen beginnen scharf abgesetzt am Pförtner und verringern sich nach dem Dickdarm zu. Der Darminhalt besteht aus seröser, durch weißliche Flocken (Detritus und Epithelien) getrübter Flüssigkeit. Histologisch zeigen sich die Blut- und Lymphgefäße der Schleimhaut mächtig erweitert und strotzend gefüllt, das Epithel ist teils einzeln abgestoßen, teils in Verbänden von der Unterlage abgehoben und der dadurch entstandene Hohlraum von netzförmigen Gerinnungsfiguren angefüllt. Im großen und ganzen bekommt man Bilder, die sich makro- und mikroskopisch dem Aussehen des Arsendarms annähern.

Der Nachweis des Selens wird am ehesten in den Eingeweiden geführt (Gadamer). Nach den Angaben von Gassmann, Fritsch (s. Schrifttum daselbst) sind Zähne und Knochen besonders geeignet.

10. Tellur.

Das dem Selen und dem Schwefel chemisch verwandte Tellur wurde in früheren Jahren zur Unterdrückung der Schweißabsonderung benutzt, mit Rücksicht jedoch auf den — allen Ausscheidungen und besonders der Ausatmungsluft anhaftenden — Knoblauchgeruch aus dem Arzneischatz gestrichen.

Vergiftungen beim Menschen sind nicht bekannt geworden. Unsere spärliche Kenntnis von der Tellurwirkung beruht lediglich auf Berichten über jahrzehntelang zurückliegende Tierversuchsergebnisse. Die am Säugetier beobachteten Erscheinungen stehen vielfach denen bei Arsen- und Selenvergiftung sehr nahe; andererseits gemahnt das Krankheitsbild auch an Schwermetallwirkung. (Zusammenstellung des älteren Schrifttums s. bei Czapek und Weil 1893.)

Mit Eröffnung der Leibeshöhle fällt der knoblauchartige Geruch auf, welcher den (häufig mit kleinen Blutungen durchsetzten) Eingeweiden entströmt. Diese (besonders der Darm) sind bei längerer Vergiftungsdauer grau bis grauschwärzlich verfärbt, ein Befund, der durch den Gehalt von metallischem, nach Reduktion in den Geweben (Zellkernen) niedergeschlagenem Tellur hervorgerufen sein soll (Hansen). Das Blutserum wird als violett getönt beschrieben.

Das Innere des Darms verhält sich wie nach Vergiftung mit Selen.

Der häufig blutige Harn läßt an eine — bisher anatomisch noch nicht gesicherte — Nierenschädigung denken.

Obwohl durch Tellur die Schweißabsonderung behindert wird, waren histologisch faßbare Veränderungen an den Schweißdrüsen nicht nachzuweisen.

Levaditi et Dimanesco-Nicolan spritzten Kaninchen intramuskulär Tellur ein und fanden bei der (nach 99 Tagen erfolgten) Tötung in den Muskeln am Orte der Einspritzung Knötchen, die sich zusammensetzten aus einem zentralen schwärzlichen Tellurlager und peripherisch angeordneten aktinomyzesähnlichen Bildungen.

11. Stickstoffoxydul.

Nach übermäßiger Einatmung des (in der Zahnpraxis) als Anästhetikum unverdünnt verwandten Gases kann es zu Asphyxie und Tod unter den Zeichen der Erstickung kommen, ein außerordentlich seltenes Geschehnis, da auf Millionen Narkosen ganz wenige tödlich verlaufende Fälle gerechnet werden. Dementsprechend verfügen wir nur über vereinzelte autoptische Befunde, welche, der Eigenart der Vergiftung gemäß, im wesentlichen denen beim Erstickungstod gleichen.

Zu berücksichtigen sind Organzyanose, Leere des linken, Überfüllung des rechten Herzens, Lungen- und Glottisödem (L. Lewin , Thornbury). Infolge starken Blutzustromes in die Augen sind (laut Angaben von L. Lewin und Guillery) die Augenbindehäute mit punktförmigen Blutungen übersät.

12. Phosphor.

Nur der gewöhnliche gelbe oder weiße, im Dunklen leuchtende Phosphor spielt toxikologisch eine Rolle, da er allein, zufolge seiner Löslichkeit und Flüchtigkeit, die Bedingungen für das Zustandekommen einer Vergiftung erfüllt. Die Aufnahme erfolgt — lediglich in gelöstem Zustand — von den Schleimhäuten des Verdauungsschlauches oder in Dampfform von der Lunge aus. Über das Schicksal des Giftes im Körper ist wenig bekannt: Offenbar wird ein Teil oxydiert und im Harn ausgeschieden, während der unverändert wieder abgegebene Phosphor in Atemluft und Kot nachzuweisen ist.

Als Ursache des Gesamtkrankheitsbildes lassen sich in der Regel eine Reihe chemischer und pathologisch-anatomischer Veränderungen auffinden, welche den Phosphor zu einem besonders starken Stoffwechselgift stempeln. Sein örtlich reizender oder gar ätzender Einfluß (M. Roth), den die früheren Untersucher (s. Verdauungsschlauch) noch in den Mittelpunkt stellten, tritt demgegenüber vollkommen zurück (s. G. Krönig: Verzeichnis älterer Arbeiten).

Als kleinste tödliche Phosphormenge werden 5—6 Zentigramm bezeichnet (Vergiftung von Kindern durch Phosphorlebertrantherapie: Nebelthau, R. Magnus u. a. S. auch Bacmeister und Rehfeldt: Vergiftung bei Gerson-Herrmannsdorfer Diät). Diese Angabe bezieht sich auf die perorale Zufuhr, da die von Art und Ort der Giftbeibringung abhängige Wirkung nach subkutaner oder dampfförmiger Aufnahme des Phosphors eine unvergleichlich schwächere ist. So sah C. Lehmann eine verhältnismäßig leicht verlaufende Vergiftung nach Verletzung mit einem phosphorhaltigen Geschoß, das in der stark nach Phosphor riechenden Wunde größere Giftmengen zurückgelassen hatte.

Der Merkwürdigkeit halber sei hier ein, vor allem für den Gerichtsarzt belangreicher Fall erzählt, dessen Einzelheiten mir durch die liebenswürdige mündliche Mitteilung der Herren Dr. Kipper und Dr. Weimann (gerichtsärztliches Institut, Berlin) bekannt wurden. Zur Zeit einer der in Groß-Berlin regelmäßig angeordneten Rattenvertilgungen starb in der Umgegend von Berlin ein Mann an (autoptisch gesicherter) Phosphorvergiftung, welche nach Aussagen der Ehefrau auf den Genuß eines an Rattengift eingegangenen Huhns zurückgeführt werden mußte. Die von den Obengenannten daraufhin vorgenommenen Versuche, durch Fütterung mit dem Fleisch akut phosphorvergifteter Meerschweinchen Vergiftungserscheinungen an Hunden hervorzurufen, fielen in verneinendem Sinne aus. Wie sich später ergab, bestand gegen die Ehefrau des Verstorbenen begründeter Mordverdacht.

Besonders große innerliche Phosphorgaben ziehen den Tod innerhalb weniger Stunden nach sich; er tritt unter Zeichen der Herzlähmung ein, ohne daß zu diesem Zeitpunkt schon Herzmuskelverfettung oder sonstige pathologisch-anatomische Befunde am Herzen vorhanden wären (Tüngel). Die Ursache für den raschen Vergiftungsablauf wird in schweren, gelegentlich auch histologisch faßbaren Störungen am Zentralnervensystem gesucht.

Akute Vergiftung.

Nach Angaben von L. MEYER ist nach wenigen Stunden die Totenstarre bereits kräftig ausgebildet (Einfluß von Krämpfen?), kann jedoch bei starker Verfettung der Muskulatur auch ganz fehlen. Der — von ganz wenigen Fällen abgesehen — sich am zweiten und dritten Vergiftungstage einstellende Ikterus der Haut und Skleren ist merkmalsmäßig verwertbar (R. MAGNUS, REICHEL, TÜNGEL u. a.). Ältere Untersucher wie MUNK und LEYDEN (1865) erklärten die Gelbsucht auf Grund ihrer Versuche als mechanisch durch die — den Gallenabfluß behindernde — entzündliche Schwellung der Duodenalschleimhaut bedingt.

Zum Ikterus gesellt sich häufig Purpura der Haut (s. auch Blutungen in die Augenbindehäute!), die als Zeichen entstehender Blutungsbereitschaft (Versagen der Leberleistungen!) zu werten ist (REICHEL). Quaddelartige Ausschläge werden beobachtet.

Auf die Oberhaut oder auf Schleimhäute gebrachter Phosphor soll nach (sonst nirgends bestätigten) Angaben von L. LEWIN Brandwunden und tiefer greifende, schwer heilende Geschwüre mit örtlicher Lymphgefäßentzündung und anderen Folgezuständen verursachen.

Die gelegentlich schon im Beginn der Vergiftung auftretende, von P. EHRLICH 1882 zum ersten Mal beschriebene, peripherische Haut- und Knochengangrän kann differentialdiagnostische Bedeutung gewinnen. Sie greift gewöhnlich symmetrisch Platz, unter Bevorzugung der Unterschenkel, bezw. der Füße und Zehen (HABERDA, KOLISKO, MANNER, VOLLBRACHT u. a.); aber auch die Nasenspitze kann beteiligt sein (R. WAGNER). Die Vorgänge bei dem Zustandekommen der Gangrän sind nicht geklärt. Während die einen Beobachter den Grund suchen im Versagen des peripherischen Kreislaufs zufolge Stauung und Thrombenbildung bzw. Fettembolien (HABERDA, PUPPE), Störungen, denen der Boden möglicherweise durch bestehende Hypoplasie des arteriellen Gefäßsystems vorbereitet war (MANNER-EHRLICH), schuldigen die anderen eine mit Elastizitätsverlust einhergehende Schädigung der Gefäßwand an (LUNZ, RÖSLER).

Bei Leichenöffnung fällt (bereits nach 48 Stunden) die eigentümlich verquollen-schlaffe, gelbbräunliche oder trübgelbrote Beschaffenheit der Körper- und Zwerchfellmuskulatur auf. Blutungsherde in den Muskelbündeln und im intermuskulären Bindegewebe sind schon dem bloßen Auge kenntlich. Bei der histologischen Untersuchung, zu der man am besten Zwerchfell- und Wadenmuskeln verwendet, zeigen sich die Muskelfibrillen feinsttropfig verfettet oder fettigkörnig zerfallen, am stärksten unmittelbar unter dem Sarkolemm, dessen Kerne bald zu wuchern beginnen. Wurstförmig und kolbig aufgetriebene, hyalinisierte bzw. schollig auseinanderfallende Muskelbündel gehen in verfetteten Detritus über, der stellenweise hineinwachsendem Fettgewebe Platz macht. Die histologischen Bilder erinnern an die Muskelbefunde bei Knollenblätterschwammvergiftung (s. Abb. 95).

Histochemische Untersuchungen des Körperfettgewebes nahm BALAN vor. Auf Grund der teilweise ganz starken Blaufärbung mit Nilblausulfat hält er eine Umgruppierung der Lipoidgemische für wahrscheinlich.

Die bereits erwähnte Blutungsneigung wird am deutlichsten in den zahlreichen Blutaustritten im Bindegewebe, den serösen Häuten, den parenchymatösen Organen usw. O. SILBERMANN sah bei stärkster Venenfüllung des Magens dessen nächste Umgebung mit frischem Blut durchtränkt. REICHEL fand in den durchbluteten Halsgeweben die beiden Nervi vagi durch Blutungen in Nervenscheide und -substanz zu schwarzroten Strängen umgewandelt (siehe auch C. SEYDEL). Ähnlich verhielt sich der Ductus thoracicus: Im Brustteil war seine Wand durch Blutaustritte zwischen den einzelnen Schichten aufgequollen, seine Lichtung durch die auf den Gang drückenden Blutmassen in der

Nachbarschaft scheinbar verlegt, so daß er unterhalb dieser Stelle sackförmig erweitert war und blutig gefärbte Flüssigkeit in sich barg, ein Befund, der mit Rücksicht auf das Fehlen des Ikterus in diesem Fall von besonderer Bedeutung schien. Dem Gallenstrom war auf die geschilderte Weise der Weg in die Blutbahn gesperrt worden.

Bei frischen Leichen sichert das Leuchten des Magen-Darminhalts und der Leichenteile, der Phosphorgeruch in der Leibeshöhle (Tüngel u. a.) die Diagnose.

Das Blut ist flüssig, dunkel, sein Gerinnungsvermögen herabgesetzt oder aufgehoben. Maier (angef. bei Senftleben) will Leuchten des Blutes beobachtet haben, wenn er einem Frosch Phosphor unter die Rückenhaut brachte. Vorübergehende, offenbar auf Knochenmarksreizung zurückgehende Erythrozytenvermehrung, ja, Polyzythämie mit Auftreten von Normoblasten und Myelozyten ist nicht selten (Pisarski, Reichel, Taussig u. a.). Dagegen stellt sich bei besonders schwerem Vergiftungsverlauf oder längerer Dauer Leukopenie ein (Rösler u. a.).

Chemisch zeigt das Blut — wie Untersuchungen am Menschen und Tier lehren — weitgehende Veränderungen: Verminderung der Alkaleszenz (Jaksch), außerordentlichen, den Glykogenschwund in der Leber erklärenden Anstieg der Diastase (Falkenhausen). Fibrinogen und Thrombogen schwinden, sobald die Leberzerstörung größeren Umfang angenommen hat, womit sich die Herabsetzung der Gewinnungsfähigkeit (und in weiterer Folge die Blutungsbereitschaft) zwanglos erklärt (Fonio). Nach den Angaben von Ivancevic (1927) bleibt der Blutzucker normal, während der Eiweißumsatz erhöht ist. Erst bei schwerster Vergiftung stellt sich Hypoglykämie ein.

Der Einfluß des Phosphors auf den Fettstoffwechsel, den wir bei Besprechung der einzelnen Organe noch näher kennen lernen werden, soll sich nach Ausführungen von Balan sogar am Knochen vergifteter Tiere in Form reichlicher Neutralfettablagerung äußern.

Kolloidvermehrung in der Schilddrüse findet sich bei Macaggi verzeichnet. In dem Sammelwerk von Wegelin (dieses Handbuch Bd. VIII, S. 1) werden italienische Arbeiten (von Crispino u. a.) erwähnt, die sich mit der Frage der Schilddrüsenschädigung bei Phosphorvergiftung befassen und Befunde wie „Epithelatrophie, -abschilferung und -nekrose" aufzählen. Nicholson hebt die Epithelverfettung hervor. Desgleichen werden von E. J. Kraus die Vorderlappenzellen der Hypophyse als „auffallend verfettet" bezeichnet.

Die in der Klinik während des Vergiftungsablaufes zu beobachtenden zerebralen Krankheitszeichen veranlaßten bereits die alten Untersucher, ihr Augenmerk auf anatomisch nachweisbare Veränderungen am Zentralnervensystem zu richten. Zwar ist den in früheren Jahrzehnten mit unzulänglichen technischen Mitteln gewonnenen und schon damals von Kreyssig angezweifelten Ergebnissen der Tierversuche von Danillo, Rossi u. a. kein allzugroßer Wert beizumessen, doch erfreut sich die 1889 von Hammer in den Vordergrund gerückte massige Verfettung der Rindenganglienzellen heute noch fast allseitiger Anerkennung als Vergiftungszeichen. Gesicherte Befunde sind purpuraähnliche und größere Blutungen, Erweichungen, Markfaserausfall (Goldscheider und Flatau, A. Dietrich, Kirschbaum, Rotky u. a.), feinkörnige Fettablagerung in der weißen Substanz längs der Nervenscheiden, in den Ganglien-, Glia- und Gefäßwandzellen der Rinde (s. Abb. 45), besonders ausgeprägt im Ammonshorn (Weimann u. a.), eine Verfettung, die so stark werden kann, daß das ganze mikroskopische Schnittbild wie mit feinsten Fetttröpfchen bestäubt erscheint.

Kirschbaum beschäftigte sich im Hinblick auf diese Befunde vor allem mit der Frage des Zusammenhangs bzw. der Abhängigkeit zerebraler Schäden von Veränderungen der

Leber im Sinne der akuten Atrophie, bei welcher Erkrankung — seiner Meinung nach — die nervösen und die anatomischen Erscheinungen, ohngeachtet der jeweils wechselnden ursächlichen Faktoren, dem Wesen nach stets die gleichen sind. Demzufolge wäre es fraglich, ob — wie in diesem Sonderfall — die Giftwirkung des Phosphors oder im allgemeinen die der Eiweißzerfallstoffe (hepatotoxische Komponente!) bzw. der Gallensäuren für die Störungen im Zentralnervensystem anzuschuldigen sind. Nach den Angaben von KIRSCHBAUM soll bei der Phosphorvergiftung die Verfettung zurücktreten gegenüber den schicht- und fleckweisen, in ihrer Verteilung (s. auch POELCHEN) sich den Gefäßästen anschließenden Verödungs- und Ausfallsbezirken der Rinde, die nur selten stärkere Gliareaktion und -wucherung erkennen lassen.

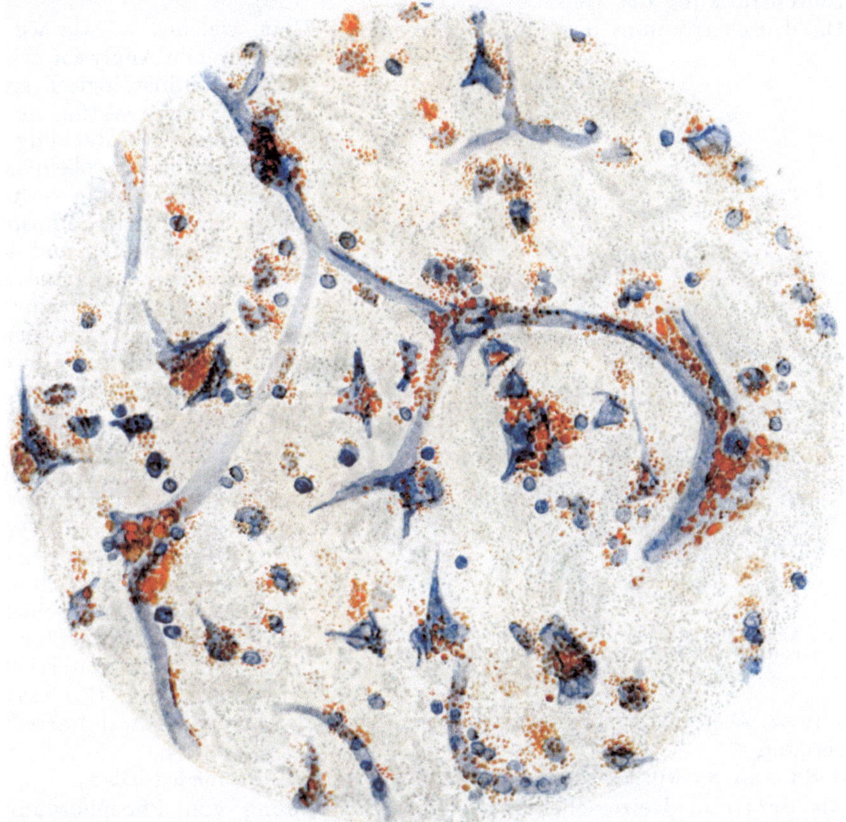

Abb. 45. Gehirn bei akuter Phosphorvergiftung. Hochgradige Verfettung der Gefäßendothelien, Ganglien- und Gliazellen. (Sammlung Dr. WEIMANN, Gerichtsärztl. Institut, Berlin.)

Über das Verhalten des inneren Auges gibt es nur wenige Beobachtungen beim Menschen. L. LEWIN und GUILLERY vermerken, daß fast sämtliche Blutgefäße bis in die feinsten Verzweigungen hinein außerordentlich stark gefüllt sind, daß in der Netzhaut die Erythrozyten längs der prall gefüllten Vene austreten. KOSSOBUDSKI teilt einen Fall mit, in welchem ein Mensch, der als Kind irrtümlicherweise phosphorhaltiges Rattengift genossen hatte und danach auf einem Auge erblindet war, mit 22 Jahren als Reste einer abgelaufenen Chorioretinitis weiße und gelbe Flecke und Pigmentanhäufungen im Augenhintergrund aufwies. Die Eindeutigkeit der ursächlichen Beziehungen zwischen Giftwirkung und Netzhautveränderung geht aus dem Bericht nicht hervor.

Am Herzen findet man — der Blutungsbereitschaft entsprechend — zahlreiche Peri- und Endokardblutungen. Ein ziemlich regelmäßiger Befund ist die mehr oder minder starke Speicherung von Fett (offenbar ölsäurereichem Neutralfett!), welches Ignatowski als feinste, den Fibrillen zugehörende Tröpfchen schildert. Die Muskelfibrillen können zerfallen, an ihrer Stelle bleibt schließlich nur das Fett übrig, wodurch es scheint, als läge es im Sarkoplasma. Ein Fall, der unter den Zeichen hochgradiger Tachykardie endete (C. Seydel), fand seine Erklärung in massiger, die beiden Nervi vagi in sich einbeziehender Blutdurchtränkung des Gewebes am Halse (s. S. 149).

Die Durchströmung des Gefäßrohres mit Blut, welches — wie wir aus chemischen Analysen wissen, aber auch histologisch an der durch Sudanreaktion hervorgerufenen Rosafärbung des intravasalen Blutplasmas erkennen (Hackel) — unter dem Einfluß des Phosphors reich ist an Fetten und deren Bausteinen (Jastrowitz, Mansfeld), erklärt zur Genüge die starke Fettspeicherung in Zellen und Geweben der Gefäßwand (Hackel, G. Wegner u. a.). Die Endothelien verquellen glasig, die Innenhaut springt knopfförmig in die Lichtung vor (G. Krönig). Schollig-hyaline Entartung, Nekrose (Piccagnoni) der — etwaig später verkalkenden — Wandschichten (Poelchen: Hirngefäße) soll die von einigen Untersuchern (Kirschbaum, C. Seydel)

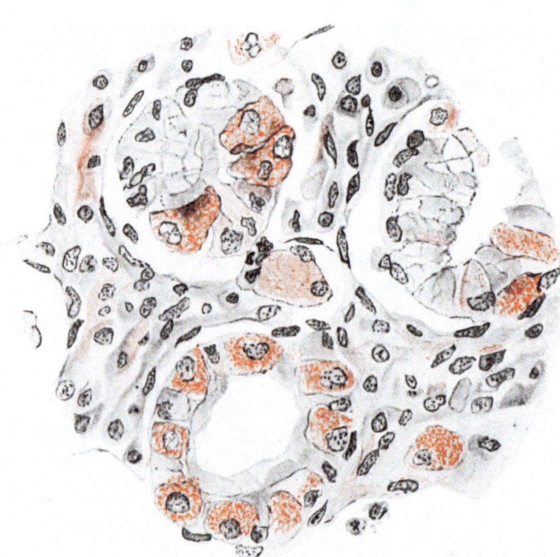

Abb. 46. Akute Phosphorvergiftung. Lipoidsubstanzen in den Drüsenepithelien des Magens. Reaktion nach Ciaccio.

vermutete, aber noch niemals anatomisch nachgewiesene Gefäßwandzerreißung vorbereiten.

O. Silbermann will bei seinen Tieren Kapillarthromben gefunden haben.

Als örtliche Reizerscheinungen nach Einatmung von Phosphordämpfen treten an den Luftwegen akute Schleimhautkatarrhe auf, gelegentlich auch stärkeres Ödem der Lunge (Paltauf). Bei peroraler Vergiftung findet man außer Lungenblutungen in wandständigen und abgestoßenen Alveolarepithelien oft hochgradige Fettspeicherung (Hackel, Piccagnoni, G. Wegner u. a.), die vielleicht nicht immer den phosphorbedingten Fettstoffwechselstörungen, sondern gelegentlich auch beginnenden Entzündungsvorgängen zuzuschreiben ist.

Die Mehrzahl der alten Berichterstatter (s. Arbeiten bei M. Bernhardt 1867) beschrieb nach peroraler Phosphordarreichung die Schleimhaut des Verdauungsschlauches, insbesondere des Magen-Darmrohrs als hochrot, erweicht, verätzt, voller Geschwüre, ja, in Gangrän übergehend. Heute wissen wir, daß der Phosphor keineswegs zu den Ätzgiften gehört, daß sein örtlicher Einfluß sich für gewöhnlich lediglich in mäßiger Schleimhautreizung (Gefäßfüllung, ödematöse Schwellung) von der Mundhöhle bis in den Darm hinein auswirkt. Nur ausnahmsweise kommt es beim Menschen (s. aber G. Wegner: Tierversuche) zu hämorrhagischen Erosionen, stärker entzündlichen oder gar ulzerösgangränösen Erscheinungen (Fr. Langer, Husemann, Senftleben).

Versuche am Hund (Minami) ergaben mit Fortschreiten der Vergiftung allmähliches Versiegen der Magensaftabsonderung, ein Geschehen, das in ursächlichem Zusammenhang stehen dürfte mit den anatomisch nachweisbaren Veränderungen an der Magenschleimhaut. Diese ist gewöhnlich — zufolge massiger Einlagerung von Neutralfetten und Lipoiden in die Muskelfasern, vor allem aber in die Drüsenzellen (Abb. 46) — verdickt, blaßgelb, milchigtrübe (zuerst von Virchow beobachtet). Nach langsam verlaufender innerlicher Vergiftung sah Blatter bei seinen Tieren inselförmige Verfettung verschiedensten Grades, unter Bevorzugung der Pylorusdrüsen. Die Hauptzellen zeigten, vor allem in der Kernzone, oft so massige Fettspeicherung, daß der Kern völlig verdeckt wurde. Diesen (früher als „Gastritis glandularis“ bezeichneten) Magenbefund wollte Anschütz noch 1899 differentialdiagnostisch für die Phosphorvergiftung verwerten gegenüber der „genuinen akuten Leberatrophie“, die man begrifflich seinerzeit streng abgrenzen zu können glaubte.

Reichliche Fettablagerung wurde auch in der Zungen- und Darmmuskulatur und in den Epithelien der Speicheldrüsen nachgewiesen (G. Lewin, G. Wegner).

Kennzeichnend ist die — im Rahmen der sonstigen Blutungsbereitschaft nicht überraschende — Neigung zu Blutungen in die Magen-Darmwand, die man nach Ansicht der meisten Untersucher als Folge örtlicher Gefäßwandschädigung zu betrachten hat (C. Seydel u. a.) oder, nach älteren Anschauungen (Senftleben 1866), als Zeichen einer mit Diffusionsstörungen und verminderter Herzaktion einhergehenden Bluterkrankung.

Der Mageninhalt riecht bei frischen Leichen (auch beim Tiere: Seifried) nach Knoblauch, leuchtet im Dunklen. Die Fäzes, deren Leuchten gleichfalls beschrieben wird, sind zumeist schleimig, mehr oder minder bluthaltig.

Die Leberbefunde nach peroraler Vergiftung — unter die Haut bzw. in Dampfform eingeführter Phosphor greift die Leber wenig oder gar nicht an — sind bis weit über den Kreis der Fachpathologen hinaus so gut bekannt, daß ich mich kurz fassen kann. Allerstärkste Fettablagerung und entsprechende Organvergrößerung gehen mit einer solchen Schnelligkeit vor sich, daß meist schon nach 1½ Tagen der Höhepunkt der Verfettung erreicht ist und bald darauf die in Richtung der akuten Atrophie laufenden Vorgänge einzusetzen scheinen. Der Tod erfolgt gewöhnlich zwischen dem 3. und 6. Tag nach der Giftzufuhr.

Ältere Arbeiten über Entstehung und Bau der Phosphorleber finden sich bei O. Wyss (1865) verzeichnet. Galt die Phosphorleber früher ohne Einschränkung als das Schulbeispiel allerstärkster Fettspeicherung der Leberzellen (Jennicke, Niedermaier u. v. a.), so werden die makro- und mikroskopischen Befunde am Menschen und die Ergebnisse von Tierversuchen (Ackermann, Oppel, G. Wegner u. a.) jetzt wohl von den meisten Untersuchern (siehe aber Hanser und die von ihm angeführten Forscher) dahin gedeutet, daß der Phosphor in der Leber, seinem vorzüglichsten Erfolgsorgan, neben oder in Folge der Kohlehydrat- (E. Frank und S. Isaak) und Fettstoffwechselstörungen mit Fortschreiten der Vergiftung gewebliche Vorgänge auslöst, wie wir sie bei der akuten (bzw. subakut-chronischen) Leberatrophie zu finden gewohnt sind, mithin die durch Phosphor bedingten Leberveränderungen sich dem Wesen nach in nichts unterscheiden von denen bei Vergiftung mit Knollenblätterschwamm, Chloroform, Arsen, Oleum pulegon usw., bzw. bei der „genuinen akuten Atrophie“ (Herxheimer, Hulst, E. Petri u. a.).

Daraus ergibt sich, daß das Krankheitsbild der „akuten Leberatrophie" Folgeerscheinung recht verschiedener Ursachen sein kann. Wie Zangger ausführt, ist die Ursachenbestimmung hauptsächlich durch die Kriegstoxikologie in ein ganz neues und viel klareres Licht gerückt worden. Man vertritt heute den Standpunkt, daß die beschriebene Lebererkrankung auf einer besonderen Krankheitsbereitschaft nach dieser bestimmten Richtung hin beruht; nur darum kann ein chemischer Stoff gerade diese Krankheit mit dieser Verlaufsrichtung auslösen. Die Vorgeschichten derartiger Fälle ergaben zumeist, daß die Gesamterscheinungen der akuten Atrophie eintraten auf Grund eines Zusammenwirkens von Infektion (besondere Lues) oder chronischem Alkoholismus mit dem jeweilig eingeführten Gifte.

Der Beginn der Leistungsstörungen in der Leber ist wahrscheinlich auf den Zeitpunkt des — auch im Tierversuch nachzuweisenden (Zangger) — äußersten Glykogenschwundes bzw. der Behinderung der Glykogenneubildung zu legen (Manwaring, Meixner, Neubauer u. a.). Beim phosphorvergifteten Tier wird durch reichliche Kohlehydratzufuhr sowohl die Fettmobilisation als der Eiweißzerfall unterdrückt (Rettig).

Nach der Anschauung von Pollak kann es durch Gifte überhaupt infolge asphyktischer Störungen oder unmittelbarer Sympathikusreizung zur Ausschüttung des Glykogenvorrats, besonders auch der Leber kommen.

Die Theorien über den Ursprung des Leberfettes — nach Meerschweinchenversuchen von Lawrence and Huffman beginnt die Verfettung unter starker Beteiligung der Sternzellen am Läppchenrande und schreitet nach der Mitte zu fort — mögen hier noch gestreift werden. Gegenüber der von einzelnen Untersuchern vertretenen krassen Meinung einer reinen Infiltration von Fettstoffen, die aus anderen, nicht genau zu bestimmenden Körperfettlagern (Balan) auf dem Blutwege herbeigeschafft wurden (Lebedeff, Onuma, G. Rosenfeld, Schwalbe u. a.), steht die

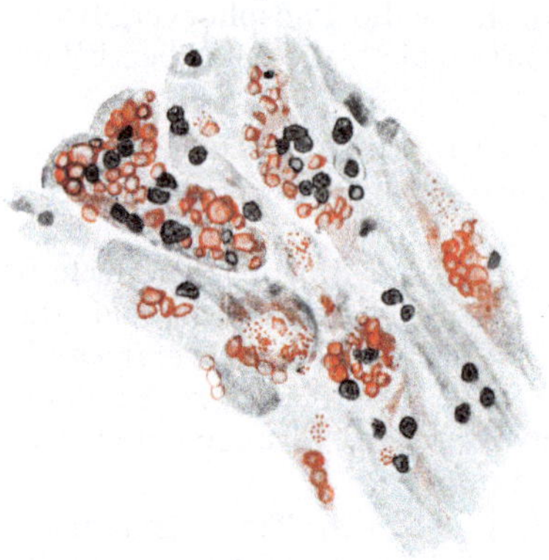

Abb. 47. Akute Phosphorvergiftung. Lipoidsubstanzen in den Leberzellen. Reaktion nach Ciaccio.

Anschauung, daß intrazelluläre Spaltung hochmolekularer Eiweißfettkörper (Fettphanerose!) und Einlagerung von Fetten bzw. deren Bausteinen als annähernd gleichwertige Faktoren nebeneinander anzusprechen sind, eine Auffassung, die auch ich in früheren Arbeiten (s. das.) vertreten habe im Hinblick auf den reichen Gehalt der erkrankten Leberzellen an Lipoiden (Abb. 47), Cholesterinen und Fettsäuren (Dwyer, E. Petri u. a.). Der Chemismus der unter Phosphoreinfluß stehenden Leberzellen ist noch nicht geklärt: Nach Angabe von Heffter verringert sich der Lezithinvorrat um 50%.

Erwähnen möchte ich noch Azzos auf Froschversuchen beruhende Vermutung der Entstehung von Fetttröpfchen aus dem Mitochondrienapparat. Wail nahm sich neuerdings der gleichen Frage an. Er fand in der Tierleber feintropfige Verfettung mit gleichzeitiger Veränderung in Zahl und Gestalt der Mitochondrien: So traten u. a. grobe Körner auf. Er schließt daraus, daß irgendwelche Beziehungen zwischen Tätigkeit der Mitochondrien und der Verfettung bestehen müßten, ohne daß sichere Anzeichen für eine Entstehung von Fetttropfen unmittelbar aus den Mitochondrien oder auf deren Oberfläche vorhanden seien.

Schmaus und Böhm sahen bei Tieren Zusammenlagerung und Verklumpung roter Blutkörperchen innerhalb der Leberzellen. Tischner erprobte die Wirkung des unter die Haut eingeführten Giftes. Er fand bei seinen Kaninchen in den ersten Tagen Blutüberfüllung, Leukozytenvermehrung und Extravasate, Aufhellung, Quellung und Verfettung der Leberzellen. Unmittelbar in die Gekrösevene gebrachter Phosphorlebertran (Kosugi und Kim) bedingte nach 12—14 Stunden Leberschäden, welche in Anordnung und Ausdehnung beträchtlichen, von der

Lage der betroffenen Venenäste und von der Giftmenge abhängigen Schwankungen unterlagen. Aus der Art der massigen, von Nekrose gefolgten Verfettung wurde geschlossen, daß zuerst die Stern-, dann die Leberzellen ergriffen werden. Nach Einspritzung unter die Haut erzielten die gleichen Untersucher peripherisch etwas stärker ausgesprochene, aber sonst gleichmäßig ausgebreitete Leberveränderungen mit geringer Neigung, umschriebene Herde zu bilden.

Zufolge gestörter Gallebildung einerseits, in mächtiger Erweiterung der Gallenkapillaren und in Gallepfropfbildung zu Tage tretender Gallenabflußhemmung andererseits besteht der Gallenblaseninhalt nur noch aus trüben, weißlich-schleimigen Massen.

Außerordentlich starke Verfettung des Pankreasparenchyms sah PICCAGNONI bei einem mit Phosphorlebertran vergifteten Kind: Offenbar war die Fettspeicherung durch Zufuhr des Lebertrans begünstigt worden.

Die beobachteten Nierenveränderungen treten in gleicher oder ähnlicher Weise auf bei allen Erkrankungen, die mit höhergradigen Leberleistungsstörungen einhergehen (FAHR, E. MAYER u. a.) und dürften somit in der Hauptsache nicht der unmittelbaren Wirkung des Phosphors zur Last zu legen sein, sondern der mit dem Leberzerfall einhergehenden Stoffwechselumstellung. Das grau- bis butterfarbene, teigig geschwollene, in der Marksubstanz gelegentlich durch Phosphatinfarkte (PALTAUF) gelbgestreifte Organ läßt schon makroskopisch auf massige Fettablagerung schließen. Diese besteht — soweit histochemische Untersuchungen Schlüsse gestatten — aus fast reinen, tropfig und granulär gespeicherten Neutralfetten, welche die gewundenen Kanälchen I. und II. Ordnung im mikroskopischen Präparat scharf hervortreten lassen, ein Bild, das bereits ROKITANSKY bekannt war. Angedeutete Sudanreaktion des Kanälcheninhalts weist auf Ausscheidung des Fettes in die Kanälchenlichtung hin. Fettembolien in den Knäuelschlingen (HULST) sind als Ausnahme anzusprechen und vielleicht mit vorhergegangenen Krämpfen ursächlich in Beziehung zu bringen.

Während sich in den meisten Fällen die von der Norm abweichenden Befunde auf Verfettung der gut erhaltenen Epithelien und auf kleinere Gewebsblutungen beschränken, wird doch auch vereinzelt über Epithelnekrosen und -verkalkung bzw. über Phosphatinfarkte berichtet, etwa in der Art, wie wir sie vom Tierversuch her kennen (LUBARSCH, NEUBERGER, PALTAUF). Die Ablagerung der Kalksalze, welche NEUBERGER an seinen Tieren beobachtete, ist weniger stark, aber gleichmäßiger angeordnet wie die nach Vergiftung mit Aloin, Wismut, Sublimat usw.

Die Nebennieren sind — den sonstigen Befunden entsprechend — außerordentlich stark fett- bzw. lipoidhaltig (REICHEL).

Auch das Epithel der Harnblasenschleimhaut nimmt an der allgemeinen Verfettung teil (SENFTLEBEN).

In der Milz fanden BALAN und ähnlich HACKEL bei ihren Tieren außer Hämosiderose Fettspeicherung im Retikuloendothel bzw. nur in den follikulären Retikulumzellen; ähnliche Bilder konnte PICCAGNONI bei einem mit Phosphorlebertran vergifteten Kind feststellen.

In den spärlichen Mitteilungen über das Verhalten des Knochenmarks werden nur Blutungen erwähnt.

Eierstöcke im prämenstruellen Zustand wiesen förmliche Blutgeschwülste auf (KOBERT, G. WEGNER). L. LEWIN spricht — ohne nähere Begründung — von „Oophoritis".

Der Einfluß des Giftes auf die Gebärmutter äußert sich in allerstärkster Blutungsbereitschaft in Endometrium und Plazenta, eine Wirkung, welche den Phosphor zu dem vorzugsweisen Fruchtabtreibungsmittel früherer Jahrzehnte stempelte. Die Gebärmutterinnenfläche ist nach Anwendung des Giftes blutig gefärbt, mit einem leicht abstreifbaren Häutchen ausgekleidet. Die Plazenta ist leicht zerreißlich, ihre von Verfettung der Deziduazellen herrührende gelbbraune Tönung wird durch die rote Tüpfelung kleiner und größerer Blutaustritte unterbrochen (C. SEYDEL, WASSMUTH).

Der transplazentare Übertritt des Giftes von der Mutter auf den Fetus ist schon lange bekannt und wurde auch durch Versuche an trächtigen Tieren (MIURA, SCHWALBE und MÜCKE u. a.) sichergestellt. Bereits 48 Stunden nach Einnahme des Phosphors beginnen die Gewebe der Frucht zu verfetten, in annähernd gleicher Weise, wenn auch durchschnittlich nicht so hochgradig, wie die Organe der Mutter. Kapilläre Blutungen im Gehirn des Fetus werden von C. SEYDEL und von WASMUTH angegeben.

Subakut-chronische Vergiftung.

An dem von früheren Untersuchern aufgestellten, durch Anämie, Kachexie, gelegentlich auch Ikterus, durch Erkrankungen der Atmungs- und Verdauungsorgane (ZANGGER) gekennzeichneten Begriff des „Phosphorismus chronicus" wird auch jetzt noch von verschiedenen Seiten festgehalten.

Die vor allem als Gewerbekrankheit zu beobachtende, aber unter Umständen auch nach langjähriger therapeutischer Verabreichung von Phosphorpräparaten (POLLNER) auftretende sog. Phosphornekrose der Kiefer ist — wie nach vielfachen Beobachtungen (auch am Tiere) heute feststeht — keine spezifische Knochenerkrankung. Man kann sie in gleicher Art nach Traumen, Lues, Tuberkulose usw. sich entwickeln sehen als Ausdruck einer beliebigen Sekundärinfektion auf vorbereitetem Boden (HAECKEL, STOCKMAN, RIEDEL). Im Sonderfall der Phosphorwirkung glaubt LÉVAI die Erstschädigung in den auf den Giftreiz mit Endothelwucherungen und thrombotischen Lichtungsverschlüssen antwortenden Gefäßen suchen zu müssen.

Die Entstehung der Knochennekrosen stellt man sich etwa folgendermaßen vor: Sind freiliegende Stellen des Alveolarrandes der Dauerwirkung von Phosphordämpfen ausgesetzt, so kommt es zu ossifizierender Periostitis, d. h. es bilden sich auf der Außenfläche der Alveolen zuerst poröse, später kompakte Auflagerungen. Periostablösung, durch Infektion von der Mundhöhle aus hervorgerufene Eiterung schließen sich an. Das Ergebnis ist Nekrose des alten Knochens, während die neuentstandenen Osteophyten als Bildner der Sequesterkapsel in Tätigkeit treten. Auf diese Weise können größere Teile der Kiefer, besonders des unteren, verloren gehen (TELEKY u. v. a.).

Im allgemeinen sind Knochenerkrankungen heute als selten zu bezeichnen (ZANGGER). Doch erwähnt KOELSCH in einer einschlägigen Berichterstattung, daß man in Frankreich neuerdings in fünf Fällen bei mit Weißphosphor beschäftigten Leuten Phosphornekrose beobachtet hat (vgl. die Mitteilung in Société de Chirurg. de Lyon, Juni 1927). In dem Sammelwerk von BECK wird das Auftreten von Nekrose des Schläfenbeins vermerkt.

Bei Vereiterung von Unterkiefernekrosen findet man in den Mund mündende Fistelgänge, Senkungsabszesse am Hals usw., ja, metastatische Meningitis, Hirnabszesse, Panophthalmie können sich anschließen.

Im Hinblick auf die Verwendung des Phosphors als Antirachitikum wurde dem Verhalten des wachsenden Knochens gegenüber längerdauernder Phosphorzufuhr besondere Aufmerksamkeit geschenkt (M. BRANDES). Am jungen Tiere beobachtet man nach Einführung von kleinen Giftmengen einen „formativen Reiz" (G. WEGNER, STUBENRAUCH) auf das Knochengewebe: Die Bildung kompakten Knochens (besonders in den langen Röhrenknochen) nimmt auf Kosten des spongiösen zu. Von den Epiphysenlinien aus entwickelt sich statt des üblichen maschigen, mit rotem Mark angefüllten Gewebes nur dichter, harter Knochen, wie er normalerweise die Schalen der Diaphysen bildet. Zu gleicher Zeit wird die an und für sich mäßige Einschmelzung des verkalkenden, nach Meinung von SENFTLEBEN auch stärker als gewöhnlich verfetteten Knorpels, wie auch der neuentstandenen Knochenteile noch herabgesetzt (KASSOWITZ). M. KOCHMANNs Mengenbestimmungen ergaben in einem solchen Knochen Zunahme des Kalks. Mikroskopisch bietet sich, abgesehen von der Enge der primären Markräume und der entsprechend eingeschränkten Gefäßentwicklung ein normales Bild. Größere Phosphorgaben dagegen reizen die Blutgefäße in den jüngsten Knochenschichten zu vermehrter Wucherung und Erweiterung, bedingen somit Ausdehnung der Markräume durch beschleunigte Einschmelzung von Knochen und Knorpel (KASSOWITZ).

Die Schilddrüse des Tieres beantwortet die chronische Vergiftung mit Sklerose, d. h. das Kolloid schwindet, die Follikel fallen zusammen, Bindegewebsneubildung greift in entsprechendem Maße Platz (GURRIERI, MACAGGI).

Berichte aus der Menschenpathologie über Beobachtungen anatomisch nachweisbarer Veränderungen am Zentralnervensystem sind meines Wissens nicht vorhanden. Unsere Kenntnis von rückschrittlichen Veränderungen im Rückenmark beruht auf Tierversuchsergebnissen: CEVIDALLI beschreibt Entartung in GOLLschen und BURDACHschen Strängen, GURRIERI (bei Hunden) Schäden an den gekreuzten Pyramidenbündeln in ihrem ganzen Verlauf, nämlich variköse Anschwellung der opaken Achsenzylinder, Schwund der Myelinscheiden.

Am Augenhintergrund treten Blutungen und weiße Fleckchen auf, welch letztere als anämische oder verfettete Bezirke gedeutet werden. Bei Tieren kann man durch chronische Vergiftungen schwere Störungen am inneren Auge erzeugen (STEINHAUS, UZIEMBLO): Von Kreislaufstörung gefolgte Gefäßwandschädigung äußert sich in Blutungen, Verdickung, Ablösung und Faltenbildung der Netzhaut, ödematöser Weitung ihrer perivaskulären und perizellulären Räume. „Degeneration" und körniger Zerfall der nervösen Elemente gehen damit Hand in Hand. Das Endergebnis ist Atrophie und Sklerose des Sehnerven. Die erwähnte Gefäßwandschädigung besteht in Endothelverfettung, Verdickung und hyaliner Umwandlung der Wandschichten.

Der durch Dauereinatmung von Phosphordämpfen an den Luftwegen gesetzte Reiz äußert sich in chronischen Schleimhautkatarrhen.

Nur selten ist in der Menschenpathologie Gelegenheit gegeben, den Einfluß subakut-chronischer Vergiftung auf den Verdauungsschlauch, insbesondere auf das Magen-Darmrohr zu beobachten, da der Mensch der peroralen Giftzufuhr meist zu schnell erliegt. Vereinzelt finden sich Angaben über Stomatitis, Zahnfleisch- und Wangengeschwüre. Die Zähne lockern sich, fallen aus (L. LEWIN u. a.). In der Magenschleimhaut des vergifteten Tieres (G. WEGNER u. a.) treten Blutungen, hämorrhagische Infarkte, grübchenartige Geschwüre auf. Nach monatelanger Reizung wird die Magenwand in ihrer Gesamtheit durch mächtige Zwischengewebswucherungen auf das Zwei- bis Dreifache des Ursprünglichen verdickt. Die anfangs verfetteten Magendrüsen können so vollständig durch Bindegewebe ersetzt werden, daß die Schleimhaut als fast glatte und rauchgrau verfärbte Fläche erscheint, deren Farbton durch massenhafte Einlagerung schwarzbrauner, nicht näher bezeichneter (aber offenbar aus Blutfarbstoff hervorgegangener) Körnchen bedingt wurde. RUBINATO gibt „Degeneration" der Magenganglien an.

Wie alle (akut) atrophierenden Vorgänge in der Leber, so gehen auch die durch Phosphor eingeleiteten bei längerer Krankheitsdauer in einen Ausheilungs- bzw. Endzustand über, d. h. es entwickelt sich eine meist großknotige Zirrhose (PALTAUF u. a.). Das in vielen Versuchen erforschte Verhalten der Leber des

Tieres zeigt völlige Gleichsinnigkeit (AUFRECHT [s. daselbst einschlägige Arbeiten], G. KRÖNIG, MANWARING, TISCHNER u. a.). Während das Fett aus dem Leberparenchym zum größten Teil schwindet, finden sich stärkere Fettspeicherungen in der Kapsel und im Zwischengewebe (HACKEL).

Bei den wenigen die Vergiftung Überlebenden, wie auch bei Tieren, konnte man an der Niere „Epitheldegeneration" (ONUMA), vor allem aber in Zirrhose ausklingende chronische entzündliche und proliferierende Prozesse feststellen (AUFRECHT, JAKSCH).

Die Nebennieren chronisch vergifteter Tiere zeichnen sich durch geringere Chromfärbbarkeit (NEUBAUER und PORGES) und verminderte Lipoidspeicherung aus (BALAN).

In der Milz findet sich Verfettung von Kapseln und Trabekeln (HACKEL), im Knochenmark nach anfänglicher Blutüberfüllung Blutaustritte, Zugrundegehen vieler Markzellen und gelatinöse Umwandlung. Das zellreiche Blut enthält nach der Berichterstattung von ZANGGER sudangefärbte, mithin fetttragende Leukozyten.

Der Nachweis des elementaren Phosphors ist im Magen-Darminhalt, in Blut und blutreichen Organen zu führen. Gehirn und Rückenmark sollen flüchtige Phosphine enthalten (GADAMER). Der Nachweis gelingt meist noch nach Monaten. Bei langsamerem Vergiftungsverlauf ist mit Todeseintritt die Oxydation zu Phosphorsäure meist schon vollständig.

Roter Phosphor.

Der an sich nicht als giftig geltende, darum häufig als Ersatz für den weißen gebrauchte rote Phosphor ruft bei akut-subakuter Einwirkung unmittelbar keinerlei nennenswerte Krankheitserscheinungen hervor. Allem Anschein nach verändert er aber eine Reihe von wichtigen biologischen Eigenschaften, die in Richtung immunisatorischer Leistungen des Körpergewebes liegen: Er erhöht in ausgesprochenem Maße die Empfindlichkeit gegen bakterielle Gifte. Auch stellt sich nach jahrelanger Aufnahme (in Nebel- und Staubform) als Zeichen toxischer Wirkung mehr oder minder hochgradige Anämie bei den Betroffenen ein (ZANGGER).

Angaben über rückschrittliche Umwandlungen in der Leber, entzündlichproliferative Veränderungen am Nierenzwischengewebe, Blutungen und Verminderung der chromaffinen Substanz in der Nebenniere entbehren noch gesicherter Unterlagen.

α) Phosphorwasserstoff.

Dieser kommt meist zusammen mit Arsenwasserstoff vor und bildet sich bei der Phosphorgewinnung im Augenblick der Umwandlung des weißen Phosphors in roten. Er ist kenntlich an seinem knoblauchartigen Geruch.

Das durch Phosphorwasserstoffvergiftung hervorgerufene Krankheitsbild und die Todesart weist auf Schädigung des Zentralnervensystems hin.

Der Sektionsbefund erinnert in manchen Punkten an den bei Kohlenoxydvergiftung (BAHR und LEHNKERING, VAN BEVER). Über Einzelheiten des patho-logisch-anatomischen Organverhaltens ist wenig bekannt. Das Blut ist flüssig und — ebenso wie die meist blutreichen Gewebe — kirschrot gefärbt. ZANGGER erwähnt im strömenden Blut kleine, stark lichtbrechende, sonst nicht näher beschriebene Körner, über deren Bedeutung nichts ausgesagt wird. Am stärksten beteiligt ist der Atmungsweg: Die Schleimhaut der oberen Abschnitte ist blutüberfüllt, zeigt Blutaustritte. In ganz akuten Fällen findet sich beträchtliches Lungenödem, möglicherweise Pleuritis (ZANGGER). Allgemeine Organverfettung wird angegeben.

β) Phosphorsäure.

Die früher therapeutisch bei Knochenerkrankungen und schlecht heilenden Knochenbrüchen angewendete Phosphorsäure rief nach Berichten von JAKSCH (ERBEN) pemphigusartige Hautausschläge, Lungenblutungen, entzündliche Magen-Darmerkrankungen hervor.

Sonstige diesbezügliche Mitteilungen waren im Schrifttum nicht auffindbar.

13. Arsen.

Es ist mehrfach versucht worden, die vielgestaltigen einzelnen Vergiftungserscheinungen (Zusammenstellung siehe in einer älteren Arbeit von L. R. GROTE) in fest umrissene Vergiftungsformen einzuordnen, ein Bemühen, das nicht in allen Fällen erfolgreich sein kann, da zwischen den einzelnen Gruppen der Krankheitsbilder fließende Übergänge vorkommen. Für den praktischen Bedarf dürfte sich die Einteilung in akute (bzw. subakute) und chronische Vergiftungsformen am besten bewähren.

Das Arsen selbst, wie seine anorganischen und organischen Verbindungen sind gleicherweise ursächlich an der Fülle der bekanntgewordenen Vergiftungen beteiligt. Jedoch spielen bei den akuten Todesfällen die stets giftigen anorganischen Präparate (Arsensäureanhydrid, Schweinfurter Grün [Doppelsalz von arsenigsaurem und essigsaurem Kupfer] usw.) sicherlich die größere Rolle, während Verwendung zu Heilzwecken und gewerbliches Hantieren mit organischen Verbindungen wie Atoxyl, Arsazetin, Kakodylsäure, Spirarsyl u. a. m. diese meist als Ursache der chronischen Vergiftungen in Erscheinung treten lassen. Der Weg der Arsenzufuhr ist für den Ablauf der Vergiftung gleichgültig. Die organischen Verbindungen enthalten Arsen an Kohlenstoff gebunden und zeigen z. T., solange sie in unverändertem Zustand im Körper kreisen, nicht die gewöhnlichen Arsenwirkungen.

Reines Arsen ist in Wasser unlöslich, so daß es verschluckt durch den Magen-Darmkanal hindurchgehen kann, ohne ihn zu verändern. Die Vergiftungserscheinungen sind weniger auf Metalloidwirkung, denn auf die Tätigkeit der Ionen mit Bildung der arsenigen Säure zu beziehen (OLIVER).

Zu der (vor allem für die Bäderlehre bedeutungsvollen) Frage der Aufsaugung des Giftes durch die unversehrte menschliche Haut nimmt J. LEVA Stellung. Er kam zu dem Ergebnis, daß nach äußerer Anwendung arsenhaltiger Wässer und der aus den Quellen gewonnenen Niederschläge sich erhöhte Arsenausscheidung im Urin einstellte. Über Aufnahme des Giftes durch offene Hautstellen siehe GIES-ROUX, RIEDEL u. a. Durch den tödlichen Unfall (Hautverätzung mit Arsentrichlorid) eines Arbeiters angeregt, erbrachte DÉLÉPINE in Tierversuchen den Beweis, daß, nach Hervorrufen örtlicher Hautschäden durch das Gift, dieses binnen kurzem in Eingeweiden und Haaren aufzufinden ist.

Die in Dampfform aufgenommenen örtlich reizenden Arsenverbindungen werden bei den Kampfgasen abgehandelt.

Nach den Ausführungen von STARKENSTEIN u. a. besteht die hauptsächliche, mithin letzten Endes wohl als Ursache aller Vergiftungserscheinungen anzusprechende Wirksamkeit des Arsens in Lähmung der kontraktilen Haargefäßelemente. Die Folge macht sich z. B. im Bereich der Gekrösekapillaren bemerkbar als choleraähnliche gastrointestinale Störungen (R. BOEHM: Erstlähmung der Splanchnikusgefäße). Eine weitere Folge sind Organblutleere und Versagen des Herzens, da, wie LABES meint, die toxische Kapillarerweiterung des Baucheingeweidegebietes so hochgradig werden kann, daß das Gesamtblut des übrigen Körpers in das Splanchnikuskapillarnetz abströmt (innere Verblutung).

Über das Verhalten des Metalloids im Körper, über die Art seiner Ablagerung in den Organen ist verhältnismäßig wenig bekannt (histochemischer Arsennachweis s. S. 170 u. 175). Der Gesamtmenge nach dürfte sich das Gift in der Reihenfolge Magen-Darm, Niere, Leber verteilen. Untersuchungen von B. Engelmann haben ergeben, daß anorganische Arsenverbindungen (im Gegensatz zu Salvarsan usw.) geringe Neigung zeigen, in das Zentralnervensystem einzudringen. Die für das Arsen kennzeichnende sehr schleppende Giftabgabe erfolgt nach den Angaben von Kuroda durch Niere, Haut und Darmschleimhaut. Daß auch der Darm als Ausscheidungsorgan tätig ist, weiß man seit den Untersuchungen von R. Boehm, Lesser u. a. Über die Rolle der Leber, in welcher wahrscheinlich das Arsen zu arseniger Säure reduziert wird, liegen noch wenig Untersuchungen vor. Man vermutet, daß die Giftbindung an die Nukleoalbumine und Nukleine der Leberzellen erfolgt (Slowtzoff), da die aus der Leber gewonnenen Arsenverbindungen — ähnlich wie die des Quecksilbers, Kupfers usw. — erst nach künstlicher Verdauung wieder in Lösung gebracht werden können (R. Boehm). Vielleicht tritt das Gift auch — wie Kuroda meint — unmittelbar in die Galle über.

Akute Vergiftung.

Das gute Erhaltensein der Leiche wird in der Regel hervorgehoben (Jaksch u. a.). Die Hintanhaltung der Fäulnis durch das Arsen soll nach den Arbeiten von L. Hess und P. Saxl nicht nur auf Hemmung des Bakterien- und Pilzwachstums beruhen, sondern auch auf einer katalytischen Eigenschaft des Giftes, vermöge deren die Selbstverdauung behindert wird.

Die Totenstarre wird als langdauernd und stark (E. Hoffmann, Virchow, Schwarzacher), die Bauchdecken als gespannt und eingezogen geschildert. Auffallend sind die verfallenen Gesichtszüge, die welke, schlaffe Haut, die Eintrocknung (Mumifikation) des ganzen Körpers, ein Ausdruck schnellen und großen Wasserverlustes (Durchfälle!). Ikterus kann vorhanden sein.

Chemosis der Augenbindehäute als Ausdruck resorptiver Schäden wird von G. Strassmann und Weimann erwähnt. Die örtliche Reizung durch Arsenstaub in Gewerbebetrieben kann am Auge so stark sein, daß sie eitrige Augenbindehaut- und Hornhautentzündung hervorruft. Die Lidhaut ist ödematös, entzündet, mit Schüppchen bedeckt (L. Heine: „Krankheiten des Auges"). Bringt man beim Tiere kleine Arsenkörner auf die Irisvorderfläche, so entwickeln sich nekrotisierende und regeneratorische Vorgänge um den Fremdkörper herum (L. Lewin und Guillery). Bei Arbeitern, die arsenhaltigem Staub ausgesetzt sind, schwellen nach wenigen Beschäftigungsstunden Lippen und Nasenflügel an (O. Seifert).

Mit Hydrogen gemischte Arsengaben rufen innerhalb kurzer Zeit Gelbsucht und Hämoglobinurie (oder auch Hämaturie) hervor (Oliver).

Die Vorgänge im Gewebe, mit welchen die akuten Hauterkrankungen einsetzen, lassen sich — nach der letztgültigen Auffassung von E. F. Müller — auf die, in Überreizung des vegetativen Nervensystems zu suchenden Störungen der Hautgefäßtätigkeit zurückführen: Man kann das Auftreten von Erythem, Ödem usw. geradezu mit den Augen verfolgen. Bei längerdauernder Arseneinschwemmung und -ablagerung in die Haut (s. auch chronische Vergiftung) entwickeln sich die verschiedenartigen Bilder der Dermatitis (exfoliativa, exanthematosa usw.: Gies), welche bei Mitbefallensein der Kopfhaut starken Haarausfall nach sich zieht.

Der von L. Lewin mitgeteilte Befund von Hautenzündung und -gangrän bei einem 4tägigen Kind nach versehentlicher Benutzung arseniger Säure als Streupulver (in die Schenkelbeuge) wäre für die — noch immer umstrittene — Frage der Ätzwirkung von Arsenpräparaten in bejahendem Sinne zu verwerten. (S. auch Ohr.)

Bei Körperöffnung zeigen sich die Eingeweide zyanotisch, und — ähnlich wie die serösen Häute — von kleinen Blutungen durchsetzt. Der als kennzeichnend geltende Knoblauchgeruch ist nicht immer vorhanden. Bei einem 28jährigen, 30 Stunden nach Einnahme von zwei Eßlöffeln arseniger Säure verstorbenen Manne fielen die stark geblähten Darmschlingen auf (H. Eichhorst).

Schädigung der Körpermuskulatur, die von C. Alexander (Tierversuche!) auf Verlegung der versorgenden Gefäße zurückgeführt wird, pflegt erst bei chronischer Vergiftung stärker in Erscheinung zu treten. Doch sind einzelne akut verlaufende Fälle bekannt, in denen schon nach wenigen Tagen

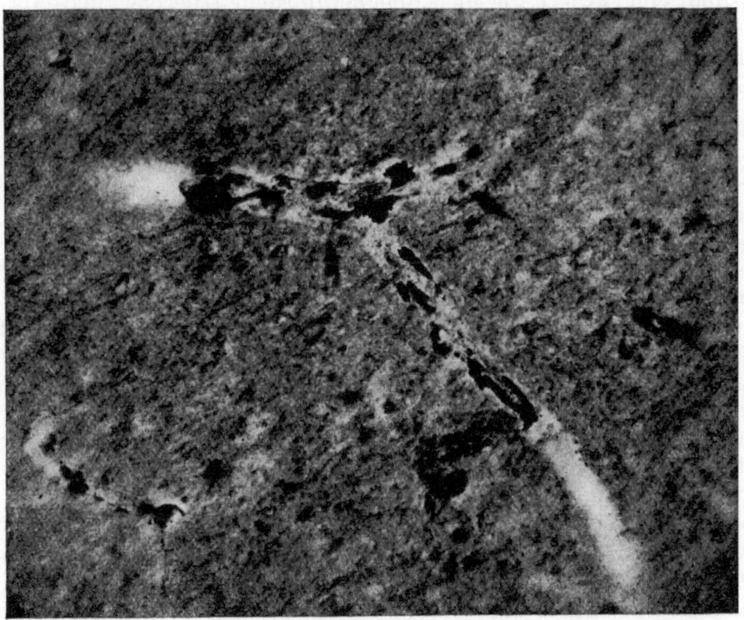

Abb. 48. 6 Tage alte Arsenvergiftung. Hochgradige Verfettung der Hirngefäßendothelien.
(Sammlung Dr. Weimann. Gerichtsärztl. Institut, Berlin.)

Verfettung und Verschmälerung der Muskelfasern nachzuweisen war (Kipper, G. Strassmann und Weimann).

Die „Asphyxia arsenicalis", die zerebrospinale Form der Vergiftung, dürfte im wesentlichen auf Kreislaufstörungen im Zentralnervensystem und seinen Häuten beruhen. Man findet Ödem, allerstärkste Gefäßfüllung und perivaskuläre oder auch größere (im Rückenmark nahe dem Zentralkanal gelegene) Blutungen (Popoff, Schwarzacher u. a.). Epiduralen Bluterguß im Lendenmarkbereich sah H. Eichhorst. Tierversuche von Vulpian-Popoff u. a. führten zu ähnlichen Ergebnissen.

Veränderungen an der Nervensubstanz werden in der Regel erst auf späterer Vergiftungsstufe gefunden, können aber ausnahmsweise auch schon nach wenigen Tagen auftreten. Weimann beschreibt bei einem 15jährigen eine, mit Rücksicht auf die Jugend des Verstorbenen außerordentlich starke Lipoidspeicherung in Ganglien- und Gliazellen, vor allem aber in den Rindengefäßendothelien, die mit Fettstoffen geradezu vollgestopft erschienen (Abb. 48).

Ganglienzellen im Zustand der Verflüssigung und Auflösung ließen sich nachweisen. Über die ursächliche Eindeutigkeit des Befundes kann man — wie WEIMANN selbst zugibt — streiten, da es sich um einen Psychopathen gehandelt hatte, daher an die Möglichkeit einer schon früher vorhandenen geweblichen Störung im Gehirn gedacht werden mußte.

Den auf alten Untersuchungsmethoden aufgebauten Berichten von POPOFF (1883) über „degenerative" Rückenmarksveränderungen beim Tiere (Faserzerstörung, Trübung, Vakuolisierung, Abrundung und Zerfall der Ganglienzellen) kann nach der heute geübten Bewertung derartiger, vielleicht an faulendem Gewebe beobachteter „Veränderungen" nicht allzuviel Bedeutung beigemessen werden. Jedoch scheinen sich die Angaben jüngerer Forscher über „Schwellung und Auflösung" von Vorderhornzellen, über herdförmigen (perivaskulären) körnigen Zerfall der Ganglienzellen (SHIMAZONO [nach Atoxyl usw.]) weitgehend den mit unzulänglichen Mitteln gewonnenen Befunden der Älteren anzunähern.

Die ätzende Wirkung der arsenigen Säure auf das Ohrlabyrinth erprobte YAMAKAWA am Tier. Spritzte er das Gift in das Mittelohr, so entstanden ausgedehnte Nekrosen, und das Tier ließ die typischen klinischen Erscheinungen der Labyrinthausschaltung erkennen.

Das gelbe bis lehmfarbene brüchige Herz ist schlaff und zeigt die, bei so vielen Vergiftungen und sonstigen Krankheiten aller Art zu beobachtenden punkt- und fleckförmigen Blutungen in sämtlichen Wandschichten. Die mehr oder minder stark mit feintropfigem Fett angefüllten Muskelfasern lassen nur selten schwerere, zu Zerfall und — in der Folge — zu reparativen Vorgängen führende Störungen erkennen.

Für die vielerorts auftretenden Regelwidrigkeiten im Kreislauf sind offenbar nicht nur vasomotorische Einflüsse, sondern auch rückläufiges Geschehen an den Gefäßwandungen verantwortlich zu machen. Diese werden durch Fetteinlagerung in Endothel, in Muskel- und Bindegewebsschichten (W. BROWN u. a.) so mitgenommen, daß man versucht ist, ein Teil der Blutungen auf Zerreißung der verfetteten Wand zurückzuführen.

Neigung des Blutes zu Thrombenbildung und Gefäßverlegung führt KIONKA an. Auch C. ALEXANDER glaubt in Lichtungsverengerung bzw. -verschluß zahlreicher Gefäße, namentlich der Haargefäße, den wesentlichen Umstand für Erkrankung von Nerven und Muskeln sehen zu müssen.

Die Atmungsorgane ergeben im allgemeinen geringgradige und nichtssagende Befunde: Lungenatelektasen (besonders bei Kindern: GROHE und MOSLER) und Pleurablutungen. WEIMANN sah nach 6 Tagen Laryngitis und reichlich verfettete und abgestoßene Alveolarepithelien (beginnende Entzündung?). Tierversuche von PISTORIUS erzielten lediglich Lungenödem und Pleuratranssudat.

Ausführliche Darstellung der Schädigungen des Verdauungsschlauches s. bei MERKEL, dieses Handbuch Bd. IV/1.

Bei der — vom Orte der Arsenzufuhr unabhängigen — gastrointestinalen Form der Vergiftung, die von GROHE und MOSLER 1865 zum ersten Mal beim Menschen beschrieben wurde, bleiben die oberen Abschnitte des Speiseweges im allgemeinen unversehrt. Nur gelegentlich trifft man auf Mitteilungen über Glossitis, über aphthöse Beläge an der Schleimhaut von Wangen und Lippen, nämlich dann, wenn Arsen als Kristalle oder pulverförmig eingenommen und längere Zeit im Munde gehalten worden war. Häufiger ist schon der Befund der Ösophagitis: Desquamativkatarrh mit starker Blutfüllung der ganzen Schleimhaut und Blutungen im periösophagealen Gewebe. Abgesehen von den gar nicht seltenen Fällen geringer, nur an Schwellung und opak-weißlicher Trübung der Schleimhaut bemerkbar werdender Ansprechbarkeit des Magen-Darmkanals, sind die Gekröse- und

Netzgefäße prall mit dunklem, dickflüssigem Blut gefüllt, die Magen-Darm-außenwand oft mit Blutpünktchen übersät. Auch die Magenschleimhaut zeigt dann hochgradige Gefäßfüllung (kirsch- bis braunrote Farbe!), ist sammet-artig gelockert, überzogen von Pseudomembranen wie bei echter Diphtherie (Schall) oder von glasigem, fadenziehendem, oft geballtem Schleim, in dem sich, ebenso wie in den Pseudomembranen, nach Aufnahme des Giftes in Substanz die kennzeichnenden oktaedrischen, dem bloßen Auge als weiße Körnchen und

Abb. 49. Magenschleimhaut bei akuter Arsenvergiftung. Tiefgehende Nekrosen. Schleimbelag mit Arsenkristallen. Ausgedehnte Blutungen. (Sammlung Dr. Weimann, Gerichtsärztl. Institut, Berlin.)

Krümel erscheinenden Arsenkristalle nachweisen lassen (Abb. 49). Ver-wechslungen derselben mit Leuzin- und Tyrosinkristallen sind möglich. Auch die bei älteren und ausgegrabenen Leichen zu findenden weißen, sand- oder hirsekorngroßen Bröckel aus Bariumsalzen (Bariumkarbonat und -sulphat: S. Fall Lorenz) oder das bei Fäulnis sich bildende Schwefelarsen, welches als feines gelbes Pulver (hellgelbe abspülbare Flecke!) im Dickdarm abgelagert wird, können differentialdiagnostische Schwierigkeiten machen.

Bei Vergiftung mit Schweinfurter Grün sind gelegentlich im Magen frischer Leichen noch grüne, pulverig-breiige Massen vorhanden oder gar, wie in einem Fall von Fürbringer, $^1/_4$ bis $^1/_2$ Pfund schwere Klumpen von Schwein-furter Grün, das mit Magenschleim einen festen Kitt gebildet hatte.

In Magengrund und -straße, wie an der hinteren Wand, namentlich dort, wo Arsenikteilchen am besten haften bleiben können, lassen sich, neben

Blutungen und katarrhalischen, hämorrhagisch - croupösen oder rein pseudo-membranösen Entzündungen, mehr oder minder zahlreiche, auf dem roten Grunde als grauweiße oder gelbliche Stippchen und Flecken erscheinende, oberflächliche, häufig zerfallenden Lymphfollikeln entsprechende Nekrosen finden. Tiefergreifende Zerstörungen sind verhältnismäßig selten (P. Klemperer u. a.).

Die alte Auffassung vom Arsen als einem Ätzgift (s. oben) ist der Ansicht gewichen (R. Boehm, Merkel, Weimann u. a.), daß die Schleimhautnekrosen zurückzuführen sind auf unmittelbare oder — wie Filehne u. a. annehmen — auf resorptive Allgemeinschädigung der Gefäßwandungen (bzw. des Gefäß-nervenapparates), welche bis zur Gefäßwandlähmung geht, Blutstauung und deren Folgeerscheinungen mit sich bringt. Zur Bestätigung kann man die Tier-versuche von R. Heinz heranziehen, in welchen sich durch Thrombenbildung eingeleitete Blutaustritte und hämorrhagisch-nekrotisierende Infarkte in Magen und Darm ergaben (s. auch W. Brown, O. Silbermann). Die Erfahrung, daß Veränderungen im Verdauungsschlauch auch bei parenteraler Giftzufuhr nicht ausbleiben (R. Boehm und Unterberger, Filehne, Lesser), berechtigt zu dem Schluß, daß sie durch allgemeine Giftwirkung zustandekommen, wobei allerdings die Möglichkeit einer stärkeren Schleimhautansprechbarkeit auf Arsenaus-scheidung in den Magen-Darmkanal (mittelbare örtliche Reizung!) nicht außer acht gelassen werden darf (Lesser: Arsennachweis im Darm nach intravenöser Giftzufuhr!).

Unter Berücksichtigung aller bekannten Tatsachen läßt sich sagen, daß die ganz schweren diphtherisch-verschorfenden, etwaig zu Geschwüren führenden Entzündungen nur dann — und zwar hauptsächlich an den durch Haftenbleiben des Giftes begünstigten Stellen — eintreten, wenn Arsen in fester Form und in größerer Menge eingenommen im Magen liegen blieb (E. Hoffmann, Fürbringer u. a.). Offenbar begünstigt der saure Magensaft den Ablauf des krankhaften Geschehens, da Filehne bei Versuchen an nüchternen Tieren nirgends An-zeichen eines Gewebstodes beobachten konnte. (Näheres über die Frage: Ist Arsen ein Ätzgift? s. bei L. R. Grote.)

Die entzündlichen Vorgänge werden häufig schon nach kurzer Zeit, mehr aber noch auf späteren Vergiftungsstufen begleitet oder überdeckt von Stoff-wechselstörungen, die sich in oft hochgradiger Verfettung der Magen-Darm-epithelien, unter Bevorzugung der Drüsenzellen äußern (Pistorius, Sai-kowsky, Weimann u. a.). So war bei den Hundeversuchen von Kossel allerstärkste Fettspeicherung in den Schlauchdrüsen des Magens die einzig nennenswerte Antwort auf die Vergiftung überhaupt. Die Kenntnis dieser Ver-änderungen geht weit zurück (Virchow: „Gastritis glandularis"), und die „aus feinen, leicht glänzenden Massen bestehenden Körnchen", welche Grohe und Mosler anläßlich der ersten Autopsie (1865) einer arsenvergifteten Leiche als etwas Besonderes vermerkten, dürften Fett gewesen sein. Ob sich die von den gleichen Berichterstattern noch erwähnten Kernwucherungen in einzelnen Drüsenzellen auf die des öfteren — auch im normalen Gewebe — zu findenden zwei- und mehrkernigen Belegzellen in den Fundusdrüsen bezogen (s. Abb. 11), läßt sich an Hand der Schilderung nicht beurteilen.

Wenn man von den im Magen etwaig vorhandenen tiefergehenden Nekrosen und Geschwüren absieht, so stimmt das Verhalten des — nicht immer mitbefal-lenen — Dünndarms mit dem des Magens in den wesentlichsten Zügen überein. Größenzunahme der Brunnerschen Drüsen bewirkt eine grobe Körnelung der Duodenalinnenfläche (Grohe und Mosler, E. Hoffmann: „Hanfkorngroße, wasserhelle Höckerchen"). Die Peyerschen Haufen und die Einzellymph-knötchen sind gewöhnlich erheblich, beinahe markig geschwollen (M. Roth, Virchow). Im übrigen ist die aufgelockerte, mit Blutaustritten und Infiltraten

durchsetzte Dünndarmschleimhaut meist tiefrot, auf den von Epithel entblößten Stellen mit pseudomembranösen (Fibrin, Zelldetritus, möglicherweise
auch Arsenkristalle enthaltenden) Massen bedeckt (Abb. 50), ein Bild, das,
wie schon VIRCHOW erkannte, überraschende Ähnlichkeit hat mit dem
Darmbefund bei asiatischer Cholera. In ganz seltenen Fällen entstehen auch
Geschwüre, nämlich dann, wenn Körnchen
des ungelösten Giftes bis in den Darm hinein-
glitten (HABERDA).

Bei Tieren scheint die eitrige Natur der Entzündung zu überwiegen. R. BOEHM schildert den
Darm als „in ganzer Ausdehnung mit dicker, gelber, gallertiger Haut bedeckt," die mikroskopisch
aus strukturlosen Massen mit Eiterkörperchen bestand. Bei vergifteten Katzen (R. BOEHM) war
die oberflächliche Gewebsabstoßung im Dünndarm so hochgradig, daß sich den entleerten weißen
Schleimklumpen handschuhfingerförmige Epithel-
schläuche beimengten, deren Zellen nach Loslösung
zu hyalinen Kugeln aufquollen und mit ihrem
fransenartig zerfallenden Saum wimpernde Monaden
vortäuschen konnten. (S. auch PISTORIUS: Kapuzen-
förmige Epithelabstoßung an den Zottenspitzen
u. a. m.).

Der Dickdarm kann ganz ausnahmsweise ein fast ruhrähnliches Aussehen annehmen (E. KAUFMANN, GROHE und MOSLER),
ist zumeist aber wenig in Mitleidenschaft
gezogen. KIPPER bezeichnet eine starke
Schleimhautrötung und -schwellung schon als
„ungewöhnlich". Ein Fall von Gangrän des
Afters wird in der Dissertation von GROTE
mit aufgeführt.

Sind keine anderen Zeichen der Arsenvergiftung als Magen-Darmveränderungen vorhanden, so ist deren merkmalsmäßige Abgrenzung gegenüber anderen Erkrankungen
des Verdauungsrohres — insbesondere auch
gegen Vergiftungen mit Barium- und Fluorsalzen — oft schwierig, zumal unter Umständen die klinischen Erscheinungen in allen
genannten Fällen weitgehend übereinstimmen
können. So weist A. M. MARX auf Grund
der an zahlreichen arsenvergifteten Leichen
erhobenen, nur als „akute Gastroenteritis"
ganz allgemein anzusprechenden Befunde ausdrücklich darauf hin, daß der Ausfall der
Obduktion allein die Diagnose der Arsenvergiftung häufig überhaupt nicht zu stellen
erlaube, daß insbesondere bei langsamer ablaufender Vergiftung (im Hinblick auf die

Abb. 50. Enteritis acuta arsenicosa (Nr.
15h/1514 der Sammlung des pathol. Instituts am Virchow-Krankenhaus, Berlin.
Prof. CHRISTELLER†).

Ausscheidung des Arsens in den Magen-Darmkanal) ein Rückschluß auf perorale
Giftaufnahme unmöglich sei.

Der Mageninhalt wird, je nach dem Alter der Leiche und der Beimengung
von Blut, einen olivengrünen (H. EICHHORST) bis rotbraunen Farbton haben.
Die Fäzes sind bei Miterkrankung der Darmschleimhaut reiswasser- oder

mehlsuppenähnlich, etwaig mit Blut untermischt oder auch dünnbreiig, grau bzw. rein blutig (Skrzeczka).

Ein wichtiges diagnostisches, auch bei ausgegrabenen Leichen brauchbares Hilfsmittel ist die schon länger bekannte, von Schwarzacher und von Lührig in den letzten Jahren an zahlreichen Fällen bestätigte Erscheinung, daß durch postmortal entstandenes Arsentrisulfid der Magen-Darmschlauch, sein Inhalt und die benachbarten Organe (Speiseröhre, Niere usw.) gelblich verfärbt werden können. E. Hoffmann vermutete, daß sich die Schwefelverbindung schon während des Lebens bilde.

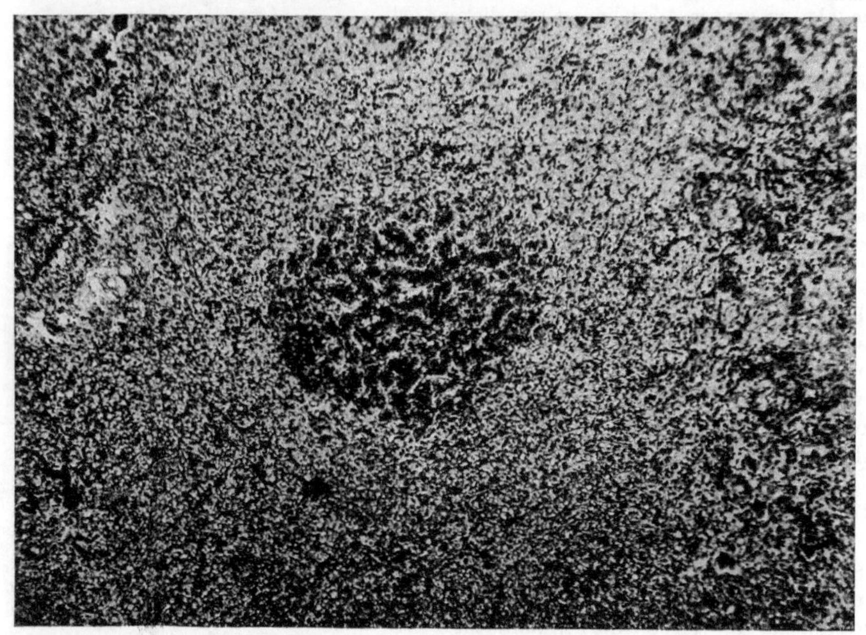

Abb. 51. Ausgedehnte Lebernekrosen bei Arsenvergiftung. 70 fache Vergrößerung.
(Sammlung Dr. Edm. Mayer. Urbankrankenhaus, Berlin.)

Nach intravenösen oder subkutanen Gaben anorganischen Arsens konnte Wätjen bei seinen Versuchstieren im lymphatischen Gewebe (Lymphknoten, Gaumenmandeln, Milz usw.) schon nach 5 — 6 Stunden rückschrittliche Parenchymumwandlungen (Kerndegeneration bis -zerfall, Zelltrümmer und ihre Fortschaffung durch Phagozyten) nachweisen, wobei die Elemente der sog. Keimzentren bevorzugt erschienen.

Von Befunden am Blutbildungsapparat des Menschen ist wenig bekannt: Man sah im Knochenmark ab und an Blutungen, in den Lymphknoten bei ganz akuten Vergiftungsfällen gelegentlich „stärkere Schwellung" (H. Eichhorst: Tod nach 30 Stunden).

Die Milz ist groß und schlaff, von mehr oder minder starkem Erythrozytenzerfall abgesehen, ohne Besonderheiten. Nekrobiotische Vorgänge, wie sie Wätjen beim Tier beschreibt, scheinen auf frühen Vergiftungsstufen beim Menschen nicht vorzukommen (s. aber chronische Vergiftung). Die von Kipper in seinem Fall angegebene auffallende Bindegewebsverfettung dürfte mit Rücksicht auf die Jugend des (15jährigen!) Verstorbenen als giftbedingte Stoffwechselstörung aufzufassen sein.

Das Blut ist nach kleinen Gaben durch Polyglobulie, insbesondere Erythrozytenvermehrung gekennzeichnet, während toxische Arsenmengen in entgegengesetzter Richtung wirken: Es kommt zu anämischen Zuständen, vornehmlich durch Giftwirkung auf die ausgereiften roten Zellen. Da der Erythrozytenzerfall nicht in allen Fällen nachweisbar ist, muß die verschieden große Widerstandsfähigkeit der roten Blutkörperchen bei den einzelnen Vergifteten für die wechselnde Beschaffenheit des Blutes maßgebend sein.

Das makro- und mikroskopische Verhalten der Leber wird sich — je nach den Umständen (Art des Arsenpräparates, Menge des zugeführten Giftes, Krankheitsdauer usw.) — mehr dem der reinen Fettleber oder dem der akuten (bzw. subakut-chronischen) Atrophie annähern (Abb. 51). Im allgemeinen scheinen bei den arsenbedingten Leberschäden die Ab- und Umbauvorgänge keine so wesentliche Rolle zu spielen wie etwa bei der Vergiftung mit Phosphor, Knollenblätterschwamm usw. und bei der „genuinen akuten Atrophie". Dennoch kann gelegentlich die merkmalsmäßige Abgrenzung diesen gegenüber zu Schwierigkeiten führen (STEINBRINK und MÜNCH, HERXHEIMER, E. PETRI u. a.).

Eines der ersten Anzeichen des Gifteinflusses auf die Leber ist das vollständige Schwinden des normalerweise reichlich vorhandenen Glykogens (MEIXNER).

Den Auftakt zu der späteren Gewebsverwerfung und -zerstörung bildet stets die, in Stärke und Ausdehnung wechselnde, sich auch auf die Sternzellen erstreckende Verfettung, welche laut Angaben von SAIKOWSKY, ZIEGLER und OBOLONSKI u. a. in Läppchenmitte, nach Meinung von WOLKOW u. a. gleichmäßig allerorts beginnt. Blutungen, peripherischer, aber auch — wie Tierversuche zeigen (W. BROWN) — zentraler oder diffuser Gewebszerfall schließen sich an und leiten allmählich über zu Reparations- und Regenerationsvorgängen, bei welch letzteren (vor allem beim Tier) zahlreiche Leberzellmitosen sichtbar werden können (WOLKOW). Die Stärke der Gallengangswucherungen wechselt von Fall zu Fall; bei Tieren beobachteten sie GIANTUCCO e STAMPACCHIA nur nach ausgedehnteren Zerstörungen.

Im Tierversuche zeigen sich die interlobulären Gallengänge schon wenige Stunden nach Giftzufuhr geweitet und prall mit hellgelber Galle gefüllt; abgeschilferte, mit Galle untermischte Epithelien bilden häufig einen Verschlußpfropf (H. EICHHORST), oder — wie PISTORIUS es bei Hunden auf fortgeschrittener Vergiftungsstufe sah — es schwimmen verfettete Zellen, manchmal in zusammenhängenden Fetzen, in der Galle umher. Tödliche Gaben von Atoxyl führten beim Meerschweinchen zu mächtigen, ja, tödlichen Blutungen in die Gallengänge, deren Epithelien z. T. zerfielen, z. T. mit Mitosen einhergehende Wucherungsvorgänge (Sprossungen) in das Lebergewebe hinein erkennen ließen.

Dichtgedrängte Blutungen in Kapsel und Zwischengewebe des Pankreas sind eine Teilerscheinung der (insbesondere auch bei Lebergewebszerstörung) sich häufig einstellenden allgemeinen Blutungsbereitschaft. W. BROWN fand in seinen Versuchen (bei Mäusen und Ratten) mehr oder minder ausgedehnte Fettgewebsnekrosen.

Der Mangel an Einheitlichkeit in den Nierenbefunden ist wohl zum größten Teil durch die Verschiedenheit der benutzten Arsenpräparate zu erklären. So sind z. B. für Atoxyl massige Blutaustritte als kennzeichnend anzusprechen. Übermäßige Blutfülle und Blutungen bedingen — wie W. BROWN (Tierversuche) es nennt — das „klassische Bild der roten Niere". In vielen Fällen (STEINBRINK und MÜNCH, WEIMANN u. a.) steht die — von dem Zustand der Leber weitgehend abhängige (s. Phosphor) — mehr oder minder hochgradige Epithelverfettung im Vordergrund. Epithelnekrosen, die schon makroskopisch in der Rinde als gelblichweiße opake Streifen in die Augen fallen, wurden bisher offenbar nur beim Tiere beobachtet (HELLIN und SPIRO, R. M. PEARCE and W. BROWN).

Bei dem innerhalb 30 Stunden verlaufenden Fall H. EICHHORST schien es — der Beschreibung nach — lediglich zu Abstoßung noch lebender Kanälchenepithelien und zu regeneratorischen mehrschichtigen Epithelwucherungen gekommen zu sein, ein Geschehen, das mehr auf reizende denn auf zerstörende Wirkung des Arsens hinwies. Kernreichtum und Quellung der Knäuelschlingen, einzelne Rundzellanhäufungen nahe den Eintrittstellen der Vasa afferentia ließen an beginnende Entzündungsvorgänge denken.

. Die Arsenansprechbarkeit der Nebenniere wurde bisher wohl nur am Tiere geprüft. W. BROWN sah in der Rinde Abnahme der Lipoide und Umlagerung der feintropfigen Stoffe zu großen Fettropfen. Neben Blutungen fanden sich (jedoch nur unter Einfluß etlicher Arsenverbindungen) rückschrittliche Umwandlungen bis zum Tod der Rindenzellen, deren schnelle Wiederherstellungsfähigkeit durch Auftreten zahlreicher Kernteilungsfiguren, besonders in der Zona fasciculata deutlich wurde. Der Gehalt an chromaffiner Substanz schien zu sinken. Rundzell- bzw. Polyblastenansammlung vergesellschaftete sich mit endothelialen und bindegewebigen Wucherungen.

Gegenüber der meist üblichen peroralen Zufuhr des Giftes treten die Vergiftungen von der Scheide bzw. der Gebärmutter aus in den Hintergrund. Gewöhnlich wird bei intravaginaler Anwendung Arsen in fester Form benutzt, so daß man in Scheide und Gebärmutter gelegentlich allerschwerste, bis zur Gangrän führende Entzündungsvorgänge sehen kann. Im Falle FUCHSIG lag noch ein Stück weißen Arsens in der Höhle der Gebärmutter. Letztere war auffallend groß, teigig-weich, ödematös. Verätzung des Endometriums wird von FUCHSIG nicht erwähnt, wohl aber oberflächliche Nekrosen an den ödematösen Schamlippen, an der Portio und hinteren Scheidenwand.

BYLOFF hat uns den Inhalt eines aus dem Jahre 1786 stammenden Aktenstückes betreffend fünffachen Gattenmord durch Arsen übermittelt. Hier handelte es sich um einen Bauer, welcher seine Frauen durch intravaginale bzw. intrauterine Einführung von Arsenpulver umgebracht hatte.

Über die transplazentare Vergiftung des Fetus äußert sich E. ZIEMKE. Eine 19jährige Schwangere trank ein Gemisch von arseniger Säure (etwa 200 mg), Kalilauge und Wasser und verstarb nach wenigen Stunden. In Plazenta und Fruchtwasser wurden 2,2 mg Arsen nachgewiesen, während sich in den Organen der 38 cm langen Frucht verteilt insgesamt nur so wenig Gift fand, daß es mengenmäßig nicht zu bestimmen war. ZIEMKE schließt daraus, daß die Plazenta durch Zurückhaltung des Giftes offenbar eine Art Giftfilter und -schutz für den Fetus darstelle.

Subakut-chronische Vergiftung.

Die chronische Vergiftung (Arsenizismus) kann ihren Ausgang von einer überstandenen akuten nehmen oder auf fortgesetzter Zufuhr kleiner Arsengaben beruhen. BROUARDEL et POUCHET unterschieden vier Stufen der chronischen Vergiftung: In der ersten macht sich die Wirkung auf den Verdauungsschlauch geltend, in der zweiten setzen Haut- und Schleimhauterkrankungen ein, auf der dritten stehen Erscheinungen von Seiten des Zentralnervensystems im Vordergrund und in der vierten, der Endstufe, erfolgt der Tod durch Marasmus.

Einen merkwürdigen Gegensatz zu der chronischen Vergiftung bildet die Arsengewöhnung. Diese kann sich — wie z. B. von den Arsenessern her bekannt und auch durch JOACHIMOGLUS Versuche an Hunden bestätigt ist — bei langdauernder peroraler Verabreichung kleiner Giftmengen einstellen. Die Gewöhnung geht unter Umständen so weit, daß Mengen ohne Schaden vertragen werden, welche die für den gewöhnlichen Menschen tödliche Arsengabe um das Vielfache überschreiten, daß die Organe überhaupt nicht mehr oder nur noch mit geringgradiger Abweichung vom Normalen auf die Vergiftung antworten. Eine ausreichende Erklärung dafür kann z. Zeit nicht gegeben werden; sie wird gesucht in Anpassungsfähigkeit bzw. Widerstandsfähigkeit der Magen-Darmschleimhaut gegen die nekrotisierende und entzündungserregende Wirkung des Giftes, womit eine nennenswerte Arsenaufsaugung durch die tieferliegenden Gewebe zur Unmöglichkeit wird. CLOETTA fand bei Hunden, daß der Verdauungsschlauch immer weniger von den täglich verabreichten steigenden Giftgaben in die Säftebahn übertreten ließ. Doch konnte eine wirkliche Giftfestigkeit nicht erzielt werden, denn, spritzte man nur $^1/_{10}$ der sonst täglich peroral zugeführten Giftmenge unter die Haut, so ging das Tier zugrunde.

HOPMANN beschäftigte sich mit der Frage, ob das Arsen in der Krebsätiologie eine Rolle spiele. Seine Ausführungen gipfelten in dem Gedankengang, daß zufolge täglicher Arsenzufuhr mit der Nahrung im Laufe der Jahre eine zunehmende Anreicherung von Arsen in den Geweben statthaben möchte, welche etwaig durch Vornahme von Arsenkuren, durch berufliche Beschäftigung mit Arsen usw. noch gesteigert wird, so daß vielleicht allmählich örtliche oder allgemeine Krebsbereitschaft des Körpers herbeigeführt wird.

Der chronisch Vergiftete ist gekennzeichnet durch Abmagerung, Blässe, Ödeme. Bei höhergradiger Leberschädigung wird Ikterus bemerkbar (F. SCHILLING).

Häufig finden sich grauschwarze bzw. braune, mehr oder minder ausgebreitete Flecke an der Haut: Arsenmelanose (s. unten), welche, durch eine im Laufe von Jahren wieder abklingende Vermehrung des normalen Hautpigmentes hervorgerufen (O. WYSS), sich gelegentlich auch auf den Augapfel erstrecken soll (POULSSON).

Am äußeren Auge stellen sich Ödem und Zoster der Lider, Blepharoadenitis, Konjunktivitis ein (IGERSHEIMER und ITAMI u. a.).

Die (früh ergrauten) Haare, die Zähne fallen aus, die Fingernägel werden spröde, rissig-brüchig, glanzlos, splittern an der Basis in Lamellen auf (BETTMANN). Bei der durch arsenhaltiges Trinkwasser bedingten „Reichensteiner Erkrankung" hat man eitrige Nagelbettentzündung und -geschwüre beobachtet (GEYER). Ähnliche Schäden stellen sich ein nach dauernder Benetzung der Nägel mit schwach arsenhaltiger Flüssigkeit (J. HELLER). Schließlich folgt die Abhebung der — unregelmäßig-dunkelbraune Zonen aufweisenden — Nagelplatte. Eine weitere Form der Nagelveränderungen sind die „MEESschen Bänder", welche von WIGAND etwa folgendermaßen geschildert werden: Ein ungefähr 1 mm breiter heller Streifen zieht quer über den ganzen Nagel und rückt mit dessen Wachstum vor. Sein Entdecker glaubte die Bildung des Streifens auf Durchtränkung mit arseniger Säure zurückführen zu können.

Die Gliedmaßen, besonders die Hände (Extens. digit. comm., Interossei) und Füße zeigen oft hochgradigen Muskelschwund, nämlich in den Fällen, in denen „Paralysis arsenicalis" vorlag, d. h. motorische Lähmungen, welche unter Umständen auch regelwidrige Gliedmaßenstellungen (Kontrakturen) zurücklassen. (Zusammenstellung einschlägiger Fälle s. bei SCHUMBURG.)

Auf arsenbedingte Geschwürsbildung im äußeren Gehörgang macht KOELSCH aufmerksam.

Die besonderen Entstehungsursachen der verschiedenartigen Hauterkrankungen bedürfen noch der genaueren Klärung. L. LEWIN hält die Anwesenheit von Arsen in der Haut für unbedingt erforderlich, um die zu beobachtenden mannigfachen Erscheinungen hervorzurufen; andere Untersucher neigen mehr dazu, die durch das Gift bedingte allgemeine Stoffwechseländerung als auslösenden Umstand anzusehen. Die bei der akuten Vergiftung des näheren besprochene, sich mit den pathogenetischen Fragen auseinandersetzende Arbeit von E. F. MÜLLER scheint besonders brauchbar, um das Auftreten der (meist petechialen) Blutungen zu erklären, welche durch Massigkeit das Bild einer echten Purpura vortäuschen können, im Gegensatz zu dieser jedoch die Schleimhaut stets verschonen. Soviel ist sicher, daß sich außerordentlich häufig in den erkrankten Hautbezirken (in Lederhaut, Haaren, Inhalt von Bläschen und Pusteln) Arsen feststellen läßt. So gelang es BRÜNAUER (s. auch JUSTUS, OSBORNE), mit Hilfe seines histochemischen Arsennachweises, bei welchem das in Arsentrisulfid übergeführte Metalloid als grünlich- bis bräunlichgelbliche Masse ausfällt, die Ablagerung des Giftes in bestimmten Zellen und Geweben der Haut zu verfolgen. Die Speicherung geht in der Hauptsache extrazellulär vor sich: Das Stratum spinosum erscheint stark gelbbraun, die Schweißdrüsen bräunlichviolett verfärbt. Die Drüsenlichtungen sind fast ausgefüllt von freiliegenden braunen Körnchen, welche auch in einzelnen Zellgruppen des Stratum corneum, ferner in den Papillarkörpergefäßen und an den Nervenfasern scharf hervortreten.

Die somit erwiesene räumliche Beziehung des Arsens zu den Schweißdrüsen stützt die Auffassung derjenigen, welche die Hyperhidrosis als notwendige Begleiterscheinung der Arsenkeratose ansprechen.

Im allgemeinen finden sich (ganz besonders auch als Gewerbeschäden: „Hüttenkrätze") alle denkbaren Bilder und Abstufungen der Hauterkrankungen: Vom Erythem, das bei subkutaner Zufuhr von der Einspritzungsstelle auszugehen pflegt, bis zur Bildung von Blasen, Pusteln, Papeln, (etwaig bis auf den Knochen gehenden [OLIVER]) Geschwüren usw., oder von leichten Erscheinungen trophischer Störungen (Trockenheit, Sprödigkeit, Abschuppung) bis zu Hyperkeratosen einerseits, Nekrosen und Gangrän andererseits. Bei Arbeitern, die mit Schweinfurter Grün zu tun hatten, wurden umschriebene Erytheme beobachtet (PISTORIUS, angef. bei L. R. GROTE). Diese erstreckten sich auf die äußeren Geschlechtsteile und die Innenseite der Oberschenkel und zeigten späterhin prurigoähnliche Beschaffenheit, welch letztere man gelegentlich ebenfalls nach medikamentöser Verwendung von Arsenpräparaten finden kann (BASSEWITZ: Pruriginöses Analekzem nach längerem innerlichen Gebrauch von Stovarsol und Treparsol. S. auch C. STERN).

Weitaus am lästigsten sind die, auch am Augenlid (BETTMANN) auftretenden varizellen- und variolaähnlichen Bläschen und Blasen (Arsenikzoster bzw. -phempigus), die jedoch meist erst nach längerer Anwendung größerer Arsengaben aufsprossen.

Von Wichtigkeit ist die Kenntnis der Arsenmelanose, der melanotischen Umwandlung der gewissermaßen „verwittert" erscheinenden Haut (GANS). In derartigen Fällen findet man entweder über große Strecken hin gleichmäßig verteilte, gelegentlich in ihrer Stärke an Negerhaut gemahnende oder aber kleinfleckförmige Pigmentierungen, welche sich — unter Aussparung bestimmter Stellen — über den ganzen Körper ausbreiten können. So bekommt die Haut nach Genuß arsenhaltiger Wasser („Reichensteiner Erkrankung") durch Freibleiben kleiner — offenbar von der Gefäßverteilung abhängiger — Bezirke ein seltsam scheckiges Aussehen (GEYER). Die diffusen, das Gesicht gewöhnlich verschonenden Arsenmelanosen unterscheiden sich mit ihrem bronzeartigen bzw. graphitähnlichen Farbton nicht nennenswert von dem Verhalten der Haut bei ADDISONscher Krankheit, und nur die mangelnde Mitbeteiligung der Schleimhaut sichert die Diagnose der Arsenmelanose. Nach Angaben von O. WYSS und von E. F. MÜLLER lagert sich das — hirschgeweihförmig angeordnete — Pigment zuvörderst in den perivaskulären Lymphbahnen der Papillen und in der Kutis, nach Schilderung von SMETANA u. a. auch in den untersten Retezellen ab. Histologische Einzelheiten finden wir bei GANS, der die wesentlichsten Befunde zusammenfaßt in der Begriffsbestimmung der Arsenmelanose als einer auf entzündlichem Mutterboden enstandenen Pigmentierung, die sich scharf auf Oberhaut, Papillarkörper und oberste Kutislage beschränkt.

Der mikroskopische Bericht von GANS lautet: Leichte Hyperkeratose, Atrophie der Stachelschicht, perikapilläre Zellansammlungen, Pigmentierung hauptsächlich der Basalzellschicht: Staubartiges, gelbbraunes Pigment, das die einzelnen Zellkerne umlagert (ausschließlich intrazellulär, granulär).

In dieser Beschreibung wird schon das Vorkommen der Hyperkeratose als Begleiterscheinung der Melanose angedeutet. Stärker ausgebildete Hyperkeratosen finden sich mit Vorliebe an Handflächen und Fußsohlen, entwickeln sich als dicke Hornmassen mit perlenartig aneinandergereihten, durchscheinenden Hornkörnchen und warzigen Hypertrophien: „Arsenwarzen" (GEYER). Man sieht in solchen Fällen fast alles Arsen subpapillär, in Schweiß- und Talgdrüsen (Haarbalgdrüsen) gespeichert (OSBORNE).

Die nach jahrelanger Arsenaufnahme (z. B. auch nach Psoriasisbehandlung) entstehenden Keratosen, welche als Hautbezirke mit überschießender Regeneration anzusprechen sind (F. SCHILLING), können übergehen in destruierend wachsende Neubildungen (HUTCHINSON, ULLMANN u. a.), von denen die in Karzinome sich umwandelnden psoriatischen Stellen unterschieden werden müssen (A. ALEXANDER). Oft wird nur auf Grund der Vorgeschichte die Differentialdiagnose zu stellen sein.

Der bei Arsenarbeitern zu findende Krebs weicht in nichts von dem medikamentös erzeugten ab (ULLMANN).

B. FISCHER-WASELS hält es für beachtenswert, daß bei dieser Form der „chronischen Arsendermatose" die Lokalisation der — gelegentlich zu mehreren auftretenden — Karzinome bestimmt wird durch kleine traumatische Schädigungen: Also durch Hinzutreten eines zweiten Regenerationsreizes (s. auch ULLMANN).

Basalzellkrebse scheinen selten zu sein (RÖSCH, angef. bei ULLMANN). Eine Zusammenstellung von 31 Arsenkrebsfällen findet sich bei NUTT and BEATTIE. Die Berichterstatter selbst haben einen Fall peroraler Vergiftung beobachtet, in welchem sich ein zerfallender Krebs am Finger entwickelte. Der Kranke starb nach einem Jahr; eine Leichenöffnung wurde nicht vorgenommen. Das Vorhandensein von Metastasen (in Lymphknoten, Schamlippen usw.) wurde durch Probeausschnitte gesichert. Nach einer weiteren Sammeldarstellung von FÖNSS waren bis zum Jahre 1923 durch Veröffentlichung 38 Arsenkarzinomfälle, darunter verschiedene mit mehreren Gewächsen, bekannt geworden. Die Neubildungen fanden sich vorwiegend an Fingern und Zehen, also an den Stellen, welche bei motorischen Lähmungen bevorzugt werden. An den Gliedmaßen sitzende „spinozelluläre Epitheliome" neigen zu Lymphknotenmetastasen.

Die bisher noch nicht geklärten ursächlichen Beziehungen zwischen Gewächsbildung und Arseneinfluß treten uns auch auf anderen Gebieten entgegen. So wissen wir aus Untersuchungen von ASKANAZY u. a., daß Arsenlösungen in ganz bestimmten Verdünnungen Embryonalzellen in Gewächszellen umwandeln. B. FISCHER-WASELS konnte feststellen, daß Mäuse, die an sich gegen Scharlachöl unempfindlich waren, nach Schädigung durch langdauernde Arsengaben auf Einspritzung von Scharlachöl mit metastasierenden Karzinomen antworteten.

Zusammenstellung älterer Berichte über das Verhalten der Körpermuskulatur s. bei E v. HOFMANN und LUDWIG, MARIK, SCHUMBURG u. a. Die von OBOLONSKY u. a. beschriebene stärkere Fetteinlagerung in die Muskelfasern, Entartung und Schwund der Muskulatur wird unter Berücksichtigung des Tatbestandes, daß in der Regel die gelähmten Gliedmaßen (nur selten das Zwerchfell oder andere Muskelgruppen) von den Veränderungen betroffen werden, im allgemeinen als Zweiterscheinung, d. h. als Folgezustand der (neuritisch bedingten) Muskellähmung gedeutet. Jedoch ist die Entstehungsfolge umstritten, da Fälle bekannt geworden sind, in denen entzündlich-degenerative Muskelerkrankungen bei völliger Unversehrtheit des die Muskelgruppe versorgenden Nerven nachgewiesen wurden. Als Beispiel möge der Fall EPPINGER dienen:

Hier bestand langjährige Lähmung. Man fand lediglich zahlreiche kleinste Entzündungsherde in der Muskulatur, Verlust der Querstreifung und Segmentierung der Muskelbündel, kapilläre Blutaustritte. Die Möglichkeit anfänglicher Thrombenbildung mit Blutungen und entzündlich-reparativen Vorgängen im Gefolge war nicht abzulehnen. (S. auch Tierversuche von C. Alexander.)

Sehen wir von den fast stets vorhandenen Hautveränderungen ab, so ist das Krankheitsbild der chronischen Arsenvergiftung vor allem durch Erscheinungen von Seiten des Nervensystems gekennzeichnet. Die Ansichten über den Hauptsitz der Schädigungen sind geteilt. Klinischerseits beobachtete Lähmungen (L. Hirt: „Tabes arsenicalis", u. v. a.) konnten auf Grund der pathologisch-anatomischen Befunde ebenso häufig mit Veränderungen im zentralen wie im peripherischen Nervensystem in ursächlichen Zusammenhang gebracht werden, oder man fand gar histologisch nachweisbare Störungen in beiden Systemen (Erlicki und Rybalkin), wobei erwogen werden mußte, ob vielleicht vom Zentrum her fortgeleitete Vorgänge in Frage kamen.

Die zahlreichen Tierversuchsergebnisse decken sich im wesentlichen mit den wenigen aus der Menschenpathologie bekanntgewordenen Befunden am Zentralnervensystem. Gewöhnlich stehen Ganglienzell- und Faserdegeneration mit Markscheidenzerfall in Gehirn (Thalamus opticus!) und Rückenmark im Vordergrund (Shimazono u. a.). Andere Fälle zeigen überwiegend Verfettung und Pigmenteinlagerung (G. Köster, Lugaro, Popoff u. a.). Arsazetineinspritzung rief bei Mäusen Entartung des Nervus vestibularis hervor (Röthig). Außer der „Lipoiddegeneration" der Gehirnzellen, in deren Umgebung auch die Kapillarwände massenhaft Fett gespeichert haben können, sah man Fettablagerung in den weichen Häuten (Birch-Hirschfeld und G. Köster).

Mitteilungen über (auch im Tierversuch [C. Alexander] zu erzeugende) Schädigung der peripherischen Nerven beim Menschen sind häufiger (Erlicki und Rybalkin, Igersheimer und Itami, Marik u. a.). Man findet bei der sog. Arsenneuritis Blutungen in den Nervenscheiden (G. Köster), zerfallende und sich regenerierende Nervenfasern.

Wesensgleiche Vorgänge spielen sich bei der, meist unaufhaltsam fortschreitenden, bis zur Amblyopie führenden Schädigung des inneren Auges ab. Zu den rückschrittlichen Erscheinungen wie Zerfall der inneren retinalen Körnerschicht, der Markscheiden und Fasern des Sehnerven (Bornemann, Birch-Hirschfeld, Igersheimer, G. Köster, Nonne, Sattler u. a.) gesellen sich reparative Wucherung von Glia und Bindegewebe und entzündliche Vorgänge. Letztere können beträchtlich sein oder auch gelegentlich als einziges Krankheitszeichen auftreten, so daß man versucht ist, an primär entzündliche Reaktion zu denken (L. Heine, Hegner). Ähnliche Befunde lassen sich an vergifteten Tieren erzielen (Shimazono). Für die Schädigung des inneren Auges sind im wesentlichen nur die organischen Arsenverbindungen (Atoxyl, Arsazetin, Spirarsyl usw.) von Bedeutung.

In Übereinstimmung mit ihrem Verhalten bei akuter Vergiftung, jedoch gradmäßig darüber hinausgehend, speichern die Gefäßwandzellen (besonders im Gehirn [E. v. Hofmann und Ludwig]) Fett bzw. Lipoide. Auch beim Tiere scheinen die Gefäße des Nervensystems am empfindlichsten (Popoff). Hier bleibt indessen die Fetteinlagerung nicht der einzige Ausdruck der Giftansprechbarkeit: Die Endothelien lassen Größenzunahme erkennen, springen in die Lichtung vor; Wucherungsvorgänge in den Wandschichten führen schließlich zu Verdickung und Hyalinisierung derselben.

Der Atmungsweg wird im allgemeinen wenig in Mitleidenschaft gezogen. Es finden sich kurze Angaben über Rhinitis, Laryngobronchitis (s. auch Weimann: Akute Arsenlaryngitis!). W. Hood beobachtete die Entstehung chronischer Nasen-Rachenkatarrhe infolge Anwendung arsenhaltigen Haarwassers. O. Seifert beschreibt (hauptsächlich bei Arbeitern, die mit Schweinfurter Grün beschäftigt sind, vorkommende) Anätzung der Nasenschleimhaut, ausnahmsweise auch Durchbruch der Nasenscheidewand (s. auch Delpech et Hillairet, Toeplitz).

Krankheitserscheinungen am oberen Abschnitt des Verdauungsschlauches: Mundschleimhauterosionen und -nekrosen, Gingivitis, ulzerösnekrotisierende, gelegentlich auf den Alveloarteil des Kieferknochens übergreifende und diesen zerstörende Stomatitis wurden ebensowohl beobachtet nach wiederholten peroralen Arsengaben (Bettmann), wie nach dauernder Benutzung arsenhaltiger Zahnpaste (Erkens) oder nach Anwendung arseniger Säure beim Töten von Zahnnerven (W. Schulze). Derartige Erscheinungen können auch auftreten bei Arbeitern, die mit Arsenstaub in Berührung kommen (W. Hood, Koelsch, J. Löwy u. a.), sind nach alledem in der Hauptsache wohl als Zeichen örtlicher Reizung anzusprechen.

Von verschiedenen Seiten wurde mit Hilfe von Tierversuchen die — für den Zahnarzt wichtige — Erforschung des Zustandekommens der Interdentalnekrosen, der Schädigung der Kieferknochen durch Arsenverwendung in Angriff genommen. Es zeigte sich, daß die im Gewebe der Interdentalpapille beginnenden, zu ausgedehnten Weichteilverlusten führenden Nekrosen auf den Alveolarkamm übergreifen und diesen freilegen: Der Knochen geht schließlich unter ausgesprochen ostitischen Erscheinungen zugrunde und wird abgestoßen (F. Heinze).

Über Pulpadevitalisation mit arseniger Säure liegen Untersuchungen von Feldmann vor. Er schildert das Auftreten von Blutüberfüllung, Ödem, Blutaustritten, lympho- und leukozytären Infiltraten im umgebenden Gewebe. Der Vorgang endet häufig mit Gewebszerfall. Offenbar dringt Arsen durch die Wurzelöffnungen in das Periodont. Die Stärke des krankhaften Geschehens bewegt sich zwischen Hyperämie und Ödem einerseits und Resorption des Dentingewebes (bzw. des Spitzenteiles der Wurzel) andererseits. Nach der Anschauung von Wasmuth dringt das Arsen in die Pulpa ein, erreicht den Nerven und unterbindet dort den Stoffwechsel.

Drüsenschwund in der Magenschleimhaut und hochgradige Verfettung ihrer Epithelien läßt die Mageninnenfläche blaß oder gelblich-weiß, milchig-trübe, zeitweilig auffallend gefeldert erscheinen. Chronisch-entzündliche Vorgänge im Magen-Darm treten in den Hintergrund.

Die Leber wird bei der chronischen Vergiftung im allgemeinen nicht oder nur gering in Mitleidenschaft gezogen. Der Beginn etwaig eintretender Gewebsschädigungen dürfte zeitlich mit Glykogenschwund zusammenfallen (Meixner). Kommt es ausnahmsweise zu höhergradigen Störungen am Parenchym, so werden sich diese — genau wie bei der akuten Vergiftung — über Verfettung und Gewebsum- und Abbau bis zum Bilde der subakut-chronischen Atrophie fortentwickeln (F. Schilling: Atrophie der Leber und Ikterus gravis nach Psoriasisbehandlung; Herxheimer u. a.), gelegentlich zu Stillstand und einer Art Ausheilung in zirrhotischer Form kommen, wie es Hutchinson, O'Leary and Snell, Reynolds, Sturrock u. a. beschreiben, wobei zu bemerken ist, daß nicht alle Fälle der soeben aufgezählten Berichterstatter ursächlich eindeutig sind, da ein Teil der in Frage kommenden chronischen Vergiftungen nach langdauerndem Genuß arsenhaltigen Bieres auftrat, mithin die Möglichkeit alkoholischer Leberschädigung nicht von der Hand zu weisen war. Die rückschrittlichen Erscheinungen am Lebergewebe der Tiere sind nach dem Urteil von Ziegler und Obolonsky geringer, denn die bei Phosphorvergiftung. Ullmann erzielte nach wiederholten subkutanen Einspritzungen anorganischer Arsenpräparate bei Hunden und Kaninchen zentrale Zerfallsherde.

Die — von Schlayer mehr auf Grund der Leistungsänderung, denn der anatomischen Befunde als „vaskuläre Nephritis" (Glomerulonephrose), von Fahr als „Nephrosis simplex" angesprochenen — Nierenveränderungen bestehen in Epithelverfettung und Blutungen, wie wir sie bei der akuten Vergiftung bereits kennen gelernt haben. R. M. Pearce and W. Brown gelangten bei vergleichenden Tierversuchen mit verschiedenen Arsenpräparaten zu dem Ergebnis, daß einzelne Arsenverbindungen sich in stärkerem Maße am Kanälchensystem auswirken, andere zuvörderst am Gefäßapparat anzugreifen scheinen. Von letzteren muß vor allem das Atoxyl genannt werden, zu dessen Eigenheiten die Auslösung von Blutungen gehört (Igersheimer und Itami, Kossel). Die Angaben von Neuberger über Kalkablagerung in den Nieren seiner zum Versuche benutzten Tiere haben von anderer Seite zwar noch keine Bestätigung gefunden; da jedoch allem Anschein nach Kaninchen verwendet wurden — die Tierart wird von Neuberger nicht angegeben — würden die Befunde durchaus im Einklang stehen mit der Tatsache, daß die Gewebe des Kaninchens auf alle möglichen Reize hin mit Kalkspeicherung antworten.

Die vor einigen Jahren von Straumann veröffentlichten, hauptsächlich in Follikelnekrosen bestehenden Veränderungen am lymphatischen Apparat (der Milz, Gaumenmandeln, Lymphknoten) eines 30jährigen, subakut vergifteten Mannes zeigten Gleichsinnigkeit, ja, z. T. Übereinstimmung mit den Tierversuchsergebnissen von Wätjen (s. akute Vergiftung) und erinnerten an die histologischen Bilder bei Diphtherie und Streptokokkeninfektion. Es gelang Straumann, beim Tiere unter entsprechenden Versuchsbedingungen ähnliche gewebliche Störungen zu erzielen.

Ziegler und Obolonsky richteten bei vergifteten Tieren in erster Reihe ihr Augenmerk auf das Verhalten der Lymphknoten, konnten aber lediglich Verfettung derselben feststellen.

Weelihan (1928) sah bei einem — nach längerem Gebrauch anorganischer Arsenpräparate verstorbenen — Kinde Aplasie der myeloischen Elemente im Knochenmark. In diesem Fall ließ sich Arsen chemisch im Mark nachweisen. Bei Verwendung organischer Arsenverbindungen scheint Markschwund kein so seltenes Ereignis: So haben Dodd and Wilkinson aus dem Schrifttum 23 einschlägige Arbeiten gesammelt, von denen 9 aplastisches Knochenmark verzeichnen.

Knochenmarksuntersuchungen auf tierexperimenteller Grundlage unternahm bisher nur Bettmann. Das — dann grau- bis dunkelrot erscheinende — Diaphysenmark antwortete auf wiederholte Darreichung kleiner Giftmengen mit beträchtlicher Blutzufuhr, Anhäufung von Normoblasten und mit gesteigerter Wucherung, aber auch schon teilweise rückschrittlicher Umwandlung der Knochenmarkszellen, kurzum, es entstand ein Bild, das sich dem bei leichterem Graden der aplastischen Anämie annäherte. Nach größeren Arsengaben nahm die regeneratorische Tätigkeit des Knochenmarks schnell ab; degenerative, auch an den neugebildeten lymphoiden Elementen zu beobachtende Vorgänge standen im Vordergrund.

Im strömenden (zu Thrombenbildung neigenden [Kionka]?) Blut sinkt nach toxischen Arsenmengen der Erythrozyten- und mit ihm der Hämoglobingehalt, das Verhältnis der weißen, z. T. mißgestalteten Blutzellen verschiebt sich zu Gunsten des lymphatischen Anteils. Die Eosinophilen fehlen, Normoblasten treten auf. Das Blutbild war im Falle Weelihan gekennzeichnet durch Absinken der myeloischen Formen bis auf $3^0/_0$ und durch eine $93^0/_0$ige Lymphozytose. Es scheint dies bisher der einzig beobachtete Fall mit derartigem, auf Wirkung anorganischer Arsenpräparate zurückzuführenden Blutbefund. (Differentialdiagnostisch kommen „Agranulozytose", Röntgenschädigung, Salvarsan-, Thorium-, Benzolvergiftung in Frage.)

Nach Meinung von Kostitch et Verbitzki wäre die keimverderbende Wirkung des chronisch verabfolgten Arsens neben die des Alkohols zu stellen. Bei Ratten, deren Allgemeinbefinden und Gewichtszunahme als gut zu bezeichnen waren, ließ sich durch langdauernde innerliche Arsengaben am Hoden Plasmavakuolisierung, Kernpyknose und Karyorrhexis in den Samenzellen hervorrufen, die Mitosen wurden spärlich und unregelmäßig, schließlich bestand Azoospermie.

Der, zuerst von Justus angewandte, von Brünauer verbesserte und vorzüglich bei Erforschung der Arsendermatitis benutzte histochemische Arsennachweis besteht darin, daß bei Behandlung des Gewebes mit Schwefelwasserstoff sich Arsentrisulfid bildet, welches mit Salzsäure grünlich bis bräunlichgelbe Niederschläge gibt. Mit Hilfe dieser Methode ist auch die von der chemischen Wertigkeit des Arsens abhängige örtliche Verschiedenheit der Arsenablagerung zu erkennen: Dreiwertiges Arsen verhält sich anders wie fünfwertiges (s. auch Osborne).

Arsen ist jahrelang in der Leiche auffindbar (Remund). Die arsenige Säure geht teilweise in den Harn über; sie wird nur schleppend ausgeschieden und kann noch etwa 7 Monate nach Aufhören der Arsenzufuhr im Urin gesichert werden. Von Organen kommen für den Giftnachweis in Betracht: Magen-Darm und -inhalt (die aber schon normalerweise Spuren von Arsen enthalten sollen), Leber (Galle); ferner Haare, Epidermis, Nägel (besonders bei chronischer Vergiftung!), Milz, Muskulatur, Blut, Röhrenknochen (letztere nur bei chronischer Giftzufuhr). Haare sind bei ganz akutem Vergiftungsablauf für den Nachweis nicht zu verwerten, da es hier frühestens 14 Tage nach Giftanwendung zu Arsenablagerung kommt (Heffter).

Arsenwasserstoff.

Das Zustandekommen der — in der Regel — gewerblichen Vergiftung (Eitner, Gerbis, Trost u. a.) beruht auf Oxydation des Arsenwasserstoffs durch den Blutsauerstoff zu kolloidem Arsen, das seinerseits (durch kolloidchemische Wechselwirkung mit den kolloiden Bausteinen des Blutkörperchengefüges) die Erythrozytenstruktur zertört. Schutzkolloidfrei hergestellte kolloide Arsenpräparate vermögen Blut zu hämolysieren (Labes). Häufig findet sich das gesamte Arsen im Blutplasma.

Die leichtesten Grade der Vergiftung (neueste Zusammenstellung von Vergiftungsfällen s. bei Holzknecht 1929), die noch keine Auslaugung des Blutfarbstoffes oder Erythrozytenzerfall mit sich bringen, führen zunächst zur Abnahme des Sauerstoffbindungsvermögens. Später ist die Sauerstoffzehrung (Atmungsindex) erhöht, was auf Anwesenheit junger Erythrozyten hindeutet (Oettingen).

Hochgradige Zerstörung roter Blutzellen bedingt massige Bildung dickflüssiger Galle, so daß das histologische Bild der großen, grüngelb verfärbten Leber von Gallenthromben beherrscht wird.

Die Ausscheidung des Arsens durch die Niere erfolgt nur sehr langsam.

Haut und Augenbindehäute des Vergifteten zeigen in der Regel einen, von der Stärke des Blutzerfalls und der Methämoglobinbildung abhängigen mehr oder minder kräftigen ikterischen oder bronzefarbenen bzw. ins Braungelblivide, auch Gelblichgrüne hinüber spielenden Farbton (Trost u. a.). Das Zahnfleisch erscheint eher schmutzigblau verfärbt. E. Meyer und Heubner beobachteten einen Fall akuter (gewerblicher) Vergiftung, in welchem an der Haut die „außerordentlich rote Farbe" auffiel, die etwa aussah, „wie die Rothäute in den Indianerbüchern abgebildet werden".

Tritt der Tod erst nach längerer Zeit ein, so können sich resorptive Vergiftungserscheinungen von Seiten der Haut einstellen in Form von Quaddeln u. dgl. (Waechter).

Das klinische Krankheitsbild ist außer durch Hautverfärbung (bzw. Dermatosen) in erster Reihe gekennzeichnet durch die Blutveränderungen: Man bekommt hämolytisches Serum, punktierte und kernhaltige rote Zellen treten auf u. a. m. Lebervergrößerung, Hämo- bzw. Methämoglobinurie tragen zur Sicherung der Diagnose bei (van der Reis und Büssow u. a.).

Die an der Leiche aus Nase und Mund fließenden schwärzlich-grauen Massen riechen nach Knoblauch (Trost).

Bei Eröffnung der Körperhöhlen fällt die Trübung und Glanzlosigkeit der Muskulatur auf (Gerbis). Das schmutzig-dunkle Blut weist — ebenso wie der klinische Ablauf — sofort auf ein blutzerstörendes Gift hin.

Die Niere ist vergrößert, dunkel- bis schwarzbraun, von verwaschener Zeichnung und enthält — wie schon das mikroskopische Übersichtsbild zeigt — zahlreiche Erythrozytenzylinder und Hämoglobinkristalle (Gerbis, Stadelmann), welche zur Ursache ausgedehnter Epithelabschilferung werden können (Gumprecht).

Die braunschwarze und derbe Milz entspricht im histologischen Bau den bekannten Befunden bei jedwedem akuten Blutzerfall.

Es gelang Gerbis, in den schieferfarbigen Lungen Arsen chemisch nachzuweisen.

14. Salvarsan (Arsenobenzol).

Das Salvarsan ist den anderen organischen Arsenverbindungen nur mit Einschränkungen anzureihen. Diese gelten den Fällen, in welchen die Wirkung des Benzolanteils die des Arsens verwischt bzw. überdeckt (Gorke, Thill, Juliusberg u. a.). Demzufolge dürfte die Frage, ob für die durch Salvarsan hervorgerufenen Schäden lediglich oder in erster Reihe das Arsen verantwortlich zu machen ist (Chiari, M. Kochmann, Hulst, Hoke und Rihl, Schmorl u. a.) dahin zu beantworten sein, daß man a) durch Erscheinungen an Haut, Kreislaufsapparat usw. gekennzeichnete, mithin denen bei Arsenvergiftung an die Seite zu stellende Krankheitsbilder, b) (seltener) solche mit Überwiegen der (benzolbedingten) Störungen am blutbildenden Apparat zu unterscheiden hat. Obermiller ging so weit, zu sagen: „Vergleicht man Arsen- mit Salvarsanwirkung, so deckt sich Symptom mit Symptom restlos". Auch Schindler äußert sich dahin, daß der Salvarsantod letzten Endes als Arsentod aufgefaßt werden müsse, und zwar kommt zum Vergleiche besonders eine Form der (durch große Giftmengen ausgelösten) akuten Arsenvergiftung in Betracht: Die sog. paralytische, deren Verlauf, wie R. Heinz ausführt, bestimmt ist durch Versagen des Kreislaufsapparates und Lähmung des Zentralnervensystems.

Obwohl über die Einzelvorgänge, welche der unter a) geschilderten Form der Salvarsanvergiftung und dem -tode vorangehen noch keine restlose Klarheit herrscht, scheint so viel sicher, daß im Salvarsan das vasotrope Arsen alle die Faktoren des Gefäßnervenapparates und der Gefäßwand schädigt, von denen die normale Blutströmung abhängt. Konnten doch Ricker und Fölsche am lebenden Tier beobachten, wie unmittelbar in die Blutbahn gebrachtes Salvarsan häufige und starke Schwankungen in der Strombahnweite hervorrief. Die sich anschließende bleibende Venenerweiterung und venöse Stauung führte gelegentlich zu hämorrhagischer Organinfarzierung (s. auch Ricker und Knape).

Die Erscheinungen am Zentralnervensystem wären somit als auf Kreislaufstörungen zurückgehende Zweitwirkung des Giftes anzusehen (Schindler). Für diese Vermutung spricht auch die Tatsache, daß man in den verschiedenen auf Salvarsan mit anatomischen Schäden besonders leicht ansprechenden Hirnprovinzen niemals größeren Arsengehalt nachweisen konnte, als dem Arsenspiegel des Blutes entsprach. Die Möglichkeit des Hinzutretens anderer, wahrscheinlich physikalischer, vielleicht auch chemischer Einflüsse (Benzolbestandteil!) auf den Gefäßapparat wird von Ullmann erwogen.

Kritschewsky und Friede möchten auf Grund der im Reagenzglas und am Tiere gewonnenen Prüfungsergebnisse das Zustandekommen der Giftwirkung zuvörderst suchen in Veränderungen des Dispersionsgrades der Körperkolloide. Nach ihrer Meinung ist das klinische und makroanatomische Bild der Vergiftung gleichzusetzen dem bei Anaphylaxie und sonstigen ähnlichen Vorgängen (z. B. Vergiftung mit Pepton oder mit Kotyledonsaft u. a.). Die Veränderung der Zellplasmadispersion äußert sich in Eiweißentartung der parenchymatösen Organe, Koagulation der quergestreiften Muskulatur, Chromatolyse und Achromatose der Ganglienzellen.

Über das Verhalten des Salvarsans in den einzelnen Geweben wissen wir verhältnismäßig wenig. So ist besonders auch der Einfluß des Giftes auf die Blutmauserung noch nicht geklärt. In der Regel findet sich (nach den Mitteilungen von Kassatkin und Mitarbeitern) eine Steigerung des Urobilingehalts in Fäzes und Urin, des Bilirubingehalts im Blut, woraus die Beobachter den Beginn eines überschießenden Blutzerfalls ablesen möchten, um so mehr, als sich beim salvarsanvergifteten Kaninchen einwandfreie Hämoglobin- und Erythrozytenverminderung nachweisen läßt. Die Hämolyse im Reagenzglas scheint gesichert.

Nach einem histochemischen Verfahren von Jancsó (Reduktion von Silber durch das in den Geweben festgehaltene Salvarsan) läßt sich beim Menschen und bei Versuchstieren Ablagerung braunschwarzer, körniger Massen in Retikuloendothel und Kanälchenepithelien der Niere nachweisen. (S. auch Asťa und Kuhn: Salvarsan und retikuloendotheliales System.) Daneben findet man diffuse Salvarsandurchtränkung des Milzgerüstes und Salvarsanembolien in den Gefäßen.

B. Engelmann konnte nach fortgesetzten intravenösen Neosalvarsangaben beim Kaninchen Arsenspeicherung im Gehirn feststellen.

Hört im Verlaufe der Salvarsanbehandlung die Ausscheidung des Giftes auf den natürlichen Ausscheidungswegen (Niere, Leber) auf, so setzen Hauterkrankungen ein (Memmesheimer).

Örtliche Wirkung.

Bei den Salvarsanschäden nach intramuskulärer Einspritzung handelt es sich — wie ich selbst auch an dem, mir liebenswürdigerweise von Herrn Prof. Fischer-Wasels (Frankfurt a. M.) überlassenen Rohstoff feststellen konnte — um gewöhnlich bakterienfreie, tiefgreifende, bohnen- bis hühnereigroße Zerfallsherde in Unterhaut und Muskulatur, die oft noch Monate nach Beendigung der Salvarsanzufuhr vorhanden sind und, wie die mangelhafte Granulationsgewebsbildung erkennen läßt, verhältnismäßig wenig Neigung zur Ausheilung zeigen (Löhe, Herxheimer, Martius, Swift u. a.). Die — zwischen noch erhaltengebliebenen Muskelbündeln liegenden — Nekrosen sind von braungelbrötlicher, das an dem krankhaften Geschehen teilnehmende Unterhautfettgewebe von graugelber Farbe und eigentümlich opakem Aussehen. An der Einstichstelle liegen häufig körnig-bröcklige Salvarsanreste. Scholtz und Salzberger stellten solche noch 28 Tage nach Aufhören der Salvarsanzufuhr fest. Die gelbbraunen Massen sind stets extrazellulär gelagert, ein Fortschaffen durch Freßzellen findet scheinbar nicht statt. Trýb denkt im Hinblick auf die bräunliche Anfärbung des Leukozytenchromatins an Eindringen des Salvarsans in die Zellkerne.

Die Salvarsannekrosen zeigen im mikroskopischen Bild meist beträchtliche Ausdehnung: Es fallen ihr außer der Muskulatur, deren Fasern aufquellen, hyalin schollig entarten, gelegentlich auch verkalken (Abb. 52), Nerven, Gefäße, Unterhautbindegewebe zum Opfer. Löhe sah feinste Kalkablagerung auch in entarteten Nervenfibrillen. Die Gefäße sind zumeist thrombosiert. Nach der Meinung von Tomasczewski, von Scholtz und Salzberger, welche sich auf Tierversuchsergebnisse stützen, geht die Verlegung der Gefäße den Nekrosen zeitlich voran.

A. Schmitt, Stühmer, Ullmann und Haudek, F. Leeser u. a. konnten auf der Röntgenplatte Salvarsan (s. auch Wismut) als metalldichte Schatten in der Muskulatur nachweisen. Auch berichtete Leeser über knochengewebsähnliche röntgenologische Zeichnung, welche sich vielleicht durch Verkalkung und metaplastische Knochenentwicklung in Muskelnekrosen (Veränderungen im Sinne einer traumatischen Myositis ossificans!) erklären ließe.

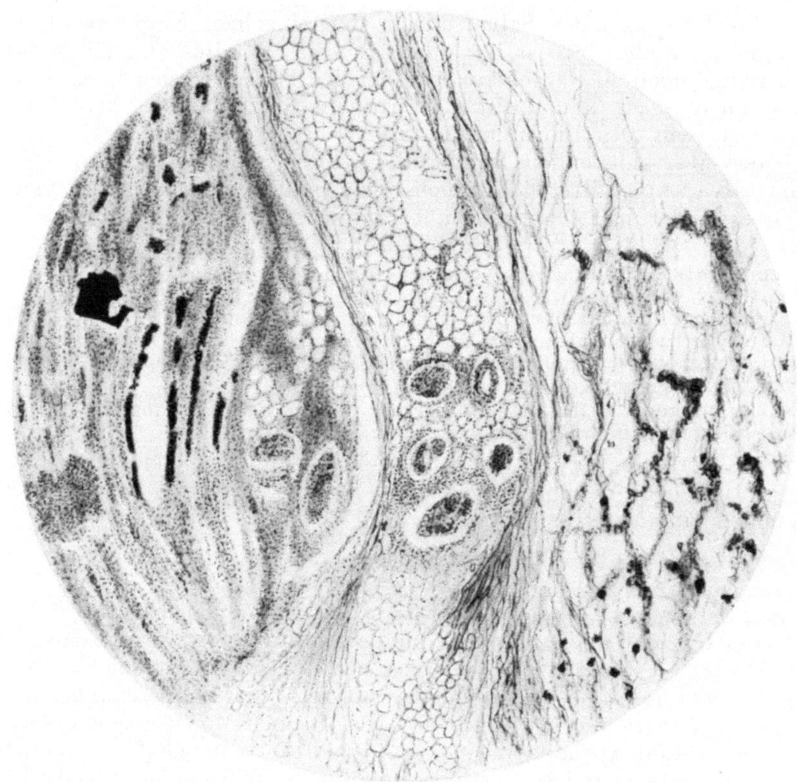

Abb. 52. Verkalkende Muskelnekrosen nach Salvarsaneinspritzung. (Sammlung des pathologischen Instituts der Universität Frankfurt a/M. Prof. Fischer-Wasels.)

Ausführliche Darstellung der Salvarsanschäden in der Muskulatur s. im Handbuch der Salvarsantherapie von Kalle und Zieler.

Der Einverleibung des Salvarsans unmittelbar in die Blutbahn kann sich, unter nicht näher bekannten Umständen, thrombotischer Verschluß der benutzten oder auch einer benachbarten Vene anschließen. Die Blutpfröpfe enthalten gelegentlich — vor allem, wenn Altsalvarsan benutzt wurde — ungelöste bzw. ausgefällte Salvarsanteilchen.

Gaucher et Gougerot haben den Begriff der „Fernthrombose" geprägt, d. h. das Auftreten von Thromben an von der Einspritzungsstelle weit entfernten Orten. Die Entstehungsursache dieser Fernthrombosen wird in allgemeiner Bereitschaft zur Blutgerinnung gesucht, während der örtlichen Thrombenbildung wahrscheinlich Abschilferung der Gefäßuferzellen, vielleicht auch entzündliche Vorgänge in der Gefäßwand zugrunde liegen (CLINGESTEIN). Schließlich entwickelt sich eine von der Innenhaut auf die Muskelschichten fortschreitende Phlebosklerose (SCHINDLER). In einem von KLAUSNER mitgeteilten Fall, in welchem die Salvarsaneinspritzung an sich reaktionslos vertragen worden war, fand sich 17 Tage später eine Oberschenkelthrombose mit Abszeßbildung.

Embolisierungen werden gelegentlich beobachtet (v. LINT, HANSER u. a.). Im Anschluß an Salvarsaneinspritzung in die Kubitalvene entwickelte sich — obwohl keine örtliche Thrombose aufzufinden war — Gangrän der Hand. WERTHERN versucht, ihr Zustandekommen durch Konstriktorenreizung zu erklären. (S. auch SCHLOFFER: Gangrän des Unterarms nach Salvarsaninjektion).

Einer weiteren Möglichkeit örtlicher Schädigung muß noch gedacht werden: es handelt sich um die — allerdings seltenen Fälle — von Gewebeschäden nach endolumbaler Salvarsanzufuhr. Laut Schilderung von WEIGELDT wurde nach Anwendung eines derartigen Heilverfahrens der Subarachnoidalraum zufolge chronisch fibröser Spinalmeningitis völlig verschlossen gefunden. Über die ursächliche Eindeutigkeit dieses Befundes läßt sich im Hinblick auf die Möglichkeit abgelaufener syphilitischer Vorgänge streiten. (S. auch NONNE: Letale Rückenmarksschädigung durch intraspinale Salvarsanbehandlung.)

Allgemeinwirkung.

Fuß- und Fingernägel können sich lockern, abgestoßen werden. Haarausfall ist nicht selten. Nekrotisierende Entzündung an der Kornea wird von HEGNER erwähnt.

Vereinzelte Vergiftungsfälle (CALLOMON u. a.), welche durch — wahrscheinlich der Wirkung des Benzolanteils zur Last zu legende — Blutungsneigung (hämorrhagische Diathese) eine eigene Note bekommen, zeigen zahlreiche punktförmige und größere Blutaustritte in Haut und sichtbaren Schleimhäuten (Zahnfleisch, Augenbindehäute usw.). Unstillbare Wundblutungen kommen vor (THILL).

Das Vorhandensein von Ikterus weist auf Leberleistungsstörungen hin.

STÜHMER hat Ödeme von ungeheuerlichen Ausmaßen sich entwickeln sehen, die am dritten Tage geradezu „monströse Formen" annahmen. Nach Erschlaffung des Gewebes kam es zu punktförmigen und größeren Blutaustritten.

Bei der Betrachtung der mannigfaltigen Hauterkrankungen wird die weitgehende Übereinstimmung in der Salvarsan- und Arsenwirkung besonders deutlich. Ich kann daher auf die diesbezüglichen ausführlichen Schilderungen im Abschnitt Arsen verweisen, will aber hervorheben, daß die nach Salvarsangaben beobachteten Dermatosen und Dermatitiden der Art nach fast noch zahlreicher sind, als die durch reines Arsen hervorgerufenen, daß ferner das Bild der salvarsanbedingten Schäden oft durch voraufgegangene oder gleichzeitig stattfindende Quecksilberkuren verwischt wird (J. HELLER u. a.).

Alle Grade der Entzündung werden durchlaufen von blau- bis kupferfarben erscheinenden, derben Infiltraten (PÜRCKHAUER u. v. a.), abszedierenden, oft mit Borken- und Schuppenbildung einhergehenden oder bullösen (eitrig-hämorrhagischen) Prozessen (HEYN) und Furunkulosen bis zur Gangrän (DRIZACKI, ECKERT, ERKENS, OETTINGER u. a.). Lichenruberartige (BUSCHKE und FREYMANN) und urtikarielle, bald an umschriebenen Körperstellen, bald am ganzen Körper auftretende Exantheme (Ähnlichkeit mit Antipyrinexanthemen!) können — ebenso wie ein Teil der Dermatitiden — fleckförmig verteilte Pigmentablagerungen hinterlassen (GENNERICH u. a.). Die Haut bekommt dann ein scheckiges Aussehen: innerhalb fast schwarzer Bezirke finden sich weiße und hellbraune Stellen gesunder und atrophischer Haut. Das Pigment liegt in den papillären und subpapillären Schichten (BRUHNS).

Stellen sich im Verlaufe der Salvarsanbehandlung Hauterscheinungen ein,
so liegt — nach einer vielfach vertretenen Meinung — eine Störung im Haut-
stoffwechsel vor, infolge welcher sich beträchtliche Arsenmengen in der Haut
anhäufen können (Memmesheimer). Hierbei finden sich histochemisch faßbare (Osborne) Unterschiede zwischen den Salvarsandermatosen (z. B. dem
Lichen) und den Salvarsandermatitiden, indem sich bei ersteren (fünfwertiges!) Arsen in der Epidermis und den oberen Kutisschichten, vorzugsweise in der Gegend der Follikelmündungen, in Talg- und Schweißdrüsen und
deren Ausführungsgängen ablagert, die Erkrankung also gewissermaßen als
„Ausscheidungsdermatose" (Memmesheimer) aufzufassen ist. Hingegen scheint
bei der Salvarsandermatitis fast ausschließlich die Kutis das (dreiwertige!)
Arsen zu speichern. Es kommt in diesen Fällen also für die Ausscheidung des
Giftes nur die Abstoßung der gesamten Epidermiszellen in Betracht. Die Gründe
dafür, daß die Kranken so ungleichartig auf das Salvarsan ansprechen, dürfte
in persönlicher Verschiedenheit der Gewebeleistungen zu suchen sein. Die Menge
des histochemisch darzustellenden Salvarsans (Arsens) steht in bestimmtem
Verhältnis zu der Schwere der Hauterkrankung (Osborne).

Nach der Auffassung von Galewsky kämen als Auslösung für die Salvarsandermatitis
neben der Salvarsananwirkung als solcher zahlreiche Umstände in Frage, wie angeborene oder
erworbene Überempfindlichkeit, fehlerhafte Präparate, Lichteinwirkungen usw.

Für erworbene Überempfindlichkeit spricht es, daß sich das Auftreten von Salvarsandermatitiden häufig an Vorhandensein von Salvarsanlagern im Gewebe (fehlerhafte Einspritzung!) knüpft. Auch lassen sich die experimentell zu erzeugenden Sensibilisierungs-
und Allergieerscheinungen an der Haut von Menschen und Tieren bis zu einem gewissen
Grade nach dieser Richtung hin deuten. So gelang es E. Nathan und A. Munk durch intra-
kutane und kutane Beibringung von Myosalvarsan nach einer Zwischenzeit von 7—10 Tagen
an der bis dahin reaktionslosen Einspritzungsstelle ein örtliches allergisches Aufflammungs-
phänomen zu erzielen. Auch kann sich die Sensibilisierung in einem spontanen Auftreten
über den ganzen Körper gehender Hautausschläge zeigen (s. auch Tierversuche von Sulz-
berger-Frei).

Als histologische Veränderungen der sensibilisierten Haut sind zu nennen
a) solche vorwiegend entzündlicher Natur (klinisches Bild der Dermatitis) mit hochgradiger
und lange bestehender Parakeratose, mit Spongiose, Bläschenbildung in der Epidermis,
Infiltraten in der Kutis, b) solche vorwiegend regenerativ-reparatorischer Natur mit hochgradiger und lange bestehender Akanthose, Hyperkeratose, Umbau und Verwerfung in
den Epidermisschichten, so daß Bilder entstehen, die an präkanzeröse Bildungen erinnern
(M. H. Ebert).

Bei Leichenöffnung finden sich — jedoch nicht immer — Blutaustritte
in den Eingeweiden, seltener in den serösen Häuten.

Über Blutungen in den Siebbeinzellen, in Keilbein- und Oberkiefer-
höhle weiß Schrup zu berichten.

Die Beschreibung der anatomischen Befunde am Zentralnervensystem
möge den Theorien über ihr Zustandekommen vorangehen. Trotz schwerster
zerebraler Erscheinungen fehlen in einzelnen Fällen greifbare anatomische Veränderungen. Man muß daher annehmen, daß — wie Beobachtungen am
Tiere (Ricker und Knape) erkennen ließen — die Wirkung des Giftes auf
die Gefäßnerven, sobald sie stärkere Blutstromverlangsamung zuwege bringt,
Leistungsstörungen herbeiführt, die mit dem Leben nicht mehr vereinbar
sind. Stühmer hatte Gelegenheit, in einem solchen Fall (anläßlich einer
zu therapeutischen Zwecken vorgenommenen Schädeltrepanation) Hirnschwellung höchsten Grades zu sehen: Gehirn und Hüllen waren schwappend
mit klarer Flüssigkeit angefüllt, die Blutgefäße durch Ödemdruck fast leer
(s. auch Pritzi). Größere Blutungen in der Hirnsubstanz kommen offenbar nur
vereinzelt vor (Schmorl, Staemmler u. a.). Der weitaus häufigste und für den
Salvarsantod beinahe als gesetzmäßig zu bezeichnende Befund ist die — auch
beim Tiere hervorzurufende (Doinikow) — „Encephalitis haemorrhagica",
besser Purpura cerebri, denn die entzündlichen Vorgänge (Chiari u. a.)

treten der Schwere und Ausdehnung nach gewöhnlich hinter den Blutungen zurück und sind wahrscheinlich als reaktiv entstanden zu deuten (s. unten). Die in der Regel doppelseitig symmetrisch sich entwickelnden (beim Säugling [BRUHNS, WANDA, BOROWSKA] nur selten zu beobachtenden) Blutaustritte bevorzugen die weiße Substanz, insbesondere das Stromgebiet der Vena magna Galeni (HAHN-FAHR, R. HENNEBERG, KANNENGIESSER, M. LISSAUER, MARSCHALKÓ und VESZPRÉMI, SCHMORL, SCOTT and MOORE u. a.). Bei Beteiligung der Medulla oblongata (OSEKI) tritt frühzeitig Lähmung und Tod ein.

Das Wesen der Hirnpurpura besteht in kleinen und allerkleinsten, herdförmigen oder zusammenfließenden Blutaustritten, die sich histologisch darstellen als Häufchen einzeln liegender Erythrozyten (M. B. SCHMIDT), als Kugel- und Ringblutungen, deren Elemente sich — ihrer vor allem diapedetischen Entstehung entsprechend — vorzugsweise um Haargefäße (mit und ohne hyaline Thromben) gruppieren. Ausführliche Erörterungen über die Einzelvorgänge bei Zustandekommen der Ringblutungen s. bei KIRSCHBAUM, M. B. SCHMIDT, H. OPPENHEIM, WECHSELMANN u. v. a.).

Neben den Blutungen sind als weitere anatomisch zum Ausdruck kommende Kreislaufstörungen zu nennen: Transsudation von Fibrin und weißen Zellen (zuvörderst in den perivaskulären Lymphraum), Ausbildung von Lückenfeldern bzw. Lichtungsbezirken (KIRSCHBAUM, H. OPPENHEIM, SPIELMEYER u. a.), anämische Nekrosen, mehr oder minder umfangreiche Erweichungsherde (BUSSE und MERIAN, PRITZI u. a.).

G. RIEHL sah in einem Fall von Myosalvarsanvergiftung, der durch Fehlen jeglicher Blutungen ausgezeichnet war, lediglich eine — in den tiefen Rindenschichten besonders ausgeprägte — Gliaerkrankung: „die Gliazellen zeigten Zerstörung im Sinne typischer Klasmatodendrose". (Das Auftreten der frühesten nervösen Erscheinungen erfolgte erst etwa 7 Wochen nach der letzten Einspritzung!). Die von STAEMMLER in einem Hirnpurpurafall beschriebenen Gefäßwandquellungen und -Nekrosen werden von ihm selbst als mögliche Zweitschädigung durch die vorangegangenen Blutungen bezeichnet, wie ja auch R. HENNEBERG davon spricht, daß anfänglicher Stase Gefäßwandstörung folge.

Die entzündlichen Vorgänge in der Substanz müssen wohl mit Sicherheit als Begleit- oder Folgeerscheinungen angesprochen werden, obgleich POLLAK in ihnen eine besondere Form der Salvarsanschäden sehen möchte. Nach der Anschauung von B. FISCHER ist der zeitliche Ablauf der Vergiftung bestimmend für die Art der Hirnveränderungen: Bei ganz frischen Fällen beherrschen Blutungen das Feld, in den weniger stürmisch verlaufenden stellen sich reichlich entzündliche, also offenbar reaktive Infiltrate ein. Begleiterscheinungen am Ependym (WANDA BOROWSKA: Ependymitis acuta ventricularis bei einem Säugling), an den Hirnhäuten (FR. FRITZ: Pachymeningitis haemorrhagica interna) kommen vor.

Das Verhalten des weniger häufig betroffenen Rückenmarks (SOCIN) weicht insofern von dem des Gehirns ab, als die rückschrittlichen Umwandlungen hier den Hauptbefund ausmachen, eine Tatsache, die vielleicht durch den in derartigen Fällen langsameren Vergiftungsablauf zu erklären ist. Mit dieser Auffassung würde sich auch das von BUSSE und MERIAN geschilderte Bild der frühen Vergiftungsstufe (pralle Gefäßfüllungen und Blutungen, nur spärliche beginnende Markscheidenquellung!) gut in Einklang bringen lassen.

Auf ganz besonders schwere, mit Gliawucherung, Verschluß des Zentralkanals und reaktiver Entzündung verbundene Zerstörungen in den GOLLschen Strängen und den Kleinhirnseitenstrangbahnen machte CHIARI aufmerksam. K. BRANDENBURG beobachtete eine — vielleicht auf Erkrankung der Vorderhornganglien, vielleicht aber auch auf peripherische Degenerationsprozesse zu beziehende (autoptisch nicht geklärte) — doppelseitige Plexuslähmung der oberen Gliedmaßen mit symmetrischer Abmagerung einzelner Muskelgruppen. Im Falle Oseki machte sich (bereits am Tage nach der Einspritzung) ein der Landryschen Paralyse ähnelndes Krankheitsbild bemerkbar. In den 11 Tagen bis zum Tode entwickelten sich in Brust-, Lendenmark und Conus terminalis ausgedehnte Zerfallsherde mit Massen von Fettkörnchenzellen, Markfaserschwund, Infiltrate in Nervensubstanz und Pia. Annähernd gleichartiges Geschehen mit Degeneration der Gollschen Stränge sah Nonne nach einer intraspinalen Salvarsanbehandlung. Er bezeichnet die Befunde geradezu als Vergröberung der im Tierversuch zu erzielenden, wie er sie z. B. bei vergifteten Affen beobachtete (s. auch Tierversuche von Berger [Jena], Kritschewsky und Friede).

Der Fall Mingazzini, der mit entzündlich-eitrigen Vorgängen von den sonst bekannten abweicht, ist ursächlich nicht eindeutig, da möglicherweise eine (durch die intradurale Einspritzung bewirkte) Infektion vorlag. Weigeldt berichtet lediglich über Verschluß des Subarachnoidalraumes nach endolumbaler Salvarsanzufuhr (s. S. 179). Bei Beurteilung dieses Befundes ist zu berücksichtigen, daß vielleicht vorher luetische oder andere entzündliche Erkrankungen im Spiele gewesen waren (s. auch Newmark, Putschar).

Überhaupt darf niemals vergessen werden, daß wahrscheinlich häufig Mischformen von „luetischer Myelitis" und salvarsanbedingten Gewebestörungen vorliegen (Fr. Fritz u. a.). Das führt uns in die oft und vielerseits erörterte Fragengesamtheit nach der ersten Ursache und dem Zustandekommen der für die Salvarsantodesfälle verantwortlich zu machenden zerebrospinalen Schäden. Im Gegensatz zu den Vertretern der reinen Salvarsanätiologie (z. B. Chiari, der ausdrücklich auf das negative Ergebnis der Spirochätenuntersuchungen hinweist, Hulst u. a.) erheben sich Stimmen (A. Jakob u. a.), welche lediglich der durch Salvarsanbehandlung ausgelösten Gewebsreaktion an zerebralen syphilitischen Herden die Schuld für den tödlichen Ausgang beimessen wollen.

Neben die reine Form der Salvarsanwirkung stellen Wechselmann und Bielschowsky noch eine „eklamptisch-urämische", welche wahrscheinlich mit rückbildungsfähiger Hirnschwellung einhergeht und — da sie vorwiegend an die gleichzeitige Salvarsan-Quecksilberzufuhr gebunden ist — mit der Quecksilberschädigung der Niere zusammenhängen dürfte (s. auch Hirnpurpura nach Quecksilbervergiftung).

Am Herzen findet man (nichtssagende) subepikard- und subendokardiale Blutungen. Der Herzmuskel wird häufig als verfettet geschildert, Fasertrübung, -aufquellung und beginnender -zerfall (Karyolyse und Pyknose der Kerne!), Anhäufung von Wanderzellen werden erwähnt (Busse und Merian).

Kritschewsky und Friede sahen bei ihren Versuchstieren gelegentlich Thromben im Herzen und in den großen Venen (nach Angaben von Schindler soll die Gerinnungsfähigkeit des Blutes auf späterer Vergiftungsstufe gesteigert sein!), Blutaustritte in der ödematösen Herzmuskulatur, Koagulation der Querstreifensubstanz, die sich in scholligem Zerfall oder wachsartiger Umwandlung äußern kann.

Histologische Befunde beim Menschen lassen daran denken, daß die so häufig aufzufindenden Gefäßthromben (s. S. 178) nicht auf dem Boden einer reinen Gefäßnervenstörung entstehen (s. auch Muskelnekrosen!), sondern daß Schäden am Gefäßendothel bzw. in sämtlichen Gefäßwandschichten unterstützend hinzukommen (R. Henneberg, Kannengiesser, Schindler u. a.).

Die von Kuczynski angegebene, von ihm als resorptiv bezeichnete Kapillarendothelverfettung in der Nebenniere ist wohl bedingt durch örtliche Lipoidumlagerung.

Thrombose der Vena magna Galeni, der Sinus longitudinalis und recti (WECHSELMANN und BIELSCHOWSKY), Infiltrate in der Tela chorioidea, die sich in unmittelbarer Fortleitung bis in die Venenadventitia erstreckten (OELLER), scheinen Einzelbefunde.

Von den Atmungsorganen wird nur die Lunge in Mitleidenschaft gezogen. LOMHOLT spricht von der „pulmonalen Form" der Neosalvarsanvergiftung. Dabei ist die Lunge überall — auch interlobulär — ödematös, von Blutungen und zahlreichen abakteriell-nekrotisierenden bzw. rundzellhaltigen Herdpneumonien durchsetzt, welch letztere durch ihre knötchenartige Beschaffenheit und ihre Anordnung dem bloßen Auge Miliartuberkulose vortäuschen können. In anderen Bezirken beherrschen Fibroblasten das Bild als Anzeichen beginnender Vernarbung. Gewöhnlich werden, wenn sonst Blutungen in den Geweben vorhanden sind, auch in der Lunge kapilläre und größere Blutaustritte gefunden (CALLOMON, FR. FRITZ). Infarkte kommen vor (SCHINDLER).

Bei Tieren (KRITSCHEWSKY und FRIEDE) fällt die stark vergrößerte Lunge beim Eröffnen des Brustraumes nicht zusammen. Das Organ erscheint gleichmäßig rosafarben oder durch Blutungen bunt gefleckt. Die Alveolen sind mit Serum bzw. Blut bis zur Septumzerreißung angefüllt, die Gefäße zuweilen durch Blutpfröpfe verschlossen.

Zu den Hautausschlägen und -blutungen gesellen sich des öfteren wesensgleiche Vorgänge im obersten Abschnitt des Verdauungsschlauches. Petechien oder auch größere Hämatome (CALLOMON) der Mundschleimhaut gehören zum Krankheitsbilde der salvarsanbedingten „thrombopenischen Purpura" (THILL u. a.). Gelegentlich findet man die Mundhöhlenschleimhaut (auch an den Zähnen) dunkelrot, geschwollen, aufgelockert, fleckweise epithelentblößt, oder, wie HEYN in einem besonders schweren Falle sah, an Zunge und Lippen mit stecknadelkopfgroßen Bläschen, Erosionen und Blutungen übersät. Der Tod erfolgte in diesem Falle durch eine von der Mundhöhle her fortgeleitete, auch die örtlichen Lymphknoten mit einbeziehende Phlegmone. Über Ulzerationen an den Tonsillen bzw. nekrotisierende Angina berichtet GORKE und ähnlich POGÁNY.

Das Verhalten des Magen-Darmkanals (auch beim Versuchstiere) ruft ganz besonders die Erinnerung an Arsenwirkung wach: Blutungen, hämorrhagische Erosionen, katarrhalische, ja, selbst ulzerierende Entzündungen (B. FISCHER, HERXHEIMER, FR. FRITZ, JAFFÉ und C. STERNBERG, M. KOCHMANN u. a.) werden bei schwereren Vergiftungsfällen selten vermißt. Nach der Auffassung von SCHINDLER führt die Stauung in den Haargefäßen der Magen-Darmschleimhaut zu Nekrosen und Geschwüren mit hämorrhagischem Grund: stromaufwärts herrscht ungeheure Stauung (Verlegungen im pulmonalen Stromgebiet!), stromabwärts besteht Anämie.

Einen durch die Stärke und Ausdehnung bzw. Anordnung der beschriebenen Veränderungen bemerkenswerten Bericht hat G. HERZOG veröffentlicht: nach 11 Einspritzungen ließen sich (außer zahlreichen Magenschleimhauterosionen) im Dickdarm — vor allem den Lymphknötchen entsprechend — teils ruhrartige, teils geschwürige Vorgänge nachweisen.

Bei Hunden antwortet der Magen auf intramuskuläre Salvarsangaben unmittelbar mit beträchtlicher Schleimhautschwellung und Zunahme der Schleimabsonderung (ALADOW).

Der Frage des Leberverhaltens unter Einfluß von Salvarsan sucht man heute in erster Reihe an Hand von Leistungsprüfungen nachzugehen. E. M. LEWIN, welcher durch Messungen des Fibrinogengehalts im Blute vor und nach Salvarsanzufuhr Auskunft über den Zustand des Leberparenchyms zu bekommen hoffte, schloß mit dem Ergebnis, daß in der Mehrzahl der Fälle die Fibrinogenmenge nach der Kur durchaus in den normalen Grenzen bleibe.

Jedoch scheint die Gallebildung der Leber ungünstig beeinflußt zu werden: Die geschädigten Zellen sind offenbar nicht mehr imstande, die Gallensäuren vollständig zurückzuhalten und deren Einströmen in Blut und Lymphe zu verhindern.

Pathologisch-anatomisch bietet sich unter Umständen, von geringgradigen Befunden wie kleine Blutungen und mäßige Verfettung (Hart, Kannengiesser u. a.) abgesehen, je nach dem Zeitpunkt, in welchem der Tod eintritt, das mehr oder minder ausgeprägte Bild der akuten bzw. subakutchronischen Leberatrophie (G. Herzog: nach 11 Spritzen; Hulst, Jaffé und C. Sternberg, Severin und Heinrichsdorff: höchste Grade der Atrophie!, Gordon and Feldman u. a.).

Wiederum hebt das Suchen nach der bedingenden bzw. auslösenden Ursache für den Gewebsumbau an, als welche die einen Forscher, indem sie sich auf die Fälle berufen, in denen „Nichtluetiker" Salvarsan bekommen hatten, ohne Bedenken das Salvarsan, die anderen ebenso überzeugt die Syphilis oder andere vorhergegangene Schädigungen ansprechen. B. Fischer z. B. lehnt jeden ursächlichen Zusammenhang zwischen Atrophie und Salvarsangaben ab. Die Wahrheit dürfte in der Mitte liegen, da wir wissen, daß sowohl Lues wie Arsen auf das gewebliche Verhalten der Leber in der beschriebenen Richtung einwirken, d. h. Verfettung und Parenchymzerstörung hervorrufen können.

Mit Umstellung der Leberleistung tritt Ikterus auf. H. Ruge hat es unternommen, einschlägige Ikterusfälle unter dem Gesichtspunkt ihrer ursächlichen Bedingtheit zahlenmäßig zusammenzustellen und erhielt:

> 567 Fälle von Lues, behandelt mit Salvarsan,
> 9 Fälle von Lues, behandelt mit Salvarsan und Wismut,
> 33 Fälle bei Salvarsanbehandlung ohne Lues.

Herxheimer beschuldigt für das Zustandekommen des Ikterus nicht so sehr Störungen im Leberparenchym selbst, als von Gallenstauung gefolgte Reizzustände des Magen-Darmkanals und der Gallengänge. Eine gewisse Stütze findet seine Ansicht an Aladows Hundeversuchen, bei welchen die Wirkung intramuskulärer Salvarsanzufuhr in katarrhalischen Zuständen des Magens und Gallengangsystems, daneben aber auch in überschießender Gallebildung seinen Ausdruck fand.

Arsen und Salvarsan greifen gleicherweise am Gefäßapparat der Niere an; das Kanälchensytem wird vom Salvarsan in stärkerem Maße in Mitleidenschaft gezogen als vom Arsen. Abgesehen von der, bezüglich ihrer Stärke den Leberleistungsstörungen gewöhnlich gleichlaufenden, besonders in Hauptstücken und aufsteigenden Schleifenschenkeln zu findenden Verfettung (B. Fischer, G. Herzog u. a.), kommt es des öfteren zu umschriebener Epithelabstoßung und -zerfall, im allgemeinen ohne Neigung zur Regeneration (Busse und Merian, Gennerich, Hulst, Lomholt, Schrup, Scott and Moore u. a.). Demzufolge ist die nekrotisierende Wirkung des Salvarsans auf die Nierenzellen ungleich stärker als die jedes anderen Arsenpräparates.

Stark erweiterte, strotzend gefüllte, gelegentlich auch thrombosierte (Schindler) Gefäße, Erythrozytendurchtritt in die Kapselräume, kleine interstitielle Blutungen sind meist vorhanden (Hulst, Jaffé und C. Sternberg u. a.). Von verschiedenen Seiten werden derartige Befunde als „primär vaskuläre Nephritis bzw. Nephrose" bezeichnet (Alwens, Schlayer und Hedinger u. a.). Justi spricht von „akuter hämorrhagischer Nephritis" anläßlich einer Beobachtung aus Hongkong, bei welcher der Kranke schon eine Stunde nach Salvarsaneinspritzung an den abnormen Urinbeimengungen (Erythrozyten, Hämoglobin) Störungen von seiten der Niere erkennen ließ. Näher liegt es, in diesem Fall — frühere Unversehrtheit der Niere vorausgesetzt — mit Rücksicht auf die Kürze der Entstehungszeit an schwere, mit Ausscheidung von Erythrozyten einhergehende Kreislaufstörungen zu denken. Ähnlich wird es sich mit der von Fr. Fritz beschriebenen „akuten hämorrhagischen Nephritis" verhalten, falls dort nicht überhaupt Veränderungen auf dem Boden einer Schwangerschaft in Frage kamen. Die — anatomisch selten zutage tretende — Beteiligung der Glomeruli an dem krankhaften Geschehen dürfte erwiesen sein in den Fällen von Schrup (Glomerulusnekrosen) und von Busse und Merian (entzündlich-desquamative Zustände am Kapselepithel).

Beim vergifteten Tier (s. R. M. Pearce and W. Brown u. a.) lassen die Befunde in ihren Grundzügen Wesensgleichheit mit denen am Menschen erkennen. Mucha und Ketron erzielten nach hohen Giftgaben Kanälchenepithelzerfall und -verkalkung, Abschilferung und Wucherung der Glomerulusepithelien. Kritschewsky und Friede geben an, daß sie — worauf im Schrifttum sonst noch nicht hingewiesen wurde — bei toxischen Mengen bereits 10 Minuten nach Giftzufuhr Blutungen und umschriebene Kanälchennekrosen feststellen konnten.

Nebennierenveränderungen mit gesicherter intravitaler Entstehung sind selten, und das in einem ganz akuten Vergiftungsfall (an frischer Leiche!) gewonnene Untersuchungsergebnis von Photakis scheint daher außerordentlich wertvoll. Er schildert die Organe als weich, blutdurchtränkt, in ihrem Aussehen Zysten mit matschigem, blutigem Inhalt gleichend. Der Nebennierenzerfall, welcher den Eintritt des Todes im Kollaps verständlich machen könnte, war so weit fortgeschritten, daß feinere gewebliche Vorgänge nicht mehr zu verfolgen waren, somit auch unentschieden bleiben mußte, ob Kreislaufstörungen im Rahmen der Gesamtvergiftung („Toxikoparalyse des Vasomotorenzentrums") zu dem Geschehen geführt hatten.

Detre veröffentlicht einen Fall, den er im Sinne besonderer Salvarsanaffinität zur Nebenniere verwerten möchte: ein 24jähriger Malariakranker wurde unmittelbar nach Einspritzung von 0,30 g Neosalvarsan soporös, adynamisch, kurzum, zeigte die Erscheinungen des Morbus Addison. Man fand bei der Sektion verkäste Nebennieren, die — wie Detre annimmt — durch ihre Erkrankung in den Leistungen bereits schwer geschädigt, bei der akut einsetzenden Salvarsanvergiftung ihrer Zellen schlagartig versagten.

Die von Kuczynski in den Vordergrund gestellte — bei so vielen Erkrankungen anzutreffende — Lipoidverarmung der Nebenniere kann ebenso gut mit dem Salvarsan wie mit der Syphilis in ursächliche Beziehungen gesetzt werden. Schwund der lipoiden und der chromaffinen Substanz, Thrombosen und „Zelldegenerationen" beschrieben Colmer und Lucke bei ihren vergifteten Meerschweinchen.

Überblickt man die spärlichen Mitteilungen über Milzveränderungen, so ist schwer zu entscheiden — auch die Berichterstatter lassen darüber im Zweifel — ob der Syphilis (Stoeckenius) nicht eine Rolle zuzuschreiben ist bei Zustandekommen der geschilderten Retikuloendothelwucherung, der Pulpavermehrung, Leukozytose und Anhäufung von Plasmazellen. Auch Blutungen und Nekrosen werden genannt (Busse und Merian, G. Herzog, Hulst, Callomon). Der etwas anders geartete Befund im Falle Kuczynski (hochgradiger Blutzerfall, zentrale Follikelnekrosen) weist eindeutig auf die Wirksamkeit des Salvarsans bzw. Arsens (s. S. 166 u. 174) hin.

Die Erklärung für das geradezu gegensätzliche Verhalten des salvarsanbeeinflußten Knochenmarks bei Mensch und Tier muß entweder gesucht werden in der verschiedenartigen Gewebsansprechbarkeit überhaupt oder in einer beim Menschen größeren Empfindlichkeit des bereits durch die Syphilistoxine mitgenommenen Organs. Vielleicht sind auch Größe und Zahl der Salvarsangaben von Bedeutung. Beim Menschen zeigt sich die rückschrittliche Umwandlung des dann gelbbraun verfärbten Marks (von Brustbein bzw. Röhrenknochen) in einem — bis auf kleine, alveolär angeordnete hämatopoetische Bezirke — durchgehenden Schwund der normalen Knochenmarkszellen und

Ersatz derselben durch lymphatische Elemente (Wirkung des Benzolanteils!).
Das Fehlen von Megakaryozyten fällt auf (Gorke u. a.). In dem (ein Neger-
kind betreffenden) Falle von Dodd and Wilkinson wurde fast völlige Aplasie
der Granulozyten festgestellt. Auch Pogány sah nach Salvarsanbehandlung
eine unter Zeichen der hämorrhagischen Diathese verlaufende, in ihrem Ge-
samtkrankheitsbilde (gangränöse Tonsillitis usw.) an die sog. Agranulozytose
gemahnende Aleukie (s. Blutbild!).

Dagegen findet man z. B. beim Kaninchen nach chronischer Zufuhr von
Neosalvarsan übernormal zellreiches, fast rein myelopoetisches Mark (E. Herzog
und Roscher), ein Ergebnis, wie es ähnlich von Bettmann durch längere Verabreichung kleiner Arsengaben erreicht wurde.

Salvarsanreize können schon auf der frühesten Vergiftungsstufe ein Blutbild
hervorrufen (Erythrozytenzerfall und Anisozytose, Leukopenie, Thrombopenie,
relative Lymphozytose), das mit dem der aplastischen Anämie bzw. hämorrhagischen Aleukie (experimentelle Erzeugung derselben durch Salvarsan s. bei
E. Frank) vergleichbar ist und durch seine Zusammensetzung die Schädlichkeit
des Benzolanteils deutlich macht (Gorke, E. Herzog und Roscher, Juliusberg, Pogány, Kuczynski u. a.). Das Fehlen der Thrombopenie in einem
Fall mit Blutungsneigung betonte Callomon. Der ermittelte Blutbefund (Verhalten der Leukozyten usw.) deutete nach der „anaphylaktoiden Gruppe"
hin. Dagegen beobachtete Thill („akuter Morbus Werlhof nach Myosalvarsan") bei verlängerter Blutungszeit nahezu völlige Plättchenfreiheit des
normal gerinnenden Blutes, fand mithin alle Zeichen, welche E. Frank für das
Krankheitsbild der essentiellen Thrombopenie fordert.

Hat der Erkrankte eine Dermatitis, so beherrscht nicht selten Eosinophilie das Blutbild.

Nach Angaben von Kassatkin und Mitarbeitern bringt die Einführung von Salvarsan
eine Veränderung der Bluteiweißfraktionen mit sich, die im Reagensglas zur Hämolyse
führt.

Die von Juliusberg am Ende einer Salvarsankur beobachtete Vergrößerung
der Lymphknoten wird mit gesteigerter Lymphozytenneubildung in ursächlichen Zusammenhang gebracht.

Über Nachweis des Salvarsans s. bei Arsen.

15. Antimon.

Das in Zink- und Bleibuchstaben vorkommende und deshalb als Gewerbegift eine Rolle spielende Antimon steht auf der Grenze zu den Schwermetallen.
Es läßt in seiner Wirkung gewisse Verwandtschaft mit dem Arsen erkennen,
verhält sich jedoch bezüglich der Giftgewöhnung gerade umgekehrt wie dieses:
Bei chronischer Antimonvergiftung nimmt die relative und absolute Resorp-
tionsgröße zu (Cloetta). Antimon ist an sich schwer aufsaugbar, doch soll
sein Übertritt in die Gewebe von allen Körperstellen aus erfolgen können
(L. Lewin).

Bei vergifteten Tieren geht das Gift in die Milch über (Fröhner).

Örtliche Wirkung.

Der Gebrauch des Brechweinsteins (weinsauren Antimonylkaliums) als
Hautreizmittel (altes Heilverfahren bei Geisteserkrankungen, multipler Sklerose
usw.: Energische Einreibungen mit Salben, welche feinverteilten Brechweinstein
enthielten!), seine Anwendung als Expektorans und als Emetikum hat gelegentlich — zufolge Zerlegung der inaktiven Doppelverbindung in ätzende Salze —
eingreifende Gewebeschäden (an Haut und Schleimhaut) verursacht. Nach
anfänglich oberflächlichen Epithelabschürfungen bilden sich an der betroffenen
Stelle, vor allem um die Follikelmündungen herum, vereiternde oder bluthaltige

Pusteln, welche frischen Variolabläschen und — nach Abheilung — mit ihrer napfförmigen Eindellung Pockennarben außerordentlich ähnlich sehen. Antimonhaltige Salbe wird daher im Volke als „Pockensalbe" bezeichnet (J. Löwy u. a.). Bei längerer Verwendung entwickeln sich unregelmäßig geformte, kraterförmige, etwaig von Blutungen begleitete, tiefgreifende Geschwüre, die bis auf das Periost gehen, ja, in den Knochen einbrechen können (JAKSCH, KOBERT, L. LEWIN u. a.).

Örtliche Reizwirkung am äußeren Auge findet in Entzündung und Pustelbildung ihren Ausdruck (L. LEWIN und GUILLERY). Dämpfe von Antimonchlorid und -trichlorid bewirken außerdem Hornhauttrübungen (EULENBERG u. a.), welche wahrscheinlich mehr der Wirkung des Chlors, denn der des Antimons zuzuschreiben sind.

Wesensgleiche, gewöhnlich jedoch nicht so beträchtliche Veränderungen wie an der Haut, lassen sich nach innerlicher Darreichung in den oberen Abschnitten des Verdauungsschlauches nachweisen, bei längerem Verweilen von Brechweinstein im Magen-Darm auch in diesem. Entzündliche Schwellung der Lippen, Schleimhautverluste und Bläschen (aphthöse Entzündung) bzw. kleine Geschwüre (ZANGGER) werden in Mund und Speiseröhre beobachtet (KOBERT, L. LEWIN).

Bei Arbeitern, welche mit Antimontrichlorid (Beize in der Baumwollfärberei) zu tun haben, findet man ab und an bläuliche Verfärbung des Zahnfleischsaumes, entzündliche Vorgänge in Mund- und Rachenhöhle (KOELSCH). Ob es sich dabei um unmittelbare örtliche Schäden oder um Vorgänge im Sinne einer „Metallstomatitis" handelt, ist noch nicht entschieden.

Der Magen-Darm kann den Giftreiz mit Blutaustritten, Entzündungserscheinungen, kleinsten (follikulären), z. T. verschorfenden Geschwüren (ASCHOFF, L. LEWIN) und Nekrosen beantworten.

Bei Haustieren, von denen Pferde am empfindlichsten zu sein scheinen, wird das Vorkommen ulzeröser Stomatitis und hämorrhagisch-diphtherischer Gastroenteritis beschrieben (FRÖHNER). Auch kommen rückläufige Umwandlungen in Form von Zellschrumpfung, -vakuolisierung, -verfettung an den Magendrüsen vor. In einer alten Arbeit von ACKERMANN (1862) über die Wirkungen des Brechweinsteins auf das Herz finden sich als Ergebnis der an Hunden vorgenommenen Versuche folgende Befunde gebucht: Die Magen-Dünndarmschleimhaut war hochgradig gerötet, der Dickdarm in Länge und Dicke zusammengezogen. Die Höhen der stark gefältelten Schleimhaut erschienen blutreich, von zahlreichen Ekchymosen bedeckt, während der Fuß der Falten an ihrer Blässe kenntlich war. Diese Verschiedenheiten in der Blutverteilung waren augenscheinlich bedingt durch den Druck der zusammengezogenen Muskulatur auf die Venen.

Allgemeinwirkung.

Die klinisch gewöhnlich in Erscheinung tretenden Störungen am Gefäßnervenapparat finden beim Menschen — den wenigen vorhandenen Sektionsberichten nach zu urteilen — im pathologisch-anatomischen Bild keinen entsprechenden Ausdruck. Anders beim Tier: Hier sieht man die Herzkammern strotzend gefüllt, ebenso das gesamte venöse System unter Bevorzugung der Hohlvene und der Pfortaderwurzeln (ACKERMANN, SOLOWEITSCHYK). Nach länger dauernder Gifteinwirkung sieht man Blutaustritte in den gestauten Bauchorganen. SOLOWEITSCHYK erklärte die Befunde mit Lähmung der Gefäßnervenendigungen und nachfolgender Blutstromverlangsamung.

Als ein — allerdings nicht beständiges — Merkmal der (chronischen) Allgemeinvergiftung ist die Neigung der Organe zur Fettspeicherung zu nennen, die sich in erster Reihe (etwaig zusammen mit Glykogenschwund) an der Leber bemerkbar macht. Tiere sprechen besonders leicht mit Verfettung an, deren Grad von der Löslichkeit der Antimonpräparate abzuhängen scheint (SAIKOWSKY). Durch Verfütterung von Antimonpräparaten erzielte WEDENSKY auch Parenchymzerfallsherde, Infiltrate und Bindegewebsneubildung.

Von Belang ist die bei chronischer Vergiftung (bei Schriftsetzern usw.) nachzuweisende physikalisch-chemische und zelluläre Veränderung des Blutes. Seine Gerinnungsfähigkeit ist — vielleicht zufolge Thrombopenie (SEITZ) — herabgesetzt. Das Blutbild ist gekennzeichnet durch Leukopenie, Lymphozytose, häufige Vermehrung der Eosinophilen, die bis zu 25 % gehen kann (SCHRUMPF und ZABEL, SEITZ). Derartige Befunde veranlaßten MENEGHETTI, das Verhalten des Blutes bzw. Blutbildungsapparates am vergifteten Tier zu erforschen. Er brachte einem Kaninchen kolloidales Schwefelantimon unmittelbar in die Blutbahn und verfolgte am strömenden Blute das Absinken der Erythrozytenzahl, Auftreten von Normablasten und basophil getüpfelten Erythrozyten. Gleicherzeit verschob sich das zahlenmäßige Verhältnis der Zellen zugunsten unreifer und reifer bzw. schon degenerierender Leukozytenformen. Auf späterer Vergiftungsstufe waren Oligozythämie und Oligochromämie, Anisozytose, Megalozyten und -blasten, Leukopenie festzustellen. Da sich kolloidales Schwefelantimon in den blutzellbereitenden Organen mikroskopisch als körniger Niederschlag nachweisen ließ, schien damit eine sich im Blutbild wiederspiegelnde Schädigung des hämatopoetischen Gewebes gesichert. Im Knochenmark blieben die hier reichlich abgelagerten Körnchen am längsten liegen und verfielen erst allmählich der Auflösung. Im Hinblick auf die schnelle Erythrozytenverminderung wird gefolgert, daß neben der Schädigung des blutbildenden Gewebes auch Reizung des blutzerstörenden bestehen müsse.

Antimonwasserstoff.

Durch chemische Struktur und Wirkungsweise dem Arsenwasserstoff zwar verwandt, geht Antimonwasserstoff doch sehr viel langsamer als dieser in die Körpergewebe über. Technische Vergiftungen mit Antimonwasserstoff sind vorgekommen (GADAMER), scheinen jedoch niemals tödlich verlaufen zu sein; jedenfalls sind mir Sektionsberichte im Schrifttum der Menschenpathologie nicht begegnet.

Akut und chronisch vergiftete Tiere (KUBELER 1890) zeigen Blutaustritte in Lungen und Pleuren, Verfettung von Eingeweiden und Zwerchfellmuskulatur.

16. Vanadium.

Die bei der Herstellung von Photographien, in Zeugdruckereien usw. benutzten Vanadiumsalze, über deren Bedeutung als Gewerbegifte bisher noch wenig bekannt ist, bewirken nach langdauernder Einatmung Blutüberfüllung und Blutungsneigung in der Lunge, die Entstehung von Tuberkulose soll begünstigt werden. Nach Angabe von J. LÖWY wurde das Auftreten hämorrhagischer Nephritis beobachtet.

17. Kohlensäure.

Ernstere Schäden durch Kohlensäureeinwirkung sind als äußerst selten anzusprechen, da die dazu nötige Kohlensäurekonzentration kaum einmal erreicht wird. Die als Vergiftung gedeuteten Krankheitszeichen dürften in der Regel mehr auf Sauerstoffmangel, denn auf Kohlensäureeinwirkung an sich zu beziehen sein. Wird das Gas jedoch unter so starkem Druck eingeatmet, daß die Kohlensäuremenge der Gewebe eine gewisse Grenze überschreitet, dann treten, zufolge anfänglicher zentraler Reizung, späterer Lähmung, eine Reihe wechselnder, meist innerhalb weniger Stunden zu Tode führende Vergiftungserscheinungen auf. (Einschlägige Arbeiten s. bei K. REUTER.)

Der Sektionsbefund gleicht — auch im Warmblütlerversuch (A. LOEWY) — weitgehend dem bei Erstickungstod, zeigt also keine kennzeichnenden Merkmale.

Bei Eröffnung der Leiche, deren stark bläuliche Gesichtsfärbung auffällt, ist das von kleinsten Perikardblutungen übersäte Herz mit dunklem, flüssigem (hypinotischem) Blut prall gefüllt. (Angeblich soll sich das Blut durch Bildung von saurem Hämatin dunkelbraun verfärben können!) Die serösen Häute zeigen zahlreiche kleinere und größere Blutaustritte, ähnlich die blutüberfüllte, schleimbedeckte Innenhaut der Luftwege und des Verdauungsschlauches. C. FRIEDLÄNDER und E. HERTER zählen Ödem, hypostatische Hyperämie und Parenchymblutungen der Lunge auf. Die dunkelrote, blutstrotzende Milz ist erheblich vergrößert. Rotweiße Sprenkelung der Pankreasschnittfläche ließ im Falle REUTER ausgedehntere Blutungen vermuten, die aber histologisch nicht gesichert wurden.

Krampf der Nierengefäße unter Kohlensäurereiz erwähnt FAHR.

18. Kohlenoxyd (Leuchtgas).

1873 konnte HIRT sagen, daß die Leichenerscheinungen bei der akuten Kohlenoxydvergiftung recht dürftige seien und wenig Kennzeichnendes darböten. Heute ist es uns möglich, aus der ungeheuerlichen Zahl der veröffentlichten und oft liebevoll bis ins kleinste durchgearbeiteten Vergiftungsfälle ein beinahe fest umrissenes Bild der Organschäden zu zeichnen, wie sie uns entgegentreten bei der Einwirkung von Kohlenoxyd (einschließlich Automobilauspuffgasen [TREU], Kohlendunst [WACHHOLZ]) und vor allem auch von Leuchtgas, das durch den Gehalt kleiner, im pathologisch-anatomischen Befund nicht zum Ausdruck kommender Schwefelwasserstoffmengen u. a. m. noch ungleich giftiger ist als reines Kohlenoxyd. Über Verbleib und Umwandlung des nur zum Teil durch die Lunge (WACHHOLZ) unverändert wieder ausgeschiedenen Kohlenoxyds im Körper, über den Ablauf der zur Vergiftung führenden Vorgänge und die letzte Todesursache sind die Meinungen geteilt. BARKAN (s. das neuere einschlägige Schrifttum daselbst!) bezeichnet das Kohlenoxyd geradezu als Blutgift, obwohl das Vergiftungsbild sich dem einer ,,Anoxämie'' (s. auch TSCHERKESS) nicht immer befriedigend einfügt. Denn, sieht man von den ganz akuten, wohl als Erstickungstod zu deutenden Fällen ab, so kann Sauerstoffmangel des Blutes allein (KLEBS) nicht für die auf eingreifende Kreislaufstörungen hinweisenden klinischen und anatomischen Erscheinungen verantwortlich gemacht werden. Vor allem sind es die Nachwirkungen, welche das Kohlenoxyd von allen anderen, nur dem Blute Sauerstoff entziehenden oder den Blutfarbstoff verändernden Gasen trennt, weshalb sich einige Untersucher für berechtigt halten, das Kohlenoxyd als Zell- und Protoplasmagift zu stempeln. In den Gedankengängen von WARBURG, welcher die Zellatmung überhaupt als Schwermetallkatalyse deutet, wird das Kohlenoxyd aus einem Blutfarbstoffgift zu einem Schwermetallgift.

Letzten Endes sollen — wie HEDINGER u. a. glauben — massige Thrombenbildungen für den Ausgang der Vergiftung von Bedeutung sein, eine Auffassung, die sich bis zu einem gewissen Grade mit der von HEINEKE vermuteten ,,Fermentintoxikation'' (s. Sublimat) deckt: Infolge Leukozytenzerfalles wird so viel ,,fibrinoplastische Substanz'' und Fibrinferment frei, daß eine Gerinnung eintreten muß. Weitere Betrachtungen zur Pathogenese s. bei den einzelnen Organveränderungen.

Akute Vergiftung.

Die Leiche soll ziemlich widerstandsfähig gegen Fäulnis sein. Ein merkwürdiges Erstarren des Körpers, eine Art „Rigor" schon bei lebendigem Leibe (HARBITZ, SWETNIK) kann vielleicht das Zustandekommen der eigentümlichen Stellungen erklären, in denen die Leichen gelegentlich gefunden werden, so daß man an einen unmittelbaren Übergang von „agonaler Rigidität" in Totenstarre denken könnte. Von der blassen Haut heben sich die hell-kirschroten Totenflecke scharf ab (s. auch Blausäurevergiftung!), rundliche bis talergroße, aus agonaler Stase hervorgegangene Flecke der gleichen Farbe finden sich auch an höher gelegenen Teilen. Gelegentlich kann der ganze Körper, die sichtbaren Schleimhäute einbegriffen, durch rote Farbtönung wie „geschminkt" aussehen (E. ENGELS). Es ist zu beachten, daß sich kirschrote Totenflecke auch an gefrorenen und wieder aufgetauten Leichen bilden. Die Fingernägel werden in der Regel als rosig bezeichnet. Nach schweren Vergiftungen wird der Nagel brüchig, bekommt Querfurchen, die vorderen Teile fallen ab (J. HELLER). Gänzlicher Nagelausfall wurde bei Bergleuten nach der Katastrophe von Courrières gesehen (BRUNEAU). Die Ursache dafür wird in postneuritischer Nervendegeneration oder auch in allgemeinen Ernährungsstörungen gesucht.

Bei Vergifteten, die lange Zeit in kohlenoxydgesättigter Luft gelegen haben, finden sich gar nicht so selten an den Gliedmaßen (Füße und Zehen sind bevorzugt) ein- oder doppelseitig symmetrische, gewöhnlich auf die Haut beschränkte Nekrosen (KURLANDER, OSTROWSKI, SCHOENHOF u. a.), mitunter jedoch auch Muskel und Knochen beteiligende Gangrän (J. MÜLLER). Druckwirkung allein reicht wohl zur Erklärung ihrer Entstehung nicht aus; man ist — besonders in den Fällen symmetrischen Auftretens — versucht, an entsprechend lokalisierte Schädigung des Rückenmarks zu denken, welche zu Ernährungsstörungen in den befallenen Geweben führen (s. auch Muskel).

Abgesehen von diesen eingreifenden Veränderungen sind an der Haut zu beobachten: umschriebene, meist erst nach Abklingen der akuten Vergiftungserscheinungen, zuweilen als Begleiter von Neuritis auftretende Ödeme (H. GÜNTHER, ZANGGER u. a.), Blutungen (auch als Teilausdruck allgemeiner Blutungsbereitschaft, wie sie MÜLLER-HESS in einem nicht tödlichen Falle fand), fleckige, knötchen-, bläschen- und blasenförmige Ausschläge usw. E. ENGELS beschreibt „gelatinöse Infiltrationen" und an Sklerodermie erinnernde Verhärtungen, Zustände, welche offenbar den von L. LEWIN erwähnten teigigen Schwellungen („glossy skin") entsprechen. Die zuweilen zu sehenden brandblasenartigen Dermatosen (ISRAELSKI und LUCAS u. a.) kann man nach Angabe von SCHMORL auch bei anderen Asphyxien finden.

Einen Fall doppelseitiger hochgradiger subkonjunktivaler Blutung stellte HEGLER vor.

Entzündliche und rückschrittliche Erkrankungen an der Skelettmuskulatur werden von vielen Seiten mitgeteilt (BORZYSKOWSKI, KLEBS, LITTEN, SCHWERIN u. a.). SOELDER spricht geradezu von einer myositischen Form der Kohlenoxydlähmung, die, wenn sie mit Blutungen einhergeht, „Polymyositis haemorrhagica acuta" genannt wird. Nach den Ausführungen von H. GÜNTHER breitet sich unter der blauroten Haut das hellrot bis hellgelb gefärbte, serös durchtränkte, sulzig geschwollene Gewebe aus; die von Blutungen durchsetzten Muskelbündel sind teils hyalin-wachsartig umgewandelt, teils körnig getrübt, fettig zerfallend. ZANGGER sah örtliche, mit Muskeleinschmelzung vergesellschaftete Eiterungen. In einem von mir obduzierten Fall, welcher eine 52jährige, 8 Tage nach stattgehabter Vergiftung gestorbene Frau betraf, wurde ich durch die Aussagen des Klinikers, daß die Kranke in den letzten Tagen über „Ischias" geklagt habe, veranlaßt, die Glutäalmuskulatur trotz völlig unversehrter Gesäßhaut einer Durchmusterung zu unterziehen. Es fand sich im Glutaeus maximus ein umschriebener, etwa fünfmarkstückgroßer, gelbgrau (lehmartig) verfärbter, glasig-trübe erscheinender Herd mit rötlicher Randzone, der, wie die histologische Untersuchung lehrte, hervorgerufen war durch allerschwerste, hämorrhagische Myositis mit ausgedehnten Muskelnekrosen und -verkalkungen (s. Abb. 53). Der Nervus ischiadicus ließ an entsprechender Stelle soeben beginnenden Markscheidenzerfall erkennen. Die Schmerzen waren offenbar durch den Druck des entzündlichen Muskelödems ausgelöst worden.

Die Ursachen der Myositis sucht H. Günther einmal in Erstschädigung des Muskels zufolge Druck und Abkühlung, zum anderen denkt er an eine durch

Abb. 53. Hämorrhagisch-nekrotisierende Myositis (in der Gesäßmuskulatur) bei 8 Tage alter Leuchtgasvergiftung. 45 fache Vergrößerung.

Gegenwart von Kohlenoxyd hervorgerufene Leistungsunfähigkeit des wie respiratorischer Zellfarbstoff arbeitenden Myoglobins. Für unmittelbare Schädigung des Muskels durch das Gift treten Soelder, Klebs u. a. ein. Der Behauptung von Schwerin, daß dem Kohlenoxyd überhaupt keine, der Druckwirkung alle Bedeutung zukomme, tritt Kockel als einer übertriebenen entgegen, da Fälle mitgeteilt wurden, in denen mit Sicherheit jede mechanische Schädigung ausgeschlossen werden konnte (E. Mendel, Knapp, Remak). Untersuchungen über das Verhalten der Gefäße in den betroffenen Muskelbezirken sind offenbar noch nicht vorgenommen worden. (Einschlägige Arbeiten s. bei Erkens, Alberti, Joël, Kaposi, Laignel-Lavastine u. v. a.)

Bei Leichenöffnung gilt der erste Blick der Beschaffenheit des Blutes, dessen hell- bzw. kirschrote, schon von den ältesten Beobachtern hervorgehobene Farbe als kennzeichnend gilt. Muskulatur und innere Organe sind gleicherweise getönt. Kleine und größere, durch Blutstockung bzw. thrombotischen Gefäßverschluß oder — nach Ansicht von Zangger u. a. — infolge Gefäßzerreißungen entstandene Organblutungen erinnern an den Befund beim Erstickungstod. Das periphere Gefäßsystem ist außerordentlich stark gefüllt, was besonders bei den kleinen, an der Leiche sonst leeren Arterien auffällt (Klebs). Frische Thromben in den Venen der unteren Körperhälfte (Meixner, L. Lewin) sind häufig. Die Gekrösegefäße sind stark erweitert und gefüllt, mit und ohne (intravitale?) Gerinnselbildung (E. Engels). Thrombosierung (wahrscheinlich agonaler Natur) kann in beträchtlicher Ausdehnung vorkommen, wie z. B. im Falle Hedinger, wo sie von der Vena saphena bis in die Vena cava inferior zu verfolgen war.

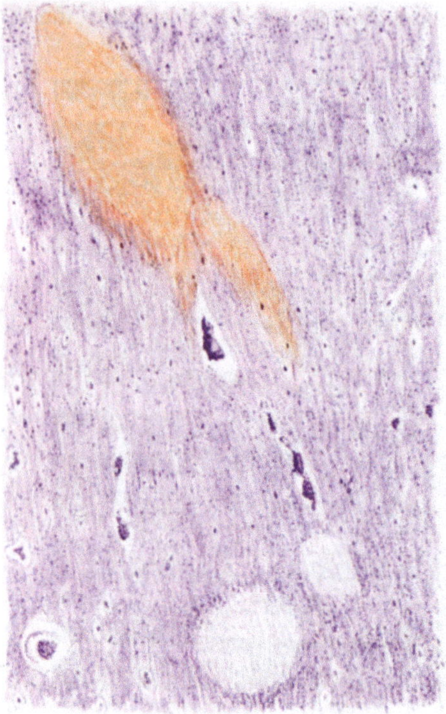

Der sowohl arterielle wie venöse Blutgehalt des Gehirns und seiner weichen, auf späterer Vergiftungsstufe ödematösen Häute ist bereits wenige Stunden nach der Vergiftung so hochgradig, wie man sie nicht einmal beim Erstickungstod, vielleicht nur noch nach Einwirkung von Blausäure zu sehen bekommt: die pialen Gefäße sind bis in die allerfeinsten Verzweigungen hinein zu verfolgen, die Gehirnsubstanz sieht infolge der ziegelroten Farbe des Kohlenoxydblutes wie mit „Eosin gefärbt" aus (Husemann).

Alle Veränderungen des nervösen Gewebes, in so vielfacher, von Dauer der Gaseinwirkung, Zeitpunkt des Todeseintritts usw. abhängiger Gestalt sie auftreten mögen, lassen sich ungezwungen zurückführen auf Kreislaufstörungen in Kapillaren und kleinen Venen, Vorgänge, die zu erklären sind durch Herabsetzung der Gefäßkontraktilität mit ihren Folgeerscheinungen (s. Gefäße), die besonders verhängnisvoll dadurch werden, daß die Gefäßerschlaffung häufig mit Ausscheidung des Giftes nicht aufgehoben wird (Weimann).

Abb. 54. Blutung und Lichtungsbezirke im Gehirn bei Leuchtgasvergiftung. Häm.-Eosin.

Bevorzugung bestimmter Hirnbezirke (Globus pallidus, Pyramidenzellbänder, Ammonshörner u. a. m.), welche mit mangelhafter Gefäßversorgung (F. Hiller u. a.) bzw. mit besonderer Affinität des Kohlenoxyds zu den betreffenden Gebieten (F. Wohlwill) in ursächlichen Zusammenhang gebracht wird, das gehäuft symmetrische Auftreten der Schäden drücken den zerebralen Veränderungen nach Kohlenoxydvergiftung einen besonderen Stempel auf. Es handelt sich hier in der Tat um ganz ungewöhnlich regelmäßige Befunde, wie neben dem großen Material von H. Ruge vor allem auch die Untersuchungen von Meixner gezeigt haben, der bei keinem später als 32 Stunden nach der Vergiftung Verstorbenen z. B. die Linsenkernerweichung vermißt hat. Daß daneben gelegentlich auch Beteiligung des Hemisphärenmarkes, Balkens usw. gesehen wird (A. Meyer, eigene Beobachtungen u. a.), dürfte an der grundsätzlichen Beurteilung nichts ändern. Barkan denkt an möglicherweise vorhandene Beziehungen zwischen dem Eisenreichtum, also dem Eisenstoffwechsel bestimmter Hirnteile und der Vorliebe des Kohlenoxydangriffs für diese, in welchen Gedankengängen ihn die von E. C. EAVES beschriebenen

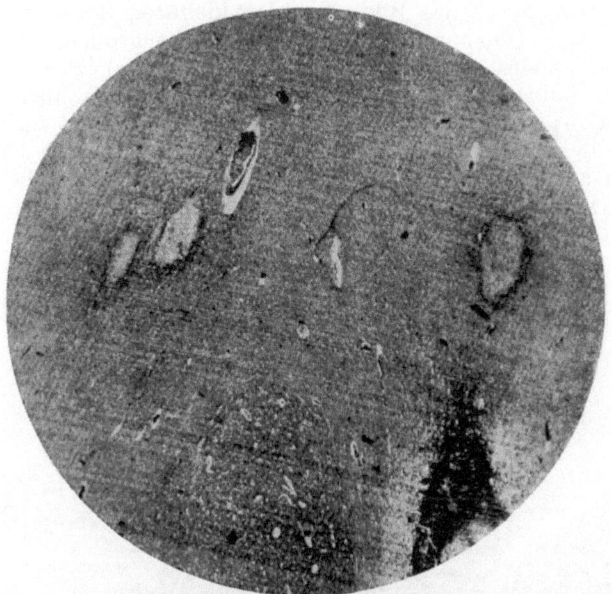

Abb. 55. Lichtungsbezirke und Blutungen im Gehirn-(Hemisphärenlager) bei Leuchtgasvergiftung. Übersichtsbild (Lupenvergrößerung) (S. Nr. 463/22 des pathol. Instituts am Krankenhaus Neukölln-Berlin. Pros. Dr. EHLERS).

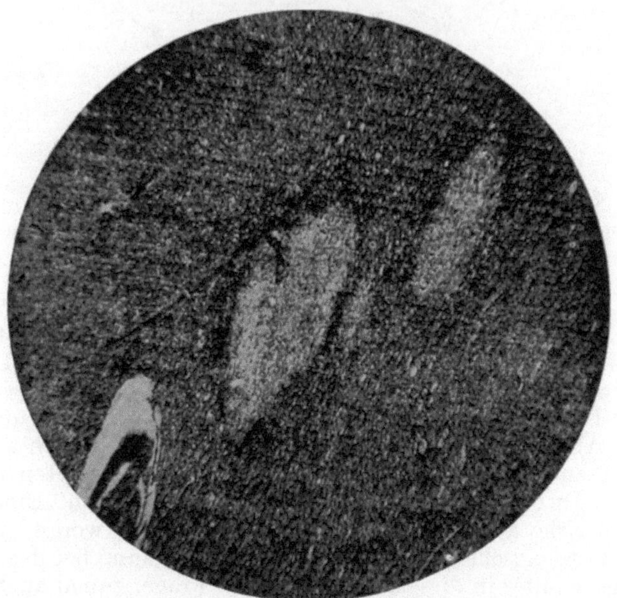

Abb. 56. Lichtungsbezirke im Gehirn bei Leuchtgasvergiftung. 120 fache Vergrößerung.

„eisenhaltigen Ablagerungen" im Gehirn bei Kohlenoxydvergiftung zu bestärken scheinen.

In Häuten (A. MÜLLER: Pachymeningitis haemorrhagica?), Gehirn und Rückenmark zu findende, oft von Erweichungen gefolgte Blutaustritte jeder Form — gemeinhin als diapedetisch entstanden aufgefaßt (s. Gefäße) — beherrschen grob anatomisch das Bild: Von den kleinsten flohstichartigen Herd- und Kugelblutungen (Purpura) bis zum handflächengroßen (zuweilen durch Zusammenfließen kleinster Blutungen hervorgerufenen) Hämatom (CHIARI, MEIXNER). Ich selbst sah das ganze Mark des Großhirns übersät mit rundlichen und ovalen, bis halbreiskorngroßen, fahlroten oder mehr gelblichen Stippchen, von denen sich die roten mikroskopisch als typische Ringblutungen (s. auch Salvarsan und Phosgen) mit zentralem, hyalin thrombosiertem bzw. nekrotisiertem Haargefäß erwiesen, die gelblichen durch — zum Teil perivaskulär

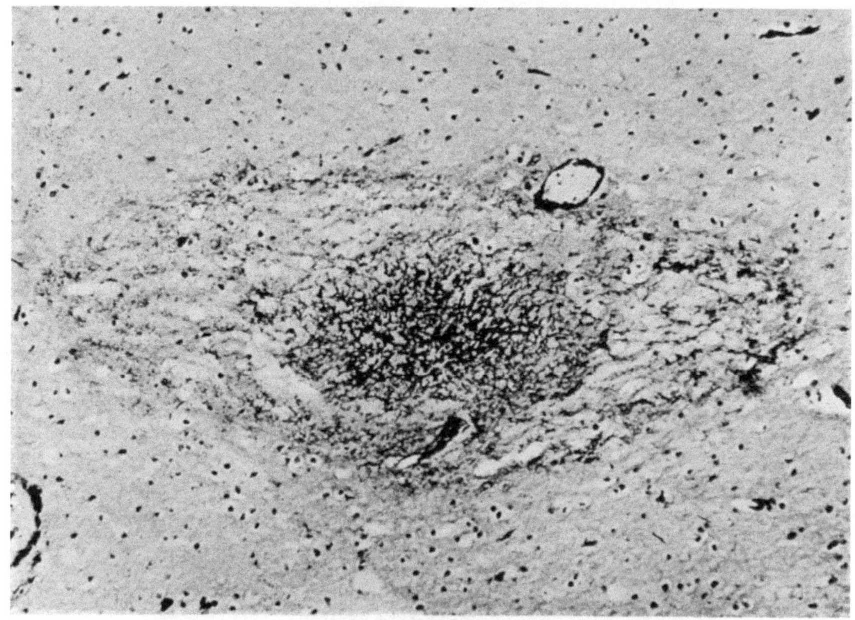

Abb. 57. Leuchtgasvergiftung. Fibrinnetzbildung in einem Lichtungsbezirk des Gehirns. 122 fache Vergrößerung.

angeordnete — Lichtungsbezirke bedingt waren (s. Abb. 54, 55, 56). Über deren Zustandekommen ist oft und viel gestritten worden (KIRSCHBAUM, H. OPPENHEIM, SPIELMEYER u. a.). Hier, wo sie durch Form und Lagerung ihre genetische Verwandtschaft mit Ringblutungen erkennen lassen, gewinnt man den Eindruck, daß Durchtränkung des Gliafilzes mit Plasma bzw. Serum (Ausfällung von Fibrin: s. Abb. 57) die Fasern auseinanderweichen und sich am Rande des Herdes verdichten läßt (Quellungsherd); einzelne Erythrozyten liegen in den Gliamaschen: es ist offenbar nicht bis zur Blutung gekommen. Eine Entstehung der Lichtungsbezirke aus aufgesaugten Kugelblutungen, woran man beim Betrachten des histologischen Bildes denken könnte, kam bei der Schnelligkeit des Vergiftungsablaufes in diesem Falle kaum in Frage, zumal auch keine eisenpigmenthaltigen Zellen in der Umgebung anzutreffen waren. Bei Mallory-färbung (Anilinblau-Goldorange) nehmen die Gliafasern stellenweise den blauen Farbton an, wie er sonst der Bindegewebsreaktion zukommt (s. Abb. 58). Nach Angaben SALTYKOWs heilen jedoch die Lichtungsbezirke ausschließlich gliös.

Vielleicht führt ein Weg von der, nur im Frühtodesfall zu beobachtenden „Erbleichung" (z. B. des Globus pallidus) — einer umschriebenen ödematösen Gewebsquellung, die dem bloßen Auge als blutleerer Fleck erscheint (KOLISKO) — über den ausgebildeten Lichtungsbezirk zur (perivaskulären) Koagulationsnekrose und ischämischen Erweichung, Veränderungen, denen allen die Entwicklung auf dem Boden der Kreislaufstörung gemeinsam ist. Erweichungsherde, die beim ganz akuten Verlauf zu fehlen pflegen, sind nach den Ausführungen von MEIXNER beim Spättod ein regelmäßiger Befund; IRMGARD MÜLLER sah sie bei einem 19 Tage alten Vergiftungsfall im Gehirn zu Hunderten verstreut. Bei noch längerer Krankheitsdauer kann man den Erweichungsherd bzw. seine Umgebung aufs dichteste mit Kalkkörnchen übersät finden (GEIPEL, G. HERZOG).

Die frühesten rückläufigen, bis zu Markscheidenzerfall gehenden und von reaktiver Gliawucherung gefolgten Vorgänge stellen sich — nach dem Auftreten einzelner Fettkörnchenkugeln zu urteilen (CHIARI, WEIMANN) — schon innerhalb des ersten Tages ein. Das Verhalten der nervösen Elemente nach einstündiger Vergiftung wird von ALTSCHUL folgendermaßen geschildert: „Die Nervenzellerkrankungen boten ein Zwischenbild zwischen akuter und ischämischer Degeneration. Außerdem fanden sich perivaskuläre Infiltrate, in den Kapillarendothelien erhöhter Fettgehalt, ab und an auch Verfettung der ganzen Gefäßwand." Späterhin schwindet die nervöse Substanz in solchen Herden allmählich völlig, wie SIBELIUS es in makroskopisch hellen, durch derbe rötliche Brücken voneinander getrennten Linsenbezirken sah.

Schädigung und Schwund der Ganglienzellen, Neigung zur Zellverkalkung werden besonders auch in den Vorderhörnern des Rückenmarks (WILSON and WINKEL-

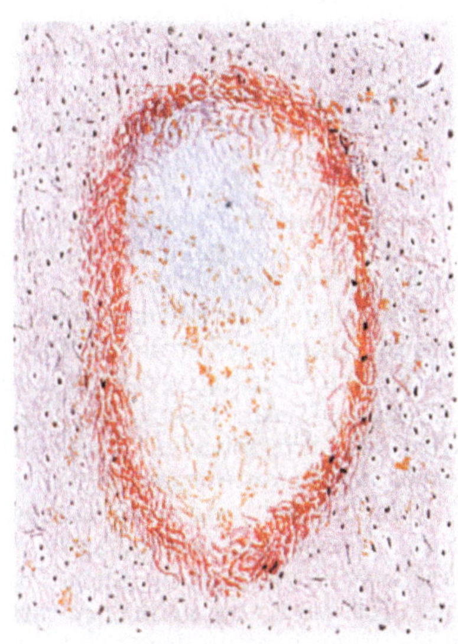

Abb. 58. Lichtungsbezirk im Gehirn bei Leuchtgasvergiftung. Starke Vergrößerung. Mallory-Färbung (Anilinblau-Goldorange).

MANN) beschrieben. ROSENBLATH sah die Dendriten der motorischen Ganglienzellen keulen- und schaufelförmig aufgetrieben, die nervösen Zellen selbst verklumpt.

Vor den rückschrittlichen treten die — durch perivaskuläre Infiltrate und Gliawucherung gekennzeichneten — entzündlichen Veränderungen am Großhirnmark und Grau des Rückenmarks in den Hintergrund. GEY beobachtete bei einem Dreijährigen hämorrhagische Enzephalitis im Kleinhirn (s. auch M. STRASSER). Weitere Angaben über das Verhalten des Gehirns s. bei BERKHAN, GÖRÖG, A. MEYER, STEWART, SWETNIK u. v. a.

Die zahlreichen Tierversuchsergebnisse lassen in der Mehrzahl weitgehende Ähnlichkeit mit den Befunden beim Menschen erkennen. Auch bei ihnen kommen außer symmetrischen und gewissermaßen gesetzmäßig angeordneten Substanzschäden häufig wahllos wechselnde Hemisphärenerkrankungen und andere Ausbreitungsarten in Mark und Rinde vor. A. MEYER erzielte fast regelmäßig Pallidumerweichung. Von GRÜNSTEIN und POPOWA liegen ausführliche Berichte über experimentelle Kohlenoxydvergiftung vor. Stellten sich bei den Tieren vorübergehende oder bleibende Lähmungen ein, so ließen sich — von reaktiver Gliawucherung begleitete — Gewebeschäden vorwiegend im extra-

13*

pyramidalen motorischen Apparat und in den Vorderhornzellen des Rückenmarks feststellen. Bis zur Bewußtlosigkeit vergiftete Tiere (Kaninchen, Hunde, Katzen) zeigten bei ihrer nach Monaten erfolgten Tötung unter anderem in Vernarbung begriffene Erweichungsherde. Ähnliches berichtet Tscherkess von seinen Tieren, welche trotzdem bis zuletzt ausreichende Freßlust bei normalem Körpergewicht aufwiesen.

Besondere Beachtung verdient noch das Verhalten der als Schutzvorrichtung angesprochenen Ventrikelplexus. Zwar antwortet bei ganz akut vergifteten Tieren das Plexusgewebe auf die Giftschädigung nicht nennenswert (Schilling-Siengalewicz), aber Allende-Novarro konnten nach längerer Gifteinwirkung bei einem Kraftwagenführer Thromben in den Plexusgefäßen nachweisen, desgleichen rückschrittliche Veränderungen und Zellschwund am Plexusparenchym und reparative Wucherungen am mesodermalen Gewebe.

Beteiligung der Hirnnerven scheint kein seltenes Ereignis. Zu den Erscheinungen der multiplen peripherischen Neuritis (s. unten) gesellen sich die der „Neuritis optica". Offenbar sind auch präretinale und retinale Blutungen (L. Heine) häufiger, als sie klinisch erkannt werden (Schwabe). Über Einschränkung des Gesichtsfeldes und grauweiße Verfärbung der Papille schreibt Berkhan (angef. bei L. Heine).

Augenmuskellähmungen sind nach der Meinung von L. Heine durch Blutaustritte in das Kerngebiet zu erklären.

Ein dem Verbreitungsgebiet des 1. Trigeminusastes entsprechender Herpes zoster wird von Sattler erwähnt. Auch das Auge nahm in seinem Fall an den Vorgängen mit Abschilferung des Hornhautepithels und Glaskörpertrübung teil. Am Ganglion Gasseri zeigte der mediale, zum 1. Ast gehörige Abschnitt interstitielle Rundzellansammlungen und Fettkörnchenzellen, die nervösen Elemente waren verschwunden.

Die Beobachtung von völliger, jedoch vorübergehender Ertaubung nach akuter Vergiftung ließ Urbantschitsch eine „toxische Neuritis" am Nervus cochlearis vermuten. Auch Ruttin dachte — in Hinblick auf gelegentlich nach Kohlenoxydeinwirkung auftretendes Schwindelgefühl und Nystagmus — an elektiven Einfluß des Giftes auf die Ganglien des Nervus cochlearis und vestibularis.

Bei einem 24 Tage nach der Vergiftung Verstorbenen fanden sich laut Mitteilung von Stewart (bei teilweiser Thrombosierung der basalen Hirngefäße) rückschrittliche Veränderungen im N. vagus.

Peripherische Nervenlähmungen kommen vereinzelt vor. Diese sind offenbar nicht, wie Bumke, Eulenberg, Geppert u. a. meinen, unmittelbar toxischer Natur, sondern eher als Zweiterkrankung aufzufassen (H. Günther, Schwerin, Zangger u. a.). Es ist ungezwungener, für die nervösen Störungen Erstschädigung der Gefäßwände (Giese, E. Mendel, Remak, Sibelius u. a.) mit hämorrhagischer Infiltration in die Nervenscheiden und ihre Umgebung (Claude et l'Hermitte) oder Druckwirkung bzw. von Druckgangrän (s. Muskulatur) her fortgeleitete Vorgänge (F. Leppmann, J. Müller, eigene Beobachtung) als Ursache gelten zu lassen. Produktive Perineuritis (Kockel) und Neuritis schließen sich an, führen endlich zu Verdickung und Verhärtung der bindegewebigen Hülle und des Neurilemms (E. Engels), zu Schwellung und Verödung bzw. fettigem Zerfall der Achsenzylinder (Boulloche, H. Günther, Klebs, Leudet (1865), E. Schäffer, Schwerin, v. Soelder, Wilson and Winkelmann).

Die Befunde ausgedehnter intravital, agonal und postmortal entstandener Blutpfropfbildung (Hedinger, R. Beneke u. a.) scheinen den Angaben über schwere Gerinnbarkeit des kirschroten, hypinotischen Blutes zu widersprechen.

Dunklere Blutfarbtönung tritt auf, wenn neben Kohlenoxyd reichlich Sauerstoff eingeatmet wurde. Die Menge des im Leichenblut vorgefundenen Kohlenoxydhämoglobins hängt vom Partialdruck des Gases in der Atemluft ab. Im Augenblick des Todes ist die Verteilung des Giftes im Blute eine gleichmäßige, sie kann sich jedoch postmortal ändern. Erfolgt der Tod in der Kohlenoxydatmosphäre und wird die Leiche weniges später daraus entfernt, so erhält man gewöhnlich die größte Menge Kohlenoxydhämoglobin in den Blutleitern der harten Hirnhaut, geringere im Herzblut, die geringste in den peripherischen Venen. Das Verhältnis gestaltet sich umgekehrt, wenn die Leiche noch längere Zeit in der Kohlenoxydluft verblieb, da die Leichenhaut allmählich für Kohlenoxyd durchlässig wird, und mit Steigen des Gasdrucks im Raum eine Diffusion des Gases durch die Haut der Leiche hindurch einsetzt (SCHWARZACHER). Damit erwachsen für den spektroskopischen Nachweis des Kohlenoxydhämoglobins und die Deutung der Untersuchungsergebnisse vielfach Schwierigkeiten, denn aus dem Gesagten ergibt sich, daß auch der positive Ausfall nicht unbedingt beweisend für stattgehabte Vergiftung ist. Finden sich also große Unterschiede im Kohlenoxydgehalt des oberflächlich liegenden (gesättigten) und des (kohlenoxydarmen) Muskelhämoglobins in den tieferen Schichten, so wird dies zum mindesten den Verdacht nachträglicher Kohlenoxyddiffusion erwecken müssen (F. STRASSMANN und A. SCHULZ). WIETHOLD erörtert die Möglichkeit eines Spätnachweises von Kohlenoxyd (bei exhumierten Leichen).

Das gewebliche Verhalten des Blutes ist wechselnd beschrieben worden: Bald sollen Stechapfelformen vorherrschen, bald die Gestaltung des Blutes von Leukopenie, dann wieder von Polyglobulie bestimmt sein. HIRTZMANN fand am dritten Tage nach der Vergiftung Hyperglobulie, Poikilo-Anisozytose, Polychromasie, Leukozytose, Eosinophilie, basophile Myelozyten. Am fünften Tag war das Blutbild wieder normal. Die Fragengesamtheit der Beeinflussung des Blutbildes durch Kohlenoxyd ist so voller Widersprüche (NAEGELI), daß den Angaben über Zahl- und Formveränderungen der Blutzellen vorerst keinerlei Bedeutung zugemessen werden darf.

Kennzeichnende Knochenmarksveränderungen sind meines Wissens nicht beschrieben worden. Die wenigen Fälle, die ich selbst zu untersuchen Gelegenheit hatte, zeigten gewöhnlich bei hochgradiger kapillärer Blutfülle mehr oder minder starke Myelopoese unter Zurücktreten der Erythropoese. Ich gehe wohl nicht fehl, wenn ich dies Verhalten mit dem in allen Fällen vorhandenen eitrig-entzündlichen Lungenerkrankungen (s. daselbst) in Zusammenhang bringe. Das von ASKANAZY geschilderte Bild (reichlich Megakaryozyten, mäßig Normoblasten, spärlich Eosinophile) scheint mir innerhalb der normalen Variationsbreite zu liegen.

Die Milz ist außerordentlich blutreich und dementsprechend groß (KENNEWEG, KOYÉN u. a.). In eigenen Beobachtungen war die Pulpa mit Blutungen durchsetzt.

Störungen in der Schlagfolge des Herzens, akut einsetzende Dilatation (H. ZONDEK, J. ISRAELSKI und E. LUCAS: S. Abb. 59, 60) weisen schon während des Lebens auf Erkrankung des Herzmuskels hin. Auch finden sich im Schrifttum zahlreiche Berichte über pathologisch-anatomisch nachweisbare unmittelbare oder durch Verstopfung von Kranzgefäßästchen hervorgerufene (WACHHOLZ, eigene Beobachtung), vorzugsweise das linke Herz betreffende Veränderungen der Muskulatur. H. GÜNTHER spricht von akuter interstitieller Myokarditis; herdförmige massige Rundzellansammlungen unbestimmter Anordnung hatte ich selbst zu sehen Gelegenheit (Abb. 61); RIBBERT weist auf die Ähnlichkeit mit diphtherischer Myokarditis hin. Seiner Beschreibung nach handelt es sich jedoch weniger um entzündliche als um nekrotisierende Vorgänge: Die

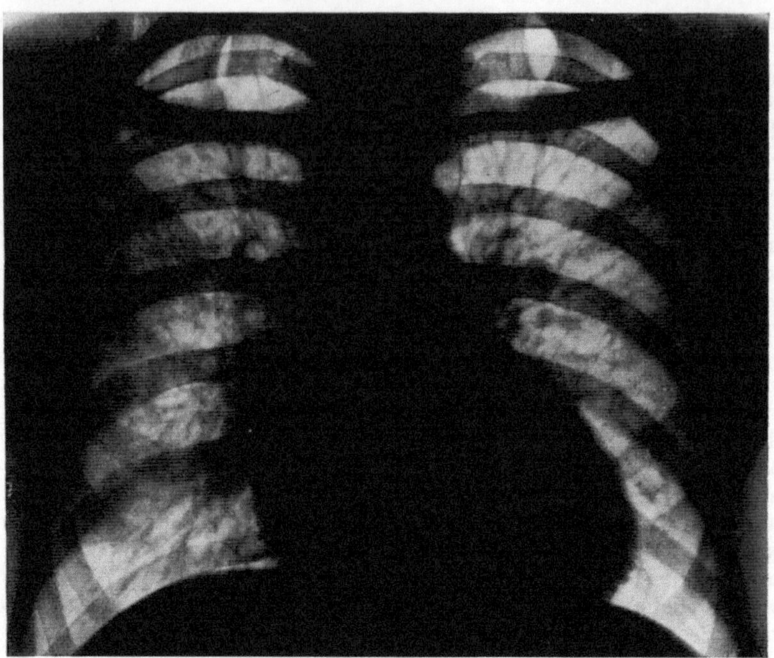

Abb. 59. Leuchtgasvergiftung. Akute Dilatation des Herzens. Stark verbreiterter Herzschatten (Röntgenaufnahme [Dr. Israelski, Krankenhaus am Urban, Berlin] am 8. V. 1929).

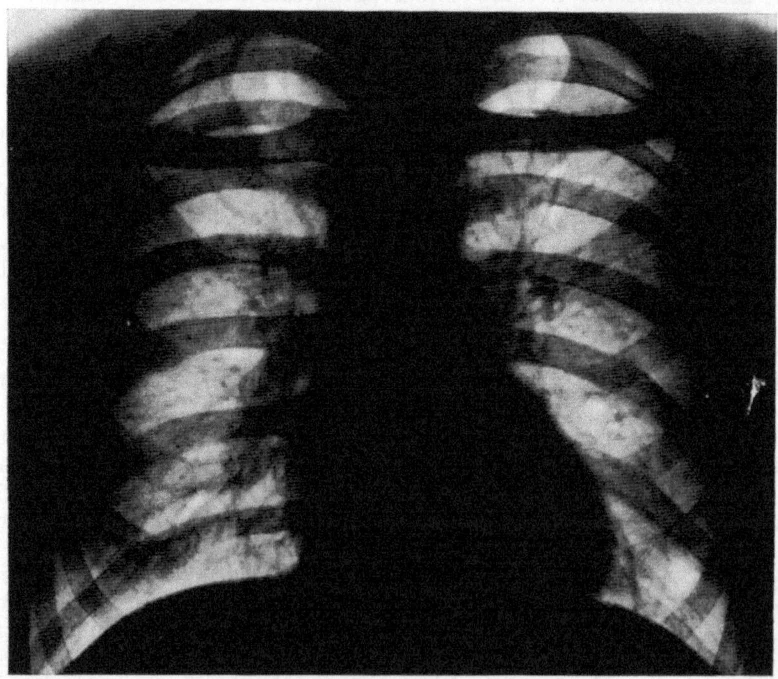

Abb. 60. Derselbe Fall von Leuchtgasvergiftung. Normaler Herzschatten (Röntgenaufnahme am 23. V. 1929).

Muskulatur ist in umschriebenen Bezirken schlaff, gelblich, wie gekocht, sehr weich, von Blutungen durchtränkt; bei fehlender Querstreifung sind die Fasern albuminös getrübt, die körnig-schollig zerklüfteten und absterbenden Plasmamassen auffallend eosinfärbbar. Die herdförmigen Nekrosen finden sich vielerorts, meist dicht unter dem Perikard (s. auch LIEBMANN, TESSERAUX u. a.), gelegentlich auch in den Papillarmuskeln (eigene Beobachtung), während die intrafaszikulären Räume von gelappt- und rundkernigen Zellen angefüllt sind. G. HERZOG sah bei 2—4 Tage alten Vergiftungen Veränderungen mehr nach Art der wachsigen Umwandlung: Die zerfallenden Muskelfasern waren von hyalinen Querbändern durchzogen, nach 9 Tagen von neugebildeten

Abb. 61. Ödem und Rundzellansammlungen im Herzmuskel bei akuter Leuchtgasvergiftung. 134fache Vergrößerung.

bindegewebigen, gefäßreichen Strängen und regeneratorischen Muskelzellwucherungen ersetzt. In anderen Fällen herrscht fettiger Zerfall (GEY) bzw. hämorrhagische Nekrose (GÜRICH) vor oder Blutungen stehen im Mittelpunkt, die zum Teil von reaktiv-entzündlichen Vorgängen begleitet werden. So im Falle G. STRASSMANN, wo sich mächtige, zusammenfließende subepikardiale Blutmassen über beiden Kammern bis weit in den Muskel hineingewühlt und rechts die ganze Wanddicke durchsetzt hatten. Da die Gefäßwände sich als unversehrt erwiesen, wurde eine befriedigende Erklärung für die akut einsetzende Blutung nicht gefunden. Zur Erörterung steht die Möglichkeit von Blutaustritten auf dem Boden einer Ersterkrankung des Muskels, andererseits ist auch an gesteigerte Durchlässigkeit der Gefäßwände oder an chemisch-physikalische Änderungen in der Blutzusammensetzung zu denken (MÜLLER-HESS). Nach den Angaben von BRACK waren in 22 Fällen trotz ausgedehntester Kapillarthrombosen im ganzen Herzen verhältnismäßig selten Blutungen nachzuweisen (s. auch GÜRICH).

HEDINGER fiel massige, sich ohne Unterbrechung bis in die Lungengefäße hinein erstreckende Blutpfropfbildung im Herzen auf, die er auf Grund der vielen vorhandenen Lungeninfarkte als agonal entstanden anspricht.

Im Verlaufe der Vergiftung ist dem Verhalten der zerebralen Blutgefäße von jeher der größte Wert beigemessen worden, und von den zahlreichen Untersuchern sahen die einen das Wesentliche in der durch Vasomotorenlähmung bzw. durch Leistungsschädigung (Herabsetzung der Kontraktilität) bedingten Gefäßwanderschlaffung und -Lichtungsweitung mit Stromverlangsamung und der Möglichkeit hyaliner (Mikro-) Thrombenbildungen (Brack, Klebs, Kolisko, F. Hiller, A. Meyer, Schwerin, Weimann), während andere histologisch faßbare, jedenfalls auf Sauerstoffmangel oder Gegenwart von Kohlenoxyd zurückzuführende Gefäßschäden wie Verfettung von Endothel und Wandschichten, Verquellung und Hyalinisierung, intramurale Blutungen und Infiltrate, Mediaverkalkung (Abb. 62) usw. in den Vordergrund rückten (A. Cramer, Geipel, Lämpe, Photakis, Poelchen, Schmorl, F. Wohlwill). Rosenblath beschreibt in den verquollenen und aufgefaserten Gefäßwandschichten Balken, Kugeln, Körner, Platten usw.,

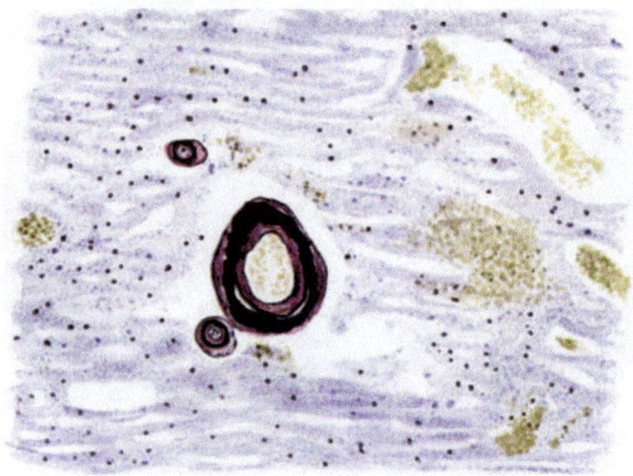

Abb. 62. Alte Leuchtgasvergiftung. Verkalkte Gefäße in einem Erweichungsherde des Gehirns.

die mit Hämatoxylin tief schwarzblau gefärbt wurden, jedoch niemals sonstige Kalkreaktionen gaben. Wenn nach den Schilderungen der Berichterstatter in den einzelnen Fällen bald diese, bald jene Bilder überwogen, von den genannten Wandgewebsstörungen vielleicht überhaupt keine nachweisbar waren, so dürfte sich dies zwanglos erklären mit der Abhängigkeit des geweblichen Geschehens von Dauer und Stärke der Gifteinwirkung und der Gewebsansprechbarkeit bei Einsetzen der Vergiftung. Denn meines Erachtens führt ein gerader Weg on dem hochgradig, zuweilen ampullenartig ausgeweiteten (Klebs, L. Hirt), ab und an auch thrombosierten Gefäßrohr über die rückläufige, oft von reaktiven Vorgängen (perivaskuläre und intramurale Infiltrate!) begleitete Störung in den Wandschichten selbst bis zu der — soweit sich das diesbezügliche Schrifttum übersehen läßt — bisher nur von A. Cramer erwähnten Wandzerreißung, von der sich lediglich der kurze Vermerk findet: „Im vorderen Drittel des Thalamus opticus war ein kleines Gefäß an einer glasig entarteten Stelle geborsten." Ob die von Schwerin unter den Nachkrankheiten mit aufgezählten „Gefäßrupturen im Stadium exzessiver Blutdrucksteigerung" hierher gehören, läßt sich aus der Angabe nicht ersehen. Auch die von französischer Seite gemachte Mitteilung über Zerreißung der Gefäßmuskelwand bei Hunden (Claude et L'Hermitte) ist nach dem darüber Gesagten nicht zu beurteilen.

Auf Grund der im folgenden dargestellten Beobachtungen möchte ich jedoch die Vermutung aussprechen, daß der Nachweis von Gefäßzerreißungen nicht gar

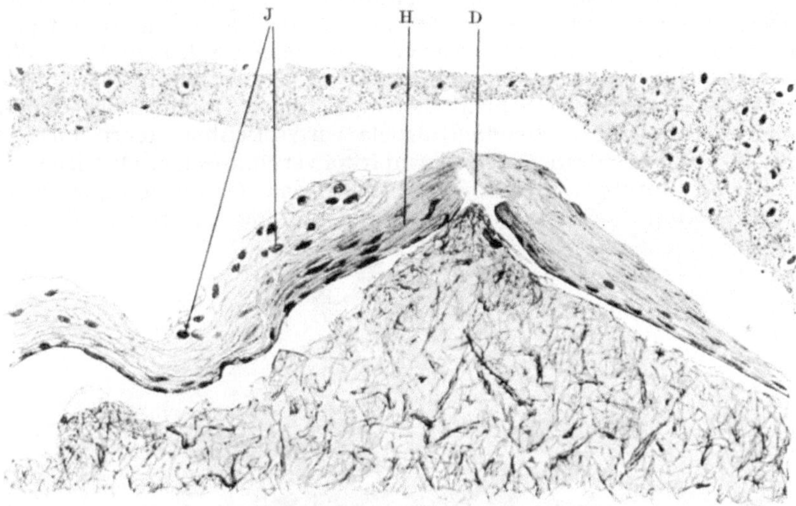

Abb. 63. Leuchtgasvergiftung. Hirngefäßzerreißung. Gefäß dicht vor dem Durchbruch. I Infiltrate, H hyalines Bindegewebe, D Durchbruchstelle.

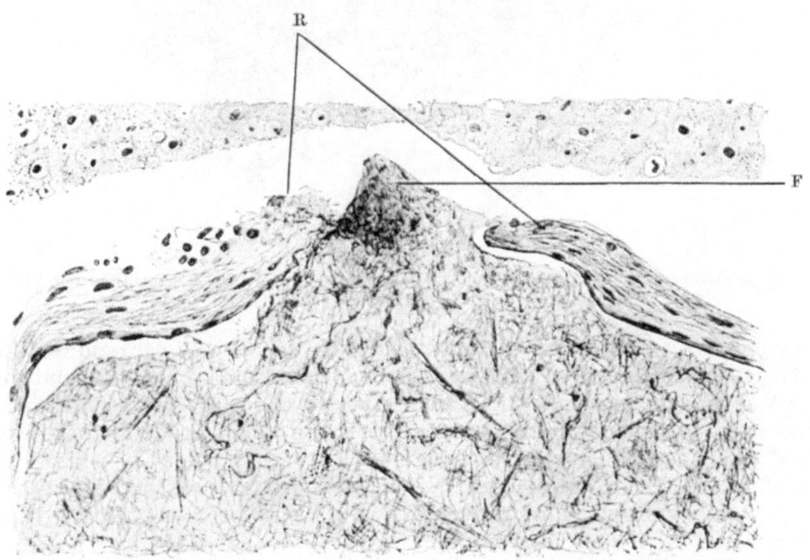

Abb. 64. Leuchtgasvergiftung. Hirngefäßzerreißung. Vollendeter Wanddurchbruch. F Fibrinverschlußpfropf. R Rißenden der Gefäßwand.

so selten gelingen dürfte, wenn man sich die Mühe einer systematischen histologischen Durchsuchung aller Gehirnteile des öfteren nehmen würde. Mich veranlaßte ein Zufallsbefund dazu: Es fielen mir in der erweiterten Lymphscheide einer mittelgroßen Markvene fädig-körnige, mit Blutzellen untermischte Eiweißmassen auf, die, mit Rücksicht auf die Dicke der Gefäßwand, kaum durch Trans-

sudation und Diapedese dorthin gelangt sein konnten. Bei der Vornahme von
Reihenschnitten glückte es mir schon im gleichen Paraffinblock, die Frage befriedigend zu lösen: Man sieht die vorwiegend bindegewebige Venenwand an
umschriebener Stelle breiter und breiter werden, die Gewebsfasern aufsplittern,
quellen bis zu einem glasigen, homogenen, kernarmen Endzustand (s. Abb. 63).
Die Gefäßwand buchtet sich hier nach außen vor, die Intima reißt, die hyalinen
Massen weichen Schicht für Schicht bis zum völligen Durchriß des Gefäßrohrs
(s. Abb. 64). Die weit klaffende Rißstelle wird offenbar sofort durch einen
sich bürzelförmig hineindrängenden Fibrinpfropf verschlossen, wodurch das Fehlen
ausgedehnterer Blutungen zu erklären ist. Die das Geschehen begleitende entzündliche Reaktion (örtliche intra- und extramurale Rundzellanhäufungen)

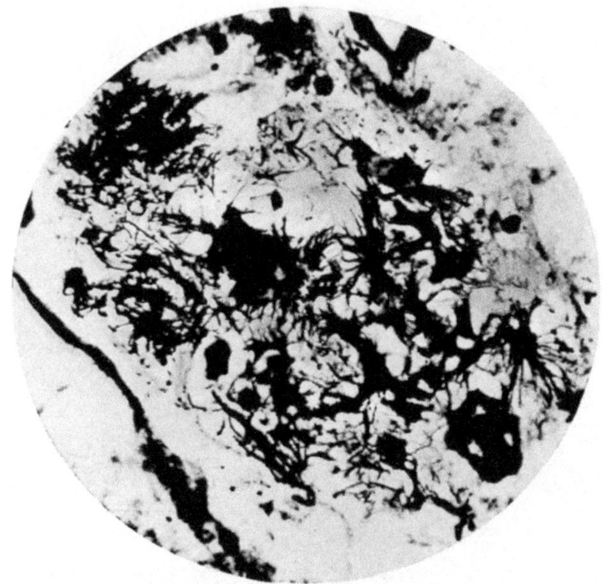

Abb. 65. Leuchtgasvergiftung. Kristallinische Gebilde (wahrscheinlich Fibrin) in der Lichtung
von Hirngefäßen. 540 fache Vergrößerung.

schließt jeden Zweifel daran aus, daß die Gefäßberstung während des Lebens
erfolgte. Bei weiteren Untersuchungen ließen sich ähnliche Befunde und wesensgleiche Vorgänge, wenn auch nicht immer in der oben geschilderten Stärke und
Ausdehnung, stets jedoch an kleinen und mittleren Venen, in den verschiedensten
Teilen des Hemisphärenmarks verfolgen.

Proliferative Gefäßveränderungen, ähnlich den von SPIELMEYER am Hunde
durch Bleivergiftung erzeugten, sahen WILSON and WINKELMANN nach 17tägiger
Vergiftungsdauer (s. auch SIBELIUS).

In der Gefäßlichtung, vorzugsweise der mittelgroßen Venen fielen mir
neben eigentümlichen — in den einschlägigen Arbeiten sonst nicht beschriebenen — fädigkristallinischen, zum Teil in Nadelbüscheln und Maulbeerkugel-
form angeordneten Niederschlagsbildungen, welche nach ihrer Farbreaktion
als kristallinisch ausgefallenes Fibrin angesehen werden mußten (s. Abb. 65),
homogene, hyalinartige Massen von Kugel- und Eiergestalt auf, Gebilde, die
denen gleichen mögen, welche MANASSE bereits vor Jahrzehnten anläßlich der
Gehirnuntersuchungen bei infektiös Erkrankten beschrieben hatte, und die
ihrer Lage und Gestalt nach mit aller Wahrscheinlichkeit ebenfalls als atypische

Formen der Fibrinausfällung gedeutet werden müssen. Fremdartigen Inhalt in den Gefäßen des Globus pallidus erwähnt auch ROSENBLATH: hämatoxylin-färbbare Massen täuschten Kalk vor, der sich chemisch nicht nachweisen ließ. Warum der Berichterstatter statt dessen an Magnesiumsalze denkt, ist nicht ersichtlich.

Die fast nur in kleineren Gefäßen und Kapillaren sich niederschlagenden „Thromben" von vorwiegend hyaliner Natur (SCHEIDING u. a.) spielen, wie auch in anderen Organen, so ganz besonders im Gehirn beim Zustandekommen der Blutungen (Kugelblutungen!) bzw. Lichtungsbezirke eine hervorragende Rolle (s. Zentralnervensystem). ALTSCHUL hat in seinen 4 Fällen akutester Vergiftung (bei dem Brande des Apollo-Theaters in Rom) wandständige Ansammlungen von Lymphozyten und großen Mononukleären in der Gefäßlichtung beob-achtet. Wie er glaubt, handelte es sich dabei nicht um eine einfache Stauungs-wirkung, sondern man müsse an eine Kraft denken, welche die weißen Blut-körperchen aus dem übrigen Blutkreislauf in die Hirngefäße treibt. Derartige Anhäufung weißer Zellen sah auch WEIMANN in etwa der Hälfte aller unter-suchten Fälle und zwar besonders in mittelgroßen Gefäßen.

Schon bei Todeseintritt in der kohlenoxydhaltigen Luft sind die Schleim-häute der oberen Atmungswege stark mit Blut gefüllt, in der hochgradig ödematösen und hyperämischen Lunge kann man bereits zu diesem Zeitpunkt als Anzeichen beginnender Entzündung den intraalveolären Austritt einzelner roter und weißer Blutzellen, die Quellung und Ablösung von Alveolarepithelien verfolgen (F. STRASSMANN), ein Befund, der für örtliche Reizwirkung des Gases spricht. Die Beobachtung blutigen Auswurfs in den ersten Tagen der Ver-giftung weist — ebenso wie die in den Fällen von I. ISRAELSKI und E. LUCAS aufgenommenen Röntgenbilder — auf größere Parenchymblutungen in der Lunge hin. In einer großen Zahl der schwerer verlaufenden Fälle entwickelt sich — von Bewußtlosigkeit (Hypostase, eventuell Aspiration!) des Kranken unterstützt — schon frühzeitig eine, häufig den Tod nach sich ziehende Bronchiolitis und herd-förmige oder diffuse Pneumonie von vorwiegend bakteriell-eitrigem bzw. hämor-rhagischem Charakter. HEDINGER fand in beiden Lungen zahlreiche kleine hämorrhagische Infarkte zufolge intravasaler Gerinnselbildung während des Lebens. Blutungen und Gefäßverlegungen lassen sich auch im Tierversuch erzeugen (KIONKA).

Bei Vergiftungen durch Kohlendunst ist Mundhöhle, Nasenrachen-raum, Kehlkopf und Luftröhre mit Ruß belegt (WACHHOLZ), die ziegel- bis braunrot gefärbte Lunge akut ödematös (E. ENGELS).

Nach Angaben von L. LEWIN, die ich sonst nirgends bestätigt fand, soll es in der geschwollenen Mundschleimhaut zu Blutaustritten und Bläschenbildung, ja, zu Geschwürsbildungen und pseudomembranösen Belägen kommen. Kleinste und größere Blutaustritte in der Magenschleimhaut werden von den franzö-sischen Forschern geradezu als merkmalsmäßig verwertbar für die Vergiftung angesehen; sie scheinen vor allem in Frühfällen häufig vorhanden zu sein. Wie mir von einem Kollegen erzählt wurde, erlebte er am eigenen Körper eine leichte Vergiftung infolge unbemerkten Einatmens von Leuchtgas, die ihm erst durch das plötzliche Erbrechen blutiger Massen zu Bewußtsein kam. Das gerichts-ärztliche Institut zu Berlin zeigt den in natürlichen Farben aufgehobenen Magen eines Leuchtgasvergifteten mit zahlreichen linsen- bis fünfpfennigstück-großen Blutungen im Grund.

Aus früheren Jahren stammende Mitteilungen von L. LEWIN über nekrotisierend-diphtherische Entzündungen im Dickdarm sind durch neuere Arbeiten weder ergänzt noch bestätigt worden.

KIONKA sah in Kaninchenversuchen infarktähnliche Darmblutungen, die er auf Gefäß-verlegungen beziehen möchte.

Die im Tierversuch gewonnenen Nierenergebnisse zeigen weitgehende Übereinstimmung mit den pathologischen Veränderungen beim Menschen, welche sich nicht auf glomeruläre Blutüberfüllung, Blutungen in Kapselraum und Bindegewebe beschränken, sondern auch das Parenchym in Form von blasiger Plasmaumwandlung, Abschilferung und Nekrosen der Hauptstückepithelien betreffen (ASCARELLI, BORZYSKOWSKI, FAHR, MÜLLER-HESS). Doppelseitige Papillennekrosen, die sich für das bloße Auge mit ihrem hämorrhagischen Hof dunkelrot von der graugrünlichen Umgebung abhoben, wurden von GEIPEL nach 14tägiger Vergiftungsdauer gesehen. KENNEWEG lehnt das Vorkommen eingreifender Nierenschäden ab und läßt lediglich „trübe Schwellung" gelten.

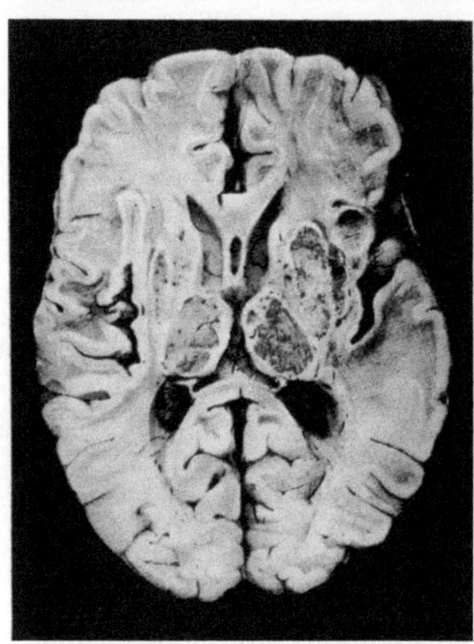

Abb. 66. Ausgedehnte Erweichungsherde im Gehirn eines Neugeborenen bei Leuchtgasvergiftung der Mutter. (Sammlung Prof. MARESCH, Wien.)

Die Angaben von PEISACHOWITSCH über Veränderungen der endokrinen Drüsen am vergifteten Tier (Markatrophie und Erschöpfung der chromaffinen Substanz der Nebenniere usw.) erscheinen mir in ihren Unterlagen nicht ausreichend und bedürfen daher der Nachprüfung.

Schon im Jahre 1883 haben französische Forscher (angef. bei MARESCH) gezeigt, daß Kohlenoxyd durch die Plazenta von dem mütterlichen in das fetale Blut überzugehen vermag. Dennoch lauten noch heute die Ansichten über den transplazentaren Giftdurchtritt und die daraus folgende Schädigung des Fetus verschieden. Der Nachweis von Kohlenoxyd im Blute der Frucht gelingt — wie LIMAN auf Grund von Tierversuchen folgert — unter zwei Voraussetzungen: Jugend des Fetus und längere Dauer der Vergiftung. Der 1929 von MARESCH veröffentlichte Fall dürfte die Frage des transplazentaren Giftdurchtritts endgültig im bejahenden Sinne entscheiden. Eine 18-jährige Schwangere unternahm einen Selbstmordversuch durch Einatmen von Leuchtgas. Sie wurde bewußtlos und röchelnd, am Fußboden liegend aufgefunden und wieder ins Leben zurückgerufen. Am 13. Tage danach gebar sie spontan ein 2600 g schweres Kind. Dieses verhielt sich auffallend bewegungslos, schrie nicht und war außerstande zu saugen, so daß man an eine Gehirnschädigung durch Geburtstrauma dachte. Nachträglich gab die Wöchnerin an, sie habe vor der Vergiftung sehr lebhafte Kindsbewegungen gespürt, nach dem Selbstmordversuch zwei Tage hindurch gar nicht, und als sie später wiederkehrten, seien sie auffallend schwach gewesen. Diese Aussage erweckte bereits den Verdacht, daß das krankhafte Verhalten des Neugeborenen mit der Leuchtgasvergiftung etwas zu tun haben könnte. Das Kind starb 9 Tage alt an Lungenentzündung. Ein am gehärteten Gehirn durch die beiden Großhirnhälften geführter Schnitt, der die Kammern eröffnete und die Stammganglien zur Ansicht brachte, deckte alle Erwartungen übertreffende Veränderungen auf. Der größte Teil des Thalamus opticus war gleichmäßig eingesunken. Die Gegend der inneren Kapsel hob sich einigermaßen deutlich von der Umgebung ab, der ganze Linsenkern und Kopf des Schweifkerns war ähnlich, nur noch stärker heschädigt wie der Sehhügel (s. Abb. 66). Mikroskopisch fiel die Blutfülle der Gefäße auf;

Endothelwucherungen, Thromben oder entzündliche Vorgänge waren nicht festzustellen. Das grob anatomische Bild fand seine Erklärung in weitgehender Erweichung und Verflüssigung der Hirnsubstanz. Der Fall war besonders bemerkenswert dadurch, daß, während die Befunde im Gehirn des Neugeborenen durch ihre Mächtigkeit auffielen, die Mutter des Kindes in der Zeit der Krankenhausbeobachtung keinerlei Anzeichen einer Gehirnstörung darbot. Der Versuch einer Erklärung dafür muß in erster Reihe berücksichtigen, daß offenbar das jugendliche Hirngewebe toxischen Schädigungen gegenüber besonders empfindlich ist, daß ferner nicht nur die Zufuhr des giftigen Gases über die Plazenta erfolgt, sondern der Körper der Frucht sich desselben auch nur wieder auf diesem Wege entledigen kann. Es dürfte somit von ausschlaggebender Bedeutung sein, daß die Frucht das einmal aufgenommene Giftgas nur schwer und langsam wieder abzugeben vermag. Zu einer Zeit, wo die Wiederbelebungsversuche bei der Mutter bereits Erfolg hatten, stand der Fetus noch immer unter der Wirkung des Kohlenoxyds.

Nachkrankheiten und Folgezustände.

Diese stellen einen wichtigen Abschnitt in der Pathologie der Kohlenoxydvergiftung dar, denn ein beträchtlicher Teil der Überlebenden behält Schäden zurück, welche E. BECKER (und ähnlich SCHWERIN) im Hinblick auf ihre vermutliche Entstehungsweise in 3 Gruppen gliedern: 1. Sauerstoffentziehungsgangrän (Brandblasen, schlecht heilbarer Druckbrand), 2. Kreislaufstörungen durch Fortbestehen der Gefäßerweiterungen (rote Flecke an der Nase usw.), 3. Organblutungen auf dem Boden von Gefäßzerreißungen im Zustand allerhöchster Blutdrucksteigerung. Es sei vorweggenommen, daß mannigfache Veränderungen sich in diesen drei Gruppen nicht unterbringen lassen, mithin anderer Erklärung bedürfen.

Klinisch stehen je nach Sitz und Ausdehnung der Gewebeschäden wechselnde Erscheinungen von seiten des Nervensystems, ganz besonders des zentralen im Vordergrund: Man bekommt Krankheitsbilder zu sehen, die an multiple Sklerose (P. HILPERT u. a.), progressive Paralyse, akute Myelitis, Apoplexie u. a. m. gemahnen (E. BECKER, SCHWERIN, A. H. HÜBNER u a.). Im Falle PINÉAS, in welchem der Tod nach 30 Tagen erfolgte, hatten sich Anzeichen der KLEISTschen „psychomotorischen Apraxie" eingestellt. Man fand Lochbildungen im Putamen beiderseits, ferner doppelseitige symmetrische Pallidumerweichung. GRINKER (s. auch STENGEL) schildert psychisch - nervöse Zustände, die drei Wochen nach stattgehabter Vergiftung einsetzten und kurz vor dem zwei Monate später erfolgten Tod im PARKINSONschen Symptomenkomplex ausklangen. Es ergab sich eine doppelseitige pallidäre Nekrose und ausgedehnte Degeneration des subkortikalen Großhirnmarklagers mit starker Gliazellwucherung und auffallender Gefäßerweiterung. Ähnliche Veränderungen sah MERGUET bei einer 62jährigen Person, bei welcher nach anfänglicher Erholung in der 4. Woche schlagartig geistige Verwirrung und unwillkürliche Bewegungen in Erscheinung traten. Gewöhnlich erschöpft sich der Befund in Erweichungen und Narbenbildung (ZANGGER), Zysten, Verwachsungen der Häute mit der Hirnsubstanz, Sklerose im Kleinhirn (A. MEYER: nach 16 Jahren).

Von besonderem Belang sind derartige Fälle, wie A. CRAMER einen veröffentlichte. Hier muß man von echter multipler Sklerose sprechen, welche sich im Laufe von 4 Wochen entwickelt hatte: „Die weiße Substanz war eigentümlich zäh und derb, in der Rinde die Fasern fleckweise stark gelichtet und ausgefallen, an ihrer Stelle reichlich Fettkörnchenkugeln"; dazu atrophische und zerklüftete Ganglienzellen, im Mark umschriebene Spinnenzellenwucherung. Es wird ausdrücklich angegeben, daß die Verstorbene vor der Vergiftung völlig gesund gewesen war. Im Falle P. Hilpert werden die mächtigen endarteriitischen Vorgänge, die Infiltrate hervorgehoben. L. Lewin und Mitarbeiter sprechen nur von „höchstwahrscheinlichem" ursächlichen Zusammenhang der beobachteten multiplen Sklerose mit Kohlenoxydaufnahme.

Als Nachkrankheit kann ferner unaufhaltsam fortschreitende, auf fettigen und hyalinen Faserzerfall zurückzuführende Muskelatrophie in Erscheinung treten (Knapp, Morawski, v. Soelder u. a.). Die Vermutung einer Erstgefäßerkrankung wird angedeutet, jedoch ist die Möglichkeit vorhergehender Nervenschädigung nicht ganz von der Hand zu weisen, um so mehr, als Polyneuritiden nicht gar so selten als Restzustände der Vergiftung zurückbleiben (F. Leppmann: Späterscheinungen von Lähmung. Ausführliche Darstellung der Kohlenoxydneuritis s. bei Kockel, Mankowsky u. a.). Dreyfuss gibt als einziger Schwund der Handknochen an.

K. Lindemann spricht von einer auf doppelseitiger Sehnervenatrophie beruhenden Erblindung. Der Optikusdegeneration war eine Entzündung mit mächtigem Ödem und ungeheurer venöser Stauung im Sehnervenkopf vorangegangen.

Kruppöse Vorgänge im Rachen wurden angeblich beobachtet. Schwere Lungenerscheinungen sind — vor allem beim Tier — verhältnismäßig häufig und sollen nach der Anschauung von Zangger nicht nur durch Aspiration und Blutungen, sondern wahrscheinlich auch durch Gefäßschädigung bedingt sein.

Ein ursächlicher Zusammenhang zwischen Kohlenoxydeinwirkung und der als Wirkungsfolge von L. Lewin und Mitarbeitern angegebenen Leberzirrhose dürfte mehr als zweifelhaft sein.

Chronische Vergiftung.

Die Frage um das Vorkommen echter chronischer (z. B. bei Heizern, Gasarbeitern usw. auftretender), nicht mit den Nachkrankheiten zu verwechselnder Kohlenoxydvergiftung ist umstritten und wird außer von L. Lewin, der sich als erster für eine solche einsetzte, nur noch von wenigen (Egdahl, Grassberger und Mitarbeiter, J. Löwy, A. Müller, Steward) im einschränkungslos bejahenden Sinne beantwortet. Forbes, Heubner, Haldane u. a. lehnen die Möglichkeit chronischer Vergiftung mit aller Entschiedenheit ab. Die Bemühungen, ein dieser zukommendes klares Krankheitsbild herauszuarbeiten, waren bis jetzt wenig erfolgreich. Von den Befürwortern der chronischen Vergiftung werden als Krankheitszeichen aufgezählt: Kopfschmerzen, Schwindelgefühl (nach den Ausführungen von Zangger stehen nervöse Erscheinungen unbestimmter Art im Vordergrund), Ernährungsstörungen, kurzum, schlechtes Allgemeinbefinden, wie es sich meines Erachtens bei jedem Erschöpfungszustand einstellen kann.

L. Lewin sieht den für die Erkrankung entscheidenden Umstand in einer funktionellen Kumulation, d. h. in Summation aller einzelnen, an sich unwirksamen kleinen Blutverschlechterungen und einer dadurch minderwertig gewordenen Gewebsernährung, bei welcher giftige Stoffwechselprodukte entstehen. Diese sollen z. B. in der Lunge gleicherweise Pneumonien hervorrufen können wie die Gifte, welche als solche in die Atmungswege eindringen. Tierversuche (Bock) ergaben weder einheitliche Krankheitsbilder noch anatomische Befunde.

Nach Angaben von L. Lewin wären knötchen- und bläschenförmige, blutfleckige, auch geschwürige Hauterscheinungen bei dem in Frage kommenden Personenkreis auf chronische Kohlenoxydvergiftung zu beziehen. A. Müller berichtet von Querfurchenbildung an den Fingernägeln.

Egdahl will gewisse Blutveränderungen wie Steigerung der Erythrozytenzahl und Hämoglobinmenge mit langdauernder Einwirkung von Kohlenoxyd in ursächlichen Zusammenhang bringen. Im Gegensatz dazu spricht KORÉN (s. auch BECK and FORT, E. GRAWITZ, L. HIRT, A. MÜLLER, MUSSO u. a.) von fortschreitender, schließlich zum Bilde der perniziösen Anämie führender Blutarmut. Der Kranke ist dann kenntlich an seiner fahlen, auch ins Blaugraue oder leicht Gelbliche spielenden Hautfarbe (BECK and FORT).

POHLISCH äußert sich vorsichtig, daß im Hinblick auf die Blutbefunde in Verbindung mit Parästhesien, vasomotorisch-trophischen und und gastritischen Störungen eine schleichende chronische Vergiftung nicht ganz von der Hand zu weisen wäre. Eine solche schädigt angeblich auch den Halteapparat der Zähne, so daß oft völlig gesunde Zähne ausfallen (K. F. HOFFMANN).

<h3 style="text-align:center">Anhang: Azetylen (Narzylen), Karbid.</h3>

<h3 style="text-align:center">a) Azetylen.</h3>

Das im Leuchtgas vorkommende und bei seiner unvollkommenen Verbrennung entstehende Azetylen gilt allgemein als ungiftig für den Menschen. Jedoch berichtet HOLTZMANN von einem mit Azetylensauerstoff arbeitenden Schweißer, der, akut erkrankt, nach 4tägiger Krankheitsdauer bei der Sektion beginnende Pneumonie und symmetrische Erweichungen und Blutungen im Gehirn aufwies.

Der ursächliche Zusammenhang der Organveränderungen mit Azetylenwirkung scheint nicht unbedingt gesichert. Die Befunde lassen an Kohlenoxydvergiftung denken.

<h3 style="text-align:center">b) Narzylen.</h3>

Unter normalen Verhältnissen und bei Anwendung der in der Klinik gewöhnlich benutzten Mengen dürfte das als Betäubungsmittel dienende Narzylen (gereinigtes Azetylen) keinerlei Organschäden setzen. Es verhält sich wie ein indifferentes Gas.

Die einzelnen Tierarten antworten auf das Betäubungsmittel sehr verschieden. Ließ man Narzylen in Konzentration von $70-80\,^0/_0$ auf Affen und Hunde zu wiederholten Malen einwirken (schuf also Bedingungen, wie sie therapeutisch niemals in Frage kommen), so fand sich — im Gegensatz zum Verhalten des Kohlehydratstoffwechsels unter Chloroformeinfluß — ein zuweilen außerordentlich hoher Glykogengehalt der Leber. Ein sicherer Beweis für Schädigungen von Leberleistungen war nicht zu erbringen. Die mitunter vorhandene Fettspeicherung in den Sternzellen ist als Folge narkotischer Zustände überhaupt anzusehen.

Nach den Angaben der Untersucher W. SCHMITT und LETTERER wachsen und entwickeln sich sehr junge Hunde unter Einfluß des Narkotikums schneller. Die Berichterstatter weisen auch auf das von WEBER festgestellte Frühtreiben der Pflanzen hin.

<h3 style="text-align:center">c) Karbid (Azetylen + Wasser).</h3>

Ein Todesfall durch perorale Aufnahme von Kalziumkarbid wurde von LÜHRIG mitgeteilt. Die ausgeatmete Luft des Vergifteten roch nach Azetylen. Der pathologisch-anatomische Befund glich dem nach Einwirkung von Kohlenoxyd (s. oben).

<h2 style="text-align:center">19. Blausäure.</h2>

Die im Tier- und Pflanzenreich frei oder in Glykosiden vorkommende Blausäure wirkt von allen Giften am unfehlbarsten und am schnellsten: Nach großen Gaben erfolgt der Tod nahezu $100\,^0/_0$ig und blitzartig unter krampfähnlichen Zuckungen und Atemlähmung (fulminante, apoplektische Vergiftungsform). Der Sektionsbefund bietet bei derartigem Vergiftungsablauf außer dem kennzeichnenden Geruch nichts Nennenswertes. Ist nach einer Stunde die Atmung noch in Gang, so kann im allgemeinen die Voraussage bezüglich Heilung als günstig bezeichnet werden.

Nur in den seltensten Fällen handelt es sich um Vergiftung durch freie Blausäure, in der Regel kommen die Wirkungen ihrer Salze in Frage. Diese sind leicht zersetzlich: Aus ihnen wird schon durch die Kohlensäure der Luft Blausäure ausgetrieben. Zyanidvergiftungen sind überall da häufig, wo Gold gewonnen und verarbeitet wird (H. Fühner).

Anläßlich eines von W. Ernst veröffentlichten Falles einer „langsam verlaufenden akuten peroralen Zyankaliumvergiftung" entspann sich ein Meinungsstreit mit Raestrup und W. Glaser über die Möglichkeit eines verzögerten Vergiftungsablaufes, der sich im Falle Ernst über 12 Tage erstreckt haben soll. Der in Frage stehende 29jährige Epileptiker, welcher „vermutlich" eine geringe Zyankaliummenge eingenommen hatte, erkrankte „am 12. Tage" unter Erbrechen, Leibschmerzen, Krämpfen, Benommenheit. Ein Vergiftungsverdacht tauchte überhaupt erst während der Sektion auf im Hinblick auf den anatomischen und chemischen Befund. Ernst gibt selbst zu, daß eine nicht innerhalb Minuten zu Tode führende Zyankaliumvergiftung eine außerordentliche Seltenheit sei. In den bisher bekannt gewordenen Fällen waren 1½ Tage die größte Spanne zwischen Gifteinnahme und Tod. (Es wird angegeben von Wachholz: Vergiftung mit Kirschlorbeerwasser, Tod nach 6 Stunden; von Raestrup: kutane Schädigung mit Zyankalium, Tod nach 5 Stunden; von Husemann: Tod nach 36 Stunden). Nach dem Urteil von Raestrup sprachen im Falle Ernst die klinischen Erscheinungen, die Organbefunde, der noch vorhandene Blausäuregeruch im Magen dafür, daß eine etwa 1½ Stunden nach Zufuhr des Giftes mit dem Tode endende Vergiftung vorgelegen haben mußte.

Tierversuche (W. Glaser) lehren, daß nicht so sehr der Ort der Giftzufuhr für Ausgang und Dauer der Vergiftung bedeutungsvoll ist, als vielmehr die wirksame Giftmenge (Konzentration) und die Einwirkungszeit. Wahrscheinlich greift das Gift Atem- und Kreislaufszentren gleichzeitig und in annähernd gleicher Weise an (Belky).

Das als „innere Erstickung" bezeichnete Wesen der Vergiftung ist in gewebevernichtender Stoffwechselstörung zu suchen: nach heutiger Anschauung genügen kleinste Blausäuremengen, um die chemischen Vorgänge im Zellplasma aufzuhalten (Ewald, Geppert), d. h. die für die innere Atmung lebensnotwendigen oxydativen Fermente lahmzulegen (Raubitschek: Ausbleiben der Oxydasereaktion). Damit wird die Zelle unfähig, den herangebrachten Sauerstoff zu verwenden, dieser verbleibt dem „arteriell" hellrot beschaffenen venösen Blut. Die Tatsache, daß letzteres außerhalb des Körpers den in normaler Menge vorhandenen Sauerstoff mit Leichtigkeit abgibt, weist von vornherein auf regelwidrige Leistungen im Körpergewebe hin.

Der augenblickliche Eintritt der ersten Vergiftungsmerkmale und die etwaige schnelle Wiedererholung des Betroffenen sind bezeichnend für die Geschwindigkeit, mit welcher die Giftaufnahme und -ausscheidung vor sich geht. Vermutlich wird das Gift zum größten Teil durch Lunge und Haut aus dem Körper entfernt, während eine geringe Blausäuremenge in unschädliche Rhodanverbindungen (Rhodanwasserstoffsäure) übergeführt und mit dem Harn ausgeschieden wird (S. Lang). Entgegen der Behauptung, daß der Atem der Vergifteten nach Blausäure rieche, konnte Rambousek bei seinen intravenös gespritzten Kaninchen keine Spur von Blausäure in der ausgeatmeten Luft nachweisen.

Dauernde Gesundheitsschädigungen oder Spätfolgen nach akuter Vergiftung werden — im Gegensatz zur Kohlenoxydvergiftung — nicht beobachtet. Über das Vorkommen „chronischer" Vergiftungen in gewerblichen Betrieben (Galvanisieranstalten usw.) sind die Ansichten geteilt (H. Fühner,

KOELSCH). Bei der von KORITSCHONER beschriebenen „chronischen Blausäure-intoxikation" dürfte es sich um Überempfindlichkeit einzelner Tuberkulöser, welche das Gas zu Heilzwecken einatmeten, gehandelt haben.

Die praktisch wichtigsten Verbindungen Zyankalium bzw. Zyannatrium müssen unter dem Gesichtspunkt betrachtet werden, daß ihre Giftwirkung eine doppelte ist: Zu dem Einfluß der sich im Magen abspaltenden und hier auch in die Gewebe übergehenden Blausäure (MELTZER) tritt die Ätzwirkung des Kaliums bzw. Natriums, so daß die Magenveränderungen unter Umständen weitgehende Ähnlichkeit mit den Befunden bei Laugenvergiftungen aufweisen können (KUHLMEY, MERKEL [dieses Handbuch Bd. 4/1]).

In einem (von mir im Krankenhaus am Urban, Berlin obduzierten) Fall von Zyan-kaliumvergiftung, welcher jedoch weder der Vorgeschichte noch dem pathologisch-anato-mischen Befund nach ursächlich als durchaus gesichert bezeichnet werden konnte, fand sich die Leiche am 5. Tage nach Todeseintritt (trotz warmer Witterung!) noch in außer-ordentlich gutem Zustand: Nennenswerte Fäulniserscheinungen waren überhaupt nicht vorhanden.

Bezüglich der — von vielen Untersuchern als merkmalsmäßig wertvoll angesprochenen — Farbe der Totenflecke bestehen Meinungsverschieden-heiten. Nach den Ausführungen von M. RICHTER (ähnlich auch KRATTER) darf der Einfluß von Temperatur (Kältewirkung!) und Sauerstoffgehalt der Umgebung (nachträgliche Oxydation!) nicht unterschätzt werden. Ein — weder durch einwandfreie Kasuistik, noch durch die theoretischen Betrachtungen über das Wesen der Zyanvergiftung genügend gestützter — ursächlicher Zu-sammenhang zwischen Blausäurewirkung und hellroter Farbe ist nur dann anzunehmen, wenn die Totenflecke am ganzen Körper die gleiche Beschaffen-heit zeigen. VÖLCKERS sagt sogar, ihr Farbton weiche überhaupt nicht von dem gewöhnlichen blauvioletten ab; anderenfalls habe die Leiche „geschwitzt".

Neueste Untersuchungen von LAVES (über den Einfluß von Blausäuredämpfen auf die Farbe der Totenflecke) ergaben, daß die Haut nach dem Tode für Gase durchgängig wird, somit, da normalerweise ein Gasaustausch zwischen der Körperoberfläche und der umge-benden Luft stattfindet, Sauerstoff in die Leiche eindringen muß. Dieser Sauerstoffdiffusion steht ein Verbrauch des Gases durch die Gewebe gegenüber, so daß die Farbe der Totenflecke als Indikator für den Gehalt des Blutes an Oxyhämoglobin betrachtet werden kann und sich demgemäß eine Abhängigkeit des Farbtons von Sauerstoffverbrauch und -Nachschub aus der Luft ergibt. Daher werden durch Einatmung gasförmiger Blausäure Vergiftete, sofern sie in den vergasten Räumen liegen bleiben, möglicherweise die kennzeichnenden hellroten Flecke darbieten. Bei peroraler Vergiftung liegen die Verhältnisse anders: Jetzt besteht ein Diffusionsgefälle der Blausäure vom Körperinnern in Richtung gegen die umge-bende Luft (Geruch nach Bittermandelöl im Aufbewahrungsraum).

In den (an Mensch und Tier vorgenommenen) Prüfungen von W. SCHÜTZE ergab sich bei hoher Blausäurekonzentration Aufnahme des Giftes durch die unversehrte Haut, welche beim Menschen in Blutungen und hellroter Mar-morierung der Körperdecken offenbar wird, sich beim Tier tödlich äußert.

Die Pupillen werden als weit (s. Allgemeines!), die Augäpfel als vor-springend bezeichnet (STRÜMPELL).

Im Falle BEIN (schwere Leberschädigung!) wurde hochgradiger Ikterus beobachtet.

Bei längerer (meist gewerblicher) Blausäureeinwirkung (Zyklondämpfe) treten — neben ödematöser Schwellung der äußeren Geschlechtsteile — quaddelartige Hautausschläge, krätzeartige Ekzeme, juckende Knötchen, Bläschen u. a. m. auf (KOELSCH, SELIGMANN); Blutungen sind selten. Eine von KOELSCH als „Acne rosacea" bezeichnete Hauterkrankung soll sich nach „chronischer" Vergiftung einstellen. Es handelt sich dabei — wie die histolo-gischen Bilder erkennen lassen — um angioneurotische Entzündungen, vermut-lich zufolge Wirkung auf das Vasomotorenzentrum.

Die in Hautausschlägen, Follikultitis usw. ihren Ausdruck findende Wirkung des blausäurehaltigen Knallquecksilbers (Koelsch) ist — zumal sich des öfteren auch Stomatitis einstellt — mit Wahrscheinlichkeit dem Quecksilberbestandteil zuzuschreiben.

Bei der Leichenöffnung entströmt den Körperhöhlen (Gehirn, Magen) in der Regel Bittermandelgeruch. Das Venensystem, vor allem die Jugularvenen (E. Ziemke), aber auch die kleinen Gefäße in Netz und Gekröse (W. Ernst) sind außerordentlich stark gefüllt; Preyer weist (im Tierversuch) auf die Erweiterung des förmlich blutüberladenen rechten Herzens hin (Ähnlichkeit mit Schwefelwasserstoffwirkung!). Die serösen Häute sind mit zahlreichen kleinen und größeren Blutungen bedeckt.

Das Blut ist gewöhnlich — bei plötzlich erfolgtem Tod auch im Herzen — flüssig (hypinotisch)[1], seine Farbe (s. Totenflecke!) wechselnd: Hellkirschrot wohl nur bei frühzeitig geöffneten Leichen und auch nur dann, wenn das Blut reich an Zyanhämoglobin war (Völckers und Koopmann). M. Richter, desgleichen F. Strassmann und Kirsteiner, Geppert schildern die von der Sauerstoffmenge usw. abhängige Blutfarbe als schwankend zwischen hell- und dunkelrot (s. auch Harnack und Hildebrandt).

Über das Verhalten des Blutbildes ist zu sagen, daß die Erythrozyten nach Gaseinatmung in Stechapfelformen übergehen, schließlich völlig zerstört werden. Bein beobachtete Leukozytose mit Linksverschiebung. Bei „chronischer" (gewerblicher) Gifteinwirkung findet man hohe Hämoglobinwerte zufolge Erythrozytenvermehrung, ferner Lymphozytose, Zunahme der reifen und der jugendlichen basophilen (etwaig auch eosinophilen) Leukozyten (Hasselmann).

Die klinischen Erscheinungen bei reinem Blausäuretod lassen anatomische Schäden im Zentralnervensystem vermuten. Hier fallen Ödem, stärkste venöse Stauung mit subduralen und pialen Blutungen (auch am Rückenmark: Bein) als erstes in die Augen. Häufig finden sich kleinste bis mohnkorngroße (perivaskuläre) Blutaustritte und Erweichungen, welche herdförmig, gelegentlich symmetrisch, vor allem im Linsenkern auftreten und in ihrer Anordnung an die Befunde bei Kohlenoxydvergiftung und bei Wilsonscher Krankheit gemahnen, so daß hier wie dort an besonders hohe Giftempfindlichkeit bestimmter Linsenkernteile bzw. der in ihnen verlaufenden Gefäße gedacht werden muß (Schmorl). Daneben werden erwähnt: Beginnende „Entzündung" in Pallidum, Mark, Medulla oblongata (Edelmann), akute Erkrankung der Ganglienzellen (Nissl), kleinste „hyalin thrombosierte" Gefäße als Mittelpunkte von Blutungen und — seltener — hellen Zonen.

Chronisch vergiftete, unter den Zeichen atrophischer Lähmung zugrunde gehende Tiere lassen im gesamten Brust- und Lendenmark Schädigung der Vorderhornzellen erkennen: Chromatolyse, Vakuolenbildung, Schrumpfung, Auflösung des Protoplasmas (Collins and Martland, Messerle).

„Degeneration" der peripherischen Nerven zählt Messerle bei seinen Kaninchen auf. Collins and Martland schildern die betroffenen Muskeläste und sensiblen Hautzweige als gerötet und geschwollen zufolge Blutungen und Rundzellanhäufung in der Nervenscheide.

Die kleineren Gefäße des Gehirns sprechen schon binnen kurzem mit Verfettung und Verkalkung auf die Giftwirkung an (Schmorl). Hyaline — jedoch nie bis zum Durchbruch führende — Wandquellung und intramurale Leukozytenansammlung hebt Edelmann an den zur Thrombenentwicklung neigenden Gefäßen hervor. In den adventitiellen Räumen sind stellenweise Abraumzellen zu sehen.

---

[1] In dem oben erwähnten, von mir obduzierten Fall fraglicher Zyankaliumvergiftung fand sich (am 5. Tage nach Todeseintritt!) das gesamte Blut in völlig flüssigem Zustand.

Das Herz wird als allerstärkst erweitert und muskelschlaff beschrieben.

Die blutüberfüllte Schleimhaut der Luftwege, die nach Gaseinwirkung in den oberen Abschnitten mit grünlich-glasigem, fadenziehendem Schleim bedeckt sein kann, weist gelegentlich kleinste Blutungen auf. Die Lunge ist ödematös, blutreich, zeigt mehr oder minder reichlich Parenchymblutungen.

Wird peroral einverleibtes Zyankalium in der Säure des Magensaftes schnell gelöst und der sich bildende Zyanwasserstoff sofort wirksam, so treten die laugenhaften Eigenschaften des Giftes vor den Allgemeinerscheinungen der inneren Erstickung in den Hintergrund. Anders bei vorherrschender Alkaliwirkung: Dann quillt die gewulstete Magenschleimhaut sammetartig auf, bekommt seifig-schlüpfrig-schleimige, auf Faltenhöhe durchscheinende Beschaffenheit (s. Laugenvergiftung). Im allgemeinen gehören auffallend rote bis bläulich- oder schwarzrote Gefäßzeichnung, Gewebsdurchtränkung mit dem zu Cyanmethämoglobin umgewandelten Blutfarbstoff, vermehrte Schleimbildung, kleine Blutaustritte und geringfügige Infiltrate zum anatomischen Bilde der Zyankaliumvergiftung. Oberflächliche grauweißliche oder trübgelbe Ätzstellen und Schleimhautabschürfungen (Erosionen), wie sie z. B. A. Lesser nach Einwirken von Rhodankalium sah, treten so selten auf, daß sie merkmalsmäßig keine Rolle spielen.

Alle genannten, in der Mehrzahl der Fälle auf den Magen beschränkten Veränderungen befallen gelegentlich auch einmal größere Abschnitte des Verdauungschlauches, d. h. sie erstrecken sich vom Schlund abwärts bis in den Zwölffingerdarm (Stoermer), ja, bis in den Dickdarm (W. Ernst). A. Lesser sah auch Ätzwunden an der Zunge. Die Innenhaut der Speiseröhre zeigt für gewöhnlich nur ödematöse Epithelquellung und -lockerung. Befunde am Dünndarm (flache, gallig durchtränkte Schleimhautnekrosen), wie sie Abb. 67 wiedergibt, sind offenbar ganz ungewöhnlich. Im Falle Ernst war die stark gerötete, sich in kleinen Fetzen ablösende Dickdarmschleimhaut mit zähen, glasartigen Schleimmassen bedeckt.

Der Mageninhalt kann außer nach Blausäure auch nach Ammoniak und Heringslake (Trimethylamin) riechen.

Abb. 67. Cyankaliumvergiftung. Oberflächliche Nekrosen im Jejunum. (Sammlung des pathol. Instituts am Urbankrankenhause, Berlin. Prof. M. Koch†.)

14*

Ausgedehnte, das Pankreasfettgewebe betreffende Blutungen fielen im Fall
E. Ziemke auf, in welchem der Tod zwei Stunden nach Genuß einer Handvoll
bitterer Mandeln eintrat.

Nichtssagende Angaben über Verfettung und Stauungsblutüberfüllung der
Leber sind des öfteren zu finden (Völckers und Koopmann). Eine von Bein
— aus nicht ersichtlichen Gründen — als „akute Atrophie" bezeichnete Leberveränderung, die sich angeblich innerhalb von 9 Tagen nach einer (bei Blau-
säurevergasung der Arbeitsstätte) erlittenen Vergiftung entwickelt hatte,
bestand in starker Schwellung, Gallenstauung, großtropfiger Verfettung und
interstitieller Hepatitis mit reichlicher Rundzellanhäufung, Erscheinungen, die
nicht in das anatomische Gesamtbild der Blausäurevergiftung hineingehören,
mithin wohl nicht auf die Giftwirkung als solche, sondern vielmehr auf vorher-
bestehende Erkrankung bezogen oder mit regelwidriger persönlicher Organ-
ansprechbarkeit (Glykogenarmut?) in ursächlichen Zusammenhang gebracht
werden müssen.

Auch die Niere war im Falle Bein stark geschwollen und verfettet, wies
zahlreiche Blutungen und Haufen von subkapsulär gelagerten Lymphozyten
auf. Exsudat in den Kapselräumen ließ auf entzündliche Reizung schließen.

Trotz verhältnismäßig schneller Giftausscheidung ist der Nachweis der
Blausäure noch tagelang (möglicherweise bis zu 3 Monaten) nach der Vergiftung
in Magen-Darm, Lunge, Leber, Herz, Gehirn möglich. Er ist nicht unbedingt
beweisend dafür, daß die Vergiftung während des Lebens stattgefunden hat,
da nach Untersuchungen von Dominicis in die Leiche hineingebrachte Blau-
säurepräparate sich schnell in deren Geweben ausbreiten. (S. auch Laves.)

20. Silicium.

Das in der Natur als Kieselsäure und als kieselsaure Salze weit verbreitet
vorkommende Silizium hat vom gewerbehygienischen Gesichtspunkt aus gewisse Bedeutung.

Die Wirkung der in Haut und Körper (durch Einatmung) bei Glimmer-
arbeitern eindringenden Kieselstaubteilchen ist — nach Ausführungen von
Helmann — eine chemische (toxikologische) und eine physikalische (Fremdkörperreiz). Das kolloidale Silikat ist als Zellgift aufzufassen, die abgelagerte Kiesel-
erde zerstört das Gewebe: Es kommt zur Bildung nekrotischer Herde mit kiesel-
staubspeichernden Freßzellen. (S. auch Schmidtmann und Lubarsch ds. Handb.
Bd. III/2).

Kogan-Jasny berichten über eine 21jährige, schwer anämische Glimmer-
zupferin, deren Blutbild durch Anisozytose gekennzeichnet war. Am Oberarm
und vielerorts sonst fanden sich in der Haut Pakete hirsekorngroßer, ketten-
förmig angeordneter Knötchen: derbe, rundliche Gebilde mit kleinen Zysten,
die sich mikroskopisch als Granulome mit fremdartigen, vielkernigen Riesenzellen erwiesen, Befunde, wie wir sie ähnlich von Paraffingranulomen her kennen.
Andere Arbeiterinnen zeigten ähnliche Hauterscheinungen.

Chemischer Nachweis (des Kieselfluornatriums) s. bei Schiske.

21. Bor.

Bor findet sich in der Natur als Borsäure und deren Salze (Borax = borsaures
Natrium). Die schwache, wenig sauer reagierende Borsäure erweist sich selbst
in konzentrierter Lösung nicht als eiweißfällend, übt mithin keinen nennenswerten örtlichen Reiz aus. Schwerwiegender ist ihre Allgemeinwirkung, die
mit Aufsaugung größerer Mengen sehr bald einsetzt. Nach dem Ausfall von
Tierversuchen (Negri) kann ihre Giftwirkung als etwa doppelt so stark geschätzt werden denn die des Äthylalkohols.

Für den Übertritt des Giftes in die Säftebahn kommen in erster Reihe Schleimhäute und Wundflächen in Frage (Erkrankung nach Spülung seröser Höhlen, der Harnblase, des Mastdarms usw.). Sogar die Borsalbenwundbehandlung ist — wie der Fall Döpfer lehrt — nicht gefahrlos: Gab sie doch Anlaß zum Tode eines Kindes. Harnack, der sich gutachtlich zu diesem Fall zu äußern hatte, betonte die Bedeutung der Stoffeinverleibungsstelle für Zustandekommen und Ablauf einer Vergiftung überhaupt: In dem Augenblick, in welchem einem Stoff die Möglichkeit gegeben ist, in die Gewebe einzudringen, kann er — Körperfremdheit und Unzerstörbarkeit vorausgesetzt — zum Gift werden (s. auch S. 2).

Über tödlich endende Vergiftungsfälle ist zu wiederholten Malen berichtet worden (Bazin, Best, Birch, Mc. Nally and Rust, Robinson u. a.). Als Vergiftungserscheinungen sind Magen - Darmstörungen, Erregungszustände, Benommenheit zu nennen. Zangger weist auf die Auslösung einer gewissen Blutungsbereitschaft hin (Einnahme von Borax zu Abtreibungszwecken!). Der Tod erfolgt im Kollaps. Beim Tier glaubt man die letzte Todesursache in aufsteigender zentraler Lähmung zu sehen.

Die Wirkungsweise der Borsäure im Körper ist uns so gut wie unbekannt. Nach Angaben von Nally and Rust sollen Gehirn und Leber am meisten Borsäure speichern. Die — sehr langsame — Ausscheidung des Stoffes erfolgt mit Harn, Speichel, Kot, Milch usw.

Chronische Vergiftungen — sofern man sie als solche bezeichnen mag — kommen durch tägliche Einnahmen kleiner, zur Nahrungsmittelerhaltung gebrauchter Borsäuremengen zustande. Sie äußern sich lediglich in Ernährungsstörungen (Poulsson: Geringe Ausnutzung der Nahrung im Darm!), die bei längerer Dauer Blutarmut und Entkräftung mit sich bringen können. Wie Starkenstein meint, ist die festzustellende Gewichtsabnahme wahrscheinlich auf größere Inanspruchnahme des Fettes unter dem Einfluß der Säure zurückzuführen.

Als wesentlichstes Merkmal der Allgemeinvergiftung treten uns vielgestaltige Hauterkrankungen entgegen: Erytheme, Urtikaria, Petechien, Dermatitiden, Psoriasis (borica) wurden beschrieben, ferner scharlachartige, hämorrhagische, papulöse und pustulöse Exantheme (Döpfer, Molodenkow u. a.). Bei Evans findet sich eine Mitteilung über Haarausfall, welcher mit innerlicher Zystitisbehandlung einsetzte und bis zu völliger Kahlheit führte.

L. Lewin weiß von „Degeneration der Fingernägel und Nagelbettentzündung" zu berichten.

In den Körperhöhlen zeigt sich die Blutungsneigung an kleinen Blutaustritten in den serösen Häuten. J. Neumann konnte durch Einspritzung einer Borsäurelösung in den Bauchraum bei seinen Kaninchen Peritonitis erzeugen.

Die unmittelbar ausgelösten Veränderungen am Verdauungsschlauch sind gemäß der wenig reizenden Natur des Giftes unbedeutende. Evans sah bei peroraler Darreichung nur Speicheldrüsenschwellung, Brose stellte nach äußerlicher Wundbehandlung Erosionen in der Magenschleimhaut fest. Demzufolge wäre an Ausscheidung des Giftes in den Magen zu denken. Der Magen-Darmkanal des Tieres antwortet auf Borsäurebenetzung mit Entzündungserscheinungen (J. Neumann).

Die Leber soll verfettet und dementsprechend vergrößert sein.

Über das gewebliche Verhalten der Niere ist in den vorliegenden autoptischen Berichten nichts zu lesen; in einigen Arbeiten findet sich klinischerseits Hämaturie erwähnt.

C. Säuren und Alkalien.

Toxikologisch bedeutsam werden Säuren (ausschließlich der in Wasser unlöslichen, für den Körper unschädlichen höheren Fettsäuren!) und Alkalien zuvörderst in ihrer Eigenschaft als Ätzgifte, welche die verschiedenen Bilder der Haut- und Schleimhautverätzung in der reinsten und ausgeprägtesten Form hervorrufen. (Zusammenstellung der Magenverätzungen s. bei Merkel: Dieses Handbuch Bd. 4/1).

Die plasmazerstörende Natur der Säuren beruht auf ihrem Wasseranziehungsvermögen und auf der Abspaltung von Wasserstoffionen: Das normalerweise alkalisch reagierende Protoplasma geht zugrunde in dem Augenblick, wo die Alkaleszenz unter eine bestimmte Grenze sinkt. Es kommt also die sog. graue Säureverätzung — deren Stärke mit der Dauer der Säureeinwirkung, bis zur Erschöpfung der Ätzkraft zunimmt — durch primäre Eiweißfällung (Koagulationsnekrose) zustande. Die Schleimhaut, insbesondere ihr epithelialer Überzug, erscheint dann — im Gegensatz zu der Dunkelfärbung nach Berührung mit Alkalien — weißgrau, trübe, starr, wie gekocht oder gegerbt. Handelte es sich um besonders stark wasserentziehende Säuren (etwa Schwefelsäure!), so wird die Schleimhaut brüchig, beim Auseinanderziehen der Magenwand bilden sich Risse und Spalten, der Schorf blättert ab. Dieser kann auch bei Überschuß an Ätzflüssigkeit zerfallen. Anders und mehr an Laugenwirkung gemahnend gestaltet sich von vornherein das Bild, wenn die im Überschuß vorhandene Säure das Eiweiß wieder löst.

Die wassergierigen Ätzalkalien, deren Wirksamkeit von den Hydroxylionen abhängt, neutralisieren alle Säuren, verseifen Fette und bilden mit Eiweiß lösliche, gallertartige Albuminate. Da sie auch verhorntes Gewebe lösen, leistet die Oberhaut nur kurze Zeit Widerstand: Das anfängliche Fehlen eines festen, trockenen, das Gift am Vordringen hindernden Ätzschorfes erklärt das Weiterschreiten der Gewebszerstörung in der Tiefe und am Rande des betroffenen Bezirkes, so daß dieser nach einigen Tagen zwei- bis dreimal so groß ist wie ursprünglich. Bei Luftzutritt trocknen die halbflüssigen Massen allmählich zu einem Schorf auf, unter welchem sich die Heilung — mit Hinterlassung beträchtlicher Narben — im allgemeinen recht langsam vollzieht.

Schleimhaut wird bei Berührung mit Alkalien (auch schon geringerer Konzentration) zufolge Bildung löslicher Alkalialbuminate glatt, weich, ist seifenartig anzufühlen, quillt unter Annahme eines dunkelrötlich-braunen Farbtons geleeartig und wirkt nach Aufhellung der anfangs trüben Schichten außerordentlich durchscheinend. Mit Vermehrung der Gewebedichtigkeit ist keine Zunahme der Brüchigkeit verbunden. F. Strassmann (ähnlich Haberda) betont jedoch, daß man die nach Verringerung der Alkaleszenz (durch Spülungen und Gegengiftgaben) einsetzende Ausfällung seifiger Alkalialbuminate nicht außer Acht lassen darf, da dann aus den abgestorbenen, grauweis - bräunlichen, breiartigen Massen bröcklige, trübbraune, den Säureschorfen gleichende Krusten entstehen. Deren Ablösung vollzieht sich — im Gegensatz zu den säurebedingten Ätzschorfen — hauptsächlich durch demarkierende, nicht selten von tiefen Geschwüren und flächenhafter, zum Durchbruch neigender Phlegmone gefolgte Entzündung.

Mit Anätzung der Gefäßwände (bzw. Eindringen des Giftes in die Gefäßlichtung) kommt es zu Blutungen (Blutbrechen!) und Hämoglobinumwandlung in der Magenwand, wodurch das Bild der frischen Säure- und Alkaliverätzung ein wesentlich anderes Aussehen erhält: Entweder gerinnt das Blut (etwaig schon innerhalb der Gefäße), oder es wird ausgelaugt und bildet saures bzw.

alkalisches Hämatin von brauner bis braunschwarzer, ja, schwarzer Farbe (irrtümliche Bezeichnung: „Verkohlung"); gelegentlich kann sich (durch Reduktion) leuchtend rotes Hämochromogen entwickeln.

Auch die reaktive Entzündung bei Weiterwirken des Ätzgiftes, die Abschmelzung oder mechanische Abstoßung größerer Schleimhautfetzen (F. Strassmann) verwischt mit der Zeit die im Beginn vorhandenen Eigenheiten der Verätzung.

Der feinere Bau der verätzten Gewebsteile ist zufolge der starken Zerstörung meist nicht mehr erkennbar. Fehlt die entzündliche Reaktion, so kann über den Zeitpunkt des Zerstörungsvorganges (ob intravital oder postmortal) nichts Sicheres ausgesagt werden.

An den obigen Ausführungen ist zu ersehen, daß die merkmalsmäßige Abgrenzung der Säure- gegen die Alkaliwirkung nicht immer gelingen dürfte, ganz abgesehen von den Fällen, deren Befunde nicht einmal zur Entscheidung der Frage genügen, ob überhaupt chemische Verätzung vorlag und nicht eine beliebige pseudomembranös-nekrotisierende Entzündung auf anderer Grundlage. Derartige Entzündungen können nach Sitz und Aussehen den Schleimhautveränderungen durch Verätzung so weitgehend gleichen, daß verschiedentlich Verwechslungen mit Soor, Diphtherie usw. vorgekommen sind (E. Fraenkel, A. Lesser, Maisel, C. Sternberg u. a.). Auch gedenke ich in diesem Zusammenhang eines (von mir früher veröffentlichten) Falles sog. Agranulozytose, der mit seinen gelbbraun-schmutzigen Belägen, Schorfen und Geschwüren in Rachen, Speiseröhre und Magen-Darm bei fehlender Vorgeschichte leichtlich zu diagnostischem Irrtum (etwa einer Chromsäureverätzung) hätte Anlaß geben können.

A. Lesser versuchte, die für differentialdiagnostische Zwecke wertvollen Teilbefunde bei Verätzung durch Mineralsäuren und Alkalien einerseits, durch Sublimat und Karbolsäure andererseits auf einen Nenner zu bringen. Während bei der ersten Gruppe Reizvorgänge und Gewebszerstörung (möglicherweise bis zu völliger Magenwandnekrose) das Bild beherrschen, stehen bei Sublimat- und Karbolsäurewirkung grauweiße und weiße, fast nie über die Unterschleimhaut hinausgreifende Verschorfungen im Vordergrunde; Schleimhautverluste oder blutige Durchtränkung der Schorfe fehlen auf der Frühstufe der Verätzung stets.

Die der Magenwand anliegenden Organe werden durch Diffundieren des Giftes häufig an den Ätzvorgängen beteiligt, wobei man nach Alkaliverätzung an Leber und Milz zwei Zonen unterscheiden kann: Eine äußere, hellrötlich schimmernde und eine tiefergelegene dunkelbraun-opake, welch letzere im mikroskopischen Bild einen leidlich erhaltenen Bau zeigt. Nach Durchdringung der Magenwand mit Säure (besonders mit Schwefelsäure) zeigen Milz, Zwerchfellkuppel, linker Leberlappen die kennzeichnenden Gerbungs- und Verhärtungserscheinungen, Gerinnung in den Blutgefäßen, Bildung sauren Hämatins und saure Gewebsreaktion.

Das Zustandekommen eines großen Teiles der beschriebenen Veränderungen wird in die Zeit nach Todeseintritt zu verlegen sein, denn die gewebezerstörende Wirkung der Ätzmittel ist gegenüber toter Magenschleimhaut viel stärker ausgesprochen als gegenüber der lebenden, so daß an der Leiche besonders gute Vorbedingungen z. B. für den Übertritt des Giftes in die Bauchhöhle gegeben sind (Harnack und Hildebrandt).

Einige Bemerkungen über die Allgemeinwirkung der Säuren und Alkalien mögen noch angeschlossen sein. Das Blut des Säurevergifteten wird während des Lebens niemals sauer, da der Mensch zufolge seiner Ernährungsweise darauf eingestellt ist, dauernd große Säuremengen unschädlich zu machen. Saure Blutreaktion in der Leiche ist mithin als postmortale Erscheinung zu werten. Versucht man beim Tiere, durch beständige Zufuhr von Säure die Gewebe damit zu übersättigen, so spricht lediglich der Pflanzenfresser an und stirbt unter den Zeichen der Atemnot und herabgesetzter Herztätigkeit.

In der überwiegenden Zahl der Fälle ist die Todesursache beim Menschen zwanglos auf die Verätzung des Verdauungsschlauches zurückzuführen. Das in ganz akut verlaufenden Fällen (Tod nach wenigen Stunden) zu beobachtende starke Sinken des Blutdrucks hängt mit der (offenbar reaktiven Erweiterung) der großen Unterleibsgefäße zusammen.

Glottisödem und andere Erkrankungen der Atmungswege infolge Aspiration oder Inhalation (flüchtiger Säuren) beschleunigen häufig den Eintritt des Todes, sind auch mitunter, vor allem bei Kindern, die einzige Todesursache.

Bei weiterem Krankheitsverlauf kann die Abstoßung von Ätzschorfen noch auf späten Krankheitsstufen Anlaß zu tödlicher Blutung werden.

Alkalien sowohl wie Säuren werden als Salze mit dem Urin ausgeschieden. Klinische Beobachtungen haben zu der — bisher nicht bewiesenen — Anschauung geführt, daß aufgesogene Alkali auch von der Schleimhaut der Gallenwege und der Bronchien (s. Ammoniak!) abgegeben werden.

Bei Säurevergiftung wird von vielen Seiten die sofort auffallende, oft hochgradige Totenstarre hervorgehoben, eine Erscheinung, die sich vielleicht erklären läßt durch säurebedingte vermehrte Myosinausscheidung und Muskelstarre (GEISSLER, MANNKOPF).

Nachkrankheiten bzw. Vergiftungsfolgen (Spätdurchbrüche, Narben, Schrumpfungen, Stenosen, chronisch atrophierende Gastritis usw.) finden ausführliche Berücksichtigung bei MERKEL (dieses Handbuch IV/1).

Differentialdiagnostische Zusammenstellung der Grundwirkung von Säuren und Alkalien.

Säuren.	Alkalien.
1. Eiweißfällung (Koagulationsnekrose am lebenden Gewebe).	1. Eiweißaufquellung und -verflüssigung (Kolliquationsnekrose am lebenden Gewebe).
2. Begrenzte Wirkung in Fläche und Tiefe.	2. Unbegrenzte Wirkung in Fläche und Tiefe.
3. Verhältnismäßig schnelles Abheilen der Gewebeschäden (mit Narbenbildung).	3. Überlanges Bestehen der Wunde (weil das Alkali sich nicht aufbraucht).
4. Braunschwarzfärbung des unmittelbar berührten Blutes (Bildung von saurem Hämatin).	4. Rubinrotfärbung des unmittelbar berührten Blutes (Bildung von alkalischem Hämatin).

Säuren.

a) Anorganische Säuren.

1. Salzsäure.

Zusammenfassung einschlägiger Arbeiten s. bei GEISSLER.

Die örtliche Wirkung der Salzsäure und die der Schwefelsäure ähneln sich unter Umständen so weitgehend, daß ihre merkmalsmäßige Abgrenzung gegeneinander zur Unmöglichkeit wird. Zu Fruchtabtreibungs- und Vergiftungszwecken wird (außer der chemisch reinen) vielfach die rohe, dunkelzitronengelbe, an der Luft rauchende Salzsäure des Handels benutzt, welche mit Arsen, Antimon, Eisen usw. verunreinigt sein kann. Besonders starke Ätzkraft wohnt dem Königswasser inne, da sich in ihm die Wirksamkeit von Salz- und Salpetersäure vereint.

Die tödliche Salzsäuregabe beträgt ungefähr 10 g. Doch tritt der Tod selten so schnell und unmittelbar ein, wie etwa bei Vergiftung mit Schwefelsäure oder

gar mit Zyankalium. Obwohl die Mehrzahl der Untersucher dazu neigt, die saure
Blutreaktion an der Leiche als Fäulniserscheinung anzusprechen, wird doch von

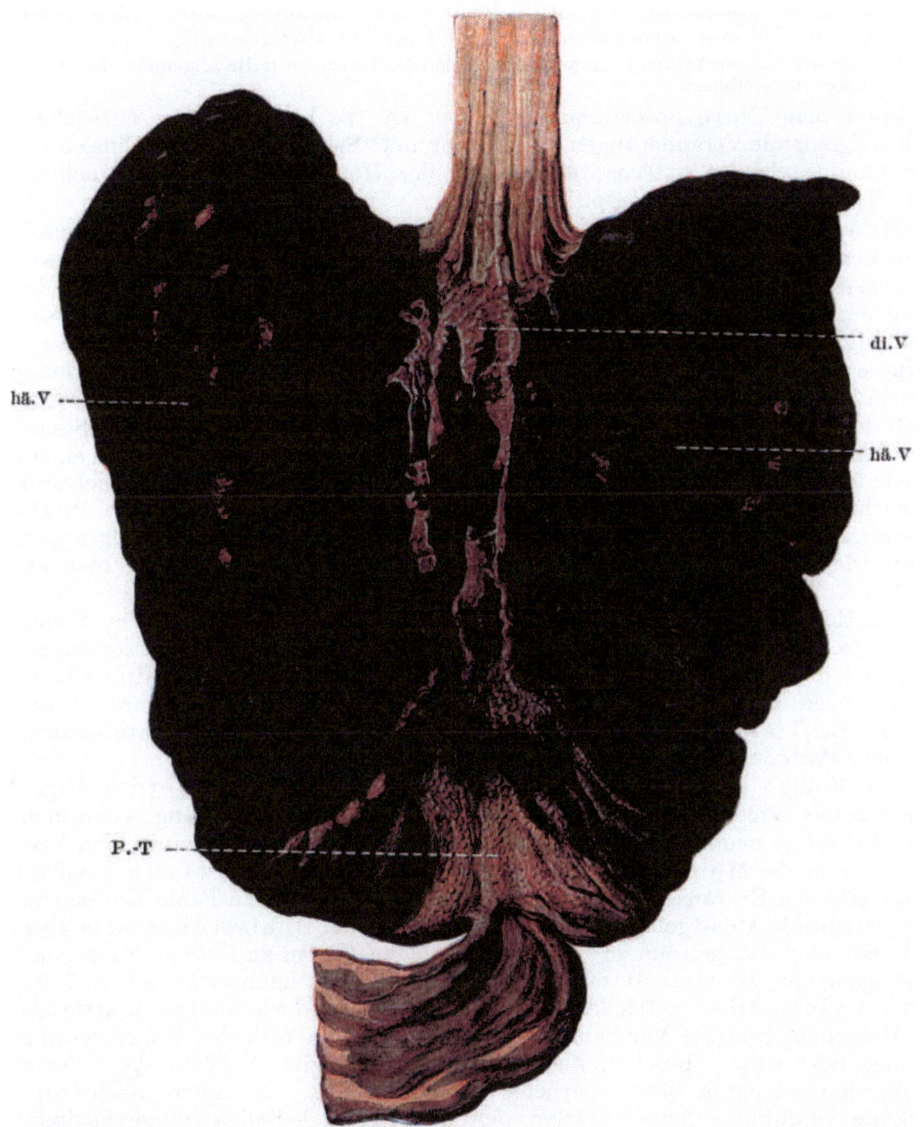

Abb. 68. Magen bei Verätzung durch konz. Salzsäure. (Sammlung des pathol. Instituts am Krankenhaus
Friedrichshain, Berlin. Prof. L. Pick). Weißliche Verätzung der Speiseröhre, hochgradige hämorrhagische Verschorfung der Magenschleimhaut.   hä.V hämorrhagische Verschorfung. P.-T Pylorustrichter. di.V diphtherische Verschorfung. (Abdruck aus H. Merkel: Die Magenverätzungen. In ds.
Handb. Bd. IV/1 S. 247).

einigen die Todesursache in Säuerung des Blutes und entsprechender Alkaliverarmung des Körpers gesucht (s. auch Schwefelsäurevergiftung!). So meint
Geissler, der während des Lebens schon vorhandene Azidismus sei zwar zu
gering, um ihn nachzuweisen, er könne aber trotzdem den Tod bedingen durch

Wirkung auf den Herzmuskel oder Behinderung der Sauerstoffatmung in den
alkaliberaubten Geweben, eine Behauptung, die von Tierversuchsergebnissen
gestützt zu werden scheint: Fand doch F. Walter, daß man ein salzsäure-
vergiftetes Tier noch auf der Stufe beginnender Lähmung durch intravenöse
Zufuhr von Natrium carbonicum vor dem Tode bewahren konnte.

Casper will das merkwürdig lange Frischbleiben der Leiche auf die allgemeine Säuerung
der Gewebe zurückführen.

Setzt man Tiere Salzsäuredämpfen aus (K. B. Lehmann), so entwickeln
sich tiefgreifende Veränderungen an der Kornea: Schrumpfung und Einziehung
der Lamina elastica externa, Abplattung der Hornhautkörperchen, Quellung
und Nekrose des äußeren Epithels.

Hautverätzungen sollen angeblich nicht vorkommen und ihr Fehlen soll
gegenüber Schwefelsäurevergiftung merkmalsmäßig verwertbar sein (Husemann,
A. Lesser u. a.). Jedoch spricht Tardieu von „eigentümlichen Flecken“ in der
Umgebung des Mundes, und Geissler hat in seiner Zusammenstellung der
Obduktionsbefunde nach Salzsäurevergiftung die zahlenmäßigen Unterlagen
dafür erbracht, daß Verätzungen, welche denen nach Schwefelsäureeinwirkung
ähneln können, an Haut und Lippen durchaus nicht selten sind. Die starke Ätzkraft der Salzsäure auf die Haut (und das darunterliegende Gewebe) wurde besonders deutlich an einem tödlich abgelaufenen Vergiftungsfall, in welchem bei einem
Kinde irrtümlicherweise eine Salzsäure- statt Kochsalzinfusion in die Bauchhaut
gemacht worden war: Die Haut am ganzen Unterleib, bis auf den Penis
übergreifend, zeigte sich hochgradig verätzt, die entsprechenden Muskelgruppen
nekrotisiert (mündliche Mitteilung von Dr. Weimann, Gerichtsärztliches Institut,
Berlin).

Die Einatmung der Dämpfe verursacht katarrhalische oder krupböse, etwaig
auch ulzerös-verschorfende, ja, sich bis zur Gangrän steigernde Entzündungsvorgänge in der Schleimhaut der gesamten Luftwege. Nasenscheidewand-
zerstörungen kommen vor (Forwood, O. Seifert). Hämoptoe wurde beobachtet. Bei Tieren nimmt die Lunge zufolge intrapulmonaler Hämatinbildung
braunen Farbton an (Kobert).

Der Einfluß konzentrierter Salzsäure auf die Gewebe des Verdauungsschlauches äußert sich im wesentlichen wie Schwefelsäurewirkung, wenn man
von den sofort nach Verschlucken der Salzsäure entstehenden grauweißen Verätzungen in der Mund-Rachenhöhle absieht, die unter Umständen bazillär-
diphtherischen Erkrankungen täuschend ähneln und somit zu Fehldiagnosen in
dieser Richtung Anlaß geben. Verätzungen fehlen in der Speiseröhre oft (s. aber
Abb. 68), sind dagegen um so häufiger am oberen Darm zu finden. Nach Ausführungen von Merkel ist es für viele Vergiftungen kennzeichnend, daß der
ganze Pylorustrichter flächenhaft gelbbräunliche, jedoch weniger kräftig als
die Umgebung gefärbte Verschorfungen aufweist. Diese fällt durch merkwürdig
körnige (kleieartige) Beschaffenheit auf. Trübung oder Nekrose der oberen
Schleimhautschichten sind spärlicher. Des öfteren, vor allem nach Einwirkung verdünnter Säure, spielen sich im Magen lediglich hämorrhagisch-
exsudative Vorgänge ab und zwar in streifiger, den Schleimhautfalten entsprechender Anordnung; oder man bekommt nur verstreute Blutungen im Zwischengewebe zu sehen, zum Teil mit beträchtlicher Verdickung der Magenwand.
Andererseits kommen aber auch erhebliche Korrosionen und Geschwürsbildungen
zustande (Fagerlund). Laut Angaben von Geissler soll Durchbruch in die
Bauchhöhle kein vereinzeltes Geschehnis sein.

Die Magenwandgefäße sind in der Regel stark erweitert und so prall mit
eingedicktem Blut bzw. mit Hämatinmassen gefüllt, daß selbst die kleinsten Äste
als schwarze Leisten hervorspringen. Ähnliche Bilder erhält man (zufolge Säure-

diffusion) an den Gekröse- und Netzgefäßen, ja, auch noch an entfernteren Teilen der Blutbahn. Beim Tiere lassen sich nach intravenöser Satzsäurezufuhr die gleichen Erscheinungen hervorrufen. Bei nicht völligem Stocken des Kreislaufs ist das Blut in der Umgebung des Magens dickflüssig, oft kirschrot.

Fälle von mehr oder weniger ausgedehnter Abhebung und Abstoßung der fetzigen Schleimhaut von Magen (LIEBMANN, E. ZIEMKE u. a.) und Speiseröhre (H. STRAUSS, VISCARRO u. a.) wurden verschiedentlich, nach einer, bis zum Jahre 1905 reichenden Zusammenstellung von GRAU 19mal beschrieben. Dieser schildert

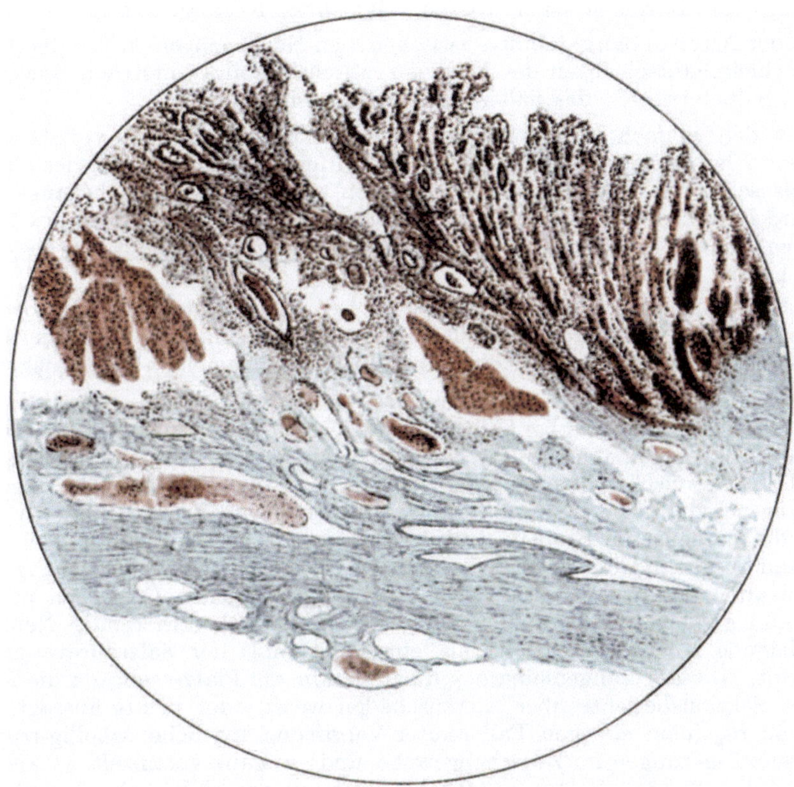

Abb. 69. Magenschleimhaut nach Salzsäureverätzung. Massige Hämatinbildung.

in einem selbst beobachteten Fall die ausgebrochene Speiseröhreninnenhaut als ein zylindrisches Rohr von 10 cm Länge, 6 cm Umfang, an dem sich mikroskopisch drei Schichten unterscheiden ließen: 1. Schlecht erhaltene Schleimhaut, 2. Muskellage der Schleimhaut, 3. von demarkierenden Leukozyteninfiltraten durchsetzte Unterschleimhaut.

Das histologische Bild der Magenwand, welches wir zuvörderst aus Tierversuchsergebnissen von WALBAUM und aus den Untersuchungen von GEISSLER kennen, wird beherrscht von mehr oder minder weitgehender Schleimhautzerstörung, wobei die Drüsen im großen und ganzen erhalten bleiben oder doch in ihren Umrisssen noch kenntlich sind; häufig lassen sich auch Haupt- und Belegzellen noch voneinander unterscheiden. Kapillaren und Venen sind weit und strotzend mit verklumpten Erythrozyten oder körnig zusammengesintertem Blut gefüllt, das bei Eosinfärbung seine schwärzlich-braune (hämatinbedingte!) Farbe beibehält bzw. einen eigenartig kupfrigen Farbton annimmt. Schleimhautblutungen können auf weite Strecken hin als schollig-krümelige Massen die Einzelheiten des geweblichen Baues verdecken (Abb. 69). Während auf der Frühstufe stürmisch einsetzender Vergiftung (gewöhnlich mit konzentrierter Säure) keine entzündlichen Vorgänge nachweisbar sind, stehen diese bei langsamerem Krankheitsablauf oder bei milderer Säureeinwirkung im Vordergrund.

Phlegmonöse, auf die Umgebung übergreifende Erkrankung der Magenwand, Leber- und Bauchfellabszesse usw. sind gerade nach Salzsäureverätzung des öfteren gesehen worden (Geissler, Köhler u. a.).

Mit der Ausheilung können zwischen den Narbenzügen in den oberflächlichen Schleimhautschichten des Magens zystische Gebilde entstehen, wie sie im Absatz „Salpetersäure" des näheren geschildert sind.

Unter den vielfachen Spätfolgen (s. bei Merkel) möge die von Loening mitgeteilte, hochgradige Pylorusstenose bei guter Durchgängigkeit der Speiseröhre als seltenes Vorkommnis herausgehoben werden. Vielleicht hatte sich die Salzsäure in diesem Fall bei verhältnismäßig leerem Magen oberhalb des Pförtners angesammelt. E. Klein u. a. weisen auf die häufige Bildung von Sanduhrmagen hin.

In Herzmuskulatur und Leberparenchym läßt sich bei hingezogenem Vergiftungsablauf stärkere Fetteinlagerung nachweisen. Bei Tieren sahen L. Hess und J. Goldstein (nach Säureeinwirkung im allgemeinen!) Lebernekrosen.

Von Bedeutung ist das Verhalten der als Ausscheidungsorgan dienenden Niere. Die klinischerseits bei akut tödlicher Vergiftung häufig (auf Grund von Hämaturie bzw. Hämaglobinurie) gestellte Diagnose „Nephritis" läßt sich an Hand des anatomischen Befundes nicht aufrecht halten. In der Regel zeigt das Nierenparenchym keine nennenswerten Veränderungen (E. Wagner u. a.), sei es, daß die Salzsäure im Blute neutralisiert, sei es, daß sie zum größten Teil durch den Darm ausgeschieden wird. Fahr spricht (anläßlich der Begutachtung eines 30 Tage alten Vergiftungsfalles, welcher bei gut erhaltenen Glomeruli narbige Herde und geschrumpfte Kanälchen aufwies) von „nekrotisierender Nephrose ohne Neigung zur Regeneration" als eines Merkmals der Salzsäurevergiftung überhaupt. Diese Verallgemeinerung dürfte kaum am Platze sein, da die Mehrzahl der Sektionsberichte über Nierenschäden wenig oder nichts aussagt. Ich selbst sah in einem einzigen Fall akuter Vergiftung spärliche, schollig-tropfige Kalkeisenablagerungen im Zwischengewebe und — ganz vereinzelt — auch in Kanälchenlichtungen. Sofern es sich bei letzteren um abgestorbene, verkalkte Epithelien handelte — was sich nicht mit Sicherheit feststellen ließ — wäre man vielleicht berechtigt, an Vorgänge zu denken, die in Richtung der „nekrotisierenden Nephrose" liefen. Bei einer anderen Salzsäurevergiftung, über deren Dauer und Schwere ich nichts Näheres erfahren konnte, war es zufolge mächtiger Thrombenbildung in größeren Nierengefäßen zu Infarzierung und ausgedehntem Gewebszerfall gekommen. Außerdem fanden sich in den erhalten gebliebenen Bezirken Blutungen und Infiltrate, während die Kanälchenepithelien als normal zu bezeichnen waren. Bei Tieren sind auf akuter Vergiftungsstufe entzündliche Vorgänge zu bemerken; längere Giftzufuhr wird in der Hauptsache mit Verfettung beantwortet (Geissler).

Der Nachweis der Salzsäure im Mageninhalt gestaltet sich schwierig, da die Säure einerseits bereits neutralisiert sein kann, andererseits durch vermehrte Magensaftabsonderung leichtlich ein positiver Ausfall der Giftprüfung vorgetäuscht wird.

2. Schwefelsäure.

Als Vergiftungsursache steht die Schwefelsäure sowohl zahlenmäßig als auch wegen der Schwere ihrer örtlichen und allgemeinen Wirkungen unter den ätzenden Säuren mit an erster Stelle. Das Zustandekommen der Ätzwirkung beruht in der Hauptsache auf drei Eigenschaften der Säure: Auf ihrer sehr stark eiweißkoagulierenden Fähigkeit, ihrem Wasserentziehungsvermögen und ihrer Wärmebildung bei Berührung mit Wasser. Ob die Zerstörung des lebenden feuchten Gewebes bis zu vollständiger Spaltung der organischen Verbindungen und Abscheidung von Kohlenstoff geht (Verkohlung), ist zweifelhaft. Auf jeden Fall werden die Bindesubstanzen gelöst (A. LESSER), die anfangs entstandenen Ätzschorfe zerfallen bei Überschuß von Ätzflüssigkeit. HABERDA weist auf eine eigenartige Erscheinung hin: Träufelt man konzentrierte Schwefelsäure auf Schleimhaut, so wird — ähnlich wie nach Berührung mit Ätzlauge — die betroffene Stelle aufgehellt und durchscheinend; nur an den Rändern, wo die sich ausbreitende Säure durch den Wassergehalt des Gewebes eine Verdünnung erleidet, beobachtet man graue und grauweiße Verätzung. Wird nun der zuerst benetzte Schleimhautteil mit Wasser zusammengebracht, so verschwindet augenblicklich dies kennzeichnende Verätzungsbild zufolge Ausfällung der in der konzentrierten Säure gelösten Eiweißkörper.

Die einen Forscher (HUSEMANN u. a.) sehen — unter Außerachtlassung der Fälle von Perforationsperitonitis — die Todesursache in der Schädigung des Verdauungsschlauches, andere (A. LESSER u. a.) in der Alkaliverarmung des Körpers.

Von allgemeinen Vergiftungszeichen stehen zunehmende Anämie und nervöse Erscheinungen im Vordergrund. Letztere sollen — nach der Annahme von MEEROWITSCH und MOISSEJEWA (welche übrigens den von ihnen mitgeteilten Fall von Kupfervitriolvergiftung als Kupferschädigung auffassen) — merkmalsmäßig in der Abgrenzung gegenüber anderen Schwermetallvergiftungen zu verwerten sein.

Der Nachweis des Giftes wird am besten in Mageninhalt und Blut geführt.

Örtliche Wirkung.

Für die Diagnosenstellung der peroralen Vergiftung ist es bedeutsam, daß die Schwefelsäure bei dem Vergifteten gewöhnlich an Unterlippe (F. STRASSMANN) und äußerer Haut (besonders an Mundwinkeln und Kinn) ihre Spuren hinterläßt: Streifenförmig herabziehende, durch Eintrocknung braunschwarz lederartig erscheinende Ätzstellen, aus denen möglichenfalls noch der chemische Säurenachweis gelingt, wenn im Magen kein Gift mehr vorhanden ist. Die frisch verätzten Bezirke sind grauweiß, bei etwaig vorhandenen Gefäßzerstörungen braunschwarz und hinterlassen beim Abheilen rote Flecke, oder aber sie klingen in Geschwürsbildungen aus. Nach den Ausführungen von A. LESSER nehmen die Zellen des Rete Malpighii — wie das histologische Bild lehrt — durchgehends schwarzbraunen Farbton an („Farbenwechsel" der erkrankten Hautteile!), während sich in der Lederhaut nur die paravasalen Bezirke zufolge Hämoglobin- (Hämatin-)Austritt in das Gewebe bräunen.

Bei dauernder (gewerblicher) Beschäftigung mit Schwefelsäure findet man (z. B. bei Verzinkern) die Hautfurchen an den gelbbraun bis schwarz verfärbten Händen auffallend vertieft (M. OPPENHEIM). Säurearbeiter sind gewöhnlich an den Veränderungen ihrer Zähne kenntlich: Durch Einwirkung der Säuredämpfe werden die — ähnlich wie die Haut gelbbräunlich erscheinenden — Zähne stumpf und rauh, die durch Entkalkung mürbe gewordene Zahnsubstanz schleift sich an den Beiß- und Kauflächen allmählich derart ab, daß die Zähne quere oder schräge Schlifflächen zeigen (KOELSCH).

Mit Eröffnung des aufgetriebenen Leibes fällt die blaß-graurote, trockene Beschaffenheit der dem Magen anliegenden vorderen Bauchwandmuskulatur auf. Das Äußere des Magens zeigt in der Regel schiefergraue Farbe, von welcher sich die — mit eingedicktem schwärzlichen Blut bzw. mit trocken-brüchigen, braunschwarzen Blutzylindern prall ausgestopften — Gefäße wie ein Relief abheben. Der gedehnte Magen kann einem mit Flüssigkeit gefüllten, schwappenden Sack gleichen oder fetzig zerfallen zwischen den benachbarten, durch Diffusion bzw. bei Magenwandzerreißung ebenfalls säureverätzten (graublau verfärbten und gehärteten) Organen liegen. Unter diesen Umständen nimmt gewöhnlich auch die Bauchaorta bräunlichen Farbton an, ist mit derben schwärzlichen Gerinnseln und — zufolge Wasserentziehung — teerartig eingedicktem Blut angefüllt (F. Strassmann).

Säureaspiration beim Trinken des Giftes führt zu akut einsetzendem Glottisödem (Boltenstern) und schweren entzündlichen Vorgängen in der Lunge.

Die Schleimhaut des Verdauungsschlauches zeigt (nach den Ausführungen von A. Lesser) in den oberen Abschnitten anfänglich opak-grauweißliche, derb-brüchige oder mehr pergamentartige Beschaffenheit; erst mit Weiterwirken der Säure und blutiger Durchtränkung des Gewebes entwickeln sich die bei der Sektion gewöhnlich zu sehenden, als kennzeichnend angesprochenen braunschwarzen und schwarzen, festen, trockenen, vielfach rissigen Schorfe, die im Magen (Abb. 70) naturgemäß am stärksten ausgeprägt sind. Fast stets wird der Zwölffingerdarm mitbetroffen, zuweilen auch dann, wenn der Magen so gut wie frei von Verätzungen ist, so daß dem Duodenalbefund diagnostische Bedeutung zugesprochen werden kann. Dünndarmschäden (Geschwüre usw.) wurden gelegentlich beobachtet (A. Lesser, Knaus). Oft ist die ganze Magenwand durch Hämatome, eine Folge der Gefäßzerstörungen (Haberda), ungleichmäßig bucklig verdickt, stellenweise bis auf das Dreifache des Ursprünglichen.

A. Lesser unterscheidet vier Stufen in der Entwicklung der Ätzvorgänge: 1. hämorrhagische Entzündung und Infiltration, 2. Hämatinbildung entsprechend dem Vordringen der Säure, 3. Konsistenzzunahme infolge Eiweißerstarrung und Bildung von Säurealbuminaten, 4. Erweichung durch die auflösende Kraft der fortwirkenden Schwefelsäure.

Bei dieser stärksten aller Mineralsäuren findet die — unter gegebenen Umständen rasche und kraftvolle — Tiefenwirkung ihren Ausdruck in Neigung zu Wanddurchbrüchen und in dem Übertreten des Giftes durch die noch erhaltenen Magenwandschichten hindurch auf die Nachbarschaft. Fehlen entzündlicher Reaktion spricht nicht unbedingt gegen eine Magenwandzerreißung zu Lebzeiten.

Soweit man an einem derart zerstörten Magen gewebliche Einzelheiten überhaupt feststellen kann, wird das histologische Bild beherrscht von den ganz außerordentlich starken Erweiterungen der mit zusammengesinterten Erythrozyten vollgestopften Blutgefäße in Schleimhaut und Unterschleimhaut. Die erhaltenen Deckzellen erscheinen starr, glänzend-körnig oder homogen; an den Drüsen finden sich die Hauptzellen in der Regel feinkörnig oder fädig zerfallen, die Belegzellen sind meist gut erkennbar. In schweren Fällen haben die (noch anhaftenden) Schleimhautschichten schwarzen oder braunschwarzen Farbton angenommen, ihre Bindegewebsfasern werden — offenbar unter unmittelbarem Einfluß der Schwefelsäure — aufgelöst und verschwinden, während sich Muskulatur, durch Säurenekrose angefressene Blutgefäße usw. noch längere Zeit hindurch in den erweichten, von Blutmassen durchsetzten Geweben nachweisen lassen.

Bei langsamerem Vergiftungsablauf trifft man in den nicht völlig zerstörten Gebieten auf entzündliche, etwaig demarkierend-leukozytäre Vorgänge und hochgradige kapillär-venöse Stase. Bleibt der Vergiftete am Leben, so werden

in den vernarbenden Schleimhautbezirken zuweilen Zystenbildungen beobachtet
(A. LESSER, O. WYSS). Diese sind keine Besonderheit der Schwefelsäureverätzung;

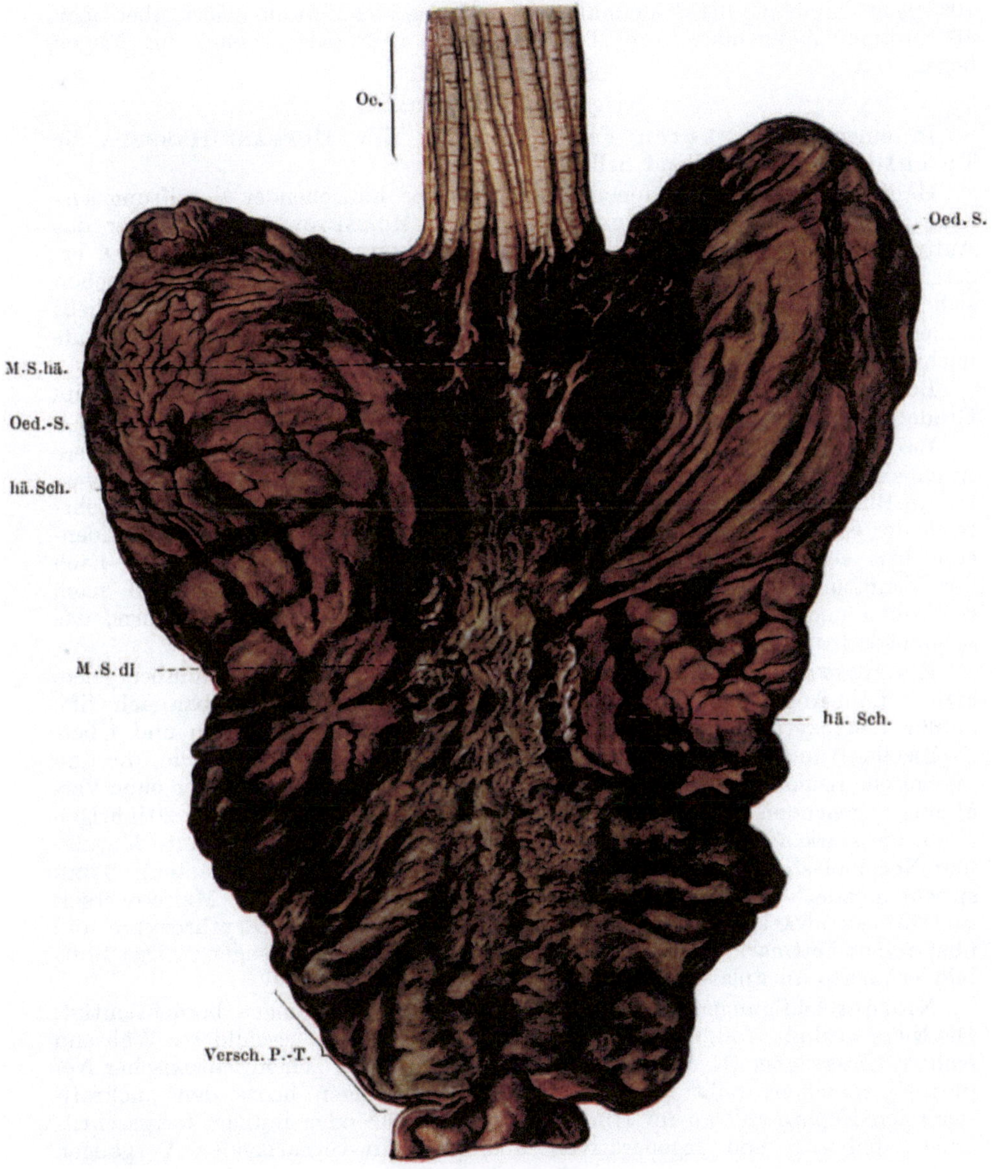

Abb. 70. Magen nach Trinken von „Oleum". Tod nach 4 Stunden. (Sammlung des pathol. Instituts
am Krankenhause Friedrichshain, Berlin, Prof. L. PICK). Grauweiße Verätzung der Speiseröhre.
Magenstraße z. T. hämorrhagisch verschorft, z. T. graugelb diphtherisch. (Abdruck aus H. MERKEL:
Die Magenverätzungen. In dies. Handb. Bd. IV/1, S. 240). M. S. hä. hämorrhagisch verschorfte
Magenstraße. M. S. di. diphtherisch verschorfte Magenstraße. Oed. S. Schleimhautödem.
Oe. Speiseröhre. versch. P. T. verschorfter Pylorustrichter. hä. Sch. hämorrhagische Schorfe.

man findet sie gleicherweise als Spätfolge sowohl der Salzsäure- als der Salpeter-
säureeinwirkung (s. daselbst).

Ausgedehnte oder gar vollkommene Abstoßung und Entleerung der abgestorbenen Speiseröhrenschleimhaut, gelegentlich auch der Magenschleimhaut (HORNEFFER, O. WYSS u. a.) ist kein zu seltenes Ereignis. KNAUS z. B. fand nach 10tägiger Vergiftung die Schleimhaut bis auf eine kleine Stelle gelöst, aber noch als zusammenhängenden, zum Teil zerfetzten, nekrotischen Sack im Magen liegen.

Allgemeinwirkung.

In einem sehr akuten Fall beschreiben E. v. HOFMANN-HABERDA die Totenflecke als auffallend hellrot.

Häufig sollen die Betroffenen bei sich länger hinziehender Vergiftung anämisch werden (POLLAK, MEEROWITSCH und MOISSEJEWA). Auch über das Auftreten von Ikterus wird berichtet. MEEROWITSCH und MOISSEJEWA erörtern die Möglichkeit einer Hämolyse (s. auch E. KAUFMANN), obschon sich in dem von ihnen mitgeteilten Fall keine Stütze dafür beibringen ließ: weder war Urobilin im Harn, noch waren entsprechende morphologische Befunde nachweisbar.

Bei Leichenöffnung finden sich die Halslymphknoten — je nach dem Grade der Verätzung in Schlund usw. — mehr oder minder vergrößert.

Bezüglich Verhalten des Zentralnervensystems liegen nur unsichere Angaben vor, z. B. Bemerkungen von SPIELMEYER über Hirnpurpura (perivaskuläre Blutungen); derartige Befunde werden von WERNICKE (in seinem Lehrbuch der Gehirnkrankheiten 1881) offenbar als „akute hämorrhagische Polioencephalitis sup." bezeichnet. Der Fall WERNICKE ließ zwei Monate nach der Vergiftung die ersten zerebralen Erscheinungen erkennen, starb nach 6 Wochen und ergab bei der Obduktion ein „rosig verfärbtes" Gehirn, das symmetrisch mit punktförmigen Blutungen durchsetzt war.

E. v. HOFMANN-HABERDA sahen das Blut bei akuter Vergiftung „himbeergeleeartig". Laut Angaben von V. REICHMANN soll das Blutbild unmittelbar nach Giftzufuhr Leukozytose mit Linksverschiebung (zahlreiche Myelozyten und Übergangszellen!) und Blutplättchenvermehrung erkennen lassen, Befunde, die „an myeloische Leukämie erinnerten". L. POLLAK beobachtete nach einer ohne Verätzung abgehenden Vergiftung (mit etwa 10 g Kupfersulfat) bei einer 20jährigen Frau, die stark anämisch wurde, Poikilo- und Anisozytose, vereinzelte Megalo- und Normoblasten, Leukozytose mit Linksverschiebung (Myeloblasten). TÜRK spricht geradezu von leukotaktischer Wirkung der Schwefelsäure. MEEROWITSCH und MOISSEJEWA berichten über normale Beschaffenheit der Erythrozyten und über reines Fettmark. Weshalb sie dennoch in der Epikrise sagen: „Das Blutbild erinnerte an aplastische Anämie", ist nicht ersichtlich.

Nierenschädigungen finden sich in fast allen Mitteilungen berücksichtigt. Die Niere wird als groß, brüchig, mit breiter, blasser Rinde geschildert. Während frühere Untersucher (E. FRAENKEL und F. REICHE) von „chemischtoxischer Nephritis" sprachen, reiht man die Nierenveränderungen heute den „nekrotisierenden Nephrosen" an im Hinblick auf die mehr oder minder fortgeschrittenen, teilweise von regenerativen und reparativ-vernarbenden Vorgängen begleiteten und gefolgten Koagulationsnekrosen an den Deckzellen der gewundenen und geraden Kanälchen (A. HUBER, E. FRAENKEL und F. REICHE, KNAUS, MEEROWITSCH und MOISSEJEWA u. a.). Verfettung der Epithelien, geringe entzündliche Erscheinungen (LEYDEN und MUNK), Erythrozytenausscheidung (E. WAGNER) treten demgegenüber in den Hintergrund. BAMBERGER (1864) erwähnt „starke Hämatinablagerung in sonst unverändertem Gewebe".

Leberbefunde wie „Zellverwerfung, Verfettung und beginnende Pericholangitis" werden lediglich von MEEROWITSCH und MOISSEJEWA angegeben.

Anhang: **Dimethylsulfat.**

Die Dämpfe des sehr leicht verdunstenden, bei der Riechstoffherstellung und als Methylierungsmittel verwendeten Schwefelsäuredimethylesters sind geruchlos und außerordentlich giftig. Dimethylsulfat wirkt einmal als ungespaltenes Molekül in seiner Gesamtheit, zum anderen durch das — sich bei seiner leichten Zersetzlichkeit sofort abspaltende — Schwefelsäureradikal, welch letzterem in der Hauptsache die schweren, durch Kreislaufstörungen, entzündliche und ätzende Vorgänge hervorgerufenen Gewebeschäden (KOELSCH) zur Last zu legen sind.

Bei der ausgedehnten Verwendung des Mittels sind Vergiftungen durch Einatmen von Dämpfen oder durch unmittelbare Berührung des Körpers mit dem Gifte häufig. Tödlich verlaufene (akute gewerbliche) Vergiftungsfälle wurden bisher nur von S. WEBER mitgeteilt.

An der — nach den Angaben von ZANGGER zuweilen (durch Hämolyse?) ikterischen — Haut findet man Ätzungen und Verbrennungen 2. und 3. Grades, die Nasenöffnung zeigt mitunter weißliche schorfartige Beläge. Schwere nekrotisierende, von hochgradigem Lidödem begleitete Augenbindehautentzündung kommt vor.

Die Veränderungen an den Atmungsorganen, die sich in ähnlicher Weise auch beim Tier erzeugen lassen, übertreffen an Schwere und Ausdehnung alle anderen Befunde. So zeigen sich vom Kehlkopf abwärts bis in die kleinen Bronchien hinein weißliche oder gelbbraun verfärbte, bis zu völliger Schleimhautzerstörung führende Verätzungen (S. WEBER). Glottis- und Lungenödem können lebensbedrohliche Formen annehmen. In der Lunge sieht man Blutungen und zerfallende Pneumonien (ZANGGER). Als Folgeerscheinungen und Nachkrankheiten sind chronische Bronchitis und Bronchiektasenbildung zu beobachten (STROTHMANN).

Blutaustritte in Pleuren, Meningen, Epi- und Endokard, Nierenbecken usw. (S. WEBER) sind als Ausdruck der Kreislaufstörungen erwähnenswert.

3. Schweflige Säure (Schwefeldioxyd).

Die toxikologische Bedeutung der als Gas und in Form von Salzen aufgenommenen schwefligen Säure liegt in ihrer teils ätzenden, teils blutzerstörenden Wirkung (L. LEWIN: Blut wird bei unmittelbarer Berührung koaguliert und unter Bräunung in Hämatin umgewandelt!), aber auch in der Beeinflussung des Zentralnervensystems.

Die farblosen Dämpfe verursachen (z. B. bei Beschäftigung in Viskosefabriken, beim Ausgasen von Ställen usw.) an der Haut Verätzungen (FRÖHNER), ferner schwere Schäden am äußeren Auge (STREBEL u. a.): Bindehautentzündung und -blutungen, Hornhauttrübung und -epithelabschürfung (Keratitis centralis punctata superficialis). Iritis ist selten.

Die Schleimhaut des gesamten Luftweges antwortet — wie OGATA auch im Tierversuch zeigen konnte — mit Entzündungsvorgängen wechselnden Grades, gelegentlich mit kruppöser Erkrankung der Bronchien (REINHARDT-FRÖHNER). Eitrige Bronchopneumonien treten zumeist im Gefolge auf. In der Lunge soll sich nach Angaben von F. CURSCHMANN die schweflige Säure in Schwefelsäure umsetzen und als solche stark ätzend wirken, was sich in Absterben der betroffenen Bronchialschleimhaut äußert. Reflektorischer Verschluß eines Teiles der Alveolen begünstigt die — in der Regel von hochgradigem Lungenemphysen gefolgte — Entwicklung einer Bronchiolitis exsudativa obliterans.

Nach wiederholter Verfütterung von Fleisch, das mit schwefligsaurem Natron haltbar gemacht worden war, erzielte KIONKA bei seinen Hunden intravitale,

durch Blutungen (in Endokard, Lunge und Leber) gekennzeichnete Gefäßverlegungen; trächtige Hündinnen warfen verfrüht. Der Darm zeigte entzündliche Schleimhautschwellung, die Niere akute hämorrhagische Entzündung.
In der verfetteten, ikterischen Leber standen cholangitische Vorgänge im Mittelpunkt, die Parenchymzellen waren zum Teil von Gallenfarbstoffniederschlägen
angefüllt.

Stoss (angeführt bei Fröhner) erwähnt Verätzung von Mastdarm und
Scheide.

4. Salpetersäure.

Die durch Salpetersäurelösungen hervorgerufenen Krankheitserscheinungen
und anatomischen Schäden gleichen weitgehend denen bei anderen Säurever-
giftungen; lediglich die Wirkung der konzentrierten Salpetersäure zeichnet
sich durch das differentialdiagnostisch wertvolle Merkmal der Xanthoproteinreaktion aus, bei welcher die gerinnenden Eiweißmassen zufolge Xanthogen-
bildung allerstärksten grünlich-gelben Farbton annehmen und zwar — im
Gegensatz zu der allgemeinen Schleimhautverfärbung unter dem Einfluß von
Chromsäurepräparaten oder Eisenchloridlösung — nur an den Stellen der unmittelbaren Benetzung mit dem konzentrierten Gift. Ähnliche Bilder können
jedoch durch umschriebene gallige Durchtränkung irgenwie verschorfter Schleimhautbezirke entstehen (Wunschheim) und zu der Fehldiagnose der Salpetersäurevergiftung führen.

Über die Wirkungsweise des Giftes in den Körpergeweben ist nichts
Näheres bekannt. Die verschiedentlich geäußerte Annahme einer toxischen
Beeinflussung der Kreislaufsvorgänge könnte vielleicht etwas Licht auf die Tatsache werfen, daß der — vor allem in Rußland — Fruchtabtreibungszwecken
dienende chronische Genuß roher Salpetersäure des öfteren zum erwünschten
Ziel geführt hat. Nach den Berichten von Kobert und von Haberda findet
man im russischen Schrifttum zahlreiche Veröffentlichungen über derartige Vergiftungen, welche durch Blutarmut, anämische Organverfettung und Milzvergrößerung gekennzeichnet sein sollen.

Die in technischen Betrieben benutzte rötliche „rauchende Salpetersäure" enthält
gewöhnlich in wechselnder Menge salpetrige Säure, deren eingeatmete Dämpfe schwerste
entzündliche Erscheinungen in den Luftwegen hervorrufen (s. Nitrokörper).

An Lippen, Mundwinkeln, gelegentlich auch an den Händen (Tollemer:
Anwendung rauchender Salpetersäure) sind gelbe bis braungelbe Ätzstellen
und Schorfe zu sehen. Rotverfärbte Fingernägel dürfen als berufliche Stigmata
angesprochen werden (M. Oppenheim). Das äußere Auge kann auf Dämpfe
mit Gelbfärbung von Binde- und Hornhaut antworten (L. Lewin und
Guillery).

Bei Leichenöffnung sind (zufolge postmortaler Säurediffusion) die dem
Magen-Darmrohr anliegenden Organe häufig mitverätzt. Das (salpetersäure-
haltige!) Blut in den Gefäßen der unmittelbar betroffenen Gewebe ist zu derben
braunschwarzen bzw. dunkelkirschroten Massen umgewandelt (Ipsen).

Giftaspiration oder Einatmung von Säuredämpfen wird (wie im Falle
F. Strassmann) schleimig-eitrige Entzündungen an den oberen Abschnitten
der Luftwege, aber auch Pleuropneumonien usw. hervorrufen.

Die verätzten Bezirke im Verdauungsschlauch zeigen im allgemeinen
an der von der Schleimhaut entblößten Innenfläche gelbliches bis leicht gelbbraunes Aussehen; die betont grüngelbe, durch die ganze Dicke der Wand gehende
Verfärbung findet sich nur im Bereich konzentrierter Säurewirkung, daher
zuvörderst an Mund- und Speiseröhrenschleimhaut. Mit Abnahme der
Xanthoproteinreaktion nach dem Darm zu geht der Farbton allmählich in einen

lilaschmutziggrauen über (LESSER, SCHUCHRADT). Bei Zufuhr stark verdünnter Säure (10—15%ig) fehlt Gelbfärbung überhaupt. Dann treten — ähnlich wie bei den Schleimhautschäden nach Benetzung mit schwacher Salzsäure und von diesen merkmalsmäßig kaum noch abzugrenzen — im ganzen Verdauungsschlauch die Ätzwirkungen zurück gegenüber Ödem und hämorrhagisch-geschwürigen Entzündungen, zu denen sich im Magen (Abb. 71) ausgedehnte, durch Hämatin gebräunte Blutergüsse und Thrombenbildungen gesellen (CHARIER, W. SCHMIEDEN, F. STRASSMANN, TOLLEMER u. a.). Verschorfungen und ruhrartige Veränderungen am Dünn- und Dickdarm sollen vereinzelt vorkommen (BIRCH-HIRSCHFELD).

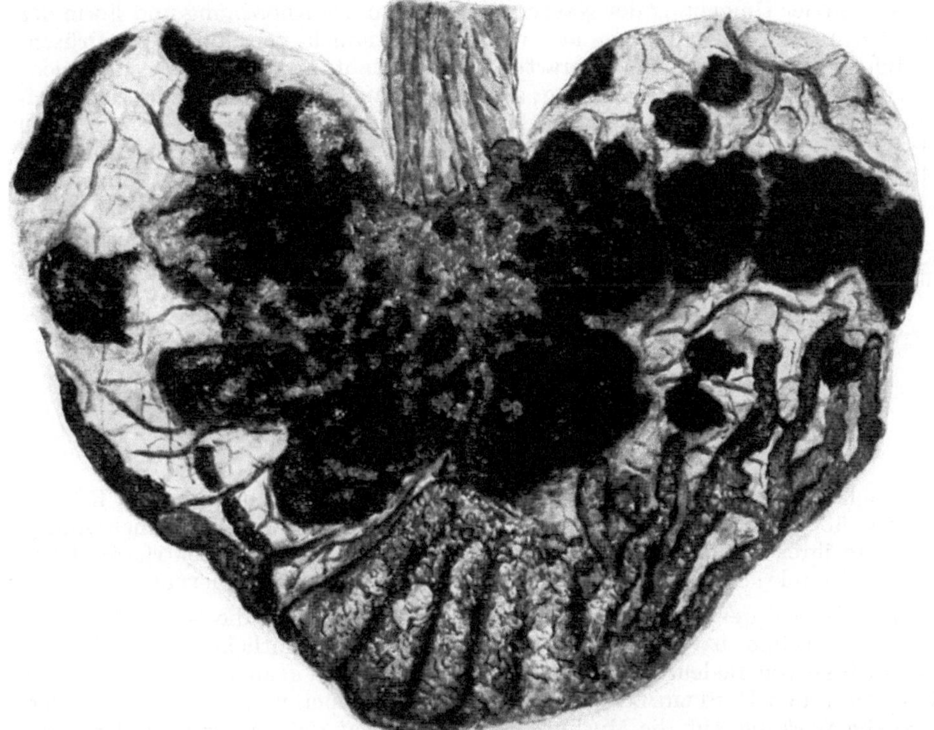

Abb. 71. Magen bei Salpetersäurevergiftung. (Sammlung des pathol. Instituts am Krankenhause Berlin-Moabit. Prof. JAFFÉ.)

Während die Vergiftungen mit hochprozentiger Säure in der Regel nach kurzer Zeit den Tod herbeiführen, beobachteten H. THOMPSON and WILSON in ihrem Fall am 13. Krankheitstage perorale Ausstoßung großer — mikroskopisch nur noch Drüsenreste, aber reichlich leukozytäre Infiltrate enthaltender — Magenschleimhautfetzen, am 20. Tage Aushusten eines vollkommenen, häutigen Speiseröhrenausgusses. Als der Tod nach 6 Monaten eintrat, ergab die Leichenöffnung ausgedehnte narbige Verwachsungen zwischen der Wirbelsäule und der vielfach verengten und nur noch mit kargen Schleimhautinseln ausgekleideten Speiseröhre; der beträchtlich verkleinerte Magen bestand an der Hinterwand in der Hauptsache aus fibrösem (narbigem) Gewebe. Auch MANNER (angeführt bei VÉBER) sah 18 Tage nach Einnahme des Giftes die Entleerung eines 8:15 cm messenden Stückes Magenschleimhaut.

15*

Von sonstigen, gewöhnlich Unterernährung und Tod mit sich bringenden Spätfolgen (s. Merkel: Dieses Handbuch IV/1) mögen hier noch die Magenschleimhautveränderungen Erwähnung finden, die von Sick (und ähnlich von B. Lewy) in Fällen monatelang sich hinziehenden Siechtums nach Vergiftung gefunden wurden. Die wulstige und gerötete Innenfläche erschien im Falle Sick mit zahllosen sagokornähnlichen Gebilden übersät, die sich mikroskopisch als zylindroepithelial ausgekleidete, zwischen den Drüsenschläuchen liegende Zysten erwiesen. Die Schleimhaut war von normaler Dicke, aber sehr drüsenarm. B. Lewy konnte vielgestaltige Hohlräume mit einreihigem Zylinderepithelbelag in den oberen Schichten der — zwischen verhärteten und geschrumpften Narben — noch vorhandenen, sammetartig beschaffenen Schleimhautreste nachweisen, am reichlichsten in der Umgebung der Narben, so daß man aus Anordnung und Form der Gebilde auf ihre Entstehung aus reaktiv-entzündlich verschlossenen Drüsenausführungsgängen schloß. Derartige Schleimhautumwandlungen sind nicht spezifisch für Salpetersäurewirkung; sie kommen auch bei vernarbender Schwefelsäureverätzung (Lesser, O. Wyss in Maschka: Handbuch der gerichtlichen Medizin, Bd. 2) und nach Salzsäurevergiftung vor (Simmonds, angeführt bei Merkel: Dieses Handbuch). Als Besonderheit wird von Heinemann pilzförmige — wahrscheinlich reaktive — Schleimhautwucherung mitgeteilt.

Für die aus dem Russischen stammenden, von Merkel überlieferten Mitteilungen betr. Koagulationsnekrosen an den Epithelien der Nierenkanälchen habe ich in einschlägigen deutschen Arbeiten nirgends eine Ergänzung oder Bestätigung finden können.

Der Nachweis des Giftes wird geführt im Magen-Darminhalt und in angeätzten Gewebsstücken.

b) Organische Säuren.

1. Ameisensäure.

Nach den Ausführungen von Tendeloo ruft die schnell in das Körpergewebe übertretende, dort gewöhnlich vollkommen verbrennende Ameisensäure am Orte ihrer Berührung in schwacher Lösung seröse, in konzentrierter Form nekrotisierende Entzündung (Blasenbildung, Verschorfung) hervor.

Als Zeichen der Allgemeinvergiftung ist vor allem die — an dem Auftreten von Hämo- bzw. Methämoglobinurie (s. Niere) kenntliche und meßbare — Hämolyse von Bedeutung (Ph. Schneider, Steiner, s. auch Tierversuche von F. Croner und E. Seligmann). Die Angabe, daß ameisensaure Salze besondere toxische Wirkung auf die Muskulatur ausüben, hat sich bisher nicht bestätigt. Allgemeinvergiftungen, welche bei Kindern mit schweren Erscheinungen einhergehen können, treten auch nach Ameisen-, Hornissen- und Bienenstichen auf (s. Gifttiere).

Während noch Kobert sagen konnte, daß zum Tode führender Vergiftungsablauf nach Einwirkung von Ameisensäure nicht vorkomme, haben uns die von Lutz 1913 und späterhin auch von anderer Seite (Ph. Schneider u. a.) mitgeteilten Fälle eines besseren belehrt. Im Falle Lutz verunglückte ein Arbeiter bei Destillation von Ameisensäure tödlich. Offenbar war dem jungen, bereits sechs Stunden nach dem Unfall verstorbenen Menschen eine Ladung der Flüssigkeit unter hohem Druck entgegengeschleudert worden, denn an der Haut von Gesicht, Hals und rechtem Vorderarm fand man kleine, scharf begrenzte, dunkelbraunrot eingetrocknete Bezirke, wie sie ähnlich an von Ameisen benagten Hautstellen zu sehen sind. Augenlider und -bindehaut waren ödematös und blutig durchtränkt. Die den verätzten Gebieten zugehörenden Lymphknoten zeigten Blutaustritte und umschriebene Nekrosen.

An den Blutgefäßwandungen der inneren Organe fiel LUTZ die starke Endothelabschilferung auf (Leichenerscheinung?).

Der schmierig-weißliche Belag auf der ödematösen und blutüberfüllten Schleimhaut im oberen Abschnitt der Luftwege legte den Gedanken einer Säureaspiration nahe.

Mund-Rachenhöhle und Speiseröhre waren schwer geschädigt, die säuerlich-aromatisch riechende, im Fundus schwärzlich verfärbte Magenwand zerfetzt, nekrotisch und verschorft, der Schleimhautauskleidung bar, alle Schichten hochgradig durchblutet (Hämatinbildung!), kurzum, ein an Verätzung durch Mineralsäuren erinnernder Befund. Ähnlich schildern PH. SCHNEIDER, STEINER das Aussehen des Magens nach willkürlichem Verschlucken des Giftes. Die Verätzung reichte im Falle STEINER von der Mundhöhle bis zum Pförtner, der Magen war stark zusammengezogen, gewulstet, trocken, brüchig.

An Darmbefunden bucht LUTZ oberflächliche Jejunalgeschwüre und Koagulationsnekrosen im Ileum.

Beim vergifteten Tier, dessen Eingeweide nach Ameisensäure riechen (KOBERT) und einen eigenartig hellroten Blutfarbton haben (MITSCHERLICH), sollen die Veränderungen am Verdauungsschlauch entsprechende Bilder wie nach Essigsäurevergiftung darbieten (s. auch F. CRONER und E. SELIGMANN).

Die Niere ist — gradweise verschieden — in Richtung hämoglobinurischer Störungen verändert. Im Falle LUTZ waren die Glomeruli groß, in den Sammelröhren fanden sich einzelne Erythrozyten und bräunlich gekörnte Zylinder. PH. SCHNEIDER spricht von ,,akuter Glomerulonephritis'' und diffusen interstitiellen Infiltraten. Da er gleicherzeit das Vorkommen von Blut- und Hämoglobinzylindern erwähnt, liegt die Frage nahe, ob es sich tatsächlich um eine echte Glomerulonephritis gehandelt hatte.

Beim Tiere (KOBERT, H. SCHULTZ) ließ sich Hämoglobinurie erzielen.

Bemerkenswert ist die Mitteilung von BURDACH, laut welcher bei einem dreijährigen, in einen Ameisenhaufen geratenen Kinde die in die Scheide gekrochenen Insekten nekrotisierende Entzündung und in der Folge völlige Verwachsung der gegenüberliegenden Scheidenwände hervorgerufen hatten.

Der Nachweis der Ameisensäure in Harn, Mageninhalt und Leichenteilen ist nur bei Vorhandensein größerer Giftmengen (bzw. konzentrierter Säurelösung) beweisend.

Formaldehyd.

Das farblose, schleimhautreizende Formaldehyd (bzw. Formalin), ein außerordentlich reaktionsfähiger, die verschiedensten organischen Stoffe angreifender Körper, ist für höhere Lebewesen verhältnismäßig wenig giftig. Einzelne Todesfälle nach Genuß größerer Mengen offizineller Formaldehydlösung (Formalin) sind in der Menschenpathologie bekannt geworden. Die Vergifteten gingen unter gastroenteritischen Erscheinungen, raschem Bewußtseinsverlust (MOORHEAD), Delirien und Anurie im Koma oder auch schon nach wenigen Stunden (OLBRYCHT) im Kollaps zugrunde.

Die wenig einheitlichen Sektionsbefunde haben zur Klärung der Wirkungsweise des Giftes im Körper so gut wie nichts beigetragen. Wir wissen lediglich von der Ausscheidung des — zum größten Teil in Ameisensäure übergeführten — Formaldehyds durch Darm und Niere, welch letztere dabei anatomisch nachweisbare Schäden erleidet. Nach Angaben von PILLIET wirken die tödlichen Mengen weniger durch örtlichen Gewebstod, als durch die reaktive Eingeweideblutüberfüllung. J. LANGE hingegen glaubt, daß der akute Tod als Atmungslähmung zufolge sofort eintretender Vergiftung der Medulla oblongata aufzufassen sei, eine Anschauung, die im Hinblick auf den selten tödlichen Ausgang kaum allseitig geteilt werden dürfte.

Auch die feineren chemisch-physikalischen, in Blut- und Zelleiweißkoagulation zum Ausdruck kommenden Vorgänge am Orte der Verätzung scheinen noch nicht gesichert. W. Jakoby, sich auf seine Versuchsergebnisse stützend, vermutet nicht rückgängig zu machende Veränderungen an der Zellstruktur, welche auf starker Affinität des hydrierten Formaldehyds zu Protoplasmakolloiden beruhen.

Die reizenden Dämpfe ziehen häufig hartnäckige Augenbindehautentzündungen nach sich.

An der Lippenschleimhaut sah Kline nach Trinken von Formalin kleine Blutungen auftreten.

Als Zeichen akuter Allgemeinvergiftung stellen sich in seltenen Fällen Gelenkschwellungen ein (Franqué).

Personen, deren Hände dauernd mit Formalin in Berührung kommen, sind kenntlich an schwer heilenden Paronychien, die mit bräunlicher Verfärbung, Erweichung und Auffaserung des Nagels beginnen und schließlich zu Verdickung des Nagelbettes und Zerstörung der obersten Nagellamellen führen (Galewsky u. a.). Die Braunfärbung soll — nach einer unbegründeten Meinung von J. Heller — durch Zerstörung von Hämoglobin, zum Teil auch durch Lufteintritt in die Zwischenzellräume des Gewebes zustande kommen.

Langwierige Dermatitiden sind als Folgeerscheinung chronischer örtlicher Reizung anzusprechen, während akute Ätzung die Haut gewissermaßen gerbt (homogene Eiweißgerinnung), sie trocken und brüchig wie altes Leder macht: „Trockene Gangrän", ein Bild, das grob anatomisch der Ergotingangrän gleichen kann. Wird ein Kaninchenohr mit Formalin gepinselt (W. Jakoby), so sieht man anfänglich umschriebene Epithelverluste, dann ödematöse Quellung des teilweise hyalin umgewandelten Bindegewebes, leuko- und lymphozytäre Infiltrate. Sobald in den erweiterten Gefäßen (hyaline) Thromben zur Entwicklung gelangt sind, stirbt das betroffene Gebiet zufolge mangelnder Ernährung ab: Der Endzustand ist restlose Mumifizierung. Beobachtungen an der lebenden Schwimmhaut des Frosches ließen erkennen, daß Formalin offenbar die innersten Gefäßwandschichten, vor allem aber die Kapillarendothelien schädigt und mit deren Auseinanderweichen sich das (beim Kaninchenohr erwähnte) Ödem entwickelt. Die wahrscheinlich mitbetroffenen intravasalen Blutkörperchen ballen sich zusammen, haften an der Gefäßwand und geben den Anstoß zur Thrombenbildung.

Resorptive, nach Genuß von Formaminttabletten (A. Glaser) oder nach intrauteriner Formalinanwendung (Franqué) auftretende Hauterkrankungen (Ödem, Quaddeln, Ausschläge usw.) sind zu wiederholten Malen beschrieben worden.

Der Befund in den Körperhöhlen akut Vergifteter beschränkt sich auf Blutüberfüllung der Gewebe und kleine Blutaustritte in den serösen Häuten (A. M. Marx, Pilliet). Olbrycht spricht von Formalingeruch der Eingeweide.

Entzündlich-desquamative Veränderungen und Blutaustritte in der Schleimhaut der oberen Luftwege, in Pleura und Lunge sind zuvörderst auf Einatmung von Dämpfen zu beziehen, wurden aber auch nach Trinken von Formalin beobachtet (Vercalli), ob infolge Aspiration oder Ausscheidung des Giftes in den Atmungsorganen (Riggio), bleibt dabei unentschieden. In der Regel sind die Schleimhautschäden nicht so schwer, wie sie Tommasi-Crudelli im Tierversuch erzielten. Setzten die Forscher ihre Tiere Formalindämpfen aus, so zeigten die Atmungswege hochgradige Exsudation, ja, diphtherische Beläge bis in die kleinsten, zum Teil erweiterten und zerrissenen Bronchien hinein. Ausgedehnte hämorrhagisch-eitrige Herdpneumonien vervollständigten das Vergiftungsbild.

Das Herz beantwortete bei den Tierversuchen von TOMMASI die Giftaufnahme mit massigen Blutungen und entsprechender Zerstörung von Muskelfasern.

Über das Verhalten der Blutgefäße beim Menschen und Warmblütler liegen noch keine Veröffentlichungen vor; auf die Froschversuche von W. JAKOBY wurde bereits hingewiesen.

Die durch perorale Formalinzufuhr verursachten Schleimhautschäden im Verdauungsschlauch sind naturgemäß am bedeutungsvollsten. Die Angaben über Ausdehnung, Stärke und Beschaffenheit der Veränderungen wechseln außerordentlich. Während J. LANGE an der blutüberfüllten Magenwand nur — ähnlich wie bei akuter Sublimatvergiftung — ausgezeichnete Fixation der gut erhaltenen Schleimhaut feststellen konnte, schildern A. M. MARX, OLBRYCHT, VERCALLI u. a. die Innenwand des Magens (bzw. des oberen Dünndarms) als weitgehend nekrotisiert, lederartig (LEVISOHN), gelbgrün bzw. schokoladenbraun oder auch weiß-krümelig verschorft, von kleinzelligen Infiltraten und ausgedehnten Blutungen durchsetzt. KLINE zählt Speiseröhrenverätzung und akute Gastroenteritis auf, welch letztere in Schleimhautschwellung und -verlusten und kleinen Blutungen zum Ausdruck kam. Die ödematöse Dünndarminnenhaut zeigte nur weitgehende Deckzellabschilferung. MOORHEAD sah in Speiseröhre und Magen beträchtliche Korrosionen ohne entzündliche Erscheinungen. PILLIET weist auf Veränderungen durch Giftausscheidung im Darm hin.

Angeregt durch den Vorschlag BEHRINGs, Säuglinge vermittelst innerlicher Darreichung kleiner Formalinmengen gegen Tuberkuloseinfektion vom Darm her zu schützen, erprobten TOMMASI u. a. die Wirkung geringfügiger Formalingaben auf die Magenschleimhaut junger Tiere. Die — zumal bei chronischer Anwendung — gewonnenen Ergebnisse am Magen-Darmkanal (Blutüberfüllung, Blutaustritte, Infiltrate, schleimig-eitriges Exsudat, Erosionen, Nekrosen, Schwund der Drüsenschläuche) ermutigten nicht zur Eingliederung des Formalins in den Arzneischatz.

Kleine Blutungen und Fettspeicherung in der Leber (A. M. MARX, RIGGIO) mögen, wenn auch ohne merkmalsmäßige Bedeutung, mit angeführt werden.

Die (als Giftausscheidungsorgan dienende) Niere spricht — wie klinische Beobachtungen vermuten lassen — mit Parenchymschäden an, welche wahrscheinlich höhere Grade annehmen können, als die wenigen autoptisch gesicherten Fälle bisher ergeben haben. Meist fand man nur Blutungen (RIGGIO u. a.). Lediglich A. M. MARX spricht von fleckweisen Epithelnekrosen besonders im Bereich der Markstrahlen. Die Nierenveränderungen beim Tiere, die vor allem von italienischen Forschern untersucht wurden, sind recht beträchtlich und liegen in Richtung der nekrotisierend-verkalkenden, später zur Sklerose führenden Nephrose (LIONTI, PUTTI, RIGGIO).

Örtliche, von allgemeinen Vergiftungserscheinungen gefolgte Nekrose nach intrauteriner Ätzung mit konzentriertem Formalin sah FRANQUÉ.

Der Nachweis des Formaldehyds ist in fast allen Eingeweiden zu führen.

Anhang: Urotropin.

Die — Heilzwecken dienstbar gemachten — antiseptischen Eigenschaften des Urotropins (Hexamethylentetramins) beruhen, wie man annimmt, darauf, daß im Urin Formaldehyd frei wird. Das Mittel ist nach innerlicher Darreichung in allen Körperflüssigkeiten nachzuweisen und wurde daher bei zahlreichen Krankheiten (u. a. bei Meningitis, Poliomyelitis) empfohlen.

Urotropinempfindliche Menschen antworten mit Ödemen, masernähnlichen oder ekzematösen Hauterscheinungen (B. BLOCH, R. HILBERT, O. SACHS u. a.).

Von klinischer Seite war früher schon zu wiederholten Malen auf das Vorkommen von Hämaturie, Albuminurie, Zylindrurie hingewiesen worden (W. L. BROWN, GOLDSCHMIDT u. a.). 1928 gelang es SCHREYER, an drei mit

Urotropin behandelten Fällen von eitriger Meningitis, Labryinthitis usw. Nieren-
und Blasenschäden an der Leiche zu sichern. Mikroskopisch ließ die vergrößerte,
blutreiche Niere in Kanälchenlichtungen und Kapselräumen Erythrozyten erkennen. Die Glomerulusschlingen erschienen „verwaschen", wahrscheinlich infolge „Reizung transitorischer Art". Zwecks einwandfreier Feststellung der
ursächlichen Beziehungen zwischen derartigen Veränderungen und Urotropin-
einwirkung wurden Hunde vergiftet und an diesen Nierenbefunde erzielt,
welche grundsätzlich den beim Menschen gesehenen glichen. Vereinzelt schienen
sie jedoch eingreifender und schwerwiegender als bei diesem: Es fand sich das
„Initialbild der akuten hämorrhagischen Nephritis". Bloedorn and Houghton
sprechen auf Grund ihrer Tierversuchsergebnisse von „renaler entzündlicher
Hämaturie" (s. auch Ando-Gianotti, L. Simon).

Das Vorhandensein der von Fullerton u. a. unter den urotropinbedingten
Krankheitserscheinungen mit aufgezählten (auch im Tierversuch zu erzeugenden)
hämorrhagischen Zystitis konnte Schreyer an der Leiche bestätigen.

Die Nebenwirkungen des unmittelbar in die Blutbahn einverleibten Zylo-
tropins (das sich aus Urotropin, Natr. salicyl. und Koffein zusammensetzt)
sind annähernd die gleichen, wie die oben beschriebenen und mithin wohl dem
Urotropinbestandteil zur Last zu legen (Gebele).

2. Oxalsäure.

Die Oxalsäure, zumal in ihrem sauren Kalisalz (Kleesalz), spielt sowohl durch
örtliche als durch resorptive Wirksamkeit toxikologisch eine wichtige Rolle.
Einer der frühest veröffentlichten Vergiftungsfälle ist der von H. Thompson (1873).
Schon damals beschäftigte man sich mit der experimentellen Erforschung des
Gifteinflusses auf die Gewebe des Säugetieres (Zusammenstellung der Tier-
versuchsarbeiten s. bei Kobert und Küssner).

Nach peroraler Einfuhr größerer Oxalsäuremengen stehen Erscheinungen
von Seiten des — in gleich heftiger Weise wie nach Anwendung von Mineralsäuren — verätzten Verdauungsschlauches im Vordergrund. Der Tod kann
sehr rasch unter Zuckungen, Krämpfen, Sinken des Blutdrucks, zunehmender
Lähmung und Zyanose erfolgen. Das Blut des Vergifteten wirkt auf Blutegel
tödlich. Bei längerer Krankheitsdauer ist in der Regel das Versagen der Niere
(Harnsperre) die letzte Todesursache.

Akute Vergiftungen weidender Haustiere infolge Genusses stark oxalsäurehaltiger
Pflanzen mögen erwähnt werden.

Wie Tierversuche gezeigt haben, bestehen zwischen akutem und chronischem Vergiftungsablauf bezüglich der anatomisch nachweisbaren Schäden
nur gradweise Unterschiede. Genau wie die anderen stark ätzenden Säuren
fällt die leicht aufspaltbare Oxalsäure am Orte ihrer Berührung das native
Eiweiß, koaguliert nach Alkalientziehung das Blut, wandelt Hämoglobin in
saures Hämatin um; andererseits löst es, wenn im Überschuß vorhanden,
den Eiweißniederschlag wieder, so daß bei längerer Gifteinwirkung das erwei-
chende Gewebe sich aufhellt, geradezu durchscheinend werden kann (Lesser).

Wirkungsweise und Schicksal des — nur zum Teil von den Schleimhäuten
her aufgesaugten — Giftes im Körper ist nicht recht geklärt; der reiche Fund
an Kalziumoxalaten in einzelnen Geweben und im Harn, auf welchen sich die Diagnose stützt, legt die Annahme einer Protoplasmastörung durch Kalkentziehung
nahe, während nach der alten, durch nichts bewiesenen Anschaunug von Onsum
die gefahrbringende Wirksamkeit der Säure darauf beruhen sollte, daß sich im
Blute gefäßverstopfender oxalsaurer Kalk bildete. Offenbar hängt — so folgert
R. Boehm — die hohe Allgemeingiftigkeit der Oxalsäure damit zusammen,

daß sie an den Stoffwechselvorgängen gar nicht oder nur in beschränktem Maße teilnimmt, also außerordentlich langsam verbrannt wird. Daraus würde sich die massige Ablagerung von Oxalaten in den Geweben, vor allem in den Wandschichten des Magen-Darmkanals erklären. Nach Mitteilung von KOBERT und KÜSSNER sollen auch Schleim und Konkremente der Gallenblase, ferner die Schleimhaut des schwangeren Uterus Kristalle von oxalsaurem Kalk enthalten. Die Angabe von P. ERNST, daß Oxalate auf späteren Vergiftungsstufen

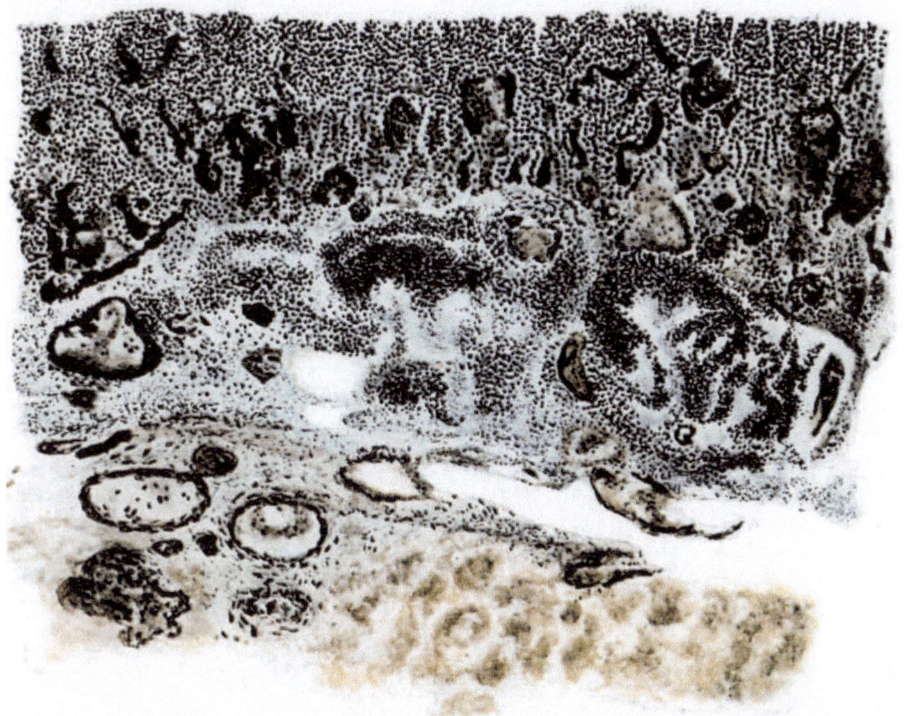

Abb. 72. Oxalsäurevergiftung. Massige intravasale Hämatinbildung. Infiltrate in der Magenschleimhaut. (Sammlung des Gerichtsärztl. Instituts der Universität Marburg. Prof. HILDEBRANDT.)

auch in Milz, Leber, Knochenmark auftreten, habe ich in anderen einschlägigen Arbeiten nicht bestätigt gefunden.

Die Kristalle sind in ihrer Gestalt außerordentlich wechselnd und mannigfaltig: Sie kommen vor in Drusen-, Hantel- und Wetzsteinformen, in Anordnung von Büscheln, Sternen, Rosetten, als rhombische Säulen und unregelmäßig gestaltete Körper. Der gewöhnliche Oktaeder ist verhältnismäßig selten. Niemals, auch nicht im Tierversuch, hat man Kristalle von reiner Oxalsäure oder oxalsaurem Kalium gefunden: Offenbar wird das schnell gelöste Gift sofort als Kalziumsalz ausgefällt.

Die Giftausscheidung erfolgt ganz allmählich (oft 2—3 Wochen lang!) mit Urin und Fäzes. Im Urin vergifteter Tiere, vor allem bei Hunden und Kaninchen (W. EBSTEIN und NIKOLAIER) lassen sich häufig reduzierende Substanzen nachweisen.

Örtliche Wirkung.

Diese ist in der Hauptsache gleichbedeutend mit Verätzung des Verdauungsschlauches und zwar vorzugsweise seiner obersten Abschnitte und des Dünndarmanfangs. Die Mundschleimhaut kann trocken, rauh (Kobert) oder weiß
angeätzt und geschwollen sein. Sprungweis oberflächlich verschorfende Verätzung von weißer und schmutziggrauopaker Beschaffenheit, einzelne schwärzlichbraune Korrosionen, begleitet von kleinen Blutungen und reaktiven Infiltraten um die betroffenen Stellen herum sind als fast regelmäßige Erscheinungen
in Speiseröhre und Zwölffingerdarm anzusprechen. Bei ausgeprägten Fällen

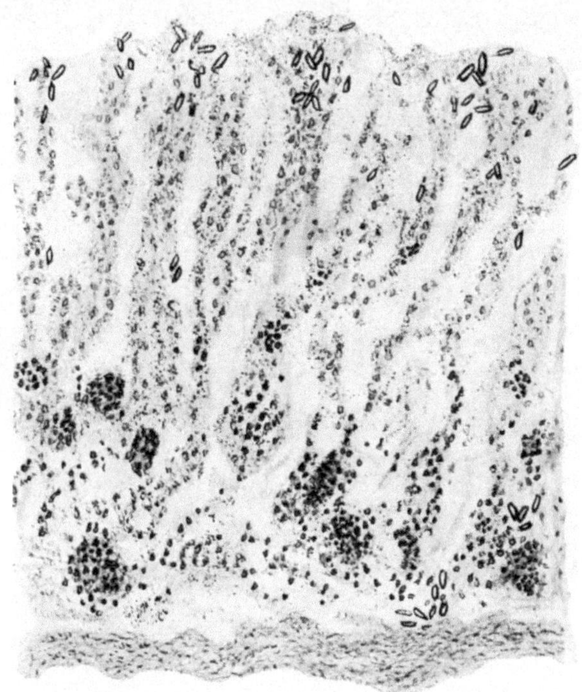

Abb. 73. Oxsalsäurevergiftung. Oxalatkristalle in der oberflächlich nekrotisierten Magenschleimhaut.

kann letzterer mit den weißlichen — auf der sammetartig geschwollenen und
geröteten Schleimhaut ausgeschiedenen — Niederschlägen oxalsauren Kalkes
ein eigenartiges, für die Diagnosenstellung wertvolles Aussehen (wie mit Kleie
bespritzt!) annehmen.

Der Magen wird auffallenderweise verhältnismäßig selten und dann meist
in geringerem Maße in Mitleidenschaft gezogen (Lesser, R. Krüger). Auch bei
Tierversuchsergebnissen wird das Fehlen höhergradiger Magenveränderungen
hervorgehoben (Kobert und Küssner). Die bei schwerem Vergiftungsablauf
etwaig vorhandenen Schäden an der blutreichen, meist durchscheinenden Magenschleimhaut bestehen in umschriebenen, weichen, schmutzigweißen Korrosionen
und Krusten (M. Richter), punkt- bis linsengroßen, vor allem auf Faltenhöhe
angeordneten Blutaustritten; vereinzelt kommt allgemeine Braunfärbung durch
ausgedehntere Blutungen, extra- und intravasale Hämatinbildung vor, bei welch
letzterer man mikroskopisch die mukösen und submukösen Blutgefäße mit

ihren zusammengesinterten Blutkörperchen gleich dunkelbraunen Würstchen im Gewebe liegen sieht (Abb. 72). Als Ausnahmebefunde wurden tiefergreifende Ätzung und Nekrosen, Gastritis phlegmonosa (SIMMONDS) beschrieben.

Hochgradige Ablagerung oxalsauren Kalks in Magen- und Dünndarmwand (Abb. 73) bedingt an den betreffenden Abschnitten auffallende Schleimhauttrübung. Andererseits kann die Oxalatausfällung so spärlich sein, daß der mikroskopische Nachweis der Kristalle überhaupt nicht oder nur nach langem Suchen gelingt. Er ist als beweisend für stattgehabte Vergiftung lediglich dann anzusprechen, wenn die Oxalate nicht auf der Schleimhaut (Möglichkeit der Oxalatabscheidung aus oxalsäurereicher Nahrung!), sondern innerhalb derselben liegen: Sie sind unter Umständen bis in die Unterschleimhaut hinein zu ver-folgen, wo sie sich mit Vorliebe in und an den Wandungen der Blutgefäße (Venen) verankern (Abb. 74), sich aber niemals — soviel Präparate meines reichhaltigen Materials ich auch durchmustern mochte — in der Gefäßlichtung nachweisen ließen.

Im Gegensatz dazu geben E. v. HOFMANN-HABERDA u. a. an, daß in den schwärzlichen intravasalen Gerinnseln der verätzten und erweichten Teile Kristalle aufzufinden sind (s. auch Blut).

Durch Fäulnisveränderungen gewinnt das ursprüngliche anatomische Vergiftungsbild häufig ein völlig anderes Aussehen: Die Magenschleimhaut quillt auf, das Gift wirkt durch die Magenwand fort bis auf den Bauchfellüberzug, so daß man in derartigen Fällen auf der Außenfläche des Magens und der ihm anliegenden Organe flek-

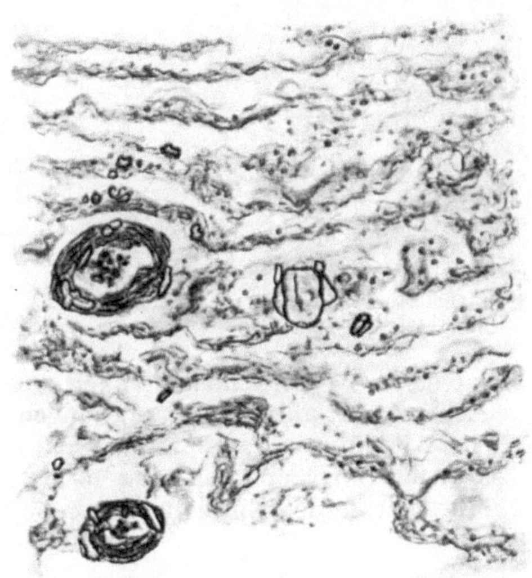

Abb. 74. Oxalsäurevergiftung. Oxalatkristalle in der Unterschleimhaut (bes. den Gefäßwänden) des Magens.

kige (Leuzin- und Tyrosinausfällungen ähnelnde!) Auflagerungen und Trübungen sehen kann.

Über einen Fall von Verätzung der Scheide und Schamlippen mit einem (zwecks Schwangerschaftsunterbrechung) eingeführten Rotstift berichtet LÁZLÓ BLUMENTHAL. Die chemische Analyse des Stiftes ergab Oxalsäuregehalt.

Allgemeinwirkung.

Das Blut wird häufig als leukozytenarm, hell kirschrot, dem Kohlenoxydblut im Farbton gleichend beschrieben, zeigt jedoch keine spektroskopischen Abweichungen von der Norm. Bei ganz schnellem Todeseintritt sollen im Herzblut (KOBERT) Kristalle von oxalsaurem Kalk nachzuweisen sein. E. v. HOFMANN-HABERDA beobachteten solche im Blut der Vena cava, ONSUM (bei Tieren) — in Fibrinkoagulis eingebettet — in den Lungenarterien (s. auch R. KOCH).

Die einzigen resorptiv bedingten und für die Diagnosenstellung vielleicht wesentlichsten Organveränderungen sind in der Niere (als Ausscheidungsorgan) zu finden. An der gelben, verbreiterten Rinde, gleicherweise im roten Mark kann man schon mit bloßem Auge weißliche, von der Basis nach der Spitze zu verlaufende Streifung bzw. über die ganze Schnittfläche gehende Tüpfelung (R. KOCH) erkennen, oder man beobachtet — bei weniger ausgedehnter Oxalatinfarzierung — auf die Rindenmarkgrenze beschränkte Fleckungen, welche sich mikroskopisch darstellen als vereinzelt oder in Haufen gelagerte Kristalle oxalsauren Kalks. Diese liegen in der Lichtung der gewundenen, spärlicher der geraden Kanälchen (Abb. 75 u. 76), füllen diese mehr oder minder aus oder verstopfen sie geradezu. Indessen soll (nach Meinung von R. KRÜGER) die klinisch zu beobachtende Harnsperre nicht durch diesen Umstand hervorgerufen sein, sondern wäre auf eine, die Oxalsäurewirkung kennzeichnende nervöse Beeinflussung des Gefäßapparates zurückzuführen (Konstriktorenkrampf!).

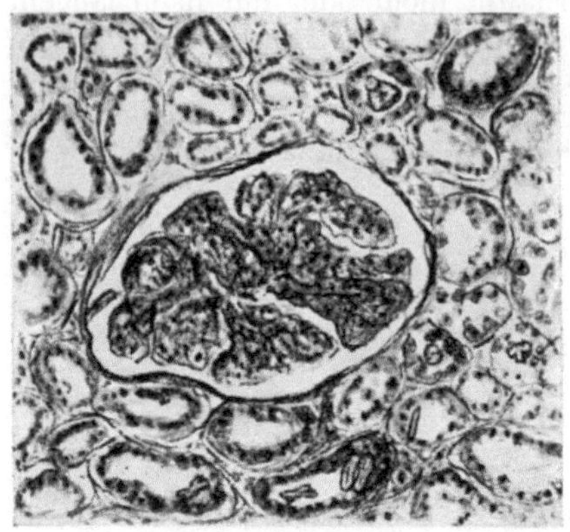

Abb. 75. Oxalsäurevergiftung. Oxalatkristalle in Nierenkanälchen.

LESSER konnte Kristalle in der Niere eines Fetus nachweisen.

Während im Tierversuche (R. KRÜGER u. a.) verschiedentlich intraepitheliale, mit Dauer der Vergiftung zunehmende Kristallablagerung, jedoch stets nur in gut erhaltenen Zellen festzustellen war, fällt beim Menschen der oxalsaure Kalk offenbar erst innerhalb der Kanälchenlichtung aus. Die — mitunter etwas abgeplatteten — Kanälchenepithelien weisen in der Regel keine oder nur unbeträchtliche anatomische Veränderungen auf: „Schwellung, körnige Trübung, spärliche Abschilferung" (SUZUKI). Weshalb FAHR von „nekrotisierender Nephrose" nach Oxalsäurevergiftung spricht, ist nicht ersichtlich. Lediglich beim Tier (MURSET) werden Epithelnekrosen geringen Grades beschrieben; auch sollen sich auf experimentellem Wege entzündliche Erscheinungen: Eiweißausscheidung, „Schwellung" (Wucherung?) von Glomerulus- und Kapselepithel erzeugen lassen. Kleine, herdförmige, in ihrer Lagerung von der Kristallausscheidung unabhängige, vorwiegend periglomeruläre und perivaskuläre Rundzellansammlungen treten bei Mensch und Tier auf.

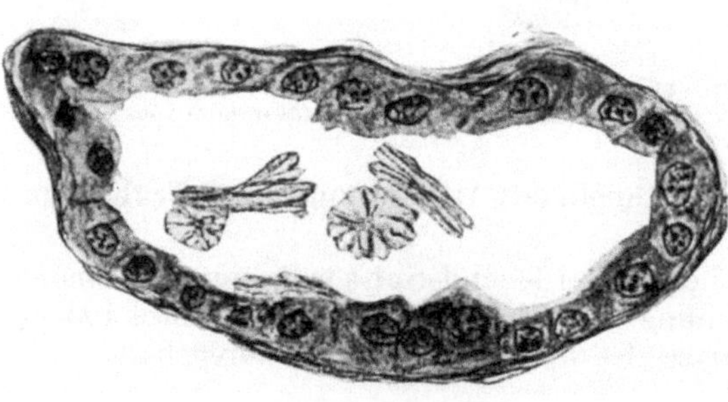

Abb. 76. Nierenkanälchen mit Oxalatkristallen. Starke Vergrößerung.

Nach Kalilaugenzusatz werden die Kristallformen noch deutlicher; konzentrierte Salzsäure löst sie auf (BIRCH-HIRSCHFELD). Laut Angabe von R. KRÜGER kann man die Kristalle in mit 1%iger Natronlauge vorbehandelten Schnitten unter dem Polarisationsapparat zur Darstellung bringen.

Der — nur bei Vorhandensein größerer Giftmengen für die Diagnosenstellung verwertbare — Nachweis der Oxalsäure wird am sichersten (in der Leiche möglicherweise noch jahrelang!) in Magen-Darm, Niere, Leber, Herz und Herzblut und im Urin geführt. BEHRE wies bei chronischer Kleesalzvergiftung in der Leiche nur Spuren von Oxalsäure, aber große Mengen Bernsteinsäure (Ähnlichkeit mit Harnsäurekristallen!) nach, ein Befund, der sich auch im Tierversuch erzielen ließ.

3. Weinsäure.

Die Weinsäure findet zufolge ihrer geringen Wirkung auf das lebende Gewebe im toxikologischen Schrifttum kaum Erwähnung. Für die epidermisbekleidete Haut ist sie so gut wie unschädlich; auf der Schleimhaut des Verdauungsschlauches, welche dann weißliche Verfärbung, etwaig auch Blutaustritte und Erosionen zeigen kann, übt sie nur in größeren Mengen schwache Oberflächenwirkung aus bzw. führt bei langdauerndem Genuß zu chronischen Katarrhen.

Nach Angaben von KOBERT soll das Gesamtblut (desgleichen stärker durchblutete Organe) einen johannisbeerartigen bis rosenroten Farbton annehmen.

4. Zitronensäure.

Eine $20^0/_0$ige Zitronensäure entspricht in ihrer Säurewirkung etwa einer $7^0/_0$igen Schwefelsäure (KIONKA).

Obwohl die bei der gebräuchlichen Verdünnung wenig ätzende, in den Körpergeweben fast völlig verbrennende Zitronensäure im allgemeinen als ungefährlich bezeichnet werden kann, sind aus älteren Arbeiten Fälle bekannt geworden, in denen Kinder durch Genuß der Säure schwer erkrankten.

Tödlicher Vergiftungsablauf ist bisher nur einmal (Fall KIONKA-KORNFELD) mitgeteilt worden. Die 23jährige Vergiftete, welche etwa 20—30 g reine Zitronensäure zu Fruchtabtreibungszwecken getrunken hatte und zwei Tage später verstorben war, wies deutliche Schäden am Verdauungsschlauch auf: Die stark gerunzelte, rauhe Schleimhaut der Zunge und ähnlich der Speiseröhre war grauweißlich bzw. gelbgrünlich verfärbt, die Mageninnenfläche von blaßgelbgrünlichem, ins Rote hinüberspielendem Farbton, leicht abstreifbar, gequollen, von einzelnen Blutungen durchsetzt. Entsprechende Veränderungen, jedoch geringeren Grades wies der obere Dünndarm auf.

Das Blut war dunkelrot, flüssig, von alkalischer Reaktion. In Herz und Leber fanden sich kleine Blutaustritte.

Tierversuche mit konzentrierter Zitronensäure zeitigten wesensgleiche, aber stärker ausgesprochene Ergebnisse: Hier konnte man geradezu von Verätzung in Speiseröhre und Magen-Darm sprechen.

5. Essigsäure.

Die Essigsäure, vor allem in konzentrierter Form (Essigessenz), kann sich bezüglich Stärke der örtlichen Wirkungskraft mit den Mineralsäuren messen: Ihre an den berührten Stellen hinterlassenen Spuren (Eiweißkoagulation!) sind den frischen Verätzungen z. B. durch Schwefelsäure an die Seite zu stellen. Die ungespaltene Säure wird durch ihre — auch noch in schwächerer Lösung vorhandene — lipoidlösende Eigenschaft zum besonders gefährlichen Protoplasmagift. Unter verhältnismäßig gering geschädigter Oberfläche kann das tieferliegende Gewebe in allen seinen Elementen wäßrig aufquellen, die in die Blutgefäße eindringende Säure führt — genügende Säurekonzentration in der Gefäßlichtung vorausgesetzt — Hämolyse und Thrombenbildung herbei (C. HEINE, KIONKA, SCHIBKOW u. a.).

Häufig bedingen Schleimhautschäden am Verdauungsschlauch den tödlichen Ausgang. In anderen Fällen — zumal bei Kindern — wird das Ende durch Erkrankung der Luftwege herbeigeführt, während Magen-Darmveränderungen fehlen oder geringfügig sein können. Als Todesursache kommt ferner die — gelegentlich recht beträchtliche und dann von Hämoglobininfarzierung der Niere

(s. daselbst) gefolgte — Hämolyse in Frage. Romeick denkt auch an ungünstige Beeinflussung des Krankheitsablaufs durch Alkalientziehung des Blutes.

Die Mehrzahl der Vergiftungsfälle ist auf Trinken von Essigessenz zurückzuführen. C. Heine berichtete über tödliche Vergiftung im Anschluß an eine zu Heilzwecken vorgenommene Einspritzung von (weinessighaltigem) Liquor Villati.

Nach Angabe von Schibkow kann auf Tiere bereits die Einatmung verdampfender Essigsäure tödlich wirken.

(Zusammenstellung von einschlägigen, auch Tierversuchsarbeiten s. bei Franz [Würzburg], E. Schäffer, Schibkow).

Örtliche Wirkung.

Säurebenetzung des äußeren Auges trübt die Kornea zufolge Lösung der Hornlamellen, führt zu punktförmigen Blutungen in die Augenbindehaut (E. Schäffer).

Die zunächst weißlich verfärbten Ätzstellen im Gesicht (besonders am Mund) wandeln sich an der Leiche zu dunkelrot oder braun eingetrockneten Schorfen um. Lippengeschwüre wurden von R. Silbermann gesehen. Auf dünnere Säurelösung antwortet die Haut lediglich mit Rötung, Schwellung, Abschuppung Blasenbildung. Schibkow erwähnt durch Anwendung von Essigsäureumschlägen hervorgerufene, bis in das Unterhautgewebe gehende (E. v. Hofmann-Haberda) Nekrosen an den Fingerspitzen, deren Ursache er in thrombotischem Verschluß von Haargefäßen sucht.

Die nach Verschlucken des Giftes an der Schleimhaut des Verdauungsschlauches (von der Mundhöhle bis in den Anfangsteil des Darms) zu beobachtenden Veränderungen sind wenig einheitlich und gegenüber anderen Säureverätzungen merkmalsmäßig nur zu verwerten bei Vorhandensein des kennzeichnenden stechend aromatischen Essigsäuregeruchs. Flächenförmige weiße, nach Eintrocknung bzw. Blutdurchtränkung braungelbe oder schwärzliche Ätzschorfe, hämorrhagische Entzündung an der gequollenen und gewulsteten, gelegentlich erodierten oder breiig zerfallenden Schleimhaut, größere, durch unmittelbare Säureberührung braunschwarz verfärbte Blutergüsse (E. Schäffer u. a.) wurden gefunden. R. Silbermann konnte nach viertägiger Vergiftungsdauer Geschwüre in der Mundhöhle, ausgedehnte Phlegmone in Schlund und Speiseröhre feststellen. Die Magenschleimhautgefäße sind in der Regel prall ausgestopft mit rotbraun geronnenen Blutmassen: Sie treten durch Farbe und Form deutlich hervor (Schibkow). Im Falle E. Schäffer waren die Erythrozyten stark geschrumpft und abgeblaßt (Hämolyse!).

Am vergifteten Tiere (Schibkow) lassen sich im Magen Epithelnekrosen, Aufquellung und Verdickung der Bindegewebsfasern, Blutaustritte und Hämatindurchtränkung in den tiefen Gewebsschichten erzielen.

Der Bauchfellüberzug des Magens und der ihm anliegenden Organe kann braunschwarz verfärbt, in der Bauchhöhle bräunliche Flüssigkeit nachweisbar sein (R. Silbermann).

Außerordentlich häufig gesellt sich zufolge Säureaspiration oder Einwirkung von Säuredämpfen zu der Schleimhautschädigung des Verdauungsschlauches eine solche der Luftwege, welche unter Umständen beträchtlich sein kann. Bei etwa 50⁰/₀ aller mit Essigsäure Vergifteten findet man katarrhalische Pneumonie, annähernd bei 25⁰/₀ Glottisödem. Lungengangrän und Pleuritiden werden vereinzelt gesehen. Seltener sind ausgesprochene Verätzungen an Kehlkopf und Luftröhre (Brandt [Lüchow], L. Pick, E. Schäffer u. a.). Tiere sprechen auf Säuredämpfe mit Blutüberfüllung der Lunge, Blutaustritte in die Alveolen und Perivaskulitis an.

Allgemeinwirkung.

Das Blut gerinnt langsamer (Boruttau), nimmt als Zeichen eingetretener (von Hitzig 1898 zum ersten Mal bei Essigsäurevergiftung beschriebener) Hämolyse lackfarbene, in dünnen Schichten auffallend rote Beschaffenheit an. Sklodowski hat 21 Fälle (darunter 3 tödliche) aufgezählt, bei denen nach Genuß von konzentrierter Essigsäure schwere Hämoglobinurie auftrat (s. auch L. Pick). Im Serum ist spektroskopisch freies Hämoglobin nachweisbar.

Mit dem Erythrozytenzerfall hält die, durch Erythrozyten- und Hämoglobinphagozytose und Pigmentspeicherung hervorgerufene Vergrößerung und Dunkelbraunfärbung der Milz bis zu einem gewissen Grade Schritt (E. Schäffer). Follikuläre Milznekrosen werden in den Tierversuchsergebnissen von Schibkow angeführt.

Wenn der gleiche Berichterstatter in seiner Zusammenstellung der giftbedingten Organschäden auch gehäuftes Vorkommen von „Nephritis‘‘ erwähnt, dann bezieht sich dies offenbar auf klinische Beobachtungen von Hämoglobinurie. Mitteilungen über autoptisch gesicherte Nierenbefunde liegen nur spärlich vor: So vermerkt R. Silbermann „akute hämorrhagische Nephritis‘‘ ohne nähere Angaben. Im Falle E. Schäffer dürfte es sich der Beschreibung nach um eine hämoglobinurische Niere gehandelt haben. Das Organ war weich, geschwollen, rot und schwarzbraun gefleckt; „Epithelnekrosen‘‘ werden vermerkt. Ihre Entstehung während des Lebens vorausgesetzt, wären sie — im Hinblick auf die Möglichkeit, derartige Veränderungen unabhängig von der Hämoglobinausscheidung am Tiere zu erzeugen (Schibkow) — nicht als Zweitschädigung der Zellen (zufolge Hämoglobindurchtritts), sondern als gleichgeordnete Vergiftungserscheinungen aufzufassen. L. Pick u. a. beschreiben die typischen — auch beim vergifteten Tiere zu sehenden — Bilder des Hämoglobininfarkts.

G. von Bergmann möchte den Befund einer „klassisch atrophischen Leberzirrhose‘‘ bei einem Menschen, welcher (um sich dem Militärdienst zu entziehen) täglich morgens $\frac{1}{2}$ l Essig getrunken hatte, in ursächliche Beziehung zur Essigsäurewirkung setzen. Bei Tieren gelang es nicht, Leberschäden hervorzurufen.

Der chemische Nachweis des Giftes ist schwierig, bei Vorhandensein geringer Mengen unmöglich, da Essigsäure einerseits im gesunden Körper vorkommen kann, andererseits nach der Vergiftung sehr schnell wieder aus dem Gewebe verschwindet. Beweisend ist mithin nur der Fund größerer Mengen.

Organische Azetate.

Über giftige Wirkungen des — hauptsächlich bei Herstellung der Zelluloidlacke, insbesondere des Zaponlacks (s. auch S. 240) benutzten — Amylazetats ist in der Menschenpathologie bisher wenig bekannt geworden, obwohl die Lacke in ausgedehntem Maße in der Metallindustrie, der Flugzeugfabrikation, beim Hutlackieren usw. Verwendung finden. Crecelius berichtet über einen mit Fertigmachen von Hüten beschäftigten Arbeiter, welchem der scharf riechende Lack sehr bald Beschwerden verursachte, die sich allmählich steigerten. Gleicherzeit trat Heiserkeit auf. Bei der Kehlkopfspiegelung fanden sich die Stimmbänder gerötet und geschwollen, in der Gegend des Processus vocalis wurde ein Geschwür festgestellt. Einiges später erfolgte der Tod. Die Sektion bestätigte den während des Lebens erhobenen Kehlkopfbefund und ergab außerdem hochgradiges Glottisödem, fibrinöse Tracheobronchitis und Pleuritis, chronische Oberlappenpneumonie. Die pathologisch-anatomischen Veränderungen werden auf Grund des Krankheitsverlaufes mit Amylazetatwirkung in ursächliche Beziehung gesetzt. In Tierversuchen ließ sich Ödem und pneumonische Infiltration der Lungen, Verfettung der Leber erzielen (Koelsch).

Eine, als Überempfindlichkeitserscheinung gedeutete Schädigung durch das im allgemeinen als harmlos geltende Äthylazetat (Essigäther) wird von Beintker mitgeteilt. Der an seinem Geruch (nach sauren Fruchtbonbons) sofort kenntliche Stoff dient als Riechmittel und findet in der Metallindustrie bei Herstellung des Zaponlacks (Auflösung von Kollodiumwolle in Azetat) größere Anwendung.

Der Besitzer einer Lackfabrik bekam etwa drei Stunden nach Einatmung von Äthylazetatdämpfen eigenartige, von dem Berichterstatter als „Stomatitis" bezeichnete Erscheinungen, d. h. so hochgradige Blutstauung im Zahnfleisch des Oberkiefers, daß die stark verdickten, dunklen Zahnfleischpapillen geradezu überhingen. Der Kranke fühlte erst Erleichterung nach Einschneiden und Blutentleerung des Gewebes. Offenbar hatte sich eine akute Abflußbehinderung der Kiefervenen eingestellt.

c) Alkalien.
1. Natron- und Kalilauge.

Von der Alkaligruppe haben in erster Reihe Natron- und Kalilauge (bereits in $1-2^0/_0$igen Lösungen) ausgesprochene, in ihrer Stärke von Konzentration und Form der eingeführten Lauge abhängige Ätzwirkung. Schwere und tödliche Verätzungen wurden beobachtet nach Einnahme von Laugenessenz (konzentrierte Natronlauge), Laugenstein (festes Ätznatron), Eau de Javelle (unterchlorigsaures Kalium und Natrium), Schmierseife, Soda u. a. m., vor allem bei Kindern, unter welchen Johannessen in Christiania innerhalb von sechs Jahren 140 Laugenvergiftungen sah. Wie Gaizler angibt, sollen laugenvergiftete Kinder — mit Ausnahme der leicht erkrankten — zu Azetonurie neigen, offenbar zufolge des im verätzten Gewebe statthabenden Eiweißzerfalls. Petheö macht auf die merkwürdige Tatsache aufmerksam, daß sich bei Kindern des öfteren (nach seiner Statistik in 6 von 25 Fällen) im Anschluß an die Vergiftung ein von scharlachartigem Ausschlag beherrschtes Krankheitsbild entwickelte, das in seinem klinischen Verlauf echtem Scharlach vollkommen glich. Diese Beobachtung läßt ursächliche Zusammenhänge zwischen der — vielleicht als auslösender Umstand dienenden — Vergiftung und dem Ausbruch des (fraglichen) Scharlach vermuten. Jedoch wissen wir über die Wirkungsweise aufgesaugter Alkalimassen im Körper zu wenig, um einer Deutung der seltsamen Erscheinung auch nur in Hypothesen nahezukommen.

Ebenso unerklärlich bleibt vorerst noch die Ursache des akuten Todeseintritts nach Verschlucken von Seife (Liebetrau). Da der verhältnismäßig geringe Alkaligehalt des Seifenstücks keine stärkeren Schleimhautschäden oder sonstigen pathologisch-anatomischen Veränderungen ausgelöst hatte, mußte man sich bei dem in Frage stehenden Fall mit verschwommenen Begriffen wie „toxische Allgemeinwirkung, Vergiftung der Nervenzentra" begnügen. Hartmann spricht (im Hinblick auf die Vorgänge im Reagenzglas) von schädigender Wirkung des Giftes auf das Blut im Sinne einer Hämolyse. In den mit Natronseife angestellten Tierversuchen von Munk führte die Aufnahme des Giftes in das Pfortadersystem baldigen Herzstillstand herbei.

Berührung der Kornea mit Lauge bedingt Trübung des Gewebes: Eiterinfiltration, Lamellenabblätterung (L. Lewin und Guillery).

An der Haut äußert sich die Ätzwirkung in Nekrosen, tiefgreifenden Geschwüren, Schorf- und Narbenbildung. Schwarzbraun eingetrocknete Krusten an der Lippenschleimhaut, Rotbrauntönung und pergamentartige Umwandlung der Epidermis an Lippen und Mundwinkeln, wie sie z. B. J. Langer in einem tödlich endenden Fall von peroraler Schmierseifenzufuhr beschreibt, sind immer wiederkehrende Befunde bei Laugenvergiftungen. Äußerlich angewandte Schmierseife (Ekzembehandlung) rief schwersten, bis in die tiefen Schichten der Körperdecke vordringenden Gewebszerfall hervor (MOST).

Chronische (berufliche) Beschäftigung mit Laugen macht die Fingernägel rauh und dünn (J. HELLER).

Von der Speiseröhre auf die Atmungsorgane übergreifende Entzündungsvorgänge können tödliches Glottisödem verursachen. Infolge Aspiration findet man Reiz- und Ätzerscheinungen auch an der braunrot verfärbten Luftröhre (KOBERT); kruppöse Laryngitis, katarrhalische Laryngopharyngitis, eitrige Bronchitis (MERKEL), Herdpneumonien (LIEBETRAU) u. a. wurden beobachtet.

Die wesentlichsten Merkmale der laugenverätzten Schleimhaut treten uns in der dunkelbraunroten (Bildung von intra- und extravasalem Hämatin!), ödematös gequollenen, seifig-gallertigen, etwaig auch schon breiig zerfallenden korrodierten Magenschleimhaut entgegen. Kommt es hier im Verlaufe der Vergiftung zur Ausfällung der gelösten Alkalialbuminate, so entstehen trockene, trübbräunliche Schorfe. Spätere, z. T. durch demarkierend-entzündliche Vorgänge verursachte Lösung abgestorbener und dann im Mageninhalt bzw. im Erbrochenen oder in den Fäzes aufzufindender Schleimhautfetzen zieht oft tiefgreifende (möglicherweise die Wand durchbrechende) Geschwürsbildungen nach sich. Die Veränderungen machen in der Regel am Pförtnerring halt (K. BRANDES, LIEBETRAU, G. ROSENFELD, SANDBERG u. a).

Flächige, die Mastdarmlichtung fast umspannende Ulzerationen sah ich bei einem Diabetiker, der lange Zeit hindurch rektal wassergelöstes Natrium bicarb. erhalten hatte. Offenbar waren in diesem Fall irgend welche unbekannten begünstigenden Umstände (chronische Verstopfung?) mit im Spiel, denn trotz der außerordentlich häufigen rektalen Einverleibung des Salzes sind derartige Befunde meines Wissens bisher nicht bekannt oder doch nicht veröffentlicht worden.

Über tierexperimentelle Darmschädigungen nach Seifeneinlauf (mit $\frac{1}{2}\%$igen Lösungen) berichtet HARTMANN. Er fand ausgedehnte Schleimhautgeschwüre und -blutungen. Histologisch erwies sich das Oberflächenepithel als zerstört, die Tunica propria leukozytär durchsetzt. Die Veränderungen waren nach Anwendung von Schmierseife (Kaliseife) und Kernseife (Natronseife, welche weniger freies Alkali enthält) annähernd gleichartig. Daraus schließt der Untersucher, daß die hauptsächlichste Giftwirkung nicht so sehr im Alkali- als im Seifenmolekül selbst zu suchen sei. Obgleich auch beim Menschen nach Seifenklysmen gelegentlich Blut im Stuhlgang nachweisbar ist, dürften die Ergebnisse der Kaninchenversuche kaum auf den Menschen übertragbar sein.

Das mikroskopische Bild der Magenverätzung wird nach der Schilderung von WALBAUM (ganz frischer Fall!) beherrscht von der homogen-glasigen Beschaffenheit des gesamten interstitiellen Wandgewebes. Man findet die Blutgefäße aufs engste zusammengezogen, das Deckepithel fast überall verflüssigt und abgeschwemmt, die obersten Schleimhautschichten durch ausgelaugten Blutfarbstoff hellbraun gefärbt. Haupt- und Belegzellen sind noch eben unterscheidbar. MERKEL konnte hochgradiges, zellig-wäßriges Ödem im Bereich der Verschorfungen feststellen. Der dicken, z. T. strukturlosen Oberflächenschicht schloß sich ein Gebiet mit zelliger Infiltration an. In Schleimhaut und Unterschleimhaut fielen die stellenweise beträchtlich erweiterten und thrombosierten Venen auf, desgleichen die mit (gut färbbaren) Lymphozyten vollgestopften Lymphgefäße (Abb. 77). Die Magendrüsen waren stark gelockert, aber noch als solche erkennbar. (Nach ihrer Zerstörung regenerieren sie sich in der Regel leicht.)

Auch die oberen Abschnitte des Verdauungsschlauches, von Mund und Rachen an, zeigen mehr oder minder schwere Ätzfolgen: Die Mundschleimhaut ist gewöhnlich matt-weißlich verfärbt (bei Hunden fand man nach Vergiftung mit kohlensaurem Natron Zahnfleischblutungen), Rachen- und Speiseröhrenschleimhaut sind ödematös gequollen, verdickt, zuweilen von diphtherischen Belägen überdeckt. Dissezierende Entzündung und Abstoßung der Speiseröhrenschleimhaut in Schlauchform wird von H. Eichhorst mitgeteilt.

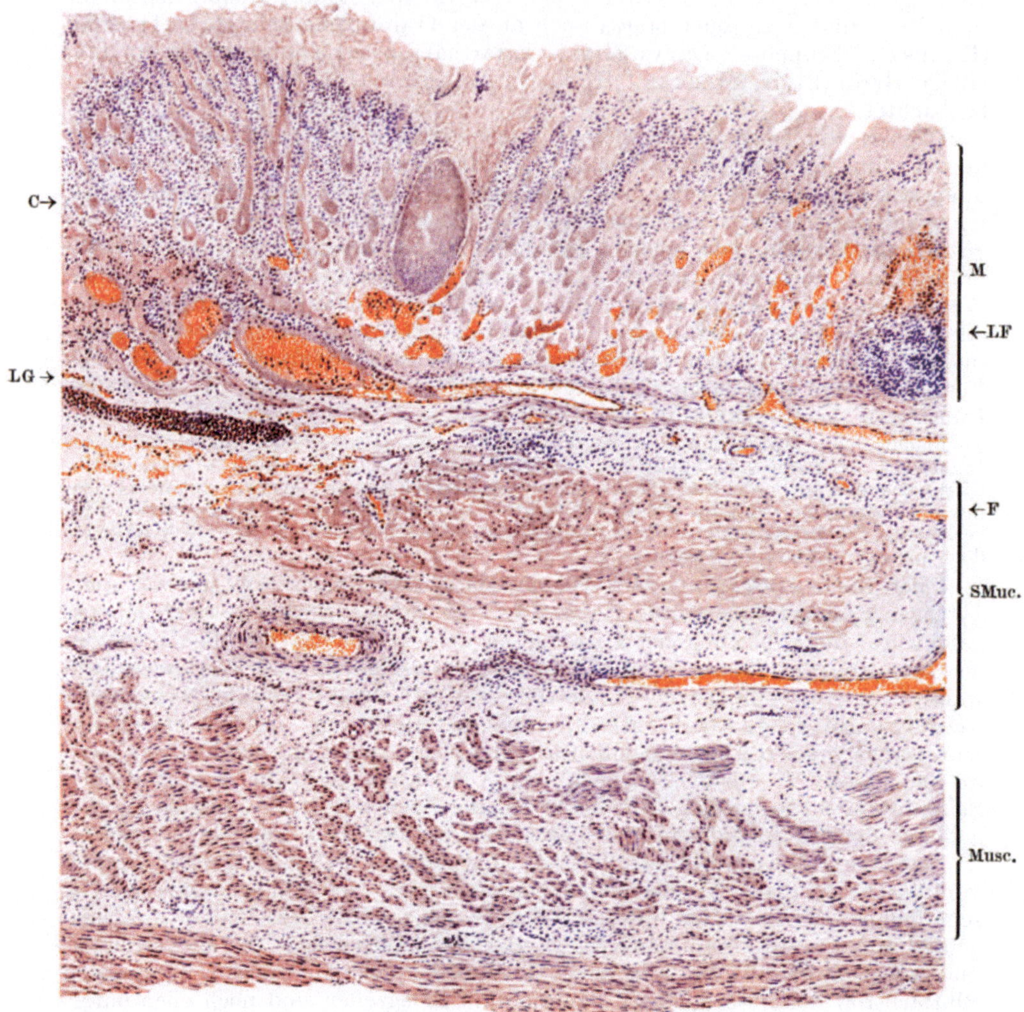

Abb. 77. Magen bei Ätzvergiftung durch Trinken von Laugensteinlösung. Tod nach 18 Stunden. S. Nr. 205/1922 des gerichtl. med. Inst. München. (Abdruck aus H. Merkel: Die Magenverätzungen. In ds. Handbuch Bd. IV/1, S. 280.) M ödematöse Schleimhaut. SMuc. stark ödematöse Submucosa, Musc. ödematöse Muskulatur, LG Lymphgefäße mit Lymphzysten vollgepfropft, LF und bei C in der Mitte ödematöse und nekrotisierende Lymphknötchen.

Spätfolgen der Verätzungen und Nachkrankheiten wie Wanddurchbrüche (Preleitner, Kirste u. a.), periösophageale Eiterung (E. Kurz), Narbenbildungen, Schrumpfung usw. sind ohne weiteres aus den geschilderten Frühbefunden verständlich und bedürfen daher keiner Erläuterung.

Zu Fruchtabtreibungszwecken vorgenommene Einverleibung von Seifenwasser, Persillösungen u. dgl. in die Geschlechtsorgane führte des öfteren zu allerschwersten örtlichen Verätzungen, da die gewöhnlich benutzten Seifen bis zu 10% freies Ätzkali enthalten können (JAKSCH). DIERKS teilt einen Fall mit, bei welchem auch die Harnblase in Mitleidenschaft gezogen wurde: Die Trigonumschleimhaut zeigte bullöses Ödem, das parakolpitische Exsudat rief in der Blasenwand Erscheinungen hervor, welche den „bläschenartigen hydropischen Chorionzotten bei der Blasenmole" glichen. Die Scheidenschleimhaut war hochgradig verätzt, am Eingang sah man ausgedehnte schwärzlichgrün verfärbte Zerfallsherde, die bis tief blasenwärts in das umgebende Bindegewebe hineingingen.

Wird das Seifenwaser unmittelbar in die Gebärmutterhöhle eingebracht, so entstehen unter Umständen weit um sich greifende Nekrosen in Uterusschleimhaut und -muskulatur. H. RUNGE (s. auch H. RUNGE und HARTMANN) beschreibt eine — neben dem unversehrten Eisack — in der Gebärmutterwand liegende Höhle mit eigenartig schwarzbräunlicher Gallerte als Inhalt: Blut, untermischt mit irgend einer Flüssigkeit, in welcher sich spektroskopisch Alkalihämatin feststellen ließ. Histologisch wurde die Gebärmutterwand durchgehends nekrotisiert gefunden, auch wies sie zahlreiche fleckförmige Blutgerinnungsherde auf. Die Venen waren überall thrombosiert. In den Eierstöcken hatten sich typische Follikelhämatome gebildet. Offenbar war die Kanüle beim Einspritzen in die Decidua spongiosa gedrungen unter Eröffnung der venösen Bluträume, so daß sich die Seifenlösung, dem Blutstrom folgend, in Uterus und Adnexen verteilen konnte. Gelegentlich kommt es zu Wanddurchbrüchen an der Gebärmutter und Einströmen der Seifenlösung in die Bauchhöhle (POLANO u. a.): Eitrige Bauchfellentzündung wird dann unvermeidlich sein. Auch bei Erhaltenbleiben der Gebärmutterwand droht die Gefahr der Peritonitis durch Diffusion der Ätzflüssigkeit (einschlägige Arbeiten s. bei KOENEN). In einem derartigen Fall sah H. RUNGE Gebärmutter, Eileiter und Eierstöcke schwärzlichrot-fleckig verfärbt (Blutungen, Thromben), das linke Parametrium sulzig-ödematös durchtränkt.

Die Ansprechbarkeit der Organe auf die Allgemeinvergiftung ist unbeträchtlich: ORSÓS beobachtete Rindennekrosen in portalen Lymphknoten, J. LANGER erwähnt punktförmige Blutungen in der Niere.

2. Ätzende Kalkpräparate.

Von diesen kommen für die toxikologische Betrachtung in erster Reihe in Frage: Ätzkalk, Kalkmilch usw. Das Kalziumoxyd wirkt, auf Haut und Schleimhäute gebracht, ähnlich, wenn auch nicht ganz so kraftvoll, wie Kali- und Natronlauge.

Ein einzigartiger Fall äußerlicher Verletzung findet sich im Handbuch von CASPER-LIMAN wiedergegeben: Ein alter Mann hatte den ganzen Körper mit Ätzkalk und grüner Seife eingerieben. Bei dem nach drei Tagen erfolgten Tod fand man die Oberhaut völlig zerstört, den Körper überall schwarzbraun verätzt.

Bei Tieren ließen sich flache, eiternde Hautgeschwüre auf zinnoberrotem Grunde erzeugen (KOBERT), welche an die Ulzerationen erinnerten, die man bei Metallarbeitern (zufolge Ätzwirkung des Kalkes) an den Beugeseiten der Finger und den Streckseiten der Gelenke auftreten sieht. In der Mitte des betroffenen Gewebes waren bisweilen Kalkkörnchen nachzuweisen (NEUGEBAUER).

Besonders heftig leidet das äußere Auge unter der Berührung mit Ätzkalk, durch welchen die Gewebe aufgelockert und zerstört und nach Eindringen des Kalkes in Entzündungzustand versetzt werden: Konjunktivalblutungen, -chemosis, -geschwüre und -schorfe, Entropium und Symblepharon sind die Folge. Die — oft in Blasen abgehobene — Hornhaut erscheint durch die Ablagerung unlöslicher und undurchsichtiger Kalksalze getrübt (Leukombildung). Auch in dem entstehenden Granulationsgewebe und in den Muskelbündeln soll sich (nach Angaben von L. Lewin und Guillery) Kalk niederschlagen. Thies schildert die Bindehaut in ihrem Endzustand als eine schmutzig-weiße, nekrotische, mit Kalkplättchen durchsetzte Fläche von speckigem Aussehen.

Peroral eingeführt kann der Ätzkalk auch im Verdauungsschlauch Entzündungsvorgänge bedingen. Stadelmann sah nach Verschlucken eines — neben Schwefelkalzium nur geringe Mengen von Ätzkalk enthaltenden — Enthaarungsmittels Ätzstellen auf der schmierig belegten Zunge; der Stuhlgang war grünlich schwarz gefärbt (Bildung von Schwefeleisen!).

Über das Verhalten der als „sehr dunkel" geschilderten Niere findet man keine brauchbaren Angaben. Das Vorhandensein von Eiweiß, Blut und Zylindern im Urin weist auf eine gewebliche Nierenstörung hin (s. auch Casper-Liman).

Das Blut wird als siruppartig dick, kirschrot beschrieben. Kommt es bei Chlorkalziumeinverleibung unmittelbar in die Blutbahn zu Gefäßwandverletzungen, so können schon wenige Tropfen der Salzlösung in der Muskulatur Entzündungserscheinungen hervorrufen.

Koelsch, Starkenstein u. a. weisen hin auf die giftigen Eigenschaften des als Düngemittel verwendeten, feinpulverigen, leicht verstaubbaren Kalkstickstoffs, welcher sich bei Wasserzutritt in Ätzkalk und Zyanamid spaltet. Etwaig bemerkbar werdende Krankheitszeichen haben — da sich kein freies Zyan bildet — mit Blausäurevergiftung nichts zu tun. Es kommt lediglich Ätzwirkung an Haut und Schleimhäuten zustande. Bevorzugt sind die stark schwitzenden Hautstellen: Die Epidermis wird gelockert und abgehoben, es entwickeln sich nässende und schuppende Ekzeme, Furunkel usw., des öfteren auch einzelnstehende, scharfrandige, später verschorfende Geschwüre. Doch können derartige Schäden überall auch sonst entstehen, wo der Staub hingelangt, z. B. an Augenbindehäuten, an Mund-, Bronchialschleimhaut usw.

Ono und Yokoyama erbrachten den histochemischen Nachweis der Kalziumablagerung in der Kaninchenniere durch intravenöse Einspritzung von alizarinsulfosaurem Natrium. Das Alizarin verbindet sich mit Erden oder Schwermetallen zu einem Lack, der in dem Sonderfalle des Kalziums karminrot gefärbt wird. (Siehe auch W. Jacobi und W. Keuscher: Mikrochemischer Kalziumnachweis im histologischen Schnitt. Bei dieser Methode handelt es sich um Fällung von Kalziumsulfat durch Schwefelsäure.)

3. Schwefelalkalien.

Diese wirken — ebenso wie die kaustischen Alkalihydroxyde — ätzend auf die Haut. Sobald die Epidermis geschädigt ist, steht der Aufsaugung des Giftes in die Säftebahn nichts entgegen (Basch: Tod eines Säuglings nach Behandlung mit schwefelhaltiger Krätzesalbe).

Schwefelalkalien werden unter dem Einfluß verdünnter Säuren im Körper gespalten und in Schwefelwasserstoff übergeführt. Es entspricht somit ihre Allgemeinwirkung der des Schwefelwasserstoffs, tritt aber langsamer als diese ein.

Nach peroraler Zufuhr fand L. Lewin an der Magenwand gelben Schwefel haftend. Die Schleimhaut im Magen und in den oberen Darmabschnitten war gerunzelt, stellenweise mit Blutaustritten durchsetzt, mitunter — zufolge Bildung von Schwefeleisen — grünlich verfärbt.

4. Ammoniak.

Die — sich vielfach schon in örtlicher Reizung und Entzündung erschöpfende — Ätzwirkung des Ammoniaks ist, im Vergleich mit der Wirksamkeit der Kali- und Natronlauge, als sehr viel schwächer anzusprechen: Die Sterblichkeitsziffer der Ammoniakvergifteten ist dementsprechend niedriger.

Ammoniak, als Gas oder in wäßriger (oder alkoholischer) Lösung durch die Lunge bzw. den Mund eingeführt, wird von den Geweben schnell aufgesogen und im Körper so rasch in Harnstoff umgewandelt und als solcher wieder ausgeschieden, daß sich in der Regel keine Zeichen von Allgemeinvergiftung einstellen. Andererseits kann der Tod in schweren Fällen innerhalb weniger Minuten, aber auch erst nach Stunden und Tagen erfolgen. Bringt man Tieren Ammoniaksalze unmittelbar in die Blutbahn (Zersetzung des Hämoglobins, Bildung alkalischen Hämatins!), so treten an Strychninvergiftung erinnernde Erscheinungen von Seiten des Rückenmarks und der Medulla oblongata auf: Sofort ausbrechender Tetanus geht über in Lähmung und Asphyxie (Poulsson). Wie Zangger u. a. angeben, üben alle, auch auf andere Weise einverleibte Ammoniumverbindungen stark erregende Wirkungen auf das Zentralnervensystem aus.

Nach peroralen Vergiftungen sind gelegentlich einzelne oberflächliche Gewebsverluste an den verätzten Lippen und Mundwinkeln zu sehen (A. Lesser u. a.).

Das gasförmige Ammoniak, welches offenbar schnell in die Haut eindringt, erzeugt an dieser anfangs keine eigentliche Ätzung, sondern erysipelähnliches Erythem, verursacht schließlich Blasenbildung und Abschälung der Oberhaut; erst nach längerer Einwirkung entstehen Wunden, die denen nach Kalilaugenverätzung gleichen können. Der Einfluß des kohlensauren Ammoniaks ist kenntlich an Rissen und Schrunden. Über schwere Ätznekrosen durch Einspritzen von Ammonhydroxyd unter die Haut berichtet F. Krauss.

Von besonderem Belange sind die chronischen (z. B. bei Kloakenreinigern) sich am äußeren Auge abspielenden Schädigungen (durch Ammoniakgas) wie Konjunktivitis, Hornhauttrübung und -erweichung (Leukome). Die Verätzung des Auges mit stärkerer Ammoniaklösung gehört zu den schwersten Augenschädigungen überhaupt. Bei höherer Konzentration des Giftes und vermehrtem Atmosphärendruck gleichen derart betroffene Augen — wie Abadie es ausdrückt — „gekochten Fischaugen“: Die Bindehaut ist chemotisch geschwollen, glasig-grauweißlich getrübt und zeigt einzelne Blutaustritte. An der Hornhaut finden sich Gewebsverluste. Unter Umständen kommt es zur Einschmelzung des Auges (Thies).

Liquor ammon. caust. (als beliebter Bestandteil von Linimenten) bedingt möglicherweise Ätzwirkungen im äußeren Gehörgang (Rohrer).

Bei akuter Vergiftung können die Körperhöhlen nach Ammoniak riechen. Einatmung des Gases bzw. Aspiration von Salmiakgeist hat — oft hochgradige — Reizerscheinungen an der Schleimhaut der gesamten Luftwege im Gefolge: Von Blutüberfüllung und entzündlichem Ödem angefangen (gefahrdrohendes Glottisödem!) sind alle Entzündungsstufen zu finden bis zur fibrinös-nekrotisierenden Laryngotracheobronchitis und Bronchiolitis (Olbrycht, Wätjen u. a.). Die kleinen Bronchusäste können dabei durch Pseudomembranen geradezu verschlossen werden. Ausgedehnte (teils hämorrhagische) Herdpneumonien gehören zumeist mit zum Vergiftungsbild.

Bei Tierversuchen (mit intratrachealer Ammoniakeinbringung: Hecht) wurden im großen und ganzen wesensgleiche Ergebnisse erzielt, jedoch zeigte

die buntfleckige Lunge mikroskopisch mit ihren zusammengesinterten Alveolarepithelien und der Bildung echter, peribronchal liegender Riesenzellen stellen-

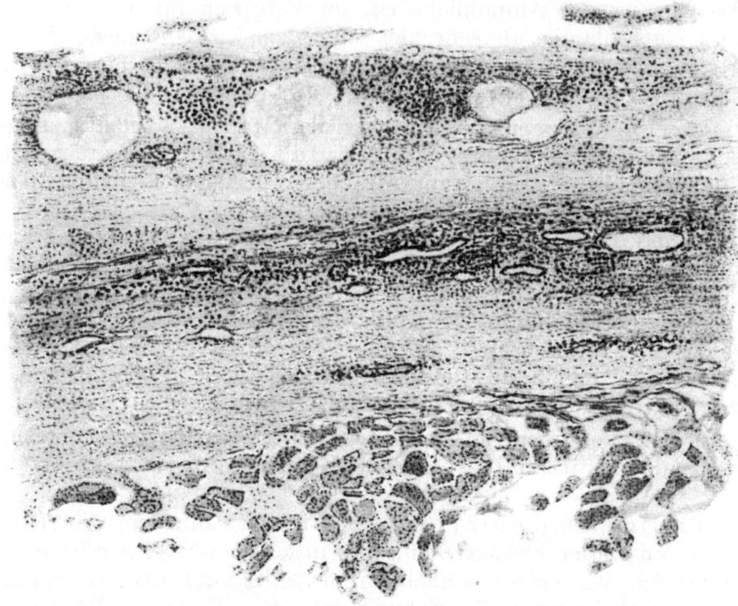

Abb. 78. Nekrotisierende Ösophagitis nach Trinken von Salmiakgeist. Lückenbildungen durch
mächtiges Ödem. (Sammlung des pathol. Instituts am Stubenrauch-Krankenhause Berlin-Lichterfelde,
Pros. Dr. Walkhoff.)

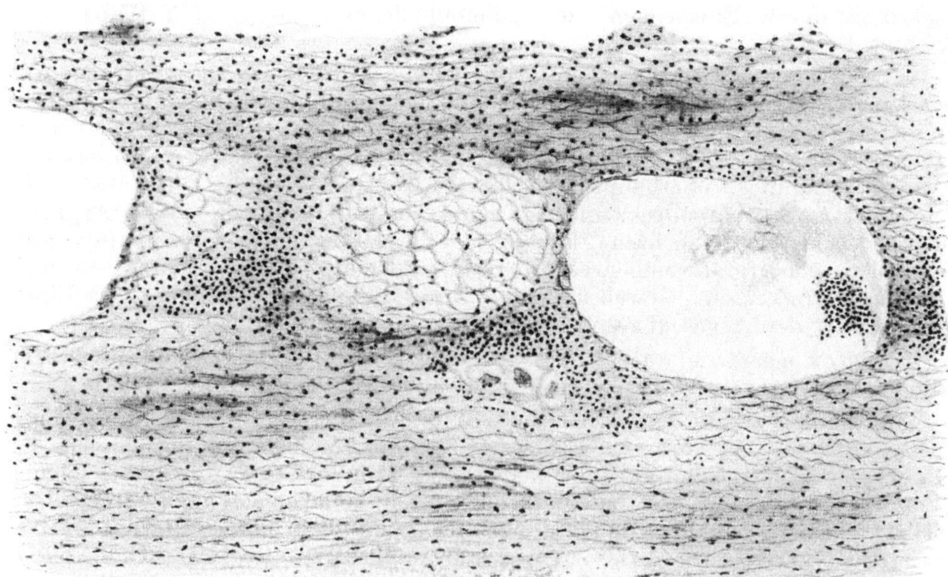

Abb. 79. Lückenbildung von Abb. 78 in starker Vergrößerung.

weise Gewebsstrukturen, welche an die — nach Masern usw. auftretende —
Riesenzellenpneumonie gemahnten.

Aus differentialdiagnostischen Gründen möge hier ein (von BUCH bearbeiteter) Fall von pseudomembranöser Tracheobronchitis auf urämischem Boden Erwähnung finden, den ich im Marburger pathologisch-anatomischen Institut (Prof. VERSÉ) zu sehen Gelegenheit hatte. Die Befunde an den Luftwegen glichen in Anordnung und Aussehen makro- und mikroskopisch so völlig den Schleimhautschäden nach Einatmung von Ammoniakdämpfen, daß die Vermutung endogen toxischer Reizung durch Ammoniakabscheidung nicht von der Hand zu weisen war, zumal auch RUPPAUER über nekrotisierende Pharyngolaryngitis bei Urämie zu berichten weiß.

Nach Trinken von Salmiakgeist (Geruch im Magen!) wurden mannigfaltige, jedoch in der Mehrzahl der Fälle nur oberflächliche Veränderungen an der Schleimhaut des Verdauungsschlauches beobachtet: Entzündliche Schwellung, Deckzellenverlust, Blasenbildung. Die häufig zu findende rote Durchtränkung der Magenschleimhaut soll laut Meinung von HARNACK und HILDEBRANDT bereits während des Lebens entstehen. Vereinzelt findet man hämorrhagisch-nekrotisierend-verschorfende Entzündung (Abb. 78 u. 79) von der Speiseröhre abwärts etwaig bis in den Anfangsteil des Dünndarms.

Das Aussehen der fettspeichernden, ab und an auch von Blutaustritten durchsetzten Leber (KOBERT) ist in keiner Weise kennzeichnend. HARNACK schildert an einer zu Versuchszwecken vergifteten Katze die Verfettung als so ungeheuerlich, daß er von einem „großen Fettsack" spricht. Mikroskopisch bot das Organ mit der massigen Fetteinlagerung und den — schon reichlich vorhandenen — Gewebstrümmern Anklänge an die Bilder bei akuter Phosphorvergiftung.

Über das Verhalten der Niere finden sich keine bemerkenswerten Angaben. KOBERT spricht — ohne Begründung — von „Glomerulonephritis".

Der Ammoniaknachweis gelingt — nur kurze Zeit nach Todeseintritt — im Mageninhalt, in Leichenteilen gewöhnlich nicht.

D. Nitrokörper.

Für die Giftwirkung der — vor allem in Dampfform gefährlichen — Nitrokörper ist in erster Reihe der Säureanteil verantwortlich zu machen. Im Hinblick auf ihre stärkst ausgesprochene und toxikologisch wichtigste Eigenschaft werden die Nitrokörper kurzerhand als Blutgifte bezeichnet, welche — zufolge Tierversuchsergebnissen von R. MÜLLER — in hoher Konzentration die Hämolyse hemmen, sie in schwacher dagegen fördern. Auf Grund von Beobachtungen am Tier vermutet jedoch RISEL, daß die Änderung des Blutchemismus und die damit gleichlaufende Sauerstoffverarmung der Gewebe bei Auslösung der Krankheitserscheinungen keine so wesentliche Rolle spiele, als man früher annahm.

a) Anorganische Nitrokörper.
1. Nitrosegase und Alkalinitrite.

Unter Nitrosevergiftung hat man die Vergiftung mit denjenigen niederen Oxydationsstufen des Stickstoffs zu verstehen, welche weniger Sauerstoff enthalten als Salpetersäure, z. B. salpetrige Säure, Untersalpetersäure usw., bzw. deren Salze (Alkalinitrite), welch letztere — in fester Form innerlich verabreicht — zufolge ihres langsamen Übertritts in die Gewebe beim Menschen zumeist nur schwache Allgemeinwirkungen auslösen. HARNACK spricht die (sich am Tiere erstaunlich schnell vollziehende) Vergiftung durch Alkalinitrite als eine der wissenschaftlich reizvollsten an.

Die Gesundheitsschädigung durch Einatmung von Nitrosegasen (beim Beizen usw.) ist gewerbehygienisch von außerordentlicher Bedeutung

(s. LOESCHKE: Massenerkrankung). Die Dämpfe, welche Alkaliverarmung des Blutes verursachen sollen, entstehen dort, wo Salpetersäure (besonders in dünner Lösung) mit leicht oxydierbaren Stoffen in Berührung kommt (O. SCHULTZ-BRAUNS), wo sich gelagerte, verschüttete bzw. ausgelaufene Salpetersäure zersetzt (SCHUBERT [Köln]).

In über 50% der beobachteten Fälle starben die akut tödlich Vergifteten innerhalb von 24 Stunden, nur ein kleiner Teil lebte länger als 3 Tage (O. SCHULTZ-BRAUNS).

Bei akuter Vergiftung kann der Betroffene blausüchtig werden oder, dem schwankenden Methämoglobingehalt des Blutes entsprechend, gelblichen bis blaugrauen Hautfarbton annehmen. Arbeiter, die längere Zeit hindurch mit Nitrosegasen in Berührung kamen, werden blaß, kachektisch und sind zuvörderst kenntlich an gelben Hautflecken, gelblichbrauner Verfärbung von Kopfhaaren, Augenbrauen, Nasenlöchern, Zahnfleisch und Schneidezähnen. Letztere werden rauh, glanzlos und unter Umständen so mürbe, daß sie sich gewissermaßen abschleifen und mit allmählichem Kleinerwerden des Zahnes schräge, durch die ganze Krone gehende Beißflächen darbieten (L. LEWIN).

Mit Leichenöffnung erweisen sich die Gewebe (zufolge der gefäßerweiternden Nitritwirkung) als außerordentlich blutreich (BAUER, HARNACK u. a.): Die Venen sind z. T. prall von dunklem Blut angefüllt, das sich in Wasser mit leuchtend rubinroter, leicht ins Violette spielender Farbe löst (LOESCHKE). Die möglicherweise schon vorhandene schokoladenfarbene Tönung der Eingeweide (KOCKEL) gestaltet sich durch punktförmige (kapillardiapedetische) Blutaustritte noch bunter (TOMELLINI: Tierversuche). Nach Einnahme von Natriumnitrit (an Stelle von Kochsalz) hatten die Organe — so schildert es MOLITORIS — einen „eigenartig erstickenden Geruch".

Im allgemeinen zeigt sich das mehr oder minder methämoglobinhaltige, schwarzrote bis schokoladenfarbene Blut gar nicht oder locker, ohne Speckhautbildung geronnen bzw. teerartig dickflüssig (EULENBERG, W. SCHMIEDEN, SCHUBERT [Köln] u. a.). Zuweilen ist noch Oxyhämoglobin nachweisbar (LOESCHKE). Der Zeitpunkt des Todeseintritts scheint maßgebend für die Beschaffenheit des Blutes: Läßt man Versuchstiere unmittelbar in der von Nitrosegasen gesättigten Luft verenden, so nimmt das Blut den Farbton des Methämoglobins an, nicht aber, wenn die Tiere auch nur kurze Zeit nach Entfernung aus der gashaltigen Atmosphäre sterben (KOCKEL). Nach den Ausführungen von LAVES sind die Nitritvergiftungen gekennzeichnet durch allmähliche postmortale Umwandlung des Methämoglobins in das sehr lang bestehenbleibende Stickoxydhämoglobin. Wird also in dem kirschroten Blut neben dem Spektrum des Stickoxydhämoglobins noch Rotabsorption durch saures Methämoglobin gefunden, so ist die Nitritvergiftungsdiagnose gesichert.

Über das Verhalten des Zentralnervensystems ist wenig bekannt. LOESCHKE (und ähnlich KAMPS) erwähnt auffallenden Blutreichtum und kleinste perivaskuläre Blutaustritte im Gehirn, welche — nach der Hämosiderinablagerung in den Gefäßscheiden zu schließen — nicht mehr ganz frisch sein konnten. WERTHEMANN berichtet (in einem 3 Tage alten Fall) über Purpura cerebri. (S. auch die Arbeit von O. SCHULTZ-BRAUNS).

Die häufigsten und schwersten Störungen finden wir — entsprechend der zumeist gasförmigen Einverleibung des Giftes — an den Luftwegen. In den oberen Abschnitten (von der Nase abwärts) tritt Schleimhautrötung und entzündliches Ödem (Gefahr durch Glottisödem!) auf, hämorrhagische, schleimig-eitrige, ja, pseudomembranöse Entzündungen werden beobachtet (HARNACK: ähnliche Erscheinungen wie nach Ätzammoniak!). WERTHEMANN spricht von „grippeartigem Bild". Die blutreiche und ödematöse, oft schokoladenfarbene

(F. CURSCHMANN, EULENBERG, HILTMANN u. a.) Lunge ist in der Regel hochgradig gebläht, mit kleinsten bis hanfkorngroßen Blutungen und rostbraunen Verdichtungen durchsetzt. Mikroskopisch sieht man — neben ausgedehnten Bronchopneumonien — Alveolen mit abgeschilferten Epithelien, Erythrozyten und Fibrin, vor allem aber fallen zahlreiche — schon mit dem Finger als derbe Stränge im Gewebe zu tastende (BAUER) — kapilläre und größere, hyaline und fibrinöse Thromben auf (A. FRAENKEL, KOCKEL: Tierversuche). Die im Falle RISEL nachweisbaren (durch Hustenstöße hervorgerufenen?) Haargefäßverstopfungen durch vielkernige, Knochenmarksriesenzellen gleichende Protoplasmaklumpen dürften als einmalige Beobachtung merkmalsmäßig ohne Wert sein. LOESCHKE, welcher eine größere Anzahl von Vergifteten zu sezieren Gelegenheit hatte, beschreibt das Lungengewebe als akut gebläht, mit Zerstörung der Alveolarsepten (s. auch KAMPS: hyalinisierte, teils aufgesplitterte, teils kolbig verdickte Alveolarwände). Das aus zerrissenen Gefäßen in das Gewebe ergossene Blut war fast völlig geronnen. Die Deckzellen erwiesen sich bis in die kleinsten Bronchialverzweigungen hinein als unversehrt, in den Alveolen dagegen sah man sie auf weite Strecken hin abgestoßen und zufolge regenerativer Vorgänge z. T. bereits wieder ersetzt. In den bronchopneumonisch oder fibrinöspneumonisch verdichteten Bezirken waren kleine Nekroseherde festzustellen.

Bei langsamerem Vergiftungsablauf kann sich Bronchiolitis obliterans (A. FRAENKEL), hämorrhagische und karnefizierende Pneumonie (WERTHEMANN) entwickeln. Sprengstoffarbeiter, welche dauernd mit Nitrosegasen in Berührung kommen, neigen zu chronischer Bronchitis, Pneumonie und Lungenblutungen. ORTH betonte den zeitlichen Abstand zwischen Gaseinwirkung und Entwicklung der Pneumonie.

Eine kurze Bemerkung von WERTHEMANN weist auf Blutungen und Nekrosen im Herzmuskel hin. O. SCHULTZ-BRAUNS schildert die Muskelfasern als körnig-schollig zerfallend, stellenweise wachsartig umgewandelt und zerrissen.

In der mit Nitrosegasen angefüllten Luft wird ein Verschlucken des Giftes häufig unvermeidlich sein: W. SCHMIEDEN fand die Kardiaschleimhaut gelblich verschorft, CHARIER (angef. bei RISEL) spricht von völliger Zerstörung des Mageneingangs und ulzerös-phlegmonöser Schleimhauterkrankung im Pförtnerteil.

Die durch perorale Zufuhr von Alkalinitriten ausgelösten örtlichen Schäden sind in der Regel wenig schwerwiegend und beschränken sich auf entzündliche Infiltrate und Blutaustritte (BINZ, COLLISCHON, LOESCHKE, TOMELLINI u. a.) in der Magen-Darmwand, auf Schwellung der Einzel- und Haufenlymphknötchen im Darm, dessen Inhalt von LOESCHKE als acholisch-reiswasserähnlich, von MOLITORIS als gelb gefärbt geschildert wird. Aus der Bemerkung des letzteren: „Die obersten Schichten der blutüberfüllten Magenwand schienen verschorft und leicht abstreifbar" ist die Art der Veränderung nicht recht ersichtlich.

In der ödematös geschwollenen, mehr oder minder hämosiderotischen, trüben, etwaig verfetteten Leber können sich kleine herdförmige, in erster Reihe die Läppchenmitte erfassende Zerfallsherde finden (LOESCHKE, SAVELS, SCHUBERT [Köln]).

Die graurote Niere ist groß, blutreich, ihre Rinde breit, vorquellend, trübkörnig. Bemerkenswert waren in den von LOESCHKE beobachteten Fällen — außer wechselnd starker, dem Blutzerfall mengenmäßig gleichlaufender Hämosiderinspeicherung — entzündliche Erscheinungen (Exsudat in den Gomeruluskapseln) und Epithelnekrosen an den gewundenen Kanälchen und

Henleschen Schleifen. Über höhere Verfettungsgrade ist des öfteren zu lesen (Harnack u. a.).

Die Beschaffenheit der Milz wird durch das Maß der Verarbeitung von Erythrozyten und -schlacken bestimmt (Loeschke, Tomellini).

Der Nachweis salpetriger Säure ist im Harn, Magendarm (und -inhalt) und Blut zu führen.

b) Organische Nitrokörper.
1. Amylnitrit.

Die rasche Wirksamkeit des Amylnitrits beruht auf seiner sofort einsetzenden Spaltung. Mit dem Augenblick der Gifteinatmung zeigt die Haut allerstärkste — teils venöse, teils arterielle — Gefäßfüllung. Das Zustandekommen der Gefäßerweiterung ist sowohl auf zentrale Vasomotorenlähmung als auch auf unmittelbaren Angriff des Giftes an der Gefäßwand zurückzuführen: Isolierte glatte Muskeln und kontraktile Substanz niederer Tiere erschlaffen unter dem Einfluß des Amylnitrits (Poulsson). Wird dieses in größeren Mengen zugeführt, so nimmt das Blut des (zum Versuchszwecke benutzten) Säugetieres zufolge Methämoglobinbildung (ohne Hämolyse!) dunkel schokoladenbraunen Farbton an.

Unsere Kenntnisse über Amylnitritvergiftung und die durch sie bedingten anatomischen Organveränderungen sind gering: Meines Wissens gibt es im Schrifttum der Menschenpathologie nur einen (französischen) autoptisch klargestellten Fall tödlich endender Vergiftung. Der Tod erfolgte hier 13 Tage nach therapeutischer Verwendung großer Mengen von Amylnitrit. Die Leber wies zentrale Nekrosen, die Niere Zeichen hämorrhagischer Nephritis auf (Vialard et Lancelin).

Nach Angabe von Zangger ruft das Gift Reizung der Magenschleimhaut hervor.

2. Nitroglyzerin.

An sich ein Nitrat, wirkt Nitroglyzerin nach seiner im Körper schnell vor sich gehenden Reduktion als Nitrit. Kleine Mengen beeinflussen die Gefäßnerven im gefäßerweiternden Sinne. Vergiftung mit großen Gaben führt unter Blausucht, sinkender Herz- und Atemtätigkeit den Tod (gewöhnlich im Koma) innerhalb weniger Stunden, seltener einmal erst nach Tagen herbei, ein Geschehnis, dessen Kenntnis wir im wesentlichen Tierversuchsergebnissen verdanken. Im allgemeinen enden die — vor allem bei Herstellung von Sprengstoffen — zu beobachtenden, auch schwereren Vergiftungen nicht tödlich. Das mit der Atemluft, ferner von Schleimhäuten und Wundflächen aus in die Körpergewebe aufgenommene Gift wird durch Haut und Lunge ausgeschieden, sein Nachweis am besten im Magen-Darminhalt geführt.

Die Angaben über das Aussehen des akut Vergifteten wechseln: Bald soll er zyanotisch, dann wieder blaß oder ikterisch sein.

Chronische Vergiftung führt auf jeden Fall zur Anämie (Zangger). Das Auftreten von Augenbindehautentzündung wird angegeben. Hautblutungen, purpuraartige Exantheme kommen vor. Bei Dynamitsiebern stellen sich Trockenheit der Haut, Schrunden, psoriatische Ausschläge und schlecht heilende Geschwüre an den Fingerspitzen (unter den Nägeln) ein (Neugebauer). Andere Zeichen der Dauerschädigung sind nicht bekannt (Koelsch u. a.).

Die Muskel- und Eingeweidefarbe war in dem von Meixner und Mayrhofer mitgeteilten tödlichen Vergiftungsfall auffallend hellrot, ein Umstand, welcher die Beobachter an eine durch Nitrit bewirkte Umwandlung des Bluthämoglobins in Stickoxydhämoglobin denken ließ (s. S. 248). Die beim vergifteten Tiere (BINZ, DITTRICH) zu beobachtende Methämoglobinbildung ist beim Menschen noch nicht nachgewiesen worden.

Kleine Blutaustritte in der Schleimhaut der oberen Luftwege, Lungenödem werden in den Berichten vermerkt. Perorale Giftzufuhr soll katarrhalische Gastroenteritis mit sich bringen (JAKSCH). Nach Verschlucken einer Sprengpatrone war der Zungenrücken schwarzbraun verfärbt, die Magenschleimhaut gequollen (MEIXNER und MAYRHOFER).

Vereinzelte kurze Angaben über Schädigung des Leberparenchyms im Sinne der akuten Atrophie bedürfen noch der Bestätigung.

3. Aromatische Nitrokörper.

Eine Anzahl der durch die Nitrogruppe substituierten Abkömmlinge des Benzols und Phenols ist gewerbehygienisch von großer Bedeutung. Im allgemeinen gelten die Dinitrokörper für giftiger als die Mononitroprodukte, welch letzteren wiederum die nitrierten Naphthaline (zufolge ihrer geringeren Flüchtigkeit und schwereren Löslichkeit) an Giftigkeit nachstehen (J. POHL).

Die hier abzuhandelnden Stoffe sind bezüglich Verhalten und Wirkungsweise im Körper verhältnismäßig wenig erforscht. Es kommen in Betracht:

> Nitrobenzole (Mononitro-, Dinitro-, Trinitrobenzol).
> Roburit (Dinitrobenzol + Ammoniumnitrat).
> Nitrochlorbenzole.
> Dinitrophenol.
> Trinitrophenol (Pikrinsäure).
> Nitrotoluole (Dinitro-, Trinitrotoluol).
> Nitronaphthaline.

α) Nitrobenzole.

Die drei nitrierten Benzole finden ausgedehnte Verwendung bei der Sprengstoff- und Teerfarbenherstellung, Nitrobenzol insbesondere auch als Bestandteil von Wäschetinte, Stempelfarbe, Konditorwaren, Spirituosen usw.

Alle drei Stoffe werden als Dampf und in fester Form von Schleimhäuten, Wunden und unverletzter Haut aus in die Körpergewebe aufgenommen und zeigen in ihrer (vorwiegend subakut-chronischen) Wirksamkeit sowohl klinisch (Einfluß auf Zentralnervensystem und Blut!) als auch pathologisch-anatomisch einheitlichen Charakter (KOELSCH). Nach der Anschauung von L. LEWIN (s. auch HEUBNER) beruht ihre Wirkung fast ausschließlich auf der Fähigkeit, Erythrozyten zu schädigen und der dadurch bedingten unzureichenden Sauerstoffversorgung der Zellen. Eine im Körper statthabende Umwandlung des Giftes in Anilin dürfte kaum in Frage kommen (FILEHNE).

Das klinische Krankheitsbild und die pathologisch-anatomischen Befunde werden beherrscht von der — meist hochgradigen — Blutzerstörung und Blutfarbstoffumwandlung, wie wir sie ähnlich unter dem Einfluß von Anilin, Antifebrin usw. sehen, und die — je nach dem Grad der Methämoglobinbildung — an mehr oder minder starker Verfärbung der zuweilen etwas gedunsenen Haut (an Ohren, Wangen, Nase!), der Augenbindehäute und der Schleimhäute (von Lippen, Zunge, Zahnfleisch) und vor allem der Totenflecke kenntlich ist. Der Farbton schwankt zwischen fahlgelb, blaßgrau bis blauschwarz (A. HUBER). Von anderen Untersuchern (OHLSEN, RUMP, F. STRASSMANN und C. STRECKER, SCHRÖDER [Hannover]) wird das Auftreten von Ikterus (hämolytisch?) in den Vordergrund gestellt. Zuweilen sieht man feinste Hautblutungen auf gelbem

Grund, oder es treten knötchenförmige Ekzeme, seltener einmal Geschwüre — z. B. am Penis — auf (F. Curschmann). Bondi teilt mit, daß in einem Fall, in welchem der Vergiftete 3—4 Stunden nach Genuß eines Mandellikörs erkrankte, sich umschriebene, bis in das Unterhautgewebe reichende Nekrosen an beiden Fersenhöckern einstellten. Kobert, Güntz u. a. sprechen von starker und auffallend langdauernder Totenstarre.

Die Hände der mit Nitrobenzolen hantierenden Arbeiter sind gelbbraun verfärbt, die Haare nehmen — wenn langdauernde Giftzufuhr in Frage kam — gelbrötliche, trocken-glanzlose Beschaffenheit an.

Mit Leichenöffnung, bei welcher der braune Farbton der durchschnittenen Muskulatur auffällt, entströmt nach Nitrobenzolvergiftung den Körperhöhlen, wie auch dem — in der Regel dunkelbraun bis schwarzen, (zäh-) flüssigen (s. aber Güntz) — Blute (Wandel) Geruch nach Bittermandelöl, ähnlich dem nach Vergiftung mit Blausäure, aber, in Gegensatz zu diesem, tagelang anhaltend.

Das Methämoglobin kann zur Zeit der Obduktion bereits aus dem Blut verschwunden sein, womit sich die wechselnden Angaben über den Spektralbefund erklären. Auch wird vermutet, daß bei chronischem Vergiftungsablauf anfangs Methämoglobin, dann Hämatin gebildet wird (Koelsch). Der Nachweis des letzteren gelang jedoch bisher noch nicht einmal im Tierversuch (F. Rabe). Ein nie fehlendes Merkmal der Erkrankung ist die weitgehende morphologische Umstellung des Blutes, das in seinen — von basophil getüpfelten Erythrozyten, Normo- und Megaloblasten, Hyperleukozytose usw. beherrschten — Bildern Anklänge an die Befunde bei perniziöser Anämie bieten kann (Koelsch, L. Mohr, N. Walker). Die neben den Blutschatten noch vorhandenen Erythrozyten erscheinen braunrötlich gefärbt, z. T. mehr ins Bräunliche spielend, vorwiegend mikrozytär oder — wie A. Huber es im Kaninchenversuch sah — gleichsam zerknittert und eingeschnürt (Abspaltung von Hämoglobintröpfchen). K. Ehrlich und Lindenthal sprechen im Hinblick auf den in der Mitte der Zelle zusammengesinterten Blutfarbstoff von „hämoglobinischer Degeneration".

Oft sind die serösen Häute mit feinen Blutaustritten übersät, kleine Blutungen finden sich auch in einzelnen parenchymatösen Organen (F. Reuter). In Schulter- und Gesäßmuskulatur etwaig vorhandene blauschwarze Flecke sind durch Blutsenkung hervorgerufen.

Die hochgradige Hämoglobinzerstörung macht sich schon früh am sauerstoffbedürftigen Zentralnervensystem bemerkbar (Heubner). Obwohl nervöse Erscheinungen vom klinischen Gesamtbilde untrennbar sind, wurden bisher in den meisten Fällen entsprechende pathologisch-anatomische Befunde vermißt. In den Sektionsberichten wird gewöhnlich nur die graubraune Verfärbung der Nervensubstanz erwähnt. Lediglich Güntz spricht von zahlreichen punktförmigen Blutaustritten (besonders im Balken und Kleinhirn). Die Gefäßwände zeigten sich in den betroffenen Bezirken von Ödem, Fibrin, Blutkörperchen durchsetzt. Bei Hunden sollen sich rückschrittliche Veränderungen in den Seitensträngen des Rückenmarks erzielen lassen (F. Strassmann und C. Strecker).

Fleckige, dem bloßen Auge auf Flachschnitten als lehmgelbe Sprenkelung erscheinende Entartung des Herzmuskels (nach Einwirkung von Dinitrobenzol) erwähnt Miller.

Die Lunge antwortet mit Eyrthrozytenanschoppung oder leichter Entzündung (Koelsch, F. Reuter). Bei den Versuchstieren staut sich das Lungenblut in den Haargefäßen als bräunlichgelbe Masse. (Ähnliches Verhalten zeigt das Blut in Leber und Niere.)

Der Sauerstoffverarmung der Gewebe gemäß werden Fettstoffe in den parenchymatösen Organen gespeichert und zwar in der Leber oft in allerhöchstem Maße. Im (nicht sezierten) Fall N. WALKER starb der Vergiftete unter den klinischen Erscheinungen akuter Leberatrophie. Ein von SCHNOPFHAGEN stammender Be   t betraf eine 26jährige Schwangere, bei welcher sich (nach akuter Vergiftung) neben sonstigen typischen Vergiftungszeichen zahlreiche

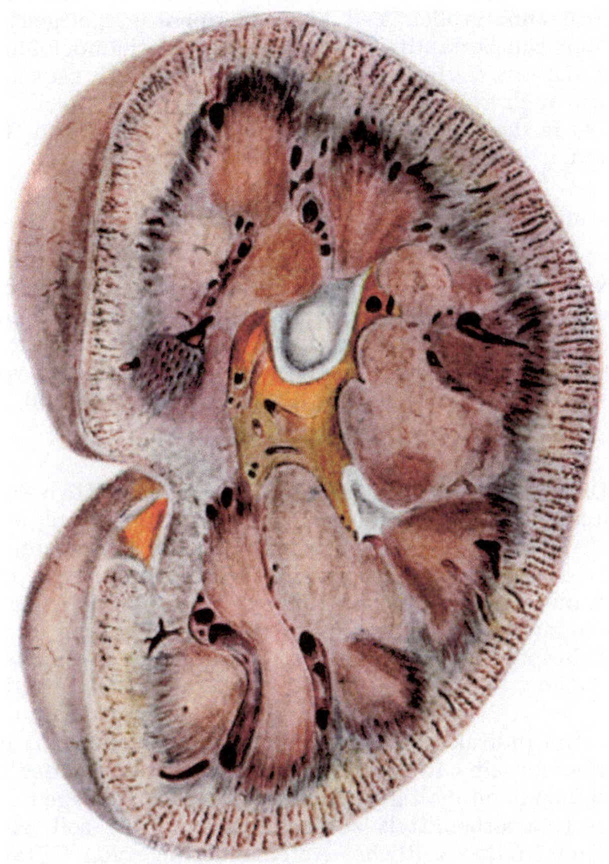

Abb. 80. Niere bei Nitrobenzolvergiftung. (Sammlung des pathol. Instituts am Urbankrankenhaus, Berlin. Prof. M. KOCH†.)

kleinste Nekrosen in der Leber nachweisen ließen. Diese erinnerten ihrem Sitz und Aussehen nach an die bei Eklampsie zu erhebenden Befunde und dürften demgemäß nicht als ursächlich eindeutig anzusprechen sein. F. CURSCHMANN sagt kurzerhand, ohne uns die Quellen für seine Angaben zu übermitteln: „Aus Tierversuchen und auf Grund zahlreicher Beobachtungen an Arbeitern ist als feststehend anzusehen, daß subakute oder chronische Vergiftungen zu Leberverfettung bzw. -atrophie führen".

Die dunkelbraunrote Milz schwillt infolge vermehrter Schlackenverarbeitung (Erythrozytenphagozytose, Pigmentspeicherung usw.) oft beträchtlich an (OHLSEN u. a.).

Blutüberfüllung und kleine Blutaustritte in der Schleimhaut des Verdauungsschlauches (F. REUTER u. a.) gehören bei Mensch und Tier zum anatomischen Vergiftungsbilde. Nach Verschlucken von Nitrobenzol kann man dieses noch in Tropfen oder als milchartige Flüssigkeit (Geruch nach Bittermandelöl!) im Magen finden.

In der — als Ausscheidungsorgan dienenden — mehr oder weniger hämo- bzw. methämoglobinurischen Niere (Abb. 80) sind die Epithelien der gewundenen Kanälchen zum großen Teil hämosiderinhaltig, gelegentlich etwas verfettet. Der durch Blutbestandteile (Hämoglobin, Methämoglobin usw.) dunkelbraungelb bis schwarz verfärbte Urin (BACHFELD, F. CURSCHMANN, L. MOHR) soll bei Tieren auch Hämatoporphyrin enthalten.

Der Nachweis des Nitrobenzols ist in Blut, Magen-Darm, Lunge, Gehirn, Leber zu führen.

Anhang: **Amine (Phenylhydroxylamin, Phenylendiamine, Chinondiamin).**
a) Phenylhydroxylamin.

Ein von K. HIRSCH und M. EDEL mitgeteilter, lediglich klinisch beobachteter Fall von Laboratoriumsvergiftung mit dem — durch Reduktion aus Nitrobenzol gewonnenen — Phenylhydroxylamin möge hier Erwähnung finden. Das von der Haut her aufgenommene Gift verursachte Erscheinungen von Methämoglobinämie: Graublaue Verfärbung der Lippen, rotbraune der Haut.

b) Phenylendiamine.

Das aus Dinitrobenzol hergestellte Paraphenylendiamin ist der wirksame Bestandteil vieler (im Handel unter dem Namen Ursol, Juvenia, Rurika usw. laufender) Haar- und Pelzfärbemittel. W. G. THOMPSON sah nach Anwendung eines aus Paraphenylendiamin, Wasserstoffsuperoxyd und Alkohol bestehenden französischen Haarfärbemittels an Anilinvergiftung erinnernde Krankheitserscheinungen auftreten.

Bei Fellfärbern stellt sich häufig sog. Ursolasthma ein, das sich in nichts von „echtem Asthma" unterscheidet und — wie dieses — mit Bluteosinophilie einhergeht.

Ursächlich einwandfreie tödliche Vergiftungen scheinen nur ganz vereinzelt bekannt geworden zu sein. In dem Fall VIZIANO, in welchem der Tod auf Benutzung eines phenylendiaminhaltigen, seinerzeit Hautausschläge und Hämaturie hervorrufenden Haarfärbemittels zurückgeführt werden soll, sind meines Erachtens trotz unmittelbar zeitlicher Aufeinanderfolge von Giftanwendung und Auftreten von Kachexie und Muskellähmung die ursächlichen Beziehungen nicht gesichert, zumal eine — die Verhältnisse möglicherweise klärende — Leichenöffnung offenbar nicht stattgefunden hat.

Über eine durch Trinken des japanischen Haarfärbemittels „Rurika" verursachte tödliche Vergiftung berichtet EZOE. Etwa eine Stunde nach Einnahme des Giftes setzten Magenerscheinungen (Erbrechen usw.) ein, vier Stunden später konnte man Gesichtsödem, Exophthalmus und Schilddrüsenschwellung auftreten sehen. Der Tod erfolgte innerhalb von zwölf Stunden unter Atemnot und Bewußtlosigkeit. Ein Sektionsbericht liegt nicht vor.

Bei stark ausgeprägtem Krankheitsbild stehen gefahrdrohendes Glottisödem, ungeheuerliche ödematöse Schwellungen an der Haut von Kopf, Hals, Armen, Rücken (SACERDOTI) im Vordergrund. Konjunktivalchemosis und Exophthalmus (POLLAK) sind seltener.

Als fast regelmäßiger Befund sind durch unmittelbaren Giftreiz hervorgerufene Hauterkrankungen zu buchen wie Erytheme, Ekzeme, Dermatitiden,

Pustel- und Blasenbildung (J. Schütz: tiefliegende, wie Sagokörner durchscheinende, stark juckende Ekzembläschen in den Handtellern!). Großfleckige Ausschläge, Geschwürsbildungen und Phlegmone wurden beobachtet (Kobert, W. G. Thompson u. a.).

v. Criegern spricht von Entzündung an der Schleimhaut der Luftwege, wie sie auch im Tierversuch zu erzeugen ist (E. Erdmann und Vahlen).

Der Körper des vergifteten Tieres antwortet gleichsinnig wie der des Menschen mit Entwicklung scharf abgesetzter Ödeme an Kopf und Hals (Tainter and Hall, Puppe u. a.). Exophthalmus (ödematöse Durchtränkung des intraorbitalen Gewebes!), Lid- und Konjunktivalschwellung kommen ebenfalls vor. Meissner konnte ödematöse Verdickung der Zunge und Parotis erzeugen. Alle diese Erscheinungen sind offenbar auf Erstschädigung des Gefäß- insbesondere des Kapillarsystems zurückzuführen. Mikroskopisch zeigen sich an den betreffenden Stellen die Gewebsfasern auseinandergedrängt, die erweiterten Saftspalten von Fibrin ausgefüllt (Tainter and Hall).

Gepinseltes Tierfell wird schwarzbraun. Einspritzung des Giftes unter die Haut zog beim Tier bräunliche Verfärbung der Einstichstelle (Muskulatur) nach sich, die darunter liegenden Muskelvenen waren ausgedehnt thrombosiert (Puppe).

Da man in einigen Fällen — histologisch nicht näher beschriebene oder gar gedeutete — Schwarzfärbung von Schleimdrüsen, Tränen- und Nickhautdrüsen, Kehlkopf u. a. m. feststellen konnte, wurde an eine chemische Reaktion zwischen Paraphenylendiamin und Gewebselementen gedacht.

Die kurzen Angaben über Nierenblutungen bzw. Hämaturie (Puppe) oder auch Schrumpfniere (Jaksch) weisen vorerst nur auf Untersuchungslücken hin.

Wahrscheinlich wird das Gift durch die Speicheldrüsen abgeschieden. Eine sichere Nachweismethode gibt es offenbar noch nicht.

Das vielleicht als Plasmagift wirkende Metaphenylendiamin verursacht Hämolyse (mit entsprechender Organhämosiderose). Nach Angaben von Zangger wurde tödliche „Leberdegeneration" mit Ikterus beobachtet.

c) Chinondiamin.

Bei Arbeitern in der Haar- und Pelzfärberei bildet sich an den Händen durch Oxydation des Paraphenylendiamins mit Wasserstoffsuperoxyd allmählich als Zwischenprodukt Chinondiamin, welches durch seine hochgradige örtliche Reizwirkung auf Haut und Schleimhäute gekennzeichnet ist. Man findet (mit Lidschwellung gepaarte) Augenbindehautentzündung, Hautentzündungen und -ekzeme, Entzündungserscheinungen an den Atmungswegen bis in deren tiefere Abschnitte (Zangger).

β) Roburit (Dinitrobenzol + Ammoniumnitrat).

Die nach langdauernder Beschäftigung mit dem Sprengkörper Roburit bei den — meist abgemagerten — Arbeitern auftretenden Vergiftungszeichen sind in erster Reihe der Dinitrobenzolwirkung zuzuschreiben, und der Sektionsbefund bietet demgemäß annähernd das gleiche Bild wie nach reiner Dinitrobenzolvergiftung.

γ) Nitrochlorbenzole.

Diese Stoffe, deren toxikologische Eigenschaften noch wenig erforscht sind, werden heute nicht mehr als reine Blutgifte angesprochen. Nach den Ausführungen von Zangger wirken sie reizend auf die Haut (und Schleimhäute) und verursachen daher Dermatitiden.

Das Auftreten von Ikterus, Milz- und Leberschwellung, Harnblasenblutungen wurde klinischerseits beobachtet. Die Beziehungen des Giftes zum

Nervensystem sind vorerst ungeklärt (ZANGGER: klinische Erscheinungen von Neuritis optica).

δ) Nitrophenole.

αα) Dinitrophenol.

Die Aufnahme des — wie Tierversuche lehren (KEIBEL) — außerordentlich giftigen Dinitrophenols erfolgt in Form von Tröpfchen, Staub und Dämpfen durch Speise- oder Luftwege, vor allem auch durch die Haut (s. unten), ganz besonders, wenn dieselbe feucht (schweißbedeckt) ist.

Über Wesen und Zustandekommen der Vergiftung ist noch wenig bekannt. Nach tierexperimentellen Untersuchungen französischer Forscher (angef. bei KOELSCH) kommt es unter dem Einfluß des Giftes zu einer gewaltigen Steigerung der Verbrennungsvorgänge in den Zellen mit Erhöhung der Körperwärme bis auf 45°.

Die Ausscheidung des Giftes geht in der Hauptsache mit dem — dann gelb- bis orangefarbenen oder auch schwärzlich (mit grünlichem Schimmer) verfärbten — Harn vor sich, welcher Aminonitrophenol enthält.

Das Vergiftungsbild ähnelt dem nach Einwirkung von Nitrobenzol. Der Tod erfolgt in schweren Fällen meist innerhalb weniger Stunden unter den Zeichen von Lungen- und Hirnödem (KOELSCH).

Im Tierversuch erfordert die sofort einsetzende (nach Ausführungen von J. POHL nicht auf Milchsäurebildung zurückzuführende) Totenstarre besondere Beachtung.

Gewöhnlich ist die Haut an den unbekleideten Stellen gelb getönt durch abgelagerte Giftteilchen, von denen aus es zu dauerndem Giftübertritt in die Säftebahn des Körpers kommt. KOELSCH berichtet über Arbeiter, welche nach Imprägnieren von Holz schwere eitrige Hautausschläge am ganzen Körper aufwiesen.

Bei Leichenöffnung findet man im Körperinnern einen gelbgefärbten Stoff mit Pikrinsäurereaktion. Über kennzeichnende Befunde an den Eingeweiden liegen offenbar bisher keine Mitteilungen vor. LUTZ et BAUME erwähnen einen Todesfall infolge akuter „hämorrhagischer Nephritis", über deren autoptische Sicherung aus dem kurzen Vermerk nichts hervorgeht.

Jedoch findet sich Nierenschädigung unter den Tierversuchsergebnissen mit an erster Stelle vermerkt. KOELSCH z. B. sah bei fast allen Tieren Eiweiß in den Kanälchenlichtungen, (nicht näher beschriebene) „Protoplasmaschädigung" und Kernuntergang in den Epithelien der gewundenen Abschnitte.

Bei längerdauernden Versuchen ließ sich diffuse und zentrale Leberverfettung erzielen.

ERBEN (angef. bei KOELSCH) erwähnt Blutveränderungen: Hämolyse und Poikilozytose.

ββ) Trinitrophenol (Pikrinsäure).

Die — besonders als Kalisalz sehr giftige — Pikrinsäure wurde früher viel als Wurmabtreibungsmittel verwendet (FRIEDREICH). Heute hat sie vorwiegend technische Bedeutung: Benutzung in der Seiden-, Woll- und Strohhutfärberei, als Fälschungsmittel (Hopfenersatz) beim Bier, zur Herstellung von Explosivstoffen usw. (WINTERBERG).

Das Gift besitzt in saurer Lösung starkes Eiweißfällungsvermögen (MOSLER). Es wird von Haut und Schleimhäuten aus leicht in den Körper aufgenommen und hinterläßt in fast allen Geweben kräftige (der Farbe des Kanarienvogels gleichende) Gelbfärbung, ein Umstand, der verschiedentlich zu künstlicher Erzeugung von Ikterus (zwecks Entziehung vom Militärdienst usw.) ausgenutzt wurde (Pewnitzki). Das Fehlen des Bilirubins im Blutserum macht den Pikrinikterus von echtem Ikterus leicht unterscheidbar.

Die toxikologische Bedeutung der Pikrinsäure wird uns in erster Reihe an den chronisch-gewerblichen Schädigungen klar. Häufig findet man an der Haut als Teilerscheinung der Allgemeinvergiftung scharlachartige Ausschläge, Blutungen, bullöse Ekzeme usw. (Christnacht, Matussewitsch u. a.). Doch sind Pikrinsäurearbeiter vor allem kenntlich an Gelbfärbung der Haut, Skleren und (etwaig entzündeten) Konjunktiven, dem gelbgrünlichen Farbton von Haaren und Fingernägeln.

Blutungen in Glaskörper und Netzhaut wurden des öfteren beobachtet (Karplus u. a.).

Die Berichte über das Verhalten des Blutes sind nicht einheitlich. F. Curschmann erwähnt Methämoglobinbildung, von anderen Seiten werden nur „erythrozytäre Degeneration" (Rymsza u. a.) und Leukozytose angegeben.

Während Rymsza auf die Gelbfärbung namentlich des zentralen und peripherischen Nervensystems hinweist, betont Mosler (s. auch Friedreich) — im Hinblick auf den Ausfall seiner Tierversuche — gerade den Mangel der Verfärbung am Gehirn und seinen Häuten.

In der Schleimhaut der Luftwege, insbesondere an den oberen Abschnitten, kommt es zu kennzeichnenden Veränderungen: Hartnäckige Rhinitis kann unter Umständen Durchbruch der Nasenscheidewand nach sich ziehen (Koelsch), wobei nicht zu entscheiden ist, ob dieser lediglich auf dem Boden giftbedingter entzündlich-nekrotisierender Vorgänge erfolgt oder durch mechanische Verletzungen (Bohren mit dem Finger usw.) ausgelöst wird. Bronchitische Erscheinungen werden von Christnacht u. a. hervorgehoben.

Entzündung, oberflächlicher Gewebszerfall an der Schleimhaut von Mund- und Rachenhöhle kann bazilläre Diphtherie vortäuschen (Koelsch). Da autoptisch gesicherte Magen-Darmschäden beim Menschen nicht bekannt geworden sind, gestatten uns nur die Tierversuchsergebnisse von Mosler darüber etwas auszusagen. Dieser sah bei seinen drei Tage lang mit Pikrinsäure gefütterten Tieren neben allerstärkster Gelbfärbung der berührten Gewebe kleine Schleimhautverluste, submuköse Infiltrate und starke Schleimbildung im Magen-Dünndarm, ferner ausgebreitete, bis in den Mastdarm reichende Dickdarmgeschwüre. Frische Bauchfellverwachsungen zwischen Dünn- und Dickdarm, mächtige Schwellung der Gekröselymphknoten vervollständigten das anatomische Vergiftungsbild.

Nierenveränderungen (Koelsch: Epithelnekrosen?) sind beim Menschen zwar auf Grund des Urinbefundes (orange- bis dunkelrote, durch Farbstoffaufnahme in die Blutbahn bedingte Verfärbung) zu vermuten, aber bisher nicht erwiesen. Mosler spricht von experimentell erzeugter „katarrhalischer Nephritis", wie man sie ähnlich nach Vergiftung mit Kanthariden sehen kann.

Der Nachweis der Pikrinsäure wird am besten im Blut, Magen-Dünndarm, Leber geführt.

<h3 style="text-align:center">ε) Nitrotoluole.</h3>

Der Annahme von Koelsch, daß die (als Explosivstoffe verwendeten) nitrierten Toluole an sich ungiftig seien, daß man die Ursache der gelegentlich zu beobachtenden schweren Krankheitserscheinungen in giftigen Beimengungen noch unbekannter Natur zu suchen habe, scheinen die Ergebnisse seiner eigenen Tierversuche zu widersprechen, denn in ihnen erwiesen sich rohes und gereinigtes Trinitrotoluol — ebenso wie die verschiedenen Isomeren — als gleicherweise giftig.

Für die Aufnahme der in Frage stehenden Stoffe kommen Haut, Lunge, Verdauungsschlauch (Einatmen und Verschlucken von Staub!) in Betracht.

Die Ausscheidung der Gifte erfolgt unverändert mit dem Stuhlgang, in umgewandelter Form durch den Harn.

Die Berichte über schwere und tödliche Vergiftungen stammen zum größten Teil aus England bzw. Amerika. In Deutschland sind derartige Fälle sehr viel seltener. Eine Erklärung dafür ist vielleicht in verschiedenartiger Zusammensetzung der deutschen und der ausländischen Steinkohle zu suchen (J. Löwy, Koelsch: Sammelbericht). Dennoch sind auch in Deutschland Massenerkrankungen beobachtet worden, unter Bevorzugung des weiblichen Geschlechts und der Jugendlichen (R. Fischer), wobei der — mit frühzeitigem Ikterus einsetzende — Vergiftungsablauf in der Regel ein subakut-chronischer (etwa 4—8 Wochen währender) war.

Nach längerem Arbeiten mit nitrierten Toluolen (wie mit aromatischen Nitrokörpern überhaupt!) sind die Beschäftigten kenntlich an gelbbrauner Verfärbung der Hände (mitsamt Fingernägeln). Gleicherzeit nimmt das Haar — vor allem bei blonden Menschen — am Vorderkopf braunrötlichen „pittoresken Bronzeton" (R. P. White) an. Nicht selten treten an den mit dem Gift unmittelbar in Berührung kommenden, blaß gelblichbraun (unter Einwirkung alkoholischer Kalilauge dunkelrosa und purpurn [R. P. White]) getönten Hautstellen Erytheme, urtikarielle, papulöse und vesikuläre Ausschläge (Reis u. a.), tiefgreifende Entzündungen und Geschwüre auf, die Epidermis wird in großen, zusammenhängenden Fetzen abgestoßen. R. P. White, welcher als Erster Mitteilung über Trinitrotoluoldermatitis machte, schildert die „Dermatokoniose" als ein oberflächliches, aus zahlreichen, winzigen roten Pünktchen bestehendes Erythem, mit Fortentwicklung zu verkrustenden, serösen Bläschen bzw. zu Quaddeln und Bläschen. Die Heilung erfolgt unter Abschuppung oder Ablösung der Haut.

Bei Allgemeinwirkung des Giftes überwiegt — trotz zunehmender Zerstörung des Blutes — die ikterische (Lebererkrankung!) über die für die Nitrogruppe sonst kennzeichnende aschgraue Haut- (und Schleimhaut-) Verfärbung, welche nach den vorliegenden Veröffentlichungen an Ausdehnung und Stärke niemals den Befunden bei Nitrobenzolvergiftung gleichkommt.

Kleine, an Haut, serösen Häuten und Eingeweiden auftretende Blutungen (L. Lewin) sind wohl mehr als Ausdruck der Leberschädigung, denn als unmittelbar giftbedingt anzusprechen.

Die Angaben über die — im Tierversuch untersuchte — Beschaffenheit des Blutes sind nicht einheitlich. Wie L. Lewin ausführt, soll bei akuter Vergiftung das braune Blut zwar hämatinhaltig, aber frei von Methämoglobin sein und nach Reduktion ein Spektrum von Hämochromogen zeigen. Voegtlin und Mitarbeiter erzielten bei chronischer Toluolzufuhr intraglobuläre Methämoglobinbildung.

In den einschlägigen Arbeiten der Menschenpathologie wird über Veränderungen des Blutes wenig mitgeteilt. R. P. White (s. auch J. Löwy) erwähnt Vorkommen von Methämoglobinämie. Im Blutbild fand White — in Übereinstimmung mit anderen Untersuchern — meist neutrophile Leukopenie, seltener neutrophile Leukozytose mit Eosinophilie, häufig Lymphozytose, Anisozytose und zahlreiche Megalozyten. Basophil getüpfelte Zellformen traten niemals auf.

Unmittelbare örtliche Reizung führt in den oberen Abschnitten der Luftwege zu Blutaustritten und Katarrhen der Schleimhaut, bedingt im Magen — oft als erstes Vergiftungszeichen — Schleimhautquellung, -blutung, ja, gelegentlich Geschwürsentwicklung (Koelsch).

Bei den tödlichen Fällen wird das Vergiftungsbild in der Regel beherrscht von Erkrankungen der Leber im Sinne der akut-subakuten Atrophie. Beteiligung der

Leber wird in England in einer deutscherseits unbekannten Häufigkeit beobachtet. Nach den Ausführungen von STEWART, der sich eingehend mit den pathologisch-anatomischen Befunden bei der Nitrotoluolvergiftung beschäftigt hat, nimmt die Veränderung des Lebergewebes „eine Mittelstellung ein zwischen subakuter gelber Atrophie und gewöhnlicher multilobulärer Zirrhose unregelmäßiger Verteilung". Besonders bemerkenswert schien ihm ein Fall, in welchem außer dem genannten Gewebsumbau noch ausgedehnte (Pankreas und Bauchlymphknoten mit einbeziehende) Hämochromatose vorlag. Wahrscheinlich handelte es sich hier um zwei nebeneinanderlaufende, nicht ursächlich verknüpfte Vorgänge, die möglicherweise ihre Entwicklung gegenseitig begünstigt hatten. Im Tierversuch beobachtet man mit Krankheitsbeginn lediglich stärkere Fettspeicherung in den Leberzellen und intrakapilläre bzw. interazinäre Ansammlung polymorphkerniger Elemente. VOEGTLIN und Mitarbeiter heben (beim Hund) die Erythrozytenphagozytose in Leber, Milz und dem — gelegentlich (R. P. WHITE) erythro- und myelopoetischen bzw. lymphozytären — Knochenmark hervor.

Der von KOELSCH angeführte Befund auffallender Eisenablagerung im Pankreas scheint sich auf den Fall STEWART zu beziehen. Betont wird, daß nach eintägigem Liegen an der Luft auf der Pankreasschnittfläche (bei völliger Auflösung der Zellen) massenhafte Abscheidung von Tyrosinkristallen nachweisbar war.

Die Niere ist gewöhnlich geschwollen, ikterisch verfärbt und blutüberfüllt. Der Grad der Kanälchenepithelverfettung (R. FISCHER, J. LÖWY, L. LEWIN) ist etwa der gleiche, wie man sie auch sonst bei akuter Leberatrophie (verschiedenster Ursache) zu sehen gewöhnt ist (s. EDMUND MAYER). Über Methämoglobinurie scheint beim Menschen nichts bekannt zu sein. Tiere zeigen im Anfang der Vergiftung am Nierengewebe keine Abweichung vom Normalen, erst später werden hyaline und Blutfarbstoffzylinder sichtbar (RUBINO u. a.).

Anhang: **Nitrokohlenstoff** (Tetranitromethan).

Da der Nitrokohlenstoff lediglich als Verunreinigung des Trinitrotoluols toxikologisch zu berücksichtigen ist (R. FISCHER), kann er in diesem, den aromatischen Nitrokörpern zugehörenden Abschnitt mit durchgesprochen werden. Die erste — später mit Hilfe von Tierversuchsergebnissen erweiterte — Kenntnis der durch ihn hervorgerufenen Organschäden wurde uns von KOELSCH übermittelt anläßlich der tödlichen Vergiftung eines Arbeiters, welcher, allmählich ikterische Verfärbung annehmend, 30 Tage nach dem Unfall unter den Zeichen der Methämoglobinämie zugrunde ging. Außer hochgradigem Lungenödem und den durch den Blutzerfall bedingten geweblichen Veränderungen (Erythrozyten- und Pigmentphagozytose usw.) in sonstigen Organen, fand sich nur akut hämorrhagische Gastritis.

Im Tierversuch überwogen die Reizerscheinungen von seiten der Atmungsorgane in Form von desquamativer Tracheobronchitis und Pneumonie.

ζ) **Nitronaphthaline.**

Mono- und Dinitronaphthalin sind — nach der Anschauung von KOELSCH — im gewerblichen Betriebe als verhältnismäßig unschädlich zu bezeichnen.

Arbeiter, welche längere Zeit hindurch Nitronaphthalindämpfen ausgesetzt sind, zeigen graugrünliche, gleich einem liegenden Oval gestaltete Hornhauttrübung, welche sich unter der Lupe in oberflächliche, dicht beieinanderliegende, durchsichtige Bläschen auflösen läßt (HANKE). Oft ist das krankhafte Geschehen von perikornealer Injektion begleitet (SILEX).

Über eigenartige Harnveränderungen nach Einwirkung von Tetrahydronaphthalin (Tetralin) s. bei J. POHL und RAWICZ, ferner bei RÖCKEMANN.

Anhang: **Cheddit.**

(Nitronaphthalin + Kalichloric. + Rizinusöl).

Die einzig bekannt gewordenen, von REACH überlieferten Todesfälle kamen durch den Genuß irrtümlich für Polenta gehaltener Chedditmassen zustande: Die Leute starben nach etwa drei Tagen unter den Erscheinungen der Met - hämoglobin - und Hämatinbildung, für die man sowohl die Wirkung des Nitronaphthalins als auch die des chlorsauren Kaliums verantwortlich machen kann.

E. Narkotika der Fettreihe.

1. Pental (Isoamylen).

Der ungesättigte Kohlenwasserstoff Pental, früher des öfteren zur Einleitung von Narkosen verwandt, ist heute nur noch von medizingeschichtlichem Belange. Einzelne unglückliche Zufälle nach Pentalnarkosen (bei Zahnentfernungen usw.) wurden veröffentlicht (ihre Zusammenstellung s. bei SACKUR 1893). Die wenigen bekannt gewordenen Sektionsergebnissse vermerken keinerlei für die Vergiftung kennzeichnende Merkmale und gleichen weitgehend den Befunden beim Erstickungstod (C. SICK): Man konnte starke allgemeine Blausucht, Blutaustritte in Schleimhäuten und serösen Häuten feststellen; im Herzen fand sich schwarzrotes, flüssiges Blut. BREMME macht auf den Pentalgeruch bei Eröffnung der Bauchhöhle und Durchschneiden der Lunge aufmerksam. In dem von ihm mitgeteilten Fall konnte man einen, der Lage nach dem Lidschluß entsprechenden, blaßroten Streifen quer über beide Augäpfel ziehen sehen: Eine Reizerscheinung, hervorgerufen durch verdunstendes Pental, das offenbar — wie die an Muskeln und Nerven von Tieren vorgenommenen Versuche lehren — örtlich zerstörend wirken kann.

ZANGGER (in seinem Lehrbuch der Toxikologie) erwähnt — ohne Quellenangabe oder nähere Ausführungen — das Auftreten von Hämoglobinurie.

2. Organische Chlorverbindungen.

α) Chloroform (Trichlormethan).

Das Chloroform, welches den anderen Narkoticis der Fettreihe in pharmakotoxikologischer Hinsicht außerordentlich ähnlich und gleich ihnen innerhalb der therapeutischen Wirkungsbreite im allgemeinen als gefahrlos zu bezeichnen ist, wird unter uns unbekannten Umständen (persönliche Überempfindlichkeit?) zum schweren Stoffwechselgift und entfaltet dann eine — Stunden oder oft erst Tage nach der Narkose in Erscheinung tretende — zerstörende Wirkung auf die Zelle.

Die Vorgänge bei der Aufnahme des Giftes von Lunge und Darmschleimhaut her, sein Verhalten im Körper, seine massige Speicherung in der an Lezithin reichen Nervensubstanz (NICLOUX et YOVANOVITCH, J. POHL) sind — ebenso wie die Narkosetheorie — zur Genüge bekannt, so daß sich das Eingehen darauf an dieser Stelle erübrigt.

Tierversuchsergebnisse ließen R. OSTERTAG an eine Chloroformspeicherung im Knochenfett denken, da das Gift im Knochen auffallend lange nachweisbar war.

Die Chloroformausscheidung erfolgt vor allem durch Verdampfung aus dem Blut, nur in ganz geringem Maße (z. T. als Chlorid) mit dem Urin.

Obwohl der Körper sich bei gewohnheitsmäßiger Chloroformzufuhr (durch Einatmung) allmählich an hohe Gaben gewöhnen kann, ruft die chronische Vergiftung doch schwerem Alkoholismus gleichende Erscheinungen hervor.

Die lange Berichtreihe über akuten oder Spätnarkosetod wurde von BÜCHNER 1859 mit einer Mitteilung eröffnet, welche das Fehlen nennenswerter anatomischer Veränderungen hervorhebt. Ähnlich äußerte sich R. OSTERTAG 1889. Offenbar handelte es sich beide Male um Kollapstodesfälle während der Narkose.

Bei akutem Inhalationstod sind im Augenblick des Todes die Pupillen weit, das Gesicht ist zyanotisch. Spättodesfälle (Leberschädigung!) sind in der Regel durch Ikterus, etwaig auch durch kleine Hautblutungen gekennzeichnet.

Chronische Vergiftung ruft Ödeme, ikterische Haut- und Schleimhautverfärbung, Augenbindehautkatarrhe hervor.

Die örtliche Reizung spielt im allgemeinen keine Rolle. Doch kann das Chloroform gelegentlich — vor allem bei Berührung des Auges (L. LEWIN und GUILLERY) — gewebliche Störungen bis zu entzündlich-verschorfender Blasenbildung, Eiterung und Gewebezerfall hervorrufen. Nach peroraler Chloroformeinverleibung sah SCHELCHER Schwellung und Verätzung der Lippen, das Zahnfleisch war von winzigen Blutungen durchsetzt.

Bei sublingualer Einspritzung fand man an der Einstichstelle des Zahnfleisches einen grauen Ätzschorf, die betreffende Gesichtshälfte war geschwollen, Bläschenbildung wurde an ihr beobachtet (L. LEWIN).

Meerschweinchenversuche, bei denen Chloroform in den äußeren Gehörgang und in die Paukenhöhle geträufelt wurde, ergaben örtliche, mitunter bis zu Gewebszerfall und Eiterungen gehende Entzündungserscheinungen (ECKEL).

Im Augenblick der Leichenöffnung ist in ganz frischen Fällen der Chloroformgeruch von Höhlen und Organen das Bemerkenswerteste. Auf späterer Vergiftungsstufe sind bereits Blutaustritte in den — etwaig ikterisch verfärbten — serösen Häuten vorhanden. Die verfetteten Eingeweide fallen durch ihren gelblichen Farbton auf.

Nach Trinken von Chloroform führte ausgedehnte Verätzung der Speiseröhre zu deren Wanddurchbruch und in der Folge zu Brustfelleiterung. Die starke Rötung der Magenserosa ließ auf beginnende Bauchfellentzündung schließen (SCHELCHER).

Die graugelblich-trüb scheinende Körpermuskulatur (insbesondere Bauch- und Zwerchfellmuskel) kann beträchtliche Fetteinlagerung zeigen bzw. fettigschollig zerfallen (E. FRAENKEL, HERXHEIMER, F. STRASSMANN, UNGAR u. a.); die Veränderungen sind aber seltener und gewöhnlich nicht so hochgradig wie etwa nach Einwirkung von Phosphor oder Amanitagift (s. Abb. 95).

Bei Betrachtung der Chloroformschäden am Zentralnervensystem, welche in der Berichterstattung auffallend stiefmütterlich behandelt werden, steht die Spärlichkeit der Befunde in einem grellen Mißverhältnis zu der — sich doch in erster Reihe am Zentralnervensystem auswirkenden — Lipoidaffinität des Chloroforms. Mögen die nervösen Elemente zufolge der Schnelligkeit der Giftausscheidung in der Regel auch von bleibenden Störungen verschont werden, so weisen doch einzelne Befunde am Menschen (wie auch Tierversuchsergebnisse) auf die Möglichkeit tiefergreifender geweblicher Veränderungen in der Nervensubstanz hin. Somit muß man annehmen, daß hier in unseren Kenntnissen — wie auf dem Gebiet der Neuropathohistologie der Vergiftungen überhaupt — noch weite Lücken klaffen, die nur in engster Zusammenarbeit zwischen dem über den Rohstoff verfügenden pathologischen

Anatom und dem das Sonderfach beherrschenden Neuropathohistologen ausgefüllt werden können.

Ältere Untersucher (Ernberg, Kobert u. a.) sahen „Erweichungsherde" und nicht näher gekennzeichnete „diffuse Schädigung". Poroschin spricht von „hyaliner und vakuolärer Zelldegeneration" nach der Narkose. Bei L. Lewin findet sich ein kurzer Vermerk über Auftreten von „Blutungen und Degenerationsherden" bei zentraler Narkoselähmung. In den letzten Jahren hat Schelcher an Hand eines 5 Tage nach peroraler Vergiftung eingetretenen Todesfalles hingewiesen auf schwere rückschrittliche Umwandlung der Ganglienzellen im Großhirn und verlängerten Mark, die in schollig-klumpigem Zerfall der Trigoidsubstanzen, in Protoplasmavakuolisierung und -verfettung bestanden. Letztere scheint sich — wie B. Müller nach dem Ausfall seiner Tierversuche schloß — gewöhnlich in mäßigen Grenzen zu bewegen; doch konnte Müller gegenüber der Norm vermehrte Lipoidablagerung in den Gefäßwänden (besonders auch der Hirnhäute) nachweisen. (Entsprechende Befunde ergaben sich nach Anwendung anderer Narkosemittel wie Äther, Chloralhydrat, Bromäthyl.) Raysky vergiftete Kaninchen akut und erhielt im verlängerten Mark ein ähnliches, nur noch stärker ausgeprägtes Bild als wie Schelcher es schilderte.

Die dem Tode vorangehende Benommenheit wird von K. Brandes auf Grund neuerer Untersuchungen mit Hirnschwellung erklärt, bewiesen durch Verringerung des Unterschiedes zwischen Hirngewicht und Fassungsvermögen des Schädelinnenraums.

Unser Wissen um gewebliche Störungen am peripherischen Nerven stammt im wesentlichen von Lapicque et Légendre, welche im Hinblick auf die Verdickung der Myelinscheiden (namentlich in der Gegend der Schnürringe) schlossen, daß die Bindung des Chloroforms an die peripherischen Nerven noch beträchtlicher sein müsse als die an das Gehirn. Aus dem mir zugänglichen kurzen Bericht ließ sich nicht ersehen, ob es sich möglichenfalls um während der Narkose zustandegekommene Druckschädigung des Nerven gehandelt hatte.

Weitgehende — vor allem am vergifteten Tier erforschte — Schädigung der Herzganglien legt es nahe, im Herzen den ersten Angriffspunkt des Giftes am nervösen Apparat zu suchen. Die Befunde an ein- oder mehrmalig narkotisierten Tieren (Lissauer, S. Schmidt u. a.) decken sich etwa mit den Angaben von Pasini, der beim Menschen (Spättodesfall!) „Schwellung, Chromatolyse, Vakuolisierung" usw. der spezifischen Elemente beobachtete.

Mit Veränderungen des Thymus unter Chloroformeinwirkung beschäftigten sich Baiocchi, Latteri. Ersterer erzielte bei seinen Hunden nur Kreislaufsstörungen (Ödem, Blutungen) und Zerfall einzelner Zellen, während Latteri nach wiederholten Narkosen hochgradige rückschrittliche Veränderungen, vor allem in Rinde und Hassallschen Körperchen nachweisen konnte: Die Lymphozyten verschwanden unter Zunahme reichlich plasmazellhaltigen Bindegewebes. Die Masse der intrazellulär abgelagerten, zum großen Teil ciacciopositiven Fettstoffe war in die Augen springend.

B. Müller weist in seinen Tierversuchsarbeiten auf die Verfettung des respiratorischen Epithels hin. Auch das Fett in den Bronchialknorpelzellen schien ihm vermehrt. Mulzer beobachtete bei seinen Tieren in den Lungengefäßen körnige und fädige Fibrinmassen, deren Entstehung er mit erhöhter Blutgerinnbarkeit zufolge Erstschädigung der Erythrozyten in ursächlichen Zusammenhang bringen möchte.

Nach Trinken von Chloroform (und Aspiration?) zeigte sich Kehldeckel- und Kehlkopfschleimhaut mit punktförmigen Blutaustritten übersät, an einzelnen Stellen mit weichen graugelblichen Auflagerungen bedeckt (Schelcher). Bei chronischen Inhalationsvergiftungen stellt sich hartnäckige Rhinitis ein.

Ein fast regelmäßiger Befund beim Narkosetod ist die oft allerstärkste Verfettung des dann trübgelben, brüchigen, gedehnten Herzmuskels.

Ein Teil der im Blute kreisenden vermehrten Fettstoffe wird offenbar in den Endothelien der Aorteninnenhaut (E. Fraenkel), aber vorzugsweise in den Uferzellen der kleinen Hirngefäße und -kapillaren abgefangen (Herxheimer, B. Müller, Schelcher u. a.). A. Frank (angef. bei Esser) fand in dem Spättodesfalle eines 11jährigen Kindes die Milzarterien verfettet und hyalinisiert.

Chronische Vergiftung soll arteriosklerotische Vorgänge in den Basalgefäßen des Gehirns begünstigen (Jaksch).

In den Arbeiten früherer Jahre (Eulenberg und Vohl, Majer u. a.) ist die Anschauung vertreten, daß ein blitzartig eintretender Narkosetod durch Luftansammlung im Blute bedingt sei. Wahrscheinlich dürften derartige Befunde mit Bildung von Fäulnisgasen zu erklären sein.

Die zeitweilig in der Narkose zu bemerkende Dunkelfärbung des arteriellen Blutes wird von Ellinger und Rost auf — angeblich auch spektroskopisch bestätigtes — Vorhandensein von Methämoglobin bezogen. Dieses soll nicht regelmäßig, sondern erst bei Auftreten größerer Mengen nachweisbar sein.

Im Verdauungsschlauch sind die schweren Schleimhautschäden nach peroraler, gewöhnlich tödlich verlaufender Vergiftung wohl nicht so sehr dem Chloroform als solchem, sondern seinen Verunreinigungen (Salzsäure, Chlor usw.) zur Last zu legen. Nur so ist die geradezu ätzende Wirkung des Giftes zu verstehen, wie sie uns in dem ausführlich dargestellten Fall Schelcher entgegentritt: Bei dem 58jährigen, nach Verschlucken von 50 g Chloroform am 5. Tage verstorbenen Selbstmörder fand man Lippen und Zunge stark verätzt, die Rachenschleimhaut geschwollen, gefältelt, schmutziggraurot, überlagert von matschigen, graugelblichen und schieferfarbenen, von den tieferen Schleimhautschichten durch eine schmale Eiterzone getrennten Schorfen. Die von einzelnen derberen (sich z. T. lösenden) Auflagerungen bedeckte, mißfarbige, morsche Speiseröhrenwand war in ihren unteren, eitrig-jauchig durchtränkten Abschnitten bereits durchbrochen; der Durchbruch hatte zu Brustfelleiterung geführt. Der Magen zeigte sich mit dunkelgrauroter, übelriechender Flüssigkeit gefüllt. Das Kardiagewebe war verdickt, die erweichte, leicht abstreifbare, schwärzlichrot verfärbte Fundusschleimhaut wies gürtelförmig angeordnete Verschorfungen auf. Im mikroskopischen Bild konnte man feststellen, daß die reichlich vorhandenen Blutungen durch Wandnekrosen der — z. T. thrombosierten und mit intramuralen Leukozyten bzw. mit Fibrin durchsetzten — Gefäße zustandegekommen waren.

Ähnliche, aber nicht so hochgradige Magenverätzungen sahen Schönhof, R. Hirsch, doch erstreckten sich in ihren Fällen die Veränderungen in Form zahlreicher, z. T. verschorfender Geschwürsbildungen noch etwa $1\frac{1}{2}$ m weit in den Dünndarm hinein, dessen Schleimhaut (ebenso wie die des Magens) von Schönhof als glatt und seifig anzufühlen geschildert wird.

Bei Gewebestörungen leichteren Grades beherrschen entzündliche Schwellung, Blutungen, hämorrhagische Erosionen, Verfettung der Deck- und Drüsenzellen das anatomische Bild (Hamilton, Herxheimer, Jedlicka, Telford u. a. Siehe auch Merkel, dieses Handbuch IV/1).

Die Tierversuchsergebnisse decken sich in den wesentlichen Punkten mit den beim Menschen beschriebenen Befunden (Komoda, B. Müller, Schönhof).

Das Chloroform als vorzugsweises Lebergift ist — im Hinblick auf eine gewisse Einheitlichkeit in der an seinem Haupterfolgsorgan zu Tage tretenden Wirkungsweise — dem Phosphor, Amanitagift, Oleum pulegon u. a. m. anzureihen. Gleich diesen verursacht es in der — dann gelbgrün oder gelb verfärbten bzw. gelbrot gefleckten und teigig-schlaff beschaffenen — Leber eine von Stärke und

Dauer der Giftwirkung, persönlicher Ansprechbarkeit des Betroffenen und Augenblickszustand der Leberzelle abhängige, mehr oder minder schwere Zellschädigung mit folgender, oft ungeheuerlicher Speicherung von Fettstoffen (Neutralfetten und Lipoiden: E. Petri) und Zellzerfall, welch letzterer gewöhnlich, aber durchaus nicht gesetzmäßig, in Läppchenmitte beginnt. Schließlich findet man Gewebsab- und -umbau in allen Abstufungen bis zu dem, auch in seinen klinischen Erscheinungen (Guleke: Abscheidung von Leuzin und Tyrosin usw.) typischen Bild der akuten bzw. subakuten Atrophie (Aubertin, Brackel, E. Fraenkel, Herxheimer, Schnitzler, Staemmler u. a.). Entgegen der Anschauung der meisten Untersucher lehnen einzelne Forscher — wie etwa Fahr — grundsätzlich die Gleichsinnigkeit der geweblichen Vorgänge bei Chloroformvergiftung und „akuter Atrophie" (d. h. der Atrophie unbekannter Ursache) ab: Von einem so schweren Zerfall wie dort könne gar nicht die Rede sein, das Organ erinnere vielmehr an die Fettleber bei chronischem Alkoholismus.

Nach den Ausführungen von Herxheimer bewirkt wahrscheinlich jede Narkose Lipämie und geringe Leberverfettung, und nur in Verbindung mit anderen, insbesondere leberschädigenden Umständen (F. Fischler und Hjärre: Überbeanspruchung der Leberleistung) wird das — vielleicht in glykogenverarmendem Sinne einwirkende (Pollak) — Chloroform Auslösungsmittel für die unaufhaltsame Protoplasmazerstörung, wobei die Leber offenbar den eigenen fermentativen Einflüssen unterliegt.

Es lassen sich — wie schon vor Jahrzehnten von verschiedenen Seiten (Teschendorf u. a.) gezeigt wurde — in der Leber des Tieres wesensgleiche Veränderungen erzeugen. So stellte Herxheimer in einer Reihe von Versuchen die zeitliche Folge des krankhaften Geschehens dar: Von Verfettung (erst der Haargefäßendothelien, dann der Leberzellen) über rückschrittliche Zellumwandlung und Zellzerfall in Läppchenmitte bis zu reparativ-regeneratorischen Vorgängen. De Zalka konnte außerdem noch vom 3. Tage an (beim Kaninchen) riesenzellartige Gebilde aus gewucherten Endothelien und Verkalkung der nekrotischen Bezirke feststellen. Nach längerdauernder Zufuhr kleiner Giftmengen waren die Zerfallsherde weniger ausgesprochen: Mächtige vakuoläre (glykogenfreie) Elemente und Riesenzellen gaben dem histologischen Bild sein Gepräge. Anatomisch faßbare Veränderungen bleiben aus, wenn die Tiere vor der Narkose mit Kohlehydraten gefüttert werden (F. Fischler und Hjärre). Auch nach Vitalspeicherung von Tusche, Typanblau usw. können Tiere erhebliche Giftmengen aufnehmen, ohne daß Verfettung und Nekrose wie beim Normaltier auftreten (Grossmann).

Nach dem augenblicklichen Stande der Forschungen ist die Größe des Glykogenvorrats beim Einsetzen der Narkose für Zustandekommen, Grad und zeitlichen Ablauf der geschilderten Vorgänge von ausschlaggebender Bedeutung (Graham u. a.), so daß sich durch reichliche Kohlehydrateinverleibung (z. B. in Form von Traubenzuckergaben) vor der Narkose die Zellschädigung hintanhalten oder überhaupt verhindern läßt (F. Fischler, F. Fischler und Hjärre, Simmonds, Davis and Whipple). Andererseits ist in den tödlich verlaufenden Narkosefällen das fast völlige Verschwinden des Glykogens aus den Leberzellen festzustellen (Meixner).

Die Niere, welche, wahrscheinlich in Abhängigkeit von den Leberstörungen (s. Edm. Mayer), an der allgemeinen Parenchymverfettung in höchstem Maße teilnimmt, ist entsprechend vergrößert, graugelblich-butterfarben, von teigiger Beschaffenheit. In der Regel speichern die gesamten Deckzellen, auch die der Kapselblätter (Poroschin, Marthen), vorzüglich aber die der gewundenen Kanälchen — bei normaler Kernbeschaffenheit — ungeheure Fettmengen.

Beim Menschen lassen sich vereinzelt (HERXHEIMER u. a.), am vergifteten Tiere (B. MÜLLER, RAYSKY u. a.) häufiger in umschriebenen Bezirken der gewundenen Kanälchen epitheliale Absterbeerscheinungen beobachten. E. FRAENKEL betont das — auch bei Jugendlichen — beständige Vorkommen von körnig-scholligem, histochemisch nicht näher bestimmtem, meist in den Epithelien der Schleifenschenkel abgelagertem Pigment.

Im Urin tritt vereinzelt Azeton und Hämatoporphyrin auf. Nach Angabe von ELLINGER und ROST soll auch Hämoglobinurie im Anschluß an Narkosen des öfteren festgestellt worden sein.

Das Verhalten der Nebenniere ist vor allem von Belang im Hinblick auf die ausgesprochene, das tödliche Ende einleitende Blutdrucksenkung, welche von verschiedenen Untersuchern auf toxische Schädigung der adrenalinerzeugenden Elemente bezogen wird. Laut Ausführungen von HORNOWSKY (s. auch GOLDZIEHER) hat man sich den Hergang so zu denken, daß, zufolge größeren Bedarfs an blutdrucksteigerndem Stoffe während der Narkose, das chromaffine System in allerstärkstem Maße, möglichenfalls bis zur Erschöpfung beansprucht wird. Ist der Körper imstande, Adrenalinbildung und -verbrauch einander anzupassen, so tritt der Tod nicht ein: Die chromaffinen Zellen geben dann — wie auch der Tierversuch lehrt — auffallend dunkelbraune Chromreaktion, während bei tödlichem Ausgang Minderung oder Fehlen des Adrenalins sich durch herabgesetzte bzw. mangelnde Chromierbarkeit der Markzellen anzeigt (SCAGLIONE, SCHMORL und INGIER, SCHUR und WIESEL u. a.). Demgegenüber betont SCHWARZWALD, daß — sofern man überhaupt aus einer kurzen Beobachtungsreihe zu Schlußfolgerungen berechtigt sei — das chromaffine System unter Narkoseeinwirkung durchaus keine regelmäßige Beeinflussung erkennen lasse.

Bezüglich des Lipoidstoffwechsels ist zu bemerken, daß sich nach wiederholten Narkosen in der Rinde (abgesehen von Blutüberfüllung, kleinen Blutungen, Zellansammlungen usw.) Abweichungen von der Norm feststellen lassen: Entweder Lipoidverschiebungen, d. h. Lipoidablagerungen in sonst freien Rindenbezirken (NIEMEYER u. a.) oder hochgradiger bzw. völliger Schwund der Fettstoffe (BAIOCCHI), der auf die lipoidlösende Kraft des Chloroforms zurückgeführt wird. Nach den Angaben von NIEMEYER kann man eine der Narkosedauer gleichlaufende Fettzunahme in der Zona fasciculata nachweisen, während gleicherzeit zu beobachten ist, daß sich in den anderen Rindenzellen die Lipoide staubförmig aufsplittern und Randstellung annehmen, ähnlich, wie es von A. DIETRICH und H. SIEGMUND bei Wundinfektion beschrieben wurde. Das mengenmäßige Verhältnis der einzelnen Fettstoffe scheint noch wenig erforscht; nur SCAGLIONE spricht davon, daß die Neutralfette gegenüber den Lipoiden vermehrt würden.

Bei Feten bzw. Neugeborenen vergifteter Mütter können sich in allen Organen entsprechende — jedoch weniger ausgebildete — Veränderungen wie die vorher geschilderten finden. Der Übergang des Chloroforms von Mutter auf Kind ist erwiesen (auch im Tierversuch: RAYSKY). KOBLANCK machte auf den starken Chloroformgeruch aufmerksam, der von den aus der Luftröhre des Neugeborenen abgesaugten Massen ausging. Die in solchen Fällen bei dem Neugeborenen zu sehende Verfettung des Herzmuskels dürfte jedoch nicht als Todesursache ausreichen, zumal derartige Befunde auch ohne Narkose der Mutter des öfteren vorkommen (H. SCHMIDT).

Im allgemeinen ist der Chloroformnachweis an der Leiche nur unmittelbar nach Todeseintritt in Blut, Gehirn, Lunge, Magen möglich. R. OSTERTAG gelang es (am vergifteten Tiere), Chloroform noch 10 Monate nach Tötung im Knochen aufzufinden (Speicherung des Giftes in dem — gegen Fäulnis sehr widerstandsfähigen — Knochenfett?).

β) Chloralhydrat.

Zusammenstellung der tödlichen Vergiftungsfälle s. bei BORNTRÄGER.

Örtlich wirkt Chloralhydrat reizend, fast ätzend und wird nach Verletzung der Haut durch diese, ebenso wie von den Schleimhäuten aus in die Säftebahn aufgesogen. Als letzte Todesursache ist Atemlähmung anzusehen. Im Hinblick auf die Leberschäden, welche im Tierversuche zu erzeugen waren, vermutet B. MÜLLER, daß bei Zersetzung des Chloralhydrats in den Geweben Chloroform gebildet wird.

Chemische Kumulation führt zur chronischen, sich in Hauterkrankungen, Fötor ex ore, Schwäche, psychischen Regelwidrigkeiten usw. äußernden Vergiftung (Chloralismus). Das Gift wird teils unverändert, teils als Urochloralsäure (reduzierende Substanz, daher fälschliche Annahme der Glykosurie!) durch die Nieren ausgeschieden.

Das Auftreten von Ikterus wurde von vielen Seiten beobachtet. Um die Erklärung seiner Entstehung haben sich wie die heutigen, so auch schon die älteren Forscher bemüht. R. ARNDT dachte an einen chloralbedingten Gastroduodenalkatarrh, der durch unmittelbare Reizwirkung des Giftes beim Hindurchtreten oder mittelbar durch Gefäßlähmung zustandegekommen sein sollte. PELMAN hinwiederum erblickte den wesentlichen Umstand in einer Blutzersetzung. WERNICH hebt die Tatsache hervor, daß bereits bestehende Gelbsucht unter Einfluß des Chloralhydrats an Stärke beträchtlich zunimmt, wie er es z. B. bei einem Trinker innerhalb von 24 Stunden beobachten konnte. (S. auch die Ausführungen von H. SCHÜLE über die Giftansprechbarkeit des unter Alkoholwirkung stehenden Körpers). Offenbar handelt es sich nicht um einen hepatogenen Ikterus, denn v. GELLHORN betont ausdrücklich, daß bei chronischem Vergiftungsablauf trotz vorliegender (aber in seinem Fall wahrscheinlich nicht chloralbedingter!) Leberschädigung Gelbsucht überhaupt fehlen kann.

Im allgemeinen ist die chronische Vergiftung gekennzeichnet durch Abmagerung, Haarausfall und Hauterscheinungen aller Art, welch letztere sich dem Wesen nach von denen bei akuter Vergiftung nicht unterscheiden. Man bekommt Erytheme, winzige Blutaustritte, Papeln, Quaddeln, impetiginöse und squamöse Ekzeme u. a. m. zu sehen (KIRN u. a.); auch kleine, gehäuft auftretende Gangränherde (J. K. MAYR) und (bis taubeneigroße) mit Serum gefüllte Blasen (GREGOR) werden beschrieben. REIMER spricht von Ichthyosis mit Abstoßung großer Epidermoidalschuppen.

Ferner sind ödematöse Schwellung von Gesicht, Augenlidern usw., gelegentlich auch des ganzen Körpers als Zeichen der Allgemeinvergiftung zu nennen. Es besteht Neigung zu Druckgeschwüren, die außerordentlich langsam heilen (REIMER). Häufig machen sich trophische Störungen an den Fingernägeln (Nagelbettentzündung, Nagelausfall) bemerkbar; vielleicht sind auch die von GREGOR geschilderten blutigen Schrunden an Mund- und Nasenöffnung als solche anzusprechen.

Augenbindehautentzündung ist beim Chloralisten eine ziemlich beständige und schwer zu beseitigende Erscheinung. Kleine Konjunktivalblutungen, Iridochorioiditis, Glaskörpertrübung kommen vor. Für die von L. LEWIN und GUILLERY zum Verständnis vorübergehender Sehstörungen aufgestellte Hypothese einer marantischen Thrombenbildung (zufolge Gefäßlähmung) fehlen bisher die Unterlagen.

Bei örtlicher Schädigung der Haut durch Einwirkung chloralhaltiger Flüssigkeit, Salben usw. schilfert die Epidermis ab, es bildet sich ein oberflächlicher Ätzschorf, oder Ekzeme, bzw. eitrige Pusteln sprießen an der betroffenen Stelle auf. H. SCHULTZ zeigte im Tierversuch die Tiefenwirkung des in die Haut eingeriebenen Giftes: Das herausgeschnittene, stark nach Chloral riechende Hautstück war mit der darunterliegenden blutreichen, ödematösen, von Venenthromben und Blutungen durchsetzten Muskelschicht verwachsen und wies in der Kutis reichlich Infiltrate auf.

Die Öffnung der Körperhöhlen bietet nichts Kennzeichnendes. Die Eingeweide sind blutüberfüllt.

Abgesehen von einem kurzen (eine chronische Vergiftung betreffenden) Vermerk über subependymale Blutungen in den Seitenventrikeln (GEILL), über Ödem und Blutleere des Gehirns (BORNTRÄGER) liegen Berichte von anatomisch faßbaren Schäden am Zentralnervensystem — welche man mit Rücksicht auf die klinischen Erscheinungen erwarten dürfte — meines Wissens nicht vor. Auch die spärlichen Tierversuchsergebnisse (B. MÜLLTR: Ganglienzell- und Gefäßwandverfettung) bringen uns hier nicht weiter.

Reizerscheinungen von Seiten der oberen Luftwege: Akute hämorrhagische Bronchitis (GREGOR), Epiglottis- und Stimmbandödem usw. sind entweder auf Chloralaspiration oder — mit größerer Wahrscheinlichkeit — auf giftbedingte Kreislaufstörungen zurückzuführen. Nach der Beschreibung von B. MÜLLER erinnerte bei seinen (mehrfach narkotisierten) Tieren der Lungenbefund mit der ausgedehnten Verfettung des respiratorischen Epithels an Bilder, wie man sie nach Chloroformeinwirkung zu sehen bekommt.

Die Schleimhaut des unmittelbar betroffenen Verdauungsschlauches (vom Mund bis zum oberen Dünndarm) weist die verhältnismäßig stärksten und regelmäßigsten Veränderungen auf. Rötung oder Blaurotfärbung, Abschürfungen, entzündliche Schwellung, Bläschen- und Geschwürsbildung an Zungen- und Mundschleimhaut sind — vor allem nach wiederholter Gifteinnahme — häufig anzutreffen (H. CURSCHMANN, KIRN). Die Innenhaut des Magens (bzw. des Duodenums) ist trübe, gelockert, erodiert, mit Blutaustritten durchsetzt (Berstung kleiner Gefäße?) bzw. hämorrhagisch entzündet (OGSTON u. a.) oder kann — wie im Falle FELLER — grauweißliche Verschorfung zeigen. Das Auftreten größerer, möglicherweise in die Bauchhöhle durchbrechender (R. ARNDT) Geschwüre kommt in erster Reihe bei Kindern und Alkoholikern vor (HUNT and WATKINS u. a.) und ist nach Ansicht von L. LEWIN nicht allein dem örtlichen Reiz, sondern auch vasomotorisch bedingten Ernährungsstörungen zur Last zu legen.

Die Leber antwortet gewöhnlich nur mit stärkerer und allerstärkster Fettspeicherung (OGSTON u. a.). Ein sicherer Hinweis auf geweblichen, vielleicht zum Verständnis des Ikterus heranzuziehenden Ab- oder Umbau findet sich in den Arbeiten der Menschenpathologie nirgends. Die von GELLHORN in einem Fall von Chloralismus erwähnte Leberzirrhose dürfte kaum in ursächliche Beziehung zur Chloralhydratwirkung zu setzen sein. GEILL spricht von „fortgeschrittener Parenchymdegeneration", die nicht näher erläutert wird. Im Abschnitt „Nekrose" der „Outlines of Pathology" (OERTEL) findet sich eine Abbildung von „Lebernekrosen nach Chloralhydratvergiftung". Doch ist nicht zu ersehen, ob diese sich auf Mensch oder Tier bezieht. Das letztere dürfte wahrscheinlicher sein im Hinblick darauf, daß B. MÜLLER am wiederholt narkotisierten Tier ähnliche Schäden (Verfettung, Nekrosen) erzielen konnte, wie sie nach Chloroformnarkosen gesehen werden.

Die Ausscheidung der Chloralabbauprodukte hinterläßt in der Niere offenbar keine anatomisch nachweisbaren Spuren. Tierversuchsergebnisse wie Verfettung, Epithelzerfall, Hämoglobinurie scheinen mehr zufällige denn chloralbedingte Befunde zu sein (B. MÜLLER, H. SCHULTZ).

Der Nachweis des Giftes ist wegen seiner leichten Zersetzlichkeit nur kurze Zeit nach Todeseintritt in Mageninhalt, Blut, Harn (als Urochloralsäure) möglich. NORRIS fand nach monatelangem Gebrauch kleine Giftmengen in der Leber.

Anhang: **Chloralamid.**

Chloralamid (Chloralum formamidatum) verhält sich ähnlich wie verdünntes Chloral. Der autoptische Befund in dem von MANCHOT überlieferten — offenbar einzig bekannt gewordenen — Fall tödlicher Vergiftung hat nur sehr bedingten Wert, da der Verstorbene ein wegen Delirium tremens mit Chloralamid behandelter Säufer war. MANCHOT schildert die Herzmuskelfasern als verbreitert, gequollen, z. T. in homogene, schollige Massen zerfallen, die Niere als verfettet, durchsetzt mit einzelnen Epithelnekrosen (Cadaverose?).

Bei Allgemeinvergiftung auftretende Hauterscheinungen (PYE-SMITH, UMPFENBACH [angef. bei MANCHOT]) sind denen nach Chloralhydratzufuhr gleichzusetzen.

γ) **Tetrachloräthan.**

Die in der neuzeitlichen Technik benutzten organischen Chlorprodukte sind chemisch und pharmako-toxikologisch sehr vielgestaltig. Für die toxikologische Beurteilung ist ihre verhältnismäßig große Flüchtigkeit und ihr Fettlösungsvermögen von Wichtigkeit (ZANGGER). Unter den Gifteintrittspforten stehen somit Lunge und Haut in erster Reihe.

Von den in Frage kommenden Stoffen ist das — unter Phantasienamen wie Trielin, Vitram usw. im Handel erhältliche — Tetrachloräthan (Azetylentetrachlorid) wohl der giftigste. Die (subakut-chronisch verlaufende) Vergiftung durch dieses (zur Lacklösung) beim Lackieren von Flugzeugflächen, bei der Kunstseidenherstellung usw. benötigte Mittel gehört demnach heute zu den mit den neueren Industriezweigen verknüpften Gewerbeschäden (KOELSCH). Schwere und tödliche Erkrankungen (CLERMONT et RIVIÈRE: Begünstigung durch Alkoholismus!) sind in Deutschland vereinzelt (GRIMM und Mitarbeiter, JUNGFER u. a.), in England häufiger beobachtet worden. Sie sind durch nervöse Erscheinungen (motorische Unruhe, Delirien, Zuckungen) gekennzeichnet. Ikterus kommt gelegentlich vor (OHNESORGE); auch über Blutungsbereitschaft (wahrscheinlich in Abhängigkeit vom Ikterus!) wird berichtet (SCHIBLER).

Mehr oder minder schwere Anämie (die hämolytische Wirkung des Tetrachloräthans soll nach Angaben von GRIMM und Mitarbeitern die des Chloroforms um etwa das Siebenfache übertreffen!) und entsprechende Veränderungen im Blutbild sind als Frühzeichen der Vergiftung zu werten: Es treten basophil gekörnte Erythrozyten und vermehrte Polynukleäre auf, während die großen mononukleären Elemente abnehmen. An der gehäuften Ausschwemmung unreifer und zerfallender Leukozyten ist das Fortschreiten der Vergiftung abzulesen (PARMENTER). Im Gegensatz zu diesen Befunden sah SCHIBLER bei Arbeiterinnen in einer Schuhfabrik, welche azetylentetrachloridhaltigen Schuhleim benutzten, Vermehrung der roten Blutzellen bis auf 6,5 Millionen, Ansteigen des Hämoglobingehalts bis auf 120%.

Zum Nervensystem hat das Gift offenbar starke Affinität: Es wurden klinisch schwere Polyneuritiden beobachtet, die annähernd verliefen wie die durch Brommethyl ausgelösten. Erscheinungen, welche an multiple Sklerose gemahnen, können auftreten (E. SCHULTZE, angef. bei J. POHL). ZANGGER spricht zwar von Veränderungen an den Ganglienzellen, jedoch scheinen sichere anatomische Schäden am Nervensystem noch nicht nachgewiesen zu sein.

Die örtliche Reizwirkung des Giftes ist wahrscheinlich gering, da die Atmungsorgane beim Menschen kaum darauf ansprechen. Im Tierversuche (KOELSCH, K. B. LEHMANN) lassen sich Herdpneumonien erzielen.

Die Schleimhaut des Magen-Darmkanals ist (nach den Angaben von GRIMM und Mitarbeitern, JUNGFER) ödematös gequollen, von Blutungen durchsetzt.

Einmal wurde — und dieser Befund soll an die Ergebnisse von Tierversuchen (HEFFTER und KRAUS) erinnern — ein Duodenalgeschwür und eine Narbe am Pylorus festgestellt. Die Frage, ob überhaupt ein ursächlicher Zusammenhang zwischen diesen und Tetrachloräthaneinwirkung anzunehmen ist, läßt sich mangels näherer Berichte und Unterlagen hier nicht erörtern.

Auf Grund vereinzelter — durch Tierversuchsergebnisse (BENZI, WILLCOX and SPILSBURY, [angef. bei ZANGGER]) ergänzter — Beobachtungen (PARMENTER, GRIMM und Mitarbeiter) haben wir im Tetrachloräthan ein vorzugsweises Lebergift zu sehen. Der in der Stärke wechselnde Ikterus (OHNESORGE, SCHIBLER u. a.) des Erkrankten lenkt von vornherein das Augenmerk auf etwaig vorhandene gewebliche Störungen in der Leber. Diese ist in der Regel groß, teigig geschwollen (HEFFTER und KRAUS) und läßt gelegentlich allerschwerste, den Vorgängen bei der akuten Atrophie weitgehend gleichende Um- und Abbauvorgänge („Dissolution der Leberzellen", Nekrosen, Granulations- und Bindegewebsbildung usw.) erkennen. Bei chronisch vergifteten Menschen soll sich Leberzirrhose entwickeln (BENZI). In dem — autoptisch nicht gesicherten — Fall SCHIBLER wurde im Hinblick auf die ausgesprochene Verkleinerung der Leberdämpfung die Diagnose der akuten Atrophie gestellt. Beim akut vergifteten Tier kommt es nur zu beträchtlicher Fettspeicherung (HERXHEIMER, K. B. LEHMANN u. a.).

δ) Tetrachlormethan (Benzinoform).

Die Anwendung dieses neuzeitlichsten, vor allem in Amerika häufig benutzten Wurmabtreibungsmittels hat zu wiederholten Malen tödliche Vergiftungen nach sich gezogen (s. ihre Ursachen und Verhütung bei LAMSON, MINOT and ROBBINS), da wirksame und tödliche Giftmenge außerordentlich nahe beieinanderliegen. Auch sind Unglücksfälle durch irrtümlichen Genuß des unter dem Namen Benzinoform als Fettlösungsmittel gebrauchten Giftes bekannt geworden.

KOUVENAAR bucht unter 29 Behandlungen wurmkranker Eingeborener von Sumatra 4 Todesfälle.

Wie MC. MAHON and SOMA WEISS ausdrücklich betonen, kommt die giftige Eigenschaft dem Stoff als solchem und nicht etwa Verunreinigungen zu. Von fast allen Berichterstattern wird auf die weitgehende Ähnlichkeit des — jedoch schwächer ausgeprägten — Vergiftungsbildes mit dem durch Chloroform hervorgerufenen hingewiesen. Beim Kaninchen, das dem Tetrachlorkohlenstoff gegenüber sehr empfindlich ist, läßt sich selbst mit zehnfach tödlicher Giftmenge keine dem Tode vorangehende Narkose erzielen (FÜHNER).

Nach Angaben von J. POHL, MC. MAHON u. a. steigert Zusatz von Rahm, fetten Ölen, Alkohol die Giftigkeit des Benzinoforms, das vom Magen-Darmkanal her (bzw. — in gewerblichen Betrieben — durch die Lunge) in die Gewebe aufgesogen und schon nach wenigen Minuten durch die Lungen wieder ausgeschieden wird (TAKASAKA, WELLS).

LAPIDUS nahm Prüfungen vor über die örtliche Wirkung des Giftes und die Möglichkeit seines Übertritts in die Säftebahn durch die Haut. Brachte er die Ohren eines Kaninchens unter luftsicherer Abdichtung für einige Stunden in einen mit Tetrachlorkohlenstoff gefüllten Erlenmeyerkolben, so kam es schon während oder erst nach dem Versuch zu heftigster Hautentzündung und krankhaften Allgemeinerscheinungen (unregelmäßige Atmung, Zittern usw.). Das am Ohr aufgesogene Gift konnte in mäßiger Menge an Ort und Stelle, in ganz geringer auch in Blut, Leber, Fettgewebe nachgewiesen werden.

Bei Überlebenden werden Ikterus, Anämie, Blutaustritte in die Augenbindehäute, Lungenblutungen, Plazentarlösung beobachtet.

Die Leichenbefunde am Menschen, die durch annähernd wesensgleiche Tierversuchsergebnisse zu vervollständigen sind (GARDNER und Mitarbeiter, PESSOA and J. R. MEYER), bestehen in der Hauptsache in Reizerscheinungen an den Schleimhäuten der (bei Ein- und Ausatmung von dem Gifte gestreiften) Luftwege und des vom Gifte unmittelbar berührten Magen-Darmkanals, in Verfettung und rückschrittlichen Veränderungen der parenchymatösen Organe (DOCHERTY), ganz besonders der Leber. Die Bronchialschleimhaut wird als außerordentlich blutreich (hämorrhagisch), entzündlich geschwollen geschildert. Die beim Menschen ödematöse, von Parenchymblutungen (K. B. LEHMANN, MAHON and WEISS) und Herdpneumonien, gelegentlich auch von Nekrosen durchsetzte Lunge zeigt beim Tier auffällig homogene Gerinnselbildung und Klumpen zerstörter Erythrozyten in Alveolen und Venen (FLORET, TAKASAKA).

Mitteilungen über ausgedehnte Schleimhautverluste in der Speiseröhre (CURTIUS), hämorrhagische Erosionen im Magen-Darmrohr sind zu finden. Beim subakut bis chronisch vergifteten Hunde ließen sich im Dickdarm Geschwüre erzeugen (MALOFF).

Die chemische Verwandtschaft des Tetrachlormethans zum Chloroform tritt am stärksten in dem Verhalten der vergifteten Leber zu Tage, in der man ähnliche Bilder wie nach Chloroformnarkosen zu sehen bekommt: Subkapsuläre Blutungen, allerstärkste Fettablagerung (DOCHERTY and BURGESS) in den z. T. hydropisch gequollenen Leberzellen und zentrale, von periportalen Rundzellansammlungen begleitete Nekrosen, deren Trümmer durch Freßzellen entfernt werden (KOUVENAAR, KOELSCH, LAMBERT u. a.), so daß bei höchstgradigem Zerfall schließlich nur ein Netzwerk von Haargefäßen und (hämosiderinspeichernden) Sternzellen übrigbleibt, andererseits aber auch regenerative Bezirke (mit Mitosen) auftreten können (MAHON and WEISS). Angaben über beginnende Leberzirrhose bei Hunden finden sich bei LAMSON. Von MALOFF, FLORET wird nach chronischer Giftzufuhr beim Tiere nur über beträchtliche Verfettung berichtet.

Die Niere beantwortet die Vergiftung mit Eiweißausscheidung in die Kapselräume, mit Epithelschwellung und -verfettung, interstitiellen Infiltraten. KOUVENAAR spricht von — nicht näher beschriebenen — Kalkinfarkten.

Rindennekrosen der Nebenniere, Schwellung der Ohrspeicheldrüse werden erwähnt.

Auf die dunkelkirschrote, lackartige Beschaffenheit des Blutes, auf welchem sich eine weißlichgraue opaleszierende Schicht absetzt, macht CURTIUS aufmerksam. Im Falle MAHON-WEISS wurde ganz ungewöhnlich hoher Fettgehalt im Blute (und dementsprechende Fettembolien in zahlreichen Organen) festgestellt: „Etwa 64% des Pulmonalarterienblutes war reines Fett", ein Befund, der von den Berichterstattern mit der Leberzerstörung in ursächlichen Zusammenhang gebracht wird. Da es sich um einen 34jährigen — 48 Stunden nach Einleitung der Hookworm-Behandlung verstorbenen — Säufer handelte, dürfte auch die chronische Alkoholvergiftung (s. S. 289) nicht ohne Einfluß auf die Entwicklung der Lipämie gewesen sein.

Auf die Möglichkeit des Vorkommens chronischer (gewerblicher) Erkrankungen weist ZANGGER hin. Diese sollen durch Dauereinatmung des Giftes entstehen und mit „Sehnervenschwellungen" einhergehen.

ε) Trichloräthylen.

Die Verwendung des Trichloräthylens als Betäubungsmittel spielt keine Rolle. Vergiftungen durch diesen gechlorten Kohlenwasserstoff wurden bisher nur in gewerblichen Betrieben beobachtet. Nach der Angabe von PLESSNER (angef. bei POULSSON) treten bei den Betroffenen ausschließlich Störungen in allen drei sensiblen Trigeminusästen auf, zu welchen das Gift offenbar besondere Affinität hat. Andererseits liegen Mitteilungen von gewerbehygienischer Seite vor, welche über — allerdings nur klinisch beobachtete —

Schädigungen am inneren Auge (retrobulbäre Neuritis, Erblindung) zu berichten wissen.

Als Vergiftungserscheinungen sind ferner (durch Hämolyse hervorgerufene?) Blutarmut, Kopfschmerzen, Bewußtlosigkeit zu nenenn. Ein begünstigender Einfluß von Alkoholgenuß auf die Auslösung der Giftwirkung ist nicht ausgeschlossen (H. MEYER).

Die Veröffentlichung von NUCK berichtet über mehrfache (einmal tödlich verlaufende) Erkrankung bei Arbeitern in einer Extraktionsanlage, die der Wiedergewinnung des Wachses aus Blaupapier diente. Die Leute wurden bewußtlos im Arbeitsraum aufgefunden. Bei dem Verstorbenen war kein Trichloräthylen im Blute nachweisbar. Über Leichenbefunde wird nichts ausgesagt. Zwei der geretteten Arbeiter zeigten an den verschiedensten (unbedeckten) Hautstellen große Verbrennungsblasen, wie man sie bei ähnlicher Gelegenheit auch früher schon beobachtet hatte.

H. MEYER suchte das Wesen der Vergiftung an 'Hunden zu klären, indem er diesen das Gift in Dampfform oder unter die Haut beibrachte. Das Sehorgan blieb unbeeinflußt. Doch ließ der Ausfall der Versuche keine endgültigen Schlüsse zu, da die einzelnen Tierarten — worauf der Untersucher ausdrücklich hinweist — sich bezüglich Giftansprechbarkeit des Sehnerven sehr verschieden verhalten sollen.

Leber und Niere zeigten, abgesehen von hochgradiger Verfettung, keine nennenswerten Veränderungen. ASCHOFF, welchem die Tierorgane zur Begutachtung übergeben worden waren, bemerkt dazu, daß derartig starke Fettablagerungen auch sonst bei gut ernährten Hunden zu finden sind.

3. Organische Bromverbindungen.

α) Bromoform (Tribrommethan).

Das in allen seinen Eigenschaften dem Chloroform ähnelnde Bromoform löst tiefe Narkose aus, die nach Gaben von mehreren Gramm gefahrdrohendes Aussehen gewinnen kann, in der Regel aber in Heilung ausklingt, da das Gift ziemlich rasch durch die Lunge ausgeschieden wird.

Am Lebenden ist der kennzeichnende Fötor ex ore als Vergiftungsmerkmal zu werten.

In den seltenen Todesfällen (nach innerlicher Darreichung) ist der einzig differentialdiagnostisch bedeutsame Sektionsbefund der den Körperhöhlen entströmende Bromoformgeruch (MOLITORIS u. a.).

Gelegentlich sieht man unwesentliche entzündliche Reizung der Schleimhaut von Magen und oberem Dünndarm, desgleichen wird bei der Ausscheidung des Giftes durch die Lungen die Schleimhaut der Luftwege in Mitleidenschaft gezogen. Nach Angaben von JAKSCH kann es zu Lungenödem und Entzündung kommen.

Chronischer Bromoformgebrauch soll hochgradige Herzmuskelverfettung nach sich ziehen (UNGAR).

β) Bromäthyl (Äthylbromin).

Bromäthyl dient als Anästhetikum und wird für Betäubungen leichteren Grades verwendet. Tiefe Narkose kann gelegentlich einmal tödliche Nachwirkungen haben, die vielleicht auf Abspaltung und Zurückhaltung von Brom in den Körpergeweben beruhen (POULSSON, DRESER). Die einzelnen bekanntgewordenen ganz akuten Todesfälle dürften Verunreinigungen mit dem sehr giftigen Äthylenbromid zuzuschreiben sien.

Im Falle Gleich handelte es sich um einen 48 jährigen Mann, der 3 Stunden nach einer Bromäthylgabe von 20 g starb. Gehirn und Lunge entströmte bei der Sektion starker Bromäthylgeruch; Herz und Leber waren verfettet.

Die von Jaksch vermerkte, mit Ikterus einhergehende Schwellung bzw. Atrophie der Leber fand ich in den Befunden der Menschenpathologie nirgends sonst mit aufgeführt.

Eine ungleich größere Rolle als die akuten spielen die — häufig mit den klinischen Erscheinungen der Neuritis einhergehenden — chronischen (gewerblichen) Vergiftungen. Ihre pathologische Anatomie ist noch nicht erforscht (Zangger).

Wurden Tiere mehrfach in Narkose versetzt (B. Müller), so waren an der Niere beträchtliche Verfettung, vereinzelt auch Nekrosen zu erzielen. Die Mitteilung, daß die Leber Fettspeicherung und Zerfallsherde aufwies, läßt vielleicht die — bisher in der Menschenpathologie nicht gesicherte — Angabe von Jaksch (s. oben) als kein unmögliches Vorkommnis erscheinen, sofern die Bemerkung sich überhaupt auf Befunde am Menschen bezog.

γ) Bromäthylen (Äthylenbromid).

Dieses hat, wie bei Besprechung des Bromäthyls bereits mitgeteilt, stark giftige Eigenschaften. Tödliche Vergiftungen waren in der Regel auf Verwechslungen mit dem harmloseren Äthylbromid zurückzuführen.

In gewerblichen Betrieben steht seine bei längerer Dauer heftig reizende Wirkung auf die Schleimhaut der Luftwege im Vordergrund (E. Glaser und Frisch, Zangger).

Marmetschke schildert die Befunde bei einem 44 Stunden nach Einatmung von Bromäthylen erfolgten Todesfall. In der Luftröhre und ihren Ästen fand sich die Schleimhaut geschwollen, dunkelrot, mit Blutungen durchsetzt; auch waren größere peribronchiale Blutungen und beträchtliche Schwellung der hämorrhagischen Bronchiallymphknoten festzustellen. Verfettung von Herz und Leber werden nebenbei erwähnt. (Ähnliche Befunde s. bei E. Glaser und Frisch, Kollmar.)

Tiere sprachen auf Bromäthylendämpfe mit hochgradiger Blutgefäßfüllung in den oberen Abschnitten der Atmungswege an; die Lunge beantwortete die Vergiftung mit Erythrozytenaustritt in die Alveolen, Abstoßung des Bronchialepithels und peribronchitischen Infiltraten. Nach etwa 5 Stunden war die Kornea getrübt (Scherbatscheff).

δ) Äthylendibromid.

Nach den Ausführungen von M. Kochmann bedingt diese — neuerdings gewerbehygienisch bedeutsame — Bromverbindung unter Umständen schwere, ja, tödliche Schäden, deren Ursache wahrscheinlich in von Lähmung des Zentralnervensystems gefolgten Kreislaufstörungen zu suchen ist.

An örtlichen Reizwirkungen durch die Dämpfe sind zu verzeichenn: Augenbindehautentzündung und -lidödem, Nasen-, Rachen- und Bronchialkatarrhe.

Beim vergifteten Tier fand Kochmann das Mediastinum sulzig durchtränkt, in Brust- und Bauchhöhle Stauungsflüssigkeit.

ε) Brommethyl (Methylbromid).

Das seit einigen Jahren technisch (zu Methylierungen) nutzbar gemachte, gasförmige, ätherähnlich riechende Methylbromid ist viel giftiger als die entsprechende Äthylverbindung. Schon sehr kleine Mengen bewirken Schwächezustände, Schwindel, Kurzatmigkeit. Oft treten erst mehrere Tage nach der Gifteinatmung Krankheitserscheinungen auf. Diese Eigentümlichkeit mag mit der Zurückhaltung des Stoffes in den Geweben und der Spätausscheidung bromhaltiger Fettkörper überhaupt zusammenhängen (DRESER). Bei Vergiftungen ernsterer Natur kommen noch psychische Unruhe, Tobsuchtsanfälle usw. hinzu (JAQUET). Nach den Angaben von DRESER geht die Narkose den nervösen Reizerscheinungen zeitlich voran.

Todesfälle sind wiederholt beschrieben worden (E. GOLDSCHMIDT und E. KUHN u. a.). Im Falle O. GLASER erkrankte und starb ein 37jähriger Mann mehrere Stunden nach dem Abfüllen einer (aus $60^0/_0$ Brommethyl, $5^0/_0$ Äthylenbromid, $35^0/_0$ Tetrachlorkohlenstoff bestehenden) Feuerlöschflüssigkeit (Polein) unter Krämpfen, Blausucht, Temperaturanstieg bis 39^0. Aus dem Mund trat blutiger Schaum, der anfangs nach „faulenden Zwiebeln", später nach „Leber" roch. Ähnlich lag der Fall MEIXNER. Unter epilepsieartigen und tetanischen Zuckungen erfolgte Bewußtlosigkeit und Tod 12 Stunden nach Einatmung des Giftes. Zu diesem Zeitpunkte hatte die anfangs blauviolette Hautverfärbung bereits äußerster Blässe Platz gemacht. Im Augenblick des Todes bemerkte man an dem sehr heißen Körper plötzliche Entstehung einer „Gänsehaut". Auch stellten sich faszikuläre Muskelzuckungen und Starrkrampf in der Streckmuskulatur des Rückens ein.

Die Leichenöffnung ergibt gewöhnlich keinerlei kennzeichnende Befunde, es sei denn, daß sie sehr bald nach Todeseintritt stattfindet, zu welcher Zeit den Organen noch der durchdringende, von dem einen Untersucher (ROHRER) als „ätherähnlich", von den anderen mehr als „jod- oder chloroformähnlich" bezeichnete Geruch anhaftet.

O. GLASER spricht von „leichter Mißfarbigkeit" des Blutes, über dessen Verhalten im allgemeinen die verschiedensten Aussagen gemacht werden. STEIGER scheint der Einzige zu sein, der (etwaig mit Methämoglobinbildung einhergehende) Hämolyse mit einiger Sicherheit beobachtet hat. SCHULER schildert das Blut als dünn, kirschrot (kohlensäurefrei).

Die pathologisch-anatomischen Befunde im zentralen und peripherischen Nervensystem sind, verglichen mit den klinisch weitaus im Vordergrund stehenden schweren nervösen Erscheinungen, verhältnismäßig gering und beschränken sich fast immer auf kleine — auch in Tierversuchen (BACHEM) zu erzeugende — Blutaustritte (SCHULER). Daneben werden gelegentliches Vorkommen von Erweichungen (STEIGER) und rückschrittliche Veränderungen an den Ganglienzellen erwähnt (I. POHL, JAQUET u. a.). So beschreiben E. GOLD-SCHMIDT und E. KUHN die nervösen Elemente in den Zentralwindungen als plump, abgerundet, mit undeutlichem, oft kaum erkennbarem Kern. Die Granula im Zellplasma sind verschwunden oder in Auflösung begriffen.

Als Teilerscheinung allgemeiner Blutungsneigung können Netzhautblutungen auftreten (SCHULER, ZANGGER).

Von Belange ist ferner die — auch im Tierversuch (L. LEWIN u. a.) bewiesene — reizende Wirkung des Giftes auf die Schleimhaut der Luftwege, welche dann blutreich, aufgelockert, geschwollen, durch kleine und größere Blutaustritte bunt verfärbt ist. GOLDSCHMIDT und KUHN und ähnlich SCHER-BATSCHEFF buchen akute eitrige Bronchitis, in den Lungen Ödem und Entzündung. Bei der Mehrzahl der Fälle wird das anatomische Vergiftungsbild von Lungenparenchymblutungen beherrscht (SCHULER u. a.). Beim vergifteten Tier ist das akute Lungenödem die Todesursache: Die Tiere gehen an Erstickung zugrunde (MERZBACH).

Der Nachweis des Broms gelingt in Harn und Leichenteilen (s. auch Tierversuche von LÖFFLER und RÜTIMEYER).

ζ) Avertin (Tribromäthylalkohol).

Das Für und Wider in der Benutzung der seit einigen Jahren als Narkotikum angewendeten Bromalkoholverbindung Avertin wird im Hinblick auf die Frage ihrer schädlichen Wirkungen heiß umstritten (KILLIAN, UNGER und HEUSS u. v. a.).

Avertin ist pharmakologisch dem Isopral und dem Chloralhydrat näher verwandt als dem Chloroform und Bromoform. Bei Wärme leicht zersetzlich, bildet es Bromwasserstoff und andere Zwischenstoffe, die als schwere örtliche Reizmittel (s. Dickdarm) anzusprechen sind (KILLIAN). Das Gift wird leicht von den Schleimhäuten her, aber auch bei subkutaner und intramuskulärer Zufuhr in die Körpergewebe aufgesogen und hier, vor allem in der Leber, durch Koppelung an Glukuronsäure entgiftet (F. EICHHOLTZ). Seine Affinität zum Großhirn macht das Avertin zu einem brauchbaren Betäubungsmittel. Der Vergiftungstod erfolgt unter zunehmender Lähmung des Vasomotorenzentrums, während das Atemzentrum avertinfest zu sein scheint. Hierüber herrscht indessen keine einheitliche Meinung (M. BORCHARDT u. a.). Im Harn des Vergifteten finden sich zuweilen Zucker, häufig Azeton, Keratin, Glukuronsäure. Der Blutzuckerspiegel zeigt während der Narkosedauer Schwankungen (LEVIT). Laut Angaben von KEYSSER kommt es unter Einfluß des Avertins zu geringgradiger Hämolyse.

Die Ausscheidung des Giftes erfolgt verhältnismäßig schnell, etwa zur Hälfte als Glukuronsäurepaarling mit dem Urin, in welchem Reste davon noch 48 Stunden nach Narkoseablauf festzustellen sind. Die Giftabgabe durch die Lunge ist praktisch bedeutungslos. Der Dickdarm kommt möglichenfalls als Ausscheidungsorgan in Betracht (s. unten).

Im Tierversuch (W. HAAS) zeigt sich aufsteigende, an den hinteren Gliedmaßen beginnende Lähmung, wie sie auch bei Vergiftungen mit anderen Brompräparaten nicht unbekannt ist.

Die zahlreichen nach Anwendung der Avertinnarkose — gewöhnlich unter den Erscheinungen der Kreislaufschwäche — eingetretenen Todesfälle (ihre tabellarische Zusammenstellung s. bei KOTZOGLU, 1929; s. ferner O. NORDMANN) dürften wohl nur zum kleinsten Teile dem Avertin als solchem zur Last zu legen sein. So äußert sich z. B. O. NORDMANN in einem diesbezüglichen Fall: „Jedenfalls ist es ganz abwegig, wenn KILLIAN in seiner Statistik zwei Todesfälle bei Pankreaskarzinom bei mir auf die Avertinnarkose zurückführt. Es handelte sich um ganz elende, schwer ikterische Menschen, die meines Erachtens ihrem Grundleiden erlegen sind. Würde man die in der Statistik von KILLIAN enthaltenen Todesfälle nach der Richtung hin überprüfen, so würden ihre Resultate sicherlich anders aussehen.‘‘

In der überwiegenden Zahl der tödlich verlaufenen Fälle findet man überhaupt keine beachtenswerte Organveränderung oder lediglich durch örtliche Reizwirkung hervorgerufene, klinisch mit schleimigen Abgängen und ileusartigen Erscheinungen (BUTZENGEIGER) einhergehende Schädigungen der Dickdarmschleimhaut (LOBENHOFFER, W. HAAS u. a.): Man kann bis in die Tiefe des Drüsengrundes greifenden Gewebszerfall finden, in der Regel von reaktiv leukozytärentzündlichen Vorgängen begleitet (KALLMANN u. a.). In den nekrotischen Bezirken werden stellenweise auch die Gefäßwände zerstört, wie ich es in Präparaten, die mir von Pros. Dr. K. LÖWENTHAL (Berlin-Lichtenberg) freundlicherweise überlassen worden waren, zu sehen Gelegenheit hatte. W. HAAS beschreibt eine oberhalb des Mastdarms beginnende, bis an den Blinddarm reichende hämorrhagische Kolitis mit Schleimhautverlust. Auch im Falle KUTHE hatte sich das krankhafte, hier vor allem in diphtherischen Geschwüren zu Tage tretende Geschehen im Colon sigmoideum und descendens ausgebreitet.

Es muß daran gedacht werden, daß diese hochsitzenden Befunde mit einer etwaigen Ausscheidung des Giftes im Dickdarm ursächlich zusammenhängen könnten (Versagen der Niere in solchen Fällen!), da man nicht annehmen möchte, daß die in der Regel geringe Einlaufmenge (etwa 200 ccm) so weit hinaufdringt.

Immer wieder wird von chirurgischer Seite auf die Notwendigkeit hingewiesen, die Leber als hauptsächlichstes Entgiftungsorgan vor der Operation einer Leistungsprüfung zu unterziehen und bei ihrem fehlerhaften Arbeiten (z. B. bei Ikterischen) von der Avertinnarkose Abstand zu nehmen. Dagegen soll nach der Meinung von ANSCHÜTZ, welcher die Berichte daraufhin gesammelt hat, Avertin auch bei schon bestehendem Ikterus gut vertragen werden (s. auch KACZANDER)

Die in der Leber gespeicherten Brommengen wurden offenbar bisher nur im Falle PRIBRAM, in welchem die Kranke nach gut verlaufener Operation in komatösen Zustand verfiel, untersucht, und zwar fand sich auf 100 g Trockensubstanz 21 mg Brom (Untersuchung von Dr. PINCUSSEN [Urbankrankenhaus, Berlin]).

Meist zeigt das Organ makro- und mikroskopisch normalen Bau, so daß aus diesem nicht auf ein regelwidriges Verhalten geschlossen werden kann (KALLMANN). Von einigen Seiten wird behauptet, daß sowohl klinische Erscheinungen als auch Sektionsbefund auf einen in Richtung der akuten Leberatrophie verlaufenden Vorgang hinwiesen. Wie weit man die geringfügigen, gelegentlich in dem stark ikterisch verfärbten Parenchym anzutreffenden Veränderungen (PRIBRAM: „Zentrale beginnende Dissoziation" u. a. m.) für diese Ausdeutung verwerten kann, möge dahingestellt sein (s. auch E. HEINICKE, SPECHT u. a.). Wenn, wie KÖNIG (Würzburg) angibt, in einem Fall von chronischer Cholezystitis bereits in dem während der Operation gewonnenen Leberstück histologisch „zentrale Atrophie und Verfettung" festzustellen waren, so dürfte deren Entstehung doch wohl kaum auf Einfluß des Avertins zurückzuführen sein.

Ein nicht selten nach der Narkose zu beobachtendes Ereignis ist die „akute Nierensperre", welche häufig völlige Anurie bedingt (KALLMANN, PRIBRAM u. a.). Pathologisch-anatomische, zur Erklärung dieser Sperre ausreichende Befunde sind bisher noch nicht zu liefern gewesen. Man denkt an „Narkosewirkung" des (in der Leber nicht oder nicht genügend entgifteten) Avertins auf die Nierenepithelien, deren Absonderungsfähigkeit damit gelähmt wird (PRIBRAM: „Lokale Gewebsnarkose"). Im mikroskopischen Bild finden sich die Glomeruli in solchen Fällen gewöhnlich blutleer. Laut Mitteilung von KILLIAN soll MELZNER Epithelnekrosen gesehen haben. M. BORCHARDT zählt 14 Fälle mit (nur klinisch beobachteter!) „hämorrhagischer Nephritis" auf. Im Falle B. MARTIN, der einen 4jährigen (nach Appendektomie in Urämie verstorbenen) Knaben betraf, konnte das Vorhandensein akuter Nephritis an der Leiche gesichert werden. Die diesbezüglichen Mitteilungen scheinen jedoch nicht ausreichend, die ursächlichen Beziehungen zwischen Avertinwirkung und entzündlichen Vorgängen an den Nieren einwandfrei zu klären

η) **Pernokton** (Isobutyl-Brompropenyl-Barbitursäure).

Das als Narkotikum neuerdings vielfach angewandte Pernokton wirkt sowohl in seinem Brom- wie in seinem Barbitursäureanteil giftig. Nach Ansicht der meisten Kliniker (diesbezügliche Arbeiten s. bei PROCHNOW und v. KLIMKÓ) ist in der Mehrzahl der Fälle für den sog. Pernoktontod jedoch nicht das Betäubungsmittel, sondern das Grundleiden bzw. der Zustand des Kranken verantwortlich zu machen. Zweifellos gibt es daneben auch einzelne tödlich verlaufende Fälle, die auf Pernoktonwirkung zurückzuführen sind (EICHELTER, HABERER u. a.).

Völlige Harnsperre nach Einspritzung des Mittels wird von Karo beschrieben.

Von Bedeutung ist — im Hinblick auf die Anwendung des Pernoktons bei der Entbindung — die Frage des Giftüberganges auf die Frucht. Die Kinder werden (laut Angabe von Kobes) schlaftrunken geboren. In Fruchtwasser, Harn und Nabelblut des Neugeborenen gelingt der Bromnachweis; auch findet sich Barbitursäure im Harn.

Durch Pernoktonvergiftung bewirkte anatomisch nachweisbare Organveränderungen sind bisher nicht bekannt geworden.

4. Äthylalkohol.

Die Eigenschaften des durch den Mund, in Dampfform und von Wundflächen her aufgenommenen Äthylalkohols, sein Verhalten im Körper sind so bekannt, daß ich mir ersparen kann, hier des näheren darauf einzugehen. Über die Natur der beginnenden Alkoholwirkung herrschen Meinungsverschiedenheiten.

Die Zahl der Alkoholvergiftungen ist wahrscheinlich viel größer als die aller anderen Vergiftungen zusammen (Gadamer).

Akute Vergiftung.

Zusammenstellung älterer einschlägiger Arbeiten s. bei Mitscherlich.

Die Wirkung einmaliger großer Alkoholgaben gleicht im Erfolge der — letzten Endes zur Atemlähmung führenden — Äther- oder Chloroformnarkose. In der Regel tritt der Tod innerhalb der ersten 24 Stunden ein. Die Organe bieten außer dem — bei Leichenöffnung bald nach dem Tode noch vorhandenen — starken Alkoholgeruch keine kennzeichnenden Befunde. Im Blutserum sind in solchen Fällen als Ausdruck der Lipoidstoffwechselstörung Vermehrung von Cholesterin, Phosphatiden und Seifen nachzuweisen (Koller).

Die Leiche soll angeblich auffallend langsam verwesen.

Örtliche Hautreizung, die auf der eiweißfällenden und wasseranziehenden Fähigkeit des Alkohols beruht, löst umschriebene Rötung, Ödem, Entzündung und brandblasenähnliche Abhebung der Oberhaut aus. Hiermit nicht zu verwechselnde ähnliche Erscheinungen können sich an der Körperdecke bis zur Bewußtlosigkeit Berauschter — offenbar infolge Druckwirkung auf hochgradig gefüllte Gefäße — entwickeln (Bardachzi, Heinrich u. a.). Petechien (E. Rose) und größere Blutaustritte bis tief in die Muskulatur hinein sind nicht selten.

Bei Eröffnung der Körperhöhlen ist auf den Geruch, vor allem des Mageninhalts und Gehirns zu achten. A. Lesser wies darauf hin, daß bei Sektionen von nach unsinnigem Bier- und Kognakgenuß Verstorbenen an Stelle der alkoholischen eine zwiebelähnliche Ausdunstung (Merkaptan!) treten kann.

Das Verhalten des Gehirns ist durch Blutüberfüllung, Blutaustritte in Nervensubstanz, Ventrikel (M. Seidel) und Häute gekennzeichnet. Mitscherlich hob das mächtige Ödem hervor. Schon akute Vergiftung kann — wie Siefert schildert — ausgedehnten fettigen Zerfall im Marklager des Großhirns zur Folge haben.

Fälle plötzlicher Erblindung nach einmaligem Alkoholexzeß wurden von Arens u. a. mitgeteilt. Ihre Erklärung ist wahrscheinlich in ausgedehnten retinalen, von Zerreißung und Ablösung der Netzhaut gefolgten Blutungen zu suchen.

Die Wirkung (therapeutischer) Alkoholeinspritzung in das Ganglion Gasseri ließ sich an zwei, früher mit Einspritzungen behandelten Verstorbenen erforschen. Die dem bloßen Auge atrophisch erscheinenden Knoten zeigten verminderte Ganglienzellen, in den Faserbündeln fleckigen Ausfall von Markscheidensubstanz, kolbige Auftreibung der noch erhaltenen Markscheiden und schwielige Umwandlung des umgebenden Bindegewebes.

Versuche mit akut vergifteten Tieren ergaben Veränderungen an den sympathischen Ganglien: Infiltrate und Blutungen im periganglionären Gewebe, Verfettung und Atrophie einzelner Nervenzellen (BONDAREW, C. v. OTTO).

Der Einfluß auf die Hirngefäße (Blutaustritte in der Umgebung der erweiterten Gefäße und Gewebsödem!) scheint in den Versuchsergebnissen von KÖÖGERDAL unverkennbar.

Bei Mensch und Tier (AFANASSIEW) finden sich — oft hochgradige — Ödeme und frische Blutungen in dem stark blutgefüllten Lungengewebe, möglicherweise auch (Aspirations-)Pneumonien. Die Frage, ob alkoholvergiftete Personen einer Pneumokokkeninfektion gegenüber empfänglicher sind als normale, suchten STILLMANN and BRANCH im Tierversuch zu entscheiden. Es ergab sich, daß vergiftete Mäuse unter den gleichen Bedingungen, unter denen normale gesund blieben, an lobärer Pneumonie erkrankten. Die Forscher denken an unmittelbare toxische (lähmende) Wirkung des Alkohols auf die phagozytären Fähigkeiten des Alveolarepithels.

Der Herzmuskel ist beim Menschen gewöhnlich frei von gröberen anatomischen Veränderungen. Beim Tier fand man perivaskuläre hämorrhagische Infiltrate.

Alkohol in höherer als 70%iger Lösung wirkt, unmittelbar auf die Schleimhaut des Verdauungsschlauches gebracht, bereits ätzend, ein Erfolg, den wir weniger aus der Menschenpathologie als aus Tierversuchen kennen. Die resorptiven, offenbar auf Vasomotorenstörung beruhenden Magen-Darmschleimhautschäden nach parenteraler Zufuhr sind verhältnismäßig geringfügig.

Beim Tiere lassen sich durch stomachale Alkoholeinverleibung alle Stufen geweblicher Störungen erzielen von akut katarrhalisch-hämorrhagisch-erosiver Gastritis (und in bedingtem Maße auch Enteritis) mit starker Wulstung der Schleimhaut und mächtiger Erweiterung der größeren Venen (W. EBSTEIN, GOTTSCHALK, KOBERT, A. LESSER, MITSCHERLICH u. a.) bis zu umfassenden, terrassenförmig abfallenden, tiefgreifenden Geschwüren und nekrotisierender Verschorfung der mürben, sich stellenweise in Fetzen ablösenden Schleimhaut (C. STERNBERG, WALBAUM). Zuweilen ist die Mageninnenfläche nur mit leicht herunterzuziehender geronnener Schleimschicht bedeckt: Dann zeigen die Belegzellen vakuoläre Umwandlung, während die Schleimhaut im ganzen gut erhalten ist; die prall gefüllten Gefäße lassen Neigung zur Thrombenbildung erkennen. WALBAUM konnte bei seinen Tieren nach stomachaler Einbringung absoluten Alkohols denselben 3/4 m weit durch den Pförtner hindurch in den entzündeten Dünndarm verfolgen.

Über das Verhalten der Leber finden sich im allgemeinen nur Angaben von „trüber Schwellung und verwaschener Zeichnung“, Stauungsblutüberfüllung und stärkerer Speicherung von Fett.

Nach alkoholischen Ausschweifungen treten im Urin häufig Bestandteile auf, die als Ausdruck entzündlicher Nierenreizung gewertet werden können (K. GLASER u. a.). In einem Fall akuter Vergiftung (Tod 18 Stunden nach Genuß von 3/4 Liter Absinth) fanden PAULY et BONNE bei der Sektion „akute hämorrhagische Nephritis“. Der histologischen Beschreibung nach handelte es sich jedoch nicht um entzündliche, sondern wahrscheinlich nur um Stauungsvorgänge (Durchtritt von Erythrozyten und Plasma).

Chronische Vergiftung.

Nahezu alle Organe werden bei chronischer Alkoholeinverleibung (Alkoholismus) in ihrer Leistungsfähigkeit und teilweise auch im geweblichen Verhalten beeinflußt, werden früher oder später geschädigt, wobei — trotz der täglichen Erfahrung scheinbarer Giftgewöhnung — die Gewebeerkrankung in geradem Verhältnis zu Dauer und Stärke der Vergiftung fortschreitet (Afanassiew: Tierversuche). Wohl kaum ein Gebiet hat im Laufe der Jahrzehnte so viele Meinungsstreitigkeiten entfacht als das der Alkoholschäden, und die Aufgabe, aus der Fülle der — von persönlicher Einstellung des Untersuchers wahrscheinlich nicht immer unbeeinflußt gebliebenen — Arbeiten den Kern herauszuschälen, hat ihre Schwierigkeiten. Eines steht fest und wird von Seiten des Gewerbehygienikers stets von neuem betont, daß Alkoholzufuhr die Wirkung vieler gewerblicher Gifte (Nitrobenzol, Anilin usw.) auslösen, die Entstehung etwa einer Blei- oder Quecksilbervergiftung begünstigen kann.

Fahr, der sich in verschiedenen Untersuchungen um die Erforschung der Folgen chronischen Alkoholgenusses verdient gemacht hat, zählt in seiner Zusammenstellung der Organveränderungen bei „unkompliziertem Alkoholismus", d. h. in Fällen plötzlichen Todes als regelmäßigste Befunde auf: Fettleber, chronische Leptomeningitis, Fettgewebsdurchwachsung des Herzmuskels, chronische Gastritis. Diese Befunde gelten — unter Außerachtlassung der Abweichungen infolge Bevorzugung von Bier oder Schnaps — für die überwiegende Mehrzahl der Alkoholiker.

Die an allen Organen zu Tage tretende schwere, nach Ausführungen von Keeser auf die alkoholische Hemmung der Erythrozytenatmung zu beziehende Fettstoffwechselstörung äußert sich unmittelbar in der Verarmung des Blutes an Phosphatiden, Seifen, Cholesterinen usw., dem Auftreten von Azetonkörpern.

Mit Alkohol gefütterte Kinder bleiben im Wachstum zurück.

Chronischer Biergenuß läßt beim Erwachsenen ein mächtiges Fettpolster zur Entwicklung kommen (Leistungsuntüchtigkeit der weiblichen Brustdrüsen!), während der Schnapstrinker an der Abmagerung kenntlich ist (s. auch Kachexie bei Tieren: Schafir). Umschriebene Xerosis conjunctivae wird beobachtet. Infolge Gefäßwanderschlaffung (dauernde Erweiterung der kleinen Gefäße!) sind Wangen und Nase bläulich verfärbt. Letztere ist häufig kolbig aufgetrieben, verunstaltet (zyanotisches Rhynophyma). Akute umschriebene Ödeme (Cassierer), Erythromelalgien, Gelenkschwellungen sind nicht selten.

Gliedmaßenlähmungen ziehen Muskelverkürzungen: Spitzfußstellung usw. nach sich (Bing u. a.). Von vielen Forschern (Boisset, Offerhans, H. Oppenheim, Tomaszewski u. a.) wird das perforierende Fußgeschwür als spezifische Folge der alkoholischen Neuritis angesprochen.

Säufer neigen zu Akneeruptionen an Nase und Wangen, vor allem aber zu trophischen und vasomotorischen Störungen der Haut, die in welker, trockener Beschaffenheit, in Sklerodermie, Hautausschlägen und -blutungen, ferner in Rissigkeit und Brüchigwerden der Finger- und Zehennägel zu Tage treten. Herpes zoster findet sich vereinzelt als Begleiterscheinung der Alkoholneuritis beschrieben (H. Eichhorst).

Baumgarten erprobte die unmittelbare gewebeschädigende Giftwirkung, indem er Alkohol verschiedener Stärkegrade unter die Haut spritzte: 96 bis $100^0/_0$ig verursachte dieser sofort, $70^0/_0$ig erst nach mehrmaligen Einspritzungen Nekrose. Entzündung oder gar Eiterung trat als Erstschädigung niemals auf, da dem Alkohol chemotaktische Eigenschaften fehlen, ein Umstand, der — in Gemeinschaft mit Hemmung bzw. Lähmung des Zellstoffwechsels — die Wundheilung am vergifteten Körper ungünstig beeinflußt. Brachte

KIPARSKY Kaninchen, welche unter Alkoholwirkung standen, eine Hautwunde bei, so zeigten die Tiere neben beschleunigtem Zerfall der tieferen Gewebeschichten verlangsamte und im Umfang eingeschränkte Neubildung des — durch Vakuolisierung, Chromatolyse usw. als minderwertig gekennzeichneten — Oberflächenepithels. Leukozytäre Durchsetzung des Bindegewebes und Granulationswallbildung waren so unbedeutend, daß die Abstoßung des toten Gewebes nur sehr zögernd voranschritt. Ödematöse Gewebsdurchtränkung und ausgedehnte Erythrozytendiapedese, die zu großen Blutungen in der Wunde führte, zeugten für die regelwidrige Durchlässigkeit der neugebildeten Haargefäße.

Bei Öffnung der Körperhöhlen findet man allgemeine Stauung (etwaig Höhlenhydrops) und Blutungen in vielen Organen und in den serösen Häuten (KULBIN, SALTYKOW u. a.), bei Biertrinkern übermäßige Fettanhäufung im Unterhautgewebe, Netz und ganz besonders in der Kapsel der auffallend zyanotischen Nieren.

Die — vorwiegend die Gliedmaßenmuskulatur ergreifende — „Polymyositis alcoholica" (BING, HADDEN) war bereits SENATOR bekannt, welcher betonte, daß die quergestreiften Muskeln durch den Alkoholismus primär, unabhängig vom Bestehen einer „Neuritis" erkranken können. Als Beweisstoff dienten ihm Muskelstückchen, die, in bestimmten Zeitabständen herausgeschnitten, auf dem Höhepunkt der Erkrankung Rundzellanhäufungen in Bindegewebe und Gefäßwänden erkennen ließen, ferner Vermehrung der Sarkolemmkerne und Neubildung interfibrillären, derben, zellarmen Fasergewebes: „Myositis interstitialis acuta mit beginnender Zirrhose". (Ähnliche mikroskopische Befunde s. bei ADLER, H. EICHHORST, SIEMERLING u. a.)

In anderen Fällen, in welchen die Muskelschädigung nicht sicher als Ersterscheinung gedeutet werden kann, sondern möglicherweise mit vorangehender Neuritis in ursächlichen Zusammenhang gebracht werden muß (GUDDEN u. a.), überwiegen die atrophischen Veränderungen: Die Muskelfasern in dem serös durchtränkten Gewebe werden — zufolge Druck und Abschnürung durch das mächtig gewucherte Perimysium — immer schmäler, verfetten und zerfallen zum Teil. Die noch vorhandenen Primitivfasern sind schließlich durch breite, fett- bzw. bindegewebig ausgefüllte Zwischenräume von einander getrennt (THOMSEN, H. OPPENHEIM u. a.). Für Finger und bloßes Auge ist der betroffene Muskel derb, unelastisch, etwa hühnerfleischfarben, läßt in der Hauptsache gewöhnlich nur noch Züge faseriger Bindesubstanz erkennen. BING fand bei einem 42jährigen Säufer eine innerhalb der letzten sechs Monate entstandene Verhärtung und so hochgradige Schrumpfung des Bizeps, daß die Armstreckung unmöglich wurde. Der durch breite Züge sehnenartig straffen Gewebes unterbrochene Muskel zeigte an der Stelle seines größten Umfangs einen Kranz opakgelblicher Flecke, welche sich mikroskopisch als homogenisierte Fasern erwiesen.

Über Erkrankung des Knochens wird gelegentlich berichtet: Unter Vergrößerung des Markraums tritt Knochenmark an die Stelle der Knochensubstanz, welche dünn und zerbrechlich wird (E. ROSE: „Gelbe exzentrische Knochenatrophie"). Daraus erklärt sich die Bereitschaft der Alkoholiker zu Knochenbrüchen und die Langwierigkeit der Bruchheilung. Knochenbrüchigkeit war auch bei Kühen zu beobachten, die mit dem Trank der Kartoffelbrennereien gefüttert wurden (KLENCKE).

Das Nervensystem als vorzugsweise betroffenes Organ zeigt naturgemäß die folgenschwersten geweblichen Störungen. Zusammenstellung älterer einschlägiger Arbeiten s. bei M. BERNHARDT (1886), neuerer bei PFEIFER (1923).

Finden einerseits die dem Gewohnheitstrinker eigenen hartnäckigen Kopfschmerzen und -druck, Aufregungszustände usw. in chronisch-entzündlichen Veränderungen der — gewöhnlich blutüberfüllten, getrübten, später verdickten, etwaig mit Kalkplättchen besetzten — weichen Hirn- (bzw. Rückenmarks-) Häute ihre Erklärung (H. EICHHORST, FAHR, HUN, GUDDEN u. a.), so erwecken wiederholte schlagartige Anfälle, akut einsetzendes Koma (EISENLOHR) den Verdacht auf Pachymeningitis haemorrhagica interna. Diese ist zwar nicht spezifisch, muß jedoch, da sie eine außerordentlich häufige Begleiterscheinung des Alkoholismus darstellt, mit größter Wahrscheinlichkeit in ursächliche Beziehung zu diesem gesetzt werden, zumal sie KREMIANSKY, O. NEUMANN, P. RUGE auch bei chronisch alkoholvergifteten Tieren hervorzurufen vermochten. Die oft massigen Blutaustritte aus den ungemein leicht zerreißlichen Gefäßen können unmittelbar den Tod herbeiführen. Wucherung der PACCHIONIschen Granulationen wird von KREMIANSKY auf langdauernde Kreislaufstörungen zurückgeführt.

In zwei Fällen akuter schwerer Vergiftung bei Säufern (darunter eine sinnlos betrunken angetroffene und bald darauf verstorbene Frau) fand CREUTZFELD in den weichen Häuten, den Gefäßwänden und ihrer Umgebung und in der Rinde den Eisengehalt außerordentlich erhöht.

Im Hinblick darauf, daß schon einmalige Trunkenheit vorübergehende — im Tierversuch auch anatomisch nachweisbare (DEHIO, NISSL: Ganglienzelldegeneration und -zerfall) — Störungen an den nervösen Elementen des Gehirns verursacht, dürfen bei chronisch Vergifteten nicht rückgängig zu machende Veränderungen in den zumeist betroffenen Gebieten des Zentralnervensystems erwartet werden.

Entsprechend den klinisch vielgestaltigen Formen der alkoholischen Nerven- und Geisteskrankheiten ist auch der pathologisch-anatomische Befund kein einheitlicher. Demgemäß betrachtet man die einzelnen anatomischen Vorgänge am besten unter Zugrundelegung des klinischen Krankheitsbildes.

Hemiplegien ohne sichtbare Gewebeschäden bezeichnet E. KAUFMANN als „toxische Herderkrankung". Die Erscheinung ist möglicherweise auf — histologisch faßbare — Kreislaufstörungen (infolge Gefäßwandverfettung bzw. endarteriitischer Vorgänge?) zu beziehen.

Fester umrissen ist das pathohistologische Geschehen beim Delirium tremens und der aus ihm hervorgegangenen Defektzustände. Das Tangentialfasernetz bestimmter Rindenfelder ist gelichtet, die großen Pyramiden- und die Purkinjezellen befinden sich auf den verschiedensten Zerfallsstufen. Gliöse sklerosierende Wucherungs- und Schrumpfungsvorgänge greifen Platz (KÜRBITZ, PFEIFER, TRÖMMER). Auf die starke Pigmentanhäufung in Ganglien- und Gliazellen wird von FÜNFGELD hingewiesen. Nach den Ausführungen von BONHOEFFER sind bei schweren Delirien zentrales Höhlengrau und Aquäduktus bevorzugte Stellen für hämorrhagische, stellenweise die Gefäße begleitende Infiltrate. Hierin findet eine, auch klinisch zu beobachtende verwandschaftliche Beziehung des Delirium tremens zur Polioenzephalitis WERNICKE ihren anatomischen Ausdruck. Die (auch sonst häufig anzutreffende) Vermehrung der Lipoidsubstanzen in den Gefäßwänden möge nebenbei erwähnt werden; sie dürfte für den Durchtritt der Blutzellen kaum nennenswerte Bedeutung haben. Doch werden von TRÖMMER die Blutungen im Gehirn als Folge chronischer Gefäßerkrankungen angesprochen. Vielleicht denkt er hierbei an Vorgänge ähnlich denen bei Polioenzephalitis WERNICKE.

Ein Potator, bei welchem unter jahrzehntelangem Alkoholmißbrauch allmählich Abweichungen in den höheren Koordinationen (BECHTEREW) entstanden waren, zeigte eine so hochgradige Atrophie von Brücke, Kleinhirn und Medulla oblongata, daß die Olivenschwellung kaum noch kenntlich war. Die mikroskopische Untersuchung ergab das Verschwinden aller spezifischen Brückenelemente, Verkleinerung bzw. rückschrittliche Umwandlung der Olivenzellen. Auch eine große Zahl Purkinjecher Zellen war untergegangen. An den Ausfallstellen sah man die Gliazellen entsprechend gewuchert.

Die — durch Augenmuskellähmungen gekennzeichnete — „Polioencephalitis haemorrhagica superior anterior (Wernicke)“, ein entzündlich-hämorrhagischer Prozeß im Höhlengrau besonders des 3. und 4. Ventrikels (Region der Vierhügelgegend, Kerngebiet des Okulomotorius) entwickelt sich zwar nicht nur auf alkoholischem Boden, ist aber doch in erster Reihe dem Schnapstrinker eigentümlich. Die Veränderungen, welche sich oft bis in das Rückenmarksgrau erstrecken, gipfeln nicht in entzündlichen Erscheinungen, sondern in endarteriitischen Vorgängen, in Gefäßneubildungen und Blutungen, so daß man Bilder erhält, wie sie ähnlich nach Bleivergiftung beim Hunde (Spatz und Bonfiglio) zu sehen sind (Eisenlohr, Lüthy und Walthard, Neubürger, H. Oppenheim, K. Peter, Thomsen, A. Schüle, Wernicke u. v. a.). Pfeifer stellt zur Erwägung, ob — unter Berücksichtigung der Krankheitsträger und ihrer Lebensweise — möglichenfalls auch Nahrungsmittelgifte (s. Paulus) für Auslösung der Polioenzephalitis in Frage kommen.

Unmittelbar toxisch oder mittelbar durch Kreislaufstörungen bedingte rückschrittliche Umwandlungen der spezifischen Elemente, fibrös hyperplastische der Stützsubstanzen treten in den allerverschiedensten Bezirken des Gehirns auf, ohne daß während des Lebens ausgesprochene Herderscheinungen vorhanden gewesen zu sein brauchen. Bei ausgeprägtem Befund kann die Nervensubstanz an den betroffenen Stellen dem bloßen Auge erweicht, eigentümlich glänzend geschwollen, rosarot bis rötlichgrau erscheinen (Eisenlohr u. a.), bzw. unregelmäßig bräunlich gefleckt, wie es L. Pick und Bielschowsky bei einem, von ihnen „État vermoulu“ benannten, auf den Schläfenlappen beschränkten sklerosierenden Prozeß sahen. Ferner finden sich Berichte über auffallend starke Pigmentanhäufung (Trétiakoff), über Entartung der Kommissurenbahnen im Corpus callosum (Marchiafava e Bignami) mit Markscheidenzerfall, Bildung von Körnchenkugeln und Gliawucherung.

Ausführliche Schilderungen über das Verhalten des Gehirns bei Korsakowscher Psychose brachte vor kurzem Creutzfeld. Er fand in den von ihm beobachteten 6 Fällen Hirnatrophie und Hydrocephalus ex vacuo, Gefäßwucherungen im Tektum und subependymären Gewebe um den Aquäduktus herum. Faserreiche Gliavermehrung begleitete die Gefäßveränderungen. Dreimal war ausgedehnte Gefäßverkalkung im Globus pallidus nachweisbar Die zahlreich vorhandenen Lichtungen in der Rinde (besonders im Stirnhirn) wurden weitgehend durch reparatives Gliawachstum ausgeglichen. Ähnlich lauten die Mitteilungen von Gamper über Gehirnuntersuchungen an 16 Patienten mit Korsakowschen, meist akut verlaufenden Psychosen.

Die von verschiedenen Seiten (Trétiakoff u. a.) hervorgehobene Atrophie des Gesamthirns mit Ventrikelerweiterung und Ependymverdickung dürfte auf metaluische Erkrankungen zu beziehen sein.

Obwohl es sich um unspezifische Befunde handelt, mögen die im Gefolge toxischer Gefäßwandschäden (s. auch Köögerdal: Experimentell erzeugte endarteriitische Gefäßveränderungen) vielerorts, z. T. asymmetrisch auftretenden kapillären Blutungen bzw. Erweichungen der Vollständigkeit halber hier doch Erwähnung finden (Eisenlohr, Gudden, H. Oppenheim, Thomsen u. a.).

Vereinzelt wird über Schädigung motorischer Hirnnerven berichtet: Abduzenslähmungen (H. Eichhorst, Uhthoff u. a.), Degeneration eines Trigeminusastes (Heilbronner).

Burr and Mc. Carthy fanden bei akuter Polyneuritis die Zellen im Ganglion Gasseri mit Kalksalzen durchtränkt.

Von den Sinnesnerven leidet am ehesten und am häufigsten der Sehnerv. Dabei darf nicht außer acht gelassen werden, daß Alkohol- und Nikotinmißbrauch häufig aneinander gekoppelt sind, und daß man in solchen Fällen letzten Endes nicht weiß, welchem der beiden Genußgifte bei Erkrankung des nervösen Augenanteils die führende Rolle zukam. Nach sorgfältigen Untersuchungen Uhthoffs an der Berliner Charité zeigten 52% aller wegen Alkoholismus daselbst aufgenommenen Personen rückschrittliche Umwandlungen an der Endausbreitung des Sehnerven und in der Netzhaut. Samelson schilderte 1882 zum ersten Male das anatomische Bild, welches jetzt als kennzeichnend für die Alkoholamblyopie angegeben wird: In der Gegend des Canalis opticus auffällige Abplattung des Nerven, dessen Querschnitt hier einen deutlichen färberischen Unterschied zwischen Mitte und Randteilen feststellen läßt und bei fortgeschritteneren Veränderungen für das bloße Auge als eine Gruppe punktförmiger, grauer, verwaschener, leicht gelatinöser Flecke erscheint (Erismann, Magnan). Histologische Prüfungen von Birch-Hirschfeld, Friedenwald, Rönne, Siegrist u. a. ergaben, daß zunächst die kleinen Ganglienzellen der Netzhaut entarten, während die Erkrankung des Sehnerven erst später eintritt. Gegenüber der irreführenden Bezeichnung „Neuritis“ und der Behauptung einzelner Untersucher (L. Lewin und Guillery u. a.), daß im Beginn der Erkrankung interstitiell-entzündliche, zu narbiger Schrumpfung führende Vorgänge im papillomakulären Bündel vorliegen, welche den feinkörnig fettigen Zerfall und Schwund der Nervenfasern (Leber [angef. bei Graefe] u. a.) nach sich ziehen, betont Dalén, sich auf das oft zu beobachtende normale Verhalten von Bindegewebe und Gefäße stützend, ausdrücklich die rein degenerative Natur des Geschehens. Schiek wiederum glaubt, den ersten Umstand für die Erkrankung des Nerven in Gefäßveränderungen und dadurch bedingten Ernährungsstörungen suchen zu müssen. (Ausführliche Darstellung der Alkoholamblyopie s. bei Abelsdorff, dieses Handbuch Bd. XI/1, S. 748; ferner bei L. Lewin und Guillery.)

Alkoholische Ophthalmoplegie kann nach der Anschauung von Wernicke und von Thomsen durch Blutungen in die Kerne der Augenmuskelnerven bedingt sein (s. auch Polioencephalitis haemorrhagica), oder entzündliche Vorgänge (Rundzellansammlungen) im interfaszikulären Muskelgewebe verursachen Bewegungsstörungen (H. Eichhorst).

Das anatomische Bild der in zunehmender Schwerhörigkeit zu Tage tretenden Schädigung des Gehörapparates (Morian u. a.) ist noch nicht festgelegt. Rohrer erwähnt eine nicht näher bezeichnete „zentrale Akustikusaffektion“, ferner histologische Veränderungen in Labyrinth und Mittelohr, ohne Erläuterung, auf welchen Organ- bzw. Gewebsteil die angegebene „Verfettung und Bindegewebswucherung“ zu beziehen sind. Im Tierversuch (Nakamuta, angef. bei Beck) lassen sich degenerativ-atrophische Prozesse in den Ganglienzellen und Nervenfasern — vor allem des cochlearen Abschnitts — erzielen: Segmentärer Zerfall der Cochlearisfasern, rückschrittliche Vorgänge in den Sinneszellen des Cortischen Organs u. a. m.

Die anatomische Ausbeute am Gehirn des vergifteten Tieres ist im allgemeinen verhältnismäßig gering (F. Strassmann); immerhin reichen die Befunde aus, um unsere Anschauungen vom Alkohol als einer bedeutsamen, z. T. auch einzigen Ursache verschiedenartigster schwerster Hirnschäden zu stützen. Bei der Mehrzahl der Versuchsanordnungen werden in der Hauptsache rückschrittliche Umwandlungen und Zerfall an den Rindenganglienzellen und ihren Dendriten hervorgerufen (Jacottet, Kulbin, Petrow, Vas u. a.). Nach Beschreibungen von H. Braun und von Kleefeld zeigen die Protoplasmafortsätze perlschnurartige, schließlich die Achsenzylinder mit ergreifende Anschwellungen. Auf die allgemeine, von mächtiger Erweiterung der perivaskulären Räume begleitete Lymphstauung macht AFANASSIEW aufmerksam. Eine russische Arbeit (DUCHOVNIKOVA und ROBINSON) beschäftigt sich mit Kaninchenversuchen. Die Tiere bekamen 2—4 Monate hindurch $30^0/_0$ige Alkohollösung, und man fand am Schlusse der Untersuchungen Blutaustritte, vor allem im Aquäduktus- und Kleinhirngebiet, ferner Ganglienzell- und Faseruntergang, an der Glia rückschrittliche und reparative Veränderungen.

Das Rückenmark des Alkoholikers ist von HOMÉN, NONNE, H. OPPENHEIM u. v. a. genauer untersucht worden. Abgesehen von unbestimmt angeordneten,

Abb. 81. Ausgedehnte Zerstörung des Nervus cruralis bei einem Potator. Spielmeyerfärbung. (Sammlung des pathol. Instituts der Universität Marburg. Prof. VERSÉ.)

den Befunden am Gehirn dem Wesen nach gleichzusetzenden Veränderungen, sind zuvörderst die System- und Wurzelerkrankungen von Belange, welche unter den klinischen Bildern der Tabes, Poliomyelitis subacuta, LANDRY-schen Paralyse (SMETANA) u. a. m. verlaufen, wobei Schwere und Schnelligkeit des Krankheitsablaufs annähernd der Stärke und Ausdehnung des Ganglienzellzerfalls zu entsprechen scheinen (BONHOEFFER). In erster Reihe werden von den rückschrittlich-entzündlichen Vorgängen die Hinterstränge erfaßt (COLE, REUNERT, VIERORDT u. a.), entweder allein oder in Verbindung mit den Seitensträngen (NONNE: Myelitis intrafunicularis). CAMPBELL beschreibt zerstreuten, bis in die Medulla oblongata hinaufreichenden Faserzerfall durch die ganzen weißen Stränge hindurch. Zahlreiche Markscheidenzerfallsherde und Untergang der Achsenzylinder in den vorderen und hinteren Wurzeln fand Smetana bei einem 43jährigen Säufer, bei welchem 8 Wochen vor dem Tode die ersten Anzeichen einer „Landryschen Paralyse" aufgetreten waren (s. auch F. Kramer, Philippe et Eide).

Die an Chromatinzerstörung, Kernpyknose, Protoplasmaschwund, herdförmigem Faserausfall, Gliawucherung usw. kenntliche Erkrankung der Vorderhornzellen und -wurzeln (Heilbronner, H. Oppenheim, Trömmer) leitet über zur „Polyneuritis" des Alkoholikers (Pseudotabes), einer nach der Peripherie hin sich ausbreitenden, häufig an Gefäßstörungen (Stintzing) gekoppelten Degeneration der peripherischen Nerven. (Zusammenstellung von einschlägigen Arbeiten s. bei Kerschensteiner, ferner Arbeiten von Campbell, Hadden, Koljewnikoff, K. Peter, Reunert u. v. a.)

Diese findet sich — nach den Angaben von Reunert — etwa bei 3 % aller krankenhausbehandelten Alkoholiker. Von anderen Untersuchern werden bei weitem höhere Zahlen angegeben (ausführliche Statistik s. bei Remak und Flateau). Frauen werden durchschnittlich eher betroffen als Männer. Der Grad der Erkrankung scheint von der Form abzuhängen, in welcher der Alkohol aufgenommen wird. Das Auftreten von Mononeuritiden ist offenbar selten (Wertheim-Salomonsohn). Die Mehrzahl der Untersucher hält die Erkrankung für eine rein degenerative; nur ganz vereinzelte Stimmen verteidigen ihre entzündliche Natur (Burr and Mc. Carthy). Eine dritte Gruppe von Forschern (Wyrubow u. a.) spricht sich für das Vorkommen „einfacher Atrophie" aus. Allem Anschein nach erliegen die motorischen Fasern eher der Toxinwirkung als die sensiblen, wobei wiederum die Nerven der am stärksten benutzten Gliedmaßen bevorzugt werden.

Gudden gibt uns eine Übersicht über die pathologisch-anatomischen Befunde bei tödlich endender Alkoholneuritis: Der erkrankte Nerv erscheint dem bloßen Auge als grauer, derber Strang, geschrumpft oder auch von überraschendem Umfang (H. Eichhorst) bzw. sulzig-schwammig verdickt, auf dem Durchschnitt schmutzig-gelblich (Fahr). Sein Gefüge ist völlig zerstört: Leere Nervenscheiden liegen neben gestreckten, zerrissenen Fibrillen, die z. T. aus gröberen Fasern hervorgehen oder interkaläre Segmente bilden (Gudden). Mit Schwund der Achsenzylinder beherrschen zerfallende Markscheiden in Form myeliniger Schollen, Kugeln, Bänderfetzen das Bild (Abb. 81). Zwischen den Parenchymtrümmern breitet sich feinfaseriges, ungewöhnlich gefäßreiches Bindegewebe aus, das sich um atrophische Fibrillenbündel zwiebelschalenähnlich herumlegt.

Die häufig in großer Zahl anzutreffenden interstitiellen Blutungen faßt Heilbronner im allgemeinen als agonale Erscheinung auf; lediglich für Fälle mit Pigmentation des Zwischengewebes (bzw. der Nervenscheiden) läßt er schubweis während des Lebens entstandene Blutaustritte gelten. Diese können unter Umständen von prall gefüllten neugebildeten, noch wenig scharf umrandeten Haargefäßen vorgetäuscht werden (Thomsen).

Dem Nervenzerfall entsprechen klinisch unaufhaltsam fortschreitende, oft überraschend schnell zum Tode führende Lähmungen. Sind die intermuskulären Zweige betroffen, so findet man gelegentlich die benachbarten Muskelfibrillen von neugebildeten Bindegewebsfasern eingeschnürt und zum Druckschwund gebracht (H. Eichhorst: Neuritis fascians. S. auch Muskulatur).

Die Fälle mit akutem Herztod, welche Veränderungen an der Herzmuskulatur vermissen lassen, legen den Gedanken einer Schädigung des nervösen Apparates am Herzen nahe. Zwar hegt Fahr, welcher (an frischer Leiche) im Halsteil des N. vagus umschriebenen Faserschwund u. a. m. feststellen konnte,

Zweifel an dessen Zustandekommen während des Lebens. Dennoch führe ich die Beobachtung wegen ihrer grunsdätzlichen Bedeutung an. Mit Tieren arbeitende Untersucher (BONDAREW, KULBIN, LISSAUER, C. v. OTTO) weisen immer wieder hin auf die Beteiligung der Herzganglien, welche sich in Zellprotoplasmaschrumpfung und -vakuolisierung, Schwund der Tigroidschollen, Narbenbildung usw. äußert. Ähnlich verhalten sich beim Tiere die Magen-Darmganglien (AMATO, KULBIN u. a.): Vermehrung des hyalin umgewandelten Zwischengewebes beschleunigt durch Druck den Untergang der spezifischen Elemente.

Eine aus früheren Jahrzehnten stammende Veröffentlichung von BLASCHKO beschäftigt sich mit der „degenerativen Verfettung" des gesamten nervösen Darmplexus beim Menschen: Die durch die Serosa schimmernde weißliche Längsstreifung war bedingt durch Fasern des MEISSNERschen Plexus, welche unter dem Mikroskop als mit Fetttröpfchen gefüllte Schläuche erschienen. Neuerliche Bestätigung der Befunde steht noch aus. Der Gedanke, daß es sich dabei um chylushaltige Lymphgefäße gehandelt haben möchte, liegt nahe.

Von 67 durch DE QUERVAIN untersuchten Trinkern ließen nur 2 Schilddrüsenveränderungen vermissen, welch letztere in 4 Fällen, in welchen der Alkohol die einzige Todesursache gewesen war, besonders deutlich zu Tage traten. Sie bestanden in Blutüberfüllung, mehr oder minder starker Hyperplasie, Abschilferung des Follikelepithels, Kolloidverflüssigung bzw. -eindickung oder -schwund. SARBACH sah ähnliches und hebt die Gleichsinnigkeit der Schäden mit den infektiös bedingten hervor. Nach Ausführungen von AESCHBACHER folgt der geweblichen Störung eine in Verminderung des absoluten und relativen Jodgehalts bestehende Änderung des Drüsenchemismus. GOLDZIEHER gibt an, daß bei Vorhandensein von Leberzirrhose das Schilddrüsenparenchym atrophisch, das Bindegewebe vermehrt sei (s. auch SCHMIERGELD, SÉRAFINI: Tierversuche). Die Frage der Alkoholbedingtheit der beschriebenen Veränderungen möge unentschieden bleiben.

Der Alkohol wirkt auf die Schleimhaut der Luftwege nicht so sehr unmittelbar als mittelbar durch Erweiterung der kleinen Gefäße und chronische Blutüberfüllung. Das Auftreten chronischer Pharyngo-Laryngo-Tracheitis ist beinahe bei jedem Alkoholiker zu erwarten. Seltener kommt es bis zur Entwicklung einer Pachydermia laryngis. Die hartnäckigen Katarrhe der Bronchien begünstigen Bildung von Bronchiektasien und Lungenemphysem.

Die Pneumonie der Säufer ist durch atypischen, mit Abszeßbildung, Gangrän und Karnifikation einhergehenden, außerordentlich häufig tödlich endenden Verlauf ausgezeichnet.

Übermäßige Flüssigkeitszufuhr und die beim Alkoholiker häufig vorhandene Nierenschrumpfung erklären zur Genüge die oft ungeheuerlichen Ausmaße des Herzens, besonders der linken Kammer (Bierherz, Schlemmerherz!). Auch die durch den Alkohol verursachten Regelwidrigkeiten im Fettstoffwechsel werden verhängnisvoll: Bekommt man doch hochgradige Fettgewebsdurchwachsungen der reichlich fettspeichernden Muskelfasern (SALTYKOW u. v. a.) gerade bei plötzlich tödlichem Ausgang häufig zu Gesicht (FAHR), gar nicht zu sprechen von der Bedeutung der herabgesetzten muskulären Leistungsfähigkeit mit Eintritt von Krankheiten, welche den Kreislauf belasten (s. Pneumonie).

Bei Tieren läßt sich auch — ohne Nierenschädigung — Hypertrophie des verfetteten und zu rückschrittlicher Umwandlung neigenden Herzparenchyms erzielen (AUBERTIN, M. BISCHOFF, KULBIN). Organisierte Gefäßthromben sind für (vernarbende) Nekroseherde verantwortlich zu machen (C. v. OTTO). Klappenverdickung wurde von SALTYKOW nach zweijähriger Vergiftungsdauer beobachtet (s. auch AFANASSIEW).

Die Frage des ursächlichen Zusammenhangs zwischen Alkohol und Gefäßsklerose reiht sich der ätiologisch-pathogenetischen Fragengesamtheit der Arterio-

sklerose überhaupt an, erschöpft sich somit in Mutmaßungen. Nach der Anschauung von Marchand und Romberg, welche das Wesen der Erkrankung
in ungewöhnlich gesteigerter Inanspruchnahme und Belastung der Gefäßwände
(vermehrte Gefäßfüllung, hämodynamische Einflüsse!) sehen, muß der Alkohol
zufolge Herbeiführung starker Druckschwankungen unbedingt schädlich wirken.
Fälle, wie der von Chiari mitgeteilte, in welchem ein 13jähriger, wenig mit
Nahrungsmitteln, aber um so reichlicher mit Bier versorgter Knabe eine ausgesprochene Arteriosklerose darbot, sind als Stütze der vermuteten ursächlichen
Beziehungen wichtig. Weniger Wert möchte ich auf den scheinbar positiven Ausfall von Tierversuchen (vor allem am Kaninchen) legen, welcher z. B. bei
Saltykow (nach 2jähriger Anwendung von Alkoholeinspritzungen) in Arteriosklerose der Aorta, Pulmonalarterien, Herzklappen und kleinen
Arterien gipfelte. Afanassiew (und ähnlich Kahlden) erzielte nur Vergrößerung und Verfettung der Gefäßendothelien und Adventitiazellen. Kulbin
sah Kapillarverstopfung durch zerfallende Erythrozyten.

Eine wesentliche Rolle spielen beim Menschen die Veränderungen der kleinen
Hirngefäße: Kapillarfibrose (L. Pick und Bielschowsky), Endothelwucherung
und -verfettung, intramurale Lymphozyteninfiltration u. a. m., kurzum, Vorgänge, die verschiedentlich unter dem Namen „Endarteriitis chronica" zusammengefaßt wurden, sind die häufigste Ursache der zerebralen Blutungen (s. auch
Polioencephalitis hämorrhagica Wernicke). Eisenlohr konnte in den Blutungsherden vielfach Gefäßwandzerreißungen nachweisen, jedoch niemals Bildung
von Aneurysmen.

Die chronischen, teils zur Schleimhauthypertrophie, teils zur -atrophie
führenden Katarrhe im gesamten Verdauungsschlauch sind wahrscheinlich
in erster Reihe als Folge andauernder örtlicher Reize anzusprechen. Man
erkennt sie schon im Munde an der rissigen, gewöhnlich belegten, papillär
gewucherten Zunge (Abstumpfung des Geschmacks!), im Rachen an lebhafter
Schleimhautrötung und -schwellung. Die Speiseröhreninnenfläche ist durch
Leukoplakie gefeldert oder streifig bzw. polypös verdickt. Zu umschriebener
Schleimhautwucherung des Magens gesellt sich des öfteren eine — offenbar
durch Überbeanspruchung der Magenwandungen (andauernde übermäßige Flüssigkeitszufuhr!) hervorgerufene — mächtige Ausbildung der Magenmuskulatur:
Gastritis chronica hypertrophicans, die man auch am vergifteten Tier be-
obachten kann (Amato).

Die etwaigen ursächlichen Beziehungen zwischen Alkoholwirkung und der —
gerade bei Potatoren öfter einmal zu beobachtenden — sog. idiopathischen
Magenphlemone liegen noch vollständig im Dunklen.

Kyrle und Schopper sahen beim Tier nach parenteraler Alkoholeinverleibung Magengeschwüre auftreten.

Die feineren geweblichen Vorgänge im Magen des Tieres während der
verschiedenen Versuchsabschnitte werden von Afanassiew, Aubertin, Kulbin
u. a. geschildert. Es zeigte sich, daß in den ersten Monaten der Alkoholzufuhr
nur die Drüsenzellen an dem krankhaften Geschehen teilnehmen, es gewissermaßen einleiten: Anfangs ist die Schwellung der Hauptzellen, ihre Neigung
zu Fettspeicherung, vakuoliger Protoplasmaumwandlung und -zerfall am auf-
fälligsten, während die Belegzellen verhältnismäßig weniger leiden; allmählich
verlieren beide Zellarten ihre Unterscheidungsmerkmale und gleichen einander
weitgehend. Mit fortschreitender Vergiftung beginnt die Schleimhaut in allen
ihren Teilen zu wuchern, bis schließlich die parenchymerdrückende Wachs-
tumsneigung des infiltrierten Zwischengewebes die Oberhand gewinnt und den
Endzustand der Gastritis atrophicans herbeiführt. Diese Tierversuchsergebnisse
dürfen in ihren Grundzügen wahrscheinlich auf den Menschen übertragen werden.

Am Darm überwiegen von Anfang an die atrophischen Vorgänge: Schleimhaut und Muskulatur sind verdünnt, letztere kann — zumal im oberen Dünndarm — zufolge massiger Einlagerung von eisenfreiem Pigment (Abbaupigment) rostfarben bis tiefbraun verfärbt sein, eine Veränderung, die zuweilen als Teilerscheinung allgemeiner Hämochromatose auftritt. (Laut Angaben von Rössle bekommt man Hämochromatose in München sozusagen täglich zu sehen. Ursächlicher Zusammenhang mit Biergenuß ?). Blaschko ist der Meinung, daß Pigmentflecke in der atrophischen Darmwand den Ganglien entsprechen. Die mit beträchtlicher Verfettung einhergehende Schädigung der Muskulatur (besonders des Dickdarms: H. Oppenheim) wird unter Umständen stellenweise so hochgradig, daß nur noch fettiger Detritus übrigbleibt.

Statistisch ist erwiesen, daß die Gastwirte unter der Zahl der an Krebs des Verdauungsschlauches Verstorbenen an erster Stelle stehen (Kolb), wie vermutet wird, zufolge der durch dauernden reichlichen Alkoholgenuß gesetzten Schleimhautschäden. Die Art der genossenen Getränke ist möglichenfalls für den Sitz des Krebses mitbestimmend, da in Nordbayern — mit seinem reichlichen Weingenuß — der Speiseröhrenkrebs, in Südbayern — dem Lande des höchsten Bierverbrauchs — der Darmkrebs vorherrscht. Veranlaßt durch diese Angaben, welche in sich die — noch durch nichts bewiesene — Behauptung vom Alkohol als Krebsursache bergen, unternahm es C. Krebs, 26 Mäusen längere Zeit hindurch jeden zweiten Tag je $^1/_{10}$ cm $50^0/_0$iger Alkohollösung in den Mastdarm bzw. die Mundhöhle einzuführen. Er erzielte einmal im Mastdarm Krebs mit Lebermetastasen, einmal Metastasen in Leber, Lunge, Lymphknoten (ohne daß es gelang, in diesem Fall das Erstgewächs aufzufinden), zweimal in der Mundhöhle verhornenden Plattenepithelkrebs. Nach seinen Überlegungen sind beim Tier dreierlei Wirkungsweisen des Giftes möglich: 1. Unspezifische örtliche Reizwirkung, 2. spezifische örtliche Giftwirkung, 3. allgemeine Giftwirkung nach Resorption, während beim Menschen wahrscheinlich eine Mischung von chemischen, thermischen und mechanischen Reizen anzuschuldigen ist. (Bezüglich Bewertung dieser Versuche ist das gleiche zu sagen, wie im Abschnitt Teer ausgeführt wird.)

Alkoholiker, ganz besonders wenn sie fettleibig sind, zeigen in der Regel die von Orth als typische Säuferleber angesprochene hypertrophische Fettleber, gelegentlich mit leicht zirrhotischem Einschlag (Fahr, Kunkel u. v. a.). Hand in Hand mit der krankhaften Steigerung der Fettspeicherung geht die Abnahme des Glykogens, das bis zu kaum noch nachweisbaren Mengen schwinden kann, ein Geschehen, in welchem Le Count and Singer bei plötzlich erfolgenden Todesfällen die Todesursache sehen möchten. Im Gleichmaß des Tages läßt die verfettete Leber gewöhnlich keine Zeichen von Leistungsstörungen erkennen; diese können jedoch jäh einsetzen bei schweren sonstigen Erkrankungen oder Verletzungen (Gilbert et Lerebouillet).

Das Für und Wider der Meinungen in der Fragengesamtheit Alkohol und (etwaig hämochromatotischer) Leberzirrhose kann hier nur gestreift werden. Viele Erfahrungen in der Menschenpathologie, die durch Tierversuchsergebnisse ergänzt und gestützt zu werden scheinen, zwingen gewissermaßen dazu, den Alkohol zu der Leberzirrhose in ursächliche Beziehungen zu setzen. Nach neueren Ausführungen von Lubarsch lassen viele Statistiken diese Beziehungen als äußerst zweifelhaft erscheinen. Lubarsch selbst sah in Posen bei Schnapssäufern mit Delirium tremens keine Zirrhose, sondern nur vergrößerte Fettlebern.

Für die Mehrzahl der Untersucher ist der Kern der Fragestellung ein anderer geworden. Nicht das „Ob", sondern das „Wie" steht jetzt im Mittelpunkt: Handelt es sich um unmittelbare oder mittelbare Giftwirkung, um Erstschädigung des Leberparenchyms, gefolgt von reparativer Bindegewebswucherung oder umgekehrt um anfängliche proliferierende Entzündung im Zwischengewebe, die zu Druckschwund der Leberzellen führt. Gemäß vielfach vertretener Anschauung (Baumgarten, Hoppe-Seyler, Klopstock, Lafont, Rössle, W. H. White u. a.) greift der Alkohol nicht das Lebergefüge selbst an, sondern die — zufolge alkoholbedingter chronischer Katarrhe — darniederliegende Magen-Darmtätigkeit schafft Vorbedingungen für infektiös-toxische Leberschädigung. Ähnlich äußert sich F. Schilling. Wird der Alkohol mithin für gewöhnlich nicht als ursächlicher, sondern als vorbereitender Faktor zu werten sein, so spielt er doch (nach der Meinung von Scagliosi) unmittelbar eine Rolle als krankheitsauslösender Umstand in den Fällen, in welchen durch vorangegangene Störungen in den Leberzellen (besonders durch überstandene Infektionskrankheiten) die Widerstandsfähigkeit gegen den Giftangriff herabgesetzt war. G. v. Bergmann, welcher sich auf den Ausfall funktioneller Leberprüfungen stützen kann, spricht dem Alkohol sowohl bei akuter wie bei chronischer Vergiftung unmittelbar schädigende Wirkungen auf wichtige Teilleistungen der Leber zu.

G. Rosenfeld bemüht sich, an Hand statistischen — meines Erachtens nur mit Vorsicht zu benutzenden — Materials nachzuweisen, daß die Leberzirrhose seit Einführung der Prohibition in Amerika zurückgegangen sei. Er sucht die Erstschädigung der Leberzelle in Kohlehydratverlust, welche zu Schutzlosigkeit und gesteigerter Giftansprechbarkeit des Parenchyms führen muß.

Wichtiger als alle Mutmaßungen dünken mich die bei einschlägigen Kinderautopsien gewonnenen Befunde (Biggs, W. Hoffmann, Ponfick u. a.). So ergab z. B. im Falle Ponfick die Sektion bei einem 7jährigen Mädchen eine typische Leberzirrhose: Das Kind, dessen Vater Bierkutscher war, hatte seit seinem 2. Lebensjahr täglich bis zu 6 Glas Bier erhalten. Biggs schildert das Geschick eines 13 Jährigen, der bewußtlos auf der Straße gefunden wurde und bald darauf unter den Zeichen des Alkoholismus verstarb. Der Knabe hatte im 2. Lebensjahr — auf Verordnung des Arztes — wegen Bronchitis Whisky bekommen und trug seit dieser Zeit so lebhaftes Verlangen nach dem Schnaps, daß er mit Älterwerden alles erreichbare Geld in Whisky anlegte. Einige Monate vor dem Tode wurden täglich 5—6mal 30—50 g in Milch getrunken. Der Leichenbefund gipfelte in allerschwerster Leberzirrhose. (Zusammenstellung weiterer diesbezüglicher Arbeiten s. bei H. Hoppe.) In diesen Fällen war der Genuß von Alkohol durch die Vorgeschichte gesichert. Entgegen der Meinung von Oberhoff (s. auch Moncrieff and Steen: Zirrhose bei Kindern auf infektiöser Basis) dürfte in einer großen Zahl der Fälle von Leberzirrhose bei Kindern dem Alkohol als bedingendem Umstand eine Rolle zukommen: Nach Angabe von Seitz in 16% der von ihm zusammengestellten Fälle. Lauenstein spricht von noch höheren Zahlen.

Hall and Ophüls, die Gelegenheit hatten, bei einwandfreien Alkoholikern die Leber auf früherer Vergiftungsstufe zu sehen, schildern proliferierend-entzündliche Zustände: Weiße Blutzellen, darunter reichlich polymorphkernige, füllten das ödematös gequollene, sprossende Bindegewebe an. Die Untersucher können aber nicht umhin, eine gleichzeitig einsetzende Leberzellschädigung zuzugeben, die an Schwellung, Verfettung, Vakuolisierung, vor allem aber an der — von Mallory als bezeichnend für alkoholische Zirrhose angesprochenen — „hyalinen Degeneration" des Protoplasmas kenntlich war. Bereits zu dieser Zeit ließen sich umschriebene regenerative Prozesse nachweisen.

Die Ergebnisse von Tierversuchen — sowohl mit peroral, wie mit parenteral einverleibtem Alkohol — zeigen z. T. Übereinstimmung, z. T. beträchtliche Abweichungen von den Veränderungen in der Leber des Trinkers, eine Tatsache, die vielleicht erklärt werden kann mit der verschiedenen Ansprechbarkeit der einzelnen zu den Versuchen benutzten Tierarten (SALTYKOW), namentlich jedoch durch deren — für eine langdauernde Alkoholisierung nicht ausreichende — Lebenszeit. Denn auch für den Menschen „bildet in der Rangfolge der Säuferkrankheiten die Zirrhose die höchste Staffel, welche zu erklimmen nur den widerstandsfähigsten Naturen vorbehalten ist" (G. ROSENFELD). Während die einen Tieruntersucher (LISSAUER, MERTENS, SALTYKOW u. a.), unter Hervorhebung der intralobulären Bindegewebswucherungen, das anatomische Bild als typisch zirrhotisch bezeichnen, stellt die Mehrzahl (AMATO, GOURÉVITCH, KULBIN, KYRLE und SCHOPPER, SCHAFIR u. a.) Parenchymentartung und -zerfall in den Vordergrund.

BRAUER, der bei einer Hündin mit künstlicher Gallenfistel den Übergang großer Alkoholmengen in die Galle feststellte und beobachtete, daß nach reichlichen bei leerem Magen verabreichten Alkoholgaben stets koagulierbares Eiweiß (Albuminocholie) und vereinzelte Epithelzylinder in der Galle erschienen, glaubte damit den biologischen Beweis für die toxische Leberschädigung erbracht zu haben, zumal auch mikroskopisch in einer solchen Leber massig epitheliale und hyaline Zylinder in den interlobulären Gallengängen sichtbar wurden.

Das Pankreas zeigt häufig hochgradige Fettgewebsdurchwachsung bzw. -entwicklung. Was bezüglich der Leberzirrhose ausgeführt wurde, läßt sich — mit entsprechenden Abänderungen — auf das Verhalten der Bauchspeicheldrüse übertragen (G. B. GRUBER, KLIPPEL et LÉFAS, STEINHAUS). Der sich hier abspielende Parenchymuntergang (-atrophie, -vakuolisierung), die chronisch-entzündlich-sklerosierende Bindegewebswucherung (WEICHSELBAUM u. a.) kommt auch ohne Vergesellschaftung mit Leberzirrhose vor, ist mithin als ein von dieser unabhängiger Vorgang aufzufassen (OPIE, LISSAUER). Einzelne Berichte betonen die auffallend starke Verfettung der LANGERHANSschen Inseln (AMATO u. a.) oder sprechen von beträchtlicher insulärer Hypertrophie (CARNOT et AMAT). Auf drüsenähnliche, mit hohem Zylinderepithel ausgekleidete Gebilde im Zwischengewebe — offenbar gewucherte Ausführungsgänge — weist LISSAUER hin (Ähnlichkeit mit Gallengangswucherungen!).

Ein Beweis für die sehr umstrittene ursächliche Rolle des Alkohols beim Zustandekommen der Nierensklerose wird — von den ganz seltenen, durch Vorgeschichte, Krankheitsverlauf und Leichenöffnung sicher gestellten Fällen alkoholischer Nierenschrumpfung im Kindesalter (KASSOWITZ) abgesehen — in der Regel schwer zu erbringen sein (s. FAHR, dieses Handbuch IV/1). Nach Ausführungen von STRÜMPELL ist die chronische Nierenentzündung und -schrumpfung die häufigste Krankheit der Alkoholiker. Die eigentliche „Alkoholniere", die rote Niere (LEYDEN: rote Granularatrophie) gilt in Orten starken Bierverbrauches als alltäglicher Befund. KAHLDEN schuldigt auf Grund von Tierversuchsergebnissen die unmittelbare Wirkung des Giftes bei der Ausscheidung durch die Niere für das Auftreten von Blutungen und für die — als Vorläufer der Nekrose zu betrachtende — Epithelentartung an. Ähnliche Bilder sah AMATO bei seinen Hunden, während MURAWSKY von „hämorrhagischer Nephritis" spricht, die von nur unbedeutenden interstitiellen Prozessen begleitet war (s. akute Vergiftung).

Die Mitteilungen von J. SIMON lassen vermuten, daß unter Alkoholwirkung im Blutserum tiefgreifende Wandlungen mit allen physikalischen Konstanten vor sich gehen. Das Auftreten von Indikan, Bilirubin, Ketonen, Azeton, die Veränderung der Werte (Emporschnellen im Delirium tremens) für Cholesterin, Phosphatide, Seifen im Blutplasma spricht für weitgehende, zuvörderst auf Leistungsstörung der Leber beruhende Regelwidrigkeiten im Stoffwechsel (KOLLER, POHLISCH), die gelegentlich schon als Lipämie dem bloßen Auge wahrnehmbar sind (FEIGL, IMMERMANN). Ab und an kommt es bei Delirien zu Glykämie.

Wie von französischer Seite betont wird (s. auch Vas), soll bei Alkoholikern die Zahl der roten und weißen Blutzellen (besonders auf Kosten der polymorphkernigen) allmählich abnehmen. Dumesnil et Touchet (angeführt bei Tourdot) haben eine eigene akute Anämie der Trinker beschrieben. Den Höhepunkt der Blutbildveränderung finden wir im Delirium: Polychromatische Erythrozytose, Lymphopenie und vorübergehende Leukozytose mit regenerativer Kernverschiebung (Suckow).

Alkoholisch bedingte Schäden der Milz sind in der Menschenpathologie nicht bekannt geworden. Bei Tieren konnten massige hämorrhagische Infiltrate, nekrotische Herde in Pulpa und Septen (Amato), Fettspeicherung in den lymphatischen Elementen (Afanassiew) erzielt werden. Guazzieri wies Reizung des retikulo-endothelialen Apparates mit Hilfe der Vitalfärbung sowohl in der Milz, wie in Lymphknoten nach, welch letztere sich im großen und ganzen ebenso wie die Milz verhalten. Bei vorhandener allgemeiner Hämochromatose nehmen die Lymphknoten in ausgedehntem Maße daran teil.

Mit Beginn des Alkoholismus, noch ehe anatomisch faßbare Veränderungen zu Tage treten, macht sich Leistungsuntüchtigkeit des für Alkohol offenbar besonders empfindlichen (Forel) Hodenparenchyms bemerkbar. (Vielleicht findet bereits auf früher Vergiftungsstufe Phagozytose der geschädigten Spermien durch die Epithelien der Ductuli efferentes des Nebenhodenkopfes statt.) Wohl keine andere Aufbrauchkrankheit führt so schnell und fast regelmäßig zur Unfruchtbarkeit: Kann man doch vollständige Azoospermie schon bei Trinkern zwischen 20 und 30 Jahren finden. Eine ausgedehnte Untersuchung von Simmonds an 1000 im besten Mannesalter verstorbenen Leichen ergab bei 60 % der Personen, welche chronische Alkoholgenießer gewesen waren, völliges Fehlen der Samenfäden. Bertholet, Weichselbaum geben noch höhere Hundertsätze an. Demgegenüber wiesen in der Statistik von Simmonds unter den Tuberkulösen nur 17 % Azoospermie auf, und bei sonstigen Krankheiten (Morphinismus und chronische Bleivergiftung mit einbegriffen) waren die Zahlen noch niedriger.

Das anatomische Bild der durch Alkoholmißbrauch verursachten Hodenatrophie, welches nach Ausführungen von Weichselbaum bei Vorhandensein von Leberzirrhose besonders ausgeprägt (gleichgeordnete gegenseitige Beeinflussung ?), nach der Annahme von Kyrle vielleicht gar durch die Erstschädigung der Leber bedingt sein soll, unterscheidet sich nicht wesentlich von dem der Greisenatrophie. Das Gewicht beider Hoden zusammen kann bis auf 10 g heruntergehen, das Organ — entsprechend der Parenchymab- und Bindegewebszunahme — derber, zäher werden. Berberich und Jaffé schildern die Schnittfläche als glatt, blaßgrau, hyalin, die proximale Hälfte als weicher und dunkelbraun. Andererseits gibt es Fälle, welche für das bloße Auge kein Abweichen vom Normalen erkennen lassen (Bertholet, Simmonds).

Während anfangs die in den Kanälchenlichtungen befindlichen abgeschilferten, vakuolisierten Epithelien noch mit Spermatozoen bzw. mit deren — nun rundlich geformten und geblähten — Köpfen untermischt sind, kann sich das histologische Bild des Hodens im Laufe der Zeit so hochgradig verändern, daß das Organ als solches kaum noch erkennbar ist: Man sieht Schrumpfung, Zerfall und schließlich gänzliches Schwinden der samenbildenden Elemente; Kanälchen mit weiter Lichtung bleiben zurück, die mit ihrer (kräftig eosinfärbbaren) fibrös-hyalin verdickten Wand, ihrem ein- bis zweischichtig kubischen Epithel (Abb. 82) Drüsenausführungsgängen oder adenomatösen Wucherungen gleichen (Weichselbaum u. a.). Schließlich veröden die Lichtungen durch bindegewebige Wucherung der Kanälchenhüllen und des Zwischengewebes vollkommen

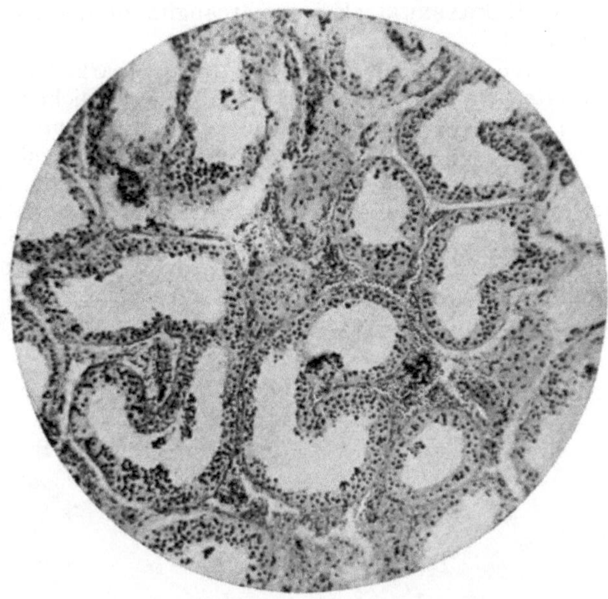

Abb. 82. Hode eines Potators. Schwund des samenbildenden Gewebes. 86 fache Vergrößerung.
(S. No. 482/25 des pathol. Instituts am Krankenhause Berlin-Neukölln. Pros. Dr. EHLERS.)

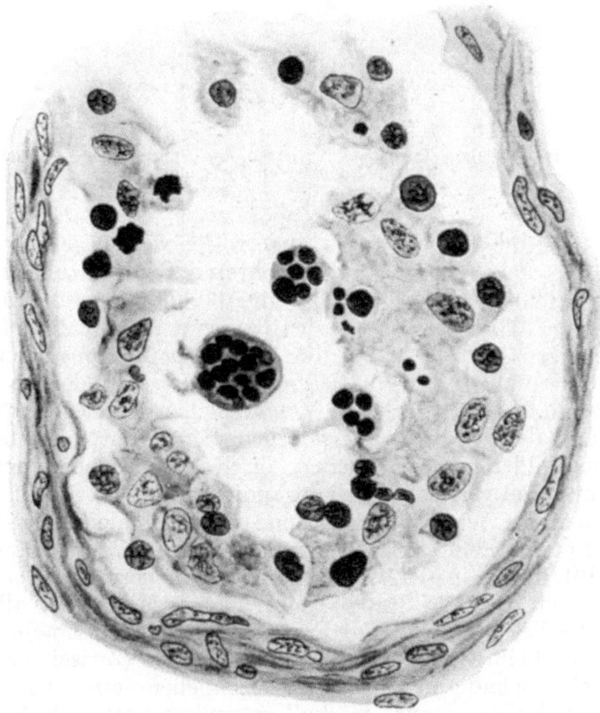

Abb. 83. Hode eines Potators. Aufhören der Spermiogenese. Riesenzellbildung aus Spermatiden.

19*

in der bekannten, von E. FRAENKEL als Spermatoangitis obliterans bezeichneten Weise (K. KOCH u. v. a.).

Auf einen, bei Tieren (MAXIMOW, STIEVE: Unfruchtbarkeit sonst gesunder Tiere) längst bekannten Befund, welchem in den diesbezüglichen Arbeiten der Menschenpathologie erst neuerdings Beachtung geschenkt wurde, möchte ich besonders hinweisen: Es sind dies, unter entarteten samenbildenden Elementen in der Kanälchenlichtung liegende riesenzellartige Gebilde, die, offenbar aus verklumpten oder gewucherten und ungeteilt gebliebenen Spermatiden hervorgehend, oft ungeheuerliche Außmaße und Gestalt annehmen (Abb. 83). Wenn ich sie auch nicht als spezifisch für den alkoholgeschädigten Hoden ansprechen möchte, denn vereinzelte derartige Riesenzellen können auch sonst, unabhängig von der Art der Erkrankung — wie DI BIASI meint, auf jeder Lebensstufe,

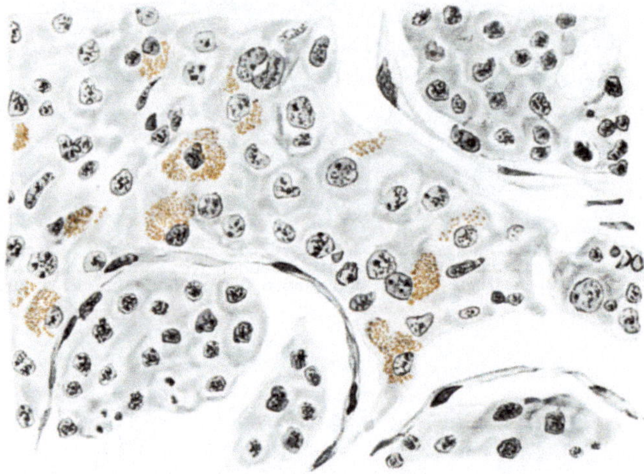

Abb. 84. Hode eines jugendlichen Potators. Aufhören der Spermiogenese. Mächtige Wucherung der stark pigmentierten Zwischenzellen.

vor allem aber wohl im Greisenalter — angetroffen werden (s. OIYE, SPANGARO), so habe ich sie — bei eigens darauf gerichteten Beobachtungen — in diesen Massen und ungewöhnlichen Formen nur beim Alkoholiker gefunden. A. F. KRAUS, der die Frage der Alkoholschädigung bei den von ihm untersuchten Personen überhaupt nicht streift, glaubt, daß die „bei körperlich gesunden und gut ernährten Individuen" auftretenden Riesenzellen darauf hindeuten, daß ihre Bildung rein psychisch bedingt sein kann. Von ähnlichen Überlegungen scheint LEUPOLD auszugehen, der bei einem 27jährigen Hingerichteten den Hoden etwa folgendermaßen schildert: Die Kanälchen, durch zwischenzellreiches Gewebe voneinander getrennt, sind verschieden dickwandig, mit einer unterschiedlichen Zahl von Zellagen ausgekleidet. Vielfach sind die Plasmaleiber mehrerer Zellen, besonders von Spermatiden, zusammengeflossen und bilden vielkernige Riesenzellen, die an Bildungen in der Nachbrunstperiode periodisch brünstiger Tiere erinnern. Da es sich im Falle LEUPOLD um einen jugendlichen, allem Anscheine nach gesunden Verbrecher gehandelt hatte, dürfte meines Erachtens mit Rücksicht auf das gewebliche Gesamtverhalten des Hodens (Zwischenzellvermehrung usw.) alkoholische Schädigung nicht auszuschließen sein, obgleich nach Aussagen von Zeugen der Mann nur „mäßig" getrunken hatte. A. F. KRAUS unterscheidet Riesenzellen entstanden a) durch Zusammensintern von Spermatiden,

b) durch Verklumpen von Spermatogonien. Das Auftreten der Spermatiden-riesenzellen solle für leichtere Schädigung (Atrophie 1. Grades von GOETTE), das der aus Spermatogonien hervorgegangenen Gebilde für hochgradige Schä-digung sprechen.

Ähnliche Zellformen werden auch bei Röntgenbestrahlungen und Verletzungsheilungen beschrieben (MAXIMOW, SHIOZAWA).

Gleichzeitig mit den rückschrittlichen Samenzellveränderungen beginnt wahrscheinlich die Wucherung der — gewöhnlich stark pigmentierten — Zwi-schenzellen, die unter Umständen so beträchtlich wird, daß mächtige Zellnester (Abb. 84) den größten Teil des Gesichtsfeldes ausfüllen (BATTAGLIA, HANSEMANN, KYRLE und SCHOPPER, LEUPOLD, u. a.). Es besteht jedoch kein bestimmtes Verhältnis zwischen dem Grad der Spermiogenese und der Menge der Zwischen-zellen. Letztere ist außerordentlich wechselnd (BERBERICH und JAFFÉ).

Die von WEICHSELBAUM erwähnte ödematöse, an Schleimgewebe gemahnende Beschaffenheit des vermehrten Zwischengewebes konnte ich nur an einem Fall — hier aber in ausgesprochenem Maße — feststellen. In dem, einem noch jugend-lichen, im Rausche erstochenen Trinker zugehörigen, auch sonst beträchtlich veränderten Hoden zeigte sich das ganze Bindegewebe gewissermaßen glasig gequollen, mit einzelnen Blutungen durchsetzt, ein Zustand, den ich mit dem akuten Rausch in ursächliche Verbindung bringen möchte.

Von verschiedenen Untersuchern wird auf die Mitbeteiligung der Eierstöcke an der Allgemeinvergiftung aufmerksam gemacht. Sie soll sich in Atrophie, vorzugweise der Rindenteile (Eizellen) und in diffuser Fibrose äußern (BER-THOLET, LANCEREAUX).

Die Hauptmenge des Alkohols wird im Körper verbrannt, der kleinste Teil durch Harn, Milch, Lunge, Haut ausgeschieden. Der Alkoholnachweis an der Leiche ist nur möglich bei schnellem Vergiftungsablauf und baldiger Sektion.

5. Methylalkohol.

Die Wirkungsweise des Methylalkohols ist umstritten. Bisher war — auf Grund der gewonnenen physiologisch-chemischen Forschungsergebnisse — die faßlichste Erklärung noch immer die einer Formaldehydbildung im Körper-gewebe (BRÜCKNER). Neuerdings hat der Ausfall von Tierversuchen (CARLA EGG) es wahrscheinlich gemacht, „daß Methylalkohol mit den Ferroionen des Hämoglobins Komplexe bildet und dadurch die katalytischen Fähigkeiten des Blutfarbstoffs hemmt". (Weitere physiologisch-chemische Untersuchungen s. bei A. LEO.)

Bei gleich großer Gabe bleibt der Methylalkohol 5—10mal länger im Körper als Äthylalkohol. Der Tod erfolgt nach peroraler Zufuhr bzw. Einatmung häufig schon im Verlauf weniger Stunden. Das klinische Krankheitsbild kann leichtlich verwechselt werden mit dem des Botulismus, der Atropin- oder Ako-nitinvergiftung, mit postdiphtherischen Zuständen.

Pathologisch-anatomisch und pathohistologisch bietet sich dem Obduzenten — abgesehen von den (die Diagnose sichernden) Schäden am inneren Auge — nichts Kennzeichnendes dar.

Der Nachweis des Giftes kann gelingen, wenn es glückt, den Methylalkohol auf der Abbaustufe der Ameisensäure im Urin (L. BÜRGER) und in Leichenteilen (besonders Magen und Leber) zu fassen.

Weite Pupillen (am Lebenden), schwere Schleimhautreizungen: Kon-junktivitis, Rhinitis usw. werden, vor allem bei chronisch Vergifteten (z. B. als Gewerbeschäden) angegeben.

In einzelnen Todesfällen nach akuter Vergiftung soll die rote Farbe am ganzen Körper, die rötlich-lividen Totenflecke (Ströhmberg) auffallen. Dann wiederum spricht man von ikterischer Hauttönung. Die Totenstarre wird von Ströhmberg als stark ausgeprägt bezeichnet und erstreckt sich auch auf die Erectores pilorum, wodurch die Erscheinung der „Gänsehaut" hervorgerufen wird.

Bei Leichenöffnung kann der Farbton der durchschnittenen Muskulatur, wie auch einzelner Organe braunrot sein (L. Bürger: Methämoglobinbildung?). Der Geruch der Körperhöhlen bietet nichts Besonderes. Die Dünndarmschlingen werden von verschiedenen Seiten als hochgradig zusammengezogen geschildert (L. Bürger, Zangger).

Schlichting und ähnlich Ströhmberg (s. auch Berliner Massenvergiftung 1912) beobachteten hellrötliches (kirschfarbenes) Blut, ähnlich dem bei Kohlenoxydvergiftung. Im Gegensatz dazu wies L. Bürger auf den gelegentlich vorkommenden braunroten Farbton des (angeblich methämoglobinhaltigen) Blutes hin.

Im Falle Keferstein, desgleichen bei den Berliner Massenerkrankungen (L. Bürger) fand man die Hirngefäße bis in die kleinsten Verzweigungen hinein prall mit hellrotem Blut gefüllt, pial und subdural ausgedehnte Blutungen, ein Bild, das in gewisser Weise an Kohlenoxydvergiftung erinnerte.

Da es sich bei den Betroffenen gewöhnlich um Trinker handelt, kann man wohl nur die frischen Blutungen im Zentralnervensystem (Brücke, verlängertes Mark usw.), die sich auch beim akut vergifteten Tier erzeugen lassen (Rühle), der akuten Methylalkoholwirkung zur Last legen, nicht aber die rückschrittlichen Umwandlungen in Nervensubstanz und Hirngefäßwänden, die denen gleichen, welche wir bei Alkoholismus zu sehen gewohnt sind. Auf akute, aber unspezifische Veränderungen der Nervenzellen in der grauen Substanz weist Stadelmann hin.

Die sehr schnell fortschreitenden, bis zu völliger Erblindung führenden Schäden am inneren Auge sind als einziger merkmalsmäßig verwertbarer Befund bei der Methylalkoholvergiftung anzusprechen. Aller Wahrscheinlichkeit nach handelt es sich — wie auch der Ausfall der Tierversuche erkennen läßt — um akute toxische Erkrankung der retinalen Ganglienzellschicht, gekennzeichnet durch Schwund der Nisslschollen, Hyperchromasie der inneren Körner usw. Gleicherzeit ist Faserzerfall des Sehnerven festzustellen: Man sieht zerstreute perivaskuläre Fett- und Detritusanhäufung, unregelmäßige Quellungszustände usw., Veränderungen, die sich — wie Harnack ausführt — vielleicht auf Wirkung aktivierten Sauerstoffs in den nervösen Elementen zurückführen lassen. (Schädigung des inneren Auges s. bei Birch-Hirschfeld, Buller and Wood, Gifford, Holden, L. Pick und Bielschowsky.)

Von Steindorff übermittelte Befunde von Optikusatrophie, welche einen (zwei Jahre hindurch denaturierten Spiritus bzw. Kölnisches Wasser genießenden) Säufer betrafen, dürften eher auf chronische Äthyl-, denn auf Methylalkoholwirkung zu beziehen sein.

Die durch langdauernde Gifteinatmung hervorgerufene Schleimhautreizung der Luftwege schafft günstige Vorbedingungen für Lungenerkrankungen (Zangger). Nach innerlicher Vergiftung stellt sich bei langsamerem Krankheitsablauf starke Bronchitis ein, offenbar infolge Abscheidung des Giftes (Stadelmann). Die von Weese durch Methylalkoholnarkosen getöteten Mäuse wiesen ausgedehnte Herdpneumonien auf.

Unmittelbare örtliche Reizwirkung zeigt sich namentlich an der leicht weißlichen Verfärbung und Runzelung der Mundschleimhaut (Ströhmberg), der stark geröteten, ödematösen, etwaig inselförmig durchbluteten Schleimhaut

des Magens und oberen Dünndarms. Die geschwollenen Einzellymphknoten und PEYERschen Haufen heben sich plastisch vom Untergrund ab
(L. BÜRGER, SCHLICHTING). Möglicherweise ist der zuweilen auftretende Ikterus
auf starke Schleimhautquellung in der Papillengegend zu beziehen, denn
über histologisch faßbare Störungen in der trüben, leicht gelblich gefleckten
(etwaig verfetteten) Leber (MOGILNITZKIE) ist nichts bekannt. Auch in den Tierversuchen von WEESE wurde nur Fetteinlagerung ohne Kernschädigung erzielt.
BRÜCKNER allein berichtet (bei chronisch vergifteten Hunden) über „schwere
Leberschädigung", die nicht näher beschrieben wird.

SCHLICHTING fand im Gegensatz zu älteren amerikanischen Angaben die Milz nicht
vergrößert.

Auf der geschwollenen, im ganzen rosig verfärbten Harnblasenschleimhaut
zeichnen sich die prall gefüllten Gefäße deutlich ab (L. BÜRGER).

6. Äthyläther.

Der örtlich reizende, bezüglich Aufnahme und Verhalten im Säugetierkörper dem Chloroform weitgehend gleichende Äther soll nach Meinung einiger
Untersucher (B. MÜLLER, QUISLING) auch in seiner pathologisch-anatomischen
Auswirkung die Verwandschaft zum Chloroform erkennen lassen. Den alten
Angaben von NOTHNAGEL (1866) über ätherbedingte krankhaft gesteigerte Fettspeicherung der parenchymatösen Organe treten SELBACH u. a. auf Grund ihrer
negativen Tierversuchsergebnisse entgegen. Da Ätherspättod selten vorkommt
(SUZUKI) und die durch gewohnheitsmäßigen Äthergenuß hervorgerufene chronische, in ihren klinischen Erscheinungen dem Alkoholismus ähnelnde Vergiftung in Deutschland nicht verbreitet ist, hat man wenig Gelegenheit, die
aufgeworfene Streitfrage an Hand von Leichenbefunden zu entscheiden.

Das Äußere des akut Vergifteten bietet in der Regel nichts Besonderes.
Ganz selten nur läßt sich durch örtliche Reizwirkung ausgelöste Hornhautzerstörung nachweisen. Anläßlich eines derartigen Falles zeigte JENDRALSKI
(als Begutachter), daß beim Kaninchen nach Ätherberieselung der Bulbusoberfläche stärkere Bindehautentzündung, Schädigung und Abstoßung des
Hornhautepithels mit nachfolgendem Ödem und Infiltration der äußersten
Hornhautparenchymschichten hervorzurufen ist.

Der chronisch Vergiftete wird marantisch, fällt durch unangenehme
Hautausdunstung auf. Hauterkrankungen: Groß- oder kleinfleckige Exantheme,
Dermatitiden usw. werden des öfteren beobachtet. Nach Äthereinspritzung
unter die Haut können sich umschriebene, dunkelblaurote, etwaig in Eiterung
übergehende Schwellungen und Knoten entwickeln (L. LEWIN), oder es kommt
zu augenblicklichem örtlichem Gewebstod.

Bei akuter Vergiftung entströmt mit Leichenöffnung den Körperhöhlen
Äthergeruch. Die zuweilen auffallende Dunkelfärbung des Blutes möchten
ELLINGER und ROST auf Methämoglobinbildung während der Narkose zurückführen (s. auch Chloroform).

Die blutgefüllten Hirnhäute weisen bei akutem Tod kleine Blutungen auf.
SUZUKI fand den Subarachnoidalraum etwas erweitert infolge Einlagerung
zelligen Exsudats. Gehirn und Rückenmark waren in seinem Fall hochgradig
ödematös; hier und da, ganz besonders in Thalamus und Medulla oblongata,
zeigten sich kleine, z. T. ringförmige Blutaustritte. Die Gliazellen schienen in
einzelnen Bezirken vergrößert und in amöboider Umformung begriffen oder sie
ballten sich zu Haufen zusammen. In den Lymphräumen sah man Rund- und
Abraumzellen.

Als Spätfolge und bei chronischer Vergiftung sollen — nach nicht näher begründeten Ausführungen von L. Lewin — Hirnsubstanzblutungen verschiedenster Form und Ausdehnung auftreten.

Die Befunde am Zentralnervensystem in dem von Bodechtel mitgeteilten Fall von Spätnarkosetod (nach 15 Stunden) bei einem 60jährigen Mann können, da ausdrücklich vorübergehender Herzstillstand (und damit zeitweilige Blutleere des Gehirns!) bei der Narkose vermerkt wird, nicht als sicher ätherbedingt angesprochen werden. Das strich- und herdförmig auftretende Bild der „schweren, ischämischen und homogenisierenden Zellerkrankung" neben beginnenden atrophischen Vorgängen wird auch von Bodechtel selbst offenbar mehr der mangelhaften Blutversorgung, denn der Ätherwirkung zur Last gelegt. Zum mindesten dürfte dies aus seinen Worten: „Die Kalkarinaformation war gut erhalten, scheint also gegen Kreislaufsstörungen elektiv widerstandsfähig" herauszulesen sein.

B. Müller wies bei seinen Tieren schon nach einstündiger Narkose vermehrtes Lipoid in Ganglienzellen und Blutgefäßendothelien nach. Weil nahm Versuche mit (intratrachealer Narkose) bei Hunden und Katzen vor, um die etwaig auftretenden Veränderungen im histologischen Bild und im Lipoidaufbau der nervösen Substanz zu verfolgen. Die (3—5 Stunden nach der Narkose) abgelesenen wesentlichsten Ergebnisse bestanden in diffuser Färbung der Nisslkörperchen in den Vorderhornzellen des Rückenmarks, in bauchiger Auftreibung der Markscheiden zufolge Flüssigkeitsvermehrung. Die Menge der azetonlöslichen Bestandteile (Cholesterin) zeigte sich in allen Versuchen gesteigert, die der alkohollöslichen herabgesetzt.

Wie L. Lewin angibt, sollen Äthereinspritzungen unter die Haut rückschrittlich-entzündliche Vorgänge an den peripherischen Nerven auslösen können, die in Muskellähmungen (mit nachfolgender Atrophie) zutage treten. Unterlagen für diese Bemerkung werden nicht beigebracht.

Erfolgt der Tod während der Narkose, so fällt die Weite und Leere der rechten Herzkammer auf (Herbold). Zieht man die Fälle, in denen mit Rücksicht auf den Allgemeinzustand (Anämie usw.) bereits mit vorher bestehender Muskelzellverfettung gerechnet werden durfte, ab, so wird — wie eigene Untersuchungen an während der Narkose Verstorbenen mich lehrten — in der Regel auf dieser Vergiftungsstufe keine nennenswerte Fettablagerung gesehen. Kleine intermuskuläre Blutaustritte und perivaskuläre Zellansammlungen wurden von Suzuki im Herzen eines Kindes bei einem Spätnarkosetodesfall festgestellt.

Mehrfache Äthernarkosen sollen beim Tier wesensgleiche, aber nicht so hochgradige Herzmuskelverfettung wie nach Chloroformeinwirkung hervorrufen können, eine Meinung, der ich nach mehrfach an Mäusen vorgenommenen Versuchen nicht beipflichten kann. Die bei chronischer Vergiftung des Menschen zu beobachtende Parenchymverfettung dürfte demgemäß als Teilerscheinung des Marasmus anzusprechen sein.

Fischer-Wasels und Tannenberg führen in ihrer Arbeit: „Endothel, Thrombose und Embolie" an, daß Aschoff bei einem Menschen nach Anwendung intravenöser Äthernarkose eine plötzlich entstandene Gerinnungsthrombose der ganzen Blutsäule bis ins Herz hinein habe nachweisen können. Zur Ergänzung dieses, wie es scheint, bisher einzigartigen Befundes möchte die Tierversuche von L. Loeb dienen, welcher Äther unmittelbar in die Blutbahn eines Tieres brachte und dadurch im Herzen und in den größeren Blutgefäßen fibrinöse Thrombenbildung erzielte. Ferner verzeichnet Loeb hochgradige (bis zystische) Erweiterung der Leberhaargefäße bzw. der Pfortaderäste.

Da Äthereinatmung die gewöhnlichste Form der Giftzufuhr ist, zeigen sich in den Luftwegen naturgemäß die stärksten und regelmäßigsten Reizerscheinungen, die bis zur Verätzung der Kehlkopfschleimhaut führen können

(MENZEL). Geht die Narkose unmittelbar in Tod über, dann ist die Schleimhaut zumeist vom Rachen an abwärts bis in die kleinsten Luftröhrenäste hinein flammend gerötet. Mikroskopisch läßt sich neben allerstärkster Blutgefäßfüllung höchstgradige, bis zur Zerstörung der Drüsenzellen gehende Schleimabsonderung feststellen. Einzelne Rundzellhaufen scheinen bereits auf dieser Vergiftungsstufe die so häufig im Gefolge der Narkose auftretende (hämorrhagisch) katarrhalische, etwaig auf die Lunge übergreifende Entzündung einzuleiten. Bei Vorliegen von Bronchopneumonien ist jedoch niemals mit Sicherheit zu entscheiden, ob diese nicht durch Aspiration von Schleimmassen zustande kamen. Beim Tier verklumpen — offenbar zufolge erhöhter Blutgerinnbarkeit — die Erythrozyten in den Lungengefäßen, und es schlägt sich fädiger und körniger Faserstoff nieder (s. auch MULZER: Bildung „hyaliner roter Kapillarthromben"), so daß man an eine örtliche Erstschädigung der Erythrozyten zu denken versucht ist. B. MÜLLER bezeichnet die Fettspeicherung im respiratorischen Epithel als geringer denn die nach Chloroformnarkose, in den Bronchusknorpeln erschien sie ihm dagegen vermehrt.

Bei Kindern findet man — zufolge Verschlucken von Äther — des öfteren entzündliche Mitbeteiligung der Magenschleimhaut. Der Kot riecht dann nach Äther. Chronischer Äthergenuß zieht hartnäckigen Magenkatarrh nach sich. Schwere Veränderungen sahen LEGUEU und Mitarbeiter nach Anwendung rektaler Narkose: Die mit Blutungen und leukozytären Infiltraten durchsetzte Dickdarmschleimhaut war dunkelrot geschwollen, wies einzelne tiefgreifende Geschwüre auf. Wenn SUZUKI in seinem Vergiftungsbericht am Darm (ebenso wie an Milz und Lymphknoten) follikuläre, auf hyperplastischen Vorgängen im Retikulum der Keimzentren beruhende Schwellung hervorhebt, so ist dem — auf Grund unserer heutigen Anschauungen von Leistungen und geweblichem Verhalten der sog. Keimzentren — nicht allzuviel Wert beizumessen.

Neuerdings bemüht man sich um die Frage, ob und wie weit durch Ätheranwendung eine Einschränkung der Lebertätigkeit ausgelöst wird. Nach der Annahme von BOSHAMMER, welche sich auf die während der Narkose zu beobachtende verzögerte Gallenfarbstoffausscheidung stützt, verursacht jede Narkose eine Leberleistungsstörung, die dann am deutlichsten wird, wenn schon vorher eine — oft nicht erkennbare — Leberschädigung bestand. Eine Arbeit von FUSS beschäftigt sich mit den Störungen des Kohlehydrathaushaltes unter Äthereinfluß.

Das gewebliche Verhalten der Leber ist nur aus Tierversuchsergebnissen bekannt. Befunde wie Parenchym- und Gallengangsepithelverfettung, Leberzellatrophie, Herdnekrosen, periportale Sklerose usw. (B. MÜLLER, GRANDMAISON u. a.) sind es, welche die Untersucher bestimmten, an wesensgleiche Plasmastörungen bei der Äther- und der Chloroformnarkose zu denken. BANDLER konnte wohl stärkere Fettspeicherung, sonst aber kein krankhaftes Geschehen feststellen. Bei Einverleibung des Äthers unmittelbar in die Blutbahn (L. LOEB) bildeten sich Zerfallsherde in Anlagerung an thrombosierte, aber auch an freie Blutgefäße, was den Forscher veranlaßte, die Ursache der Schädigung in unmittelbarem Angriff des Giftes am Zellplasma zu suchen.

Mitteilungen über pathologisch-anatomische Befunde in der Niere des Menschen liegen meines Wissens bisher nicht vor. Über die Giftansprechbarkeit des Organs bei Tieren finden sich die verschiedensten Angaben veröffentlicht: Es wurde das Auftreten „hämorrhagischer Nephritis und Glomerulitis mit Neigung zu gänzlicher Wiederherstellung" (BARBACCI e BEBI), ferner „beträchtlicher Epithelschädigung" (F. C. WOOD) u. a. m. beobachtet, besonders bei langen und wiederholten Narkosen (B. MÜLLER). Nach der Ansicht von

F. Leppmann geben die Versuche keinen Anhaltspunkt für eine spezifisch nekrotisierende Wirkung des Giftes auf das Epithel.

Von histologisch faßbarer Schädigung der Nebenniere (Blutungen, Rindenzelldegeneration und -nekrose) beim Kinde weiß als einziger Suzuki zu berichten. Über die Beeinflussung des chromaffinen Gewebes durch Äther sind die Untersuchungen noch nicht abgeschlossen. Soweit kurze Beobachtungsreihen zu Schlußfolgerungen schon berechtigen, möchte sich Schwarzwald in verneinendem Sinne aussprechen.

Der Übergang des Giftes von der Mutter auf den Fetus erscheint gesichert, da Koblanck angibt, daß die aus der Luftröhre des Neugeborenen angesaugten Massen allerstärkst nach Äther riechen.

Der chemische Nachweis des Äthers gelingt in allen Fällen nur unmittelbar nach der Gifteinwirkung.

7. Azeton.

Über exogene Azetonvergiftung beim Menschen ist außer den in gewerblichen Betrieben (Azeton als Lacklösungsmittel!) gelegentlich zu beobachtenden Reizerscheinungen an den oberen Luftwegen (Floret, Zangger) nichts Nennenswertes bekannt geworden.

Die wenigen bisher unternommenen Tierversuche, welche im Hinblick auf die Azetonämie des Menschen von gewissem Belange sind, ergaben beachtenswerte Nierenveränderungen, die zwar nicht dem Grad, so doch vielleicht dem Wesen nach Verwandschaft mit der Niere des azetonämischen Diabetikers erkennen lassen. So erzielte Poliak (ähnlich Albertoni e Pisenti) an Hunden bei innerlicher Azetonverabreichung bis zur Nekrose gehende Schädigung der Kanälchenepithelien und Rundzellansammlungen im wuchernden Zwischengewebe. Die Schleimhaut von Magen und Dünndarm zeigte als Folge örtlichen Reizes Deckzellabschilferung, starke Haargefäßfüllung. Die Leber war verfettet.

8. Paraldehyd.

Die Allgemeingiftigkeit des Paraldehyds ist gering. Dennoch sind Vergiftungen — darunter auch tödliche (Bau, Berlioz, Paltauf, Ph. Schneider) — durch Verwechslungen oder in selbstmörderischer Absicht vereinzelt vorgekommen. Die tödliche Giftmenge beträgt 50—100 g; gelegentlich wurden noch höhere Gaben ohne nennenswerte Schädigung vertragen (Poulsson). Die Diagnosenstellung gründet sich hauptsächlich auf den eigentümlich fadsüßlichen Geruch in Körperhöhlen, Eingeweiden und Blut (Flury und Zangger). Der Giftnachweis gelingt in Lunge, Blut, Magen-Darminhalt.

Laut Ausführungen von Dittrich (angef. bei Bau) zeigen sich unangenehme Nebenwirkungen des zu Heilzwecken verwandten Mittels im Auftreten erysipeloider, papulös-vesikulärer Hautausschläge. Nach chronischem (vorzugsweise bei Potatoren beliebtem) Gebrauch, welcher dem Alkoholismus ähnelnde Erscheinungen zur Folge hat, wird die Hautfarbe blaßgrau, der Hämoglobingehalt des Blutes sinkt (Flury und Zangger), wenn auch nicht so hochgradig wie bei Tieren (etwa Hunden).

In dem von Ph. Schneider mitgeteilten Fall konnte spektroskopisch Methämoglobin gesichert werden. Das Pferd beantwortet — entsprechend der überhaupt größeren Hämolysebereitschaft der Pflanzenfresser — die Vergiftung in der Regel mit Methämoglobinbildung (Fröhner).

In den Magen-Darmkanal gebracht, wirkt Paraldehyd stark reizend, nach Angabe von Kobert geradezu ätzend. Bau fand die Magenschleimhaut rot, gequollen, ohne Belag oder irgendwelche Ätzzeichen, den Zwölffingerdarm gerötet, mit Schleim bedeckt. Im Falle PALTAUF (s. auch BERLIOZ), welcher jedoch bezüglich Ursache nicht als eindeutig anzusprechen ist, da gleicherzeit Kognak eingenommen wurde, zeigte sich die Magenwand gehärtet und gleichsam erstarrt (Alkoholwirkung?), der Bauchfellüberzug des Magens trocken, leicht gefältelt. Auf der grauweißlichen, lederartig beschaffenen Magenschleimhaut, deren Aussehen an die Befunde nach Karbolsäureverätzung gemahnte, fanden sich krümelige paraldehydhaltige Nahrungsmittelreste und geronnener Schleim von dem bekannten fad-süßlichen, etwas ätherisch-aromatischen Geruch.

PH. SCHNEIDER untersuchte beim Hunde die örtliche Paraldehydwirkung an Stücken operativ gewonnener Magenwandung. Er zog aus seinen Versuchsergebnissen den Schluß, daß dem Gifte keine stark ätzenden oder schorfbildenden Eigenschaften innewohnen. Wurden große Mengen konzentrierten Paraldehyds auf lebendes Gewebe (Schleimhaut) gebracht, so erfolgte Lockerung und Quellung desselben, Auflösung der oberflächlichen und tieferen Schleimhautschichten unter erheblicher Schleimbildung. Niemals jedoch gelang eine Härtung der Schleimhaut wie etwa durch Alkohol. Demnach ist zu sagen, daß dem Paraldehyd ähnliche örtliche Wirkungen zukommen wie ganz verdünnten Laugen.

In dem von PALTAUF überlieferten Fall war der linke, dem Magen anliegende Leberlappen gehärtet, ob bereits während des Lebens, muß unentschieden bleiben; das Herz zeigte völlige Erschlaffung, Gehirn und Lunge venöse Blutüberfüllung.

9. Sulfonal.

Sulfonal ist schwer löslich, wird infolgedessen nur allmählich vom Körper aufgesogen, in den Geweben z. T. gespalten und als Sulfosäure mit dem Urin ausgeschieden, aber so langsam, daß die Abgabe des Giftes selbst bei nur täglicher Darreichung von 1 g mit der Zufuhr nicht Schritt hält. Wie KOBERT mitteilt, soll sich Sulfonal noch 48 Stunden nach seiner Einverleibung im Blute nachweisen lassen. In den wenigen veröffentlichten Fällen mit akut tödlichem Ausgang betrugen die eingenommenen Mengen bis zu 30 g; andererseits führten selbst größere Gaben den Tod nicht herbei. Frauen scheinen im allgemeinen für die Vergiftung besonders empfindlich.

Die wesentlichste Gefahr liegt im langdauernden Gebrauch des dann chemisch kumulierten Sulfonals. Es kommt zu eingreifenden Ernährungs- und Stoffwechselstörungen, die ihren Ausdruck in Hämatoporphyrinurie finden. Diese setzt ausnahmsweise — wie der Fall PFÖRTNER lehrt — schon nach wenigen Tagen ein. Der spärlich gewordene Urin nimmt eine dunkel-burgunderrote, im reflektierten Licht (durch vorhandenes Methämoglobin!) beinahe schwarze Färbung an (H. GÜNTHER). Unter zunehmender Abmagerung, fortschreitender Anämie (F. MÜLLER, E. SCHÄFFER) und Erscheinungen von Seiten des Zentralnervensystems tritt in solchen Fällen häufig der Tod ein.

Die im Schrifttum vorliegenden Berichte beziehen sich in der Mehrzahl auf subakut-chronisch vergiftete Personen. Als erste Zeichen der Allgemeinvergiftung stellen sich — auf vasomotorische Störungen (RENNER) zu beziehende — Hauterkrankungen ein: Ödeme der Augenlider, Erytheme, Blutungen, papulöse und bullöse (E. v. HOFMANN: an Verbrennungsblasen erinnernde), scharlach- und masernähnliche Exantheme (ENGELMANN, MERKEL u. v. a.). Im Falle SCHOTTEN griffen die Ausschläge auf die Glans penis und die Mundhöhle über.

Bei Leichenöffnung wird des öfteren Höhlenwassersucht beobachtet. Das Blut kann infolge mehr oder minder starker Hämolyse und Methämoglobinbildung, welche dem Auftreten der Hämatoporphyrinurie zeitlich gleichläuft, leicht bräunlichen Farbton annehmen. F. MÜLLER beobachtete eine Kranke, bei welcher der bis auf $45\,^0/_0$ gesunkene Hämoglobingehalt nach Aufhören der Hämatoporphyrinurie wieder bis auf $85\,^0/_0$ in die Höhe ging.

Die Milz wird von Pollitz (s. auch Taylor) in derartigen Fällen als „stahl-blau" (massige Pigmentablagerung!) geschildert, ähnlich die Lymphknoten.

Pollitz sah im Dünndarm rundliche Geschwüre mit blutigem Grund, für welche wohl nicht so sehr das an sich reizlose Sulfonal als die von ihm hervorgerufene chronische Verstopfung verantwortlich zu machen sein dürfte. Beim Tiere lassen sich größere Blutaustritte in der Schleimhaut des Verdauungsschlauches erzielen (Kast).

Während die — von Taylor (zufolge Ablagerung von intrazellulärem, grünlichem, eisenfreiem Pigment) als „tiefgrün" bezeichnete — Leber in der Regel nur beträchtliche Fettspeicherung (beim Tiere auch Nekrosen: Narbekow) aufweist, finden sich in der blut- und fettreichen, graubraunen Niere schwere, wahrscheinlich bei Durchtritt des Hämatoporphyrins entstandene entzündliche und rückschrittliche Veränderungen: Das Bild der akuten (hämorrhagischen) Glomerulonephritis (Kapselexsudat, halbmondförmige Kapselepithelwucherungen usw.) kann sich mit dem der nekrotisierenden, von regenerativen Vorgängen begleiteten und gefolgten Nephrose vereinen. Die oft recht ausgedehnten — im Gegensatz zum Verhalten der Niere beim vergifteten Tier (Kast) — gewöhnlich nicht verkalkenden Kanälchenzerfallsbezirke sind auf die gewundenen Abschnitte, die aufsteigenden Schleifenschenkel beschränkt (Pollitz, Marthen, R. Stern, Wien u. a.). Weniger eingreifende Veränderungen (Blutungen in Glomeruli und Kanälchen, Verfettung u. a. m.) finden sich als Tierversuchsergebnisse bei Bonanni, Dietrich (Degow), J. Fränkel u. a. gebucht.

Die klinisch in schweren chronischen Fällen zu beobachtenden (polyneuritischen?) Lähmungen (Erbslöh u. a.) sind anatomisch bisher noch nicht einwandfrei geklärt. Nach Angaben von Helweg kann man „degenerierte Nervenzellen" in Vorder- und Hinterhörnern des Rückenmarks finden. Renner denkt an die Möglichkeit eines Zerfalls peripherischer Nerven. Im Falle Erbslöh, der einen Krebskranken betraf, sah man im distalen Abschnitt der Kruralnerven allgemeinen Markscheidenzerfall, daneben geringe entzündliche Zellanhäufungen. Die Ursache ist hier keine eindeutige, da sowohl die Kachexie wie das dazu führende Grundleiden den Boden vorbereitet haben konnten für Angriff und Wirkung des Giftes auf die Nerven.

Der Nachweis des Sulfonals (gleicherweise des Trionals bzw. Tetronals) wird — noch tagelang nach der letzten Gabe — am besten im Urin geführt, ferner im Magen-Darminhalt, Gehirn. Auch an faulendem Material glückt, da Sulfonal sehr widerstandsfähig ist, der Nachweis noch nach längerer Zeit.

Anhang:

Trional (Methylsulfonal) und Tetronal (Diäthylsulfondiäthylmethan).

Als Ausdruck akuter Allgemeinvergiftung findet man gelegentlich Hautausschläge (Willcox), Stomatitis und Mundschleimhautaphthen (F. Klein). Marburg sah Blasenbildung längs eines Nerven und entzündliche Vorgänge in den zugehörigen Spinalganglien.

Krischner beschreibt bei einem akuten Todesfall, in welchem das Trional in den Leichenteilen nachzuweisen war, hämorrhagische Tracheobronchitis und Bronchopneumonien, ferner Schleimhautblutungen im oberen Ileum. Im Falle M. Rosenfeld ergab die von M. B. Schmidt vorgenommene Leichenöffnung keinerlei kennzeichnenden Befund.

Chronische Vergiftungen kommen — ähnlich wie nach Sulfonal — auch bei längerer Zufuhr von Trional (bzw. Tetronal) zustande, obgleich dieses im Körper schneller gespalten und wieder ausgeschieden wird als Sulfonal. Das Gesamtkrankheitsbild (Reinicke), zeigt weitgehende Übereinstimmung mit dem von der Sulfonalvergiftung her bekannten, ist jedoch weniger ausgesprochen; auch

tritt **Hämatoporphyrinurie** seltener auf.   Der pathologisch - anatomische Befund (GEILL, H. GÜNTHER) ist merkmalsmäßig nicht verwertbar.
(Über den **Nachweis** des Giftes s. unter Sulfonal.)

10. Veronal.

Dem in kleinen Gaben weder örtlich reizenden, noch Atmung oder Kreislauf schädigenden Veronal kommt eine beträchtliche therapeutische Wirkungsbreite zu, erst 8—10 g führen den Tod herbei. Nach der Meinung von BELHORADSKI kann die Vergiftung unter einem ähnlichen Krankheitsbild verlaufen wie die Polioencephalitis haemorrhagica Wernicke. (Zusammenstellung einschlägiger Arbeiten s. bei HAGE 1921.) Die Gefahr des Mittels liegt in seiner langsamen Ausscheidung (mit dem Urin), die zu chemischer Kumulation und somit zu chronischer, durch Rauschzustand, Schwäche, epileptiforme Krämpfe usw. gekennzeichneter Vergiftung führen kann. Auch Anämie und Hämatoporphyrinurie (HAGE u. a.) werden beschrieben. C. JACOBY, der sich auf Tierversuche stützt, nimmt an, daß Veronal in toxischen Mengen — und hierin sieht er eine pharmakologische Verwandtschaft mit Arsen — vor allem die Haargefäßwände lähme. Der von SCHUBIGER beigebrachte anatomische Befund auffallender Erweiterung der **kleinen Venen** und **Kapillaren** würde diese Annahme bestätigen, wie auch die unten zu schildernden Schäden an der Gefäßwand für einen hier zu suchenden Giftangriff sprechen.

Die **Leiche** soll oft auffallend grüngelblich verfärbt und verhältnismäßig fäulnisfest sein (C. BACHEM, F. EHRLICH, KANNGIESSER).

Erscheinungen von Seiten der **Haut** wie Rötung, lamellöse Epidermisabschuppung, urtikaria- und masernähnliche, pemphigusartige Ausschläge (A. SCHRÖDER u. v. a.) können auch bei kurz dauernden, in Heilung ausklingenden Vergiftungen vorkommen. LICHTENSTERN berichtet über einen Fall mit akut einsetzendem Druckbrand.

Bei **Leichenöffnung** sind lediglich die allgemeine Blutüberfüllung der **Eingeweide**, einzelne Blutaustritte (in **Endokard**, **Niere** usw.) festzustellen.

Dem Verhalten des (blutreichen) **Zentralnervensystems** ist erst in neuerer Zeit die gebührende Beachtung geschenkt worden. Nachdem HUSEMANN bereits auf Verfettung der Kapillarendothelien, vor allem aber auf die — besonders bei **chronischer** Vergiftung ausgeprägten — Schäden an der Nervensubstanz selbst (hochgradige Ganglienzellverfettung und -degeneration, Neuronophagie, reichliches Auftreten langstrahliger Spindelzellen, Anhäufung von Abbaustoffen in den Gefäßscheiden usw.) hingewiesen hatte, beschäftigte sich in den letzten Jahren WEIMANN mit den veronalbedingten anatomisch faßbaren zerebralen Veränderungen. Sein, bei einem 5 Tage alten Fall erhobener Befund war ausgezeichnet durch eine ausgesprochene **Hirnpurpura**, wie sie sich in früheren einschlägigen Mitteilungen noch nie erwähnt fand. Im Mark konnte man zahllose, dicht beieinanderstehende Blutungen verschiedenster Form und Ausdehnung feststellen, die sich **mikroskopisch** z. T. als diapedetische, die Venen und Präkapillaren häufig auf lange Strecken hin umsäumende (stellenweise typische ringförmige Blutungen!) erwiesen. Blutaustritte ähnlicher Beschaffenheit, aber längst nicht so zahlreich und so massig, konnte ich in Gehirnschnittpräparaten sehen, die mir von Herrn Prof. LOESCHKE (Mannheim) liebenswürdigerweise überlassen worden waren. Eigene Obduktionsergebnisse bestärkten mich in der Vermutung, daß das Vorkommen vereinzelter Blutungen die Regel sein dürfte (s. auch PAOLINI). Im Falle WEIMANN fand man inmitten vieler Ringblutungen Gefäße mit verdünnten, eigenartig homogen-glasigen, ab und an auch zerfallenden Wänden. Die Gefäßendothelien waren meist stark verfettet, gebläht oder völlig zerstört. In der weichen Hirnhaut fielen Massen von Fett- und Pigmentmakrophagen auf.

Ein von mir selbst beobachteter, ursächlich allerdings nicht durchaus sichergestellter Fall möge hier kurz mitgeteilt werden. Es handelte sich um ein 22jähriges Mädchen, das nach Aussagen der Angehörigen Veronal eingenommen hatte und in bewußtlosem Zustand in das Krankenhaus am Urban (Berlin) eingeliefert wurde. Im Harn konnte Veronal nicht nachgewiesen werden. Der Tod erfolgte nach wenigen Tagen. Die Sektion ergab (bei zartwandigen Hirngefäßen) eine taubeneigroße Erweichung im Stirnpol.

A. Schröder fand bei einem 28jährigen Mann, der erst 8 Tage nach Einverleibung von 10 g Veronal verstarb, den Sinus longitudinalis thrombosiert. Terrien spricht von Neuroretinitis und Amblyopie.

Klinische und anatomische Erscheinungen weisen demnach hin auf Speicherung des Veronals im Gehirn, wo sein Nachweis auch des öfteren gelingt (C. Bachem). Von der Erforschung des Schlafproblems ausgehend, glückte es Keeser bei Kaninchen, die er durch Veronaleisensalze vergiftete, mit Hilfe der Eisenreaktion den genaueren Ort des abgelagerten Giftes festzustellen: So gut wie regelmäßig ließen sich aus den verschiedenen durch stärkere Eisenspeicherung gekennzeichneten Hirnteilen (z. B. Thalamus und Corpus striatum) die benutzten Schlafmittel als typische Kristalle fällen.

Die Muskulatur des — gewöhnlich beträchtlich erweiterten — Herzens ist, auch in den Hisschen Bündeln, gleichmäßig feinstkörnig verfettet; die Blutkapillaren lassen sich (nach Sudanreaktion) zufolge allerstärkster Fettspeicherung in den Uferzellen auf weite Strecken hin als rote Fäden zwischen den Muskelbündeln verfolgen (Husemann). Diese Neigung zur Verfettung des Blutgefäßendothels, welche uns auch im Gehirn entgegengetreten ist, wird von einzelnen Untersuchern als merkmalsmäßig wertvoll hervorgehoben.

Entzündliche, zumeist herdförmige Vorgänge in der Lunge (bedingt durch Giftausscheidung oder Aspiration?) sind als fast regelmäßige Vergiftungsfolge zu buchen (Husemann u. a.).

Im Magen kann man bei ganz frischen Vergiftungen unter Umständen das Veronal noch als weißes Pulver an der Schleimhaut haftend finden (E. v. Hofmann). Kleine Schleimhautblutungen werden von Weitz, Umber u. a., ungewöhnlich reichliche Fettspeicherung in den Deckzellen im Fall Husemann angegeben.

Ein auffallendes Bild bot die von Husemann etwa folgendermaßen geschilderte Milz: Die Keimzentren, deren Zellen dicht mit feinsten, den Kern verdeckenden Fetttröpfchen prall angefüllt waren, hoben sich (bei Sudanreaktion) als leuchtend rote Inseln von der fast fettfreien Pulpa ab. (Ähnlich angeordnete, wenn auch vielleicht nicht so massige Fettablagerung konnte ich in einem Fall von Knollenblätterschwammvergiftung [bei einem Kinde] beobachten. Sie kommt auch bei sonstigen, vor allem Kinder betreffenden Erkrankungen vor. S. Lubarsch, dieses Handbuch Bd. I/2.)

Die von Schubiger stammende Mitteilung einer bei chronischer Vergiftung gefundenen, im Sinne der akuten Atrophie zu deutenden Leberschädigung (Verfettung, Parenchymnekrosen usw.) hat in einschlägigen Veröffentlichungen aus der Menschenpathologie bisher weder Ergänzung noch Bestätigung erfahren; wohl aber sind (sich allerdings auf akute Vergiftungsfälle beziehende) Tierversuchsergebnisse vorhanden (Samejima: Stärkste Zellvakuolisierung, kleine Nekrosen und Infiltrate), die gewisse Übereinstimmung mit dem Befund von Schubiger erkennen lassen. Husemann weist lediglich auf beträchtliche, ganz besonders die Läppchenmitte erfassende Fettablagerung hin. Nach der Anschauung von Meixner antwortet die Leber auf den Giftreiz mit Glykogenschwund.

Auch in Fällen fehlender Hämatoporphyrinurie zeigt die Niere neben feinsten Rindenblutungen hochgradige rückläufige Veränderungen: F. Munk (ähnlich Fraser, Rommel: „Veronalniere" u. a.) spricht von „nekrotisierender Nephrose ohne Neigung zu Regeneration". Lubarsch (dieses Handbuch,

Bd. VI/1, S. 572) erwähnt Epithelverkalkungen, SCHUBIGER Schwellung und Ablösung bzw. Zerfall der Kapselepithelien, HUSEMANN Fettspeicherung in den Endothelien der Glomerulusschlingen. Von TOPP wird als einzig krankhafte Erscheinung Hämaturie angegeben.

Die umfassenden von SAMEJIMA vorgenommenen Untersuchungen am Tier mögen noch zur Ergänzung herangezogen werden. Wurden Kaninchen peroral oder intraperitoneal mit kleinsten tödlichen Veronalgaben akut vergiftet, so fand der Forscher kapilläre Blutungen im Kleinhirn, spärliche perivaskuläre Rundzellansammlungen, Chromolyse der Ganglienzellkerne, Degeneration der Nervenfasern im Großhirn. Das Herz zeigte neben Lockerung der Kittlinien Kernpyknose im verfetteten Parenchym. Am Thymus äußerte sich die Giftwirkung in Aufquellung der Retikulumzellen, Rindenzellzerfall und -phagozytose; kleine Nekrosen waren auch in der Nebenniere zu sehen. Lunge, Leber, Niere erschienen im gleichen Sinne verändert wie die oben beschriebenen Organe des Menschen. Das Pankreas fiel durch starke Fettspeicherung in Drüsen- und Inselzellen auf. Die in der Milz zu erhebenden Befunde wie Blutstauung, Follikelschwund, Wucherung und lebhafte Phagozytose der Retikuloendothelien waren nicht eindeutig: Die Zellproliferation könnte mit pneumonischen Vorgängen in ursächliche Verbindung gebracht werden. Schädigung der Samenepithelien soll die Giftwirksamkeit am Hoden kennzeichnen.

Bezüglich des Veronalnachweises ist zu sagen, daß peroral zugeführtes Gift gewöhnlich schon nach wenigen Stunden im Mageninhalt nicht mehr feststellbar ist, bzw. nur in Spuren. Zu dieser Zeit findet es sich bereits ziemlich gleichmäßig in den Organen verteilt (C. BACHEM). Der Nachweis kann immerhin bis zu 10 Tagen nach der Einverleibung im bierbraun gefärbten, etwaig Veronalkristalle enthaltenden (HUSEMANN) Urin oder auch in Leichenteilen (Blut) geführt werden. Da das Ende jedoch — wie PANZER ausführt — zumeist nicht unter unmittelbarer Veronalwirkung, sondern infolge Pneumonie eintritt, ist die Möglichkeit gegeben, daß der Tod erst zu einem Zeitpunkt erfolgt, in welchem das ganze Gift den Körper bereits wieder verlassen hat.

11. Luminal, Medinal, Noktal, Allional.

Die pharmakologischen Wirkungen des Luminals (Phenyläthylbarbitursäure) decken sich im wesentlichen mit denen des Veronals. Gleich diesem ist Luminal (laut Angabe von SCHNELLER) in Urin und Leichenteilen nachzuweisen.

Als wichtigstes Vergiftungsmerkmal sind vielgestaltige, häufig kleinfleckigscharlachähnliche Hautausschläge am Gesicht, gelegentlich auch am ganzen Körper anzusprechen (HAMILTON, J. K. MAYR, LUCE und FEIGL). H. STRAUSS glaubt die Entstehung der (etwaig auch an den Schleim- und Bindehäuten aufschießenden) Ausschläge bzw. Blutungen auf Regelwidrigkeiten im Kreislauf zurückführen zu dürfen.

Nicht selten werden chronische Bindehautentzündung mit Narbenbildung und Verwachsungen (HAMILTON), aphthöse Stomatitis usw. beobachtet (EDER, GRÄFFNER u. a.).

In einem tödlich verlaufenden Falle konnte OLBRYCHT Methämoglobinämie mit ensprechenden Organveränderungen feststellen.

BRACK fand bei akuter Vergiftung im Gehirn sehr starke Gefäßfüllung und miliare Thromben.

Tödliche Vergiftungen durch Medinal (Veronalnatrium) sind nicht bekannt geworden. HOFF und KAUDERS prüften an Hunden das Verhalten des Zentralnervensystems nach chronischer Medinalzufuhr. Sie erzielten in den weichen Häuten von Gehirn und Rückenmark strichweise, dem Verlauf der Gefäße folgende Blutungen. Bestimmte Kerngruppen in Hirnstamm und Medulla oblongata erwiesen sich als bevorzugt geschädigt: Die Ganglienzellen zeigten u. a. scholligen Zerfall der Nisslkörperchen und Tigrolyse, und zwar in der beiderseitigen Olive so hochgradig, daß hier geradezu von Zellschwund gesprochen werden mußte. Neuronophagie und geringe Gliawucherung begleiteten die rückschrittlichen Umwandlungen.

Eine im Urban-Krankenhause (Berlin) nach übermäßigen Gaben von Noktal (Brompropenylisopropyl-Barbitursäure) verstorbene Frau wies im Gehirn, insbesondere in der Brücke, ganz vereinzelt frische Blutungen und kleine Herde entzündlicher Reaktion auf (Untersuchung von Dr. WEIMANN, gerichtsärztliches Institut, Berlin). In der Olive fanden sich zahlreiche Kalkkonkremente. Über die ursächlichen Beziehungen dieser Salzniederschläge zur Vergiftung kann kein Urteil abgegeben werden.

Allional ist ein vorzugsweises Gift für Gefäß- und Atemzentrum. H. WEISS berichtet über einen 21jährigen Morphinisten, der angeblich 120 Tabletten Allional eingenommen hatte (die Aussagen des Patienten waren wenig glaubwürdig!). Das klinische Krankheitsbild glich einer akuten Veronalvergiftung. Bemerkenswert war die Entwicklung eines schwer heilenden Druckbrandes (zufolge trophischer Hautstörungen?!). Die Vergiftung klang in Heilung aus.

12. Harnstoffabkömmlinge.

a) Nirvanol.

Das als Beruhigungsmittel z. B. bei Veitstanz gern verabreichte Nirvanol (Phenyläthylhydantoin) hat außerordentlich häufig unangenehme Nebenwirkungen und Zwischenfälle hervorgerufen, so daß geradezu von „Nirvanolkrankheit" (ATZROTT: Ähnlichkeit mit Serumkrankheit!) gesprochen wird und das Für und Wider der Nirvanolverwendung heiß umstritten ist (LEICHTENTRITT, LENGSFELD und M. SILBERBERG). Die Bedingungen für das Zustandekommen der Krankheitserscheinungen sind unbekannt. Man denkt (HUSLER u. a.) an allergisch-anaphylaktische Vorgänge mit Sensibilisierung durch Sonnenlicht.

Unter plötzlichem Temperaturanstieg zeigt sich mit Ausbruch der Nirvanolkrankheit (etwa am 9. Behandlungstage) das Gesicht gedunsen und gerötet bzw. bläulich verfärbt, mit stark ödematösen Augenlidern und Lippen (CH. JAKOB, SEHESTEDT); ein klein- und großfleckiger makulo-papulöser Ausschlag (masern- und scharlachähnliches Bild mit urtikariellem Einschlag!) sprießt am ganzen Körper auf, häufig mit Hinterlassung feinfleckiger Pigmentierung. Erneutes Aufflackern bzw. sehr spätes Auftreten der Hautausschläge ist möglich (LEICHTENTRITT und Mitarbeiter, MAJERUS u. a.). Schuppung mit tiefer Schrundenbildung, Entwicklung von Blasen, Furunkulose, Schweißdrüsenabszessen wird angegeben (SEHESTEDT). REYE beobachtete Schwellung der örtlichen Lymphknoten. HUSLER beschrieb Balanitis und Entzündung der Analöffnung. Vulvovaginitis kommt vor (RENNER).

Außerordentlich häufig läßt sich mehr oder minder schwere Augenbindehautentzündung (etwaig mit weißlichen Belägen) feststellen (RENNER: Conjunctivitis membranacea). Nässende Ekzeme im äußeren Gehörgang wurden gesehen.

An der Mundschleimhaut spielen sich wesensgleiche Vorgänge wie an der Haut ab: HUSLER, MAJERUS, SEHESTEDT u. a. sprechen von Exanthemen, (ulzeröser) Stomatitis usw., die häufig von skorbutähnlichen Blutungen begleitet sind (BERLIT, REYE, RENNER).

Das Blutbild zeigt mit Ausbruch des Nirvanolexanthems nach Angabe von STETTNER u. a. Thrombopenie, neutrophile Linksverschiebung mit Senkung der Leukozytenzahl, etwaig Lymphozytose und Eosinophilie (bis zu 24%), welch letztere auch dann zur Beobachtung kam, wenn kein Hautausschlag vorhanden war.

Derartige Befunde veranlaßten LEICHTENTRITT und Mitarbeiter an Hand von Tierversuchen dem Verhalten des blutbereitenden Apparates unter Nirvanoleinwirkung nachzugehen. Wurden Kaninchen wochen- und monatelang mit dem Präparat gefüttert, so erzielten die Untersucher Leukozytensenkung beträchtlichen Grades, das Knochenmark wurde rotbraun und zeigte in einem Fall histologische Veränderungen, die an die Beschaffenheit des Markes bei der (FRANKschen) Aleukie bzw. bei Benzolvergiftung erinnerten: Myelophthise (M. SILBERBERG).

KLARA PILZ teilt einen Fall mit, in welchem ein 10jähriges Kind akut — unter hohem Temperaturanstieg — blausüchtig und kurzatmig wurde. Im Röntgenbild ergab sich eine vom Lungenhilus ausgehende verwaschene Verschattung, die zu der Annahme einer akuten Schleimhautschwellung des Bronchialbaums führte.

Über — klinisch durch Hämaturie gekennzeichnete — Schädigung der Niere berichtet MAJERUS. Die Sektion ergab in diesem Fall schwere hämorrhagische Nephritis, deren ursächlicher Zusammenhang mit Nirvanolgaben meines Erachtens nicht gesichert sein dürfte (das Grundleiden der Betroffenen war ein Pleuraempyem!), wenn der Beobachter auch das Fehlen von Streptokokken in Blut und Niere betont. Vorkommen von Nierenblutungen erwähnt FROBÖSE.

β) Adalin.

Verwendung therapeutischer Adalinmengen (Bromdiäthylazetylharnstoff) hat nur selten und dann meist auch nur unbeträchtliche allgemeine Vergiftungserscheinungen hervorgerufen. Angeblich tödlich endende Vergiftungen gingen in der Regel auf andere Ursachen (z. B. Erfrieren des Eingeschlafenen: KIPPER) zurück. Der Fall KIPPER wies keinerlei kennzeichnende pathologisch-anatomische Veränderungen auf. KIPPER prüfte die Giftigkeit größerer Adalingaben am Tiere: Er fand lediglich starke, mit Blutungen einhergehende Reizung der Magen-Darmschleimhaut.

Bei überempfindlichen Personen tritt nach Einverleibung des Schlafmittels gelegentlich, vor allem an den Hautstellen, welche dem Kleiderdruck ausgesetzt sind, ein, teils Ekzemen gleichender, teils an Erythema exsudativa multiforme erinnernder Ausschlag auf (H. LOEB, J. K. MAYR).

γ) Hedonal.

Nach intravenöser Narkose mit Hedonal (Methylpropylcarbinolum carbaminicum) sah VEALE das Auftreten örtlicher Ödeme und Hautblasen, ferner von Lungenödem und -infarkten. Das für die Einspritzung benutzte Blutgefäß war thrombosiert, außerdem fanden sich Thromben in der Vena femoralis und in Hirngefäßen.

F. Aromatische Reihe.
1. Benzol (Steinkohlenbenzin).

Als Ausgangsstoff für die Anilinherstellung, wie auch als Kautschuklösungsmittel (in der Gummifabrikation) ist das Benzol in gewerblichen Betrieben recht häufig Anlaß zu akuten und chronischen Vergiftungen geworden; letztere scheinen nach der von K. B. LEHMANN gegebenen Übersicht einschlägiger Veröffentlichungen verhältnismäßig selten vorzukommen. Die Beobachtungen über die Wirkungen des Benzols stimmen bei Mensch und Tier in den Grundzügen überein (FLANDIN et ROBERTI, RONCHETTI u. a.), doch scheinen Hunde giftfest zu sein (ORZECHOWSKI).

Abgesehen von der Einwirkung des Giftes auf das Blut (Blutserum mit Benzol gespritzter Kaninchen schädigt im Reagenzglas gesunde Leukozyten!

[Dazzi]) und den blutbereitenden Apparat (s. unten), besitzen seine Dämpfe offenbar — nach dem klinischen Bilde zu urteilen — gleich denen der Homologe Toluol, Xylol usw. besondere Affinität zum Zentralnervensystem. Die dem Gift zukommende koagulierende Wirkung auf das Zellplasma dürfte die örtlichen Reizerscheinungen erklären.

Nach Angaben von Gadamer verweilt das von Magen und Lunge, aber auch von der unversehrten Haut (fettlösende Eigenschaft!) her aufgenommene Benzol lange im Körper und wird hier langsam zu Phenolen oxydiert (Vermehrung der Phenolschwefelsäure im Harn). Sein Nachweis gelingt am besten in Gehirn und Rückenmark.

(Zusammenstellung der klinischen Erscheinungen usw. s. bei Mc. Cord: „The present status of Benzene-poisoning".)

Akute Vergiftung.

Diese ist auf Trinken von Benzol, vor allem aber auf Einatmung von Benzoldämpfen zurückzuführen, welch letztere in höherer Konzentration sofortige Bewußtlosigkeit und Tod nach sich ziehen. In derartig akuten Fällen sind die klinischen und pathologisch-anatomischen Erscheinungen im wesentlichen die der Erstickung. Jedoch wird die Hautfarbe von Zangger als auffällig rot beschrieben, Heffter, Stuelp heben die Ausdehnung und hellrote Farbe der Totenflecke hervor. Durch örtliche Reizwirkung können sich an der Haut Blasen bilden (Stuelp).

Bei Leichenöffnung entströmt der durchschnittenen Muskulatur, in noch stärkerem Maße aber den Körperhöhlen ein aromatisch säuerlicher (Benzol-)Geruch (Carter u. a.); alle Körperteile zeigen venöse Blutüberfüllung (Sury-Bienz) und etwaig kleine Blutaustritte. Gadamer bezeichnet die Farbe des meist flüssigen, morphologisch normalen Blutes als ziegelfarben, Heffter als dunkelrot. Carter weist auf seinen Gehalt an Oxyhämoglobin hin.

Eine Entscheidung, ob das oft hochgradige Ödem im blutreichen Gehirn und in seinen Häuten, die kleinen Blutungen an der Gehirnoberfläche (Binder) die einzigen Schäden am Zentralnervensystem sind, und wie weit diese für den Eintritt des Todes Bedeutung haben, muß weiteren Untersuchungen vorbehalten bleiben. Stuelp, der lediglich pralle Füllung der Hirngefäße und -sinus fand, betont, daß bei dem unspezifischen anatomischen Bild nur der chemische Nachweis des Benzols im Gehirn die Diagnose sichert.

Nach Einatmung von Benzoldämpfen ist die stark gerötete oder braunrot verfärbte (Binder) Innenhaut der Luftwege gelegentlich mit blutigem Schaum und zähem Schleim bedeckt (Carter), durch Extravasate bunt gesprenkelt. Starkes Lungenödem, Blutaustritte im Lungengewebe sind ein fast regelmäßiger Befund (Sury-Bienz).

Die an der Schleimhaut des Magen-Darmkanals auftretenden Ekchymosen dürften eher als Teilerscheinung der Erstickung gedeutet werden, denn als Anzeichen einer — bei akuter Vergiftung sonst noch nirgends zutage tretenden — benzolausgelösten Blutungsbereitschaft.

Ein von Hetzer mitgeteilter, in Hinsicht auf seine Folgen belangreicher Fall akuter peroraler Vergiftung möge hier Erwähnung finden: Er betraf einen jungen, vorher völlig gesunden Menschen, der kurze Zeit nach irrtümlichem Genuß von Benzol an schwerer Gastritis erkrankte. Obwohl nicht die geringsten Anzeichen von Schleimhautverätzung vorhanden waren, entwickelte sich im Laufe der nächsten 3 Wochen eine so hochgradige Pylorusstenose, daß ein operativer Eingriff notwendig wurde. Man fand die Magenwand im Pförtnerteil bis auf 1 cm verdickt, die Schleimhaut stark gerötet und geschwollen (ein histologischer Bericht darüber liegt nicht vor).

Subakut-chronische Vergiftung.

Die Frühzeichen der (nach Meinung von K. B. LEHMANN) verhältnismäßig selten und dann in der Regel als Gewerbeschädigung anzutreffenden chronischen Vergiftung (z. B. durch Einatmen von Benzoldämpfen!) erinnern mit ihren massigen petechialen und größeren Haut- und Schleimhautblutungen an Skorbut, oder es entstehen Krankheitsbilder wie bei FRANKscher hämorrhagischer Aleukie (HEGLER: 3 Fälle) bzw. bei WERLHOFscher Krankheit (FONIO: „Die Erscheinungen sind bezüglich der Blutgerinnung der idiopathischen Purpura anzureihen"). Bei Frauen wird der Tod nicht selten durch übermäßige Gebärmutterblutungen verursacht (SANTESSON u. a.), ein Ereignis, das unter Umständen Verdacht auf Abtreibung oder Lustmord erwecken kann (ZANGGER).

LANDÉ und KALINOWSKY berichteten über Auftreten eines erst an den Händen aufsprießenden, später über den ganzen Körper gehenden Hautekzems bei einer 51jährigen, $^3/_4$ Jahr im Benzolbetrieb beschäftigten Frau, welche auch sonst kennzeichnende Vergiftungserscheinungen aufwies. Wahrscheinlich bedingt die fettlösende Eigenschaft des Benzols Auflösung der Hornhaut, seine Reizwirkung Entzündung in den tieferliegenden Schichten. Auch M. OPPENHEIM beobachtete Hautschädigungen durch Arbeiten mit Benzol-Vergußmasselösung in einer Minenzünderfabrik. Die Erkrankung, welche sich bei zahlreichen Arbeitern in wechselndem Grade zeigte, und zwar nur an unbedeckten Hautstellen, war bestimmt durch Follikulitis, Talgdrüsenverhornung, Hyperkeratose und Hyperpigmentation.

Bei Benzoleinspritzungen unter die Haut (Tierversuche von NIKOLAJEFF und SCHAPIRO) entstehen örtliche Nekrosen.

Über Schwellung des Oberkiefers und Zahnausfall, bedingt durch gangränöse Periostitis und Osteomyelitis, mithin ähnliche Vorgänge wie bei der Phosphornekrose, berichtet J. LÖWY. Der Betroffene, ein in einer Gummifabrik beschäftigter, 43jähriger Arbeiter, starb unter den Zeichen schwerer Anämie.

Weitere Veröffentlichungen hierher gehöriger Vergiftungsfälle s. bei LAIGNEL-LAVASTINE, RIVET et GUÉDÉ u. a. Einen klinisch gründlich beobachteten und pathologisch-anatomisch gut durchuntersuchten chronischen Vergiftungsfall schildern ROHNER, BALDRIDGE and HANSMAN: Es handelte sich um einen (mit Benzoltonnen hantierenden) Arbeiter, welcher nach etwa dreimonatelanger Beschäftigung im Krankenhaus Aufnahme fand wegen Nasenbluten, Ausscheidung blutiger Stühle usw. Die Prüfung des Blutes ergab 20% Hämoglobin, 860 000 Erythrozyten, starke Zunahme mononukleärer Elemente (19%), Anisozytose, Poikilozytose, Achromasie. Die Haut war blaß, mit feinsten Blutungen übersät, Zungen- und Mundschleimhäute von blutig-schwarzen Borken bedeckt. Der Leichenbefund entsprach den im folgenden geschilderten, für die Vergiftung kennzeichnenden Veränderungen.

Wie aus dem Gesagten hervorgeht, wird das Vergiftungsbild beherrscht von krankhafter Blutbeschaffenheit und der sofort in die Augen springenden hochgradigen Blutungsbereitschaft, welche nach der — bisher noch gesicherter Unterlagen entbehrenden — Ansicht von SANTESSON mit allerstärkster Endothelverfettung der Blutgefäße (s. auch LANDÉ und KALINOWSKY: Schädigung der Kapillarendothelien!) ursächlich zusammenhängen soll, letzten Endes aber doch wohl von der toxischen Schädigung der blutbereitenden Organe herzuleiten ist (s. unten). Die in Ausdehnung und Stärke wechselnden, teils petechialen, teils massigen Hautblutungen (ROHNER, HOGAN and SHRADER u. a.) wurden bereits erwähnt, desgleichen die auch bei akuter Vergiftung — allerdings meist in geringerem Umfange — zu beobachtenden Extravasate an den meisten Organen, an serösen Häuten und Schleimhäuten (Mund, Atmungswege, Magen, Darm usw.), gelegentlich auch an der Netzhaut.

Über winzige Blutaustritte im Kleinhirn und an der weichen Hirnhaut, im Nervus opticus (L. LEWIN und GUILLERY, ROHNER), über ausgedehntere

Blutungen im Stirnhirn, Subarachnoidealraum und Ventrikel (Sweeney) wird berichtet. Kalinowsky erörtert auf Grund eines klinischen Krankheitsbildes die Möglichkeit des Vorkommens von Blutungen (oder „toxischen Degenerationen?") an peripherischen Nerven (z. B. Nervus medianus). Mitteilungen über entsprechende anatomische Befunde liegen weder im Schrifttum der Menschenpathologie noch in Tierversuchsarbeiten bisher vor.

Die auch heute noch gebräuchliche Bezeichnung des Benzols als eines Blutgiftes ist eine ungenaue: Zwar sind auf Grund neuerer Tierversuchsergebnisse (Lignac u. a.) hämolysierende Eigenschaften des Benzols nicht von der Hand zu weisen, jedoch dürfte das Schwergewicht auf den unmittelbaren Angriff des Giftes am blutbereitenden Gewebe und zwar in seinem myeloischen Teil zu legen sein. Nikolajeff und Schparo sehen in der Gesamtheit der Vorgänge lediglich eine Verstärkung der physiologischen Blutmauserung. Im allgemeinen wird angenommen, daß die — anfänglicher Hyperglobulie (Selling u. a.) folgende — schwere Anämie, Blutzellveränderungen usw. in erster Reihe bedingt sei durch herabgesetzte und regelwidrige Blutzellbildung, während die kreisenden Erythrozyten offenbar verhältnismäßig wenig geschädigt werden (Rohner: Fehlen der allgemeinen Hämosiderose). Im Gegensatz dazu spricht Lignac von dem — während des ganzen Vergiftungsablaufs beim Tier in reichlicher Pigmentablagerung zutage tretenden — erythrozytenzerstörenden Benzoleinfluß. Nikolajeff und Schparo konnten bei ihren Tieren zwar niemals Hämoglobinämie feststellen, mutmaßten jedoch, daß die durch Benzolaufnahme „entfetteten" Erythrozyten in Massen von Retikuloendothelien phagozytiert würden.

Als Ausdruck der Leistungsstörungen im Mutterboden finden wir im strömenden Blut das — auf den einzelnen Vergiftungsstufen zwar etwas wechselnde, bei Menschen und Versuchstieren auch geringgradig voneinander abweichende, aber in den Grundzügen doch übereinstimmende — Bild der aplastischen Anämie: Erythro- und Leukopenie mit Verminderung bis Fehlen der polymorphkernigen Elemente und der Blutplättchen (Genova, Hegler). Poikilo- und Anisozytose werden häufig vermißt, können aber vorhanden sein (Landé und Kalinowsky); über Mangel an Myelozyten und Normoblasten wird fast einstimmig berichtet. M. Silberberg sah bei chronisch vergifteten Kaninchen die Erythrozyten im wesentlichen unversehrt, die gelapptkernigen Zellen (nach einem Übergang basophiler Protoplasmakörnelung) im Zerfall begriffen. Auffallend ist die relative Vermehrung der Mononukleären, welche Rohner an eine besondere Giftfestigkeit der Zellen endothelialen Ursprungs denken macht. Királyfi weist darauf hin, daß mit Abnahme der weißen auch die roten Blutkörperchen mehr und mehr schwinden, eine Tatsache, welche man sich für die Behandlung der Polycythaemia rubra nutzbar gemacht hat.

Mit der Entstehungsweise der Leukopenie bei mit Benzol vorbehandelten Tieren beschäftigten sich Nikolajeff und Schparo. Nach ihren Vermutungen werden die Retikuloendothelien — deren blutzellbildende Fähigkeiten bei der Vergiftung stark in den Vordergrund rücken — fast restlos durch Hämoglobinsynthese und Neubildung erythropoetischer Formen in Anspruch genommen, so daß sie für Umwandlung in andere Blutelemente kaum in Frage kommen. Die Folge davon ist Leukopenie.

Die gewebliche Grundlage der Unfähigkeit regelrechter Blutbildung tritt uns in krassester Form — und gegenüber den Befunden beim Menschen (Askanazy u. a.) in gesteigertem Maße — bei den Tierversuchsergebnissen von Selling, Veit, Lignac, Woronow u. a. entgegen: einmal als aplastisches Knochenmark, gekennzeichnet durch unaufhaltsam fortschreitende Schädigung aller, ganz besonders aber der myeloiden Zelltypen, zum anderen als schwerste Parenchymdegeneration in Milz und Lymphknoten. Schon das bloße Auge erkennt die Atrophie des rötlich- bis hellgelben, gelatinös geschwollenen Knochenmarks (Bruni), in welchem sich — zwischen Polyblasten, kleinen Rundzellen und den (oft sehr reichlich vorhandenen) Mononukleären (FLANDIN et ROBERTI), zwischen Normoblasten und Megakaryozyten — die durch ihre Masse auffallenden Erythroblasten am längsten halten und noch zu sehen sind, wenn das spezifische Gewebe auf der Höhe der Vergiftung zum größten Teil durch zellarmes Bindegewebe ersetzt ist. Die wenigen übrigbleibenden Markzellen zeichnen sich, ebenso wie die Endothelien, durch kräftige Pigmentspeicherung aus (ROHNER und Mitarbeiter). In den an Kaninchen erzielten Versuchsergebnissen von M. SILBERBERG wird dagegen das Fehlen des Pigments hervorgehoben. Mit Abklingen der Benzolwirkung machen sich regenerative Vorgänge bemerkbar, indem umschriebene, aus großen Lymphozyten, Granulozyten und Erythroblasten bestehende Zellgruppen und -inseln auftreten.

Auch die an sich höhere Widerstandsfähigkeit des lymphatischen Gewebes läßt unter Dauerangriffen des Giftes schließlich nach: Die von BRUNI bei seinen Versuchstieren als klein, hart, ausgesprochen rotbraun (ROHNER: stärkere Hämosiderose) geschilderte Milz atrophiert unter Verlust ihrer spezifischen Elemente (SELLING). Bei weitgehender Veränderung sind die MALPIGHIschen Körperchen schließlich nur noch an ihren Blutgefäßen zu erkennen; aus der Pulpa ist ein derbmaschiges, spärliche Fibroblasten und Lymphozyten in sich bergendes Netz entstanden (VEIT). In Mäuseversuchen beobachtete LIGNAC in der Milz anfänglich Hyperplasie, dann Schwund der Lymphknötchen. Megakaryozyten waren gar nicht mehr aufzufinden. Das Vorhandensein von beträchtlichen Hämosiderinmassen und hämatinähnlichem Pigment wird ausdrücklich hervorgehoben. Möglichenfalls kommt es auch in der Milz zu einem Regenerationsstadium myeloider Umwandlung. Bei 3 Versuchstieren von LIGNAC erwiesen sich die in den stark vergrößerten Organen auffallenden grauweißen Herde als blastomartige Wucherung aus indifferenziertem oder myelopotentem Gewebe, gewissermaßen multizentrische, von den Gefäßwandzellen ausgehende Gewächse, wie sie ähnlich in der Leber der gleichen Tiere festzustellen waren.

Milzbefunde am vergifteten Menschen sind nur wenige bekannt geworden. Im Falle HEGLER zeigte sich das operativ entfernte Organ wenig vergrößert, die Sinus mit Erythrozyten und gewucherten Retikuloendothelien angefüllt. LANDÉ und KALINOWSKY bezeichnen die bei der Sektion gefundene Milz als klein und anämisch.

Den soeben geschilderten weitgehend gleichende Vorgänge spielen sich an vielen — zuweilen stark verkleinerten — Lymphknoten ab (SELLING, VEIT), an denen man mit Zerstörung der Lymphozyten und ihrem teilweisen Ersatz durch Fibroblasten und Plasmazellen die Zusammenziehung des Retikulums und entsprechende Erweiterung der Sinus verfolgen kann, welch letztere dann gleichsam ausgepinselt erscheinen. Ähnliche Bilder entwickeln sich im lymphatischen Gewebe von Wurmfortsatz und Dünndarm (VEIT, SELLING u. a.). NIKOLAJEFF und SCHAPIRO sahen hier auch Erythropoese.

Im Gegensatz zu den obigen Ausführungen behauptet M. SILBERBERG, daß so gut wie ausschließlich das myeloische System der Benzolwirkung unterliege und, wenn eine Ansprechbarkeit der lymphatischen Zellen überhaupt, so doch nur eine äußerst geringgradige in Frage käme.

Auch in der Lunge machen sich die herabgesetzten Leistungen des blutzellbereitenden Apparates am Fehlen der Blutzellen in den bakteriellen Entzündungsherden bemerkbar. Man sieht außer den Bakterien lediglich intraalveoläres, mit ganz vereinzelten Zellen untermischtes Fibrin (ROHNER und Mitarbeiter).

In Ergänzung des Falles ROHNER sind noch Blutaustritte und ödematöshydropische Quellungszustände am Herzmuskel aufzuzählen, ferner reaktionslose Nekroseherde (kadaveröser Zellzerfall?) in den — wenig lipiodhaltigen —

Nebennieren und in der Leber. Diese wies in den Tierversuchen von Lignac auch Blutzellbildungsherde auf.

In fast allen Abschnitten des Verdauungsschlauches findet man häufig kleine und größere Blutaustritte (Brücken: Zahnfleischblutungen, Landé und Kalinowsky u. a.). Hämorrhagisch - ulzeröse Gingivitis (Laignel-Lavastine), nekrotisierende Angina wurden beobachtet (Hegler). Die Blutaustritte an den Magen-Darmschleimhäuten nehmen meist keinen größeren Umfang an.

Pappenheim, welcher Tieren wiederholt große Benzolmengen in Olivenöl unter die Haut brachte, fand (neben Veränderungen im blutbildenden Apparat) in der Niere „akute Glomerulitis" (Blut- und Kernreichtum, Exsudat im Kapselraum) und „Nekrobiose" in der Rinde. Lignac sah bei einzelnen seiner vergifteten Mäuse vielgestaltige, wahrscheinlich in Richtung der Blutzellbildung zu deutende Wucherungen. Über Nierenbefunde beim vergifteten Menschen (Blutungen in das Nierenbecken) berichtete bisher nur Sweeney.

Die mehr oder minder starke Verfettung von Gefäßendothelien, parenchymatösen Organen (Genova, L. Mohr), Uterindrüsen (Santesson) ist wohl in der Hauptsache als Folge der Anämie zu werten.

Nach den Berichten von L. Mohr soll gelegentlich Hämatoporphyrinurie auftreten.

Die Kaninchenversuche von J. E. Lewin, bei denen wiederholt Benzol unter die Bauchhaut gespritzt wurde, sollten in erster Reihe der Erforschung der geweblichen Vorgänge im Thymus unter Benzoleinfluß dienen. Das — schließlich zur Atrophie des Organs führende — Geschehen ist zeitlich in zwei Abschnitte zu gliedern. Der erste ist gekennzeichnet durch schnell fortschreitenden Lymphozytenzerfall und Aktivierung des Retikuloendothels: Dieses wuchert, bildet Makrophagen und Hämozytoblasten, die sich zu pseudoeosinophilen Promyelozyten und Myelozyten umformen. Im zweiten Abschnitt steht interlobuläre Bindegewebswucherung (Neubildung eines engmaschigen Netzes von kollagenen Fasern) im Vordergrund. Daneben wird Umwandlung von retikulären Elementen zu Lymphozyten beobachtet. Diese Regeneration wird durch zeitweilige Erythro- und Myelopoese in der Rindenschicht begleitet [1].

2. Chlorbenzol.

Dieser Benzolkörper zeigt in seiner pathologisch-anatomischen Auswirkung gewisse Abweichungen vom reinen Benzol. Nach den Angaben von L. Mohr ähnelt die morphologische Zusammensetzung des dunklen, methämoglobinhaltigen Blutes mit seinen Normoblasten, seinen Mikro- und Makrozyten weitgehend der bei der perniziösen Anämie.

N. Walker schildert Haut und Organe als gelbgrün verfärbt, letztere als zum großen Teil verfettet. Die Darmschleimhaut ist mit kleinsten Blutungen durchsetzt, die braune brüchige Leber wie auch die Milz sind geschwollen; ähnlich verhalten sich die dunkel verfärbten Gekröseylmphknoten.

Der Urin soll des öfteren hämatoporphyrinhaltig gefunden worden sein.

---

[1] Während der Drucklegung dieser Arbeit erschien in Virchows Arch. **278**, 610 eine Arbeit von Myebrow über die Wirkung einiger Destillationsprodukte der Bakuer Naphtha auf den Tierkörper. Die Versuche wurden an Kaninchen, Meerschweinchen und Ratten gemacht, und zwar handelte es sich um Vergiftungen mit Benzol und Toluol. In den Benzolversuchen wurde das Gift teils unter die Haut und in den Magendarmschlauch eingeführt; teils wurden Benzoldämpfe eingeatmet, teils ließ man durch Auflegen von Benzolkompressen auf die Haut das Gift aufsaugen. Die Wirkungen auf das Blut waren je nach der Art der Beibringung der Gifte verschieden; es kommt keineswegs stets zur Zerstörung weißer Blutzellen und Leukopenie, sondern bei Benzoleinatmung sogar zu Leukozytose. Über die Ursache dieser Unterschiede wurde noch keine vollkommene Klarheit erzielt.

3. Phenol (Karbolsäure).

Die im chemischen Sinne nicht als Säure anzusprechende Karbolsäure wird zum schweren Protoplasmagift zufolge ihrer eiweißkoagulierenden und wasserentziehenden Eigenschaft, welche sich — in jedem Aggregatzustand — unter Hinterlassung weißer Ätzschorfe an Haut und Schleimhäuten, Wundflächen und -höhlen auswirkt. Überall dort, wo Karbolsäure das Gewebe abtötet, kann sie mit Leichtigkeit in die Blutbahn eindringen, von hier aus in den Liquor cerebri übertreten (Kranenburg).

E. Baader weist auf das Vorkommen schwerer Gesundheitsschädigungen bei der Bearbeitung des Kunstharzes (Produkt aus Phenol und Formaldehyd) hin. Beim Schleifen desselben entsteht feiner Staub (mit deutlichem Phenolgeruch), der in die Lungenalveolen eindringt und hier offenbar Karbolsäure abspaltet (Kranenburg).

Zur Erforschung der Phenolwirkung war in den ersten Jahren der Karbolsäureverwendung als Antiseptikum reichlich Gelegenheit geboten. Den klinischen Erscheinungen nach zu urteilen, verankert sich das in die Säftebahn eingedrungene Gift zuvörderst im Zentralnervensystem (Kratter-Schürmayer). Die Zufuhr großer Karbolsäuremengen wird mit sofortigem, von tödlicher Atemlähmung gefolgtem Kollaps beantwortet. Krämpfe, die beim Tier als regelmäßigstes und hervorstechendstes Zeichen des Karbolismus zu werten sind, treten beim Menschen außerordentlich selten auf (Fr. Reich). Nach Meinung von O. Silbermann ist die Erstschädigung des Blutes das Wesentlichste. Becher, Litzner und Täglich haben freie Karbolsäure im Blut nachgewiesen. Erscheinungen von Allgemeinvergiftung nach Magenverätzung werden weniger als resorptiv bedingt, denn als Reflexvorgänge auf den örtlichen Reiz hin gedeutet. Ort und Art der Karbolsäureeinverleibung sind gleichgültig für Verlauf und Ausgang der Vergiftung: Schwerste, ja, tödliche Fälle wurden ebenso nach peroraler Zufuhr wie nach Klysmen (Herlyn, Pürckhauer) und nach äußerlicher Anwendung (Haberda, O. Silbermann, Zillner u. a.) gesehen. Während die Hauptmasse des Phenols sich im Körper mit Schwefelsäure und Glykuronsäure paart (Entgiftungsvorgang?) und in Form ihrer Alkalisalze, ein anderer Teil als Hydrochinonschwefelsäure mit dem bräunlichgrünen bis schwarzen (oft erst an der Luft nachdunkelnden) Urin ausgeschieden wird, scheinen — worauf anatomische Befunde bei Karbolismus und Tierversuchsergebnisse hinweisen — kleine Giftmengen mit der Atmungsluft den Körper zu verlassen (Langerhans, Wachholz u. a.). Auch der Magen-Darmkanal kommt für die Giftabgabe in Betracht. Dafür sprechen Tierversuchsergebnisse: Schleimhautblutungen und -geschwüre (Buchacker, M. Kochmann), vor allem aber das klinische Krankheitsbild (Erbrechen, Leibschmerzen usw.), wie es z. B. von Turtle and Dolan nach ausgedehnter Hautverätzung beobachtet wurde.

Bei schnellem Vergiftungsablauf läßt sich in den einzelnen Organen freies Phenol nachweisen (Geruch!), bei langsamerer Vergiftung tritt in Harn und Eingeweiden Phenolschwefelsäure auf.

Örtliche Wirkung.

Verätzungen an der Kornea erscheinen als weißliche Stippchen.

Die örtlichen Hautnekrosen entstehen nach neuerer Anschauung durch unmittelbare toxische Gefäßlähmung mit nachfolgender Blutstromverlangsamung und Absterben des ungenügend ernährten Gewebes. Schon dünne, zu Umschlägen verwandte Karbolsäurelösungen können die Haut anfangs gewissermaßen gerben — nach Meinung von G. Müller findet eine Art Epithelverhornung statt — allmählich Blasenbildung und tiefgreifenden, trockenen Brand hervorrufen (Romeick, Warfield u. a.). In der Regel bildet sich an den berührten Stellen ein weißer, rot umrandeter, später dunkelrot verfärbter Schorf, nach dessen Abstoßung bzw. eitrigem Zerfall Pigmentflecke zurückbleiben. ZILLNER schildert den geätzten Körperteil als himbeerrot während des Lebens; an der Leiche erscheint er mißfarbig, rauh, trocken, mit deutlicher Zeichnung der Haarfollikel als weiße Punkte in der gefältelten Epidermis. COHN (Glatz) sah bei einem mit Phenolumschlägen behandelten Säugling den Nabel pergamentartig eingetrocknet, schwärzlich gebräunt, die unteren Bauchteile kupferrot getönt.

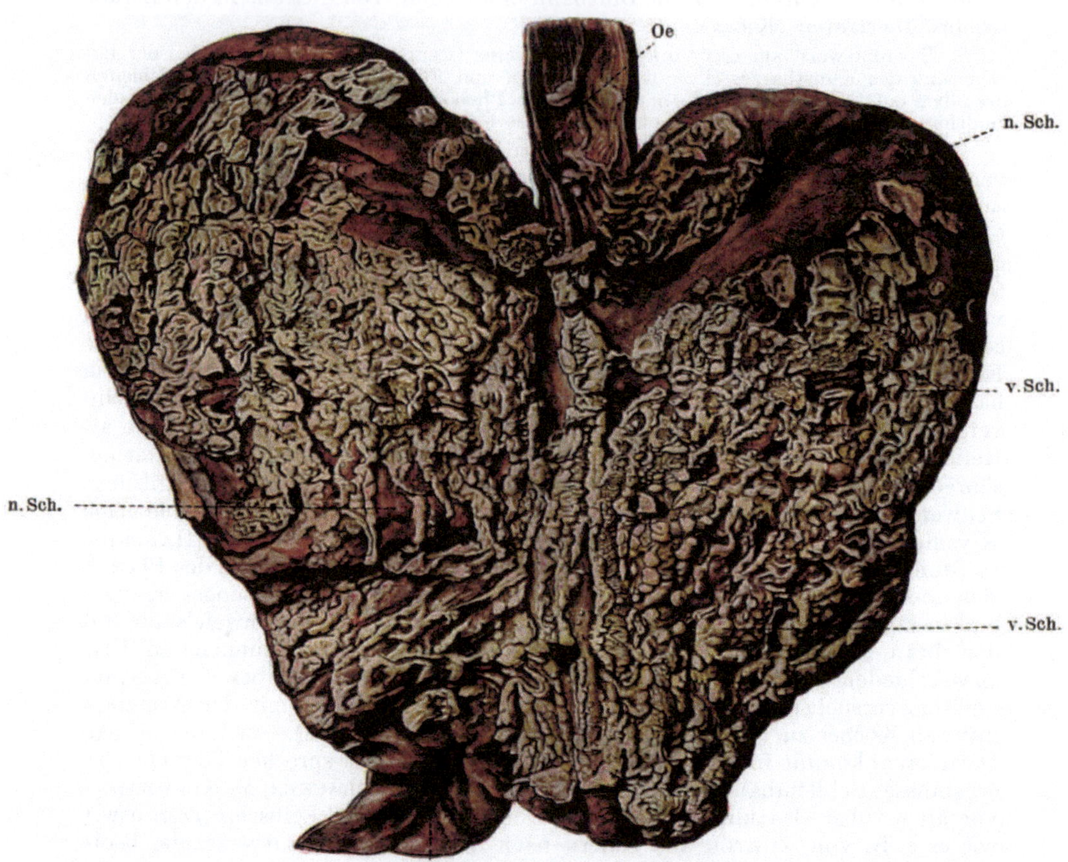

Abb. 85. Magenverätzung mit konzentrierter wäßriger Karbolsäure. Tod nach wenigen Stunden. (Samml. d. pathol. Inst. am Krankenh. Friedrichshain, Berlin. Prof. L. PICK.) Ausgedehnte weiße bis gelblichweiße Verschorfung. (Aus H. MERKEL: Die Magenverätzungen. In ds. Handb. Bd. IV/1 S. 267.) Oe Speiseröhre, v. Sch. verschorfte Schleimhaut, D Duodenum, n. Sch. nichtverschorfte Schleimhaut.

Die (möglicherweise nach Karbolsäure riechenden) Ätzflecke an Lippen und Kinn fehlen nach peroraler Giftzufuhr fast niemals.

Bei Leichenöffnung findet man zufolge starker Diffusion des Giftes durch die Magenwände die denselben anliegenden Flächen der Nachbarorgane lederartig verätzt.

Spritzt man Tieren Karbolglyzerin in die Muskulatur, so stellen sich in den betroffenen Stellen Zerfalls- und Neubildungserscheinungen ein (FORBUS).

Wie bereits erwähnt, kann man die katarrhalisch-eitrig bzw. kruppös-entzündlichen, etwaig auch nekrotisierenden Vorgänge an den Luftwegen z. T. als resorptiv bedingt ansehen. Sie unterscheiden sich von den unmittelbar — durch

Inhalation oder Aspiration des Giftes (SCHLEICHER) — ausgelösten Gewebeschädigungen weder in Sitz noch Art der Veränderungen. Eine eigentliche Ätzwirkung fehlt (LANGERHANS, WACHHOLZ, ZILLNER u. a.). Die bei Mensch und Tier — allerdings seltener — auftretenden fibrinösen, katarrhalisch-herdförmigen Pneumonien möchte KRUKENBERG als zweite, von den betroffenen Bronchien her in die Tiefe fortgeleitete Erkrankung auffassen.

RAMBOUSEK bestreitet die Ausscheidung des Phenols durch die Luftwege: In wiederholten Tierversuchen konnte er keine Spur des Giftes in der Atemluft nachweisen, obwohl die Versuchstiere längere Zeit hindurch bedeutende Phenolmengen bekommen hatten.

Die verätzte Schleimhaut des Verdauungsschlauches vom Rachen abwärts ähnelt mit ihren — selten über die Muscularis mucosae hinausgreifenden — Korrosionen, ihren derbbrüchigen weißen (Abb. 85) oder silber- bis schwärzlichgrau verfärbten, in den plattenepitheltragenden oberen Abschnitten metallisch glänzenden Schorfen (keine Hämatinbildung!) ungemein den allerstärkst ausgebildeten Befunden nach peroraler Vergiftung mit konzentrierter Sublimatlösung. Schwierigkeiten entstehen in der merkmalsmäßigen Abgrenzung gegenüber Schwefelsäureeinwirkung, wenn rohe Karbolsäure (Mischung von Phenolen und Kresolen) verschluckt wurde, eine dunkle, teerartige Flüssigkeit, welche die sich bildenden Schorfe graubraun, den Mageninhalt schwärzlich verfärbt. Lediglich der kennzeichnende Geruch von Magen und Mageninhalt sichert hier die Diagnose. In der derben, runzligen, oft wie gegerbt erscheinenden oder auch geschwollenen und gelockerten Magenschleimhaut fällt mitunter hochgradige Fältelung auf. Wo die Verätzung nur die oberflächlichsten Schichten betrifft, schimmern die blutreichen und von Blutungen durchsetzten tieferen Gewebsteile hindurch. Im Dünndarm hört die Verschorfung meist auf bzw. sie umfaßt nur noch die Faltenhöhen; katarrhalische Rötung und Schwellung der Schleimhaut treten um so deutlicher hervor. Nach Anwendung von Karbolsäureklysmen können sich blutig-schleimige Durchfälle einstellen (HERLYN).

Mikroskopisch erweist sich die Innenschicht des Magens gewöhnlich ausnehmend gut (lebend) fixiert (WALBAUM), so daß Zell- und Kernstruktur, die massige Schleimbildung in den Deckzellen deutlich erkennbar ist. Von dieser Zone durch eine nekrotische scharf abgegrenzt, liegen in der Tiefe die blutüberfüllten und mit Blutungen durchsetzten, entzündlich infiltrierten Außenschichten. WALBAUM sah im Tierversuch das Deckepithel streckenweise schleimig umgewandelt zusammenfließen, teilweise abgeschwemmt. LANGERHANS fand (beim Menschen) am vierten Tage nach der Vergiftung „fettige Degeneration" der Labdrüsen.

Allgemeinwirkung.
Akute Vergiftung.

Der akut Vergiftete wird blausüchtig oder — nach der Ansicht von LANDAU — zufolge hämolytischer Vorgänge ikterisch. Quaddeln, Bläschen oder sonstige Hautausschläge treten gelegentlich auf.

Von vereinzelten Fällen abgesehen (ZILLNER) ist die Diagnose am Sektionstisch auf Grund des durchdringenden Phenolgeruchs der Leiche, insbesondere der Körperhöhlen und Eingeweide leicht zu stellen. In dem einen kutan vergifteten Säugling betreffenden Falle COHN (Glatz) entströmte der Bauchhöhle allerstärkster Geruch; im Netz hoben sich die mit schwärzlichem Blut prall gefüllten Gefäße deutlich ab. Gewöhnlich findet man Blutaustritte in den serösen Häuten. Fetteinlagerung in die quergestreifte Muskulatur wird erwähnt.

Die im Reagenzglas stets zu findende Veränderung des Blutes: Erythrozytenschrumpfung und Methämoglobinbildung vollzieht sich im Körper nur in den allerseltensten Fällen (Krukenberg). Die ungewöhnlich starke Ansprechbarkeit der roten Blutzellen scheint lediglich bei Säuglingen, Schwangeren bzw. Wöchnerinnen und Anämischen in Frage zu kommen. O. Silbermann beobachtete an einem mit Phenolumschlägen behandelten Säugling Hämolyse, intra- und extravaskuläre Blutkörperchenschädigung (-Verklumpung), Blutstockung und Thrombenbildung, kurzum, Gefäßsperren aller Art. Zillner betont das Vorkommen massiger und ausgedehnter Blutgerinnselbildung.

Nach der — durch Tierversuchsergebnisse gestützten — Theorie von Langerhans u. a. wird ein kleiner Teil des aufgesaugten und mit dem kreisenden Blut fortgeführten Phenols bzw. seiner Umwandlungsprodukte in den Luftwegen unter Hinterlassung schwerster Gewebeschäden ausgeschieden (s. oben).

Am Herzen fand O. Silbermann mächtige Haargefäßfüllung, Blutstockung, Thromben bzw. Embolien, in der Leber vermehrten Fettgehalt und — offenbar auf Gefäßverlegungen zurückzuführende — Parenchymzerfallsherde. Die Milz war groß, brüchig, schwarzbraun. Über ihre histologische Beschaffenheit wird nichts ausgesagt.

Von wesentlicher Bedeutung für den Ablauf der Allgemeinvergiftung ist das Verhalten der — oft derb geschwollenen, hämorrhagisch infarzierten — Niere, deren Gewebeschäden nicht einheitlicher Natur sind, denn sie zeigen bald akut (hämorrhagisch) entzündlichen, dann wieder vorwiegend degenerativen, in Epithelabschilferung, -nekrosen usw. zutage tretenden Charakter oder bestehen lediglich in „Parenchymreizung zufolge Hämoglobinausscheidung" (Krukenberg, O. Silbermann u. a.). In einem von mir selbst untersuchten Falle, dessen nähere Umstände nicht zu erkunden waren, schienen die Knäuelschlingen anatomisch unversehrt. Die der Membrana propria noch aufsitzenden Hauptstückepithelien zeigten sich unscharf umrissen, trübe gequollen, weit in die Lichtung vorspringend, in welcher krümelige Massen und einzelne kernlose Zellen lagen, ein Befund, welcher vielleicht als früheste Stufe nekrotisierender Vorgänge gedeutet werden konnte. Andere Schnitte ließen in einzelnen Kanälchen spärliche klumpig-verkalkende Gebilde erkennen, deren Herkunft nicht mit Sicherheit zu ermitteln war. Ähnliche Bilder beschreibt E. Wagner. Langerhans sah in einem klinisch mit Hämaturie einhergehenden Vergiftungsfalle, in welchem zur Zeit des Todeseintrittes der Höhepunkt der Blutausscheidung schon überschritten war, fleckige Verfettung, Kalk- und Pigmentinfarkte, ausgedehnte Kalkablagerung in den Membranae propriae der von Deckzellen fast entblößten Sammelröhren. Auch beim Tier (Uyeno) ließen sich auf späterer Vergiftungsstufe Nekrosen, Verkalkungsprozesse und entzündliche Vorgänge erzielen, welch letztere — vor allem beim Hunde — schließlich zu einer Art Schrumpfniere mit stark vermehrtem Bindegewebe, zystischer Erweiterung und Umformung der abgeschnürten Kanälchen führten. Mit Karbolsäure gepinselte Tiere (Sonnenburg) wiesen Blutzylinder in gewundenen und geraden Kanälchen auf. O. Silbermann betont die auffallende Haargefäßfüllung und Thrombenbildung bzw. Embolisierung.

Die Schleimhaut der Harnblase spricht im allgemeinen auf das Gift nicht an. Nur Turtle and Dolan sahen kleine Blutaustritte. L. Lewin weiß von eitriger Zystitis zu berichten.

Der Übergang des Giftes von der Mutter auf den Fetus ergibt sich aus dem von Schleicher erhobenen Befunde (Darmerscheinuugen, olivgrüner Urin in der Harnblase des Kindes), der infolge irrtümlicher Vergiftung der Gebärenden zustande gekommen war.

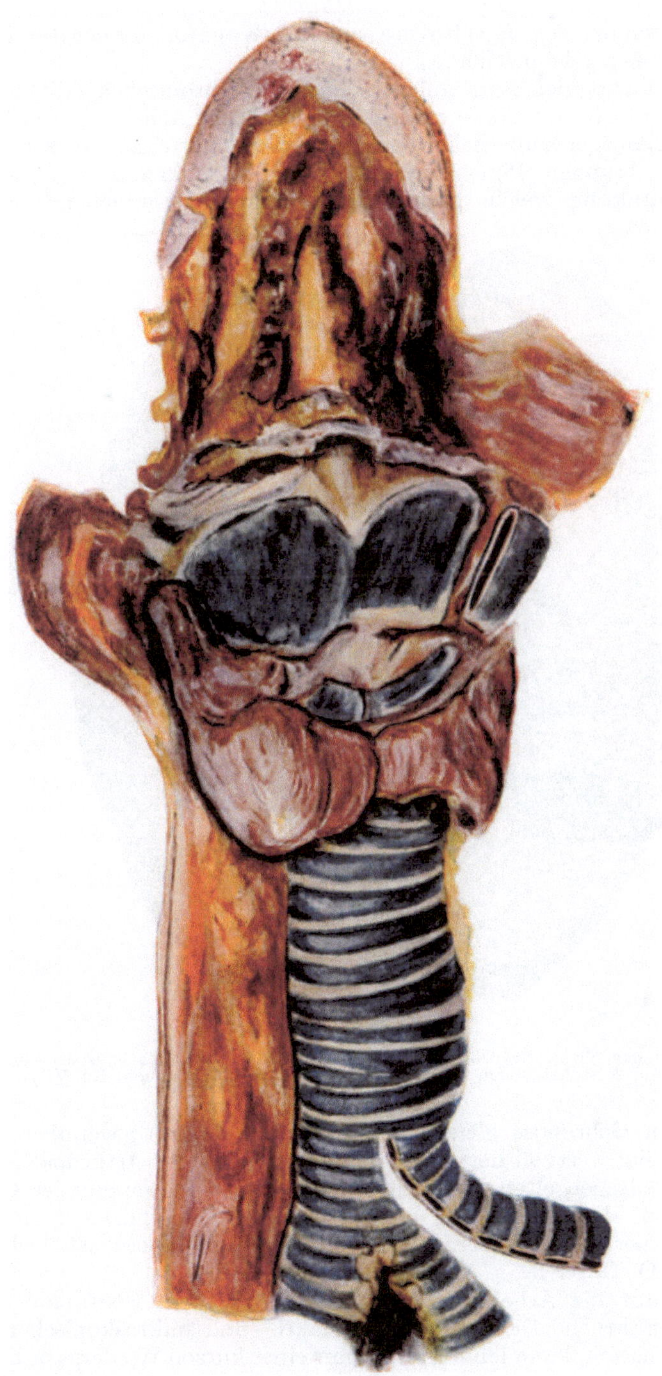

Abb. 86. Halsorgane bei Karbolochronose (Sammlung des pathol. Instituts des Krankenhauses am Friedrichshain, Berlin. Prof. L. PICK).

Chronische Vergiftung.

Diese ist durch den sog. Karbolmarasmus (Kobert), ferner durch Hautausschläge aller Art gekennzeichnet.

Als eigentümliche, gleichsam mildeste Form der chronischen Gifteinwirkung tritt uns die Karbolochronose entgegen (einschlägige Arbeiten s. bei L. Pick), eine durch langjährigen äußerlichen Gebrauch hervorgerufene, an der bläulichschwarzen oder braunen Pigmentierung von Haut, Skleren, Knorpeln usw. kenntliche Erkrankung, welche pathologisch-anatomisch weitgehend der echten

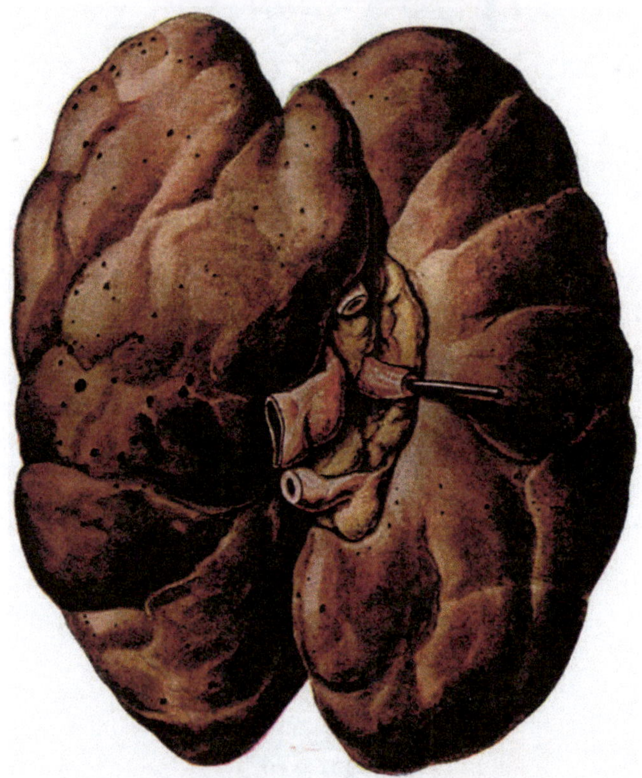

Abb. 87. Ochronose der Niere. Natürliche Farbe. (Aus Lubarsch: Pathologische Ablagerungen, Speicherungen und Ausscheidungen in den Nieren. In diesem Handbuch, Bd. VI/1, S. 558.)

alkaptonurischen Ochronose gleicht. Das — von O. Gross gegenüber letzterer als merkmalsmäßig wertvoll hervorgehobene — Fehlen der Arthropathien kann offenbar nicht als Regel gelten, da L. Pick von chronisch deformierenden Gelenkerkrankungen auf dem Boden der gewebeschädigenden Knorpelpigmentierung spricht. Die experimentelle Erzeugung der Karbolochronose ist bisher noch nicht geglückt (O. Gross).

Indem ich auf die Arbeiten von Poulsen, L. Pick, Fishberg verweise, welche eine ausführliche Darstellung der makro- und mikroskopischen Ochronosebefunde enthalten, kann ich mich hier mit einer kurzen Wiedergabe derselben begnügen. Das in Frage stehende, von L. Pick (chemische Reaktion s. daselbst) als eisenfreies Melanin aufgefaßte Pigment, dessen chemische Struktur noch nicht sichergestellt ist, findet sich, Grundsubstanzen aller Art, lockeres Bindegewebe

und seine Zellen, glatte und quergestreifte Muskelfasern und Epithelien (z. B.
der Epidermis) diffus durchtränkend, zuvörderst in Haut und Skleren, in
Knorpeln, Sehnen und Bändern, ferner in Aorta, Herz, Darm,
Niere, Prostata (B. S. OPPENHEIMER and KLINE: ochronosische Prostata-
Konkremente).

An der Haut tritt die Verfärbung vorwiegend gleichmäßig auf, am be-
lichteten Teile der Skleren in Form von Flecken und bandartig von oben nach
unten laufenden Streifen (E. EBSTEIN: Bevorzugung der Lidspaltenzone). Die
rauchgrau oder dunkelbraun bis schwarz pigmentierten, durch die aufliegenden
Gewebsschichten blaugrau hindurchschimmernden Knorpel (von Kehlkopf,

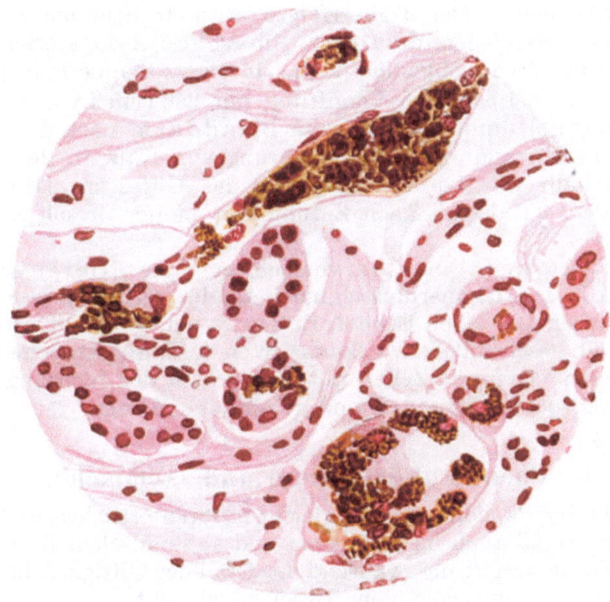

Abb. 88. Ochronosisches Pigment in den Epithelien gewundener und gerader Harnkanälchen.
Karminfärbung. (Aus LUBARSCH: Pathologische Ablagerungen, Speicherungen und Ausscheidungen
in den Nieren. In diesem Handbuch, Bd. VI/1, S. 559.)

Luftröhre [Abb. 86], Rippen, Gelenken, Zwischenwirbelscheiben usw.)
können zufolge fibröser Umwandlung und Verkalkung knochenhart werden.
Der Farbstoff liegt — unter Betonung der rückschrittlich veränderten Bezirke —
in der Grundsubstanz, während Knorpelkapseln und -zellen freibleiben.

Die Herzklappen fallen durch schwarze Stippchen, Streifen und Flecke
auf; an der Aorta und an den Iliakalarterien kann man neben geringer
diffuser bräunlich-grauer Intimatönung stellenweise arteriosklerotische Beete
und Kalkplatten schwärzlich umsäumt finden.

Die Niere zeigt in allen Teilen ausgiebige ochronosische Pigmentierung.
Ihre Grundfarbe ist braungelb, unterbrochen von brauner, sich mikroskopisch
als ochronosische Infarkte erweisender Streifung der Pyramiden, von feinsten
und gröberen braunschwärzlichen Tüpfelungen in der Rinde (Abb. 87): Pigment-
speichernde Epithelnester und Glomerulo- bzw. Epithelzysten, angefüllt mit
bräunlich körnigen oder schollig-plumpen, teils zwiebelschalenartig geschichteten
Massen (Abb. 88).

4. Kresole.

Die Wirkungen der Kresole entsprechen in den wesentlichsten Punkten denen des Phenols. Der Einfluß des Giftes auf das Nervensystem zeigt sich in Bewußtlosigkeit, Lähmungen, Atmungsstörungen, Abfallen der Körpertemperatur (Kratter).

Für die Diagnosenstellung ist es wichtig zu wissen, daß Orthokresol, auf die Haut gebracht (ähnlich an Lippen und Zunge), in wenigen Sekunden einen weißen Ätzschorf (etwaig auch Blasenbildung) hervorruft, Erscheinungen, die — nach Mitteilung von Haberda — gelegentlich irrtümlicherweise als bazillärdiphtherisch angesprochen wurden.

Einen Fall tödlicher Vergiftung mit dem Kresolpräparat Bazillol hat Kratter veröffentlicht. Der Tod erfolgte etwa 18 Stunden nach peroraler Einverleibung von 50—60 ccm des Giftes. Am Auge fiel die starke perikorneale Injektion auf. Die Mundschleimhaut war blutleer, schmierig-gequollen.

Buchacker sah bei peroraler Vergiftung mit 250 ccm Lysolersatz (Liquor cresoli saponatus) diphtherische, vom Blinddarm nach dem Mastdarm zu sich steigernde Entzündung (mit Ablagerung von Kalk in den nekrotischen Schichten), weshalb er glaubt, daß Teile des Giftes im Dickdarm ausgeschieden werden. (Todesfall nach Zufuhr von Liquor cresoli sapon. s. auch bei Hummel.)

Grigorjeff beschreibt im Tierversuch erzeugte Nierenveränderungen durch Trikresol: Die Glomerulusschlingen fanden sich teilweise von Epithel entblößt, im Kapselraum lagen Eiweiß, Erythrozyten, abgeschilferte Epithelien. Zwischen den trüb-geschwollenen, vakuolisierten, z. T. abgestoßenen Kanälchenepithelien sah man vereinzelt Zellen mit Mitosen, in der Lichtung der geraden Kanälchen Blutkörperchentrümmer und gelbbraune Massen.

5. Phenolabkömmlinge und -gemische.

Die Mehrzahl der Phenolpräparate gleicht in ihren örtlichen und allgemeinen Wirkungen, demgemäß auch im klinischen und anatomischen Bilde dem Wesen nach der Karbolsäurevergiftung, während der Grad der Giftigkeit bei den Phenolabkömmlingen bzw. -gemischen vom Lysol an absinkt.

In der Selbstmordstatistik steht das leicht erhältliche Lysol als Todesursache mit an erster Stelle. Seltener sind Vergiftungen durch Kreolin, Kreosot usw., welche (in Mischung mit Seifenlösungen) die wirksamen Bestandteile vielbenutzter antiseptischer Mittel darstellen.

α) Lysol.

Die Schädlichkeit dieser (unter dem Namen Lysol in den Handel gebrachten) Mischung von Alkaliverbindungen der höheren Phenole mit Fett- und Harzseifen verhält sich zu der Giftigkeit der Karbolsäure etwa wie 1 : 8. Bei Zusatz von Alkohol zum Lysol bleibt Verätzung aus, der Verlauf der Allgemeinvergiftung wird jedoch nicht beeinflußt. Die geringe Beachtung, welche letzterer von den früheren Untersuchern geschenkt wurde, macht die im älteren Schrifttum nur mangelhaft oder überhaupt nicht vorhandenen Angaben über resorptiv bedingte Organveränderungen verständlich (Wandel). Nach dem heutigen Stande der Kenntnisse läßt sich der Weg des Giftes durch den Körper, sein Einfluß auf die Gewebe bis zu einem gewissen Grade verfolgen. Aus Tierversuchsergebnissen von Maas geht hervor, daß Lysol vom Dickdarm her (Link) jedenfalls noch viel heftiger wirkt als nach peroraler Zufuhr, daß Berieselung von Höhlenwunden dagegen ohne üble Folgen vertragen werden kann. Doch scheinen

Schwankungen in der Ansprechbarkeit der einzelnen Betroffenen eine große Rolle für Auslösung und Ablauf der Vergiftung zu spielen: Hat man einerseits schon nach Zufuhr von 4 ccm Lysol den Tod eintreten sehen, so konnte in anderen Fällen noch nach Verschlucken von 100 ccm Gesundung beobachtet werden.

KATHE betont die verhältnismäßig geringe Verwesung der Leiche.

Über Verätzungen und resorptiv bedingte Erkrankungen der Haut (E. THOMSON: Urtikaria, Exantheme usw.) s. die Ausführungen bei Karbolsäure. In einem von FR. REICH mitgeteilten Falle (Lysolpinselung eines Krätzekranken!) hing die Oberhaut schließlich in Fetzen herunter, die Kutis lag völlig frei, so daß der Kranke innerhalb kurzer Zeit unter Bewußtlosigkeit und Krämpfen zugrunde ging.

Spritzt man einem Tier Lysol unter die Haut, so zeigt sich örtlich völlige Gewebsabtötung und Verschorfung, mit Anwendung schwächerer Giftlösung nur Blutüberfüllung und Schwellung (MAAS).

Bei Leichenöffnung entströmt den Körperhöhlen und Eingeweiden ein ebenso starker Geruch wie nach Karbolsäurevergiftung; die Verätzung der dem Magen anliegenden Organe entspricht dem Grade der Giftdiffusion. Zahlreiche Blutaustritte bedecken in der Regel die serösen Häute.

Im Blute kommt es möglicherweise zu Hämoglobinlösung, Erythrozytenaufquellung und -verklumpung (WANDEL). Auffallender Leukozytenreichtum hängt offenbar mit sekundär entzündlichen Vorgängen in den unmittelbar geschädigten Geweben zusammen. WANDEL konnte nach peroraler Vergiftung im Pfortaderstammblute eines Tieres reichlich Kresol nachweisen.

Die anatomischen Veränderungen im Zentralnervensystem, mit deren Vorhandensein — in Hinsicht auf die klinischerseits beobachteten zerebralen Erscheinungen — gerechnet werden muß, sind noch wenig erforscht. DE CRINIS berichtet als Einziger über Lipoidanhäufung in Ganglien-, Glia- und Gefäßwandzellen, über Erkrankung der spezifischen Elemente in der Form, wie man sie ähnlich nach Sublimatvergiftung sehen kann.

Beim vergifeten Tiere ließen sich (nach peroraler Lysoldarreichung) frische Veränderungen in der Wand der Pfortader feststellen (s. oben): Auf Erstschädigung der teils abschilfernden, teils noch festhaftenden Intimazellen folgte umschriebene Gefäßthrombosierung mit Blutaustritten in die Umgebung der einzelnen Pfortaderäste (WANDEL).

Die Herzmuskulatur neigt unter Einfluß des Giftes zu Fettspeicherung (HAMMER).

In der Schleimhaut der — als Ausscheidungsorgan in Betracht kommenden — Luftwege (Lysolgeruch der ausgeatmeten Luft!) machen sich, auch bei Fehlen stärkerer Magenverätzungen (TAUSCH), entzündliche Erscheinungen in ähnlicher Weise wie nach Karbolsäurevergiftung geltend (BURGL, HAMMER, RAEDE u. a.). Doch scheint es, als würde unter Lysolwirkung vorzugsweise die Lunge betroffen. So weiß u. a. KATHE (einschlägige Arbeiten daselbst) über das Auftreten eitrig-pneumonischer Vorgänge bei einem mit Lysollösung gewaschenen Pferde zu berichten. Für die Theorie der Giftausscheidung dürften auch die häufig anzutreffenden, ausgesprochen perivaskulitischen Veränderungen zu verwerten sein. Andererseits führt REVENSTORF zahlreiche Fälle an, in welchen der Nachweis der Aspiration als auslösende Ursache einwandfrei erbracht wurde.

Auf die Gewebestörungen zufolge postmortaler Giftdiffusion von den (bräunlich gefleckten) Bronchien und Bronchiolen aus macht HABERDA aufmerksam: In derartigen Fällen ist die teerartig riechende Lunge übersät mit zerstreuten kleinsten bis linsengroßen, graugelben, morschen, wie verätzten Stellen, die sich mikroskopisch als Zerfallsherde in reaktionsloser Umgebung darstellen.

Konzentrierte, eiweißkoagulierende Lysollösungen rufen in der Regel schwerste Schäden an den unmittelbar berührten Schleimhautbezirken des Verdauungsschlauches hervor (s. Merkel, dieses Handbuch Bd. IV/1): Von oberflächlichem Epithelverlust bis zu pseudomembranösen Belägen und tiefgreifenden grauweißen bzw. graubraunen, derben, zuweilen von fetziger Abstoßung der Ösophagus- bzw. Magenschleimhaut gefolgten Verätzungen (Haberda, Puppe, Schall). In einem von Merkel überlieferten Fall fand sich die Magen-

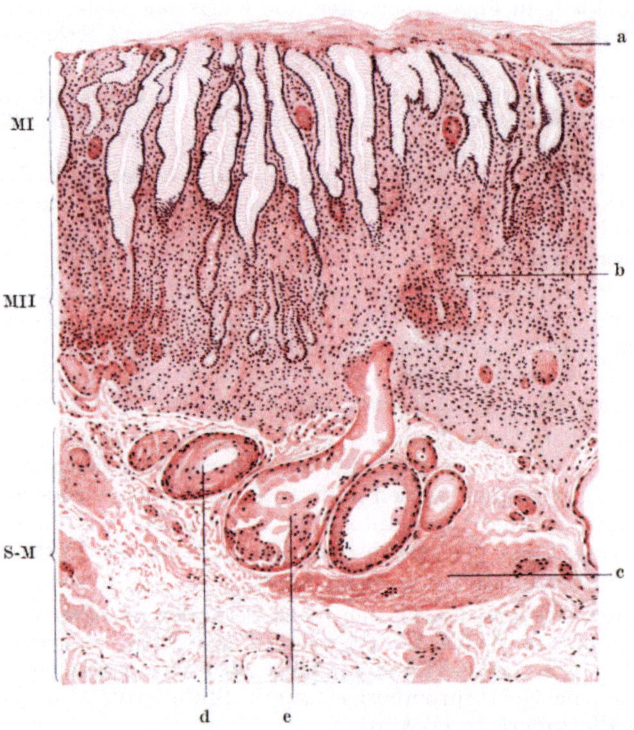

Abb. 89. Magen bei Lysolvergiftung. (Sammlung des Gerichtl.-med. Inst. München.) Häm.-Eosin. Stark vermehrte Becherzellbildung. In den stark erweiterten Venen und Präkapillaren eigenartige Gerinnungsvorgänge. (Aus H. Merkel: Die Magenverätzungen. In diesem Handbuch, Bd. IV/1, S. 272.) a Schleimhaut mit geronnenen Schleimmassen. MI Gebiet der Magengrübchen. MII Tiefere Schleimhautschicht. b Strukturverwischung. S-M Submukosa. c Fibrinmassen. d, e Venen und Präkapillaren.

schleimhaut ungewöhnlich gut erhalten. Im Falle W. Winter (Oesophagitis dissecans prof.), der mit Totalstenose der Speiseröhre endete, wurde eine außen filzige, innen nekrotische, häutige Röhre ausgebrochen. Andererseits kann das Gewebe auch — zufolge alkalischer Seifenwirkung des zersetzten Lysols — an Laugenvergiftung erinnernde Lockerung und Aufquellung zeigen.

Der Dünndarm scheint selten in Mitleidenschaft gezogen zu werden (Hammer: Reflektorischer Pylorusverschluß?). Nekrotisierende Kolitis durch unmittelbare örtliche Reizung sah Link im Anschluß an Lysolklysmen entstehen: Die Schleimhaut war in ganzer Dicke abgestorben, so daß die kernlosen, von zahlreichen Entzündungszellen durchsetzten Drüsenschläuche sich schattenhaft von der kernhaltigen Unterschleimhaut abhoben. Ähnliche Bilder findet man bei histologischer Untersuchung der Magenwand: In Fällen hochgradiger Verätzung ist die stellenweise schmutzigrotbraun verfärbte, innere

Schleimhautzone z. T. zwar kernlos, aber im Gefüge noch erkennbar, z. T. gänzlich in körnig-schollige Massen zerfallen. In der Tiefe treten zwischen den Drüsenkörpern diffuse Leukozyteninfiltrate auf. KATHE erwähnt das gehäufte Vorkommen gelbbrauner Körnchen unbestimmter Natur (Formalinniederschläge?), die in der ganzen verätzten Schleimhaut, vorzugsweise perikapillär gelagert, festzustellen waren. Bei dem von HAMMER geschilderten und als vermutliche Fällungsprodukte des Eiweiß durch Lysol gedeuteten Niederschlägen handelt es sich offenbar um die gleichen Gebilde. Nach schwächerer Giftwirkung ist die oberflächlich abgeschilferte Schleimhaut von dickem Schleim bzw. Detritus und Exsudat überlagert (starke Schleimbildung des Deckepithels!), kapilläre Blutstauung (etwaig hyaline Thrombenbildung) tritt deutlich hervor. Oft werden ausgedehnte Blutungen im Zwischengewebe beobachtet. Venen und präkapilläre Gefäße können hochgradig erweitert, ihr Inhalt eigenartig umgewandelt sein: der Gefäßinnenwand anliegend hat sich eine ringförmige, homogene, mit Haufen krümelig zerfallender kleiner und größerer Kerne untermischte Gerinnungszone ausgebildet (Abb. 89). Die gewebliche Struktur erinnert im ganzen vielfach an die von RÖSSLE bei Chromsäurevergiftung geschilderten Veränderungen.

Ein von WANDEL als Teil seiner Versuchsergebnisse mitgeteilter Befund lebhafter Wucherungsvorgänge im Pankreas ist vielleicht nicht mit der Giftwirkung, sondern der monatelangen Traubenzuckerernährung des Tieres in ursächlichen Zusammenhang zu bringen.

In der Leber des Menschen werden im allgemeinen nur Blutreichtum, Ödem, Verfettung beobachtet. Jedoch veröffentlichte HAMMER einen Fall 30 Stunden alter Vergiftung, bei welchem er herdweise soeben einsetzende Zellnekrosen nachweisen konnte, Parenchymdegeneration, wie sie in ähnlicher Weise — vor allem nach längerer Lysolzufuhr — verschiedentlich beim Tier erzeugt wurde (HAMMER, MAAS). Allerschwerste Veränderungen ergaben sich in den Tierversuchen von WANDEL: Mächtige Haargefäßerweiterung drückte die anliegenden Leberzellbälkchen zusammen; ausgedehnte Parenchymzerfallsherde, die stellenweise völlige Zerstörung des Organgefüges herbeiführten, vereint mit frischen, kleinzelligen Zwischengewebsinfiltraten und Wucherung der Gallengänge zeitigten Bilder wie bei der akuten Leberatrophie des Menschen. Dem entsprach auch der völlige Glykogenschwund.

Das histologische Verhalten der mittelbar (durch Erkrankung der Quellorgane) betroffenen, stark geschwollenen und hämorrhagisch-entzündeten Lymphknoten am peroral vergifteten Tiere wurde von WANDEL ausführlich berücksichtigt. Er bekam neben intrasinuöser massiger Erythrozyten- und Pigmentspeicherung Veränderungen zu sehen, die an bakteriell-toxische Lymphadenitis gemahnten: Weite, mit kubischem Epithel ausgekleidete Lymphspalten, Zellwucherungen usw. Auch beim Menschen lassen sich — wie ich selbst zu beobachten Gelegenheit hatte — Sinusendothelwucherungen feststellen.

Die blutreiche, etwaig mit Blutungen durchsetzte Milz scheint von der Giftwirkung nicht in Mitleidenschaft gezogen zu werden, wogegen die — früher häufig als unverändert bezeichnete — Niere schon 1½ Stunden nach Gifteinverleibung ausgedehnte Epithelnekrosen in den sezernierenden Abschnitten aufweisen soll (KATHE). Ähnlich wie bei der Karbolsäureniere lassen sich gelegentlich in dem blutüberfüllten, vergrößerten, schmutzigbraunen Organ teils vorwiegend entzündliche (FRIES, PRYM), teils rückschrittliche (HAMMER u. a.) Umwandlungen verfolgen. Das Vorkommen von Hämatoporphyrinurie wird erwähnt. Beim Tier scheint die Giftempfindlichkeit der Niere unvergleichlich geringer (MAAS, WANDEL u. a.); die Gewebestörung beschränkt sich hier zumeist auf ausgedehnte frische, das Organgefüge verdeckende Zwischengewebsblutungen (HAMMER).

Spülung der Gebärmutterhöhle im Puerperium zog tödliche Vergiftung nach sich (HAMMER): Man fand die Plazentarstelle oberflächlich graugelb verätzt.

Den Übergang des Giftes von der Schwangeren auf das Kind glaubt HAMMER gesichert durch das Vorkommen von Nierenepithelnekrosen beim Fetus. Da nach seinen Angaben diese die einzig aufzufindenden Organveränderungen waren und die Leichenöffnung erst nach 33 Stunden stattgefunden hatte, muß die Möglichkeit kadaverösen Parenchymzerfalls erwogen werden.

Bei langsamerem Vergiftungsablauf ist Lysol nicht mehr nachweisbar, sonst möglichenfalls (beweisend nur bei frischem Material!) in Organen, Blut, Harn (Fr. REICH). F. BLUMENTHAL konnte beim Hunde größere Giftmengen aus Leber und Fettgewebe freimachen.

β) Karbolineum.

Bei chronischer (gewerblicher)Verwendung dieses Gemisches von Phenolen, Kresolen und Pyridinbasen wird nach den Mitteilungen von KOELSCH (ähnlich wie durch rohe Karbolsäure usw.) auf die betroffenen Hautstellen ein starker Reiz ausgeübt, der sich in Form von braun verfärbten schuppenden Herden, in Follikulitis und Papillombildung mit atypischen Zellwucherungen äußert.

Einzelne Todesfälle nach Trinken von Karbolineum sind bekannt geworden. Im Falle SCHALL fanden sich die stärksten Ätzwirkungen an der dunkelgrün-bräunlich verfärbten, lederartig derben Speiseröhrenschleimhaut, deren nekrotische Teile sich bereits streckenweise abstießen. FLATTEN betont die hochgradige Epithelabschilferung im Ösophagus. Die Schleimhautschäden von Magen- und Darmschlingen, an welch letzteren sich bei Liegen in der Luft ein auffallender Farbwechsel von hellrotgrau bis dunkelbronzegrün vollzog, waren im wesentlichen auf Blutaustritte beschränkt.

γ) Kreolin.

Kreolinbedingte Selbstmorde und Unglücksfälle sind häufig (DINTER, PINNER u. a.). Auch hat die Verwendung dieses Kresolgemisches zu Heilzwecken des öfteren ernste und tödliche Vergiftungen nach sich gezogen. So berichtet ROSIN über den verhängnisvollen Ausgang einer Gebärmutterspülung mit 2%iger Kreolinlösung: Die Korrosionen an Scheideneingang und Scheide, wie auch die Plazentarstelle waren von gelblichbraunen, weichen Belägen überdeckt. Der Urin roch nach Kreolin.

Die Behandlung von Riß- und Schnittwunden mit Kreolinumschlägen verursachte bei Kindern lamellöse Abstoßung der Epidermis, scharlachähnliche und bullöse Hauterkrankungen (H. CRAMER, WACKEZ u. a.), wie wir sie auch nach Vergiftungen mit anderen Phenol- und Kresolpräparaten zu sehen gewohnt sind.

Vereinzelt vorliegende Tierversuchsergebnisse (MUGDAN) bieten gegenüber den S. 311 ff. besprochenen phenolbedingten Organveränderungen nichts Neues.

δ) Kreosot.

Bei akuten peroralen Vergiftungen mit Kreosot (Gemenge von Guajakol und Kresolen bzw. Phenolen), wie sie von verschiedener Seite beschrieben wurden, findet man zwar an Gesichtshaut und Lippen noch weiße Ätzschorfe (THORLING), auch sind weiße Flecke auf Zungen- und Rachenschleimhaut nachzuweisen, jedoch löst das Gift an den tieferen Abschnitten des Verdauungsschlauches nicht eigentlich mehr Ätzwirkungen aus, sondern nur noch mäßige, durch Rötung und Schwellung dem bloßen Auge kenntliche Entzündungsvorgänge. Ähnlich wirkt es — wie andere Phenol- bzw. Kresolpräparate auch — an der Schleimhaut der Luftwege.

Im Falle A. Lesser entströmte dem — mit viel Öltropfen untermischten — Mageninhalt betäubender, Leber und Herzblut schwacher Kreosotgeruch.

Thorling konnte an einem vergifteten Säugling schwere Blutzerstörungen feststellen, die bereits während des Lebens in Ikterus, Hämoglobinurie, Absinken der Erythrozytenzahl bis auf 1,5 Mill. und Ansteigen der weißen Blutzellen zum Ausdruck kamen. Milz und Nieren wiesen bei der Leichenöffnung die der Hämolyse entsprechenden Gewebsveränderungen auf.

Chronischer Hautreiz durch Kreosot soll das Aufsprießen von Aknepusteln begünstigen.

Den von L. Lewin stammenden, ohne Quellenangaben übermittelten Bericht von zerebralen, durch längerdauernde Giftzufuhr hervorgerufenen Miliarapoplexien, über sklerosierende Vorgänge im Gehirn und Rückenmark fand ich bisher nirgends bestätigt.

Anhang: Guajakol.

Obgleich seinem chemischen Bau nach nicht eigentlich hierher gehörend, soll das Guajakol als Hauptbestandteil des Buchenholzteerkreosots in diesem Abschnitt mitbesprochen werden.

Durch Guajakol hervorgerufene Todesfälle sind vereinzelt beschrieben worden (H. Anders, Sexton, O. Wyss). Im Falle O. Wyss handelte es sich um ein 9jähriges Mädchen, das zufolge irrtümlicher Einnahme von 5 ccm Guajakol nach 3 Tagen zugrunde ging. Sehr bald nach der Gifteinverleibung wurde das Kind blausüchtig; nach 4½ Stunden war die Leber als vergrößert zu tasten. Die Augenbindehäute nahmen eigentümlich graubläulichen, an Argyrose erinnernden Farbton an, die blutüberfüllten Mundschleimhäute fanden sich mit kleinen Blutaustritten besetzt, die Schleimhaut des Zäpfchens gefältelt und gebräunt. Mikroskopische Untersuchung des dunklen, flüssigen, hämolytischen Blutes ergab Erythrozytenzerfall und Poikilozytose.

Beim vergifteten Tiere (Benoit) sinkt der Färbeindex des Blutes, Erythrozytenzerfall ist nicht feststellbar: Wahrscheinlich kommt die Hämoglobinherabsetzung durch Hämolyse zustande.

Bei dem oben erwähnten Kinde fand sich mit Todeseintritt die Hautfarbe ikterisch, das Kennzeichnende des Sektionsbefundes lag in der schokoladenartigen Verfärbung des Blutes und seiner derben Speckhautgerinnsel (z. B. im Herzen), in akuter Halslymphknotenschwellung, ungeheuerlicher Vergrößerung der (13 : 6½ : 3½ cm messenden) schwarzbraun verfärbten Milz, welche durch Farbe und mangelnde Gewebszeichnung in der Gesamtheit fast einem frischen hämorrhagischen Infarkt glich. Im Darm fiel starke Follikelschwellung und hochgradige gallige Schleimhautdurchtränkung auf, welch letztere durch die reichliche Abscheidung dunkelflüssiger Galle verständlich wurde.

Abgesehen von stärkerer Fettablagerung in der Leber ist noch das gewebliche Verhalten der (als Hauptausscheidungsorgan dienenden: Benoit) vergrößerten, etwa milzfarbenen Niere zu erwähnen: Vollstopfung der Kanälchen mit Hämoglobinzylindern beherrschte das mikroskopische Bild. In größeren Gefäßen und Kapillaren waren braune, feinkörnige, teerähnliche Massen zu sehen. Im Falle H. Anders trat der Tod zufolge „hämorrhagischer Nephritis" ein. Dunkelbraune Farbe des Urins wird von Sexton angegeben.

Nach dem Ausfall von Tierversuchen (Benoit) zu urteilen, sind die Hauptstücke der Tubuli (Übergangsabschnitte) besonders giftempfindlich, doch scheint gleicherzeit geringgradige glomerulotoxische Wirkung in Frage zu kommen. Die bei akuter Vergiftung auftretende Harnsperre wird auf mechanische Faktoren zurückgeführt: Zuschwellung der Kanälchenlichtung, Verlegung des Harnpols und der übrigen Tubuluslichtung durch kugelige Eiweißgebilde sowie durch herniösen Prolaps der Tubulusepithelien in den Glomeruluskapselraum. Das im Urin auftretende Hämoglobin gelangt wahrscheinlich durch Glomerulusfiltration in die Lichtung und wird von dort in die Tubulusepithelien rückresorbiert: Man findet geschädigte Kanälchenepithelzellen und Sekretionsphänomene von tropfenförmigem Eiweiß. Die in die Kanälchen abgesonderten Eiweißkugeln können rückläufig im Kapselraum gestaut werden.

6. Dioxybenzole.

Orthodioxybenzol = Brenzkatechin
Metadioxybenzol   = Resorzin
Paradioxybenzol   = Hydrochinon.

Die Vergiftungen mit einem der genannten zweiwertigen Phenole erinnern klinisch und anatomisch in den Grundzügen an Karbolsäurevergiftungen, wenngleich die Ätz- wie auch die Allgemeinwirkung der Dioxybenzole eine schwächere ist. Im Tierversuche wurde festgestellt, daß Aufsaugung und Ausscheidung des Giftes — letztere nach Paarung mit Schwefel- und Glykuronsäuren — sehr schnell vor sich gehen, mithin sein Nachweis (in den Eingeweiden) nur bei raschem Todeseintritt gelingt.

Von Belange für unsere Betrachtungen ist eigentlich nur das zu Heilzwecken äußerlich (meist in Salbenform), ganz selten einmal peroral verwendete, zufolge seiner örtlich ätzenden und hautauflösenden Eigenschaften durchaus nicht ungefährliche Resorzin. Todesfälle, welche in der Regel Säuglinge bzw. Kleinkinder betreffen, sind verschiedentlich mitgeteilt worden (BRUDZINSKI u. a.). Durch Giftaufsaugung bedingte Krämpfe treten des öfteren auf.

Die eingeriebenen Hautstellen färben sich grüngelblich (HAENELT u. a.) oder — wie sie L. LEWIN schildert — schmutziggrün bis blau, später braun bis schwarz.

Das beständigste Zeichen der Allgemeinvergiftung ist die Methämoglobinämie mit ihren Folgezuständen. Demgemäß findet man die Blutgefäße mit Kruor typischer Farbe angefüllt, die etwaig graugrünlich bis bräunlich, sepiaähnlich getönten (NOTHEN) serösen Häute mit kleinen Blutaustritten durchsetzt. Fast alle Organe erscheinen (durch Blut- bzw. Erythrozyten- und Pigmentanschoppung) vergrößert, braunschwarz (NOTHEN u. a.).

In dem von BOECK veröffentlichten Todesfalle, der einen 16jährigen Knaben betraf, war ein außerordentlich starkes Hirnödem der bemerkenswerteste Befund: Die Hirnwindungen waren geradezu plattgedrückt. Im mikroskopischen Präparat fanden sich die perivaskulären Lymphräume so hochgradig erweitert, daß die Schnitte förmlich durchlöchert aussahen.

7. Pyrogallol (Pyrogallussäure).

Die nicht genugsam bekannte Gefährlichkeit (s. Fall NEISSER: Tod nach einmaliger Einreibung) des in der dermatologischen Praxis viel benutzten (wegen der sauren Reaktion auch als Pyrogallussäure bezeichneten) Trioxybenzols liegt in seiner starken örtlichen Reizwirkung, welche — zumal bei einer an und für sich schon kranken Haut — die Vorbedingung für außerordentlich schnelle Giftaufsaugung schafft: Auftreten eines tiefgrünen oder (durch Hämoglobin- bzw. Methämoglobingehalt) fast schwarzen Harns bereits 12 Stunden nach Anwendung des Mittels! Die wichtigste Eigenschaft dieses dreiwertigen Phenols ist seine starke Affinität zum Sauerstoff: In die Gewebe aufgenommen, wirkt es daher vorzugsweise als Blutgift. Nach der Theorie von JASTROWITZ verursacht die Sauerstoffabsorption durch Pyrogallol eine gewisse Asphyxie des Knochenmarks, welche Einschränkung der Lezithinsynthese zur Folge hat, so daß der Lezithingehalt der neugebildeten Erythrozyten sinkt.

Aber noch ehe die Blutzerstörung zutage tritt, können als Zeichen der Allgemeinvergiftung Magen- und Darmerscheinungen, fibrilläre Muskelzuckungen usw. einsetzen, bis die Vergiftung schließlich unter Ikterus, Hämoglobin- bzw. Methämoglobinurie und Harnsperre im urämischen Koma zum Tode führt.

Auf Wundflächen und Schleimhäuten wirkt Pyrogallol mild ätzend. Die berührten Stellen werden durch seine oxydierende Kraft dunkelbraunschwarz gefärbt. Größere Hautteile zur gleichen Zeit mit stärkerer Pyrogallolsalbe oder -lösungen zu behandeln, verbietet die Rücksicht auf dadurch möglicherweise hervorzurufende Exantheme.

Langdauernde Benetzung der Finger mit Pyrogallussäure (z. B. bei Photographen) färbt die Nägel dunkelgelb bis schwarz (J. HELLER).

Das Schrifttum kennt verschiedene therapeutisch verursachte Todesfälle (DALCHÉ, KISLITSCHENKO, PEWNY u. a.). Schon in den ersten Vergiftungstagen kann man den Einfluß dieses „hämolysierenden, methämoglobinbildenden, anämisierenden Giftes" (SCHAPIRO) verfolgen an der zunehmenden Entartung des schließlich ausgesprochen anisozytotischen Blutes (mit regenerativem Einschlag).

Die — durch Tierversuchsergebnisse ergänzten — Befunde an der meist ikterisch, seltener methämoglobinämisch verfärbten Leiche sind kurzerhand als Veränderungen auf dem Boden der Blutzerstörung zu bezeichnen. In den Venen finden sich — neben wenig flüssigem, bier- bis rostfarbenem Blut — hauptsächlich rotbraune Koagula (NEISSER). Die kleineren Gefäße und Kapillaren enthalten strangartige (O. SILBERMANN), während des Lebens entstandene Thromben.

Im allgemeinen sind die — oft mit Blutaustritten durchsetzten — Organe vergrößert, von fast schwarzer Farbe. Die Leber erwies sich bei den Versuchstieren von AFANASSIEW als verfettet, zeigte einzelne in Läppchenmitte gelegene Koagulationsnekrosen und spärliche Rundzellansammlungen im Zwischengewebe. PILLIET deutete die blasige Entartung des Parenchyms beim Meerschweinchen als anatomischen Ausdruck gestörter Leberzelleistung, zufolge welcher die von den Leberzellen nicht ausreichend verarbeiteten Blutschlacken durch die Niere ausgeschieden werden müßten. Diese ist vergrößert, dunkelbraunschwarz, zeigt auf der Schnittfläche schwarzrote strahlige Streifung (NEISSER). Histologisch sieht man in den Kanälchendeckzellen diffus oder körnig verteiltes Hämoglobin; rotbraune Schollen, Klumpen und spärliche eisenpositive Gebilde (DALCHÉ) zwischen Glomerulusschlingen und in der Kanälchenlichtung beherrschen das Bild. Das Epithel ist meist gut erhalten, z. T. abgestoßen.

Über das Verhalten der (stark pigmentspeichernden) Milz, des Knochenmarks finden sich in den einschlägigen Arbeiten der Menschenpathologie keine ausführlichen Angaben. SCHAPIRO erzielte bei einem vergifteten Kaninchen nach anfänglicher Anämisierung ein tätiges, in der Hauptsache myeloblastisches, lymphoidzellhaltiges Mark: Die geringe Erythroblastose, der Mangel an normalen Megakaryozyten war auffallend.

Der Nachweis des Pyrogallols gelingt am besten im Harn. Von verschiedenen Seiten wird auch an Ausscheidung des Giftes mit der Galle gedacht.

8. Chrysarobin.

Dieser aus dem Goapulver gewonnene Stoff schließt sich in chemischer und therapeutischer Hinsicht dem Pyrogallol an. Von der Haut aus leicht in die Gewebe aufgenommen, geht das Chrysarobin hier in Chrysophansäure über und verläßt als solche mit dem (sich bei Zusatz von Kalilauge oder Ammoniak rotfärbenden) Urin den Körper (Ausscheidung auch im Magen-Darmkanal?).

Die Haut — auch an den nicht unmittelbar betroffenen Stellen — zeigt noch kräftigere Braunschwarzfärbung als unter Einfluß der Pyrogallussäure (KOBERT). Gelegentlich treten Erytheme und Pusteln (besonders an den Haarfollikeln), ausgedehnte entzündliche Schwellungen, Furunkulose auf (FRIEDRICH), die örtlichen subkutanen Lymphknoten schwellen an.

Besonders heftige Reizwirkung macht sich am äußeren Auge bemerkbar: Konjunktivitis, Chemosis, Trübung und (geschwüriger) Zerfall des Hornhautepithels wurden beobachtet (KUNKEL, L. LEWIN und GUILLERY, LINDE).

Nach den Erfahrungen der Kliniker kann die äußerliche Anwendung des Mittels durch Hämaturie gekennzeichnete (toxisch-entzündliche?) Nierenschädigung nach sich ziehen (LINDE, R. MAGNUS, VOLK u. a.). Entsprechende anatomische Befunde wurden bisher noch nicht festgestellt.

Der Nachweis des Chrysarobins gelingt im Magen-Darminhalt, Harn.

9. Phenolphthalein.

Das (unter den Namen „Purgen", „Laxinkonfekt" usw. in den Handel gebrachte) Abführmittel Phenolphthalein hat verschiedentlich schwere (Kollaps, Delirien usw.), ja, tödliche Giftwirkungen hervorgerufen. (Zusammenfassende Darstellung s. bei DEVRIENT.) Der Angriff des vom Magen-Darmkanal her aufgesaugten Giftes scheint in erster Reihe dem Blut zu gelten, denn die Erscheinungen von Hämolyse (etwaig vergesellschaftet mit Ikterus, Hämaturie und Hämoglobinurie) werden in den Mittelpunkt des Vergiftungsbildes gerückt (FÜRBRINGER, JAKSCH). Alle Angaben über resorptive Nierenerkrankungen (POULSSON: „Hämorrhagische Nephritis", FÜRBRINGER: „Akute toxische Degenerationsnephrose", P. ROSENSTEIN u. a.) beziehen sich auf klinische Beobachtungen; autoptische Nierenbefunde sind meines Wissens nicht bekannt geworden.

WISE and ABRAMOWITZ, L. SILBERSTEIN u. v. a. machen auf Hautausschläge aufmerksam, welche mit Vorliebe brünette Menschen bzw. pigmentierte Körperteile befallen und in ihrem Aussehen den Antipyrinexanthemen weitgehend ähneln können, aber — im Gegensatz zu diesen — außerordentlich hartnäckig sind, oft jahrelang bestehen. Das histologische Bild der Hauterkrankung ist gekennzeichnet durch parenchymatöses und interstitielles (kollagene und elastische Fasern weit auseinander drängendes) Ödem, geringe Atrophie der Stachelschicht, Fehlen des Stratum lucidum, Dyskeratose, Rundzellansammlungen in der Basalzellschicht, Reichtum an Melanoblasten.

Das Vorkommen massiger Blutungen in die Konjunktivalsäcke wird durch L. SILBERSTEIN erwähnt, welcher — nach Einnahme von Purgentabletten — am eigenen Körper Beobachtungen über die Nebenwirkungen des Mittels anstellen konnte: Auf der Zungenschleimhaut zeigten sich beetartige Auflagerungen; nach längerer Zeit stellte sich — gleichzeitig mit herpesartigen Eruptionen an den Gliedmaßen — eine bläschenförmige Stomatitis ein.

Der Nachweis des Phenolphthaleins ist am besten im Magen-Darminhalt und im Harn zu führen.

10. Salizylsäure.

Verwendet man Salizylsäure in stärkerer Lösung oder in fester Form, so erinnert ihre örtliche Wirkung an die der Karbolsäure: Die zufolge Eiweißkoagulation sich an den Schleimhäuten bildenden Schorfe sind weiß, leicht ablösbar; auf der unversehrten Haut kommt es an den berührten Bezirken zu langsamer, aber schmerzloser Epithelzerstörung (Hühneraugenmittel!). Verdünnte Lösungen und Salze üben nur schwachen örtlichen Reiz aus.

Die ätzenden Wirkungen spielen eine geringe Rolle und treten hinter den resorptivbedingten völlig zurück, wobei es gleichgültig ist, ob letztere durch die freie Säure ausgelöst werden, welche im Blut (möglichenfalls bereits im Darm) in Natriumsalz übergeführt wird, oder durch das Natriumsalizylat selbst.

Die Aufsaugung der Salizylsäure in die Gewebe erfolgt von den Schleimhäuten, aber auch — bei entsprechender Anwendungsweise — von der Haut aus (O. Kiess: „Tödliche Vergiftung nach kutaner Applikation", Lenartowicz) sehr rasch. Untersuchungen von Binz (angef. bei Poulsson) machen es wahrscheinlich, daß — vielleicht vermittels größerer Kohlensäuremengen des Blutes — die Salizylsäure während ihres Aufenthaltes im Körper teilweise wieder aus ihren Verbindungen befreit wird, denn das Blut des durch Erstickung getöteten Tieres gibt freie Salizylsäure ab. Mit Hilfe dieser Theorie wäre eine Erklärung gefunden für die Heilwirkung der Salizylate auf rheumatisch erkrankte Organe: Die im entzündeten Gewebe erhöhte Kohlensäurespannung begünstigt örtliche Abspaltung der Salizylsäure. Den zu Heilzwecken erwünschten Temperaturabfall schreibt man — und hier zeigt sich das Präparat den Heilmitteln der Antipyringruppe verwandt — der Lähmung bestimmter, den Wärmehaushalt beherrschender Nervenzentren zu. Eine Veränderung des endogenen Purinstoffwechsels ist im salizylsäureüberschwemmten Körper unverkennbar. Bereits vorhandene Neigung zu Blutungen (aus Nase, Magen-Darm, Gebärmutter usw.) scheint — infolge Schädigung des Gefäßsystems (Wetzel and Nourse) — gesteigert zu werden. Baldoni fand nach Gaben von Diplosal (Salizylsäureester der Salizylsäure) Veränderungen in Blut und Milz, die er auf hämolytische Wirkungen des Giftes beziehen möchte.

Von Pfaff (angef. bei Poulsson) wird den Salizylaten galletreibende Eigenschaft zugesprochen im Hinblick auf einen von ihm beobachteten Gallenfistelfall, der nach Darreichung von Natriumsalizylat beträchtliche Zunahme sowohl der flüssigen wie ganz besonders der festen Gallebestandteile erkennen ließ.

Nach Einnahme größerer Giftmengen, desgleichen nach äußerlicher Salizylsäureanwendung kann das Zentralnervensystem toxisch beeinflußt werden. Bei Fällen ernster akuter, durch Verwirrungszustände, Benommenheit, Temperaturabfall und asphyktische Krämpfe gekennzeichneter Vergiftung hat man die letzte Todesursache in Atemlähmung zu sehen. Als tödliche Gabe wird 10—12 g angegeben. Über tödlichen Ausgang der Vergiftung ist des öfteren Mitteilung gemacht worden. Wetzel and Nourse (s. auch Behrendt [Tilsit], Ohmsted and Aldrich, Pinkus and Handley u. a.) haben fünf — in der Mehrzahl Kinder betreffende — Todesfälle nach Einverleibung von Methylsalizylat (Wintergrünöl) beschrieben. Jedoch muß der angebliche „Salizyltod" in Hinsicht auf das bei Einleitung der Behandlung vorliegende Grundleiden des Betroffenen mit Vorsicht beurteilt werden.

Die Salizylsäure wird in den Geweben nicht verbrannt, sondern als solche mit dem Urin (Violettfärbung bei Zusatz von Eisenchlorid, etwaig Geruch nach Wintergrünöl!) teils unverändert, teils an Glykokoll gekettet wieder abgegeben. Nach Darreichung sehr großer Gaben findet man Spuren auch im Speichel und Schweiß; vor allem aber wird an Ausscheidung der Säure mit der Synovialflüssigkeit gedacht, ja, es wird geradezu von vorzugsweiser Säurespeicherung in den Gelenkhöhlen gesprochen (Gadamer u. a.), eine Annahme, welcher Fröhlich und Singer auf Grund ihrer Tierversuchsergebnisse entgegentreten: Weder im gesunden noch im erkrankten Gewebe der Gelenke konnten sie stärkeren Säuregehalt feststellen.

Örtliche Wirkung.

An der Haut äußert sich die unmittelbare Reizung (nach Aufstreuen von Pulver usw.) in Bildung weißer Ätzstellen, flacher Blasen, an der Schleimhaut der Luftwege (nach Einatmung) in Entzündung der oberen Abschnitte. Die Zähne können nach häufiger peroraler Zufuhr geschädigt und zerstört werden. Die Mundhöhle zeigt starke Schleimhautrötung, weißliche flache Schorfe, das Magen-Darmrohr antwortet mit Blutaustritten, fetziger Teilabstoßung der Schleimhaut, stärkeren Entzündungserscheinungen. L. Lewin berichtet als einziger von tiefgreifenden, wahrscheinlich aus hämorrhagischen Erosionen hervorgegangenen Magengeschwüren. Bei Tieren sieht man gelegentlich nach chronischer Giftzufuhr rückschrittliche Umwandlungen im Parenchym der Magenschleimhaut auftreten (Schdanow). Nach Darreichung von — in Amerika viel benutztem — Wintergrünöl (Ol. Gaultheriae) kann der Mageninhalt durchdringend nach diesem Salizylsäurepräparat riechen (Behrendt [Tilsit]).

Allgemeinwirkung.

Erkrankungen der Haut wie Erytheme, Urtikaria, Roseolen, Blutungen, Papeln, Ekzeme usw. werden mit Ersterweiterung und -schädigung der Hautgefäße in ursächliche Verbindung gebracht. Shepherd beobachtete einen (durch salizylsaures Natrium hervorgerufenen) Purpurafall, der in Gangrän ausklang.

Bei Eröffnung der Körperhöhlen zeigen sich als Ausdruck der Blutungsbereitschaft Blutaustritte in den serösen Häuten und blutüberfüllten Eingeweiden. Wetzel and Nourse sahen ausgedehnte subdurale Blutergüsse.

Über Blutveränderungen: Hyperchrome Anämie, Leukozytose usw. machen Kerti, Krasso Mitteilung.

Erfahrungen am Krankenbett richten das Augenmerk auf etwaige Schäden am inneren Ohr. Nach den Ausführungen von Schweinitz wirkt die Salizylsäure auf das Ohr (und Auge) ähnlich wie Chinin: Man findet am Trommelfell — zufolge vermehrter arterieller Blutzufuhr — deutliche Gefäßzeichnung, mitunter sogar kleine Blutaustritte (Gadamer). Letzere sind auch in der Paukenhöhlenschleimhaut festzustellen. Haike (s. auch Blau) spricht von Auflösung der Nervenzellen im Ganglion spirale. Auf späterer Vergiftungsstufe ist das Trommelfell trübe und verdickt, in den Bogengängen — wie es bei einem nach Salizylsäureeinverleibung ertaubten Mann gesehen wurde (L. Lewin) — der ganze perilymphatische Raum von Bindegewebsbündeln verwuchert. Entsprechende Veränderungen ließen sich im Tierversuch erzielen (Beck, Kirchner).

Der Befund von Zumbroich: Allerstärkste Schleimhautrötung in Rachen, Kehlkopf, Luftröhre (Rötung der paratrachealen Lymphknoten) bei einem — nach äußerlicher Anwendung — tödlich vergifteten Säugling läßt an eine Ausscheidung der Salizylsäure in den oberen Luftwegen denken.

Die Herzmuskulatur war im Falle Kalbe (s. dagegen O. Kiess) lediglich körnig getrübt und vakuolisiert, nicht aber verfettet. Anders die Leber, deren mächtig geschwollene Läppchen bei gut erhaltenem Gewebsbau hochgradige Fettspeicherung in sämtlichen Leberzellen erkennen ließen. Auch Wetzel and Nourse (desgleichen O. Kiess, Meyerhoff) berichten über reichliche Fettablagerung. Krasso denkt — im Hinblick auf eine am 4. Krankheitstage auftretende Urobilinurie — an ernstere Leberleistungsstörungen. Chronische

Giftdarreichung zeitigte im Tierversuch rückläufige Parenchymumwandlungen und an Cirrhosis biliaris gemahnende Bilder (Schdanow).

Man ist erstaunt, an der von Quincke als groß und dunkelrot geschilderten Niere, dem vorzugsweisen Ausscheidungsorgan, das nach klinischen Erfahrungen (H. Meyer, Pinkus and Handley u. a.) zu allererst in Mitleidenschaft gezogen sein müßte, verhältnismäßig geringgradige und — wie es scheint — völlig wieder auszugleichende anatomisch faßbare Schäden anzutreffen. In der Regel sind die Kanälchenepithelien teils verfettet, teils körnig-trübe geschwollen (Kalbe, Wetzel and Nourse, Zumbroich). Lenartowicz spricht von schweren „degenerativen“, nicht näher gekennzeichneten Veränderungen, Meyerhoff sah „ganz frische Nephritis.“

α) Salol (Salizylsäure - Phenyläther).

Salol geht durch den Magen unverändert hindurch und wird erst im Dünndarm in Salizylsäure und Karbolsäure zerlegt. Seiner Aufspaltung gemäß kommt in den — nur ausnahmsweise bedrohlichen — allgemeinen Vergiftungserscheinungen die Wirksamkeit beider Salolbestandteile zum Ausdruck (Chlapowski, Kobert). Jede der Säuren wird nach der Zersetzung des Salols für sich aufgesogen und von der Niere ausgeschieden.

Über Hauterkrankungen nach Salolverwendung wird verschiedentlich Mitteilung gemacht. Cartaz sah (nach Einblasen von Pulver in die Nase) das Auftreten von Gesichtserythemen. Morel-Lavallée (angef. bei O. Seifert) konnte beobachten, wie sich im Anschluß an äußerlichen Gebrauch des Mittels gleicherzeit mit den Hauterscheinungen eine „Angina ödematosa“ einstellte. Nach dreimonatelanger Behandlung — insgesamt wurden etwa 200 g Salolpulver verbraucht — schälte sich im Falle G. Neumann bei dem in Frage kommenden Blasenkranken die Skrotaloberhaut in Fetzen ab. Axmann berichtet über ein nach jedesmaliger innerlicher Anwendung aufsprießendes, sich bis zur Schrundenbildung steigerndes Lippenekzem.

In der Veröffentlichung von Chlapowski, welche eine 30jährige, 12 Tage nach peroraler Einverleibung von 1 g Salol verstorbene Frau betraf, wird auf hämorrhagische (ulzeröse) Gastroenteritis hingewiesen. Die ursächlichen Zusammenhänge zwischen dieser und der Salolgabe sind meines Erachtens nicht recht gesichert, da bereits vorher Magenbeschwerden bestanden.

Über das Verhalten der Niere s. unter Phenol. Hesselbach beschreibt bei einer 22jährigen Frau (Tod innerhalb 3 Tagen nach Einnahme von 8 g Salol) hochgradige „Epitheldegeneration und -desquamation“. Gleiche gewebliche Schäden ließen sich am vergifteten Kaninchen erzielen.

Nicht mehr in den Rahmen dieser Betrachtung gehören die Salolsteine, welche sich bei langdauernder Verwendung von Salol im Darm entwickeln können (s. E. Petri, dieses Handbuch Bd. IV/3).

Anhang: Atophan, Yatren.

a) Atophan (Cinchophen).

Das Atophan (Phenyl-Chinolinkarbonsäure) bzw. Cinchophen gilt in den bei Heilverfahren üblichen Mengen als völlig ungiftig (J. Pohl). Dennoch kann es infolge nicht genauer bekannter Umstände (persönliche Überempfindlichkeit, Leistungsschwäche der Leber?) zu einem schweren Lebergift werden. Reichle (1929) gibt an, daß bisher 47 einschlägige Vergiftungsfälle veröffentlicht wurden, von denen 10 tödlich verliefen. Die, insbesondere nach längerdauernder Verwendung des Mittels zu beobachtende Vergiftung setzt ein mit allgemeinem Krankheitsgefühl, Magenbeschwerden, Lebervergrößerung, Urobilinurie und

Ikterus (S. D. Anderson and Teter, Klinkert u. a.); mit Aussetzen des Präparates schwinden in den leichteren Fällen die Vergiftungserscheinungen sofort.

Bei Behandlung von katarrhalischem Ikterus mit Ikterosan (Atophan + Desoxycholsäure) klang eine anfänglich harmlos scheinende Erkrankung in akuter Leberatrophie aus (Nathorf und Willert); allerdings war in diesem Falle der Beweis nicht zu erbringen, daß das Ikterosan allein die Ursache des unglücklichen Krankheitsverlaufes gewesen war. Berichte über das Vorkommen von, z. T. autoptisch gesicherter, akut-subakuter Leberatrophie bzw. -zirrhose bei vorher angeblich lebergesunden Personen s. bei S. D. Anderson and Teter (Lebergewicht 450 g!), L. Loewenthal und Mitarbeiter, Reichle, Sutton u. a. Der schädigende Einfluß des Präparates auf das Leberparenchym wurde im Tierversuch bestätigt (Biberfeld, Brugsch und Horsters).

Im Falle Petty war das Fehlen von Leberveränderungen bemerkenswert: Hier wurden an einem Tage (wegen unerträglicher Neuralgien) 10 Atophanpastillen genommen. Es traten dann Erscheinungen von Bauchfellreizung auf, welche zur Vornahme einer Laparatomie zwangen. Hierbei zeigte sich die Leber in normalem Zustande. Dagegen wurde allerschwerste hämorrhagisch-nekrotisierende Entzündung und Fettgewebsnekrosen am Pankreas festgestellt. Zur Frage der ursächlichen Beziehungen zwischen diesem Befunde und der Atophaneinverleibung wird nicht Stellung genommen.

L. Lewin weiß über atophanbedingte Hauterkrankungen: scharlachähnliche und bläschenförmige Ausschläge, Quaddeln, Ödeme usw. zu berichten.

Kolloidchemische Untersuchungen von E. Joël haben gezeigt, daß es eine „Atophanzylindrurie" gibt, die auf Kolloidgerinnung zurückzuführen ist.

b) Yatren.

Über schwere bzw. tödliche Vergiftung durch die Wirksamkeit des bei chronischen Gelenkleiden verwendeten Jodbenzolabkömmlings Yatren ist bisher wenig bekannt geworden. Bei Poulsson finden sich kurz zwei — unter dem Bilde akuter Leberatrophie verlaufende — Todesfälle erwähnt. Ob einer von diesen sich auf die Veröffentlichung von Zieler und Birnbaum bezieht, ließ sich nicht feststellen. Die genannten Untersucher sahen 4 Wochen nach einer — wegen Gonorrhoe vorgenommenen — intravenösen Yatrenbehandlung den Tod des Betreffenden eintreten als Folge subakuter Leberatrophie.

11. Toluol.

Obwohl das Toluol (Methylbenzol) toxikologisch für den Menschen wahrscheinlich keine beachtliche Bedeutung hat, mögen doch einige Tierversuchsergebnisse hier Erwähnung finden, in denen sich die ausgesprochene Lebergiftwirkung des Stoffes wiederspiegelt. Leitmann benutzte für seine Zwecke allerdings eine Mischung von Toluol und Erdölteeren (äußerliche Anwendung bei Kaninchen 4 Monate hindurch); ich gehe aber wohl nicht fehl, wenn ich dem Toluol die Hauptwirkung beimesse.

Die Leber wies — in etwa gleichem Ausmaße — zerfallende und regenerierende Parenchymteile auf; ausgedehnte Bindegewebs- und Gallengangswucherungen machten das histologische Bild dem der Zirrhose des Menschen außerordentlich ähnlich. An der Milz wird die Hyperplasie des retikuloendothelialen Apparates betont. Die Aorta ließ ganz frische sklerosierende Veränderungen erkennen.

Woronow prüfte das Verhalten des Blutbildes und der blutbildenden Organe unter dem Einfluß von Benzolabkömmlingen. Vergiftete er Kaninchen subkutan mit Toluol, so erzielte er — ähnlich wie nach Xyloleinverleibung —

Steigerung der Leukozytenwerte im Blut, Vorherrschen der Myelopoese im Knochenmark[1].

12. Toluidin.

Die durch Toluidin (ein isomeres Anilinhomologon) hervorgerufenen klinischen Vergiftungserscheinungen bestehen hauptsächlich in äußerst heftiger Strangurie und Entleerung von bluthaltigem Harn.

FRIEDLÄNDER und STARCK (angef. bei RAMBOUSEK) beschreiben Erkrankungen, die der Anilinvergiftung ähnlich verlaufen, d. h. mit Blauschwarzwerden der Schleimhäute und Hämaturie.

Schmutzig-gelb belegte Geschwüre an der Glans penis werden von STARCK erwähnt.

Das pathologisch-anatomische Verhalten der inneren Organe ist nur aus Tierversuchen bekannt, als deren Ergebnisse zu buchen sind: Blutungen und entzündliche Vorgänge an der Magen-Darmschleimhaut (HILDEBRANDT), beträchtliche Parenchymverfettung der Leber, welche nach längerdauernder Toluidineinatmung Gewebsumbau (Nekrosen, Regeneration, Bindegewebsvermehrung) im Sinne der Zirrhose erkennen läßt (JAFFÉ) und methämoglobinurische, dem Grade der Hämolyse entsprechende Nierenveränderungen.

Mit den im Tierversuch zu erzeugenden zellulären Veränderungen des Blutes und der blutbildenden Organe hat sich WORONOW beschäftigt. Er spricht von Zunahme der Leukozytenwerte (mit Linksverschiebung), Absinken der Erythrozytenzahl, Aniso- und Poikilozytose, basophiler Punktierung u. a. m.

13. Toluylendiamin.

Des Toluylendiamins als eines vorzugsweisen Blutgiftes bediente man sich mit Vorliebe, um am Tiere die Entstehung des Ikterus zu erforschen. (Ausführliche Darstellung s. bei EPPINGER: „Die hepatolienalen Erkrankungen.") In der Menschenpathologie spielt der Stoff im allgemeinen keine Rolle. Jedoch findet sich in einer Mitteilung der Gewerbeaufsichtsbeamten für den Regierungs-Bezirk Düsseldorf vermerkt, daß ein Arbeiter 2 Tage vor seinem Tode einen Destillierkessel für Metatoluylendiamin entleert hatte und bald danach mit Unwohlsein, Erbrechen, Ikterus erkrankt war. Die Leichenöffnung erfolgte erst nach 3 Wochen. Dennoch wird angegeben, daß „die Leber wie eine Phosphorleber aussah". Offenbar bezieht sich eine entsprechende Angabe von KOELSCH auf diesen Fall, da weitere tödliche Vergiftungen meines Wissens nicht veröffentlicht worden sind.

Am vergifteten Tier fallen der Blutreichtum der Eingeweide und massige Gewebsblutungen auf. Die Lymphgefäße heben sich unter Umständen als gelbgefärbte, offenbar ikterische Lymphe enthaltende Stränge ab.

Es zeigte sich, daß Hämoglobinurie und der — vor allem bei subakut chronischem Krankheitsverlauf zu beobachtende — Ikterus einander weder zeitlich noch dem Grade nach in allen Fällen gleich liefen: Man fand Gelbfärbung ohne Hämoglobinurie und umgekehrt (STADELMANN).

Das morphologische und chemische Verhalten des Blutes wird nicht einheitlich geschildert. In der Regel scheint es in nichts von den unter Einfluß anderer typischer Blutgifte sich vollziehenden Veränderungen abzuweichen. Nach Angabe von SCHWALBE und SOLLEY gleichen die von den Erythrozyten bis zum Unter-

---

[1] MYEBROW (s. S. 310 Anm.), der an Kaninchen arbeitete und das Gift teils unter die Haut einführte, teils in Dampfform einatmen ließ, fand ebenfalls Reizung der blutbildenden Organe, daneben aber auch bei Einatmung nervöse Störungen (Muskelschwäche, klonische Krämpfe usw.), während bei Einführung unter die Haut diese Erscheinungen ausblieben, dagegen stärkere Abmagerung erfolgte.

gang durchlaufenen Stufen weitgehend den physiologisch-rückschrittlichen, bei den Gerinnungsvorgängen besonders deutlich hervortretenden Umwandlungen. (S. Eppinger: Therapeutische Verwendung des Toluylendiamins bei der Vaquezschen Krankheit!). Arrak dagegen beobachtete bei — mit kleinen Giftmengen behandelten — Kaninchen Zunahme von Erythrozytenzahl und Erhöhung des Hämoglobingehalts; im Knochenmark war die erythropoetische Tätigkeit offenbar gesteigert. Bei schwacher Vergiftung sieht man im strömenden Blut an den roten Blutkörperchen Abschnürung von farbigen Körnchen (Afanassiew). Diese und die entfärbten Erythrozyten sind neben gradweise wechselnder Hämosiderinablagerung (Eppinger) in fast allen Organen (besonders in Leber, Milz, Knochenmark) nachweisbar. Die Milz ist fast immer groß, dunkel- bis schwarzrot. Die mehr oder minder hämoglobinurische Niere läßt sowohl degenerative (zugrundegehende Epithelien, Zerfallsmassen in den Kanälchenlichtungen) als auch entzündliche Vorgänge wie Kapselepithelwucherungen, perikapilläre Infiltrate usw. erkennen (Afanassiew, Stadelmann).

In der Leber sah Afanassiew hochgradige, vorwiegend die Läppchenmitte ergreifende Verfettung und Zellzerfall, massige interstitielle Infiltrate, Veränderungen, die vielleicht im Sinne der akuten Atrophie zu deuten wären. Stadelmann erwähnt nur mäßige (von ihm als Folge der Anämie bzw. als physiologisch angesprochene) Fettspeicherung bei gut erhaltener Leberstruktur. Nach der Meinung von E. P. Pick und Joannovicz entsteht aus Toluylendiamin erst in der Leber das eigentliche Hämolysin. Die Galle ist im allgemeinen dick und zähflüssig.

14. Anilin und Anilinfarben.

Das farblose, stark und unangenehm riechende Anilin ist — auch in der Mehrzahl seiner Abkömmlinge (Anilinfarbstoffe usw.) — ein außerordentlich heftiges Gift, welches in Dampfform von der Lunge, ferner in jedem Aggregatzustand (vor allem als alkoholische Lösung!) von den übrigen aufsaugenden Körperflächen und von der unversehrten Haut aus (s. Allgemeines S. 3!) in die Gewebe aufgenommen wird.

Der pathologisch-anatomische Befund nach akuter Gifteinwirkung zeigt gewisse Ähnlichkeit mit dem bei Nitrobenzolvergiftung, jedoch fehlt der für letztere kennzeichnende Geruch nach Bittermandelöl.

In der Mehrzahl der Fälle — bei den chronisch verlaufenden wohl stets — handelt es sich um gewerbliche Vergiftungen. Nur vereinzelt wird berichtet über akutes Einsetzen schwerer, ja (zumal bei Kindern) tödlich endender Erkrankung nach Benutzung anilinölhaltiger (aufgefrischter) Kleidungsstücke, wie etwa im Falle Lamalle: In diesem wurde der Tod eines Kindes verursacht durch Einatmung von Anilindämpfen, die sich (zufolge der warmen Witterung) beim Tragen ehemals gelber, nun schwarz gefärbter Schuhe entwickelt hatten (s. auch Gadamer, Haft u. a.).

Als Folgeerscheinung akuter und als kennzeichnendes Merkmal der chronischen Vergiftung ist in erster Reihe fortschreitende Anämie zu nennen (R. Fischer, Haldimann u. a.).

Über die von der Stärke der Blutzerstörung abhängige Hautfärbung des akut Vergifteten s. unter Nitrobenzol.

Nach peroraler, tödlich ausgehender Einverleibung von 100 g Martiusgelb (Anilinfarbe!) fand Jakobsohn Haut und Augenbindehäute, Mundschleimhaut, Bart- und Schläfenhaare zitronengelb verfärbt.

Der chronisch Kranke magert ab (Zangger), zeigt auffallende — wahrscheinlich durch Hämolyse leichteren Grades zu erklärende (Kogan und Kusnetzowa) — Hautblässe mit leicht bläulichem Farbton.

Langdauerndes Hantieren mit Anilinfarben ruft kennzeichnenden gelbgrünen Farbton an Haaren und Fingernägeln hervor (LEICHTENSTERN), die Hände nehmen von der Anilinbeize braune Verfärbung an, Veränderungen, die nicht eigentlich als Zeichen der Vergiftung zu werten sind, da es sich hier lediglich um Ablagerung feinster Farbstoffteilchen handelt (BLASCHKO).

Des öfteren kann man bei Anilinarbeitern auf der Hornhaut (und ähnlich an der Bindehaut der Augäpfel) unebene, sepiabraune Streifen sehen, die sich bei Lupenbetrachtung als unterhöhltes Hornhautepithel bzw. als kleinste, z. T. geplatzte Bläschen erweisen (SENN), Befunde, wie man sie in entsprechender Weise, nur noch viel großartiger, bei experimenteller Anätzung des Auges mit Anilinfarben (z. B. mit Tintenstift) erzielen kann. Bei den Versuchstieren von KUWABARA ließ sich Hornhautquellung, -nekrose und -infiltration und schließlich umschriebene, von Abstoßung der ganzen Hornhaut gefolgte Abszeßbildung feststellen. Methylviolett (Kopierstifte!) wird von J. POHL als stark wirkendes Gift für die Augenbindehaut bezeichnet.

Durch Kopierstiftteile (beim Anspitzen usw.) an der Haut hervorgerufene Verletzungen verursachen langdauernde aseptische Nekrosen. Hauterscheinungen wie Ödeme, Erytheme, blasige Entzündungen, Panaritien u. a. m. sind wohl zuvörderst als Ausdruck der Allgemeinvergiftung zu deuten; doch darf nicht außer acht gelassen werden, daß — zumal bei Befallensein der Hände — auch der von den Arbeitern zu Reinigungszwecken benutzte Chlorkalk beim Zustandekommen der Hauterkrankungen eine Rolle spielen kann (BLASCHKO). Nach der Ansicht von BACHFELD sollen die Teerfarbstoffe auf Haut und Schleimhaut der Arbeiter wenig oder gar nicht reizend wirken.

In dem von SUCHIER mitgeteilten Fall trat bei einer Frau plötzlich und ohne erkennbare Ursache eine schwere Dermatitis auf: Es zeigte sich an beiden Füßen hochgradige Rötung und Blasenbildung, einem bullösen Erysipel oder einer Verbrennung 1. und 2. Grades gleichend. Wie sich später herausstellte, hatte die Erkrankte mit dem (Anilinöl enthaltenden) Lederfärbemittel „Pantherschwärze“ behandelte Schuhe getragen.

Geschwüre mit schmutzig-gelbem Belag an der Glans penis und dem inneren Vorhautblatt wurden von STARCK beschrieben.

Papillomähnliche oder auch papulös-verruköse Bildungen an Gesicht und Händen sind als spezifisch anzusprechen, da sich bei einem Teil der Fälle gespeicherter Anilinfarbstoff in dem betreffenden Gewebe nachweisen ließ; auch konnte O. SACHS, indem er Kaninchen Anilinfarbstoffe in die Haut einrieb, am Rete Malpighii und an den Talgdrüsen Wachstumsvorgänge anregen, so daß sich schließlich epitheliomartige Bilder ergaben.

Bei Leichenöffnung sah JAKOBSOHN (Vergiftung durch Martiusgelb: Tod innerhalb 5 Stunden) alle Gewebe weitgehend gelb verfärbt. Auf Methämoglobinämie deutende Befunde konnte er nicht feststellen.

Im allgemeinen weist das dünnflüssige Blut bei akuter Vergiftung die für Wirkung der hämolysierenden Gifte kennzeichnenden chemischen und morphologischen Veränderungen auf. Nach Angaben von HAFT soll das Auftreten basophil getüpfelter Erythrozyten als frühester Ausdruck der Vergiftung bemerkenswert sein.

Bei langsam fortschreitender Anämie ist — im Gegensatz zur perniziösen Anämie — der Färbeindex unter 1, es findet sich weder Anisozytose noch Normoblasten (HALDIMANN, ZANGGER).

Tierversuche von CORDS lassen vermuten, daß die an einzelnen Vergifteten zu beobachtenden Sehstörungen auf Schädigung der Netzhaut bzw. des Sehnerven beruhen möchten. Fand man doch beim Tiere „Degeneration“ des Sehnerven mit bindegewebiger Wucherung (L. LEWIN und GUILLERY). UHTHOFF-

Litten beschreiben einen Fall, in welchem der mit kleinen Blutaustritten getüpfelte Augenhintergrund stark „violett" getönt schien zufolge tief-
schwarzer Blutgefäßverfärbung.

Die Reizwirkung der Dämpfe ruft beim Menschen an den Luftwegen
katarrhalisch-eitrige Bronchitis hervor, während das Tier vor allem mit Ödem,
Blutaustritten und herdförmigen (etwaig abszedierend-nekrotisierenden) Entzündungen in der Lunge antwortet (Jaffé, Schuchardt).

Dagegen bleibt der Verdauungsschlauch in der Regel unbeteiligt oder
weist nur einzelne kleinste Innenhautblutungen auf. Nach Einnahme von
Martiusgelb war die Schleimhaut gelb verfärbt. Schuchardt sah bei peroral
vergifteten Kaninchen, wie sich die Schleimhaut am hinteren Zungen-
abschnitt und am entsprechenden Teil des Gaumens — unter Aussparung
schmaler bräunlicher Streifen — weißlich trübte, verhärtete und verdickte.

Die Leber neigt beim vergifteten Tier zu Fettspeicherung, möglicherweise auch zu
zirrhotischen Vorgängen (Jaffé).

Das gewebliche Verhalten der häufig von Blutungen durchsetzten Milz
dürfte vom Grade der Blutzerstörung abhängen. Dasselbe ist für die Niere
zu sagen. Das Auftreten von Hämaturie (Haft, Starck), Hämoglobin- und
Methämoglobinurie, Urobilinurie wird angegeben. Alkoholiker sollen in Anilin-
betrieben leicht an Glomerulonephritis erkranken (Davis, angef. bei R. Fischer).

Von besonderem Belange sind die bei der chronischen Anilinvergiftung
vorkommenden, von Rehn 1895 zum ersten Male beschriebenen Gewächsbildungen in den Harnwegen, welche sich in der Regel am Harnblasen-
grund (Zusammenstellung einschlägiger Fälle s. bei Leuenberger), ganz selten
auch einmal in Prostata (R. Oppenheimer) oder Harnleiter bzw. Nierenbecken (Rehn-Albrecht) entwickeln.

In einem Bericht von R. Oppenheimer, welcher die hierher gehörigen,
innerhalb von 17 Jahren in chemischen Betrieben beobachteten Erkrankungen
zusammenfaßt, findet sich verzeichnet:

Blasengewächse (Karzinome und Papillome)	38 Fälle
Gewächs in der hinteren Harnröhre	1 Fall
Gewächs an der Prostata	1 Fall
Fleckweise Blutung am Blasenhals	1 Fall
Zystitis	4 Fälle
Chronische Urethritis und Periurethritis	1 Fall.

Die letzte Entstehungsursache der Neubildungen ist bis heute nicht
geklärt, auch die — negativ ausfallenden — Versuche am Tier haben uns in der
Ursachenforschung nicht weiter gebracht. Nassauer stellte nach Sammlung von
32 Fällen sog. Anilintumoren fest, daß diese in der überwiegenden Mehrzahl
beim Arbeiten in der synthetischen Farbenindustrie erworben wurden, woraus
er auf das Anilin als auslösenden Umstand (bei wahrscheinlich vorliegender Ent-
stehungsbereitschaft bzw. Anlage) schließt. Da andererseits auch in Benzidin-
und α-Naphthylaminbetrieben usw. derartige Erkrankungen beobachtet werden,
muß man, wie R. Oppenheimer ausführt, der auch den Ausdruck „Anilintumoren"
als nicht erschöpfend ablehnt, zu dem Ergebnis kommen, „daß Nitrobenzol,
seine Homologen und deren Reduktionsprodukte geschwulsterregend wirken".
Die Tatsache, daß auch Personen, welche nicht unmittelbar im Fabrikbetrieb,
sondern nur in dessen Nähe beschäftigt sind, unter den Anzeichen einer Harn-
blasenschädigung (Strangurie, blutiger Harn!) erkranken, spricht entgegen der
von Nassauer vertretenen Anschauung einer peroralen Vergiftung (z. B. durch
verunreinigte Hände) für die von Rehn aufgestellte Theorie, daß die chronische
Vergiftung durch Einatmung von Dämpfen zustandekomme. Wahrscheinlich

gehen bei Ausscheidung der in Frage kommenden chemischen Körper im Urin Stoffe in Lösung, welche durch Reize Schleimhautverletzungen und — in der Folge — über das biologische Maß hinausschießende regenerative Wachstumsvorgänge hervorrufen können. LEICHTENSTERN tritt ein für die Entwicklung der Neubildungen auf dem Boden einer unmittelbar giftbedingten Entzündung. SCHEELE denkt an Entartung jahrelang gutartig gebliebener Fibroepitheliome.

Gewöhnlich sitzt das Gewächs der Harnblasenschleimhaut breitbasig auf und wuchert blumenkohlartig in die Harnblasenlichtung hinein (Abb. 90). Sein in sich einheitlicher geweblicher Aufbau zeigt keinerlei Besonderheiten

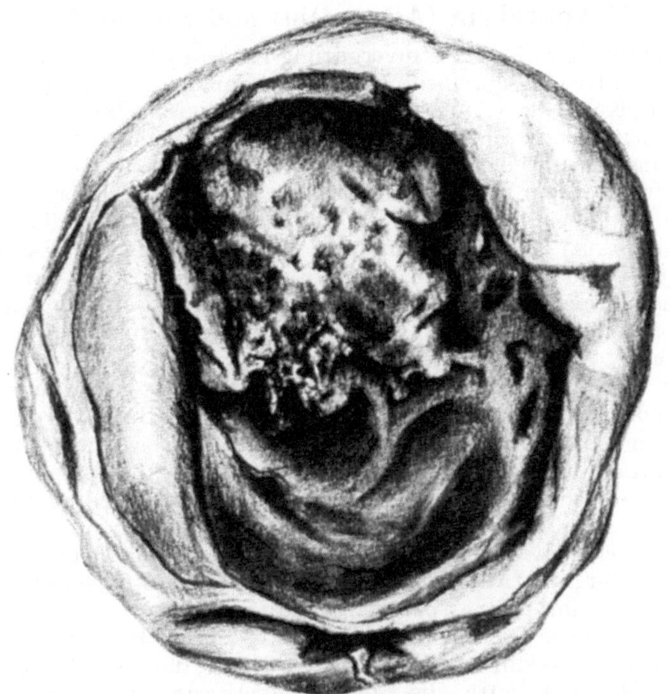

Abb. 90. Krebs im Blasengrund bei einem Anilinarbeiter. (Sammlung des pathol. Instituts am Urbankrankenhaus, Berlin. Prof. M. KOCH †.)

oder Kennzeichen und wechselt von Fall zu Fall: So finden sich Adenome, Karzinome, Papillome, unspezifische Granulome usw. ASCHOFF bezeichnet die Bildungen als sarkomatös. Ähnlich äußert sich LEICHTENSTERN, der die Gewächszellen in der Mehrzahl als epitheloid- und riesenzellartig mit Plasmaeinschlüssen schildert, den Gefäßreichtum der Neubildung betont. Nach den Ausführungen von REHN erinnern die histologischen Bilder an „Alveolarsarkome", etwa an die melanotischen Gewächse der Chorioidea.

Außer Gewächsen findet man, wie bereits erwähnt, Blutungen und entzündliche Vorgänge in Harnblase und Harnröhre. So lassen sich bei akuter, häufig mit Strangurie (bzw. Hämaturie) einhergehender Vergiftung zystoskopisch subepitheliale Blutergüsse ohne Entzündung (SCHEELE und STOLZE) nachweisen. Die Blutungsherde liegen vorzüglich im Bereich des Blasenhalses und bilden sich mit klinischem Heilungsverlauf vollständig wieder zurück. Von dem Gedanken ausgehend, daß zu diesem Zeitpunkt an der Stelle der

Schleimhautschädigung die Neubildung ihren Ausgang nehmen könne, erzeugte F. CURSCHMANN bei Hunden durch Gaben von Phenylendiamin, Toluylendiamin und Paranitroanilin Aufquellung, Rötung, Blutungen und starke Entzündung an der Blasenschleimhaut, Erscheinungen, die mit Absetzen des Giftes verschwanden, ohne Spuren zu hinterlassen. Alle Bemühungen, Harnblasengewächse im Tierversuch zu erzeugen, führten bisher zu keinem Ergebnis. Es gelang nicht einmal, auch nur entzündliche Dauerschädigungen oder gar überschießende regenerative Vorgänge hervorzurufen.

Der Nachweis des Anilins wird am besten im Harn geführt (Geruch des Destillats!).

15. Antifebrin (Azetanilid) und Phenazetin.

Die Antifebrin- bzw. Phenazetinvergiftung ist dem giftigen Anilinbestandteil der Präparate zur Last zu schreiben. Klinisc... Krankheitsbild (Zyanose, Ikterus, Benommenheit, Kollaps usw.) und pathologisch-anatomische Befunde werden demgemäß weitgehend den Erscheinungen nach Anilinvergiftung gleichen. Akut tödliche Vergiftungsfälle scheinen außerordentlich selten zu sein (RUSSOW u. a.). Im Falle KURPJUWEIT waren zum Zwecke der Fruchtabtreibung Einspritzungen von Antifebrin in die Scheide vorgenommen worden. G. KRÖNIG schildert das Aussehen eines (subakut) tödlich Vergifteten folgendermaßen: Die Haut war von typisch fahlgelb- bis aschgrauer Färbung. In den Eingeweiden fanden sich die bekannten nach (methämoglobinämischem) Blutzerfall auftretenden Veränderungen. RUSSOW spricht anläßlich der Mitteilung eines innerhalb von 2 Tagen (nach Einnahme von 2 g Phenazetin) tödlich abgelaufenen Vergiftungsfalles von schwerer Hämoglobinurie und „akuter parenchymatöser Nephritis, wobei hauptsächlich die gewundenen Kanälchen von der Entzündung betroffen waren." Ebenso wie beim Menschen, bei welchem sich nach längerem Phenazetingebrauch gelegentlich intraglobuläre Sulfhämoglobinämie finden soll (SNAPPER), wirkt der Stoff im Tierversuch als schweres Blutgift (s. aber FRÖHNER: Vergiftung von Haustieren mit Antifebrin). Außer der Blutzerstörung konnte JUSTOW bei seinen peroral vergifteten Tieren Blutungen und entzündliche Vorgänge im Magen-Darmrohr, Gefäßthromben und Kapillarendothelverfettung in der Leber, Blutungen im Nierenparenchym feststellen.

Nach chronischem Gebrauch der Mittel werden die Betroffenen anämisch, magern ab. M. HIRSCHFELD sah bei einer Frau, welche dauernd Phenazetin gegen Kopfschmerzen benutzt hatte, die Unterschenkelhaut mit Petechien übersät. Bis zweimarkstückgroße, später geschwürig zerfallende Blutergüsse breiteten sich in der Haut über den Fußknöcheln aus. Die Krankheitserscheinungen schwanden schnell mit Fortlassen des Phenazetins.

J. SCHÄFFER berichtet über das Auftreten scharfrandiger Erosionen an der Augenbindehaut, ferner über akutes Aufschießen eines vesiko-bullösen Exanthems in der Mundhöhle und an den äußeren Geschlechtsteilen.

Der Giftnachweis wird in dem — nach Zufuhr größerer Giftmengen allerstärkst gelb gefärbten — Harn geführt: Indophenolreaktion (GADAMER).

16. Laktophenin.

Todesfälle nach Laktopheningebrauch sollen vereinzelt vorgekommen sein (KEBLER, MORGAN and RUPP). Als Zeichen der Allgemeinvergiftung stellen sich des öfteren Hauterkrankungen ein: Ausschläge, Blasen, Geschwüre usw.; vor allem aber wird auf ikterische Verfärbung der Haut hingewiesen (EPPINGER, E. ROST und A. BRAUN u. a.), die sich schon nach verhältnismäßig kleinen, längere Zeit hindurch verabreichten Gaben entwickeln kann. Einige Untersucher (WITTHAUER u. a.) sprechen den Ikterus als hämatogen an (blutschädigender Anteil des Laktophenins?). Von anderer Seite (H. STRAUSS) wird er als katarrhalisch bezeichnet und auf Verdickung der Duodenalschleimhaut zurückgeführt. Nach Angabe von L. LEWIN soll auch die Leber geschwollen sein.

Füttert man Tiere mit Laktophenin, so magern sie ab und zeigen in der Magenschleimhaut zahlreiche hämorrhagische Erosionen auf Faltenhöhe, wie man sie in dieser Zahl und Größe sonst nicht zu sehen bekommt; gleicherzeit ist die Schleimhaut des Zwölffingerdarms blutrot, geschwollen (H. STRAUSS).

17. Dulzin.

Der früher bei Herstellung von Limonadenersatzgetränken verwendete Süßstoff Dulzin (Paraphenetolkarbamid) ist den Phenetiden (Phenazetin und Laktophenin) chemisch und pharmakologisch eng verwandt. Kleine Mengen davon wirken unschädlich. Große Gaben (8—10 g) haben zufolge Fahrlässigkeit in 2 Fällen bei Kindern Magen-Darmstörungen, Krämpfe, Bewußtlosigkeit und Tod nach 1½ Tagen herbeigeführt. Der Befund am Verdauungsschlauch ergab keinerlei kennzeichnende Merkmale (E. ROST und A. BRAUN).

Wie Versuche am Tier zeigten, greift das Dulzin in erster Reihe Zentralnervensystem und Blutfarbstoff an; seine Wirkungen weichen von denen des Phenazetins nicht grundsätzlich ab. Die einzelnen Tierarten sprechen auf die Vergiftung außerordentlich verschieden an. Die Tiere sterben in der Regel an Krämpfen usw.; ihre Sektion ergibt keine nennenswerten Befunde. Nach Einverleibung tödlicher Dulzinmengen ist beim Tier Methämoglobin im Ohrvenenblut spektroskopisch nachgewiesen worden. Bei großen Hunden erschien nach wiederholten beträchtlichen Giftgaben am 14. Tage Gallenfarbstoff im Harn (A. KOSSEL). Über Braunfärbung des Harns, Auftreten von Ikterus, Erbrechen, Abmagerung und Tod der Versuchstiere berichtet ALDEHOFF (angef. bei E. ROST und A. BRAUN). Bei der Körperöffnung fand sich allgemeiner Ikterus, über dessen Entstehungsweise nichts Näheres zu ermitteln war.

18. Benzidin (Diamidodiphenyl).

Die Giftwirkung dieses — zu klinisch-diagnostischen Zwecken viel verwendeten — Giftes ist uns nur aus Tierversuchen von O. ADLER bekannt geworden. Es erwies sich — wie nach den Laboratoriumserfahrungen nicht anders zu erwarten war — als ziemlich starkes Blutgift, dessen Eigenschaften bei chronischer Giftzufuhr kenntlich wurden an zunehmendem Ikterus, erythrozytären Degenerationsformen im Blutbild usw. Der Sektionsbefund der peroral und subkutan vergifteten Tiere ergab Rötung und Blutaustritte in der Darmschleimhaut, eine strotzend gefüllte Gallenblase und eine durch mächtige Blutfülle und Pigmenteinlagerung vergrößerte und dunkel verfärbte Milz. Das Knochenmark zeigte sich schwer geschädigt: Unregelmäßig gestaltete Normoblasten, zerfallende Megakaryozyten traten auf; die starke Vermehrung der eosinophilen und lymphozytären Elemente sprang sofort in die Augen. Zu der „Vermehrung der Eosinophilen" ist zu bemerken, daß im Versuche Kaninchen benutzt wurden.

ZANGGER macht darauf aufmerksam, daß bei den mit der Benzidinherstellung beschäftigten Arbeitern des öfteren Harnblasengewächse beobachtet wurden, deren Entstehung wahrscheinlich weniger auf die Wirkung des Benzidins selbst als auf den Einfluß der bei der Benzidingewinnung vorkommenden Zwischenstoffe zurückzuführen war.

19. Phenylhydrazin.

Das schnell zersetzliche, mithin im Gewebe schwer faßbare Phenylhydrazin ist auf Grund seiner kräftig reduzierenden Wirkung ein außerordentlich heftiges — in hohen Gaben Methämoglobinbildung auslösendes — Blutgift (Blutbilder, welche an die bei perniziöser Anämie erinnern!), auf welcher Eigenschaft die Phenylhydrazin-Therapie der Polyglobulie aufgebaut wurde. Der im Verlaufe der Kur von klinischer Seite des öfteren beobachtete, mit Urobilinvermehrung einhergehende Ikterus ließ an toxische Leberschädigung denken, welche Vermutung an Wahrscheinlichkeit gewann durch einen von E. LEVI mitgeteilten Befund. Dieser betraf einen Kranken, bei welchem sich während der Phenylhydrazinbehandlung eine Leberzirrhose entwickelte, entweder durch unmittelbare Gifteinwirkung auf die Leber (Affinität der NH_2-Gruppe zur Leber?) oder zufolge Erstzerstörung des Blutes, denn auch ohne den Gebrauch des Mittels sah man bei polyzythämischen Kranken, welche besonders zu überstürztem Blutzerfall neigten, Leberzirrhosen auftreten.

Die örtliche Wirkung des Giftes äußert sich an der Haut in Entzündung und Epithelabschilferung.

Am vergifteten Tier erzielte BARTA eine Vermehrung der Blutplättchen. Die Knochenmarksriesenzellen zeigten Form- und Größenveränderungen: Sie erschienen ausgesprochen polygonal, mit verwaschenen Zellgrenzen, Befunde, welche auf gesteigerte Abschnürungsvorgänge hinwiesen. BARTA bemüht sich an Hand der Befunde um Beantwortung der Frage, weshalb es bei der Polyzythämiebehandlung mit Phenylhydrazin zu Thrombosenbildung kommt.

20. Antipyringruppe (Fiebermittel).

Auf Grund von Tierversuchen ist die temperaturherabsetzende Wirkung des Antipyrins und seiner Abkömmlinge in Erweiterung der Hautgefäße und letzten Endes in einer Lähmung bestimmter, den Wärmehaushalt beherrschender Gehirnteile zu suchen. Größere Giftmengen können bei empfindlichen Personen Kollaps und Tod unter Versagen der Kreislaufstätigkeit nach sich ziehen.

a) Antipyrin.

Antipyrin wird sehr rasch in den Körper aufgesogen und, z. T. mit Glykuronsäure und Schwefelsäure gepaart, im (dunkelgelb-rötlich verfärbten) Urin wieder ausgeschieden. Seine örtliche Wirksamkeit (auf Schleimhäuten und Wundflächen) ist gering. Von Bedeutung ist vor allem die Allgemeinwirkung, welche in erster Reihe in Haut- und Schleimhautveränderungen (E. KAUFMANN: Ernährungsstörung und Entzündung durch Giftausscheidung?) zum Ausdruck kommt. Nach der Meinung von BRÜNING geht von den kleinsten Hautvenen eine — z. B. die Exantheme bedingende — Entzündung aus. C. BRUCK äußert (in seinen Ausführungen über das Wesen der Arzneiexantheme überhaupt) die Vermutung, daß es sich um Überempfindlichkeitserscheinungen auf dem Boden echter Anaphylaxie handeln möchte, da eine solche sich noch 16 Jahre nach dem letzten Antipyringebrauch experimentell nachweisen ließ. (S. auch die Arbeit von NAEGELI, DE QUERVAIN u. STALDER: ,,Nachweis des zellulären Sitzes der Allergie beim fixen Antipyrinexanthem".)

Man findet (oft allerstärkste) Ödeme, Erytheme, Miliaria, Urtikaria (Abb. 91) masern-, scharlach-, pemphigusartige, z. T. Pigmentierungen bzw. Keratosen (FOURNIER, MOELLER u. a.) zurücklassende Exantheme (DALCHÉ, J. K. MAYR, O. SEIFERT u. v. a.). Toxische Purpura (E. KAUFMANN) und hämorrhagische Umwandlung bereits vorhandener Exantheme (ZUMBUSCH) weisen auf giftbedingte Auslösung einer gewissen (auch an den inneren Organen zu vermutenden) Blutungsbereitschaft hin (s. Fall RUDAUX: Tod einer Schwangeren). Das Vorkommen von Gangrän wird erwähnt. DEGLE berichtet über eine — bezüglich Form und Sitz — eigenartige Dermatose: Die Hälfte der hinteren Thoraxwand war dicht mit Miliaria rubra übersät. In dieses Miliariagebiet zeigte sich gruppenweise eine Anzahl gut zweihellerstückgroßer Papeln eingebettet und zwar so, daß die einzelnen roten Flecken genau den Fortsätzen der Wirbel entsprachen.

Durch subkutane, heute kaum noch angewendete Einspritzung wurden örtliche Abszesse und Gangrän hervorgerufen (VERNEUIL).

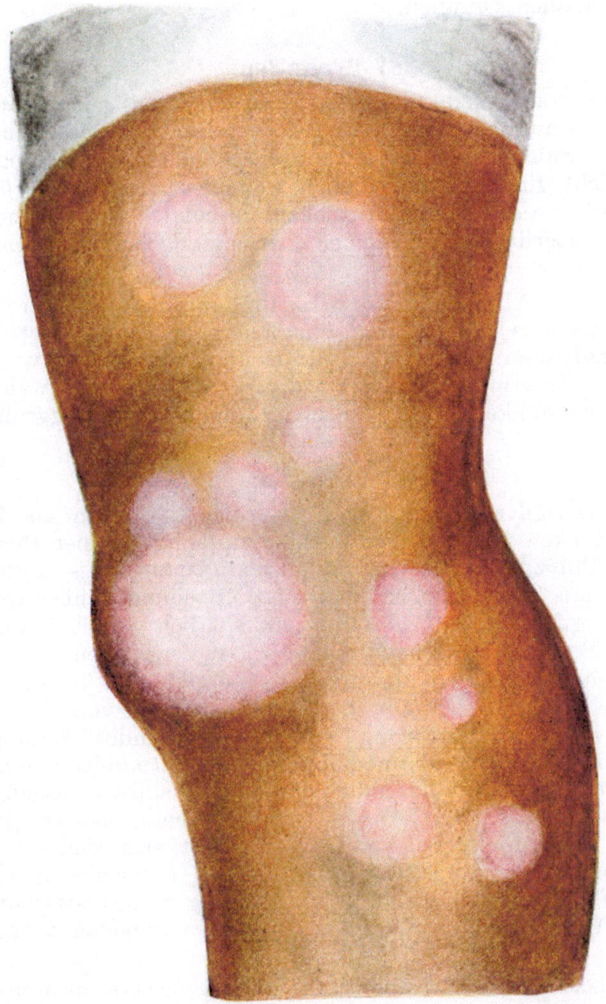

Abb. 91. Quaddelartiger Hautausschlag nach Antipyrindarreichung.

Augenlider- und Bindehäute schwellen gelegentlich hochgradig an; bläschenartige Effloreszenzen an der Hornhaut wurden beobachtet (INONYE). DALCHÉ, MOELLER buchen Geschwürsbildungen am Skrotum und Herpes an der Glans penis.

Wesensgleiche Vorgänge wie an der Haut spielen sich an der Schleimhaut des Mundes (der Zunge) ab. Herpes labialis (BRASCH), Zahnfleischblutungen (ZUMBUSCH), pemphiginöser Ausschlag am Gaumen, ulzerös-membranöse Stomatitis (C. BRUCK, BRISTOVE, DALCHÉ, O. SEIFERT u. a.) können sich einstellen. Im Falle A. LESSER zeigten die Gaumenmandeln starke (hämorrhagische)

Schwellung, die Schleimhaut der Luftwege war ödematös verdickt, blutreich bzw. mit kleinen Blutungen durchsetzt.

Inonye vermerkt ödematöse Durchtränkung der Scheiden- und Mastdarmschleimhaut.

Antipyrin verteilt sich im Körper sehr schnell, mithin gelingt der Nachweis möglichenfalls in allen Organen.

β) Pyramidon.

Da über einen von Jaksch erwähnten Fall (Neisser) nähere Angaben nicht zu ermitteln waren, muß der von Geill 1926 veröffentlichte, tödlich abgelaufene Vergiftungsfall vorläufig als erster autoptisch gesicherter angesprochen werden. Im Sektionsbericht finden sich lediglich weite Pupillen (s. S. 5), bißartige, seichte (vermutlich auf Krämpfe zurückzuführende) Wunden und Blutungen an der Zungenoberfläche, reichlicher Pyramidongehalt der Leichenteile verzeichnet.

Als Ausdruck der Allgemeinvergiftung kann man bei überempfindlichen Personen bzw. nach reichlicher und langdauernder Pyramidonzufuhr Hauterscheinungen auftreten sehen und zwar in ähnlicher Weise, wie sie bei Besprechung des Antipyrins geschildert wurden. Zumbusch erwähnt das Vorkommen eigenartig dunkelblaurot glänzender, pfennig- bis talergroßer Scheiben.

γ) Pyrodin.

Die heftige Blutgiftwirkung des — in früheren Jahren als Fiebermittel, heute zu Heilzwecken (s. aber Eppinger: Empfehlung seiner therapeutischen Verwertung bei Polyzythämie!) wohl kaum noch benutzten — Pyrodins ist uns in erster Reihe aus Tierversuchen bekannt. Mitteilungen über therapeutische oder gewollte Vergiftungsfälle liegen nur ganz spärlich vor (E. Falk, Renvers). Fassen wir die Befunde am lebenden und toten Vergifteten mit den im Tierversuch erzielten Ergebnissen zusammen, so ergibt sich — zumal bei chronischer Gifteinwirkung — aus den Einzelerscheinungen von Ikterus, Hautblutungen, Erythrozytenzerstörung mit voraufgehender Hämoglobinlösung (E. Falk, Filehne) bzw. Methämoglobinbildung, normoblastenreichem Blutbild (F. Albrecht u. a.) ein Krankheitsbild, das in stärkst ausgebildeter Form sich dem der sog. perniziösen Anämie des Menschen nähert (Battistini e Rovere u. a.). Aus den Versuchsergebnissen läßt sich schließen, daß auch beim Tier die im Gefolge schwerer Blutarmut (verschiedenster Ursachen) gelegentlich auftretende Rückenmarksentartung (Hinterstrangdegeneration, Zerstörung der Vorderhornganglienzellen usw.) nicht unbekannt ist (Mosse und Rothmann).

Trotz Schwund der Pankreasinselzellen wurde Zuckerausscheidung niemals beobachtet.

Die Leber ist groß, braunschwarz, in Läppchenmitte stark verfettet (F. Albrecht). Ihre erweiterten Kapillaren sind — ebenso wie die herdweise zerfallenden Parenchymzellen — mit scholligem, z. T. eisenpositivem Pigment angefüllt. Die Basophilie des Zellprotoplasmas ist im Sinne einer (postmortalen) Säuerung zu deuten.

Während von Mosse und Rothmann starke Pigmentspeicherung in Milz und tätigem Knochenmark hervorgehoben wird, legt F. Albrecht bei seinen Tieren den Hauptwert auf den anfänglich knochenmarksähnlichen (betont erythroblastischen), später fibrösen Umbau der Milzpulpa: Schließlich sind auch die Follikel bindegewebig verödet, die kleinen ausgesparten Pulparräume bergen nur noch spärlich granuläre Elemente und Pigmentphagozyten in sich.

Das histologische Bild der Niere ist ein typisch hämoglobinurisches, unter Umständen vergesellschaftet mit „ziemlich starker Epithelschädigung".

21. Pyridin.

Die wesentlichste toxikologische Bedeutung kommt dem — im DIPPELschen Tieröl vorhandenen — Pyridin (bzw. seinen Basen) in seiner Eigenschaft als Alkoholvergällungsmittel zu. Die schädlichen Wirkungen des Brennspiritus sind demnach keine rein alkoholischen, sondern zum großen Teil pyridinbedingt. Daneben spielen für den Ablauf der Vergiftung noch die dem Brennspiritus beigemengten Fuselöle und Methylalkohol eine Rolle.

Beim Menschen hat das Krankheitsbild der Pyridinvergiftung Ähnlichkeit mit dem nach Benzolwirkung. HELME (angef. bei B. MUELLER) berichtet über einen Arbeiter, der nach Einverleibung einer halben Tasse Pyridinbasen innerhalb von 4 Minuten unter Delirien im Kollaps verstarb (s. auch E. ROST). Der Rausch der Brennspiritustrinker — nach den Akten der Alkoholfürsorgestelle von Königsberg tranken etwa 5% der Potatoren gewohnheitsmäßig Brennspiritus (B. MUELLER) — wird als besonders schwer geschildert und leitet des öfteren unmittelbar zum Tode über. Über tödliche Vergiftung eines Kindes durch Anwendung von Brennspiritusverbänden wurde von P. KLEIN Mitteilung gemacht, doch scheint der betreffende Fall ursächlich nicht völlig geklärt.

Die örtliche Reizwirkung, welche zu ekzemartigen Hauterkrankungen (Polierekzem) führt, spielt in gewerblichen Betrieben eine Rolle (KOELSCH, K. B. LEHMANN, A. LOEWY).

Über pathologisch-anatomische Befunde bei tödlich Vergifteten ist wenig bekannt geworden. Das Vorkommen entzündlicher Erscheinungen an der Schleimhaut der Luftwege und des Verdauungsschlauches wird erwähnt. Im Falle SCLAVUNOS, welcher einen 25jährigen Zuchthäusler betraf, kam es nach wiederholtem Genuß von Brennspiritus zum Erbrechen einer röhrenförmigen Membran. Mikroskopisch erwies sich das Gebilde als Ösophagusepithelschicht, bestehend aus hellen, nur wenig angefärbten Zellen (hydropische Umwandlung?), welcher spärliche, mit Blutungen und Infiltraten durchsetzte Massen der Tunica propria anhafteten. Auf dem Boden chronischer (giftbedingter) Reizwirkung war es mithin zu einer Oesophagitis dissecans superficialis gekommen.

In einem von mir selbst (im Krankenhaus Neukölln-Berlin, S. Nr. 606/24) obduzierten Fall akuter Brennspiritusvergiftung bei einer Frau ließen sich im Verdauungsschlauch keine nennenswerten Befunde feststellen. Lediglich das Verhalten der großen, etwas teigigen, für das bloße Auge schlecht strukturierten Leber schien auffällig. Mikroskopisch erwies sich die Zeichnung des Lebergefüges als völlig verwaschen, die Zellen (mit überall gut färbbarem Kern) hatten eigentümlich blasige Beschaffenheit (hydropische Quellung?) angenommen. Die Ablagerung von — spärlich mit ciacciopositiven Stoffen untermischtem — Fett war als mittelgradig zu bezeichnen.

22. Naphthalin.

Der im Steinkohlenteer vorkommende, antiseptisch wirkende, als Wurmmittel verwendete Kohlenwasserstoff Naphthalin ist beim Erwärmen in Öl (Gefahr der gleichzeitigen Rizinusölgabe!) und in Paraffinen löslich. Als Dämpfe oder in fester Form (Kristalle, Pulver) in den Körper eingeführt, wird die geringe Menge des im Darminnern aufgesogenen Naphthalins (bzw. seiner Abkömmlinge) nach Oxydation in den Geweben mit dem Harn wieder ausgeschieden. Die Hauptmasse des Naphthalins gleitet durch den Verdauungsschlauch und erscheint unverändert im Stuhlgang wieder. So sahen Prochownik, Wiedow bei tödlich vergifteten Kindern, welchen Naphthalin als Wurmmittel verabreicht worden war, den Kot mit zahlreichen Naphthalinplättchen und -bröckeln durchsetzt.

Von Kunkel wird das Naphthalin als schwer giftig bezeichnet, und einzig seiner geringen Löslichkeit und seinem langsamen Übertritt in die Säftebahn ist es zu danken, daß ernstere Vergiftungen beim Menschen verhältnismäßig selten in Erscheinung treten. In seinen Giftwirkungen gleicht es weitgehend dem Naphthol. Die seltenen Mitteilungen von Todesfällen betrafen — mit wenigen Ausnahmen (Lettermann, Schwimmer) — Kinder im zarten Alter.

Die örtliche Reizwirkung ist im allgemeinen leichterer Natur. In Betrieben, in welchen mit naphthalinhaltigen Schmierölen hantiert wird, neigen die Arbeiter zu Dermatitiden, bei deren Zustandekommen jedoch das Schmieröl sicherlich auch eine Rolle spielt (E. Eisner).

Als gewerbliche Erkrankung müssen noch die unter Einwirkung der Naphthalindämpfe entstehenden punkt- und bläschenförmigen Hornhauttrübungen erwähnt werden (Koelsch). Naphthalinpulver in das Auge gebracht, erzeugt Konjunktivitis und Chorioretinitis in der Makulagegend. V. d. Hoeve beschreibt kleine, weißliche, kristallinische, einer Netzhautvene anliegende Gebilde.

Verschlucken des Mittels löst lediglich geringgradige entzündliche Vorgänge und Blutungen in der Schleimhaut des Verdauungsschlauches aus.

Als Zeichen der Allgemeinvergiftung stellt sich in schweren Fällen ikterische bzw. gelbgraue Verfärbung von Haut, Schleimhäuten und Skleren ein (Lettermann, Pauli, Wiedow u. a.), ein Ausdruck stärkeren, gelegentlich auch mit Methämoglobinbildung einhergehenden Blutzerfalls.

Resorptive „Hautaffektionen" — wie sie in einer alten Tierversuchsarbeit von Testa (1885) erwähnt werden — scheinen beim Menschen nicht vorzukommen.

Bemerkenswert ist der — bisher allerdings nur einmal bei einem (durch Darreichung ungereinigten Naphthalins vergifteten) Menschen beschriebene — Schichtstar (Lezenius), welcher dem beim Kaninchen durch Naphthalinfütterung zu erzeugenden Star an die Seite gestellt werden kann. Bei der Entstehung des Schichtstars konnte man anfangs mit der Lupe hellbläulich glitzernde, unregelmäßig zerstreute Kügelchen sehen. Nach 4 Wochen war die Linse vollkommen getrübt durch massige graue Pünktchen.

Die im Versuch erzielte Augenerkrankung des chronisch vergifteten, allmählich stark abmagernden Tieres (Klingmann u. a.) geht angeblich mit Ablagerung von Oxydationsprodukten des Naphthalins in Ader- und Netzhaut einher (L. Lewin und Guillery). So gut wie immer wird das krankhafte Geschehen von iridozyklitischen Vorgängen eingeleitet und begleitet. Man findet im Ziliarkörper und in der Iris stark erweiterte Gefäße und Blutaustritte. Das die Irisfläche überziehende Endothel wird durch zellig-fibrinöses Exsudat abgehoben (Klingmann). Gleicherzeit mit dem Auftreten rückschrittlicher Linsenveränderungen (Schollen- und Vakuolenbildung am Linsenäquator, körniger Faserzerfall, Zellenvermehrung im Kapselepithel usw.) ist das Ausfallen von Kristallen im Glaskörper und eine damit Schritt haltende Ablösung der von weißen Stippchen übersäten Netzhaut zu beobachten (Poulsson, A. Peters, Ruben u. a.). Nach Anschauung der einen Untersucher (C. Hess, L. Lewin und Guillery, Magnus [Breslau]) handelt es sich um unmittelbar giftbedingte Linsenentartung; andere Forscher (z. B. Panas) erblicken in der Ernährungsstörung der Netzhaut den auslösenden Umstand für die Linsentrübung. (Weitere Theorien und Versuche zur Entstehung des Naphthalinstars s. bei H. Goldmann, Komura.)

Nicht alle Tiere sprechen gleichmäßig auf Naphthalin an. So zeigte ein Teil der Ratten in den Versuchen von H. GOLDMANN gar keine Linsentrübungen, während andere die von den Kaninchen her bekannten glasklaren, subkapsulären Speichen, späterhin gleichmäßig grauweiße Zonen aufwiesen; stets waren die tiefen Linsenschichten Erstsitz der Erkrankung.

Die — schon erwähnte — blutschädigende Wirkung (L. HEINE, PROCHOWNIK) des Naphthalins, welche bei Menschen und Haustieren (FRÖHNER, SIEDAMGROTZKY), ferner bei (zu Versuchszwecken) vergifteten Kaninchen (A. ELLINGER) fast immer zu Hämoglobin- bzw. Methämoglobinämie führt, bedingt entsprechendes Sinken des Hämoglobingehalts, der Erythrozyten- und Blutplättchenzahlen. Das zelluläre Verhalten des Blutes fand ich in den Arbeiten aus der Menschenpathologie nirgends berücksichtigt. Beim Tiere lassen sich im chronischen Vergiftungszustand Normo- und Megaloblasten und reichlich junge gelapptkernige Elemente im strömenden Blut nachweisen.

Sofern junge Säuglinge einer naphthalinbedingten Hämolyse zum Opfer fallen, macht unter Umständen die merkmalsmäßige Abgrenzung der Vergiftung gegenüber WINCKELscher Krankheit Schwierigkeiten (WIEDOW).

Die von S. MEYER erwogene Möglichkeit des ursächlichen Zusammenhangs einer von ihm beobachteten akut lymphatischen Leukanämie und langdauernder Zufuhr kleiner Naphthalinmengen ist vielleicht nicht ganz von der Hand zu weisen.

Bei Leichenöffnung kann den Körperhöhlen Naphthalingeruch entströmen (WIEDOW). Das Blut erscheint violett bis schokoladenfarbig (LETTERMANN). Die Eingeweide zeigen entsprechende Farbtönung; die Körpermuskulatur ist trübe, mattbräunlich.

Über beträchtliche Vergrößerung der fast schwarzroten Milz wird vereinzelt berichtet (LETTERMANN, PROCHOWNIK u. a.). Auf ihre histologische Beschaffenheit, etwaig vorhandene Erythrozytenphagozytose, Pigmentspeicherung u. dgl. wird in keiner Mitteilung eingegangen.

Die große, dunkelbraune Leber zeigte im Falle WIEDOW prall gefüllte Blutgefäße, Fettspeicherung und ausgedehnte, unregelmäßige Zellzerfallsbezirke, wie sie KOLINSKI ähnlich beim vergifteten Kaninchen sehen konnte. Die Anwendung elektiver Hämoglobinreaktion ergab, daß alle Blutgefäße ausschließlich mit Hämoglobinringen vollgestopft waren, woraus WIEDOW Rückschlüsse zog auf Vorhandensein eines im Leberblut wirksamen Giftes.

Die Stärke des allgemeinen Blutzerfalls ist an dem Grad der — so gut wie regelmäßig das Krankheitsbild beherrschenden — Hämo- bzw. Methämoglobinurie abzulesen (L. HEINE, HUSEMANN u. a.). Die Niere zeigt das bei allen Formen der Hämoglobinurie zu findende histologische Bild: Pralle Füllung von Kapselraum und Kanälchen mit Blutzerfallsmassen usw. Dazu beschreibt WIEDOW Epithelnekrosen in den distalen Abschnitten der gewundenen Kanälchen, ein Befund, der von ihm — entgegen der sonst herrschenden Meinung über die Unempfindlichkeit des Nierengewebes gegenüber dem Durchtritt des Hämoglobins — als hämoglobinurisch bedingte Schädigung gedeutet wird.

Von tödlich verlaufender akuter — autoptisch scheinbar nicht gesicherter — „Nephritis" spricht SCHWIMMER (s. auch S. MEYER). Nach Angabe von A. ELLINGER starben vergiftete Katzen unter den Erscheinungen schwerer „hämorrhagischer Nephritis"; doch ist aus seiner Mitteilung nicht ersichtlich, ob es sich tatsächlich um entzündliche und nicht um hämoglobinurische Vorgänge gehandelt hat.

In dem von WIEDOW ausführlich dargestellten, ein achttägiges Kind betreffenden Vergiftungsfall erwies sich die Harnblasenschleimhaut als geschwollen, für das bloße Auge zum größten Teil hämorrhagisch infiltriert. Die mikroskopische Untersuchung ergab allerstärkste Dehnung der submukösen, mit Massen von Hämoglobinringen angefüllten Haargefäße.

23. Naphthol.

Das in der Dermatologie zu Heilzwecken verwendete (α- und β-) Naphthol zeigt als phenolartiger Abkömmling des Naphthalins im großen und ganzen das gleiche Verhalten, die gleichen örtlichen und allgemeinen Wirkungen wie alle Glieder der Phenolreihe.

Naphtholdämpfe oder -lösungen üben unmittelbare Reizerscheinungen an Schleimhäuten und Haut aus. Langdauernder Gebrauch des Mittels ruft an den berührten Hautstellen oberflächliche braune Verätzung bzw. Nekrosen hervor. K. Stern schildert (in einem tödlich verlaufenen Falle von Krätzebehandlung) die Haut als epidermisentblößt, derb lederartig, beim Einschneiden knirschend.

Die meisten Tiere beantworten die Aufsaugung größerer Giftmengen mit Krämpfen, denen Lähmung und Bewußtlosigkeit, schließlich der Tod durch Asphyxie folgt.

Beim Menschen treten als Teilerscheinung der Allgemeinvergiftung an der Haut variolaähnliche Exantheme (L. Lewin), nässende und borkige Ekzeme (Gumpert), etwaig Ikterus, Petechien und Sugillationen (K. Stern, Jessner, F. Petersen) auf.

Dem „Naphthalinstar" ähnliche Linsentrübungen erwähnt v. D. Hoeve, allerdings mit der Einschränkung, daß der ursächliche Zusammenhang zwischen Linsenerkrankung und Naphtholgaben sich nicht unbedingt sichern ließe. Bei Kaninchen konnte man durch intravenöse Naphtholeinspritzung Katarakt und Retinitis (weißgelbliche Netzhautherde) erzielen (Takamura).

Ein mit Naphtholsalbe behandeltes Pferd starb am gleichen Tage. Man fand akute Laryngotracheobronchitis und mächtiges Lungenödem (Fröhner).

Schwere, mit Hämolyse und Methämoglobinbildung einhergehende Blutschädigung, wie wir sie vom Tiere her kennen, ist — den Berichten nach zu urteilen — beim Menschen nicht als beständiges Vergiftungszeichen anzusprechen. Dagegen werden entzündliche (Gumpert u. a.) oder rückschrittliche (K. Stern u. a.) Erscheinungen von Seiten der Niere kaum einmal vermißt. Denn Naphthol reizt bei seinem Durchtritt das Ausscheidungsorgan stärker als alle übrigen aromatischen Antiseptika. Berencsy beschreibt die Nierenrinde als hell-ockergelb, breit, gedunsen, gegenüber den rötlichen Pyramiden scharf abgesetzt. Die (trübe geschwollenen) Kanälchenepithelien bargen in Vakuolen blasse, z. T. eisenpositive Gebilde. In der Lichtung lagen schaumige, vorwiegend hämosiderinhaltige Massen. Nach Angaben von E. Kaufmann sollen Kalkinfarkte vorkommen. Regenbogen beobachtete bei einem Pferd, das gegen Sommerräude mit Naphthol eingerieben worden war, allerschwerste, auf Blutzerfall und Versagen der Niere hindeutende Erscheinungen (Hämoglobinurie, Anurie, Kollaps). Die Sektion des Tieres ergab „hämorrhagische Nephritis".

In der — häufig entzündeten — Harnblase fällt der olivgrün bis gelbrot getönte Urin auf, dessen Farbe beim Kochen mit Salpetersäure in blaurot umschlägt. Posner erwähnt das Vorkommen von Harnblasenkrebs bei einem Naphtholarbeiter, dessen Bruder in der gleichen Fabrik arbeitete und an Blasensteinen litt.

Herxheimer erhob bei der Leichenöffnung eines 15jährigen Mädchens, bei welchem 11 Tage vor Todeseintritt wegen Ekzem und Skabies Naphthol angewendet worden war, einen beachtlichen Leberbefund: Das große, gelbe, in allerstärkstem Maße verfettete Organ erinnerte mit seinen (in Läppchenmitte beginnenden) Nekrosen an einen frühen Zustand der Phosphorleber. Von Berencsy wird — außer Erwähnung von Leber- und Sternzellhämosiderose — lediglich Mitteilung gemacht über Schwellung und körnige Trübung des im Zusammenhang gelockerten Parenchyms.

24. Aromatische Gifte der Akridinreihe.

Sammelbericht über die neueren chemotherapeutischen Präparate der Akridinreihe s. bei LAQUEUR (1923).

α) Rivanol.

Über unglückliche Zufälle nach Behandlung mit Rivanol (Diaminoakridinverbindung) ist bisher wenig bekannt geworden. Als Fern- bzw. Allgemeinwirkungen wurden — nach Einverleibung des Mittels unmittelbar in die Blutbahn — gelegentlich Nierenschädigungen (Auftreten von hyalinen und granulierten Zylindern im Urin!) beobachtet, die unter dem klinischen Bild einer schnell wieder verschwindenden Nephrose verliefen. MÜHSAHM und HILLEJAHN haben einen tödlich endenden Fall mitgeteilt, in dem der Betroffene, der an einer Sepsis (nach Kniegelenkseiterung) litt und bis dahin niemals Zeichen einer irgendwie gestörten Nierenleistung dargeboten hatte, am 5. Tage nach wiederholter (intravenöser) Rivanolzufuhr in anurischen Zustand verfiel und unter den Erscheinungen der Nierenblockade verstarb. Der Rest-N betrug bis 218 mg%. Blutdruckerhöhung war nicht vorhanden. Die (durch Dr. EDMUND MAYER [jetzt Urban-Krankenhaus, Berlin] ausgeführte) Untersuchung der (unmittelbar nach Todeseintritt herausgenommenen) Niere ergab ausgedehnte tubuläre Nekrosen ohne jede Verkalkung. Ganz vereinzelt waren große, plumpe oder mitosenhaltige Kanälchenepithelien nachweisbar.

Es möge erwähnt werden, daß LAQUEUR Tierversuche von LIBOWITZ anführt, welcher durch Beibringung übermäßig großer Giftgaben bei Hunden akute Nephritis und Tod erzielen konnte.

β) Trypaflavin.

Trypaflavin (Chlorhydrat des Diaminomethylakrins) gilt im allgemeinen als unschädliches Mittel. ZOLTÁN zählt als Nebenwirkungen der Behandlung auf: Erytheme, bullöse bzw. nässende Dermatitiden an Körperstellen, welche der Belichtung ausgesetzt sind (photosensibilisierende Wirkung des Trypaflavins!), gelbliche Hautverfärbung geringen Grades. Die Erscheinungen sind vorübergehender Natur und ungefährlich für den Kranken.

Als Ausscheidungsorgane kommen wahrscheinlich — wie Tierversuchsergebnisse vermuten lassen — Leber und Niere in Frage.

Das beim Menschen gelegentlich zu beobachtende Auftreten von Albuminurie und Zylindrurie veranlaßte LIENGME, Tiere mit Trypaflavin zu vergiften. Er stellte bei der Sektion außerordentliche Blutfülle der Eingeweide fest, in der Leber (nach intraperitonealer Einverleibung des Mittels) ausgedehnte Nekrosen und massige Trypaflavinniederschläge. Letztere fanden sich auch in den sezernierenden Abschnitten der sonst — obwohl LIENGME von „glomérulonéphrite" spricht — scheinbar unveränderten Niere, ferner in Lungenalveolen und im Retikuloendothel verschiedener Organe. Die Darmwand war gelb gefärbt und zeigte Epitheldesquamation.

25. Teere und Teerprodukte.

Die wechselnde — wenn auch in der Hauptsache gleichsinnige — Wirkungsweise der einzelnen Teerarten (Mc. CORD, KOELSCH u. a.) ist im wesentlichen bedingt durch die Verschiedenheit ihres Ausgangsmaterials und ihrer Darstellungsart. Die aromatischen Teerbestandteile werden leicht durch Haut und Schleimhäute in die Gewebe aufgenommen. Mithin können bei übermäßigem Teergebrauch binnen kurzem zerebrale Vergiftungserscheinungen (ähnlich wie bei

Karbolsäure- und Kreosotvergiftungen) einsetzen, möglicherweise der Tod erfolgen. Die subakut-chronische Allgemeinvergiftung tritt vorzugsweise in Schädigung des Blutes bzw. des blutbereitenden Apparates zutage (LIPSCHÜTZ u. a.). Der größte Teil der giftigen Stoffe wird mit dem Urin, ein kleinerer mit Absonderungen der Luftröhrenschleimhaut und mit dem Schweiß ausgeschieden.

Örtliche Wirkung.

In teerdampfgesättigter Luft sich aufhaltende Arbeiter erkranken häufig — vor allem im Sommer — an Lidödem, katarrhalisch-follikulärer bzw. eitriger Augenbindehautentzündung (HOFFMANN [Halle]), Hornhautinfiltraten und -ulzerationen im Lidspaltenbereich (HESSBERG und BÄHR, L. LEWIN und GUILLERY). Letztere zeigt oft bräunliche Verfärbung durch Einlagerung feinsten Teerstaubes. Im Falle THIES sah der Arbeiter, dem heißer Teer in das Gesicht gespritzt war, wie mit einer schwarzen Maske übergossen aus. Nach Entfernung der Teermasse fand man die Hornhaut oberflächlich getrübt.

Teer in fester oder in Dampfform (ZWEIG [s. auch FABRY]: Wirkung von Teerteilchen und im Teer enthaltenen ätzenden Massen) erzeugt an den berührten Hautstellen Rötung, Schwellung, Keratosen (KISSMEYER), oberflächliche bullöse und tiefgreifende pustulös-follikuläre Entzündungsvorgänge, bei welchen die Drüsenmündungen komedonenartig schwarz gefärbt werden („Teerakne"). Zu den häufigsten Reizerscheinungen zählen Schuppenflechte und Ekzem („Teerkrätze"), die sich über weite Bezirke der trockenen, spröde-schilfrigen, histologisch durch dystrophische Erscheinungen an der Epidermis gekennzeichneten Haut ausbreiten.

Wie BLASCHKO ausführt, zerfallen die teerbedingten Hautschäden in zwei große, wesentlich von einander unterschiedene Gruppen: 1. In Erkrankungen von mehr entzündlicher (erythematöser) Natur, deren Zustandekommen vielleicht so zu denken ist, daß gewisse Stoffe durch die unversehrte Epidermis hindurch auf tiefere Hautschichten, namentlich auf deren Gefäße, Giftwirkung entfalten; 2. in mehr chronisch verlaufende, ekzemartige Erkrankungen, welche unmittelbar oder mittelbar erzeugt werden durch Stoffe bzw. Reize, deren Hauptwirkung in mehr oder minder beträchtlicher Epidermiszerstörung besteht.

In Fabrikbetrieben findet man nicht selten an Gesicht, Skleren, ja am ganzen Körper „mulattenartig" verfärbte Arbeiter (MEIROWSKY), Träger der typischen, durch massige, in schweren Fällen geradezu tumorartige kutane Ansammlung von (Melano-)Chromatophoren hervorgerufenen Teermelanose. Blonde Menschen werden von der Pigmentierung eher und stärker betroffen als dunkle: Offenbar übernehmen die Teerprodukte sensibilisierende Leistungen zufolge der ihnen innewohnenden photodynamischen Eigenschaften, die auch nach peroraler Einnahme nichts an Wirkungskraft einbüßen (HESSBERG und BÄHR, HABERMANN, KOELSCH).

Die geschilderten Hauterkrankungen, welche den in der Rohöl-(Paraffin-) Industrie vorkommenden Dermatosen, präkanzerösen Zuständen usw. weitgehend gleichen (s. ULLMANN: Allgemeine Bemerkungen über die pathogenetische Verwandtschaft der Petroleum-, Paraffin- und Teerhaut), schaffen den Boden, auf welchem sich unter dem Einfluß „kanzerogener" Teerbestandteile (TEUTSCHLÄNDER u. a.) bei Teer-(Mineralöl-, Pech-)Arbeitern, Schornsteinfegern (von POTT bereits 1775 in England beobachtet!), Metallschleifern (M. OPPENHEIM: Schmierölwirkung?) u. a. multizentrisch auftretende (DEELMANN) gut- und bösartige Gewächse entwickeln, welche zwar vorwiegend epithelialer Natur sind (Papillome, Kanzeroide, Basalzellkrebse usw.), gelegentlich jedoch — trotz der Gleichartigkeit des auslösenden Faktors — gemischte oder rein bindegewebige Beschaffenheit annehmen (BIERICH). Das Vorhandensein „karzinogener" Stoffe erstreckt sich über einen so weiten Bezirk der Fraktionen des Teers, daß es sich sicher nicht um einheitliche Stoffe handelt (ULLMANN). Nach der auf Tierversuchsergebnissen fußenden Meinung von JAFFÉ und ELIASSOW, KORENYI u. a. ist der auslösende Faktor durch Umstimmung der Gewebe (z. B. durch veränderte Ernährung: Cholesterinfütterung des Tieres!) zu beeinflussen. Gewöhnlich entstehen anfangs ulzerierende Hauthörner (bzw. „Pechwarzen"), dann erst echte Neubildungen (HOFFMANN [Halle], SCHREUS u. a.).

Es genügt, aus der Fülle der Tierversuchsarbeiten, welche sich — in Anlehnung an die chemisch-mechanische Reiztheorie der Gewächsentstehung — mit der künstlichen Erzeugung von Teergewächsen befassen, einige herauszugreifen und sie soweit zu berücksichtigen, wie sie dazu dienen, die Befunde aus der Menschenpathologie zu ergänzen bzw. zu erläutern.

Gleich am Anfang der Betrachtungen möge auf die Ausführungen von K. LÖWENTHAL hingewiesen werden, „daß es bei einfachen und übersichtlichen Versuchen mit Hautpinselungen bezüglich der Versuchsausbeute schon zu erstaunlichen Differenzen zwischen den einzelnen Forschern gekommen sei; . . . daß die Arbeiten über Tumorerzeugung mit größter Vorsicht anzusehen seien und an gewöhnlichem Tiermaterial — im Hinblick auf die zahlreichen spontan vorkommenden Tumoren — nur fast 100%ige Ergebnisse in immer gleichmäßiger Art und Weise einen sicheren Wert haben für die Erkennung des Wesens der Geschwulstentstehung".

Bei kurz dauernder äußerlicher Teeranwendung (zumeist Hautpinselung) erhält man in der Regel nur Haarausfall, Pachydermie (Hyperkeratose), Papillome, präkanzeröse Warzen usw. (DOMAGH, LEITMANN u. v. a.). HAENDEL und MALET machen auf die beträchtliche Verminderung des Glykogens in der Haut aufmerksam, was ihnen mit Rücksicht auf die Beziehungen des Krebsgewebes zum Zuckerstoffwechsel von Bedeutung schien. LIPSCHÜTZ sah nach einigen Wochen an der betroffenen Stelle diffus grauschwarze Verfärbungen mit schwarzen, sich mikroskopisch als gutartige Melanome erweisenden Pünktchen und Flecken. BABES spricht von Hautveränderungen, welche der DARIERschen Krankheit ähnelten, d. h. es fanden sich Atrophie der Haarfollikel, Schwund der Talgdrüsen, Wucherung des Epithels an den Follikelmündungen usw. Zu berücksichtigen ist die außerordentlich verschiedene Ansprechbarkeit der einzelnen Tiere. Bei den stärkst ansprechenden beginnt nach monatelanger Behandlung das Tiefenwachstum, welches nach der Anschauung von BIERICH abhängig zu sein scheint von kolloidchemischen Zustandsänderungen des angrenzenden, in den kollagenen Fasern gelockerten und quellenden Bindegewebes, während V. MERTENS weniger an örtliche Umstände denkt, als an Auslösung einer Krebsbereitschaft durch vorhergehende Schädigung bestimmter innerer Organe. (Weitere Theorien zur Krebsentstehung s. bei BERGHOFF, FISCHER-WASELS, PIGALEW, VERSÉ, R. ZENKER u. v. a.)

Die Neubildungen an der Haut des Kaninchens lassen gewisse Ähnlichkeit mit den Röntgenkarzinomen des Menschen erkennen (HALBERSTÄDTER).

Zellwucherungen treten nicht nur am Orte der Teerung selbst auf — gewöhnlich im Anschluß an Mazeration und Nekrosen — sondern auch an nicht geteerten Stellen (H. FISCHER: in Organen, welche die aufgenommenen Stoffe ausscheiden wie Haarfollikel usw.; SCHABAD, SOBOLEWA und Mitarbeiter u. a.). So entwickelte sich z. B. bei den Tieren von KROTKINA an beiden gepinselten Ohren zu gleicher Zeit ein auf die Kieferknochen übergreifender, in Lymphknoten und Lunge metastasierender Krebs. MÖLLER u. a. verfolgten bei gepinselten Ratten und Mäusen die Entstehung primärer, offenbar zur Bronchialschleimhaut in Beziehung stehender epithelialer, teils verhornender Lungengewächse, deren Bildung — so schien es MURPHY and STURM — auf Reizung durch Einatmung kleinster Fremdkörper zurückzuführen war (s. auch KOOSE und CORDES). Unmittelbare Teereinbringung in die Lunge wurde in den Versuchen von KIMURA mit adenokarzinomatösen Bildungen beantwortet. In bestimmten zeitlichen

Abständen vorgenommene Gewebeprüfungen ließen erkennen, daß der Krebs auf dem Boden atypisch heteroplastischen Bronchialepithelwachstums entstanden war. Ähnliche Veränderungen erzielten Ibuka und Mitarbeiter.

Zumeist wird von Erzeugung epithelialer Gewächse gesprochen. K. Löwenthal gelang es, durch intraperitoneale Einbringung von Teeröl bei Mäusen Sarkome zu erzeugen (s. auch Bloch und Dreyfuss, Deelmann, Döderlein, Fibiger u. a.).

Spritzte Yamaguchi Hunden Teer (bzw. Paraffin) in die Ohrspeicheldrüsen, so stellte sich lediglich außerordentlich heftige Entzündung ein, deren Eigenart in Glykogenreichtum der Entzündungszellen und der jungen Bindegewebselemente, sowie der Drüsenepithelien bestand. In den Versuchen von Macchiarulo und Büngeler sah man bereits nach 10 Tagen — unter Formung solider Zellhaufen — die Drüsenzellen sich homogenisieren (Schwund von Vakuolen und Granula!). Die Kerne wurden chromatinreicher, massiger, die merkwürdigsten Kernfiguren und Riesenzellen traten auf. Die Deckzellen der Ausführungsgänge wandelten sich zu verhorntem Plattenepithel (mit Bildung geschichteter Kugeln) um. Zu einer echten Neubildung kam es nicht.

Anders bei Einspritzungen in die Gebärmutter, mittels welcher Teutschländer Kankroide erzeugte, während der Einbringung von Teer in den Mastdarm (Buschke und E. Langer) keine örtlichen Erscheinungen, wohl aber Anzeichen von Allgemeinvergiftung und schwerste Schäden an der Magenschleimhaut folgten: Man fand hier horn-, kegel- und kugelförmige Verdickungen („maligne Hyperkeratosen"), Erosionen und geschwürig zerfallende Herde. Genkin und Dmitruk erzielten dagegen durch unmittelbare Wirkung auf die Darmschleimhaut örtlich mächtige adenomatöse Wucherungen mit Bildung von Papillomen und Polypen.

Weitere einschlägige Arbeiten s. bei Bittmann, Barnewitz, Cholewa, H. Fischer, Martynow, Ponomarew, Puhr, Schabad, A. Sternberg, Yamagiva u. v. a.

Innerlich gegeben, bewirkt Teer beim Menschen starke Reizung an der Schleimhaut der Speisewege. Doch können sich katarrhalisch-gastritische Zeichen auch bei anhaltendem Aufenthalt in teerdampfgesättigter Luft entwickeln (Hoffmann [Halle]).

Allgemeinwirkung.

Die im Verlauf chronischer Teervergiftung auftretenden Krankheitsbilder sind nicht spezifisch, sondern nur der Ausdruck schwerer Allgemeinerkrankung überhaupt (Fischer-Wasels und Büngeler). Die Betroffenen zeigen gelegentlich eigentümlich pastöse Beschaffenheit und fahlgrün-gelbliche Verfärbung der Haut (Heubner); sie magern ab, werden kachektisch, können unter den Zeichen der perniziösen Anämie dahinsiechen (Heubner u. a.). Mit allerstärkstem Sinken der Hämoglobinwerte geht Poikilozytose, Anisozytose, Polychromasie usw. Hand in Hand. Die (von Blutungen durchsetzte) Milz ist weich, geschwollen. Lipschütz (ähnlich Guldberg) fand beim Tier die Pulpa in myeloides Gewebe umgewandelt. In den Versuchen von Babes (Pinselungen am Kaninchenlöffel) gewann die Milz ein Aussehen, welches an das beim Morbus Gaucher erinnerte bzw. einer Retikuloendotheliose glich. Guldberg berichtet über das Vorkommen von Amyloid auf späterer Vergiftungsstufe.

An dem roten, tätigen Knochenmark eines 8 Jahre lang Teerdämpfen ausgesetzten Malers ließen sich Bilder wie bei fortschreitender aplastischer Anämie feststellen (Heubner: Wirkung von Benzolabkömmlingen?), bei deren Zustandekommen wohl auch der Einfluß des Bleies eine Rolle gespielt haben möchte.

Die Lymphknoten sprachen im Tierversuch (LIPSCHÜTZ) mit Blutzellbildung an, welche durch ihren Reichtum an Knochenmarksriesenzellen bemerkenswert war.

Geringgradige myeloische Gewebsumwandlung konnte LIPSCHÜTZ auch in der stark hämosiderinhaltigen — nach Angabe von HAENDEL und MALET glykogenarmen — Leber nachweisen, welche von V. MERTENS nur als verfettet beschrieben wird, von LEITMANN, BABES u. a. als durchsetzt mit herdweisen Blutungen und Nekrosen. Monatelange Ohrpinselungen mit Glasteer führten bei den Tieren von DOMAGH in 60% der Fälle zu diffuser Leberzirrhose (mit Ascites und Pleuraergüssen). M. BRANDT erzielte (nach 2 Jahre langer Teerung) beim Kaninchen eine blastomartige Systemerkrankung (Wucherung undifferenzierter Zellen), die von Gefäßendothel- und Adventitiazellen ihren Ausgang nahm. Die Leberveränderungen waren sehr ähnlich denen, welche LIGNAC als blastomartige Erkrankung der Maus nach chronischer Benzoleinwirkung beschrieb. Da BRANDT in Benzol gelöstes Teerpech verwendet hatte, so war auch in diesem Versuche vielleicht lediglich das Benzol wirksam gewesen.

Die ausscheidenden aromatischen Teerbestandteile lösen wahrscheinlich — wie klinische Erfahrungen vermuten lassen — toxische Reizerscheinungen an der Niere aus (Auftreten eines eiweißhaltigen, grünschwarzen Harns!). Von den mit Tieren arbeitenden Untersuchern wird fast einstimmig über „Nephrosen" (trübe Schwellung, tropfige Entmischung, Nekrosen usw.) berichtet (BERGHOFF, BUSCHKE und E. LANGER, LIPSCHÜTZ, V. MERTENS u. a.). Bei einer Maus, welche 12 Monate lang im Versuch gewesen war, zeigte sich doppelseitige Nierenschrumpfung: Alle Glomeruli waren hochgradig verfettet, teilweise hyalinisiert; außerdem fanden sich massige periglomeruläre und perivaskuläre Rundzelleinlagerungen (FISCHER-WASELS und BÜNGELER). Die Möglichkeit der Entstehung eines Harnblasenkrebses unter Einfluß von Teer ist von geringer Bedeutung, verglichen mit der nach Anilineinwirkung. Doch berichtet POSNER über einen typischen Fall von Skrotalgewächs, in welchem sich zystoskopisch ein Harnblasenkrebs feststellen ließ, der ebenso wie der Hautkrebs schwärzlich gefärbt war.

Der Nachweis des Teers gelingt in Lunge, Leber, Milz, Niere. Wird Teer in die Bauchhöhle gespritzt, so werden Lunge und Milz geradezu damit überschwemmt (V. MERTENS).

Anhang: Chloranil.

Das als Oxydationsmittel in der Teerstoffindustrie benutzte Präparat Chloranil (Tetrachlorchinon) scheint toxikologisch für den Menschen bedeutungslos zu sein. Von seiner Wirkungsweise haben wir nur durch Kaninchenversuche (STAUB) Kenntnis. In ihnen erwies sich das Chloranil als vorzugsweises Lebergift, das — im Gegensatz zu Phosphor, Chloroform usw. — kein anderes Organ in die Vergiftung mit einbezieht. Die Leber — durch Schwellung auf ein Vielfaches vergrößert — war brüchig, gelbbraun oder bunt durch hellgelbe, dunkel umrandete Flecke und größere Blutungen. Die Zentralvenen waren eingesunken, so daß durch ihre Lage unterhalb der Schnittflächenebene ein Relief entstand mit hell braunroten Erhabenheiten, dunkelroten Vertiefungen. Mikroskopisch fand man neben zahlreichen Blutaustritten blasige Leberzellentartung und unregelmäßig herdförmigen Parenchymzerfall.

26. Benzin (Petroleumbenzin).

Vergiftungen mit Benzin (Petroläther) werden hervorgerufen durch Einatmen von Benzindämpfen (in gewerblichen Betrieben) oder — vor allem bei Kindern — durch Trinken der Flüssigkeit. Das augenblicklich von Lunge und Magen-Darm her aufgesogene Benzin bedingt bei jugendlichen Personen in der Regel einen anderen Vergiftungsverlauf als bei Erwachsenen: Erstere gehen zumeist durch Aspiration unter den Anzeichen der Erstickung sehr schnell zugrunde (Burgl). Im Anschluß an akute Vergiftung sah Dorner spinale, den Spätfolgen der Kohlenoxydvergiftung ähnelnde Krankheitserscheinungen auftreten. Stiefler spricht von einer 3—4 Monate nach der Vergiftung einsetzenden Epilepsie, deren ursächliche Beziehungen zur Benzinwirkung meines Erachtens nicht recht gesichert sind.

Chronische Vergiftungen (Le Noir et Claude) können Kachexie und allgemeine Blutungsbereitschaft auslösen (Santesson: Verfettung der Blutgefäßendothelien ?).

Auf die Haut gelangtes Benzin, das an der Verdunstung behindert wird, ruft örtliche flache Nekrosen hervor. Nach Angaben von Schustrow und Salistowskaja entwickeln sich (beim Tier) zufolge Entfettung der Epidermis Hautkrankheiten. Benzineinspritzung unter die Haut verursacht tiefgreifenden Gewebszerfall, zieht möglicherweise Phlegmone nach sich (Waldstein).

Bei schnellem Vergiftungsablauf ist das Gesicht des Betroffenen fast immer blausüchtig. Auf die eigenartig hellrote, an Kohlenoxydvergiftung gemahnende Farbe der Totenflecke, welche vielleicht mit dem Gehalt des Benzins an Methanabkömmlingen ursächlich zusammenhängt, wird von verschiedenen Seiten (A. Böhme und R. Köster, Racine, Zörnlaib) hingewiesen. Nach den Mitteilungen von Burgl (und ähnlich Roth [Braunschweig]) scheint dieselbe jedoch nur vereinzelt vorzukommen.

Mit Leichenöffnung macht sich — von Ausnahmen abgesehen (Roth, Merkel: Einspritzung von Benzin in die Harnblase) — starker Benzingeruch in Körperhöhlen und Eingeweiden bemerkbar. Der Farbton der blutüberfüllten, von kleinen (subkapsulären) Blutaustritten bunt gesprenkelten Organe spielt ins Rote (Racine) bzw. — bei stärkerem Hämosideringehalt — mehr ins Rostfarbene (Dorendorff u. a.). Klare weist auf die Zusammenziehung der größeren Blutgefäße hin. In den Fällen von A. Böhme und R. Köster, Le Noir et Claude waren hämorrhagische Transsudate vorhanden.

Die hämolytische Wirksamkeit des Benzins ist umstritten. Das Auseinanderstreben der Angaben findet wahrscheinlich seine Erklärung in verschiedener Dauer der Giftwirkung. Etwaig im Harn vorkommendes Methämoglobin könnte — nach der Meinung von A. Böhme und R. Köster — außerhalb des Körpers entstanden sein. Bei der akuten, an Erstickungstod erinnernden Vergiftung ist das Blut gewöhnlich flüssig (Burgl), häufig kirschrot (Racine, Zörnlaib). Merkel bezeichnet es in seinem (innerhalb von 8 Stunden zum Tode führenden) Fall als dickflüssig, ohne jeden Anhaltspunkt für stattgehabte Hämolyse.

Subakut-chronische Vergiftung (bei Kautschukarbeitern usw.) äußert sich — wie auch im Tierversuch erwiesen (Schustrow und Salistowskaja u. a.) — in zunehmender Anämie von stark hyperchromem Charakter. Das Blutbild ist bestimmt durch Auftreten myeloischer Jugendformen, Zunahme der Polychromatophilen, Neutro- und Lymphopenie, auffallenden Reichtum (bis zu $25^0/_0$) an Eosinophilen (Sinonin). Nach der Meinung von Schustrow und Salistowskaja ist die Anämie nicht durch Knochenmarksaplasie, sondern durch primäre Erythrozytolyse hervorgerufen. Bei der die Vergiftung kennzeichnenden Verarmung sämtlicher Fettspeicher (Schustrow und Letawet) muß auch das Blut der allgemeinen Entfettung unterliegen. Da nun die Widerstandsfähigkeit der Erythrozyten (nach den Untersuchungen von Abderhalden) von ihrem Cholesterin- und Lezithingehalt abhängt, bei der Benzineinatmung aber in erster Reihe die Blutlipoide dem Giftangriff ausgesetzt sind, so kommt es zur Auflösung der roten Zellen. Je nach der Art der Gifteinverleibung werden daher (bei Einatmung) die Erythrozyten oder (bei peroraler Zufuhr) die Leuko- und Lymphozyten stärker zerstört. Im Blutplasma, in einzelnen roten und weißen Blutzellen soll — nach Angabe von DORENDORF — ockergelbes bis braunrotes oder -schwarzes, als Hämoglobinabkömmling gedeutetes Pigment sichtbar werden, das sich ähnlich auch in der Milz abgelagert findet.

Das Blutbild läßt erkennen, wie das — bisher nur beim Tier gründlich untersuchte — Knochenmark in seiner Tätigkeit mit dem Grade der Blutzerstörung Schritt hält. SABRAZÈS (angeführt bei NAEGELI) konnte im tätigen Mark punktierte Erythrozyten nachweisen (s. Blei).

Mittels benzolhaltiger Benzindämpfe erzielten SCHUSTROW und SALISTOWSKAJA wesensgleiche Versuchsergebnisse am Blut und blutbereitenden Apparat wie nach reiner Benzinvergiftung.

Das gewebliche Verhalten des Zentralnervensystems ist wenig erforscht. Die vorliegenden Arbeiten berücksichtigen lediglich den Hortensienfarbton der weißen Substanz (BURGL, RACINE), die Blutfülle des Gehirns und seiner Häute (MERKEL). Vereinzelt wird über Hirnblutungen berichtet (LE NOIR et CLAUDE). Vorkommen von freiem Fett in den perivaskulären Räumen (nach Benzineinatmung) erwähnt BRACK. Für die von DORNER auf später Vergiftungsstufe beobachteten Erscheinungen, welche an das Krankheistbild der multiplen Sklerose erinnerten oder auch an kombinierte Strangschädigung denken ließen, waren entsprechende anatomische Befunde nicht festzustellen. Auch die Ausbeute der Tierversuchsergebnisse ist ärmlich: DORENDORF erwähnt „Ganglienzell- und Dentritenentartung" am Rückenmark.

Im Mittelpunkt des Vergiftungsbildes, Schwere und Ablauf der Erkrankung bestimmend, steht die Schädigung der Atmungsorgane, vor allem der Lunge, welche — sofern nicht Aspiration in Frage kommt (A. BÖHME und R. KÖSTER u. a.) — aller Wahrscheinlichkeit nach auf Reizwirkung des ausscheidenden Giftes zurückzuführen ist. Gewöhnlich findet man in den geröteten Luftröhrenästen reichlich Schleim bzw. heftige akute Entzündung (SPURR), bei längerer Krankheitsdauer katarrhalisch-putride Bronchitis und Pneumonie. Nach Einwirkung von Benzinätherdämpfen wurde das Auftreten fibrinöser Bronchitis beobachtet (RAVEN).

JAFFÉ unterscheidet auf Grund von Obduktionsbefunden und Tierversuchsergebnissen zwei Formen bzw. Stufen der Lungenerkrankung: 1. Starke und ausgedehnte Gewebsblutungen ohne entzündliche Reaktion (in schnell verlaufenden, d. h. durch rasche Giftaufsaugung und -ausscheidung bestimmten Fällen), 2. Vorherrschen der entzündlich-nekrotisierenden Vorgänge (bei langsamerem Vergiftungsablauf). In diese beiden Gruppen lassen sich alle veröffentlichten Lungenbefunde zwanglos einreihen. So schildert KLARE (ähnlich ROTH [Braunschweig] u. a.) in der durch Blutungen fleckig-geröteten Lunge pralle Füllung der Blutgefäße, herdförmige Alveolarhämorrhagien, welch letztere BURGL merkmalsmäßig gegenüber der Kohlenoxydvergiftung verwerten möchte (s. aber ISRAELSKI und LUCAS: Röntgenbefund bei Kohlenoxydvergiftung). Der Übergang zum entzündlichen Zustand wird kenntlich an Epithelabschilferung und beginnender Exsudation. Mit weiterem Fortschreiten des krankhaften Geschehens treten peribronchitische und perivaskuläre Infiltrate, vor allem aber kleinste, zwischen den Alveolen liegende Zerfallsherde auf, die Gefäße beantworten den Giftreiz im Sinne einer Endarteriitis obliterans. Der Fall MERKEL (Tod innerhalb 8 Stunden) weicht insofern von den geschilderten Befunden ab, als Blutungen und Entzündungserscheinungen fehlten und nur ungeheuerliches Lungenödem festzustellen war: Die ganzen Lungenlappen fühlten sich wie ein gefüllter Schwamm an.

Wird Benzin unmittelbar auf die Pleura gebracht (Tierversuche von A. Böhme und R. Köster), so kommt es zu Epithelabschilferung und Austritt von Blut, welches alsbald gelöst wird.

Der unmittelbare örtliche Reiz des Benzins, wie er sich am Verdauungsrohr auswirkt, ist im allgemeinen gering und verursacht meist nur entzündliche Rötung und Schwellung, etwaig einzelne Blutaustritte in der als hellrot, sammetartig geschilderten, Benzingeruch ausströmenden Schleimhaut vom Munde abwärts bis zum Darm (Racine, Spurr, Zörnlaib u. a.). Runzelung der Rachenschleimhaut (A. Böhme und R. Köster) rührt offenbar von abgelaufenem Ödem her. Die — in den Berichten wiederholt vermerkte — beachtliche Lymphknötchenschwellung im Darm (Burgl, Klare u. a.) kann wohl — da es sich in solchen Fällen stets um jugendliche Personen handelte — als Normalzustand bzw. als Teilerscheinung eines „Status thymicolymphaticus" gedeutet werden, zumal Milz (Racine) und Thymus (Jaffé) in den fraglichen Fällen entsprechend ausgebildeten follikulären Apparat zeigten.

Beim Tier lassen sich in der Leber kleine Nekrosen erzielen (Jaffé), während die Niere auf das Gift wenig anzusprechen scheint. Lediglich A. Böhme und R. Köster sahen entzündliche Erscheinungen (Exsudat im Kapselraum, Abschilferung des Kapselepithels), in den geraden Kanälchen hyaline Zylinder und zerfallende Erythrozyten. Demgemäß wies der — nach Benzin riechende — braunrote, durch positives Methämoglobinspektrum ausgezeichnete Harn geschrumpfte rote Blutkörperchen auf.

Im Falle Merkel, in welchem Benzin (zwecks Auflösung eines Wachsstäbchens) in die Harnblase gespritzt worden war, fand sich katarrhalisch-hämorrhagische Zystopyelitis.

Bei chronisch vergifteten Tieren konnte man rückläufige Veränderungen am Hodenparenchym (Nekrospermie) beobachten (Schustrow und Salistowskaja). Da die ausgewachsenen Tiere kachektisch wurden bzw. die Jungtiere im Wachstum zurückblieben, ist es nicht ersichtlich, ob die Schädigung der Spermiogenese unmittelbar giftbedingt oder als Teilerscheinung des schlechten Allgemeinbefindens zu werten war.

Der Nachweis des Benzins ist, da dasselbe sehr schnell in das Blut übergeht, nicht mehr im Magen- und Darminhalt, sondern nur noch in den Eingeweiden möglich.

27. Vaselin.

Vaselin, das aus den Rückständen des Petroleumdestillats gewonnene Mineralfett, besteht aus einem Gemenge der höchsten Kohlenwasserstoffe (J. Pohl). Es ist toxikologisch ohne Belange. Vaselinaufnahme in die Gewebe kann bei den — dann abmagernden (Pohl) — Tieren (Hunden und Kaninchen) durch langdauernde Einreibungen in die Rückenhaut erzwungen werden: Der fettige Stoff gelangt über den Weg der Haarfollikel in den Körper und wird in der Muskulatur abgelagert, welche mit hochgradigem Faserschwund antwortet (Sobieranski). Erst nach Monaten wird das Vaselin teils verbrannt, teils durch den Darm ausgeschieden.

Innerliche Darreichung soll Reizerscheinungen im Darm auslösen.

28. Paraffine.

Bezüglich der örtlichen Reizwirkung ähneln die Paraffine den Teeren (s. das.) so weitgehend, daß ich mir ersparen kann, auf die an Arbeitern der Naphtha-Paraffinfabriken, Petroleumraffinierien, bei englischen Baumwollspinnern (Buschke und Curth, Southam, Twort and Jug) usw. zu beobachtenden (chronischen) Hauterkrankungen hier noch einmal ausführlich zurückzukommen.

Komedonen- und Schuppenbildung (ROESCH), bullöse Ekzeme, Warzen, ulzerierende Papillome bereiten den Boden für bösartige Neubildungen, welche vorzugsweise an Skrotum, Penis, Präputium zu finden sind, und zwar handelte es sich in fast allen bisher bekannt gewordenen Fällen um Plattenepithelkrebse, meist von stachelzelligem, ausnahmsweise von squamozellulärem Typ (ULLMANN). Die erste diesbezügliche Abhandlung in deutscher Sprache wurde 1875 von VOLKMANN herausgegeben: Seine Fälle stammten aus der Hallenser Braunkohlen- und Paraffinindustrie.

ROESCH schildert einen Fall, der durch das gleichzeitige Auftreten von Karzinomen am rechten Oberarm (Basalzellenkrebs), im rechten Hauptbronchus (Plattenepithelkrebs) und im Magen (Zylinderzellenkrebs) besondere Beachtung erforderte. Jedoch war — unter Berücksichtigung aller Umstände — wohl nur der Hautkrebs als sicher paraffinbedingt anzusprechen.

Über die „Paraffinkrankheit" der Arbeiter in der Erdölindustrie berichtet K. F. HOFFMANN. Die Krankheitserscheinungen dürften im wesentlichen als solche der Fremdkörperwirkung zu deuten sein, indem sich Paraffin in den Gefäßen der Haut und Schleimhaut ablagert und auf diese Weise z. B. in der Mundhöhle Zahnfleischgeschwüre und -fisteln (etwaig auch Kieferversteifung) hervorruft.

Tierversuchsergebnisse liegen zahlreich vor; unter anderem ließen sich mittels Paraffinpinselungen Talgdrüsenadenome von papillomatösem Bau und beginnender bösartiger Umwandlung erzielen (E. HOFFMANN und Mitarbeiter).

Obwohl nicht eigentlich mehr hierher gehörend, mögen die — wahrscheinlich reinen — Fremdkörperwirkungen des Paraffins noch anhangsweise erwähnt werden. Spritzte man einem Meerschweinchen Paraffin unter die Haut (JUCKUFF), so fand man die einverleibten Massen im Bauchfellsack an den serösen Häuten haftend, an welchen sich, vor allem im Netz, um die Fremdkörper herum tumoröse granulomatöse Bildungen entwickelten. Bei wiederholten Einspritzungen war das Paraffin auch in einzelnen Lymphknoten nachzuweisen (s. auch STEINDL: Paraffinome des Peritoneums).

Die in erster Reihe für den kosmetisch tätigen Arzt (KÖRBLER u. v. a.) bedeutsamen „Paraffingranulome" sind entzündliche, durch subkutane Einspritzungen von Paraffin hervorgerufene, knorpelhart-knotige Gewebsauftreibungen in Kutis und Subkutis. Das — je nach Anwendung von weichem oder hartem Paraffin — etwas wechselnde histologische Bild ergibt am Ort der Paraffineinbringung ein bindegewebiges, klein- und großmaschiges, von ölig-fettigen Massen ausgefülltes Netz mit zahlreichen Hohlräumen, welche von riesenzellartigen, paraffinspeichernden Gebilden bzw. vielgestaltigen Elementen des an Plasmazellen und Eosinophilen reichen Granulationsgewebes umgeben sind (H. ECKSTEIN, GELDEREN, HÜPER, KIRCHNER, KACH, SEHRT u. v. a.).

FRANK (Dudweiler) berichtet über einen Fall, in welchem die braun und blau verfärbten, geschwürig zerfallenden Granulationsgewebsmassen (in der Rückenhaut) zum Ausgangspunkt tödlich endender Gangrän wurden (s. auch MASSON). Eine Mitteilung von SCHMORL ist bemerkenswert: Dieser fand (viele Jahre nach Paraffineinspritzung in die Mammae) an der Stelle der bereits abgetragenen, seinerzeit völlig krebsunverdächtigen Brust papilläre, in Karzinome übergehende Drüsenwucherungen, der Art, daß die Möglichkeit eines ursächlichen Zusammenhangs zwischen Paraffinreiz (kanzerogene Eigenschaft des Paraffins?) und Gewächsentstehung nicht von der Hand zu weisen war. In den örtlichen Lymphknoten zeigte sich — zufolge chronisch indurierender Entzündung — das Gewebe verödet, mit paraffinhaltigen Hohlräumen durchsetzt, während die zuführenden, mit Paraffin gefüllten Lymphgefäße starke Endothelwucherung erkennen ließen. Unter der Überschrift: „Gefährliche Spätfolgen von Paraffininjektionen" veröffentlichte auch E. ROSE (weitere einschlägige Arbeiten das.) die Beschreibung eines Mammakarzinoms mit Paraffinnestern.

29. Petroleum.

Das in seiner chemischen Zusammensetzung je nach dem Quellort wechselnde Petroleum hat toxikologische Bedeutung, da es — obgleich für den Erwachsenen verhältnismäßig unschädlich — bei Kindern sowohl nach peroraler Einnahme wie nach äußerlicher Anwendung (A. LESSER) verschiedentlich akute schwere, ja, tödliche Vergiftungsfälle verursacht hat. Das Wesen der Giftwirksamkeit ist noch keineswegs geklärt. Der Mangel an kennzeichnenden Organbefunden spricht nach der Meinung von JOHANNESSEN dafür, daß die Vergiftung in der Hauptsache zerebraler Natur sei. Wie die geringen Schäden an den unmittelbar berührten Stellen vermuten lassen, ist die örtliche Reizwirkung des Petroleums sehr gering und wird erst deutlich mit chronischer Einwirkung, sofern man die bei jahrelang mit Petroleum beschäftigten Arbeitern — neben Anämie, hartnäckigen Bronchialkatarrhen, Dyspepsie — auftretenden Hauterkrankungen („Petroleumkrätze" usw.) nicht als resorptiv bedingt auffassen will. Man findet (an Streck- und Beugeseiten der Arme, Hände, Ober- und Unterschenkel) neben allerorts aufsprießenden, etwaig mit Furunkulose vergesellschafteten Aknepusteln: Ekzeme, Quaddeln und Geschwüre (Phlegmone), nach Hantieren mit Rohpetroleum bis haselnußgroße, weiße, durchsichtige, allmählich verschorfende und abtrocknende Beulen (L. LEWIN).

In einem tödlich verlaufenen Falle akuter therapeutischer Vergiftung (Petroleumeinreibungen gegen Krätze) war die — infolge hochgradigen Ödems des Unterhautgewebes — sehr blasse Haut mit zahlreichen Entzündungsherden durchsetzt: Kleinzellige Einlagerungen umgaben Gefäße und Drüsengänge (A. LESSER).

Verwendung des Rohpetroleums als Räudemittel bei Pferden verursachte Haarausfall, (bullöse) Dermatitiden mit walnuß- und kastaniengroßen Wasserblasen (REINHARDT), Verätzung (Nekrosen) der Haut, subkutanes Ödem (FRÖHNER).

Über künstlich (durch Einspritzung von Petroleum, Benzin oder Terpentin) erzeugte aseptische Muskelphlegmone berichtet WALDSTEIN, der während des Krieges auf österreichischer Seite ausgedehnte diesbezügliche klinische und histologische Untersuchungen vornehmen konnte. Wurde das Mittel subfaszial oder intramuskulär beigebracht, so war das sich entwickelnde Bild dem der bakteriellen Phlegmone außerordentlich ähnlich: Es kam zur Abstoßung großer nekrotischer Herde und ganzer Muskelteile.

Geringe Ätzstellen an den Lippen werden nach Trinken von Petroleum gelegentlich beobachtet. An der Leiche ist auf den kennzeichnenden Geruch der aus dem Munde herausfließenden Massen zu achten (JOHANNESSEN). Bei Öffnung der Körperhöhlen kann derselbe unter Umständen fehlen (A. LESSER). Die Eingeweide sind in der Regel blutreich; auch kommen Blutaustritte im Lungengewebe vor. Sonst sind die Atmungsorgane — von Glottisödem und Schleimhautrötung der Luftwege abgesehen — kaum in Mitleidenschaft gezogen. Weiß doch auch POINCARÉ, der jahrelang Petroleumdämpfe auf seine Tiere einwirken ließ, nur über miliare Blutaustritte und über Hyperplasie der Alveolarepithelien zu berichten.

Unbedeutende Verätzung und Korrosion an den obersten Abschnitten des Verdauungsschlauches wird von A. LESSER bei peroraler Vergiftung beschrieben. Die Schleimhaut von Mund, Zunge, Zahnfleisch fühlt sich fettig, wie glasiert an. JOHANNESSEN erwähnt nach innerlicher Petroleumzufuhr nur den Petroleumgeruch, die Untermischung des Mageninhalts mit Öltropfen. Die Darmentleerungen können in solchen Fällen ebenfalls petroleumhaltig sein. Das Auftreten entzündlicher Erscheinungen und Blutungen im Magen-Darmrohr wird lediglich von L. LEWIN vermerkt; auch weist letzterer auf das Vorkommen erhabener schwarzer Punkte in der Magenschleimhaut hin, deren Entstehung er damit erklärt, daß in den Drüsenausführungsgängen haftende Petroleumbestandteile den Drüsenabsonderungen den Weg verlegen.

Obwohl klinische Erscheinungen auf toxische Schädigung des Nierengewebes hindeuten (Ausscheidung von hyalinen und granulierten Zylindern!), wurde das Organ bisher anatomisch völlig unverändert gefunden (A. LESSER). Auftreten schwerer hämorrhagischer (nur klinisch beobachteter!) Nephritis nach einmaliger Petroleumdurchtränkung der verlausten Kopfhaare ist in der Arbeit von SCHROEN vermerkt.

Der Urin kann nach Petroleum riechen, eine Petroleumschicht darauf schwimmen.

Der Nachweis des Giftes gelingt auf chemischem Wege nicht. Möglichenfalls ist die große Beständigkeit des Petroleums, selbst gegen energische Oxydationsmittel, mangels sonstiger Reaktionen merkmalsmäßig zu verwerten (GADAMER).

30. Oleum animale foetidum (DIPPELs Tieröl).

E. ROST bucht (ohne Quellenangabe oder nähere Ausführungen), daß ein Eßlöffel des Mittels einen Erwachsenen tötete. Der von NEBLER im Jahre 1891 mitgeteilte Fall, bei welchem ein fünfjähriger Knabe den Tod fand zufolge stundenlanger Öleinreibung der (bereits geschädigten) Haut, scheint ein einmaliges Geschehnis geblieben zu sein. Eine anatomisch faßbare Todesursache war nicht zu ermitteln. Die im Bericht vermerkte Schwellung der Einzellymphknötchen von Magen-Darm dürfte dem jugendlichen Alter des Vergifteten gemäß gewesen sein. Als einziger vielleicht krankhafter Befund ist — die auch von JAKSCH erwähnte — beträchtliche Leberverfettung anzuführen. Welcher der vielen in dem Öle (dem flüchtigen Destillationsprodukt aus Knochen und sonstigen Tierabfällen) enthaltenen Stoffe (Pyridin, Anilin, Pikolin, Chinolin, Phenole, Ammoniak u. a. m.) für den tödlichen Ausgang verantwortlich zu machen war, ließ sich nicht entscheiden.

G. Glykoside.

Über das Schicksal der in den Säugetierkörper gelangten Glykoside sind unsere Kenntnisse äußerst spärlich (M. BÖHM). Wahrscheinlich zerfallen die Stoffe in den Geweben, und zwar zumeist in ihre chemischen Paarlinge (CLOETTA). Ihre Giftwirkung äußert sich in erster Reihe an dem Versagen des Herzens, ohne hier anatomische Veränderungen zu setzen.

1. Phloridzin.

Das in der Wurzelrinde des Apfel-, Birnen-, Pflaumen- und Kirschbaums zu findende Glykosid Phloridzin ist uns in seinen Wirkungen nur durch seine Verwendung bei tierexperimenteller Erzeugung des renalen „Phloridzindiabetes" bekannt geworden.

Hunde zeigen (nach den Arbeitsergebnissen von FICHERA) in den verschiedensten Organen gesteigerte glykogenetische Tätigkeit, an welcher auch das Nierenepithel in höherem Maße teilnimmt.

2. Amygdalin
(s. Blausäure).

3. Saponine.

Saponine (in ihren giftigsten Vertretern als Sapotoxine bezeichnet) heißen eine Reihe stickstofffreier, in der Tier- und Pflanzenwelt vorkommender Glykoside von amorphem, kolloidem Charakter, welche in chemischer Hinsicht, wie auch bezüglich ihrer — sich bis zu einem gewissen Grade gleichenden, noch verhältnismäßig wenig erforschten — Wirkungen (Erniedrigung der Oberflächenspannung, Reaktionsfähigkeit mit Cholesterin, Hämolyse usw.) wahrscheinlich alle miteinander verwandt sind. Als bekannteste saponinhaltige Pflanzen sind zu nennen: Saponaria (Seifenkraut), Senega, Quillaja, Roßkastanie, Kornrade u. a. m. Das in der Letztgenannten enthaltene Sapotoxin Githagin hat bei Mensch und Tier — zufolge Verunreinigung von Brot und Futtermitteln durch das Unkraut — wiederholt heftige Vergiftungen hervorgerufen.

Die Eigenschaft der Saponine, in wäßriger Lösung wie Seifenwasser zu schäumen und unlösliche Teilchen fein verteilt zu erhalten, macht sie für technische Beanspruchung (zur Herstellung von Emulsionen, als Seifenersatzmittel, Zusatz zu Brauselimonaden usw.) besonders geeignet. Hierin, wie in ihrer Verwendung als Arzneimittel, liegt ihre praktische Bedeutung (s. L. KOFLER: Die Bedeutung der Saponine in Arznei- und Nahrungsmitteln).

Unmittelbar in die Blutbahn gebracht, sind fast alle Saponine, wenn auch dem Wesen und Grad nach unterschiedlich, so doch im Durchschnitt außerordentlich giftig, während bei peroraler Aufnahme verhältnismäßig große Mengen ohne Schaden vertragen werden.

Wie Versuchsergebnisse von KOLLERT und REZEK u. a. erkennen lassen, gibt es keine einheitliche Saponinvergiftung: Während die einen Saponine zufolge Zerstörung des Erythrozytenstromas durch Cholesterinentziehung vorzüglich als hämolytische Gifte gelten (KOLLERT und REZEK sprechen von hämolytischer, megakaryozytischer und myeloblastischer Vergiftungsform!), ist der Angriffspunkt der anderen, welche fast durchweg Blutungsbereitschaft und Parenchymschäden auslösen, in den inneren Organen (Leber, Niere usw.) zu suchen.

Ausführliche Darstellung der chemisch-physiologischen, botanischen, pharmakologischen und toxikologischen Eigenschaften der Saponine s. bei KOFLER (1927).

Akute parenterale Vergiftung durch größere Saponinmengen verursacht eingreifende, in Krämpfen und Atemlähmung zum Ausdruck kommende Störungen am Zentralnervensystem: Offenbar verankern sich die cholesterinaffinen Körper an den Lipoiden des Gehirns. Der Tod tritt gewöhnlich innerhalb weniger Tage ein. Kleinere Gaben, welche das Zentralnervensystem nicht so schnell lähmen, lösen in erster Reihe schwere, klinisch und anatomisch der Dysenterie ähnelnde Darmerscheinungen aus. Vom Verdauungsrohr her scheinen die Saponine in ihrer Mehrzahl, sofern die Giftzufuhr keine allzugroße war und die Magen-Darmwand nicht unmittelbar verletzt wurde, so gut wie unschädlich zu sein. Man muß annehmen, daß sie entweder durch die unversehrte Schleimhaut nicht in die Blutbahn aufgenommen oder durch alkalische Säfte und Fermente des Darmes in unwirksame Bestandteile zerlegt werden. Von wenigen Ausnahmen, z. B. der leicht resorbierbaren, Githagin (Agrostemmasapotoxin) enthaltenden Kornrade abgesehen, wirken sie daher lediglich örtlich, d. h. schleimhautreizend.

Die Ausscheidung des in die Gewebe gelangten Giftes erfolgt sehr zögernd, wie KOFLER annimmt, in der Hauptsache durch die Darmschleimhaut. Der

Saponinnachweis gelingt im Magen-Darminhalt, in Blut, Harn, möglicherweise auch in Organen.

Die im Folgenden geschilderten pathologisch-anatomischen, vorwiegend im Tierversuch beobachteten Organveränderungen sind eine Darstellung von Befunden, welche im Schrifttum zum Teil unter dem Sammelbegriff „Saponinvergiftung" zusammengefaßt sind. Soweit sich in den Einzelarbeiten feststellen ließ, welches Saponin vorlag, wird die Eigenart seiner Wirkungsweise jeweils berücksichtigt werden.

Allen Saponinen gemeinsam ist der örtliche Reiz, welcher sich an der Haut in erysipelatöser, etwaig blasig-brandiger Entzündung äußert, an den Schleimhäuten als Konjunktivitis (KOFLER, E. P. PICK und WASICKY), Rhinitis usw. zutage tritt. Bei langdauernden Schäden kommt es bisweilen zu Leukombildung. KOFLER und SCHRUTKA konnten am Mäuseauge Entzündung mit allerstärkster Lidschwellung hervorrufen.

Am Ort der subkutanen Einspritzung wird das Unterhautgewebe ödematös, der Muskel brüchig, seine Querstreifung geht verloren. Stirbt das Versuchstier nicht an Allgemeinvergiftung, so ist an der Einstichstelle Nekrose und Abzeßbildung, schließlich Ausheilung zu erwarten.

Bringt man große Gaben unmittelbar in die Blutbahn (PACHORUKOW), so erfolgt der Tod sehr schnell unter den Zeichen der Erstickung, kenntlich an der Überfüllung des rechten Herzens mit dunklem, flüssigem Blut und an zahlreichen Pleura-, Lungen-, Peri- und Endokardblutungen. An den Herzklappen können sich des öfteren sulzig-fibrinöse, später fibröse, manchmal knötchenartige, nicht abwischbare Auflagerungen entwickeln („Saponinendokarditis" KOBERTs). Über Wandthromben berichten auch KOLLERT und REZEK.

Das Blut soll nach intravenöser Einverleibung verschiedenster Saponine (z. B. von Quillajapräparaten) hämolytisch werden (KOBERT u. a.). Im großen und ganzen sind jedoch die Angaben über das Verhalten des unmittelbar vergifteten Blutes einander recht widersprechend (FUKUI, ISAAK und MÖCKEL). Jedenfalls ist weder beim Menschen noch im Tierversuch bislang sichere Hämoglobinämie oder gar Methämoglobinämie nachgewiesen worden (E. ROST). Doch rechnet — wie vor ihm viele andere Untersucher (s. oben) — auch KOFLER in seiner (die neuesten Forschungen mitberücksichtigenden) Monographie die — „noch in stärkster Verdünnung" zu beobachtende — hämolysierende Fähigkeit der Saponine neben dem Schaumbildungsvermögen zu ihren bekanntesten Eigenschaften (s. auch FIRKET). Allerdings macht er in einer anderen, gemeinsam mit LÁZÁR verfaßten Arbeit die Einschränkung, daß die Saponinhämolyse nicht als allgemeingültig anzusprechen, sondern immer nur auf ein bestimmtes Saponin zu beziehen sei. Infolgedessen dürfe auch nicht mit einer einheitlichen Entstehungserklärung gearbeitet werden.

Wie KOLLERT und GRILL zeigten, rufen Primula- und Elatiorsaponine bei Pflanzenfressern Blutplasmaveränderungen in Richtung der Hypercholesterinämie und Hyperinose hervor.

Das Verhalten des Knochenmarks wechselt, erscheint mitunter widerspruchsvoll, gemäß den von einander abweichenden Eigenschaften der einzelnen Saponine: Man findet Blutaustritte und Zerfallsbezirke oder auch Bilder, wie man sie bei aplastischer Anämie zu sehen bekommt (FOÀ), dann wieder fortschreitende Sklerosierung bzw. Vernarbung (BUNTING, FIRKET). Die gelegentlich zu beobachtende Thrombopenie möchte FIRKET dadurch erklären, daß die Megakaryoblasten nicht zu Megakaryozyten ausreifen. In Versuchen von HAUDRICK erwies sich das Mark als allerstärkst tätig, dergestalt, daß geradezu tumorartige hämoblastiche Bildungen zustande kamen. GAISBÖCK und BAYER betonen (auf Grund von Versuchsergebnissen) die völlige Unabhängigkeit der Markbeschaffenheit von der Hämolyse.

Fabris (ähnlich Firket) sah bei Kaninchen Myelopoese in der Milz; Fukui berichtet nur über „mäßige Milzvergrößerung".

Kollert und Rezek (1928) spritzten Tieren (aus der Seifenwurzel stammendes) Gypsophilasaponin unmittelbar in die Blutbahn und schlossen aus dem Ausfall der Versuche, daß das Zentralnervensystem im ganzen erkranke, und zwar am stärksten im Rückenmark und in den Spinalganglien, daß es sich um eine rein „degenerative Erkrankungsform" ohne entzündliche Reaktion handele, von der auch die peripherischen Nerven ergriffen werden. Die Ergebnisse decken sich bis zu einem gewissen Grade mit den Angaben

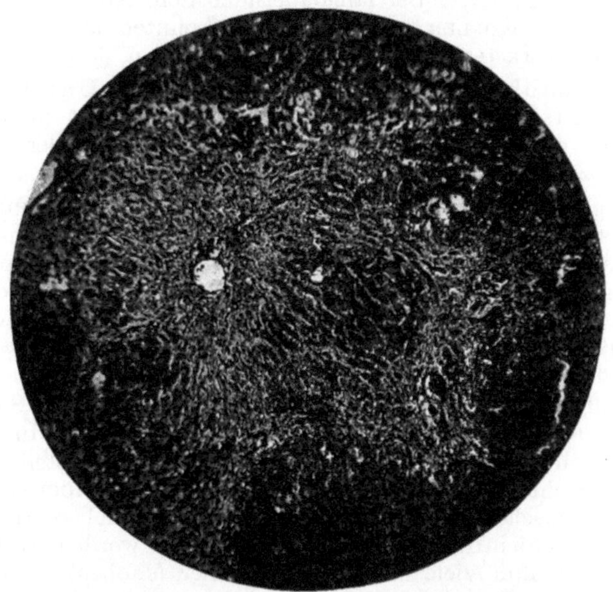

Abb. 92. Leber bei experimenteller Saponinvergiftung. Ausgedehnte Nekrosen. Völliger Gewebsumbau. 270 fache Vergrößerung. (Sammlung Prof. Rezek, Wien.)

früherer Forscher (angeführt bei Rezek und Kollert), nach welchen die Endigungen und Stämme motorischer und sensibler Nerven durch unmittelbare Berührung mit Saponinlösung geschädigt und schließlich getötet werden.

Auf perorale, aber auch auf intravenöse Giftzufuhr (vor allem von Kornradensaponin) antwortet die Schleimhaut des Verdauungsschlauches von der Mundhöhle bis zum Dickdarm mit Blutfülle, Blutaustritten und entzündlichen, möglicherweise brandiggeschwürigen Erscheinungen (J. Brandl, Neumayer), welche in den unteren Abschnitten des Darmkanals fast ruhrartige Formen annehmen können. Kobert-Kofler schildern das Geschehen in der Darmschleimhaut etwa folgendermaßen: Anfangs zeigt sich fleckige und streifige Blutüberfüllung mit vier- bis fünffacher Verdickung der dunkelrot gefärbten Innenschicht, dann folgen Blutaustritte, die Schleimhaut erscheint gelockert, mit grauroten, abstreifbaren Massen bedeckt. Drei Stunden später findet sich hochgradiges Ödem und oberflächliche nekrotisch-fetzige Abstoßung.

Der Schwere der Darmerkrankung gemäß sind die Gekröselymphknoten geschwollen, blutreich und mit Blutaustritten durchsetzt. Bunting betont die Pigmentspeicherung in den lymphoiden Organen.

Die gestaute Le ber ist vergrößert, teigig, durch zahlreiche kleinere und größere Blutungen bunt gesprenkelt. Einzelne Saponine, beispielsweise das von KOLLERT und REZEK benutzte Elatiorsaponin, rufen Verfettung und ausgedehnte, vorwiegend die Läppchenmitte betreffende Zerfallsherde hervor (s. auch ISAAK und MÖCKEL, FIRKET u. a.), derart, daß das oberflächlich durch stecknadelkopf- bis linsengroße Erhabenheiten gebuckelte Organ makro- und mikroskopisch weitgehende Ähnlichkeit aufweisen kann mit späteren Stadien der akut atrophierenden Leber des Menschen (Abb. 92). Auch bei Verwendung von Gipsophilasaponin ließen sich Zelluntergang und Blutungen erzeugen. Außerdem wird Blutzellbildung angeführt.

Veränderungen wechselnden Grades sind in der Niere zu bemerken: KOLLERT und REZEK berichten über Kanälchenepithelnekrosen unter dem Einfluß von Primulasäure. Bei den Zyklamintieren von TUFANOW (1888) war die Niere vergrößert, gleichmäßig dunkelrot. In den Gefäßen fand sich das Blut zum Teil geronnen, im Kapselraum Exsudat u. a. m. Der Untersucher äußert sich zusammenfassend dahin, daß die Befunde als eine „Kombination von Glomerulonephritis und Desquamativnephritis" anzusprechen seien.

NIEMEYER konnte nach subkutaner Beibringung von Saponin Merck mangelnde Markchromierung und erhebliche rückschrittliche Umwandlungen bzw. Lipoidverschiebungen und -verlust an den Rindenzellen der blutreichen, mit Infiltraten und Blutungen durchsetzten Nebenniere feststellen. In gleichem Sinne äußert sich ASCHOFF.

Auch der Hode soll — wie LEUPOLD angibt — an Fettstoffen verarmen, und zwar schwinden, entsprechend den Vorgängen in der Nebenniere, zuerst die Cholesterinester.

4. Digitoxingruppe.

Der Angriffspunkt der Digitalisstoffe ist einmal in den Herzmuskelzellen zu suchen, wobei vielleicht Verankerung an alkohollösliche Phosphatide eine Rolle spielt (Schliomensum), zum anderen — wie die Versuche von R. GOTTLIEB und R. MAGNUS u. a. lehren — in den auf den Giftreiz hin sich zusammenziehenden Gefäßwänden, insbesondere der Eingeweidegefäße. Die Ergebnisse neuerer Untersuchungen über Aufnahme, Bindung und Abbau von Digitalisstoffen sind in der Arbeit von H. FISCHER (1928) zu finden. Danach wird der größte Teil des Digitoxins in der Muskulatur festgehalten, der geringste Teil unverändert durch die Niere ausgeschieden.

H. FISCHER konnte durch (unmittelbar in die Blutbahn gebrachte) Digalengaben bei Tieren ähnliche, wenn auch nicht so großartige Veränderungen am Gefäßrohr erzielen, wie nach Adrenalinzufuhr. Immhin ließ die Aorta eine weit vorgeschrittene Arterionekrose mit Verkalkung erkennen, während die Schädigung der kleineren Blutgefäße vor allem in Aneurysmenbildung zum Ausdruck kam.

Die Affinität der Digitoxine zum Herzparenchym war in den tierexperimentellen Untersuchungen von LEWITZKY nachweisbar an rückschrittlicher, oft bis zu völligem Zerfall gehender Umwandlung der Muskelfasern und an Entzündungsherden im Zwischengewebe; dagegen traten anatomische Abweichungen von der Norm an den Herzganglien nur selten auf.

Vereinzelte Berichte über — uncharakteristische — autoptische Befunde nach akuten Digitalisvergiftungen bei Menschen liegen im älteren Schrifttum vor (HUSEMANN u. a.); bei ihnen handelt es sich durchwegs um den tödlichen Ausgang nach gewolltem oder irrtümlichem Genuß von Digitalispflanzenteilen. In den Fällen von KÖHNHORN, welche sich auf dienstunwillige Militärpflichtige beziehen, konnten im Mageninhalt mikroskopisch noch Reste von Digitalisblättern aufgefunden werden. Aus dem letzten Jahrzehnt stammt eine Mitteilung von Eckstein, einen $4^1/_2$jährigen Knaben betreffend, welcher auf Einnahme von 4 Tabletten Digipuratum mit starkem Nasenbluten ansprach, schließlich in tiefe Bewußtlosigkeit verfiel und Erscheinungen von akutem Lungenödem zeigte.

Von Allgemeinwirkungen sind in erster Reihe die häufig auch bei leichteren Vergiftungen sich einstellenden Hauterkrankungen zu nennen: quaddelartige Ausschläge (Eckstein), Roseolen, Papeln, Petechien usw.

Bei Eröffnung der Leiche war in den Beobachtungen von Ferber (1869) das Venensystem überfüllt, der Magen zeigte Blutungen und oberflächliche Schleimhautverluste, der Darm zahlreiche Blutaustritte. Köhnhorn spricht lediglich von kleinen Schleimhautblutungen und Katarrh des Magens, Befunde, die als örtliche Reizwirkungen des Giftes zu werten sind.

5. Strophantusglykoside.

Von den vielen Strophantusarten werden in der Hauptsache drei in den Handel gebracht. Diese enthalten zwar untereinander verschiedene, jedoch nahe miteinander verwandte, digitalisähnlich wirkende Glykoside.

Strophantin übt stark örtliche Reizung aus, ist daher zur Einspritzung in die Gewebe wenig geeignet.

Tödliche Vergiftungen nach innerlicher Anwendung sind bekannt geworden. Der pathologisch-anatomische Befund zeigte keine kennzeichnenden Merkmale. In dem jüngst von Fühner mitgeteilten Fall eines Mordes mittels rektaler Zufuhr von Strophantin, welches, im Dickdarminhalt aufgefunden, durch Tierversuch als solches gesichert wurde, ergab die Sektion lediglich im Dickdarm eigenartige Blaurotfärbung, leichte Auflockerung und Schwellung der Schleimhaut zufolge örtlicher Reizwirkung.

6. Oleandrin.

Im Oleander, namentlich in seinen Blättern, finden sich die Glykoside: Oleandrin und Nerëin, welch letzteres mit Digitalis identisch sein soll. Ein Sud von Pflanzenblättern dient Heilzwecken bei Malaria, auch wird er gern als menstruationsbeförderndes bzw. fruchtabtreibendes Mittel benützt.

Außer einem kurzen (der Quellenangabe ermangelnden) Hinweis von E. Rost auf Beobachtungen tödlich verlaufener Vergiftungen durch das harzartige Oleandrin, wurde mir aus dem Schrifttum der Menschenpathologie diesbezügliches nicht bekannt. Jedoch findet sich bei Gadamer verzeichnet, daß schwere, mit blutigen Durchfällen einhergehende gastroenteritische Erscheinungen sich eingestellt haben sollen nach dem Genuß von Fleisch, das an einem frisch geschnitzten Oleanderspieß gebraten war. Ferner wird von Wateff der Fall einer 18jährigen Frau mitgeteilt, welche, nachdem sie zum Vertreiben von Magenschmerzen 40 Oleanderblätter abgekocht und die Hälfte von diesem Sud getrunken hatte, sofort mit Übelkeit, Kopfschmerzen, Erbrechen erkrankte. Der Puls wurde langsam, die Hände blau und kalt. Die Vergiftung klang in Heilung aus. Wie Wateff angibt, sollen derartige Erscheinungen schon nach Einatmen von Oleanderduft auftreten können.

Fröhner zählt als Sektionsbefund bei zufällig vergifteten Weidetieren auf: Akute Magen-Darmentzündung, Darmblutungen, gelbbraune Verfärbung der Darmschleimhaut (über deren Ursache nichts weiteres ausgesagt wird) und Leberverfettung.

Der Giftnachweis ist an möglicherweise noch vorhandenen Pflanzenresten zu führen.

7. Sinigrin (Allylsenföl).

In den ölreichen Samen verschiedener Kruziferen, vor allem von **Brassica nigra** (schwarzer Senf), **Brassica juncea** (Sareptasenf) und **Cochlearia armoracia** (Meerrettich) findet sich das Glykosid **Sinigrin** (myronsaures Kalium), aus welchem durch die Wirksamkeit des Fermentes Myrosin das schwefelhaltige **Allylsenföl** (Isothiozyanallyl) abgespalten wird (P. Meyer).

Vergiftungen (durch Einatmung von Dämpfen und durch innerliche Aufnahme) können ebensowohl bei Darstellung der Senföle, wie nach Genuß und Hantieren mit senfölhaltigem Meerrettich (Heffter, L. Lewin) oder nach Anwendung von — beim Volke als Fruchtabtreibungsmittel sehr beliebten — Senfmehlfußbädern auftreten (Kobert).

Kaninchen werden durch größere Senfölgaben getötet. (S. ferner Fröhner: Vergiftung von Haustieren durch senfölhaltige Kruziferen).

Für den Übergang des Giftes in die Säftebahn kommen alle **aufsaugungsfähigen Flächen** in Frage. Ausscheidungsorgane sind Lunge und Niere (Senfölgeruch des Harnes!).

Während das **ungespaltene Glykosid** die Gewebe nicht angreift, ist Allylsenföl für die **Augenbindehäute und Schleimhäute** ein heftiges Reizgift und spielt als solches bei der — in der Regel leicht verlaufenden — sog. **Meerrettich- und Senfvergiftung** eine Rolle (Heffter, Bachem). Die hochgradige Reizwirkung der Meerrettichdämpfe auf die Augenbindehaut und die Schleimhaut der **oberen Luftwege** sind zu bekannt, um sie des näheren zu beschreiben.

Arbeiter, welche in Fabriken Senföldämpfen und -spritzern ausgesetzt sind, zeigen eine durch Bildung allerfeinster Bläschen bedingte **Hornhauttrübung** (Neustätter).

Auf der **Haut** wurde nach Verwendung von Senfpflastern und -spiritus das Aufschießen pustulöser Exantheme und Ekzeme beobachtet; gelegentlich kommt es auch — vor allem nach wiederholtem und langdauerndem Auflegen von Senfteig (das Senföl durchdringt die Haut!) — zu tiefergreifender, möglicherweise mit Geschwürs- und Schorfbildung einhergehender Entzündung. Leo Blumenthal sah bei einem Kinde nach Verwendung von Senfwickeln das Auftreten eines allgemeinen, masernartigen Ausschlages.

Als kennzeichnend für die **innerliche** Vergiftung wird der bei **Leichenöffnung** sich stark bemerkbar machende Senfölgeruch angegeben.

Die perorale Aufnahme bewirkt naturgemäß die verhältnismäßig schwersten Schäden an der Schleimhaut des **Verdauungsschlauches**. L. Lewin schildert die **Magenwand** eines mit Meerrettich vergifteten Kindes als hochgradig (2 bis 4 Zoll stark) verdickt zufolge gallertartiger Ergüsse zwischen die Wandschichten. Vereinzelt finden sich Berichte über — auch bei **Haustieren** (Fröhner) vorkommende — Befunde von (hämorrhagischer) **Gastroenteritis**. Bei Vergiftung kleiner Nagetiere ließen sich Blutaustritte und geringgradige Entzündungsvorgänge erzeugen (Henze, Mitscherlich).

Zufällig (beim Füttern von Senf- und Rapskuchen) vergiftete **Haustiere** antworten mit **Hämaturie**, deren anatomische Grundlagen offenbar nicht erforscht sind. Die **Leber** solcher Tiere wird von Fröhner als graugelb, brüchig geschildert; mikroskopisch lassen sich Parenchymnekrosen nachweisen. Carlau sah bei Meerschweinchen und Kaninchen ebenfalls Leberzellzerfall und Blutungen.

8. Thiosinamin (Fibrolysin).

Die therapeutische Verwendung des zur Lockerung und Lösung von Narben dienenden Senföl-Harnsäureabkömmlings **Thiosinamin** bzw. **Fibrolysin**

(Thiosinamin + Natriumsalicylat = Fibrolysin Merck) hat vereinzelt schwerste, offenbar als Überempfindlichkeitszeichen zu wertende (F. Hayn) Vergiftungserscheinungen (P. Grosse: Erbrechen, Anurie, Kräfteverfall!) nach sich gezogen.

Als häufigsten Ausdruck leichter Giftansprechbarkeit findet man bei den Betroffenen urtikaria- und masernähnliche Hautausschläge, akute Dermatitiden (nach Pflastergebrauch), Haut- und Schleimhautblutungen. So beobachtete K. Friedmann bei einer älteren Frau schwere Purpura mit Blutungen aus Nasen- und Mundschleimhaut, ähnlich auch Pritchard bei einer Kranken mit Glykosurie. F. Lange spricht gleichfalls von „Purpura haemorrhagica".

9. Helleborëin (Nieswurz).

Das digitoxinartig wirksame, deshalb früher als harntreibendes Mittel gebrauchte, aus der Ranunkulazee Nieswurz zu gewinnende Helleborëin, wie auch die vom Volke als Heilmittel gegen Wurmkrankheit, Bauchwassersucht usw. angewandte Helleboruswurzel spielen toxikologisch keine nennenswerte Rolle.

Die schwere örtliche Reizwirkung des Glykosids wurde — wie Blatt berichtet — von Militärpflichtigen mit Vorliebe benutzt, um durch die pulverisierte Wurzel von Helleborus odorus am Auge eine Konjunktivitis zu erzeugen, welche trachomatöse Pannusbilder vortäuschte. Auch gebrauchte man die Wurzel gern, um auf der Haut Eiterungen und Blasen hervorzurufen.

Reinhardt konnte am eigenen Kinde, das mit unreifem Samen von Helleborus gespielt hatte, Erscheinungen hochgradiger Gewebereizung beobachten: es bildeten sich an der Haut und ähnlich an Zungenspitze, Gaumen, Zahnfleisch große, mit gelbem Serum gefüllte Blasen. Jaksch weiß über ulzeröse, mit blutigen Stühlen einhergehende Gastroenteritis zu berichten.

Nach der Meinung von Blatt sind die — auch im Tierversuch zu erzielenden Erkrankungen — vielleicht nicht dem Helleborëin, sondern dem in vielen Ranunkulazeen vorkommenden Anemonin zur Last zu legen.

H. Alkaloide.

In die Gruppe der Alkaloide gehören alle die organischen Körper des Pflanzen-, vereinzelt auch des Tierreiches, welche Kohlenstoff, Stickstoff und Wasserstoff, meist auch noch Sauerstoff enthalten. Pyridin und Chinolin sind ihre hauptsächlichsten Muttersubstanzen. Sie heißen Alkaloide wegen ihrer Eigenschaften, in Lösungen alkalisch zu reagieren und mit Säuren Salze zu bilden.

Die Wirkungsweise der Alkaloide in den Körpergeweben ist noch völlig unklar. Wir müssen uns vorläufig darauf beschränken, die zutage tretenden Leistungsänderungen des Zelleiweißes zu buchen und aus ihnen Wahrscheinlichkeitsschlüsse auf ihr Zustandekommen zu ziehen. Offenbar tritt der Tod lediglich wegen der Topographie der Vergiftung, nicht aber wegen ihrer Schwere und Unaufhebbarkeit an sich ein (Cloetta).

1. Chelerythrin und Chelidonin (aus Chelidonium majus).

Der scharfe, orangegelbe Milchsaft der Papaveracee Chelidonium majus (Schöllkraut) ist bei trockenem, heißem Wetter am giftigsten (Fröhner). Er enthält zwei Alkaloide: 1. das Chelerythrin (von bekannter chemischer Formel), 2. das Chelidonin (von gleichfalls erforschter Zusammensetzung).

Das erstgenannte übt auf Haut und Schleimhäuten entzündungserregende, bis zu (hämorrhagischer) Blasenbildung führende Wirkung aus. Chelidonin dagegen hat morphinähnliche (antispasmodische) Eigenschaften, welche ALKAN am Magen-Darmkanal mit positivem Erfolge prüfte. Wahrscheinlich wirkt das Alkaloid auf die intramuralen Ganglien oder unmittelbar auf die Muskulatur des Verdauungsrohres.

Tödliche Vergiftungen durch Schöllkraut sind in der Menschenpathologie nicht bekannt geworden.

Bei zufällig vergifteten Haustieren ergab die Sektion lediglich mehr oder minder schwere Gastroenteritis.

2. Physostigmin (Eserin).

Das in seinen pharmakologischen Eigenschaften dem Muskarin und Pilokarpin nahestehende Alkaloid Physostigmin findet sich in der Kalabarbohne, dem Samen der zu den Papilionazeen gehörenden Pflanze Physostigma venenosum. Erfolgsorgane des anfänglich reizenden, dann lähmenden Giftes sind das Zentralnervensystem, Auge, Magen-Darmkanal und Speicheldrüsen (NEUREITER u. a.). Der Tod ist in der Regel durch Versagen des Atemzentrums bedingt.

Eine Zusammenstellung der verhältnismäßig seltenen und nur ganz vereinzelt tödlich verlaufenden Physostigminvergiftungen findet sich bei GERNHARDT. Der von diesem mitgeteilte Todesfall zeigte pathologisch-anatomisch lediglich Zeichen des Erstickungstodes. Auch die übrigen im Schrifttum anzutreffenden Berichte über Leichenuntersuchungen ermöglichen keine merkmalsmäßige Abgrenzung gegenüber anderen Vergiftungen oder sonstigen Erkrankungen.

Das (hauptsächlich in der Augenheilkunde benutzte) Physostigmin wird von der Augenbindehaut, ferner von der Schleimhaut des Verdauungsschlauches aus in die Gewebe aufgenommen, im Körper schnell zersetzt bzw. mit Harn, Speichel, Galle, Milch ausgeschieden. Günstigsten Falles gelingt sein Nachweis außer im Harn noch in Blut und blutreichen Organen, im Magen und Mageninhalt.

Bei wiederholter örtlicher Anwendung von Eserin sollen sich laut Angaben von PFLÜGER gelegentlich entzündliche Erscheinungen an der Augenbindehaut und Ausschläge an den Lidrändern einstellen. Nach Untersuchungen von AUGSTEIN veranlaßt längerer Gebrauch des Physostigmins (wie von Mioticis überhaupt) Pigmentniederschläge auf der DESCEMETschen Membran und Pigmentwanderung durch die Hornhaut.

Am Auge des Tieres vorgenommene Giftprüfungen (BUSCHKE und A. FRÄNKEL) haben gezeigt, daß Physostigmin imstande ist, eine stärkere Entleerung von Sekret aus den MEIBOMschen Drüsen hervorzurufen, möglicherweise auf mittelbarem Wege durch Einwirkung auf die Muskulatur.

KRATTER hebt die noch lange nach Eintritt des Todes wahrnehmbare Verengerung der Pupillen hervor, die in dem von ihm genannten, offenbar mit ganz großen Giftmengen bewirkten Selbstmordfalle eines 23jährigen Pharmazeuten stärker war, als bisher jemals an einer Leiche beobachtet worden ist. (Über den Wert des Pupillenbefundes s. S. 5.)

Von ROOKS wird in einem — jedoch ursächlich nicht eindeutigen — tödlichen Fall (s. unten) über resorptiv bedingte Blutaustritte in den Augenbindehäuten berichtet.

Bei Eröffnung der Körperhöhlen findet man das Blut auffallend dunkel (Kohlensäureüberladung infolge Lähmung der Atmung!), die Blutgefäße von Gehirn und -häuten bis in die kleinsten Äste hinein prall gefüllt, die serösen Häute von Blutaustritten übersät. Blutungen in den parenchymatösen Organen werden vereinzelt angetroffen.

Die oberen Atmungswege beantworten die Allgemeinvergiftung mit hochgradiger Rötung und Quellung der Schleimhaut und Absonderung eines zähen, fadenziehenden Schleimes.

Bei innerlicher Giftdarreichung ist der Verdauungsschlauch naturgemäß die Stätte der wesentlichsten Befunde: Zungengrund und Rachen zeigen dunkelrot verfärbte, geschwollene, zum Teil in Fetzen abgehobene Schleimhaut. Neureiter sah den Magen übermäßig zusammengezogen, blaß, während Kratter von beträchtlicher Dehnung der Magenwände spricht. Die scheinbar gegeneinanderstehenden Aussagen sind wohl zu erklären mit (den hier offenbar vorliegenden) zeitlich verschiedenen Vergiftungsstufen, um so mehr, als sich im Falle Kratter die mit Schleim bedeckte Innenhaut des Magens gerötet und von Blutungen durchsetzt fand und in ihrer Auflockerung und leichten Abstreifbarkeit seifenartig anzufühlen war. Ähnliche, jedoch weniger schwere Veränderungen zeigten sich in der Darmschleimhaut, wobei der fast leere Dickdarm durch allerstärkste Zusammenziehung auffiel.

Der im großen und ganzen pathologisch-anatomisch mit den übrigen übereinstimmende Fall Rooks kann, mit Rücksicht auf den vorhergegangenen beträchtlichen Alkoholgenuß des Getöteten, nicht als reine Physostigminvergiftung angesprochen werden.

3. Berberin.

Das in der Berberitze, in Hydrastis canadensis und in Radix colombo vorkommende, durch seine gelbfärbende Eigenschaft ausgezeichnete Alkaloid Berberin dürfte für den Menschen toxikologisch ohne Bedeutung sein, da nennenswerte Vergiftungsfälle meines Wissens nicht bekannt geworden sind.

Setzt man Tiere unter Berberinwirkung (Mosse und Tautz), so stellt sich Leukozytose ein und bereits 4 Stunden nach Berberinzufuhr sind in der Niere hämorrhagisch-entzündliche neben nekrotischen Bezirken nachweisbar. Das Zentralnervensystem zeigt sich in den Ganglienzellen so schwer geschädigt, daß diese nur noch eine gleichmäßig gefärbte Masse ohne Differenzierung von Nisslschollen darstellen.

4. Koffein.

Koffeinvergiftungen mit tödlichem Ausgang, Mitteilungen über koffeinbedingte Organveränderungen beim Menschen sind mir nicht bekannt geworden.

Vereinzelt vorgenommene Tierversuche ergaben wenig kennzeichnende Befunde: Johnson und Mitarbeiter (ähnlich Fleisher and L. Loeb, welche als erste derartige Versuche unternahmen) fanden nach 2—3 Wochen im Herzmuskel koffein- (und adrenalin-) gespritzter Kaninchen, vorzugsweise in der oberen Hälfte des linken Ventrikels blaßgelbbraune Flecken, welche — wie sich histologisch feststellen ließ — entstanden waren durch hochgradiges Zwischengewebsödem, Auflösung und Schwund von Muskelfibrillen, Bindegewebswucherung und örtliche Endokardverdickung.

Leitete man einem Kaninchen Koffeinlösung durch die Beinmuskulatur, so ergaben sich in Lunge und Magen-Darm Blutungen, welche Sackur durch thrombotischen Gefäßverschluß zu erklären sucht, wobei er die Möglichkeit einer Verschleppung von Fibrinferment aus den brüchigen, schollig zerfallenden Muskelfasern in Erwägung zieht. Über Schädigung der bei Einspritzung unmittelbar beteiligten Muskulatur in Form von Ablösung und Fältelung des Sarkolemms, Verschiebung der Muskelfibrillen berichtet auch Secher. Die Muskelbefunde stehen in Einklang mit der seit langem bekannten Tatsache, daß Koffein in vitro den flüssigen Inhalt des Sarkolemms zur Gerinnung bringt.

Hjelt bemühte sich, mit Hilfe von Sonderfärbungen den feineren histologischen Bau der durch Koffein zu vermehrter Tätigkeit angeregten Niere darzustellen. Außer der Lichtungserweiterung der gewundenen Kanälchen schien ihm vor allem das Verhalten der Mitochondrien in den absondernden Epithelien bemerkenswert: Der basale, normalerweise von körnchenhaltigen Fäden eingenommene Zellabschnitt zeigte sich zum größten Teil von homogenen Fäden oder Stäbchen erfüllt.

Die von STIEVE unternommenen Tierversuche dienten dem Zweck, festzustellen, ob chronischer Koffeingenuß eingreifende Schädigungen der Keimdrüsen nach sich ziehen könne. Beantworteten die benutzten Kaninchen die langdauernde Vergiftung mit allgemeinen Krankheitserscheinungen, Gewichtsabnahme, Haarausfall, Krämpfen, so sah man in den Eierstöcken Zerstörung der großen Follikel, die jungen Follikel reiften nicht mehr heran. In den Hoden hörte die Spermiogenese auf, in der Kanälchenlichtung fanden sich unreife und verklumpte Zellen aller Art. Nach der Meinung von STIEVE müsse auf Grund dieser Beobachtungen zum mindesten die Möglichkeit einer Herabsetzung bzw. Aufhören der Keimdrüsenleistungen unter Einfluß des Koffeins erwogen werden. Andererseits weist der Forscher selbst darauf hin, daß die beschriebenen Erscheinungen nur bei Tieren auftraten, die ein schweres Allgemeinkrankheitsbild darboten, nicht aber bei den in ihren Lebensäußerungen unverändert gebliebenen, so daß die Annahme einer unspezifischen Schädigung auf dem Boden des sich entwickelnden Marasmus näher liegen dürfte.

Die Ausscheidung des unter die Haut eingeführten, im Körper zum allergrößten Zeil zersetzten Koffeins erfolgt durch Magen und Niere (K. J. HUBER). Es gelang KEESER, mit einer zu diesem Zwecke ausgearbeiteten Methode Koffein in allen Hirnteilen festzustellen.

Für den Giftnachweis wird am besten Harn, Mageninhalt, Blut benutzt.

Anhang: Theazylon.

Über 4 tödliche Vergiftungsfälle nach therapeutischer Verwendung von Theazylon (Azetylsalizyl-Theobromin) berichtet CEELEN. Die Vergifteten wurden ikterisch; der Tod trat nach 1—2 Tagen unter dem Bilde schwerster Leberparenchymnekrosen ein. Bei einigen der betroffenen, durchwegs nierengesunden Individuen hatte möglichenfalls vorangehende Lues in der Leber den Boden für die toxische Wirksamkeit des Theazylon geschaffen.

REISCHER sah in leicht verlaufenden Vergiftungsfällen Erytheme.

5. Kephaëlin und Emetin (aus Radix Ipecacuanha).

Ipecacuanhawurzel und die aus ihr gewonnenen Alkaloide, vor allem die Kephaëlin-Methylverbindung Emetin, erinnern in ihrer Wirkung an die des Brechweinsteins. Das Erbrechen ist wahrscheinlich nicht zentral bedingt, sondern auf unmittelbare bzw. (bei Zufuhr unter die Haut) auf mittelbare, durch Ausscheidung des Giftes hervorgerufene Schleimhautreizung zurückzuführen; findet man doch bei gespritzten Tieren stärkste Schwellung, Blutüberfüllung (PANDER: „Die Schleimhaut sieht gelegentlich wie mit Blut übergossen aus") und entzündliche Infiltrate in der mit eitrig-schleimigem Exsudat bedeckten Magen-Darminnenhaut (R. MAGNUS u. a.). Am stärksten wird der Pförtnerteil und der Dünndarm befallen. Auch Geschwürsbildungen sind zu beobachten (POULSSON). Nach Angabe von PODWYSSOTZKI sollen Wirkungsgrad und -weise des Giftes unabhängig sein von Art und Ort seiner Zufuhr.

Gelegenheit, das Verhalten des Verdauungsschlauches beim Menschen zu untersuchen, war meines Wissens nur einmal gegeben: HARRISON berichtete 1908 über den — unter unstillbarem Erbrechen erfolgten — Tod eines 20jährigen

Farbigen, welcher 2 Stunden vorher „Ipecacuanhawein" getrunken hatte. Magen und oberster Dünndarm zeigten lediglich starke Blutfülle. Die anderen Organe ließen keinerlei Besonderheiten erkennen. Der von LEVENT erwähnte plötzliche Todesfall „durch Herzlähmung" nach subkutaner Emetinverabreichung wurde weder klinisch noch autoptisch als Ipecacuanhavergiftung gesichert.

Nicht minder empfindlich als der Magen-Darmkanal für die per os verabreichten Ipecacuanhapräparate sind die Luftwege für den (z. B. beim Pulverisieren der Wurzel) eingeatmeten Staub, und zwar in allen ihren Abschnitten: Angefangen von der Nasenschleimhaut mit ihrer, häufig als Gewerbekrankheit auftretenden, heftigen und hartnäckigen Rhinitis (O. SEIFERT u. a.) bis zu den kleinsten Bronchien. Als Zweiterkrankung ist entzündliches Lungenödem bzw. katarrhalische Pneumonie zu nennen. Jedoch sind, wie die Tierversuche von PANDER vermuten lassen, Lungenbefunde nicht regelmäßig vorhanden.

Über Nierenschädigung beim Tier (Blutungen in Glomeruli und Kanälchen, rückläufige Veränderungen an den Tubulusepithelien) berichten PANDER, LOWIN.

Ferner sollen nach Kephaëlindarreichung in der Leber des Kaninchens Herdnekrosen auftreten.

CHOPRA und Mitarbeiter sahen Atrophie der Herzmuskelfasern mit Verlust der Querstreifung und späterer Bindegewebswucherung.

Die für die Menschenpathologie wichtigsten und beständigsten Krankheitszeichen finden sich nach längerer örtlicher Reizwirkung an der Haut als stark juckende Bläschen, Pusteln und Papeln (bullöse Dermatitiden), masern- und scharlachähnliche Ausschläge usw. (LEVENT u. a.). Einspritzung unter die Haut ruft an umschriebener Stelle schmerzhafte Infiltrate (H. RUGE), Frieseln und Quaddeln (LEVENT) hervor. Das Eindringen von Staub in das Auge kann Lidödem, Bindehautentzündung, nach Angabe von L. LEWIN sogar Hornhautgeschwüre zur Folge haben.

Die Emetinausscheidung erfolgt in der Regel nach 20—40 Stunden mit dem Harn, in welchem der Nachweis, ebenso wie im Magen-Darminhalt und den Wandungen des Magen-Darmrohrs gelingen dürfte.

6. Alkaloide der Lokokräuter (Tollkräuter).

Die Alkaloide verschiedener giftiger Weidekräuter, die, von Pferden und Schafen genossen, bei diesen zu Abmagerung und Schlafsucht führen, sollen (nach den lediglich bei JAKSCH vorhandenen Angaben) entzündliche Veränderungen in Verdauungsweg, Leber, Niere bedingen.

7. Pilokarpin.

Bei geschwächten Personen lösen angeblich schon die zu Heilzwecken angewandten kleinen Gaben des Pilokarpins (eines Alkaloids der Folia jaborandi) ernste Nebenerscheinungen aus wie: Benommenheit, Sehstörungen und Kreislaufsschwäche. Berichte über tödliche Vergiftungen fanden sich in dem mir zugänglichen Schrifttum nicht, abgesehen von einer wenig brauchbaren, der Quellenangabe ermangelnden Bemerkung von L. LEWIN in seinem Buch: „Die Nebenwirkungen der Arzneimittel" (1889).

MILKO teilte einen Fall chronischer Pilokarpinvergiftung mit. Er betraf eine 43jährige Frau, welche seit 5 Monaten ein pilokarpinhaltiges Haarwasser benutzte, seit 4 Monaten über schlechtes Allgemeinbefinden, Müdigkeit, Ohnmachtsanfälle klagte. Das Blut zeigte leichte Erythrozyten- und Hämoglobinvermehrung. Mit Fortlassen der Einreibungen erholte sich die Kranke.

Pilokarpin wird schnell von den Geweben aufgesogen und hier sehr leicht oxydiert, so daß ein **Giftnachweis** an der Leiche nach längerer Zeit kaum mehr in Frage kommt.

Die klinisch beobachteten Anzeichen geweblicher Beeinflussung durch Pilokarpinzufuhr beruhen im wesentlichen auf der oft hochgradig gesteigerten Tätigkeit der **Speichel-, Schleim-, Schweiß-** und möglichenfalls auch der **Tränendrüsen.** So sah L. Lewin bei einem Urämischen nach Pilokarpineinspritzung mächtige Anschwellung der Unterkiefer- und der Ohrspicheldrüsen. Länger dauernde Reizung soll laut Angaben von Jaksch — vor allem in den Schweißdrüsen — zu entzündlichen Vorgängen führen. Diese Mitteilung bedarf — ebenso wie sonstige von Jaksch verzeichnete anatomische Veränderungen an **Bronchien, Lungen** und **Auge** (Kataraktbildung!) — noch der Bestätigung.

Ergebnisse über **Pilokarpinversuche am Tier** liegen von verschiedenen Seiten vor. Untersuchungsgegenstand waren in der Hauptsache **Schilddrüse** und **Nebenniere.** Vermehrte Schilddrüsenabsonderung, h. d. Kolloidzunahme wird von Redaelli u. a. angegeben, hydropische Drüsenepithelschwellung von Galeotti. Nicholson beschreibt körnige Epithelumwandlung mit Verminderung der Mitochondrien, Roger et Garnier sahen bei **akutem** Vergiftungsverlauf lediglich Blutüberfüllung, bei **chronischer** Giftdarreichung Epithelabschilferung und reichliche Anhäufung von Kolloid in den **Lymphbahnen.** Andere Untersucher (E. Schmid, Wiener) begegnen der Frage einer an der Schilddrüse histologisch faßbaren Pilokarpineinwirkung überhaupt mit Zweifel.

Im Gegensatz zu Bogomolez, der bei **Tieren** unter dem Einfluß des Giftes eine Lipoidvermehrung in der **Nebennierenrinde** wahrzunehmen glaubte, vertritt Kolossow den Standpunkt, daß, mit Rücksicht auf die schon beim normalen Tier beträchtlichen Fettgehaltschwankungen, ein sicheres Urteil über die im Verlauf bzw. auf Grund der Pilokarpineinwirkung gespeicherten Fettmengen nicht zu fällen sei, zumal auch keinerlei merkliche Gestaltsänderungen im Aufbau der Rinde auf einen durch Pilokarpin ausgeübten sekretorischen Anreiz hinweisen.

Einige Mitteilungen über die Beschaffenheit des **Blutbildes** nach Pilokarpindarreichung seien noch angeführt: Horbaczewski u. a. buchen Leukozytose; Bertelli, Schweeger und Falta erzielten bei **Hunden** Vermehrung der Lymphozyten und Mononukleären, Verminderung der Neutrophilen, vor allem aber Eosinophilie. Letztere sah auch ich (in unveröffentlichten Versuchen) gelegentlich nach wiederholten Pilokarpingaben bei sog. Vagotonikern auftreten. Papilian und Jianu vermeinten aus dem massigen Vorhandensein ganz junger myeloischer Elemente eine besonders starke Reizung auf das Knochenmark ablesen zu können.

Underhill, Frank and Freiheit konnten bei Kaninchen durch Pilokarpingaben unter die Haut entzündliche bis geschwürige Vorgänge an **Magen-** und **Duodenalschleimhaut** auslösen, wahrscheinlich auf dem Boden mechanischer (durch pilokarpinbedingte Förderung der Darmbewegung hervorgerufener) Schäden.

8. Alkaloide der Ranunkulazeen (Akonitin).

Eine Reihe von noch nicht ganz erforschten Alkaloiden, die in vielen Ranunkulazeen vorkommen, in Europa vorzüglich aus der Wurzel von **Aconitum napellus** (Sturm- oder Eisenhut) bereitet werden, trägt den Sammelnamen **Akonitin.** Dieses gilt als das giftigste aller Alkaloide (E. Rost) und gehört zu den wirksamsten Stoffen, die wir überhaupt kennen: 3 mg töten ein Pferd. Der Zerfall des Akonits geht im Körper sehr schnell vor sich, nur etwa 20 % werden unverändert durch die Nieren ausgeschieden.

Vergiftungen des Menschen wurden gelegentlich beobachtet (BUSSCHER u. a. S. Kasuistik bei E. ROST) durch den auch zu Heilzwecken benutzten Sturmhut (Verwechslung seiner Knollen mit Meerrettich bzw. Selleriewurzeln!) und — noch seltener — durch das Läusekraut (Delphinium staphisagria).

Die Alkaloide haben stark örtlich reizende Eigenschaften. Als Salbe in die Haut eingerieben oder auf Schleimhäute gebracht, entwickelt Akonitin einen eigenartigen, anfangs reizenden, später lähmenden Einfluß auf alle sensiblen Nerven.

Lösliche Akonitpräparate werden von Schleimhäuten und Unterhautgewebe, alkoholischer Akonitauszug auch von der unverletzten Haut her sehr schnell in den Körper aufgesogen (GADAMER). Nach Angaben von LANGGAARD wirkt das Akonit hier als ausgesuchtes Herzgift, das durch Lähmung peripherischer Vagusteile tötet. Andere Untersucher vermuten den Giftangriffspunkt vornehmlich im Atemzentrum (Auftreten von Lungenödem!). (Näheres über die pharmakologischen Eigenschaften s. bei PIETRKOWSKI und SCHÜRMEYER.)

Nach peroraler Zufuhr können die Lippen trocken, rissig sein (BUSSCHER), Epithelabschürfungen aufweisen.

Bei Leichenöffnung zeigten im Falle BUSSCHER (Vergiftung durch Akonitum nitricum gallicum) die Muskeln — im Gegensatz zu sonstigen Fällen, in denen sich die allgemeine venöse Blutüberfüllung auch in der Muskulatur bemerkbar machte — auffallend hellrote Fleischfarbe. Die Milz war dunkel, fast schwarzrot. (Aussagen über ihre sonstige Beschaffenheit finden sich nicht, insbesondere wird nicht erörtert, ob vielleicht ein akuter oder chronischer Stauungszustand in Frage kam). Das im Herzen und im ganzen Venensystem flüssige Blut wird von den Untersuchern übereinstimmend als dunkelviolett- bis bräunlichrot, auch dickem Sirup gleichend beschrieben (PRAAG u. a.). Der Blutreichtum aller Eingeweide, Gehirn und seine Häute einbegriffen, springt in die Augen. Über Blutungen in den serösen Häuten berichtet KOBERT.

LANGGAARD, der einem Kaninchen eine sofort tötende Giftmenge unter die Haut beibrachte, fand die Luftröhre voll von schaumig-blutiger Flüssigkeit, ihre Schleimhautgefäße strotzend mit Blut gefüllt. Desgleichen wiesen Bronchien und Lungen allerstärksten Blutreichtum auf. Ödem, besonders in den unteren Lungenteilen, subpleurale und alveoläre Blutaustritte sind ein fast regelmäßiger Befund.

Die stärksten, auch beim zufällig vergifteten Haustier (FRÖHNER) festzustellenden Veränderungen finden sich (nach peroraler Darreichung) im Verdauungsschlauch: Alle Grade der Mundschleimhautschädigung von Stauungsblutüberfüllung, Epithelabschürfungen bis zu ausgesprochener (bullöser) Stomatitis zeugen für die kräftige örtliche Wirksamkeit des Giftes. Das zu beobachtende Erbrechen blutiger Massen und Ausscheidung blutiger Stühle findet seine, auch im Tierversuch bestätigte Erklärung in Blutfülle und — gelegentlich mit Entzündung gepaarten — Schleimhautblutungen des Magendarmkanals (IPSEN, JAKSCH, STICH u. a.).

Die Ausführungen über Befunde an der Leber wechseln. Im allgemeinen wird das Organ geschildert als vergrößert, blutreich, als oberflächlich gefleckt durch kleine Blutaustritte. LEONIDES VON PRAAG (1854) will in seinen Kaninchenversuchen Lebernekrosen (kadaverös?) beobachtet haben.

Der Nachweis des Giftes gelingt am besten mit der physiologischen Methode (Wirkung auf das Froschherz) nach FÜHNER.

9. Veratrin (Protoveratrin).

Die wichtigsten im Sabadillasamen und in der weißen Nieswurz vorkommenden Alkaloide Veratrin und Protoveratrin erinnern in ihren Wirkungen an die des Akonitins.

Das Veratrin zeichnet sich durch allerstärkste örtliche Reizung aus. In Salbenform auf die unversehrte Haut gerieben, ruft es an dieser nach kurzer Zeit kräftige Rötung, friesel-, varizellen- und bläschenartige Ausschläge hervor. Doch sollen derartige Erscheinungen auch bei innerlicher Veratrinanwendung zu beobachten sein (FORCKE).

Veratrineinspritzungen in das Unterhautgewebe bewirken beim Pferd örtliche umfangreiche, bis in die tiefen Muskellagen reichende Blutungen. Die Muskulatur erscheint trübe, graurot, ist mürbe und trocken (FRÖHNER-GIPS).

Bei der Sektion mit Veratrin (bzw. mit Nieswurz) vergifteter Pferde findet man blutig-seröse Flüssigkeit in Bauch- und Brusthöhle.

Geringe Mengen des Alkaloids oder der gepulverten Pflanzenteile erzeugen in den Atmungswegen akute heftige Schleimhautreizungen. LEHMANN-MODEL berichtet vom Vorkommen fibrinöser Bronchitis bei einem viel mit Veratrin beschäftigten Apotheker.

Nach Giftaufnahme in den Verdauungsschlauch stellen sich Erbrechen und Durchfälle ein, die teils als Ausdruck zentralen Giftangriffes, teils als Zeichen unmittelbarer Schleimhautreizung zu werten sind. JAKSCH spricht von Gastroenteritis acuta; nach seinen Angaben sollen bei Tieren Geschwüre im Zwölffingerdarm aufzufinden sein. Demgegenüber betont GEBHARD, daß im Tierversuche nicht einmal immer nach peroraler Einverleibung großer Veratrinmengen entsprechende, ja, zuweilen überhaupt keine Zeichen von Entzündung in Speiseröhre und Magen-Darmkanal nachweisbar sind. Auch LEONIDES VON PRAAG konnte beim Hunde gröbere anatomische Veränderungen im Verdauungsrohr ausschließen. Bei Pferden, welche Nieswurz gefressen haben, wird das Auftreten von Stomatitis beobachtet (FRÖHNER-KUSCHEE).

NEUBERGER erwähnt Niederschläge von Kalksalzen in der Niere vergifteter Tiere (Kaninchen), stellt aber gleicherzeit den ursächlichen Zusammenhang von Veratrineinwirkung und Kalkablagerung in Frage durch den Hinweis auf das häufige Spontanvorkommen geringer Kalkmengen.

Der Nachweis des Giftes gelingt im Magen-Darminhalt, in Blut, Harn und bluthaltigen Eingeweiden.

10. Strychnin.

Dieses, aus dem Samen des Brechnußbaumes (Strychnos nux vomica) zu gewinnende Alkaloid ist das wichtigste Glied in der Gruppe der krampferregenden Gifte. Es steigert die Erregbarkeit am zentralen Teil des Reflexbogens im Rückenmark bis zum äußersten: Der Vergiftete geht meist schon während der Krämpfe zugrunde, so daß die der Erregung folgenden Lähmungserscheinungen nicht mehr zur Ausbildung kommen. Kleinste Giftmengen verursachen durch Reiz auf das verlängerte Mark Gefäßverengerung und entsprechend erhöhten Blutdruck. 0,03 g gilt als die geringste tödliche Gabe.

Strychnin wird von allen Wunden und Schleimhäuten aus in die Gewebe aufgenommen, wobei es sich als stärkst wirksam bei Einspritzung unter die Haut erweist. RAPMUND erwähnt einen Mann, bei welchem durch Betupfen des unteren Tränenpunktes mit 0,03 g Strychnin Vergiftungserscheinungen ausgelöst wurden.

Die Ergebnisse der MELTZERschen Tierversuche lassen vermuten, daß Strychnin in nennenswerter Menge nur vom Darm, nicht aber vom Magen her in die Blutbahn übertritt, da peroral vergiftete Kaninchen bei vollem Magen und offenem Pförtner Krämpfe bekamen, sich dagegen — selbst bei leerem Magen — keine Vergiftungserscheinungen bemerkbar machten, wenn der Magenausgang geschlossen war.

Das Gift wird offenbar eine Zeitlang im Zentralnervensytem festgehalten und so langsam — zum größten Teil wohl unverändert — wieder ausgeschieden, daß nach wiederholten Gaben eine Ansammlung im Körper stattfindet (chemische Kumulation). Nach anderen Erklärungen soll bei mehrmaliger Strychnineinverleibung, infolge Häufung (Addition) der Einzelreize, jede neu zugeführte Giftmenge das Zentralnervensystem bereits in erhöhter und stetig wachsender Reflexerregbarkeit antreffen (dynamische Kumulation). Art und Größe der Giftausscheidung ist beim Menschen und den einzelnen Tierarten verschieden.

Nach Ausführungen von Annau und Hergloz erleiden chronisch vergiftete Kaninchen, die sonst keinerlei Vergiftungszeichen darbieten, einen Erythrozytensturz um etwa 34%. Anders nach vorhergegangener Splenektomie, nach welcher die Zahl der roten Elemente um etwa den gleichen Wert in die Höhe gehen soll.

Der Strychninnachweis gelingt im Urin schon innerhalb der ersten Stunde nach stattgehabter Vergiftung, später auch in Speichel, Milch, Blut, Leber, Magen-Darm, Niere, Zentralnervensystem. Wurde Nux vomica genommen, so lassen sich unter Umständen im Magen-Darminhalt Filzhaare, ferner langgestreckte und netzförmige Zellen (Samenüberzug!) mikroskopisch auffinden. Bis zur völligen Giftausscheidung vergeht etwa eine Woche. In der Leiche ist laut Angaben von Kratter Strychnin möglicherweise noch 5—6 Jahre nach dem Tode festzustellen.

Bei sehr akuter Vergiftung wurde Übergang des Strychnins auf den Fötus beobachtet (Domenicis).

Erfolgt der Tod im Krampfanfall, so zeigt das Gesicht (vor Lösung der Totenstarre) ein verzerrtes Aussehen, die Augen sind verdreht, die Kiefer ungemein fest zusammengepreßt (Burgl), der Kopf wird von den Nackenmuskeln nach hinten gezogen: Im ganzen ergibt sich das Bild der sog. Tetanus- bzw. Fechterstellung, welches — je nach der Stärke des Krampfes — mehr oder minder ausgeprägt sein wird. Die in den Grundzügen als typisch zu bezeichnende Totenstarre (Casper) wird als hochgradig, früh einsetzend und lang anhaltend geschildert und hängt in Ausmaß und Dauer von Zahl und Stärke der vorhergegangenen Krämpfe ab (s. Allgemeines). Es gehört jedoch zu den Ausnahmen, daß, wie Führer es bei einem mit Krähenaugenpulver vergifteten Neugeborenen sah, noch am 5. Todestage allerstärkste Muskelstarre vorhanden ist, zumal diese bei jungen Kindern schneller als beim Erwachsenen vorüberzugehen pflegt.

Burgl hebt die sich bis in die Fingernägel erstreckende beträchtliche Zyanose des ganzen Körpers, die zahlreichen Hautblutungen an den Gliedmaßen hervor. Dem Fehlen von Fäulniserscheinungen wird vielerseits besondere diagnostische Bedeutung beigemessen. Nach längerdauernder Strychninzufuhr (Verwendung kleinster Giftmengen zu Heilzwecken bei Lähmungen!) soll gelegentlich an der Haut das Auftreten bläschenförmiger Ausschläge beobachtet werden (L. Lewin).

Bei Leichenöffnung finden sich — gleichwie beim Erstickungstod — alle Eingeweidegefäße und die großen Venen strotzend mit dunklem, flüssigem Blut gefüllt. Häufig treten größere Blutungen, gelegentlich (nach besonders heftigen Krampfanfällen) auch Zerreißungen in der Körpermuskulatur auf, deren Glykogengehalt bis zum Nichts schwinden kann (Fagerlund, Rapmund, Tardieu).

Grob anatomische Befunde am Zentralnervensystem wie stärkste Blutfülle und Blutaustritte in Hirnhäuten, Gehirn, Rückenmark und peripherischen Nerven sind nicht selten (Allard, Burgl, L. Lewin u. a.).

Berichte über histologisch faßbare Störungen an den Nervenzellen (Kernpyknose, Tigrolyse usw.) müssen, da es sich in der Regel um bereits faulende Leichen handelt, äußerst vorsichtig beurteilt werden. Wie NISSL ausführt (Ergebnisse von Tierversuchen), vernichtet das Strychnin gewisse netzförmige Elemente des Rückenmarks fast vollkommen, während die daselbst gelegenen motorischen Zellen verhältnismäßig geringfügig mitgenommen werden. Jedoch herrscht keine Übereinstimmung zwischen dem Grad der klinischen Vergiftungserscheinungen und den histologischen Veränderungen. BARROS beobachtete bei Katzen ein Verschwinden der Tigroidsubstanzen in den allmählich homogen werdenden Ganglienzellen des Rückenmarks. Nach Angabe von CEVIDALLI (angeführt bei MORPURGO) sollen sich in den Pyramidensträngen nicht näher bezeichnete „Degenerationen" einstellen.

Die akute allgemeine Blutstauung zeigt sich auch an zahlreichen Parenchymblutungen bzw. Infarkten in der Lunge (ALLARD, BURGL).

CASPER schrieb 1864: „Auffallend und mir neu war eine schmutzig-violette Verfärbung der Rachen-Speiseröhrenmuskulatur." Aus seiner Schilderung ist nicht ersichtlich, ob es sich lediglich um Stauungsblutüberfüllung gehandelt hatte. Im Falle BURGL waren (nach peroraler Vergiftung) die Gefäße der Magenwand allerstärkst gestaut, dem zähen, die gerötete und geschwollene Innenhaut bedeckenden Schleim waren einzelne gelbe und weiße — offenbar aus Strychnin bestehende, jedoch chemisch als solches nicht gesicherte — Körnchen beigemischt. Ein im gleichen Fall vorhandener dreimarkstückgroßer Schleimhautverlust im Magengrund dürfte als Nebenbefund zu werten sein.

In der Leber schwindet das Glykogen fast völlig. Bohnengroße Blutaustritte sah CASPER und ähnlich ALLARD.

Ein Bericht über Veränderungen der Schilddrüse liegt von MILLS vor: Demzufolge wird das Epithel höher, sein Kern und Zelleib färbt sich blasser, die Kolloidabsonderung läßt nach.

11. Yohimbin.

Über giftige Eigenschaften des aus der Rinde eines westafrikanischen Baumes (Corynanthe Yohimbe) gewonnenen und als Aphrodisiakum und blutdruckherabsetzendes Mittel verwandten Alkaloids Yohimbin ist nichts Wesentliches bekannt.

Nach FR. MÜLLERS Untersuchungen (angef. bei POULSSON) erzeugt Yohimbin Gefäßerweiterung in der Haut und in vielen Eingeweiden, wodurch es zu Stauungsblutüberfüllung und möglichenfalls zu Blutungen kommt.

JAKSCH erwähnt Ausschläge an der Haut.

12. Solanin.

Unsere Kenntnis von pathologisch-anatomischen Veränderungen durch das im Nachtschattengewächs und — was von größerer Bedeutung ist — in faulenden Kartoffeln und in Kartoffeltrieben enthaltene Alkaloid Solanin ist gering, da Vergiftungen, auch wenn sie stürmisch verlaufen, in der Regel in Heilung ausklingen. Meines Wissens liegen Berichte über Todesfälle nicht vor.

Von der gesunden Magen-Darmschleimhaut aus wird das Gift nur sehr langsam in die Gewebe aufgesogen. Als hervorstechendste, bei Massenvergiftungen des öfteren zu beobachtende Krankheitserscheinungen sind Erbrechen und Durchfälle zu nennen, möglicherweise in schwereren Fällen auch Benommenheit, Krämpfe und Erlahmen der Herzkraft.

Über den Zustand der unter Gifteinwirkung stehenden Gewebe und Organe wissen wir lediglich Bescheid durch Zufallsvergiftungen von Haustieren

(Fröhner) und durch die Tierversuche von Perles, bei denen sich das Solanin (ähnlich den Saponinen) als ein starkes Protoplasmagift mit hämolytischen Eigenschaften erwies.

Fröhner unterscheidet in der Tierpathologie drei Vergiftungsformen: 1. Die (am häufigsten auftretende) nervöse, 2. die gastrische, 3. die exanthematische. Letztere geht einher mit Entzündungszuständen der Haut und Augenbindehäute, mit Blutungen, Schleimhautverlusten und Aphthenbildungen an der Mundschleimhaut, ja, mit ausgesprochener Stomatitis.

Wurde Solanin einem Kaninchen unmittelbar in die Blutbahn gebracht (Perles), so fand sich die Substanz von Gehirn und Rückenmark blutleer, die Hirnhautgefäße und Blutleiter dagegen strotzend gefüllt, unter der Arachnoidea Blutungen. Stark bluthaltig waren auch die Bauchorgane, insbesondere die Gekröse- und Darmwandgefäße. Die Lunge zeigte Blutaustritte sowohl unter dem Lungenfell, wie im Gewebe. Schwellung und dunkelrotbraune Sprenkelung der (als Ausscheidungsorgan dienenden) Niere ließen sich auf Blutungen, Hämoglobininfarkte (klinisch Hämoglobinämie!) und akut entzündliche Vorgänge zurückführen. Besonders betroffen war der (ebenfalls als Ausscheidungsorgan in Betracht kommende) Dünndarm mit seinen Blutaustritten in allen Wandschichten, seiner durch Blutreichtum und entzündliches Ödem dunkelrot sammetartig geschwollenen Schleimhaut, von der sich der sehr kräftige lymphatische Apparat deutlich abhob. Der Darminhalt bestand aus schmutzig-graurotem Schleim mit Massen abgeschuppter Epithelien, Erythrozyten und Leukozyten. In den (erkrankten Organen zugehörigen) Lymphknoten waren häufig Blutungen anzutreffen. Ahmte Perles die Verhältnisse der Zufallsvergiftung nach und fütterte die Tiere mit solaninhaltiger Nahrung, so bot der Magen-Darm — ähnlich wie bei vergifteten Haustieren (Fröhner) — das Bild der „hämorrhagisch-follikulären Gastroenteritis", bei welcher die Schleimhaut auf den ersten Blick einer granulierenden Wundfläche glich.

Die Ausscheidung des Solanins erfolgt wahrscheinlich unverändert durch Darm (Perles) und Niere. Der Giftnachweis gelingt dementsprechend im Magen-Darminhalt und Harn.

13. Nikotin (Tabak).

Das reine Alkaloid der Tabakspflanze, dessen Hauptangriffspunkt in den peripherischen Ganglien vermutet wird, ist an Giftigkeit etwa der Blausäure gleichzusetzen: Für den Menschen beträgt die tödliche Nikotinmenge wahrscheinlich nur einige Zentigramm (M. Schmidt). In den wenigen bekanntgewordenen Fällen von Giftmorden durch reines Nikotin (Leonides von Praag) trat der Tod binnen Minuten unter Atemnot, Kollaps und klonischen Krämpfen ein. Gleichwohl vermag der Körper — wie uns der vielfach geübte tägliche Nikotingenuß lehrt — bei dauernder Zufuhr eine gewisse Giftfestigkeit zu erwerben.

Das Alkaloid wird nicht nur von allen Schleimhäuten (z. B. vom Darm her in Klysmenform, innerlich als Bandwurmmittel usw.), sondern auch durch die unverletzte Haut in die Gewebe aufgenommen: Vorkommen von Vergiftungen nach Gebrauch von Tabakaufguß zur Vertreibung von Hautschmarotzern, Auftreten bedrohlicher Erscheinungen bei Schmugglern, welche Tabaksblätter auf der nackten Haut verborgen trugen (Nannias, Poulsson, Weidanz u. a.).

Die örtliche Wirkung des Nikotins (Tabaks) ist, je nach der Stärke seiner Lösung, mit einem mehr oder minder kräftigen Ätzreiz zu vergleichen.

Die Ausscheidung des Giftes erfolgt durch Lunge und Niere; sein Nachweis gelingt in Blut, Harn, Speichel, Magen-Darm und -inhalt, in Leber und Lunge.

Akute Vergiftung.

Die praktisch wichtigsten Vergiftungen sind die, welche sich nach Rauchen, weniger nach Kauen und Schnupfen von Tabakserzeugnissen einstellen. Der Rauchtabak enthält wechselnde Nikotinmengen, wovon ein beträchtlicher Teil in den Rauch übergeht. Wieweit der Nikotingehalt, wieweit die daneben vorhandenen Pyridinbasen für den ungünstigen Einfluß des Rauchens auf den Körper anzuschuldigen sind, läßt sich zahlenmäßig nicht bestimmen. Jedoch steht nach den Untersuchungen von RATNER fest, daß das Nikotin als der wirksamste giftige Bestandteil des gewöhnlichen Tabakrauches angesprochen werden muß, da die übrigen Gifte (Pyridinbasen, Zyanwasserstoff usw.) auch in „nikotinfreien" Tabakwaren vorhanden sind, deren Genuß offensichtlich sehr viel geringere oder überhaupt keine Organschäden nach sich zieht. NEUBERG und KOBEL, welche Methylalkohol aus Tabak freimachen konnten, möchten diesen mitverantwortlich nennen für die unheilvollen Wirkungen des Tabakgiftes.

Bei nicht tödlichen akuten Vergiftungen fällt die starke Haut- und Schleimhautblässe auf, die Augen sind von tiefen, bläulichen Ringen umgeben. Diesem schnell vorübergehenden Zustand folgt (nach den Beobachtungen von WEILL u. a.) allerstärkste Blausucht. Scharlachähnliche Hautausschläge wurden gesehen, so bei einem Geisteskranken, welcher aufgeschwemmten Kautabak gegessen hatte (NAECKE). Tritt der Tod unter Krämpfen ein, so bildet sich die Leichenstarre entsprechend schnell und stark aus (s. Allgemeines S. 5).

Bei Leichenöffnung entströmt den Höhlen und Eingeweiden Tabakgeruch. Das Blut erweist sich als dunkel, halb- oder ganzflüssig. Häufig vorkommende punktförmige Blutaustritte in den serösen Häuten sind ohne differentialdiagnostische Bedeutung, wie schon in den aus dem Jahre 1843 stammenden Berichten von ORFILA hervorgehoben wird. Eher läßt sich die Beschaffenheit der wie im Krampf zusammengezogenen Dünn- und Dickdarmschlingen merkmalsmäßig verwerten.

Das Gehirn ist infolge venöser Stauung äußerst blutreich, die harte Hirnhaut stark gespannt. ORFILA sah beim Hund subpiale bis erbsengroße Blutaustritte.

In der durch LEONIDES VON PRAAG (1851) überlieferten Schilderung eines Befundes bei Nikotingiftmord finden wir vor allem Erwähnung der örtlich ätzenden (s. auch Hundeversuche von ORFILA!) Giftwirkung auf die Schleimhaut des Verdauungsschlauches: Der Ermordete wies beträchtliche Schwellung der von graubraunen Borken bedeckten Mund-, Lippen- und Zungenschleimhaut auf. An den Stellen, wo diese nicht abgelöst oder verkrustet war, schien sie grauweißlich, matt. Die Art der Veränderungen konnte den Verdacht erwecken, daß außer dem Nikotin noch kräftiger wirkende Ätzmittel angewandt worden waren.

Die — nach den Angaben von KOBERT — bei Verschlucken von Tabak mehr oder minder stark gelbgefärbte Schleimhaut des (mit schleimig-blutigem Inhalt gefüllten) Magen-Darmkanals zeigt in der Regel nur kleine Blutaustritte, seltener entzündliche Veränderungen (DESZIMIROVICZ: 19jähriger Selbstmörder, bei welchem der im Kot nachweisbare Zigarettentabak die Todesursache klärte, WEIDANZ u. a.). Die Möglichkeit einer Auslösung blutig-entzündlicher Vorgänge (s. auch FRÖHNER: Befunde an Haustieren) durch übermäßig starke Anregung der Darmbewegung wird von WEIDANZ erörtert. Als wertvolle Ergänzung des beim Menschen Geschilderten stehen uns gleichsinnige in Tierversuchen gewonnene Ergebnisse zur Verfügung (HOFSTÄTTER, ORFILA u. a.). Die Leber, die in den menschenpathologischen Sektionsaufzeichnungen nicht weiter berücksichtigt wird, also offenbar keine nennenswerten Veränderungen erkennen läßt, findet sich beim vergifteten Tiere beschrieben als verfettet (GUILLAIN et GY), von kleinen Blutungen durchsetzt, zu herdweiser Atrophie neigend (HOFSTÄTTER).

Abweichungen vom normalen Bau und Verhalten der Niere, die auf akute Schädigung des der Giftausscheidung dienenden Organs hinweisen könnten, sind meines Wissens nicht bekannt geworden. Den von WEILL, DUFOURT et DELORE veröffentlichten Angaben über Auftreten von Methämoglobinurie nach äußerlicher Anwendung von Tabaklösung liegt eine einmalige, von anderer Seite bisher nicht bestätigte Beobachtung zugrunde. Vielleicht spielte in diesem Fall das jugendliche Alter des Betroffenen oder sonstige nicht näher bezeichnete bzw. bekannte Umstände bei Entstehung der Hämolyse eine Rolle.

HOFSTÄTTER erzielte im Tierversuch an der Schilddrüse scheinbaren Kolloid- und Parenchymschwund, Befunde, die, im Hinblick auf die physiologischen Schwankungen der Kolloidabsonderung und dem je nach dem Grade der Zelltätigkeit wechselnden histologischen Bild, vorsichtig beurteilt werden müssen. CRISPINO lehnt irgendwelchen im geweblichen Aufbau zutage tretenden Einfluß des Nikotins auf die Schilddrüse ab.

Chronische Vergiftung.

Dauerraucher sind kenntlich an schwarzbraun verfärbten Zähnen, an hartnäckigen Bindehaut- und Lidrandentzündungen. Bei Tabakschnupfern findet man vor allem Neigung zu randständigen Hornhautgeschwüren und Ektropium (KOLINSKI). Hautausschläge („Tabakekzem") bei langjährigen Tabakarbeitern, wie sie STAUFFER beschrieb (s. auch LICKINT: Ekzeme und Dermatitiden bei Tabakrauchern), scheinen nur vereinzelt vorzukommen.

LICKINT beschäftigt sich mit den Theorien über Entstehung des Karzinoms durch die chemisch-mechanisch-kalorischen Reize des Tabakrauches. Vermittelst Tabakpinselungen im Tierversuch Krebsgewebe zu erzeugen, ist bis jetzt nicht gelungen.

Das Tier beantwortet die chronische Nikotinzufuhr mit Blutarmut, die sich gelegentlich mit leukozytotischem Blutbild paart. Läßt man Kaninchen monatelang in einer Rauchkammer, so gehen die Tiere unter hochgradiger Abmagerung, d. h. völliger Entfettung aller Gewebe zugrunde (SCHMIEDL).

Im Gegensatz zur akuten Vergiftung ist das Gehirn blutleer, auch die Piagefäße sind nur schwach gefüllt. L. LEWIN erwähnt Blutung in die Gehirnventrikel bei einem Kind. Nähere Ausführungen darüber fehlen.

Von allergrößter Bedeutung sind die Einwirkungen des Giftes auf das innere Auge, welche mit fortschreitender Zerstörung der nervösen Elemente zur Erblindung führen (Sammelbericht darüber s. bei STEINDORFF [1925]). Der hierbei beobachtete gewebliche Ab- und Umbau gleicht weitgehend dem bei Alkoholikern gefundenen, so daß ohne Kenntnis der Vorgeschichte, lediglich aus dem histologischen Bild kaum abzulesen sein dürfte, welches der Gifte ursächlich in Frage kommt, zumal Nikotin- und Alkoholmißbrauch häufig aneinander gekoppelt sind, und sichere autoptische Befunde von Alkoholabstinenten mit Tabaksmblyopie meines Wissens bisher nicht bekannt wurden. Daß ein ursächlicher Zusammenhang zwischen chronischer Nikotinvergiftung und Erblindung unbestreitbar ist, zeigt folgende Tatsache: Pferde in Neu-Süd-Wales, welche die — durch ihr wirksames Alkaloid dem Tabak nah verwandte — Futterpflanze Nicotiana suaveoleus fressen, verlieren die Sehkraft und zeigen laut Angaben von BARRETT, HUSEMANN ähnliche Veränderungen am inneren Auge wie der nikotingeschädigte Mensch.

Bei diesem ist der Sehnerv in der Regel nur stellenweise ergriffen, etwa unmittelbar hinter dem Augapfel, wo der erkrankte Bezirk als keilartiger, durch beträchtliche Verschmälerung der teils abgeplatteten, teils buchtig begrenzten oder sichelförmigen Nervenbündel von seiner Umgebung sich absetzender Herd erscheint. Offenbar gleichzeitig mit dem Zerfall der Nervenfasern beginnt bei üblichem Verlauf die Wucherung in den sowohl aus bindegewebigen wie gliösen Bestandteilen aufgebauten Hüllen und Scheidewänden. Häufig finden sich neugebildete Gefäße mit teilweise verdickten und verhärteten Wandungen. Auch in der Nervenfaserschicht der Netzhaut macht sich ein Schwund bemerkbar: Die Ganglienzellen sind an Zahl zurückgegangen, die noch vorhandenen zeigen Schrumpfung ihres Zelleibes, blasige Umwandlung der Kerne usw. (DALÉN u. a.). Nach Meinung von BIRCH-HIRSCHFELD u. a. beginnt die Erkrankung mit Nervenfaserzerfall, welchem sich reparative Glia- und Bindegewebswucherung anschließt. Eine entgegengesetzte Ansicht bezüglich Zeitfolge der Veränderungen wird von SAMELSON, TH. SACHS, UHTHOFF u. a. vertreten. Diese fassen den Vorgang auf als interstitielle, von Schwund der nervösen Elemente gefolgte Neuritis im papillo-makulären Bündel. SCHIEK endlich möchte den geweblichen Umbau am Sehnerven deuten als Folge langdauernder, durch Gefäßwandstörungen (etwa im Sinne einer Endarteriitis obliterans) hervorgerufener Unregelmäßigkeiten in der Blutversorgung.

Hunde und Kaninchen, welche Monate hindurch in einem mit Tabakstaub erfüllten Käfig gehalten wurden, beantworteten den (vielleicht als mechanisch anzusprechenden) Reiz lediglich mit Gefäßerweiterung und Kernvermehrung in der Netzhaut (KOLINSKI).

Histologisch nachweisbare Störungen im Protoplasma der Vorderhornzellen des Rückenmarks, den Spinalganglienzellen und den nervösen Elementen der sympathischen Hals-, Brust- und Bauchganglien sah VAS bei seinen wochenlang vergifteten Kaninchen. ZEBROWSKI, C. v. OTTO beschreiben Schrumpfung, Chromatolyse, Vakuolenbildung in den Herzganglienzellen (s. auch MOZIKUCHI).

Das Auftreten schwerster — gelegentlich zur Gangrän der versorgten Gebiete führender — Gefäßwandschäden in verhältnismäßig jungen Jahren, das hauptsächlich bei starken Rauchern zu beobachten ist, führte zwangsläufig zu dem Schluß, daß zwischen Nikotinwirkung und Gangrän bzw. Gefäßsklerose (insbesondere der Gliedmaßen) innige ursächliche Beziehungen zu suchen seien (Theorien darüber s. bei KOSDOBA). Doch muß nach den neuesten, von SCHUM vertretenen Anschauungen die Ätiologie der „juvenilen Gangrän" als völlig dunkel bezeichnet werden, da keineswegs immer Tabakmißbrauch vorliege. Wahrscheinlich spielen Rasseeigentümlichkeit usw. beim Zustandekommen eine Rolle mit [1]. REHR schildert einen Befund von „Nikotinsklerose", die seiner Meinung nach als eine besondere, von der gewöhnlichen Arteriosklerose abzugrenzende Gefäßerkrankung aufgefaßt werden muß, folgendermaßen: In Längsrichtung der Aorta findet sich ein durchschnittlich 1—2 mm hoher Wall, der, im unteren Abschnitt gegen 2 cm breit, nach oben hin an Breite zunehmend, sich ganz allmählich in die Wand abflacht. Diese Erhabenheit ist uneben, mit zahlreichen weichen, bräunlichen, z. T. zerfallenden Höckern von Erbsengröße besetzt. Sie zeigt keine Verkalkung, keine entzündlichen Vorgänge oder Narbenbildung, lediglich allerstärkste Fetteinlagerung. Auch R. BENEKE betont die verhältnismäßig geringgradige Wandverhärtung, die herdförmige Intimaverfettung, vor allem in den Kranzgefäßen des Herzens, den Karotiden, den Aa. sub-

---

[1] Besonders bedeutungsvoll scheint die Rasseveranlagung bei der sog. Thromboangitis obliterans, zu der auch das „intermittierende Hinken" gehört. Erkrankungen, die ganz überwiegend die jüdische Rasse betreffen (bei BÜRGER unter 500 Fällen 496 Juden [BÜRGER, L.: The circulatory disturbances of the extremities including gangrene usw. Philadelphia und London 1924]), wobei daneben aber auch noch unmäßiges Zigarettenrauchen und Kälteeinwirkungen (GRUBER, G., B.: Zur BÜRGERschen Thromboangitis obliterans. Verh. dtsch. path. Ges. 24. Tagg 1929) angeschuldigt werden.

clavia, axillaris, mesenterica, iliaca. Außerdem weisen die Kranzgefäße noch die Besonderheit ausgedehnter, streckenweise die Lichtung verschließender, weicher Atheromherde auf (histologisch: Zerfallsherde in der Media).

Zahlreiche Ergebnisse von Tierversuchen wurden veröffentlicht, die hinsichtlich der Kalkablagerung von den beim Menschen erhobenen Befunden wesentlich abweichen. Es ist dabei zu berücksichtigen, daß man zu den Versuchen in der Hauptsache Kaninchen benutzte. In der Rauchkammer gehaltene Tiere zeigen an der Aorteninnenwand, unter Betonung der Gefäßabgangsstellen, flache, weiße, in der Mitte eingesunkene Beete mit eingelagerten Kalkplatten, welch letztere, wie das mikroskopische Bild erkennen läßt, den äußeren Mediaschichten angehören. Zwischen diesen und der Innenhaut finden sich noch gut erhaltene Muskellagen (Schmiedl). Nach Tabakextrakteinspritzungen ließen sich ähnliche Aortenveränderungen erzielen. J. Adler und Hensel führten Kaninchen das Gift unmittelbar in die Blutbahn ein; die Befunde an der Aorta glichen weitgehend denen nach Adrenalineinwirkung (Romm und Kuschmir u. a.): Zuvörderst teils Hyalinisierung, teils herdweiser, nicht von Verfettung, wohl aber von Kalkablagerung begleiteter Zerfall der Mediamuskulatur, unter Streckung und Ausbuchtung der elastischen Fasern in der Umgebung; gelegentlich, vor allem bei besonders massiger Kalkablagerung, regellose Zersplitterung und Zerstückelung der Elastika. Das krankhafte Geschehen blieb gewöhnlich auf die mittlere Gefäßhaut beschränkt. Elastikaausfall, der zu Gefäßerweiterungen hätte führen können, zog in der Regel Wucherungsvorgänge an der Innenhaut nach sich (s. auch die Befunde an Herzgefäßen in den Versuchen von C. v. Otto).

Das Verhalten des Herzens ist wenig kennzeichnend. Germain Sée möchte eine, auch von anderen Untersuchern (Favarger u. a.) bei einzelnen starken Rauchern beobachtete, gleichmäßige Muskelverfettung zurückführen auf die durch viele kleine Nikotingaben dauernd unterhaltene Vasomotorenreizung, welche übermäßige Zusammenziehung der Kranzgefäße und damit stetig wiederkehrende kurze Blutleere der Muskulatur bewirke, ein Vorgang, der in mehr oder minder starker Fettablagerung seinen Ausdruck findet.

Das herdförmig von Leukozyten und rundkernigen Zellen durchsetzte Bindegewebe im Herzen des chronisch (in der Rauchkammer) vergifteten Tieres wird vermehrt, die Muskelfasern verschmälern sich im gleichen Grade (Schmiedl). Um die Wirkung des reinen Nikotins zu erproben, spritzte C. v. Otto bis zur Dauer von 10 Monaten Kaninchen dünne Nikotinlösung unmittelbar in die Blutbahn. Als Ergebnis der Versuche ließ sich beträchtliche Massenzunahme des Herzens feststellen, ungeachtet des Muskelfaserschwundes: Der dadurch entstehende Gewichtsverlust wurde offenbar durch Wucherung des interstitiellen, teils noch Infiltrate aufweisenden Bindegewebes ausgeglichen. Die Muskelfasern zeigten Verlust der Querstreifung, waren geschrumpft, auseinandergerissen, ihr Protoplasma gekörnt und von Hohlräumen durchsetzt, ihre Kerne verklumpt.

Gewohnheitsraucher neigen zu Rhinitis, Tracheolaryngitis granulosa, Bronchitis, Schwund des Lungengewebes und entsprechender Lungenblähung. Die letztgenannten Befunde dürften wohl weniger dem Tabakgenuß an sich, als der Atemführung beim Rauchen zur Last gelegt werden.

Durch Wirksamkeit des Nikotins, aber, wie man annehmen muß, auch durch die des warmen Rauches und anderer reizender Tabakbestandteile, findet man bei langjährigen Rauchern häufig an Lippen, Mund und Rachen chronisch produktive Entzündungen (Leukoplakia buccalis, Pharyngitis granulosa usw.), deren Bedeutung für die Entstehung des Krebses heute noch nicht sicher abzuschätzen ist (s. Lickint). Die bei Tabakarbeiterinnen des öfteren auftretende chronische, am stärksten an den unteren Schneidezähnen ausgeprägte Zahnfleischentzündung wird auf Reizung durch Tabakstaub zurückgeführt, wobei offen bleiben muß, ob das Nikotin oder der mechanisch wirkende Staub die Hauptschädigung ausmacht. Untersucht man den Zahnfleischrand mikroskopisch, so finden sich in der von rundzelligen Infiltraten durchsetzten Schleimhaut kleine, braun gefärbte Teilchen, die in ihrer Lagerung die Epithellücken bevorzugen (FISCHER [Sontra]). Wieweit ein von FAVARGER mitgeteilter Fall von Verblutung aus dem Magen bei einem 60jährigen sehr starken Raucher auf Erstschädigung der Magengefäße durch Nikotin zu beziehen ist, läßt sich nicht beurteilen, zumal keine näheren Angaben über den histologischen Gefäßbefund vorliegen. Die Verblutung erfolgte aus dem am Boden eines chronischen Geschwürs klaffenden Stumpf der Art. coron. ventriculi dextr. Über Wandnekrosen an Darmgefäßen mit benachbarter herdförmiger, an eosinophilen Zellen auffallend reicher Granulationsgewebsbildung berichtet FAHR.

GUILLAIN et GY stellten bei Rauchern Schwellung der Leber (infolge Kreislaufsstörungen?) fest. Im Tierversuch erhielten sie im gleichen Organ Blutungen und Bindegewebsvermehrung.

Chronische Nikotineinwirkung soll nach Meinung von FAHR zur sog. Kombinationsform der Nierenerkrankung führen, d. h. Gefäßsklerose sich mit entzündlichen Vorgängen vergesellschaften. An anderer Stelle jedoch spricht FAHR sich dahin aus, daß die Frage offen bleiben muß, ob überhaupt bzw. bis zu welchem Grade das Nikotin für die Entstehung der „malignen Sklerose" angeschuldigt werden kann. FAVARGER sah bei einem Menschen, der leidenschaftlich dem Tabakgenuß fröhnte, nekrotisierende Niereninfarkte auf thrombotischer Grundlage. Ein Bericht über den Zustand der Gefäße fehlte. Von zwei, nach Aufnahme welker Tabaksblätter chronischem Siechtum verfallenden Rindern wird über Blutaustritte in den Nieren berichtet (FRÖHNER).

KOSDOBA stellte nach wiederholter intravenöser Nikotineinverleibung beim Kaninchen bedeutende Vergrößerung der Nebennieren fest. Altmannsche Körnchen und Rindenpigment waren auffallend vermehrt; die Markchromierbarkeit schien gesteigert.

Eine neuere Arbeit von UNBEHAUN beschäftigt sich mit der (gewerblichen) Schädigung der Eierstocksleistung bei Tabakarbeiterinnen. An Hand des Gießener Materials konnte der Verfasser feststellen: 1. Häufigere Amenorrhoe als bei anderen berufstätigen Frauen, 2. geringere Zahlen von Schwangerschaft, 3. höhere Abortziffern. Bei drei kinderlos verheirateten, unter Dysmenorrhöen leidenden Frauen, die als starke Zigarettenraucherinnen bekannt waren, ließen sich in den operativ gewonnenen Eierstöcken „zystische atretische Follikel und atypische Follikelatresie" nachweisen, wie sie HOFSTÄTTER ähnlich bei nikotinvergifteten Tieren sah. FRÖHNER berichtet, daß eine trächtige, zum Vertreiben von Läusen mit unverdünnter Tabakbeize eingeriebene Stute unter Zerreißung des Uterus abortierte.

Die krankhaften Befunde am Hoden des Menschen, die als Samenkanälchenschwund ohne Zwischenzellvermehrung geschildert werden, dürften ihrer Entstehungsursache nach nicht eindeutig sein, da alkoholische oder auch sonstige Einflüsse bei ihrem Zustandekommen eine Rolle gespielt haben können.

Die Hoden junger, von nikotingeschädigten Müttern stammender Tiere scheinen nach den Beobachtungen und Deutungen HOFSTÄTTERs in der Entwicklung zurückzubleiben. SCHINZ und SLOTOPOLSKY lehnen die Schlußfolgerungen des Genannten ab mit dem Einwand, daß die verfetteten und in Abstoßung begriffenen Zellen nichts anderes seien, als die unentwickelten Spermatogonien, die einen normalen Bestandteil des fetalen und infantilen Hodens bilden und sich u. a. durch bläschenförmige Gestalt auszeichnen. Will man jedoch diese Bilder durchaus als krankhaft werten, so dürfte der auslösende Reiz weniger mit unmittelbarer Nikotinwirkung in ursächlichen Zusammenhang zu bringen sein, als vielmehr mit der Allgemeinschädigung der unter unnatürlichen Bedingungen gehaltenen Muttertiere.

14. Lobelin.

Das früher bei Erkrankungen der Atmungswege zu Heilzwecken verwandte Lobelin spielt heute als therapeutisches Mittel und somit auch toxikologisch keine Rolle mehr. Die Wirkung toxischer Gaben gleicht der des Nikotins.

Jaksch berichtet über Gastritis nach innerlicher Verabreichung. Sektionsberichte liegen im Schrifttum nicht vor.

15. Opium und Opiumalkaloide.
a) Opium (Pantopon, Laudanon).

Opium, der eingetrocknete Milchsaft der Papaverazee Mohn (Papaver somniferum) enthält eine große Zahl von Alkaloiden, von welchen etwa 20 bekannt sind, und deren größter Teil zu Heilzwecken benutzt wird. Sie kommen in freiem Zustande vor, ferner gebunden an Schwefelsäure und an Mekonsäure, welch letztere zufolge ihrer lebhaft roten Farbreaktion mit Eisenchlorid zum Nachweis von Opium verwandt werden kann. Bemerkungen über die (allseits bekannten) pharmakologischen Eigenschaften des Opiums und Morphins, welche, wenn auch nicht völlig, so doch im wesentlichen untereinander übereinstimmen, über das Verhalten der Gifte im Körper s. unter Morphin.

Akute Vergiftung.

Das früheste Kindesalter ist gegen das Gift so empfindlich, daß ein Tropfen Tct. Opii beim Säugling unter Umständen tödlich wirkt (Edlefsen). Akute Vergiftungserscheinungen und Tod, zwischen denen 2—12 Tage verstreichen können, sind schon durch Liegenlassen eines Stückes Opium im Gehörgang verursacht worden (Gadamer). Die pathologisch-anatomischen Befunde, welche laut Angaben von Bihler an die beim Erstickungstod erinnern, sind den unter Morphin zu schildernden in großen Zügen wesensgleich.

Die außerordentliche, kaum 2 mm im Durchmesser betragende Enge der Pupillen ist nur für den Lebenden und allenfalls noch an der ganz frischen Leiche (vor Einsetzen der Totenstarre) merkmalsmäßig verwertbar. Die Haut weist in der Regel leicht bläulichen Farbton auf. Schnell einsetzende Verwesung und leichtes Ausgehen der Haare soll bezeichnend für die Opiumleiche sein (Bihler).

Bei Eröffnung der Körperhöhlen zeigt das meist flüssigkeitsreiche Gehirn und seine Häute (mitsamt Blutleitern) strotzende Fülle von dunklem, ungeronnenem Blut, wie auch in den Organen der Brust- und Bauchhöhle massiger Blutgehalt und einzelne Blutaustritte zu bemerken sind (Nauwerck u. a.).

Der von Weimann veröffentlichte Befund an einem 2 Tage nach Pantoponvergiftung gestorbenen 5jährigen Kinde, bei dem sich im Pallidum symmetrische ischämische Herde mit beginnender Erweichung, in Großhirnrinde und Ammonshorn schichtförmige Nekrosen nachweisen ließen, scheint der einzige seiner Art zu sein; er wird von dem Verfasser auf schwere Schädigung des Gefäßsystems und die ausgesprochen krampferregende Wirkung des Pantopons zurückgeführt.

Edlefsen billigt dem Zustand des Herzens, d. h. der festen Muskelzusammenziehung bei völliger Blutleere besonderen Wert als Unterscheidungsmerkmal gegenüber anderen Vergiftungen zu. Bei dem Kind im Falle Weimann ergab die Untersuchung der Herzmuskulatur allerstärkste, z. T. mit Faserzerfall einhergehende Fetteinlagerung.

Während die Magenschleimhaut in der Regel nur einzelne punktförmige Blutaustritte erkennen läßt (Kahlden), sprechen die, vor allem im Tierversuch

(NAUWERCK) zu erzielenden blutigen Stühle für stärkere Kreislaufstörungen in den unteren Abschnitten des Darmrohrs. Im Lehrbuch von E. KAUFMANN wird eine Person angeführt, bei welcher unmäßiger Genuß von Mohnklößen völligen, klinisch mit den Erscheinungen eines Darmverschlusses einhergehenden Stillstand der Dickdarmbewegung verursachte. Nach Einnahme von Mohnköpfensud finden sich gelegentlich noch Teilchen der Mohnkapseln im Magen-Darminhalt. Dieser kann, wie erwähnt, Blut enthalten, möglichenfalls nach Opium riechen oder — bei Anwendung von Tct. Opii crocata — gelb verfärbt sein.

Das oben genannte, akut mit Pantopon vergiftete Kind zeigte starke Leber-zellverfettung.

KAHLDEN fand bei einer 36jährigen Frau, die nach Vergiftung durch 8 g Opium am zweiten Tage starb, die Niere im ganzen graugelb, gequollen, in der verbreiterten Rinde allerstärkste, durch Fetteinlagerung in den Kanälchen-epithelien aller Systeme bedingte Gelbfärbung. Kräftige Sudanreaktion gaben auch die Knäuel- und Kapselepithelien, welch letztere stellenweise abgeschilfert im Kapselraum lagen. Die Lichtungen, vor allem der gewundenen Kanälchen, waren stellenweise prall angefüllt von abgestoßenen, teils verfetteten Epithelien. Ähnlich starke Epithelfettspeicherung sah WEIMANN nach Pantoponver-giftung. Da es sich hier um eine 5jähriges, sonst gesundes Kind handelte, dürfte die Massigkeit des Fettes immerhin bemerkenswert sein. Tierversuche er-gaben allerstärkste Blutungen mit Verdrängung und Zertrümmerung der Harn-kanälchen (NAUWERCK), ein Befund, welcher bis zu einem gewissen Grade zur Erklärung der beim Menschen mitunter beobachteten Hämaturie herangezogen werden möchte.

Chronische Vergiftung.

Neben dem schlechten Allgemeinzustand (Abmagerung, Blutarmut, Haarausfall usw. [s. chronische Morphiumvergiftung]) ist das Hauptmerkmal des Opiumsüchtigen die andauernde Verstopfung und entsprechender Darm-befund an der Leiche.

WEIMANN hat 2 Fälle chronischer Laudanonvergiftung veröffentlicht, deren ausführlich dargestellter Sektionsbefund nicht dem Wesen, sondern nur dem Grade nach Abweichungen von dem Zustand akut vergifteter Organe bzw. Gewebe erkennen läßt. Im Zentralnervensystem zeigen die Ver-änderungen weitgehende Übereinstimmung mit den noch zu beschreibenden morphinbedingten Schäden am nervösen Gewebe. Die Hirnrinde leidet ge-wöhnlich am stärksten. Fibröse Umwandlung der Rindengefäße führte bei einem 42jährigen Mann mit chronischem Darmleiden zu infarktartigen Ver-ödungsherden in der Hirnsubstanz (WEIMANN).

Der Nachweis des Opiums ist zu führen am Magen-Darmrohr und dessen Inhalt, an Niere, Leber, Lunge, Blut, Harn.

β) Morphin und -Verbindungen.

Akute Vergiftung.

Bei einer (etwa zwischen 0,06 g und 0,1 g liegenden) tödlichen Morphingabe geht die Benommenheit bald in Bewußtlosigkeit über, Haut und Schleimhäute verfärben sich bläulich, die Pupillen sind — trotz der Kohlensäureanhäufung im Blute — anfangs eng und erweitern sich erst wieder mit Einsetzen der Atem-zentrumslähmung, d. h. kurz vor dem Tode. In seltenen Fällen tritt der Tod schon nach einer Stunde ein. Krämpfe fehlen in der Regel. Doch sind auch, besonders bei Kindern, Reflexkrämpfe, Trismus, Opisthotonus beobachtet worden.

Unter die Haut gespritztes Morphin ist schon nach 20 Minuten aus dem Blute verschwunden (Cloetta). Der größere Teil des Giftes wird binnen kurzem durch Magen und Darm und nur in ganz geringen Mengen mit dem Urin ausgeschieden; ein wahrscheinlich sehr kleiner Teil verankert sich in der Hirnsubstanz, und zwar, wie Keeser im Tierversuch nachweisen konnte, am reichlichsten im Zwischenhirn, spärlicher in den Großhirnhalbkugeln. Brücke, verlängertes Mark, Kleinhirn waren stets frei. Das Gift hält sich in der Leiche sehr lange; sein Nachweis ist am besten im Magen-Darm, schwieriger in Harn, Speichel, Milch, Blut, den drüsigen Organen und dem Zentralnervensystem zu erbringen.

Obwohl die einzelnen pathologisch-anatomischen Befunde — wie die bei den meisten anderen Alkaloidvergiftungen auch — wenig Kennzeichnendes haben, kann heute wohl über die noch 1902 von Troeger geäußerten differential-diagnostischen Bedenken fortgegangen werden, da inzwischen zahlreiche, sich auf Leichenöffnungen gründende und auch histologisch gut durchgearbeitete Veröffentlichungen über Morphineinwirkung auf die einzelnen Organe erschienen sind, aus denen sich immerhin gewisse Merkmale herauslösen und in ihrer Gesamtheit für die Diagnosenstellung verwenden lassen.

Am Lebenden ist das (bereits oben erwähnte) Verhalten der Pupillen von Wichtigkeit. Nicht selten beobachtet man Hauterscheinungen wie Erytheme, Ödeme, Quaddeln, Blutungen usw. L. Lewin sah nach Auftragen einer morphinhaltigen Salbe in den betroffenen Hautbezirken Bläschen und Pusteln aufschießen.

Bei Leichenöffnung soll, nach nicht näher begründeten Angaben von Jaksch, die Muskulatur auffallend schlaff anzufühlen sein, eine Erscheinung, die vielleicht auf vorhergegangene starke Krämpfe (reichliche Milchsäurebildung!) zurückzuführen und demnach nur sehr selten zu beobachten wäre. Das Blut ist dünnflüssig, die Eingeweide blutreich, gelegentlich von kleinen Blutungen durchsetzt. Harnblase und untere Darmabschnitte zeigen zufolge der morphinbedingten Muskelentspannung beträchtliche Erweiterung und massigen Inhalt.

Die Blutleiter der harten Hirnhaut sind meist prall mit flüssigem Blut gefüllt, wie auch — von Ausnahmen abgesehen (Auerbach) — Hirnhäute und -substanz allerstärkste Blutgefäßfüllung aufweisen (Sysak, Tschisch). Größere und flächenhafte Blutungen an den weichen Häuten kommen ab und an vor (Kobert, Sysak). Über Purpura cerebri, ähnlich wie sie sich etwa nach Einwirkung von Phosgengas einstellt, berichtet F. Strassmann.

K. Brandes meint, daß eine an der Flüssigkeitsvermehrung gemessene und durch Unterschiedsverringerung zwischen Hirngewicht und Fassungsvermögen des Schädelinnenraums zu beweisende Hirnschwellung für die Vergiftung kennzeichnend sei.

Einer neueren Arbeit von Weimann und Marenholtz zufolge werden auch bei Morphinspättodesfällen — andere Ursachen waren in dem von den Verfassern mitgeteilten, 6 Wochen nach Einnahme des Giftes tödlich endenden Fall unter Berücksichtigung aller Umstände mit ziemlicher Sicherheit auszuschließen — Schäden am Gehirn beobachtet, die auf eine Stufe zu stellen sind mit denen nach Kohlenoxydvergiftung, nämlich symmetrische Erweichungsherde und Gefäßwandverkalkungen im vorderen Teil des Globus pallidus, zahlreiche, z. T. ausgedehnte Bezirke mehr oder minder starken Markzerfalls. Nebenher werden noch von Gliareaktionen begleitete Ganglienzellerkrankungen verschiedenster Form erwähnt, wie sie auch sonst bei vielen infektiös-toxischen Vorgängen aufzufinden sind. Da sie — nicht ihrer Stärke, wohl aber ihrer Art nach — dem Um- und Abbau der Nervenzellen bei der chronischen Morphinvergiftung gleichzusetzen sind, werden sie auf S. 382 ausführlich geschildert.

Häufig vorkommende Blutaustritte in Herzbeutel und Herzinnenhaut sind für die Diagnosenstellung belanglos. SYSAK, WEIMANN glauben, kleintropfige Herzmuskelverfettung mit akuter Morphinwirkung in ursächlichen Zusammenhang bringen zu dürfen. Beim vergifteten Meerschweinchen finden sich frische Blutungen, unbeständige Fetteinlagerungen in der Herzmuskulatur (WEIMANN).

Stauungsblutüberfüllung der Lunge, kleine Blutaustritte im Lungenfell sind als fast regelmäßiger Befund zu buchen. Blut in den Lungenbläschen wird nur dann beobachtet, wenn der Todeskampf von Krämpfen begleitet war (WEIMANN). Zuweilen entwickeln sich Bronchopneumonien (JAKSCH u. a.), mit gelegentlich auffallend starkem Erythrozytengehalt des Exsudats (F. STRASSMANN).

Weder für die Bemerkung von L. LEWIN über das Auftreten morphinbedingter Geschwüre in der Mund- und Schlundschleimhaut, noch für die Angabe von O. SEIFERT über das Vorkommen geschwürig-membranöser Stomatitis konnte ich Unterlagen ausfindig machen.

In einem von SYSAK veröffentlichten, 2 Tage nach Gifteinverleibung tödlich endenden Fall (bei dessen Beurteilung allerdings das Vorhandensein einer Tuberkulose mit in Rechnung gestellt werden muß), wies die Leber zahlreiche rote, streifenförmige und runde Flecke auf, über deren feinere gewebliche Beschaffenheit nichts ausgesagt wird, so daß nicht ersichtlich ist, ob sie den weiter unten beschriebenen Zerfallsherden entsprechen. Offenbar hatte es sich nur um blutüberfüllte Bezirke gehandelt. Im Gegensatz zu den die Glykogenverarmung in den Vordergrund rückenden Angaben von MEIXNER enthielten die Leberzellen im Falle SYSAK an den Läppchenrändern reichlich Glykogen, ferner Fett. Für die im gleichen Falle vorhandenen zentralen, sich in reaktionsloser Umgebung findenden Zerfallsherde lassen sich zwar bezüglich ihrer Entstehung während des Lebens aus dem histologischen Bilde keine beweiskräftigen Anhaltspunkte beibringen, wohl aber gelang es WEIMANN, beim Tiere nach 5tägiger Vergiftung neben Blutungen auch fettigen Zellzerfall und schließlich Absterben der mittleren Läppchenteile zu erzielen.

Die Niere wies in den mir bekannt gewordenen Arbeiten keine nennenswerten Veränderungen auf. Ob die von FAHR und von LUBARSCH (dieses Handbuch Bd. VI/1, S. 221 und S. 572) angeführten Epithelnekrosen und -verkalkungen sich auf akute oder chronische Vergiftungsfälle beziehen, ist aus dem kurzen Vermerk nicht zu erschließen.

SYSAK betont den (nach Ausfall der histochemischen Reaktion bewerteten) Lipoidreichtum in der Nebennierenrinde. Ähnliche Befunde werden sonst nirgends erwähnt.

Chronische Vergiftung.

Das Verhalten des dem Körper in stets neuen Gaben zugeführten Morphins ist ein anderes als bei der akuten Vergiftung. Mit der Giftgewöhnung wächst die Fähigkeit der Gewebe, das Gift zu zerstören (FAUST), so daß im Laufe der Zeit immer weniger Morphin in den Verdauungskanal ausgeschieden wird.

Alle Morphinisten sind abgemagert (Abstumpfung des Hungergefühls!) und, sofern sie sich — wie dies zumeist geschieht — das Gift parenteral beibrachten, sofort kenntlich an den zahlreichen Hautnarben, den entzündeten und vereiterten (SYSAK: Organamyloidose!), z. T. auch pigmentierten Hauteinstichstellen, in welch letzteren THIEBIERGE schwarze, aus Kohle oder Silikaten bestehende, wahrscheinlich mit der abgeglühten Nadel bzw. verunreinigten Morphinlösung hierher gebrachte Bröckel nachweisen konnte. Auch MICHAILOW sah eigenartige Farbstoffablagerungen in der Haut eines Morphin- und Kokainsüchtigen. Die Pigmentationen erschienen als einzeln stehende, runde Flecken von meist grünlich-blasser, hie und da rotbrauner und sogar schwarzer Färbung, deren Mitte häufig durch eine punktförmige, weißglänzende Narbe eingenommen wurde. Feldmann und Silbermann (angef. bei Michailow) konnten an diesen Stellen bioptisch in der retikulären Hautschicht amorphe schwärzliche Massen feststellen, die ihrer Meinung nach dort vielleicht zufolge Benutzung von Kupfernadeln hingelangt waren. Demgegenüber glaubt Michailow, daß die Verwendung einer hochprozentigen Lösung von Morphin (bzw. Kokain) allein als Ursache für das Zustandekommen der Pigmentierung ausreichen dürfte. Sehr selten geschieht es, daß das Gift zu wiederholten Malen unmittelbar in die Gefäße gespritzt wird. G. B. Gruber beschreibt einen solchen Fall: Längs der Venen fanden sich, streifenförmig angeordnet, rosenkranzartige Verdickungen, Flecke und Quaddeln. Offenbar war es durch infektiöse Vorgänge (unausgekochte Spritze!) zu venösen und perivenösen Entzündungen gekommen.

Oft zeigt der Süchtige schon in jungen Jahren allerstärkste Blutarmut, Schwund von Fettpolster und Muskulatur; gleicherzeit macht sich an der Haut eine — angeblich auf entzündlicher Grundlage beruhende — ausgedehnte bindegewebige Verdickung und Verhärtung bemerkbar, gepaart mit welker, trockener, spröde-rissiger Beschaffenheit, die sich auf herabgesetzte Talgdrüsentätigkeit zurückführen läßt (Kobert u. a.). Als weitere Vergiftungserscheinungen wären noch Hautausschläge aller Art zu nennen, besonders als Folge gewerblicher Schädigung auftretend (L. Lewin: z. B. bei Gewinnung von Apomorphin).

Die immer und in stets stärkerem Maße wiederkehrenden Hornhautgeschwüre (Uhthoff), Lidrand- und Bindehautentzündungen müssen mit dem schlechten Allgemeinzustand des Kranken in ursächliche Verbindung gebracht werden.

Nach einer, sich jedoch lediglich auf Beobachtungen am Krankenbett stützenden Mitteilung von Leyser wäre daran zu denken, daß die bisher in der Hauptsache im Gefolge von Alkoholmißbrauch, ganz selten bei Veronalismus und Botulismus sich einstellende Polioencephalitis haemorrhagica Wernicke auch bei chronischer Morphinvergiftung auftreten könnte. Die Angaben von Jaksch-Hirschberg über Vorkommen feinster Blutungen in den peripherischen Nerven bzw. in ihren Scheiden fand ich nirgends sonst bestätigt. Ähnlich wie nach Kokainmißbrauch sind auch beim Morphinisten in zahlreichen allerkleinsten Hirngefäßen Thromben nachzuweisen (Brack). Ob die von Saratschow 1895 beschriebene, von ihm als „Irritation am Gefäßapparat" bezeichnete Vermehrung und Quellung der Kerne in den Gefäßwänden als morphinbedingt angesprochen werden darf, möge dahingestellt bleiben.

Ausführliche histologische Darstellungen eines chronischen Vergiftungsfalles mit vorwiegender Beteiligung der Großhirnhemisphären und ihrer Verbindungen liegen von Creutzfeldt vor: Die in Frage kommende 26jährige, einer akuten Morphinvergiftung nach 2 Tagen erliegende Morphinistin zeigte neben beträchtlichen Ausfällen nervösen Gewebes sog. degenerative, d. h. von Nervenzelluntergang gefolgte Verfettungsvorgänge. Größere Abbaupigmentmassen fielen im Corpus striatum auf, desgleichen die hochgradige Fettspeicherung im Ependymbelag des Plexus chorioideus.

Es möge gleich an dieser Stelle darauf hingewiesen sein, daß der Grad der Fettablagerung im Gehirn und in den parenchymatösen Organen in keinem gesetzmäßigen Verhältnis zueinander stehen: Die Verfettung kann in den letztgenannten beträchtlich sein, im Gehirn dagegen völlig fehlen und umgekehrt.

Weimann sah allerstärkste Fettspeicherung in Ganglien-, Glia- und Gefäßwandzellen, besonders des Ammonhorns, betonte jedoch, daß ähnliche Bilder auch unter der Einwirkung anderer Gifte (s. Abb. 45 und 48) und bei vielen infektiös-toxischen Vorgängen anzutreffen sind. Das gleiche gilt, wie von fast allen Untersuchern, die zu ihren Befunden kritisch Stellung nehmen, immer wieder hervorgehoben wird, auch für die im folgenden aufgezählten, teils an der Leiche, teils in Tierversuchen beobachteten Gewebsveränderungen wie Mitfärbung der Zwischensubstanz, Schrumpfung der kleinen und mittleren Rindenelemente, Schwinden der Tigroidkörner, Schwellung, Homogenisierung oder bläschenförmige Umwandlung und Verflüssigung des Ganglienzellprotoplasmas, Verklumpung der Kerne, rosenkranzartige Umformung der Dendriten, Gliaamöboidose, kapilläre Blutungen in vielen Bezirken des Zentralnervensystems (BARBACCI, CREUTZFELDT, NISSL, MANKOWSKY, TRAINA, TSCHISCH, WEIMANN u. a.), Faserzerfall bzw. Sklerose in den Seiten- und Hintersträngen des Rückenmarks (ALT, JACOTTET, SCHÜTZ u. a. m.).

Die Inanspruchnahme des Verdauungsschlauches bei der Ausscheidung des Giftes hinterläßt kaum histologisch faßbare Spuren. Sie äußert sich vielleicht nur in chronisch entzündlichen Vorgängen am Darm, welche zu Pigmentierung der Lymphknötchen und Verdickung der Schleimhaut führen. Doch scheinen die Verhältnisse noch wenig erforscht zu sein.

Beim vergifteten Tier konnte PILLIET an der Leber ähnliche Befunde erzielen, wie sie WEIMANN in seiner Veröffentlichung erwähnt, nämlich hochgradige Stauungsatrophie, Verfettung und bindegewebige Wucherung. SYSAK weist auf die Glykogenspeicherung in den geblähten, fast chromatinfreien Leberzellkernen hin.

Glykogen ist nach den Angaben von SYSAK auch in den HENLEschen Schleifen der Niere darzustellen, ein Befund, der sonst nur noch bei Zuckerharnruhr erhoben werden kann.

HORMUCHI hatte Kaninchen längere Zeit im Versuch. Zu dem Zeitpunkt, wo diese (unter Eintritt von Hyperglykämie und Glykosurie) kachektisch wurden, glaubte er an der Nebenniere Verbreiterung der Rinde und Vergrößerung der Markzellen feststellen zu können. Bei Tieren, deren Tötung einige Tage nach der letzten Gifteinverleibung erfolgte, schien die Chromreaktion des Markes besonders stark auszufallen.

Parenchymschwund des Hodens (L. LEWIN, SYSAK u. a.) ist eine — wenn auch nicht regelmäßige — Teilerscheinung zehrender Krankheiten überhaupt, wird daher auch gelegentlich bei Morphinismus anzutreffen sein. Die Stärke der Ablagerung eisenpositiven Pigments möchte etwa dem Grade der Kachexie entsprechen.

Anhang: Heroin, Dionin, Kodein.

a) Heroin (Diazethylmorphin).

LICHTENSTEIN, der als Gefängnisarzt viel mit chronischen Heroinschnupfern zu tun hatte, fand bei diesen nicht selten Schleimhautgeschwüre und Scheidewanddurchbrüche in der Nase, die an die Befunde bei Kokainschnupfern erinnerten.

J. ZADEK berichtet über Heroinvergiftung bei einem Epileptiker: Nach Einnahme „eines tüchtigen Schlucks" der verschriebenen Tropfen schwollen, wie der Kranke selbst mitteilte, Gesicht und Hände plötzlich stark an, der ganze Körper wurde unter Juck- und Hitzegefühl „krebsrot". Bei der Besichtigung war ein mächtiges, beiderseitiges Ödem an Augenlidern, Wangen, Handrücken, Knöcheln nachweisbar. Die nachträglich vorgelegte, leere Arzneiflasche faßte 30,0 g einer 5%igen wäßrigen Heroinlösung. Auffallend schien die geringe Allgemeinstörung und das glatte Überstehen dieser Vergiftung, nach Einnahme einer weit über die therapeutische Grenze hinausgehenden Giftmenge.

In dem von KOHBERG und BECK übermittelten Fall akuter tödlicher Vergiftung handelte es sich um einen 31jährigen Kokainisten. Auch das vor dem Tode zuletzt geschnupfte Heroinpulver war offenbar mit Kokain untermischt gewesen. Die Haut der Leiche war merkwürdig fahlgelb, an Brust und Oberarm fiel die „Gänsehaut" auf. Die Rückenhaut zeigte kleine Blutungen. Im Gehirn fanden sich vereinzelt winzige perivaskuläre Blutaustritte.

b) Dionin (Aethylmorphin).

In fester Form oder in Lösung auf das Auge gebrachtes Dionin erzeugt stärkste Blutgefäßfüllung und durch Transsudat hervorgerufene Schwellung der Bindehäute. Nach einigen Stunden ist die Stauungsflüssigkeit wieder aufgesogen.

c) Kodein (Morphinmethylaether).

Kodein wirkt auf den Menschen wie abgeschwächtes Morphin. Es wird hauptsächlich durch Nieren und Darm ausgeschieden. Nach Einspritzung unter die Haut kann man es im Magen, Darm, Blut, Leber nachweisen.

Pathologisch-anatonische Befunde von Kodeintodesfällen liegen nicht vor.

16. Atropin.

Über tödliche Vergiftungsfälle durch das in den jungen Blättern und Trieben vieler Solanazeen, so vor allem der Tollkirsche (Atropia belladonna) und des Stechapfels (Datura stramonium) vorkommende Alkaloid Atropin finden sich vereinzelte Berichte im älteren Schrifttum. Diesen zufolge sieht man nach dem Genuß von Tollkirschen in vielen Organen kleine Blutaustritte, die Rachenschleimhaut ist dunkelviolett verfärbt, in Speiseröhre, Magen und oberem Dünndarm machen sich fibrinös- bzw. hämorrhagisch-entzündliche, bis zur Geschwürsbildung führende Vorgänge bemerkbar (JAKSCH, KRATTER).

Da das klinische und pathologisch-anatomische Bild der Atropinvergiftung weitgehend den Befunden bei Fleisch-, Wurst- oder Fischvergiftung gleichen kann, muß zuerst nach Tollkirchenresten im Dickdarm gesucht werden. PALTAUF betont die differentialdiagnostische Bedeutung einer eigentümlichen Verfärbung der Fäzes durch den von der Belladonnabeere stammenden „Schillerstoff".

Zu beachten ist, daß sich, vor allem bei längerer Atropinzufuhr, an der Haut Quaddeln, Bläschen, Petechien, scharlachähnliche Ausschläge usw. einstellen. Therapeutische Verwendung am Auge führt zuweilen — offenbar zufolge Überempfindlichkeit, da viele derartig gekennzeichnete Menschen ähnliche Erscheinungen auch nach anderen Tropeinen darbieten (L. LEWIN und GUILLERY) — zu katarrhalisch-follikulären Bindehautentzündungen, Lidentzündung und -ekzem usw.

Das Blutbild zeigt unter Atropinwirkung keine wesentlichen Abweichungen von der Norm (Ergebnisse eigener unveröffentlichter Untersuchungen).

ARIMA (und ähnlich METZNER) vergifteten Tiere, um an diesen das gewebliche Geschehen in den pharmakologisch auf Atropin antwortenden Drüsen, insbesondere den Speicheldrüsen, zu prüfen. Sie konnten an chronisch vergifteten Tieren im Zustande des (einer anfänglichen Schleimhauttrockenheit folgenden) „paradoxen Speichelflusses" sowohl Bilder hochgradig absondernder wie erschöpfter Zellen sehen, d. h. es ergaben sich einerseits vergrößerte Alveolen, deren Schleimzellen durch Sekretkörnchen wie aufgebläht wirkten, andererseits Schrumpfung der Ausführungsgänge, Verkleinerung und außerordentlich unregelmäßige Umrißzeichnung der Alveolen.

AGAPI stellte bei wiederholt gespritzten Mäusen in der Lunge große Parenchymblutungen fest. Der Hode blieb unverändert, jedoch schien eine Wirkung auf die Kolloidabsonderung der Schilddrüse unverkennbar.

Die Atropinausscheidung erfolgt langsam mit dem Harn und ist erst nach Tagen beendet. Der Nachweis des der Fäulnis lang wiederstehenden Giftes gelingt möglichenfalls im Magen-Darminhalt, in den blutreichen Eingeweiden bzw. im Blut und Harn, am besten mit Hilfe der physiologischen Prüfung (Pupillenerweiterung!). Auf das Vorhandensein von Pflanzenresten im Verdauungsschlauch ist zu achten.

Anhang: Skopolamin, Hyoscyamin.

Die neben dem Atropin in Atropia belladonna, in Hyoscyamus niger und Datura stramonium anzutreffenden Alkaloide Skopolamin und Hyoscyamin verhalten sich in ihren pharmakologischen Wirkungen ähnlich wie Atropin. Über durch diese Stoffe hervorgerufene pathologisch-anatomisch faßbare Gewebeschäden ist scheinbar nichts bekannt; diesbezügliche Arbeiten waren im Schrifttum nicht auffindbar.

17. Kokaingruppe.
a) Kokain.

Das bei Spaltung des Kokains entstehende Ekgonin bildet ein Bindeglied zwischen diesem und dem Atropin. Kokain gehört zu den wenigen Pflanzenalkaloiden mit ausgeprägt örtlicher, in Gefäßverengerung, Lähmung der Nervenendigungen, Einschränkung der Drüsentätigkeit sich äußernder Wirkung. Daneben entfaltet es aber auch nach Übertritt in die Säftebahn (von Schleimhäuten, Unterhautbindegewebe und Wunden aus) häufig so unliebsame allgemeingiftige Eigenschaften, daß seine Verwendung zu Heilzwecken stets Vorsicht gebietet. Das Wesen der Vergiftung wird in Lähmung des vom Kokain berührten Zelleiweiß gesucht: Leukozyten und Pigmentzellen des Frosches verlieren die Fähigkeit zu amöboider Bewegung (PACHOMOW). Kokain büßt einen großen Teil seiner Giftigkeit ein, wenn es längere Zeit am Orte der Zufuhr zurückgehalten wird. Vielleicht unterliegt es hier unter Einfluß des lebenden Gewebes einer Zersetzung oder Bindung (WIECHOWSKI, angef. b. PAULSSON). Ein Teil des Giftes verläßt durch die Niere den Körper; der Weg der Hauptausscheidung scheint je nach Tierart zu wechseln, da z. B. bei der Katze größere Kokainmengen auch im Magen gefunden werden. Aus Tierversuchsergebnissen zu schließen (PH. ELLINGER und W. HOF) erfolgt die Entgiftung des Körpers offenbar sehr schnell. Auf die Bedeutung der Leber als Entgiftungsorgan weist die Tatsache hin, daß die Verträglichkeit der Kokainpräparate beim lebergeschädigten Versuchstier herabgesetzt ist, und daß die tödliche Giftmenge sehr viel niedriger liegt als beim Normaltier.

Der Nachweis des Giftes ist seiner schnellen Zersetzlichkeit wegen schwer zu führen. Unmittelbar nach dem Tode ist es in Blut, Harn und Leichenteilen festzustellen.

Örtliche Wirkung.

Wird bei Kokaineinträufelung in das Auge nicht auf sofortigen Lidschluß geachtet, so ist nach Abdunstung der vorhandenen und (zufolge giftbedingter Stillegung der Tränenabsonderung) nicht wieder ersetzten Augenflüssigkeit eine Austrocknung der Bindehäute unvermeidlich. Diese werden dann — ähnlich wie auch sonst kokainbetupfte Schleimhäute — blaß, trocken und runzlig, das oberflächliche Hornhautepithel blättert ab, und es können sich örtliche

Entzündungen, ja Panophthalmie anschließen (L. Lewin und Guillery, Vinci u. a.).

Über Gaumennekrose nach Kokaineinspritzung berichtet P. Ritter.

Allgemeinwirkung.

Akute Vergiftung.

Der Tod wird in der Regel mit Krämpfen eingeleitet und erfolgt unter Versagen von Atmung und Kreislauf. Die wenigen Leichenöffnungen akut Vergifteter zeitigten — entsprechend den Befunden bei der Mehrzahl der Alkaloidvergiftungen — weder für Kokain kennzeichnende, noch überhaupt nennenswerte Ergebnisse, was bei dem schnellen Ablauf der Vergiftung nicht erstaunen kann. So fand Tivy bei einem Mann, der 3 Minuten nach Einspritzung von 2 g einer $10\,^0/_0$igen Kokainlösung in die Harnröhre endete, nichts als Stauungsblutüberfüllung der Eingeweide.

Die akute Giftwirkung macht sich durch Blässe und bläuliche Verfärbung der Haut, Erweiterung der Pupillen bemerkbar. Gelegentlich treten Hautausschläge auf. Dem Tod unter Krämpfen schließt sich (der Stärke und Zahl der Krampfanfälle entsprechend) gewöhnlich rasch eintretende, stark ausgeprägte und langdauernde Totenstarre an (E. Joël und Fr. Fränkel), die, wie Fagerlund in einem Fall schildert, trotz warmer Jahreszeit noch nach 2 Tagen hochgradig sein kann: Die Waden waren „hart wie Holz“. Dem scheinen die Versuchsergebnisse am Kaninchen (Pilz) zu widersprechen: Hier verzögerten Kokaingaben das Einsetzen der Totenstarre.

Bei Eröffnung der Körperhöhlen ist eine beträchtliche, ab und an auch mit Blutungen vergesellschaftete Blutfülle der inneren Organe, besonders der Lungen, Leber, Milz (H. W. Maier, Erzer u. a.) als fast regelmäßiger Befund zu buchen.

Das Blut ist dunkel, flüssig. Bei Tieren findet man Erythrozyten und Leukozyten vermehrt, Mikrozyten und Normoblasten treten auf. Der Gipfel der Erythrozytenzahl liegt 24 Stunden nach Einnahme des Giftes, später steht Leukozytose im Vordergrund (Sokolow).

Obwohl die Vergiftungserscheinungen in erster Reihe auf Störungen im Zentralnervensystem hindeuten, bestehen hier grob anatomisch keine wesentlichen Veränderungen. Die vereinzelt auffindbaren diesbezüglichen Angaben berücksichtigen lediglich das Vorhandensein von Ödem und Blutreichtum in Gehirn und Rückenmark und ihren Häuten. Die von Pachomow (s. auch Brack) gebuchten Thrombenbildungen in den kleinen Hirngefäßen verschiedener Säugetiere zählen immerhin zu den bemerkenswerteren Befunden, während sich mit den bei Fagerlund u. a. zu lesenden Schilderungen von Tigrolyse u. dgl. nicht viel anfangen läßt. Soweit neurohistologische Untersuchungen am Menschen vorgenommen wurden, haben sie meines Wissens bisher zu keinem beachtenswerten Ergebnis geführt.

Die Schleimhaut der Luftwege verhält sich dem Gift gegenüber unempfindlich; dagegen weist die Lunge mit ihren Parenchymblutungen usw. zuweilen Zeichen der Allgemeinvergiftung auf. Maurel hatte in Paris des öfteren Gelegenheit, akut Kokainvergiftete zu sehen, wobei ihm das gehäufte Vorkommen von Lungeninfarkten auffiel. Er suchte die Erklärung dafür in einer durch Gefäßverengerung (Sympathikusreizung!) und „Leukozytenschwellung und -deformation“ hervorgerufenen Blutstromverlangsamung, die ihrerseits — außer in der Lunge wahrscheinlich auch noch in anderen Organen — zur Bildung kleinster Thromben führte. Gleichsinnige Befunde schildern

BRAVETTA, ERZER u. a. Neigung zu ausgedehnter Thrombenbildung in den Lungengefäßen kleiner Säuger wird auch in der Dissertation von PACHOMOW erwähnt.

Perorale Kokaindarreichung bewirkt heftige Rötung und stärkere Schleimabsonderung, vereinzelt auch Blutaustritte in der Magenschleimhaut, Befunde, die mit Wahrscheinlichkeit als Ausdruck unmittelbarer örtlicher Reizwirkung zu werten sind, da über entsprechende Veränderungen bei parenteraler Gifteinverleibung nichts bekannt ist.

Nach Ausführungen von P. EHRLICH nehmen die Leberzellen — wie er glaubt, durch mittelbaren Einfluß des Giftes — mit weitgehender Verfettung und Vakuolisierung ihres Leibes an der Allgemeinschädigung teil; desgleichen lassen Gallengangs- und Gefäßwandungen Fettspeicherung erkennen. Im Tierversuche (Mäuse) erzielte ERZER neben beträchtlicher Blutfülle Vergrößerung der Leber vor allem durch Fetteinlagerung, und zwar in ähnlicher Form, wie sie beim Menschen beobachtet wird.

An den Lymphknoten akut vergifteter Tiere konnte SOKOLOW Zunahme der Kernteilungsfiguren feststellen, die scheinbar vermehrten Sinusendothelien ließen teils Vakuolisierung bzw. Verfettung ihres Protoplasmas erkennen, teils waren sie in Zerfall begriffen. Ähnliches Verhalten war bei den Blutgefäßendothelien zu beobachten.

In Mäuseversuchen erzielte Milzbefunde beschreibt ERZER folgendermaßen: Das Bindegewebe der Pulpa zeigte sich verbreitert und homogen, die Pulpamaschen eng und zellarm. Die breiten Bänder des Pulpagewebes waren mit Sudan leuchtend rot gefärbt, zahlreiche Pulpazellen verfettet.

Chronische Vergiftung.

Diese ist beim Menschen in erster Reihe gekennzeichnet durch hochgradige Abmagerung (Siechtum) auf dem Boden langdauernder Ernährungsstörungen. Die Haut ist welk und bleich, Ödeme stellen sich ein. Am Lebenden fallen die stets weiten Pupillen auf.

Lediglich beim Kokainschnupfer kann die Diagnose der Kokainsucht mit einiger Sicherheit gestellt werden, da das als weißes Pulver oder Kristalle in die Nase eingeführte Gift hier gewöhnlich noch an den Schleimhäuten haftet. Kokainschnupfer zeigen nach den Ausführungen von ZANGGER blasse, dünne Nasenflügel, während BONVICINI von gelatinöser Schwellung der ganzen Nase, knopfartiger Verdickung der häufig ekzematösen Nasenspitze, Auftreibung der Nasenflügel spricht. Vor allem bemerkenswert sind der Schleimhautschwund an der Nasenscheidewand und — seltener — entzündlich-geschwürige, zur Heilung neigende, gelegentlich aber auch zu Knorpelzerstörung und Nasenwanddurchbruch führende Vorgänge, wie sie ähnlich bei Chromeinwirkung auftreten können (BRAVETTA, NATANSON und LIPSKEROFF u. a.). Dem Durchbruch folgt das Einsinken des Nasenrückens („Koksnasen"). Ausnahmsweise sind die Muscheln in Form von Atrophie beteiligt (RÖSSLE). Laut Angabe von HERAUSGEBER waren schon innerhalb 6—8monatlichem Kokainmißbrauch Wanddurchbrüche festzustellen, mit gewöhnlich reizlosen, epithelialisierten Wundrändern. Die Entstehungsursache dürfte nicht nur in dem örtlichen mechanischen Reiz des Kokains, sondern auch in der durch das Gift bedingten Gefäßverengerung liegen (PASSOW).

Die Befunde am Zentralnervensystem sind — wenn auch nicht nur dem Kokainisten, sondern in ähnlicher oder in gleicher Weise ebenfalls dem chronisch mit Morphium, Arsen, Blei usw. Vergifteten eigentümlich — immerhin bemerkenswert. So wies ein 28jähriger chronischer Kokaingenießer, der einer aufgepfropften akuten Vergiftung erlag (Fall BRAVETTA), im Gehirn — neben Gefäßwandverfettung und zahlreichen Thromben in den kleinsten Gefäßen — beträchtliche Fettablagerung in Ganglien- und Gliazellen auf. An den Nervenzellen waren Chromolyse, Protoplasmavakuolen, Verklumpung des Kerns u. a. m. nachzuweisen. Rosenkranzartige Auftreibungen und Schrumpfungen der Nervenfasern, umschriebene Lymphozytenansammlungen vervollständigten das Bild. Ausgedehnte Mikrothromben im Gehirn fielen auch BRACK auf, jedoch war ihm der ursächliche Zusammenhang mit Kokainmißbrauch nicht gesichert, nur wahrscheinlich. DADDI berichtet über experimentell erzeugte stärkste Chromatolyse in der Gegend des Ammonhorns (s. auch RONCATI: Versuche an Katzen). BRAVETTA e INVERNIZZI, welche 1923 eine größere Reihe chronisch kokainisierter Tiere untersuchten, sprechen der auch beim Tier in ähnlicher Weise wie beim Menschen häufig zu beobachtenden Neigung zu Thrombenbildung und kleinsten Blutaustritten gewissen merkmalsmäßigen Wert zu gegenüber sonst gleicher Hirnbeschaffenheit bei anderen Vergiftungen.

Eine kurze Schilderung des Sektionsbefundes eines chronisch Vergifteten gibt uns ERZER. Es handelte sich um einen 22jährigen Menschen, der, seit 2 Monaten dem Kokaingenuß fröhnend, schließlich mit einmaliger großer Giftmenge seinem Leben ein Ende machte. Außer den schon bei der akuten Vergiftung erwähnten Blutungen in Lungen usw. fanden sich in der Leber Nekrosen und in ihren unregelmäßig geformten Zellen schollig umgewandeltes Protoplasma, daneben Andeutung tropfiger Bildungen, wie sie B. FISCHER als blasige Entartung bei vergifteten Tieren beschreibt und mit der Lipoidlöslichkeit des in seinen Versuchen jeweilig verwandten Giftes (Phosphor, Chloroform usw.) in ursächliche Beziehung setzt. Wesensgleiche Leberveränderungen konnte ERZER bei subakut vergifteten Mäusen buchen: In dem fast blutleeren, nur fleckweis mit Blut versorgten Organ fanden sich breite Züge nekrotischen Lebergewebes, in dessen Zellen das Eiweiß z. T. schollige Beschaffenheit angenommen hatte. BRAVETTA e INVERNIZZI vermerken dagegen lediglich zahlreiche kleine Blutungen in der Leber ihrer Versuchstiere.

Dieselben Untersucher zählen ferner, wie auch ERZER, feintropfige Fettspeicherung in der Muskulatur des Herzens auf, welche mit Dauer der Vergiftung zuzunehmen schien.

ERZER fand die Niere herdförmig verfettet, BRAVETTA e INVERNIZZI beschreiben Erythrozyten im Kapselraum als einzig krankhaften Befund.

b) Novokain, Stovain, Orthoform.

a) Novokain.

Dieses setzt nur ausnahmsweise am Orte der Einspritzung Gewebsschädigungen in Form oberflächlicher Gangrän usw. (LIEBL, STROHE). Nach Anwendung zu alter Novokainlösung wurde Zahnfleischperiostitis von GAZA gesehen. Dieser berichtet auch über einen Fall, wo sich am harten Gaumen ein mit Arterienberstung einhergehendes Schleimhautgeschwür entwickelte, das schließlich tiefgreifende Knochennekrose und Durchbruch des Gaumens zur Folge hatte.

JORDAN schilderte 1927 zum ersten Mal die durch Novokain hervorgerufene gewerbliche Dermatose der Zahnärzte, welche kenntlich ist 1. an ekzemartiger, mit Bildung schmerzhafter Schrunden einhergehender Verhärtung der Haut an den Händen, 2. an der Gewebeschwellung unter den Fingernägeln, so daß diese im vorderen Teil hochgehoben werden, während die Nageloberfläche teils querlaufende Furchen, teils helle Fleckung aufweist.

Der von BODECHTEL (1928) mitgeteilte Fall einer nach 3 Tagen unter Krämpfen zu Tode führenden Novokain-Lumbalanästhesie scheint bisher der einzige dieser Art geblieben zu sein. Als Todesursache mußte eine Sinusthrombose mit lokaler hämorrhagischer Infarzierung des motorischen Rindengebietes angesprochen werden.

b) Stovain.

Stärkere, unter die Haut gespritzte Stovainlösungen bedingen gelegentlich örtliche Entzündung und Brand (H. Braun u. a.). Über oberflächliche Schleimhautnekrose nach Einführen eines mit Stovain getränkten Wattebausches in die Nase wurde von Mc. Kenzie Mitteilung gemacht. Bei drei (an Peritonitis Sepsis usw.) Erkrankten, welche 2—8 Tage nach Behandlung mit Stovain-Lumbalanästhesie ihrer Krankheit erlagen, konnte Spielmeyer im Rückenmark an den motorischen Zellen des Vorderhorns abgerundete, „hypervoluminöse" Leiber und Auflösung der chromatophilen Substanz feststellen. An Tieren (Hunden und Affen) vorgenommene Versuche zeitigten gleichsinnige Ergebisse. Bei einem der Hunde fanden sich zudem noch schwere „degenerative Veränderungen" der Leitungsbahnen. Bei allen Affen waren die hinteren Rückenmarkswurzeln geschädigt.

c) Orthoform (Kokainersatz).

Die örtliche Reizung durch das in Streupulverform verwandte Anästhetikum wirkt sich unter Umständen in — oft von Ödem begleiteter — Entwicklung von Geschwüren und Gangrän aus, ohne daß merkbare entzündliche Erscheinungen vorhergegangen wären (Dubreuilh, Asam, R. Friedländer, Heermann [Posen]). Hauterscheinungen wie Flecke, Quaddeln, Knötchen usw. sind als Ausdruck allgemeiner Giftwirkung zu deuten. Dubreuilh schildert einen Fall, in welchem sich aus roten, runden, infiltrierten Flecken Bläschen und Pusteln entwickelten.

Der Nachweis des Orthoforms gelingt nach innerlicher Anwendung im Harn.

18. Alkaloide aus Secale cornutum (Mutterkorn).

Der in den jungen Fruchtknoten vieler Getreidearten (unter Bevorzugung des Roggens) als Schmarotzer lebende Claviceps purpurea bildet langgestreckte, schwarzviolett gefärbte, aus der Kornähre mit leicht hornförmiger Krümmung hervorragende Sklerotien, die unter dem Namen Mutterkorn (Secale cornutum) bekannt sind. Secale ist eine außerordentlich veränderliche, bezüglich ihres Gehalts an toxischen Alkaloiden jeweils nach Standort und Art der Wirtspflanze, dem Alter der Sklerotien usw. in weiten Grenzen schwankende Droge, so daß sich der chemischen Aufspaltung ihrer Bausteine viele Hindernisse in den Weg stellten. Nach der Darstellung von Guggisberg (1929) wurden noch bis vor wenigen Jahren unter dem Einfluß englischer Forscher gewisse stickstoffhaltige Basen (proteinogene Amine) als wirksame Grundstoffe des Mutterkorns angesprochen. Von diesen waren es wiederum zwei, welche als die bedeutsamsten in den Vordergrund rückten: a) Das sich chemisch und physiologisch eng an das Adrenalin anschließende Tyramin, b) das Histamin, dessen gefäßerweiternde und Bronchialkrampf erregende Wirkungen weitgehende Ähnlichkeit mit anaphylaktischen Allgemeinerscheinungen erkennen lassen (Poulsson). Andererseits wurde erörtert, ob diese Amine überhaupt Bestandteile des Secale selber seien oder nicht vielmehr — da sie sich auch bei der Fäulnis von Fleisch bilden — in den wäßrigen Mutterkornauszügen durch Tätigkeit von Bakterien entstehen (Poulsson).

Die von älteren Untersuchern gefundene Ergotinsäure ist kein reiner Stoff, sondern eine Mischung von noch nicht gesichertem chemischem Aufbau.

Aus Tyramin und Histamin ließ sich Ergotoxin gewinnen, und man glaubte eine Zeitlang, den Secaleerfolg der Gemeinschaftswirkung dieser drei genannten Körper zuschreiben zu können. Nach dem heutigen Stande unseres Wissens sieht man jedoch in den Alkaloiden und zwar vor allem im Ergotamin die für Heilzwecke (bzw. Vergiftungen) einzig in Frage kommenden Stoffe.

Als wichtigste Erfolgsorgane des Giftes gelten Arterien- und Gebärmuttermuskulatur. Die Bemühungen, die einzelnen Vorgänge bei der zur Gangrän bestimmter Körperteile führenden Vergiftung zu erklären, bewegen sich in verschiedener Richtung. Nach Anschauung der einen Untersucher bedingt Secale von Gewebstod gefolgte, anhaltende, krampfartige Zusammenziehung aller kleinen Arterien, wobei der Sitz der Giftwirksamkeit nicht zentral, sondern in den Gefäßwänden selbst vermutet wird. Andere Forscher, welche sich auf klinische Beobachtungen und Ergebnisse von Tierversuchen berufen, rügen den Mangel eindeutiger Beweise für die gefäßverengernde Tätigkeit der Mutterkornalkaloide. Nach dem Vorschlag von Guggisberg wäre zu erwägen, ob nicht vielleicht das Gewebe selbst beim Absterben einem unmittelbaren pharmakotoxischen Einfluß erliegt, der noch begünstigt wird durch Abnahme der Gefäßwandspannung in peripherischen Gefäßen und dadurch hervorgerufene Blutstromverlangsamung.

Secalepräparate sind unter mannigfachen Namen im Handel: Gynergen (Ergotamin), Ergotin (Bezeichung verschiedener flüssiger Secaleauszüge) u. a. Ihre Wirkung erreicht höchste Grade bei Zufuhr unter die Haut.

Akute Vergiftung.

Mit Gangrän oder Allgemeinerscheinungen einhergehende akute Vergiftung ist selten und tritt eigentlich nur im Anschluß an Abtreibungsversuche auf (H. Otto u. a.). Dagegen kommt es häufig zu Gebärmutterblutungen und Ausstoßung der Frucht, welche — an sich lebensfähig — bei den langdauernden Krämpfen der Gebärmuttermuskulatur fast stets abstirbt. Nach Mitteilungen von L. Lewin soll schon 1 g Secale so starke Zusammenziehungen der Gebärmutter auslösen können, daß eine Zerreißung ihres Körpers angeblich als gar nicht seltenes Ereignis anzusprechen sei. Bei der von dem gleichen Berichterstatter erwähnten, nach Darreichung besonders hoher Mutterkornmengen aufgetretenen Ausstülpung eines großen Gebärmutterteils durch den äußeren Muttermund scheint es sich dagegen um ein einmaliges Vorkommnis gehandelt zu haben.

Übermäßige Secalegaben führen bei höheren und niederen Tieren zu epilepsieähnlichen Anfällen, bei tödlichem Ausgang endet die Vergiftung mit Lähmungen und Atmungsstillstand.

H. Otto ist meines Wissens der einzige, welcher in einer älteren Veröffentlichung etwas näher auf das pathologisch-anatomische Verhalten des akut vergifteten Gesamtkörpers eingeht. So sind unter anderem in seiner Arbeit Bemerkungen zu lesen über auffallende venöse Blutstauung im Unterhautfettpolster, Netz, Verdauungsschlauch usw. (sympathikuslähmende Wirkung des Ergotoxins), über mächtige Blutansammlung in der schwarzrot verfärbten Lunge. Diese Befunde dürften jedoch differentialdiagnostisch ohne Bedeutung sein.

Subakut-chronische Vergiftung.

Diese wird entweder durch den Genuß infizierten Korns bzw. getreidehaltiger Nahrungsmittel oder durch Verwendung von Secalepräparaten zu Heilzwecken hervorgerufen. Die erstgennante Ursache spielte vom Mittelalter an (Historisches s. bei Kobert) bis weit in die neueste Zeit hinein (Lawrow

[1927]) eine bemerkenswerte Rolle bei der Entstehung des „Ergotismus chronicus", der sich seinem klinischen Verlaufe nach in zwei Formen a) den Ergotismus gangraenosus, b) den Ergotismus convulsivus gliedert.

a) Ergotismus gangraenosus.

Zu besserem Verständnis des zur Gangrän führenden geweblichen Geschehens mögen die an Tieren gemachten Erfahrungen vorangeschickt werden. Die einzelnen Tierklassen verhalten sich Secale gegenüber sehr verschieden: Gangrän ist bei verhältnismäßig wenigen Tieren zu erzielen und auch bei diesen nur an ganz bestimmten Organen, für welche wahrscheinlich ungünstige Kreislaufsverhältnisse maßgebend sind. Während sich Katzen und Meerschweinchen im großen und ganzen secalefest verhalten — zeigen sie doch selbst nach größten Gaben und langdauernder Fütterung fast nie örtlichen Gewebstod, sondern höchstens vereinzelte Blutaustritte — kann man den Hahn als das klassische Secaletier bezeichnen. Bei ihm entwickeln sich am frühesten und am leichtesten die dem Krankheitsbild den Namen gebenden gangränösen Prozesse und zwar in erster Reihe an Kamm und Bartlappen, in welchen — wie von vielen Seiten (RECKLINGHAUSEN u. a.) angenommen wird, zufolge heftiger und andauernder, von Bildung sog. hyaliner Thromben gefolgter Zusammenziehung der Arteriolen — zunehmende venöse und kapilläre Stauung und damit das stufenweise Nachlassen der Blutversorgung zu beobachten ist: Der den Organen gemäße leuchtend rote Farbton wechselt allmählich zum Blauen hinüber. Hält die Giftzufuhr an, so kommt keine volle Blutdurchströmung mehr in Gang, die unzulänglich ernährten Teile (Kamm, Bartlappen, Zungenspitze, Kehldeckel usw.) schrumpfen ein, verfallen trockenem Brand und werden schließlich durch entzündliche Vorgänge oder auch reaktionslos abgestoßen (CAFFIER u. a.).

Zwar wird von den meisten Forschern das Kaninchen zu den secalefesten Tieren gerechnet; dennoch findet man bei SEIFRIED unter den wichtigsten Zufallserkrankungen des Kaninchens auch die durch Verabreichung secalehaltiger Futterstoffe hervorgerufene Gangrän und Mumifikation (namentlich der Zehenenden mit Verlust der Krallen) aufgezählt. In den von SUSTMANN beobachteten Fällen trat die Vergiftung — hauptsächlich bei Jungtieren — im Anschluß an Roggenfütterung auf.

KOBERT vergiftete Schweine mit secalehaltigem Futter; es gelang ihm, am 3. Tage brandblasenähnliche Hautabhebungen an beiden Ohrmuscheln zu erzeugen, am 8. Tage konnte er buchen, daß die Ohrränder sich dunkelblau anfärbten, daß ein erbsengroßer Abschnitt an der Nase schwarz wurde. Ähnliche, an Ferkeln erzielte Versuchsergebnisse überliefert GRÜNFELD.

Das Zustandekommen der Gangrän beim Menschen unterscheidet sich grundsätzlich in nichts von dem beim Tier und wird daher im folgenden nur kurz abgehandelt.

Von besonderem klinischen Belange sind die überwiegend subakut verlaufenden, durch Secaletherapie ausgelösten Gangränfälle, die schon im vorigen Jahrhundert (in erster Reihe von französischer Seite [angef. bei KOBERT]), vor allem aber in den letzten Jahren (d. h. seit der häufigen Anwendung des Gynergens und ähnlicher Präparate) im Wochenbett zu wiederholten Malen beobachtet wurden (BRANDESS, CAFFIER, GOLDBERGER, HEYER, KIENLIN, H. SAENGER, SCHLEUSSING, SPIEGEL u. a.). Als Beispiel für den stets annähernd gleichartigen Krankheitsverlauf möge der Fall BRANDESS herausgegriffen werden: Hier bekam eine 22 Jährige mit septischem Abort zuerst eine Spritze, dann täglich 2 Tabletten Gynergen. Nach einigen

Tagen stellte sich, während Gesicht und Hände weniger betroffen waren, hochgradiges Kältegefühl, Schmerzen, zunehmende Bläulichfärbung an den Beinen ein. Im weiteren Krankheitsverlauf zeigten sich an vielen Stellen nach blasig-fetziger Abstoßung der Haut tiefe, eiternde Löcher, und schließlich fielen die Zehen ab. Es ist wichtig zu bemerken, daß es sich in keinem einzigen der angeführten Fälle um eine normale Geburt bzw. ein normales Wochenbett gehandelt hat (Guggisberg). Offenbar schafft die Puerperalinfektion an sich schon günstige Vorbedingungen für gangränöse Prozesse, da über das Vorkommen von Gliedmaßenbrand ohne Darreichung von Secalepräparaten verschiedentlich berichtet wird. (S. ferner O. Schmidt: ,,Gangrän an den Extremitäten nach normaler Entbindung".) Im Falle Brandess mögen auch bereits vorhandene Gefäßwandschäden auf dem Boden einer alten Lues bei Entstehung der Gangrän mitgewirkt haben.

Speiser, der die Entwicklung einer Endometritis dissecans bis zur Uterusgangrän verfolgte, mahnt zu besonderer Vorsicht in Anwendung der Gynergentherapie bei fiebernden Wöchnerinnen.

Über den Versuch einer Basedowbehandlung mit Ergotamin und sein Ausklingen in Zehengangrän s. Dresel (Rundfunkvortrag), Porges.

Die kennzeichnenden frühesten Erscheinungen der Erkrankung treten uns — insbesondere an den gipfelnden Körperteilen — entgegen in allen Abstufungen von Ödem, umschriebener Blässe und Blauschwarzverfärbung, rissig-runzeliger, lederartiger oder erweichter, blasiger Beschaffenheit der Haut, bis es schließlich zum Bilde der voll ausgebildeten Gangrän, mit oder ohne Abstoßung der betroffenen Teile kommt. In einzelnen Fällen breitet sich die Gangrän zentripetal weiter aus, so daß ganze Gliedmaßen dem Untergang verfallen.

Von sonstigen Veränderungen des Äußeren ist zu bemerken, daß der chronisch Vergiftete stark abmagert, Neigung zu Blausucht zeigt, gelegentlich auch zu leichter Gelbfärbung, Ödembereitschaft, Abfallen der Finger- und Zehennägel, Verlust der Zähne. In Furunkulose, Pyodermie usw. zu Tage tretende mangelhafte Ernährung und Abwehrkraft der Haut macht sich bemerkbar bei den über einen längeren Zeitraum hin Leidenden (Jaksch u. a.). So schildert z. B. Lawrow (1927) dem Impetigo herpetiformis Hebrae ähnelnde, nicht heilende Ausschläge an Bauch, Brust, Oberschenkeln und Armen bei einem jungen, durch Roggenbrot vergifteten, russischen Bauern.

Ab und an werden Erscheinungen von Seiten des Auges — allerdings häufiger beim Tier als beim Menschen — mitgeteilt: Lid- und Bindehautentzündung (L. Lewin und Guillery), Ernährungsstörungen an der Hornhaut u. a. m. Ein ursächlicher Zusammenhang zwischen der von L. Heine in seinem Buch über die Krankheiten des Auges vermerkten Linsentrübung und Mutterkornzufuhr ist zwar nicht erwiesen, jedoch haben Jaksch, ähnlich Birch-Hirschfeld die Möglichkeit einer Starbildung durch die zu Gefäßkrämpfen im Ziliarkörper führende Secalewirkung erörtert.

Nach Eröffnung der Körperhöhlen läßt sich bei Mensch und Tier eine allgemeine, in der Bauchhöhle vielleicht am stärksten zum Ausdruck kommende Stauungsblutüberfüllung feststellen, die häufig (besonders an den serösen Häuten, aber auch in vielen Organen) mit Blutaustritten gepaart ist (Jaksch, Kobert, Wernich, Winogradow u. a.).

Die den Zustand des Herzens mit berücksichtigenden Aufzeichnungen enthalten in ihren Angaben über Blutfülle der Vorhöfe (Tierversuche von Wernich) oder Hypertrophie der linken Kammer und ihrer Papillarmuskeln (Winogradow) nichts Kennzeichnendes. Durch langdauernde Secalefütterung ließ sich von Bindegewebswucherung gefolgte ödematöse Quellung, Körnelung und Schwund der Muskelfasern erzielen (AMATO, GRIGORJEFF, KRYLOW), ein Erfolg, welcher der — durch Blutdruckschwankungen noch mechanisch unterstützten — Wirkung des Giftes auf die Muskulatur zugeschrieben wird.

Mit Besprechung der kleinen Arterien begeben wir uns in das Fragengebiet der Gangränpathogenese. Zwei Punkte sind es vor allem, um welche sich die Meinungen im Widerstreit bewegen: Reichen wiederholte heftige und langdauernde Zusammenziehungen an und für sich gesunder Blutgefäßwände aus, um die betroffenen Bezirke durch Blutsperre dem (von WINOGRADOW als Koagulationsnekrose aufgefaßten) Untergang auszuliefern, oder sind dazu bleibende Schäden an den Gefäßwänden selbst erforderlich? Das Fehlen histologisch faßbarer Wandveränderungen bei Vorhandensein strotzend gefüllter Haargefäße bzw. die Lichtung mehr oder minder verschließender hyaliner — vielleicht aus zusammengesinterten Erythrozyten entstandener — Gerinnsel (Thromben) in größeren Gefäßen (CAFFIER, KOBERT, RECKLINGHAUSEN, REFORMATSKI-GRIGORJEFF) scheinen denen Recht zu geben, welche in Gefäßkrämpfen den bedeutungsvollsten Umstand, ja das Wesen der Erkrankung sehen möchten (SCHLEUSSING u. a.). Ihnen stehen die Untersucher entgegen, welche bei Mensch und Tier alle Grade krankhafter Vorgänge an den einzelnen Gefäßwandschichten aufzeigten. GRIGORJEFF schildert die Gefäßwände seiner vergifteten Tiere als porös, zerreißlich, die Gefäßuferzellen mit Hämosiderinklümpchen vollgestopft. In den von WINOGRADOW beobachteten Fällen von tödlichem Ergotismus beim Menschen zeigten sich (vor allem in den Milzfollikeln) an der hyalinisierten Intima und Media der kleinen Arterien ungewöhnlich starke Verdickungen, so daß sie in Gemeinschaft mit Endothelwucherungen und hyalinen — angeblich beim Blutkörperchenzerfall sich bildenden — Thromben die Gefäßlichtung stellenweise bis zu vollem Gefäßverschluß einengten. Gleichsinnige Befunde, wenn auch schwächeren Grades, finden sich bei GRÜNFELD, ORLOW u. a. verzeichnet. Die von JAKSCH als „Arteriitis in gangränösen Abschnitten" zusammengefaßten Vorgänge gehören offenbar auch hierher. A. DAVIDSON konnte über Gefäßberstung in der Magenwand, KRYSINSKI (bei seinen Tieren) über solche in der hochgradig gestauten Lunge berichten. Lange Zeit hindurch im Versuch gehaltene Kaninchen zeigten an der Aorta bzw. an der Arteria femoralis Veränderungen vom Gepräge der „Adrenalinsklerose" (s. S. 483), d. h. es fanden sich bei unversehrter Innenhaut Medianekrosen mit Verkalkung, Vernarbung und Bildung von Knorpel- und Knochengewebe (AMATO, KRYLOW [Zusammenstellung der älteren Arbeiten über experimentelle Arteriosklerose], THEVENOT).

In dem von KOBERT überlieferten Schrifttum aus früheren Jahrzehnten finden sich nicht näher begründete Bemerkungen darüber, daß bei gangränösem Ergotismus der Tod gelegentlich durch Lungengangrän verursacht worden sein soll. In der Regel sind in der Lunge nur die gleichen Anzeichen von Stauungsblutüberfüllung wie in fast allen anderen Organen aufzufinden. Nach Beobachtungen von KRYSINSKI bei Tieren kann die Blutüberfüllung in den kleinen Venen so hochgradig werden, daß die dünnwandigen Gefäße zerreißen.

Bei Tieren, die als einziges Merkmal der Erkrankung dünne Stühle abscheiden und sonstigen Secalewirkungen nicht unterliegen, finden sich im Magen-Darmkanal Schleimhautrötung und auf Faltenhöhe oder einem größeren Venenstamm folgend Blutaustritte, welche von A. DAVIDSON z. T. geborstenen Gefäßen zur Last gelegt werden. Oberflächliche Verluste und entzündliche Vorgänge an der Schleimhaut werden von GRIGORJEFF, JAKSCH (für die Kaninchen auch von SEIFRIED) angegeben. Bei chronisch vergifteten Hähnen kann der Darm mit seinen auf die PEYERschen Haufen beschränkten Schwellungen, Nekrosen und gelegentlich sogar in die Bauchhöhle durchbrechenden Geschwürsbildungen einem Typhusdarm ungemein ähneln.

Der Verdauungsschlauch des Menschen antwortet nicht mit gröberen Wandschäden, sondern läßt lediglich die auch sonst überall im Bauchraum herrschende Neigung zur Stauungsblutüberfüllung erkennen.

Auf das Verhalten der Leber (bei chronisch vergifteten Hunden) geht nur Grigorjeff, und auch dieser nur mit wenigen Worten ein, indem er „körnige Zelldegeneration" mit Plasmavakuolenbildung und Chromatolyse der Kerne aufzählt.

Über Untergang der Milzfollikel, offenbar infolge Erstschädigung der Follikelgefäßwände, weiß Winogradow (Tierversuche) zu berichten. Daneben wird noch „hyaliner Entartung" von Milztrabekeln und -retikulum Erwähnung getan.

Die Niere des Menschen ist offenbar secalefest. Als Veränderungen an den Nieren der Versuchstiere werden Blutaustritte in Kapsel und Zwischengewebe verzeichnet (Jaksch u. a.). Kokorin spricht von herdweiser interstitieller Entzündung, Grigorjeff von Epithelplasmavakuolen und Kernchromatolyse, von Epithelabschilferung, Kapillarendothelverfettung und -zerfall. Die von Winogradow vermerkten, nicht näher beschriebenen oder gedeuteten „homogenen Massen" in der Kapsel dürften Restzustände alter Blutungen (ausgelaugtes Hämoglobin) gewesen sein.

Kobert erzielte durch monatelange Secalefütterung bei trächtigen Kaninchen und Katzen sowohl Schleimhautblutungen in der Harnblase, als auch Blutaustritte in Schleimhaut und Muskulatur der Gebärmutter und in dem Körper der Feten.

b) Ergotismus convulsivus.

Dieser ist klinisch durch das Auftreten tonischer Muskelzusammenziehungen, veitstanz- und epilepsieähnlicher Anfälle gekennzeichnet. Gingen dem Tode langdauernde Krämpfe voran, so ist in einzelnen Fällen wachsartige Umwandlung der Muskulatur und Muskelschwund nachzuweisen, wobei die von den Krämpfen am stärksten mitgenommenen Muskelgruppen — gewöhnlich sind es die Beuger der Gliedmaßen — auch pathologisch-anatomisch am meisten in Mitleidenschaft gezogen werden (Winogradow). Bei Ausgang dieser Form der Vergiftung in Heilung bleiben in der Regel beträchtliche Muskelverkürzungen und entsprechende Beugestellung der Gelenke zurück.

Über Befunde am Zentralnervensystem liegen eine Reihe von (sowohl Menschen wie Tiere umfassende) Untersuchungen vor. Das Gift verankert sich wahrscheinlich zuvörderst an den Hintersträngen des Rückenmarks, so daß man hier Strangdegenerationen finden kann, welche denen bei Tabes weitgehend gleichen (Tuczek, R. Walker u. a.). Die ausgeprägtesten Schäden liegen im Brustmark. Tuczek beschreibt sie etwa folgendermaßen: Neben dem — durch Auftreten von Körnchenkugeln, Spinnenzellen usw. — im Bereich der Burdachschen und Gollschen Stränge festzustellenden Nervenfaserschwund ist feinfaserige Gliaumformung und -wucherung zu beobachten. Das krankhafte Geschehen erfaßt die Stränge in ganzer Ausdehnung und greift auf die hinteren Wurzeln über. Die bleibende Folge ist eine — wie R. Walker es bei einem 8 Jahre nach der Vergiftung eingetretenen Todesfall sah — auf Kosten der nervösen Elemente gehende gliöse Sklerose. Grigorjeff-Reformatski weisen außerdem hin auf vakuoläre Entartung der Ganglienzellen in den grauen Vorderhörnern, auf unregelmäßig anzutreffende, umschriebene Blutungen und Erweichungsherde, Erweiterung der Gefäße und Gefäßscheiden und Gefäßverstopfung durch hyalinähnliche Massen in den Hinterhörnern. Ähnliche histologische Bilder lassen sich bei Tieren sowohl im Gehirn, wie im Rückenmark erzeugen (Dotto, Kokorin, Grigorjeff u. a.). Blutfülle, Erweiterung perivaskulärer Räume, Rundzellansammlungen und Ödem im Stützgewebe deutete

GRIGORJEFF als frische Myelitis. KOBERT konnte bei seinen monatelang gefütterten Kaninchen und Katzen nur Blutaustritte in Hirnhäute und -hemisphären verfolgen. Das Nervensystem der GRÜNFELDschen Tiere sprach auf die Vergiftung überhaupt nicht an.

Ein Befund am inneren Auge des chronisch Vergifteten findet sich bei ORLOW veröffentlicht: Chromatolyse, Vakuolisation und Untergang der Ganglienzellen werden zu der in diesem Fall vorhandenen „glasigen Degeneration" der Netzhautgefäße in ursächliche Beziehung gesetzt.

WINOGRADOW, welcher bei Beurteilung der anatomisch ablesbaren Schäden auf 7 Fälle zurückgreifen kann, sah an den peripherischen Nerven das Peri- und Endoneurium bindegewebig verdickt, bezirksweise von Rundzellen durchsetzt, die Myelinscheiden der Nervenfasern zerfallen, die Fasern selbst verschmälert oder ganz geschwunden, kurzum, es fand sich ein Zustand, den er als „Polyneuritis interstitialis chronica poliferans" bezeichnete.

19. Chiningruppe.
a) Chinin.

Das Chinin, eines der vielen Alkaloide der Chinarinde, nimmt insofern eine Sonderstellung unter den Pflanzenalkaloiden ein, als es bei genügender Stärke in fast allen Geweben als Protoplasmagift in Erscheinung treten kann. Wahrscheinlich ist der von ihm auf das Zelleben ausgeübte Einfluß in einer beträchtlichen — möglichenfalls über die Lähmung intrazellulärer Fermente gehenden — Stoffwechseleinschränkung zu suchen (POULSSON). Alle Chininsalze können unerwünschte Nebenwirkungen und Vergiftungen auslösen.

Das Chinin wird leicht von den Schleimhäuten, dem Unterhautgewebe und den Muskeln aus in den Körper aufgenommen und verteilt sich hier nach Darstellung von HARTMANN und ZILA (Versuche an Hunden) in Leber, Milz, Niere, Lungen. Unmittelbar in die Blutbahn einverleibt, ist es auch in der Magenschleimhaut zu finden. Der Chininspiegel hält sich im Blut etwa 4 Stunden, und zwar ist die Chininspeicherung in den roten Blutkörperchen eine höhere als im Serum. Die nicht zersetzten Chininreste werden durch den Magen-Darmkanal und die Niere schnell ausgeschieden (Nachweis im Urin schon etwa 30 Minuten nach Einführung des Giftes), so daß bei Vergiftungen in der Regel Heilung eintritt bis auf etwaig zurückbleibende Chintaubheit oder -blindheit. Große Chininmengen machen sich beim Menschen an Störungen im Zentralnervensystem bemerkbar. Jedoch wurden akute, von Delirien, Krämpfen und Kollaps eingeleitete, angeblich (HUSEMANN) schon nach Gaben von 2 g eingetretene Todesfälle nur selten beobachtet (PECKER, METZGER und JESSER u. a.). 8—10 g und darüber gelten beim Durchschnittsmenschen als tödliche Gabe.

Das Zustandekommen der Giftwirkung sucht man mit Ineinandergreifen von Gefäßwandschädigung — vor allem kapillärer — und Blutzerstörung zu erklären, eine Vermutung, welche durch Fälle von chininausgelöster Hämolyse und Blutungsbereitschaft bei Nichtmalariakranken an Wahrscheinlichkeit gewinnt (CLOETTA, JAKSCH, H. SEIFFERT u. a.).

Der Chininnachweis beim tödlich Vergifteten gelingt am besten in der Leber.

Als Ausdruck der Allgemeinvergiftung treten kennzeichnende Hauterscheinungen auf: Umschriebene Ödeme, Quaddeln, Roseolen, Papeln, Bläschen, scharlachähnliche Ausschläge (ROSENBUSCH), Ekzeme u. a. m. (J. K. MAYR, O. SALOMON u. a.). Hautblutungen sind als ernsteres Krankheitszeichen zu werten, da sie sich unter Umständen als Auftakt oder — in Gemeinschaft mit Blutaustritten in Schleimhäuten und Organen — als hervorstechendstes Merkmal einer **Chininpurpura** einstellen. Eine verminderte Blutkörperchenresistenz gegen Chinin ließ sich in derartigen Fällen niemals nachweisen (NOCHT und KIKUTH). NICOL schildert, wie sich im Anschluß an Chininexantheme ein **Xanthelasma** entwickelte, d. h. gelbbraun bis braunschwarze, von cholesterinesterhaltigen Xanthomzellhaufen in der Lederhaut herrührende Verfärbungen an allen vormals vom Ausschlag befallenen Hautstellen.

Der **örtliche Chininreiz** (z. B. nach Anwendung einer Chininsalbe) kann sich im Auftreten einer ekzemartigen Dermatitis mit follikulären Knötchen und Bläschen äußern (E. PICK). **Unter die Haut** gespritzt, ruft Chinin leicht Geschwürsbildung hervor. Als **Gewerbeschäden** bei Chininarbeitern, wie auch bei deren Angehörigen, die mit der Arbeitskleidung in Berührung kamen, findet sich die sog. **Chininkrätze,** ein pockenähnlicher Ausschlag auf geschwollener Haut (KOBERT), ferner Erytheme in Ellenbeugen und Achselhöhlen, auch nässende, krustenbildende Ekzeme (BLAMOUTIER et JOANNON: Beobachtungen in einer nahe Paris gelegenen Chininfabrik). Diese gewerblichen Hauterkrankungen werden nicht nur als örtliche Reizwirkung, sondern auch als Zeichen einer Allgemeinschädigung angesprochen (E. GLASER).

Die **chronisch innerliche** Vergiftung spielt praktisch keine Rolle. Jedoch soll langdauernde Chininaufnahme **Abmagerung** bzw. **Kachexie** nach sich ziehen (L. LEWIN), die z. T. vielleicht auf chronisch-katarrhalische Entzündungen im Magen zurückzuführen ist.

In Fällen **allgemeiner Blutungsneigung** findet man bei Körperöffnung Blutergüsse in der Muskulatur, in Brusthöhle und Herzbeutel, Blutaustritte in Bauchfell, Gekröse, Netz und Darmaußenhaut, z. T. mit Unterwühlung und Auseinanderdrängung der Gewebe (BAERMANN).

Mit Rücksicht auf klinische Merkmale und Ausklingen tödlicher Vergiftungsfälle in Krämpfen sind anatomisch faßbare Gewebeschäden am **Zentralnervensystem** zu erwarten. In der Tat berichtet BAERMANN und ähnlich KUCZYNSKI von Blutungen in **Hirnhäuten** und -**substanz.** MEZGER und JESSER fanden dagegen bei einem nach wenigen Stunden verstorbenen Kleinkind lediglich Ödem der weichen Hirnhäute, und ein zweiter von ihnen beobachteter Vergiftungsfall, der als solcher durch den Chininnachweis in Organteilen gesichert wurde, bot autoptisch überhaupt keinen Anhaltspunkt für stattgehabte Chininvergiftung. **Im Tierversuch** wurden von DOTTO bei subakuter Vergiftung in den **Hirnganglienzellen** rückläufige Veränderungen erzielt, unter anderem sog. variköse Atrophie an den Protoplasmafortsätzen der kleinen und großen Pyramidenzellen.

Das Wesen der **Chininblindheit** ist nach Ansicht der einen Forscher (DE GOUVEA u. a.) in frühzeitig einsetzender Blutsperre zufolge regelwidriger Tätigkeit bzw. Erkrankung der **Gefäßwände** zu suchen (toxische Chininwirkung auf die Gefäßmuskulatur!), während andere den Angriffspunkt des Giftes unmittelbar in die nervösen Elemente des **inneren Auges** verlegen (BIRCH-HIRSCHFELD u. a.). Der im Beginn der Erkrankung zu erhebende **Augenspiegelbefund** scheint für die erstgenannte, von der Mehrzahl der Untersucher vertretene Anschauung zu sprechen, da das Bild dem bei der sog. Embolie gleicht: Ischämische **Netzhauttrübung** mit kirschroter Fovea (L. HEINE). Am lebenden Tier läßt sich die chininbedingte Verengerung der Zentral- und Uvealgefäße gut verfolgen (DE BONO). Nach längerer Vergiftungsdauer stellen sich beim Tier bis zum Lichtungsverschluß führende **Gefäßwand**verdickungen (Endovaskulitis) und -thromben ein (SCHWEINITZ), denen schon binnen kurzem eine rückläufige Umwandlung der Ganglienzell-

und inneren Körnerschicht folgt: Zerfall der chromatophilen Elemente, Protoplasmavakuolisierung, Schwellung und Schrumpfung des Kerns u. a. m. (ALTLAND, DRUAULT u. a.). BEHSE konnte beim Hunde zwar Abblassung der Papillen, nach Ablauf von 4 Wochen jedoch noch keine anatomische Gefäßwandveränderung, wohl aber variköse Schwellung und Atrophie des Sehnervenbündels feststellen. Erst 2—3 Monate später zeigten sich die Gefäßwände verbreitert, die Gefäßlichtung mehr oder minder zugewuchert, die Zentralgefäße in einzelnen Abschnitten durch teilweis organisierte Thromben verstopft.

Aus der Gesamtheit der Tierversuche können wir somit, wenn auch bezüglich Reihenfolge der einzelnen Entwicklungsstufen voneinander abweichende, so doch dem Wesen nach übereinstimmende Endergebnisse ablesen, die uns erlauben, auch die — durch das Augenspiegelbild der schneeweißen Papille und verengten Netzhautgefäße (DE GOUVEA) gekennzeichnete — Chininblindheit des Menschen auf entsprechende anatomische Befunde zurückzuführen (DE BONO, HOLDEN, L. LEWIN und GUILLERY).

Schwieriger gestaltet sich das Suchen nach einem anatomisch faßbaren krankhaften Geschehen, welches die Chronintaubheit erklären könnte. Möglichenfalls sind für ihr Zustandekommen, wie Tierversuche vermuten lassen (BECK), Blutüberfüllung und Exsudation, ja, Blutergüsse in Mittel- und Innenohr (Paukenhöhlenschleimhaut, Labyrinth, N. acusticus) anzuschuldigen (K. GRUNERT, KIRCHNER). Beim Menschen sollen nach Angaben von L. LEWIN Trübung und chronisch entzündliche Vorgänge am Trommelfell beobachtet worden sein. E. ROST erwähnt Blutungen hinter dem Trommelfell, welche sich meist schnell zurückbilden. Die Blutaustritte im inneren Ohr werden von WITTMAACK als agonal entstanden aufgefaßt. Andererseits glaubte dieser, homogen bläulich-verwaschenes Aussehen des Ganglienzellprotoplasmas im Ganglion spirale als krankhaften giftbedingten Befund werten zu dürfen. H. LINDT fixierte das Gehörorgan noch während des Lebens, konnte jedoch keine pathologischen Veränderungen daran auffinden. Auch von anderen Untersuchern (s. Arbeiten von BECK) wird ein bis zu anatomisch nachweisbaren Schäden führender Einfluß des Chinins auf das Gehörorgan abgelehnt, werden Vorkommnisse der oben geschilderten Art als agonales oder postmortales Geschehnis angesprochen.

Über Blutungen in der Innenhaut der Gefäße berichtet BAERMANN.

Der Reagenzglasversuch lehrt, daß den Chininsalzen — entsprechend ihrer Natur als allgemeines Protoplasmagift — auch erythrozytenzerstörende Fähigkeit innewohnt, denn wir sehen, wie sich im frisch entnommenen Blut (bzw. im Leichenblut) mit Zusatz von Chininlösung bei bestimmter Dichtigkeit und Wärme anfangs Oxyhämoglobin, nach längerem Zuwarten, unter immer stärkerer Bräunung der Flüssigkeit und Ausfallen von braungoldigen Kristallen auch Methämoglobin bildet (H. MARX, PRIBRAM u. a.). Nach Untersuchungen von M. EBERT kann die im Glase zu erzeugende Chininhämolyse durch Zusatz von Blutserum verschiedener Menschen ebensowohl angeregt als auch gehemmt werden. Wäre eine Übertragung des Reagenzglasversuchs auf den lebenden Körper zulässig, so müßten (zufolge Angaben von GHIRON) etwa 25 g Chinin im Blute Erythrozytenzerfall auslösen. Die häufige Verwendung des Mittels zu Heilzwecken hat jedoch gezeigt, daß beim Menschen das Blut in der Regel chininfest ist und nur unter gewissen, noch nicht näher zu kennzeichnenden physikalisch-chemischen, in Blutkörperchen oder -plasma zu suchenden Bedingungen die Chininzufuhr mit Hämolyse beantwortet, ein Geschehen, das zuweilen bei Malariakranken (als Schwarzwasserfieber) oder — sehr selten — bei Schwangeren eintreten kann, also bei Menschen, die neben der sonstigen Umstimmung des Körpers auch eine gewisse Bereitschaft zur Hämolyse erkennen lassen (DONATH und LANDSTEINER: Bildung von Autohämolysinen durch schubweises Zugrundegehen von roten Blutkörperchen in großen Mengen ?). Deshalb gingen Nocht und Kikuth der Frage nach, ob Chinin vielleicht imstande sei, irgend welche im Körper bereits vorhandene Hämolysine in ihrer Wirkung zu verstärken, gewissermaßen zu „aktivieren". Sie spritzten Tieren (in der üblichen Weise hergestellte) hämolytische Ambozeptoren in die Blutbahn, teils mit, teils ohne Chinin uud kamen zu dem Ergebnis, daß schon geringe Chininmengen einen fördernden Einfluß auf die Ambozeptorhämolyse im Tierkörper ausüben.

Alle Bemühungen, das Zustandekommen der Chininhämolyse auf bekannte physikalisch-chemische Vorgänge zurückzuführen, haben noch zu keinem befriedigenden Ergebnis geführt. Ghiron denkt an eine katalysatorische Fähigkeit des in einzelnen Organen (Leber, Niere, Nebennieren) angehäuften Chinins, die sich in dem Augenblick auswirkt, in welchem bereits verändertes, insbesondere der Antihämolysine beraubtes Blut mit den chininspeichernden Organen in Berührung tritt. Andere Untersucher (M. Ebert, Kritschewsky und Muratoffa) möchten — in Gedanken an die Wirkung des Schlangengiftes — den Erythrozytenzerfall mit einer Aktivierung des an die Lipoidstoffe des Blutes gekoppelten Chinins erklären, wobei wahrscheinlich das Lezithin die Hauptrolle spielt.

Im Hinblick darauf, daß vereinzelte Fälle von Hämoglobinurie ohne nachweisliche Hämoglobinämie vorgekommen sein sollen, wird auch die Möglichkeit einer Mitwirkung der Niere erwogen.

Tomaselli beobachtete 1897 als erster in Sizilien nach Chiningaben Hämoglobinämie bzw. Hämoglobinurie, wußte sie jedoch noch nicht zum Wechselfieber in ursächliche Beziehung zu setzen. Auch R. Koch hielt — im Gegensatz zu der heutigen Anschauung — eine selbständige Chininhämolyse für möglich, eine Meinung, zu welcher ihn die gelegentliche Unauffindbarkeit der Malariaplasmodien bestimmte. Vielleicht hatte es sich in den von ihm untersuchten Fällen um abklingende oder larvierte Malariaformen gehandelt. Von besonderem Belange ist die — dem Kliniker scheinbar noch wenig bekannte — durch Chiningaben hervorzurufende Hämo- bzw. Methämoglobinämie bei Schwangeren. Schon normalerweise kommt es während der Schwangerschaft zu erhöhtem Erythrozytenzerfall, in besonders hohem Maße bei Frauen mit eklamptischer Anlage, in deren Plazenta sich nach den Angaben von L. Mohr und R. Freund über dem Durchschnittswert liegende Ölsäuremengen nachweisen lassen sollen.

Seitz berichtet im Abschnitt „Schwangerschaftstoxikosen" seines Handbuches über verschiedene tödlich verlaufene Fälle chininbedingter Hämo- bzw. Methämoglobinämie. Es handelte sich meist um Schwangere in den ersten Monaten, denen zwecks Beschleunigung der Fruchtausstoßung Chinin in den üblichen zeitlichen Abständen und Mengen ($3 \times 0{,}5$ g) gereicht worden war. Wenige Stunden nach der letzten Chininzufuhr war der Urin dunkelrot bis schwarz verfärbt und enthielt Oxy- bzw. Methämoglobin. Haut und Skleren zeigten bis zum Tode stetig zunehmenden bläulichbronzenen Farbton. Das in zwei Fällen zusammen mit Chinin gegebene Hypophysin möchte ohne Bedeutung für Auslösung und Ablauf der Hämolyse gewesen sein; vielleicht aber darf man dem in einem Fall als Beruhigungsmittel verwendeten Veronal eine die Chininhämolyse begünstigende Wirkung zusprechen. Auch in dem von mir (im Krankenhaus Neukölln, Berlin) obduzierten, hinsichtlich des klinischen Verlaufes weitgehend mit den oben beschriebenen übereinstimmender Fall (S. Nr. 190/25) war Veronal verabreicht worden. Es handelte sich um eine 26jährige Schwangere, bei welcher die Frühgeburt durch Einlegen von Laminariastift und Chiningaben ($3 \times 0{,}3$ g täglich) eingeleitet werden sollte. Der Tod erfolgte nach zwei Tagen

unter den eindeutigen Merkmalen der Methämoglobinämie und methämoglobinurischen Anurie mit entsprechendem Sektionsbefund (Abb. 93).

Bei Vorhandensein allgemeiner Purpura sollen sich auch in den Schleimhäuten der oberen Luftwege und im Lungenparenchym größere Blutaustritte finden (L. LEWIN). Blutungen in Mund- und Magendarmschleimhaut
werden häufig von ödematösen Schwellungen an Lippen und Zunge begleitet
(L. LEWIN). Von hämorrhagischer Gastroenteritis nach längerer Chininzufuhr
wird gesprochen. Eine histologische Sicherung dafür wurde nicht erbracht.
Blutungen im Magen-Darmrohr lassen sich nach mehrmaligen Chiningaben auch
beim Kaninchen erzeugen (HILDEBRANDT).

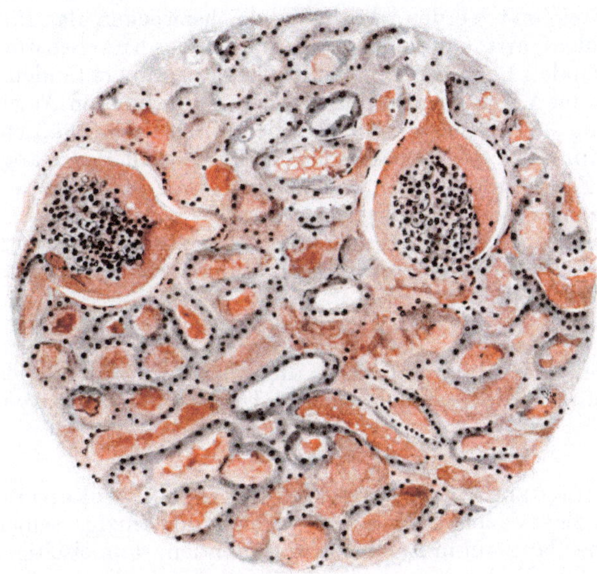

Abb. 93. Hämoglobinurische Niere bei Chininvergiftung einer Schwangeren.

Ähnliche Blutungsbereitschaft findet sich in Niere, Leber und Milz (BAER-
MANN), welch letztere in Fällen mit Hämolyse der Stärke der Blutzerstörung
entsprechende Erythrozyten- und Pigmentspeicherung erkennen läßt.

Die Niere weist in ihrer Eigenschaft als Giftausscheidungsorgan keine
geweblichen Besonderheiten auf. Lediglich mit Eintritt der Chininhämolyse
finden wir das bekannte Bild der hämo- bzw. methämoglobinurischen Niere
(s. oben), in dem von mir beobachteten Fall ohne bemerkenswerte Beteiligung
der Epithelien.

Laut Ausführungen von M. RUNGE geht Chinin. sulfur. auf den Fetus über.

β) Chininabkömmlinge.

Von diesen haben für die Toxikologie im wesentlichen nur Optochin,
Plasmochin und Vuzin Bedeutung erlangt (LAQUEUR).

a) Optochin.

Die mit diesem Mittel gemachten Erfahrungen zwingen zu größter Vorsicht bei seinem Gebrauch, da es in schädlicher Wirkung auf das innere Auge

dem Chinin offenbar nicht nachsteht (L. HEINE). Die pathologisch-anatomischen Befunde gleichen weitgehend den durch Chinin bewirkten Tierversuchsergebnissen. So sah UHTHOFF (an frischer Leiche) Marchidegeneration
des Nervus opticus. VELHAGEN berichtet von einem 24jährigen Pneumoniker,
der nach einer Gesamtgabe von 4 ccm Optochin im Laufe von 4 Tagen erblindete:
Die zerfallende Stäbchen-Zapfenschicht, die fehlende Nisslfärbung der Ganglienzellen sprachen für nicht mehr auszugleichende Retinaschädigung. Auch
MITSUTASI hatte Gelegenheit, wenige Tage nach Einsetzen der Amaurose den
Sehapparat zu untersuchen: Er fand Ödem in der Nervenfaserschicht der Netzhaut, Vakuolen in den Zellen der äußeren Körner- und Zapfenschicht, im Sehnerven zerstreute Myelinschollen. Die Untersuchungsergebnisse dürfen als
einwandfrei bezeichnet werden, da zu Vergleichszwecken das innere Auge von
Pneumoniekranken mit Optochinbehandlung und ohne Sehstörungen geprüft
wurde und normalen Befund ergab. Im Falle ABELSDORFF fanden sich 1½ Jahre
nach stattgehabter Vergiftung an den Gefäßen des inneren Auges adventitielle
Wandverdickung und bindegewebige Wucherung der Gefäßscheiden, in der
Netzhaut Verdünnung der Nervenfaserschicht, Zerfall der Ganglienzellen und
umschriebene Zerstörung des Sinnesepithels; dazu stellenweise Schwund der
Aderhaut und der Sehnervenfasern.

Einspritzungen unter die Haut können, wie ein Präparat (S. Nr. 434/17
A. P. X) in der kriegspathologischen Sammlung Berlin (Prof. M. BUSCH) zeigt,
Muskelnekrosen bewirken.

b) Plasmochin.

Das lediglich bei Malariakranken angewandte Präparat löst in gleicher
Weise wie Chinin unter den entsprechenden Umständen Hämolyse aus (EISELS-
BERG).

c) Vuzin.

Ein von WEIGELDT übermittelter Fall von Rückenmarkschädigung
nach endolumbaler Vuzinzufuhr scheint bisher der einzige seiner Art zu sein.
Als Ursache einer langsam in Erscheinung tretenden, doppelseitigen motorischen
Schwäche wurden Verwachsungen im Subarachnoidalraum über den Brust-
und Lendenabschnitten erkannt. Ob diese Befunde in der Tat auf Vuzinwirkung
zurückzuführen sind, möge dahingestellt sein.

20. Kolozynthin.

Das Bitteralkaloid Kolozynthin, ein Bestandteil der in die Gruppe der
hydragogen Abführmittel gehörigen Koloquinthen (Früchte der im Orient
heimischen Koloquinthengurken) wird zufolge seiner Fähigkeit, die Blutzufuhr nach
den Bauchorganen außerordentlich anzuregen, auch als Fruchtabtreibungsmittel
verwendet. E. ROST erwähnt den Tod eines Kindes nach Einnahme von 3 Koloquinthen. Erwachsene sollen sich durch den Gebrauch von koloquinthenhaltigen
Morisonpillen vergiftet haben. JANSEN teilt mit, wie eine 44jährige Frau plötzlich mit Schwindel und Abscheu gegen Speisen erkrankte, nachdem sie 25 Kolo-
quinten mit ½ Liter Urin überbrüht hatte, ohne die Früchte mit den Fingern
zu berühren. Am nächsten Tage trat Durchfall auf, es stellten sich Ödeme an
den Füßen ein, 14 Tage lang bestand Albuminurie.

Koloquinthen bewirken vor allem eine außerordentlich schwere, nach dem
Dickdarm hin zunehmende Schädigung des Magen-Darmkanals. Die Ausscheidung dünnflüssiger bzw. blutiger Stühle findet ihre Erklärung in tiefgreifenden, oft sogar Geschwürsbildungen und Wanddurchbrüche hervorrufenden
(hämorrhagischen) Entzündungsvorgängen (CLOETTA). Nach Angaben von

KOBERT u. a. wurden beim Menschen bisher im Gefolge der Gastroenteritis fast stets auf Bauchfellreizung zurückgehende Verwachsungen zwischen Magen und Darmschlingen gefunden. ORFILA teilt sogar Fälle von eitriger Peritonitis mit.

Da das Kolozynthin mit dem Urin wieder ausgeschieden wird, vermuteten PADTBERG, JAKSCH u. a. auch gewebliche Störungen in der Niere. Sie unterließen jedoch, die mikroskopische Beschaffenheit derselben zu prüfen, bzw. etwas darüber mitzuteilen. Der Bericht beschränkt sich auf Beschreibung des grob anatomischen Verhaltens: Dunkelrote Verfärbung des Marks zufolge allerhöchster Blutgefäßfüllung, zahlreiche Blutaustritte (von PADTBERG offenbar als Zeichen hämorrhagischer Nephritis angesprochen!), Trübung und Schwellung der Rinde.

Gesichert sind dagegen die sich in der Harnblasenschleimhaut abspielenden Entzündungsvorgänge.

Kolozynthin ist sehr widerstandsfähig und kann noch nach Wochen unzersetzt in Eingeweiden (Magen, Darm, Leber) und Leichenteilen, in Galle und Harn aufgefunden werden.

21. Kolchizin.

Vergiftungsfälle mit dem von Colchicum autumnale (Herbstzeitlose) stammenden, trotz saurer Reaktion zu den Alkaloiden gerechneten Kolchizin wurden gelegentlich bei seiner therapeutischen Verwendung als Gichtmittel beobachtet (MABILLE u. a.). FRÖHNER macht darauf aufmerksam, daß Erkrankungen auch durch Genuß kolchizinhaltiger Ziegenmilch hervorgerufen werden können.

Außer in einer Bemerkung von JAKSCH über Hornhauttrübung und Kapsellinsenstar finden sich Augenerkrankungen sonst nirgends unter den Erscheinungen der Kolchizinvergiftung mit angeführt.

Die von LIPPS vorgenommenen Katzenversuche dienten in erster Reihe dem Zweck, klarzulegen, ob die Wirksamkeit des Kolchizins auf die Gelenke in anatomischen Veränderungen ihren sichtbaren Ausdruck fände. Der untersuchte Oberschenkelkopf war (offenbar durch starke Gefäßfüllung!) violett verfärbt, der Ansatz des Ligamentum teres blutig durchtränkt. Auch fand sich massenhafter Austritt roter Blutzellen im Gewebe unmittelbar neben dem Ligamentum und in der umgebenden Gelenkhöhle. Das Mark an den Gelenkknochenenden erschien dunkelbraunrot.

Durch Fressen von Herbstzeitlose schwer erkrankte, jedoch die Vergiftung überlebende Rinder werden mager, als Zeichen der Allgemeinschädigung sterben große Hautflächen ab (RÉVÉSZ, angef. bei FRÖHNER).

Nach dem Ausfall von Tierversuchen zu urteilen, muß das Zustandekommen der Giftwirkung offenbar zuvörderst in Lähmung der Haargefäße gesucht werden (LIPPS); denn in der Haut, in den serösen Häuten und Eingeweiden sind Weitung und Füllung der Haargefäße, begleitet von zahlreichen Blutaustritten, festzustellen.

Das Haupterfolgsorgan des Giftes ist bei Mensch und Tier — gleichgültig ob Kolchizin peroral oder subkutan verabfolgt wurde — der Magen-Darmkanal, was sich klinisch in Entleerung schleimig-wäßriger, zuweilen auch blutiger Stühle äußert und pathologisch-anatomisch (vor allem beim Tiere) in hochgradiger Blutüberfüllung, punkt- und streifenförmigen Blutungen, Schleimhautschwellung (C. JAKOBY, LIPPS), Entzündung und scharfrandigen Geschwürsbildungen zu Tage tritt (FRÖHNER, KOBERT).

COURTOIS-SUFFIT, welche einen Todesfall nach Einnahme von 3 mg Kolchizin am 10. Tage eintreten sahen, erwähnen Hämaturie ohne Angaben über den

Nierenbefund bei der Sektion. Die Zufallsvergiftung von Haustieren scheint in der Regel mit Albuminurie und Hämaturie, ja, auch Anurie einherzugehen, deren Ursachen Fröhner in einer weder klinisch noch anatomisch von ihm näher gekennzeichneten „Nephritis" sieht.

Dixon and Malden glaubten, am Tiere einen deutlichen Einfluß auf Blut und Knochenmark beobachten zu können, da der akute Vergiftungszustand mit Hyperleukozytose einherging, und das Knochenmark auf wiederholt zugeführte kleine Kolchizingaben mit vermehrter Tätigkeit zu antworten schien.

Kolchizin widersteht der Fäulnis 3—6 Monate. Sein Nachweis wird am besten im Magen-Darminhalt geführt; in Blut, Niere, Harn gestaltet er sich schwieriger.

22. Pelletierin.

Tödlich ablaufende Vergiftungen durch Verwendung des — aus der Granatapfelbaumrinde gewonnenen — Alkaloids Pelletierin, eines spezifischen Bandwurmgiftes, wurden meines Wissens bisher nicht beobachtet.

Der hohe Gerbsäuregehalt des Mittels führte gelegentlich zu Magen-Darmstörungen, nach Angabe von Jaksch sogar zu Magenschleimhautblutungen.

Eingreifende, bis zur Sehnervenzerstörung fortschreitende Schäden am inneren Auge sind bekannt geworden (v. Grosz, Sidler-Huguenin); wahrscheinlich handelt es sich um ähnliche Vorgänge, wie sie durch Wirksamkeit der Filixsäure ausgelöst werden.

I. Tierische und pflanzliche Fette (bzw. Lipoide), Öle, Kampfer, Terpene, Harze, Balsame.

a) Fette und Öle.

Pinkerton brachte Fette und Öle tierischer Herkunft jungen Tieren in die Luftröhre ein und erzielte dadurch in der Lunge starke Fibrose und Bildung von Fremdkörperriesenzellen, ein Erfolg, welcher kaum der chemischen Wirkung der zugeführten Stoffe zuzuschreiben sein dürfte, sondern vielmehr als Fremdkörperreiz aufgefaßt werden muß (s. auch Paraffin).

1. Lanolin.

Das chemisch bedeutsame (Bindung der Fettsäuren an Cholesterine!), aber toxikologisch unwichtige Lanolin möge mit Rücksicht auf seine Verwendung bei Tierversuchen (Erzeugung von Cholesterinämie!) hier kurz Erwähnung finden. Füttert man Tiere (in erster Reihe Kaninchen) mit Wollfett, so findet man fast in allen Teilen des Auges (Hornhaut, Linse, Glaskörper usw.) gleichmäßige und feinkörnige Ablagerung von Cholesterinestern, die unter Umständen so hochgradig ist, daß einerseits zwischen Sklera und Konjunktiva förmliche Xanthombildungen entstehen, andererseits die verdickte Chorioidea infolge Vorwölbung nach innen Netzhautablösung verursachen kann (Kobashi und Nakanoin).

Ein ausführlicher, die wichtigsten Organe umfassender Bericht seiner Versuchsergebnisse wird uns von Chuma übermittelt: Die durchgehends gelblich getönte Haut erinnerte mit ihren Wülsten und Knoten makro- und mikroskopisch an das Xanthoma planum und tuberosum beim Menschen. Die Aorta zeigte den Cholesterintypus der Atherosklerose: Xanthomzellen, verkalkte Atheromherde und Bindegewebswucherung. Xanthomzellen fanden sich auch reichlich in der Innenhaut der Lungenarterien. Adenomatöse Wucherungen der Magenwand können wohl zwanglos mit örtlichen Reizen zufolge peroraler Lanolindarreichung in ursächlichen Zusammenhang gebracht werden. Das Parenchym von Niere und Leber speicherte doppeltbrechende Substanzen, die Leber antwortete auf die regelwidrige Verfettung mit Wucherung des interlobulären Bindegewebes und der Gallengänge. Die mit Fettstoffen vollgepfropfte Nebenniere war bis auf das Dreifache des ursprünglichen Umfanges vergrößert. Durch Einlagerung doppeltbrechender Stoffe hoben sich die Retikuloendothelien der Milz von dem umgebenden Gewebe ab; ähnlich im Knochenmark, das sich stufenweise in Fettmark, dann in xanthomatöses Gewebe, schließlich in Gallertmark umwandelte.

Die schon dem bloßen Auge sichtbare Verdickung der Gelenke (besonders an den Zehen) fand ihre Erklärung in der massigen Ansammlung von Xanthomzellen in Knorpeloberfläche und Gelenkbeutel.

2. Lebertran.

BOLLE berichtet über Auftreten subakuter Leberatrophie bei Jungschweinen nach Verfütterung verdorbener Lebertranemulsion. Falls das Tier am Leben bleibt, klingt der Leberab- und -umbau in zirrhotischen Vorgängen aus. Die Erkrankung darf jedoch nicht als Folge einer dem Lebertran eigenen Giftwirkung aufgefaßt werden, da Leberatrophie bzw. -zirrhose beim Schwein verhältnismäßig häufig vorkommen und lediglich der Ausdruck einer besonders leichten Ansprechbarkeit des Lebergewebes auf alle möglichen toxischen Ursachen sind.

HOEJER sah nach übermäßiger Lebertranzufuhr Atrophie und Nekrosen von Herzmuskelfasern, Erscheinungen, die seiner Meinung nach durch A-Hypervitaminose hervorgerufen wurden (s. auch bestrahlte Sterine).

3. Lipoide (Lezithine, Sterine).

Als Ursache exogener Vergiftungen im gewöhnlichen Sinne dürften die Lipoide für die Menschenpathologie ohne Bedeutung sein. Wenn auf ihre — an Tieren erprobte — Wirkungsweise dennoch in diesem Rahmen kurz (d. h. unter Weglassung aller Hypothesen usw.) eingegangen wird, so geschieht es, weil die Kenntnis derselben vorausgesetzt werden muß bei Betrachtung der später zu besprechenden bestrahlten Sterine (Vigantol usw.).

Die Bemühungen um die Erforschung des Cholesterin- bzw. Lipoidstoffwechsels und seiner Rolle bei der Entstehung der Arteriosklerose zeitigten zahlreiche Tierversuchsarbeiten, welche mit Hilfe von chemischen und histochemischen Organuntersuchungen das Wesen der Lipoide, ihr Verhalten (Ablagerung, Umbau usw.) in den Säugetiergeweben zu erfassen suchten.

MAGAT bediente sich bei Meerschweinchen der parenteralen Lezithinzufuhr in Form von Helpin. Er fand ciacciopositive, von ihm daher als Lezithine gedeutete Tropfen in allen Retikulumzellen der Milz, in den Alveolarepithelien und Bindegewebszellen der Lunge und in der Leber sowohl in Stern- als in Parenchymzellen.

Von GIERKE u. a. wurde darauf hingewiesen, daß die verschiedenartigen Sterine — unter welchem Namen alle cholesterinähnlichen Körper zusammengefäßt werden — beim Tiere annähernd übereinstimmende Eigenschaften zeigen. So soll z. B. Zufuhr von Phytosterin gleichartige, wenn auch nicht gleich starke Lipoidablagerung in den Geweben (besonders des Kaninchens) hervorrufen wie Cholesterinfütterung, auf welche die meisten Tierarten mit Speicherung doppeltbrechender Fetttropfen (Cholesterinester) in vielen Organen antworten

(Yuasa u. a.). Schönheimer, der sich eingehend mit der Frage der Ausnutzung von Pflanzensterinen im Tierkörper beschäftigt hat, tritt dieser Meinung entgegen. Wohl gelang es ihm, nach dreimonatelanger Darreichung von Pflanzensterinen starke Erhöhung des Cholesteringehalts in den Geweben der Versuchstiere chemisch nachzuweisen, histologisch bzw. histochemisch faßbare anisotrope Fettstoffe waren jedoch nicht einmal in Spuren aufzufinden, auch dann nicht, wenn er Sitosterin (das dem Cholesterin scheinbar ähnlichste Pflanzensterin) verwendete.

Auf die Einzelbefunde bei der sog. Cholesterinkrankheit der vor allem zum Versuche geeigneten Pflanzenfresser (gewöhnlich Kaninchen) — doch wird die vorzugsweise Ansprechbarkeit der Herbivoren bestritten (Anitschkow) — sei hier nur kurz eingegangen und im übrigen auf die zahlreichen einschlägigen Arbeiten verwiesen. Als Beispiel mögen zuerst die Versuche von Schönheimer herangezogen werden (ausführliches Schrifttum das., ferner bei K. Löwenthal: „Neuere Probleme der experimentellen Arterioskleroseforschung"). Dieser fütterte seine Tiere über hundert Tage lang mit Cholesterin. Sie bekamen ein struppiges Fell, ihre Lebensäußerungen wurden träge und stumpf. Aorta, große und kleine Arterien und auch verschiedene Venengebiete wiesen hochgradige Atheromatose auf. Das Herz zeigte massige Fettablagerung, teils in Tigerfellzeichnung, teils gleichmäßig allerorts. Als vorzüglicher Indikator für die durch Hypercholesterinämie bedingten eingreifenden Stoffwechselstörungen ist das Verhalten der Leber anzusprechen, welche — wie auch in vielen anderen Versuchsergebnissen zu lesen ist — nach anfänglicher Speicherung doppeltbrechenden Fettes in Leber- und Sternzellen auf die ungewöhnlichen Stoffwechselverhältnisse schließlich mit Nekrosen, Blutungen, Infiltraten und Bindegewebswucherung bis zur ausgeprägten Zirrhose antwortet (Muraoko, Reinek, Schmidtmann u. v. a.).

Klinge und Wacker sahen nach Fütterung einer Mischung von Cholesterin, Scharlachrot und Fett bei Mäusen histologische Bilder, welche an die akute Leberatrophie des Menschen erinnerten, besonders auch im Hinblick auf die (umschriebenen oder gleichmäßig über die ganze Schnittfläche verteilten) Gallengangswucherungen. Da bei diesen Versuchen keine reine Cholesterinverwendung vorlag, ist nicht ersichtlich, welchem Bestandteil der Mischung die geschilderte Wirkung zuzuschreiben ist.

Die Niere des langdauernd cholesteringefütterten Kaninchens zeichnet sich durch allerschwerste Schrumpfungsvorgänge aus (Chuma u. a.). Man bekommt herdförmige Narben zu sehen, die — wie man mikroskopisch feststellen kann — auf dem Boden von Gefäßveränderungen entstanden: Es findet sich Intimaverdickung und Lipoidablagerung in kleinen und kleinsten Gefäßen, Erweiterung des ganzen Gefäßsystems, der sich Wucherung der Retikulumzellen und des Bindegewebes anschließen (Schmidtmann). Über Anhäufung xanthomatöser Zellen an der Markrindengrenze berichtet Schönheimer. Bei den Hunden von Seemann ließen sich (nach intravenöser Cholesterineinverleibung) auf späteren Vergiftungsstufen Cholesterinzylinder in den Kanälchenlichtungen nachweisen.

Wurde Tieren zu wiederholten Malen Cholesterin unmittelbar in die Blutbahn eingebracht, so kam es zu ungeheuerlicher Anhäufung desselben in den Lungengefäßen; an den Ablagerungsstellen entwickelten sich intravaskuläre Riesenzellgranulome. Bei dieser Art der Cholesterinzufuhr blieb die allgemeine Lipoidose aus (Seemann).

Muraoko beschäftigte sich hauptsächlich mit den anatomisch faßbaren Veränderungen an den Geschlechtsorganen von mit Eidotter ernährten Kaninchen. Gebärmutter und Eierstöcke waren mit Cholesterinestern durchtränkt, ein Vorgang, der an der Gebärmutter zu Schleimhautschwund und ausgleichender Bindegewebswucherung führte. Die Zona pellucida der Eier erschien „ungleichmäßig hypertrophiert und fettig infiltriert". Tragende Tiere zeigten starke Cholesterinspeicherung in der Plazenta, auch in Fällen normal verlaufender Schwangerschaft (LÖHR). Bei den Versuchen von SCHÖNHEIMER, bei welchen die Ablagerung doppeltbrechender Stoffe hauptsächlich in ektodermalen Plasmodien des Mutterkuchens nachweisbar war, starb der Fetus nach kängerer Versuchsdauer ab, wahrscheinlich zufolge Zusammenpressung der mütterlichen Bluträume.

Anhang: Bestrahlte Sterine (Vigantol usw.).

1927 wurde das ultraviolettbestrahlte, als Vigantol (ferner als Radiostol, Präformin usw.) im Handel erhältliche Ergosterin von WINDAUS und Mitarbeitern in die Rachitistherapie eingeführt und gehört seitdem, auf Grund seiner Erfolge, zu den in der Kinderpraxis häufigst angewandten Mitteln. Über seine Verteilung in den Geweben (PAGE), seine Wirkungsweise sind die Untersuchungen noch nicht abgeschlossen. Feststellbar ist eine (in der Stärke von der Bestrahlungsdauer abhängige?) Veränderung des Blutchemismus, insbesondere der Phosphor- und Kalziumwerte im Serum, woraus auf eine Umstimmung des Kalkstoffwechsels zu schließen ist. Der Kalk wird offenbar mobilisiert und aus den Geweben ausgeschüttet. Nach den Ausführungen von H. MUCH ist die Aktivierung der Sterine durch die Bestrahlung etwa so zu denken, daß eine Umlagerung in den großen und außerordentlich verwickelten Lipoidmolekülen vor sich geht, wahrscheinlich in dem Sinne, daß bisher unwirksame Gruppen zu wirksamen Endgruppen werden. KROETZ wiederum spricht von photochemischen Vorgängen, bei welchen sich die im Augenblick der Strahlenabsorption gespeicherte Energie im absorbierenden Molekül umwandelt, ein Geschehen, das sich offenbar, sei es unmittelbar oder mittelbar, an Eiweißkörpern und Lipoiden abspielt.

Handelt es sich bei diesen Ausführungen vorerst auch nur um unbewiesene Theorien, so weist doch die Tatsache der Aktivierung chemischer Stoffe durch bestimmte Strahlen zur Genüge hin auf die innigen Beziehungen und Verflechtungen chemischer und strahlender Energien, wie dies auch in der gemeinsamen Tagung der deutschen Gesellschaft für Lichtforschung mit der deutschen pharmakologischen Gesellschaft (September 1929, Berlin) zum Ausdruck kam.

Von einem Heilmittel, das (bei Rachitikern) in Kürze zu so starker Umstellung des Stoffwechsels führen kann, das in Milligrammen bereits seine Wirkungskraft entfaltet, ist ein nahes Beieinanderliegen der Dosis therapeutica und toxica zu befürchten. Mithin muß bei der Vigantolbehandlung mit Vergiftungserscheinungen gerechnet werden.

Zur Erforschung dieser „Überdosierungserscheinungen" (s. aber W. HIRSCH), welche beim Menschen bisher nur ganz vereinzelt bekannt geworden sind (PUTSCHAR, RODECURT u. a.) wurden zahlreiche Tierversuche vorgenommen. Alle Bemühungen, das Verhalten des Vigantols im Körper, die zu der Stoffwechselumstellung führenden Einzelvorgänge in den Geweben zu erklären, mußten vorerst auf der Stufe der Hypothesen Halt machen. REYHER und WALKHOFF denken an Bildung toxisch wirkender Stoffe, möglicherweise von Nitriten, da sie — allerdings nur in einmaliger Untersuchung — das Vorkommen von Nitriten in bestrahlter Milch feststellen konnten. Wie es scheint, tritt die Giftwirkung bestrahlter Stoffe um so rascher und stürmischer ein, je vitaminärmer die Nahrung der Versuchstiere war; sie äußert sich am verhängnisvollsten bei tragenden Tieren. Auch Kastraten sprechen auffallend stark auf Egosterin an (HAENDEL u. MALET).

Die Mehrzahl der Untersucher neigen dahin, das Krankheitsbild als Hyper-vitaminose zu deuten (die bestrahlten Sterine werden in vielen Arbeiten bereits als Vitamin-D bezeichnet!), obwohl — wie Reyher und Walkhoff dieser Ansicht entgegenhalten — sonstige Hypervitaminosen (etwa durch zu reichlichen Genuß von Apfelsinensaft usw.) noch niemals die geringste Schädigung im Körper hervorgerufen haben. Man hielt bisher die Vitamine für toxikologisch harmlose Körper. Die von Scheer (angeführt bei Kreitmair und Moll) durch Überfütterung von Ratten mit Hevitan (Vitamin-B) erzielten Organveränderungen: „Hypertrophie des gesamten lymphatischen Apparates, Verkleinerung der Nebennieren auf Kosten des Marks" scheinen mir nichtssagend und können bei der Ungenauigkeit der Angaben keine Beweiskraft für sich beanspruchen. Hoejer spricht von — mit Atrophie und Nekrosen am Herzmuskel einhergehender — A-Hypervitaminose durch Lebertranzufuhr.

Nach den Ausführungen von E. Wieland (s. auch W. Hirsch, Schieblich), der sich auf die zahlreichen, später noch zu besprechenden Versuchsergebnisse am Tiere stützt, ist die Möglichkeit starker Giftwirkungen durch das Vitamin-D einwandfrei erwiesen. Diese sind entweder dem Antirachitisfaktor allein oder einem bei der fabrikmäßigen Herstellung des Vigantols entstehenden Begleittoxin zur Last zu legen. Die am Menschen gemachte Erfahrung läßt darauf schließen, daß der gesunde oder auch beliebig (nur nicht rachitisch!) geschwächte, mit D-Faktor gesättigte Körper jede weitere Vitamin-D-Zufuhr als Vergiftung empfindet.

Zuvörderst mögen die wenigen in der Menschenpathologie bisher bekannt gewordenen Gewebeschäden nach Vigantoldarreichung mitgeteilt werden. Der Fall Putschar betrifft einen im Alter von 163 Tagen (unter hohen Temperaturen) verstorbenen Knaben; das Kind hatte von der 10. Lebenswoche an täglich (96 Tage lang) 6 Tropfen Vigantol bekommen. Sehr bald bemerkte man eigenartig steife Beschaffenheit der Haut. Ein am 70. Tage der Behandlung auftretendes Harnsediment wurde als zystitisch gedeutet. Die Sektion ergab an der Rückenhaut keinerlei für Sklerodermie sprechende Befunde, wohl aber im Unterhautgewebe spaltförmige Hohlräume mit schlecht färbbaren, schollig-blättrigen Massen. Die Wand der Spaltenbildungen bestand aus Granulationsgewebe mit zahlreichen Riesenzellen und Haargefäßen. In und zwischen den Riesenzellen sah man große runde und spießförmige Lücken (Ausfall von Cholesterinkristallen!). Der Beschreibung nach handelte es sich mithin um ein Cholesterinkristallgranulom. Die lehmfarbene Niere, welche für das bloße Auge an der Markrindengrenze streifig-weiße Stippchen erkennen ließ, ergab einen überraschenden histologischen Befund, wie er sonst an Säuglingsnieren nicht zu erheben ist: Er zeigte weitgehende Übereinstimmung mit dem geweblichen Verhalten der Niere beim vigantolvergifteten Tiere. Die Gefäße waren im wesentlichen unverändert, nur unter der Kapsel lagen einzelne hyaline Glomeruli (s. K. Schulz: „Über hyaline Glomeruli bei Neugeborenen und Säuglingen"). Die Epithelien der Rindenkanälchen (besonders an der Markgrenze) waren stellenweise verkalkt, auch ließ sich ab und an Kalkablagerung in der Basalmembran und im Zwischengewebe nachweisen. Ähnliche, aber dem Grade nach sehr viel geringere Kalkspeicherung fiel mir (als Zufallsbefund) in der Niere (vor allem im Markinterstitium) eines zweijährigen Kindes auf, welches, wie die Nachforschungen ergaben, als Säugling einige Wochen hindurch Vigantol in den üblichen Mengen bekommen hatte. Das gut entwickelte und sonst gesunde Kind starb an einem akuten Infekt; Erscheinungen von Seiten der Niere waren niemals beobachtet worden. Nikolaeff-Zimbler konnten bei einem einjährigen (athyreotischen) Kind Kalkablagerung in kleinen Markarterien nachweisen.

Über — andersartige als die oben beschriebene — Hautveränderung nach Vigantoldarreichung berichtete kürzlich RODECURT. Unter 13 Säuglingen beantworteten 5 die Behandlung mit Rauhigkeit oder Bräunung der Haut, welche ähnliches Aussehen gewann wie nach Höhensonnenbestrahlung. Pigmentierung durch Sonneneinwirkung kam nicht in Frage; die Erscheinung ging mit Absetzen des Vigantols zurück (s. auch BERNHEIM-KARRER und ZARUSKI, C. WIENER).

WISKOTT weist darauf hin, daß viele Kinder auf Vigantolölgaben mit Darmkatarrhen ansprechen. Man muß daran denken, daß die Verabreichung in Ölform dafür anzuschuldigen ist. Der ursächliche Zusammenhang zwischen Vigantoldarreichung und Auftreten von Dünndarmnekrosen scheint im Falle NIKOLAEFF-ZIMBLER nicht erwiesen zu sein.

Die mannigfaltigen Tierversuchsergebnisse, welche in der Regel erzielt wurden durch übergroße (mit den beim Menschen therapeutisch angewandten gar nicht vergleichbare) Vigantolmengen können kurz zusammengefaßt hier wiedergegeben werden, denn die von den einzelnen Untersuchern mitgeteilten Organbefunde zeigen weitgehende Übereinstimmung untereinander und bringen insgesamt zum Ausdruck, daß Vigantol ein Förderer der Kalkablagerung im Gewebe ist. Als Versuchstiere dienten in der Hauptsache die kleinen Nager, seltener einmal größere Säugetiere (BERBERICH: Katzen u. a.). Die weiße Ratte ist für Kalkstoffwechseluntersuchungen besonders geeignet, einmal wegen ihres Blutkalkspiegels, zum anderen im Hinblick auf ihre (ständig wachsenden) Schneidezähne, welche ein feiner Indikator für Kalkstoffwechselstörungen sind (SELYE).

Die Tiere starben meist innerhalb weniger Wochen unter Gewichtsabnahme und Darmerscheinungen. Die Mäuse zeigten gesträubtes Haarkleid, schlafähnlichen Zustand, beschleunigte Atmung (KREITMAIR und MOLL). Meerschweinchen bekamen nach dreitägiger Fütterung am Rücken Hautgeschwüre, in denen sich histologisch beträchtliche Kalkablagerung fand (VARA-LOPEZ). Bei Beurteilung der, zwar nicht dem Wesen, wohl aber dem Sitz nach wechselnden Organbefunde ist das Alter der Tiere zu berücksichtigen: Bei dem erwachsenen Tier findet sich schwerste Verkalkung des ganzen Gefäßsystems und vieler anderer Organe, das Knochengewebe bleibt im wesentlichen unbeteiligt. Im Gegensatz dazu spricht das junge Tier zuvörderst mit Knochenveränderungen an (SCHMIDTMANN). So beobachteten z. B. COLLAZZO und Mitarbeiter bei jungen Ratten mit Wachstumsstörungen einhergehende Umwandlung des spongiösen Knochengewebes an den Epiphysen: „Erworbene hypervitaminöse Wachstumshemmung" (s. auch HEUBNER und HOLTZ, HÜCKEL und WENZEL, PFANNENSTIEL, SEEL, SELYE u. a.). WISKOTT konnte auch am normal erscheinenden Knochen Abweichungen im Mineralstoffwechsel feststellen.

Füttert man trächtige Tiere mit bestrahlten Sterinen im Beginn der Schwangerschaft, so verkalken die Plazentargefäße (SCHOENHOLZ spricht von „Kalkimprägnation" im fetalen Plazentaranteil), es kommt zu Blutungen in die Uterushöhle, der Fetus stirbt ab. Vigantoldarreichung am Ende der Schwangerschaft läßt die Ratten lebende Junge gebären; diese zeigen aber Osteogenesis imperfecta, ähnlich der Osteopsathyrose (SELYE).

SCHOENHOLZ fand die überlebenden Jungen (schon bei der Geburt) sehr klein, weshalb eine Schädigung in utero angenommen wurde. Nach 4 Wochen bestand ausgesprochener Zwergwuchs, Rosenkranzbildung, Verkrümmung der Gliedmaßen. Da die Muttertiere weiterhin Vigantol bekommen hatten, war eine fortwirkende Schädigung durch die möglicherweise vigantolhaltige Milch nicht auszuschließen. Auch COLLAZZO und Mitarbeiter sprechen von einem „Stillstand des Wachstums durch Hypervitaminose der Mutter": Die Glieder der jungen Tiere waren in ihren Versuchen nur etwa halb so lang wie die der Normaltiere, verdickt, verkrümmt, verunstaltet, der Kopf unförmig vergrößert, ebenso der Schwanz (chondrodystrophische Tiere). Normale neugeborene Ratten, die von einer hypervitaminösen Mutter gesäugt wurden, zeigten Wachstumsstillstand, dessen Ursache in ständiger Vermehrung des Knochengewebes und Verminderung des Wachstumsknorpels am Ende der Röhrenknochen zu erblicken war.

Bei den ausgewachsenen Vigantoltieren ließ sich in der Regel reichliche, fleckförmige und ausgebreitete Kalkablagerung in den (bis zu starren Rohren umgewandelten) Gefäßen feststellen. Während die meisten Untersucher ausdrücklich vermerken, daß die Vorgänge in der Aorta nichts mit arteriosklerotischen Veränderungen zu tun haben, daß Intimawucherungen gewöhnlich fehlen, sprechen VARELA und Mitarbeiter geradezu von „experimenteller Arteriosklerose im Verlauf der Hypervitaminose-D" (bei Kaninchen und Ratten), welche angeblich an die Arteriosklerose des Menschen erinnern soll. WENZEL machte darauf aufmerksam, daß der Gefäßwandverkalkung eigenartige Quellung der Media vorangeht. Dies Geschehen veranlaßte HUEBSCHMANN, im Vigantol ein Mittel zu sehen, welches möglicherweise die mesenchymale Grundsubstanz dahingehend beeinflußt, daß sie die Kalksalze gierig an sich reißt.

Nekrosen und Kalkablagerungen in glatter und quergestreifter Muskulatur, insbesondere in der des Herzens, des — gelegentlich entzündeten — Magen-Darmkanals usw. gehören zum Vergiftungsbilde (HERZENBERG u. a.).

Die Nieren zeigen fast stets hochgradige Verkalkung des Rindenzwischengewebes; jedoch bleibt nach Vigantolgaben das Parenchym in der Regel unversehrt (s. aber SCHOENHOLZ: Kanälchen mit verkalkten und abgestoßenen Epithelien). Der Sublimatniere ähnliche Bilder (Verkalkung nekrotischer Kanälchenepithelien) erzielten REYHER und WALKHOFF dagegen bei Mäusen und Meerschweinchen durch Verfütterung von ultraviolettbestrahlten Milch- und Eiweißpräparaten. VARA-LOPEZ spricht von „lipoider Nephrose".

DIXON and CLIFFORD HOYLE gaben Ratten täglich bis zu 17 mg Vigantol und sahen danach in den Harnwegen Kalkkonkremente, die mitunter so groß wurden, daß es zufolge Harnleiterverlegung zur Ausbildung einer Hydronephrose kam.

Die Leber ist meist frei von Kalk oder enthält nur Spuren; größere Mengen finden sich lediglich zur Zeit der Schwangerschaft (SCHOENHOLZ).

Das Epithel des Nebennierenmarks speichert häufig Kalk, ebenso die Thekazellen der Eierstöcke.

Wie es scheint, begünstigt die Zufuhr von „Ergostérol irradié" (LEVADITI et LI YUAN PO) die Kalkablagerung in alten (vernarbenden) Erweichungsherden des Gehirns.

Unbestrahltes Sterin führt (s. auch Abschnitt Lipoide) nach Angaben von PFANNENSTIEL, KREITMAIR und MOLL u. a. zu Gewebeschädigungen, die in gleicher Richtung liegen wie die vigantolbedingten. Zu Beginn der Verfütterung schienen die beim Versuch benutzten Stoffe wirkungslos, aber nach etwa drei Monaten gingen die Tiere unter ähnlichen Erscheinungen zugrunde wie nach Vigantolgaben. Es lag nahe, verwandtschaftliche Beziehungen zwischen der Cholesterinsklerose des Kaninchens und der „Vitamin-D-Sklerose" zu suchen. Ein Bindeglied wäre die durch unbestrahltes Ergosterin zu erzeugende Sklerose. Alle drei genannten Stoffe rufen dem Wesen nach gleichartige Veränderungen hervor, die Unterschiede liegen im zeitlichen Ablauf des Geschehens. HERLITZ und Mitarbeiter konnten entsprechende Befunde nach Darreichung antirachitischer Mittel überhaupt buchen: Die Herzmuskelzellen wurden klumpig, zerfielen; bei manchen Tieren lagerte sich Kalk in nekrotischen Muskelgebieten des Herzens und der Gefäßwandungen ab. Derartige Ergebnisse waren — wenn auch erst nach 2—3 Monaten — gleichfalls zu erzielen, wenn lediglich therapeutische Mengen des jeweils benutzten Mittels zugeführt wurden.

4. Glyzerin.

Glyzerin kann im Hinblick auf seine therapeutische Verwendung den Fettstoffen angereiht werden. Es erzeugt auf oberhautentblößten Stellen und auf Schleimhäuten geringe Reizung, wird leicht in die Gewebe aufgenommen und im Körper z. T. oxydiert, z. T. unverändert mit dem Urin ausgeschieden. Für den Menschen scheint das — auf Grund seiner wehenerregenden Eigenschaften als Fruchtabtreibungsmittel benutzte — Glyzerin selbst in bedeutenden Mengen nicht giftig zu sein und erweist sich insbesondere vom Magen aus als völlig unschädlich (Zangger).

Das Tier verhält sich anders: Es beantwortet die Glyzerinzufuhr mit rauschartigen Zuständen, Krämpfen und Tod durch Atemlähmung. Nach peroraler Darreichung entwickeln sich an der Schleimhaut des Verdauungsschlauches (hämorrhagisch) entzündliche Vorgänge. Einspritzung unter die Haut verursacht stets Hämoglobinurie, welche dagegen bei unmittelbarem Einbringen des Giftes in die Blutbahn nicht mit dieser Regelmäßigkeit eintritt (Filehne, Luchsinger u. a.). An der Einspritzungsstelle spalten sich die Bindegewebsbündel des Unterhautgewebes in ihre Fibrillen auf; daneben laufen hämorrhagisch-infiltrative und zu Gewebsschwund führende Erscheinungen.

Im Gegensatz zur experimentellen Toluylendiaminvergiftung findet man nach Einwirkung von Glyzerin auch bei stärkster (angeblich zuweilen von Methämoglobinbildung begleiteter) Hämolyse niemals Ikterus. Glyzerin entzieht dem Zellgerüst das Hämoglobin und löst es im Plasma. Trotzdem zeigt das zelluläre Verhalten des Blutes wenig Abweichung vom Normalen: Man sieht kaum einmal zerfallende Zellen, nur spärliche Erythrozytenschatten (Afanassiew).

Zufolge der schnellen Blutfarbstoffausscheidung durch die Niere lassen sich hier neben den durchtretenden Hämoglobinmassen oft weitgehende Veränderungen am Parenchym nachweisen wie „Glomerulonephritis“ im Sinne von Ribbert, d. h. Ablösung von Glomerulusepithelien, Ausscheidung von Eiweiß in den Kapselraum, periglomeruläre Rundzellansammlungen. Dazu gesellen sich rückschrittliche, in die Gruppe der nekrotisierenden (verkalkenden) Nephrosen gehörende Vorgänge (Afanassiew). Nach der Meinung von Lebedeff kann man nicht von „Nephritis“ sprechen, da die Befunde im wesentlichen mit denjenigen übereinstimmen, die auch sonst bei reichlicher Eiweißabsonderung zu beobachten sind.

In der Leber wird Verfettung, gelegentlich auch vermehrte Bindegewebsbildung beobachtet.

Anhang: Akrolein.

Das sich bei trockener Erhitzung (und Zersetzung) von Glyzerin und fettartigen Stoffen überhaupt (z. B. bei der Linoleum- und Wachstuchherstellung, in Firnissiedereien usw.) entwickelnde Akrolein (Allylaldehyd) erinnert zufolge seiner stark reizenden Wirkung auf die Augenbindehaut und auf die Schleimhaut der Luftwege (Zangger) an die Erscheinungen nach Einwirkung des Formaldehyds. K. B. Lehmann spricht geradezu von Anätzung der Luftröhrenschleimhaut, die sich auch im Tierversuch erzielen läßt. Die Lunge antwortet mit Ödem, Blutungen, (hämorrhagischer) Entzündung (Koelsch).

5. Ätherische Öle.

Hierher gehören zahlreiche flüchtige, stickstofffreie, ölähnliche Stoffe, welche weit verbreitet in der Natur (in vielen Pinus-, Abies- und Juniperusarten) vorkommen. Chemisch und toxikologisch ist ihre Zusammenfassung in eine

Gruppe nicht berechtigt, wohl aber vom botanisch-pharmazeutischen Standpunkt aus.

Durch ihren voneinander abweichenden Bau erklärt sich die — auch am Tiere gesicherte (Graevenitz) — Verschiedenartigkeit ihrer toxikologischen Wirkungen. Nach Angabe von Flury sollen „Nierenschäden" und Leberverfettung für die Wirksamkeit aller ätherischen Öle kennzeichnend sein.

Trotz des starken Verbrauches an diesen Stoffen sind durch sie hervorgerufene ernstere Vergiftungen als Seltenheit anzusprechen.

α) Chenopodiumöl.

Der Hauptbestandteil dieses farblosen oder gelben, kampferartig riechenden, nach innerlicher Darreichung oft noch im Magen aufzufindenden Öls ist das flüssige Askaridol.

Tödliche Vergiftungen nach therapeutischen Gaben sind bei Kindern zu wiederholten Malen beobachtet worden. Die neueste Zusammenstellung von Vergiftungs- und Todesfällen findet sich in der die Vergiftungsgefahr und die Überempfindlichkeit gegenüber Chenopodiumöl behandelnden Arbeit von Biesin (1929). Der Tod erfolgt in der Regel unter Bewußtlosigkeit, Krämpfen und Lähmungserscheinungen. Während K. Braun nur einen Todesfall als solchen bucht, aber über nennenswerte autoptische und chemische Ergebnisse nichts zu berichten weiß, werden von anderen Seiten vereinzelt anatomisch faßbare Organschäden mitgeteilt. Doch sind manche (Suchanka u. a.) der an sich schon spärlichen diesbezüglichen Veröffentlichungen noch unverständlich gefaßt, mithin für unsere Zwecke nicht recht verwertbar.

Blutungsbereitschaft kennzeichnete den Fall Preuschoff: Das zweijährige, schon schwer anämisch gewordene Kind zeigte — neben Blutungen in fast allen Organen — eine ausgebildete Pachymeningitis haemorrhagica, ferner Blutungen und entzündliche Vorgänge am Darm, welch letztere in mehr oder minder starkem Grade als fast regelmäßiger Vergiftungsbefund anzutreffen sind (Ryhiner, Biesin: Enterocolitis pseudomembranacea). Dementsprechend zeigen sich die Gekröselymphknoten oft hochgradig (hämorrhagisch) geschwollen.

Die Arbeiten von Esser und von Niemeyer (1926) verzeichnen beträchtliche Fettspeicherung in Leber und Niere: Hier lagen die Fettmassen im trüben Protoplasma der wandständigen und der zahlreichen abgeschilferten Kanälchenepithelien, erfüllten die gewucherten Endothelien. In der Nebenniere fiel der starke Lipoidschwund auf; die noch vorhandenen Fettstoffe bestanden lediglich aus Neutralfetten (Abgabe von giftbindendem Cholesterin an das Blut!). Die Zentralarterien der Milz beantworteten den Giftreiz mit Verfettung und hyaliner Quellung der Wand, mit Schwund der Muskelzellen und elastischen Fasern.

β) Eukalyptusöl.

Ausführungen über botanisch-pharmakologische Eigenschaften des Eukalyptusöls s. bei Witthauer. Das zu Heilzwecken gerne verwendete Öl, bzw. sein wichtigster Bestandteil, das kampferähnlich riechende Eukalyptol soll verhältnismäßig häufig — vor allem in den englisch sprechenden Ländern (Flury) — zu leichteren medizinischen Vergiftungen geführt haben. Witthauer, welcher in seiner Arbeit das Schrifttum der letzten 30 Jahre berücksichtigte, gibt an, daß von den 17 durch Veröffentlichung bekannt gewordenen Fällen 12 von englisch-amerikanischer Seite mitgeteilt wurden. Er selbst erwähnt eine in Heilung ausklingende Erkrankung, die nach Einnahme von 23 ccm Eukalyptusöl mit Krampfanfällen und Bewußtlosigkeit zum Ausbruch kam. Der Urin roch nach Öl. Das Blut zeigte Leukozytose.

Vörner beschreibt Hauterkrankungen (Erytheme, große und kleine Quaddeln und Bläschen), welche sowohl nach Einreibungen, wie nach innerlicher Verabreichung des Öls am ganzen Körper auftraten. Diese Erscheinungen setzten nach peroraler Zufuhr akut ein und gingen schließlich in ein mit zeitlichen Zwischenräumen wiederkehrendes Exanthem über.

Angaben über blutige Ergüsse in den Körperhöhlen (L. Lewin) bedürfen noch der Bestätigung.

Flury spricht von „Schädigung" der Niere, Verfettung der Leber, Befunde, die seiner Meinung nach für die Wirkung zahlreicher ätherischer Öle kennzeichnend sind. Die Versuche von Rossiysky, bei Hunden durch Einreibungen mit Eukalyptusöl Nierenveränderungen zu erzeugen, waren erfolglos.

γ) Thujaöl.

Der wirksame Bestandteil des von Thuja occidentalis gewonnenen Thujaöls ist das (auch noch in anderen Pflanzen enthaltene) Thujon. Thujaöl gilt beim Volke als menstruationsbefördernd, mithin als Fruchtabtreibungsmittel, obwohl niemals Sicheres über seine Wirksamkeit nach dieser Richtung hin bekannt geworden ist.

Das Auftreten von Hauterkrankungen (Jaksch), vor allem bei der Verarbeitung des Thujaholzes (O. Sachs: Handekzeme) wird beschrieben.

Die Angaben über „toxische Organveränderungen" klingen recht unbestimmt und beruhen in der Hauptsache auf Tierversuchsergebnissen von Graevenitz.

In den Sammelwerken von Jaksch, L. Lewin werden erwähnt: Gastritis, Leberverfettung (ähnlich wie nach Vergiftung mit Oleum pulegon), hämorrhagisch-nekrotisierende Zystitis, Infarktbildungen in der Plazenta.

Die letztaufgezählten Befunde sind offenbar einer Veröffentlichung von Kalt entnommen, obwohl der von diesem mitgeteilte Fall in seinen ursächlichen Beziehungen nicht als eindeutig anzusprechen ist, da zwischen dem Genuß eines aus Thuja aufgebrühten Tees und dem Beginn der Erkrankung bereits 19 Tage verstrichen waren. Es handelte sich um eine Schwangere, und die angebliche Vergiftung konnte sehr wohl durch nephritisch-eklamptische Erscheinungen vorgetäuscht worden sein. Auch der Plazentarinfarkt dürfte keine Beweiskraft haben; derartige Störungen sollen gelegentlich bei Nephritis vorkommen (Fehling, angeführt bei Kalt). Nekrotisierende Zystitis wurde nur klinisch beobachtet, im Sektionsbericht nicht vermerkt.

∂) Sadebaumöl (Ol. Sabinae).

Aus den jungen Zweigen (besonders aus ihren Spitzen) von Juniperus Sabinae lassen sich als wirksame Stoffe ätherisches Sabinaöl und (der sec. Alkohol) Sabinol gewinnen (Fröhner; experimentelle Analyse s. bei Hildebrandt). Sabinol ist angeblich ein Blutgift (Hämoglobinämie!).

Ol. Sabinae, das ähnliche Eigenschaften wie Terpentinöl zeigt, gilt — wie alle scharfen ätherischen Öle — als Fruchtabtreibungsmittel und hat dadurch toxikologische Bedeutung gewonnen. Es wird von Schleimhäuten und Wunden aus in die Gewebe aufgesogen und soll nicht selten tödliche Vergiftungen verursacht haben. Das Krankheitsbild wird eingeleitet mit Magen-Darmerscheinungen; der Tod tritt nach 12—14 Stunden, zuweilen auch erst nach Tagen unter Atemnot und Krämpfen im Koma ein. Mit Ausscheidung des Giftes durch Lunge und Niere nimmt der Harn einen durchdringenden, unangenehmen Geruch an, auf welchen sich — ebenso wie auf etwa noch vorhandene Pflanzenteile im Magen-Darmkanal — die Diagnose gründet.

Der örtliche Reiz des Öls kann beträchtlich sein. So berichtet E. Hoffmann, daß nach Zerdrücken von Baumzweigen mit dem Finger sich eine erysipelatöse Hautentzündung entwickelte.

Sowohl die Zweigspitzen wie das ätherische Öl des Baumes erzeugen nach peroraler Zufuhr stärkste Blutüberfüllung in allen Organen des Unterleibes (Fröhner, Hildebrandt, Kobert u. a.), Blutaustritte in serösen Häuten und Schleimhäuten, heftige Entzündung und Blutungen im Magen-Darmkanal, durch Hämaturie gekennzeichnete Nieren- und Harnblasenreizung (Fröhner, Husemann u. a.).

Amosow erzielte beim Tier nach einmaliger innerlicher Darreichung in der Darmschleimhaut Blutfülle, Blutaustritte, „albuminöse und fettige Degeneration" und Epithelabschilferung. Im Herzmuskel fanden sich Blutungen, desgleichen in der Leber, welche daneben noch Fettspeicherung und Nekrosen aufwies. Die Niere beantwortete den Reiz des ausscheidenden Giftes mit Blutüberfüllung und Blutaustritten, Epithelnekrosen, Zylinderbildung. Bei chronischer Ölzufuhr standen interstitielle Vorgänge in Leber und Niere im Mittelpunkt.

Von besonderem Belange ist eine von Weisenberg und Willimzik mitgeteilte chronische Vergiftung zufolge monatelanger Einnahme (zur Schwangerschaftsunterbrechung!) von Semnitates Sabinae: Hier fand sich beim Augenspiegeln die Netzhaut mit Blutungen übersät, die Papille geschwollen.

ε) Öl der Flohkrautminze (Oleum Pulegon).

Wie die spärlich vorhandenen autoptischen, durch Versuchsergebnisse zu ergänzenden Befunde erkennen lassen, ist das als Fruchtabtreibungsmittel gebrauchte ätherische Öl der Flohkrautminze ein vorzugsweises Fettstoffwechsel- und Lebergift (Graevenitz, W. Lindemann), welches in seiner, an den Organschäden ablesbaren Wirkungsweise weitgehende Ähnlichkeit mit Phosphor aufweist (E. Falk). Nach der Meinung von Herxheimer ist die — nicht nur aus Neutralfetten, sondern auch aus (z. T. ciacciopositiven) Lipoiden bestehende — Fettspeicherung in der großen, brüchigen, mit kleinen und größeren Blutungsherden durchsetzten Leber noch ungeheuerlicher als bei Phosphorvergiftung. Auf späteren Vergiftungsstufen findet man — ebenso wie nach Einverleibung des Phosphors — neben den verfetteten Leber- und Gallengangsepithelien rückschrittliche Umwandlungen und Zerfallsvorgänge am Parenchym. Die Gallenblase ist mit zäher, dickflüssiger Galle gefüllt.

Beim Tiere kann man sowohl nach peroraler wie nach subkutaner Giftbeibringung beobachten: Verfettung der Speicheldrüsen, starke Blutgefäßfüllung, Ekchymosierung, möglicherweise auch hämorrhagische Erosionen, Entzündung und tiefergehende Geschwürsbildungen an der Magen-Darmschleimhaut, ferner starke Fettablagerung in den Magendrüsen. Die Gekröselymphknoten sind geschwollen, gerötet; auch an der Milz fällt die mächtige Ausbildung des lymphoiden Gewebes auf (W. Lindemann). Der Einfluß des Giftes auf Herz, Pankreas usw. äußert sich hauptsächlich in mehr oder minder hochgradiger Verfettung.

Die Fettspeicherung in der Niere ist wahrscheinlich mit dem Versagen der Leberleistungen in ursächlichen Zusammenhang zu bringen (s. auch Arsen, Phosphor usw.).

Über Verfettung und Zerfall der Körpermuskulatur liegen bisher noch keine Berichte vor, so daß sich das etwaige Fehlen derselben vielleicht merkmalsmäßig gegenüber der Vergiftung mit Phosphor, Amanitagiften usw. verwerten ließe.

φ) Santalöl.

Obwohl das (durch Destillation des Sandelholzes erhaltene) Öl nach den bisherigen Erfahrungen toxikologisch ohne Bedeutung zu sein scheint, möge es doch kurz Erwähnung finden, da es zufolge seines reichen Gehalts an flüchtigen und leicht aufsaugbaren Terpenen bei der Ausscheidung durch Lunge und Niere hier gelegentlich Reizerscheinungen hervorrufen kann (JAKSCH: Hämaturie?). Auch treten zuweilen unangenehme gastroenteritische Nebenwirkungen auf.

Die vorkommenden verschiedenartigen Hautausschläge werden entweder zu den Verdauungsstörungen oder zu der Ausscheidung reizender Giftbestandteile durch die Haut in ursächliche Beziehung gesetzt.

ψ) Sesamöl.

Über die Wirkungen des aus dem Samen von Sesamen indicum zu gewinnenden Sesamöls liegen nur wenige und unsichere Angaben vor (J. POHL). Nach der Meinung von E. ROST kommen dem (zur Margarineherstellung benutzten) Öl nur allgemeine Fettwirkungen zu.

Vergiftungserscheinungen, wie sie von BUTTERSACK und von RAUTENBERG mitgeteilt wurden, dürfen offenbar nicht dem Sesamöl als solchem, sondern Verunreinigung bzw. Verfälschung desselben zur Last gelegt werden.

Im Falle BUTTERSACK, in welchem zur Gallensteinbehandlung Darmeinläufe mit „Sesamöl" gegeben wurden, war drei Stunden später Methämoglobin im Blute nachweisbar. Versuchstiere (Katzen) sprachen ebenfalls mit Methämoglobinämie auf das Öl an.

Die Mitteilung von RAUTENBERG klingt ähnlich: Sechs Patienten erkrankten im Anschluß an Sesamölklysmen mit auffälliger Blausucht und „Schwarzfärbung" des Blutes, in welchem sich spektroskopisch Methämoglobin feststellen ließ.

π) Chaulmoograöl.

Ausführliche Angaben über das in Indien und China gegen Lepra angewandte Chaulmoograöl finden sich bei READ. Da das Öl in Europa therapeutisch bedeutungslos ist, sind unsere Kenntnisse über seine Wirkung, seine etwaigen toxikologischen Eigenschaften gering und beruhen nur auf spärlichen Angaben von J. POHL. Unter die Haut gespritzt, verursacht es schmerzhafte Abszesse wie jedes ätherische Öl.

Im Tierversuch lassen sich Hämolyse, Nierenreizung, Verfettung der Leber erzielen.

ϱ) Safrol und Isosafrol.

Das Kampferöl und das ätherische Öl des (zu den Laurazeen gehörigen) Sassafras enthalten (kristallinisches) Safrol, welches u. a. als Limonadenzusatz verwertet wird.

Wie HEFFTERs Untersuchungen am vergifteten Tiere vermuten lassen, kann Safrol durch Lähmung des Vasomotorenzentrums beträchtliche Blutdrucksenkung, auf späteren Vergiftungsstufen hochgradige Organverfettung hervorrufen. Für die Menschenpathologie spielt es keine Rolle. Isosafrol ähnelt in seinen Allgemeinwirkungen dem Safrol. Bei mit Isosafrol beschäftigten Arbeitern sind an der Haut knötchenartige, offenbar auf chronische Stauung zurückzuführende Venenerweiterung, Epithelabschürfung, Geschwürsbildungen zu beobachten.

Nach einer Mitteilung von WALDVOGEL zeigte ein Mann nach Verbrühung mit kochendem Isosafrol und Einatmung von Isosafroldämpfen starke Neigung zu Stauungen in den Hautvenen, auch in den Bezirken, die von dem Öl nicht unmittelbar berührt worden waren. Die Stauung war z. T. so hochgradig, daß die über den Klappen stehende Blutmasse die Venen kugelig vorwölbte.

Im Tierversuche fand Waldvogel — unabhängig von dem Ort der Giftzufuhr — durchgehends starke Venenfüllung, bemerkenswerte Fettspeicherung in Leber und Niere.

b) Kampfer, Terpene, Harze, Balsame.

Die Kampfer, eine Reihe fester und flüchtiger, eigentümlich riechender Körper, die aus vielen ätherischen Ölen ausgeschieden werdeu, stehen den Terpenen (Kohlenwasserstoffe von der Formel $C_{10}H_{16}$) chemisch nahe. In ihren Wirkungen zeigen die verschiedenen Kampferarten untereinander weitgehende Übereinstimmung.

1. Kampferöl (aus Japankampfer).

Der gewöhnliche Kampfer (Japankampfer) wird aus Holz und Blättern des Kampferbaumes hergestellt. Die sich nach Aufnahme des Kampfers (von der Lunge, der Haut, den Schleimhäuten und dem subkutanen Gewebe aus) einstellenden Erscheinungen weisen im wesentlichen auf Störungen im Zentralnervensystem hin. Selbst nach sehr großen Mengen endet die Vergiftung — von Ausnahmen abgesehen (s. Angaben bei Marique) — mit Heilung, dank dem raschen Übergang des Kampfers in ungiftige Verbindungen.

Von größerem Belange ist die örtliche, beim kampfergefütterten Tier in entzündlich-geschwürigen Vorgängen an der Magenschleimhaut zum Ausdruck kommende Reizwirkung, welche nach Einspritzung von Kampferöl im Unterhautgewebe gelegentlich Schäden hervorrufen kann, wobei allerdings die Rolle des Öls als gewebereizender Fremdkörper nicht außer acht gelassen werden darf (H. Vogt). In solchen Fällen findet man in Haut und Unterhaut entzündliches Ödem, hämorrhagisch-abszedierende Entzündung, thrombosierte Gefäße mit Wandveränderungen wie Hyalinisierung, Nekrosen, intramuralen, die Wandschichten spaltenden Blutergüssen (A. Hartwich). Auf langanhaltenden Kampfergeruch und tropfenförmige Fettspeicherung im eitrig zerfallenden Gewebe macht H. Vogt aufmerksam. Henschen konnte bei einer 30jährigen Frau noch 5 Jahre nach stattgehabten Einspritzungen an den betroffenen Stellen teils hirsekorngroße, sich in der Haut vorbuckelnde und mit ihr verschiebliche Knötchen, teils größere, an der darunterliegenden Faszie festhaftende, knorpelharte Gebilde fühlen. Mikroskopisch sah man derbes entzündliches Granulationsgewebe mit zahlreichen runden und ovalen, nacktwandigen Lücken, die mit sudanpositiven Tropfen und Würstchen angefüllt, häufig von Massen fettphagozytierender Riesenzellen umgeben waren, Bilder, welche große Ähnlichkeit mit Weichparaffingranulomen aufwiesen. Ob diese „Ölgranulome" (E. Hesse) sich am ursprünglichen Einführungsort entwickelt hatten oder nach Teilwanderung des Öllagers an entfernten Stellen entstanden waren, ließ sich nicht entscheiden.

2. Tanazetkampfer.

Der in Nordamerika als Fruchtabtreibungsmittel benutzte, in anderen Ländern auch als Anthelmintikum verwandte (aus dem Rainfarn zu gewinnende) Tanazetkampfer enthält Tanazeton (Thujon). Er ist in großen Gaben giftig und hat verschiedentlich tödliche Vergiftungen hervorgerufen, von denen autoptische Einzelberichte offenbar nicht bekannt geworden sind. Die dem Krankheitsbild den Stempel aufdrückenden Krämpfe sprechen für Schädigung des Zentralnervensystems. Guillain et Laroche vertreten auf

Grund von Tierversuchsergebnissen die Ansicht einer Giftverankerung am verlängerten Mark.

Von JAKSCH wird auf den kennzeichnenden Geruch in den Leibeshöhlen, die entzündlichen Erscheinungen in der Magenschleimhaut aufmerksam gemacht. Welchen Veröffentlichungen diese Angaben entnommen sind, ist nicht ersichtlich.

Die Aufnahme des Giftes in die Gewebe soll von Schleimhäuten und Wunden her erfolgen; für die Ausscheidung kommen Lunge und Niere in Frage. Der Nachweis ist demgemäß am besten im Harn zu führen.

3. Terpentin (-öl).

Terpentin, der in den meisten Pinus- und Abiesarten vorhandene zähflüssige Balsam, besteht aus in Terpenen gelösten Harzsäuren. Sein Destillat ist das Terpentinöl, ein Gemisch aus Terpenen und Kohlenwasserstoffen, dessen Wirkungen denen der ätherischen Öle weitgehend entsprechen, da viele von diesen in der Hauptsache Terpene enthalten. Das von der Lunge (Dämpfe!), von der Haut oder dem Magen-Darmkanal her in die Säftebahn übergetretene Öl wirkt in größeren Mengen anfangs erregend (Beschleunigung der Atmung, Reflexsteigerung usw.), dann lähmend auf das Zentralnervensystem (Tod durch Atemlähmung?). Von dem — auch zu Fruchtabtreibungszwecken benutzten — Mittel wurden Gaben von 120 g und mehr ohne merkliche Schädigung vertragen. Dennoch sind einzelne tödlich verlaufene Vergiftungen bekannt geworden (DRESCHER, JOACHIM u. a.).

Terpentinöl hält sich offenbar mehrere Tage im Körper und wird schließlich durch Haut, Lunge und — z. T. mit Glykuronsäure gepaart — von der Niere ausgeschieden (Auftreten reduzierender Substanzen im Harn! Veilchenduft!).

Das Gift hat in erster Reihe gewerbehygienische Bedeutung; das Vorkommen chronischer Vergiftung wird verneint (KUNKEL), da Terpentinöl zu schnell wieder aus den Geweben verschwindet, um bleibende Organveränderungen hervorzurufen.

Die örtliche Reizwirkung ist beträchtlich. Kurz dauernde Anwendung auf unversehrter Haut führt zur Rötung derselben, längere Einwirkung zu Quaddel- und Blasenbildung. H. BORCHARDT berichtet über (bullöses) Terpentinekzem nach Anwendung terpenhaltigen Badezusatzes.

Als Ausdruck der Allgemeinvergiftung können Hautblutungen, aber auch Dermatosen aller Art auftreten. In dem von MAYER-SIMMERN veröffentlichten (nicht sezierten) Fall von Purpura fulminans (mit unstillbarem Nasenbluten) nach Terpentinölbehandlung eines Tuberkulösen ließ sich an Hand der klinischen Beobachtungen die ursächliche Beziehung zwischen Anwendung des Mittels und Krankheitsablauf nicht sichern.

Terpentinöl teilt mit dem Senföl die Eigenschaft, daß es die gesunde Haut durchdringt; es wirkt dann ähnlich wie nach Zufuhr unter die Haut, d. h. es verursacht Nekrosen, vor allem aber tiefgreifende (demarkierende) Entzündung, die gekennzeichnet ist durch massige Leukozytenansammlung: Bakterienfreier Abszeß (BINZ, R. WINTERNITZ, USKOFF). An der Grenze gegen das gesunde Gewebe kann man die intravasale Randstellung der Leukozyten, ihre Gefäßwanddurchdringung verfolgen (BARDENHEUER). Gleichzeit spielen sich an den zugehörigen, teils dunkelblaurot, teils eigentümlich gelb verfärbten und mit Blutungen durchsetzten Lymphknoten, wie auch in deren, zufolge gestauter Blut- und Lymphflüssigkeit ödematös gewordenen Umgebung entzündliche, später auch nekrotisierende Vorgänge ab (R. WINTERNITZ).

L. Lewin und Guillery hatten des öfteren Gelegenheit, die Wirkungen des zufällig in das Auge gespritzten Öls kennen zu lernen: Sie sahen heftige Binde- und Hornhautentzündung, der Augapfel wurde staphylomatös.

Bei Leichenöffnung entströmt der Brust- und Bauchhöhle möglicherweise ein aromatischer Geruch (K. Walcher: Einnahme einer Mischung von Terpentin- und Wacholderöl [Haarlemer Öl]). Das leukozytenreiche Blut (die Zahl der weißen Zellen kann nach Angabe von R. Winternitz bis zum Vielfachen des Ursprünglichen vermehrt sein) ist dunkel, flüssig, angeblich in vereinzelten Fällen methämoglobinhaltig. Alle Eingeweide erscheinen außerordentlich blutreich (Drescher, Floret), z. T. mit kleinen Blutungen durchsetzt (Liersch).

Abb. 94. Magen bei Vergiftung mit brauner Malerfarbe (Terpentinölwirkung ?). (Sammlung des Gerichtsärztl. Instituts der Universität Marburg. Prof. Hildebrandt.)

An der Schleimhaut der Atmungswege macht sich der Einfluß des Giftes auf besondere Weise geltend: Leitet man einen Strom mit Terpentinöldämpfen gesättigter Luft auf bestimmte Stellen der Luftröhrenschleimhaut, so nimmt die Schleimabsonderung fortgesetzt ab, hört schließlich völlig auf: Der betroffene Bezirk wird trocken und glanzlos (Rossbach und Fleischmann), eine Erfahrung, auf welcher die Verwendung des Terpentinöls zu Heilzwecken beruht.

Eine Arbeiterin, welche den Fußboden mit heißem, Terpentinölzusatz enthaltendem Wasser reinigte, bekam nach Einatmung der Dämpfe ein Glottisödem (J. Adler-Herzmark). Tiere antworten auf den Reiz konzentrierter Dämpfe mit Pharyngolaryngitis (Fröhner). Ähnliche Erscheinungen werden offenbar bei Ausscheidung des Giftes durch die Lunge hervorgerufen (Eulenberg u. a.).

Die durch perorale Zufuhr an der Schleimhaut des Verdauungsschlauches ausgelösten Reizerscheinungen beschränken sich beim Menschen in der Regel auf Blutüberfüllung und entzündliches Ödem des Magens (Terpentingeruch seines Inhalts!) und der — durch Gase aufgetriebenen — Darmschlingen. Oberflächliche Schleimhautnekrosen und pseudomembranöse Auflagerungen (s. Abb. 94), wie ich sie z. B. — hervorgerufen durch Trinken von Malerfarbe — an einem Präparat in der Sammlung des gerichtsärztlichen Instituts zu Marburg (Prof. HILDEBRANDT) sah, sind offenbar nicht dem Terpentinöl allein, sondern auch dem (in diesem Fall nicht mehr zu ermittelnden) Farbstoff zur Last zu legen.

Pferde, bei welchen das Terpentinöl gegen Koliken angewandt wird, oder sonstige Haustiere, die etwa Fichtenrinde fraßen, bekommen Stomatitis und mehr oder minder schwere Gastroenteritis (FRÖHNER).

Nach den klinischen Erscheinungen zu urteilen (GILLS: Tod in Urämie, DRESCHER: Hämaturie u. a.), spielen sich die eingreifendsten und für den Ablauf der Vergiftung bedeutungsvollsten Vorgänge am Harnapparat ab, ohne daß es bisher gelungen wäre, genaueren Sitz und Natur der geweblichen Störungen zu ermitteln. Die gelegentlich zu beobachtende Strangurie (DE JONGH) legt den Verdacht einer starken Reizung der Harnblasenschleimhaut nahe.

Bei Haustieren scheint das Vorkommen hämorrhagischer Nephritis und Pyelozystitis bewiesen zu sein (FRÖHNER).

4. Schellack.

Schellack ist einer der bekanntesten Vertreter der Harze, mit welchem Sammelnamen man dickflüssige oder feste Produkte des Pflanzenreichs zusammenfaßt, die keine chemischen Individuen sind, sondern ein Gemenge von verschiedenen Stoffen (Harzsäuren usw.) darstellen. Nennenswerte toxikologische Bedeutung dürfte dem Schellack nicht zukommen.

Es liegt eine Mitteilung von VOGT (AROLSEN) vor, welcher anläßlich eines Falles von „Schellackvergiftung" die Frage erörtert, ob innerliche Zufuhr des Harzes imstande sei, Nephritis auszulösen.

5. Kautschuk.

Überempfindlichkeit gegen Kautschuk wird als Ursache angesprochen für die (bei Arbeitern) gelegentlich auftretenden Hauterscheinungen wie Urtikaria, QUINCKESches Ödem (GRETE STERN). GRIMM beobachtete bei derartig gekennzeichneten Personen Asthmaanfälle.

Die in der Gewerbehygiene unter dem Namen „Gummikrätze" bekannte, sich hauptsächlich als Ekzem zwischen den Fingern zeigende Hautkrankheit der Gummiarbeiter wird auf Entfettung der Haut durch den beim Lösen des Gummis benutzten Tetrachlorkohlenstoff zurückgeführt, ist also nicht eigentlich als Kautschukwirkung anzusprechen.

6. Podophyllin.

Das als Abführmittel gebrauchte Podophyllin, ein aus Rhizoma Podophylli auszuziehendes Gemenge harziger Stoffe, enthält als wirksamen Bestandteil Podophyllotoxin. Beim Menschen sollen schon nach Gaben von 0,3—0,5 g tödliche Vergiftungen vorgekommen sein (E. ROST).

Podophyllin wirkt stark reizend auf Unterhautgewebe, Magen-Darm und Niere. Gesicherte Einzelbefunde scheinen im Schrifttum der Menschenpathologie kaum vorzuliegen. MACKENZIE and DIXON sahen in der Niere nicht näher gekennzeichnete „Veränderungen" an den Epithelien, Blutungen in Glomeruli und Kanälchenlichtung. Im Tierversuche (NEUBERGER) ließen sich Kapillarhyperämie und glomerulonephritische Erscheinungen (Exsudat im Kapselraum!) erzielen; nennenswerte Kanälchenveränderungen traten nicht auf.

Mackenzie and Dixon möchten dem Podophyllin galletreibende Wirkung zusprechen, da die Gallenblase häufig übermäßig gefüllt gefunden wurde.

7. Kopaivabalsam.

Balsame sind etwa honigdicke, in den Interzellularräumen bestimmter Bäume zu findende Gemische von Harzen und ätherischen Ölen.

Die im Kopaivabalsam enthaltenen Terpenverbindungen und Harzsäuren verursachen (in großen Mengen innerlich gegeben) außer Reizerscheinungen an der Schleimhaut des Verdauungsschlauches Leistungsstörungen in den Harnwegen, für welche entsprechende anatomische Befunde noch nicht nachzuweisen waren.

Verschiedenartige Hauterkrankungen wie Quaddeln, Papeln, Bläschen usw. können entweder als Folge giftbedingter Verdauungsstörungen angesprochen oder auf die Ausscheidung giftiger Bestandteile durch die Haut bezogen werden (Jaksch, Poulsson).

8. Perubalsam.

Obwohl der Perubalsam in der Regel nur geringe örtliche und allgemeine Giftwirkung zeigt, ist bei seiner therapeutischen Verwendung im Hinblick auf die Möglichkeit einer — klinisch ab und an beobachteten (Gassmann u. a.) und auch autoptisch sichergestellten — Nierenschädigung immerhin gewisse Vorsicht geboten. So berichtet Deutsch über einen, im urämischen Koma endenden Fall: Das mit Balsam eingeriebene, krätzekranke Kind verstarb nach wenigen Tagen. Die Gliedmaßen waren ödematös, die schlaffe, gelblich rote Niere vergrößert und stark verfettet. (Über entzündliche Vorgänge wird nichts mitgeteilt, obgleich Urinbefund und Krankheitsverlauf einwandfrei auf Nephritis hinzuweisen schienen.) Richarz schildert bei einer, im Anschluß an Skabiesbehandlung verstorbenen 16 Jährigen die Niere als groß, weich, in der Rinde verbreitert, histologisch gekennzeichnet durch „trübe Schwellung und Nekrosen der Kanälchenepithelien", reichliche Blutungen in und zwischen den Kanälchen. Vom Falle Lohaus, in welchem ein Säugling sich an der mit Perubalsam eingeriebenen Brustwarze der Mutter vergiftet hatte, wurden uns nur klinische, für Schäden an der Magen-Darmschleimhaut sprechende Angaben übermittelt. Eine Leichenöffnung hatte offenbar nicht stattgefunden.

Als Ausdruck der Allgemeinvergiftung zu deutende Hauterkrankungen (Erytheme, Urtikaria, Ekzeme usw.) werden von Jaksch, Höhlenergüsse (zufolge herabgesetzter Nierenleistungen?) von Gassmann erwähnt.

9. Styraxbalsam.

Während der Behandlung von Krätzekranken wurde gelegentlich Albuminurie gesehen (Unna), eine Erscheinung, welche, ebenso wie das vereinzelt beobachtete Auftreten von Ödemen, offenbar mit toxischer Nierenreizung in ursächlichen Zusammenhang gebracht werden muß.

K. Giftige Pflanzen und Pflanzenteile.

Die aus Pflanzen gewonnenen, in ihrem chemischen Aufbau und pharmakologischen Eigenschaften mehr oder weniger gut bekannten Alkaloide und Glykoside wurden bereits an anderer Stelle (S. 355 u. 362) besprochen, während in diesem Abschnitt die durch giftige Pflanzen in ihrer Ganzheit bzw. durch ihren Samen, ihre Blätter usw. hervorgerufenen örtlichen (z. B. durch Auflegen von Blättern [FIRGAU]) und allgemeinen Krankheitserscheinungen abgehandelt werden (s. auch Öle, Kampfer, Terpene, Harze). Überschneidungen der genannten Gebiete waren dabei unvermeidlich.

Trotz aller Mühe, die vermutlichen Gifte aus den Pflanzenkörpern abzusondern und, wenn auch nicht chemisch aufzuspalten, so doch pharmakologisch zu eichen, ist unsere Kenntnis von der Mehrzahl der Stoffe, welche die im folgenden aufgezählten Pflanzen zu giftigen stempelt, bisher gering und reicht in der Regel nur zur Aufstellung von Arbeitshypothesen aus.

a) Pflanzen mit vorwiegend hautreizender Wirkung.

Aus der Gruppe dieser, bezüglich örtlicher Wirksamkeit in den Grundzügen übereinstimmenden Pflanzen wurden nur einige besonders kennzeichnende Beispiele herausgegriffen. In der Mehrzahl der hier wiedergegebenen Fälle wird nicht zu entscheiden sein, ob man es mit Vergiftungen im eigentlichen Sinne zu tun hat und nicht vielmehr mit Überempfindlichkeitserscheinungen.

1. Einheimische Pflanzen.

α) Primeln. Die nach Berührung der verschiedensten Primelarten an dem Aufsprießen von Ekzemen und Bläschen kenntliche Reizwirkung der Pflanzen auf Haut und Schleimhaut ist bei einzelnen Personen beträchtlich (s. auch Tierversuche von STEINER-WOURLISCH) und unter Umständen von Schwellung der örtlichen Lymphknoten begleitet. BEGER beschreibt einen Fall, in welchem eine Frau nach Zerkauen eines Primelstengels hochgradige Schwellung der Mund- und Rachenschleimhaut aufwies.

Die Erscheinungen am äußeren Auge können infolge allerstärkster, etwaig mit Blasenbildung vergesellschafteter Lidschwellung, ferner durch die (zuweilen unter dem Bilde des Trachoms verlaufende) Binde- und Regenbogenhautentzündung besorgniserregende Formen annehmen (BEGER, R. HILBERT, L. LEWIN und GUILLERY, A. PETERS, E. ROST u. a.).

Das Primelgift ist nicht flüchtig, also kein ätherisches Öl; es findet sich in den Abscheidungen der Drüsenhärchen und stammt aus der Harzemulsion der Sekretgänge (NESTLER).

β) Verschiedenartige Wiesenpflanzen. In den letzten Jahren häufen sich die Berichte über die ,,Badedermatitis", welche bei Badenden, die auf der Wiese lagen, als strichförmige, bläschenartige Hautausschläge zu Tage tritt. Die abgeheilten Stellen sind gekennzeichnet durch lang verbleibende Pigmentvermehrung. Nach der Ansicht von O. GANS kommt als auslösende Ursache in erster Reihe die Schafgarbe (Achillea millefolium) in Frage, um so mehr, als auch nach Genuß von Schafgarbentee ein bläschenbildender Ausschlag auftreten kann. Personen, die einmal eine derartige Badedermatitis durchgemacht haben, sollen nach Abklingen der Erkrankung bei längerer Berührung mit gekochten und nichtgekochten Schafgarbenblättern oder Ätherauszügen aus solchen stets von neuem mit Hauterscheinungen ansprechen. H. W. SIEMENS (ausführliche Angaben von einschlägigen Arbeiten daselbst) spricht sich dahingehend aus, daß die einzelnen Fälle — wie Beobachtungen und Versuche ergaben — trotz auffallender Übereinstimmung im klinischen Verlauf doch durch verschiedenartige Wiesenpflanzen bedingt sein müssen, und die Gründe für Ausbruch der Krankheit offenbar nicht in einem besonderen Gift, sondern in durchfeuchteter bzw. geschwitzter Haut bei überempfindlichen Personen zu suchen sind. Demgegenüber vertritt R. HEYE die Meinung, daß er — nach jahrelangen Beobachtungen in seiner Gegend — eine bei vielen Patienten auftretende, im Wesen der oben geschilderten ,,Badedermatitis" außerordentlich nahestehende

Hauterkrankung (strichförmig angeordnete erbsen- bis walnußgroße, Brandblasen gleichende Gebilde mit klarem, bernsteinhellem Serum) nur auf den
Einfluß des Saftes von Patinacea sativa zurückführen könne.

γ) Nesseln. Die Haare der Brennesseln, deren Berührung urtikarielle
Hauterscheinungen auslöst, bergen nach Angaben von Flury sauren Zellsaft
in sich, der neben geringen Mengen von Ameisensäure und anderen flüchtigen
Fettsäuren das eigentliche Nesselgift gelöst enthält, welches als stickstofffreie,
den Harzsäuren nahestehende Verbindung saurer Natur aufzufassen wäre.
Demnach ist das Nesselgift weder ein Enzym, noch Ameisensäure, noch Toxalbumin.

δ) Hopfen. Als Gewerbeschäden bei Hopfenarbeitern sind zu buchen:
Augen- und (etwaig bläschenförmige) Hautentzündungen (Flury).

2. Ausländische Pflanzen und Hölzer (Nutzhölzer).

J. Löwy berichtet über örtliche und allgemeine, durch tetanische Krämpfe
und tödliche Lähmung gekennzeichnete Vergiftungserscheinungen nach Verletzung mit Kakteenstacheln. Auch blieb in einem Falle, in dem die Stacheln
in den Finger eingedrungen und hier abgebrochen waren, nach langdauernden
Eiterungen eine starke Umformung von Finger und Hand zurück, die nach
Meinung des Berichterstatters nicht als Folge ausgeheilter Entzündung angesehen,
sondern mit der Wirksamkeit ,,spezifischer Stoffe" in Zusammenhang gebracht
werden dürfe. Seine Hypothese lautet: Kakteen enthalten möglicherweise
giftige Körper, welche an Gelenkkapseln und peripherischen Nerven angreifen.

Fälle von ,,Efeudermatitis" (nesselartiges Erythem) werden aus Austra-
lien berichtet (Carrey and Maiden, angef. bei E. Rost).

Arbeiter, welche viel mit Nutzhölzern, insbesondere mit Makassarholz
(einer Ebenholzvarietät) zu tun haben, bekommen akute Hautentzündungen
(Buschke und A. Joseph). Das Holz von Thuja occidentalis soll Handekzeme und Laryngobronchitis hervorrufen (O. Sachs).

Es sei ferner auf die von L. Lewin in einer kleinen Schrift (Gifte im Holzgewerbe) zusammengestellten Hölzarten verwiesen, von denen — oft mit Allgemeinerscheinungen
vergesellschaftete — Reizwirkungen auf Haut und Schleimhäute bisher bekannt geworden
sind (s. auch E. Rost: Hautreizende Hölzer).

b) Pflanzen mit örtlicher und allgemeiner Wirkung.
1. Giftige Pilze.

Gleich am Anfang möge auf die oft unüberwindliche Schwierigkeit hingewiesen sein, die Diagnose der Vergiftung durch bestimmte Pilze ohne botanische
Unterlage (Pilzreste im Magen-Darminhalt), lediglich an Hand des pathologisch-
anatomischen Befundes zu stellen. Es läßt sich die Wirkung der einzelnen,
in ihren Eigenschaften nicht scharf zu umschreibenden Pilzsorten schwer
gegeneinander abgrenzen, vor allem aber ergeben sich — ohne Kenntnis der
Vorgeschichte und des Krankheitsverlaufs — oft die größten Widerstände bei
dem Bemühen, einen Trennungsstrich zu ziehen zwischen den Vergiftungen
durch Pilze überhaupt (insbesondere durch den Knollenblätterschwamm) und der
Wirksamkeit anderer Gifte wie Phosphor, Chloroform usw., kurz, aller Toxine,
welche mehr oder minder stürmisch an der Leber angreifend, das klinische und
pathologisch-anatomische Bild der akuten bzw. subakuten Leberatrophie hervorrufen (Gräff, Herxheimer, E. Petri, P. Prym, E. Schwarz u. a.). Auch sehr
schnell verlaufende Eklampsieformen müssen nach den Ausführungen von
E. Schwarz differentialdiagnostisch berücksichtigt werden.

a) Agaricineen (Blätterschwämme).

Die praktisch wichtigsten giftigen Blätterschwämme sind:

αα) Amanita muscaria (Fliegenschwamm) mit weißen Lamellen.

ββ) Amanita phalloides, seu bulbosa (Knollenblätterschwamm) mit weißlich-gelblichem Hut und dickknolligem Stielfuß.

γγ) Russula emetica (Speiteufel) mit rötlichem Hut und weißen Lamellen.

δδ) Agaricus (seu Lactarius) torminosus (Giftreizker) mit gelblichem oder rotbraunem, zottigem Hut und weißem Milchsaft.

Sie stehen — zufolge ihrer gestaltlichen Ähnlichkeit mit den zu Genuß- und Nahrungszwecken dienenden Pilzsorten — unter den Vergiftungsursachen zahlenmäßig mit an erster Stelle.

αα) Amanita muscaria (Fliegenschwamm).

Aus diesem Pilz wurde bis jetzt nur das Alkaloid Muskarin frei gemacht und genauer erforscht (KOPPE und SCHMIEDEBERG, angef. bei CLOETTA). Einzelne klinische Erscheinungen der Fliegenpilzvergiftung decken sich mit denen bei experimenteller Muskarinvergiftung, woraus der Schluß gezogen wurde, daß man Fliegenpilz- gleich Muskarinvergiftung setzen könne.

Der Fliegenschwamm dient in Rußland als rauscherregendes Genußmittel.

Nach den Angaben von HARMSEN, E. ROST u. a. erzeugen die vermutlichen Giftstoffe des Pilzes keine kennzeichnenden pathologisch-anatomischen Befunde, insbesondere keinerlei Gewebsveränderungen, aus denen eine blut-lösende Eigenschaft des Giftes zu folgern wäre. Das Ergebnis von Tier-versuchen macht vielmehr den unmittelbaren Angriff des Giftes am Zentral-nervensystem wahrscheinlich.

Von JAKSCH angeführte Vergiftungsmerkmale wie Blutungen in allen Organen, Gastroenteritis (mit blutigen Stühlen), Leberverfettung, Lungenödem dürften für differentialdiagnostische Zwecke wertlos sein.

ββ) Amanita phalloides (Knollenblätterschwamm).

Neuere Arbeiten wie die von STEINBRINCK und MÜNCH (1926), GRÄFF und Mitarbeitern (1927) gewähren Einblick in das bisher Geleistete bei der Erforschung der botanischen, chemischen und pharmako-toxikologischen Eigenschaften des Knollenblätterschwamms.

Laut Angaben von KOBERT u. a. soll die Vergiftung mit Amanita phalloides auf einem — Phallin genannten — vielleicht blutkörperchenlösenden (s. bei Blut) Toxalbumin beruhen. Doch besteht nach Meinung anderer Untersucher die Möglichkeit, daß es sich gar nicht um die Wirkung eines einzigen mit dem Amanitaextrakt gewonnenen Giftstoffes handele, sondern daß man es zu tun habe mit einer Gruppe chemisch unterschiedlicher Körper, in welcher — wie REZEK auf Grund der an saponinvergifteten Tieren erhobenen anatomischen Befunde mutmaßt — Saponine enthalten sein könnten.

Mit (subkutan beigebrachten) hämolysinfreien Stoffen des Knollenblätter-schwamms vorgenommene Tierversuche von WIELAND (angef. bei GRÄFF) lassen — nach Mitteilungen von GRÄFF, dem die Organe zur Begutachtung über-geben worden waren — erkennen, daß im Ablauf der Vergiftung eine an Stärke und Ausdehnung der Organschäden ablesbare strenge Abhängigkeit bestand von Giftmenge und Vergiftungsdauer, aber auch lediglich von diesen. Die individuellen, zeitlichen und von vielfachen sonstigen Umständen beeinflußten Schwankungen in der Giftansprechbarkeit des menschlichen Körpers scheinen demnach beim Tiere keine nennenswerte Rolle zu spielen. Außer diesen biologischen sind auch anatomische, vielleicht von Ort und Art der Giftzufuhr mitbestimmte Unterschiede zu buchen: So fehlen z. B. beim Tier (trotz Miterkrankung der Leber!) die in den Arbeiten der Menschenpathologie so gut wie regelmäßig vermerkten Blutaustritte in den serösen Häuten, die massige Fettablagerung in Herz- und Körpermuskulatur u. a. m. Andererseits beantwortet der Tierkörper die Vergiftung mit Nierenveränderungen von solcher Ausdehnung und Schwere, wie man sie beim Menschen als Folge der Amanitavergiftung nicht kennt.

Klinische Beobachtungen an dem (nach Gaben von Malzextrakt) unter Erscheinungen schwerer alimentärer Intoxikation erkrankten Säugling einer amanitavergifteten Mutter ließen BUTTERWIESER und BODENHEIMER in Erwägung ziehen, ob etwa das Kind durch Übergang von Giftstoffen in die Muttermilch eine Leberschädigung erlitten habe, eine Möglichkeit, welche angesichts des Ausfalls von Versuchen mit säugenden vergifteten Meerschweinchen (STEINBRINCK und MÜNCH) nicht von der Hand zu weisen war.

Über das Verhalten des bzw. der Gifte im Körper, über ihre Ausscheidung ist nichts Bestimmtes zu sagen. Soviel scheint sicher, daß sich in den vergifteten Körpergeweben eingreifende, an der allgemeinen Organverfettung zu messende Fettstoffwechselstörungen einstellen.

Vorhandensein und Grad des Ikterus und der Hautblutungen (HANSER, HERXHEIMER, G. HERZOG, P. PRYM u. v. a.) dürften der Schwere und Dauer der Vergiftung, bzw. der Stärke der Leberzerstörung entsprechen. Gelegentlich soll ein quaddelartiger Ausschlag auftreten (HANSER). In einem von E. SCHWARZ mitgeteilten Falle wird als „auffällig" bezeichnet, „daß die Haare am ganzen Körper senkrecht zur Oberfläche standen" (Bild der Gänsehaut).

Schon die mit Leichenöffnung zu Tage tretende, von KOBERT auf kleinste Thrombenbildungen zurückgeführte Blutungsbereitschaft liefert wertvolle diagnostische Fingerzeige. Es finden sich Blutaustritte in fast allen Körpergeweben: Durch die bindegewebigen Kapseln der Organe hindurchschimmernd, in Brust-, Bauch- und Wadenmuskulatur (KRATZEISEN u. a.), in den serösen Häuten, dem Fettgewebe (M. B. SCHMIDT: hämorrhagische Infiltration des Achselhöhlenfettes) usw.

Die Körper-, Zwerchfell-, Augen- und Zungenmuskulatur, auf deren ungewöhnliches Verhalten M. B. SCHMIDT als erster hinwies, zeigen histologisch Bilder, welche — wie ich (entgegen der Meinung von E. FRAENKEL) in wiederholten Untersuchungen feststellen konnte — denen bei Phosphorvergiftung weitgehend ähneln, womit ihre pathognomonische Bedeutung (E. FRAENKEL) fortfallen dürfte. Die Muskelfasern speichern grob- und feinkörnige, z. T. ciacoiopositive Fette, sind stellenweise kolbig aufgetrieben, geschlängelt (s. Abb. 95), schollig umgewandelt oder völlig zerfallen (HEGI, HANSER, P. PRYM, STEINBRINCK und MÜNCH u. a.). So fand E. FRAENKEL bereits in einem zwei Tage alten Vergiftungsfall in der Wadenmuskulatur einen ausgedehnten Bezirk mit völligem Untergang der Muskelbündel und Ersatz derselben durch dichtgelagerte, von spindeligen Zellen angefüllte Schläuche, dem Erzeugnis frühzeitig einsetzender regenerativer Vorgänge.

Als vereinzelte gröbere, dem bloßen Auge kenntliche Schäden am Zentralnervensystem sind zu nennen: Frische Blutung in der Brücke (STEINBRINCK und MÜNCH), zahlreiche kleinste Blutaustritte im Großhirn (KRATZEISEN). Was HEGI mit „erheblicher Gehirnerweichung" meint, ist nicht recht ersichtlich; histologische Untersuchungen wurden in seinem Fall offenbar nicht vorgenommen. Mit größter Wahrscheinlichkeit dürfte es sich um ein hochgradiges Hirnödem gehandelt haben. Die in den verschiedenen Arbeiten aufgezählten histologischen — mit Vorliebe kurz als „degenerativ" bezeichneten (CLOETTA, STEINBRINCK und MÜNCH) — Veränderungen zeigen neben übermäßiger Fettspeicherung in Ganglien-, Glia- und Gefäßwandzellen, wie man sie ähnlich auch nach Phosphorvergiftung (s. Abb. 45) erhält, an den nervösen Elementen Abstufungen von Kernauflösung und -verklumpung bis zu der Form der Ganglienzellenzerstörung, die NISSL unter dem Namen „schwere Nervenzellerkrankung" beschrieben hat. Im Falle SCHÜRER folgte der Ganglienzellnekrobiose teilweise Inkrustation des Zelleibes: Dem Plasma der Dendriten lagen mit Methylenblau, Thionin usw. tief schwarzblau zu färbende Körnchen, Zellen und tropfsteinartige Gebilde auf.

STEINBRINCK und MÜNCH erörtern die Möglichkeit eines ursächlichen Zusammenhangs bzw. einer Abhängigkeit der Nervenzellschädigung von regelwidriger Leberzelleistung.

Abb. 95. Knollenblätterschwammvergiftung. Zerfallsbezirk aus der Gliedmaßenmuskulatur. 300 fache Vergrößerung.

M. B. SCHMIDT sah lediglich Kapillarendothelverfettung, ein auch sonst häufig anzutreffender Befund. In den — mir durch Dr. WEIMANN (gerichtsärztliches Institut, Berlin) freundlicherweise zur Verfügung gestellten — von einem zwei Tage nach der Vergiftung verstorbenen Kinde stammenden Hirnschnitten fehlte jegliche Verfettung und „Zelldegeneration"; jedoch ließen sich im verlängerten Mark perivaskuläre Lympho- und Histiozytenansammlungen nachweisen, eine Erscheinung, die mit Rücksicht auf den sonst normalen Organbefund (insbesondere war keine Pneumonie vorhanden!) wahrscheinlich als entzündlicher Vorgang auf rein chemischer (d. h. abakterieller) Grundlage zu deuten ist.

Eine endgültige Stellungnahme zu der stets von neuem aufgeworfenen und immer wieder umstrittenen Frage, ob dem Amanitatoxin blutkörperchenzerstörende Eigenschaften innewohnen, wird wahrscheinlich erst dann möglich sein, wenn die Frage eine andere Fassung erhält: Gibt es überhaupt ein einheitlich und stets gleichmäßig wirksames Amanitagift (s. oben), oder müssen wir im Pilzauszug mit einer aneinander verankerten Vielheit von giftigen Körpern rechnen, von welchen bald der eine, bald der andere abgespalten und unter uns nicht bekannten Bedingungen in wirksame Formen übergeführt wird?

Den zahlreichen, die Hämolyse teils kraß verneinenden, teils zum mindesten bezweifelnden Untersuchern (HEGI, LYON, SCHÜRER, TAPPEINER u. a.) stellt sich KOBERT in seinem Lehrbuch mit der Anschauung entgegen, daß dem „Toxalbumin Phallin" — wie er in drei Fällen von Vergiftungstod beim Menschen festgestellt haben will — die Fähigkeit der Erythrozytenauflösung unbedingt zugeschrieben werden müsse, da Hämoglobin und seine Abkömmlinge in Blutserum und Harn des Vergifteten auftraten, Beobachtungen, die er seinerzeit als einzigartiges Vorkommnis in der Menschenpathologie bezeichnete. Die Beweiskraft der genannten Fälle sucht er noch zu stützen durch Funde an intravenös mit Phallin vergifteten Tieren, ein, wie mich dünkt, zur Beurteilung der Folgeerscheinungen peroraler Pilzvergiftung beim Menschen untauglicher Weg. Des weiteren führt KOBERT aus, daß das Wirken des bei der Hämolyse frei gewordenen Fibrinferments die in den verschiedensten Organen zu bemerkenden (auch von HEGI erwähnten) Blutpropfbildungen und damit die Blutaustritte erkläre. Wenn das Blut in den Sektionsberichten häufig als flüssig, schwer gerinnbar beschrieben werde, so liege das daran, daß durch bereits stattgehabte Gerinnungsvorgänge die Möglichkeit weiterer Gerinnung unterbunden worden sei.

ABEL and FORD sprechen — allerdings nur auf Grund ihrer Erfahrungen am Tier — geradezu von „Amanitahämolysin". Auch in der Veröffentlichung von E. SCHWARZ wird die Hämolyse als Tatsache und Selbstverständlichkeit vermerkt, desgleichen neigt M. B. SCHMIDT sehr zur Bejahung der strittigen Frage mit dem Hinweis darauf, daß ihm zu wiederholten Malen an den Leichen Pilzvergifteter, welche sonst noch .keinerlei Zeichen von Fäulnis erkennen ließen, die stark blutige Färbung von Herzklappen, Höhleninhalt und verschiedenen Organen aufgefallen sei. Obwohl klinisch keine Folgeerscheinungen einer Hämolyse bekannt waren, hält er eine Blutkörperchenlösung während des Lebens immerhin für möglich, umsomehr, als in dem von ihm begutachteten Fall die Pilze aller Wahrscheinlichkeit nach in mangelhaft gekochtem Zustande genossen worden waren, durch welchen Umstand die Voraussetzung für eine hämolytische Wirksamkeit des Giftes gegeben schien.

Über das morphologische Verhalten des Blutes ist so gut wie nichts bekannt. G. HERZOG weist auf den sehr reichlichen Fettgehalt der gelapptkernigen Elemente hin.

Verfettung der Herzmuskulatur wird beim Menschen — im Gegensatz zu Tierversuchsergebnissen (GRÄFF) — so gut wie regelmäßig, Zerfall der Muskelfasern und interstitielle Blutaustritte gelegentlich gefunden (HANSER, HEGI, P. PRYM). Bei dem bereits erwähnten Kind des (nicht veröffentlichten) Falles WEIMANN traten kleinste perivaskuläre, insbesondere leukozytäre Infiltrate auf.

In vermehrtem Abbau von Fettstoffen, ihrer Ausschwemmung in die Blutbahn dürften die Gründe für die oft hochgradige Fettspeicherung der Haargefäßendothelien vieler Organe zu suchen sein. KRATZEISEN bekam mächtige, von kavernöser Erweiterung der Haargefäße gefolgte Stauung (hämatomartige Bilder!) zu sehen. Ähnliche Bilder konnten STEINBRINCK und MÜNCH in Tierversuchen hervorrufen.

Die allgemeine Blutungsbereitschaft zeigt sich in subpleuralen und pulmonalen Blutaustritten, das erhöhte Angebot von Fettstoffen in oft hochgradiger Epithelverfettung der Lungenalveolen (M. B. SCHMIDT).

Eine ausführliche Darstellung der histologischen Beschaffenheit von Zunge und Schlund findet sich bei M. B. SCHMIDT. Die Muskelfasern waren in Höhe der Gaumenmandeln stark verfettet. Die Epithelien der serösen wie auch der an der Hinterfläche des weichen Gaumens mündenden gemischten Drüsen zeigten feinkörnige Fetteinlagerung und stellenweise Zerfall des Zelleibes. Fettspeicherung von Seiten der Zungenmuskulatur findet sich auch in den Arbeiten von HEGI und von KOBERT verzeichnet; STEINBRINCK und MÜNCH sahen sie bei Neugeborenen vergifteter Muttertiere.

Von LAUX (1927) liegt ein neuerer Bericht vor, der unter anderen Befunden pseudomembranöse Ösophagitis aufzählt. Im Magen, seltener im Darm sind des öfteren auffallende ,,Schwellung des lymphatischen Apparates'' (CLOETTA u. a.), Blutaustritte (nach Meinung von KOBERT auf thrombotischem Gefäßverschluß beruhend), entzündliche Vorgänge, hämorrhagische Erosionen und oberflächliche Schleimhautverluste ohne Blutungen beobachtet worden (G. HERZOG, KRATZEISEN, P. PRYM u. a.). Die Entstehung der beiden letztgenannten Gewebeschäden ist möglichenfalls mit gehäuftem Erbrechen in ursächliche Verbindung zu bringen. Von HANSER wird die Darmschleimhaut als flammend rot geschildert, mit schleimig-fadenziehenden, grauen (mikroskopisch vorwiegend aus Leukozyten bestehenden) Massen überschichtet. STEINBRINCK und MÜNCH sprechen von Colitis fibrinosa. Laut Angaben von KOBERT sollen sich die Entzündungserscheinungen gelegentlich bis zu umschriebener Gangrän steigern können. Spritzt man Tieren Phallin unmittelbar in die Blutbahn, so nimmt die stark gerötete Magendarminnenhaut sammetartige Beschaffenheit an. Der Darminhalt ist mit abgestoßenen Schleimhautfetzen untermischt. Beim Überleben des Tieres wird die verlorengegangene Schleimhaut allmählich durch ein glattes, drüsenfreies Häutchen ersetzt.

Die Einwirkung des Giftes auf die davon unmittelbar berührte Magenschleimhaut äußert sich in der Regel — außer in den schon gebuchten grob anatomischen Veränderungen — in kleintropfiger Verfettung von Parenchym und Zwischengewebe, in Drüsenschwund bzw. -zerfall (E. FRAENKEL u. v. a.). Doch scheinen mir eigene (nicht veröffentlichte) Beobachtungen dafür zu sprechen, daß das Gewebe des jungen Kindes von den Regelwidrigkeiten des Fettstoffwechsels unberührt bleibt.

Die Leber, das hauptsächlichste Erfolgsorgan des mutmaßlichen Amanitagiftes, steht naturgemäß im Mittelpunkt aller einschlägigen Veröffentlichungen. Vergleicht man die von zahlreichen Forschern (G. HERZOG, HERXHEIMER, LAUX, P. PRYM u. a.) gelieferten Schilderungen miteinander, so kommt man zwangsläufig dazu, in den jeweiligen, scheinbar wenig einheitlichen histologischen Strukturen das augenblickliche Querschnittsbild eines unaufhaltsam in bestimmter Richtung fortschreitenden geweblichen Geschehens zu sehen, das — wie von vielen Seiten immer wieder hervorgehoben wurde — grundsätzlich in nichts abzuweichen scheint von den Vorgängen, die in ihrem Verlauf zum Bilde der akuten bzw. subakut-chronischen Atrophie führen, dieser Begriff sowohl im engeren als auch im weitesten Sinne gefaßt, d. h. die Leberbefunde nach Vergiftungen mit Phosphor, Arsen, Chloroform, Tetrachloräthan usw. in sich einbeziehend. HERXHEIMER (s. auch HANSER: dies. Handb. Bd. V) widerspricht dem: Was wir zu sehen bekommen, ließe eher daran denken, daß die Leber bei der akuten Atrophie im engeren Sinne — im Gegensatz zu ihrem Verhalten nach Einwirkung der aufgezählten Lebergifte — die Stufe der reinen Verfettung überspringe und schlagartig mit Gewebszerfall antworte. Diese Vermutung möchte meines Erachtens in vereinzelten Grenzfällen zutreffen, dürfte aber kaum Anspruch auf Allgemeingültigkeit haben, in Anbetracht der bei der Mehrzahl der Fälle weitgehenden Überdeckung bzw. Überschneidung der histologischen Bilder. Die mikroskopisch nachweisbaren, in Ausdehnung und Grad von Menge und Stärke des eingeführten Giftes, von der Ansprechbarkeit des Vergifteten, vom Gesamtzustand und der Augenblickstätigkeit der Leberzellen bei Zuströmen des Giftes usw. abhängigen Organstörungen sind so sattsam bekannt, daß eine gedrängte Übersicht ohne Vertiefung in Einzelheiten an dieser Stelle genügen mag.

In den ganz akuten Fällen finden sich in der Regel nur subkapsuläre inter- und intraazinöse Blutungen (Hanser, G. Herzog u. a.), Hämosiderose und mehr oder minder hochgradige Fettspeicherung (Herxheimer, G. Herzog, P. Prym u. a.). Über die vermutliche chemische Zugehörigkeit der intrazellulär tropfig-, körnig-, hüllen- und halbmondförmig abgelagerten bzw. in den Leberzellen gebildeten Fettstoffe seien hier kurze Hinweise angeschlossen. Prym konnte reichlich doppeltbrechende Fettmassen nachweisen. Die von mir selbst — zwecks chemischer Eingruppierung der bei verschiedenartigen Vergiftungen auftretenden Fettstoffe — vorgenommenen histochemischen Untersuchungen deckten eine völlige Gesetzlosigkeit im Ablauf des Fettstoffwechsels auf, die sich — so weit rein histochemische Methoden eine Deutung gestatten — in Speicherung bzw. im Sichtbarwerden von eng aneinander gelagerten oder miteinander vermischten Neutralfetten, Fettsäuren, Cholesterinen und Cholesterinestern, Phosphatiden und Zerebrosiden kundtat.

Die zwecksetzend gerichtete Anschauung von Welsmann, nach welcher die Fettinfiltration als Abwehrmaßnahme, als Schutz der bedrohten Zellen zu bewerten sei, entstand offenbar bei Betrachtung von Bildern allerfrühester, noch nicht mit Zellzerfall einhergehender Vergiftungszustände.

Langsamer, sich tage- und unter Umständen wochenlang hinziehender Vergiftungsverlauf beeinflußt das gewebliche Geschehen in der Richtung, daß es schließlich beherrscht wird von herdweiser Leberzellablösung und -tod, bald einsetzenden reparativen bzw. regenerativen Vorgängen (Mitosen am Rande der Zerfallsherde!), gelegentlich erneutem Untergang der jungen Teile und Leukozytenzuwanderung in die abgestorbenen Gebiete. Ganz vereinzelt kommen auf diese Weise Heilungen zustande: In solchem Falle ist der Endzustand die knotig hyperplastische bzw. grobhöckerig zirrhotische Leber.

Hegi erwähnt Thrombosen in kleineren Lebergefäßen, G. Herzog Einschwemmung von Knochenmarksriesenzellen in Haargefäße. Kratzeisen hebt die ganz außergewöhnlich hochgradige Stauung der z. T. kavernös erweiterten Kapillaren hervor, die in einzelnen Bezirken — infolge dichter Gefäßaneinanderlagerung — bei schwacher Vergrößerung ein Hämatom vortäuscht.

Mit den pathologisch-anatomischen Ergebnissen von Tierversuchen haben sich bisher im wesentlichen nur Steinbrinck und Münch, Gräff (s. auch S. 421) beschäftigt. Erstere stellten sehr geringen Glykogengehalt der Leber fest und konnten — bereits 40 Minuten nach der Vergiftung — Nekrosen an den Läppchenrändern beobachten. Kam es nicht zu einer Wiederherstellung normaler Verhältnisse, so ließ sich Fortschreiten der krankhaften Vorgänge auf die vom Menschen her bekannte Weise bis zu knotiger Hyperplasie verfolgen. Die von Gräff begutachteten, mit hohen Gaben hämolysinfreien Amanitatoxins gespritzten Meerschweinchen wiesen anfänglich seröses Ödem auf, hochgradige Schwellung und Lückenbildung am Leberzelleiweiß, Eindringen der Erythrozyten vor allem in die zentralen Leberzellen, derartig, daß der ganze Zelleib aus dicht gelagerten roten Blutkörperchen zu bestehen schien. Diesen, Wasser- und Erythrozyteninfiltration genannten Vorgang möchte Gräff ansprechen als Ausdruck und Gradmesser der — von der Menge des in die Leberzellen eingedrungenen Pilzgiftes abhängigen — Zellmembrandurchlässigkeit und -adsorptionskraft. Später kommt es zu intrazellulärer Blutfarbstoffauslaugung, Auftreten von Hämosiderinkörnchen und -schollen. Als mittelbarer Hinweis auf die gestörten Zelleistungen stellt sich in diesem Zeitpunkt der Vergiftung verzögerter Ablauf der G-Nadi-Reaktion (Verlangsamung der Oxydation!) ein. Nach 1—2 Tagen wird das Organ zunehmend blasser, trübe, verfärbt sich gelblich. **Mikroskopisch** ergeben sich dann größere Fettmengen, Gewebszerfall, schließlich Gewebsumwandlung im Sinne der „akuten Atrophie" des Menschen; jedoch fehlen die Gallengangswucherungen stets.

Liegen somit, wie noch einmal zusammenfassend zu sagen ist, die Verhältnisse im allgemeinen für differentialdiagnostische Verwertung der Leberschäden ungünstig, so besteht in vereinzelten Vergiftungsfällen eine gewisse Möglichkeit, an Hand der Nierenbefunde in der Diagnosenstellung weiterzukommen. Bei einem großen Hundertsatz der Fälle jedoch unterscheidet sich die lediglich durch allerstärkste Epithelverfettung (Vorkommen doppeltbrechender Substanzen: FAHR, P. PRYM!) gekennzeichnete Niere in nichts von dem grau- bis buttergelben teigigen Organ bei Vergiftung mit Phosphor, Chloroform usw. oder sonstiger „akuter Leberatrophie" (EDMUND MAYER u. v. a.). Die ausführliche Schilderung eines von M. B. SCHMIDT untersuchten, ganz besonders ausgeprägten Falles lehrt uns alles Wesentliche und Nennenswerte an etwaig vorkommenden Nierenveränderungen kennen. Hier war — abgesehen von der großtropfigen Fetteinlagerung im basalen Epithelabschnitt — das Zellplasma teilweise im Sinne einer „fettigen und albuminösen Degeneration" umgewandelt. An den Kanälchen sah man vielfach Epithelzerfall, unter vorwiegender Beteiligung der gewundenen Abschnitte, deren Lichtung angefüllt war mit rundlichen, z. T. zu Zylindern zusammengesinterten Kalkkörnern bzw. eckigen -schollen, welch letztere an die verkalkten Epithelien der Sublimatniere erinnerten. Weder die Schollen noch die Kalkzylinder gleichen der Beschreibung nach im entferntesten den beliebig anzutreffenden glatten Kalkzylindern; sie sind mit Wahrscheinlichkeit als abgestorbene, von Kalksalzen durchtränkte Epithelien zu deuten. In der stellenweise leukozytär durchsetzten Muskulatur der kleinen Arterien zeigten die Kerne häufig feinkörnigen Zerfall. Wesensgleiche, nur dem Grade nach zurückstehende Schäden finden sich in den Arbeiten von HEGI, HANSER, E. FRAENKEL, E. SCHWARZ u. a. erwähnt. Professor WÄTJEN (Halle) teilte mir persönlich mit, daß auch er unter seinem Kriegsmaterial derartige Befunde nicht vermißt habe.

Beim **Tier** (GRÄFF-WIELAND) ließen sich mittels hoher Gaben unter die Haut beigebrachten Amanitagiftes entsprechende, nur noch sehr viel großartigere Bilder erzielen: Vollkommener Zelltod an ausgedehnten Kanälchenabschnitten mit lebhafter mitotischer und amitotischer Parenchymneubildung von den erhalten gebliebenen Bezirken aus. Den in Hämoglobinausscheidung und -kanälchenverstopfung gipfelnden Ergebnissen von KOBERTs Tierversuchen (mit intravenöser Phallinzufuhr) hat meines Wissens die Menschenpathologie nichts Gleiches oder Ähnliches an die Seite zu stellen.

In eigenen Untersuchungen an der Niere eines jungen, bereits nach zwei Tagen verstorbenen Kindes (Präparate aus dem Besitz von Dr. WEIMANN, Berlin) konnte ich Veränderungen feststellen, die nur in Richtung einer Glomerulonephritis zu deuten waren. Ich wage nicht zu entscheiden, wie weit man berechtigt ist, ursächliche Verknüpfungen zwischen diesem Befund und der Vergiftung zu sehen, um so mehr, als es zweifelhaft sein dürfte, daß die schon als beträchtlich zu bezeichnenden Kapselepithelwucherungen in so kurzer Zeit entstehen konnten. Mit der Möglichkeit einer am Tage der Vergiftung bereits bestehenden Nephritis muß somit gerechnet werden.

HEGI sah von Blutungen gefolgte thrombotische Nierengefäßverschlüsse. Kleinere Blutaustritte in das Nierenzwischengewebe werden auch von M. B. SCHMIDT u. a. erwähnt.

STEINBRINCK und MÜNCH hoben Verfettung im Bereich des chromaffinen Systems an den Nebennieren ihrer Versuchstiere als beachtenswerten Befund hervor.

In den Organen des **blutbildenden Systems** spielen sich keine für die Vergiftung kennzeichnenden Vorgänge ab. Die gelegentlich als vergrößert angegebene Milz zeigt vereinzelt (so vor allem bei Kindern) mäßige Fettablagerung in den Lymphknötchenmitten (M. B. Schmidt, eigene Beobachtung), ein Befund, der sich auch sonst bei kranken Säuglingen und Kleinkindern, aber auch bei Erwachsenen nachweisen läßt (s. Lubarsch: dieses Handbuch Bd. I/2, S. 499).

Die Lymphknoten, zuvörderst die der Bauchhöhle, sind geschwollen infolge Blutungen und lymphatischer Hyperplasie (Cloetta, Kratzeisen, Schürer), dagegen scheint sich umfangreichere Abstoßung und Verfettung der Sinusendothelien, wie sie M. B. Schmidt angibt, nicht regelmäßig einzustellen.

γγ) Russula emetica (Speiteufel).

Der wirksame Bestandteil des Pilzes ist das Agarizin. Die wenigen bekannt gewordenen Russulavergiftungen wurden z. T. durch den botanischen Befund (Pilzreste im Magen) gesichert; sie wiesen keinerlei merkmalsmässig verwertbare pathologisch-anatomische Befunde auf, ebensowenig wie eine von Hunziker (s. auch Thiemisch) beschriebene, durch Genuß einer Mischung von Speiteufel und Knollenblätterschwamm verursachte Vergiftung.

Haut und Skleren sind in der Regel leicht ikterisch. Das Blut ist in der Leiche flüssig, seröse Häute und Organe zeigen kleine und größere Blutaustritte.

Die Leber wird von W. Frey — der bei seinen Fällen die Todesursache in dem Genuß verdorbener Pilze sucht — als mehr oder minder stark verfettet bezeichnet. Histologische Beschreibungen der Leber sind der Arbeit von Frey nicht beigegeben. Der Verfasser möchte mit Rücksicht auf die beträchtliche Aminosäurenvermehrung im Urin an eine tiefergreifende Schädigung der Leberleistung glauben.

Im Magen und Zwölffingerdarm fand sich blutiger Inhalt und kleinste Schleimhautblutungen.

Die Niere war grob anatomisch geschwollen, von zahlreichen Blutaustritten bunt gezeichnet. In dem von A. Lesser mitgeteilten und von ihm als vermutliche Russulavergiftung angesprochenen Fall lagen Blutfarbstoffzylinder in den Kanälchen, ein Befund, der nach dem heutigen Stande unserer Kenntnisse vielleicht doch eher für Hellvella- oder Amanitavergiftung zu verwerten wäre.

Schnyder legt auf das hochgradige, ohne Bewußtseinsstörung sich entwickelnde Hirnödem besonderen Nachdruck. Mit den Angaben von Schürer über „rückläufige Veränderungen in Nerven- und Gliazellen" läßt sich nichts anfangen.

δδ) Agaricus torminosus (Gift- oder Birkenreizker).

Vergiftungsfälle durch den Giftreizker werden schon von Husemann erwähnt.

Der in zahlreichen Blutungen an verschiedensten Organen zu Tage tretende Erfolg des am Tiere erprobten frischen Preßsaftes (oder wäßrigen Auszuges) aus getrockneten Pilzen kennzeichnet den wirksamen Körper als ptomainartiges Haargefäßgift. Nach den Untersuchungen von Steidle hat das Gift einerseits in seiner Wirkung große Ähnlichkeit mit Bakterientoxinen und schließt sich andererseits an die Eigenschaften und Wirkungen des Amanitagiftes an.

Einwandfreie Sektionsberichte liegen weder aus alter noch aus neuerer Zeit vor. Der von H. Goldmann mitgeteilte und von ihm auf den Genuß des Giftreizkers zurückgeführte Tod eines Kindes scheint mir ursächlich nicht gesichert und könnte auch durch andere Pilze oder sonstige Umstände veranlaßt worden sein. Das Kind verstarb nach angeblichem Pilzgenuß wenige

Stunden später unter den Erscheinungen eines akuten Magen-Darmkatarrhs. Ein zweiter, von dem gleichen Berichterstatter überlieferter Fall zeigte nach mehreren Tagen Ikterus, Schwellung und Verfettung der parenchymatösen Organe, in der gequollenen Magen-Darmschleimhaut kleinste Blutaustritte und entzündliche Vorgänge.

β) Helvellaceen (Morchelpilze).

Die Lorcheln, besonders Morchella esculenta (Speisemorchel, mit blaßgelbbraunem, rundlich eiförmigem Hut), Morchella conica (Spitzmorchel, mit dunkelbraunem, kegelförmigem Hut) und die — im Volke vielfach als Morchel bezeichnete — Lorchel (mit mützenförmig herabgeschlagenem Hut) werden im allgemeinen als vorzügliche Speisepilze geschätzt. Die Umstände, unter denen sie gelegentlich giftig werden können, sind nicht bekannt. Vielleicht spielen auch hier wieder Standort, Jahrgang (s. UMBER: gehäufte Erkrankungen und Todesfälle nach Morchelgenuß im Jahre 1930), Empfindlichkeit des Vergifteten usw. eine Rolle. Laut Angaben von KOBERT ist die echte Lorchel (Morchella esculenta) nach Zubereitung niemals giftig. Durch Trocknen oder Abkochen soll der Pilz auf jeden Fall giftfrei werden. Die Gefahren, die der rohe Pilz und vor allem der aus ihm gewonnene Auszug in sich birgt, werden jedoch nicht verkannt (PONFICK). M. BÖHM und KÜLZ stellten aus der frischen Morchel einen von ihnen als Hellvellasäure bezeichneten giftigen Körper dar mit blutkörperchenlösender Kraft. Nach der Meinung von KUNKEL käme daneben noch ein am Zentralnervensystem angreifender Stoff in Betracht, während R. GUTZEIT gerade in der Hellvellasäure den das Zentralnervensystem schwer schädigenden Bestandteil des Pilzes sieht.

Ausführliche Aufzeichnungen über pathologisch-anatomische Befunde bei Hellvellavergiftungen des Menschen sind nur wenige bekannt und verwertbar. In Tierversuchen von M. BÖHM und KÜLZ, von BOSTROEM, PONFICK, in den zusammenfassenden, Tier und Mensch betreffenden Schilderungen von KOBERT, JAKSCH wird Blutzerfall in den Vordergrund gestellt.

Für den Menschen dürfte die Frage, ob und wie weit blutzerstörende Eigenschaften der Pilzgifte überhaupt, insbesondere des Morchelgiftes beim Vergiftungsablauf ihre Wirksamkeit in nennenswertem Maße entfalten, noch heute nicht entschieden sein. Dennoch glaubte LYON (unter L. PICK), gestützt auf den Ausfall der von anderer Seite vorgenommenen Tierversuche, und unter Hinweis auf die an Organhämosiderose und Blutpfropfbildung in den Gefäßen zu Tage tretende Erstschädigung des Blutes, die Diagnose der Hellvellavergiftung gegenüber Vergiftung mit einer anderen Pilzart verteidigen zu können, womit er sie auf einer Petitio principii aufbaute. Nach der Anschauung von KOBERT und von JAKSCH sind jedoch die hämolytischen Kräfte des Knollenblätterschwamms (s. daselbst) höher einzuschätzen, denn die des Lorchelgiftes. (Mitteilung von Vergiftungsfällen aus früheren Jahrzehnten s. bei BOSTROEM und bei PONFICK.)

Die Beschreibung des Äußeren wechselt. Offenbar ist die Hautfärbung von etwaigem Vorhandensein bzw. Massigkeit der Blutauflösung abhängig, denn sie schwankt zwischen betonter, zuweilen auf Lippen, Ohren, Fingernägel (Totenflecke) beschränkter Zyanose (BOSTROEM u. a.) und auffallender Blässe mit mehr oder minder gelblichem Einschlag (R. GUTZEIT), welcher beim Tiere, dem hier in der Regel beträchtlichen Blutzerfall entsprechend, höhere Grade annehmen soll (BOSTROEM, G. HERZOG, LYON, PONFICK). Vereinzelt kommen Hautblutungen vor. Von LYON wird ein am dritten Krankheitstage auftretender quaddelartiger Hautausschlag erwähnt.

Die in Hundeversuchen von Bostroem erzielten Augenschädigungen wie Bindehautentzündung, Hornhautgeschwüre usw. verdienen besondere Beachtung im Hinblick auf die Mitteilungen von L. Pick, daß in einer Morchelkonservenfabrik zahlreiche Arbeiterinnen mit oberflächlichen, durch feinste graue Punkte an der Vorderfläche des Auges gekennzeichnete Hornhautentzündungen erkrankten. Pick erörterte zwei Möglichkeiten der Krankheitsauslösung: Es komme ursächlich in Frage a) Ausdünstung der frischen Morchel, b) die beim Waschen und Kochen aufsteigenden Dämpfe bzw. der seifenartige, Hellvellasäure enthaltende Schaum, welcher sich bei der Pilzbereitung entwickelt.

Mit Durchschneidung der dunkelbraunroten Körpermuskulatur und Eröffnung der Leibeshöhlen zeigt sich die allen Pilzvergifteten (Leberschädigung!) eigene Blutungsbereitschaft in Blutaustritten an serösen Häuten, harter Hirnhaut (Lyon) usw. Die großen Venen und der rechte Vorhof waren im Falle G. Herzog prall mit dunklem Blut gefüllt, der von Lyon überlieferte Fall zeichnete sich aus durch Thrombosierung des Längsblutleiters und zahlreicher, als 2 mm dicke, dunkelrote, derbe Stränge hervorspringender Pialvenen über der linken Großhirnhalbkugel. Auch die Milzvene fand sich durch einen langen trockenen, der Gefäßwand ziemlich fest anhaftenden Blutpfropf verschlossen.

Von nennenswerten Gehirnveränderungen weiß nur der (mit Pialvenenthromben einhergehende) Fall Lyon zu berichten. Am linken Hinterhauptpol war die Hirnsubstanz in etwa gänseeigroßer Ausdehnung zerstört und in eine breiige, von Blutungen durchsetzte Masse verwandelt, ihre Umgebung feucht, geschwollen, gelblich verfärbt. Lövegren verzeichnet Chromatolyse der Nervenzellen in den motorischen Rindenzonen.

Bei den bereits oben erwähnten Arbeiterinnen in der Morchelkonservenfabrik gesellten sich zu Augenerkrankungen häufig noch Rachen-, Kehlkopf- und Luftröhrenkatarrhe (L. Pick).

Das Blut ist zumeist dunkel, fast flüssig, enthält wenig Gerinnsel. Sein Bild wird beim Tier, falls Blutauflösung vorhanden war, von Blutkörperchenschatten und -trümmern bestimmt.

Einschwemmung von Knochenmarksriesenzellen in die Haargefäße vieler Organe findet sich bei G. Herzog erwähnt, allerdings unter Hinweis auf einen möglichen ursächlichen Zusammenhang dieser Erscheinung mit dem langen Transport des Kranken. (Über Beschaffenheit der Gefäße s. außerdem bei Körperhöhlen und Verdauungsschlauch.)

Der trüblehmbraune, brüchige Herzmuskel (Lyon) ist in der Regel gleichmäßig feintropfig verfettet.

Hochgradig erweiterte Venen des Zwölffingerdarms enthielten bei dem von G. Herzog veröffentlichten Fall so mächtige Blutpfröpfe, daß sie als wurmartige, bläulich durch die Darmwand schimmernde Gebilde sofort in die Augen fielen. Die Schleimhaut des Zwölffingerdarms, gleicherweise die des zusammengezogenen und stark gefälteten, gelegentlich auch gallertartig erweichten und leicht zerreißlichen Magens (Bostroem) zeigte sich in einzelnen Fällen zufolge kleinster, wahrscheinlich auf Haargefäßverstopfung zurückzuführender Blutaustritte bunt gesprenkelt, ihre Tunica propria von rundkernigen Elementen durchsetzt, die Drüsenzellen z. T. abgestorben. Pseudomembranöse Auflagerungen im Dünndarm sollen vorkommen (Lövegren). Der Fall Lyon bot am Magen-Darmkanal keine Besonderheiten, wie auch Tiere (Ponfick) die Vergiftung durchaus nicht immer mit krankhaften Erscheinungen im Verdauungsschlauch beantworten. Entsprechend Schwere und Art der Darmschädigung sind den Stuhlentleerungen Schleim bzw. Blut beigemengt.

Nach einem mündlichen Bericht von BORCHARDT (angeführt bei G. HERZOG) können sich die entzündlichen Vorgänge am Magen-Darmrohr bis zur Phlegmone steigern.

Aus den meisten Mitteilungen geht hervor, daß an der Leber keine für alle Fälle gültigen, zuweilen überhaupt keine Vergiftungsmerkmale aufzustellen sind, unter welchen Umständen die anatomische Abgrenzung der Morchelvergiftung gegenüber der — gerade am schwergeschädigten Leberparenchym kenntlichen Amanitavergiftung — ohne weiteres möglich ist. Die des öfteren zu findenden Angaben betreffs Grad und Anordnung der Fettablagerung in den Leberzellen sind nichtssagend. Auch der — im Rahmen der Gesamtbefunde ohne weiteres verständlichen — Thrombosierung der Lebervenenäste beim Falle LYON kann als einmalig bekanntgewordenes Geschehnis vorerst keine differentialdiagnostische Bedeutung beigemessen werden. In der Arbeit von LÖVEGREN findet sich ein Vermerk über Auftreten kleiner Zerfallsherde, ähnlich den früher von PONFICK und von BOSTROEM im Tierversuch beschriebenen. Ich selbst habe seinerzeit (s. Virchows Archiv Bd. 251) mir als Morchelvergiftung übergebene, aus dem Felde stammende Fälle verarbeitet, deren Leberbefunde mit ihren Nekrosen, Lipoidablagerungen usw. sich den Leberveränderungen bei sicherer Amanitavergiftung weitgehend anzunähern schienen, und die ich darum heute, auf Grund der seitdem noch gesammelten Erfahrungen, mit höchster Wahrscheinlichkeit als Knollenblätterschwammvergiftungen gedeutet haben würde, wenn nicht UMBER kürzlich bei einem von ihm beobachteten, nach 9 Tagen tödlich endenden Fall einwandfreier Morchelvergiftung typische akute Leberatrophie schwerster Form gefunden hätte. Im Falle TATERKA (Krankenhaus Neukölln-Berlin) stand massige Verfettung im Vordergrund. Näheres über das Verhalten der Leber wird nicht ausgesagt.

LYON-PICK stützten sich in der ursächlichen Ausdeutung ihres Falles ganz wesentlich auf die Nierenveränderungen. Das stark rotbraune, nicht vergrößerte, derbe Organ ergab mikroskopisch in den Kapselräumen hie und da rote Blutkörperchen und hyaline, mit Eosin kräftig färbbare Massen. Der größte Teil der Epithelien in den gewundenen Kanälchen erster Ordnung, geringgradiger auch in anderen Kanälchenabschnitten, zeigte gleichmäßig schmutzige Verfärbung durch Einlagerung eines fein- und grobkörnigen, rostbraunen, stark eisenpositiven Pigments. Von beträchtlicher Hämosiderose (als Zeichen gesteigerten Blutzerfalls) spricht auch LÖVEGREN, welcher als einziger beginnender Epithelnekrosen in den HENLEschen Schleifen Erwähnung tut. Die Frage, wie weit hier Leichenveränderungen im Spiele waren, möge offen bleiben. Der Fall von BOSTROEM, in welchem die, einen klaren, blassen Harn liefernde Niere als normal groß, dunkelgraurot geschildert wird, ermangelt der Angaben über den histologischen Bau. G. HERZOG betont das Fehlen intrakanalikulärer Hämoglobinmassen. Spärlich vorkommende Kalkzylinder dürften keine Beziehung zu der Vergiftung haben; auch die erwähnte geringgradige Hämosiderose in den Epithelien der Hauptstücke ist ein zu häufiger Befund, um ihr kennzeichnenden Wert zuzusprechen. Hinweis auf Blutaustritte in das Bindegewebe, auf Verfettung von Kapsel- und Kanälchenepithelien kehren in den Aufzeichnungen der verschiedensten Untersucher wieder.

Die Ergebnisse der Tierversuche nehmen insofern eine Sonderstellung gegenüber den Befunden beim Menschen ein, als in ihnen deutlich die für das Tier erwiesene blutkörperchenlösende Fähigkeit des Giftes zu Tage tritt. Die Kanälchenlichtungen sind mit tropfig-bröcklig und kristallinisch abgelagertem Blutfarbstoff vollgestopft, der bei längerer Vergiftungsdauer mit dem dunkelroten bis heidelbeerfarbenen, sirupartigen Urin allmählich wieder ausgeschieden wird. Makroskopisch erscheint die Niere mächtig vergrößert, weich, feucht, mit rotbraunen bis schwärzlichen Flecken und Streifen auf schmutzig kaffeebraunem Grunde (BOSTROEM, KOBERT, PONFICK).

Mit Rücksicht darauf, daß in fast allen Arbeiten Betrachtungen angestellt werden über die etwaig vorhandenen blutzerstörenden Eigenschaften des Lorchelgiftes, über die Möglichkeit, ja Wahrscheinlichkeit des Blutzerfalls auch beim Menschen ist es erstaunlich, wie verhältnismäßig wenig Beachtung dem geweblichen Geschehen in den Organen des Blutauf- und -abbaues geschenkt wurde.

BOSTROEM sah beim Tier die Milz „leicht vergrößert, äußerst blutreich sehr dunkelbraunrot". Im Falle LYON, in welchem das dunkelrote, feuchte, auf der Schnittfläche vorquellende Organ 400 g wog, war erhebliche Erweiterung der dünnwandigen Gefäße in der zellarmen Pulpa zu verzeichnen. Die Milzvenenäste verhielten sich ähnlich wie die der Leber, d. h. sie zeigten Thrombosierung mit beginnender Organisation. In der Pulpa lag ein feinkörniges, braunes Pigment, dessen Abstammung vom Blut trotz mangelnder Ansprechbarkeit auf Eisenreaktionen erörtert wird. G. HERZOG hebt die allgemeine, auch die reichlich vorhandenen Leukozyten in sich einbeziehende Verfettung, die Hämosiderose der Retikulumzellen und die Eosinophilie der Lymphknötchen hervor. Vergiftete Hunde wiesen beträchtliche Pulpaschwellung auf infolge Schlackenanhäufung, Erythrozytenphagozytose und Hämosiderose (PONFICK).

Das Parenchym des Knochenmarks ergab nach Mitteilung von LYON keine Besonderheiten; doch fanden sich zahlreiche Haargefäße erweitert und von „homogenen, durchsichtigen (d. h. hyalinen) Thromben" verschlossen. Mir zwecks Untersuchung zur Verfügung gestelltes Material zeigte Fettmark mit geringgradiger gleichmäßiger Bildung normaler Zellformen der erythro- und myelopoetischen Reihe; Speicherung eisenhaltigen Pigments fehlte vollkommen. Im Gegensatz dazu sah G. HERZOG ausgedehnte Hämatopoese, Blutungen und Ansammlung von Pigmentmakrophagen. Auch fiel die starke Hämosiderinspeicherung in den retikulären Elementen auf. Das Mark vergifteter Hunde zeichnete sich vor allem durch mächtige Phagozytose roter Blutzellen aus, welcher die Eisenspeicherung an Stärke annähernd gleichkam (BOSTROEM, PONFICK).

γ) Gattung Inocybe (Rißpilz, Faserkopf).

Nach Angaben von CLOETTA enthalten die Pilze dieser Gruppe reichlich Muskarin, so daß ihr Genuß ähnliche Krankheitsbilder wie die Fliegenpilzvergiftung hervorruft: Sehr rasches Einsetzen der ersten Vergiftungserscheinungen, Schweißausbrüche (bzw. Schüttelfröste), Sehstörungen. Anläßlich einer schweren, jedoch in Genesung ausgehenden Vergiftung mit Rißpilzen und Faserköpfen, prüfte FAHRIG die Wirksamkeit des aus den Pilzen gewonnenen, als Muskarin angesprochenen Stoffes. Die innerlich oder durch Einspritzung unter die Haut vergifteten Tiere zeigten akutes Lungenemphysem, Blutungen und Epithelabschilferungen im Magen und Dünndarm.

Der von PORT angeführte, 15 Stunden nach Genuß weinroter Rißpilze (Inocybe frumentacea) unter Zeichen der Herzlähmung erfolgte Todesfall scheint in der Menschenpathologie der einzig bisher bekannt gewordene zu sein. Ein Sektionsbericht darüber liegt nicht vor.

2. Wurmfarn (Filix mas).

Von den — in der Gesamtheit giftigen — Stoffen des Wurmfarns ist die Filixsäure der am besten untersuchte. Ihre am Säugetier erprobte Wirkung, die sich in erhöhter Reflexerregbarkeit und aufsteigender Rückenmarkslähmung äußert, ähnelt ungemein den Vergiftungserscheinungen beim Menschen. Kann man die Anwendung des Mittels zu Heilzwecken auch im allgemeinen als gefahrlos bezeichnen, so ist es dennoch vereinzelt — aus nicht näher bekannten Ursachen (persönliche Überempfindlichkeit?, Aufsaugung zu großer Mengen?) — zu schweren, unter tetanusähnlichem Krankheitsbild (EICH) tödlich ablaufenden Vergiftungen gekommen. In solchen Fällen findet man an der blausüchtigen bzw. leicht ikterisch verfärbten Leiche stärkste venöse Blutüberfüllung (dunkles, flüssiges Blut!) und Blutaustritte in den serösen Häuten, den einzelnen Muskeln (besonders an Bauch und Brust) und in fast allen Eingeweiden. Nach Meinung von E. GRAWITZ ist das Auftreten des Ikterus auf stärkere — bisher nur am Tiere gesicherte (allgemeine Hämosiderose!) — Erythrozytenzerstörung, nach der von L. LEWIN auf katarrhalische Duodenalschleimhautschwellung zurückzuführen. Im Hinblick auf den unter Umständen zu erhebenden Befund schwerer Leberschädigung spricht die größte Wahrscheinlichkeit für hepatogene Natur des Ikterus.

Anatomische Veränderungen, welche in ursächliche Beziehung gesetzt werden könnten zu den — klinisch im Vordergrund stehenden — zerebrospinalen Erscheinungen wurden noch nicht nachgewiesen. Bei KOBERT finden sich lediglich kurze Angaben über akutes Hirnödem, Hydrozephalus, Blutaustritte in den Hirnhäuten aufgezeichnet.

Über die zu Sehstörungen, ja, Blindheit führenden Vorgänge am inneren Auge sind wir sowohl durch Befunde am Menschen wie durch Tierversuchsergebnisse besser unterrichtet. Nach den Schilderungen von STUELP, NUËL u. a. leitet — durch Netzhautödem und -blutungen gekennzeichnete — Erstschädigung der Gefäßwand (Lähmung der verfetteten Muskularis und Thrombenbildung?) zunehmende rückschrittliche Veränderungen im Sehnerven ein. Man findet schließlich Schwund und Zerfall von Neuroepithel und Nervenfasern, reparative Wucherung des Zwischengewebes (BIRCH-HIRSCHFELD, MASIUS et MAHAIM, OKAMOTO, PALERMO u. a.). An Hunden unternommene Versuche ergaben Ödem, interstitielle Entzündung und Gliawucherung am Sehnerven, Zerstörung der retinalen Nervenzellen (L. LEWIN und GUILLERY).

Die in der geschwollenen, blutreichen Schleimhaut des Magen-Darmkanals sichtbaren punktförmigen und ausgedehnteren Blutungen (E. v. HOFMANN, L. LEWIN, POULSSON u. a.) sind weniger als örtliche Reizerscheinungen (QUIRLL), denn als Anzeichen der allgemeinen Kreislaufstörungen zu werten. Der Inhalt im Magen bzw. Darm wird als grün oder dunkelbraun, von FREYER als nach „Äther" riechend bezeichnet.

Besondere Beachtung scheinen mir Leberveränderungen im Sinne der akuten (subakuten) Atrophie zu verdienen (s. auch Tierversuche von GEORGIEWSKY, E. GRAWITZ), wenn auch in dem von GUTSTEIN-STERNBERG mitgeteilten Fall der Boden für die übermäßige Giftansprechbarkeit der Leber offenbar durch eine alte Syphilis vorbereitet war.

3. Knoblauch (Allium sativum).

Eingehende Untersuchungen über die pharmakologischen Eigenschaften des Knoblauchs finden sich in der Arbeit von F. A. LEHMANN.

Bei JAKSCH sind kurze — wie es scheint — lediglich auf klinische Wahrnehmungen zurückzuführende Bemerkungen zu lesen über durch Knoblauchöl verursachte entzündliche, bis zur Blasenbildung gehende Reizung an Haut und Schleimhäuten. Quellenangaben fehlen. Mir selbst sind beim Durchforschen des Schrifttums keine diesbezüglichen Arbeiten in die Hand gefallen.

Im Reagenzglas wird bei Zusatz von Knoblauchöl zu Blut Methaemoglobin gebildet (F. A. LEHMANN).

4. Rhabarber (Radix Rhei).

Die Rhabarberwurzel enthält eine in Glykosidform gebundene Gerbsäure, ferner Glykoside, aus denen freie Oxymethylanthrachinone (Chrysophansäure usw.) entstehen, außerdem in großer Menge Kalziumoxalat, welch letzteres unter Umständen Anlaß zu einer Oxalsäurevergiftung geben kann (C. BACHEM). Rhabarber gilt als mildes Abführmittel, hat jedoch, im Übermaß genommen, gelegentlich zu Reizerscheinungen im Magen-Darmkanal und an den Nieren (Auftreten von Hämaturie!) geführt (JAKSCH).

Der Urin nimmt, da die Chrysophansäure leicht in den Körper übergeht und unverändert durch den Urin ausgeschieden wird, gelb bis gelbbraune Farbe an, die bei Zusatz von Alkalien in rot umschlägt.

5. Wolfsmilchgewächse (Euphorbiazeen).

Diese Pflanzenfamilie umfaßt Gewächse von ungewöhnlich verschiedenartigem Äußeren wie Bäume, Sträucher, Kräuter und blattlose Stammsukkulenten, von denen viele, vor allem Euphorbia (Wolfsmilch), eine bei jeder Verletzung aus den ungegliederten Schläuchen fließende giftige Flüssigkeit von milchiger Beschaffenheit enthalten (G. KARSTEN). Croton tiglium, Ricinus communis, der Manzanillobaum (Hippomane mancinella), Kamala, die Drüsenhaare der Fruchtkapsel von Mallotus philippinensis, liefern kräftig wirkende Abführmittel und spielen somit toxikologisch eine gewisse Rolle.

α) Euphorbia (Wolfsmilch).

Der getrocknete harzartige Saft der Wolfsmilch enthält das Säureanhydrid Euphorbin und bedingt nach Angaben von JAKSCH, L. LEWIN und GUILLERY vorwiegend örtliche Reize an Haut, Augenbindehäuten und -hornhaut, an der Schleimhaut der Atmungs- und Verdauungswege, Reize, die so beträchtlich sind, daß sie, je nach Länge und Stärke der Gifteinwirkung, in fließenden Übergängen Entzündung bis Verätzung auslösen können.

Vergiftungen bei Haustieren sind selten. Jedoch sollen beim Menschen nach Ziegenmilchgenuß als Vergiftungen zu deutende gastroenteritische Krankheitsbilder beobachtet worden sein (FRÖHNER).

β) Croton tiglium.

In dem Samen dieser Euphorbiazee findet sich das, dem Rizin verwandte, aber schwächer giftige Krotin, welches laut Angaben von JAKSCH das Blut zufolge Verklumpung der Erythrozyten gerinnen macht. Praktisch wichtiger ist das Krotonöl, ein Gemisch aus Glyzeriden verschiedener Fettsäuren. Dies stärkste aller Abführmittel verdankt seine kennzeichnende, d. h. reizende und entzündungserregende Eigenschaft der Krotonalsäure, welche es in teilweise freiem Zustand enthält.

Krotonöl erzeugt in die Haut eingerieben Rötung, Ödem, Blasen und eitrige Pusteln (JAKSCH, E. KAUFMANN), in das Auge gebracht Bindehautentzündung, unter die Haut gespritzt blutig-seröse Gewebsdurchtränkung (KOBERT) und phlegmonöse Entzündung mit bakterienfreiem Eiter. Mithin gehört es (gleichwie Terpentin, Quecksilber, Kreolin, Petroleum, Oleum sabinae, Argentum nitricum) in die Gruppe der eitererregenden Mittel. Bei den Hundeversuchen von DMOCHOWSKI und JANOWSKI wurden die Öleinspritzungen — je nach

Stärke der Lösung — beantwortet mit serös-blutiger Entzündung, mit Eiterung oder völliger Gewebszerstörung.

BAEHR erzeugte durch Einführung des Giftes in die Nierenarterie eine — offenbar auf dem Boden einer Erstschädigung des Endothels — sofort einsetzende umschriebene Erweiterung der Haargefäße.

Bei peroraler Darreichung von Krotonöl beobachtet man am Verdauungsschlauch vom Mund abwärts, besonders aber in dem der Wirkung des verseiften Öls zuvörderst ausgesetzten Darm Schwellung, Rötung, Entzündung mit Zellabschilferung und Schleimhautzerfall, oft von Blutaustritten (infolge Gefäßwandreizung?) und tiefergreifenden Geschwürsbildungen begleitet (KOBERT). „Entartung" der Darmplexus wird von RAVENNA angegeben.

Der Nachweis des Krotonöls gelingt aus dem Magen-Darminhalt mit Hilfe des physiologischen Versuches: Das herausgezogene, auf die Haut eines Tieres getropfte Öl läßt sofort Pusteln entstehen.

γ) Ricinus communis.

Das durch Auspressen des Samens gewonnene Rizinusöl zieht nach innerer Anwendung übermäßig großer Gaben gelegentlich im Darmkanal örtliche Gewebsreizung nach sich. Niemals jedoch wurden nennenswerte Erscheinungen von Allgemeinvergiftung wahrgenommen.

Außer dem Öl enthält der Samen (s. MIESSNER) den nach Entfernung des Öls zurückbleibenden eiweißartigen, giftigen, in seiner Wirkung dem Abrin ähnelnden Körper Rizin, welchen KIONKA, KOBERT, STILLMARK u. a. zu den ausgesprochenen Blutgiften zählen, denn die Blutgerinnung wird durch ihn sichtlich begünstigt und tritt angeblich auch dann noch ein, wenn das Blut vor der Vergiftung fibrinfrei gemacht wurde (KOBERT). Verschiedene Untersucher (KIONKA, KUSAMA u. a.) sehen in den vielen Organblutungen, dem herdweisen Gewebszerfall usw. eine Folge von Fibringerinnselbildung in kleinen Gefäßen. Die Gedankengänge von STILLMARK bewegen sich in gleicher Richtung, wenn er die letzte Todesursache in Blutpfropfbildung und völligem Lichtungsverschluß der Gefäße in lebenswichtigen Zentren sucht.

Das unter die Haut gespritzte Rizin soll nach der Anschauung von KOBERT giftiger sein als Strychnin, Blausäure, Arsen. Das Wissen um die Wirkungsweise dieses Stoffes und die von ihm verursachten anatomischen Schäden verdanken wir zuvörderst den an zufällig vergifteten Pferden und Rindern vorgenommenen Untersuchungen (FRÖHNER) und Tierversuchen, deren Ergebnisse bis zu einem gewissen Grade Übereinstimmung zeigen mit den spärlichen bekanntgewordenen Erscheinungen bei Menschen, welche sich durch den Genuß von Rizinussamen Vergiftungen zugezogen hatten (FORNACA, LANGERFELDT u. a.). Demgemäß wird im folgenden den Schilderungen der pathologisch-anatomischen Befunde am vergifteten Tierkörper ein verhältnismäßig großer Raum gegönnt. Sofern nichts anderes besonders erwähnt ist, beziehen sich die Angaben und Deutungsversuche nur auf diese.

Über das Verhalten des Rizins im Körper und über den Weg seiner Ausscheidung ist bisher nichts Sicheres bekannt geworden. Der Nachweis des Giftes ist — auch nach parenteraler Einverleibung — im Magen-Darminhalt möglich, welche Tatsache dafür spricht, daß sich der Verdauungsschlauch an der Ausscheidung beteiligt. Vielleicht kommt für die Giftabgabe auch noch die Niere in Frage. Handelt es sich um Vergiftung durch Rizinussamen, so ist die botanische Prüfung für die Diagnosenstellung ausschlaggebend, falls sie die strahlenartige Anordnung der sich nach oben verdickenden Palisadenzellen der Samenschale aufdeckt.

Nicht tödlich endende Fälle von Allgemeinvergiftung des Menschen wiesen masernartige Hautausschläge (FORNACA), Zyanose und Ikterus (JAKSCH) auf. KOBERT möchte auch eine von ihm beobachtete Gangrän des Fußes in ursächlichen Zusammenhang mit Rizinwirkung bringen.

Rizinpulver bzw. -lösung in das Auge von Mensch oder Tier gebracht, zieht Bindehautentzündung mit Blutungen und (möglichenfalls tiefgreifende) Hornhautgeschwüre nach sich (KOBERT).

Einspritzung unter die Haut wurde mit Blutungen, nach 24 Stunden mit sulziger Durchtränkung und Entzündung im Unterhautgewebe beantwortet (FLEXNER, F. MÜLLER).

Zum Bilde der Rizinvergiftung gehören die mit Eröffnung der Körperhöhlen sofort in die Augen fallenden (auch bei Feten nachzuweisenden) mehr oder minder umfangreichen Blutungen in den serösen Häuten und verschiedensten Organen, die übermäßige Füllung der venösen Gefäße in Bauchhöhle und -organen, der oft blutig verfärbte Aszites (FLEXNER, F. MÜLLER).

Thymus, Schilddrüse, Nebennieren sind groß, weich, blutreich, durch Blutaustritte bunt gesprenkelt (CRUZ, FLEXNER, KUSAMA u. a.). Die Nebennieren zeigen mikroskopisch ein ähnliches Verhalten wie bei experimentell erzeugter Diphtherie (s. A. DIETRICH und H. SIEGMUND, dieses Handbuch Bd. VIII, S. 1024).

Verfettung der Herzmuskulatur kommt häufig vor. CRUZ sah bläschenförmige und zerfallende Kerne in den Parenchymzellen, Lückenbildung in ihrem Protoplasma.

Die kleinen Gefäße, deren Wände zufolge hyaliner Umwandlung z. T. außerorentlich verdickt erscheinen (CRUZ), sind fast regelmäßig stark erweitert, von Erythrozyten und Leukozytenansammlungen umsäumt. Bei den von KUSAMA parenteral vergifteten Kaninchen fanden sich die Lungenhaargefäße vollgestopft mit Knochenmarksriesenzellen.

Beim Menschen treten nach Giftaufnahme durch den Mund die verhältnismäßig schwersten Veränderungen naturgemäß im Verdauungsschlauch auf. LANGERFELDT fand bei einem Kinde, welches Samenkörner vom Rizinusstrauch gegessen hatte, den Rachenring hochgradig gerötet und geschwollen, FORNACA sah in einem ähnlichen Fall allerschwerste Gastroenteritis.

Der Magen-Darmkanal der Tiere, insbesondere sein lymphatischer Apparat, spricht sowohl auf perorale als auf subkutane Vergiftung an (s. Giftausscheidung). Die sich hier abspielenden, von mächtigem Ödem der Wandschichten eingeleiteten, z. T. kroupösen (REGENBOGEN) Entzündungsvorgänge, welche nach den Angaben von JAKSCH bis zur Geschwürsbildung, ja, Phlegmone der Magenwand fortschreiten können, sind in der Regel von kleineren und größeren Blutungen begleitet (KUSAMA, F. MÜLLER, STILLMARK). Die feinere gewebliche Gestaltung ist gekennzeichnet durch Umformung des Deckepithels, dessen aufquellende Kerne geradezu abenteuerliche Formen annehmen, dessen Zelleiweiß körnig, speckig wird, z. T. zerfällt, z. T. mit den Nachbarzellen zusammenfließt. An und neben den Stellen, wo das abgestorbene Oberflächenepithel abgestoßen wurde, finden sich Ausheilungsbilder mit zahlreichen Epithelmitosen und Wucherung des Bindegewebes (CRUZ, FLEXNER). Nach rasch erfolgtem Tod des Tieres gleicht der Darminhalt Cholerastühlen. Aus der blassen Schleimhaut des Dünndarms springen die stark geröteten und oft ungeheuerlich geschwollenen PEYERschen Haufen und Einzellymphknötchen hervor, die bei schweren Vergiftungszuständen mit kleieartigen Massen bedeckt sind (KUSAMA). Im lymphatischen Gewebe laufen Rückbildungs- und Wucherungsvorgänge nebeneinander, da sich einerseits Vermehrung, andererseits Zerstörung der lymphatischen und retikulären Elemente feststellen lassen. Der Zerfall des

Gewebes beginnt in der Knötchenmitte und schreitet nach dem Rande zu fort, bis sich schließlich ein oberflächliches Geschwür entwickelt (Kusama).

KIONKA, KOBERT u. a. neigen dazu, Entstehung und Ablauf des geweblichen Geschehens im Magen-Darm mit einer zu intravitaler Gerinnung führenden Erstwirkung des Giftes auf das Blut zu erklären: Mangelnde Blutdurchströmung und damit unzureichende Ernährung der betroffenen Gebiete müsse demgemäß Selbstverdauung, Gewebstod, reaktive Entzündung und Loslösung der Schleimhaut nach sich ziehen.

In der Leber stehen allerstärkste Erweiterung der Haargefäße, Blutungen, Fettspeicherung und unregelmäßig angeordnete Zerfallsherde im Vordergrund, so daß Bilder entstehen, die an Arsenschädigung geringen und mittleren Grades erinnern, gelegentlich auch mit dem Verhalten der Leber von Eklamptischen verglichen werden können (CRUZ, F. MÜLLER). Bei den Tieren von Kusama fehlten die Nekrosen, es kam lediglich zu mächtiger Füllung der Haargefäße, in welchen der reiche Gehalt an kernhaltigen roten Blutkörperchen und an gelapptkernigen Zellen auffiel. FLEXNER spricht von ,,thromboseähnlicher Erythrozytenansammlung'' und ,,fibrinösen Thromben''. Wiederholte Giftgaben finden ihre Antwort in beträchtlicher Ablagerung eisenhaltigen Pigments. Langdauernde Vergiftung führt zu Veränderungen im Sinne der Zirrhose.

Die meist beträchtlich geschwollene Milz zeigt vermehrte Pulpa, jedoch, infolge Lymphozytenschwundes, nur spärliche, kleine Follikel. Für die zahlreichen Blutaustritte (STÖDTER: hämorrhagischer Milztumor) und Zerfallsherde dürfte die Ursache in Verschluß der Haargefäße durch Fibrinpfröpfe zu erblicken sein (CRUZ, FLEXNER). In allen Teilen der Milz finden sich die Gewebstrümmer von Freßzellmassen umgeben. Die Sinus sind stark erweitert und vollgestopft mit jugendlichen und ausgereiften roten und weißen Blutkörperchen, mit Hämoglobin- und Pigmentmakrophagen usw. (Kusama).

Bei Einspritzen des Giftes in das Unterhautgewebe antworten die der verletzten Stelle zugehörigen Lymphknoten mit Vergrößerung und Blutüberfüllung, mit Sinuskatarrh, mit Zerstörung des lymphatischen Gewebes. Letztere kann so hohe Grade erreichen, daß nur noch feinfaserige Netze verbleiben, welche Bruchstücke zerfallender Kerne, Körnchenhaufen, pigment- und trümmerbeladene Freßzellen in sich fassen (CRUZ, FLEXNER u. a.). Je nach der Schwere der Darmveränderungen beteiligen sich die Gekröselymphknoten an den krankhaften Vorgängen mit Anschwellung bis zu mächtigen, durch entzündliche Zellanhäufungen und Blutungen bedingten Paketen, während sie bei umfangreichen Blutaustritten in Netz und Gekröse in erster Reihe beansprucht werden zum Aufnehmen und Fortschaffen der Erythrozyten: Randsinus und Markräume sind mehr oder minder prall gefüllt mit teils noch erhaltenen, teils zerfallenden Blutkörperchen.

Das Knochenmark ist sehr weich, erscheint dem bloßen Auge grau und dunkelrot gefleckt, einesteils, wie die mikroskopische Untersuchung lehrt, infolge beträchtlicher Blutgefäßfüllung und Blutaustritten, zum anderen durch blutbildende Tätigkeit des Marks. Letztere scheint jedoch, nach dem gestaltlichen Verhalten der einzelnen Zellformen zu urteilen, vorwiegend minderwertige Elemente zu liefern, kenntlich an Erythroblasten von ungewöhnlichen Kerngrößen, -formen und -zeichnungen, an der geringen Zahl gut entwickelter und erhaltener Glieder der myeloischen Reihe, welche zum größten Teil zerfallende Kerne und verwaschene Körner zeigen, an Haufen gestaltloser Bröckel, an Aufquellung und Lückenbildung im Zelleiweiß von Granulozyten und Riesenzellen u. a. m.

Die Zellbeschaffenheit des strömenden Blutes mit seinen verkrüppelten Formen, seinen Kern- und Zelltrümmern, der betont eosinophilen Leukozytose und der Polychromasie der Erythrozyten ist ein Spiegelbild der regelwidrigen Vorgänge im giftgeschädigten Blutbildungsapparat.

Die Befunde an der Niere stützen die Vermutung, daß noch wirksames Rizin hier ausgeschieden wird. Außer Blutungen im Nierenbecken und -gewebe sind am Parenchym Umwandlungen zu beobachten, die als leistungsbeeinträchtigend zu werten sein dürften: Die Kanälchenepithelien verfetten, eine eigentümlich glasige Quellung und Lückenbildung in ihrem Zelleib wird bemerkbar. Daneben finden sich einzelne zerfallende Kerne und Zellen, auch ausgedehntere absterbende Kanälchenepithelbezirke (CRUZ u. a.). Weitere Befunde wie hyaline Verklumpung von Glomerulus- und Kapselepithelien werden von FLEXNER aufgezählt. Die Tierpathologen (REGENBOGEN, STÖDTER) begnügen sich mit den Angaben von „akuter bzw. hämorrhagischer Nephritis". Es ist nicht ersichtlich, ob es sich dabei um wirkliche Entzündungsvorgänge handelt.

δ) Manzanillobaum.

BENSEN überliefert einen Fall von bläschenförmiger Mundschleimhautentzündung, hervorgerufen durch Beißen in einen Manzanilloapfel. Gleicherzeit war bei dem Erkrankten eine Augenbindehautentzündung festzustellen. Zu der Frage, ob auch diese als giftbedingt angesehen werden musste, nimmt der Berichterstatter nicht Stellung.

ε) Kamala (Mallotus philippinensis).

Tödliche Vergiftungen mit dem als Anthelmintikum bewährten und in der Regel als schwächstes Wurmmittel (für Kinder und Greise) angewandten Kamalapulver, das aus den Fruchtdrüsen und -büschelhaaren der Euphorbiazee Mallotus philippinensis gewonnen wird, sind mir aus dem Schrifttum nicht bekannt geworden. Jedoch weist ein in der kriegspathologischen Sammlung, Berlin (Prof. M. BUSCH) aufgehobenes Präparat schwerer hämorrhagischer Enteritis bei einem Soldaten darauf hin, daß auch mit diesem, für gewöhnlich als harmlos zu bezeichnenden Mittel üble Zufälle nicht ganz auszuschließen sind.

6. Ranunkelarten (Anemonin).

Die Anemone und zahlreiche andere Ranunkelarten enthalten einen flüchtigen, ölartigen, scharfen Stoff (Anemonenkampfer, Pulsatillenkampfer), durch dessen Wirksamkeit als Vergiftung anzusprechende allgemeine Krankheitserscheinungen (Anemonismus) hervorgerufen werden.

Ein Vermerk über örtliche Schädigung der Haut (Ekzeme, Geschwüre, Gangrän) findet sich bei JAKSCH. Sonstige nennenswerte pathologisch-anatomische Befunde am Menschen scheinen nicht bekannt geworden zu sein.

Doch berichtet FRÖHNER (bzw. GERLACH) über das Vorkommen hämorrhagisch-entzündlicher Vorgänge im Verdauungsschlauch und in den Nieren von Haustieren, welche mit ihrem Futter Ranunkulazeen aufgenommen hatten.

Der Nachweis des Giftes (mit Hilfe der physiologischen Prüfung [Hautreaktion]) kann nur bei Auffinden von Pflanzenresten im Magen-Darminhalt erbracht werden.

7. Aristolochiaarten.

Das in der Osterluzei, in Asarum europaeum (Haselwurz) und anderen Aristolochiaarten enthaltene Aristolochin fördert die menstruelle Blutung, gilt mithin als Fruchtabtreibungsmittel. Berichte über tödliche Vergiftungen beim Menschen waren im Schrifttum nicht aufzufinden. Auch scheint die von SURY mitgeteilte Beobachtung an einer Schwangeren, die ihre 8 Monate alte

Frucht durch Asarum europaeum abzutreiben versuchte, die einzige ihrer Art zu sein. Gleichzeitig mit der Geburt eines toten Kindes stellten sich bei der vergifteten Mutter Hauterysipeloide und gastroenteritische Erscheinungen ein.

In der Hauptsache liegen somit nur durch J. POHL übermittelte Ergebnisse von Versuchen an Kaninchen und Hunden vor, welche Tiere besondere Giftempfindlichkeit der Niere und Leber erkennen lassen. Die Leber speichert so hochgradig Fettstoffe, daß Makro- und Mikrobefunde weitgehend den Bildern bei ganz akuter Phosphor-, Arsen- usw. Vergiftung gleichen können.

Die Auswirkung des Giftes auf das anatomische Verhalten der Niere scheint nach den Ausführungen von POHL keine einheitliche zu sein. Bei den innerhalb weniger Tage verendeten Kaninchen sind — je nach Stärke und Dauer der Vergiftung — zwei Formen der Veränderung zu unterscheiden: Bei der ersten ist die Niere blaß, klein, das Gewebe zufolge ausgedehnter Nekrosen der Kanälchenepithelien weitgehend zerstört. Der Membrana propria haftet nur noch ein schmaler, körniger Protoplasmasaum an, die Lichtung ist von Epithelzylindern und homogenen, vielfach von Hohlräumen durchsetzten Massen angefüllt (s. auch Aloinvergiftung). Bei genügend starker Giftgabe schließt sich diesem Zustande ein zweiter an: Die Niere ist dann dunkelbraunrot, vergrößert, in die, von massigen Blutaustritten aufgequollene Kapsel wie in ein Blutlager eingebettet. Histologisch findet man zahlreiche Kanälchen mit Blut, Blutpigment und, vor allem in den gewundenen Abschnitten, mit homogenen Schläuchen vollgepfropft. Die hier bemerkbar werdende Blutungsbereitschaft zeigt sich auch in Ekchymosen an anderen Organen (Lunge, Darm usw.).

Laut Angaben von FRÖHNER-GERLACH sind bei zufällig vergifteten Haustieren hämorrhagische Gastroenteritis und -nephritis zu finden.

8. Meerrettich und Rettich.

Cochlearia amoracea (Meerrettich) und Raphanus sativus (Rettich) gehören — wie die Senfpflanze (s. unter Sinigrin) — zu den scharfschmeckenden, in den Küchengärten heimischen Mitgliedern der Familie der Kruziferen. Der Rettich enthält das dem Senföl chemisch und pharmakologisch sehr nahestehende Rettichöl.

Ein Fall von Rettichvergiftung, dem im übrigen Schrifttum nichts Ähnliches zur Seite stehen dürfte, wird von HEFFTER mitgeteilt. Eine 45jährige Frau trank — als Linderungsmittel bei Magenbeschwerden — auf Rat eines Kurpfuschers den Saft von 3—4 schwarzen Rettichen (etwa 100—150 g). Sie bekam schwerste, mit Erbrechen einhergehende Magen-Darmerscheinungen, starre Pupillen, war unruhig, schließlich benommen. Im Urin trat als Zeichen von Nierenreizung reichlich Eiweiß auf. 3 Wochen hindurch war die Harnausscheidung gestört, dann stellte sich allmählich Heilung ein.

Organbefunde nach Rettichvergiftung liegen meines Wissens bisher noch nicht vor. Die pathologisch-anatomischen Ergebnisse von Tierversuchen werden als negativ bezeichnet.

Die durch Meerrettich bedingten Schädigungen siehe unter Sinigrin (Allylsenföl S. 361).

9. Papilionazeen.
α) Bohnen (Fabismus, Phasinvergiftung).

Nach Genuß der Früchte oder Einatmen des Blütenstaubes von Vicia faba (Saubohne) stellt sich häufig ein (vor allem in Italien zu beobachtender) als Fabismus bezeichneter Zustand ein, den man durch „Intoleranz" gegen

ein vielgenossenes Nahrungsmittel zu erklären versucht. Ob es sich dabei um
„echte Vergiftungen" oder um „alimentär-anaphylaktische Phänomene" handelt,
kann hier nicht erörtert oder gar entschieden werden. Das in den Monaten
der Bohnenblüte und -reife anzutreffende Krankheitsbild ist gekennzeichnet
durch plötzliches Auftreten von Anämie, Ikterus (mit Urobilinurie), Milz-
und Leberschwellung (Pucci).

Zwei Todesfälle aus dem italienischen Schrifttum werden von Preti angeführt: Sie
betreffen Mitteilungen von Gasbarrini und Lunghetti. Jedoch sind beide Forscher im
Zweifel, ob die von ihnen aufgezählten pathologisch-anatomischen Befunde tatsächlich
dem Fabismus selbst oder nicht vielmehr vorausgegangenen Krankheiten zuzuschreiben
waren.

In einem von Preti selbst übermittelten, nicht tödlich endenden Fall zeigte
ein 6jähriger Knabe allerschwerste, auch im anisozytotischen, erythroblasten-
haltigen Blutbild zu Tage tretende Blutschädigung, die offenbar auf einer
akuten, von Hämoglobinurie begleiteten Erythrozytenauflösung beruhte.

Vielleicht haben wir es auch beim Fabismus mit einer Art Phasinvergiftung
zu tun, über welche Faschingbauer und Kofler (1929) kurze Angaben machten.
Die in akut gastroenteritischen Erscheinungen, in einer mit Urobilinogenurie
einhergehenden Leberschwellung bestehende Erkrankung trat im Anschluß
an den Genuß roher und keimender Feuerbohnen (Phaseolus coccineus)
auf. Auch im früheren Schrifttum sind mehrere Fälle von Phasinvergiftung
bekannt geworden: Kriegsgefangene, die nach dem Genuß größerer Mengen
roher Bohnen unter Erscheinungen von Darmverschluß starben, zeigten bei
der Obduktion als Enteritis haemorrhagica anzusprechende Befunde.

In Blutprüfungen und Tierversuchen konnte von Faschingbauer
und Kofler gezeigt werden, daß der Phasingehalt der Feuerbohne nicht größer
ist als der der Gartenbohne, daß Keimling und ungekeimte Bohne ungefähr
gleich viel Phasin enthalten.

β) Paternostererbsen (Abrin).

Das in den von der Papilionazee Abrus precatorius stammenden Jequiritysamen (Paternostererbsen) enthaltene Toxalbumin Abrin, welches —
vor allem in früheren Jahren — zu Heilzwecken benutzt wurde, erinnert in seinen
pharmakologischen Eigenschaften an Krotin bzw. Rizin (Flexner). Vergiftungen durch Verschlucken von Paternostererbsen, die man zu Rosen-
kränzen, Halsketten usw. verarbeitet findet, traten gelegentlich auf und zwar,
der Ursache der Vergiftung gemäß, vorzugsweise bei Kindern. Ein die pathologisch-anatomischen Befunde berücksichtigender Einzelbericht aus der Menschenpathologie liegt meines Wissens überhaupt nicht vor. Soweit zu übersehen,
sind tödlich endende Vergiftungsfälle bisher nicht vorgekommen. Auch die
von Schmorl erwähnte Erkrankung eines 37jährigen Mannes ging in Gesundung
aus. Die in diesem Falle klinischerseits zu beobachtende Störung der Herztätigkeit ließ an eine Schädigung der Herzmuskulatur denken, etwa in der
Art, wie sie beim experimentell vergifteten Tiere nachweisbar ist.

Eine ältere ausführliche Darstellung von Werhovsky beschäftigt sich mit Ergebnissen
von Kaninchenversuchen. Aus der, eingehender Quellenangaben ermangelnden Sammeldarstellung von Jaksch ist nicht herauszulesen, wie weit sie sich auf Mensch oder Tier
bezieht.

In den Darm gelangt, werden die Jequiritysamen erweicht und sollen sich
dann ähnlich wie Rizinussamen verhalten (Werhovsky). Der Beginn des krankhaften, letzten Endes in den betreffenden Organen zu umschriebenem Gewebstod führenden Geschehens ist in der Blut- und Gefäßwandschädigung durch
Abrin zu sehen (Verklumpung der Erythrozyten, Thrombenbildung!).

Bringt man (zwecks therapeutischer Beeinflussung von Trachom, Pannus usw.) Jequiritysamen oder seinen abrinhaltigen, durch Tierversuche auf bestimmte Stärke abgestimmten Auszug, das Jequiritol, auf das äußere Auge, so entwickeln sich hier allerschwerste Reizerscheinungen, die in der Regel über Chemosis bis zu kroupöser Entzündung der Bindehäute, Lidabszessen usw. (sog. Jequirity-Ophthalmie) führen (L. Lewin und Guillery). Durch Immunisierung mit Jequiritolserum, d. h. mit dem Serum abrinvorbehandelter Tiere, kann die Wirkung des Giftes sehr schnell abgeschwächt werden.

Jaksch weiß über Gesichtserysipel und Phlegmone zu berichten.

In das Unterhautgewebe gespritztes Abrin (Tierversuche von P. Ehrlich, Schmorl, Werhovsky u. a.) erzeugt an der Zufuhrstelle vom Rande her nach der Mitte zu fortschreitenden Haarausfall, Ödem, Blutungen (Sidney Martin), heftige Entzündung und Gewebstod.

Die Eröffnung der Körperhöhlen ergibt bei den auf diese Weise vergifteten Tieren blutig-flüssigen Inhalt in der Bauchhöhle, starke Gefäßfüllung des Bauchfells, kleinste Blutaustritte in den serösen Häuten und in vielen Eingeweiden, mächtige Schwellung der Gekröselymphknoten.

Die Herzmuskulatur, in deren Schädigung wahrscheinlich die letzte Todesursache zu suchen ist, fällt auf durch Wechsel von dunklen und hellen, d. h. normalen und ödematös-hydropisch bis auf das Doppelte des Gewöhnlichen gequollenen, z. T. wohl auch verfetteten Muskelfasern.

Die recht beträchtliche Milzvergrößerung erweist sich als durch ungeheuerliche Blutgefäßerweiterung hervorgerufen; besonders in akuten Fällen gleicht das mikroskopische Bild dem eines kavernösen Angioms. Bei längerer Vergiftungsdauer wird reichlich Hämosiderin abgelagert, was vielleicht doch auf eine von Jaksch vermutete, aber bisher von keiner Seite bewiesene Hämolyse schließen läßt.

Im Gegensatz zur Milz zeigt die Leber niemals nennenswerte Speicherung von eisenpositivem Pigment. Sie ist gekennzeichnet durch hochgradige Verfettung, sowohl der Kapillarendothelien, als auch der durch mächtige Haargefäßfüllung zusammengepreßten Leberzellen. Kapillarthromben und kleine Blutaustritte sind fast regelmäßig anzutreffen. Schmorl schildert außerdem zahlreiche, an den Läppchenrändern gelegene Zerfallsherde, so daß die Gewebsbilder sich häufig denen bei Eklampsie annähern.

An Massigkeit und Ausdehnung der Veränderungen steht der (vielleicht als Giftausscheidungsstätte in Frage kommende) Magen-Darmkanal im Vordergrund. Der wie mit einem dicken, zähen, weißgrauen Schleier die — durch kleinste Blutaustritte bunt gesprenkelte — Schleimhaut bedeckende Belag löst sich unter dem Mikroskop auf in abgestorbene und abgestoßene Deckzellen, Schleim, Blut, feinkörnige und -fädige Ausschwitzungen. Die oberflächlichen Haargefäßnetze der Magen-Darminnenhaut sind allerstärkst erweitert, die Haargefäßlichtungen von verklumpten Blutkörperchen und Thromben verlegt (Hellin, Schmorl u. a.). Magendrüsenzellen sind nur noch bezirksweise erhalten. Gelegentlich finden sich stärker entzündliche, bis zu Geschwürsbildungen führende Vorgänge.

Den bisher dargestellten eindeutigen Ergebnissen, die Werhvosky bei seinen vergifteten Tieren buchen konnte, schließt er noch eine kurze, weniger klare Schilderung der Nierenbefunde an. Sie ermöglicht keine rechte Vorstellung von der Art des krankhaften Geschehens. Eiweiß und Epithelien im Kapselraum sind vielleicht im Sinne einer Entzündung zu verwerten. Das Vorkommen hyaliner und Blutkörperchenzylinder wird erwähnt. Bei längerdauernder Vergiftung sollen auch Epithelnekrosen gefunden worden sein (Schmorl, Werhovsky).

γ) Platterbsen (Lathyrismus).

Die Saatplatterbse (Lathyrus sativus) ist in ganz Europa und im Orient heimisch. Über die chemische Natur der als Gift angesprochenen Stoffe in ihren keilförmigen oder flacheckigen Samen ist nichts Sicheres bekannt. Nach den Ausführungen von Guillaume (s. auch R. Stockman) soll es sich um Saponine, Toxalbumine und Alkaloidanteile handeln. Kärnbach und Haber-sang glauben in einem ausziehbaren Körper mit Alkaloideigenschaften das fragliche Gift gefunden zu haben.

Nach dem Genuß verschiedener, Nahrungs- und Futterzwecken dienender Platterbsenarten entwickelt sich gelegentlich eine als chronisch verlaufende Vergiftung aufzufassende Rückenmark - Systemerkrankung, die in ihren Folgen (spastische Paraplegie, Adduktion und Innenrotation der Beine, Spitz-fußstellung, Krallenhaltung der Zehen u. a. m.) weitgehend den Erscheinungen bei spastischer Spinalparalyse gleichen kann. Dieser, als Lathyrismus be-zeichnete Zustand, der nach Meinung von Mirande durch die Wirksamkeit des bei Anrühren des Lathyrussamens mit Wasser entstehenden Schwefelwasser-stoffs hervorgerufen sein soll, ist in der Hauptsache bei Pferden, seltener bei Rindern anzutreffen (Fröhner).

Er spielt jedoch auch in der Menschenpathologie eine Rolle, da Saatplatt-erbsen — vor allem in früheren Zeiten (geschichtlichen Überblick s. bei Schu-chardt) — z. B. nach Mißernten als Ersatz von Getreide verwendet wurden. In einzelnen Teilen Indiens, wo die Lathyrusfrucht die tägliche Nahrung für große Bevölkerungsteile bildet (R. Stockman), ist der Lathyrismus auch heute noch eine häufig vorkommende Krankheit. Filimonoff schildert einen lange Zeit hindurch klinischerseits gut beobachteten Fall, der aus einer 30 Jahre zurück-liegenden Lathyrusendemie in Rußland stammte. Bei dem zur Zeit des Todes 53jährigen Kranken war unter den Augen des behandelnden Arztes allmählich die kennzeichnende spastische Paraplegie der Beine entstanden. Die Sektion ergab allerstärksten Schwund von Brust- und Lendenmark. Histologisch fand sich in den betreffenden Abschnitten Zellausfall, Lückenfelder, Gliaver-dichtungen, kurzum, man sah Bilder, die an ausgeheilte entzündliche Vorgänge (Myelitis transversa) denken ließen. Die bei vergifteten Pferden und Rindern nachzuweisenden, wie auch bei Versuchstieren zu erzielenden Rückenmarks-schäden zeigen mit den von Filimonoff beschriebenen Befunden weitgehende Übereinstimmung: Hochgradige Schrumpfung und Schwund der Ganglienzellen in den Vorderhörnern, besonders auch im Vagus- und Akzessoriuskern (Dexler, Fröhner, Kobert, Leather), Pigmenteinlagerung in der Neuroglia (Cadéac).

Die Erkrankung des Vaguskerns und, in der Folge, des — makroskopisch dann auffällig dünn erscheinenden — Nervus recurrens macht auch die bei Pferden als wichtiges Vergiftungsmerkmal zu bezeichnende Atrophie der Kehlkopfmuskulatur verständlich. Mikroskopisch findet man hier Blutaustritte, Verlust der Querstreifung und Verfettung (Fröhner).

δ) Lupinen.

Die Futterpflanze Lupine (Wolfsbohne) enthält die Alkaloide Lupinin und Lupinidin (s. E. Schmidt: Die Alkaloide der Lupinensamen). Jedoch scheint die nach Genuß lupinenhaltigen Futters sich einstellende akute fieber-hafte Erkrankung, die Lupinose der Tiere (insbesondere der Schafe) nicht so sehr durch die Giftwirkung der Alkaloide, als vielmehr durch die der sog. Lupinotoxine in verdorbenen Pflanzen hervorgerufen zu werden.

Nach der Meinung von Kobert ist ein von ihm als Iktrogen bezeichneter Stoff der giftig wirkende Bestandteil.

Schwere oder gar tödliche Vergiftungen durch Lupinen sind beim Menschen nicht bekannt geworden, wenngleich die Pflanzen als Mehl- und Kaffeersatz seit langem Verwendung finden (SCHWABE). Von seiten J. POHLs wurde einer Verwertung der Lupinen zur Brotherstellung geradezu das Wort geredet, da seiner Überzeugung nach die Bedeutung der in den Lupinen vorkommenden Giftstoffe bei weitem überschätzt würde. An sich scheint die Lupine ungiftig und unbedenklich, sofern auf Pilzfreiheit der benutzten Pflanzen geachtet wird.

Bei der akuten Lupinose der Tiere sieht man in der Regel Ikterus, Haut- und Organblutungen (aus verfetteten Haargefäßen?), körnigen Zerfall und Verfettung der Körpermuskulatur, Fettansammlung in Herzmuskelfasern, in den Epithelien der Nieren und der Magendrüsen, beträchtliche Schwellung der Milz, Erscheinungen, die mehr oder minder abhängig sein dürften von den wohl als frühesten Ausdruck stattgehabter Vergiftung zu wertenden Leberveränderungen (ROLOFF). Die mikroskopischen Befunde, welche die — je nach dem Zeitpunkt des Todes — vergrößerte oder verkleinerte, blaßgelbe oder gelbrot gesprenkelte, weiche, schlaffe Leber darbietet, sind offenbar, soweit aus den Beschreibungen ersichtlich, den von der Menschenpathologie her bekannten Bildern der akuten gelben und roten Atrophie anzureihen. Die Niere wird als stark verfettet geschildert. Später sollen sich ,,Erweichung und Resorption von Zerfallsmassen" nachweisen lassen. Bei längerer Krankheit verkleinert sich das Organ: ,,Glatte oder buckelige Atrophie" (ROLOFF).

In chronisch verlaufenden Fällen schreitet der Lebergewebsab- und -umbau bei den hochgradig abgemagerten Tieren fort bis zur Zirrhose, welche von Aszites und entsprechender Milzvergrößerung begleitet wird (JAKSCH, ROLOFF).

10. Goldregen (Zytisin).

Das im Goldregen (Cytisus laburnum) vorkommende Alkaloid Zytisin schließt sich nach neueren Untersuchungen (POULSSON) im pharmakologischen System dem Nikotin an. Wie bei Vergiftung mit letzterem, fällt auch nach Zytisineinwirkung als eine der frühesten beunruhigenden Erscheinungen die durch Gefäßverengerung bedingte Blässe der Haut auf.

Die Ähnlichkeit der Goldregenschoten mit Bohnen hat des öfteren bei Kindern zu schweren, ja, tödlichen Vergiftungen geführt. SAAKE beschreibt einen derartigen Fall von einem 4jährigen Mädchen: Der Tod erfolgte nach 30 Stunden unter Krämpfen, Erbrechen, Ausscheidung blutig-schleimiger, noch Fruchtreste enthaltender Stühle. Bei der Leichenöffnung stand die Blutleere des (lediglich an der Serosa schwach injizierten) Verdauungsschlauches in starkem Gegensatz zu der Blutfülle der Kopfhöhle. In der Magenschleimhaut fanden sich kleinste Blutaustritte, in der Dickdarmlichtung abgestoßene Epithelfetzen. Die Niere, an welcher mit Rücksicht auf die Anurie des Kindes tiefergreifende Schäden erwartet wurden, wies fleckförmige Stauungsblutüberfüllung und Blutungen auf. Da die Leichenöffnung erst 3 Tage nach Todeseintritt stattgefunden hatte, konnte man die vorhandenen ,,Epithelnekrosen" nicht mit Sicherheit als während des Lebens entstanden ansprechen.

Bei Pferden und Schweinen, die an goldregenhaltigen Futtermitteln eingehen, stehen hämorrhagisch-entzündliche Vorgänge des Magen-Darmkanals im Vordergrund (BYRNE und JAEHNCHEN [angef. bei FRÖHNER]).

11. Seidelbast (Daphninsubstanzen).

Daphne Mezeröum (Seidelbast), ein giftiger, hochrote Beeren tragender Strauch unserer Wälder, enthält — ebenso wie Daphne Laureola (Lorbeerdaphne) — das ungiftige Glykosid Daphnin und das giftige Säureanhydrid Mezerëin, welches schon in geringsten Mengen langanhaltendes heftiges Kratzen im Halse hervorruft. Mezerëin findet sich als gelbbraunes Harz in Rinde, Blüten, Blättern und Beeren.

Der Genuß der Seidelbastbeeren soll (laut Mitteilung von E. Rost und von Poulsson) verschiedene tödliche Vergiftungen nach sich gezogen haben. Näheres darüber wird weder von Rost noch von Poulsson ausgeführt; auch fehlt jeder Quellennachweis. Mir selbst sind brauchbare Einzelveröffentlichungen derartiger Fälle beim Durchsuchen des einschlägigen Schrifttums nirgends begegnet. Lediglich im Lehrbuch der Toxikologie von Kobert trifft man auf eine kurze Sammelbemerkung über die pathologisch-anatomischen Befunde, welche in (hämorrhagisch-)entzündlichen, bis zu Geschwürsbildung führenden Erscheinungen an der Schleimhaut des ganzen Verdauungsschlauches gipfeln sollen, Schäden, wie sie von der Wirkung aller stark reizenden bzw. ätzenden Stoffe her bekannt sind (s. auch Jaksch: Versuche an Hunden). Es ist jedoch fraglich, ob sich diese Angaben überhaupt auf den Menschen'beziehen. Decken sie sich doch völlig mit Schilderungen der pathologisch-anatomischen Befunde bei zufällig vergifteten Tieren, welche nach Fressen der Pflanze schwere Entzündungen an der Schleimhaut von Mund, Rachen, Magen-Darm aufweisen (Fröhner).

Für die von Jaksch erwähnte, klinisch durch Hämaturie gekennzeichnete „Nephritis" wurde eine pathologisch-anatomische Sicherung bisher nicht beigebracht. Springenfeldt (angef. bei E. Rost) konnte in Hundeversuchen keine Nephritis erzielen.

Die örtliche Reizwirkung der Pflanzenrinde, besonders der angefeuchteten, äußert sich an der Haut in Rötung, Schwellung, Blasen- und Pustelbildung, entzündlichen Vorgängen, die bis zur Vereiterung ausarten können. Die Rinde soll daher auch noch hie und da beim Volke als blasenziehendes Mittel im Gebrauch sein (E. Rost). Talon (angef. bei Schill) beobachtete in der französischen Armee zahlreiche Fälle schwerer Phlegmone, welche zwecks Krankheitsvortäuschung künstlich hervorgerufen wurden, indem der Betreffende einen Faden von der leicht abspaltbaren Rinde des rispigen Seidelbastes in die Haut einführte.

12. Gruppe des Pikrotoxins.

α) Kokkelskörner (Pikrotoxin).

Dieses ist der namengebende, weil wichtigste Vertreter einer Gruppe außerordentlich giftiger, stickstoffreier Pflanzenkörper, welche, sonst in chemischer Hinsicht so gut wie unbekannt, pharmakologisch durch ihre krampferregenden Eigenschaften gekennzeichnet sind. Pikrotoxin ist der wirksame Stoff der Kokkelskörner (Früchte der ostindischen Kletterpflanze Amanirta cocculus), die durch ihren Gebrauch als Bierzusatz (zwecks Verstärkung des bitteren Geschmacks), wie auch als Fischgift — die gepulverten oder als Pillen zubereiteten Früchte werden ins Wasser gestreut — ab und an zu tödlich ausgehenden Vergiftungen Veranlssung gegeben haben. Eine schwere, aber mit Gesundung ablaufende Vergiftung nach Darreichung der Körner als Abführmittel teilte Homa mit. Von Schau wird über den Tod eines 50jährigen Mannes berichtet, der Kokkelskörner zu sich nahm in dem Glauben, es seien wilde Kirschen.

Das Übertreten des Giftes in die Säftebahn scheint leicht und schnell, offenbar auch durch die Haut vor sich zu gehen. Als kennzeichnende Vergiftungsmerkmale stellen sich bei Mensch und Tier überaus heftige, unregelmäßig über den Körper gehende Krampfanfälle ein, begleitet von gejagter Atmung, verlangsamtem, nach sehr großen Gaben beschleunigtem Puls (infolge zentraler Vagusreizung bzw. -lähmung). Nach den bisher gemachten Beobachtungen können zwischen Vergiftung und Tod 12 Stunden bis 19 Tage liegen.

Der Giftnachweis gelingt im Harn. Die schnelle Zersetzung des Pikrotoxins macht das Auffinden des Giftes in faulenden Leichenteilen unmöglich.

Die Ausbeute an pathologisch-anatomischen Befunden ist gering. Das Äußere bietet keinerlei Merkmale. Schwellung der Speicheldrüsen wird von JAKSCH angegeben.

Bei vergifteten Tieren findet man die Lungen blutreich und ödematös.

Die Veränderungen am Verdauungsschlauch sind geringfügig und unbeständig. So zeigte der Fall SCHAU lediglich Blutaustritte in der Magenschleimhaut. In einzelnen Arbeiten ist von Rötung der Speiseröhren- und Magenschleimhaut die Rede.

Leber und Niere werden als groß und fettreich geschildert (SCHAU).

Für die zerebrospinalen Erscheinungen sind bislang noch keine entsprechenden pathologisch-anatomischen Befunde zu buchen. Wie es scheint, hat BARROS (1924) als einziger Untersuchungen auf diesem Gebiet angestellt. Jedoch konnte er bei seinen Versuchstieren nichts weiter als „ausgedehnte Tigrolyse" in den Ganglienzellen des Rückenmarks feststellen.

β) Wasserschierling (Zikutoxin).

Neben dem wenig bekannten und offenbar auch bedeutungslosen Alkaloid Zikutin (BAUMERT) enthält die Umbellifere Cicuta virosa (Wasserschierling) den giftigen Bitterstoff Zikutoxin, eine zähflüssige, widrig schmeckende Masse, welche schwer löslich ist und somit nur allmählich (in der Regel vom Verdauungsschlauch her, aber auch durch die Haut und angeblich auch durch die Atmungsorgane) in den Körper aufgesogen wird, um hier langsamer, dann aber womöglich noch heftiger zu wirken als Pikrotoxin. Am häufigsten kommen Vergiftungen vor als Unglücksfälle zufolge Genuß des hohlen Wurzelstockes (KOBERT, JAFFÉ u. a.), der durch horizontale Scheidewände in mehrere Räume geteilt ist, sonst aber Form, Farbe und Geruch nach große Ähnlichkeit mit Selleriewurzel aufweist, während Stengel und Blätter — auch im Geschmack — mehr der Petersilie gleichen.

Der Tod kann innerhalb der ersten Stunden, aber auch erst nach Tagen eintreten; er erfolgt mit Erbrechen und zunehmender Bewußtlosigkeit unter Krämpfen und Atemlähmung.

Örtlich soll das Gift ätzend und entzündend wirken (KOBERT u. a.). Doch wird nach allgemeiner Auffassung das Erbrechen zerebral ausgelöst, zumal bei peroral vergifteten Tieren niemals auch nur Spuren von entzündlicher Reizung an der Magen-Darmschleimhaut zu entdecken waren. Im Verdauungsschlauch des Menschen sind allerdings vereinzelt gewebliche Störungen nachzuweisen, die aber ebensogut auf krampfartige Magenzusammenziehungen wie auf örtlichen Giftreiz zurückgeführt werden können. In der Regel sind sie unscheinbarer Natur (R. BOEHM-TROJANOWSKY, KOBERT).

Ein sicherer Nachweis des Giftes ist nur möglich, sofern die — auch in der faulenden Leiche ziemlich beständigen — pflanzlichen Reste noch auffindbar sind.

Angeblich wiederstehen die zufolge Atemlähmung meist bläulich verfärbten Leichen der Fäulnis besonders lange (L. LEWIN). Auf das Vorhandensein weiter Pupillen wird von JAFFÉ Wert gelegt (s. Allgemeines über Pupillen S. 5).

Bei Öffnung der Körperhöhlen zeigt das nach 20 Stunden noch flüssige und mithin wohl (infolge bislang unerforschter Umstände) schwer gerinnbare

Blut zuweilen ins Gelbrote spielenden Farbton (Kobert). Das Blut des vergifteten Frosches ist durch Vakuolen in den roten Blutzellen ausgezeichnet.

Wie oben erwähnt, können im Verdauungsschlauch des Menschen nach innerlicher Zufuhr ab und an leichte Abweichungen von der Norm festgestellt werden: Kleinste Blutaustritte und eben sichtbare oberflächliche Schleimhautverluste (Jaffé, Kobert). Bei Verschlucken des Pflanzenkrautes erscheint die Magen-Darminnenwand wie mit grünem Brei überzogen, der Mageninhalt hat sellerieähnlichen Geruch. Die nicht genauer beschriebenen, scheinbar durch besonders starke Schwellung der Einzellymphknötchen gekennzeichneten Vorgänge im Dickdarm faßt Jaksch unter dem Namen „Colitis folicullaris" zusammen. Ein altes, als „Schierlingsvergiftung" aufgestelltes Dickdarmpräparat in der pathologisch-anatomischen Sammlung des Berliner Virchowkrankenhauses fiel mir durch ungewöhnlich starkes Hervorspringen der Einzellymphknötchen auf. Ob dieser Befund ursächlich mit der Vergiftung zusammenhing, war wegen mangelnder Unterlagen nicht zu ermitteln.

γ) Fleckschierling (Koniin).

Die der Cicuta virosa botanisch nahestehende und oft mit dieser verwechselte Umbellifere Coniium maculatum (Fleck- bzw. Landschierling) hat einen widerlichen, an Mäuseurin erinnernden Geruch und birgt in allen ihren Teilen, am reichlichsten in den unreifen Früchten, das sehr giftige, ölartige, flüchtige, von Haut und Schleimhaut aus leicht in die Säftebahn übertretende Alkaloid Koniin, das in seinen Wirkungen dem Piperidin und dadurch dem Pyridin sehr nahe steht (Poulsson). Die Pflanzenwurzel kann leichtlich mit Meerrettich oder Petersilienwurzel verwechselt werden. Das Gift wird z. T. unverändert durch die Niere wieder ausgeschieden. Bei schweren Vergiftungen erfolgt der Tod durch aufsteigende Lähmung; Krämpfe werden kaum jemals beobachtet.

Kobert zählt an tödlichen Fällen auf: a) Giftmord mit reinem Koniin, b) Selbstmord mit reinem Koniumextrakt, c) Todesfall durch Auftragung auf die Haut, d) Tod nach Beibringung eines Klysmas von Schierlingsblätteraufguß.

Als einzige Organveränderungen werden kleine Blutungen und Follikelschwellungen im Magen-Darmkanal angegeben (E. Rost). Sonstige pathologisch-anatomische Befunde sind mir nicht bekannt geworden.

δ) Rebendolde (Önanthotoxin).

Als drittes Gift der Pikrotoxingruppe ist das Önanthotoxin, ein Bestandteil der Rebendolde (Oenanthe crocata) zu nennen, welches für die Menschenpathologie kaum nennenswerte Bedeutung hat, im Schrifttum der Tiermedizin dagegen in weitem Maße berücksichtigt wird, weil Pferde und Kühe der Pflanze nicht selten zum Opfer fallen.

Der Verdauungsschlauch der Tiere wird (wahrscheinlich infolge des angen Verbleibens der Pflanze in Maul und Magen) durch blasenbildende Schleimhautentzündungen, Blutergüsse und Geschwüre am stärksten mitgenommen. Weniger Wichtigkeit ist den vielerorts auftretenden kleinen und ausgedehnteren Organblutungen beizumessen.

Über pathologisch-anatomische Befunde am vergifteten Menschen ist nichts Sicheres bekannt geworden. Ältere Berichterstatter (s. bei Jaksch) machen auf „grünliche Gesichtfarbe" des Erkrankten aufmerksam.

13. Zaunrübe (Bryonia).

Die zur Familie der Kukurbitazeen gehörige Zaunrübe (Bryonia) möge — obwohl toxikologisch ohne wesentliche Bedeutung — kurz gestreift werden.

Der Saft der frischen Rüben enthält ein Glykosid (MANKOWSKY), das nach Angaben von JAKSCH u. a. örtliche Reizwirkungen an Haut und Schleimhaut ausüben soll.

L. LEWIN erwähnt Abstoßung von Mastdarmschleimhautstücken nach Einläufen mit Aufgüssen von Bryonia, ein Geschehen, dessen ursächlicher Zusammenhang mit toxischer Bryonineinwirkung nur unter Kenntnis der (von LEWIN nicht angegebenen) Begleitumstände zu beurteilen wäre.

14. Wermutkraut (Absinthin).

Wermut, im wesentlichen als Bestandteil des Absinthlikörs von Belange, verdankt seinen Namen dem ungiftigen Bitterstoff Absinthin. Außer diesem enthält es ein grünes, ätherisches Öl (Absinthol), welches bei Tieren epilepsieähnliche Krämpfe auslöst und deshalb für die bei Gewohnheitsgenießern von Absinthlikör auftretenden Krampfanfälle verantwortlich gemacht wird. Das Absinthol gilt als identisch mit dem in Rainfarn enthaltenen Tanazeton (J. POHL).

Bezüglich der pathologisch-anatomisch nachweisbaren Schäden im Körper des — durch die Lungen oder Speisewege — mit Absinth Vergifteten sind unsere Kenntnisse gleich Null zu setzen.

Bei JAKSCH finden sich spärliche, auf Tiere zu beziehende, nichtssagende Angaben über kleinste Blutaustritte in Peri- und Endokard, über entzündliche und zu Geschwürsbildungen führende Vorgänge in der Magen-Darmschleimhaut.

15. Wohlverleih (Arnizin).

Das aus Arnica montana zu gewinnende Arnizin enthält ätherische Öle, deren stark örtlich reizende Wirkung an der Haut entzündliche (blasenbildende) Vorgänge bis zu tiefgreifenden Eiterungen hervorrufen kann. Ähnliche, in der Regel jedoch geringgradigere Veränderungen werden unter Umständen an den Schleimhäuten des ganzen Verdauungsschlauches ausgelöst.

E. ROST erwähnt einen von BINZ mitgeteilten, tödlich verlaufenen Vergiftungsfall nach Genuß von 60—80 g Arnikatinktur. Nähere Angaben darüber fehlen.

16. Meerzwiebel (Scilla maritima).

Scillablätter, ein altes Volksheilmittel bei Brandwunden, können an den berührten Stellen tiefgreifende Reizerscheinungen hervorrufen. M. MAYER teilt mit, daß eine 73jährige Frau an den Folgen einer Wundbehandlung mit zerhackten Pflanzenteilen zugrunde ging, indem die ausgelöste bullöse Dermatitis (mikroskopisch durch das massige Auftreten eosinophiler Zellen bemerkenswert!) zu Brand und Sepsis führte. Kinder, Greise, kachektische Personen sind durch den Gebrauch derartiger blasenziehender Mittel in erster Reihe gefährdet (L. LEWIN).

Von resorptiven Allgemeinerscheinungen an Magen, Darm, Niere weiß nur JAKSCH zu berichten.

17. Aloë.

Die in den meisten Aloëarten bzw. ihrem eingedickten Milchsaft vorhandenen Glykoside (Aloine) liefern bei Spaltung im Darm Anthrachinonabkömmlinge, welche der Aloëpflanze von jeher den Ruf eines wertvollen Abführmittels verschafften. Im Volke gilt Aloë außerdem als Fruchtabtreibungsmittel (HEDRÉN: Verblutung nach Aloinabort). Da beim Menschen und einzelnen Tieren die überwiegende Menge der wirksamen Glykoside, unabhängig von dem Ort ihrer

Zufuhr, in den Darm übertritt — der Aloinnachweis gelingt hier in der Regel — so büßen die Aloinkörper auch bei Einspritzung unter die Haut nichts von ihren kennzeichnenden Eigenschaften ein.

Die allgemeinen Vergiftungserscheinungen sind beim Menschen geringfügig und können hier unberücksichtigt bleiben.

Anatomisch faßbare Schäden zeigen sich auf das unmittelbar — sei es bei der Einbringung, sei es bei der Ausscheidung — mit dem Aloin in Berührung tretende Gewebe beschränkt. Für den Menschen kommt demgemäß nur die (auch im Tierversuch zu erzielende) Erkrankung des Verdauungsschlauches in Frage. Beschrieben werden hier blutig-entzündliche, gelegentlich auch geschwürige Vorgänge, vor allem in Magen und Mastdarm (Jaksch, Kobert, R. Kohn).

Aufzeichnungen über das Verhalten der Niere sind im Schrifttum der Menschenpathologie nicht aufzufinden. Entweder spielt somit die Niere beim Menschen als Ausscheidungsorgan keine Rolle, oder das Hindurchfiltern des Giftes vollzieht sich ohne Parenchymschädigung, eine Vermutung, die im Hinblick auf die an vergifteten Kaninchen, Hunden usw. erhobenen Befunde wenig Wahrscheinlichkeit für sich hat. Denn bei den Buchungen der Tierversuchsergebnisse wird der Hauptwert auf die bis ins einzelne gehenden Nierenbeschreibungen gelegt. Die große Zahl der Untersucher (K. Brandenburg, Gottschalk, R. Kohn, Murset, Neuberger, Schlayer, C. Strauch, Takayasu u. a.) stellt die tubulären Veränderungen, da sie das histologische Bild der Aloinniere beherrschen, in den Vordergrund. Bei der akuten Erkrankung gipfelt das gewebliche Geschehen, welches vor allem an den Epithelien der gewundenen Kanälchen Platz greift, in Verfettung, Zerfall, Abstoßung und (schon wenige Tage nach der Vergiftung zu beobachtender) Verkalkung der abgestorbenen, durch den Aloinfarbstoff z. T. gelb verfärbten Zellen. Neuberger fand auch Strecken der Glomeruluskapseln verkalkt. Berrar, Cloetta, Murset legen Wert auf das Vorkommen glomerulitischer Veränderungen. Der Letztgenannte sah nach subkutaner Vergiftung des Kaninchens geronnene Exsudatmassen in Kapselräumen und zwischen den Gefäßschlingen, Durchwanderung roter und weißer Blutzellen, Abstoßung von Kapselepithelien, Blutzylinder u. a. m. Fleckweise Blutaustritte und Rundzellansammlungen im Zwischengewebe treten häufig auf. Wesensgleiche, nur dem Grade nach verschiedene Vorgänge spielen sich bei chronischen Vergiftungen ab (Murset).

Makroskopisch erscheint die Nierenrinde durch den — auch im Harn sichtbar werdenden — Farbstoff des Aloins mehr oder minder gelb getönt (R. Magnus). Bei stärkerer Kalkablagerung fallen, ähnlich wie in der Sublimatniere, schon dem bloßen Auge die betroffenen Kanälchen als weißliche Streifen auf (Neuberger).

18. Safran (Krozin).

Crocus sativus, die alte Kulturpflanze des Orients, bzw. ihre großen braungelben, den Farbstoff Safran und das Glykosyd Krozin enthaltenden Narben werden, da sie Uterusblutungen (s. Hedrén) bewirken sollen, gelegentlich als Fruchtabtreibungsmittel benutzt. Lebensbedrohliche Vergiftungserscheinungen traten niemals auf.

In L. Lewins „Nebenwirkungen der Arzneimittel" wird ein aus alter Zeit stammender Bericht wiedergegeben über eine Schwangere, die nach anhaltendem Krokusgenuß zwei gelbhäutige Kinder gebar. Diese, in der Folgezeit als Gerücht ausgelegte Mitteilung fand 1905 durch Mulert Bestätigung: Derselbe sah bei der Entbindung einer Frau, welche im Beginn der Schwangerschaft zu wiederholten Malen Krokus eingenommen hatte, das Fruchtwasser, das Plazentarinnere, vor allem aber das Äußere des Neugeborenen goldgelb verfärbt.

19. Petersilie (Apiolum viride).

Ein im Urbankrankenhause (Berlin) beobachteter, tödlich verlaufener und von mir obduzierter Fall einer Vergiftung nach massiger Einnahme des frei im Handel erhältlichen Petersilienpräparates „Apiol" veranlaßt mich, auf die — bislang nur theoretisches Interesse beanspruchenden — pharmakotoxikologischen Eigenschaften der in Apium petroselinum enthaltenen wirksamen Stoffe einzugehen. Diese finden sich in der Hauptsache in den Früchten und zwar als ätherisches Öl (Oleum petroselini), aus dem lange weiße Nadeln auskristallisieren: Der „Petersilienkampfer", von Gerichten (angef. bei Heffter) Apiol genannt, ein Stoff, welcher dem chemischen Bau nach in die Safrolgruppe gehört

Davon scharf zu trennen ist ein älteres, aus Petersiliensamen hergestelltes pharmazeutisches, durch Ätherextraktion gewonnenes Präparat, das im Handverkauf ebenfalls unter dem Namen Apiol („Chininersatz") läuft und sich in Deutschland und auch in anderen Ländern als Fruchtabtreibungsmittel großer Beliebtheit erfreut. Es ist dies ein dickflüssiges, durch seinen Chlorophyllgehalt grünliches, nach Petersilie riechendes Öl, über dessen Herstellung vom Fabrikanten nichts Näheres zu erfahren ist. Nach dem Vorschlage von Christomanos bezeichnet man es am besten als „Apiolum viride", da durch die Gleichnamigkeit zweier völlig verschiedener Präparate im früheren Schrifttum große Verwirrung entstanden ist (s. L. Lewin: Fruchtabtreibung durch Gifte).

Als weiterer Bestandteil des Petersiliensamens wäre noch das Myristizin aufzuzählen. Sämtliche genannten Stoffe bewirken im Tierversuch bei längerem Gebrauch starke Leberverfettung (Heffter, Christomanos).

Versuche mit „Apiol" (Oleum petroselini) ergaben bei Einspritzung unter die Haut örtliche eitrig-nekrotisierende Entzündung. Die Tiere magerten ab und schieden blutige Stühle aus. Bei der Sektion fanden sich im Magen-Darm ausgedehnte Schleimhautblutungen oder auch hämorrhagisch-entzündliche Infiltrate (Christomanos, Heffter, Joachimoglu). Nach Gaben von Myristizin sind die Magen-Darmerscheinungen bis zu entzündlich-nekrotisierenden Vorgängen gesteigert. An der blutreichen Niere fällt lediglich beträchtliche Fettspeicherung in den Epithelien der geraden Kanälchen auf (Christomanos). Die pathologisch-anatomischen Nierenbefunde bei der experimentellen Vergiftung mit „Apiolum viride" sind annähernd die gleichen.

Joachimoglu berichtet über Fälle, in denen Apiolum viride erfolgreich zu Fruchtabtreibungszwecken verwendet wurde, ohne irgendwelche schädlichen Folgen zu hinterlassen. Mithin scheint im Schrifttum keinerlei Beobachtung vorzuliegen, wie sie im folgenden berichtet werden soll.

(Die klinischen Angaben verdanke ich Herrn Stationsarzt Dr. Wislicki.) Aus der Vorgeschichte der in Frage stehenden Kranken ist zu entnehmen, daß die 30jährige, sehr gut genährte, angeblich schwangere Frau (letzte Menses vor 7 Wochen!) am 13. X. 1928 etwa 16 Kapseln Apiolum viride einnahm. Danach sollen „Stücke abgegangen sein". Ein manueller Eingriff wird verneint. Die Frau wird am 15. X. 1928 in schwerkrankem, fieberhaftem (Temperatur bis 39°) Zustand in das Urbankrankenhaus (1. innere Abteilung, Prof. Zondek) eingeliefert. Es fällt sofort die graubräunliche, den Verdacht der Methämoglobinämie erweckende Farbe von Haut und Skleren auf. In dem spärlich ausgeschiedenen dunkelbraunen Urin findet sich Albumen ++, Bilirubin ++, Hämoglobin und Methämoglobin +. Die Blutuntersuchung ergibt: Hämoglobin 34%, 1,89 Mill. Erythrozyten, keine Normoblasten, 40 800 Leukozyten ohne nennenswerte Linksverschiebung; Methämoglobin ++, Rest-N 163 mg%. Die Blutaussaat ergibt Staphylokokken. 22. X. 1928. Die nicht meßbaren Urinmengen erscheinen etwas heller.

23. X. 1928. Anurie. Exitus. Rest-N bis zu 335 mg%, Harnstoff bis zu 654 mg%, Cholesterin 117 mg%, Harnsäure 18 mg%. Das Blutserum ist kurz vor dem Tode hell, enthält kein Methämoglobin mehr.

Am Tage vor Todeseintritt wurde eine einmalige Salyrgangabe von 2 mg verabreicht. Die 2 Stunden p. m. erfolgte Sektion (S. Nr. 615/28) ergab: Gewicht 80 kg. Größe 1,62 m. Keine Mammae lactantes. Leichtgelbliche Hautfarbe. Geringgradige Knöchelödeme. Dunkelrote, ins Bräunliche hinüberspielende Muskulatur. Blut: violett-braun, dünnflüssig. Lymphknoten: etwas vergrößert, schmutzig-braunrot; histologisch: Sinuskatarrh. Femurmark in ganzer Ausdehnung aktiv, mit zahlreichen Megakaryozyten, mittelgradiger Hämosiderose. Milz: 200 g, von mittlerer Konsistenz, bräunlichem Farbton. Histologisch: mittelgradige Erythrozytenphagozytose und Hämosiderose. Leber: 2250 g, schokoladenfarben. Histologisch ohne ungewöhnlichen Befund. Nieren: je 300 g, dunkelschokoladenbraun, übersät mit stecknadelkopfgroßen und größeren schwarzen Pünktchen, völlig verwaschene Zeichnung. Mikrobefund: massenhaft (z. T. zusammengesinterte) Erythrozyten, scholliges und zylindriges Hämoglobin und Methämoglobin in allen Kanälchensystemen; in einzelnen Lichtungen ein Gemisch von abgestoßenen, aber noch kernhaltigen Epithelien, Erythrozyten und Leukozyten. Keine groben Kanälchennekrosen. Die wandständigen Epithelien erscheinen z. T. sehr flach, endothelartig, ihr Plasma vakuolig. Es finden sich zahlreiche Mitosen: mithin liegen regenerative Erscheinungen vor, ein mittelbarer Beweis für stattgehabten Epitheluntergang. Die in den Lichtungen vorhandenen Massen sind stellenweise spärlich verkalkt; beachtenswerte Mengen eisenpositiven Pigments sind nicht vorhanden. Gebärmutter: etwas vergrößert, mittlere Konsistenz, Muttermund geschlossen. Im Fundus ist die Innenfläche an einigen Stellen schmierig-pseudomembranös belegt. Ein derartiger Bezirk zeigt mikroskopisch: Fehlen der Schleimhaut und Ersatz derselben durch eitriges Granulationsgewebe; keine Plazentarreste, keine chorialen Wanderzellen in der Muskulatur.

Es erhebt sich die Frage: Können wir einen sicheren ursächlichen Zusammenhang zwischen Einnahme von Apiolum viride und tödlich verlaufender Hämolyse annehmen? Wesensgleiche Beobachtungen liegen nicht vor; auch die Ergebnisse der Tierversuche bringen uns in der Beurteilung des Falles nicht weiter. Klinischer Verlauf und pathologisch-anatomische Befunde ergaben einwandfrei Hämolyse und Methämoglobinbildung, Tod durch Anurie auf dem Boden hämoglobin- bzw. methämoglobinurischer Nieren. Auffallend waren die bei reiner Hämoglobinurie sonst überhaupt nicht oder zum mindesten doch nicht in diesen Ausmaßen festzustellenden, zu Abstoßung und Regeneration führenden krankhaften Vorgänge an den Kanälchenepithelien, die sich vielleicht durch Einwirkung des (am Vortodestage gegebenen) Salyrgans auf die schon geschädigte Niere erklären lassen. Nach Aussagen der Frau bestand eine ganz junge Schwangerschaft. Anatomisch war eine solche nicht zu sichern. Der Befund deutet auf eine — entgegen den Angaben der Frau — doch stattgehabte Ausräumung der Gebärmutterhöhle hin. Choriale Wanderzellen sind in den ersten Schwangerschaftswochen in der Regel noch nicht nachweisbar. Vorausgesetzt, es lag tatsächlich eine Schwangerschaft vor, so könnte — da wir ja wissen, daß bei einzelnen Frauen in der Schwangerschaft gewisse Hämolysebereitschaft besteht — das für andere Individuen als harmlos anzusprechende Apiolum viride in diesem Fall akute Blutzerstörung ausgelöst haben (s. auch Chininvergiftung). Andererseits darf nicht außer acht gelassen werden, daß die Frau hohes Fieber hatte, mithin eine Infektion mit hämolysierenden bzw. methämoglobinbildenden Krankheitserregern (s. Miller, F. G. Meyer) nicht vollkommen von der Hand zu weisen ist.

20. Vanille.

Auf Gouadeloupe werden bei den mit Herstellung und Verpackung der gebrauchsfertigen Vanille beschäftigten Arbeitern allgemeine Vergiftungserscheinungen (sog. Vanillismus) beobachtet a) in Form von Hautausschlägen („Vanillekrätze"), b) als Augenerkrankungen wie Lidrandentzündungen und -abschürfungen (Erosionen und Exkoriationen), einfache und geschwürige Bindehautentzündungen usw. (KOBERT, L. LEWIN und GUILLERY).

Laut Angaben von BLASCHKO treten die Merkmale der Vergiftung in der Hauptsache nach Beschäftigung mit schlechten, beim Rösten mit der Frucht des Elephantennußbaums gefärbten Vanillesorten auf. Vorerst bleibt ungeklärt, ob irgend ein giftig wirkender Körper der Vanille selbst, oder ob die bei ihrer Zubereitung sich bildenden Stoffe für die Vergiftung anzuschuldigen sind. Jedenfalls kommt jedoch nicht das Vanillin in Frage (GERSBACH).

Der unter die gewerblichen Schädigungen fallende „Vanillismus" hat nichts zu tun mit der sich vornehmlich in entzündlichen Vorgängen am Magen-Darmkanal äußernden „alimentären Vanillevergiftung", welche wahrscheinlich — durch verdorbene Vanille oder zersetztes Eiweiß bedingt — in die Gruppe der gewöhnlichen Paratyphosen (s. Nahrungsmittelvergiftungen) einzureihen ist (GERSBACH).

21. Zittwersamen (Santonin).

Das Wurmabtreibungsmittel Santonin, der wirksame Bestandteil des Zittwersamens, wird von der Magenschleimhaut her in die Säftebahn aufgesogen. Als früheste Anzeichen der Vergiftung treten Leistungsstörungen an den Sinnesnerven auf, von denen in erster Reihe die Abweichungen in der Farbenwahrnehmung (Gelbsehen!) bemerkenswert sind. Die Ursache liegt wahrscheinlich in anfänglicher Erregung, späterer Lähmung der für violett empfänglichen Netzhautelemente. Schwere Vergiftungen äußern sich in Bewußtlosigkeit, epileptiformen und Streckkrämpfen, welche — nach anatomisch noch nicht geklärten Tierversuchsergebnissen zu urteilen — durch Reizung motorischer Zentren der Hirnrinde bzw. des Rückenmarks ausgelöst werden. Wie der von SURY-BIENZ beschriebene Fall beweist, können Santoninkrämpfe halbseitig sein. Es ist dies bei Krämpfen infolge exogener Vergiftung eine außerordentliche Seltenheit.

Der größte Teil des Giftes wird unverändert mit dem Stuhlgang ausgeschieden, ein anderer — nach Oxydation in den Geweben — von der Niere abgegeben.

An der (etwaig ikterischen) Haut erscheinen als Ausdruck der Allgemeinvergiftung Ödeme, scharlachähnliche Erytheme und Exantheme (DEMME, SURY-BIENZ).

Bei Leichenöffnung ist (nach Einnahme von Santonöl) auf Ölgeruch in den Körperhöhlen zu achten.

Wahrscheinlich vorhandene gewebliche Veränderungen am Zentralnervensystem sind bisher nicht nachgewiesen worden. Es wird nur über Blutungen in und unter den Hirnhäuten berichtet. SURY-BIENZ sah bei einem dreijährigen, nach fünf Tagen verstorbenen Kinde beginnende Pachymeningitis haemorrhagica.

Neigung zu Blutaustritten zeigt sich in vielen Organen (auch im Tierversuch: E. ROSE), so in der dunkel- bis schwarzrot gefleckten Lunge, in der akut desquamativ-entzündeten oder — wie von SURY-BIENZ beschrieben — mit vereinzelten Geschwüren besetzten Schleimhaut des Magen-Darmkanals, in der Harnblase.

Klinische Erscheinungen von Seiten der Niere gehören nicht unbedingt zum Vergiftungsbilde; die ab und an beobachtete Hämaturie bzw. Hämoglobinurie (DEMME) findet in dem (autoptisch gesicherten) Verhalten des Nierengewebes ihre Erklärung: Die — von verfetteten Epithelien umsäumten — Kanälchen sind angefüllt mit Erythrozyten und -zylindern. Da die Glomeruli unversehrt scheinen, dürfte die Bezeichung „Nephritis haemorrhagica" (SURY-BIENZ) nicht glücklich sein. Die Tatsache der renalen Santoninausscheidung

(zitronengelber bis gelbgrüner, schillernder Farbton des Urins!) wurde durch
E. Rose im Tierversuch bewiesen: Betupfte er die gelbweißen Nierenpapillen
oder auch das rote Mark mit Ammoniak, so färbten sich die berührten Stellen
augenblicklich blutrot. Mit Äther können aus dem Harn nadelförmige Kristalle
von bitterem Geschmack ausgefällt werden (Berg [Langenburg])

L. Giftige Tiere und ihre Gifte.

Echte tierische Gifte sind nach den Ausführungen von Faust begrifflich bestimmt als pharmakologisch wirksame, vom Tiere in normaler Organtätigkeit
gelieferte Stoffe von noch nicht restlos aufspaltbarem chemischen Bau (über
chemische Arbeiten auf diesem Gebiete s. Contardi und Latzer [1928]). Als
tierische Gifte im weiteren Sinne wären die Giftstoffe zu fassen, welche
ihre Entstehung bzw. Vorhandensein im Tierkörper von außen aufgenommenen
Mikroorganismen oder deren Stoffwechselerzeugnissen verdanken (s. Nahrungsmittelvergiftungen).

Bei dem Versuch, die tierischen Gifte nach chemischen und pharmakolo-
gischen Gesichtspunkten zu ordnen, ist eine mannigfaltig zusammengesetzte
Reihe chemischer Verbindungen zu berücksichtigen, unter welchen eine Anzahl
stickstofffreier Körper den vordersten Platz einzunehmen scheinen. Es sind dies
Körper (wie z. B. das Bufotalin), die in pharmakologischer Hinsicht teils den
Herzgiften der Digitalisgruppe, teils den Sapotoxinen ähneln oder — wie das
Kantharidin — örtlich reizenden, entzündungserregenden Pflanzenstoffen anzureihen sind. Auch Alkaloidsubstanzen fehlen im Tierreich nicht ganz: Hierher
gehört z. B. das Salamandrin u. a. m.

Die stickstoffreien tierischen Gifte haben aller Wahrscheinlichkeit nach verwandtschaftliche Beziehungen zum Cholesterin bzw. zu den Gallensäuren,
welch letztere wiederum den pflanzlichen Seifenstoffen (Saponinen und Sapotoxinen) nahestehen (Flury). Ausführliche Darstellungen s. bei Flury, Pawlowsky, E. Rost; über Hautschäden insbesondere im Handbuch von M. Oppenheim-Rille-Ullmann Bd. II, S. 549.

Im Hinblick auf die noch recht unscharf und lückenhaft umrissenen pharma-
kologisch-chemischen Eigenschaften der hier abzuhandelnden Giftstoffe, erschien
mir ihre Einteilung nach zoologischen Gesichtspunkten als das Gegebene, wobei
aus der Fülle der Gifttiere, dem Zweck dieser Arbeit entsprechend, selbstverständlich nur die für die Menschenpathologie wichtigsten herausgegriffen wurden.

1. Hohltiere mit Nesselorganen.
2. Stachelhäuter.
3. Weichtiere.
4. Gliederfüßler.
   α) Spinnentiere.
   β) Tausendfüßler.
   γ) Insekten.
5. Wirbeltiere.
   α) Fische.
   β) Lurche.
   γ) Kriechtiere.

1. Hohltiere mit Nesselorganen.

Die giftige Wirkung der Medusen (der frei beweglichen glocken- oder schei-
benförmigen Geschlechtstiere der Hydrozooa) beruht auf ihren Nesselzellen.
Streifen diese die Haut, so bilden sich sehr schnell an der betroffenen Stelle

feste Quaddeln mit geröteter bis bläulichschwarz verfärbter Umgebung. Die Schädigung beschränkt sich offenbar nicht auf die oberflächlichen Hautschichten, da mit Absterben und Abstoßen der erkrankten Teile tiefe Wunden entstehen können. Von ZERVOS werden derartige, unter den griechischen Schwammfischern des öfteren zu beobachtende Erscheinungen geradezu als Gewerbekrankheit bezeichnet.

ALLEN (angef. bei PAWLOWSKY) beschrieb einen Fall von Allgemeinvergiftung durch Berührung einer Meduse: Der Erkrankte beantwortete den Reiz nicht nur mit ausgebreiteten Hauterscheinungen (Erythem, nässendes Ekzem), sondern auch mit entzündlich hämorrhagischen Vorgängen in Nasen- und Kehlkopfschleimhaut.

2. Stachelhäuter.

Wie Tierversuche von PAWLOWSKY lehren, dürfte gegebenfalles eine toxikologische Bedeutung der Stachelhäuter für den Menschen nicht ganz auszuschließen sein. Spritzt man einem Hunde alkoholischen Auszug von Seesterntentakeln ein, so erfolgt der Tod unter dem Zeichen der Herzlähmung. Als pathologisch-anatomischer Befund sind lediglich subseröse Blutaustritte zu buchen.

3. Weichtiere.
α) Perlmuscheln.

Obgleich die bei Perlmutterarbeitern, besonders -drechslern als Gewerbekrankheit vermerkte, im älteren Schrifttum (s. KOBERT) ausführlich abgehandelte „Perlmutterostitis" heute nahezu der Geschichte der Medizin angehört (BERNSTEIN, J. LÖWY), möge sie hier dennoch kurz Erwähnung finden. Sie wurde von ENGLISCH (1870) als eine stets von neuem aufflackernde, zuvörderst an den Diaphysen, aber auch am Unterkiefer und anderen Knochen auftretende, geschwulstartige Knochen- und Gelenkentzündung geschildert, die meist symmetrisch vorkam und in ihrem, bis zur Nekrose gehenden Verlauf gewisse Ähnlichkeit mit der Phosphornekrose darbieten sollte. Das Einsetzen der — mit Konchiolineinwirkung in ursächlichen Zusammenhang gebrachten bzw. auf Schädigung durch die, der Muscheloberfläche anhaftenden, in den Schleifschlamm übergehenden organischen Stoffe zurückgeführte — Erkrankung (BERNSTEIN, GUSSENBAUER, W. LEVY u. a.) fiel in der Regel mit den Pubertätsjahren zusammen, und zwar schienen besonders die Jugendlichen davon betroffen zu werden, bei welchen die Diaphysenverschmelzung noch nicht vollendet war. Jedoch wird bei Mitteilung einschlägiger Fälle erwähnt, daß gelegentlich auch ältere Personen derartige Erscheinungen aufwiesen (BERNSTEIN).

Nach späteren Angaben von WEISS (1885) und ähnlich von W. LEVY (1889) soll es sich um eine Form subakuter bzw. redizivierender, in den Diaphysenenden ablaufender Osteomyelitis mit folgender Ostitis und Periostitis gehandelt haben.

β) Miesmuscheln (s. unter Nahrungsmittelvergiftungen).

4. Gliederfüßler.
α) Spinnentiere.
αα) Echte Spinnen.

Von den europäischen Spinnen sind nur Kreuzspinne und Tarantel toxikologisch bemerkenswert.

Die Kenntnis von Vorhandensein und Wirkungsweise der — später von FRÖHNER in Hämolysine, Hämorrhagine und Neurotoxine eingeteilten —

Spinnengifte verdanken wir zuvörderst Kobert. Neuere Arbeiten von Faust beschäftigen sich ausführlich mit der, allen Spinnen fast gleichmäßig zukommenden, durch Blutfülle, Ödem und Entzündung (mit und ohne Gewebszerfall) gekennzeichneten örtlichen Giftwirkung.

Vereinzelt vorkommende Todesfälle ließen sich stets durch besonders unglückliche Lokalisation des Spinnenbisses (z. B. am Hals) oder durch Sekundärinfektion erklären.

Resorptive Vergiftung, die niemals bei innerlicher Darreichung, sondern nur nach Spinnenbissen, d. h. nach Zufuhr des Giftes unter die Haut oder unmittelbar in die Blutbahn eintritt, geht einher mit Störungen von Seiten des Zentralnervensystems und Kreislaufs. Veränderungen der Blutbeschaffenheit werden offenbar durch die hämo- und leukolytische Kraft des als Arachnolysin bezeichneten wirksamen Bestandteils des Kreuzspinnengiftes hervorgerufen. Die Schädigung der Leukozyten tritt zuerst in ihrer Einbuße an phagozytären Fähigkeiten zu Tage (Belonowski, H. Sachs u. a.).

Wie L. F. Schmaus angibt, sind als Zeichen der Allgemeinvergiftung Hautausschläge zu beobachten; es kann Hämaturie auftreten (Escomel).

Das äußere Auge scheint gegen das Gift der Kreuzspinne besonders empfindlich zu sein. So berichtet F. Aron über Bindehautreizung und Hornhautepithelverluste; ferner findet sich in einer alten Arbeit von Zander und Geissler (1858) die Mitteilung, daß bei einem Kinde nach Zerdrücken einer Kreuzspinne am Auge beträchtliche Lidschwellung einsetzte, und die äußere Lidhaut am nächsten Tage eine eigenartig gelbliche, an oberflächliche Salpetersäureverätzung gemahnende Färbung aufwies.

Nach dem Biß der argentinischen Kreuzspinnenart Podadora sprießt an der Haut eine rote Papel auf mit erythematösem Wall und ödematöser Umgebung. Phlegmone, Gewebsuntergang und -abstoßung bis zur Muskulatur sind nicht selten. Der gewöhnliche Ausgang ist Vernarbung.

Der Tarantelbiß hinterläßt Rötung bzw. Bläschenbildung an der verwundeten, stark anschwellenden Stelle. Nach Angaben von Pawlowsky starb ein in die Regio supraciliaris gebissenes Kind innerhalb von 4 Tagen an den Folgen der phlegmonös gewordenen Verletzung.

Von den (nach Ausführungen von Kobert) mit hämolytischen Eigenschaften ausgestatteten Karakurten sind es besonders die asiatischen, welche Menschen und Haustiere mit ihrem Biß gefährden. Örtlich entwickeln sich geschwürige Vorgänge. Das Krankheitsbild der — in schweren Fällen innerhalb 1—2 Tagen tödlich endenden — Allgemeinvergiftung wird bestimmt durch Gelbsucht, Blutharnen, Lungenentzündung, motorische Lähmungen (Kobert).

Auch die Geschlechtszellen der Karakurte sollen giftig sein (Houssay), da eine unmittelbar in die Blutbahn des Kaninchens gebrachte Eieraufschwemmung Blutgerinnung, Lungenödem und Tod des Tieres zur Folge hatte.

Dagegen ist das Gift der in Kostarika heimischen Mimirspinne offenbar von rein örtlicher Wirkungskraft: Die Epidermis hebt sich an der Bißstelle als Blase ab, die Schwellung der angrenzenden Teile ist gering, der Verlauf der Vergiftung spricht dafür, daß das Gift nicht in den Blut- oder Lymphstrom vordringt (Frantzius).

Über Vergiftungen durch Latrodectus mactans, die bemerkenswerteste, vielleicht einzig giftige Spinne Nordamerikas, gibt eine Arbeit von Bogen Auskunft (s. auch einschlägiges Schrifttum daselbst). Während hier die Bißstelle lediglich durch kleine rote Punkte angezeigt wird, sprechen alle Erscheinungen für eine schwere Allgemeinvergiftung, die sich in weiten

Pupillen, Blausucht, Gesichts- und Gliedmaßenödem, neurotoxischen und peritonitischen Zeichen kundtut.

Die Südamerikaner schreiben verschiedenen, hier nicht weiter berücksichtigten Spinnen giftige Eigenschaften zu und unterscheiden ikterohämorrhagische, exanthematische und nekrotische Formen der Vergiftung, welche sich jedoch in Tierversuchen zahlreicher — von Bogen namentlich angeführter — Forscher niemals erzielen ließen.

ββ) Skorpione.

Calmette glaubt, auf Grund seiner Untersuchungen gewisse Übereinstimmung in der Zusammensetzung des Skorpion- und Schlangengiftes annehmen zu dürfen.

Die in Europa lebenden Skorpione sind für den Menschen lediglich insoweit bedenklich, als sie — und nur hierin gleichen sie den außereuropäischen Arten — starke örtliche Störungen hervorrufen. Jaksch, ähnlich Kobert u. a. schildern den Befund an der Bißstelle etwa folgendermaßen: Aus anfänglicher Rötung und Schwellung entwickeln sich (blasig) entzündliche, eitrig-brandige, in weiter Ausdehnung von Blutungen und ödematös-phlegmonös durchtränktem Gewebe umgebene, schließlich zentral schwarz verfärbte Herde, in denen Gefäßthrombosen und Kapillarembolien nachzuweisen sind.

In schwereren, bisher nur in außereuropäischen Ländern beobachteten Vergiftungsfällen — wobei sich Kinder empfindlicher erwiesen als Erwachsene — schließt sich der Verletzung Lymphgefäß- und Lymphknotenentzündung an, embolische Gefäßverlegungen in entfernten Organen treten auf (Kobert). Unter Atemlähmung und Allgemeinerscheinungen, die an Strychninvergiftung gemahnen, erfolgt der Tod.

Gros schildert eingehend das schwere klinische, an einem gestochenen Araber zu erhebende Krankheitsbild: Die örtlichen Erscheinungen fehlten, der Blutausstrich zeigte Leukopenie und völliges Fehlen der Eosinophilen. Im Vordergrund stand akutes Lungenemphysem zufolge Lähmung der Zwerchfellmuskulatur. In dem von Linnell übermittelten Falle wurde ein Kuli von einem kleinen braunen Skorpion angefallen. Unter Lähmung beider Beine und der Harnblase trat der Tod am 17. Tage nach dem Unfall ein. Die von klinischer Seite ausgesprochene Vermutung einer akuten „diffusen Myelitis" im Lendenmark wurde autoptisch nicht gesichert.

Als fast regelmäßiger Sektionsbefund sind Blutungen in den Schleimhäuten und blutige Ergüsse in den Körperhöhlen zu nennen.

Bei Tierversuchen unterschieden Joyeux-Laffuie drei Stufen des Vergiftungsablaufs: a) Den örtlichen, durch Schwellung und Blutergüsse in das intramuskuläre und subkutane Bindegewebe ausgelösten Schmerz, b) Erregung und schließlich c) Lähmung, wie sie nach Küraregaben eintritt.

In der Leber der von Nowak benutzten Versuchstiere fand sich bei längerer Krankheitsdauer Vakuolisierung und Zerfall der Leberzellen (letzteres besonders bei Hunden). In ausgeprägten Fällen blieben nur noch strang- und netzförmig angeordnete Zellreste erhalten; schließlich herrschten reaktive Vorgänge vor. Nowak hält die Störungen im Lebergewebe für ein wesentliches Vergiftungsmerkmal, da seiner Meinung nach die Leber eine Rolle bei Unschädlichmachung des in die Körpersäfte gelangten Giftes spielt.

Launoy ergänzte die von Nowak überlieferten pathologisch-anatomischen Befunde dahin, daß er die Mitbeteiligung der Niere an der Allgemeinschädigung des vergifteten Tieres sicherstellte. So konnte er bei Ratten und Mäusen wenige Minuten nach Einverleibung des Giftes an der von kleinen Blutungen durchsetzten Niere glomerulitische Vorgänge nachweisen, d. h. seröses Exsudat und Erythrozyten im Kapselraum. Späterhin fanden sich an den Kanälchenepithelien Kernzerfall und Plasmavakuolisierung, schließlich vollkommener Untergang.

Die Lunge antwortete mit interstitiellen Leukozyteninfiltraten und Herdpneumonien.

In vitro bildet lezithinuntermischtes Skorpiongift mit Leichtigkeit ein hämolysierendes Lezithid (KYES). Die Frage der Hämolyse im Menschen- und Tierkörper ist bisher noch nicht entschieden.

γγ) Zecken (Holzböcke).

Wie FAUST angibt, bewirkt die Verletzung durch Zecken Dermatitis mit Pustel- und Abszeßbildung, möglicherweise auch örtliche Lymphgefäß- und Lymphknotenentzündung. Die Hartnäckigkeit und geringe Heilungsneigung der mitunter wochenlang bestehenden Hauterscheinungen sprechen nach der Ansicht von HABERFELD dafür, daß die von den Zecken abgesonderten Giftstoffe für den menschlichen Körper durchaus nicht harmlos sind. Auf der Haut von Versuchstieren sah man 24 Stunden nach dem Biß der Zecke Ornithodorus papillid. ein blutiges Knötchen entstehen, welches sich mikroskopisch vom Unterhautgewebe bis weit in die tieferen Muskelschichten hinein erstreckte (MÖSKWIN).

W. und A. HABERFELD sprechen bei einer unmittelbar im Anschluß an Zeckenstiche auftretenden, durch Lymphknotenschwellung, Neutropenie und Lymphozytose gekennzeichneten Erkrankung von „Pseudoleukämiesymptomen". Weitere derartige Angaben liegen meines Wissens im Schrifttum nicht vor.

β) Tausendfüßler.

Die 20—25 cm langen Skolopendren der wärmeren Länder sind für den Menschen verhältnismäßig unschädlich, doch soll in einzelnen Fällen ihr — als zwei kleine nebeneinanderstehende Blutpunkte erscheinender — Biß unangenehme Folgen, ja, den Tod junger Kinder nach sich gezogen haben.

Nähere Ausführungen über die vor allem als örtliche Gefäßerweiterung, Entzündung, vielleicht auch einmal Gangrän zu Tage tretende Wirkung des Skolopendragiftes auf den Menschen finden sich bei CORNWALL, DUBOSCQ, A. HASE, PAWLOWSKY.

γ) Insekten.

αα) Schnabelkerfe.

Unter diesen kommen in erster Reihe die Wanzen für unsere Betrachtung in Frage. Die an der menschlichen Haut gesetzte Schädigung äußert sich in kleinen und größeren beulenartigen Quaddeln, welche von Blasen mit blutig gefärbtem Serum begleitet sein können.

Wäßriger Auszug des Wanzengiftes läßt — obwohl er keine freie Ameisensäure enthält — auch im Tierversuch seine quaddelerzeugende Wirkungsweise erkennen. Außerdem soll er noch blutlösende Bestandteile enthalten (KLAUSNER).

ββ) Zweiflügler.

Durch Ameisen angefressene Hautstellen nehmen einen schwärzlichbraunen, an Schwefelsäureverätzung erinnernden Farbton an, offenbar infolge Einwirkung der Ameisensäure: Bildung sauren Hämatins. Auch die von L. LEWIN und GUILLERY vermerkten, durch Ameisenbisse hervorgerufenen kleinen Blutaustritte in der Mundschleimhaut eines Menschen fielen durch ihre bräunliche Verfärbung auf.

Bemerkenswert ist die Mitteilung von BURDACH, nach welcher bei einem dreijährigen, in einen Ameisenhaufen geratenen Kinde die in die Scheide gekrochenen Insekten nekrotisierende Entzündung und in der Folge Verwachsung der Scheidenwände hervorgerufen hatten.

Obwohl die stechenden und blutsaugenden Insekten zu den Gifttieren gerechnet werden müssen, erübrigt es sich, an dieser Stelle auf die bekannten, annähernd gleichartigen, in Stärke und Ausdehnung von der Empfindlichkeit der einzelnen Personen abhängigen Erscheinungen nach Stichen von Flöhen, Mücken usw. näher einzugehen.

γγ) Akuleaten.

Ausführliche Darstellung der Giftwirkung verschiedener Hymenopteren auf den Menschen s. bei FABRE.

Die durch Stich der Wespen, Bienen, Hornissen usw. verursachte örtliche Reizung beschränkt sich nicht immer auf Anschwellung und Rötung der verletzten Stelle: Gelegentlich sind Lymphgefäß- und Lymphknotenentzündung, seltener Eiterung oder Gangrän Begleiter und Folge. Trifft der Stich ein Blutgefäß, so ist dessen Thrombosierung zu erwarten (KOBERT).

Wespe.

Die — ähnlich auch von RAGNAR BERG (s. ferner HÖRING u. a.) an seinem 11jährigen Sohn gemachte — Beobachtung einer, im Anschluß an einen Wespenstich den ganzen Körper befallenden Urtikaria veranlaßte MÜHLPFORDT, die vermuteten ursächlichen Zusammenhänge zwischen Wespengiftwirkung und Hautausschlag durch Vornahme eines Eigenversuchs (Einimpfung chemisch reiner Ameisensäure in die Unterarmhaut) zu sichern. Der Ausfall des Versuchs (Papel- und Schorfbildung) ist dahin zu deuten, daß auch der Ameisensäure im Wespengift eine gewisse Wirksamkeit zugesprochen werden muß, daß die Säure wahrscheinlich neben der LANGERschen Base eine Rolle beim Zustandekommen der Hauterscheinungen spielt.

H. SCHAEFER, der bei einer 69jährigen Frau Hautbefunde erheben konnte, welche den von MÜHLPFORDT geschilderten weitgehend glichen, möchte mit Rücksicht darauf, daß die Patientin früher bereits zu wiederholten Malen gestochen worden war, ohne eine derartige Reaktion zu zeigen, diese nicht, was am nächsten liegen dürfte, als Zeichen der Überempfindlichkeit deuten. Vielmehr muß seiner Meinung nach an die Möglichkeit gedacht werden, daß Gifte anderer, vielleicht pflanzlicher Herkunft zufällig mit dem Stachel der Wespe verschleppt wurden.

Ein Stich ins Auge ist unter Umständen von weittragender Bedeutung. So fanden sich einmal 5 Wochen nach stattgehabter Verletzung Epithel und BOWMANNsche Membran vollständig abgestoßen, die vorderen Parenchymschichten zerfallen und von untergehenden Leukozyten durchsetzt, in der Vorderkammer fibrinös-eitriges Exsudat (HERRENSCHWAND).

Unglückliche Lokalisation des Stiches (z. B. im Rachen) kann den Tod zur Folge haben. Im Falle HÖRING waren die Weichteile am Hals, besonders in der Zungenbeingegend hochgradig geschwollen.

Honigbiene.

Ein ausgedehntes Schrifttum nimmt Stellung zu der chemischen Beschaffenheit des Bienengiftes, zu seiner pharmakologischen und seiner gemutmaßten therapeutischen Wirksamkeit. Als giftig erwies sich nach Angabe von PAWLOWSKY nur das Gemisch der sauren und alkalischen Abscheidungen beider Drüsen des Giftapparates. Über die chemische Natur des wirksamen Giftbestandteils sind die Untersuchungen noch nicht abgeschlossen. J. LANGER ist der Überzeugung, daß es sich weder um die Ameisensäure noch die Eiweißstoffe des Sekrets handeln kann. Flury ergänzt die Ausführungen von Langer dahin, daß wahrscheinlich eine stickstoffreie, ihren Eigenschaften nach den Saponinstoffen nahestehende Säure in Frage kommen dürfte, welche einen Übergang von den eiweißfreien Sapotoxinen tierischer Herkunft (z. B. Krotalotoxin und Ophiotoxin der Schlangengifte) zu den Giften der Kantharidingruppe bildet.

Laut Mitteilung von Flury u. a. kann ein einziger Stich bei besonders unglücklicher, etwa von Rachen-Glottisödem usw. gefolgter Lokalisation den Tod nach sich ziehen.

Im allgemeinen wird die für den erwachsenen Menschen noch eben erträgliche Anzahl von Stichen bis auf 500 beziffert. Baudisch teilt einen Fall mit, in welchem ein von etwa 200 Stichen verletztes Kleinkind trotzdem genaß. Lediglich „die Hautfarbe erschien blaß, glänzend wie bei amyloider Degeneration". Im Hinblick darauf, daß das Kind seit langem reichlich Honig genossen hatte, wurde — da ja der Honig durch Zusatz von Bienendrüsensekret haltbar gemacht ist — an eine Art Immunisierung gegen Bienengift gedacht.

Örtliche Wirkung.

Unversehrte Haut beantwortet den Reiz des Giftes so gut wie gar nicht. Erst auf einen Stich (bzw. eine Gifteinspritzung) hin erscheint nach den Beschreibungen von J. Langer, Faust u. a. auf der geschädigten Haut des Menschen (und ähnlich im Tierversuch) eine von entzündlichem Hof umgebene, weißlichderbe, später lederartig verschorfende Quaddel oder Knötchen mit unregelmäßig gezackten Ausläufern. Die von zahlreichen Bienenstichen verletzte Haut des Pferdes wird von M. Albrecht als gelb-sulzig, gangränös geschildert. Das (im Tierversuch gewonnene) mikroskopische Bild der Stichstelle zeigt nach etwa 3 Stunden miliare Nekrose mit Leukozytenwall, Blutreichtum, ödematöser Auflockerung und Rundzelldurchsetzung des perinekrotischen Gewebes. Die zerfallenen Massen werden schließlich durch phagozytäre Leukozytentätigkeit beseitigt.

Am äußeren Auge verursacht der Stich Rötung, Ödem und möglicherweise blutige Durchtränkung von Lid und Bindehaut, in schwereren Fällen geschwürigen Hornhautzerfall. Auch Iritis, Keratitis punctata u. a. m. werden aufgeführt (J. Langer, L. Lewin und Guillery). Beim Kaninchen erzeugte Faust Chemosis und eitrige bzw. pseudomembranöse Konjunktivitis.

Rohrer sah nach Stich in das Trommelfell eitrige Entzündung von Paukenhöhle und Trommelfell, ausgebreitete Entzündung im äußeren Gehörgang.

Allgemeinwirkung.

A. Götz berichtet von „generalisierter Urtikaria" nach Bienenstichen.

Die im Reagenzglas und im Tierversuch nach intravenöser Zufuhr, ferner bei gestochenen Haustieren (M. Albrecht, Fröhner) festzustellende hämolytische und methämoglobinbildende Fähigkeit des Giftes (Flury, J. Langer), welche nach Angaben von Morgenroth und Carpi auf Aktivierung des Bienengiftes durch Lezithin (ähnliche Vorgänge wie bei Wirksamwerden des Kobragiftes!) zurückzuführen ist, wurde in der Menschenpathologie meines Wissens bisher nicht beobachtet. Zusatz von Cholesterin hemmt die blutlösende Wirkung des Bienengiftlezithids.

Parisius und Heimberger teilten zwei Fälle mit, in denen nach massenhaften Bienenstichen akut ein schweres Krankheitsbild mit ulzeröser Gingivostomatitis und allen „Erscheinungen von hämorrhagischer Diathese und Myeloblastenleukämie" auftrat, das binnen weniger Wochen zum Tode führte. Nach Meinung der Berichterstatter ist die Vergiftung entweder auf den Verlauf eines bereits bestehenden Leidens von ungünstigem Einfluß gewesen, oder sie hat dasselbe gar verursacht. Um sein Urteil befragt, teilte NAEGELI brieflich mit, „daß ihm aus dem Schrifttum — der einzelnen Arbeiten könne er sich nicht mehr entsinnen — Veröffentlichungen über akute Myelosen nach Insektenstichen erinnerlich seien". PARISIUS und HEIMBERGER begründen ihre Anschauung mit dem Hinweis auf die in der Tiermedizin bekannte Erscheinung, daß Pferde nach Bienenstichen unter Vergiftungszeichen eingehen können und, zwar keine Blutveränderungen, bei der Sektion aber einen Milztumor aufweisen. Da sich diese Angaben auf eine Arbeit von M. ALBRECHT beziehen, kann ich nur annehmen, daß eben diese Arbeit nicht in der Urschrift gelesen wurde, denn sonst hätte den Berichterstattern nicht entgehen können, daß es sich bei den Beobachtungen von ALBRECHT um Pferde handelte, welche infolge zahlreicher Bienenstiche unter dem Krankheitsbilde der Methämoglobinurie (Venenpunktion ergab weichselbraunes Blut!) verendeten. Die Milz und ähnlich die Niere wird als vergrößert, dunkelbraun, fast schwarz geschildert. Dieser Beschreibung nach dürfte es sich um eine durch Blutzerfall, nicht aber durch Blutneubildung (etwa im Sinne einer Myelose) bedingte Größenzunahme des Organs gehandelt haben.

Bei den vergifteten Pferden waren außer den genannten Befunden noch hämorrhagische Lungeninfarkte festzustellen.

Im Versuche gestorbene Hunde zeigten flüssiges, lackfarbenes Blut, im Herzbeutel blutig-serösen Inhalt, Stauungsblutüberfüllung der Bauchorgane, kleine Blutaustritte in Pankreas und Darmserosa; die hämorrhagisch infarzierte Darmschleimhaut war mit schleimig-blutigen Massen bedeckt (J. LANGER).

δδ) Käfer (Lytta vesicatoria).

Die getrocknet verwerteten, einen unangenehmen ätzenden Geruch ausströmenden Lyttae vesicatoriae (spanische Fliegen, Blasenkäfer) sind in der Pharmakologie als Kanthariden bekannt. Sie enthalten in den Nebendrüsen des männlichen Geschlechtsapparates und im Blut als wirksamen, zu Heilzwecken benutzten Bestandteil das hautreizende (blasenziehende), früher (unter anderem) auch bei Behandlung der Tuberkulose (LIEBREICH) verwendete Kantharidin, ein weißer kristallinischer Körper (das Anhydrid der im freien Zustand nicht bekannten Kantharidinsäure), der seinen pharmakologischen Wirkungen nach zur Gruppe der Phlogotoxine zu rechnen ist (PAWLOWSKY).

Kantharidin wird von Haut und Schleimhäuten aus in die Gewebe — jedoch nur in geringen Mengen — aufgenommen und kreist im Blut in so starker Verdünnung, daß es auf dieses keinen schädlichen Einfluß ausübt. Erst bei Ausscheidung durch die Nieren, in denen es wieder eine höhere Konzentration erreicht, kann es Reizungserscheinungen an diesen hervorrufen.

Die untersuchten größeren Säugetiere beantworten die Vergiftung ähnlich wie der Mensch, andere Tiere (Igel, Geflügel usw.) verhalten sich verhältnismäßig kantharidinfest.

Ernstere Vergiftungen können zu Fehlgeburt führen (L. LEWIN), ja, tödlich enden (FAUST: Morde und Selbstmorde). Gewerbliche Vergiftungen bei Herstellung therapeutischer Präparate: Durch Einatmung von Dämpfen beim Pflasterkochen (LINDE), Aufnahme von Staub beim Pulverisieren der trockenen Tiere (FAUST) usw. kommen vor. Todesfälle — 1,5 bis 3,0 g Kantharidin gelten als tödliche Gabe — werden vor allem nach peroraler Einverleibung beobachtet. Unter Erbrechen, Durchfällen, bisweilen auch Krämpfen und Lähmung tritt das Ende im Koma ein (PAWLOWSKY). Nach Meinung von POULSSON ist die toxische Gastroenteritis allein ausreichend, diese — in gewissem Grade der Erkrankung nach Zufuhr von Karbolsäure und verwandten

Benzolabkömmlingen gleichenden — Allgemeinerscheinungen zu erklären. Vielleicht aber hat Kantharidin noch eine unmittelbar lähmende Wirkung auf das Zentralnervensystem. Der Nachweis des Kantharidins erfolgt im Magen-Darminhalt.

Örtliche Wirkung.

Kantharidin ist ein örtlich außerordentlich stark wirkender Körper, schon $^1/_{10}$ mg in Öl erzeugt Blasen. Trotzdem entwickelt sich an der unversehrten Haut nur eine langsam fortschreitende, verhältnismäßig geringe Schmerzen auslösende Entzündung der obersten Schichten, welche rasch und ohne Zurücklassen von Narben abheilt. Bringt man dagegen gepulverte spanische Fliegen mit einer der Epidermis beraubten Haut in Berührung, so sind die exudativ-blasenbildenden Vorgänge beträchtlich: Langdauernde Eiterung in blutig infiltriertem, sulzigem Gewebe und Gewebszerfall sind dann die Regel (A. Ellinger u. a.).

Am äußeren Auge erzeugt Kantharidin Hornhautblasen und -trübung (Linde), Konjunktivitis, Iritis (R. Hilbert).

Durch Einatmen der pulverisierten Massen werden in den Luftwegen ähnliche Reiz- bzw. Entzündungserscheinungen ausgelöst, wie sie auch an der Schleimhaut des Verdauungsschlauches auftreten. Hier bedingt gelöst eingeführtes Kantharidin — vielleicht kommt auch Ausscheidung des Giftes im Magendarmkanal in Frage (Faust) — augenblicklich allerstärkste Entzündung. Es bilden sich Blasen und Geschwüre, begleitet von ausgedehnten Blutungen in Mundhöhle, Rachen, Magen-Darm, besonders Dickdarm (Kobert). Von Czerwonka wurde kürzlich berichtet, wie drei Personen — angeblich zur Nervenstärkung — eine Messerspitze Kantharidinpulver auf Brot einnahmen. Die Schädigung der Zungen- und Mundschleimhaut bis an die Gaumenbögen war so hochgradig, daß die abgestoßene Schleimhaut in großen Fetzen aus dem Munde hing. Das Auffinden goldglänzender oder grüner Teilchen im Verdauungsschlauch (Kobert) sichert die Diagnose: Diese Teilchen werden mit Schleimhautfetzen erbrochen oder in blutigen Stühlen ausgeschieden. Die Geschwüre im unteren Teil des Darmrohrs können so tief greifen, daß Wanddurchbruch und Bauchfellentzündung unvermeidlich werden. Bei Überstehen der Vergiftung geht die Heilung, wegen der ausgedehnten Schleimhautverluste, außerordentlich langsam vonstatten.

Allgemeinwirkung.

Von verschiedenen Forschern (Cornil, Liebreich u. a.) wird Reizwirkung auf die Gefäße bzw. Schädigung ihres Endothels vermutet, denn bei länger dauernder Vergiftung findet man Erweiterung der Blutgefäße, erhöhte Durchgängigkeit ihrer Wandungen. Escomel beobachtete bei Kaninchen nach Einverleibung des Giftes unter die Haut große Blutgerinnsel, über deren vermutliche Bildung während des Lebens nichts ausgesagt wird.

Resorptiv bedingte Befunde am Menschen sind meines Wissens nicht bekannt geworden. Tierversuche (Cornil: subkutane Zufuhr von in Essigäther gelöstem Kantharidin) ergaben schon im Verlauf der ersten Krankheitsstunden in Kehlkopf und Luftröhre bis in die kleinsten Bronchialäste hinein massenhafte Epithelabstoßung und Leukozytendurchtritt. Liebreich sah bei seinen Versuchstieren nach Einverleibung geringster Kantharidinmengen fast zellfreie, nach größeren Gaben zellreichere seröse Ausschwitzung in die Lungenbläschen; bei A. Ellingers Versuchsergebnissen am Igel standen Blutungen im Lungenparenchym an erster Stelle.

Das bei einem Hunde beobachtete massige Auftreten zweikerniger Leberzellen findet als Besonderheit von Cornil Erwähnung. Wie weit es sich dabei um einen Normalbefund in der Leber der zum Versuche benutzten Tierart handelt, möge dahingestellt bleiben.

Die als wichtigst anzusprechenden geweblichen Veränderungen spielen sich — wie auch zahlreiche Tierversuche erkennen lassen — im Hauptausscheidungsorgan des Giftes, d. h. in der Niere ab, deren Abschnitte fast sämtlich von krankhaftem Geschehen betroffen werden. Das ganze Organ ist stark ödematös. Weiße Blutkörperchen, mit Plasma und spärlichen Erythrozyten untermischt, liegen in solchen Massen in den Kapselräumen, daß die Gefäßknäuelschlingen dadurch förmlich zusammengepreßt erscheinen (KOBERT); die Kapselepithelien schwellen und wuchern (AUFRECHT, CORNIL, ISHIYAMA u. a.), kurzum, wir haben ein Bild der akuten Glomerulonephritis vor uns, das sich klinisch in Eiweiß- und Blutgehalt des Urins kundtut. Doch muß ein derartiger Urinbefund nicht immer für eine Nierenschädigung sprechen, da W. GROSS im Nierenbeckenbindegewebe durch Diapedese dort hingelangte, die Saftlücken zwischen den Beckenepithelien in Zügen ausfüllende weiße und rote Blutzellen nachweisen konnte. Offenbar verändern sich unter Einfluß des Kantharidins die Strömungsverhältnisse in den Haargefäßen, worauf auch die SCHLAYERschen Beobachtungen über rasches Versagen der Verengungs- und Erweiterungsfähigkeit der kleinen Gefäße hinweisen (SCHLAYERs „vaskuläre Nephritis"). Infolge des hochgradigen Ödems sind die Nierenkanälchen auseinandergedrängt. Ihre Lichtungen enthalten vereinzelt Erythrozyten und abgeschilferte Epithelien.

A. ELLINGERs Versuchsergebnisse am chronisch vergifteten Igel gipfelten in beginnendem — auf die gewundenen Kanälchen beschränktem — Epitheluntergang und -verkalkung. Im Zwischengewebe fanden sich Blutungen, Rundzellansammlungen, Bindegewebsvermehrung. Über ganz akute — eine halbe Stunde nach Verabreichung von 0,01 g Kantharidin einsetzende — Veränderungen berichtet AUFRECHT (Kaninchenversuche): Er sah zwischen den einzelnen Glomerulusschlingen und im Kapselraum zahlreiche farblose Blutelemente und große protoplasmareiche Zellen, die augenscheinlich „von Kapsel- und Glomerulusepithel" stammten, dabei völlige, durch Einspritzung von Gelatine erprobte Durchgängigkeit der Glomerulusschlingen. Ferner zeigte sich beträchtliche Lichtungserweiterung der gewundenen Kanälchen, Flachpressung ihres Epithelbelages, Kernschwund und Verwischung der Epithelzellgrenzen.

In der Regel treten als Begleiterscheinungen der Nierenschädigung Harnleiter- und Harnblasenentzündung auf. Die Harnblase ist meist eng zusammengezogen, die hochgradig ödematöse Schleimhaut (MELEN spricht von „bullösem Ödem"), vor allem am Trigonum tiefrot gefärbt, häufig von Blutaustritten gesprenkelt. Die Epithelien schilfern ab, die oberflächlichen Schleimhautschichten können in Fetzen abgestoßen werden (CZERWONKA: „Der Urin enthielt blutig durchtränkte Schleimhautfetzen"); tiefgreifende Geschwüre wurden niemals beobachtet (AUFRECHT, A. ELLINGER, KOBERT u. a.).

Von anderen Käferarten möge hier noch der im Astrachan lebende Päderus fuscipes Erwähnung finden, da er in seiner örtlichen Wirksamkeit, wenn auch nicht der Stärke, so doch der Art nach gewisse Anklänge an die Lyssa vesicatoria bietet. Er wird besonders von Fischern und Viehzüchtern gefürchtet. Sein Biß verursacht eine — in Richtung seiner sehr schnellen Fortbewegung verlaufende — streifenförmige Verletzung der Haut, die sich äußert als entzündliche Rötung und Bildung von stecknadelkopfgroßen und größeren Blasen mit serös-eitrigem Inhalt: Bläschendermatitis. Diese läßt sich in gleicher Form durch Einreiben von Säften und Geweben des Käfers auslösen, jedoch nur auf vorher verletzter Haut. Histologisch zeigt sich die Hornschicht gelockert, die kollagenen Fasern der tieferen Schichten rücken auseinander, sind aufgespalten, gequollen. Gefäßerweiterung und Blutaustritte, Infiltrate und Talgdrüsenuntergang kennzeichnen den akuten exsudativ-hämorrhagischen Vorgang (PAWLOWSKY).

εε) Raupen.

Eine aus dem Jahre 1790 stammende Mitteilung von Brockhausen (angeführt bei Pawlowsky) besagt, daß zerkleinerte Raupenhaare, zu Mordzwecken Getränken beigemischt, Krämpfe und Tod des Betroffenen bewirkten. Die Möglichkeit, daß Nesselhaare in die Mundschleimhaut eindrangen bzw. sich in die Magenwand einbohrten, ist nicht ganz von der Hand zu weisen. Der Mechanismus des Todeseintritts dürfte jedoch damit nicht seine Erklärung finden. Ehe eine solche versucht wird, wäre zuvörderst zu ermitteln, wie weit die Angaben auf Tatsachen beruhen. Zumindest finden sich im neueren Schrifttum keine derartigen Hinweise.

Die von Brennraupen gestreifte Haut des Menschen antwortet mit Schwellung, Entzündung und Auftreten eines knötchenförmigen Ausschlages. Laudon verzeichnet eine endemische Urtikaria, die mit Anwesenheit von Raupenschwärmen des Prozessionsspinners in ursächlichen Zusammenhang gebracht wurde.

Ein Aufenthalt in den von Raupen überfallenen Wäldern hatte Konjunktivitis und Laryngopharyngitis zur Folge.

Reibt man Raupenhaare zu Versuchszwecken in die Menschenhaut ein (Pawlowsky und A. K. Stein), so entsteht nach etwa drei Stunden ein stark entzündliches Ödem mit Dehnung der interzellulären Epidermisspalten, Gefäßerweiterung, Infiltraten.

In das Auge gelangte lebende oder tote Raupen, bzw. Teile von solchen, erregen mehr oder minder heftige, gelegentlich mit Knötchenbildung einhergehende Bindehautentzündung: Saemisch führt 3 Fälle von Verlust des Auges nach akuter, durch Raupenhaare hervorgerufener Bindehautentzündung an.

Aus der Tierpathologie sind von Fröhner überlieferte Befunde an Schlachttieren bekannt. Nach Verschlucken der Raupen fanden sich Schleimhautzerstörungen an Lippe und Zahnfleisch (Dinter), schwere Gastroenteritis und Blutungen in der Milz.

5. Wirbeltiere.

α) Fische.

Die hier abgehandelten Vergiftungen decken sich z. T. mit den im Abschnitt Nahrungsmittelvergiftungen dargestellten. Erkrankungen durch Fische und ihre Gifte können ausgelöst werden:
 a) durch drüsengifthaltige Stiche,
 b) durch einzelne Organe oder Körpersäfte (besonders zur Laichzeit),
 c) durch Genuß des ganzen Tieres bzw. verdorbenen Fischfleisches.

Die pathologisch-anatomische Ausbeute der Vergiftungen durch Fische scheint — nach den spärlichen Angaben im Schrifttum zu urteilen — recht gering.

αα) Neunaugen (Zyklostomen).

Diese sind keine aktiv giftigen Tiere, sondern enthalten lediglich in ihren Hautdrüsen und im Blut (R. Ruge, Mühlens, zur Verth) ein Gift von noch fast unbekannter Zusammensetzung, auf dessen Wirksamkeit (nach Genuß der Tiere) aus dem Auftreten von Gastroenteritis mit ruhrartigen klinischen Erscheinungen geschlossen wird.

ββ) Stachelflosser (Selachier).

Rochen.

Als örtliche Reizerscheinungen in der Umgebung der durch den Fischstachel verursachten Wunde sind zu nennen: Ödem, Blutungen (Blauschwarzfärbung), gelegentlich Nekrosen, Gangrän und von der Stichstelle aus fortschreitende Lymphgefäßentzündung (FAUST).

Todesfälle, durch Verwirrtheit, Krämpfe, Kollaps eingeleitet, sollen vereinzelt vorgekommen sein (SCHOMBURG u. a. [angeführt bei PAWLOWSKY]).

Petermännchen.

Bei diesem liegt der Giftapparat unter den Flossen. Die Angaben über Eigenschaften und Wirksamkeit des Giftes ermangeln der Einheitlichkeit. Gesicherte Mitteilungen über Vergiftung beim Menschen scheinen überhaupt nicht vorhanden zu sein.

Ergebnisse von Tierversuchen werden berichtet von DUNBAR-BRUNTON, welcher Meerschweinchen und Ratten von den Fischen stechen ließ. Die betroffene Hautstelle erwies sich anfangs als rot und geschwollen, dann trat Verlust des Felles und Gangrän auf. In der Regel erfolgte der Tod unter Lähmungserscheinungen bereits mehrere Stunden nach Einverleibung des Giftes. COUTIÈRE, welcher seine Versuchskaninchen bis zu 16 Tagen nach der Gifteinspritzung am Leben halten konnte, fand in der Niere die Epithelien der gewundenen Kanälchen „hyalin degeneriert“, in den Kanälchenlichtungen körnige Zylinder.

In vitro soll sich Hämolyse erzielen lassen (BRIOT, EVANS).

γγ) Gymnodonten.

Die meisten Gymnodonten- oder Tetrodonarten (z. B. Diodon, Igelfisch, Triodon usw.) enthalten jederzeit und in allen Organen (mit Ausnahme der Muskulatur) ein, Fugugift genanntes, chemisches Gemisch, das in Japan toxikologisch eine gewisse Rolle spielt. Als giftigste Organe werden die Eierstöcke und Hoden angesprochen. Füttert man Tiere damit, so gehen sie ein und zeigen bei der Sektion in den stark blutgefüllten Organen (Speicheldrüsen, Pankreas, Magen-Darm) zahlreiche Blutaustritte (KOBERT).

Beim Menschen stehen unter den klinischen Vergiftungserscheinungen mit Krankheitsbeginn Störungen des Magen-Darms, später solche des Nervensystems im Vordergrund (R. RUGE, MÜHLENS, ZUR VERTH).

δδ) Knochenfische (Teleostier).

Barbe.

Der Rogen dieses, zur Gattung der Karpfen gehörenden Fisches ist während der Laichzeit giftig, sein Genuß hat des öfteren zu Massenerkrankungen geführt. Todesfälle sind meines Wissens nicht bekannt geworden. Die Vergifteten bieten das klinische Bild der Cholera nostras (R. RUGE, MÜHLENS, ZUR VERTH).

Die örtlichen und allgemeinen Erscheinungen nach Stichverletzungen weichen in nichts von den durch Stachelflossern hervorgerufenen ab.

Aale.

Die Aalfische (Muraena) haben einen „Ichthyotoxin“ benannten Giftstoff im Blut, der in seiner Wirkung gewisse Ähnlichkeit mit Schlangengift zeigen soll (KOPACZEWSKI, MOSSO, E. ROST).

Nach Ausführungen von STEINDORFF, TAKASHIMA u. a. wird des öfteren, wenn beim Schlachten der Tiere den damit Beschäftigten Blut in das Auge spritzt, Bindehaut-, gelegentlich sogar Hornhautentzündung gesehen.

Durch Aalserumgaben unter die Haut ließ sich bei Hunden an der betroffenen Stelle Ödem und blutiges Exsudat erzielen, nach größeren Giftmengen brandiger Gewebszerfall (HÉRICOURT et RICHET) oder Geschwürsbildung (WEHRMANN).

Das mit Übertritt des Giftes in die Säftebahn zu beobachtende Krankheitsbild ist durch anfängliche Erregung, spätere Lähmung der Atem- und Vaguszentren zu erklären.

β) Lurche (Amphibien).

αα) Schwanzlurche.

Erdmolche (Salamander).

Diese besitzen in ihren Hautabsonderungen alkaloidähnliche Basen (FAUST: Salamandrin), welche sich pharmakologisch annähernd wie Kurare verhalten (R. BOEHM).

Kennzeichnende pathologisch-anatomische Vergiftungsbefunde wurden bisher nicht veröffentlicht.

Wassermolche (Triton).

Laut Angaben von MATSUSAKI und KABEDA sind die im Körper der Wassermolche vorhandenen Giftstoffe Hämolysine und Neurotoxine.

Spritzt man ein Kaninchen mit Tritongift, so bilden sich an der Einstichstelle feste Infiltrate, die allmählich in Gangrän übergehen.

Das äußere Auge antwortet mit schwerer Bindehautentzündung.

ββ) Froschlurche (Kröten).

Nach dem Ausfall der pharmakologischen Prüfung verschiedener Krötengifte (cholesterinähnliches Bufotalin in den Hautabsonderungen der gemeinen Kröte, kristallinisches Bufagin im Parotisspeichel der großen tropischen Kröte) glaubte KRAWKOW diesen ähnliche Eigenschaften zuschreiben zu dürfen wie den Glykosiden der Digitalisgruppe (Kröten sollen verhältnismäßig unempfindlich gegen Digitalis sein!). Laut Angaben von KOBERT enthält das bei Zerreiben der Krötenhaut gewonnene Gift außerdem einen Phrynin (irritans) bezeichneten Stoff, der im Reagenzglas blutlösende und methämoglobinbildende Fähigkeiten entfaltet (PRÖSCHER, PUGLIESE).

Tierversuche ergeben örtliche Reizwirkung am äußeren Auge (Binde- und Hornhautentzündungen). Unter die Haut gespritzte Speicheldrüsenflüssigkeit von Argentiner Kröten löst beim Hunde im Einstichgebiet Geschwürsbildung bzw. Phlegmone aus.

R. M. PEARCE erzielte als Ausdruck der Allgemeinerkrankung an der Niere vergifteter Tiere nach wenigen Stunden hämorrhagisch-exsudative Glomerulusschädigung, nach 4 Tagen „hyaline Epitheldegeneration" in den Hauptstücken. Mit längerdauernder Vergiftung werden die Tiere kachektisch, gehen schließlich ein (NOVARO).

γ) Kriechtiere (Reptilien).

αα) Giftschlangen.

Als Giftschlangen schlechthin werden meist nur die mit Zähnen bewaffneten Tiere bezeichnet.

Nach einer Mitteilung von FAUST können selbst noch längere Zeit in Alkohol aufbewahrte Schlangen Vergiftungen hervorrufen: Ein Assistent am Petersburger Museum starb infolge Verletzung am Giftzahn einer toten Schlange.

Das Gift besteht bei allen Schlangen (auch bei den im Volke als ungiftig geltenden, z. B. der Ringelnatter) aus einem Gemisch des dünnflüssigen Sekrets der eigentlichen Giftdrüsen mit der schleimigen Epithelabsonderung des Ausführungsganges oder seiner Nebendrüsen. Pharmakologisch erscheinen die wirksamen, bei den einzelnen Schlangenarten unterschiedlichen Stoffe als den Saponinen verwandte Protoplasmagifte (FAUST). Neuere Untersucher, welche sich auch mit den Theorien der Giftwirkung befassen (R. KRAUS, KYES u. a.), erbrachten in ihren, vor allem das Kobragift berücksichtigenden Forschungen den Nachweis, daß — wahrscheinlich unter dem Einfluß eines im Drüsensekret befindlichen Ferments — ein Teil des Giftes durch Lezithin des Blutserums zu Hämolysin aktiviert wird. Die Gesamtwirkungen des Giftes lassen weiterhin schließen auf das Vorhandensein von Neurotoxinen, welche bei den verschiedenen Schlangenarten nicht die gleichen Eigenschaften zu besitzen scheinen und auf Vorkommen von — am Viperngift gesicherten — Hämotoxinen und Hämorrhaginen. Ausführliche Darstellung der chemischen, physikalischen und pharmakologischen Gifteigenschaften s. bei CALMETTE und bei PAWLOWSKY.

Die — auch bei gleicher Schlangenart nicht einheitliche — Wirkung des Bisses beim Menschen, der — jeweils wechselnde — Vergiftungsablauf hängen in der Hauptsache ab von dem augenblicklichen Körperzustand der Schlange, d. h. dem Zeitpunkt ihrer letzten Nahrungsaufnahme (hungernde Tiere sondern weniger Gift ab!), der Menge des eingedrungenen Giftes und dem Ort seiner Zufuhr: Die Gefahr wächst mit der Zahl der hier vorhandenen Blutgefäße, denn die Vergiftungserscheinungen treten blitzartig und bedrohlich ein, wenn die Schlange zufällig eine größere Vene durchbeißt (s. FOCK).

Unversehrte Haut und Schleimhäute werden als giftunempfänglich angesprochen (s. aber VELLARD: „Toxicité des venins ophidiques par voie nasale"), womit sich die — als Regel zu betrachtende — Wirkungslosigkeit des peroral aufgenommenen Schlangengiftes erklärt. Auch sollen das Ptyalin des Speichels, Pankreassaft, Galle das Gift zerstören. Der Tod erfolgt bei schwer Erkrankten etwa 12 Stunden bis 8 Tage nach stattgehabter Vergiftung unter Krämpfen und Versagen der Atemtätigkeit. Befriedigende anatomische, den nervösen Erscheinungen entsprechende Befunde wurden bisher — von ganz seltenen Hirnpurpurafällen abgesehen — nicht nachgewiesen. Im Mittelpunkt der pathologisch-anatomischen Berichte steht gewöhnlich die (auch am vergifteten Tier beobachtete) in fast allen Geweben und Organen zu Tage tretende Blutungsbereitschaft (hämorrhagische Diathese).

Einen bezüglich Vergiftungsweise und -verlauf vielleicht einzig dastehenden und hier deshalb ausführlich wiedergegebenen Fall teilt HIRSCHHORN mit: Die Vergiftung erfolgte beim Aussaugen einer Bißstelle und zwar — wie sich später herausstellte — durch eine beim Zahnausziehen gesetzte Mundschleimhautwunde. Es trat sofort schmerzhafte Schwellung der Unterkiefergegend auf, die sich rasch auf Hals, Brust und Gliedmaßen ausbreitete. Gleicherzeit stellten sich Krämpfe ein, begleitet von Entleerung blutigen Harns und Stuhls. Die Krampfanfälle wiederholten sich mit längeren zeitlichen Zwischenräumen monatelang und hinterließen jedesmal dunkelrot verfärbte Hautbezirke mit Quaddelbildung.

Über das Schicksal des Schlangengiftes im Körper ist so gut wie nichts bekannt: Man nimmt an, daß die einzelnen Giftbestandteile z. T. unverändert und noch immer wirksam im Harn und mit Drüsenabsonderungen ausgeschieden werden. Nach einer — allerdings der sicheren Unterlagen entbehrenden — Angabe von FAUST soll der Säugling einer durch Kobrabiß vergifteten, nährenden Mutter unter Vergiftungserscheinungen gestorben sein.

Europäische Giftschlangen.

In Europa spielen toxikologisch nur die Vipern (Ottern) eine Rolle, deren verschiedene Gifte wohl serologisch (mit Hilfe spezifischer Antisera [MORITSCH]) von einander unterscheidbar sind, nicht aber durch die von ihnen hervorgerufenen, bei den einzelnen Arten annähernd gleichen pathologisch-anatomischen Veränderungen.

Örtliche Wirkung.

Die — in der Regel Gliedmaßen betreffende — Bißstelle ist auffindbar an zwei nadelstichartigen, einzelstehenden Verletzungen und zwei (sich diesen anschließenden) gleichlaufenden Reihen kleinerer Punkte (Spuren der ungiftigen Zähne). Seltener zeigt sich die Wunde uneben, zerfetzt (Brabec). Das Eindringen des Giftes in die Gewebe wird von der Bißstelle und ihrem weiteren Umkreis beantwortet mit sofortiger Rötung bzw. (durch frische Blutungen bedingter) blaugrauvioletter Verfärbung und einer oft ungeheure Grade erreichenden Schwellung zufolge Ansammlung von gelbrötlichem Serum. Sehr bald erstreckt sich das Ödem über das ganze betroffene Glied oder auch über den Gesamtkörper. Später entwickeln sich Hautblasen, Phlegmone; unter Umständen wird die brandig zerfallene Haut, ja, ganze Körperteile eitrig abgestoßen. Bei anderem Verlauf treten — wie Hirschhorn es schildert — erst mehrere Stunden nach dem Biß an den Gliedmaßen walnuß- bis apfelgroße, mit dunkelroter seröser Flüssigkeit gefüllte Blasen auf, ähnlich wie beim „Pemphigus cachecticus" (s. auch Baudisch, Brabec, Kobert, R. Ruge, Mühlens, zur Verth u. v. a.). Das Unterhautfettgewebe wird in schleimige, widerlich riechende Massen umgewandelt (Brenning).

Das mikroskopische Bild gestaltet sich nach der erstmaligen ausführlichen — auf Untersuchung einer 1½ Stunden alten Bißwundstelle beruhenden — Beschreibung von Berblinger etwa folgendermaßen: In Kutis und Subkutis Ödem, Blutaustritte, Zerfall von elastischen Fasern, von Leukozyten umgebene Venen und Haargefäße (rein leukozytär-entzündliche Reaktion). Vielfach ist Leukozytenwanderung durch die Gefäßwände und Leukozytenzerfall festzustellen. Ab und an werden Lücken zwischen den Gefäßuferzellen bemerkbar, die vielleicht als Ausdruck leichter Gefäßzerreißlichkeit anzusprechen sind. Dem ganzen geweblichen Verhalten nach ist an einen unmittelbaren Einfluß des Giftes auf Venen und Kapillaren zu denken, während die kleinen Arterien giftfest zu sein scheinen.

Die Muskulatur der vergifteten Bezirke ist gekennzeichnet durch Blutungen, hyaline (wächserne) Entartung bzw. Faserzerfall (s. auch außereuropäische Schlangen).

Ähnliche — oder zum mindesten gleichsinnige — Befunde ergaben sich bei Tieren, welche dem Biß von Kreuzottern ausgesetzt wurden: Auch hier örtliche Blutungen und Ödem, außerdem Gefäßthrombosen (Moritsch und Brumlik u. a.).

Als örtliche Wirkung im weiteren Sinne können die im Umkreis der Gifteintrittspforte beginnenden Lymphgefäßentzündungen und die als Schwellung, Entzündung, Vereiterung zutage tretenden regionären Lymphknotenerkrankungen gelten.

Wenn es bei innerlicher (an Tieren erprobter) Darreichung von Viperngiften ausnahmsweise zu Blutergüssen und heftiger Entzündung im Magen-Darmkanal kommt, so wird damit der Schutzwall der gesunden Schleimhaut durchbrochen und eine Allgemeinvergiftung ermöglicht, und zwar scheint das Gift in erster Reihe von der geschädigten Dickdarmschleimhaut her in die Körpersäfte zu gelangen.

Allgemeinwirkungen.

Das Gesicht und die gedunsenen Lippen nehmen bei schwerer Vergiftung dunkelblaurote Färbung an. Im Falle Brabec war der Erkrankte im wahren Sinne des Wortes violett getönt, eine Erscheinung, welche der Volksmund

„Schwarzwerden" nennt. Häufig sind zahlreiche kleine Haut- und Augenbindehautblutungen (toxische Purpura: E. KAUFMANN) zu finden, oder es entwickeln sich an den verschiedensten Körperstellen pustulöse und blasige Hautausschläge bzw. -Abszesse.

HAUG führt eine Mitteilung von HEINZEL an, laut welcher als Begleiterscheinung der allgemeinen Blutungsbereitschaft sich Blutaustritte in Paukenhöhle und Trommelfell einstellten.

Sofern die Vergiftung nicht tödlich war, tritt in der Regel langdauernder, von EPPINGER als toxisch bezeichneter Ikterus auf (HIRSCHHORN u. a.).

Die Leiche fault auffallend schnell.

Bei Eröffnung der Körperhöhlen kennzeichnen ausgedehnte Blutungen in der Muskulatur, in den serösen Häuten und in vielen Organen (Lunge, Niere, besonders auch Verdauungsschlauch usw.) das pathologisch-anatomische Bild der Schlangenbißvergiftung.

BLATT folgerte aus einer wenige Stunden nach Gifteinverleibung auftretenden Ptosis, Mydriasis und Akkomodationslähmung, daß der Okulomotoriuskern von Blutungen betroffen sein müsse. Ausgebreitete purpuraähnliche Hirnblutungen werden nur vereinzelt erwähnt. Für die von E. KAUFMANN unter anderem aufgezählte Ganglienzelltigrolyse und -pyknose fand ich im sonstigen diesbezüglichen Schrifttum keine ergänzenden Mitteilungen oder Unterlagen, es sei denn, daß man die Angabe von PAWLOWSKY über Ganglienzellzerfall und „Kontraktion der Dendriten" am vergifteten Tiere als solche rechnen wolle.

Das Blut unterliegt mit Wirksamwerden des Giftes offenbar weitgehender biologischer Veränderung: Untersuchungsergebnisse gestatten den Schluß, daß die Thrombokinase zerstört und demzufolge die Blutgerinnung gehemmt wird (HOUSSAY et SORDELLI, MORAWITZ). Andere Forscher stellen die lympho- und leukozytenverklumpenden und hämolysierenden Eigenschaften des vergifteten Blutes in den Vordergrund und sprechen ihm außerdem proteolytische (zytolytische) Fähigkeiten zu. Tatsächlich findet man bei der Sektion ein Nebeneinander von geronnenem (in Herz und großen Gefäßen) und flüssigem Blut. Kurze Zeit nach der Bißverletzung zeigt das Blutbild Überschwemmung mit kernhaltigen roten Zellen, welche bald wieder schwinden und späterer Leukozytose Platz machen (AUCHÉ et VAILLANT-HOVIUS).

Eine — histologisch nicht faßbare — Blutgefäßendothelschädigung wird auf Grund der allerorts in die Augen springenden Blutaustritte vermutet.

Einzelne Berichte über Verfettung der Herzmuskulatur bei vergifteten Tieren liegen vor.

Außer kleineren Paremchymblutungen bzw. Infarkten in der Lunge sind bemerkenswerte Befunde an den Atmungsorganen nicht bekannt geworden.

Im Verdauungsschlauch, vor allem in der Magen-Darmschleimhaut, kann es zu so ausgedehnten Blutungen kommen, daß gelegentlich Blutbrechen und Entleerung blutig-dünner Stühle klinisch das Krankheitsbild beherrschen.

Mehr oder minder beträchtliche Leberzellverfettung, wie sie ähnlich auch im Tierversuch hervorzurufen ist (NOWAK, PAWLOWSKY), dürfte die Regel sein. Über die von R. RUGE und Mitarbeitern erwähnten, offenbar auf den Menschen zu beziehenden Leberparenchymnekrosen fand ich bei den genannten Untersuchern keine näheren, bei anderen überhaupt keine Angaben. Doch sollen am vergifteten Hunde kleine Zerfallsherde, ja, völlige Gewebszerstörung nicht selten zu beobachten sein (NOWAK u. a.).

Die wechselnde Fettablagerung in den Nierenepithelien ist als kennzeichnendes Vergiftungsmerkmal nicht zu verwerten. Die im Rahmen der allgemeinen

Blutungsbereitschaft auftretenden Blutungen können so hochgradig werden, daß sie zu Hämaturie führen. Tiere sprechen auf den Giftreiz mit Exsudat im Kapselraum und mit Kanälchenepithelnekrosen an.

Außereuropäische Giftschlangen.

Die meisten der außereuropäischen Giftschlangen unterscheiden sich von den europäischen Arten in ihren Wirkungen nur durch die größere Mächtigkeit der (im übrigen gleichsinnigen) pathologisch-anatomischen Befunde.

Örtliche Wirkung.

Der Stich der brasilianischen Lachesis verursacht ein ungeheuerliches Ödem. Die bläulich verfärbte Haut bedeckt sich mit blut- und serumhaltigen Bläschen. Schon mittelstarke Vergiftungen haben einen bis auf die Knochen gehenden Zerfall des weichen, mißfarbenen, leicht zerreißlichen Gewebes zur Folge. Entsprechende Veränderungen erzeugten Miura und Sumikawa beim Kaninchen. Hier fiel zuvörderst die mächtige, die Wandungen geradezu zylindrisch ausbuchtende Gefäß-, insbesondere Venenfüllung auf.

Die ostindische Brillenschlange, deren — Ophiotoxin genanntes — Gift sich nach Ausführungen von Faust in toxikologischer Hinsicht den Saponinen anschließt, hinterläßt an der Bißstelle zwei bis drei punktförmige Wunden. Die örtlichen Erscheinungen sind unbedeutender als die oben beschriebenen: Die Wundumgebung schwillt in mäßigem Grade, gelegentlich entwickeln sich Geschwüre.

Ähnlich, aber noch schwächer wirkt der Biß der Klapperschlange: Meist wird nur hämorrhagisches Ödem hervorgerufen, tiefer greifende Entzündungen oder gar Gangrän kommen nicht vor.

R. Beneke spritzte Kaninchen Gift der brasilianischen Schlange Crotalus terrif. in die Muskulatur und erzielte an der Einstichstelle, in geringerem Maße auch in der übrigen Körpermuskulatur (unter bevorzugter Beteiligung des Zwerchfells) scholligen Muskelzerfall, in welchem bei leichteren Vergiftungen nach einigen Tagen ausgedehnte Wiederherstellungsvorgänge einsetzten. Wie Beneke annimmt, ziehen sich die (im Sarkoplasma frei beweglichen) quergestreiften Muskelfibrillen unter Einwirkung des Giftes so hochgradig zusammen, daß sie zerreißen können, wodurch die Schollenreihen entstehen. Daneben kommt es auch — infolge allgemeiner Quellung — zu Homogenisierung eingerissener Fasern in ganzer Länge. Offenbar vermögen Muskelfibrillen Gifte in besonderem Maße festzuhalten.

Beim Menschen werden — im Gegensatz zum Tiere, das die Vergiftung mit Schwellung und blutiger Infiltration der Lymphknoten fast des ganzen Körpers beantwortet (Miura und Sumikawa) — nur die Lymphknoten des unmittelbaren Quellgebiets beteiligt, und zwar entspricht der Grad der Erkrankung etwa der Stärke des krankhaften Geschehens an der Bißwunde.

Allgemeinwirkung.

Wie bei den europäischen Schlangen, so sind auch bei den hier abgehandelten einzelnen Schlangenarten die hauptsächlichsten Wirkungen als im Wesen gleich und nur dem Grade nach untereinander verschieden zu bezeichnen. Bei einigen Schlangen (z. B. der Klapperschlange) herrschen klinische Erscheinungen von Seiten des Zentralnervensystems vor, bei anderen wiederum stehen Kreislaufs- bzw. Gefäßwandstörungen im Vordergrund.

Mit der Öffnung der Körperhöhlen bietet sich — vor allem im Tierversuch — ein annähernd gleiches Bild wie das S. 467 geschilderte: erweiterte, stark gefüllte Blutgefäße, blutiger Ascites, Blutungen in den meisten Geweben und zahlreichen Organen.

Kobragift kann laut Angabe von Spielmeyer u. a. Hirnpurpura (Stase und Ringblutungen) hervorrufen.

Das Najagift bedingt beim Tiere Blutgerinnung (Ragotzi). Nach den Untersuchungen von Heidenschild wird die Gerinnungsfähigkeit des Blutes in der Weise beeinflußt, daß einer anfänglichen Steigerung allmähliche Abschwächung folgt. Der Tod des Vergifteten kann demzufolge möglichenfalls durch ausgedehnte thrombotische Gefäßverlegungen erfolgen.

Akut vergiftete Tiere zeigen infolge massiger Blutaustritte mächtige Verdickung ganz besonders der Schleimhaut, aber auch der anderen Schichten der Magen-Darmwand (Miura und Sumikawa, Suzuki). Nach wiederholter Giftzufuhr unmittelbar in die Blutbahn, bei welcher die Tiere 7—12 Tage lang am Leben erhalten werden konnten, war die Magenschleimhaut geschwollen und gewulstet und zufolge oberflächlicher, von den tieferen Schichten durch einen rundzellhaltigen Wall getrennter Gewebszerstörung mit grauweißen (diphtherischen) Belägen bedeckt.

Langsam verlaufende, durch Klapperschlangenbiß verursachte Vergiftung geht einher mit hochgradiger Leberzellverfettung (Nowak). Die Stärke derselben scheint abhängig von der Art der Schlange, denn Miura und Sumikawa konnten in ihren — mit Giften verschiedener anderer Schlangen unternommenen — Tierversuchen keine nennenswerte Verfettung erzielen.

Erfolgt der Tod nicht sofort, dann wird die größte Menge des Giftes durch die Nieren ausgeschieden, ohne hier immer histologisch faßbare Spuren zurückzulassen. Jedoch sind massige, mit schwerer Hämaturie einhergehende Blutungen nicht selten.

Suzuki schildert eingehend den — auch von R. M. Pearce in ähnlicher Weise dargestellten — Mikrobefund bei habugiftgespritzten Tieren: Nach einmaliger Gabe unmittelbar in die Blutbahn wandelten sich die Glomeruli infolge stärkster Schlingenerweiterung zu zystischen, gelegentlich den ganzen Glomerulus einnehmenden, runden Gebilden um, mit Blutzellen, Fibrin und Zelltrümmern als Inhalt. Oder die Schlingenwandungen waren verdickt, die Gefäßlichtungen verengt, mit „homogenen Thromben" ausgestopft. In den gut erhaltenen Kanälchenepithelien ließ sich stellenweise spärliche Kalkablagerung nachweisen. Bei den Versuchen von Aoki dagegen schienen — der Beschreibung nach — als Glomerulonephritis zu deutende Vorgänge das Bild zu beherrschen. Gelang es, die vergifteten Tiere längere Zeit am Leben zu erhalten, so antworteten die Nieren mit fortschreitenden, schließlich über Glomerulusepithelwucherung, Kanälchenatrophie, Bindegewebsvermehrung usw. zur granulierten Schrumpfniere führenden Veränderungen (Suzuki).

Bei trächtigen Tieren findet man so gut wie regelmäßig ausgedehnte Blutungen in der Plazenta (Miura und Sumikawa).

$\beta\beta$) Eidechsen.

Phisalix schildert, wie sich bei ihm selbst bereits 5 Minuten nach dem Biß einer Krustenechse allgemeines Krankheitsgefühl bemerkbar machte und ein auffallender Gegensatz zwischen der Blässe der Bißstelle und ihrer rotgeschwollenen Umgebung bestand. Angeblich soll der Speichel der Echse Blutgerinnung (mithin Thrombosen und Embolien) herbeiführen können (Pawlowsky).

M. Nahrungsmittelvergiftungen.

Mit der Besprechung der Nahrungsmittelvergiftungen begeben wir uns in ein Grenzgebiet ,da man die Mehrzahl der hier abzuhandelnden Erkrankungen sowohl als Infektionen wie als Intoxikationen auffassen kann, wahrscheinlich jedoch mit größerem Recht als Intoxikationen, da es sich meist um die Wirkung mannigfaltiger, außerhalb des menschlichen Körpers durch Bakterientätigkeit entstandener Giftstoffe handelt. Als die hauptsächlichsten Giftbildner werden angesprochen: Bazillen der Paratyphus B-Gruppe und Bazillus enteritidis Gärtner (spezif. Fleichvergifter), Bazillus botulinus (spezif. Wurstvergifter), ferner Proteus, Koli u. a. (E. Hübener, Saltykow). Unter den Giftüberträgern sind zu nennen: in erster Reihe Fleisch, Wurst, Fische, Krebse und Muscheln, seltener andere Lebensmittel wie Milch und Milcherzeugnisse, Kartoffeln, Konserven usw.

Auch Fleisch von Tieren mit verjauchten (vereiterten) Geweben kommt als Krankheitserreger in Frage. Dagegen wird die Rolle abakteriell gefaulten Fleisches von ausgeschlachteten Tieren als Vergiftungsursache angezweifelt (E. Hübener), denn sichere giftige Eigenschaften konnten bisher nur ganz wenigen aus der Zahl der bei Fäulnis von Eiweiß sich bildenden Stoffe zugeschrieben werden. Diese, unter dem Namen Ptomaine (Leichenalkaloide, Ptomatropine, Sepsine) bekannt, sind chemisch den Aminen und Diaminen zuzurechnen.

Es kommen zwei, nach dem klinischen Verlauf bezeichnete Formen der Nahrungsmittelvergiftungen in Betracht: die gastrointestinale und die nervöse.

Bei der gastrointestinalen (die Mehrzahl der Fleisch- und Fischvergiftungen in sich fassenden) Form steht die — auch im Tierversuch zu erzielende (Dieudonné, Pergola, Schumburg u. a.) — akute Gastroenteritis allermeist im Mittelpunkt der Krankheitserscheinungen und drückt in der Regel auch dem pathologisch-anatomischen Bilde seinen Stempel auf. Daneben trifft man auf Vergiftungsfälle mit sehr geringem oder überhaupt fehlendem pathologischanatomischen Befund (de Visscher).

1. Fleischvergiftung.

Schottmüller und ähnlich E. Hübener-Uhlenhuth unterscheiden die akute paratyphöse, die choleraähnliche und die typhöse Gastroenteritis. Pathologisch-anatomisch dürfte es schwer gelingen, diese Krankheitsformen gegeneinander abzugrenzen. Eine ausführliche Beschreibung der Einzelbefunde, die hier, um Wiederholungen zu vermeiden, nur kurz gefaßt dargestellt werden sollen, s. im Beitrag „Paratyphus" von L. Pick (dieses Handbuch Bd. IV/2, S. 709).

Gelegentlich findet sich ikterische Hautfärbung, ferner punktförmige und größere Blutungen an Haut und sichtbaren Schleimhäuten. Papulöse, quaddel- oder roseolenartige Ausschläge, Herpes, Bildung größerer Blasen, Furunkulose sind häufig zu beobachten. Baerthlein sah 1908 bei Massenerkrankungen (Wurstvergiftungen, bedingt durch Bac. proteus vulgaris) etwa in 20% der Fälle ausgedehnten Herpes labialis, der vereinzelt den Umfang eines Herpes facialis annahm. Das Auftreten von Augenbindehautentzündungen wird erwähnt.

Bei der choleraähnlichen Vergiftungsform gleichen die Verstorbenen in gewissem Grade den Choleraleichen mit ihrer trockenen, abschilfernden Haut, dem eingesunkenen Leib, der sehr kräftigen Totenstarre. Auch sieht man in solchen Fällen bei der Leichenöffnung eine dunkelbraunrote, flüssigkeitsarme Muskulatur.

Die Betrachtung der Körperhöhlen ergibt im allgemeinen Blässe, vereinzelt aber auch mehr oder minder starke Gefäßfüllung der Darmserosa und nicht selten stecknadelkopf- bis linsengroße Blutaustritte in allen serösen Häuten.

Das Blut erscheint zufolge — oft hochgradigen — Wasserverlustes eingedickt, dunkelschwarzrot (SCHOTTMÜLLER). Mit Fleischvergiftern infizierte Mäuse zeigen im Blutbild Aneosinophilie, Neutrophilie, Lymphopenie, Monozytose (PRESSLER).

Über das Zentralnervensystem liegen wesentliche Angaben nicht vor. VAGEDES erwähnt Blutaustritte im Gehirn, FRÖHNER (beim Hunde) Netzhautblutungen. Im übrigen begnügen sich die Berichterstatter mit dem Vermerk: „Hyperämie und Ödem des Gehirns."

Bei dem sich verhältnismäßig lang hinziehenden Fall von WIECHERT waren in der linken Herzkammer an der Basis, etwa in Ausdehnung eines Fünfmarkstücks dichtstehende, graugelbe, derbe Herde zu sehen, die, wie sich beim Mikroskopieren zeigte, bedingt waren durch Parenchymzerfall und Kalkablagerung.

Im obersten Abschnitt des Verdauungsschlauches lassen sich gelegentlich aphthöser Zungenbelag und anginaähnliche, mitunter auch ulzeröse Rachenerscheinungen nachweisen. Die schwersten Veränderungen spielen sich gewöhnlich an der Schleimhaut des Magen-Darmkanals ab, doch kommen zuweilen auch Fälle zur Sektion, in denen das bloße Auge überhaupt keinen von der Norm abweichenden Befund feststellen kann. Es dürfte dies die Regel sein bei den rasch tödlich endenden Vergiftungen. Dem nicht einheitlichen klinischen Verlauf entsprechend, äußert sich die Vergiftung auch in ihren pathologisch-anatomischen Erscheinungen ungleichartig: Man findet akuten Schleimhautkatarrh, Hyperplasie (markige Schwellung) des lymphatischen Apparates, Blutungen und mehr oder minder tiefgreifende, gelegentlich mit Geschwürsbildungen und Verschorfung gepaarte Entzündungen. Durch Vorherrschen bald der einen, bald der anderen Veränderungen ergeben sich wechselnde und mannigfaltige Bilder (K. HUBER, HUEBSCHMANN, W. SILBERSCHMIDT, VAGEDES u. a.). Der Darminhalt ist wäßrig-dünn bis dünn-breiig, grauweißlich bis gelb, zuweilen schleimig-blutig.

Im Tierversuch lassen sich mit Ptomatropin bzw. Sepsin aus faulenden Nahrungsmitteln (KOBERT) oder mit Leichenalkaloiden aus der verwesenden Muskulatur des Menschen (SCHUCHARDT) Vergiftungen erzielen, bei denen die mit kapillärer Blutfülle beginnenden, bis zur Bildung von Schleimhautbelägen fortschreitenden entzündlichen Vorgänge zu verfolgen sind. FAUST konnte bereits 3½ Stunden nach Giftzufuhr Blutungen und Geschwüre auf den Längsfalten des Dickdarms nachweisen. Die PEYERschen Haufen nahmen — im Gegensatz zu ihrem Verhalten bei Rizin- und Abrinvergiftungen — an dem krankhaften Geschehen kaum Teil.

Die Giftansprechbarkeit der Milz scheint außerordentlich verschieden: Sie kann überhaupt fehlen, andererseits in Pulpahyperplasie von wechselnden Ausmaßen zutage treten (SALTYKOW u. a.). FAUST sah beim vergifteten Tiere hämorrhagischen Infarkten gleichende Blutungen.

Die Gekröselymphknoten sind unverändert oder sie zeigen Schwellung bis etwa Bohnengröße. Blutungen oder Nekrosen finden sich gewöhnlich nicht. Bei einem nach 2½tägiger Krankheitsdauer Verstorbenen schildert SILBERSCHMIDT die Knoten als markig-speckig (s. auch E. LEVY).

Kennzeichnende, zur Diagnosenstellung verwertbare Leber- und Nierenbefunde gibt es offenbar nicht. Über akute (v. ERMENGEN, HUEBSCHMANN) oder hämorrhagische (Tiberti) Nierenentzündung wird vereinzelt berichtet. Vorkommen von Hämoglobinurie (Baerthlein) möge lediglich — da eine Stellungnahme zu dem bisher nur einmalig beobachteten Geschehen vorerst nicht möglich ist — mitgebucht werden.

2. Fischvergiftungen.

Es kommen für Fischvergiftungen (Ichthyismus) nicht nur bakterielle, sondern auch organisch chemische, auf natürlicher Zusammensetzung des Fischfleisches beruhende Ursachen in Betracht (E. Hübener). Die Erkrankungen spalten sich demgemäß auf in solche, die hervorgerufen werden durch:

a) bakterielle Infektion des Fisches,

b) die bei fauliger Zersetzung des Fischfleisches entstandenen Ptomaine usw. (s. Konstansow, Stoll u. a.),

c) die — z. T. von der Jahreszeit abhängige — Giftigkeit bestimmter Fische an und für sich bzw. einzelner ihrer Organe, z. B. Rogen und Eierstöcke der Barben- und Tetrodonarten (s. auch den Abschnitt Gifttiere).

Außer der bei allen Nahrungsmittelvergiftungen zu unterscheidenden gastrointestinalen (choleriformen) und nervösen (paralytischen) Form der Erkrankung, kennt man beim Ichthyismus noch eine dritte: die exanthematische (Strümpell).

Vergiftungen durch von Natur aus giftige Fische sind in den von ihnen bewohnten Gegenden verhältnismäßig häufig. So gibt Pawlowsky an, daß in Japan im Laufe von 22 Jahren 3106 Vergiftungsfälle, davon 2090 tödliche gezählt wurden (s. auch Takahashi und Inoki). Für den Mitteleuropäer haben lediglich die durch a) und b) hervorgerufenen Erkrankungen praktische Bedeutung.

Bezüglich der pathologisch - anatomischen Befunde kann in allen wesentlichen Punkten auf das Verhalten der Organe bei Fleischvergiftung hingewiesen werden. Je nach der Form der Vergiftung stehen, wie die Namengebung anzeigt, im Vordergrunde entweder Erscheinungen von Seiten der Haut (Ausschläge, Blasenbildung usw.) oder von Seiten des Verdauungsschlauches (ulzeröse Stomato-Pharyngitis, Gastroenteritis, Darmfollikelschwellung und -nekrosen usw.) bzw. des Nervensystems (ohne bisher gesicherte anatomische Veränderungen).

3. Botulismus (Allantiasis).

Der Botulismus, eine durch die Toxine des anaeroben Bacillus botulinus (v. Ermengen) hervorgerufene Abart der Fleisch- bzw. Wurstvergiftung (s. auch W. J. Stone: Botulismus nach Genuß überreifer Früchte!) verläuft unter dem Bilde einer schweren, in erster Reihe das Zentralnervensystem betreffenden Vergiftung mit Lähmungserscheinungen an Augen-, Schling- und Atemmuskeln. Anfangs gleicht die Krankheit weitgehend einer Alkaloid- insbesondere Atropinvergiftung und hat auch gewisse Züge mit der Methylalkoholwirkung gemein.

Im Tierversuch entfaltet das Botulismusgift — sowohl enteral wie parenteral eingeführt — tödliche Eigenschaften; nur Hunde und Ratten scheinen giftfest zu sein. Dem Tode gehen Lähmungen zufolge Unterbrechung der motorischen Teile des Reflexbogens voraus.

Die pathologisch-anatomischen Veränderungen sind noch verhältnismäßig wenig erforscht. Als äußeres Merkmal der Vergiftung findet sich eine gewöhnlich beträchtliche Abmagerung der Leiche (zufolge mangelnder Nahrungsaufnahme usw.). Die Haut erscheint pergamentartig trocken und blaß. Mitteilungen über mehr oder minder schweren Iketrus sind häufig.

Bei Leichenöffnung fällt die Blutüberfüllung der Organe auf. Die gelähmten Muskelgebiete können — wie vereinzelte mikroskopische Prüfungen ergaben (Dorendorf) — die Ruhigstellung mit Fettspeicherung beantworten.

Das Zentralnervensystem, an welchem, nach dem klinischen Vergiftungsablauf zu urteilen, offenbar die Hauptmasse des Giftes verankert wird, zeigt in einer großen Zahl von Fällen mit längerer Krankheitsdauer weitgehende und mannigfache Veränderungen. Makroskopisch lassen sich kleinere Blutaustritte im blutreichen, ödematösen Gehirn und auch im Rückenmark nachweisen (W. J. Stone u. a.). Paulus spricht — ohne nähere Begründung — von „Polioencephalitis haemorrhagica Wernicke". Histologische Untersuchungen ergeben in Vorderhörnern, Vierhügel und Brücke, in den Vagus-, Okulomotorius- und Abduzenskernen strotzende Gefäßfüllung und perivaskuläre Zellansammlungen, beträchtliche Verfettung von Ganglien-, Gliaund Gefäßwandzellen (s. auch Vergiftungen mit Phosphor, Morphium, Arsen usw.), rückläufige Veränderungen an den nervösen Elementen bis zu völliger Zerstörung derselben. Die meisten Ganglienzellen erscheinen gewissermaßen zerfressen oder besenförmig aufgefasert. Gliazellwucherung findet sich nur spärlich, Neuronophagie ist scheinbar nicht vorhanden (Bitter, L. Bürger, Dorendorf, Semerau und Noack u. a.). Dem Wesen und der räumlichen Anordnung nach annähernd gleiche Befunde zeigten sich bei Tieren, die durch Gifteinspritzung unter die Haut oder durch Fütterung von Botulismustoxin und toxinhaltigen Kulturen getötet wurden (Kempner und Pollack, Marinesco, Schübel, Swab). So wiesen Römer und Stein z. B. bei Affen, welche während des Lebens eine unverkennbare Akkommodationsparese dargeboten hatten, schwere Schäden an den großen Zellen der Okulomotoriuskerne nach. In den Versuchen von Sysak und Meniowitsch waren vereinzelt enzephalitische, durch Bakterienembolien hervorgerufene Herde festzustellen.

van Ermengen glaubte, das krankhafte, zu Verminderung der chromatophilen Nervenzellbestandteile führende Geschehen über drei Entwicklungsstufen verfolgen zu können: 1. Chromatolyse mit anfänglicher Zusammenlagerung der Nissl-Körper in Häufchen, dann Zerfall in Staub. 2. Die nervösen Elemente vergrößern sich, ihre Ausläufer schwellen an und zeigen 3. zufolge Zerstörung ihrer achromatischen Substanz Bildung von Höhlen und Höfen, Ausbuchtung der Zellränder. Daneben läuft die Einwanderung hyperplastischer Gliaelemente in die Nervenzellen, deren Kern während der genannten Vorgänge meist unverändert bleibt. Gleicherzeit erfolgt Gliazellvermehrung durch unmittelbare Teilung: Die Zellen ordnen sich in Gruppen und Ketten an. Nach Meinung von Marinesco wirken sie als Neuronophagen.

An und für sich sind die neurohistologischen Bilder unspezifisch, denn sie stellen sich auch bei vielen anderen Vergiftungen und sonstigen Krankheiten (Diphtherie, Tetanus usw.) in ähnlicher oder gleicher Weise ein. Kennzeichnend für den Botulismus sind jedoch Stärke und Ausdehnung der Zerstörung und das vorzugsweise Befallensein der Augenmuskelkerne.

Die Angaben über das Verhalten der Kreislauforgane sind nichtssagend. Die Berichterstatter vermerken in der Regel nur feintropfige Verfettung im Herzmuskel (L. Bürger u. a.).

Im Atmungsweg ist das Vorkommen weißlich belegter, symmetrisch auftretender Geschwüre (Drucknekrosen) am Kehlkopf bemerkenswert (Dorendorf). Ferner finden sich uncharakteristische Erscheinungen wie Blutungen im Lungenparenchym und Herdpneumonien (L. Bürger).

Beim Verdauungsschlauch ist es — im Gegensatz zu den gastrointestinalen Formen der Fleischvergiftung — in der Hauptsache der obere Abschnitt, welcher nicht zu übersehende pathologisch-anatomische Befunde darbietet: Es sind dies Aphthen auf der Mundschleimhaut, Epitheldefekte und Drucknekrosen an der geschwollenen Zunge (DORENDORF), grauweiße, ausgedehnte, zuweilen an Diphtherie gemahnende Beläge und Geschwüre an der geröteten und aufgelockerten Rachenwand und den Gaumenmandeln (HUSEMANN, LAUK u. a.). Die Veränderungen im Magen-Darmkanal (entzündete und durchblutete Stellen, oberflächlicher Schleimhautzerfall) treten dem gegenüber bei weitem zurück. Gelegentlich trifft man auf verfettete Magendrüsenzellen.

In der blutüberfüllten Leber des Menschen sollen nach Mitteilungen von L. BÜRGER und von DORENDORF (s. auch SOUCHAY) ausgedehnte Verfettung und kleine Nekrosen unbestimmter Anordnung, nach dem Bericht von W. J. STONE auch „geringe Grade atrophischer Zirrhose" vorkommen. Derartige Befunde sind am Tiere gesichert: Diese zeigen (mit Ausnahme von Mäusen, welche verhältnismäßig wenig auf das Gift ansprechen [BROSS]) sowohl nach innerlicher wie nach subkutaner Zufuhr von Botulismustoxinen beträchtliche, vorwiegend die Läppchenmitte einnehmende Fettspeicherung und kleinste Zellzerfallsherde, an deren Rand stellenweise leukozytenreiches Granulationsgewebe aufsprießt (KOMOTZKI, SCHÜBEL, SYSAK und MENIOWITSCH). Nach den Ausführungen von STROEBE erhält man geradezu ähnliche Bilder wie bei akuter Leberatrophie des Menschen.

An der Niere sind außer mehr oder minder starkem Fettgehalt keine nennenswerten Veränderungen nachweisbar. Das mögliche Vorkommen von Epithelnekrosen wird von DORENDORF erwogen.

BOGOMOLEZ glaubte (auf Grund von Versuchsergebnissen), der Nebenniere der Katze die besondere Fähigkeit zusprechen zu müssen, durch erhöhte sekretorische, sich in starker Lipoidvermehrung äußernde Tätigkeit die Botulismustoxine zu neutralisieren, also gewissermaßen eine Art „Selbstschutz" auszuüben. Um zu dieser Hypothese Stellung zu nehmen, müßte man vorerst die — meines Wissens bisher noch nicht erforschten — mengenmäßigen Unterlagen für die normale Lipoidspeicherung der Katzennebenniere haben. Gesetzt auch, es habe tatsächlich eine beträchtliche Zunahme der Fettstoffe während der Vergiftung stattgefunden, so fällt diese Erscheinung nicht aus dem Rahmen der auch sonst der Nebenniere vermutlich zukommenden Fähigkeit, Toxine durch Lipoidausschüttung bzw. durch Giftbindung in der Rinde unschädlich zu machen.

Die Beschreibungen der Milz sind wechselnd, unklar und daher nicht recht deutbar. So wird über „Verfettung" gesprochen, aber über Menge und Verteilung des Fettes im Gewebe nichts Näheres ausgeführt. Ebensowenig ist mit kurzen Bemerkungen über „Nekrosen, Parenchymdegenerationen" usw. etwas anzufangen (DORENDORF, SCHÜBEL u. a.). Hunde sollen die Vergiftung mit Wucherung der Retikuloendothelien beantworten (SYSAK und MENIOWITSCH).

4. Muschelvergiftung.

Nach Anschauung von PAWLOWSKY-THESEN ist die Giftigkeit und krankmachende Wirkung von Mollusken überhaupt mit größter Wahrscheinlichkeit durch verschiedene Ursachen bedingt, als welche zuvörderst die Entwicklung und das Leben der Tiere in den stehenden Gewässern zu nennen sind. Die Weichtiere erkranken, scheiden die von ihnen gebildeten Giftstoffe aus und übertragen sie durch das verunreinigte Wasser auf andere Tiere. M. WOLFF glaubte, an der Hand von Tierversuchen bereits 1886 den — von weiteren Forschern bisher noch nicht bestätigten — Beweis erbracht zu haben, daß in den Miesmuscheln die Leber der gifthaltige Bestandteil sei.

Für den Menschen kommen in der Hauptsache Vergiftungen mit Austern und Miesmuscheln in Frage. THESEN gliedert die Muschelvergiftungen — ähnlich wie STRÜMPELL den Ichthyismus — nach ihrem klinischen Ablauf in a) erythematöse, b) intestinale und c) paralytische Formen.

Die Obduktionsbefunde gleichen weitgehend denen bei Fleisch- und Fischvergiftungen.

Der erste im Schrifttum bekannt gewordene Austern-Vergiftungsfall wurde 1896 von BROSCH veröffentlicht. Das Krankheitsbild mit seinem Speichelfluß, Hungergefühl, schlechten Sehen, Schlingbeschwerden usw. näherte sich dem bei Botulismus an. Der Tod erfolgte 24 Stunden nach Genuß der Austern in Asphyxie.

Äußerlich zeigte die Leiche im Falle BROSCH nichts Auffälliges. Dagegen wurden bei Vergiftungen mit Miesmuscheln (Mytilis edulis) gelegentlich bläuliche oder auch ikterische (BOINET) Hautfärbung, ödematöse Schwellung von Gesicht und Gliedmaßen, Erytheme, mannigfaltige Hautausschläge und ausgedehnte Blutungen (BOINET: „Purpura haemorrhagica") festgestellt.

Bei Leichenöffnung findet man in der Regel blutüberfüllte Gewebe, einzelne oder auch zahlreiche Blutaustritte in den serösen Häuten und fast allen Organen (THESEN).

Am Zentralnervensystem, insbesondere in der grauen Substanz von Kleinhirn, Brust- und Lendenmark lassen sich kleinste Blutungen nachweisen.

Die Giftwirkung auf den Verdauungsschlauch ist wenig kennzeichnend und besteht zumeist nur in Blutfülle und Blutungen in der abschnittweise mehr oder minder geschwollenen, bzw. mit Schleim oder kleieartigen Massen bedeckten Schleimhaut (besonders im Magen und Ileum). Von „ulzeröser Enteritis" spricht lediglich JACKSCH.

Das Aussehen der Leber wird von BROSCH als (wahrscheinlich zufolge Fetteinlagerung) eigentümlich gelbrot gesprenkelt geschildert. C. STERNBERG vermerkt infarktähnliche Blutungen und kleine Leberzellnekrosen durch Verstopfung kleinster Pfortaderäste (Hepatitis haemorrhagica nach VIRCHOW).

Die fast immer vergrößerte Milz soll bei länger dauernder Vergiftung über das normale Maß hinaus Fett speichern. BOINET fand zahlreiche hämorrhagische Infarkte; über die Art ihrer Entstehung ist aus der Niederschrift nichts zu ersehen.

Nennenswerte klinische Erscheinungen von Seiten der Niere treten offenbar nicht auf. Dem entspricht das Fehlen sichtbarer Gewebsveränderungen.

5. Vergiftungen mit sonstigen Nahrungsmitteln.

Abgesehen von den bakteriell bedingten Erkrankungen, ist in der Regel die Ursache der nach Genuß fleischfreier Speisen (Kartoffelsalat, Mehlspeisen, Bohnenkonserven usw.) auftretenden Vergiftungen in einer Eiweißzersetzung zu suchen.

a) Nudeln.

SALTYKOW (1924) schildert eine Vergiftung durch Nudeln, welche wahrscheinlich der Tätigkeit des Bacillus Proteus vulgaris zuzuschreiben war. Bei dem, etwa 6 Stunden nach Aufnahme der genannten Speise Verstorbenen fand sich akute hämorrhagische Gastroenteritis, Schwellung der Gekröselymphknoten und der Milz. Das Herz zeigte beträchtliche Fetteinlagerung, von SALTYKOW als „fettige Degeneration" bezeichnet. Ferner werden beginnende Leukozytenauswanderung in das Zwischengewebe und „Fragmentation des Muskels" unter den pathologisch-anatomischen Befunden aufgezählt, bei welcher Gelegenheit der Berichterstatter zur Frage der intravitalen Entstehung der Fragmentatio myocardii Stellung nimmt.

b) Vanillespeisen.

Die im allgemeinen als harmlos zu betrachtenden, unter den Erscheinungen einer Gastroenteritis bzw. Cholera nostras verlaufenden Erkrankungen nach Genuß von Vanillespeisen dürften zuvörderst als Toxinwirkung von bakteriell zersetztem Eiweiß anzusprechen sein (Eisenheimer, Gersbach, J. Pohl u. a.). Über die Giftwirkung der Vanille s. bei Giftpflanzen.

c) Käse.

Die nach Genuß bzw. bei Beschäftigung mit Käse bei vereinzelten Personen sich einstellenden urtikariaähnlichen Hautausschläge fallen in ein Grenzgebiet, da sie sowohl als Vergiftung wie als allergische Erscheinung gedeutet werden können. Ich hatte im Krankenhause Berlin-Neukölln Gelegenheit, ausgeprägte derartige Erscheinungen bei einer in Käsegeschäften tätigen Verkäuferin zu beobachten.

Hugues and Healy berichten über eine mit Todesfällen verlaufende Gastroenteritis-Epidemie nach dem Genuß von verdorbenem Käse. Der einzig zu erhebende pathologisch-anatomische Befund bestand in starkem Schleimhautödem von Magen und Dickdarm. Für die von L. Lewin stammenden Angaben über durch Käsewirkung hervorgerufene Borkenbildung in der Mundhöhle und an den Nasenflügeln, über Geschwüre an der Mundschleimhaut ließen sich Unterlagen nicht ermitteln.

d) Nährzwieback.

In einem von R. Beneke mitgeteilten Fall erkrankte und starb (innerhalb von 3 Tagen) ein $^1/_2$jähriges Kind nach dem Genuß angeblich verdorbenen Nährzwiebacks unter den Erscheinungen schwerer Colienteritis. Es fand sich der ganze rechte M. sternocleidomastoideus wachsartig umgewandelt; in der Zwerchfellmuskulatur und in vielen anderen Muskeln sonst waren rückschrittliche Vorgänge bis zu völligem Gewebszerfall zu verfolgen.

Nach der Meinung des Berichterstatters war eine bakterielle Allgemeininfektion mit Sicherheit auszuschließen. Vielmehr mußte an Toxinaufsaugung vom Darm her gedacht werden.

N. Hormone.
1. Insulin.

Die bisherigen Untersuchungsergebnisse, die Theorien und Hypothesen über die Wirkungen dieses — infolge seiner therapeutischen Bedeutung — praktisch wichtigsten Hormons finden sich in einer Arbeit von M. und A. Anderson zusammengestellt. Sie gipfeln in dem Schluß, daß — welches auch immer die Zwischenstufen bei der Synthese von Traubenzucker zu Glykogen sein mögen — kein rechter Einwand gegen die Theorie vorzubringen sei, nach welcher die Hauptleistung des Insulins im Katalysieren dieser Synthese bestehe. (S. ferner H. Baur, Valdes.)

Wie H. J. Arndt angibt, geht das Hormon im Plazentarweg auch auf den Körper des Fetus über.

Unsere Kenntnisse von anatomisch faßbaren Gewebsveränderungen durch die Insulinwirkungen sind noch gering. Bei der Beurteilung autoptischer Befunde nach Insulinbehandlung mit tödlichem Ausgang darf eine etwaige Beeinflussung des Organverhaltens durch den diabetischen Faktor nie außer acht gelassen werden. Todesfälle durch Insulingebrauch bei Nichtdiabetikern sind meines Wissens bislang nicht beobachtet worden.

SECHER berichtet über einen Selbstmordversuch durch Insulin und schließt aus dem Verlauf der Vergiftung, daß ein Insulinmord wohl im Bereich der Möglichkeiten läge, ohne daß der Nachweis des Giftes gelingen dürfte, um so weniger, als offenbar — wie PARTOS seine Untersuchungsergebnisse deutet — Insulin als normaler Harnbestandteil beim Menschen und Tier (Kaninchen) vorkommt.

Laut Mitteilung von J. K. MAYR sahen amerikanische und französische Kliniker nach Insulinanwendung des öfteren (vor allem bei Kindern) quaddelartige Hautausschläge mit roter, harter Schwellung entstehen. Über ähnliche Befunde (z. B. QUINCKEsches Ödem bei einem 63jährigen Mann) äußert sich A. NEUMANN (s. auch BONEM, LEREBOULETT, LELONG et FROSSARD); er möchte sie als Überempfindlichkeitserscheinungen ansprechen und auf nicht vollständig aus dem Insulin entfernte Eiweißstoffe zurückführen.

Die Einspritzungsstelle ist in der Regel an leichtem Ödem bzw. entzündlichem Exsudat kenntlich; subkutane und intramuskuläre Herdnekrosen kommen gelegentlich vor. Nach langem Insulingebrauch besteht Neigung zu örtlicher Bindegewebsbildung im Fettgewebe (LAWRENCE).

Von größerer Bedeutung sind die — besonders auch im englischen Schrifttum der letzten Jahre (CARMICHAEL and GRAHAM, BARBOKA, MENTZER and DU BRAY, PRIESEL und WAGNER u. a.) nachzulesenden — Veröffentlichungen über einen, bei wiederholten Insulingaben auftretenden, oft hochgradigen, grübchenartigen Schwund des Unterhautfettgewebes in der Umgebung der Einstichstelle, und zwar scheinen dabei, wie DEPISCH meint, weibliche Personen und Kinder (s. auch A. E. FISCHER) bevorzugt. AVERY konnte unter 21 insgesamt beobachteten Fällen 14 weibliche zählen. Das Suchen nach dem Umstand, welcher die Regelwidrigkeiten im Fettgewebsstoffwechsel auszulösen scheint, bewegt sich in verschiedenen Richtungen. So wird an die Möglichkeit des Vorhandenseins kleinster Mengen lipolytischer Pankreasfermente gedacht (CARMICHAEL, LAWRENCE u. a.), eine Vermutung, welche PRIESEL und WAGNER ablehnen im Hinblick auf einen von ihnen behandelten Fall: Ein 15jähriger männlicher, stark abgemagerter Diabetiker wies nach der Insulinbehandlung überall Entwicklung kräftigen Fettpolsters auf, nur nicht an den Einspritzungsstellen. Diese Tatsache veranlaßte die Berichterstatter, an Gewebeschädigung durch das dem Insulin zugesetzte Trikresol zu denken. AVERY wiederum möchte den örtlichen Fettgewebsschwund ansprechen als Antwort auf die bei der Einspritzung ständig gesetzten kleinen Traumen, in welcher Meinung er sich bestärkt fühlt durch die von LAWRENCE am Orte des Einstichs vielfach beobachteten entzündlichen Vorgänge (s. oben), sowie durch das von MENTZER and DU BRAY geschilderte Vorkommen verkalkter Zysten.

Andererseits lassen Erscheinungen am Menschen und Ergebnisse von Tierversuchen erkennen, daß Insulin an der Stelle seiner Einverleibung — offenbar infolge intrazellulärer Kohleydratanreicherung — das Regenerationsvermögen der Zelle anregt (ADLERSBERG und PERUTZ, LUPAN). Der Ausfall von Versuchen (SCHAZILLO und KSENDSOWSKY) spricht dafür, daß Insulin auch die Wiederherstellungsfähigkeit des gebrochenen Knochens steigert. Die Erklärung dafür möchten die Untersucher in einer insulinbewirkten Verschiebung des Säuren-Basengleichgewichts nach der Seite der Säure hin sehen.

Während der Insulinhypoglykämie (mit Eintritt des klinischen Insulinshocks) zeigt das Blut in den peripherischen Gefäßen Leukozytenvermehrung bis zu 35 000. Mit weiterer Zufuhr der Insulingaben klingt die Leukozytose allmählich ab (O. KLEIN und HOLZER).

Bei Sektionen (im Krankenhause Berlin-Neukölln verstorbener) insulinbehandelter Diabetiker konnte ich an den weichen Hirnhäuten Neigung zu

Blutaustritten beobachten (Abb. 96), wie sie auf Grund klinischer Erscheinungen auch in anderen Organen (Magen, Niere usw.) vermutet werden (R. Ehrmann und A. Jacoby, Henderson). Für das Zustandekommen der Blutungen werden a) kapilläre Durchlässigkeit auf dem Boden einer lipämisch bedingten (histologisch noch nicht erwiesenen!) Endothelverfettung, b) jähe Blutdruckschwankungen im Augenblick der Insulineinführung verantwortlich gemacht.

F. Wohlwill veröffentlichte zwei Fälle von Insulinüberdosierung und Hypoglykämie, welche klinisch Störungen von Seiten des Zentralnervensystems darboten. Das Gehirn zeigte in einem Fall merkwürdig trockene, brüchige Beschaffenheit, keine Blutungen, wohl aber Gliaamöboidose und ausgedehnte Zelldegeneration im Sinne der schweren Erkrankung Nissls. Der ursächliche Zusammenhang zwischen Insulinschädigung und den beschriebenen Befunden

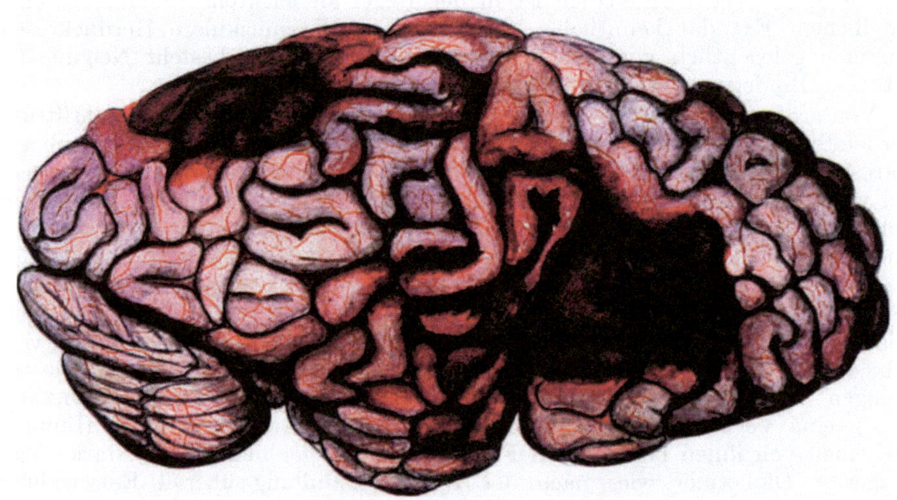

Abb. 96. Ausgedehnte subpiale Blutungen nach Insulineinspritzung (120 E). (Sammlung des pathol. Instituts am Krankenhaus Neukölln-Berlin. Pros. Dr. Ehlers.)

konnte im Tierversuch bestätigt werden. Der Verfasser nimmt an, daß es sich um zu Lebzeiten eingeleitete, nach Todeseintritt fortschreitende Vorgänge handelte, welche ihre Entstehung der im Gefolge der Insulinhypoglykämie auftretenden Alkalose verdankten.

Obwohl die Niere als Ausscheidungsorgan gilt (Partos), ließ sich der sichere Nachweis einer histologisch faßbaren Gewebeschädigung durch das hindurchströmende Insulin bisher nicht erbringen. Die von E. J. Kraus und Selye u. a. mitgeteilten, in „vakuoliger Epithelschwellung" gipfelnden Befunde bei insulinbehandelten Diabetikern, welche unter urämischem Krankheitsbilde verstarben, scheinen mir der Schilderung nach nicht ausreichend, um in ihnen den geweblichen Ausdruck für ein Versagen der Niere zu sehen. Über das Vorkommen von — zumeist Kinder und Jugendliche betreffender — Hämaturie wurde des öfteren berichtet (Henderson, Lawrence and Hollins, Neale, Osman u. a.). Diese rein klinischen Beobachtungen ermangeln noch der anatomischen Klärung.

Da bei Versuchen am Tier verschiedene Anzeichen auf vermehrte Adrenalinabgabe hindeuteten, wurde dem geweblichen Verhalten der Nebenniere besondere Aufmerksamkeit geschenkt. Riddle gibt an, nach hohen Insulingaben Vergrößerung der Organe gesehen zu haben. Thatcher bucht negative

Versuchsausfälle. E. Hofmann konnte bei seinen insulingespritzten Mäusen mit Einsetzen der Blutzuckererniedrigung sofortige Abnahme der Markchromierbarkeit nachweisen, die in schweren Fällen — genügend lange Lebensdauer des Tieres vorausgesetzt — schließlich auf nicht mehr meßbare Grade sank. Gleicherzeit verarmte die Rinde an ihrem Gesamtfettgehalt. Die Veränderungen blieben aus, wenn durch vorherige Kohlehydratzufuhr die Insulinwirkung hintangehalten wurde. Ähnliche Ergebnisse erzielte Poll, möchte sie jedoch nicht als spezifische Insulinfolge werten, da entsprechende Vorgänge auch durch mannigfache andersgeartete Reize auszulösen sind. Kahn und Münzer lehnen überhaupt einen unmittelbaren Einfluß des Insulins auf die Nebennieren ab; sie glauben den Angriffspunkt des Insulins im Zentralnervensystem suchen zu müssen, denn nach Splanchnikusdurchschneidung blieb jede Insulinwirkung aus.

Über hormonale temporäre Sterilisierung weiblicher Tiere durch langdauernde Fütterung mit Insulin berichtet E. Vogt. Seine Versuchsergebnisse beruhen auf Untersuchungen an 4 Tieren, von denen 1 (!) in den Eierstöcken „reife oder sprungfertige Follikel" völlig vermissen ließ.

<h3 align="center">Anhang: Synthalin und Guanidin.</h3>

Synthalin, ein alkyliertes Guanidinderivat, wird aus pharmakologisch-therapeutischen Gründen hier eingereiht. (Nähere Angaben über Chemie, Wirkungsmechanismus und klinische Nebenerscheinungen des Mittels s. bei E. Frank, F. Bertram.)

Vor der Besprechung des Synthalins möge mit wenig Worten auf das Eiweiß-zerfallsprodukt Guanidin (Imidoharnstoff) hingewiesen werden, dessen — bisher nur am Tiere erforschte — pharmakologische Eigenschaften mit Einführung des Synthalins in den Arzneischatz von Belange geworden sind.

A. Fuchs beschreibt bei der mit Guanidin gespritzten Katze eine (histologisch gesicherte) typische Enzephalomeningomyelitis, vor allem Enzephalitis, die sich in ihren klinischen Erscheinungen und geweblichen Veränderungen mit dem Bilde der infektiösen Enzephalitis des Menschen decken soll. (Behandlung von Einzelfragen s. in der Monographie der Guanidingruppe von Fühner, ferner bei E. Frank, R. Stern und Nothmann.)

Unsere Kenntnisse der Synthalinwirkung am Menschen sind noch gering, während Berichte von Tierversuchsergebnissen in größerer Zahl vorliegen.

In einem von E. Kaufmann-Köln (nur klinisch) beobachteten Fall mit tödlichem Ausgang nach dreivierteljähriger Anwendung von täglich 10 mg Synthalin zeigte die Betroffene fortschreitenden Kräfteverfall, dann kam es zu jähem Ausbruch heftiger Vergiftungserscheinungen mit Beschwerden von Seiten des Magendarmkanals, mit Mundschleimhat- und Zungenödem. Eine Sektion mußte aus äußerlichen Gründen unterbleiben.

Im Mittelpunkt der toxikologischen Betrachtung steht die — mit Rücksicht auf die vielfältige therapeutische Verwendung des Synthalins — bedeutungsvolle Frage nach der Möglichkeit einer Leberschädigung bzw. Verschlimmerung einer schon bestehenden Lebererkrankung. Während einzelne Untersucher (David u. a.), sich auf ihre klinischen Erfahrungen und den anatomisch negativen Ausfall von Tierversuchen (H. J. Arndt) stützend, einen ungünstigen Einfluß des Synthalins auf das Lebergewebe ablehnen, nimmt die überwiegende Zahl der Forscher doch einen entgegengesetzten Standpunkt ein, zumal nach Mitteilungen der Kliniker das Auftreten von Ikterus (besonders bei Kinderbehandlung) gar nicht selten ist (A. Adler, E. Frank, H. Hirsch-Kauffmann, Hornung u. a., s. auch Tierversuche von Kleeberg). Auf einer der letzten Tagungen der Gesellschaft für Verdauungs- und Stoffwechselkrankheiten wies Staub (angeführt bei David) darauf hin, daß Synthalin die Leber bis zum histologisch

faßbaren Gewebszerfall schädigen könne, wie man annimmt, infolge allmählicher — auch im Tierversuch (H. J. Arndt und Mitarbeiter) erwiesener —
Erschöpfung des Glykogengehalts. Diese Angaben beziehen sich offenbar auf
den Fall F. Bertram, in welchem sich bei einer 48jährigen Frau nach Ablauf
sechsmonatlicher Synthalinbehandlung eine (durch Leichenöffnung erwiesene)
akute Leberatrophie fand.

Im Gegensatz zu H. J. Arndt, der ausdrücklich betont, daß den bei seinen
Dauerversuchen aufgetretenen, unbestreitbar schweren toxischen Allgemeinwirkungen keine nennenswerten pathologisch-anatomischen Befunde entsprachen,
wird von ausländischer Seite (s. bei E. Kaufmann [Köln]) auch über Erzeugung
von „degenerativen", aber sonst nicht näher beschriebenen Veränderungen in
der Leber der synthalinbehandelten Tiere berichtet. Kleeberg sah beim
Hunde wabige Leberzellumwandlung ohne Verfettung.

Ganz unbestimmt lauten die Mitteilungen von vermutlicher Schädigung der
Niere. Gelegentlich auftretendes Gesichtsödem wird von E. Kaufmann [Köln]
als Zeichen einer Herabsetzung der Nierenleistungsfähigkeit gewertet. Mit
den von dem gleichen Untersucher angeführten „degenerativen Nierenveränderungen" beim Tier ist nichts anzufangen. Der durch Bertram übermittelte
Befund von „Epithelnekrosen" beim Menschen scheint mir nicht eindeutig,
da nicht ersichtlich ist, wieviel Stunden nach dem Tode die Sektion stattfand,
mithin kadaveröse Erscheinungen in Frage kommen.

2. Pituitrin.

Laut Angaben von Führer u. a. finden sich im Pituitrin Bestandteile,
deren Wirkung in mancher Hinsicht (Blutdruckerhöhung, Gefäßverengerung)
dem Adrenalin und dem Sekale gleicht.

Der von Holsclaw (1925) mitgeteilte Befund von symmetrischer Gangrän
an Händen und Füßen eines irrtümlicherweise mit zu großen Pituitringaben
behandelten einjährigen Kindes dürfte einzigartig im Schrifttum dastehen.

Belawenetz berichtet über die Wirkung des Pituitrins auf das Wachstum und die
Hoden der Ratte. Einspritzungen kleiner Hormonmengen fördern das Wachstum junger
Tiere und beschleunigen die Geschlechtsreife der Männchen. Nach Zufuhr großer
Pituitringaben ließ sich eine Hemmung im Reifen der jungen Männchen und Störung
in der normalen Samenbildung beobachten.

3. Thyreoidin (Thyroxin).

Nur wenige am Menschen zu erhebende krankhafte Befunde nach Schild-
drüsen- bzw. Schilddrüsenextraktgaben finden sich verzeichnet: Quaddelartige
Hautausschläge, Ekzeme usw. (L. Lewin) und Schäden am Auge: Linsentrübung, Amblyopie (Birch-Hirschfeld und Inonye, Aalbertsberg).

Als Ergänzung zu den bisher ganz seltenen, geweblich noch ungeklärten Beobachtungen von Thyreoidin-Amblyopie des Menschen mögen die Hundeversuche von Birch-Hirschfeld und Inonye herangezogen werden. Durch
langdauernde Thyreoidinzufuhr gelang es, eine — auch klinisch zutage tretende —
Sehnervenatrophie zu erzeugen: Die Ganglienzellen der Netzhaut zeigten
Schwellung und Vakuolisierung des Protoplasmas, Chromatolyse, Kernschrump-
fung und -zerfall. Der Sehnerv wies in umschriebenen Bezirken weitgehenden
Faserzerfall auf.

Ursächliche Beziehungen zwischen Hyperthyreoidismus des Menschen und
entzündlichen bzw. rückschrittlichen Vorgängen am Herzmuskel werden
vermutet (Goodpasture, Loos u. a.), lassen sich vorerst aber noch nicht beweisen wie etwa im Tierversuche. Füttert man Ratten mit Schilddrüse oder

Schilddrüsenstoffen, so kann man sowohl myokarditische Veränderungen, als auch ausgedehnten Zerfall von Muskelfasern erhalten (TAKANA), ähnlich nach unmittelbaren Einspritzungen von Schilddrüsenpräparaten in die Blutbahn (GOODPASTURE).

Das (hauptsächlich von amerikanischen Forschern an Tieren untersuchte) gewebliche Verhalten der Nebenniere wird nicht einheitlich geschildert. GOODPASTURE fand die Organe bei seinen Tieren kleiner als normal und fettlos, wobei zu bemerken ist, daß die Rattennebenniere in der Regel überhaupt nur spärliche Fettmengen enthält. PIGHINI und de PAOLI (s. auch MARY PRESTON) erzielten durch Fütterung kleinster Mengen von Schilddrüse Rindenhypertrophie (als Ausdruck der stimulierenden Wirkung!) und Lipoidanreicherung, wogegen nach toxischen Gaben die Zellen an Phosphatiden und Cholesterin verarmten. Zur Erklärung für den unterschiedlichen Ausfall der Versuche möchte MARY PRESTON die verschieden starke Thyroxinansprechbarkeit der beiden Geschlechter heranziehen. Auch scheint ihr ein Einfluß des Thyroxins auf den Nebennierenumbau der jungen Tiere unleugbar.

Von weiteren Organveränderungen an vergifteten Tieren sind atrophische Vorgänge in der Schilddrüse und Magen-Darmentzündungen zu nennen (ANGIOTELLA).

4. Adrenalin.

Über das Schicksal des — intravenös oder durch die Schleimhäute — aufgenommenen Adrenalins in den Geweben ist so gut wie nichts bekannt. Man vermutet, daß das Hormon sehr schnell und leicht zu noch nicht erforschten, wirkungslosen Verbindungen oxydiert wird, womit sich die Flüchtigkeit der Allgemeinerscheinungen erklären ließe.

Adrenalinempfindliche Menschen antworten mit quaddelartigen Hautausschlägen (O. SEIFERT u. a.). In der Umgebung der Einspritzungsstelle findet man nicht selten kleine Blutaustritte (H. HOFFMANN) oder auch entzündlich-nekrotisierende Vorgänge (ARONHEIM, STARGARDT). Über 3 Fälle örtlicher Gangrän nach subkutanen Einspritzungen von Kochsalzserum mit Adrenalin berichtet BRESSOT.

FEILER teilt einen (von ihm als eigentümlich bezeichneten) Fall mit, der — auf Grund jahrelang täglich mehrmals wiederholter Adrenalineinträufelung in die Augen — als chronische Vergiftung angesprochen wurde. Neben ununbestimmtem Krankheitsgefühl (Herzbeschwerden, Polyurie) war bei dem sonst gesunden jungen Mann subikterische Bindehautverfärbung, vor allem aber auffallende Vermehrung des Körperfettgewebes zu beobachten.

In dem Verhalten des Blutes ist eine der wenigen merkmalsmäßig verwertbaren Vergiftungserscheinungen zu sehen: Man findet eine mit Zufuhr des Adrenalins auftretende, nach etwa 10 Minuten gipfelnde und mit Abklingen der allgemeinen Adrenalinwirkung wieder schwindende Veränderung des Blutbildes im Sinne einer Leukozytose, d. h. Zunahme der Neutrophilen und der Lymphozyten (WALTERHÖFER u. a.). Ich selbst konnte bei (nicht veröffentlichten) Blutbildprüfungen an 26 Personen verschiedenen Geschlechts und Alters nach subkutaner Gabe von 1 mg Adrenalin feststellen: 16mal = 61,5% (meist nur geringgradiger) Anstieg der Neutrophilen, 26mal = 100% Abnahme bzw. Gleichbleiben der Eosinophilen, 17mal = 65% beträchtliche Vermehrung der Lymphozyten. Die Zunahme bzw. Ausschüttung der weißen Zellen betraf somit zuvörderst die Lymphozyten. Das intravenös gespritzte Kaninchen läßt im strömenden Blut Zunahme der Erythrozyten und Retikulozyten, Steigerung der Hämoglobinmenge erkennen, offenbar — wie die Untersucher ISTAMANOWA und CHUDOROSCHEWA vermuten — durch Einwirkung des Adrenalins auf die Gefäße des Knochenmarks: beschleunigte Zellausschwemmung. Die Erytropoese im Mark war nicht vermehrt.

Die mannigfachen Bemühungen, das Zustandekommen der Blutbildverschiebung zu erfassen, sind bis heute noch nicht als geglückt zu bezeichnen. Die von den verschiedensten Seiten (PAPILIAN und JIANU, SCHOEN und BERCHTOLD u. a.) am adrenalinvergifteten Tiere erhobenen Befunde ermangeln in der Mehrzahl gesicherter Unterlagen durch Untersuchungen an gesunden Vergleichstieren. Auch geht z. B. aus den Berichten nicht hervor, ob — wie üblich — mit jugendlichen (also noch tätiges Oberschenkelmark führenden) Tieren gearbeitet wurde, oder ob man absichtlich alte (fettmarkhaltige?) auswählte. MANDELSTAMM spritzte 15 Kaninchen intravenös, und schon 7 Minuten später „bot das Knochenmark ein Bild reger Tätigkeit", bei welcher die Myelopoese überwog. Es wird über die Beschaffenheit des Knochenmarks an gleichaltrigen Vergleichstieren nichts ausgesagt, merkwürdigerweise aber das reichliche Vorhandensein von eosinophilen Zellen — also der Normalzustand — hervorgehoben. Auch die Lymphknoten mit ihrer „Hyperplasie der Retikuloendothelien" dürften — wie meine vergleichenden Untersuchungen an den Lymphknoten der kleinen Nager mich lehrten — in ihrem Verhalten nicht wesentlich von der Norm abgewichen sein (s. den Beitrag Lymphknoten in JAFFÉ: Handbuch der normalen Anatomie und Spontanerkrankungen der kleinen Laboratoriumstiere). Wenn auf Grund dieser Befunde MANDELSTAMM an den Organen einen unmittelbar steigernden Einfluß des Adrenalins auf die Leuko- und Lymphopoese ablesen zu können glaubt, so möchte ich seiner Meinung. nicht ohne weiteres beipflichten.

Zusammenfassend läßt sich sagen, daß die meisten neueren Untersucher (BERTELLI und Mitarbeiter u. a.) in der Deutung ihrer Versuchsergebnisse dazu neigen, in unmittelbarer oder mittelbarer (über den Sympathikus gehender) Knochenmarksreizung den wesentlichsten Umstand für die Entstehung der Adrenalinleukozytose zu sehen, im Gegensatz zu früheren Anschauungen, welche die Leistungssteigerung von Milz und Lymphknoten als alleinige Ursache der Blutbildverschiebung ansprechen.

Völlig andere Gedankengänge verfolgt STOCKINGER. Er möchte aus der — bei seinen vergifteten Mäusen 20—30 Minuten nach Adrenalineinverleibung zu beobachtenden — Zunahme der Oxydasereaktion am überlebenden Gewebe Rückschlüsse ziehen auf beschleunigte Umwandlung von Leukozytenvorstufen in reife Leukozyten. Da jedoch, wie oben ausgeführt, die Vermehrung der Lymphozyten in der Regel die der myeloischen Formen überwiegt, so dürften die genetischen Betrachtungen über einen hypothetischen Wert kaum hinausgehen.

Am Zentralnervensystem des Kaninchens sollen nach wiederholten Einspritzungen Blutungen, perivaskuläre Rundzellansammlungen, gewuchertes Ventrikelependym, Ganglienzellschrumpfung, korkzieherartige Windung der Dendriten und Gliawucherung nachweisbar sein (SHIMA u. a.). Laut Meinung von ERB sind die genannten Veränderungen als Folge der Blutungen anzusehen. Ein Nachweis von Erstschädigung der Gefäße konnte niemals erbracht werden. Mit der Wirkung des Adrenalins auf die Hirngefäße des Kaninchens beschäftigten sich MÜHLMANN und SCHMEL. Spritzten sie Adrenalin in die Ohrvene, so fand sich hochgradige Lipoidspeicherung in den Hirncapillarendothelien. Weshalb die Lipoidtröpfchen als „reingepreßte, degenerierte Erythrozyten" gedeutet werden, ist nicht ersichtlich.

Über anatomisch faßbare Wirkungen des Adrenalins auf Herz oder Gefäße des Menschen ist so gut wie nichts bekannt. Zwar wird in der Arbeit von

HOXIE and MORRIES über Adrenalismus bei einer (6 Jahre lang täglich 7 mg Adrenalin verbrauchenden) 24jährigen Asthmatikerin auf sklerosierende Vorgänge in den Kranzgefäßen und in der Aorta hingewiesen. Doch kann aus dieser einmaligen Beobachtung kaum ein sicherer ursächlicher Zusammenhang zwischen Sklerose und übermäßigem Adrenalinverbrauch abgeleitet werden.

Für den Experimentalpathologen spielt Adrenalin eine wichtige Rolle als eines der meist verwandten Mittel, um bei Tieren Anähnelungen zu erzielen an die Arteriosklerose des Menschen und dadurch in der Erforschung der Arterioskleroseätiologie und -pathogenese weiter zu kommen. Da zahlreiche ausführliche Arbeiten auf diesem Gebiet vorliegen, soll hier nur —ohne daß ich zu der Fragengesamtheit der Arteriosklerose Stellung nehme — auf die wesentlichsten Befunde kurz eingegangen werden (s. Näheres bei JORES: Dieses Handbuch Bd. II, S. 712).

Beim akuten Adrenalintod des Tieres ist — ebenso wie beim Menschen (HOXIE and MORRIES) — die Blutüberfüllung der inneren Organe kennzeichnend, außerdem finden sich kleinste Blutungen in den serösen Häuten und in fast allen Eingeweiden.

Das Herz des chronisch vergifteten Tieres beantwortet den Dauerreiz mit kleinen Blutaustritten (AMATO), mit anfänglichem Ödem, späterer Verfettung und Vakuolisierung bzw. Hyalinisierung oder herdförmigem Zerfall der Muskelfasern, dem reparative Bindegewebswucherung folgt (R. M. PEARCE, ANITSCHKOFF, KÜLBS u. a.). Wahrscheinlich gehen der Parenchymschädigung meso- und periarteriitische Veränderungen vorauf.

Die stärksten, in „Adrenalinnekrose" gipfelnden Wirkungen auf das Gefäßsystem lassen sich durch wiederholte Adrenalingaben beim Kaninchen — dem vorzüglichen Adrenalinversuchstier — mit Leichtigkeit auslösen. Die sich hauptsächlich an den Arterien-, seltener an den Venenwandungen abspielenden Gefäßschäden betreffen in erster Reihe und am mächtigsten die Aorta, welche makroskopisch an der höckrigen Innenwand kleine, zumeist länglichovale Beete zeigt, mit und ohne zentrale Eindellung. An der vertieften Stelle ist in der Regel die Wand brüchig, pergamentartig dünn, und setzt somit Aneurysmenbildungen bzw. unregelmäßigen Erweiterungen des Gefäßrohres keinen Widerstand entgegen (FISCHER-WASELS und JAFFÉ, KÜLBS, JOSUÉ, ROMM und KUSCHNIR u. a.). An Hand der histologischen Bilder ist mit Wahrscheinlichkeit auf den Beginn des krankhaften Geschehens in den Muskelschichten zu schließen: Hier kann man bereits mit Einsetzen der Erkrankung Zerstückelung der elastischen Fasern, Zerstörung der Muskelbündel, Ablagerung körnig-krümeligen Kalks in Zerfallsherden und auch in elastischen Fasern feststellen. Bei einigen Tieren sah AMATO die Wand kuppelartig verdickt durch neugebildete homogene Massen. KRYLOW vergleicht die Befunde mit denen nach Sekaleeinwirkung. Der Grad der geweblichen Umwandlung entspricht nicht der Dauer und der Menge der Adrenalinzufuhr; vielmehr scheinen Schwankungen in der Giftansprechbarkeit der einzelnen Tiere bestimmend zu sein. (Weitere Angaben s. bei ERB, KOSDOBA, KRYLOW, PHILOSOPHOW, SCHEIDEMANTEL, A. SCHULTZ, THOREL, ZIEGLER, SCHIROKOGOROFF, NOWICKI und HORNOWSKI u. v. a.).

Nach Angaben von A. GLASS läßt sich beim Tiere in allen Fällen durch intravenöse Adrenalingaben von mindestens 2 mg Lungenödem hervorrufen.

CITRON schienen die Beobachtungen an der Leber des täglich mit 0,2 ccm einer 1 %igen Lösung gespritzten Kaninchens beachtenswert: Schon nach wenigen Tagen zeigte sich Neigung zu interstitiellen Wucherungen, etwa „wie im Beginn einer Leberzirrhose"; nach 3 Monaten konnte man „Degenerationserscheinungen" (ähnlich wie nach Vergiftung mit Phosphor, Chloroform usw.) feststellen.

Diese werden nicht näher geschildert, doch scheint es sich — den beigegebenen Abbildungen nach zu urteilen — um ausgedehnte Parenchymzerfallsherde zu handeln. Citron äußert sich dazu, daß die „parenchymatöse Degeneration" sicher z. T. eine Stauungswirkung sei, daß sich aber andererseits der Gedanke einer „spezifischen Zellschädigung" nicht von der Hand weisen lasse. Vielleicht „setzte die plötzliche Blutdrucksteigerung kleine mechanische Läsionen der Arterienwandung, und nun könnte das spezifische Protoplasmagift destruierend einwirken". Warum das gewebliche Verhalten der Leber in ursächliche Beziehungen gebracht wird zu der nach Adrenalineinspritzungen häufig auftretenden Glykosurie, ist nicht ersichtlich. Kann doch beim Menschen unmittelbar nach erstmaliger Adrenalinzufuhr Zucker im Urin vorhanden sein. Mandelstamm schildert die Leberzellen als wabenartig, die Uferzellen als hyperplastisch.

Amato beschäftigte sich als Einziger mit dem Verhalten des Magen-Darmkanals. Er fand die Schleimhaut unversehrt, in den Muskelschichten ließen sich Fettspeicherung und Zerfallsherde nachweisen.

Zweiter Teil.

Differentialdiagnostische Tabellen.

Vorbemerkungen.

Die Tabellen fassen — ohne Anspruch auf restlose Vollständigkeit zu erheben — die wesentlichsten der im Textteil abgehandelten Befunde zusammen und dienen dem Zweck, an Hand der einzelnen Organveränderungen in unklaren Vergiftungsfällen die Diagnosenstellung zu erleichtern bzw. zu ermöglichen.

Die Hormone wurden — im Hinblick auf ihre geringe toxikologische Bedeutung — in die Tafeln nicht mit eingesetzt. Wie im Textteil, so ließen sich auch in den Tabellen Überschneidungen (z. B. Alkaloide und Glykoside mit Pflanzengiften usw.) nicht vermeiden.

Jedem Organ (bzw. System) ist eine besondere Tabelle zugeteilt. Den Kopf der Tabellen bilden die Giftgruppen. Spalte 1 enthält die Organbefunde. In den folgenden Spalten finden sich die den betreffenden Giftgruppen zugehörenden einzelnen Gifte. Die Angabe des wirksamen Stoffes ohne Zusatz ist gleichbedeutend mit seiner akuten Allgemeinwirkung beim Menschen. Die unmittelbare örtliche Giftwirksamkeit ist gekennzeichnet durch (ö), chronische durch (ch). Die nur im Tierversuch erprobten Mittel sind mit (exp), einmalige oder ursächlich nicht einwandfrei gesicherte Beobachtungen mit (?) bezeichnet. Bei den Organbefunden (z. B. an Haut, Verdauungsschlauch usw.), die sowohl durch unmittelbare örtliche Giftwirksamkeit wie durch resorptive Schädigung hervorgerufen sein können, wurde das betreffende Gift ohne weitere Bezeichnung aufgeführt.

Als „Nekrose" (Parenchymzerfall) wurde das eingesetzt, was sich in der betreffenden Veröffentlichung so bezeichnet fand, wobei jeweils an die Möglichkeit von Leichenveränderungen gedacht werden muß. Die Ausführungen über Verfettung tierischer Gewebe sind unter dem Gesichtspunkt zu werten, daß wir über die Variationsbreite der normalen Fettspeicherung in Tierorganen wenig wissen. Ferner ist bezüglich der im Tierversuch an vielen Organen unter den verschiedensten Umständen erzielten Kalkablagerung zu berücksichtigen, daß bei der Mehrzahl der in Betracht kommenden Versuche das Kaninchen benutzt wurde, welches bekanntermaßen auf fast alle Gewebsreize mit Kalkablagerung antwortet.

Tabelle Nr. 1.

Organbefund		Gifte				
		Metalle (bzw. ihre Salze)	Metalloide	Säuren und Alkalien	Nitrokörper	Narkotika der Fettreihe
Toten-starre	früh einsetzend		Fluor		Nitrophenole	
	ungewöhn-lich stark	Barium	Arsen Kloakengas	Säuren aller Art		
	lang-dauernd		Arsen Kloakengas		Nitrobenzol (?)	Chloroform
Fäulnis	früh einsetzend		Schwefelkohlen-stoff Kloakengas (?) Phosphor			
	spät einsetzend		Arsen Kohlenoxyd Blausäure (?)	Starke Säuren aller Art		Äthylalkohol
Ödeme		Osmium Blei (ch)	Salvarsan Arsen (ch) Kohlenoxyd Jod (ö)	Formalin Urotropin	Paraphenylen-diamin	Chloralhydrat Äthylalkohol (ch)
Hochgradige Abmagerung		Blei (ch) Zink (ch) Kupfer (ch?) Mangan (ch) Quecksilber (ch) Wismut (ch) Barium (ch) Silber (ch, exp)	Arsen (ch) Phosphor (ch) Schwefelkohlen-stoff (ch) Chlor (ch) Jod (ch) Brom (ch)		Nitrosegase (ch) Paraphenylen-diamin (ch)	Chloralhydrat (ch) Äther (ch)
Umschriebener Muskelschwund		Blei (ch) Zink (ch)	Arsen (ch) Schwefelkohlen-stoff (ch) Kohlenoxyd (ch ?)			
Ungewöhnliche Gliedmaßenstel-lung (Muskelver-kürzungen, Gelenk-verunstaltungen)		Blei (ch) Mangan (ch)	Schwefelkohlen-stoff (ch) Kohlenoxyd Arsen (ch)			
Gliedmaßenbrand		Blei (ch)	Salvarsan Arsen (ch) Phosphor Kohlenoxyd Phosgen			

Allgemeinzustand.

Gifte					
Aromatische Reihe	Fette, Öle, Balsame, Harze usw.	Alkaloide und Glykoside	Giftige Pflanzen und ihre Bestandteile	Giftige Tiere	Nahrungsmittel
Martiusgelb (?) Pyramidon (?)		Nikotin Strychnin Atropin Pilokarpin Physostigmin Kokain Veratrin	Pikrotoxin Cicutoxin Akonitin Delphinin Santonin		
Martiusgelb (?)		Strychnin			Fleisch
		Kokain			
		Opium		Schlangen	
Alle Antiseptika		Strychnin			
Antipyrin Phenolphthalein Petroleum	Perubalsam	Morphium Chinin Kokain (ch) Sekale corn. (ch)	Santonin	Schlangen (ö)	Miesmuschel
Karbol (ch) Antifebrin (ch) Benzin (ch)	Lanolin (ch, exp)	Morphium (ch) Chinin (ch) Opium (ch) Kokain (ch) Nikotin (exp) Digitalis (ch) Sekale corn. (ch)		Schlangen	Fische Botulismus
		Sekale corn. (ch)			
		Strychnin Sekale corn. (ch)			
Karbol (ö)		Sekale corn. Nikotin (ch, ?)	Rizin (?)		

Tabelle Nr. 2.

Organbefund		Gifte				
		Metalle (bzw. ihre Salze)	Metalloide	Säuren und Alkalien	Nitrokörper	Narkotika der Fettreihe
Farbe	blaß	Blei (ch) Zink (ch) Kupfer (ch, exp) Silber (ch, exp)	Phosphhor (ch) Arsen (ch) Kohlenoxyd (ch?) Jod (ch) Chlor (ch)		Sämtliche Nitrokörper (ch)	Äther
	cyanotisch		Arsenwasser- stoff Arsen Kampfgase Stickstoff Kohlenoxyd Kohlensäure Jod Brom (?)		Nitrosegase Nitroglyzerin Dinitrobenzol	Äther Pental
	ikterisch	Blei Wismut Quecksilber (?) Kupfer (ch ?)	Arsen Salvarsan Phosphor Arsenwasser- stoff Blausäure (?) Kal. chloricum Gelbkreuzstoff Dijodatophan		Nitrosegase Nitroglyzerin Nitrobenzole Nitrophenole	Chloralhydrat (ch) Chloroform Tetrachloräthan Tetrachlorme- than Methylalkohol (?)
	Bronceton bis grau-braunviolett	Alle stark hämolysierenden (methämoglobinbildenden) Gifte (S. Tabelle 18)				
	Sonstige	Metall. Queck- silber (ö): grau Silber (b. Argy- rose): schiefrig Kupfer (ch): grünlich Kalipermanga- nat (ö): fleckig braun Chrom: gelb Osmium (ö): schwarz	Schwefelwasser- stoff: grünlich Schwefelkohlen- stoff: grünlich Chlorpikrin: gelb Brom (ö): gelb- braun Chlor (ö): gelb	Salpetersäure (ö): gelbbraun- fleckig Schwefelsäure (ö): gelbbraun bis schwarz Ameisensäure (ö): braunrot	Pikrinsäure: kanariengelb Nitrokörper (ö): gelbbraun	Methylalkohol: rosa
Farbe der Totenflecke¹	braunrot bis violett	Alle stark hämolysierenden (methämoglobinbildenden) Gifte				
	kirschrot		Arsenwasser- stoff Schwefelkohlen- stoff Blausäure Kohlenoxyd			

¹ Totenflecke können sich mit fleckförmiger Zyanose überschneiden.

Haut.

| Gifte | | | | | |
Aromatische Reihe	Fette, Öle, Balsame, Harze usw.	Alkaloide und Glykoside	Giftige Pflanzen und ihre Bestandteile	Giftige Tiere	Nahrungsmittel
Anilin Pyrogallol Antifebrin Phenacetin Benzin Teer (ch)		Morphium (ch) Opium Kokain (ch)			Botulismus
Alle Methämo- globinbildner (s. Tabelle 18)	Terpentinöl (?)	Strychnin Chinin Opium	Filixsäure	Schlangen	

Phenylhydrazin
Anilin
Toluidin
Guajakol
Naphthol
Pyrogallol
Karbol, Kreosot
Petroleum
Teer (ch)
Benzidin(ch,exp)
Toluylendiamin
  (exp)
Pyrodin
Laktophenin
Atophan
			Filixsäure
			Pilze
			Rizin
			Lupinose (der
			  Schafe)
					Miesmuschel

Alle stark hämolysierenden (methämoglobinbildenden) Gifte
(S. Tabelle 18)

Aromatische Reihe	Fette, Öle, Balsame, Harze usw.	Alkaloide und Glykoside	Giftige Pflanzen und ihre Bestandteile	Giftige Tiere	Nahrungsmittel

Resorzin (ö):
  grüngelb-
  braunschwarz
Karbol (ö):
  schwarzbraun
Karbol (ch,
  Ochronose):
  erdfarbig
Naphthol (ö):
  braun
Martiusgelb-
  zitronengelb
Paraphenylen-
  diamin (ö):
  dunkelbraun
			Santonin: gelb		

Alle stark hämolysierenden (methämoglobinbildenden) Gifte

Aromatische Reihe	Fette, Öle, Balsame, Harze usw.	Alkaloide und Glykoside	Giftige Pflanzen und ihre Bestandteile	Giftige Tiere	Nahrungsmittel
Benzin					

Tabelle Nr. 2 (Fortsetzung).

Organbefund		Gifte				
		Metalle (bzw. ihre Salze)	Metalloide	Säuren und Alkalien	Nitrokörper	Narkotika der Fettreihe
Farbe der Totenflecke[1]	auffallend hell			Schwefelsäure		
	gelbgrün bis schwärzlich-grün		Schwefelwasserstoff Kloakengas			
Allgemein-beschaffenheit	trocken (rissig, spröde)		Arsen (ch)	Ammoniak (ö) Formalin (ö, ch) Chlor (ö, ch)	Nitroglyzerin (ö, ch)	
	atrophisch (pergament-artig)		Arsen (ch)	Verdünnte Säuren u. Salzlösungen (ö,ch) Formalin (ö,ch)		
Blutungen		Quecksilber Kollargol Zink Blei Sanocrysin	Phosphor Arsen Salvarsan Borsäure Schwefelkohlenstoff Jod Brom (ch) Chlorkalium Gelbkreuzstoff Arsentrichlorid (exp) Kohlenoxyd Blausäure		Dinitrobenzol Nitroglyzerin	Chloroform Chloralhydrat (ch) Sulfonal
Dermatosen	Erytheme bzw. Exantheme (Urticaria, Herpes usw.)	Quecksilber Sanocrysin Wismut	Arsen Salvarsan Bor Schwefelkohlenstoff (ch) Phosphor Arsenwasserstoff Kohlenoxyd Jod, Jodoform Brom Blausäure	Formalin Urotropin		Äthylalkohol Chloroform Chloralhydrat (ch) Sulfonal
	Bildung größerer Blasen	Osmium	Kohlenoxyd Brom (ö) Jod (ö) Gelbkreuzstoff	Ammoniak (ö) Essigsäure (ö)	Trinitrotoluol	Äthylalkohol Chloroform Chloralhydrat (ö) Sulfonal
	Akne	Quecksilber	Arsen Salvarsan Antimon Schwefelkohlenstoff (ch) Chlor (ch) Jod Brom Gelbkreuzstoff			Äthylalkohol (ch)

[1] Totenflecke können sich mit fleckförmiger Zyanose überschneiden.

Haut.

Gifte					
Aromatische Reihe	Fette, Öle, Balsame, Harze usw.	Alkaloide und Glykoside	Giftige Pflanzen und ihre Bestandteile	Giftige Tiere	Nahrungsmittel
Benzol Teerdämpfe					
		Atropin Morphium (ch) Hyoszyamin	Belladonna Stramonium		Fleisch Botulismus
Karbol (ö)	Glyzerin (ö, exp)	Morphium (ch) Kokain (ch)			Fleisch Botulismus
Phenacetin Benzol Salizylsäure Antipyrin Pyrodin Benzin (ch) Petroleum	Terpentinöl Glyzerin (ö, exp)	Strychnin Chinin Morphium Sekale corn. Skopolamin Digitalis (?) Thiosinamin	Pilze Rheum	Skorpion (ö) Schlangen	Fleisch Botulismus Miesmuschel
Salizylsäure Kreolin Karbol (ö) Lysol (ö) Dioxybenzole Antipyrin Antifebrin Pyramidon Petroleum (ö) Phenolphthalein	Terpentinöl Eucalyptusöl Perubalsam Copaivabalsam	Morphium Atropin Chinin (ch) Nikotin Opium Orthoform Emetin Skopolamin Digitalis Senföl (ö) Veratrin (ö) Thiosinamin	Daphninsubstanzen Rizin Vanillin Santonin Hautreizende Pflanzen und Hölzer (ö)	Quallen (ö)	Fleisch Botulismus Fisch Käse Miesmuschel
Benzol (ö) Karbol (ö) Paraphenylendiamin (ö)		Senföl (ö)	Daphninsubstanzen (ö)	Schlangen (ö) Spinnen (ö) Kathariden (ö)	
Anilin (ch) Kresole Kreosot (ch) Petroleum (ö) Teer u. Teerprodukte					

Tabelle Nr. 2 (Fortsetzung).

Organbefund	Gifte				
	Metalle (bzw. ihre Salze)	Metalloide	Säuren und Alkalien	Nitrokörper	Narkotika der Fettreihe
Dermatosen — Dermatitis (bullös, squamös usw.)	Quecksilber Chrom (ch) Kobalt (ch) Sanocrysin Wismut Osmium (ö, ch) Thorium X (ö, ch)	Arsen Salvarsan Antimon Bor Phosphorsäure Kohlenoxyd Fluor Jod Jodoform Brom (ch)	Essigsäure (ö)	Pikrinsäure Trinitrotoluol (ch)	Veronal (ch) Sulfonal
Dermatosen — Ekzeme	Quecksilber Blei (ch) Chrom (ch) Nickelsalze (ch) Eisensalze (ch)	Arsen Antimon Schwefelkohlen- stoff (ch) Blausäure Chlornatrium (ö Chlor (ö) Jod Brom (ch) Gelbkreuzstoff	Formalin (ö)	Pikrinsäure Nitroglyzerin Trinitrotoluol (ch)	Äthylalkohol (ch)
Ungewöhnliche Pigmentierungen	Silber: Argyrose Quecksilber (ö): grau durch Ol. cin.-Einreibun- gen Osmium: schwärzlich	Arsen (ch): Melanose Chlor (ch) Gelbkreuzstoff			
Umschriebene Keratosen, Epithel- wucherungen usw. (etwaig bis zu Ge- wächsbildungen)	Kobalt (ch) Thorium X (ö, ch)	Arsen (ch) Chlor (ch)			
Geschwüre, um- schriebene Nekrosen usw.	Quecksilber (ö) Chrom (ö) Silber (ö) Gold (ö) Aluminium (ö) Wismut (ö) Osmium (ö) Thorium X (ö, ch)	Arsen (ch) Salvarsan (ö) Antimon (ö) Fluordämpfe (ö) Jod (ö) Arsentrichlorid (ö) Gelbkreuzstoff (ö) Brom (ö) Brom (ch) Jodkalium (?)	Mineralsäuren (ö) Essigsäure (ö) Ameisensäure(ö) Laugen (ö) Ätzkalk (ö) Dimethylsulfat (ö) Formalin (ö)	Paraphenylen- diamin (ö) Nitroglyzerin (ö, ch) Nitrobenzole Nitrotoluole (ö)	Äther (ö)

Haut.

Gifte					
Aromatische Reihe	Fette, Öle, Balsame, Harze usw.	Alkaloide und Glykoside	Giftige Pflanzen und ihre Bestandteile	Giftige Tiere	Nahrungsmittel

Salizylsäure
Lysol
Kreosot
Anilin (ch)
Karbol (ö)
Antipyrin
Phenylhydrazin
Paraphenylen-
  diamin (ö)
Petroleum (ö)
Naphthalin
	Thujaöl
	Ol. Sabinae (ö)
		Morphium
		Sekale corn. (ch)
		Atropin (ch)
		Chinin
		Skopolamin
		Strychnin (ch)
		Emetin
		Saponine
		Thiosinamin
		Veratrin
		Senföl (ö)
			Daphninsub-
			  stanzen
			Krotonöl (ö)
			Scillain
				Schlangen
				Kanthariden (ö)
					Fleisch

Salizylsäure
Karbol (ö)
Phenylhydrazin
β-Naphthol
Paraphenylen-
  diamin (ö)
Petroleum (ö)
Teer u. Teer-
  produkte
Paraffin
Chrysarobin
	Terpentinöl (ö)	Chinin (ch)
		Morphium
		Ipecacuanha
		Saponine (ö)
		Sekale corn.
			Hautreizende
			  Hölzer und
			  Pflanzen (ö)
			Daphninsub-
			  stanzen
			Vanille (ch)
			Krotonöl (ö)		

Karbol (ch):
  Ochronose,
  Anilinfarben
Teer u. Teer-
  produkte: Teer-
  melanose
Petroleum (ö)
	Vigantol	Morphium: Pig-
		  mentierung der
		  Einstichstellen			

Anilin Paraffin Teer u. Teer- produkte Rohpetroleum Mineralöle Karbolineum(ch)	Lanolin (exp)				

Karbol (ö)
Lysol (ö)
Petroleum (ö)
Teer (ö)
Antipyrin (ö)
Benzin (ö)
Toluidin (?)
Anilinkopier-
  stifte (ö)
Phenazetin (?)
	Kampferöl (ö)
	Terpentinöl (ö)
	Vigantol:
	  Cholesterinkri-
	  stallgranulome
	Glyzerin (ö, exp)
	Isosafrol (ch)
		Senföl (ö)
		Morphium (ö)
		Orthoform (ö)
		Stovain (ö)
			Abrin (ö, exp)
			Hautreizende
			  Pflanzen (ö)
			Krotonöl (ö)
			Rizin (ö, exp)
			Daphninsub-
			  stanzen (ö)
				Schlangen (ö)
				Skorpion (ö)
				Kanthariden (ö)	

Tabelle Nr. 3.

Organbefund		Gifte				
		Metalle (bzw. ihre Salze)	Metalloide	Säuren und Alkalien	Nitrokörper	Narkotika der Fettreihe
Haare	Farbe	Kupferstaub (ö, ch): grünlich Chromblei (ö): gelb Silber (bei Argyrose): metallisch blauschwarz		Salpetersäure (ö): gelb	Pikrinsäure (ö): gelbgrün Aromat. Nitrokörper (ö): braunrot bis rötlich Nitrosegase (ö): gelblichbraun Paraphenylendiamin (exp): schwarzbraun	
	Ausfall	Mangan (ch) Quecksilber (ch) Thallium	Salvarsan Arsen (ch) Borax			Chloralhydrat (ch)
Nägel	Farbe	Silber (bei Argyrose): blaugrau Argent nitr. (ö): schwarz	Chlors. Salze: blaugrau Kohlenoxyd: rosig	Ätzkalk (ö): braunrot Salpetersäure (ö): rotbraun Formalin (ö): braun	Nitrobenzole (ö) gelbbraun	
	Ernährungsstörungen, (Entartung, Schwund)	Thallium	Arsen (ch) Borax Chlor (ö) Fluorwasserstoff (ö) Kohlenoxyd			
	Lockerung		Salvarsan, Kohlenoxyd Arsen (ö)			
	Nagelbettentzündung (Geschwürsbildung)		Arsen (ch) Borax Fluorwasserstoff (ö)	Formalin (ö)	Nitroglyzerin (ö)	Chloralhydrat (ch)
Zähne	Farbe	Blei (ch): bräunlich-grünlich Quecksilber (ch) schwärzlich-bräunlich Eisen (ch): schwarz Kupfer (ö, ch): grünfleckig Kal. permangan. (ö): braun	Chlors. Salze (ö): bräunlich Schweinfurter Grün (ö): grün Fluor (exp): opakweißgrau	Schwefelsäure (ö): schwarz Salpetersäure (ö): gelb		
	Ausfall	Wismut (ch) Quecksilber (ch)	Arsen (ch) Phosphor (ch) Kohlenoxyd			
	Caries		Blausäure (ch, bes. im Knallquecksilber) Chlor (ch) Chlors. Salze (ch)	Säuredämpfe (ö): „Säurenekrose"	Nitrosegase (ch)	

Haare, Nägel, Zähne.

Gifte					
Aromatische Reihe	Fette, Öle, Balsame, Harze usw.	Alkaloide und Glykoside	Giftige Pflanzen und ihre Bestandteile	Giftige Tiere	Nahrungsmittel
Martiusgelb: zitronengelb					
Teer (ö)		Morphium (ch) Opium (ch) Sekale corn. (ch)	Abrin (ö, exp)		
Methämoglobinbildende Stoffe: blaugrau		Strychnin: zyanotisch	Filixsäure: zyanotisch		
		Morphium (ch) Novokain (ö, ch)			
		Sekale corn. (ch) Novokain (ö, ch)			
		Nikotin bzw. Tabak (ö, ch): schwarz			
		Sekale corn. (ch) Morphium (ch)			
		Morphium (ch)			

Tabelle Nr. 4.

Organbefund		Gifte				
		Metalle (bzw. ihre Salze)	Metalloide	Säuren und Alkalien	Nitrokörper	Narkotika der Fettreihe
Exophthalmus			Arsen Blausäure		Paraphenylendiamin (exp)	
Lider	Ödem	Kupfer (ch ?)	Arsen Jod Chlor Dimethylsulfat	Ameisensäure (ö)	Paraphenylendiamin	Chloralhydrat
	Verätzung, Entzündung usw.	Mangan (ch ?)	Arsen (ö) Chlor (ö) Brom (ö) Gelbkreuzstoff (ö)			
Bindehaut	Farbe des Bulbus	Chromsäuredämpfe: gelb Eisenvitriol (ö): rotbraun Silber (bei Argyrose): dunkelgrau	Arsenwasserstoff: broncefarben Schwefelkohlenstoff (ch, exp): aschgrau Chlors. Salze: broncefarben Jod (ö): weinrot	Salpetersäure (ö): gelb	Pikrinsäure (gelb) Methämoglobinbildende Nitrokörper: broncefarben	
	Ödem	Kalomel (ö) Kalzium (ö)	Arsen Schwefelkohlenstoff Jod Gelbkreuzstoff (ö)	Ameisensäure (ö)	Paraphenylendiamin	Chloralhydrat
	Blutreichtum bzw. Blutungen	Barium Sublimat (ö)	Arsen Schwefeldioxyddämpfe (ö) Borsäure Chlor Jod Phosgen Gelbkreuzstoff Stickstoff Dimethylsulfat	Essigsäure (ö) Ameisensäure(ö) Mineralsäuren (ö)		Chloralhydrat Methylalkohol
	Verätzungen, Entzündung usw.	Chrom (ö) Osmiumsäure(ö) Sublimat (ö) Argent. nitr. (ö)	Arsen (ö) Antimon (ö) Schwefelkohlenstoff Gelbkreuzstoff Phosgen Chlor ⎫ Brom ⎬ Dämpfe Jod ⎪ (ö) Fluor ⎭ Schwefeldioxyddämpfe (ö) Dimethylsulfatdämpfe (ö)	Säuredämpfe (ö) Ammoniakdämpfe (ö) Mineralsäuren (ö) Ätzkalk (ö) Laugen (ö)	Pikrate (ö) Nitrosegase (ö) Trinitrotoluol Phenylendiamin	Chloralhydrat (ch) Chloroform (ö)
Hornhaut	Farbe	Silber (bei Argyrose): blaugrau Chrom: gelbbraun				

Äußeres Auge.

Gifte					
Aromatische Reihe	Fette, Öle, Balsame, Harze usw.	Alkaloide und Glykoside	Giftige Pflanzen und ihre Bestandteile	Giftige Tiere	Nahrungsmittel
		Kokain Saponine (exp)			
Antipyrin		Emetin	Primeln (ö)		
		Morphium (ch) Atropin Physostigmin (ch) Sekale corn. (exp)	Primeln (ö) Abrin (ö) Vanillin (ch)		
Methämoglobin- bildende Gifte: broncefarben Anilinfarben: braun Martiusgelb: zitronengelb Karbol (bei Ochronose): schwarzblau Teerstaub (ö): bräunlich					
Antipyrin					
Antipyrin		Chinin Emetin Morphium Opium		Schlangen	
Chrysarobin (ö) Petroleum Teergase (ö)	Terpentinöl (ö) Akroleindämpfe (ö)	Digitalis Saponine Senföldämpfe (ö) Atropin Morphium (ch) Kokain (ö) Ipecacuanha Sekale corn. (exp)	Euphorbia (ö) Primeln (ö) Vanillin (ö, ch) Krotonöl (ö) Rizin (ö) Abrin (ö)	Aalblut (ö) Schlangen Kanthariden (ö) Kröten (ö)	
Anilin (ch): sepiabraun					

Tabelle Nr. 4 (Fortsetzung).

Organbefund		Gifte				
		Metalle (bzw. ihre Salze)	Metalloide	Säuren und Alkalien	Nitrokörper	Narkotika der Fettreihe
Horn-haut	Geschwüre, (Verätzung), Trübung	Sublimat (ö) Kalomel (ö) Kupfer (ö) Chromsäure-dämpfe (ö)	Schwefelkohlen-stoff Antimon (ö) Gelbkreuzstoff (ö) Arsentrichlorid (ö, exp) Arsen (ö) Phosgen (ö) Lugolsche Lö-sung (ö) Fluorwasser-stoff (ö) Chlorgas (ö) Bromäthylen-dämpfe (ö, exp) Schwefeldioxyd-dämpfe (ö)	Ätzkalk (ö) Schwefelsäure (ö) Salzsäure (ö) Essigsäure (ö) Laugen (ö) Ammoniak (ö)	Nitrosegase (ö)	Chloroform (ö)
Linse: rückschritt-liche Vorgänge (bis zum Star)		Thallium (ch) Blei (ch, ?)				

Tabelle Nr. 5.

Organbefund		Gifte				
		Metalle (bzw. ihre Salze)	Metalloide	Säuren und Alkalien	Nitrokörper	Narkotika der Fettreihe
Nasenöffnung und Umgebung			Phosgen (ö): Ätzschorfe Kohlendunst(ö): graue Auflage-rungen Arsen (ö, ch): Schwellung		Nitrosegase (ö): gelbe Farbe	Chloralhydrat (ch): Schrun-den (?)
Mund (Lip-pen u. Umge-bung)	Farbe	Kal. perman-gan. (ö): braun Wismut: blau-schwarz Silber (ö): weiß, sich schnell schwärzend		Salpetersäure (ö): gelb Essigsäure (ö): dunkelrot Schwefelsäure (ö): grauweiß bis braun-schwarz Laugen (ö): schwarzbraun		
	Herpes		Salvarsan Gelbkreuzstoff			
	Verätzung, Verschor-fung	Chrom (ö) Kal. perman-gan. (ö) Silbersalze (ö) Sublimat (ö)	Antimonbutter (ö, ?) Freie Halogene (ö) Phosgen (ö)	Mineralsäuren (ö) Essigsäure (ö) Ätzalkalien (ö) Ammoniak (ö)		Chloroform (ö)
Schei-den-ein-gang	Ödem, Ent-zündung, Verätzung usw.	Sublimat Chromsäure (ö) Kupfervitriol(ö) Chlorzink (ö)	Arsen (ö)			

Äußeres Auge.

Gifte					
Aromatische Reihe	Fette, Öle, Balsame, Harze usw.	Alkaloide und Glykoside	Giftige Pflanzen und ihre Bestandteile	Giftige Tiere	Nahrungsmittel
Karbol (ö) Teer (ö) Naphthalin (ö) Anilin (ö) Chrysarobin (ö)	Terpentinöl (ö)	Kokain (ö) Morphium (ch) Sekale corn. Emetin (ö, ?) Kolchizin (?)	Morchel (ö)	Aalblut (ö) Krötengift (ö) Kanthariden (ö)	
Naphthalin α-Naphthol		Sekale corn. (ch, ?) Kolchizin (?)			

Körpereingangspforten.

Gifte					
Aromatische Reihe	Fette, Öle, Balsame, Harze usw.	Alkaloide und Glykoside	Giftige Pflanzen und ihre Bestandteile	Giftige Tiere	Nahrungsmittel
		Kokainschnupfer (ch): Kokainkristalle, blasse, dünne Nasenflügel, etwaig Ekzeme			
Lysol (ö): graubraun					
Antipyrin					Botulismus
Phenole (ö) Petroleum (ö)					
Phenole (ö)					

Tabelle Nr. 6.

Organbefund	Gifte				
	Metalle (bzw. ihre Salze)	Metalloide	Säuren und Alkalien	Nitrokörper	Narkotika der Fettreihe

Geruch		Selen | knoblauch-
		Tellur | artig
		Schwefelwasser-
		  stoff
		Schwefelkohlen-
		  stoff
		Arsen-
		 wasser-
		 stoff | knoblauch
		Arsenige | artig
		 Säure |
		Phosphor |
		Blausäure: nach
		 Bittermandeln
		Chlor
		Brom
		Bromoform
		Brommethyl:
		 ätherartig
		 penetrant
		Jod
		Jodoform
			Essigsäure
			Salzsäure (?)
			Ameisensäure
			 (exp)
			Ammoniak
				Nitrobenzol:
				 nach Bitter-
				 mandeln (i. G.
				 zu Blausäure
				 lang anhaltend)
				Alkalinitrite:
				 „eigenartig
				 erstickend.“
					Chloroform
					Äthylalkohol
					Äther
					Pental
					Paraldehyd
					Amylenhydrat

Serosablutungen [2]	Barium Quecksilber Blei (ch)	Phosphor Arsen Salvarsan Phosphorwas- serstoff Borsäure Dimethylsulfat Phosgen Kohlenoxyd Kohlensäure Blausäure Tellur (exp)		Natriumnitrit Nitrobenzol Nitroglyzerin	Chloroform Äthylalkohol Veronal
Hochgradige Blutgefäßfüllung (etwaig Thrombosen)	Barium Silbersalze	Arsen Salvarsan Schwefelwasser- stoff Blausäure Kohlensäure Phosgen Antimon (exp)	Salpetersäure Essigsäure Formalin	Nitrosegase Alkalinitrite	Äthylalkohol Chloralhydrat Veronal
Ergüsse (etwaig blutig)	Blei (ch, exp) Uransalze (ch, exp) Chlorzink (nach intrauteriner Zufuhr)	Schwefelwasser- stoff Arsen (exp) Kohlenoxyd			Sulfonal

[1] Fett- und Bindegewebe wurden im Hinblick auf die spärlichen und wenig kennzeichnenden rungen des Fettgewebes nach Einwirkung von Schlangengift und von Insulin sind erwähnenswert.
[2] Uncharakteristisch.

Befunde bei Eröffnung der Körperhöhlen [1].

Gifte					
Aromatische Reihe	Fette, Öle, Balsame, Harze usw.	Alkaloide und Glykoside	Giftige Pflanzen und ihre Bestandteile	Giftige Tiere	Nahrungsmittel
Benzol Anilin Karbol Lysol Kreosot usw. Benzin Petroleum Naphthalin	Alle ätherischen Öle Japankampfer Terpentinöl Tanacetkampfer	Tabak Opium Senföl	Schierling Santoninöl		
Salizylsäure Benzol Resorzin Toluylendiamin	Chenopodiumöl Terpentinöl	Chinin Opium Nikotin Kokain Sekale corn. Senföl Kolchizin (exp)	Filixsäure Pilze Akonit Rebendolde Rizin (exp) Aristolochia (exp) Abrin (exp)	Schlangen Biene (exp)	Fische Fleisch Botulismus Austern
Salizylsäure Karbol Petroleum Benzol Resorzin Pyrogallol Toluylendiamin	Terpentinöl Sadebaumöl (exp)	Opium Strychnin Kokain Sekale corn.	Filixsäure Kolchizin Abrin (exp) Morchel (?)		Fleisch Botulismus
	Perubalsam	Chinin	Rizin (exp) Abrin (exp)	Skorpion Schlangen (exp)	

Befunde in die Tabelle nicht mit aufgenommen. Lediglich die rückschrittlichen (örtlichen) Verände-
Quergestreifte Muskulatur s. Tabelle Nr. 7.

Tabelle 6 (Fortsetzung).

Organbefund	Gifte				
	Metalle (bzw. ihre Salze)	Metalloide	Säuren und Alkalien	Nitrokörper	Narkotika der Fettreihe
Farbe der beteiligten Eingeweide	Silber (b. Argyrose): bläulichgrau Wismutsalze: schwärzlich Kollargol (nach Pyelographie): Nierenlager grünlichschwärzlich	Schwefelwasserstoff: grünlich Arsen (bei postmort. Bildung v. Arsentrisulfid): gelblich Tellur (exp): grau Kohlenoxyd: hellrot Jod (nach Füllung von Zysten): wie mit Jodtinktur bestrichen Chlorkalium: schokoladefarben Chlorbenzol: gelbgrün	Salzsäure: braunfleckig Salpetersäure: gelbfleckig Schwefelsäure: grauschwarz Essigsäure: braunschwarz Ameisensäure: blauschwarz	Nitroglyzerin: hellrot Methämoglobinbildner: schokoladefarben Pikrinsäure: gelb	
Sonstiges	Barium (exp): Hohlorgane fest zusammengezogen Blei (ch): spast. Sanduhr- bzw. Kaskadenmagen Zinksalze (ch): Darm zusammengezogen Kohlens. Natron: Magenaufblähung	Arsen: Auftreibung von Magendarm Phosphor: Leuchten von Mageninhalt u. Leichenteilen Chlornatriumlösung: wässerige Organdurchtränkung Fluor: auffallende Blutleere Phosgen: Lunge gebläht u. starr; Stumpfheit der serösen Häute (Wasserverlust!) Salvarsan: Pachymeningitis haemorrhagica			Methylalkohol: Darmschlingen auffallend zusammengezogen Äthylalkohol (ch): Pachymeningitis haemorrhagica Chloralhydrat (ch, ?): Pachymeningitis haemorrhagica

Befunde bei Eröffnung der Körperhöhlen.

Gifte					
Aromatische Reihe	Fette, Öle, Balsame, Harze usw.	Alkaloide und Glykoside	Giftige Pflanzen und ihre Bestandteile	Giftige Tiere	Nahrungsmittel
Resorzin: sepiafarben Martiusgelb: gelb Phenylhydrazin: grünlich Benzin: hellrot Karbol: schwärzlich Methämoglobinbildner: schokoladefarben			Berberin: gelb		
	Chenopodiumöl: Pachymeningitis haemorrhagica (?)	Nikotin: Darmzusammenziehung Physostigmin: Dickdarmzusammenziehung	Zytisin (exp): auffallende Gefäßverengerung		Botulismus: Darmzusammenziehung (?)

Tabelle Nr. 7.

Organbefund		Gifte				
		Metalle (bzw. ihre Salze)	Metalloide	Säuren und Alkalien	Nitrokörper	Narkotika der Fettreihe
Gesamtfarbe	hellrot (lachsfarben)		Kohlenoxyd Blausäure (?)		Nitroglyzerin	
	gelb bis graugelb	Blei (ch)	Phosphor			
	braunrot	Alle Methämoglobinbildner (s. Tabelle 18)				
Hochgradiger Schwund ganzer Muskelgruppen		Blei (ch)	Arsen (ch) Kohlenoxyd			Äthylalkohol (ch)
Blutungen		Quecksilber	Phosphor Arsen (ch) Kohlenoxyd Jod (ch, exp) Gelbkreuzstoff			Chloralhydrat Äthylalkohol
Verfettung		Blei (ch) Kupfer (ch, exp) Chrom (exp) Silber (ch, exp)	Arsen (ch) Phosphor Antimon Kohlenoxyd Jod (ch) Brom (ch, exp)	Ammoniak (?)		Chloroform Äthylalkohol (ch)
Entzündung		Blei (ch) Osmiumsäure (ö, ch) Ol. cinereum (ö)	Arsen (ch) Salvarsan (ö) Kohlenoxyd			Äthylalkohol (ch)
Umschriebene rückschrittliche Vorgänge bis zum Zerfall (etwaig mit Verkalkung u. reparativen Vorgängen)		Blei (ch) Wismut (ö) Ol. cinereum (ö) Kupfer (ö) Silber (ö)	Arsen (ch) Phosphor Salvarsan (ö) Kohlenoxyd Gelbkreuzstoff	Salzsäure (ö)		Chloroform Äthylalkohol (ch)

[1] Von Blutungen, Verfettung usw. werden in der Hauptsache Gliedmaßen-, Bauch- und

Quergestreifte Muskulatur[1].

Gifte					
Aromatische Reihe	Fette, Öle, Balsame, Harze usw.	Alkaloide und Glykoside	Giftige Pflanzen und ihre Bestandteile	Giftige Tiere	Nahrungsmittel
			Akonitin		
Alle Methämoglobinbildner (s. Tabelle 18)					
Vaselin (exp)		Morphium (ch)	Zytisin (?) Lathyrismus		
		Chinin Strychnin	Filixsäure Knollenblätter- schwamm Lathyrismus	Schlangen	
Karbol			Knollenblätter- schwamm Lathyrismus Lupinose (der Schafe)		
Karbolglyzerin (ö, exp) Teer (ö, exp) Vigantol (exp)		Sekale corn. (ch) Chinin (ö) Koffein (ö, exp)	Knollenblätter- schwamm Lathyrismus Lupinose (der Schafe)	Schlangen (ö)	

Zwerchfellmuskulatur betroffen.

Tabelle Nr. 8.

Organbefund		Gifte				
		Metalle (bzw. ihre Salze)	Metalloide	Säuren und Alkalien	Nitrokörper	Narkotika der Fettreihe
Kno-chen (und Kno-chen-haut)	Farbe	Kupfer (ch): grün (?) Bleigeschoß: grauschwarz	Chlors. Salze: bräunlich-miß-farbig Fluor (exp): weißglänzend		Methämoglobin-bildner: bräun-lich-mißfarbig	
	Blutungen					
	Entzündung	Quecksilber (ch) Radioaktive Stoffe (?)	Arsen (ch) Phosphor (ch) Schwefelkohlen-stoff (ch)			
	Rückschritt-liche Vor-gänge	Blei (ch) Quecksilber (ch) Thallium (exp)	Antimon Phosphor (ch)			
	Verhärtung		Arsen (ch) Phosphor (ch) Fluor (exp)			
Knor-pel (u. Knor-pel-haut)	Ungewöhn-liche Einlage-rungen	Silber (bei Ar-gyrose) Blei (stecken-gebliebene Geschosse)	Jodipin (ö, ?)			
	Entzündung, Geschwürs-bildung (etwaig bis zum Durch-bruch [1]	Chrom (ö): Nasenscheide-wand Osmiumsäure (ö, ch): Nasen-scheidewand	Arsenstaub (ö, ch): Nasen-scheidewand			

[1] S. auch Nase (Tabelle 13).

Knochen und Knorpel.

	Gifte				
Aromatische Reihe	Fette, Öle, Balsame, Harze usw.	Alkaloide und Glykoside	Giftige Pflanzen und ihre Bestandteile	Giftige Tiere	Nahrungsmittel
Methämoglobinbildner: bräunlich-mißfarbig					
				Schlangen (exp)	
				Austern (Periostitis u. Osteitis der Perlmutterdrechsler)	
	Vigantol (exp)			Austern (Perlmutterdrechsler)	
	Vigantol (exp)	Morphium (ch?)			
Karbol (ch): ochronosisches Pigment					
		Kokain (ö, ch): Nasenscheidewand			

Tabelle Nr. 9.

Organbefund		Gifte				
		Metalle (bzw. ihre Salze)	Metalloide	Säuren und Alkalien	Nitrokörper	Narkotika der Fettreihe
Kreislaufsstörungen	Hochgradiges Ödem	Blei	Arsen Salvarsan Phosgen Fluor Blausäure			Äther Kokain Morphium (ch) Veronal
	Auffallend starke Blutgefäßfüllung	Tetraäthylblei Barium	Arsen Phosgen Kohlenoxyd Blausäure		Nitrosegase	Äthylalkohol Methylalkohol
	Thromben bzw. Embolien.	Blei Tetraäthylblei	Salvarsan Phosgen Kohlenoxyd			
	Mikroblutungen (Purpura)	Quecksilber Kollargol Nickelkarbonyl Aluminium (exp)	Arsen Salvarsan Phosphor Phosgen Gelbkreuzstoff Kohlenoxyd Schwefelkohlenstoff (exp) Blausäure Chlor (exp)	Schwefelsäure (?)	Nitrosegase	Äther Äthylalkohol (ch) Methylalkohol Veronal Chloroform (ch) Medinal (exp)
	Größere Blutungen	Blei Kollargol Nickelkarbonyl Aluminium (exp)	Salvarsan Phosphor Phosgen Kohlenoxyd Blausäure			Äthylalkohol (ch) Methylalkohol
Gefäßwandveränderungen	Hochgradige Verfettung	Blei (ch)	Arsen Phosphor Kohlenoxyd			
	Hyalinisierung bzw. Fibrose	Blei (ch)	Salvarsan Kohlenoxyd			
	Entzündliche Vorgänge	Mangan (ch) Blei (ch)	Kohlenoxyd Phosgen (exp)			Äthylalkohol (ch)
Substanzveränderungen	Hochgradige Ganglien- u. Gliazellverfettung		Arsen Phosphor Schwefelkohlenstoff (ch, exp)			Chloroform Veronal

Zentralnervensystem.

Gifte					
Aromatische Reihe	Fette, Öle, Balsame, Harze usw.	Alkaloide und Glykoside	Giftige Pflanzen und ihre Bestandteile	Giftige Tiere	Nahrungsmittel
			Russulapilz (?)		Botulismus
Benzol Kreosot Benzin		Morphium Pantopon Opium Kokain Nikotin Sekale corn. (ch) Strychnin Physostigmin	Filixsäure Akonitin		Fleisch Fisch Botulismus
		Sekale corn. (ch) Morphium Kokain (exp)	Morchel		
Kreosot Benzin		Sekale corn. Strychnin Morphium (exp)	Morchel Akonitin (exp)	Schlangen	Fleisch Botulismus Austern
Salizylsäure Benzin Benzol	Terpentinöl(exp)	Chinin Sekale corn. (b. Tier) Saponine Morphium Pantopon Kokain (exp) Nikotin (exp)	Knollenblätter- schwamm Morchel Filixsäure Santonin	Schlangen	Miesmuschel Botulismus (exp)
			Knollenblätter- schwamm		
		Laudanon (ch)			
Lysol		Morphium Kokain (exp)	Knollenblätter- schwamm		Botulismus

Tabelle Nr. 9 (Fortsetzung).

Organbefund		Gifte				
		Metalle (bzw. ihre Salze)	Metalloide	Säuren und Alkalien	Nitrokörper	Narkotika der Fettreihe
Substanzveränderungen	Rückschrittliche (etwaig von reparativen begleitete) Vorgänge.	Quecksilber Blei Mangan (ch) Uran (exp) Alaun (exp)	Salvarsan Arsen (ch) Antimon (ch) Phosphor (exp) Kohlenoxyd Phosgen Blausäure Schwefelkohlenstoff (ch) Jodoform Chlor (exp)		Dinitrobenzol (exp)	Äther Brommethyl(ch) Chloroform (?) Äthylalkohol Methylalkohol Tetrachlormethan (exp) Veronal (ch) Medinal (ch,exp) Sulfonal (ch)
	Größere Erweichungen	Blei (ch) Mangan (ch)	Phosphor Salvarsan Schwefelkohlenstoff (ch, exp) Phosgen Kohlenoxyd Blausäure			Äthylalkohol (ch) Veronal (?)
	Entzündliche Vorgänge	Mangan (ch) Quecksilber (exp) Blei (ch)	Salvarsan Kohlenoxyd Blausäure			Äther Äthylalkohol (ch, exp)
	Bild der Polioencephalitis haemorrh. Wernicke					Äthylalkohol (ch)
	Sklerosierende Vorgänge	Blei (ch) Mangan (ch) Quecksilber (exp)	Kohlenoxyd (Nachkrankheit)			Äthylalkohol (ch)
	Hochgradige intrazelluläre Eisenpigmentspeicherung	Blei (exp)	Salvarsan Arsen (ch) Phosphor			Äthylalkohol (ch) Veronal Bromäthyl (ch)

Zentralnervensystem.

Gifte					
Aromatische Reihe	Fette, Öle, Balsame, Harze usw.	Alkaloide und Glykoside	Giftige Pflanzen und ihre Bestandteile	Giftige Tiere	Nahrungsmittel
Benzin (exp)		Morphium Laudanon (ch) Kokain (ch) Chinin Sekale corn. Strychnin Atropin (exp) Nikotin (ch, exp)	Pilze Lathyrismus (Rückenmark) Berberin (exp)	Schlangen (?)	Botulismus
		Sekale corn. (Rückenmark)	Morchel		
		Sekale corn. (exp)	Knollenblätter- schwamm (?)		Botulismus
					Botulismus (?)
		(Morphium ch)			
		Morphium (ch) Sekale corn.	Lathyrismus		

Tabelle Nr. 10.

Organbefund		Gifte				
		Metalle (bzw. ihre Salze)	Metalloide	Säuren und Alkalien	Nitrokörper	Narkotika der Fettreihe
Seh-nerv	Kreislaufs-störungen (Stase, Ödem, Blutungen)	Blei (ch)	Phosphor Phosgen			Methylalkohol
	Rück-schritt-liche Ver-änderungen bzw. „Neu-ritis" (bis zum Faser-zerfall)	Blei (ch)	Phosphor (?) Schwefelkohlen-stoff (ch) Arsen Arsacetin Atoxyl Kohlenoxyd Borsäure (?) Phosgen Jod (?) Jodoform (?)			Äthylalkohol (ch) Methylalkohol
Netz-haut	Kreislaufs-störungen (Stase, Ödem, Blutungen)	Blei (ch) Quecksilber Chrom	Phosphor Arsen (ch) Kohlenoxyd Brom (ch) Phosgen		Pikrinsäure	
	Rück-schritt-liche Ver-änderungen	Blei (ch, ?)	Phosphor (?) Atoxyl Arsacetin			Äthylalkohol (ch) Methylalkohol
	Entzündung		Schwefelkohlen-stoff (ch) Phosgen (?) Kohlenoxyd (?)			Methylalkohol
	Ablösung					
Gefäße	Rück-schrittliche Ver-änderungen (bzw. ent-zündlich-sklero-sierende Vorgänge)	Blei (ch)	Phosphor (exp) Atoxyl			
	Kapilläre und größere Thromben (bzw. Embolien)		Kohlenoxyd Phosgen			Chloralhydrat (ch, ?)
Glas-körper	Blutungen	Blei (ch) Quecksilber	Phosgen		Pikrinsäure	

Nervöser Anteil des Auges (und Glaskörper).

Gifte					
Aromatische Reihe	Fette, Öle, Balsame, Harze usw.	Alkaloide und Glykoside	Giftige Pflanzen und ihre Bestandteile	Giftige Tiere	Nahrungsmittel
Benzol		Chinin	Filix mas (exp)		
Anilin (exp) Chlorbenzol Salizylsäure (?) Benzin Naphthalin (ch)		Nikotin (ch) Chinin Optochin Pelletierin	Filix mas (exp)	Schlangen (?)	
Anilin Benzol	Sadebaumöl	Chinin	Filix mas		
Anilin α-Naphthol (exp) Naphthalin		Nikotin (ch) Chinin Optochin Sekale corn. (ch, ?)	Filix mas		
		Nikotin (ch)			
Naphthalin (exp)					
Salizylsäure (?)		Nikotin (ch) Chinin (exp) Secale corn. (exp)			
		Chinin (exp)			

Tabelle Nr. 11.

Organbefund	Gifte				
	Metalle (bzw. ihre Salze)	Metalloide	Säuren und Alkalien	Nitrokörper	Narkotika der Fettreihe
Blutungen	Blei (ch)	Phosphor Arsen (ch) Kohlenoxyd			Äthylalkohol (ch)
Rückschrittliche Vorgänge	Blei (ch) Osmiumsäure Kupfer (ch, ?) Quecksilber (exp) Thallium (exp)	Arsen (ch) Salvarsan Schwefelkohlenstoff (ch, exp) Kohlenoxyd			Äthylalkohol (ch) Chloroform

Tabelle Nr. 12.

Organbefund	Gifte				
	Metalle (bzw. ihre Salze)	Metalloide	Säuren und Alkalien	Nitrokörper	Narkotika der Fettreihe
Kreislaufstörungen, (Blutüberfüllung, Blutungen)	Quecksilber (exp)	Salvarsan Gelbkreuzstoff			Chloroform Äther
Rückschrittliche Vorgänge (bis Nekrosen)	Blei (ch, exp) Sublimat (exp)	Phosgen Perstoff Salvarsan Arsen (exp)			Veronal (exp) Äther Tetrachlormethan
Adrenalinschwund: Abnahme der Chromierbarkeit	Sublimat (exp) Thallium (exp) Thorium X (exp)	Arsen (exp) Jod (exp) Salvarsan Phosphor (ch)			Chloroform Äther
Sonstiges	Silber: Argyrose Chromsäure (exp): vitale Chromierung				

Tabelle Nr. 13.

Organbefund	Gifte				
	Metalle (bzw. ihre Salze)	Metalloide	Säuren und Alkalien	Nitrokörper	Narkotika der Fettreihe
Schleimhautentzündung (-Ulzeration, -Nekrose,-Schwund)	Chrom (ö, ch) Eisensalze (ö,ch) Kalksalze (ö) Quecksilberdämpfe (ö) Osmiumsäure(ö)	Arsen (ö, ch) Formalin (ö) Halogendämpfe (ö) Phosgen (ö) Selenwasserstoff (ö) Fluorwasserstoff (ö)	Salzsäure (ö) Schweflige Säure (ö) Ammoniak (ö)	Nitrosegase (ö)	Chloroform (ö, ch)

Peripherische Nerven.

Gifte					
Aromatische Reihe	Fette, Öle, Balsame, Harze usw.	Alkaloide und Glykoside	Giftige Pflanzen und ihre Bestandteile	Giftige Tiere	Nahrungsmittel
		Strychnin Morphium (ch)			
		Sekale corn. (ch)	Lathyrismus		

Nebenniere.

Gifte					
Aromatische Reihe	Fette, Öle, Balsame, Harze usw.	Alkaloide und Glykoside	Giftige Pflanzen und ihre Bestandteile	Giftige Tiere	Nahrungsmittel
		Saponine (exp)	Rizin (exp)	Schlangen	
Benzin (ch, ?)		Saponine (exp)	Rizin (exp)		
	Lanolin (exp): Rinde durch Fettspeicherung bis auf das Dreifache vergrößert				

Nase.

Gifte					
Aromatische Reihe	Fette, Öle, Balsame, Harze usw.	Alkaloide und Glykoside	Giftige Pflanzen und ihre Bestandteile	Giftige Tiere	Nahrungsmittel
		Ipecacuanha (ö) Kokain (ö, ch)			

Tabelle Nr. 14.

Organbefund	Gifte				
	Metalle (bzw. ihre Salze)	Metalloide	Säuren und Alkalien	Nitrokörper	Narkotika der Fettreihe
Verfärbung	Mangansalze (ö): schwarzbraun Silber (bei Argyrose): schwärzlichgrau Chromsäure (ö): grünlich Bromdämpfe (ö): bräunlich	Kohlendunst (ö): grau Chlors. Salze: braun	Laugen: etwaig braunrot	Pikrinsäure: gelb Methämoglobinbildner: braun	
Blutüberfüllung (Blutungen bzw. hämorrhagische Erosionen)	Chrom (ch) Sublimat Goldsalze (exp)	Schwefelwasserstoff Stickstoffoxyd Formalin Halogendämpfe Phosgen Gelbkreuzstoff	Ameisensäure Ammoniak	Nitrosegase	Äther Chloroform Tetrachlormethan
Ödem	Quecksilber Chrom	Halogendämpfe (ö) Stickstoffoxydul	Schwefelsäure Essigsäure Ameisensäure Laugen Ammoniak } (ö)	Nitrosegase (ö)	Äther Chloralhydrat
Entzündung, Verätzung (Ulzeration, Nekrosen)	Quecksilberdämpfe (ö) Sublimat (ö) Chrom (ö, ch) Kali permangan. (ö) Zinkdämpfe (ö) Chlorzink (ö) Arg. nitric. (ö, exp)	Arsen Phosphordämpfe (ö) Schwefelwasserstoff (ch) Schwefelkohlenstoff (ch) Phosgen (ö) Gelbkreuzstoff (ö) Halogendämpfe (ö) Stickstoffoxyd Kohlenoxyd (ch, ?) Dimethylsulfat (ö) Fluorwasserstoff (ö)	Ätzkalk (ö) Mineralsäuren (ö) Essigsäure Ameisensäure Ammoniak Laugen (ö) Formalin (ö)	Pikrinsäure Nitrosegase (ö) Trinitrotoluol Nitrokohlenstoff (exp)	Äther Chloroform (ö) Chloralhydrat Äthylalkohol (ch) Paraldehyd

Kehlkopf, Luftröhre und Luftröhrenäste.

Gifte					
Aromatische Reihe	Fette, Öle, Balsame, Harze usw.	Alkaloide und Glykoside	Giftige Pflanzen und ihre Bestandteile	Giftige Tiere	Nahrungsmittel
Methämoglobin-bildner: braun Lysol: fleckig-bräunlich Karbol (bei Ochronose): bläulich-braun Paraphenylen-diamin (exp): braunschwarz					
Salizylsäure Benzol Lysol Benzin Antipyrin Anilin (exp)		Ipecacuanha Chinin Physostigmin	Euphorbin Delphinin (exp) Akonitin (exp)	Schlangen (exp)	
Petroleum Paraphenylen-diamin	Terpentinöl (ö)	Physostigmin			
Karbol Lysol Kreosot Benzin	Terpentinöl (ö)	Tabakdampf (ö, ch) Pilokarpin Emetin Sekale corn. (?) Veratrin Ipecacuanha	Knollenblätter-schwamm		Botulismus

Tabelle Nr. 15.

Organbefund	Gifte				
	Metalle (bzw. ihre Salze)	Metalloide	Säuren und Alkalien	Nitrokörper	Narkotika der Fettreihe
Blutüberfüllung bzw. Blutungen (Infarkte)	Barium Chrom Thallium Nickel (ch) Quecksilber Kadmium (ch, exp) Gold (exp)	Phosphor Arsen Salvarsan Arsenhaltige Kampfgase (ö, exp) Antimon Kohlenoxyd Stickstoffoxyd Schwefelwasser-stoff Schwefelkohlen-stoff Formalin (exp) Chlor (ö) Phosgen Gelbkreuzstoff (ö) Chlorpikrin (ö) Perstoff (ö) Chlormethyl (ö, exp) Bromdämpfe (ö) Chlors. Salze Jod (exp) Fluorsalze (exp) Blausäure	Salzsäuregas (ö) Essigsäure Oxalsäure	Nitrosegase (ö) Nitrolglyzerin Alkalinitrite Nitrobenzole	Äther Äthylalkohol Methylalkohol Veronal Tetrachlor-methan
Hochgradiges Ödem	Sublimat Nickelsalze (ch)	Phosphor Salvarsan Kohlenoxyd Schwefelwasser-stoff Blausäure Chlor (ö) Phosgen Perstoff (ö) Bromdämpfe (ö) Arsenhaltige Kampfgase (exp) Schwefelkohlen-stoff (exp) Chlorpikrin exp) Jod (exp) Sauerstoff (exp) Ozon (ch, exp)	Alle ätzenden Säuren und Alkalien	Nitrosegase (ö) Nitroglyzerin Nitrokohlen-stoff (exp)	Äthylalkohol Methylalkohol Chloroform Tetrachlor-methan
Akutes Emphysem		Schwefelwasser-stoff Chlorgas Phosgen Gelbkreuzstoff Chlorpikrin (exp)		Nitrosegase	

Lunge.

Gifte					
Aromatische Reihe	Fette, Öle, Balsame, Harze usw.	Alkaloide und Glykoside	Giftige Pflanzen und ihre Bestandteile	Giftige Tiere	Nahrungsmittel

Benzin
Anilin
Benzol
Antipyrin
Petroleum (exp)
	Terpentinöl (ö)	Morphium
		Kokain
		Chinin
		Strychnin
		Sekale corn.
		Saponine
		Koffein (exp)
		Solanin (exp)
			Filixsäure
			Knollenblätter-
			  schwamm
			Delphinin (exp)
			Akonitin (exp)
			Aristolochia
			  (exp)
			Santonin (exp)
				Schlangen
				Fische
				Kanthariden
				  (exp)	

Lysol Karbol Anilin Pyridin		Pilokarpin Morphium Emetin (exp) Senföl		Fische Kanthariden (exp)	

Tabelle Nr. 15. (Fortsetzung).

Organbefund	Gifte				
	Metalle (bzw. ihre Salze)	Metalloide	Säuren und Alkalien	Nitrokörper	Narkotika der Fettreihe
Ungewöhnlich starke Epithelverfettung	Silbernitrat (ch, exp)	Phosphor Arsen Jodoform (exp)			Chloroform Chloralhydrat Äther (exp)
Entzündung (etwaig hämorrhagisch bzw. ulzerierend)	Tetraäthylblei Goldsalze (exp) Silbernitrat (exp) Kupfersulfat (exp) Osmiumsäure (ch)	Kohlenoxyd Formalin Alle ätzenden Gase (ö) Schwefelwasserstoff Antimon Salvarsan Dimethylsulfat Phosgen Gelbkreuzstoff Perstoff Chlormethyl (exp) Fluor (exp) Selenwasserstoff (ö, exp) Ozon (ch, exp)	Mineralsäuren (ö) Essigsäure Ammoniak (ö) Seife	Nitrosegase Dinitrobenzol	Äthylalkohol Äther Veronal Tetrachlormethan (exp)
Rückschrittliche Vorgänge (bis zu Nekrosen)	Silbernitrat (ch, exp) Goldsalze (exp)	Phosphor Arsen Salvarsan Formalin Phosgen (ö) Gelbkreuzstoff (ö) Perstoff (ö) Chlorgas (ö) Chlormethyl (exp) Arsenhaltige Kampfgase (exp) Silicium (ö)		Nitrosegase (ö)	
Ablagerung körperfremder Stoffe	Silber (Argyrose) Eisen (Siderose) Gold (Chrysosis) Nickel (?) Wismut (exp)	Silicium			

Lunge.

	Gifte				
Aromatische Reihe	Fette, Öle, Balsame, Harze usw.	Alkaloide und Glykoside	Giftige Pflanzen und ihre Bestandteile	Giftige Tiere	Nahrungsmittel
		Morphium Senföl	Knollenblätter- schwamm Akonitin (exp)		
Salizylsäure (?) Petroleum Benzin Teer (exp) Anilin Benzol (ch, ?) Karbol Lysol Karbolineum Kreosot (exp) Phenylhydrazin (exp)		Pilokarpin Morphium Sekale corn. (exp)	Knollenblätter- schwamm Pelletierin		Fleisch Fisch
Anilindämpfe (ö, exp) Benzin (exp)					
		Tabakstaub (exp)			

Tabelle Nr. 16.

Organbefund		Gifte				
		Metalle (bzw. ihre Salze)	Metalloide	Säuren und Alkalien	Nitrokörper	Narkotika der Fettreihe
Peri-, Epi-, Endo-kardblutungen [1]		Blei	Arsen Salvarsan Phosphor Kohlenoxyd Phosgen		Dinitrobenzol	Veronal Äthylalkohol
Klappen: throm-botische Auflage-rungen bzw. Entzündung			Phosgen Kakodylverbin-dungen Kampfgase(exp)			
Muskel	Blutungen	Quecksilber Thallium Gold (exp)	Arsen Salvarsan Kohlenoxyd Phosgen Perstoff Chlornatrium Blausäure	Formalin (exp)	Dinitrobenzol Nitrosegase	Äther
	Ungewöhn-lich starke Verfettung	Chrom Mangan Aluminium Kadmium (ch) Nickel (exp, ?)	Kohlenoxyd Arsen Salvarsan Phosphor Antimon (exp) Brom Jod Jodoform Chlornatrium (exp) Phosgen (exp)	Salzsäure (?)	Dinitrobenzol Nitrosegase	Chloroform Äther Äthylalkohol (ch) Chloralhydrat (ch) Sulfonal Veronal (exp) Tetrachlor-methan
	Infiltrate		Arsen (?) Kohlenoxyd Phosgen (exp) Jod (exp)			Äthylalkohol (exp) Tetrachlor-methan (exp)
	Rück-schrittliche Ver-änderungen bis Zerfall (etwaig m. Ver-kalkung)	Quecksilber, insbes. Subli-mat Blei (ch, ?)	Arsen Salvarsan Kohlenoxyd Phosgen (exp) Chlor	Formalin (exp)	Nitrosegase	Chloralamid Veronal (exp) Chloroform (exp)

[1] Uncharakteristisch.

Herz.

Gifte					
Aromatische Reihe	Fette, Öle, Balsame, Harze usw.	Alkaloide und Glykoside	Giftige Pflanzen und ihre Bestandteile	Giftige Tiere	Nahrungsmittel
Anilin Resorzin	Sadebaumöl	Morphium Saponine (exp)	Knollenblätter- schwamm Filixsäure	Schlangen	
		Saponine (exp)	Akonitin (?)		
Anilin Lysol	Sadebaumöl	Atropin			
Salizylsäure	Pulegonöl (exp)	Morphium Pantopon Nikotin (ch) Kokain (exp)	Knollenblätter- schwamm Lupinose (der Schafe) Rizin (exp)		Botulismus Ptomaine
		Digitalis (exp)	Knollenblätter- schwamm		Verdorbene Nahrungsmittel aller Art
Lysol Salizylsäure	Vigantol (exp)	Pantopon Sekale corn. (exp) Nikotin (exp) Emetin (exp, ?) Digitalis (exp)	Rizin (exp)		

Tabelle Nr. 17.

Organbefund		Gifte				
		Metalle (bzw. ihre Salze)	Metalloide	Säuren und Alkalien	Nitrokörper	Narkotika der Fettreihe
Ungewöhnlicher Inhalt	Kapilläre und größere Blutpfröpfe (s. auch Blut Tabelle 18)	Quecksilber Barium Kupfer (?) Tetraäthylblei Blei (exp) Chrom (exp) Eisenchlorid (ö)	Salvarsan Phosgen Kohlenoxyd Blausäure· Chlor Chlornatrium (exp) Fluor (ch, exp) Arsen (exp) Phosphor (exp)	Schwefelsäure (?) Schwefligs. Natron (exp) Salzsäure Oxalsäure Essigsäure (ö) Formalin	Nitrosegase Paraphenylendiamin	Chloroform Äther Chloralhydrat Äthylalkohol (ch, exp) Sulfonal (exp)
	Fremde Blutbeimengungen	Metall. Quecksilber Wismut	Ungelöste Salvarsanteilchen Phosphor: Fetttropfen Arsen (exp): Fetttropfen Sauerstoff: Gasblasen Wasserstoffsuperoxyd: Gasblasen	Oxalsäure: Oxalate		Chloroform (exp): Fetttropfen Tetrachlorkohlenstoff: Fetttropfen
Akute Erweiterung (etwaig mit erhöhter Kapillardurchlässigkeit)		Gold Platin (exp) Nickel (exp)	Arsen Salvarsan Kohlenoxyd		Alkalinitrite	Äthylalkohol Veronal Äther (exp)
Wandveränderungen	Blutungen (Ödem)	Kollargol	Kohlenoxyd			Veronal
	Hochgradige Endothel- bzw. Wandverfettung	Blei (ch) Kupfer (ch, ?) Barium (exp) Kollargol	Phosphor Arsen Salvarsan Kohlenoxyd Blausäure Schwefelkohlenstoff (exp)			Äthylalkohol (ch) Methylalkohol Chloroform Veronal
	Rückschrittliche Veränderungen (etwaig bis Nekrose u. Fibrose) [1]	Blei (ch) Barium (exp) Kollargol Sublimat (exp)	Phosphor Arsen (ch, exp) Kohlenoxyd Phosgen Blausäure	Mineralsäuren (ö)		Chloroform Veronal Äthylalkohol (ch)
	Zerreißung	Blei (ch, exp) Gold (exp)	Phosphor Kohlenoxyd			Chloralhydrat Äthylalkohol (ch) Veronal
	Entzündlich proliferative Vorgänge	Blei (ch) Quecksilber (exp) Mangan (exp)	Phosphor Salvarsan (?) Brom (im Bromoderma) Kohlenoxyd Blausäure			Chloroform (ö) Veronal Äthylalkohol (ch)
Kapillarektasien, Aneurysmenbildung		Blei (ch) Barium (exp)	Phosgen Kohlenoxyd			

[1] Experimentelle Arteriosklerose s. bei Adrenalin.

Blutgefäße.

	Gifte				
Aromatische Reihe	Fette, Öle, Balsame, Harze usw.	Alkaloide und Glykoside	Giftige Pflanzen und ihre Bestandteile	Giftige Tiere	Nahrungsmittel
Karbol Lysol (exp) Phenazetin Pyrogallol Anilin (exp) Toluylendiamin (exp)	Glyzerin (exp)	Sekale corn. Chinin (exp) Kokain (exp) Koffein (exp)	Knollenblätter- schwamm Morchel Rizin Abrin (exp)	Schlangen Skorpion Biene	
Guajakol: teer- artige Massen					
		Sekale corn. Digitalis	Rizin Delphinin	Schlangen Kanthariden	
	Kampferöl (ö)	Morphium Chinin			
Phenazetin (exp) Benzin (ch)	Lanolin (exp) Chenopodiumöl	Morphium Kokain (ch, exp)	Knollenblätter- schwamm Abrin		
Karbol Lysol Toluol (exp)	Kampferöl (ö) Chenopodiumöl Lanolin (exp) Vigantol (exp)	Saponine Chinin Optochin Sekale corn. Nikotin (ch) Morphium (ch) Laudanon (ch) Digalen (exp)	Rizin (exp) Krotonöl (?)		
		Sekale corn.			
	Lanolin (exp)	Morphium Sekale corn. Nikotin (ch) Kokain (exp)	Knollenblätter- schwamm	Schlangen	
Lysol (exp)	Isosafrol	Digalen (exp)	Krotonöl (exp)		

Tabelle Nr. 18.

Organbefund		Gifte				
		Metalle (bzw. ihre Salze)	Metalloide	Säuren und Alkalien	Nitrokörper	Narkotika der Fettreihe
Aggregatzustand [1]	flüssig	Kupfer Gold (exp) Bismut. subnitr. Mangan (?)	Phosphor Fluor Schwefelwasserstoff Kloakengas Schwefelkohlenstoff Kohlensäure Kohlenoxyd Stickstoffoxyd Phosgen Chlornatrium (etwaig vorhandene Gerinnsel sind auffallend wässerig) Blausäure (Cyankalium)	Kupferazetat Essigsäure	Nitrosegase Nitrobenzol	Äthylalkohol Pental
	eingedickt (etwaig sirupähnlich)	Chrom	Stickstoffoxyd Phosgen Chlors. Salze	Schwefelsäure Salzsäure Ätzkalk (exp)	Nitroglyzerin	Tetrachlormethan
	Neigung zu Gerinnsel bzw. Thrombenbildung [2]		Arsen Salvarsan Kohlenoxyd Chlorgas Phosgen Fluor (ch, ?)	Alle Säuren u. sauren Salze	Paraphenylendiamin (exp)	Äther Chloroform
Farbe	ziegel- bis kirschrot	Gold (exp) Mangan (?)	Kohlenoxyd Schwefelkohlenstoff Chlornatrium Blausäure	Essigsäure Weinsäure Ameisensäure Oxalsäure Salzsäure Ätzkalk (exp)		Tetrachlormethan
	dunkel- bis schwarzrot	Chrom Kupferazetat	Phosphor Kloakengas Schwefelwasserstoff Kohlensäure Stickstoffoxyd Fluor Phosgen	Schwefelsäure	Nitroglyzerin	Äthylalkohol Pental
	rotviolett bis dunkelbraun (schokoladefarben)	Alle hämolysierenden (bzw. methämoglobin- und hämatinbildenden Gifte)				

[1] Die Bezeichnung flüssig, Neigung zu Gerinnselbildung usw. gilt nur dem unmittelbaren Ein-Fermentgehalt.

[2] Leichenblutgerinnsel- und Thrombenbildung im Leben wurden zusammengefaßt, da sowohl die nach den Untersuchungen von F. JAKOBY [Virchows Arch. **274**, 392 (1930)] nicht mehr grundsätzlich glied eine Rolle spielen dürfte.

Blut.

| Gifte | | | | | |
Aromatische Reihe	Fette, Öle, Balsame, Harze usw.	Alkaloide und Glykoside	Giftige Pflanzen und ihre Bestandteile	Giftige Tiere	Nahrungsmittel
Benzoldämpfe Anilin Naphthol Guajakol Benzin	Terpentinöl	Physostigmin Morphium Opium Kokain Nikotin Strychnin	Filixsäure Akonitin Koniin Pilze		
Kreosot			Delphinin Koniin Phallin (exp) Morchel (exp)		Fleisch Fisch Botulismus
Benzol Karbol Anilin (u. -ab- kömmlinge) Pyrogallol		Saponine (exp)	Knollenblätter- schwamm Morchel Rizin (exp)	Schlangen	
Benzol Benzin					
Kreosot Guajakol	Terpentinöl Pulegonöl (exp)	Physostigmin Opium Kokain Nikotin Strychnin Morphium	Filixsäure Pilze Akonitin Delphinin		Fleisch Fisch Botulismus

Alle hämolysierenden (bzw. methämoglobin- u. hämatinbildenden) Gifte.

druck, bezieht sich aber nicht auf etwaigen (chemisch-analytisch zu bestimmenden) Wasser- oder

angeblichen morphologischen Merkmale als auch die Entstehungsbedingungen der beiden Bildungen voneinander zu trennen sind und auch bei den Vergiftungen die „agonale Thrombose" als Binde-

Tabelle Nr. 18 (Fortsetzung).

Organbefund		Gifte				
		Metalle (bzw. ihre Salze)	Metalloide	Säuren und Alkalien	Nitrokörper	Narkotika der Fettreihe
Veränderungen des Gesamtblutes	Hämoglobin- bzw. Methämoglobinämie (Erythrozytolyse)	Wismutsalze Kal. permangan (?) Chrom (exp)	Arsenwasserstoff Schwefelwasserstoff (?) Schwefelkohlenstoff (?) Jod Chlors. Salze Brom (ch, ?) Blausäure (?)	Essigsäure Schwefelsäure (?) Oxalsäure (?)	Nitrosegase Alkalinitrite Amylnitrit Nitrobenzole Nitrokohlenstoff Nitroglyzerin (exp) Paraphenylendiamin	Äther (?) Methylalkohol (?) Sulfonal (?) Chloroform (exp) Paraldehyd (exp)
	Sonstige		Stickstoffoxyd: Herabsetzung der Alkaleszenz Fluor: saure Reaktion (?)	Laugen: alkal. Hämatinbildung Säuren: saure Hämatinbildung	Dinitrobenzol (ch): Hämatinbildung Trinitrotoluol: Hämochromogenbildung	
Intrazelluläre Methämoglobinbildung ohne Hämolyse					Amylnitrit Trinitrotoluol (exp)	
Veränderungen des Blutbildes	Polyglobulie	Kobalt (exp) Mangan (ch)	Phosphor Arsen Arsenwasserstoff Kohlenoxyd (ch, ?) Blausäure (ch)			
	Oligozythämie	Quecksilber Blei (ch) Sublimat (ch, exp)	Jod (ch, ?)			
	Thrombopenie		Antimon (ch) Salvarsan			
	Leukopenie (bis Aleukie)	Kollargol	Phosphor Arsenpräparate Antimon (ch) Kohlenoxyd (ch, ?)			Äthylalkohol (ch)

Blut.

	Gifte				
Aromatische Reihe	Fette, Öle, Balsame, Harze usw.	Alkaloide und Glykoside	Giftige Pflanzen und ihre Bestandteile	Giftige Tiere	Nahrungsmittel
Chlorbenzol Dioxybenzole Phenole Lysol Anilin Kreosot Guajakol Pyrogallol Toluidin Toluylendiamin (exp) Phenazetin Hydrazine Pyrodin Naphthol Hydrochinon Brenzkatechin Naphthalin Benzin (?)	Terpentinöl (?) Glyzerin (exp)	Chinin Strychnin (?) Saponine (exp ?)	Filixsäure (?) Morchel (exp) Knollenblätter- schwamm (?) Phallin (exp) Apiol (?) Solanin (?) Rizin (exp) Abrin (exp) Krotin (exp)	Schlangen Skorpione Bienen (exp)	
Antifebrin					
		Koffein Kokain (exp)			
		Saponine			
Benzol Benzin (exp)					

Tabelle Nr. 18 (Fortsetzung).

Organbefund		Gifte				
		Metalle (bzw. ihre Salze)	Metalloide	Säuren und Alkalien	Nitrokörper	Narkotika der Fettreihe
Veränderungen des Blutbildes	Leukozytose (Myelozytose)	Blei Kupfersulfat Chrom Kollargol (exp) Quecksilber	Phosgen Chlorkalium Blausäure	Schwefelsäure Salzsäure Essigsäure	Nitrobenzole Pikrinsäure	Tetrachloräthan
	Lymphozytose	Blei Thallium Thorium X Quecksilber (ch, ?)	Salvarsan Antimon (ch) Jod Fluor (ch, ?)			
	Eosinophilie	Thallium	Antimon (ch)		Nitrobenzole	
	Basophile Erythrozytentüpfelung	Blei (ch) Thallium (exp) Kobalt (exp) Kupfer (exp)	Arsen (exp)		Dinitrobenzol (ch)	Tetrachloräthan Chloralhydrat
	Bild der zunehmenden Anämie (mit Anisozytose, Normoblasten usw.)	Blei (ch) Kollargol (ch, exp) Quecksilber (ch)	Kohlenoxyd (ch, ?)		Dinitrobenzol (ch) Trinitrotoluol (ch)	
	Bild der aplastischen Anämie		Salvarsan			
Fremde Beimengungen		siehe unter Blutgefäße				

Blut.

	Gifte				
Aromatische Reihe	Fette, Öle, Balsame, Harze usw.	Alkaloide und Glykoside	Giftige Pflanzen und ihre Bestandteile	Giftige Tiere	Nahrungsmittel
Benzolderivate Kreosot Pyrogallol Antipyrin Phenazetin Antifebrin Pyrodin Teer	Terpentinöl Kampferöl	Digitalis Nikotin (ch, exp) Berberin (exp)	Rizin (exp)	Biene (?)	
Naphthalin (?)					
Benzol (?)		Chinin (ch)	Rizin (exp)		
Alle anämi-sierenden Gifte					
Chlorbenzol Phenazetin (exp) Pyrogallol (exp) Pyrodin (exp) Phenylhydrazin (exp) Naphthalin (exp) Teer (ch) Benzin (exp)		Nikotin (ch, exp)			
Benzol					

siehe unter Blutgefäße

34*

Tabelle Nr. 19.

Organbefund	Gifte				
	Metalle (bzw. ihre Salze)	Metalloide	Säuren und Alkalien	Nitrokörper	Narkotika der Fettreihe
Hochgradige Blutfülle, etwaig Blutungen	Sublimat Kollargol Tetraäthylblei Radioaktive Stoffe (exp)	Arsen Phosphor Phosgen Kohlenoxyd			
Kapilläre und größere Thromben	Kollargol				
Tätiges Mark	Kollargol Kupfersulfat Kolloid. Silber (exp) Sublimat (ch, exp) Radioaktive Stoffe Blei (ch) Chromsäure	Arsen Chlorkalium Salvarsan (ch, exp) Kohlenoxyd (?)			Veronal (exp)
Rückschrittliche Veränderungen (etwaig bis zur Aplasie)	Kollargol Radioaktive Stoffe (exp)	Arsenpräparate, insbes. Salvarsan Chlorkalium			
Fibrose	Sublimat (ch, exp)				

Tabelle Nr. 20.

Organbefund	Gifte				
	Metalle (bzw. ihre Salze)	Metalloide	Säuren und Alkalien	Nitrokörper	Narkotika der Fettreihe
Blutungen	Sublimat (exp)	Phosphor Brom	Ameisensäure		
Entzündliche Erscheinungen (Sinuskatarrh usw.)	Chrom	Gelbkreuzstoff (exp)			
Rückschrittliche Vorgänge (Follikelnekrosen usw.)	Sublimat (?)	Arsen	Ameisensäure Ätzalkalien		
Retikuläre Wucherung, Blutzellbildung (bzw. myeloische Metaplasie)	Kollargol Blei (exp)	Arsen (exp)			
Bemerkenswerte Fettablagerung		Arsen (ch, exp)			Äthylalkohol (ch, exp)

---

[1] Die bisher vorliegenden spärlichen Befunde beziehen sich in der Mehrzahl auf die erkrankten

Knochenmark.

	Gifte				
Aromatische Reihe	Fette, Öle, Balsame, Harze usw.	Alkaloide und Glykoside	Giftige Pflanzen und ihre Bestandteile	Giftige Tiere	Nahrungsmittel
		Saponine	Morchel Rizin (exp) Kolchizin (exp)	Schlangen (exp)	
			Morchel		
Teerdämpfe Benzin (exp) Benzidin (exp) Pyrodin (exp) Pyrogallussäure (exp)			Morchel Rizin (exp) Pilokarpin (exp)		
Benzol (exp) Benzidin (exp) Teerdämpfe		Saponine (exp) Rizin (exp)			
Benzol (exp)		Saponine (exp)			

Lymphknoten [1].

	Gifte				
Aromatische Reihe	Fette, Öle, Balsame, Harze usw.	Alkaloide und Glykoside	Giftige Pflanzen und ihre Bestandteile	Giftige Tiere	Nahrungsmittel
Lysol (exp)	Chenopodiumöl Terpentinöl(exp)	Solanin (exp)	Rizin (exp)	Schlangen (exp)	
Lysol Guajakol	Chenopodiumöl (?) Terpentinöl(exp)	Kokain (exp)	Knollenblätter- schwamm Rizin (exp)	Schlangen Skorpion Barbe	
Benzol (exp)	Terpentinöl(exp)	Kokain (exp)	Rizin (exp)		
Teer (exp)					
			Knollenblätter- schwamm		

Quellorganen zugehörigen Lymphknoten.

Tabelle Nr. 21.

Organbefund	Gifte				
	Metalle (bzw. ihre Salze)	Metalloide	Säuren und Alkalien	Nitrokörper	Narkotika der Fettreihe
Hochgradige Blutfülle (etwaig Blutungen)	Blei (ch) Wismut Sublimat (exp)	Arsen Salvarsan Phosgen Gelbkreuzstoff Borsäure Kohlenoxyd Blausäure			Äthylalkohol (ch, exp)
Dunkelrot- bis schwarzbraune Farbe		Arsenwasserstoff Schwefelkohlenstoff (exp) Chlorsaure Salze	Essigsäure	Nitrosegase Alkalinitrite Nitrobenzole	
Retikuloendotheliale Speicherung von — Erythrozyten bzw. Hämosiderin	Blei Kollargol Mangan (exp) Sanocrysin (exp)	Salvarsan (?) Schwefelwasserstoff Schwefelkohlenstoff (exp) Chlors. Salze Gelbkreuzstoff		Nitrosegase Nitrotoluol (exp)	Veronal (exp)
Retikuloendotheliale Speicherung von — körperfremden Stoffen	Gold Wismut Kollargol (Silber bei Argyrose extrazellulär) Chrom (?)				
Ungewöhnliche Fettablagerung	Mangansalze (exp)	Phosphor Arsen Phosgen (exp, ?)			Veronal Chloroform (exp) Äthylalkohol (ch, exp)
Wucherung von — Retikuloendothel		Salvarsan Arsen (exp)			Veronal (exp)
Wucherung von — Pulpazellen	Blei (exp) Mangan (exp)	Salvarsan Chlors. Kalium (exp) Kohlenoxyd (?)			
Myeloische Reaktion	Blei (exp) Silber (exp) Sanocrysin (exp)				
Rückschrittliche Veränderungen (bis Zerfall)	Blei (exp)	Arsen Salvarsan	Essigsäure (exp)		Veronal (exp) Äthylalkohol (ch, exp)

Milz.

	Gifte				
Aromatische Reihe	Fette, Öle, Balsame, Harze usw.	Alkaloide und Glykoside	Giftige Pflanzen und ihre Bestandteile	Giftige Tiere	Nahrungsmittel
Naphthol Benzidin (exp) Anilin (exp) Lysol (exp) Benzin Teerdämpfe		Saponine (exp) Chinin Kokain (exp) Morphium	Morchel Abrin (exp) Knollenblätter- schwamm Rizin (exp)	Schlangen	Sepsin (exp) Miesmuschel
Benzol Anilin Karbol Kreosot Guajakol Phenazetin Pyrogallol Resorzin Dioxybenzole Toluylendiamin (exp)		Chinin	Apiol (?) Morchel Akonitin		
Dioxybenzole Benzol Naphthol Anilin Phenazetin Pyrogallol Toluylendiamin (exp) Pyrodin (ch., exp) Benzidin (exp) Guajakol		Saponine (exp) Morphium (ch) Chinin	Filixsäure (exp) Morchel Rizin (exp) Abrin (exp)		
Teer (exp, ?)					
	Lanolin (exp)	Kokain (ch, exp)	Morchel Knollenblätter- schwamm		Botulismus (?)
Toluol (exp)		Saponine (exp)			
Toluylendiamin (exp)				Schlangen (?)	Fleisch Miesmuschel
Benzol (?) Pyrodin (ch, exp) Teer (exp)		Saponine (exp)			
Benzol Pyrodin (ch, exp)		Saponine (exp) Kokain (ch, exp) Sekale corn.	Rizin (exp)		

Tabelle Nr. 22.

Organbefund		Gifte				
		Metalle (bzw. ihre Salze)	Metalloide	Säuren und Alkalien	Nitrokörper	Narkotika der Fettreihe
Kreislaufsstörungen	Hochgradige Blutfülle (etwaig mit Blutungen)	Quecksilber Kollargol Kupfer (ch, ?) Blei Chromsäure	Salvarsan Arsen (ch) Brom (ch) Jod Jodtetragnost (?)	Salpetersäure Essigsäure Ameisensäure Ammoniak } (ö)		Chloroform Äther Chloralhydrat
	Hochgradiges Ödem			Ameisensäure		
Diffuse oder umschriebene Verfärbung (Zahnfleischsaum!)		Blei: schwarzgrau Quecksilber: schwarzgrau Wismut: schwarzgrau Kal. permanganatum (ö): braunschwarz Zinnsalze: grau Silber (bei Argyrose): grauschwarz Chromsäure (ö): gelbgrün bis blaugrau Kupfer (ch): Purpurstreifen	Arsen (ch): Pigmentation? Arsenwasserstoff: schmutzigblau Brom (ö): gelbbraun Jod (ö): braun	Salpetersäure (ö): gelb	Pikrinsäure: gelb Nitrosedämpfe (ö, ch): gelb Dinitrobenzol: gelb bis blaugrau	
Entzündung (Geschwüre bis Verjauchung)		Blei (ch) Wismut Quecksilber Barium Gold Silber Zinn (ö) Kupfer Kal. permanganatum (ö) Chromsäure (ö) Kadmium (ch, exp)	Arsen (ö, ch) Salvarsan Antimon (ö) Jod Brom (ö) Phosgen (ö) Gelbkreuzstoff (ö) Jodtetragnost (?) Fluorwasserstoff (ö)	Essigsäure (ö) Ammoniak (ö) Mineralsäuren (ö) Laugen (ö)	Nitrosegase (ö, ch)	Äthylalkohol (ch) Chloralhydrat (ch, ?)
Verätzung		Sublimat (ö) Silbersalz (ö) Mangansalze (ö) Alaun (ö) Zinnsalze (ö) Zinksalze (ö) Kupfersalze (ö) Wismutsalze (ö) Chromsäure (ö)	Dimethylsulfat (ö) Chlor (ö) Jod (ö) Phosgen (ö) Fluor (ö)	Ätzsäuren (ö) Ätzalkalien (ö) Essigsäure (ö) Ameisensäure (ö) Zitronensäure (ö)	Pikrinsäure (ö) Nitrosegase (ö)	Chloroform (ö) Chloralhydrat (ö)

[1] Bei den Befunden im Verdauungsschlauch ist zu berücksichtigen, daß sich nicht immer mit erscheinung der Allgemeinvergiftung handelt. S. Vorbemerkungen.

Mundhöhle (Rachen)[1].

Gifte					
Aromatische Reihe	Fette, Öle, Balsame, Harze usw.	Alkaloide und Glykoside	Giftige Pflanzen und ihre Bestandteile	Giftige Tiere	Nahrungsmittel
Salizylsäure Benzol Antipyrin Kreosot Benzin Guajakol		Chinin Sekale corn. Thiosinamin	Crotonöl Akonitin		
Petroleum		Physostigmin			
Pyrogallol (ö): schwarz Karbol (b. Ochronose): grau-blau Petroleum (ö): braunrot Anilin (exp): bräunliche Streifen					
Benzol Antipyrin Phenazetin (?)	Terpentinöl (ö)	Morphium (?)	Euphorbiaceen (ö) Akonitin (?) Krotonöl (ö) Oenanthotoxin (ö) Daphnium (ö)	Kanthariden (ö)	Fleisch Botulismus
Salizylsäure (ö) Petroleum (ö) Karbol (ö) Kreosot (ö) Anilin (ö, exp)	Terpentinöl (ö)	Physostigmin (ö) Nikotin (ö, exp)	Euphorbiaceen (ö) Krotonöl (ö)		

Sicherheit sagen läßt, ob es sich um unmittelbare örtliche Reizwirkung oder um eine Teil-

Tabelle Nr. 22 (Fortsetzung).

Organbefund		Gifte				
		Metalle (bzw. ihre Salze)	Metalloide	Säuren und Alkalien	Nitrokörper	Narkotika der Fettreihe
Farbe der Ätzschorfe[1]	bräunlich-grau bis braun-schwarz	Mangansalze (ö) Silbersalze (ö)		Salpetersäure (ö) Schwefelsäure (ö)		
	grauweiß-lich bis schmutzig-grau	Silbersalze (ö) Bleisalze (ö) Zinksalze (ö)	Chlor (ö)	Ätzlaugen (ö) Schwefelsäure (ö) Salpetersäure (ö) Essigsäure (ö) Ameisensäure (ö) Zitronensäure (ö)		Chloroform (ö)
	Sonstige	Kupfersalze (ö): grün				

Tabelle Nr. 23.

Organbefund	Metalle (bzw. ihre Salze)	Metalloide	Säuren und Alkalien	Nitrokörper	Narkotika der Fettreihe
Hochgradige Blut-fülle (etwaig mit Blutungen)	Sublimat	Phosphor Arsen Phosgen (ö)	Ameisensäure(ö) Ammoniak (ö)		Äther
Entzündung bzw. Verätzung	Chromsäure (ö) Silbersalze (ö) Zinksalze (ö) Sublimat (ö)	Antimon (ö) Phosphor (ö) Arsen (ö) Jod (ö) Jodtetragnost (?)	Mineralsäuren (ö) Essigsäure (ö) Ameisensäure(ö) Weinsäure (ö, ?) Laugen (ö) Ammoniak (ö)		Chloroform (ö) Tetrachlor-methan (ö) Äthylalkohol (ö, ch)

[1] Diese deckt sich zum Teil mit Verfärbung der Mundschleimhaut.

Mundhöhle (Rachen).

| Gifte | | | | | |
Aromatische Reihe	Fette, Öle, Balsame, Harze usw.	Alkaloide und Glykoside	Giftige Pflanzen und ihre Bestandteile	Giftige Tiere	Nahrungsmittel
Kreolin (ö)					
Salizylsäure (ö) Kreosot (ö) Karbol (ö)	Terpentinöl (ö)	Nikotin (ö, exp)			

Speiseröhre.

| Gifte | | | | | |
Aromatische Reihe	Fette, Öle, Balsame, Harze usw.	Alkaloide und Glykoside	Giftige Pflanzen und ihre Bestandteile	Giftige Tiere	Nahrungsmittel
Benzin	Sadebaumöl	Atropin		Schlangen	
Karbol (ö) Lysol (ö) Brennspiritus (ö, ch) Petroleum (ö)		Atropin			

Tabelle 24.

Organbefund		Gifte				
		Metalle (bzw. ihre Salze)	Metalloide	Säuren und Alkalien	Nitrokörper	Narkotika der Fettreihe
Inhalt	Geruch		Phosphor Arsen (knob-lauchartig) Schwefelkohlen-stoff Jod Brom (exp) Chlor Schwefelwasser-stoff Tellur (exp): knoblauchartig Zyankalium (nach Bitter-mandeln)	Zitronensäure Ameisensäure (aromatisch) Essigsäure Salmiakgeist	Nitrobenzole (nach Bitter-mandeln)	Chloroform Äthylalkohol Chloralhydrat Paraldehyd (fadsüßlich) Bromoform
	Farbe	Chromsäure: gelb Sublimatpastil-len: eosinfar-ben Hydr. bijoda-tum: rotgelb	Schweinfurter Grün: grün Jod: braungelb (etwaig blau) Jodtetragnost (?): schoko-ladefarben	Zitronensäure: grünlich Ameisensäure: schwärzlich Brom (exp): glänzend schwärzlich	Pikrinsäure: gelb	
	Ungewöhn-liche Bei-mengungen	Sublimatkri-stalle Sublimatpastil-len Hydrarg. bijo-datum: gelb-rot pulvrige Massen Kal. perman-ganat. Kri-stalle Kupfersalzkri-stalle Rotes Bleichro-mat Roter Zinnober Chromgelb	Schweinfurter Grün Arsenkristalle Leuchtende Phosphorteil-chen Jodkristalle oder -Konkremente	Schwefelalka-lien: gelber Schwefel Schwefelsäure: schwarze (ver-kohlte!) Mas-sen Oxals. Kalk-kristalle Seife	Nitrobenzol: milchartige Flüssigkeit	Veronal in Sub-stanz
Kreis-laufs-stö-rungen	Hoch-gradige Blutfülle (etwaig mit Blutungen)	Blei Sublimat Kollargol Silbersalze Thallium Barium Zinksalze Eisensalze (exp) Chromsäure Alaun Kal. perman-ganatum	Antimon Phosphor Schwefelkohlen-stoff Salvarsan Arsen Fluor Chlor Phosgen Gelbkreuzstoff Jod Jodoform (exp) Zyankalium	Schwefelalka-lien Mineralsäuren Ameisensäure Essigsäure Oxalsäure Weinsäure Laugen Ammoniak Formalin	Alkalinitrite Nitrobenzole Nitrokohlen-stoff	Chloroform Chloralhydrat Äthylalkohol Methylalkohol Veronal (ch) Adalin (exp) Azeton (exp)

Magen.

Gifte					
Aromatische Reihe	Fette, Öle, Balsame, Harze usw.	Alkaloide und Glykoside	Giftige Pflanzen und ihre Bestandteile	Giftige Tiere	Nahrungsmittel
Kreosot Karbol Lysol Petroleum Benzol	Chenopodiumöl Terpentinöl Eukalyptusöl Sadebaumöl Kampferöl	Opium Tabak	Filixsäure (ätherähnlich) Wasserschierling (sellerieartig)		
Kreolin: grün Martiusgelb			Filixsäure: grün Alle chlorophyll- haltigen Pflan- zen: grün		
Petroleum: Öl- tropfen Naphthalin- plättchen	Alle Öle: Fett- tropfen	Strychnin: gelbe Körnchen Zigarettentabak	Strychnossamen Strophantus- samen Pilzstückchen Tollkirschen- reste	Kanthariden- schuppen bzw. -teilchen	
Salizylsäure Benzol Karbol Karbolineum Kreolin (exp) Martiusgelb Toluidin Laktophenin Phenazetin (exp) Naphthalin (exp) Benzin	Sadebaumöl Pulegonöl (exp) Terpentinöl (exp)	Chinin Strychnin Nikotin Sekale corn. Opium Physostigmin Atropin Kokain (ch) Saponine Digitalis Allylsenföl (exp) Solanin (exp)	Filixsäure Santonin (exp) Kolchizin Akonitin Pilze Wasserschierling Aloin Rizin Pikrotoxin Oenanthotoxin Pelletierin (?) Abrin (exp)	Schlangen Kanthariden Barbe (exp) Tetrodon (exp)	Botulismus Miesmuschel Fleisch Verdorbene Nah- rungsmittel aller Art

Tabelle 24 (Fortsetzung).

Organbefund		Gifte				
		Metalle (bzw. ihre Salze)	Metalloide	Säuren und Alkalien	Nitrokörper	Narkotika der Fettreihe
Kreis- laufs- stö- rungen	Hoch- gradige Blutfülle (etwaig mit Blutungen)	Goldsalze (exp) Nickelsalze(exp) Uransalze (exp)	Blausäure Kohlenoxyd Kohlensäure Jodtetragnost (?)			
	Blutleere	Quecksilber	Arsen (ch)			Tetrachloräthan
Allge- mein- be- schaf- fenheit der Schleim- haut	locker, ge- schwollen (etwaig glitschig)	Quecksilber- salze (ö) Barium (ö) Bleisalze (ö) Zinksalze (ö) Alaun (ö, exp)	Phosphor (ö) Arsen (ö) Zyankalium (ö)	Zitronensäure(ö) Ameisensäure(ö) Ätzalkalien (ö)	Natriumnitrit (ö, exp)	Chloralhydrat (ö) Chloroform (ö)
	derb, trok- ken, bröck- lig (leder- artig)	Chromsäure (ö) Sublimat (ö) Zinksalze (ö) Kupfersalze (ö) Alaun (ö)		Mineralsäuren (ö) Oxalsäure (ö) Formalin (ö)		Chloroform (ö) Paraldehyd (ö) Äthylalkohol (ö, exp)
Farbe der Schleim- haut bzw. der Ätz- schorfe	grauweiß bis schmut- ziggrau	Quecksilber (ö) Alaun (ö) Silbersalze (ö) Zinksalze (ö) Bleisalze (ö) Silbersalze (ö)	Arsen (ö)	Mineralsäuren (ö) Essigsäure (ö) Oxalsäure (ö)		Chloroform (ö) Äthylalkohol konz. (ö) Paraldehyd (ö)
	gelblich- braun bzw. gelblichgrün	Chromate (ö) Novasurol (ö)		Salpetersäure(ö) Ammoniak (ö) Formalin (ö)	Pikrinsäure (ö, exp)	
	braun- schwarz bis schwarz	Kal. perman- ganat (ö)		Mineralsäuren (ö) Ameisensäure(ö) Essigsäure (ö) Oxalsäure (ö) Laugen (ö)		
	Sonstige	Sublimatpastil- len (ö): eosin- farben Kupfersalze (ö): grünlichblau Silber (bei Ar- gyrose): metal- lisch graublau	Phosphor: blaß- gelb Arsen (ch): milchigtrübe Jod: braungelb bzw. -blau	Schwefelalka- lien (ö): gelb Weinsäure (ö): rosen- bis jo- hannisbeer- farben Laugen (ö): rubinrot		

Magen.

	Gifte				
Aromatische Reihe	Fette, Öle, Balsame, Harze usw.	Alkaloide und Glykoside	Giftige Pflanzen und ihre Bestandteile	Giftige Tiere	Nahrungsmittel
Petroleum (exp)			Seidelbast (exp)		
		Physostigmin	Zytisin		
		Physostigmin (ö)	Morchel (ö, ?)		
Karbol (ö)					
Karbol (ö) Lysol (ö)		Tabak (ö)			
Martiusgelb (ö)					
Lysol (ö) Guajakol (ö)					
Benzin (ö): hellrot					

Tabelle 24 (Fortsetzung).

Organbefund	Gifte				
	Metalle (bzw. ihre Salze)	Metalloide	Säuren und Alkalien	Nitrokörper	Narkotika der Fettreihe
Entzündung (Geschwüre), Verätzung	Wismut (ö, exp) Kali perman- ganat (ö) Chromsäure (ö) Barium (ö) Bleisalze (ö) Blei (ch) Quecksilber- salze (ö) Zinnsalze (ö) Zinksalze (ö) Kupfersalze (ö) Kalisalze (ö) Silbersalze (ö) Eisensalze (ö) Alaun (ö, exp) Kadmium (ö, exp) Nickelsalze (ö, exp) Thallium (ö, exp)	Arsen (ö) Antimon (ö) Salvarsan Phosphor (ö) Schwefelkohlen- stoff (ö) Bor Selen (exp) Jod (ö) Fluor (ö) Brom (ö) Chlornatrium (ö) Chlors. Salze (ö) Chlor (ö, exp) Jodoform (ö, exp) Jodtetragnost (?)	Mineralsäuren (ö) Ameisensäure (ö) Oxalsäure (ö) Zitronensäure (ö, exp) Laugen (ö) Ammoniak (ö) Ätzkalk (ö) Formalin (ö)	Pikrinsäure (ö, exp) Nitrosegase Natriumnitrit (ö) Nitroglyzerin (ö) Nitrokohlen- stoff (?)	Äthylalkohol (ö) Chloroform (ö) Chloralhydrat (ö) Paraldehyd (ö) Äther (ö, ?)
Ungewöhnlich starke Fettab- lagerung	Blei (ch)	Antimon (Tiere) Arsen Phosphor			Chloroform Äthylalkohol (ch) Veronal (ch)
Rückläufige Veränderungen	Quecksilber Blei (ch)	Phosphor (?) Arsen (ch)	Mineralsäuren (im Aushei- lungsstadium)		Äthylalkohol (ch)
Ungewöhnliche Wachstumsvor- gänge	Thallium (exp): Wucherung des Oberflächen- epithels, Papil- lombildungen Blei (exp): Wu- cherung der Magendrüsen- epithelien				Äthylalkohol (ch): Muskel- hypertrophie

Magen.

Gifte					
Aromatische Reihe	Fette, Öle, Balsame, Harze usw.	Alkaloide und Glykoside	Giftige Pflanzen und ihre Bestandteile	Giftige Tiere	Nahrungsmittel
Salizylsäure (ö) Benzin (ö) Petroleum (ö) Naphthalin (ö) Phenol (ö) Lysol (ö) Kresol (ö) Benzol (ö, ?)	Sadebaumöl (ö) Terpentinöl (ö) Kampferöl (ö, exp) Pulegonöl (exp) Vigantol (exp)	Morphium (ch) Emetin Nikotin (ch) Atropin Solanin (ö, exp) Strychnin Saponine Digitalis Senföl (ö) Sekale corn. (exp) Helleborein (ö, ?) Kolozynthin (ö)	Knollenblätter-schwamm Morchel (ö, ?) Rizin Krotonöl (ö) Rhabarber (ö) Daphnin (?) Delphinin Aloin (ö) Kolchizin (?) Cicutaharz Oenanthotoxin (ö) Abrin (exp) Ranunculaceen (ö): bei Haus-tieren	Barbe Kanthariden (ö) Schlangen (exp)	Fleisch Fische Botulismus Käse (?) Verdorbene Nah-rungsmittel überhaupt
	Sadebaumöl (?) Pulegonöl (exp)		Knollenblätter-schwamm Lupinose (der Schafe)		Botulismus
	Vigantol (exp)		Knollenblätter-schwamm		
Teer (exp): ge-wächsähnliche Epithelwuche-rung	Lanolin (exp): multiple Ade-nome				

Tabelle Nr. 25.

Organbefund		Gifte				
		Metalle (bzw. ihre Salze)	Metalloide	Säuren und Alkalien	Nitrokörper	Narkotika der Fettreihe
Kreislaufsstörungen	Ödem	Barium	Arsen Blausäure Jodtetragnost (?)	Schwefelsäure		Äthylalkohol Chloroform Tetrachloräthan
	Blutüberfüllung (etwaig Blutungen)	Quecksilbersalze Kollargol Thallium Barium Kali permanganat Chromsäure Antimon Alaun (exp) Eisensalze (exp) Nickelsalze(exp) Uransalze (exp)	Arsen Salvarsan Kohlenoxyd Blausäure Gelbkreuzstoff Brom (exp) Jodtetragnost (?) Chlor	Mineralsäuren Essigsäure Weinsäure Ammoniak	Dinitrobenzol Natriumnitrit (exp) Pikrinsäure (exp)	Chloroform Äthylalkohol Methylalkohol Tetrachloräthan Azeton (exp) Adalin (exp)
	Kapilläre u. größere Thromben	Quecksilbersalze	Arsen	Mineralsäuren		
Entzündung (Geschwüre), Nekrosen usw.		Quecksilbersalze Blei Wismut Zinnsalze Kupfersalze Barium Chromate Zinksalze Silbersalze (exp) Thallium Eisensalze (exp) Goldsalze (exp) Alaun Nickelsalze(exp) Kadmiumsalze (exp) Uransalze (exp)	Arsen Salvarsan Phosphor Antimon Bor Fluor Chlornatrium Chlors. Salze Chlor (exp) Brom Gelbkreuzstoff (exp) Blausäure (?) Selen (exp) Jodtetragnost (?)	Schwefelsäure (ö) Ameisensäure(ö) Essigsäure Formalin (ö, exp) Ammoniak (ö) Ätzkalk (ö) Laugen (ö)	Natriumnitrit Nitroglyzerin Pikrinsäure (exp)	Äthylalkohol (ch) Chloroform Äther (?) Sulfonal (ch) Chloralhydrat Tetrachloräthan
Rückschrittliche Veränderungen		Blei (ch) Quecksilbersalze (exp)		Salpetersäure (im Ausheilungsstadium) Formalin (ch, exp)		Äthylalkohol (ch)
Der Art oder Menge nach ungewöhnliche Ablagerungen		Blei (ch): Fett	Antimon: Fett Arsen: Fett Phosphor: Fett	Oxalsäure: Oxalatkristalle		Äthylalkohol (ch): Abnutzungspigment, Fett Veronal (ch): Fett

Dünndarm.

| | | | Gifte | | |
Aromatische Reihe	Fette, Öle, Balsame, Harze usw.	Alkaloide und Glykoside	Giftige Pflanzen und ihre Bestandteile	Giftige Tiere	Nahrungsmittel
Kreosot Martiusgelb		Emetin (exp)	Rizin (exp)		Miesmuschel Ptomaine (exp)
Benzol Karbol Kreosot Karbolineum Benzidin (exp) Phenazetin(exp) Benzin Petroleum (exp) Salizylsäure	Chenopodiumöl Sadebaumöl Glyzerin (exp)	Chinin Nikotin Strychnin Atropin Sekale corn. Physostigmin Kokain (ch) Solanin (exp) Koffein (exp) Saponine Digitalis	Filixsäure Kamala Santonin (exp) Pilze Aloin Krotonöl Kolchizin Daphnium Rizin Wasserschierling Delphinin (exp) Aristolochia (exp)	Schlangen Kanthariden Tetrodon (exp)	Botulismus Miesmuschel Fleisch Durch Bac. Proteus verdorbene Nahrungsmittel Ptomaine (exp)
		Koffein (exp)	Knollenblätterschwamm Rizin (?)		
Salizylsäure Lysol (ö) Karbol (ö) Dioxybenzole Petroleum Phenazetin (exp) Toluidin (exp) Benzol (ch, exp) Benzin (?)	Chenopodiumöl Sadebaumöl Terpentinöl Pulegonöl (exp) Glyzerin (exp) Vigantol (exp)	Morphium (ch) Atropin Saponine Nikotin (exp) Emetin (exp) Solanin (exp) Kolozynthin Helleborein Senföl (exp)	Kamala Santonin Pilze Rhabarber Rizin Daphnium Delphinin Aloin Kolchizin Krotonöl Akonitin Zikutoxin Oenanthotoxin Abrin (exp) Phallin (exp) Sekale corn.(exp)	Barbe	Fisch (Barbe) Miesmuschel Fleisch Botulismus Käse (?) Durch Baz. Proteus verdorbene Nahrungsmittel Ptomaine (exp)
			Phallin (exp)		
			Knollenblätterschwamm: Fett		

35*

Tabelle Nr. 26.

Organbefund		Gifte				
		Metalle (bzw. ihre Salze)	Metalloide	Säuren und Alkalien	Nitrokörper	Narkotika der Fettreihe
Allgemeinbeschaffenheit der Schleimhaut	verfärbt	Wismut: schwarz Blei: blauschwarz Zinksalze: bräunlich Silber (bei Argyrose): grauschwarz glänzend Tellur (exp): schwarz	Schwefel: hellgelb, fleckig Arsen: gelb (durch Arsentrisulfid) Schwefelwasserstoff (ö, exp): grünlich Schwefelkohlenstoff: schwarz			
	gequollen (glasig)	Blei (ch)	Jodtetragnost (?)			Äther (ö)
	derb, trokken (wie gegerbt)	Barium (ö)				
Blutüberfüllung (etwaig mit Blutungen)		Quecksilbersalze Kupfersalze Thallium (?)	Arsen Jodtetragnost (?)			Äther (ö) Chloroform
Entzündung (Geschwüre), Nekrosen usw.		Quecksilbersalze Wismut Zinksalze (ö) Blei (ch) Kupfersalze Chromsäure Thallium (?)	Arsen Phosphor (?) Avertin (ö) Gelbkreuzstoff Jodtetragnost (?)	Salpetersäure	Pikrinsäure (exp)	

Tabelle Nr. 27

Organbefund	Gifte				
	Metalle (bzw. ihre Salze)	Metalloide	Säuren und Alkalien	Nitrokörper	Narkotika der Fettreihe
Hochgradige Blutgefäßfüllung	Sublimat				Äthylalkohol
Blutungen	Blei (ch) Kupfer Sublimat Kollargol Silber (exp) Gold (exp)	Arsen Salvarsan Phosphor Phosgen (exp)	Ammoniak Formalin		Tetrachlormethan Chloroform

Dickdarm.

Gifte					
Aromatische Reihe	Fette, Öle, Balsame, Harze usw.	Alkaloide und Glykoside	Giftige Pflanzen und ihre Bestandteile	Giftige Tiere	Nahrungsmittel
Karbol (bei Ochronose): braunschwarz					
		Physostigmin			
		Sekale corn.	Knollenblätter-schwamm		Sepsin (exp)
Lysol		Morphium (ch) Nikotin (ö, exp) Kolozynthin	Zytisin Aloin Krotonöl Knollenblätter-schwamm Rhabarber Koniin (?)	Kanthariden	

Leber.

Gifte					
Aromatische Reihe	Fette, Öle, Balsame, Harze usw.	Alkaloide und Glykoside	Giftige Pflanzen und ihre Bestandteile	Giftige Tiere	Nahrungsmittel
Karbol Lysol		Kokain (exp) Saponine (exp)	Morchel Abrin Delphinin (exp)		
Benzol Anilin Benzin Teer (exp)	Sadebaumöl	Strychnin Chinin Kokain (exp) Nikotin (ch, exp) Sinigrin Saponine (exp)	Knollenblätter-schwamm Abrin Akonitin Delphinin (exp) Rizin (exp)	Schlangen	Miesmuschel

Tabelle Nr. 27 (Fortsetzung).

Organbefund	Gifte				
	Metalle (bzw. ihre Salze)	Metalloide	Säuren und Alkalien	Nitrokörper	Narkotika der Fettreihe
Kapilläre und größere Thromben (mit und ohne Infarkte)	Sublimat (exp)		Schwefelsäure (?)		Äther (exp)
Ungewöhnlich starke Verfettung	Barium Kupfer (exp) Kollargol Wismut Zink (ch) Mangan (exp) Chrom Gold (ch, exp) Aluminium(exp) Kadmium (ch, exp) Uran (exp) Eisen (ch, exp)	Arsen Salvarsan Phosphor Bor Antimon Blausäure Brom (ch) Fluor Jod (ch) Jodoform (exp) Phosgen	Salzsäure Ammoniak Formalin	Dinitrobenzol Trinitrotoluol Alkalinitrite	Tetrachlor- methan Chloroform Chlormethyl Chloralhydrat Tetrachloräthan Äthylalkohol Sulfonal Veronal (ch) Azeton (exp) Äthylbromid (exp) Äther (exp, ?)
Speicherung ciaccio-positiver Fettstoffe		Phosphor Arsen			Chloroform
Morphologisch(bzw. histochemisch) fest- stellbare Ablage- rung des einver- leibten Stoffes	Kollargol Silber (bei Ar- gyrose) Gold Wismut				
Ungewöhnlich star- ke Ablagerung eisenhaltigen Pig- ments	Kupfer (ch, ?)	Schwefelwasser- stoff (exp) Gelbkreuzstoff (exp)		Nitrosegase	Äthylalkohol (ch, ?) Veronal (exp)
Zellhydrops, -atrophie usw. (sog. Degeneratio- nen)	Barium	Phosphor (exp) Chlornatrium (exp) Blausäure Jodtetragnost (?)			Tetrachloräthan Äthylalkohol (?) Chloroform(exp) Veronal (exp)
Nekrosen	Eisenkarbonyl Barium (?)	Arsen Phosphor	Ammoniak (exp)	Nitrosegase Amylnitrit	Tetrachlor- methan

Leber.

	Gifte				
Aromatische Reihe	Fette, Öle, Balsame, Harze usw.	Alkaloide und Glykoside	Giftige Pflanzen und ihre Bestandteile	Giftige Tiere	Nahrungsmittel
Karbol			Knollenblätter-schwamm Morchel Rizin (exp)		Miesmuschel
Salizylsäure Benzol Lysol Naphthol Anilin (exp) Toluidin (exp) Pyrodin (ch, exp) Pyrogallol (exp) Toluylendiamin (exp) Phenole Kresole Guajakol Ol. anim. foetid. Teer (exp)	Chenopodiumöl (exp) Glyzerin (exp) Sadebaumöl Thujaöl Pulegonöl	Morphium Kokain (ch) Saponine (exp)	Knollenblätter-schwamm Morchel Speiteufel Pikrotoxin Lupinose (der Schafe) Rizin (exp) Abrin (exp) Aristolochia (exp)	Schlangen	Miesmuschel Botulismus
Pyridin (Brenn-spiritus)	Pulegonöl		Knollenblätter-schwamm Morchel		
Naphthol Pyrodin (exp) Toluylendiamin (exp) Teer (exp)		Morphium (ch)	Morchel Rizin (ch, exp)		
Salizylsäure (ch, exp) Pyridin (Brenn-spiritus) Naphthol Lysol Pyrogallol (exp) Toluol (exp, ?)		Morphium (ch) Kokain Sekale corn. Nikotin (exp)			Botulismus (exp)
Karbol (?) Naphthol	Pulegonöl Sadebaumöl	Morphium Kokain (ch)	Knollenblätter-schwamm	Viper Barbe	Fische Miesmuschel

Tabelle Nr. 27 (Fortsetzung).

Organbefund	Gifte				
	Metalle (bzw. ihre Salze)	Metalloide	Säuren und Alkalien	Nitrokörper	Narkotika der Fettreihe
Nekrosen	Sublimat Kollargol Blei (ch, exp) Uran (exp) Mangan (exp) Silber (ch, exp)	Salvarsan Schwefelwasserstoff (exp) Antimon (exp) Phosgen Perstoff Jodnatrium			Chloroform Tetrachloräthan (?) Veronal (ch, ?) Sulfonal (exp) Äthylbromid (exp) Äther (exp) Äthylalkohol (exp)
Bild der akutsubakuten Atrophie		Antimon (?) Phosphor Arsen Salvarsan (?) Blausäure (?) Phosgen (?) Arsenwasserstoff (?)		Nitrotoluole Nitroglyzerin(?) Nitrobenzol (?) Dinitrophenol (?)	Tetrachlormethan Chloroform Tetrachloräthan (?) Äthylalkohol (exp, ?) Veronal (ch, ?)
Bindegewebswucherung (bis zur Zirrhose)	Kollargol Kupfer (ch, exp) Mangan (exp) Silber (ch, exp) Blei (ch, exp)	Phosphor (ch) Arsen (ch) Salvarsan (ch, ?) Antimon (exp)			Tetrachloräthan (ch) Äthylalkohol (ch)

Tabelle Nr. 28.

Organbefund	Gifte				
	Metalle (bzw. ihre Salze)	Metalloide	Säuren und Alkalien	Nitrokörper	Narkotika der Fettreihe
Blutüberfüllung bzw. Blutungen		Arsen Blausäure Kohlensäure		Natriumnitrit (exp)	Äthylalkohol (exp)
Über das Gewöhnliche hinausgehende Verfettung	Zinksalze (ch)	Phosphor			Äthylalkohol (ch) Veronal (exp)
Pigmentierung	Kupfer (ch, ?): Hämochromatose Kollargol Silber (bei Argyrose)				Äthylalkohol (ch): Hämochromatose
Nekrosen, Atrophie	Blei (ch, exp)	Arsen (exp)			Äthylalkohol (exp)

Leber.

| Gifte | | | | | |
Aromatische Reihe	Fette, Öle, Balsame, Harze usw.	Alkaloide und Glykoside	Giftige Pflanzen und ihre Bestandteile	Giftige Tiere	Nahrungsmittel
Lysol (exp) Pyrodin (ch,exp) Pyrogallol (exp) Toluidin (exp) Toluylendiamin (exp) Benzin (exp, ?) Teer (exp)		Akonitin (exp) Senföl Saponine (exp)	Morchel Lupinose (der Schafe) Rizin (exp)		Botulismus
Naphthol (?) Toluylendiamin (exp) Yatren	Pulegonöl Sadebaumöl (?)	Theazylon Morphium (exp) Saponine (exp)	Knollenblätterschwamm Morchel (?) Lupinose (der Schafe) Filixsäure		Botulismus (?)
Salizylsäure (ch, exp) Phenylhydrazin Lysol (?) Toluidin (cxp) Toluol (exp) Anilin (exp, ?)	Sadebaumöl Glyzerin (exp) Lanolin (exp)	Morphium (ch) Nikotin (ch, exp) Saponine (exp)	Lupinose (der Schafe ch) Ricin (ch, exp)		

Pankreas.

| Gifte | | | | | |
Aromatische Reihe	Fette, Öle, Balsame, Harze usw.	Alkaloide und Glykoside	Giftige Pflanzen und ihre Bestandteile	Giftige Tiere	Nahrungsmittel
Benzol		Physostigmin		Biene (exp) Tetrodon (exp)	
	Pulegonöl	Morphium (?)	Knollenblätterschwamm		
Pyrodin (exp)		Atropin (exp)		Barbe (exp)	Fische

Tabelle Nr. 29.

Organbefund		Gifte				
		Metalle (bzw. ihre Salze)	Metalloide	Säuren und Alkalien	Nitrokörper	Narkotika der Fettreihe
Grundfarbton	rotbraun, sepiabraun, braunschwarz	Alle Hämoglobinurie verursachenden Stoffe (s. diese Tabelle unten)				
	weißgrau	Sublimat Goldsalze		Oxalsäure		
	gelbweiß	Alle starke Verfettung verursachenden Stoffe (s. diese Tabelle unten)				
Hochgradige Blutgefäßfüllung		Gold (exp) Uran (exp) Chrom (exp) Wismut Quecksilber (insbesondere Sublimat)	Kohlenoxyd		Pikrinsäure (exp)	Veronal (ch)
Blutungen	intraglomerulär und -tubulär	Zink Uran (exp) Blei (ch, exp) Chrom Wismut Mangan (ch,exp) Sublimat	Salvarsan Arsenwasserstoff Kohlenoxyd (exp) Phosgen Jod (exp)	Schwefelsäure Ameisensäure	Amylnitrit	Sulfonal (ch) Äther (exp)
	interstitiell	Barium Sublimat Wismut Zink (exp) Silber (exp) Gold (exp) Uran (exp) Chrom (exp)	Arsen (besonders Atoxyl) Phosphor Salvarsan Kohlenoxyd(exp) Phosgen Jod Brom (exp) Blausäure	Salzsäure Kalilauge Formalin (exp)	Pikrinsäure (exp)	Sulfonal (ch) Veronal (ch) Äther (exp) Äthylalkohol (ch, exp)
Hämo- bzw. methämoglobinurische Veränderungen [1]		Wismut	Arsenwasserstoff Chlorsaure Salze Brom (?)	Schwefelsäure (?) Essigsäure	Nitrosegase (?) Nitrobenzole	Chloralhydrat (exp)
Kapilläre u. größere Thromben (etwaig Infarkte)		Barium Sublimat Uran (exp) Chrom (exp)	Phosgen	Salzsäure		
Sklerosierende (entzündliche?) Gefäßveränderungen		Blei (ch)	Jod (exp)			

[1] S. auch Urin (Tabelle 30).

Niere.

Gifte					
Aromatische Reihe	Fette, Öle, Balsame, Harze usw.	Alkaloide und Glykoside	Giftige Pflanzen und ihre Bestandteile	Giftige Tiere	Nahrungsmittel
Alle Hämoglobinurie verursachenden Stoffe (s. diese Tabelle unten)					
			Aloin (exp) Aristolochia (exp)		
Alle starke Verfettung verursachenden Stoffe (s. diese Tabelle unten)					
Karbol Lysol	Glyzerin Sadebaumöl Terpentinöl	Saponine	Morchel Aloin (exp) Delphinin	Kanthariden	Botulismus
Anilin Phenazetin Karbol Lysol Trikresol (exp) Phenolphthalein (?) Benzin Naphthalin	Perubalsam Glyzerin (exp)	Opium Sekale Berberin (exp) Kokain (ch, exp) Saponine (exp)	Aristolochia (exp) Morchel Rizin Daphniumsubstanzen Aloin (exp) Abrin (exp) Santonin (?)	Schlangen (exp)	Miesmuschel
Karbol Pyrogallol Benzin Phenazetin (exp)	Perubalsam Sadebaumöl	Chinin Sekale corn. Strychnin Solanin (exp) Saponine	Knollenblätterschwamm Morchel Speiteufel Rizin Aloin (exp) Aristolochia (exp) Zytisin (exp)	Schlangen Kanthariden (exp)	Barbe (?)
Anilin Dioxybenzol Antifebrin Phenazetin Karbol Guajakol Naphthol Naphthalin (exp) Pyrodin (exp) Pyrogallol (exp) Toluylendiamin (exp)	Glyzerin (exp)	Chinin Solanin (exp)	Morchel (?) Knollenblätterschwamm (exp) Apiol (?)		
Karbol (exp)		Nikotin (ch) Sekale corn.	Knollenblätterschwamm	Schlangen (exp)	
		Nikotin (ch)		Kanthariden	

Tabelle Nr. 29 (Fortsetzung).

Organbefund	Gifte				
	Metalle (bzw. ihre Salze)	Metalloide	Säuren und Alkalien	Nitrokörper	Narkotika der Fettreihe
Verfettung	Nickel (?) Aluminium(exp) Barium (exp) Kupfer (ch,exp) Zink (exp)	Antimon (exp) Arsen Salvarsan Phosphor Schwefelkohlen- stoff (exp) Jod (exp) Phosgen Jodoform (exp)	Schwefelsäure Salzsäure (exp) Essigsäure Formalin (exp)	Trinitrotoluol	Tetrachlor- methan Tetrachloräthan Sulfonal (ch) Chloralhydrat (exp) Chloralamid Äthylalkohol (exp) Chloroform
Glomerulo- nephritis	Blei (ch, ?) Chrom Osmium Sublimat Wismut Zink Kupfer (exp) Uran (exp) Gold (exp) Mangan (ch,exp)	Arsen Salvarsan Jod (?) Gelbkreuzstoff (exp) Blausäure (?)	Schwefelsäure Essigsäure Salzsäure (?) Ameisensäure (?) Ammoniak (?) Oxalsäure (exp)	Pikrinsäure (exp) Amylnitrit	Sulfonal (ch) Trional (ch) Tetrachlor- methan (exp) Äther (exp)
Sog. Entartungen (bis zu Nekrosen), etwaig gefolgt von entzündlich-regene-rativen Vorgängen	Chrom Gold Kollargol Quecksilber Wismut Barium Blei (ch) Zinn Kupfer (exp) Mangan (exp) Aluminium(exp) Kadmium (exp) Uran (exp)	Arsen (?) Phosphor Salvarsan Kohlenoxyd Schwefelkohlen- stoff (exp) Chlor Chlors. Salze Fluor Phosgen Jod Jodtetragnost (?) Jodoform (exp)	Essigsäure Oxalsäure Salzsäure Schwefelsäure Formalin Salpetersäure(?)	Pikrinsäure (?) Nitrosegase Dinitrophenol (exp)	Sulfonal (ch) Veronal Chloroform Chloralamid Chloralhydrat (exp) Azeton (exp, ?) Äther (ch, exp?) Äthylalkohol (exp)
Fibrose (mit und ohne Schrumpfung)	Blei (ch) Quecksilber (ch, ?) Uran (ch, exp) Chrom (exp) Mangan (ch,exp)	Phosphor (ch) Jod (exp)	Schwefelsäure Salzsäure Formalin (exp)		Äthylalkohol (ch)
Hochgradige Speicherung eisen-positiven Pigments	Wismut Kupfer (ch, ?) Eisen (exp)	Jod (exp)		Nitrosegase Dinitrobenzol	
Ablagerung anor-ganischer, zum Teil körperfremder Stoffe	Wismut: Bi u.Ca Quecksilber: Ca Mangan: Ca Silber(Argyrose) Kollargol Chrom (exp): Ca Kupfer (exp): Ca Eisen (ch, exp): Ca Blei (ch,exp): Ca Uran (exp): Ca	Phosphor: Ca Schwefel (exp): Ca Arsen (exp): Ca Jod (exp): Ca	Salzsäure: Ca Oxalsäure: Oxalate Formalin (exp): Ca		Veronal: Ca Sulfonal (exp): Ca

Niere.

	Gifte				
Aromatische Reihe	Fette, Öle, Balsame, Harze usw.	Alkaloide und Glykoside	Giftige Pflanzen und ihre Bestandteile	Giftige Tiere	Nahrungsmittel
Salizylsäure Karbol Lysol	Perubalsam Pulegonöl Lanolin (exp)	Opium Morphium (ch) Kokain (exp) Saponine (exp)	Knollenblätter- schwamm Morchel Pikrotoxin Lupinose (der Tiere) (exp) Aloin (exp)	Schlangen	Miesmuschel Fleisch Botulismus
Salizylsäure (?) Phenazetin Phenolphthalein Karbol Lysol Benzin Petroleum (?) Anilin (?) Naphthalin Naphthol Chrysarobin (?) Toluylendiamin (exp)	Perubalsam (?) Terpentinöl (?) Glyzerin (exp, ?)	Kolozynthin (?) Saponine (exp) Berberin (exp, ?)	Knollenblätter- schwamm Santonin Filixsäure (?) Daphninsub- stanzen Abrin (exp, ?) Aloin (exp) Rizin (?)	Kanthariden Schlangen (exp)	Fleisch
Karbol Lysol Salol (?) Phenolphthalein (?) Teer (exp) Trikresol (exp, ?)	Perubalsam Sadebaumöl Chenopodiumöl Glyzerin (exp) Vigantol	Morphium (?) Opium (exp) Sekale corn. (ch, exp) Saponine (exp)	Knollenblätter- schwamm Morchel Apiol (?) Zyklamin (?) Zytisin (?) Aloin (exp) Aristolochia (exp) Berberin (exp) Rizin (exp)	Kanthariden (ch, exp) Schlangen (exp)	Barbe Botulismus
Salol (?) Karbol (ch, exp)			Aloin (exp)	Kanthariden (ch, exp) Schlangen (exp): „Habu- schrumpfniere"	
Naphthol Pyrogallol (exp)			Morchel Aristolochia (exp)		
Naphthol: Ca Karbol (ch): Ochronosepig- ment Guajakol: teerähnliche Massen (?)	Vigantol: Ca	Veratrin (exp): Ca	Knollenblätter- schwamm: Ca Morchel: Ca Aloin (exp): Ca	Schlangen (exp): Ca Kanthariden (ch, exp): Ca	

Tabelle Nr. 30.

Befund		Gifte				
		Metalle (bzw. ihre Salze)	Metalloide	Säuren und Alkalien	Nitrokörper	Narkotika der Fettreihe
Oligurie bis Anurie		Quecksilber, insbes. Sublimat	Arsenwasserstoff Chlors. Salze	Oxalsäure	Nitrite	
Farbe	rot- bis braungelb				Pikrinsäure	
	weinrot (portweinfarben)	Blei (ch)				Veronal Sulfonal Trional } (ch)
	braunrot bis braunschwarz	Alle Hämaturie und Hämo- bzw. Methämoglobinurie verursachenden Stoffe (s. Tabelle 29)				
	grünbraun bis dunkelgrün					
Geruch			Selen } Tellur } knoblauchartig Schwefelverbindungen: wie faule Eier	Laugen (bei Kindern): nach Azeton		
Vorhandensein von	Erythrozyten	Chromsäure Quecksilber	Phosphor Arsenwasserstoff Brom (exp, ?) Jod (exp) Blausäure	Salpetersäure Schwefelsäure	Dinitrobenzol (exp) Trinitrotoluol (exp) Paraphenylendiamin (exp) Pikrinsäure (?)	Veronal (ch)
	Hämoglobin bzw. Methämoglobin [1]	Barium Quecksilber (?) Kupfersulfat (ch, exp)	Arsenwasserstoff Chlors. Salze Lugolsche Lösung (exp)	Salzsäure Schwefelsäure Essigsäure Ameisensäure (exp)	Nitrosegase Bismut. subnitric. Dinitrobenzol	
	Hämatoporphyrin	Blei (ch) Zinksalze (?)			Dinitrobenzol (exp ?)	Veronal Sulfonal Trional } (ch)

[1] Bei geringen Graden der Hämolyse tritt die Niere nicht in Tätigkeit: Leber und Milz reißen

Harn.

Gifte					
Aromatische Reihe	Fette, Öle, Balsame, Harze usw.	Alkaloide und Glykoside	Giftige Pflanzen und ihre Bestandteile	Giftige Tiere	Nahrungsmittel
Alle Hämo- bzw. Methämo-globinurie ver-ursachenden Gifte		Chinin	Apiol (?)	Kanthariden (?)	
Naphthol Pyramidon			Santonin Rhabarber		
Phenolphthalein Antipyrin			Sennesblätter		

Alle Hämaturie und Hämo- bzw. Methämoglobinurie verursachenden Stoffe (s. Tabelle 29)

Aromatische Reihe	Fette, Öle, Balsame, Harze usw.	Alkaloide und Glykoside	Giftige Pflanzen und ihre Bestandteile	Giftige Tiere	Nahrungsmittel
Phenole Pyrogallol Naphthol Salol			Zytisin		
Phenole: Kar-bolgeruch	Terpentinöl: nach Veilchen Sadebaumöl	Senföl (exp)	Chelidonium: widerlich		
Karbol Pyrogallol Phenazetin Phenolphthalein Naphthalin Naphthol Chrysarobin (ch) Salizylsäure Pyrodin (exp)	Terpentinöl Sadebaumöl	Saponine	Santonin Chelidonium Rheum Knollenblätter-schwamm	Schlangen	
Naphthalin Guajakol Anilin Phenazetin Karbol (?) Pyrogallol Naphthol Pyrodin (exp) Toluidin (exp) Toluylendiamin (exp)	Glyzerin (exp)	Saponine Chinin	Santonin Morchel (?) Knollenblätter-schwamm (exp) Apiol (?)		
Lysol (?)					

das Hämoglobin und die ausgelaugten Stromata aus der Blutbahn an sich.

Tabelle Nr. 31.

Organbefund	Gifte				
	Metalle (bzw. ihre Salze)	Metalloide	Säuren und Alkalien	Nitrokörper	Narkotika der Fettreihe
Blutreichtum, Blutungen, (Ödem)	Barium Chromsäure Sublimat	Chlors. Salze Arsen (exp)		Phenylendiamin Paranitroanilin (exp)	
Entzündung (etwaig Geschwürsbildung)	Chromsäure Sublimat	Schwefelkohlenstoff Bromnatrium(ö)		Phenylendiamin Paranitroanilin (exp)	
Verätzung (bzw. Nekrosen)	Sublimat	Bromnatrium(ö)			
Gewächsbildungen	Kobalt (?)				

Tabelle Nr. 32.

Organbefund	Gifte				
	Metalle (bzw. ihre Salze)	Metalloide	Säuren und Alkalien	Nitrokörper	Narkotika der Fettreihe
Rückschrittliche Veränderungen (Azoospermie)	Blei (ch)	Jod (exp) Arsen (exp)			Äthylalkohol (ch)

Tabelle Nr. 33.

Organbefund	Gifte				
	Metalle (bzw. ihre Salze)	Metalloide	Säuren und Alkalien	Nitrokörper	Narkotika der Fettreihe
Verätzung (Entzündung, Nekrosen)	Chromsäure (ö) Eisenchlorid (ö) Chlorzink (ö) Sublimat	Borsäure (ö) Arsen (ö)	Ameisensäure(ö) Laugen (ö)		
Fremdkörper	Kupfervitriolkristalle Sublimatpastillen	Arsenkristalle	Oxalatkristalle		

Harnblase.

			Gifte		
Aromatische Reihe	Fette, Öle, Balsame, Harze usw.	Alkaloide und Glykoside	Giftige Pflanzen und ihre Bestandteile	Giftige Tiere	Nahrungsmittel
Karbol Anilin und -ab- kömmlinge Naphthalin Phenolphthalein Toluylendiamin (exp)	Thujaöl Sadebaumöl	Saponine	Santonin Delphinin (exp)	Schlangen Kanthariden	
Karbol Anilin u. -ab- kömmlinge Naphthol Toluylendiamin (exp)	Thujaöl Sadebaumöl		Kolchizin Santonin Knoblauch		
Anilin und -ab- kömmlinge					
Benzidin Toluidin β-Naphthyl- amin Anilin u. -ab- kömmlinge Paraffine					

Hode.

			Gifte		
Aromatische Reihe	Fette, Öle, Balsame, Harze usw.	Alkaloide und Glykoside	Giftige Pflanzen und ihre Bestandteile	Giftige Tiere	Nahrungsmittel
		Morphium (ch)			

Scheide.

			Gifte		
Aromatische Reihe	Fette, Öle, Balsame, Harze usw.	Alkaloide und Glykoside	Giftige Pflanzen und ihre Bestandteile	Giftige Tiere	Nahrungsmittel
Kreolin (ö)				Ameisen (ö)	

Tabelle Nr. 34.

Organbefund	Gifte				
	Metalle (bzw. ihre Salze)	Metalloide	Säuren und Alkalien	Nitrokörper	Narkotika der Fettreihe
Blutungen (Abort)	Quecksilber (ch) Alaun Blei Barium	Schwefelkohlen- stoff Phosphor Blausäure Kali chloricum	Schwefelsäure Ammoniak	Nitrobenzol	Sulfonal (ch) Bromäthylen Tetrochlor- methan
Verätzung	Zinksalze (ö) Eisenchlorid (ö)	Phosphor (ö) Arsen (ö)	Oxalsäure (ö) Formalin (ö) Laugen (ö)		

Tabelle Nr. 35.

Organbefund	Gifte				
	Metalle (bzw. ihre Salze)	Metalloide	Säuren und Alkalien	Nitrokörper	Narkotika der Fettreihe
Blutungen		Phosphor			
Atrophie (Follikel- atresie, Fibrose)	Sublimat (exp)	Jod (exp)			Äthylalkohol (ch, ?)

Tabelle Nr. 36.

Organbefund	Gifte				
	Metalle (bzw. ihre Salze)	Metalloide	Säuren und Alkalien	Nitrokörper	Narkotika der Fettreihe
Verschiedenes	Quecksilber: Nekrosen	Phosphor: Blu- tungen, Zer- reißlichkeit Chlors. Salze: graubraune Verfärbung			

Tabelle Nr. 37.

Organbefund	Gifte				
	Metalle (bzw. ihre Salze)	Metalloide	Säuren und Alkalien	Nitrokörper	Narkotika der Fettreihe
Gifte, welche trans- plazentar auf den Fetus übergehen	Blei Quecksilber Kupfer Wismut	Phosphor Arsen Kohlenoxyd Jod Chlors. Salze	Oxalsäure		Chloroform Äthylalkohol Äther Äthylbromid
Hautfarbe		Chlorkalium: schmutzig- bräunlich			
Organverände- rungen	Quecksilber (exp) Blei (ch)	Phosphor Kohlenoxyd Chlorkalium	Oxalsäure		Chloroform

Gebärmutter.

	Gifte				
Aromatische Reihe	Fette, Öle, Balsame, Harze usw.	Alkaloide und Glykoside	Giftige Pflanzen und ihre Bestandteile	Giftige Tiere	Nahrungsmittel
Salizylsäure (?)	Sadebaumöl Thujaöl	Chinin Sekale corn. Digitalis Pilokarpin Yohimbin		Kanthariden Schlangen	
Lysol (ö) Kreolin (ö)					

Eierstöcke.

	Gifte				
Aromatische Reihe	Fette, Öle, Balsame, Harze usw.	Alkaloide und Glykoside	Giftige Pflanzen und ihre Bestandteile	Giftige Tiere	Nahrungsmittel
		Nikotin (ch, ?)			

Plazenta.

	Gifte				
Aromatische Reihe	Fette, Öle, Balsame, Harze usw.	Alkaloide und Glykoside	Giftige Pflanzen und ihre Bestandteile	Giftige Tiere	Nahrungsmittel
	Thujaöl: Infarzierung (?) Vigantol (exp): Verkalkung der Gefäße		Krozin: goldgelbe Färbung		

Fetus und Neugeborenes.

	Gifte				
Aromatische Reihe	Fette, Öle, Balsame, Harze usw.	Alkaloide und Glykoside	Giftige Pflanzen und ihre Bestandteile	Giftige Tiere	Nahrungsmittel
Salizylsäure Anilin Lysol		Atropin Morphium Chinin Strychnin Sekale corn.	Krozin Knollenblätterschwamm (exp)		
			Krozin: goldgelb		
Lysol Phenylhydrazin (exp)		Sekale corn. (ch, exp)			

Schrifttum[1].

Zusammenfassende Darstellungen, Allgemeines.

Abelsdorff, G.: Sehnervenveränderungen bei Vergiftungen. Handbuch der speziellen pathologischen Anatomie und Histologie von Henke-Lubarsch, Bd. 11, 1, S. 748. 1928. — Arneth: Die qualitative Blutlehre, Bd. 1. Leipzig 1920. — Aschoff: Harnapparat. Lehrbuch der pathologischen Anatomie. — Askanazy: (a) Chemisch-toxische Momente als Krankheitsursachen. Aschoffs Lehrbuch. (b) Knochenmark. Handbuch der speziellen pathologischen Anatomie und Histologie von Henke-Lubarsch, Bd. 1, 2, S. 775. 1926.

Baader, E.: Die meldepflichtigen Berufskrankheiten. Heft der staatlichen Sammlung des Kaiserin-Friedrich-Hauses für ärztliches Fortbildungswesen 1927. — Barbacci: Ref. über die Nervenzelle. Zbl. Path. 1899, 865. — Baumann, W.: Untersuchungen über die Muskelstarre. Pflügers Arch. 167, 117 (1917). — Baumert: Lehrbuch der gerichtlichen Chemie 1907. — Beck: Intoxikationen. Handbuch von Denker-Kahler, Bd. 6. — Benda: Venen. Handbuch der speziellen pathologischen Anatomie und Histologie von Henke-Lubarsch, Bd. 2, S. 787. 1924. — R. Beneke: Die Thrombose. Krehl-Marchand, Bd. 2. — Bert: La rigidité cadavérique. C. r. Soc. Biol. Paris 11, 522 (1885). — Beutner: Elektrische Veränderungen im Gewebe als Ursache der Giftwirkungen. Klin. Wschr. 1928, 648. — Bierfreund: Untersuchungen über die Totenstarre. Pflügers Arch. 43, 195 (1888). — Birch-Hirschfeld: Lehrbuch der pathologischen Anatomie. — Blaschko: (a) Berufsdermatosen der Arbeiter. Dtsch. med. Wschr. 1889, 915. (b) Ätiologie und Wesen der gewerblichen Hautaffektionen (bei Oppenheim, Rille und Ullmann) und Dtsch. med. Wschr. 1892, 144. (c) Gewerbliche Hautkrankheiten. Handbuch der Arbeiterkrankheiten von Weyl. Jena: Gustav Fischer 1908. — Boehm, R.: Die chemischen Krankheitsursachen. Krehl-Marchand, Bd. 1. — Böhm, M.: Handbuch der Intoxikationen, II. Aufl. 1880. — Borst: Referat über Infektion, Parasitismus und Gewächsbildung. Verh. dtsch. path. Ges. 22, 6 (1927). — Brown-Séquard: Proc. roy. Soc. 1861. — Busch: Physikalisch-chemische Untersuchungen zur Theorie der Giftwirkung. Verh. dtsch. path. Ges. 1921, 113.

Casper-Liman: Handbuch der gerichtlichen Medizin. — Cloetta: Die Vergiftungen durch Alkaloide und andere Pflanzenstoffe. Lehrbuch der Toxikologie von Flury und Zangger, 1928. — Cords: Gewerbliche Erkrankungen der Augen. Handbuch der sozialen Hygiene. Berlin: Julius Springer 1926. — Curschmann, H.: Lehrbuch der Arbeiterversicherungsmedizin von Gumbrecht. Leipzig 1913.

Dexler: Pathologie des Nervensystems bei Tieren. Erg. Path. 7, 455 (1900). — Dittrich: Handbuch der ärztlichen Sachverständigentätigkeit, 7. Aufl.

Ehrlich: Untersuchungen zur Histologie und Klinik des Blutes. Berlin: August Hirschwald. — Eppinger: Die hepato-lienalen Erkrankungen. Encyklopädie der klinischen Medizin. Berlin: Julius Springer 1920. — Ernst, P: (a) Tod und Nekrose. Krehl-Marchand, Bd. 3, 2. (b) Pathologie der Zelle. Krehl-Marchand, Bd. 3, 1. — Eulenberg: Handbuch der Gewerbehygiene. Berlin 1876.

Fahr: Pathologische Anatomie des Morbus Brightii. Handbuch der speziellen pathologischen Anatomie und Histologie von Henke-Lubarsch, Bd. 6, 1, S. 156. 1925. — Falck, F. A.: Intoxikationen. Handbuch der speziellen Pathologie und Therapie von Virchow, Bd. 2. Erlangen 1855. — Filehne: Über die Durchgängigkeit der menschlichen Epidermis für feste und flüssige Stoffe. Berl. klin. Wschr. 1898, 45. — Firgau: Gifte und stark wirkende Arzneimittel. Berlin: Haering 1901. — Flury und Zangger: Lehrbuch der Toxikologie. Berlin: Julius Springer 1928. — Frey, E.: Wirkungen von Gift- und Arzneistoffen. Berlin: Julius Springer 1921. — Frey, H.: Die toxischen Erkrankungen des Gehörorgans. Internat. Zbl. Ohrenheilk. 2, 251 (1904). — Fröhner: Lehrbuch der Toxikologie für Tierärzte. Stuttgart: Ferdinand Enke 1927.

Gadamer: Lehrbuch der chemischen Toxikologie. Göttingen 1924. — Gerlach, W.: Postmortale Form- und Lageveränderungen. Erg. Path. 20, 2, 259 (1923). — Grawitz, E.: Über den Einfluß gewerblicher Schädigungen und Gifte auf das Blut. Handbuch der Arbeiterkrankheiten von Weyl. Jena: Gustav Fischer 1908, S. 647.

Haberda: Lehrbuch der gerichtlichen Medizin 1927. — Harnack und Hildebrandt: Postmortale Wirkung von Ätzgiften im Magen. Arch. exper. Path. Suppl. 1908, 246. — Hart-Mayer: Kehlkopf, Luftröhre und Bronchien. Handbuch der speziellen pathologischen Anatomie und Histologie von Henke-Lubarsch, Bd. 3, 1, S. 459. 1928. — Heffter: Handbuch der experimentellen Pharmakologie. Berlin: Julius Springer 1924. — Heine, L.: Die Krankheiten des Auges. Berlin: Julius Springer 1921. — Heinz, R.: Handbuch der experimentellen Pathologie und Pharmakologie, 1906/07. — Herrmann, Fr.: Über funktionelle Disposition zu Vergiftungen. Frankf. Z. Path. 36, 48 (1928). — Hessberg:

---

[1] Ein kleiner Teil der angeführten Arbeiten konnte nicht in der Urschrift gelesen werden, da mir dieselbe entweder nicht zugänglich oder — zufolge falscher bzw. ungenauer Angaben der betreffenden Berichterstatter — nicht auffindbar war.

Schädigungen der Augen in Beruf und Gewerbe. Handbuch von OPPENHEIM-RILLE, Bd. 3, S. 153. 1926. — HEUBNER: Zur Systematik der Giftwirkungen. Verh. dtsch. pharmakol. Ges. Innsbruck 1924. Ref. Arch. f. exper. Path. 105, 1 (1925). — HIRT, L.: Handbuch der speziellen Pathologie von ZIEMSSEN, Bd. 1, S. 422. 1874. — HÖBER: Über Resorption im Darm. Pflügers Arch. 86, 199 (1901). — HOFER: Potenzierung von Gaswirkungen. Arch. f. exper. Path. 111, 183 (1925). — HOFMANN, E.v.: Die forensisch wichtigsten Leichenerscheinungen. Vjschr. gerichtl. Med. 25, 246 u. 26, 187 (1876/77). — HOFMANN-HABERDA, E. v.: Lehrbuch der gerichtlichen Medizin. Wien u. Berlin: Urban u. Schwarzenberg 1927. — HUEBSCHMANN: Fremde Blutbeimengungen. Handbuch der speziellen pathologischen Anatomie und Histologie von HENKE-LUBARSCH, Bd. 1, 1, S. 129. 1926. — HUSEMANN: Handbuch der Toxikologie. Berlin 1862.

IMMERMANN: ZIEMSSENS Spezielle Pathologie und Therapie, Bd. 13, 2, 453. 1879.

JAKSCH: Vergiftungen. NOTHNAGELS Spezielle Pathologie und Therapie. Wien 1897. Bd. 1. JESSNER: Lehrbuch der Haut- und Geschlechtskrankheiten, Bd. 1. 1913. — JORES: Arterien. Handbuch der speziellen pathologischen Anatomie und Histologie von HENKE-LUBARSCH, Bd. 2, S. 712. 1924.

KANNGIESSER: Die akuten Vergiftungen. Jena: Gustav Fischer 1911. — KAUFMANN, E.: Lehrbuch der speziellen pathologischen Anatomie, 8. Aufl. 1922. — KIONKA: Grundriß der Toxikologie. Leipzig 1901. — KIPPER: Kann mit Sicherheit aus dem Sektionsbefund allein auf die Anwendung eines bestimmten Giftes geschlossen werden? Dtsch. Z. gerichtl. Med. 8, 395 (1926). — KISCH, B.: Zur Kenntnis der Relativität der Giftigkeit. Klin. Wschr. 1928, 2380. — KOBERT: (a) Lehrbuch der Intoxikationen. Stuttgart: Ferdinand Enke (Ält. Schrifttum!) 1893. (b) Kompendium der prakt. Toxikologie, 1912. — KOELSCH: (a) Vergiftungen. Handbuch der sozialen Hygiene. Berlin: Julius Springer 1926. (b) Gewerbliche Medizin (Sammelbericht). Münch. med. Wschr. 1927, 2031. — KÖLLIKER: Physiologische Untersuchungen über die Wirkung einiger Gifte. Virchows Arch. 10, 289 (1856). — KRATTER: Lehrbuch der gerichtlichen Medizin, 2. Aufl. 1921. — KRAUS, E. J.: Hypophyse. Handbuch der speziellen pathologischen Anatomie und Histologie von HENKE-LUBARSCH, Bd. 8, S. 844. 1926. — KREHL-MARCHAND: Handbuch der allgemeinen Pathologie, Bd. 1, 1908. — KUNKEL: Handbuch der Toxikologie. Jena 1901. — KUSSMAUL: Über die Totenstarre. Prag. Vjschr. 50, 67 (1856).

LEHMANN, K. B.: (a) Arbeits- und Gewerbehygiene, 1919. (b) Methoden der praktischen Hygiene. Wiesbaden 1890. — LEINEWEBER: Über Elimination subcutan applicierter Arzneimittel durch die Magenschleimhaut. Inaug.-Diss. Göttingen 1883. — LESSER, A.: (a) Atlas der gerichtlichen Medizin. (b) Über die Verteilung einiger Gifte im menschlichen Körper. Vjschr. gerichtl. Med., III. F. 15, 27 u. 16, 89 (1898). — LEWIN, L.: (a) Die Nebenwirkungen der Arzneimittel. Berlin: August Hirschwald 1899. (b) Fruchtabtreibung durch Gifte und andere Mittel, 1925. (c) Lehrbuch der Toxikologie. Wien u. Berlin: Urban & Schwarzenberg 1928. (d) Gifte und Vergiftungen. Berlin: Georg Stilke 1929. — LEWIN, L. u. GUILLERY: Die Wirkungen von Arzneimitteln und Giften auf das Auge. Berlin: August Hirschwald 1913. — LIMAN: Handbuch der gerichtlichen Medizin, 7. Aufl. — LÖWY, J.: Die Klinik der Berufskrankheiten. Haim 1924. — LUBARSCH: Pathologische Ablagerungen. Handbuch der speziellen pathologischen Anatomie und Histologie von HENKE-LUBARSCH, Bd. 6. 1, S. 525. 1925.

MARINESCO: Pathologie générale de la cellule nerveuse. Presse méd. 1897, No. 8. — MASCHKA: Handbuch der gerichtlichen Medizin. — MAXIMOW und KOROWIN: Pathologische Anatomie der Vergiftungen. Erg. Path. 5, 685 (1898). — MELTZER: On absorption of strychnine and hydrocyanic acid from the mucous membrane of the stomach. J. of exper. Med. 1896. — MERKEL: Die Magenverätzungen. Handbuch der speziellen pathologischen Anatomie und Histologie von HENKE-LUBARSCH, Bd. 4, 1, S. 219. 1926. — MESNIL, DU: Über das Resorptionsvermögen der normalen menschlichen Haut. Dtsch. Arch. klin. Med. 52, 47 (1894). — MEYER, H.: Über die Beziehung zwischen den Lipoiden und pharmakologischer Wirkung. Münch. med. Wschr. 1909, 1577. — MEYER, H. und R. GOTTLIEB: Die experimentelle Pharmakologie als Grundlage der Arzneibehandlung, 2. Aufl. Berlin u. Wien: Urban & Schwarzenberg 1911. — MILLER: Über Hämoglobinurie. Berl. klin. Wschr. 1912, 1921. — MISCH: Lehrbuch der Grenzgebiete der Medizin und Zahnheilkunde. Leipzig 1923. — MÖNCKEBERG: Erkrankungen des Myokards. Handbuch der speziellen pathologischen Anatomie und Histologie von HENKE-LUBARSCH, Bd. 2, S. 290. 1924. — MOOS: Intoxikationen. Schwartzes Handbuch, S. 596. Leipzig: F. C. W. Vogel 1892. — MORGENSTERN: Experimentelle Ergebnisse zur Frage des Temperatureinflusses auf die Leichenstarre. Dtsch. Z. gerichtl. Med. 9, 718 (1927). — MORPURGO: Berichte über die italienische Literatur. Erg. Path. 12, 63 (1908). — MÜLLER, J.: Erfahrungen über kombinierte Vergiftungen im Gewerbe. Zbl. Gewerbehyg. 1919, 57.

NAUNYN: Der Diabetes. NOTHNAGELS Spezielle Pathologie, Bd. 6 u. 7.

OPPENHEIM, H.: Lehrbuch der Nervenkrankheiten. Berlin: S. Karger 1923. — OPPENHEIM M.: (a) Die beruflichen Stigmata der Haut. Handbuch von OPPENHEIM-

Rille-Ullmann. (b) Hautschädigungen durch Kobalt. Handbuch von Oppenheim-Rille-Ullmann. — Oppenheim, M. und Neugebauer: Gewerbliche Hautkrankheiten. Handwörterbuch der sozialen Hygiene von Grotjahn und Krause, Bd. 1, S. 427. 1912. — Oppenheim-Rille-Ullmann, M.: Gewerbliche Hautschädigungen. Leipzig: Voß 1926. — Orfila: Lehrbuch der Toxikologie, 5. Aufl. 1854. — Orth: Lehrbuch der speziellen pathologischen Anatomie.

Paltauf: Über die Beziehungen des Eintritts der Totenstarre zu verschiedenen Giften. Wien. klin. Wschr. 1892, 511. — Pappenheim: Morphologische Hämatologie. Leipzig: W. Klinkhardt. — Penzoldt-Stinzing: Vergiftungen. Handbuch der Therapie, Bd. 2. — Perutz: Die gewerblichen Schädigungen der Haut durch Quecksilber. Handbuch von Oppenheim-Rille-Ullmann, Bd. 2, S. 155. 1926. — Pfeifer: Die Erkrankungen der Hirnsubstanz. Lehrbuch der Nervenkrankheiten von H. Oppenheim. Berlin: S. Karger 1923. — Pilz, W.: Über den Einfluß verschiedener Gifte auf die Totenstarre. Inaug.-Diss. Königsberg 1901. — Placzek: Über Pupillenveränderungen nach dem Tode. Virchows Arch. 173, 172 (1903). — Pohl, J.: Intoxikationen. Erg. Path. 2, 418 (1894). — Poulsson: Lehrbuch der Pharmakologie. Leipzig: S. Hirzel 1929. — Pribram: Über Beziehungen zwischen chemischer Konstitution und pharmakologischen Wirkungen. Wien. klin. Wschr. 1908, 1079. — Puppe: In Atlas und Grundriß der gerichtlichen Medizin. Lehmanns med. Handatlanten.

Ranke: Versuche über Nachweisbarkeit des Strychnins in verwesenden Kadavern. Virchows Arch. 75, 1 (1879). — Recklinghausen, v.: Pathologie des Kreislaufs und der Ernährung. 1883, S. 349. — Richter, M.: Gerichtsärztliche Diagnostik und Technik. Leipzig 1905. — Ritter, P.: Die beruflichen Mundhöhlenerkrankungen. Handbuch der Arbeiterkrankheiten von Weyl. Jena: Gustav Fischer 1908. — Rost, E.: Organische Gifte. Handbuch von Kraus-Brugsch, Bd. 9/I, S. 1179. 1923.

Sacerdoti: Erg. Path. 5, 889 (1898). — Saemisch: Die Krankheiten der Konjunktiva. Handbuch der gesamten Augenheilkunde von Graefe-Saemisch, Bd. 5, 1. 1904. — Schödrer, P.: Beitrag zur Lehre von den Intoxikationspsychosen. Allg. Z. Psychiatr. 63, 714 (1906). — Schuchardt: Vergiftungen. Handbuch der gerichtlichen Medizin von Maschka, Bd. 2. 1882. — Schwenkenbecher: Das Absorptionsvermögen der Haut. Arch. f. Physiol. 117, 121 (1904). — Seifert, O.: (a) Die Nebenwirkungen der modernen Arzneimittel. Würzburg: Curt Kabitzsch 1925. (b) Nachtrag zu Nebenwirkungen. Würzburg. Abhand. prakt. Med. 25 (1929). (c) Gewerbekrankheiten der Nase und Mundrachenhöhle. Haugs klin. Vortr. 1, 179 (1895/96). — Spielmeyer: Histopathologie des Nervensystems. Berlin: Julius Springer 1922. — Starkenstein, E.: Vergiftungen. Handbuch von Kraus-Brugsch, Bd. 9, S. 961. 1923. — Starkenstein, E. Rost und J. Pohl: Lehrbuch der Toxikologie. Wien u. Berlin: Urban & Schwarzenberg 1929. — Steindorff: Auge und Vergiftungen. Jber. Ophthalm. 52, 306 (1925). — Sternberg, C.: Darmsystem. Handbuch der allgemeinen Pathologie des Kindesalters von Brüning und Schwalbe, Bd. 2. — Strassmann, F.: (a) Die Totenstarre am Herzen. Vjschr. gerichtl. Med., N. F. 51, 300 (1889). (b) Lehrbuch der gerichtlichen Medizin. — Strassmann, F. und Kirsteiner: Über die Diffusion von Giften an der Leiche. Virchows Arch. 136, 127 (1894). — Strümpell: Lehrbuch der speziellen Pathologie und Therapie, Bd. 2. — Süssmann: (a) Beitrag zur Frage der Permeabilität der intakten Haut für Bleiverbindungen. Münch. med. Wschr. 1918, 1407. (b) Studien über Resorption von Blei und Quecksilber durch die unverletzte Haut. Arch. f. Hyg. 90, 175 (1921).

Tardieu: Vergiftungen, 1868. — Teleky: (a) Die Erkrankungen der Phosphorzündholzarbeiter. Handbuch der Arbeiterkrankheiten, S. 225. Jena: Gustav Fischer 1903. (b) Vergiftungen durch Blei. Handbuch der sozialen Hygiene. Berlin: Julius Springer 1926. — Tendeloo: Allgemeine Pathologie, 1919. — Thorel: Pathologie der Kreislaufsorgane des Menschen. Erg. Path. 17 II, 9 (1915) u. 18 I, 1 (1915). — Török: Lehrbuch der Hautkrankheiten von Riecke, 3. Aufl. Jena: Gustav Fischer 1914.

Uhthoff: (a) Die Augenveränderungen bei Vergiftungen. Handbuch der gesamten Augenheilkunde von Graefe-Saemisch, Bd. 11, 2. 1911. (b) Beiträge zu den Sehstörungen bei Vergiftungen. Klin. Mbl. Augenheilk. 74, 1 (1925).

Wachholz: Tod durch Vergiftung. Schmidtmanns Handbuch der gerichtlichen Medizin. Bd. 1. 1905. — Wacker: Über die experimentelle Festlegung der Totenstarre im Tierversuch. Münch. med. Wschr. 1927, 1041 u. Biochem. Z. 184, 192 (1927). — Walther: Handbuch der Arbeiterkrankheiten. Jena: Gustav Fischer 1908. — Weber, L. W.: Die toxischen Psychosen. Erg. Path. 13, II, 661 (1909). — Wegelin: Die Schilddrüse. Handbuch der speziellen pathologischen Anatomie und Histologie von Henke-Lubarsch, Bd. 7, S. 1. 1926. — Weimann: Intoxikationen. Handbuch der Geisteskrankheiten, Bd. 11. Berlin: Julius Springer 1930. — Wernicke: Lehrbuch der Gehirnkrankheiten, Bd. 2, S. 235. 1881. — Wertheim-Salomonsohn: Neuritis und Polyneuritis. Handbuch der Neurologie von Lewandowsky, Bd. 2. 1911. — Weyl: Handbuch der Arbeiterkrankheiten. Jena: Gustav Fischer 1908. — Winkler: Lymphgefäße. Handbuch der speziellen pathologischen Anatomie und Histologie von Henke-Lubarsch, Bd. 3, S. 938. 1924. — Winternitz, R.: Über Allgemeinwirkungen örtlich reizender Stoffe. Arch. f. exper. Path. **35**, 77 (1895).

Zander und Geissler: Verletzungen des Auges. Schmidts Jb. **100**, 321 (1858). — Zangger: (a) Gewerbliche Vergiftungen durch verschiedene gleichzeitig oder nacheinander wirkende Gifte. Zbl. Gewerbehyg. **2**, 313 (1914). (b) Vergiftungen. Schwalbe: Diagnostische und therapeutische Irrtümer. Leipzig: Georg Thieme 1924. (c) Über die Anforderungen an die kausale Beweisführung bei Krankheiten und Todesfällen und die Grenzen der morphologischen und chemischen Nachweismethoden. Virchows Arch. **254**, 843 (1925). (d) Gewerbliche Vergiftungen im Handbuch der sozialen Hygiene. Berlin: Julius Springer 1926. (e) Die Vergiftungen. Handbuch der inneren Medizin von Mohr-Staehelin, Bd. 4, S. 1523. 1927. (f) Die anorganischen Gifte. Flurys und Zanggers Lehrbuch der Toxikologie. Zuelzer: Über die Absorption durch die äußere Haut. Wien. med. Halle 1864. Angef. b. Fürbringer.

Metalle.

Achard: Parotitis bei chronischer Bleivergiftung. Bull. Soc. méd. Hôp. Paris **1896**. Ref. Zbl. Path. **9**, 729 (1898). — Achard et Weil: Le sang et les organs hématopoiét. du lapin après l'argent colloid. Arch. Méd. exper. et Anat. path. Paris **1907**, 319 u. Fol. haemat. (Lpz.) **7**, 76 (1909). — Adler, Alexandra: Chronische Quecksilbervergiftung auf medikamentöser Grundlage bei einem Syphilidophoben. Wien. klin. Wschr. **1929**, 1666. — Adler, E.: Fall von Kaliumpermanganatvergiftung mit tödlichem Ausgang. Med. Klin. **1914**, 1386. — Adler-Herzmark, J.: Zum Kapitel „Bleivergiftung". Wien. klin. Wschr. **1927**, 164. — Aiello: Note tra rene grinze saturnino. Lavoro **15**, 212 (1924). Ref. Dtsch. Z. gerichtl. Med. **4**, 594 (1924). — Alexander, A. und K. Mendel: Chronische Quecksilbervergiftung durch langdauernden Gebrauch einer Sommersprossensalbe. Dtsch. med. Wschr. **1923**, 1021. — Alexieff: Angef. in Naegeli (Blutkrankheiten). — Almkvist: (a) Merkurielle ulzeröse Stomatitis. Dermat. Wschr. **23**, 79 (1916). (b) Experimentelle Quecksilberstomatitis des Kaninchens. Dermat. Wschr. **24**, 1 (1917). (c) Über merkurielle Dermatosen. Arch. f. Dermat. **129**, 14 (1921) u. **141**, 342 (1922). (d) Zur Kenntnis der Ausscheidung des Quecksilbers. Arch. f. exper. Path. **82**, 221 (1918). (e) Über die Pathogenese der merkuriellen Kolitis. Dermat. Z. **13**, 827 (1906) u. **19**, 949 (1912). (f) Studien über die Lokalisation des Quecksilbers bei Quecksilbervergiftung. Nord. med. Ark. (schwed.) **1903**, II 2, 1. — Althoff: (a) 7 Fälle von Thalliumvergiftung in einer Familie. Dtsch. Z. gerichtl. Med. **11**, 478 (1928). (b) Tödliche Vergiftung durch Röntgenbrei. Med. Klin. **1924**, 1426. — Andler: Blasenverätzung infolge Abortversuchs. Zbl. Gynäk. **1927**, 2922. — Andrianoff: La cirrhose hépatique expér. d'origine cuprique alimentaire. Schweiz. med. Wschr. **1930**, 421. — Andrianoff und Ansbacher: Leber und Kupfer. Dtsch. med. Wschr. **1930**, 357. — Annino: Arch. ital. clin. Med. **32** (1893). — Annuschat: Bleiausscheidung durch die Galle bei Bleivergiftung. Arch. f. exper. Path. **7**, 45 (1877). — Arnold: Untersuchungen über Staubinhalation und Staubmetastasen. Leipzig 1885. — Arnoldi: Quecksilbervergiftungen im Laboratorium. Med. Welt **1930**, 293. — Aronowitsch: Beitr. z. physiolog. Wirkung d. Goldes. Inaug.-Diss. Würzburg 1881. — Asch: Einwirkung der Sublimatinjektion auf die Schleimhaut der Harnröhre. Münch. med. Wschr. **1905**, 1197. — Askanazy: Mikrolith und Pigmentkalkstein. Verh. dtsch. path. Ges. **1929**, 87. — Askanazy und Jentzer: Über Thrombosen vortäuschende Fettgewebsnekrosen nach Einspritzungen von Radiumemanationen in die Venen. Wien. med. Wschr. **1929**, 3. — Askanazy und Nakata: Die Stadien der Sublimatniere beim Menschen. Korresp.bl. Schweiz. Ärzte **1919**, 80. — Aub und Mitarbeiter: Lead poisoning. Medecine **4**, 1 (1925).

Baader, E.: (a) Die Erkennung der chronischen Bleivergiftung. Z. ärztl. Fortbildg **1928**, 210. (b) Beobachtungen an gewerblichen Bleivergiftungen. Vortr. V. internat. Kongr. Unfall- u. Gewerbekrankh. Budapest (im Manuskr. überl.). — Baehr: Über experimentelle Glomerulonephritis. Beitr. path. Anat. **55**, 545 (1913). — Baeyer: Vergiftung mit Induktionsflüssigkeit. Münch. med. Wschr. **1901**, 1245. — Bamberger: Die Septumperforation der Chromarbeiter. Münch. med. Wschr. **1902**, 2144. — Barenque: Beitr. z. Studium der Wismutstomatitis. Cuba odontologica **1925**, 7. Ref. Zahnärztl. Rdsch. **35**, 447 (1926). Bartfeld: Subakute Uranvergiftung der Kaninchen. Biochem. Z. **129**, 534 (1922). — Barth: Toxikologische Untersuchungen über Salpeter. Inaug.-Diss. Bonn 1879. — Bartsch: Quecksilbervergiftung mit tödlichem Ausgang. Münch. med. Wschr. **1907**, 2138. — Bary: Beitr. z. Bariumwirkung. Inaug.-Diss. Dorpat 1888. — Battaglia: Schrumpfniere nach Blei. Ref. Dtsch. med. Wschr. **1928**, 1271. — Baum und Seeliger: Die chronische Kupfervergiftung. Arch. Tierheilk. **24**, 80 (1898). — Baumann, W.: Pathologisch-anatomische Untersuchungen bei einem Fall von Kupfersulfatvergiftung. Inaug.-Diss. Jena 1912. — Bayer: Die Braunfärbung der Hornhaut durch Chrom. Med. Klin. **1908**, 1948. — Behrens, B.: Untersuchungen über Blei. Arch. f. exper. Path. **109**, 332

(1925). — BEHRENS, B. und PACHUR: Zur Pharmakologie des Bleies. Arch. f. exper. Path. 122, 319 (1927). — BEINTKER: Nierenreizung bei frischer Bleivergiftung. Med. Welt 1929, 1292. — BELL, BLAIR, HENDRY and ANNETT: The specific action of lead on the chorion epithelium of the rabbit .... J. Obstetr. 1, 1 (1925). — BENDERSKY: Zur Frage der Quecksilbervergiftung. Gröbersdorfer Veröffentlichungen 1 (1898). — BENEKE, R.: Die Thrombose. KREHL-MARCHAND Bd. 2, 2. — BENNECKE, A.: Studien über Gefäßerkrankungen durch Gifte. Virchows Arch. 191, 208 (1908). — BENNECKE (Marburg): Vergiftung mit Bismutnitrat. Münch. med. Wschr. 1906, 945. — BENNECKE, A. und HOFMANN: Angef. bei ERICH MEYER. — BERBERICH und JAFFÉ: Die Hoden bei Allgemeinerkrankungen. Frankf. Z. Path. 27, 395 (1922). — BERGER, H.: Eine akute Bleivergiftung. Ther. Mh. 10, 346 (1896). — BERGMANN, G. v.: Das spasmogene Ulcus pepticum. Münch. med. Wschr. 1913, 169. — BERKA: Kal. bichrom. Vergiftung. Münch. med. Wschr. 1903, 691. — BERNATZIK: Realencyklopädie der gesamten Heilkunde Bd. 11, S. 431. Angef. bei TSCHISCH. — BERRY: Vergiftung durch Radium. Med. Welt 1928, 1360. — BICKEL: Tödliche Vergiftung mit Thorium X. Berl. klin. Wschr. 1912, 1322. — BICKERT: Über Hämolysinbildung bei Kaninchen unter Bleiwirkung. Z. Immun.forschg 60, 297 (1929). — BIHLER: Fall von Bleiamblyopie. Arch. Augenheilk. 40, 274 (1900). — BLAIR: Chrome ulzers. J. amer. med. Assoc. 90, 1927 (1928). — BLASCHKO: Über physiologische Versilberung des elastischen Gewebes. Mh. Dermat. 5, 197 (1886) u. Arch. mikrosk. Anat. u. Entw.mechan. 27, 651 (1886). — BLINA: Die Hautveränderungen bei chronischer Bleinephritis. Med. Lavoro 1928, 56. Ref. KOELSCH: Münch. med. Wschr. 1929, 295. — BLIND: Fall von Gewerbeargyrie der Konjunktiva und Kornea. Z. Augenheilk. 60, 216 (1926). — BLOMBERG: Nagrà ord. quicksilforets absorpt. af Organismen. Helsingfors 1867. — BOEHM, R.: (a) Über die Wirkungen der Barytsalze. Arch. f. exper. Path. 38, 216 (1875). (b) Die chemischen Krankheitsursachen. KREHL und MARCHAND Bd. 1, S. 215. 1908. — BOGOSLOWSKY: Veränderungen, welche unter Einfluß des Silbers im Blut und Bau der Gewebe erzeugt werden. Virchows Arch. 46, 409 (1869). — BÖHM, M.: Über eine familiäre Kupfervergiftung. Dtsch. med. Wschr. 1901, 508. — BÖHME, A.: Über Nitritvergiftung nach interner Darreichung von Bismutum subnitr. Arch. f. exper. Path. 57, 441 (1907). — BONHOFF: Über die Giftwirkung der Blei-Steckschüsse. Beitr. klin. Chir. 126, 324 (1922). — BONOME: Sulla patolog. dei plessi nervosi dell'intestino. Arch. Sci. med. 14 (1890). Angef. b. Amato e Macri (s. Narkotika). — BOOS: Magnesium poisoning. J. amer. med. Assoc. 55, 2037 (1910). — BORCHARDT, H.: Über die experimentelle Chrysosis bei Kaninchen usw. Virchows Arch. 267, 272 (1928). — Box: Intoxication with Kaliumpermanganat. Lancet 1899, 411. — BRAHN und WEILER: Die quantitative Verteilung des Goldes in den Organen gesunder und tuberkulöser Kaninchen nach Behandlung mit Goldpräparaten. Biochem. Z. 197, 343 (1928). — BRANDIS, W.: Tod durch Bleivergiftung und Leberatrophie. Med. Klin. 1929, 1593. — BREITBURG und Mitarbeiter: Zum Problem der Bleivergiftung. Ref. Fortschr. Med. 45, 392 (1927). — BRIEGER: (a) Zur Klinik der akuten Chromatvergiftung. Z. exper. Path. u. Ther. 21, 393 (1920). (b) Thallium-Strychninvergiftung. Dtsch. gerichtl. Med. 10, 634 (1927). — BRIEGER und BREITBARTH: Zur Frage der Wirkung von Säuren auf Blut, Blutbild und blutbildendes Gewebe. Z. exper. Med. 25, 111 (1921). — BRILL und ZEHNER: Über die Wirkungen von Injektionen löslicher Radiumsalze auf das Blutbild. Berl. klin. Wschr. 1912, 1261. — BROGSITTER und WODARZ: Nierenveränderungen bei Bleivergiftung und Gicht. Dtsch. Arch. klin. Med. 139, 129 (1922). — BRUCK, C.: Zur intravenösen Behandlung mit Trypaflavin und Silberfarbstoffverbindungen. Dermat. Wschr. 71, 908 (1920). — BRÜCKNER und SPATZ: Die Beurteilung des Blutbildes bei der Bleivergiftung. Arch. f. Hyg. 97, 277 (1926). — BRÜGGEMANN: Seltene Ursache chronischer Naseneiterung (schleichende Quecksilberverg.) Z. Laryng. usw. 15, 105 (1926). — BRUHNS: Hochgradige Idiosynkrasie gegen Krysolgan. Dermat. Wschr. 79, 945 (1924). — BRUNELLE: De la glycosurie aliment. dans la colique saturnine. Arch. gén. Méd. 2, 688 (1894). — BUCHNER: Vergiftung mit Zinksulfat. Friedreichs Bl. 1882, 255. — BÜELER: Wismutschädigungen. Zbl. Hautkrkh. 14, 281 (1924). — BURGHART: Über Chromerkrankungen. Charité-Ann. 23, 189 (1898). — BUSCHKE und BERMANN: Chemische und biologische Beziehungen zwischen Thallium und Blei. Klin. Wschr. 1927, 2428. — BUSCHKE, CHRISTELLER und LÖWENSTEIN: Schädelknochenveränderung bei experimenteller Thalliumvergiftung. Klin. Wschr. 1927, 1088. — BUSCHKE und W. JOËL: Histologische Befunde bei experimenteller, chronischer Thalliumvergiftung. Klin. Wschr. 1928, 1515. — BUSCHKE und E. LANGER: Die forensische und gewerblichhygienische Bedeutung des Thalliums. Münch. med. Wschr. 1927, 1494. — BUSCHKE und Mitarbeiter: (a) Über einen Fall akuter Thalliumvergiftung beim Menschen. Dtsch. med. Wschr. 1926, 1550. (b) Weitere Untersuchungen über die Wirkung von Metallgiften auf den Brunstzyklus der Maus. Münch. med. Wschr. 1927, 969. — BUSCHKE und PEISER: (a) Durch Thalliumfütterung experimentell an Ratten erzeugter Katarakt. Dtsch. med. Wschr. 1922, 1466. (b) Epithelwucherungen am Vormagen der Ratte durch experimentelle Thalliumwirkung. Z. Krebsforschg 21, 11 (1923). (c) Thalliumalopezie. Klin. Wschr. 1926, 977. (d) Experimentelle Beobachtungen über Beeinflussung des endokrinen Systems durch Thallium. Med. Klin. 1922, 731. — Buschke, Zondek und Bermann: Der hemmende Einfluß des Thalliums auf den Brunstzyklus der Maus. Klin. Wschr. 1927, 683. — Buschmann: Ein Fall von Vergiftung durch Sublimat infolge Einnehmens von Quecksilber und Chlorwasser. Z. Med.beamte 43, 51 (1930). — Busy: Étiologie et pathogène des phénomènes de Raynaum. Thèse de Lyon 1899, 65. — Buttersack: Über resorptive Zinkintoxikation nach intrauteriner Chlorzinkätzung. Mschr. Geburtsh. 29, 11 (1909).

Cadwalader: The amyotrophie of lead poisoning. J. nerv. Dis. 39, 153 (1912). — Cahn, J.: Über die Resorptions- und Ausscheidungsverhältnisse des Mangans im Organismus. Arch. f. exper. Path. 18, 129 (1884). — Califano: Untersuchung über die Speicherung im retikuloendothelialen System nach kolloidem Wismut. Krkh.forschg 6, 77 (1928). — Camus: Giftwirkung der Bleisalze auf die Nervenzentren. C. r. Soc. Biol. Paris 68, No 11 (1910). Ref. Z. Med.beamte 23, 486 (1910). — Casabianca: Des affections de la cloison des fosses nasales, 1876. — Casamajor: Gewerbliche Manganvergiftung. Zbl. Gewerbehyg. 1, 504 (1913). — Cassierer: Die vasomotorisch-trophische Neurose, 2. Aufl., S. 286. Berlin 1912. — Ceresoli: Angef. bei Koelsch: Leberschädigung durch Blei. — Charles: Three cases of Manganese poisoning. J. of Neur. 3, 262 (1922). — Chauffard: Parotitis bei chronischer Kupfervergiftung. Ref. Zbl. Path. 9, 729 (1898). — Christian: Exper. cardiorenal disease. Arch. int. Med. 8, 468 (1911). — Christian and O'Hare: Glomerular lesions in acute exper. nephritis in the rabbit. J. med. Res. 28, 227 (1913). — Christeller: Ein mikrochemischer Goldnachweis im Gewebe. Verh. dtsch. path. Ges. 1927, 173. — Christeller und Sammartino: Über den histochemischen Nachweis des Quecksilbers in den Organen. Z. exper. Med. 60, 11 (1928). — Cividalli e Leoncini: Arch. Farmacol. sper. 10, 373. — Cobliner: Experimentelle Beiträge zur Entstehung der Colitis mercurialis. Arch. Verdgskrkh. 17, 452 (1911). — Coën: Avvelenamento da piombo. Bull. Sci. med. Bologna 7, No 7 (1890). — Coën e d'Ajutolo: Sulle alterazione istologiche nell'avvelenamento cronico da piombo. Beitr. path. Anat. 3, 449 (1888). — Cohen: Bericht über 10 neue Fälle von Manganvergiftung. Klin. Wschr. 1928, 1349. — Cohn, E.: Über den antiseptischen Wert des Argentum colloidale .... Zbl. Bakter. Orig. 32, 732 (1902). — Colden: Augenbefunde bei Chromatvergiftung. Berl. klin. Wschr. 1919, 365. — Cords: Gewerbliche Erkrankungen der Augen. Handbuch der sozialen Hygiene. Berlin: Julius Springer 1926. — Couper (1837): Angef. bei Lewy und Tiefenbach. — Crinis, De: Zur Neurohistopathologie der endogenen und exogenen Vergiftungen. Mschr. Psychiatr. 62, 307 (1927). — Crusius: Über Argyrie. Inaug.-Diss. München 1895. — Curschmann, H.: Hydrarg. oxycyanat. Vergiftung. Münch. med. Wschr. 1913, 2761.

Davies: A case of Thallium poisoning. Brit. med. J. 1927, 1139. — Davis and Huey: Chronic manganese poisoning. J. ind. Hyg. 3, 231 (1921). — Decastello und Oszacki: Beiträge zur Klinik und Toxikologie der akuten Bleivergiftung. Med. Klin. 1913, 545. — Decloux und Mitarbeiter: Localisations rares de la maladie de Raynaud. Presse méd. 2, 783 (1902). — Delpech: De la fabricat. des chrom. Bull. Acad. Méd. Paris 29, 289 (1863). Delpech et Hillairet: Mém. sur les accidents auxquels sont soumis les ouvriers. Ann. Hyg. publ. et Méd. lég. 31, 5 (1869) u. 45, 5 (1876). — Deutsch: Fall von akuter Thalliumvergiftung mit Zelio-Rattengiftkörnchen. Dtsch. med. Wschr. 1929, 552 u. Klin. Wschr. 1929, 2052. — Dickson: Report on the exper. production of chronic nephritis in animals by the use of Uranium Nitrate. Arch. int. Med. 3, 375 (1909) u. 9, 557 (1912). — Dietrich, A.: Die Entstehung der Ringblutungen des Gehirns. Z. Neur. 68, 351 (1921). — Dinslage und Bartschat: Vergiftung durch Bariumsulfat für Röntgendurchleuchtung. Z. Unters. Nahrgsmitt. usw. 47, 7 (1924). — Dohi: (a) Über Argyrie. Virchows Arch. 193, 148 (1908). (b) Lokale Veränderung nach Injektion unlöslicher Quecksilberpräparate. Dermat. Z. 16, 1 (1909). — Döllken: Über die Wirkung des Aluminiums. Arch. f. exper. Path. 40, 98 (1898). — Dominguez: Wie wirkt Urannephritis auf den Blutdruck beim Kaninchen? Arch. Path. a. Labor. Med. 5, Nr 4 (1928). — Dorn: Über Dermatolvergiftung. Beitr. klin. Chir. 70, 155 (1910). — Dressler: Über die Veränderungen im Gehirn und Rückenmark des Kaninchens nach Bleivergiftung. Inaug.-Diss. Karlsruhe 1887. — Drinker, Bachelor und Mitarbeiter: A clinical and laboratory investigation of the effects of the metallic Zinc. J. ind. Hyg. 8, 322 (1926). — Drügg: Thermometerverletzung mit Quecksilbervergiftung. Dtsch. med. Wschr. 1929, 1637. — Drüner: Die chemische Wirkung der Steckgeschosse. Bruns' Beitr. 117, 528 (1919). — Dubinsky: Wismutbehandlung der Syphilis. Zbl. Hautkrkh. 7, 289 (1923). — Dunger: Das Verhalten der Leukozyten bei intravenösen Kollargolinjektionen. Dtsch. Arch. klin. Med. 91, 428 (1907). — Durante: Fall von Sublimatvergiftung. Sitzgsber. anat. Ges. Paris, 8. Okt. 1892. Ref. Zbl. Path. 1893, 439. — Dürck: Pathologische Anatomie der Beriberi. Beitr. path. Anat. 8, Suppl. (1908). — Durlacher: Fall eines Unterbrechungsversuchs vermeintlicher Schwangerschaft. Dtsch. Z. gerichtl. Med. 12, 475 (1928). — Duschkow-Kessiakoff: Ein Fall von Alaunnekrose des Zahnfleisches. Wien. klin. Wschr. 1916, 1212.

Eberhard: Über den Übergang fester Stoffe von der Haut aus in den Körper. Inaug.-Diss. Zürich 1847. — Ebstein, W.: Fall von chronischer Bleivergiftung. Virchows Arch.

134, 541 (1893). — Edel: Befund bei Vergiftung mit Höllensteinstift. Vjschr. gerichtl. Med., III. F. **22**, 39 (1901). — Ehrhardt: Der Einfluß mütterlicher Thalliumvergiftung auf die Nachkommenschaft. Klin. Wschr. **1927**, 1374. — Eichhorst: (a) Bleivergiftung und Rückenmarkskrankheiten. Med. Klin. **1913**, 201. (b) Über Bleilähmung. Virchows Arch. **120**, 217 (1890). (c) Anatomische Veränderung der Speicheldrüsen bei akuter Quecksilbervergiftung. Med. Klin. **1909**, 1693. (d) Über toxische desquamative Entzündungen der Speiseröhren- und Magenschleimhaut. Med. Klin. **1920**, 463. — Eisenlohr: Bleilähmung. Dtsch. Arch. klin. Med. **26**, 543 (1880). — Eitel, H.: Lokalisation des Urans im tierischen Organismus bei Uranvergiftung. Arch. f. exper. Path. **135**, 188 (1928). — Elbe: Die Nieren- und Darmveränderungen bei der Sublimatvergiftung des Kaninchens in ihrer Abhängigkeit vom Gefäßnervensystem. Virchows Arch. **182**, 445 (1905). — Ellenberger: Über die chronische Kupfervergiftung. Arch. Tierheilk. **24**, 128 (1898). — Ellenberger und Hofmeister: Experimentelle Kupfervergiftung. Arch. Tierheilk. **9**, 325 (1883). — Embden: Zur Kenntnis der metallischen Nervengifte. (Über die chronische Manganvergiftung der Braunmüller.) Dtsch. med. Wschr. **1901**, 795. — Engelhardt, W.: Schädigungen der Niere und ableitenden Harnwege durch Wismut. Dermat. Wschr. **80**, 338 (1925). — Epstein, B.: Punktförmige Verschorfung der Haut bei Bädern mit Kal. hypermanganic. Mschr. Kinderheilk. **37**, 41 (1927). — Erismann: Über Intoxikationsamblyopien. Inaug.-Diss. Zürich 1867. — Erkens: Gangrän bei gewerblichen Vergiftungen. Inaug.-Diss. Berlin 1928. — Erlenmeyer: Angef. bei Poulsson. — Esau: Verschorfungen an der Hand durch Umschläge mit essigsaurer Tonerde. Med. Klin. **1912**, 1156. — Everbusch: Behandlung der bei Vergiftungen vorkommenden Augenerkrankungen. Handbuch von Penzoldt-Stinzing Bd. 2, S. 691. 1902. — Ewserowa: Das Nervensystem der Hunde bei experimenteller Bleivergiftung. Arch. f. Psychiatr. **88**, 752 (1929).

Faber: Kiefernekrosen und Quecksilberbehandlung. Z. Stomat. **1923**, 538. — Faber, K.: Traitement de la phthise pulmonaire par la sanocrysine. Acta tbc. scand. (Kobenh.) **1**, 1 (1925). — Fagerlund: Vergiftungen in Finnland in den Jahren 1880—1893. Vjschr. gerichtl. Med., III. F. Suppl. **8**, 92 (1894). — Fahr: Zur Frage der Nebenwirkungen bei der Pyelographie. Dtsch. med. Wschr. **1916**, 137. — Falck, F. A.: Experimentelle Studien bei akuten Intoxikationen. Virchows Arch. **51**, 519 (1870). — Falkenberg: Über die angebliche Bedeutung intravaskulärer Gerinnungen als Todesursache bei Vergiftungen durch Anilin, chlorsaure Salze und Sublimat. Virchows Arch. **123**, 567 (1891). — Federmeyer: Wismutvergiftung. Angef. bei Steinfeld. — Feldt, A.: Zur Chemotherapie der Tuberkulose mit Gold. Dtsch. med. Wschr. **1913**, 549. — Feltz und Ritter: Experimentelle Kupfervergiftung. Jber. Pharmakol. **1874**, 435. — Ferrata: (Blei). Naegeli: Blutkrankheiten, S. 156. — Filehne: Beiträge zu der Lehre von der akuten und chronischen Kupfervergiftung. Dtsch. med. Wschr. **1895**, 297. — Findlay: The experimental production of biliary by salts of manganese. Brit. J. exper. Path. **5**, 92 (1924). — Fiocco: Thalliumvergiftung. Giorn. ital. Dermat. **66**, No 4 (1925). Ref. Zbl. Hautkrkh. **18**, 790 (1925). — Fischer, H.: Vergiftungen durch Metalle. Handbuch der sozialen Hygiene. Berlin: Julius Springer 1926. — Fischer, O.: Wismutintoxikation mit schweren Darmerscheinungen. Dermat. Wschr. **1926**, 268. — Fleck: Handbuch der Arbeiterkrankheiten. Jena: Gustav Fischer 1908. — Fleckseder: Über Hydrops und Glykosurie bei Uranvergiftung. Arch. f. exper. Path. **56**, 54 (1907). — Flinn and Glahn: The effects of copper on the liver. J. of exper. Med. **49**, 5 (1929). — Floret: Chron. Quecksilbervergiftung. Zbl. Gewerbehyg., N. F. **5**, 372 (1928). — Foà e Aggazzotti: Über die physiologische Wirkung kolloider Metalle. Biochem. Z. **19**, 1 (1902). — Fogh: Angef. bei Würtzen. Földessy: Ein Fall von Sublimatverätzung der Konjunktiva. Wien. med. Wschr. **1889**, 1044. — Forschbach und Mitarbeiter: Über Chromatvergiftungen. Berl. klin. Wschr. **1919**, 363. — Fraenkel, E.: (a) Über Pathogenese und Ätiologie der Orchitis fibrosa. Mitt. Hamburg. Staatskrk.anst. **5**, 14 (1905). (b) Über toxische Enteritis im Gefolge der Sublimatwundbehandlung. Virchows Arch. **99**, 276 (1885). — Fraenkel, P.: Plötzliche Todesfälle nach intravenöser Wismutinjektion. Dtsch. Z. gerichtl. Med. **5**, 5 (1925). — Frank, E.: Über experimentelle und klinische Glykosurien renalen Ursprungs. Arch. exper. Path. **72**, 387 (1913). — Freifeld, Helene: Zur Frage der pathologisch-anatomischen Veränderungen bei Bleivergiftung. Virchows Arch. **268**, 456 (1928). — Frey, H.: Die toxischen Erkrankungen des Gehörorgans. Internat. Zbl. Ohrenheilk. **2**, 251 (1904). — Freyer: Fall akuter tödlicher Vergiftung mit Bleiweiß. Ther. Mh. **2**, 244 (1888). — Freudenthal, W.: (a) Medikamentöse Hautembolien. Arch. f. Dermat. **153**, 730 (1927). (b) Lokales embolisches Bismogenol-Exanthem. Arch. f. Dermat. **147**, 155 u. Klin. Wschr. **1927**, 1066. — Fridli: Über die jodometrische Bestimmung des Thalliums. Dtsch. Z. gerichtl. Med. **15**, 478 (1930). — Friedel: Manganvergiftungen in Braunsteinmühlen. Z. Med.beamte **1903**, 614. — Friedländer, C.: Anatomische Untersuchung eines Falles von Bleilähmung nebst Begründung der myopathischen Natur dieser Affektion. Virchows Arch. **75**, 24 (1879). — Friedländer, W.: (a) Mesothoriumschädigung durch Beruf und Verarbeitung in Oppenheim-Rille: Schädigungen der Haut. Bd. 1, S. 248. 1922. (b) Über chronische Thoriumdermatitis. Arch. f. Dermat. 113, 359 (1912). — Friedmann: Behandlungsergebnisse mit Sanokrysin. Dtsch. med. Wschr. 1926, 138. — Fröhner: Lehrbuch der Toxikologie für Tierärzte. Stuttgart: Ferdinand Enke 1927. — Frommann: Ein Fall von Argyrie mit Silberabscheidungen im Darm usw. Virchows Arch. 17, 135 (1859). — Fuchs, H.: Bekämpfung der Koli-Bakteriämie durch Methylenblausilber (Argochrom). Berl. klin. Wschr. 1918, 1215. — Funk and Clair: Hemochromatosis. Arch. int. Med. 45, 37 (1930). — Fürbringer: (a) Experimentelle Untersuchungen über Resorption und Wirkung des regulinischen Quecksilbers. Virchows Arch. 82, 491 (1880). (b) Vergiftung mit Kali bichromicum. Dtsch. med. Wschr. 1892, 102. — Füth: Scheidenverätzung mit Chlorzink. Arch. Gynäk. 115, 383 (1921).

Gallinal: Untersuchungen mit der mikrochemischen Goldreaktion an Organen sanokrysinbehandelter Tuberkulöser. Z. Tbk. 48, 433 (1927). — Galvagni: Blei. Angef. bei Kobert (Lehrbuch). — Garcia: Mobilisierung von Quecksilber aus schwerlöslichen Depots durch Halogensalze. Arch. f. exper. Path. 134, 142 (1928). — Gaucher et Balli: Vergiftung mit Wismutnitrat. Bull. Soc. méd. Hôp. Paris 1895. Ref. Zbl. Path. 8, 235 (1897). — Gayler: Über Bleinephritis. Beitr. path. Anat. 2, 476 (1888). — Gelpke: Zur Frage der Kapillarwirkung durch Gold und Platin. Arch. f. exper. Path. 89, 280 (1921). — George and Gettler: Radioactive substances in a body five years after death. Arch. of Path. 7, Nr 3 (1929). — Gerbis: (a) Broncediabetes und Blei. Klin. Wschr. 1928, 989. — (b) Bleigangrän oder Raynaudsche Krankheit. Ärztl. Sachverst.ztg 1930, 161. — Gergens: Über die toxische Wirkung der Chromsäure. Arch. exper. Path. 6, 148 (1877). — Gesenius: Über Veränderungen in Muskeln und Knochen bei Bleivergiftung. Inaug.-Diss. Freiburg 1887. — Gettler, Rhoads and Weiss: Argyrosis. Amer. J. Path. 3, Nr 6 (1927). — Gierke, v.: Über den Eisengehalt verkalkter Gewebe. Virchows Arch. 167, 318 (1902). — Ginsberg: Die Augenveränderungen bei Ratten nach Thalliumvergiftung. Klin. Wschr. 1923, 1476. — Glaeser, E.: Über die Ungiftigkeit des Dermatols. Berl. klin. Wschr. 1892, 1024. — Glaevecke: (a) Über subkutane Eiseninjektionen. Arch. f. exper. Path. 17, 466 (1883). (b) Über die Ausscheidung und Verteilung des Eisens im tierischen Organismus. Inaug.-Diss. Kiel 1883. — Glaser, A.: Ulzerationen im Magen-Darmkanal und chronische Bleivergiftung. Berl. klin. Wschr. 1921, 152. — Glibert: Le saturnisme expérimental. Brüssel 1907. Goldflam: Fall von Bleilähmung. Dtsch. Z. Nervenheilk. 3, 343 (1893). — Goldzieher and Peck: Experimental studies on the reticulo-endothelial system. Arch. Path. a. Labor. Med. 3, Nr 4 (1927). — Gombault: (a) Contrib. à l'histoire anatom. de l'atrophie musculaire saturnine. Arch. Physiol. norm. et Path. Paris 5, 592 (1873). (b) Contrib. à l'étude anatom. de la nevrite parenchymat. Arch. de Neur. 1 (1880). Angef. bei Dürck. — Gorke und Töppich: Zur Klinik und Pathologie der Sublimatnephrose. Z. klin. Med. 92, 183 (1921). — Graeve: Beitrag zur Bedeutung des Gießfiebers in der Gewerbehygiene. Vjschr. gerichtl. Med., III. F. 33, 370 (1907). — Graham: Verfärbung der Haut durch Argentum nitricum. Dublin. med. Presse 1843, Nr 243. — Granzow: Pathologische Anatomie der endokrinen Drüsen bei Sublimatvergiftung. Z. exper. Path. u. Ther. 49, 487 (1926). — Grawitz, E.: Über körnige Degeneration der roten Blutzellen. Dtsch. med. Wschr. 1899, 585 u. Berl. klin. Wschr. 1900, 181. — Grawitz, E. R. und Waegner: Zur Statistik und Klinik der Vergiftungen. Z. klin. Med. 106, 783 (1927). — Greving und Gagel: Polyneuritis nach akuter Thalliumvergiftung. Klin. Wschr. 1928, 1323 u. Z. Neur. 120, 805 (1929). — Gross, W.: Untersuchungen über den Zusammenhang zwischen histologischen Veränderungen und Funktionsstörungen der Niere. Beitr. path. Anat. 51, 528 (1911). — Grumach: Experimentelles und Klinisches zur Wismuththerapie. Dermat. Z. 44, 221 (1925). — Grünstein und Popowa: Experimentelle Manganvergiftung. Arch. f. Psychiatr. 87, 742 (1929). — Gudzent: Zur Frage der Vergiftung mit Thorium X. Berl. klin. Wschr. 1912, 933. — Gudzent und Levy: Angef. bei Regaud et Lacassagne. — Guilbert: Les exanthèmes mercuriels. Bull. Soc. franç. Ophtalm. 13, 351 (1895). — Guiljarowsky und Winokuroff: Zur Klinik und pathologischen Anatomie der Quecksilbervergiftung. Z. Neur. 121, 1 (1929). — Günther, H.: Die Bedeutung der Hämatoporphyrine. Erg. Path. 20, 1, 608 (1922). — Güntz: Über Chromwasserbehandlung. Ther. Mh. 4, 237 (1890). — Gurrieri: Avvelenamento sperimentale con acetato di uranio. Riv. Pat. nerv. 1, No 8. Ref. Zbl. Path. 8, 321 (1897). — Gussenbauer: Angef. bei Teleky. — Gusserow: Untersuchungen über Bleivergiftung. Virchows Arch. 21, 443 (1861). — Gutmann, S.: Nachweis des Quecksilbers im Urin. Biochem. Z. 89, 199 (1918). — Gutzeit: Magenschleimhauterkrankungen bei Bleikranken. Münch. med. Wschr. 1928, 1623.

Haagen, W.: Bleivergiftung nach Steckschüssen. Z. Chir. 215, 39 (1929). — Haberda: Giftmord durch Thallium. Beitr. gerichtl. Med. 7, 1 (1928). — Habs: Bleivergiftung bei Steckgeschossen. Dtsch. Z. Chir. 200, 584 (1927). — Hall and Butt: Exper. pigment cirrhosis due to copper poisoning. Arch. of Path. 6, Nr 1 (1928). — Hamburger und Brinkmann: Retentionsvermögen der Niere für Glukose. Biochem. Z. 88, 97 (1918). — Handovsky: Über akute und chronische Schwermetallvergiftung. Arch. f. exper. Path. 114, 39 (1926). — Handovsky, Schulz und Staemmler: Manganvergiftung. Arch. f. exper. Path. 110, 265 (1925). — Hansborg: (a) Untersuchungen über Zirkulation, Ausscheidung und Ablagerung des Goldes bei Sanokrysinbehandlung. Acta tbc. scand. (Kobenh.) 1, 255 (1925). (b) Bemerkungen über die Verhältnisse des Goldes während der Sanokrysinbehandlung. Acta tbc. scand. (Kobenh.) 2, 348 (1927). — Hanser: Chromatvergiftung. Berl. klin. Wschr. 1915, 365. — Harlesse: Akutes Exanthem und Stomatitis nach Krysolganinjektion. Münch. med. Wschr. 1920, 1355. — Harmon: Human mercuric chloride poisoning by intravenous injektion. Amer. J. Path. 4, 321 (1928). — Harnack: (a) Über Bleiresorption. Dtsch. med. Wschr. 1897, 8. (b) Chronische Kupfervergiftung durch Tragen schlechter Goldlegierungen im Munde. Dtsch. med. Wschr. 1914, 1516. (c) Toxikologische Beobachtungen. Berl. klin. Wschr. 1893, 1137. (d) Die Wirkungen des Bleies auf den tierischen Organismus. Arch. f. exper. Path. 9, 152 (1878). (e) Über die Resorption des Mangans. Arch. f. exper. Path. 46, 383 (1901). — Harnack, E. und Hildebrandt: Postmortale Wirkung von Ätzgiften im Magen. Arch. f. exper. Path. Suppl. 1908, 246. — Hecht: Riesenzellenpneumonie. Beitr. path. Anat. 48, 263 (1910). — Hecke: Die Thalliumvergiftung und ihre histologischen Veränderungen bei Ratten. Virchows Arch. 269, 28 (1928). — Hegner: Intoxikation durch Spirarsyl, Alkohol und Sublimat. Klin. Mbl. Augenheilk. 48, 211 (1910). — Heidenhain und Neisser: Versuche über den Vorgang der Harnabsonderung. Pflügers Arch. 9, 1 (1874). — Heilborn: Experimenteller Beitrag zur Wirkung subkutaner Sublimatinjektion. Arch. f. exper. Path. 8, 166 (1878). — Heine, L.: Die Krankheiten des Auges. Berlin: Julius Springer 1921. — Heineke: (a) Die Veränderungen der menschlichen Niere nach Sublimatvergiftung mit besonderer Berücksichtigung der Regeneration des Epithels. Beitr. path. Anat. 45, 197 (1909). (b) Die Fermentintoxikation und deren Beziehung zur Sublimatvergiftung. Dtsch. Arch. klin. Med. 42, 147 (1888). — Heitzmann: (a) Ausgedehnte Regenerationserscheinungen der Leber nach Sublimatvergiftung. Beitr. path. Anat. 64, 401 (1918). (b) Die Histologie der experimentellen Modenolvergiftung. Arch. f. Dermat. 153, 300 (1927) u. Dtsch. med. Wschr. 1927, 616. — Held, A.: Über Nephrosen und Glomerulonephrosen nach Sublimatvergiftung. Z. exper. Med. 61, 323 (1928). — Heller (Berlin): Experimentelle Beiträge zur Polyneuritis mercurialis. Dtsch. med. Wschr. 1896 V. B. VI. u. VII. — Heller, J.: Schädigung der Nägel durch Beruf. Oppenheim-Rille, Bd. 3, S. 30. 1922. — Helpup: Über die Einwirkung des Zinks auf die Niere. Dtsch. med. Wschr. 1889, 782. — Hermanni: Die Erkrankungen der in Chromatfabriken beschäftigten Arbeiter. Münch. med. Wschr. 1901, 536. — Hertz and Johnson: Case of bilateral atrophy of the face. Proc. roy. Soc. Med. 7, 110 (1913). — Herzog, E. und A. Roscher: (a) Zur Klinik und Pathogenese der Kollargolintoxikation. Virchows Arch. 236, 361 (1922). (b) Hämatologische Untersuchungen bei experimenteller Kollargol- und Salvarsanvergiftung. Z. exper. Med. 29, 224 (1922). — Hess: Das Verschwinden der Verkupferungserscheinung des Auges. Z. Augenheilk. 69, 59 (1929). — Hesse, E.: Zur Therapie der Quecksilbervergiftung. Arch. f. exper. Path. 107, 43 (1925). — Heubel: Pathogenese und Symptome der chronischen Bleivergiftung. Berlin 1871. — Heubner: (a) Über Vergiftung der Blutkapillaren. Arch. f. exper. Path. 56, 370 (1907). (b) Zur Chemotherapie der Tuberkulose mit Gold. Dtsch. med. Wschr. 1913, 690. — Hicquet: Vergiftung durch Alaun in Liman. Gerichtsarzneikunde. Virchows-Hirschs Jber. 8, 462 (1873). — Hillairet: Les maladies des ouvriers chromateurs. Bull. Acad. Méd. Paris 29, 345 (1863/64). — Hilpert: Über Manganvergiftung. Münch. med. Wschr. 1929, 1359. — Hirsch, J.: Über die Behandlung des Wochenbettfiebers mit einem Silber-Arsenpräparat. Dtsch. med. Wschr. 1912, 560. — Hirschberg, J.: Versilberung des Weißen im Auge. Zbl. prakt. Augenheilk. 33, 71 (1909). — Hirschfeld, H.: Thorium X Therapie in: Die Krankheiten des Blutes (Schittenhelm) Bd. 1, S. 376. Berlin: Julius Springer 1925. — Hirschfeld, H. und Meidner: Über die bisherigen Ergebnisse unserer Tierversuche mit Thorium X. Berl. klin. Wschr. 1912, 1343. — Hirschhorn und Robitschek: Hämatoporphyrinausscheidung im Harn bei chronischer Bleivergiftung. Z. klin. Med. 106, 664 (1927). — Hoff, H.: Experimentelle Untersuchungen über das Eindringen des Quecksilbers in das Zentralnervensystem. Jb. Psychiatr. 45, 20 (1927). — Hoffa: Nephritis saturnina. Inaug.-Diss. Freiburg 1883. — Hoffmann, K. F.: Gewerbliche Schädigungen im Munde. Med. Welt 1928, 329. — Hofmann, E. v.: Sublimatvergiftung nach Ätzung von Kondylomen mit Solutio Plenckii. Wien. klin. Wschr. 1890, 301. — Hofmann, W.: Fall schwerster Arthritis urica auf Grund von Bleivergiftung. Münch. med. Wschr. 1929, 436. — Hofmeier: Chlorzinklösungen bei der Behandlung der Endometritis. Münch. med. Wschr. 1907, 2379. — Holm: Fälle von Vergiftungen mit Silberglanz. Ugeskr. Laeg. (dän.) 86, 123 (1924). Ref. Dtsch. Z. gerichtl. Med. 4, 201 (1924). — Homma: Fall von tödlicher Kaliumpermanganatvergiftung. Arch. klin. Chir. 140, 56 (1926). — Hoppe (Köln): Argyrosis. Graefes Arch. 48, 660 (1899). — Horoszkiewicz: Vergiftung mit Kupferazetat. Vjschr. gerichtl. Med., III. F. 25, 1 (1903). — Horsters: Die Entgiftungsfunktion der Leber. Erg. Med. 14, 35 (1930). — Houlès: J. Pharmac. 9, 303 (1884). — Huet: Über die physiologische Wirkung resorbierter Silbersalze. J. Anat. et Physiol. 4, 408 (1873).

Ishiyama: Nephritiden als Folge von Giftinjektionen. Z. exper. Med. **63**, 707 (1928). — Israel, O.: Ein Fall von akuter Bleivergiftung. Dtsch. med. Wschr. **1895**, 115 V. B. Jacobi, J.: Quecksilberoxyzyanidvergiftung, medizinale. Med. Klin. **1928**, 1790. — Jacobi, W. und W. Keuscher: Mikrochem. Kalium- und Kalziumnachweis im histologischen Schnitt. Arch. f. Psychiatr. **79**, 323 (1927). — Jadassohn und Schaaf: Über die Häufigkeit des Vorkommens von Nickelekzemen. Arch. f. Dermat. **157**, 572 (1929). — Jaeger: Arch. d'Ophtalm. **6**, 228. — Jaffé, R.: Über Gewebsveränderungen nach Wismutinjektionen. Med. Klin. **1924**, 33. — Jäger und Kohl: Grundsätzliche Erwägungen im Anschluß an einen Fall von Golddermatitis. Arch. f. Dermat. **154**, 76 (1927). — Jahn: Über Argyrie. Beitr. path. Anat. **16**, 218 (1894). — Jaksch: (a) Über gehäufte diffuse Erkrankungen des Gehirns und Rückenmarks usw. Wien. klin. Rdsch. **1901**, 729. (b) Vergiftung mit Hydrarg. oxycyanat. Dtsch. med. Wschr. **1901**, 135 V. B. — Janowski: Über die Ursachen der akuten Eiterung. Beitr. path. Anat. **6**, 227 (1889) und **15**, 128 (1894). — Jess: Kupferwirkung. Angef. bei Hippel. Handbuch der speziellen pathologischen Anatomie und Histologie von Henke-Lubarsch, Bd. 11, S. 315, 1928. — Joers: Quecksilbervergiftung von der Vagina ausgehend. Münch. med. Wschr. **1921**, 854. — Jores: (a) Pathologische Anatomie der chronischen Bleivergiftung des Kaninchens. Beitr. path. Anat. **31**, 183 (1902). (b) Arterien. Handbuch der speziellen pathologischen Anatomie und Histologie von Henke-Lubarsch, Bd. 2, S. 712. 1924. — Joulia: Un cas d'embolie artérielle consécutive à une injection intramusculaire de bismuth oléo-soluble. Bull. Soc. franç. Dermat. **37**, 118 (1930). — Juckuff: Die Verbreitungsart subkutan beigebrachter Flüssigkeiten im tierischen Organismus. Arch. f. exper. Path. **32**, 124 (1893). — Juliusberg: Nebenwirkungen der Wismutbehandlung. Handbuch der Haut- und Geschlechtskrankheiten. Bd. 18. Berlin: Julius Springer 1928. — Jung: Der Übergang von Arzneimitteln von der Mutter auf den Fötus. Ther. Mh. **28**, 104 (1914). — Jungmichel: Tod durch Sublimatvergiftung von der Scheide aus. Ärztl. Sachverst.ztg **1930**, 33.

Kabierske: Die Chromniere. Inaug.-Diss. Breslau 1880. — Kahlden: (a) Über die Ablagerung des Silbers in den Nieren. Beitr. path. Anat. **15**, 611 (1894). (b) Toxische Nephritis. Beitr. path. Anat. **11**, 531 (1892). — Kant: Experimenteller Beitrag zur Wirkung des Kupfers. Inaug.-Diss. Würzburg 1892. — Kaps: Kriminelle tödliche subakute Thalliumvergiftung. Wien klin. Wschr. **1927**, 697. — Karczag: Über das Perkaglyzerin. Wien. klin. Wschr. **1917**, 887. — Karewski: Über einen Fall von Chlorzinkvergiftung. Berl. klin. Wschr. **1896**, 1112. — Karsner and Denis: Nitrogen retention following injections of nephrotoxic agents. J. of exper. Med. **19**, 259 (1914). — Kaufmann, E.: (a) Die Sublimatintoxikation. Breslau 1888. (b) Neuer Beitrag zur Sublimatintoxikation nebst Bemerkungen über die Sublimatniere. Virchows Arch. **117**, 227 (1889). — Kazda: Gangrän an den unteren Extremitäten bei Bleiarbeitern. Wien. klin. Wschr. **1923**, 694. — Kebler: Über die Wirkungen der Platinverbindungen auf den tierischen Organismus. Arch. f. exper. Path. **9**, 136 (1878). — Keil: Über die sog. körnige Entartung der Blutkörperchen bei Vergiftungen. Ther. Mh. **16**, 545 (1902). — Kerl: Über Hautschädigung nach Bismogenolbehandlung. Wien. med. Wschr. **1925**, 352. — Kiess: Golddermatitis. Dermat. Wschr. **1928**, 133. — Kino: Über Argyria universalis. Frankf. Z. Path. **3**, 398 (1909). — Kipper: (a) Eine gewerbliche Bariumvergiftung. Ärztl. Sachverst.ztg **32**, 71 (1926). (b) Mord des Ehegatten durch Vergiftung mit einem Bleisalz. Dtsch. Z. gerichtl. Med. **8**, 740 (1926). Kirchgässer: Über die Wirkung der Quecksilberdämpfe, welche sich bei Inunktionen mit grauer Salbe entwickeln. Virchows Arch. **32**, 145 (1865). — Kisskalt: Über Metalldampfinhalationskrankheiten. Z. Hyg. **71**, 472 (1912). — Kleinmann und Klinke: Über den Kupfergehalt menschlicher Organe. Virchows Arch. **275**, 422 (1929). — Klemperer, F.: Über die Veränderung der Nieren bei Sublimatvergiftung. Virchows Arch. **118**, 445 (1889). Klien: Ein Fall von Intoxikation nach Injektion von Ol. cin. Dtsch. med. Wschr. **1893**, 745. — Klimesch: Fall von Selbstvergiftung mit Kaliumbichromat. Wien. klin. Wschr. **1889**, 732. — Klippel et Chabrol: Les crises parotidiennes des saturnins. Paris méd. **1913**, 147. — Klotz: Lungenembolien bei intramuskulärer Injektion unlöslicher Quecksilberpräparate. Arch. f. Dermat. **43**, 407 (1928). — Knies: Fall von Argyria oculi. Klin. Mbl. Augenheilk. **18**, 165 (1880). — Kobert: (a) Zur Pharmakologie des Mangans und Eisens. Arch. f. exper. Path. **16**, 370 (1883). (b) Cuprismus. Dtsch. med. Wschr. **1912**, 293. — Koch, E.: Verhalten der roten Blutkörperchen bei Bleivergiftung. Virchows Arch. **252**, 252 (1924). — Kockel: Histochemische Metallnachweise. Virchows Arch. **277**, 856 (1930). — Kockel und Timm: Zur chronischen Bleivergiftung. Zbl. Gewerbehyg., N. F. **5**, 243 (1928). — Koelsch: (a) Über gewerbliche totale Argyrie. Münch. med. Wschr. **1912**, 304. (b) Leberschädigungen durch Blei. Jkurse ärztl. Fortbildg **9**, 35 (1927). (c) Über Verätzung der Mundhöhle und oberen Luftwege durch Lötwasserdämpfe. Münch. med. Wschr. **1924**, 718. — Koelsch und Mitarbeiter: Untersuchungen über die gewerbliche Quecksilbervergiftung. Zbl. Gewerbehyg. **7**, 11 (1919). — Koeniger: Exper. Beitrag zur Kenntnis der akuten Quecksilbervergiftung. Inaug.-Diss. Würzburg 1888. — Kohan, Marie: Über Quecksilbervergiftung bei gleichzeitiger Hirudinwirkung. Arch. f. exper.

Path. **61**, 122 (1909). — Kohlschütter: Gefahr der Bleivergiftung durch steckengebliebene Geschosse. Med. Klin. **1919**, 1063. — Kohrs: Einige Fälle von Krysolganstomatitis. Dermat. Wschr. **1921**, 179. — Kojima and Nikommatsu: Histol. studies on the absorption and excretion of lead. Trans. jap. path. Soc. (Tokyo) **19**, 119 (1929). — Kolde: Kasuistik der Abtreibungen durch Bleiglätte. Zbl. Gynäk. **1927**, 856. — Koller-Aeby und Th. Kollre: Zur pathologisch-anatomischen Begründung der Behandlung mit kolloidem Silber. Virchows Arch. **278**, 84 (1930). — Komaya: Über eine histochemische Nachweismethode des Wismuts in den Organen. Arch. f. Dermat. **149**, 277 (1925). — Koschnitzky: Darmveränderungen bei Sublimatvergiftung. Inaug.-Diss. Petersburg **1896**. — Kosokabe: Einfluß löslicher Radiothoriumverbindungen auf das Blutbild. Fol. hämat. (Lpz.) Arch. **29**, 264 (1923). — Kossá, v.: (a) Über die im Organismus künstlich erzeugten Verkalkungen. Beitr. path. Anat. **29**, 163 (1901). (b) Über Chromsäurediabetes. Pflügers Arch. **88**, 627 (1906). — Kosugi: Beiträge zur Morphologie der Nierenfunktion. Beitr. path. Anat. **77**, 1 (1927). — Kramer (Schleswig): Gerichtsärztliche Beurteilungen von Sublimatvergiftungen. Vjschr. gerichtl. Med., III. F. **33**, 241 (1907). — Kramer, L.: Das Silber als Arzneimittel betrachtet. Pharm. Halle 1845, 153. — Kramolik: Alaun. Pest. chir.-med. Presse **1902**, Nr 11. — Krecke: Mesothoriumschädigung des Rektums. Bruns' Beitr. **95**, 614 (1915). Kühn: Über Selbstbeschädigung durch ein in die Vagina gebrachtes Stück Kupfervitriol. Vjschr. gerichtl. Med., III. F. **17**, 232 (1899). — Kulkow: (a) Eigenartige symptomatische Besonderheit der Quecksilberencephalopathie. Z. Neur. **116**, 767 (1928). — (b) Über Quecksilberenzephalopathie. Z. Neurol. **125**, 52 (1930). — Kumita: Über die örtlichen, durch Bleisalze im Gewebe hervorgerufenen Veränderungen. Virchows Arch. **198**, 401 (1909). — Kurosu: Über histochemischen Goldnachweis. Z. exper. Med. **42**, 77 (1927). — Kussmaul: Untersuchungen über den konstitutionellen Merkurialismus. Würzburg 1861. — Kussmaul und R. Maier: Zur pathologischen Anatomie des chronischen Saturnismus. Dtsch. Arch. klin. Med. **9**, 283 (1872). — Küster und L. Lewin: Fall von Bleivergiftung durch eine im Knochen steckende Kugel. Arch. klin. Chir. **43**, 221 (1892). — Küttner: Fremdkörperschicksal. Bruns' Beitr. **101**, 13 (1916).

Lacassagne: (a) Nouvel accident prof. des manipulateurs de corps radioactifs. Revue de Stomat. **28**, 342 (1926). (b) Des effets biologiques du polonium introduit dans l'organisme. J. de Radiol. **9**, 1 (1925). Laet de: La pathologie professionelle due aux corps radioactifs. Ann. Hyg. publ. etc. Med. lég. **8**, 443 (1928). — Lancereaux: (a) Saturnisme chron. avec accès de goutte. Gaz. méd. Paris **1871**, 383. (b) Note rélative à un cas de paralysie saturnine. Gaz. méd. Paris **1862**, 709. — Langerhans: Verkalkung von Herzmuskelfasern. Angef. bei Jakobsthal. Virchows Arch. **159**, 962 (1900). — Larsen: Argyrosis corneae bei Höllensteinarbeitern. Graefes Arch. **118**, 145 (1927). — Laserre: Le passif des injections mercurielles. Ann. de Dermat. **9**, 215f (1908). — Lazarus, P.: Moderne Radiumtherapie. Berl. klin. Wschr. **1912**, 633. — Lebedow und Bobrowa: Traubenzuckerinjektion bei Sublimatvergiftung. Ref. Med. Welt **1928**, 137. — Leeser, F.: Über Gewebsveränderungen nach Salvarsan- und Wismutinjektionen im Röntgenbilde. Fortschr. Röntgenstr. **37**, 486 (1928). — Legge und Goadby: Bleivergiftung und Bleiaufnahme. Berlin: Julius Springer 1921. — Lehmann, H.: (a) Die Erzeugung basophil granulierter Erythrozyten im Tierversuch durch feuchte Wärme. Arch. f. Hyg. **99**, 181 (1928). (b) Tierexperimentelle Untersuchungen über den Wert der basophil granulierten Erythrozyten für die Frühdiagnose der Bleivergiftung. Arch. f. Hyg. **96**, 321 (1926). — Lehmann, K. B.: Die Bedeutung der Chromate für die Gesundheit der Arbeiter. Berlin: Julius Springer 1914. — Lehmann, H., Spatz und Wisbaum: Die histologischen Veränderungen des Zentralnervensystems bei der bleivergifteten Katze. Z. Neur. **103**, 323 (1926). — Leonard and Love: The permeability of the placenta to bismuth. J. of Pharmacol. **34**, 347 (1928). — Leopold (Gluchau): Über tödliche Vergiftung durch Einatmung des Staubes von mit chromsaurem Bleioxyd gefärbtem Garn. Vjschr. gerichtl. Med. **27**, 29 (1877). — Lesser, A.: Anatomische Veränderungen des Verdauungskanals durch Ätzgifte. Virchows Arch. **83**, 193 (1881). — Letulle: Glossite mercurielle. Bull. Soc. méd. Hop. Paris. **1907**, 423. — Leutert: Über die Sublimatintoxikation. Fortschr. Med. **13**, 89 (1895). — Levaditi et Li Yuan Po: La calcification des lésions d'encéphalite chronique sous l'influence de l'ergostérol irradié (Stérogyl). C. r. Soc. Biol. Paris **101**, 881 (1929). — Lewin, C.: Bleivergiftung, Ikterus und Leberschädigung. Dtsch. med. Wschr. **1928**, 1450. — Lewin, C. und B. Chajes: Gewerbeärztliche Erfahrungen über die berufliche Bleikrankheit. Dtsch. med. Wschr. **1928**, 419 und Med. Klin. **1928**, 848. — Lewin, C. und R. Treu: Gibt es spinale Erkrankungen durch Blei? Dtsch. med. Wschr. **1927**, 1587. — Lewin, E. M.: Zur Frage nach den Ursachen des Entstehens der Thallium-Alopecie. Arch. f. Dermat. **154**, 190 (1928). — Lewin, G.: Merkurielles Exanthem. Dtsch. med. Wschr. **1895**, 23. V. B. — Lewin, L.: (a) Gewerbliche Vergiftung mit Chromverbindungen. Chemikerztg **1907**, 1076. (b) Untersuchungen an Kupferarbeitern. Dtsch. med. Wschr. **1900**, 689. (c) Das toxische Verhalten von metallischem Blei und besonders Bleigeschossen im tierischen Körper. Arch. klin. Chir. **94**, 937 (1911). (d) Über Wismutvergiftung. Münch. med. Wschr.

1909, 643. — LEWY, F. H. und L. TIEFENBACH: Die experimentelle Manganperoxyd- Encephalitis. Z. Neur. **71**, 303 (1921). — LEYDEN: Über Polyneuritis mercurialis. Dtsch. med. Wschr. **1893**, 733. — LICHTENBELT: Die Ursachen des chronischen Magengeschwürs. Jena: Gustav Fischer 1912. — LIEBIG: Über die experimentelle Bleihämatoporphyrinurie. Arch. f. exper. Path. **225**, 16 (1927) u. Dtsch. med. Wschr. **1928**, 125. — LIEGNER: Vergiftung von der Scheide aus. Mschr. Geburtsh. **72**, 47 (1925). — LINSTOW: Tödliche Vergiftung durch chromsaures Bleioxyd. Vjschr. gerichtl. Med., N. F. **20**, 60 (1874). — LITZNER: Die Bleikrankheit im Lichte neuerer Forschung. Med. Klin. **1929**, 1462. — LOEW: Zur Chemie der Argyrie. Arch. f. Physiol. **34**, 602 (1884). — LÖHE, H. Toxikologische Beobachtungen über Thorium X bei Mensch und Tier. Virchows Arch. **209**, 156 (1912). — LÖHE, H. und H. ROSENFELD: Untersuchungen über den Wismutsaum und seine Beziehungen zum Gesamtorganismus. Dermat. Z. **50**, 409 (1927). — LÖHLEIN: Zur Pathogenese der Nierenkrankheiten. Dtsch. med. Wschr. **1918**, 1187. — LOMBARDO: (a) Ricerche tossocol. ed istochimiche su alcuni preparati di oro. Sperimentale **70**, No 5 (1916). (b) Ricerche istochimische in uno caso di avvelenamento da sublimato corrosivos. Pathologica (Genova) **1911**, No 68. (c) Sulle alterazioni delle ghiandole sudoripare nell'avvelenamento da sublimato. Pathologica (Genova) **1912**, No 92. (d) La micro-ed istochimiche nella ricerca tossilogica del mercurio. Arch. Farmacol. sper. **7**, No 8/9 (1908). (e) Ricerche istochimiche e tossicologiche su alcuni preparati di piombo. Giorn. ital. Dermat. **1928**, No 3. (f) Nuovo metodo per la dimostrazione istochimica del mercurio. Giorn. ital. Mal. vener. Pelle **1908**, No 2. — LOMHOLT: (a) Kvaegsolvets Cirkulation i Organismen. Kopenhagen 1916. — (b) Wismutinfarkte und ihre Verhütung. Dermat. Wsch. **1930**, Nr 8. — LORENZ: Über Bariumvergiftung. Wien. klin. Wschr. **1924**, 1310. — LÖWY, J.: Die Klinik der Berufskrankheiten. Haim 1924. — LUBARSCH: Über Leberzirrhose, insbesondere die Pigmentzirrhose. Dtsch. med. Wschr. **1929**, 1749. — LUCK: Beiträge zur Wirkung des Thalliums. Inaug.-Diss. Dorpat 1891. — LUCKE and KOLMER: Histological changes produced exper. in the central nervous system of monkeys by mercury. Arch. of Neur. **10**, 288 (1923). — LÜDDICKE: Einwirkung minimaler Quecksilberdosen auf das Differentialblutbild. Klin. Wschr. **1928**, 398. — LUDWIG, E. und E. ZILLNER: Lokalisation des Quecksilbers im tierischen Organismus nach Vergiftung mit Ätzsublimat. Wien. klin. Wschr. **1889**, 857. — LUGARO: Sulle alterazioni degli elementi nervosi negli avvelenamenti per arsenico e per piombo. Riv. Pat. nerv. **2** (1897). — LUKASIEWICZ: Intoxikation durch subkutane Injektion von Oleum cinereum. Wien. klin. Wschr. **1889**, 573. — LUNZ: Über das Verhalten der Elastizität der Arterien bei Vergiftungen mit Phosphor, Quecksilber und Blei. Inaug.-Diss. Dorpat 1892. — LÜTHJE: Über Bleigicht. Z. klin. Med. **29**, 266 (1896). — LUTZ: Die Giftigkeit der Thalloverbindungen. Zbl. Gewerbehyg., N. F. **5**, 172, (1928).

MACKENZIE: Chronic poisoning of the nose and the adjacent cavities. Philad. med. Times **14**, 613 (1884). — MADER: Spastische Angioneurosen. Jb. Wien Krk.anst. **1892**, 668. — MAGGIORA: Osservazioni sul sangue e sul midollo osseo nell'avvelenamento chronico da sublimato. Soc. med. chir. Modena **1903**. Angef. bei MORPURGO. — MAHNE: Wismutvergiftung. Berl. klin. Wschr. **1905**, 232. — MAIER, R. Experimentelle Studien über Bleivergiftung. Virchows Arch. **90**, 455 (1882). — MALLORY: (a) Cirrhosis of the liver. Bull. Hopkins Hosp. **22**, 69 (1911). (b) The relation of chronic poisoning with copper to hämochromatosis. Amer. J. Path. **1**, 117 (1925) u. Arch. int. Med. **37**, 336 (1926). — MAMOLI: Su alcune alterazione istologiche nell'avvelenamento sperimentale per sali di tallio. Policlinico **32**, No 17 (1925). Ref. Zbl. Hautkrkh. **18**, 39 (1926). — MANGILI: Due casi di avvelenamento mercuriale per via genitale. Clin. ostetr. **32**, 27 (1930). — MANN: Atlas zur Klinik der Tracheo-Bronchoskopie. Würzburg: Curt Kabitzsch 1911. — MARCHAND: Nachtrag zur Arbeit FALKENBERG. Virchows Arch. **123**, 587 (1891). — MARGAIN: Kobalt. Brit. J. Dermat. **16**, 395 (1904). — MARMÉ: Ausarbeitung zu HUSEMANN: „Handbuch der Toxikologie". Götting. Anz. **1867**, 762. — MARTENS: Dermatolvergiftung. Dtsch. med. Wschr. **1909**, 1770. MARTLAND: Microscopic changes of certain anaemias due to radioactivity. Arch. Path. a. Labor. Med. **2**, Nr 4 (1926). — MARTLAND and HUMPHRIES: Osteogenic sarcoma in dial painters using luminous paint. Arch. of Path. **7**, Nr 3 (1929). — MARTLAND und Mitarbeiter: Dangers in the use of radioactive subst. J. amer. med. Assoc. **85**, 1769 (1925). — MARX, H. und A. SORGE: Histologische Veränderungen der Plazenta bei Sublimatvergiftung. Vjschr. gerichtl. Med., III. F. **29**, 85 (1905). — MASCHERPA: (a) Die Ausscheidung des Nickels und des Kobalts. Arch. f. exper. Path. **124**, 356 (1927). — (b) Le pouvoir hématopoiétique du cobalt. Arch. di Biol. **82**, 112 (1930). MASCHKA: Kupfersulfatvergiftung. Wien. med. Wschr. **1871**, 26. — MASKEWITZ: Zink. Angef. bei GADAMER. — MATTHES, M.: Lehrbuch der Differentialdiagnose innerer Krankheiten. Berlin: Julius Springer 1919. — MATZDORF: Chlorzinkvergiftung vom gerichtsärztlichen Standpunkt. Vjschr. gerichtl. Med., III. F. **39**, 26 (1910). — MAXIMOW und KOROWIN: Pathologische Anatomie der Vergiftungen. Erg. Path. **5**, 685 (1898). — MAYER, A.: Zur Chemotherapie der Lungentuberkulose. Dtsch. med. Wschr. **1913**, 1678. — MAYOR, M.: Lésions des nerfs intramusculaires dans un cas de paralysie saturnine. Gaz. méd. Paris 1877, 237. — MAYRHOFER und MEIXNER: Fall von Vergiftung durch kohlensaures Barium. Wien. klin. Wschr. 1919, 1068. — MEDINGER: Über die Giftwirkung der Infanteriegeschosse. Luxemburg: Mértens 1915. — MEDUNA: Untersuchungen über die experimentelle Bleivergiftung beim Meerschweinchen. Arch. f. Psychiatr. 87, 571 (1929). — MEEROWITSCH und MOISSEJEWA: Über akute Kupfervitriolvergiftung. Dtsch. Z. gerichtl. Med. 11, 189 (1928). — MEIXNER: Einfluß der Todesart auf den Glykogengehalt der Leber. Vjschr. gerichtl. Med. N. F., 39, Suppl., 148 (1910). — MEMMESHEIMER: Über das Verhalten intravenös eingebrachten Wismuts im Körper und seine Ausscheidung. Z. exper. Med. 47, 454 (1925). — MENDEL: Perkaglyzerin und Pego-Glykol, zwei Glyzerinersatzmittel. Ther. Gegenw. 1917, 49. — MÉNÉTRIER et DERVILLE: Anurie mortelle par thromb. des artérioles glomérulaires... Bull. Soc. méd. Hôp. Paris 40, 1677 (1924). — MENTBERGER: Beitrag zur Gold- und Kupferbehandlung. Dermat. Wschr. 58, 169 (1914). — MERING: Über die Wirkungen des Quecksilbers auf den tierischen Organismus. Arch. f. exper. Path. 13, 92 (1881). — MERKEL: Über Todesfälle im Gefolge von therapeutischen Maßnahmen. Dtsch. Z. gerichtl. Med. 13, 237 (1929). — MESSING: Experimentelle Bleivergiftung. Ref. Zbl. Path. 25, 649 (1914). — METZGER: Saturnismus bei Kühen. Dtsch. tierärztl. Wschr. 1895, Nr 50. — MEYER, E.: Vergiftung durch Bismutum subnitricum. Ther. Mh. 22, 388 (1908). — MEYER, H.: Vergiftung mit Induktionsflüssigkeit. Dtsch. Z. gerichtl. Med. 7, 43 (1926). — MEYER, H. und R. GOTTLIEB: Die experimentelle Pharmakologie als Grundlage der Arzneibehandlung, S. 371. Berlin u. Wien: Urban & Schwarzenberg. 2. Aufl. — MEYER, H. und STEINFELD: s. STEINFELD. Arch. f. exper. Path. 20, 40 (1886). — MEYER, H. und WILLIAMS: Über akute Eisenwirkung. Arch. f. exper. Path. 13, 73 (1881). — MIGLIUCCI: Intossicazione mercuriale sperimentale. Giorn. internat. Sci. med. 35, 125 (1913). — MINKER: Bleisaum bei Bleivergiftung. Sitzg russ. path. Ges. 1927. Ref. Zbl. Path. 42, 552 (1928). — MIRTO: Quecksilber. Giorn. med. leg. 1899. Angef. bei MORPURGO. — MISCH: Gewerbliche Schädigungen der Mundhöhle. Fortschr. Zahnheilk. 1, 767 (1925); 2, 645 (1926) u. 3, 643 (1927). — MITA: Chrom. Angef. bei MERKEL: Handbuch der speziellen pathologischen Anatomie und Histologie von HENKE-LUBARSCH. Bd. 4, 1, S. 257. — MÖLLGARD: (a) Die Wirkung des Sanocrysins... Z. Hyg. 106, 692 (1926). (b) Bisherige Resultate der Sanocrysinforschung. Acta tbc. scand. (Kobenh.) 2, 99 (1926). — MOORE, G., GOLDSTEIN and CANOWITZ: The mitochondria in acute exper. nephrosis due to mercuric chloride. Arch. of Path. 8, Nr 6 (1929). — MORAWITZ: Blut und Blutkrankheiten. Handbuch der inneren Medizin von MOHR-STAEHELIN 1919. — MORITZ, S.: A contribution to the pathol. anatomy of lead paralysis. J. Anat, a. Physiol. 15, 78 (1881). — MORY: Einige neuere toxikologische Versuche über die Wirkungen des Wismuts. Inaug.-Diss. Bern 1883. — MOSETIG v. MOORHOF: Bericht der I. chirurgischen Abteilung des k. k. Krankenhauses, S. 81. Wieden 1874. — MOTT: Carbon monoxyde and nickelcarbonyl poisoning. Arch. of Neur. County asyl. Claybury Essex 3, 266 (1907). — MUCHA: Zwei Fälle von Vergiftung mit Chrompräparaten. Vjschr. gerichtl. Med., III. F. 31, 35 (1906). — MÜHSAM und HILLE-JAHN: Über Rivanolbehandlung. Dtsch. med. Wschr. 1924, 1169. — MÜLLER, J.: Über die Quecksilberverteilung auf die verschiedenen Organe von Hunden nach Salyrganinjektionen. Dtsch. med. Wschr. 1928, 1881 u. Arch. f. exper. Path. 141, 1 (1929). — MÜLLER, L.: Fall von Bleivergiftung. Wien med. Presse 1895, Nr 22. — MÜLLER, P.: Salzstaub als Ursache des Ulcus perf. sept. narum. Vjschr. gerichtl. Med., III. F. 10, 381 (1895). — MUNCK, J.: Wismutvergiftung mit tödlichem Ausgang. Dermat. Wschr. 84, 367. (1927). — MURDFIELD: Magenruptur nach Einnahme von Natrium bicarbonat. Klin. Wschr. 1926, 1613. — MURRAY: Chronic brass poisoning. Brit. med. J. 1900, 1334.

NAEGELI: Blutkrankheiten und Blutdiagnostik, 1919. — NAKATA: Die Stadien der Sublimatniere des Menschen. Beitr. path. Anat. 70, 282 (1922). — NENCKI: Über das Parahämoglobin. Arch. f. exper. Path. 20, 332 (1886). — NEUBER: Über die Wirkung der Wismutpräparate. Zbl. Hautkrkh. 13, 293 (1924). — NEUBERGER: (a) Die Wirkung des Sublimats auf die Nieren bei Menschen und Tieren. Beitr. path. Anat. 6, 431 (1889). (b) Über Kalkablagerungen in den Nieren. Arch. f. exper. Path. 27, 39 (1890). — NEUMANN, J.: Über die Aufnahme des Quecksilbers durch die unverletzte Haut. Wien med. Wschr. 1871, 1209. NIDER Mc: (a) The development of the chronic nephritis induced in the dog by uranium nitrate. J. of exper. Med. 49, 387 (1929). (b) Consideration of the relative toxicity of uranium nitrate for animals of different ages. J. of sxper. Med. 26, 1 (1917) u. 29, 513 (1919). (c) Degenerative changes in the liver in animals intoxicated by mercuric chloride and by uranium nitrate. Proc. Soc. exper. Biol. a. Med. 16, 82 (1919). — NIKLASSON and SANTESSON: Wirkt Quecksilbersulfid toxisch? J. of Pharmacol. 29, 117 (1926). — NISSL: Über die Veränderungen der Nervenzellen nach experimenteller Vergiftung. Neur. Zbl. 8, 164 (1897). NÖLKE: Über experimentelle Siderosis. Arch. f. exper. Path. 43, 342 (1900). — NORRIS and GETTLER: Poisoning by Tetra-Ethyl-Lead. J. amer. med. Assoc. 85, 818 (1925). Ref. Zbl. Path. 36, 536 (1925). — NOWAK und GÜTIG: Nitritvergiftung durch Wismut. Berl. klin. Wschr. 1908, 1764. — NUCK, REMY und HOLTZMANN: Der Zinkstaub im gewerblichen Betrieb... Z. Hyg. 109, 598 (1929).

ODDO et SILBUT: Élimination du plomb par la peau... Rev. Méd. 1892, 295. — OEHL-ECKER: Kollargol. Angef. bei FAHR. — OELLER: Über hyaline Gefäßdegeneration als Ursache einer Amblyopia saturnina. Virchows Arch. 86, 329 (1881). — OESTERLEN: (a) Übergang des regulinischen Quecksilbers in Blut und Organe. Arch. physiol. Heilk. 2, 536 (1843). — (b) Gold. Angef. bei H. SCHULZE. Handbuch der Arzneimittellehre, S. 151. 1851. — OGAWA: Veränderungen der Hornhaut durch Chlormagnesiuminjektion. Trans. jap. path. Soc. 13, 48 (1923). — OLBRYCHT: Zur Kasuistik der selteneren Vergiftungsarten. Dtsch. Z. gerichtl. Med. 4, 259 (1924) u. Beitr. gerichtl. Med. 9, 82 (1929). — OLIVER: (a) Lead poisoning in its acute and chronic manifestations. Lancet 1891, 530 und 588. (b) The histogenesis od chronical uranium nephritis. J. of exper. Med. 21, 425 (1915). (c) Der Einfluß der gewerb-lichen Gifte auf die verschiedenen Körperorgane. Fortschr. Med. 1928, 1238. (d) La méde-cine dans l'industrie. Liège méd. 1928, 1668. (e) The influence of industrial poisons upon the different organs. Brit. med, J. 1928, 835. — OLIVIER: L'intoxication chronique par l'acétate de Thallium. C. r. Soc. Biol. Paris 1927, 164. — OMELJANOWITSCH-PAVLENKO: Biochemische Veränderungen im Blut bei chronischer Bleiintoxikation. Z. Hyg. 110, 348 (1929). — ONO und YOKOYAMA: Nachweis von Ca... Trans. jap. path. Soc. 14, 147 (1924). — ONSUM: Über die toxischen Wirkungen der Baryt- und Oxalsäureverbindungen. Virchows Arch. 28, 233 (1863). — OPHÜLS: (a) Exper. chronic nephritis. Stud. Rockefeller Inst. 7, 21 (1907). (b) Some interesting points in regard to „exper. chronic nephritis". Stud. Rockefeller Inst. 9, 497 (1909). (c) Exper. chronic. lead-poisoning in guinea pigs. Amer. J. med. Sci. 150, 518 (1915). — OPPENHEIM, H.: Zur pathologischen Anatomie der Bleilähmung. Arch. f. Psychiatr. 16, 476 (1885). — OPPENHEIM, M.: (a) Schädigungen der Haut durch Beruf und Arbeit. Handbuch der sozialen Hygiene. Berlin: Julius Springer 1926. (b) Gewerb-liche Hautkrankheiten. Wien. klin. Wschr. 1914, 63. — ORATOR: Säureverätzungen des Magens und Zinkdampfschäden. Zbl. Chir. 1929, 518. — ORSÓS: Das Bindegewebsgerüst der Lymphknoten. Beitr. path. Anat. 75, 15 (1926). — ORTH: Mesothoriumschäden. Berl. klin. Wschr. 1912, 912. — OSHIMA und P. SIEBERT: Experimentelle chronische Kupfer-vergiftung. Beitr. path. Anat. 84, 106 (1930). — OVERBECK: (a) Mercur und Syphilis. Berlin 1861. (b) 13 Fragen über Merkur. Arch. Pharmaz. 159, 6 (1862).

PAAL: Über kolloidales Gold. Ber. dtsch. chem. Ges 35, 2236 (1902). — PAGEL: Meer-schweinchentuberkulose und Metallvergiftung. Krkh.forschg 3, 372 (1926). — PANDER: Beitrag zur Chromwirkung. Inaug-Diss. Dorpat 1887. — PAPPENHEIM und PLESCH: Ergebnisse über experimentelle und histologische Untersuchungen zur Wirkung des Thorium X auf den tierischen Organismus. Berl. klin. Wschr. 1912, 1342. — PASSOW: Erkrankungen der Nasenscheidewand. Handbuch von DENKER-KAHLER, Bd. 2, S. 491. 1926. — PEARCE, R. M.: (a) Problems of experimental medicin. Arch. int. Med. 5, 133 (1910). (b) Exper. myo-carditis. J. of exper. Med. 8, 400 (1906). — PEDLEY: Chronische Vergiftung durch Zinn und seine Salze. J. of ind. Hyg. 9, 43 (1927). — PEISACHOWITSCH: Veränderungen der endokrinen Drüsen bei Bleivergiftung. Virchows Arch. 273, 276 (1929). — PENNETTI: (a) Nierenveränderungen bei chronischer Wismutvergiftung. Arch. di Sci. biol. 7, 431 (1925). Ref. Physiol. Ber. 35, 181 (1926). (b) Ricerche sperimentali sul saturnismo. Arch. internat. Pharmacodynamie 30, 255 (1925). — PEROW: Zur pathologischen Anatomie der akuten Sublimatvergiftung. Inaug.-Diss. Kasan 1898. — PERUTZ: Die gewerblichen Schädigungen der Haut durch Quecksilber... Handbuch von OPPENHEIM-RILLE-ULLMANN. Bd. 2, S. 155. 1926. — PETERSEN, F.: Über Zinkoxyd als Ersatz für Jodoform, nebst Mitteilung eines Falles von Wismutvergiftung. Dtsch. med. Wschr. 1883, 365. — PETHEÖ: Über einen eigen-tümlichen Fall von Kupfervergiftung. Med. Klin. 1924, 901. — PETRI, E.: Veränderungen des gesamten Verdauungsschlauches bei der sog. Agranulozytose. Dtsch. med. Wschr. 1924, 1017. — PFLUGRAD: Kollargolvergiftung. Bemerkung zum Vortrag KAUSCH in 42. Verslg dtsch. Ges. Chir. 1930, 40. — PHILIPPE et GOTHARD: Über den zentralen Ursprung der Bleilähmungen. Soc. neur. Paris, 15. Jan. 1903. Ref. Neur. Zbl. 1903, 889. — PHILOSOPHOW: Über Veränderungen der Aorta bei Kaninchen unter dem Einfluß der Einführung von Quecksilber... Virchows Arch. 199, 238 (1910). — PHOTAKIS und NIKOLAIDIS: Experi-mentelle Untersuchungen über die Veränderungen der Nieren bei akuter Sublimatvergiftung. Dtsch. Z. gerichtl. Med. 13, 28 (1929). — PILLIET: Lésions de la fibre cardiaque dans l'empoi-sonnement expér. par la bichlorure de mercure. Semaine méd. 12, 300 u. 433 (1892). — PILLIET et MALBEC: Intoxication expér. par les sels de baryum. Semaine méd. 12, 504 (1892). PINARD et MARASSI: Dermatitis exfoliativa durch intramuskuläre Wismutinjektionen. Bull. Soc. méd. Hôp. Paris 38, No 30. — PLESCH: Über die Dauer der therapeutischen Wirkung des Thorium X. Berl. klin. Wschr. 1912, 739 u. 2305. — POLLAK, L.: Fall von Kupfersulfat-vergiftung mit eigentümlichen Blutbefund. Dtsch. med. Wschr. 1910, 1929. — POLSON: Chronic copper poisoning. Brit. J. exper. Path. 10, 241 (1929). — POPOFF: (a) Vergiftung bei Zinkhüttenarbeitern. Berl. klin. Wschr. 1873, 49. (b) Veränderungen im Rückenmark nach Vergiftung mit Arsen, Blei und Quecksilber. Virchows Arch. 93, 351 (1883). — PORAK: Du passage des substances ètrangères à l'organisme... Arch. Méd. expér. 6, 192 (1894). — POSNER: (a) Studien über pathologische Exsudatbildungen. Virchows Arch. 79, 333 (1879).

(b) Krankheiten und Ehe von Noorden und Kaminer, S. 632. Leipzig: Georg Thieme 1913. — Prado-Tagle: (a) Zur Kenntnis der durch Radiothorium erzeugten Gewebsveränderungen. Berl. klin. Wschr. **1912**, 1557. (b) Über Gewebsveränderungen nach subkutanen Depots von Bleisalz und Radiumbleiverbindungen. Berl. klin. Wschr. **1912**, 1559. — Prange: Bleiglätte als Abortivum. Dtsch. med. Wschr. **1928**, 2105. — Prévost: Étude expér. relative à l'intoxication per la mercure... Rev. méd. Suisse rom. **1882**, No 11. — Priebatsch: Über die Grundwirkung des Quecksilbers. Virchows Arch. **201**, 193 (1910). — Priestley: Lead as an abortifacient. Brit. med. J. **1906**, 778. — Prior: Wismutintoxikation bei interner Darreichung. Münch. med. Wschr. **1907**, 1934.

Quensel: Zur Kenntnis der psychischen Erkrankungen durch Bleivergiftung. Arch. f. Psychiatr. **35**, 612 (1901). — Quincke: Eisen. Angef. bei Poulsson.

Rabl: Zum Problem der Verkalkung. Virchows Arch. **245**, 542 (1923). — Rabuteau: Gold. Angef. bei H. Schulz, Arch. f. exper. Path. 1884. — Racine: Vergiftung mit übermangansaurem Kali. Z. Med.beamte **29**, 253 (1916). — Rambousek: Gewerbliche Vergiftungen. Leipzig 1914. — Rathery et Michel: Anurie et mort consécutive à l'injection répétée de sousacétate de plomb. Bull. Soc. méd. Hôp. Paris **39**, 962 (1923). — Rauch: Blutbild bei experimenteller Bleivergiftung. Z. exper. Med. **28**, 50 (1922). — Ravenna: Sulla patologia dei plessi nervosi dell'intestino. Arch. Sci. med. **25** (1901). — Raynaud: Nouvelles recherches, sur la nature de l'asphyxie locale des extrémités. Arch. gén. Méd. **1874**, 8. — Redlich, F.: Akute Thalliumvergiftung. Wien. klin. Wschr. **1927**, 694. — Reganali: Ricerche sperimentali istochimiche e microchimiche del mercurio... Ann. Oftalm. **1928**, 1114. — Regaud und Lacassagne: Histophysiologische und pathologisch-anatomische Grundlagen der Strahlenbiologie. Handbuch der gesamten Strahlenkunde von Lazarus, Bd. 1 S. 301. 1927. — Reich, A.: Vergiftung durch Wismutpastenbehandlung. Brun's Beitr. **65**, 184 (1909). — Reich, M.: Siderosis conjunctivae. Zbl. Augenheilk. **5**, 133 (1881). — Reichmann: Blutbefunde bei akuter Schwefelsäure- und Kupfersulfatvergiftung. Münch. med. Wschr. **1913**, 181. — Reischer, M. und Glesinger: Letale Vergiftung mit Kal. bichromic. Wien. med. Wschr. **1922**, 1071. — Reyher und Walkhoff: Über die toxische Wirkung ultraviolett bestrahlter Milch und anderer Substanzen. Münch. med. Wschr. **1928**, 1071. — Ribadeau: (a) Les organs hématopoét. dans l'intoxication saturnin expér. Arch. gén. Méd. **1903**, No 41. — Ribadeau und Mitarbeiter: Localisations rares de la maladie de Raynaud. Presse méd. **1902** II, 783. — Ribakow: Zur Pathologie der Nervenzelle. Ges. Neuropath. u. Psychiatr. Univers. Moskau 1898. Ref. Wratsch **1998**. — Richter, P. F.: Experimentelles über Nierenwassersucht. Berl. klin. Wschr. **1905**, 384. — Ricker und Fölsche: Quecksilber und Salvarsan in ihrer Wirkung auf die Blutströmung. Med. Klin. **1913**, 1253. — Ricker und Hesse: Über den Einfluß des Quecksilbers, namentlich des eingeatmeten auf die Lungen von Versuchstieren. Virchows Arch. **217**, 267 (1914). — Riedel (Aachen): Über die Resultate der Wismutbehandlung. Zbl. Chir. **10**, 3 (1883). — Risel: Über die örtlichen Veränderungen nach intramuskulären Einspritzungen von grauem Öl. Verh. dtsch. path. Ges. **1910**, 299. — Ritter, H.: Über die Goldbehandlung der Psoriasis. Dermat. Z. **45**, 158 (1925). — Riva: Contributio allo studio delle combinazioni del piombo nell'organismo. Arch. Farmacol. sper. **11**, 406 (1912). — Roberts: A case of chronic copper poisoning. Brit. med. J. **2**, 702 (1909). — Rohrer: Die Intoxikationen in ihren Beziehungen zu Hals... Haugs klin. Vortr. **1**, 75 (1896). — Roller: Tod durch Einlauf einer Chlorzinklösung... Z. Med.beamte **25**, 921 (1912). — Röpke: Die Berufskrankheiten des Ohres und der oberen Luftwege. Wiesbaden 1902. — Rosenberg, M.: Bronzediabetes und Blei. Klin. Wschr. **1928**, 505. — Rosenfeid, H.: Primäre Angina bismutica. Dermat. Z. **54**, 249 (1928). — Rosenheim, Th.: Experimentelles zur Theorie der Quecksilberdiurese. Z. klin Med. **14**, 170 (1888). — Rosenow: Allgemeine Argyrie. Dtsch. med. Wschr. **1928**, 1399. — Rosenstein, P.: Beitrag zur chemotherapeutischen Einwirkung auf septische Prozesse. Dtsch. med. Wschr. **1912**, 1924. — Rosenthal, O.: Über merkurielle Exantheme. Dtsch. med. Wschr. **1895**, 23 V. B. — Rösler: Die Beziehungen der chronischen Bleivergiftung zum Magengeschwür. Med. Klin. **1919**, 1057. — Rössle: (a) Ein Fall von akuter Chromsäurevergiftung. Dtsch. Arch. klin. Med. **75**, 695 (1903). (b) Kollargol. Angef. bei Fahr. — Rost, F.: Über Schwanz- und Fußgangrän bei Ratten. Münch. med. Wschr. **1929**, 910. — Roth, E.: Gewerbekrankheiten. Berlin: Schoetz 1909. — Roth, M.: Experimentelles über die Entstehung des runden Magengeschwürs. Virchows Arch. **45**, 298 (1869). — Roth, O.: Über Bleistaub und Bleidämpfe. Beitr. path. Anat. Suppl. **7**, 184 (1905). — Roth, W. und Bloss: Über die experimentelle Nephritis. Virchows Arch. **238**, 325 (1922). — Rothmann: Über Goldschädigungen. Beitr. Klin. Tbk. **63**, 906 (1926). — Rozsakegzi: Die chronische Silbervergiftung. Arch. f. exper. Path. **9**, 289 (1878). — Rube und Hendricks: Gewerbliche Thalliumvergiftung. Med. Welt **1927**, 733. — Rubin und Dorner: Tödliche Vergiftung mit Kaliumpermanganat in Substanz. Dtsch. Arch. klin. Med. **89**, 267 (1910). — Rudloff: Über die Perforation der Nasenscheidewand bei Chromarbeitern. Verh. dtsch. otol. Ges. **1900**. Zbl. Ohrenheilk. **37**, 278 (1900). — Ruge, H.: Anatomisches und Klinisches über den Bleisaum. Dtsch. Arch. klin. Med. **58**, 287 (1897). — Rühl, A.: Beitrag zur

Apoplexiegenese an Hand eines Falles von Bleischädigung. Med. Klin. **1929**, 187. — Rüther: Muskelverkalkung im Herzen nach Sublimatvergiftung. Z. Kreislaufsforschg **21**, 313 (1929).

Sacher: Die Berufskrankheiten des Gehörorgans und der oberen Luftwege bei den gewerblichen Bleivergiftungen. Mschr. Ohrenheilk. **61**, 754 (1927). — Safir, Horia: Klinische Beiträge zur Kenntnis des Gießfiebers. Berlin-Charlottenburg: Gebr. Hoffmann 1929. — Saikowsky: Über einige Veränderungen, welche das Quecksilber im tierischen Organismus hervorruft. Virchows Arch. **37**, 346 (1866). — Sainton: Asphyxie symmétrique des extrémités et menace de gangrène chez un saturnin. France méd. **1881**, 221. — Sajous: Blei. Arch. f. Laryng. **3** (1882). Angef. bei Legge und Goadby. — Salle und Domarus: Beitrag zur biologischen Wirkung von Thorium X. Z. klin. Med. **78**, 231 (1913). — Saturski: Zur Kasuistik der Abtreibungen durch Bleiglätte. Zbl. Gynäk. **1927**, 102. — Scala: Der Plexus solaris bei experimenteller Sublimatvergiftung. Fol. med. (Napoli) **13**, 853 (1927). Ref. Zbl. Neur. **49**, 627 (1928). — Schaffer: Über Veränderungen der Nervenzellen bei chronischer Bleivergiftung... Ung. Arch. Med. **1893**. Angef. bei Wassermann. — Schall: Die Veränderungen des Verdauungstraktus durch Ätzgifte. Beitr. path. Anat. **44**, 458 (1908). — Schamberg: Chrysoderma. Arch. of Dermat. **18**, 862 (1928). — Schedel: Beitrag zur Kenntnis des Chlorbariums. Stuttgart: Ferdinand Enke 1903. — Schee: Über Thalliumnachweis in den Organen kleiner, durch „Zelioweizen" vergifteter Tiere. Inaug.-Diss. Wien. tierärztl. Hochschule 1926 u. Beitr. gerichtl. Med. **7**, 14 (1928). — Schiff: Chronischer Saturnismus und Ulcus ventriculi. Wien. klin. Wschr. **1919**, 387. — Schlayer und Hedinger: Experimentelle Studien über toxische Nephritis. Dtsch. Arch. klin. Med. **90**, 1 (1907). — Schlayer und Takayasu: Untersuchungen über die Funktion kranker Nieren. Dtsch. Arch. klin. Med. **98**, 17 (1909). — Schlesinger, H.: Experimentelle Untersuchungen über die Wirkung kleiner Quecksilberdosen auf Tiere. Arch. f. exper. Path. **13**, 317 (1881). — Schmeertmann: Die Klinik der gewerblichen Bleierkrankungen. Fortschr. Med. **47**, 53 (1929). — Schmidt, H.: Zur Symptomatologie der akuten Bleivergiftung. Zbl. klin. Med. **12**, 537 (1891). — Schmidt-Kehl, L.: Blutumsatz bei chronischer Bleivergiftung. Arch. f. Hyg. **98**, 1 (1927). — Schmidt, M. B.: (a) Über die Verkalkung der Nierenepithelien bei Sublimatvergiftung und bei Dysenterie. Zbl. Path. **30**, 497 (1920). — (b) Diskussionsbemerkung zu Tilp (Sublimatvergiftung). Verh. dtsch. path. Ges. **1912**, 474. Schmidt, P.: (a) Neuere Forschungen über das Wesen der Bleivergiftung. Klin. Wschr. **1927**, 367. (b) Untersuchungen bei experimenteller Bleivergiftung. Dtsch. Arch. klin. Med. **96**, 587 (1909). (c) Über Bleivergiftung. Zbl. Gewerbehyg., N. F. **1**, 9 (1924). — Schmidt, P. und Barth: Über den Mechanismus der Bleiwirkung auf das Blut. Arch. Schiffs- u. Tropenhyg. **29**, 326 (1925). — Schmidt, P., Leiser und Litzner: Bleivergiftung. Erg. Med. **13**, 321 (1929). Urban & Schwarzenberg 1930. — Schneider, Ph.: (a) Anatomische Befunde bei Thalliumvergiftung. Beitr. gerichtl. Med. **7**, 10 (1928). (b) Experimentelle Studien über protrahierte Thalliumvergiftung. Beitr. gerichtl. Med. **9**, 1 (1929). (c) Anatomische Befunde bei protrahierter Thalliumvergiftung. Dtsch. Z. gerichtl. Med. **14**, 555 (1930). — Schniewind: Vergiftung mit Bleizucker. Vjschr. gerichtl. Med. **21**, 277 (1862). — Schönheimer und Oshima: Der Kupfergehalt normaler und pathologischer Organe. Z. physiol. Chemie **180**, 249 (1929). — Schrader: Urethritis urica bei chronischer Bleivergiftung. Dtsch. med. Wschr. **1892**, 181. — Schubert, L.: Argyrie bei Glasperlenversilberern. Z. Heilk. **16**, 341 (1915). — Schujeninoff: Über Veränderungen der Haut und Schleimhäute nach Ätzungen mit Höllenstein. Beitr. path. Anat. **21**, 1 (1894). — Schultz, H.: Über Gold und Platin. Inaug.-Diss. Dorpat 1892. — Schultze (Fulda): Die Nickelflechte. Ärztl. Sachverst.ztg **1912**, 138. — Schulz, Hugo: Über den Chemismus der Wirkung unorganischer Gifte. Arch. f. exper. Path. **18**, 174 (1884). — Schulze, W.: Toxische Kiefernekrosen infolge antiluetischer Behandlung. Mitt. Grenzgeb. Med. u. Chir. **30**, 366 (1918). — Schumacher (Aachen): Über lokalisierte Hydrargyrose... Verh. dtsch. Ges. inn. Med. Wiesbaden **1886**, 405. — Schumm: Über das Porphyrin des Harns bei Bleivergiftung. Hoppe-Seylers Z. **119**, 139 (1922). — Schütz und Bernhardt: Die Verteilung des Bleies im Körper bei chronischer Bleivergiftung. Z. Hyg. **104**, 441 (1925). Schwarz, L.: Zur Frühdiagnose der Bleivergiftung. Z. ärztl. Fortbildg **20**, 665 (1923) u. Z. Hyg. **102**, 57 (1924). — Schwarz, L. und Pagels: Versuche zur Frühdiagnose der gewerblichen Manganvergiftung. Arch. f. Hyg. **92**, 77 (1924). — Secher: Die Behandlung der Tuberkulose mit Sanocrysin und Serum nach Möllgard. Tbk. bibl. **1925**, Nr 20, 73. — Sée, Germain: Maladies du coeur, 1883. Übersetzt von Salomon, Klin. Herzkrkh. **1**, 217 (1890). — Seibert and Wells: The effect of Aluminium on mammalian blood and tissues. Arch. of Path. **8**, Nr 2. Ref. Zbl. Path. **48**, 68 (1930). — Seidel, M.: Fall tödlicher Vergiftung mit kohlensaurem Baryt. Vjschr. gerichtl. Med., N. F. **27**, 213 (1877). — Seifert, O.: Gewerbekrankheiten der Nase und Mundrachenhöhle. Haugs klin. Vortr. **1**, 179 (1895/96). Seiffert, G. und Arnold: Zellveränderungen im Knochenmark, Blut und Milz bei experimenteller Bleivergiftung. Arch. f. Hyg. **99**, 272 (1928). — Seiler: Diseases of the Throat. Phil. 1883. — Seitz: Experimentelle Thalliumvergiftung. Klin. Wschr. **1930**, 157. —

Semenskaja: Ergebnisse von Blutuntersuchungen bei Arbeitern des Kupferwalzwerkes Georgiens. Gig. Truda (russ.) 1927, 46. Ref. Münch. med. Wschr. 1927, 2031. — Sergeant: Le traitment de la tubercul. par la sanocrysine. Revue de la Tbc., III. s. 4 (1927). — Severi: Le alterazioni del rene per cloruro di cadmio. Arch. Sci. med. 20, No 3. Ref. Zbl. Path. 8, 322 (1897). — Sexton, M. C.: Acute mercurial poisoning from vaginal injection. J. amer. med. Assoc. 1922, 1445. — Seydel, C.: Über Vergiftung mit Zinksalzen. Vjschr. gerichtl. Med., III. F. 11, 286 (1896). — Shimazono: Verhalten der Nervensubstanz bei verschiedenen Vergiftungen. Arch. f. Psychiatr. 53, 1024 (1914). — Siccardi e Roncato: Fissazione e riduzione dei sali de piombo... Arch. di Fisiol. 11, 323 (1913). — Siegel: Akute Kaliumpermanganatvergiftung. Münch. med. Wschr. 1925, 259. — Siegmund und Weber: Pathologische Histologie der Mundhöhle. Leipzig 1926. — Siem: Über die Wirkung des Aluminiums und des Berylliums auf den tierischen Organismus. Inaug.-Diss. Dorpat 1886. — Sigel: Das Gießfieber. Vjschr. gerichtl. Med., III. F. 32, 384 (1906). — Silbermann, O.: Intravitale Blutgerinnung nach akuter Intoxikation... Virchows Arch. 117, 288 (1889). — Silva Mello Da: Angef. bei Salle und Domarus. — Simon, W.: Komplikation bei Behandlung chirurgischer Tuberkulose mit Krysolgan. Münch. med. Wschr. 1920, 1529. — Sinnhuber-Weinstein: Fall von medikamentösem Calomeltod. Charité-Ann. 29, 87 (1905). — Skudro: Beiträge zur Vergiftung mit Quecksilber. Wien. klin. Wschr. 1912, 1124. — Slowtzoff: Über die Bindung des Quecksilbers und Arsens durch die Leber. Beitr. chem. Physiol. u. Pathol. 1, 281 (1901). — Sobol und Swetnik: Die Wirkung des Wismuts auf das Nervensystem. Arch. f. Psychiatr. 88, 586 (1929). — Soli Ugo: Angef. bei Starkenstein. — Sommerbrodt: Über im Larynx lokalisierte Hydrargyrose. Berl. klin. Wschr. 1886, 811. — Stadfeldt: Sublimatlösungen als Desinfektion in der Geburtshilfe... Virchows Arch, 99, 277 (1885). — Staemmler: Anatomische Befunde bei Bleiepilepsie. Klin. Wschr. 1929, 1210. — Stander: Effect of the intravenous administration of magnesium-sulphate. J. amer. med. Assoc. 92, 631 (1929). — Staub: Kasuistischer Beitrag zur chronischen Bleivergiftung. Med. Klin. 1906, 520. — Steckelmacher: Experimentelle Nekrose und Degeneration der Leber. Beitr. path. Anat. 57, 314 (1914). — Steindorff: Über Argyrosis corneae als Berufskrankheit. Klin. Mbl. Augenheilk. 78, 51 (1927) u. Z. Augenheilk. 64, 393 (1928). — Steinfeld: Untersuchungen über die toxischen und therapeutischen Wirkungen des Wismuts. Arch. f. exper. Path. 20, 40 (1886). — Stewart: Toxic jaundice in munition workers. Lancet 1917, 153. — Sticker: Arzneiliche Vergiftungen vom Mastdarm und von der Scheide aus. Münch. med. Wschr. 1895, 645. — Stieglitz: Experimentelle Untersuchungen über Bleivergiftung. Arch. f. Psychiatr. 24, 1 (1892). — Stieve: (a) Wechselbeziehungen zwischen Gesamtkörper und Keimdrüsen. Z. mikrosk.-anat. Forschg 5, 463 (1926). (b) Beobachtungen an menschlichen Hoden. Z. mikrosk.-anat. Forschg 1, 491 (1924).. (c) Unfruchtbarkeit als Folge unnatürlicher Lebensweise. München: J. F. Bergmann 1926. — Stock: Die Gefährlichkeit des Quecksilberdampfes. Z. angew. Chem. 39, 461 (1926). — Stock und Zimmermann: Tierversuche über die Aufnahme von Quecksilber aus quecksilberhaltiger Luft. Biochem. Z. 216, 243 (1929). — Stoeltzner: Pseudorachitische Krankheitszustände. Schriften Königsberg. gelehrten Ges., naturwiss. Klasse 4, H. 2, Halle: Niemeyer 1927. — Stracke: Mikroskopische Beobachtungen an der Niere des mit Sublimat vergifteten lebenden Kaninchens. Inaug.-Diss. Breslau 1920. — Strassmann, F. und E. Ziemke: Über den Durchgang des Sublimats durch den Plazentarkreislauf. Arch. f. Physiol. Suppl. 1899, 95. — Straub, W.: (a) Über chronische Vergiftungen, speziell Bleivergiftung. Dtsch. med. Wschr. 1911, 1469. (b) Uran. 8. Pharmakol.tagg Hamburg 1928. — Subal: Berufsschädigung der Hornhaut durch Silber. Klin. Mbl. Augenheilk. 68, 647 (1922). — Süssmann: Beitrag zur Frage der Permeabilität der Haut für Bleiverbindungen. Münch. med. Wschr. 1918, 1407 u. Arch. f. Hyg. 90, 175 (1921). — Suzuki: Zur Morphologie der Nierensekretion unter physiologischen und pathologischen Bedingungen. Jena: Gustav Fischer 1912. — Szentkiralyi: Sekundäre Anämie nach Thallium-aceticum-Epilation. Dermat. Wschr. 1927, 1083.

Tada: Über den Bleigehalt der Kopfhaare. Orient. J. Dis. Infants 1, Nr 2 (1926). Ref. Fortschr. Med. 44, 1148 (1926). — Takayasu: Über Beziehungen zwischen anatomischen Nierenveränderungen und Funktion. Dtsch. Arch. klin. Med. 92, 127 (1908). — Tardieu: Vergiftungen 1868. — Teleky: (a) Gewerbliche Thalliumvergiftung. Wien. med. Wschr. 1928, 506. (b) Einiges über Bleivergiftung. Med. Klin. 1926, 2027. (c) Die gewerbliche Quecksilbervergiftung. Berlin: Seydel 1912. (d) Zur Kasuistik der Bleilähmung. Dtsch. Z. Nervenheilk. 37, 234 (1909). (e) Über gewerbliche Argyrie. Zbl. Gewerbehyg. 2, 128 (1914). — Thal: Ausgedehnte Gangrän durch Verbrennung mit Kupfersulfat. Z. ärztl. Fortbildg 19, 399 (1922). — Thatcher: A case of magnesium sulphate poisoning. J. amer. med. Assoc. 91, 1185 (1928). — Thiele: Veränderungen des Blutbildes bei Bleigefährdung. Münch. med. Wschr. 1924, 338. — Thies: Schwere Verätzung mit 25%iger Höllensteinlösung. Zbl. Gewerbehyg., N. F. 3, 315 (1926). — Thomson, E.: Vergiftung mit Kalium permanganatum. Petersburg. med. Wschr. 1895, 329. — Thoret: Fall von Sublimatvergiftung von der Scheide aus. Münch. med. Wschr. 1923, 569. — Tilp: Herdförmige Verkalkung des Myokards bei Sublimatvergiftung. Verh. dtsch. path. Ges. 1912, 471. — Tomaschewitsch: Die lokalen Veränderungen bei Tieren durch Injektion unlöslicher und löslicher Quecksilberpräparate. Inaug.-Diss. Petersburg 1896. — Töppich: Zur Pathologie der Sublimatnephrose. Berl. klin. Wschr. 1921, 136. — Torrione: Un cas d'intoxication bismuthique.... Schweiz. med. Wschr. 1928, 895. — Tscherkess: Beitrag zur Pathologie des Gefäßsystems bei Bleivergiftung. Arch. f. exper. Path. 108, 220 (1925). — Tschisch: (a) Über Veränderungen des Rückenmarks bei Vergiftungen mit Morphium, Atropin, Silbernitrat, Kaliumbromid. Virchows Arch. 100, 147 (1885). (b) Das Kupfer vom Standpunkte der gerichtlichen Chemie. Stuttgart: Ferdinand Enke 1893. — Tschistowitsch: Zur Frage der Nierenveränderungen bei chronischer Bleivergiftung. Ber. Sitzg russ. path. Ges. Ref. Zbl. Path. 40, 168 (1927). — Tuckwell: Suicidal poisoning with Burnetts fluid. Brit. med. J. 2, 297 (1874).

Uhlirz: Thalliumvergiftung. Klin. Wschr. 1929, 718. — Uthhoff: Beiträge zu den Sehstörungen bei Vergiftungen. Klin. Mbl. Augenheilk. 74, 1 (1925). — Ullmann, K.: Über Lokalisation des Quecksilbers im tierischen Organismus. Prag. med. Wschr. 1892, Nr 39. — Ullmann, K. und M. Haudek: Röntgenologische Studien zur Resorption von Quecksilber- und Arsenobenzolinjektionen. Wien. klin. Wschr. 1911, 85. — Ulrik: Akute toxische Anämie bei Vergiftung mit Silberglanz. Ugeskr. Laeg. (dän.) 86, 616 (1924). Ref. Z. gerichtl. Med. 5, 212 (1925). — Umber: (a) Ernährung und Stoffwechselkrankheiten. Wien u. Berlin: Urban & Schwarzenberg 1925. (b) Quecksilberembolien in der lebenden Lunge durch intravenöse Injektion von metallischem Quecksilber. Med. Klin. 1923, 35 u. 1926, 1279. — Umeda: Beiträge zur Morphologie der Darmfunktion. Trans. jap. path. Soc. 18, 373 (1928). — Urban: Hautveränderungen bei Chromatvergiftung. Berl. klin. Wschr. 1919, 363. — Urbanek: Verkupferung des Auges. Z. Augenheilk. 62, 174 (1927). — Uyeno: Experimentelle Untersuchungen über die Veränderung der Nieren bei Karbolsäurevergiftung. Beitr. path. Anat. 47, 126 (1910).

Vacca: L'éosinophilie dans l'empoisonnement chronique par le sulfate de cuivre. Sang biol. et path. 3, No 2 (1929). — Vámossy: Sur le mécanisme d'emmagasinement du foie vis à vis des poisons. Arch. internat. Pharmacodynamie 13, 153 (1904). — Vaubel: Die Giftwirkung des Zinnwasserstoffs. Münch. med. Wschr. 1924, 1097. — Véber: Klinisches über Magenverätzung. Inaug.-Diss. Straßburg 1913. — Vill: Über Haut- und Schleimhautblutungen nach Salvarsan-, Quecksilber-, Kollargolbehandlung. Münch. med. Wschr. 1921, 1675. — Villaverde: (a) Schädigungen der Nerven bei Bleivergiftung. Trav. Labor. rech. biol. Madrid 24, 1 u. 155 (1926). Ref. Zbl. Path. 39, 478 (1927). (b) Veränderungen der motorischen Nervenendplatten bei Bleivergiftung. Trav. Labor. rech. biol. Madrid 24, H. 2/3 (1926). Ref. Zbl. Path. 42, 307 (1928). — Viron: Contribution a l'étude phys. et tox. de quelques préparations chromées. Thèse de Paris 1885, 88. — Vogt, A.: (a) Verkupferung des Auges. Graefes Arch. 106, 80 (1921) u. 112, 122 (1923). (b) Kupfer und Silber aufgespeichert im Auge usw. als Symptom der Pseudosklerose. Schweiz. med. Wschr. 1930, 73. — Voigt: (a) Beitrag zur Kenntnis der Verteilung kolloidaler Metalle im Säugetierorganismus. Virchows Arch. 257, 851 (1925). (b) Verteilung und Schicksal des kolloidalen Silbers im Säugetierkörper. Biochem. Z. 62, 280 (1914); 63, 409 (1914) u. 68, 477 (1915). (c) Zur Frage der Giftigkeit des kolloidalen Silbers. Z. exper. Med. 52, 33 (1926). — Voit: Über die Aufnahme des Quecksilbers und seiner Verbindungen in den Körper. Physiol.-chem. Untersuch. 1, 45 (1857) Augsburg. Angef. b. Fürbringer. — Voit, K. und Roese: Über das Verhalten der Erythrozyten bleivergifteter Meerschweinchen. Z. exper. Med. 47, 734 (1925). — Vollmer: Tod durch Sublimatintoxikation von der Scheide aus. Z. Med.beamte 30, 535 (1917). — Vonkennel: Untersuchungen über Wismutablagerungen im normalen und pathologischen Gewebe. Verh. dtsch. dermat. Ges. Bonn 1927, 151. Berlin: Julius Springer 1928.

Walterhöfer: Der experimentelle Nachweis basophil punktierter roter Blutzellen im Knochenmark. Z. klin. Med. 18, 113 (1913). — Waltner: Kobalt und Blut. Klin. Wschr. 1929, 313. — Wassermann: Röntgenuntersuchungen bei chronischer Bleivergiftung der Katze. Arch. f. exper. Path. 79, 383 (1916). — Weichselbaum: Angef. b. Kossá (Beitr. path. Anat.). — Weiler: Die anatomischen Veränderungen bei der Sublimatvergiftung des Kaninchens in ihrer Abhängigkeit vom Gefäßnervensystem. Virchows Arch. 212, 200 (1913). — Weimann: Gehirnveränderungen bei Anämie. Z. Neur. 92, 433 (1924). — Weller: The exper. production of lead gangrene. Proc. Soc. exper. Biol. a. Med. 23, 37 (1925). — Wen-Chao Ma and Jui-Wu Mu: Cytological changes in thyroid apparatus and spinal ganglia of rats treated with Thallium. Proc. Soc. exper. Biol. a. Med. 27, 249 (1930). — Wengler: Schwere Sublimatvergiftung einer Hebamme durch zweimalige Händedesinfektion. Z. Med.beamte 19, 43 (1906). — Westphal, C.: Über Veränderung des Nervus radialis bei Bleilähmung. Arch. f. Psychiatr. 4, 776 (1874). — Westphal, K.: Untersuchungen zur Frage der nervösen Entstehung peptischer Ulzera. Dtsch. Arch. klin. Med. 114, 327 (1914). — Weyrauch: Neue Untersuchungen über die Aufnahme des Bleis und seine Verteilung im Organismus bei experimenteller Vergiftung. Z. Hyg. 111, 162 (1930). — WHITE, M.: Empoisonnement par l'acide chromique. Semaine méd. 9, 199 (1889). — WHITE, P.: Über die Wirkungen des Zinns auf den tierischen Organismus. Arch. f. exper. Path. 13, 57 (1881). — WIESEL und HESS: Angef. b. Fahr, Handbuch der speziellen pathologischen Anatomie und Histologie von Henke-Lubarsch, Bd. 6/1. — WIETING und EFFENDI: Bleiresorption aus steckengebliebenen Projektilen. Z. Chir. 104, 165 (1910). — WINDRATH: Tödlich verlaufener Fall einer Intoxikation nach Bismutsalbe. Med. Klin. 1910, 742. — WINTERNITZ, R.: Über Allgemeinwirkungen örtlich reizender Stoffe. Arch. f. exper. Path. 35, 77 (1895). — WOHLWILL, F.: Über die Wirkungen der Metalle der Nickelgruppe. Arch. f. exper. Path. 56, 403 (1907). — WOLF, O.: Eisen, Blei usw. in der Ohrenheilkunde. Mschr. Ohrenheilk. 29, 338 (1895). — WOLFF, U.: Wirkung der Bariumsalze auf den menschlichen Organismus. Dtsch. Z. gerichtl. Med. 1, 522 (1922). — WOOD, F. C.: Use of colloidal lead in the treatment of cancer. J. amer. med. Assoc. 87, 717 (1920). — WÜRTZEN: Sanokrysinbehandlung bei Lungentuberkulose. Wien. klin. Wschr. 1925, 1373. — WÜRZ: Vergiftung mit Bariumpräparaten bei Röntgenuntersuchungen. Dtsch. Z. gerichtl. Med. 4, 173 (1924).

YAMAUCHI: Immunisierungsversuche mit Thorium X. Z. Krebsforschg 21, 230 (1924). ZADEK, E.: Leberschädigungen durch chronische Bleivergiftung. Dtsch. med. Wschr. 1929, 1336. — ZADEK, J.: Über die Ursachen der Nitritvergiftung durch Bismutum subnitricum. Z. exper. Path. u. Ther. 15, 498 (1914). — ZDAREK: Verteilung des Chroms im menschlichen Organismus. Vjschr. gerichtl. Med. III. F. 31, 47 (1906). — ZIEMKE, E.: Über tödliche Vergiftung durch Gemisch von Kalialaun, Zinksulfat und Kupfersulfat. Dtsch. Z. gerichtl. Med. 9, 291 (1927). — ZIMMERLI und LUTZ: Eigenartige Form von Pigmentierung nach Goldbehandlung. Arch. f. Dermat. 157, 523 (1929). — ZINSSER: Thalliumvergiftung. Zbl. Hautkrkh. 22, 598 (1927). — ZIRM: Hornhautverätzung durch Blaustein. Wien. klin. Wschr. 1909, 1754. — ZOLLINGER: Experimentell-klinischer Beitrag zur Frage der Wismutvergiftung. Beitr. klin. Chir. 77, 268 (1912). — ZUELZER: Über die Absorption der äußeren Haut. Wien. Medizinalhalle 1864. Angef. b. Fürbringer. — ZURHELLE: Thrombenbildung im strömenden Blut. Beitr. path. Anat. 47, 562 (1910).

Metalloide.

ACHARD und Mitarbeiter: Intoxications par les gaz de combat. Arch. méd. exp. 28, 526 (1919). — ACHARD und RAMOND: Colloidales Selen. Malys Ber. 1913, 1440. Angef. b. J. POHL, Handbuch experimenteller Pharmakologie Bd. 3, 1. S. 438. 1927. — ACKERMANN: (a) Die Wirkungen des Brechweinsteins auf das Herz. Virchows Arch. 25, 531 (1862). (b) Leberzirrhose nach Phosphorvergiftung. Virchows Arch. 115, 216 (1889). — ADELHEIM, R.: (a) Beiträge zur pathologischen Anatomie und Pathogenese der Kampfgasvergiftung. Virchows Arch. 236, 302 (1922) u. 240, 417 (1923). (b) Über die Einteilung der Gase in ihrer Beziehung zur Pathologie. Frankf. Z. Path. 25, 261 (1921). — ADLER, L.: Über Jodschädigungen der Hoden. Arch. f. exper. Path. 75, 362 (1914). — ALADOW: Einfluß des Salvarsans auf die sekretorische Funktion der Verdauungsdrüsen. Charkowsky med. J. 11, Nr 5 (1911). Ref. Münch. med. Wschr. 1911, 2578. — ALBERTI: Ausgedehnte Gangrän der Halsmuskulatur infolge Kohlenoxydvergiftung. Dtsch. Z. Chir. 20, 476 (1884).— ALEXANDER, A.: Karzinomentwicklung auf psoriatischer Basis. Arch. f. Dermat. 129, 5 (1921). — ALEXADNER, C.: Zur Kenntnis der Lähmungen nach Arsenikvergiftung. Habil. schr. Breslau 1889. — ALLENDE-NOVARRO: Intox. par gaz avec altérations de la barrière ectomésodermique du cerveau. Schweiz. Arch. Neur. 14, 199 (1924). — ALTSCHUL: Einwirkung der Kohlenoxydvergiftung auf das Zentralnervensystem. Z. Neur. 111, 442 (1927).— ALWENS: Experimentelle Studien über den Einfluß des Salvarsans. Arch. f. exper. Path. 72, 177 (1913). — ANDRY: Gangrène dissiminé de la peau d'origine jodopotassique. Ann. de Dermat. 1897, 1095. — ANSCHÜTZ: Phosphorvergiftung oder akute Leberatrophie? Arb. path. Inst. Tübingen 3, 230 (1899). — AREZZI: Experimentelle Schwefelkohlenstoffvergiftung. Ber. Physiol. 32, 833 (1925). — ARNSPERGER: Über verästelte Knochenbälkchen in der Lunge. Beitr. path. Anat. 21, 141 (1897). — ASCARELLI: Die histologischen Veränderungen in der Kohlenoxydvergiftung. Friedreichs Bl. 56, 251 (1905). — ASCHOFF: Über anatomische und histologische Befunde bei „Gasvergiftungen". Kriegsminist. Druckvorschrift. Reichsdruckerei 1916. — ASKANAZY: (a) Chemisch-toxische Momente als Krankheitsursachen. Aschoffs Lehrbuch. (b) Knochenmark. Handbuch der speziellen pathologischen Anatomie und Histologie von HENKE-LUBARSCH, Bd. 1, S. 775. 1926. — ASÚA und KUHN: Salvarsan und retikuloendotheliales System. Ref. Zbl. Path. 47, 124 (1929). — AUFRECHT: (a) Zirrhose der Leber und Niere am Tieger. Dtsch. Arch. klin. Med. 23, 331 (1879). (b) Experimentelle Leberzirrhose nach Phosphor. Dtsch. Arch. klin. Med. 58, 302 (1897). — AZZO: Über das Verhalten der Chondriosomen bei der fettigen Entartung. Zbl. Path. 27, 7 u. 727 (1914).

BACHEM, C.: Beiträge zur Toxikologie der Halogenalkyle. Arch. f. exper. Path. 122, 69 (1927). — BACMEISTER und REHFELDT: Medizinale Phosphorvergiftung durch GERSON-

HERRMANNSDORFERsche Tuberkulosediät. Dtsch. med. Wschr. **1929**, 2050. — BAEHR: Über experimentelle Glomerulonephritis. Beitr. path. Anat. 55, 545 (1913). — BAHR und LEHNKERING: Phosphorwasserstoffvergiftung. Vjschr. gerichtl. Med., III. F. **32**, 132 (1926). BALAN: Der Einfluß der experimentellen Phosphorvergiftung auf das Fettgewebe. Beitr. path. Anat. 76, 198 (1926). — BARKAN: Das Kohlenoxydhämoglobin und das Problem der Kohlenoxydvergiftung. Handbuch der normalen und pathologischen Physiologie von BETHE-BERGMANN, Bd. 6, 1, S. 114 (1928). — BASCH, F.: Schwefelwasserstoffvergiftung bei äußerlicher Applikation von elementarem Schwefel in Salbenform. Arch. f. exper. Path. **111**, 126 (1926). — BASSEWITZ v.: Arsendermatitis nach längerem innerlichen Gebrauch von Stovarsol und Trepasol. Münch. med. Wschr. **1929**, 742. — BAZIN: Angef. b. MC. NALLY. — BECK: Intoxikationen. Handbuch von DENKER-KAHLER, Bd. 6. 1926. — BECK and FORT: Chronic carbon monoxide poisoning. Ann. of Clin. med. 3, 437 (1924). — BECKER, E.: Über Nachkrankheiten bei Kohlenoxydvergiftung. Dtsch. med. Wschr. **1889**, 513. — BEHRENROTH: Pyelographie mit Jodipin und pyelovenöser Rückfluß. Röntgenpraxis 1, 117 (1929). — BEIN: Blausäurevergiftung und akute gelbe Leberatrophie. Z. klin. Med. 45, 970 (1924). — BELKY: Beiträge zur Kenntnis der Wirkungen gasförmiger Gifte. Virchows Arch. **106**, 148 (1886). — BERDE: Ausgebreitete Kopfhautgangrän nach Entfärbung der Haare mit Wasserstoffsuperoxyd. Dermat. Wschr. 8**2**, 257 (1926). — BERG (Düsseldorf): Fluornatrium, ein Teelöffel voll, als tödliche Gabe. Vjschr. gerichtl. Med., III. F. **61**, 267 (1921). — BERGARA: Altérations dentaires et osseuses dans l'intoxication chronique par les Fluorures. C. r. Soc. Biol. Paris 97, 600 (1927). — BERGER (Jena): Tierversuche über Injektion von Neosalvarsan in den Subduralraum. Münch. med. Wschr. **1914**, 563. — BERKHAN: Ein Fall von subkortikaler Alexie (WERNICKE). Arch. f. Psychiatr. **23**, 558 (1892). — BERNHARDT, M.: Die Veränderungen des Magens nach Phosphorvergiftung. Virchows Arch. **39**, 23 (1867). — BERT: La rigidité cadavérique. C. r. Soc. Biol. Paris 11, 522 (1885). — BEST: Borsäurevergiftung. Wien. med. Presse **1905**, 729. — BETTMANN: (a) Über Hautaffektionen nach innerlichem Arsengebrauch. Arch. f. Dermat. 51, 203 (1900). (b) Über den Einfluß des Arsens auf Blut und Knochenmark des Kaninchens. Beitr. path. Anat. **23**, 377 (1898). (c) Chlorakne. Dtsch. med. Wschr. **1901**, 437. — BEVER, VAN: Vergiftungen mit Phosphorwasserstoff. Arch. internat. Méd. lég. **1910**, 4. — BEYREIS: Vergiftung mit Tetrajodphenolphthalein-Natrium. Dtsch. Z. gerichtl. Med. 10, 156 (1927). — BIEDERMANN: Vergiftungsgefahr durch Chlorgas. Z. Med.beamte **34**, 1 (1921). — BILLROTH: Vergiftung durch chlorsaures Kalium. Wien. med. Wschr. **1880**, 1230. — BINZ: (a) Über Jodoform und Jodsäure. Arch. f. exper. Path. 8, 318 (1878). (b) Toxikologisches über Jodpräparate. Arch. f. exper. Path. **13**, 117 (1881). (c) Narkotische Wirkung von Jod, Brom und Chlor. Arch. f. exper. Path. **13**, 152 (1881). — BIRCH: A case of Borax poisoning. Lancet **1928**, 287. — BIRCH-HIRSCHFELD und G. KÖSTER: Zur pathologischen Anatomie der Atoxylinvergiftung. Fortschr. Med. **26**, 673 (1908). — BLATTER: Recherches exp. sur les altérations cellulaires des glandes gastriques. Paris: Steinheil 1909. — BLAU, A.: Experimentelle Studien über die Wirkung von Sol. arsen. Fowl. auf das Gehörorgan. Arch. Ohr- usw. Heilk. **65**, 26 (1905). — BLUMENFELD, F.: Erfahrungen über das Verhalten der Luftwege bei Kampfgasvergiftung. Z. Laryng. usw. 9, 21 (1920). — BOCK: Das Kohlenoxyd. Heffters Handbuch für experimentelle Pharmakologie, Bd. 1, 1. 1923. — BOEHM, R.: (a) Über toxische Darmepithelexfoliation. Virchows Arch. **92**, 556 (1883). (b) Beitrag zur Pharmakologie des Jod. Arch. f. exper. Path. 5, 337 (1876). — BOEHM, R. und UNTERBERGER: Beitrag zur Kenntnis der Wirkung der arsenigen Säure. Arch. f. exper. Path. 2, 97 (1874). — BONHOEFFER: Über die neurologischen und psychischen Folgeerscheinungen der Schwefelkohlenstoffvergiftung. Mschr. Psychiatr. **75**, 195 (1930). — BORELLI: Rara osservazione di gangrena cutanea. Giorn. ital. Mal. vener. Pelle **65**, 326 (1924). Ref. Dtsch. Z. gerichtl. Med. 4, 526 (1924). — BORGZINNER: Akuter Bromismus nach Kontrastfüllung der Nierenbecken. Z. Urol. **21**, 881 (1928). — BORNEMANN: (a) Ein Fall von Erblindung nach Atoxylinjektionen. Münch. med. Wschr. **1905**, 1043. (b) Über die Histologie der Chlorakne. Arch. f. Dermat. **62**, 75 (1902). — BOROWSKA, WANDA: Encephalitis haemorrhagica nach Neosalvarsan. Przegl. dermat. (poln.) **18**, 23 (1923). Ref. Dtsch. Z. gerichtl. Med. 4, 595 (1924). — BORZYSKOWSKI: Die chronische Kohlenoxydvergiftung. Inaug.-Diss. Greifswald 1877. Angef. bei Kobert (Lehrbuch S. 530). — BOULLOCHE: Des paralyses conséc. à l'empoisonnement par la vapeur du carbon. Arch. de Neur. 20, No 59 (1890). — BRACK: (a) Über Koronarthrombosen. Dtsch. med. Wschr. **1928**, 1578. (b) Über Hirnarterien-Veränderungen, speziell bei Vergiftungen. Z. Neur. **118**, 526 (1929). — BRANDENBURG, K.: Salvarsanvergiftung und Überempfindlichkeit. Med. Klin. **1913**, 1072. — BRANDES, M.: Über Knochenveränderungen nach Phosphorlebertran. Dtsch. med. Wschr. **1930**, 655. — BRANDL und TAPPEINER: Über die Ablagerung von Fluorverbindungen im Organismus nach Fütterung von Fluornatrium. Z. Biol. **28**, 518 (1891). — BRAUDE und SCHWARZMANN: Über die Wirkung des Jods auf die Ovarien. Arch. Gynäk. **138**, 782 (1929). — BRENNER: Kali chloric. bei seiner internen Anwendung. Wien. med. Wschr. **1880**, 1252. — BRERA: Riflessioni sul uso interno del fosforo. Pavia 1798. Angef.

bei M. Bernhardt. — Brose: Tödliche Borsäurevergiftung. Dtsch.-amer. Apothekerztg **1884**. Angef. bei L. Lewin. — Brouardel et Pouchet: Arsenwirkung. Angef. bei Poulsson (Lehrb.). — Brown, W.: Lesions produced by arsenicals. Bull. Hopkins Hosp. **26**, 309 (1915). — Bruce: Schwefelkohlenstoffvergiftung. Angef. b. E. Harmsen. Vjschr. gerichtl. Med. **30**, 149 (1905). — Bruhns: Seltene Salvarsanschädigungen. Med. Klin. **1924**, 305. — Brünauer: Mikrochemisch histologisch nachgewiesenes Arsen bei Hyperkeratosis arsenicalis. Arch. f. Dermat. **129**, 186 (1921). — Bruneau: Contribution a l'étude de l'intoxication par l'oxyde de carbone, p. 29. Paris 1893. — Brünger: Operationstod bei Thyreoiditis chronica. Mitt. Grenzgeb. Med. u. Chir. **28**, 213 (1915). — Brunn v.: Zwei Fälle tödlicher Vergiftung durch Genuß von Schwefelkohlenstoff. Z. Med.beamte **15**, 646 (1902). — Bumke: Kohlenoxyd. Handbuch der Neurologie von Lewandowsky, Bd. 3. Berlin 1912. — Buschke und Freymann: Lichen ruberähnliche Salvarsanexantheme. Dermat. Wschr. **73**, 945 (1921). — Businco: Die sog. erstickenden Gase. Giorn. Med. mil. **69**, 436 (1921). Ref. Zbl. Neur. **27**, 469 (1922). — Busse und Merian: Todesfall nach Neosalvarsan. Münch. med. Wschr. **1912**, 2330. — Byloff: Fünffacher Gattenmord. Arch. Kriminol. **79**, 220 (1926).

Cahn, J.: Beitrag zur Kenntnis der Wirkung der chlorsauren Salze. Arch. f. exper. Path. **24**, 186 (1888). — Calderin: Labyrinthotoxien. Siglo méd. **69**, No 3555, 85 (1922). Ref. Zbl. Hals- usw. Heilk. **1**, 92 (1922). — Callomon: Purpura haemorrhagica nach Neosalvarsanbehandlung. Dermat. Wschr. **75**, 1197 (1922). — Čevidalli: Sulle degenerazioni del midollo spinale negli avvelenamenti stricnina e da fosforo. Soc. med.-chir. Modena **1904**. Ref. bei Morpurgo-Chiari: (a) Hirnblutung und Erweichung bei Kohlenoxydvergiftung. Straßburg. med. Z. **6**, 165 (1909). (b) Über eine nach Neosalvarsaninjektionen aufgetretene „Myelitis". Verh. dtsch. path. Ges. **1913**, 55. — Christian: Exper. cardiorenal disease. Arch. int. Med. **8**, 468 (1911). — Christiani: Altération de la glande thyroide dans l'intoxication fluorée. C. r. Soc. Biol. Paris **103**, 554 (1930). — Claude et L'Hermitte: Experimentelle Untersuchungen über die Wirkung der Kohlenoxydvergiftung auf die nervösen Zentren. C. r. Soc. Biol. Paris **71** (1912). Ref. Z. Mediz.-beamte **25**, 191 (1912). — Clerc und Mitarbeiter: Étude clinique des séquellespulmon., chez les hyperités. Presse méd. **1919**, 477. — Clingestein: Fall von „Thrombose à distance" nach intravenöser Salvarsaninjektion. Dermat. Z. **18**, 1050 (1911). — Cloetta: (a) Über die Ursachen der Angewöhnung an Arsenik. Arch. f. exper. Path. **54**, 196 (1906). (b) Untersuchungen über das Verhalten der Antimonpräparate. Arch. f. exper. Path. **64**, 352 (1911). — Coen: Die pathologisch-anatomischen Veränderungen der Haut nach Jodtinktur. Beitr. path. Anat. **2**, 29 (1888). — Collins and Martland: The result of poisoning of potassium. J. nerv. Dis. **35**, 417 (1908). — Colmer und Lucke: Salvarsanwirkung. Angef. bei Detre. — Combs: Tödliche Vergiftung mit Kochsalz. Wien. klin. Wschr. **1905**, 1125. — Cramer, A.: Anatomische Befunde im Gehirn bei einer Kohlenoxydvergiftung. Zbl. Path. **2**, 545 (1891). — Crispino: La tiroide nella infezione e intossicazione sperimentale. Giorn. Assoc. Med. e Natural. Napoli **12** (1902). — Curtius: Verätzung mit Stickstoffwasserstoffsäure. Ber. dtsch. chem. Ges. **23** (1890). — Czapek und Weil: Über die Wirkung des Selens und Tellurs auf den tierischen Organismus. Arch. f. exper. Path. **32**, 438 (1893). — Czike: Über die Tetrajodphenolphthaleinbilirubinämie. Dtsch. Arch. klin. Med. **162**, 292 (1928).

Dalla Volta: Zur Kenntnis der experimentellen Fluornatriumvergiftung. Dtsch. Z. gerichtl. Med. **3**, 242 (1924). — Danillo: Contribution à l'anatomie pathol. de la moelle épinière dans l'empoisonnement par le phosphore. C. r. Acad. Sci. Paris **93**, 897 (1881). — Danlos: Schwellung der Submaxillaris nach Jodeinnahme. Bull. Soc. méd. Hôp. Paris, 9. Dez. 1898. Ref. Zbl. Path. **11**, 414 (1900). — Dattner: Über Behandlung mit Preglscher Jodlösung. Wien. klin. Wschr. **1921**, 351. — Délépine: Observations upon the effects of exposure to arsenic trichloride upon health. J. ind. Hyg. **4**, 346 (1922). — Delpech: (a) Accidens que dèveloppe chez les ouvriers en cautschou l'inhalation du CS_2. Union méd. **1856**, 265. (b) Recherches de l'intoxication spéciale que détermine le CS_2. Ann. Hyg. publ. **19**, 65 (1863). — Delpech et Hillairet: Mém. sur les accidents auxquels sont soumis les ouvriers. Ann. Hyg. publ. **31** (1869) u. **45** (1876). — Detre: Tod eines mit Neosalvarsan behandelten Malariakranken unter Addisonschen Symptomen. Med. Klin. **1924**, 1001. — Dietrich, A.: Die Entstehung der Ringblutungen des Gehirns. Z. Neur. **68**, 351 (1921). — Dodd and Wilkinson: Severe granulocytic aplasia of the bone marrow. J. amer. med. Assoc. **90**, 663 (1928). — Doinikow: Über das Verhalten des Nervensystems gesunder Kaninchen zu hohen Salvarsandosen. Münch. med. Wschr. **1913**, 796. — Dollinger: Fall von Bromoderma tuberosum. Z. Kinderheilk. **11**, 460 (1914). — Dominicis: Über postmortale Diffusion der Blausäure. Vjschr. gerichtl. Med., III. F. **31**, 101 (1906). — Döpfer: Todesfall nach Anwendung der offizinellen Borsalbe. Münch. med. Wschr. **1905**, 764. — Douglas and Haldane: Investigations by the Carbon monoxyde method . . . . . . Scand. Arch. Physiol. (Berl. u. Lpz.) **25**, 169 (1911). — Dreyfuss: Über Polyneuritis. Münch. med. Wschr. **1912**, 51. — Drizacki: Gangrän und Salvarsan. Angef. bei L. Lewin. — Dunzelt: Über das Auftreten von Hämatoidinkristallen beim Ikterus Erwachsener. Zbl. Path. 20, 966 (1909). — Dwyer and Helwig: Phosphorus poisoning in a child from the ingestion of fireworks. J. amer. med. Assoc. 84 I, 1254 (1925). — Dyrenfurth und Kipper: Beitrag zum anatomischen und klinischen Bilde der Fluorvergiftung. Med. Klin. 1925, 846.

Eaves, E. C.: Carbon monoxyde poisoning. Brain 49, 307 (1926). — Ebert, M. H.: Die histologischen Veränderungen nach einmaliger Salvarsanapplikation in der Haut. Arch. f. Dermat. 158, 365 (1929). — Ebstein, W.: Veränderungen, welche die Magenschleimhaut durch Einwirkung von Alkohol und Phosphor erleidet. Virchows Arch. 55, 469 (1872). — Eckert: Furunkulose nach Salvarsaninjektion. Dtsch. med. Wschr. 1912, 1394. — Edelmann: Vergiftung mit gasförmiger Blausäure. Dtsch. Z. Nervenheilk. 72, 258 (1921). — Egdahl: Chronic carbon monoxyde poisoning. J. amer. med. Assoc. 1923, 282. — Ehrlich, P.: Fall von Phosphorvergiftung mit symmetrischer Gangraena pedum. Charité-Ann. 7, 231 (1882). — Eichhorst, H.: Über Leber-, Nieren- und Blutveränderungen bei akuter Arsenvergiftung. Dtsch. Arch. klin. Med. 131, 201 (1920). — Eitner: Hämoglobinurie, hervorgerufen durch Einatmen von Arsenwasserstoff. Berl. klin. Wschr. 1880, 256. — Elbe: Über die Veränderungen bei der Jodoform- und Arsenintoxikation des Kaninchens. Inaug.-Diss. Rostock 1899. — Engelmann, B.: Arsenspeicherung im Gehirn. Arch. f. exper. Path. 133, 181 (1928). — Engels, E.: Über die Vergiftung durch Leuchtgas. Vjschr. gerichtl. Med., III. F. 29, 133 (1905). — Eppinger, A.: Arsenlähmung. Österreich. Ärztl. Vereinsz. 1891, 156. — Erkens: Gangrän bei gewerblichen Vergiftungen. Inaug.-Diss. Berlin 1928. — Erlicki und Rybalkin: Über Arseniklähmung. Arch. f. Psychiatr. 23, 861 (1892). — Erman: Zur Kasuistik der akuten Leberatrophie nach Phosphorvergiftung. Vjschr. gerichtl. Med., N. F. 32, 60 (1880). — Ernst, W.: Gibt es eine langsam verlaufende perorale Zyankaliumvergiftung? Dtsch. med. Wschr. 1928, 1373. — Eulenberg: Die Lehre von den schädlichen und giftigen Gasen. Braunschweig 1865. — Eulenburg und P. Guttmann: Über die physiologische Wirkung des Bromkaliums. Virchows Arch. 41, 91 (1867). — Evans: Toxische Wirkungen der Borsäure. Brit. med. J. 1899. Ref. Therap. Mh. 13, 232 (1899). — Ewald: Zur Lehre von der Blausäurevergiftung. Vjschr. gerichtl. Med., III. F. 33, 335 (1907). — Ewig: Über die Wirkung des Fluors auf den Zellstoffwechsel. Klin. Wschr. 1929, 839.

Fabry: Über einen Fall hochgradiger Arsenmelanose und Hyperkeratose. Arb. Staatsinst. exper. Ther. Frankf. 21, 64 (1928). — Fahr: Morbus Brighti. Handbuch der speziellen pathologischen Anatomie und Histologie von Henke-Lubarsch, Bd. 6, 1, S. 429. 1925. — Falk, F.: Fall von Kohlenoxydvergiftung. Vjschr. gerichtl. Med., N. F. 40, 279 (1884). — Falkenberg: Über die angebliche Bedeutung intravaskulärer Gerinnungen als Todesursache bei Vergiftungen durch Anilin, chlorsaure Salze und Sublimat. Virchows Arch. 123, 567 (1891). — Falkenhausen: Phosphorvergiftung. Dtsch. med. Wschr. 1928, 812. — Falkson: Über Jodoformwundbehandlung. Arch. klin. Chir. 28, 112 (1883). — Faulkner and Binger: Oxygen poisoning in mammals. J. of exper. Med. 45, 849 (1927). — Feldmann: Experimentelle Untersuchungen über den Einfluß der arsenigen Säure auf das Periodont. Dtsch. Mschr. Zahnheilk. 44, 729 (1926). — Fellenberg: Über Jodspeicherung in den einzelnen Organen. Biochem. Z. 174, 355 (1926). — Féré: Über Anhäufung von Bromkalium in den Geweben. Semaine méd. 1891, No 55. Ref. Zbl. Path. 3, 340 (1892). — Filehne: Über die Entstehung der pathologisch-anatomischen Veränderungen des Magens bei Arsenvergiftung. Virchows Arch. 83, 1 (1881). — Fischer, B.: (a) Diskussionsbemerkung zu Chiari. Verh. dtsch.-path. Ges. 1913. (b) Über Todesfälle nach Salvarsan. Dtsch. med. Wschr. 1915, 908 und Münch. med. Wschr. 1911, 1803. (c) Experimentelle Untersuchungen über die blasige Entartung der Leberzelle. Frankf. Z. Path. 28, 201 (1922). — Fischer, H.: Über Fluornatriumvergiftung. Dtsch. Z. gerichtl. Med. 1, 401 (1922). — Fischer, B. und E. Goldschmidt: Über Veränderungen der Luftwege bei Kampfgasvergiftung. Frankf. Z. Path. 23, 1 (1920). — Fischer - Wasels: Durch Scharlachöl-Arsen experimentell erzeugtes, infiltrierendes Hautkarzinom beim Kaninchen. Ref. Zbl. Path. 44, 311 (1928/29). — Floret: (a) Phosgenvergiftung. Zbl. Gewerbehyg. 5, 222 (1917). (b) Späterer Tod nach akuter Phosphoroxychloridvergiftung. Zbl. Gewerbehyg., N. F. 6, 282 (1929). — Flury: (a) Zur Beurteilung von Gasvergiftungen. Dtsch. Z. gerichtl. Med. 7, 157 (1926). (b) Über Kampfgasvergiftungen. Z. exper. Med. 13, 523 (1921). — Flury und Wieland: Über Kampfgasvergiftungen. Z. exper. Med. 13, 367 (1921). — Flusser: Einiges über Kampfgasschädigung. Wien. klin. Wschr. 1918, 413. — Fonio: Die Gerinnung des Blutes bei Phosphor- und Benzolvergiftung. Handbuch der normalen und pathologischen Physiologie von Bethe-Bergmann, Bd. 6, 1, S. 399 (1928). — Fönns: Arsenkrebs, mit Bemerkungen über andere kutane Arsenwirkungen. Dermat. Z. 37, 257 (1923). — Forbes: A survey of carbon monoxyde poisoning in american steel works. J. ind. Hyg. 3, 11 (1921/22). — Foreman: Notes on a fatal case of poisoning. Lancet 1886 II, 118. — Fraenkel, A.: Spezielle Pathologie und Therapie der Lungenkrankheiten. Berlin-Wien: Urban & Schwarzenberg 1904. — Frank, E.: Die essentielle Thrombopenie. Berl. klin. Wschr. 1918, 454. — Frank, E. und S. Isaak: Über das Wesen des gestörten Stoffwechsels bei der Phosphorvergiftung. Arch. f. exper.

Path. **64**, 274 (1911). — Fränkel,A.: Zylindrurie und Biloptin. Med. Klin. **1927**, 339. — Fränkel, W. K.: Akute Jodintoxikation nach Pyelographie mit Umbrenal. Dtsch. med. Wschr. **1928**, 2105. — Frehse: Gasvergiftung und Herzschädigung. Ärztl. Sachverst.ztg **28**, 69 (1922). — Frey, H.: Die toxischen Erkrankungen des Gehörorgans. Internat. Zbl. Ohrenheilk. **2**, 251 (1904). — Friedländer, C. und E. Herter: Über die Wirkungen der Kohlensäure auf den tierischen Organismus. Z. physiol. Chem. **2**, 99 (1878). — Fritsch: Findet sich Selen im pflanzlichen und tierischen Organismus? Ber. Physiol. **1**, 336 (1920). Fritz, Fr.: Unsere Todesfälle während und nach Salvarsanbehandlung. Arch. f. Dermat. **142**, 434 (1923). — Fritzler: Veränderungen der Haut durch Jodtinktur. Arch. f. exper. Path. **114**, 6 (1926). — Fröhner: Lehrbuch der Toxikologie für Tierärzte. Stuttgart: Ferdinand Enke 1927. — Fuchsig: Über Arsenikvergiftung von Uterus aus. Wien. klin. Wschr. **1912**, 631. — Führer, H.: Die Blausäurevergiftung und ihre Behandlung. Dtsch. med. schr. **1919**, 847. — Führer: Tötung eines Neugeborenen durch Krähenaugenpulver. Vjschr. gerichtl. Med., N. F. **25**, 290 (1876). — Fürbringer: Fall von Vergiftung mit Schweinfurter Grün. Ther. Mh. **2**, 445 (1888).

Galdi: Ätzende Gase. Angef. bei Hart-Mayer. Henke-Lubarsch: Handbuch der pathologischen Anatomie und Histologie, Bd. 3/1, S. 484. Berlin: Julius Springer 1928. Galewsky: Zur Ätiologie der Salvarsandermatitiden. Arb. Staatsinst. exper. Ther. Frankf. **21**, 68 (1928). — Galezowski: Rec. Ophtalm. 1877, 121. — Galli: Intossicazione acuta per applicazione percutanea di tintura di jodio. Gazz. Osp. **1929**, No 2. Ref. Dtsch. Z. gerichtl. Med. **15**, 129 (1930). — Gans: Histologie der Arsenmelanose. Beitr. path. Anat. **60**, 22 (1915). — Gärtner, W.: Morphologischer Beitrag zur Wirkung der Bromide. Z. exper. Med. **51**, 98 (1926). — Gassmann: Über eine Selenverbindung. Z. physiol. Chem. **100**, 209 (1917). — Gaucher et Gougerot: Thrombose à distance après injections de 606. Bull. Soc. méd. Hôp. Paris **1911**, No 12. — Geipel: Über Leuchtgasvergiftung. Münch. med. Wschr. **1920**, 245. — Gennerich: Salvarsan-präparate. Erg. inn. Med. **20**, 368 (1921). — Geppert: (a) Über das Wesen der Blausäure-vergiftung. Z. klin. Med. **15**, 208 (1889). (b) Kohlenoxydvergiftung und Erstickung. Dtsch. med. Wschr. **1892**, 418. — Gerbis: Gewerbliche Arsenwasserstoffvergiftungen. Münch. med. Wschr. **1925**, 1378. — Gerson: Akute Jodintoxikation bei einem Nephritiker. Münch. med. Wschr. **1889**, 426. — Gey: Zur pathologischen Anatomie der Leuchtgasvergiftung. Virchows Arch. **251**, 95 (1924). — Geyer: Über die chronischen Hautveränderungen beim Arsenicismus. Arch. f. Dermat. **43**, 221 (1898). — Giani e Ligorio: Alteraz. della cellula nervosa nell' avvelenamento da iodoformio. Riv. Pat. nerv. **7**, 390 (1902). — Giantucco e Stampacchia: Ricerche sulle alterazioni del parenchima epatico nell' avvelenamento arsenicale. Giorn. Assoc. natural. Napoli. **1**, 61 (1889). — Gierke, v.: Drüsen mit innerer Sekre-tion. Lehrbuch von Aschoff. — Gies: Über den Einfluß des Arsens auf den Organismus. Arch. f. exper. Path. **8**, 175 (1878). — Giese: Zur Kenntnis der psychischen Störungen nach Kohlenoxydvergiftungen. Z. Neur. **68**, 804 (1911). — Gildemeister und Heubner: Über Kampfgasvergiftungen. Z. exper. Med. **13**, 291 (1921). — Giordano: Histol. changes following administration of jodine in exophthalmic goiter. Arch. Path. a. Labor. Med. **1**, H. 6 (1926). — Glaser, E.: Zur Kenntnis der gewerblichen Brommethylvergiftungen. Dtsch. Z. gerichtl. Med. **12**, 470 (1928). — Glaser, W.: Zur Frage der langsam verlaufen-den peroralen Zyankaliumvergiftung. Dtsch. med. Wschr. **1928**, 1930. — Goldscheider und Flatau: Anatomie der Nervenzellen, 1898, S. 64. — Goldschmidt E. und E. Kuhn: Brommethylvergiftung mit tödlichem Ausgang. Zbl. Gewerbehyg. **8**, 28 (1920). — Gordon and Feldman: Acute yellow atrophy of the liver following Neo-Arsphenamin injec-tions. J. amer. med. Assoc. **83**, 1310 (1924). — Gorke: Aplastische Anämie nach Salvarsan. Münch. med. Wschr. **1920**, 1226. — Görög: Hyaline Thrombose der kleinen Hirngefäße bei Kohlenoxydvergiftung. Zbl. Path. **45**, 281 (1929). — Gortan und Saiz: Schicksal des aufsteigenden Lipjodols. Z. Neur. **112**, 772 (1928). — Grass-berger, Engling, Kunz und Rotter: Über das Odorieren des städtischen Leuchtgases. Abh. Gesamtgeb. Hyg. H. 6. Berlin-Wien: Franz Deuticke 1929. — Grävinghoff: Jodipin zur Behandlung der eitrigen Entzündung der Hirnventrikel. Klin. Wschr. **1927**, 143. — Gray and L. Loeb: The effect of the oral administration of potassium iodide.... Amer. J. Path. **4**, 257 (1928). — Gray and Rabinovitch: The effect of potassium iodide upon rege-neration and early compensatory hypertrophy of the thyroid gland. Amer. J. Path. **5**, 91 (1929).— Grinker: Leuchtgasvergiftung mit doppelseitiger Pallidumerweichung. Z. Neur. **98**, 433 (1925). — Grohe und Mosler: Akute Arsenvergiftung. Virchows Arch. **34**, 208 (1865). — Groll: Anatomische Befunde bei Vergiftung mit Phosgen. Virchows Arch. **231**, 480 (1921).— Grote, L. R.: Die pathologische Anatomie der Arsenvergiftung. Inaug.-Diss. Berlin 1912. — Grumme: Die Wirkung intern gereichten Jods auf die Hoden. Arch. f. exper. Path. **79**, 412 (1916). — Grünefelder: Magengeschwüre durch Kali chloric.-Vergiftung. Inaug.-Diss. München 1911. — Grünstein und Popowa: Experimentelle Kohlenoxydvergiftung. Arch. f. Psychiatr. **85**, 283 (1928). — Gumprecht: Zur Kenntnis der Arsenwasserstoff-vergiftung. Dtsch. med. Wschr. **1893**, 99. — Gundorow: Zur Frage des Jodismus (Thyreoiditis acuta). Arch. f. Dermat. **77**, 25 (1905). — GÜNTHER, H.: Zur Pathogenese der Kohlenoxydvergiftung. Z. klin. Med. **92**, 41 (1921). — GÜRICH: Herzmuskelveränderungen bei Leuchtgasvergiftung. Münch. med. Wschr. **1925**, 2194. — GURRIERI: Azione del fosforo sulla ghiandola tiroide. Riv. sperim. Freniatr. **22**, No 3. Ref. Zbl. Path. **8**, 321 (1897). — GUTMANN, A.: (a) Über Kampfgaserkrankung des Auges. Dtsch. med. Wschr. **1919**, 1082. (b) Augenentzündungen bei Kunstseidefabrikation. Dtsch. med. Wschr. **1928**, 1422. — GUTTMANN, P.: (a) Bromreaktion des Inhalts von Aknepusteln nach langem Bromkaliumgebrauch. Virchows Arch. **74**, 541 (1878). (b) Über die physiologische Wirkung des Wasserstoffsuperoxyds. Virchows Arch. **73**, 23 (1878).

HABERDA: (a) Über Hautgangrän an den Füßen bei subakuter Vergiftung durch Phosphor. Friedreichs Bl. **46**, 1 (1895). (b) Über Arsenikvergiftung. Vjschr. gerichtl. Med., III. F. **47**, 216, I. Suppl. (1914). (c) Über Arsenikvergiftung von der Scheide aus und über die lokale Wirkung der arsenigen Säure. Wien. klin. Wschr. **1897**, 201. — HACKEL: Kenntnis der Verfettung der Bindesubstanzen bei einigen Intoxikationen. Virchows Arch. **258**, 771 (1925). — HAECKEL: Die Phosphornekrose. Arch. klin. Chir. **39**, 555 (1889). — HAHN: (Markt Borau): Zur Wirkung des Phosphordampfes. Vjschr. gerichtl. Med., III. F. **17**, 132 (1899). — HAHN-FAHR, R.: Zur Frage der Salvarsanschädigung. Münch. med. Wschr. **1920**, 1222. — HALDANE and DOUGLAS: Investigations by the carbon monoxyde method on the oxygen tension of arteriel blood. Scand. Arch. Physiol. (Berl. u. Lpz.) **25**, 169 (1911). — HALLHEIMER: Zur Pathologie der Zyankaliumvergiftung. Beitr. path. Anat. **73**, 80 (1925). — HAMMER: Phosphorvergiftung. Wien. med. Presse **1889**, 153. — HANSEN: Versuche über die Wirkung des Tellurs auf den lebenden Organismus. Ann. d. Chem. u. Pharmakol. **1853**, 208. — HANSER: (a) Atrophie, Nekrose usw. in Handbuch der speziellen pathologischen Anatomie und Histologie von Henke-Lubarsch, Bd. 5, 1, S. 219. 1930. (b) Salvarsantodesfall. Verh. dtsch. path. Ges. **1921**, 116. — HARBITZ: Kohlenoxydvergiftungen in Motorbooten. Vjschr. gerichtl. Med., III. F. **54**, 57 (1917). — HARMSEN: Die Schwefelkohlenstoffvergiftung. Vjschr. gerichtl. Med., III. F. **30**, 149 (1905). — HARNACK: (a) Todesfall nach Anwendung der offizinellen Borsalbe. Dtsch. med. Wschr. **1905**, 879. (b) Toxikologische Beobachtungen. Berl. klin. Wschr. **1893**, 1137. — HARNACK und HILDEBRANDT: Postmortale Wirkung von Ätzgiften im Magen. Arch. f. exper. Path. Suppl. **1908**, 246. Festschrift für SCHMIEDEBERG. — HART: Ein Beitrag zur Frage des Salvarsantodes. Virchows Arch. **237**, 44 (1922). — HASSELMANN: Das Blutbild beim Arbeiten mit Blausäure. Arch. f. exper. Path. **108**, 107 (1925). — HEDINGER: (a) Über ausgedehnte intravitale Gerinnung bei Leuchtgasvergiftung. Vjschr. gerichtl. Med., III. F. **59**, 177 (1920). (b) Über Thrombose bei Kohlenoxydvergiftung. Virchows Arch. **246**, 412 (1923). — HEFFTER: (a) Phosphorvergiftung. Arch. f. exper. Path. **28**, 97 (1891). (b) Über die Ablagerung des Arsens in den Haaren. Vjschr. gericht. Med., III. F. **49**, 194 (1915). (c) Beitrag zur Pharmakologie des Schwefels. Arch. f. exper. Path. **51**, 175 (1904). — HEGLER: Kohlenoxydvergiftung. Dtsch. med. Wschr. **1928**, 1108. — HEGNER: (a) Schwere Hornhautnekrose nach Salvarsanvergiftung. Klin. Mbl. Augenheilk. **59**, 624 (1917). (b) Intoxikation durch Spirarsyl, Alkohol und Sublimat. Klin. Mbl. Augenheilk. **48**, 211 (1910). — HEILBORN: Veränderungen im Darme nach Vergiftung mit Arsen, Chlorbarium und Phosphor. Inaug.-Diss. Würzburg 1891. — HEILMEYER und STURM: Jodausscheidung durch die Magendrüsen. Klin. Wschr. **1928**, 2381. — HEINE, L.: Die Krankheiten des Auges. Berlin: Julius Springer 1921. — HEINRICHSDORFF: (a) Leber-Lues-Salvarsan. Virchows Arch. **240**, 441 (1923). (b) Zur Histogenese des Ikterus. Virchows Arch. **248**, 42 (1924). (c) Weiterer Beitrag zur Leberschädigung durch Salvarsan. Berl. klin. Wschr. **1913**, 2283. — HEINZ, R.: (a) Über Jod und Jodverbindungen. Virchows Arch. **155**, 44 (1899). (b) Natur und Entstehungsart der bei Arsenvergiftungen auftretenden Gefäßverlegungen. Virchows Arch. **126**, 495 (1891). — HEINZE, F.: Experimentelle Studien zur Interdentalnekrose von Schleimhaut und Kieferknochen nach Arsenapplikation. Dtsch. Mschr. Zahnheilk. **45**, 538 (1927). — HEITZMANN: Über Kampfgasvergiftung. Z. exper. Med. **13**, 180 u. **13**, 484 (1921). — HELLER, J.: (a) Arsenmelanosen und Hyperkeratosen. Arch. f. Dermat. **130**, 309 (1921). (b) Schädigung der Nägel. Handbuch von Oppenheim-Rille, Bd. 3, S. 30. 1922. — HELLIN und SPIRO: Artefizielle Nephritis. Arch. f. exper. Path. **38**, 368 (1897). — HELMANN: Silicium. D. Arbeitshygiene 1924. H. 5. — HENNEBERG, R.: Über Salvarsan-Hirntod. Klin. Wschr. **1922**, 207 u. Berl. klin. Wschr. **1921**, 112. — HENSCHEN: On arsenic paralysis. Roy. Soc. sci. Uppsala **1893**. Ref. Zbl. Path. **13**, 151 (1894). — HERRMANN, A.: Nierenschädigung durch Biloptin. Med. Klin. **1927**, 278. — HERRMANN, F.: Akute tödliche Jodvergiftung. Petersburg. med. Z. **1869**, 336. — HERXHEIMER: (a) Über Chlorakne. Münch. med. Wschr. **1899**, 278. (b) Muskelnekrosen nach Salvarsaninjektion. Berl. klin. Wschr. **1912**, 325. (c) Über die akute gelbe Leberatrophie. Klin. Wschr. **1922**, 1441. (d) Akute Leberatrophie und verwandte Veränderungen. Ziegl. Beitr. **72**, 349 (1924). — HERXHEIMER und GERLACH: Über Leberatrophie und ihr Verhältnis zu Syphilis und Salvarsan. Beitr. path. Anat. **68**, 93 (1921). — HERZFELD und HAUPT: Über Jodausscheidungen bei gesunden Menschen. Med. Klin. **1911**, 1426. — HERZOG, G.: (a) Fall von Neosalvarsantodesfall. Münch. med. Wschr. 1918, 29. (b) Zur pathologisch-anatomischen Kenntnis der Pilzvergiftungen. Münch. med. Wschr. 1917, 1366. (c) Zur Pathologie der Leuchtgasvergiftung. Münch. med. Wschr. 1920, 558. — Herzog, E. und Roscher: Hämatologische Untersuchungen bei experimenteller Kollargol- und Salvarsanvergiftung. Z. exper. Med. 29, 224 (1922). — Hess, L. und P. Saxl: Die Einwirkung des Arsens auf die Autolyse. Z. exper. Path. u. Ther. 5, 89 (1909). — Hessberg: Schädigungen der Augen in Beruf und Gewerbe. Handbuch von Oppenheim-Rille, Bd. 3, S. 153 (1926). — Heubner: (a) Über die experimentelle Pathologie der Reizgasvergiftung. Dtsch. med. Wschr. 1919, 476 und Berl. klin. Wschr. 1919, 358. (b) Die gewerbliche Kohlenoxydvergiftung. Zbl. Gewerbehyg., N. F. 1, Beih. (1925). — Heyn: Zur Frage der Salvarsandermatitis. Dtsch. med. Wschr. 1929, 767. — Hillenberg: Zur Giftwirkung der Kieselflußsäureverbindungen. Z. Med.beamte 35, 179 (1922). — Hiller, F.: Die krankhaften Veränderungen im Zentralnervensystem nach Kohlenoxydvergiftung. Z. Neur. 93, 594 (1924). — Hilpert, P.: Kohlenoxydvergiftung und multiple Sklerose. Münch. med. Wschr. 1929, 1358; Dtsch. Z. Nervenheilk. 111, 229 (1929). — Hindse-Nielsen: Zystographie mit Bromnatriumlösung — Cystitis gravis — Exitus letalis. Zbl. Chir. 1929, 1681. — Hintzelmann: Eine Methode zum histochemischen Nachweis von Jod. Z. Mikrosk. 46, 486 (1930). — Hirsch, J.: Über die Behandlung des Wochenbettfiebers mit einem Silberarsenpräparat (Argotoxyl). Dtsch. med. Wschr. 1912, 560. — Hirt, L.: Die Gasinhalationskrankheiten, 1873. — Hirtzmann: Modifications hématologiques au cours de l'intoxication par le gaz d'éclairage. C. r. Soc. Biol. Paris 86, 591 (1922). — Hoche: Tierversuche zum Basedowproblem. Dtsch. Z. Chir. 215, 14 (1929). — Hoessli: Über schädigende Wirkung der physiologischen Kochsalzlösung. Frankf. Z. Path. 4, 280 (1910). — Hofer, R.: Potenzierung von Gaswirkungen. Arch. f. exper. Path. 111, 183 (1925). — Hoffmann, E.: (a) Arsenvergiftung und Cholera. Virchows Arch. 50, 455 (1870). (b) Über Isoformdermatitis. Berl. klin. Wschr. 1905, 802. — Hoffmann, K. F.: Gewerbliche Schädigungen im Munde. Med. Welt 1928, 329. — Hofmann, E. v. und Ludwig: Chronische Arsenikvergiftung durch technische Verwendung. Med. Jb. 1877, 509. — Hoke und Rihl: Experimentelle Untersuchungen über das Salvarsan. Z. exper. Path. u. Ther. 9, 332 (1911). — Holler: Jod und Erythropoese. Z. klin. Med. 97, 189 (1923). — Holtzmann: Gefahr beim Schweißen mit Azetylensauerstoff. Zbl. Gewerbehyg., N. F. 5, 233 (1928). — Holzknecht: Arsenwasserstoffvergiftung. Münch. med. Wschr. 1929, 1968. — Hood, W.: A case of chronic nasal and pharyngeal catarrh apparently caused by using a hair-wash, containing arsenic. Lancet, 15. März 1890, 595. — Hopmann: Spielt Arsen in der Krebsätiologie eine Rolle? Zbl. Gewerbehyg., N. F. 6, 330 (1929). — Horoszkiewicz: Arsenikvergiftung. Vjschr. gerichtl. Med., III, F. 47, 1. Suppl., 213 (1914). — Howe: A new research on dental caries. Dental Cosmos 68, 1021 (1926). — Huber, O.: Blutveränderungen bei Vergiftung mit Kali chloricum. Dtsch. med. Wschr. 1912, 1923. — Hübner, A. H.: Über Leuchtgasvergiftungen. Münch. med. Wschr. 1916, 677. — Hühne: Über Jodnachweis im Gewebe. Münch. med. Wschr. 1927, 154. — Hulst: (a) Einige Bemerkungen über einen Todesfall nach intravenöser Salvarsaninjektion. Virchows Arch. 220, 346 (1915). — (b) Über den Wert der klinischen und pathologisch-anatomischen Untersuchung bei Phosphorvergiftung. Vjschr. gerichtl. Med., III. F. 49, 206 (1915). — Hünermann: Kehlkopfkrebs nach Gelbkreuzvergiftung. Z. Laryng. usw. 17, 369 (1929). — Huppert: Fall von Flußsäurevergiftung. Dtsch. Z. gerichtl. Med. 8, 424 (1926). — Husemann: Blausäure in Eulenburgs Realencyklopädie, 3. Aufl. — Hutchinson: On some examples of arsenic-keratosis of the skin and of arsenic cancer. Trans. path. Soc. Lond. 39, 352 (1888). — Hutchinson: Diet and therapeutics. Arch. Surg. Lond. 6, 389 (1895).

Igersheimer: Über die Wirkung des Atoxyls auf das Auge. Graefes Arch. 71, 379 (1909). — Igersheimer und Itami: Zur Pathologie und pathologischen Anatomie der Atoxylvergiftung. Arch. f. exper. Path. 61, 18 (1909). — Ignatowski: Über die Fettentartung bei Phosphorvergiftung. Wratch 16, 670 (1895). — Israelski, I. und E. Lucas: Klinische und röntgenologische Beobachtungen an Lungen und Herz nach Leuchtgasvergiftung. Klin. Wschr. 1930, 978. — Ivancevic: Experimentelle Phosphorvergiftung. Arch. f. exper. Path. 122, 24 (1927).

Jaffé und C. Sternberg: Kriegspathologische Erfahrungen. Virchows Arch. 231, 417 u. 429 (1921). — Jakob, A.: Über Hirnbefunde in Fällen von Salvarsantod. Z. Neur. 19, 189 (1913). — Jaksch: Beitrag zur Kenntnis der akuten Phosphorvergiftung des Menschen. Dtsch. med. Wschr. 1893, 10. — Jancsó: Histochemische Methode zur biologischen Untersuchung des Salvarsans und verwandter Arsenobenzolderivate. Z. exper. Med. 61, 63 (1928). — Janowski: Über die Ursachen der akuten Eiterung. Beitr. path. Anat. 6, 227 (1889) u. 15, 128 (1894). — Jastrowitz: Über Lipodverfettung. Z. exper. Path. u. Ther. 15, 116 (1914). — Jawein: Über die Ursache des akuten Milztumors bei Vergiftungen. Virchows Arch. 161, 461 (1900). — Jennicke: Akute Phosphorvergiftung. Dtsch. med. Wschr. 1919, 22. — Joachimoglu: (a) Zur Frage der Gewöhnung an Arsenik. Arch. f. exper. Path. 79, 419 (1916). (b) Gewerbliche Vergiftungen. Handbuch der sozialen Hygiene.

Berlin: Julius Springer 1926. — Joël, E.: (a) Über Hautveränderungen bei Kohlenoxydvergiftung. Ärztl. Sachverst.ztg **1926**, 173. (b) Zur Kolloidchemie des Harns. Z. Urol. **16**, 124 (1922). — Juliusberg: Erkrankung der blutbildenden Organe durch Salvarsan. Med. Klin. **1922**, 1341. — Jurasz: Beiträge zu seltenen und bemerkenswerten Erkrankungen der oberen Luftwege. Arch. f. Laryng. **16**, 325 (1904). — Justi: Akute hämorrhagische Nephritis nach intravenöser Salvarsaninjektion. Ther. Mh. **26**, 265 (1912). — Justus: Über Arsenvergiftung auf Grund einer mikrochemisch-histologischen Methode. Dermat. Z. **12**, 277 (1905).

Kamnitzer: Zylindrurie nach Biloptin. Ther. Gegenw. **1927**, 144. — Kannengiesser: Zur Kasuistik der Todesfälle nach Salvarsanbehandlung. Münch. med. Wschr. **1911**, 1806. — Kaposi: Hautgangrän nach Kohlenoxydvergiftung. Wien. klin. Wschr. **1900**, 325. — Karsner and Denis: Nitrogen retention following injections of nephrotoxic agents. J. of exper. Med. **19**, 270 (1914). — Kassatkin, Grubina und Meelbart: Über den Einfluß von Salvarsaninfusionen auf den Pigmentstoffwechsel. Z. klin. Med. **110**, 596 (1929). — Kassowitz: Die Phosphorbehandlung der Rachitis. Z. klin. Med. **7**, 36 (1884). — Kegel, Mc Nally and Pope: Methyl chloride poisoning from domestic refrigerators. J. amer. med. Assoc. **93**, Nr 5 (1929). — Kelynack: Arsenical poisoning in beer drinkers. London 1901. Angef. bei Fönss. — Kenneweg: Über das Verhalten der Nieren bei Leuchtgasvergiftung. Dtsch. Z. gerichtl. Med. **1**, 423 (1922). — Kipper: (a) Intoxikation durch Fluorverbindungen. Z. Med.beamte **1924**, 295. (b) Kann mit Sicherheit aus dem Sektionsbefund allein auf die Anwendung eines bestimmten Giftes geschlossen werden? Dtsch. Z. gerichtl. Med. **8**, 395 (1926). — Kirschbaum: (a) Über kapilläre Gehirnblutungen. Frankf. Z. Path. **23**, 444 (1920). (b) Über den Einfluß schwerer Leberschädigung auf das Zentralnervensystem. Z. Neur. **88**, 487 (1924). — Klausner: Fernthrombose nach intravenöser Salvarsaninjektion. Münch. med. Wschr. **1912**, 296. — Klebs: Über die Wirkung des Kohlenoxyds auf den tierischen Organismus. Virchows Arch. **32**, 450 (1865). — Klein, W.: Über die Vergiftung durch Einatmung von Kloakengas. Dtsch. Z. gerichtl. Med. **1**, 228 (1922). — Klemperer, P.: Arsenvergiftung. Wien. klin. Wschr. **1920**, 764. — Klieneberger: Zur Ätiologie der Gastritis phlegmonosa. Münch. med. Wschr. **1903**, 1338. — Klose: Experimentelle Untersuchungen über die Basedowsche Krankheit. Arch. klin. Chir. **95**, 649 (1911). — Knapp: (a) Die multiple Neuritis in und nach dem Kriege. Dtsch. med. Wschr. **1922**, 659. (b) Fall von Parese der Augenmuskeln durch Kohlendunstvergiftung. Arch. Augenheilk. **9**, 229 (1880. — Knecht: Zur Kenntnis der Erkrankung des Nervensystems nach Kohlenoxydvergiftung. Dtsch. med. Wschr. **1904**, 1242. — Kob: Vergiftung eines neugeborenen Kindes mit Chlorkalk. Vjschr. gerichtl. Med., III. F. **27**, 85 (1904). — Kobes und Militzer: Schicksal intraartikulär applizierten Jodipins. Dtsch. Z. Chir. **207**, 42 (1928). — Koch, W.: Vergiftung durch Chlorkohlenoxyd. Handbuch der ärztlichen Erfahrungen im Weltkriege. Bd. 8. Leipzig: Joh. Ambr. Barth 1921. — Kochmann, M.: (a) Die Toxizität des Salvarsans. Münch. med. Wschr. **1912**, 18. — (b) Phosphor. Angef. bei Poulsson: Lehrbuch der Pharmakologie. — Kockel: Kohlenoxyd-Neuritis. Dtsch. Z. gerichtl. Med. **12**, 402 (1928). Kockel und Zimmermann: Über Vergiftung mit Fluorverbindungen. Münch. med. Wschr. **1920**, 777. — Koelsch: (a) Zyanverbindungen. Handbuch von Oppenheim-Rille-Ullmann, Bd. 2, 1922. (b) Gewerbliche Vergiftungen durch gasförmige Blausäure. Zbl. Gewerbehyg. **8**, 93 (1920). — Kogan-Jasny: Silicosis universalis. Virchows Arch. **263**, 234 (1927). — Kolisko: Die symmetrische Enzephalomalazie in den Linsenkernen nach Kohlenoxydvergiftung. Beitr. gerichtl. Med. **2**, 1 (1914). — Kolle und Zieler: Handbuch der Salvarsantherapie. Berlin: Urban & Schwarzenberg 1924. — Kölliker: Physiologische Untersuchungen über die Wirkung einiger Gifte. Virchows Arch. **10**, 289 (1856). — König, F.: Die giftigen Wirkungen des Jodoform als Folge der Anwendung desselben an Wunden. Zbl. Chir. **9**, 101 (1882). — Konrad: Arsenkarzinom. Wien. klin. Wschr. **1928**, 1792. — Korén: Tre Tiefaelde af akut forløbende perniciøs Anaemi. Norsk. Mag. laegevidensk. **52**, (6), 550 (1891). — Koritschoner: Chronische Blausäureintoxikation. Wien. klin. Wschr. **1891**, 48. — Kóssa, v.: Über die im Organismus künstlich erzeugten Verkalkungen. Beitr. path. Anat. **29**, 13 (1901). — Kossel: Zur Kenntnis der Arsenwirkungen. Arch. f. exper. Path. **5**, 134 (1876). — Kossobudski: Retinitis proliferans nach Phosphorvergiftung. Ophthalm. Jber. **1899**, 437. — Köster, G.: (a) Experimentelle und pathologisch - anatomische Beiträge zur Lehre von der chronischen Schwefelkohlenstoffvergiftung. Zbl. Neur. **1898**, 493. (b) Beitrag zur Lehre von der chronischen Schwefelkohlenstoffvergiftung. Arch. f. Psychiatr. **32**, 569 (1899) und **33**, 872 (1900). (c) Klinische und experimentelle pathologische Beiträge zur Atoxylvergiftung. Fortschr. Med. **27**, 1153 (1909). — Kostitch et Verbitzki: De l'action blastophthorique de l'Arsenic. C. r. Soc. Biol. Paris **96**, 999 (1927). — Kosugi und Kim: Beiträge zur Morphologie der Leberfunktion. Trans. jap. path. Soc. **18**, 1 (1928). — Krahnstöver: Schädigungen der Augen durch Schwefelwasserstoff. Zbl. Gewerbehyg., N. F. **5**, 245 (1928). — Kramer, O.: Über Chlorgasvergiftung. Inaug.-Diss. Basel 1917 und Vjschr.

gerichtl. Med., III. F. 53, 181 (1917). — Kraus, E. J.: Über die Bildung von Fett im tierischen Organismus bei Phosphorintoxikation. Verh. dtsch. path. Ges. 1901, 100 und Beitr. path. Anat. 54, 520 (1922). — Krause, P.: (a) Spätkrankheiten nach Kampfgasvergiftung. Dtsch. med. Wschr. 1921, 1149. (b) Über den zweifelhaften Wert des Antitussins bei Keuchhusten. Dtsch. med. Wschr. 1900, 542. — Krausse (Glogau): Vergiftung mit „Montanin". Zbl. Gewerbehyg. 9, 141 (1921). — Kreyssig: Über die Beschaffenheit des Rückenmarks nach Phosphor- und Arsenvergiftung. Virchows Arch. 102, 286 (1885). — Kritschewsky: Zur Frage der Pathologie der krankhaften Erscheinungen und Todesfälle nach Salvarsan. Arch. f. Dermat. 144, 32 (1923). — Kritschewsky und Friede: (a) Die Pathogenese der toxischen Wirkung des gasförmigen Chlors. Krkh.forschg 4, 213 (1927). (b) Die pathologische Anatomie und Pathogenese der Salvarsanvergiftung. Arch. f. Dermat. 144, 60 (1923, III). — Kromer: Über die Veränderung des Blutfarbstoffs durch Schwefelkohlenstoff. Virchows Arch. 145, 188 (1896). — Krönig, G.: Genese der chronischen interstitiellen Phosphorhepatitis. Virchows Arch. 110, 502 (1887). — Krosz: Über die Wirkung des Bromkaliums. Arch. f. exper. Path. 6, 4 (1877). — Kubeler: Zur Pharmakodynamik des Antimonwasserstoffs. Arch. f. exper. Path. 27, 451 (1890). — Kuczynski: Beobachtungen über die Beziehungen von Milz und Leber bei gesteigertem Blutzerfall. Beitr. path. Anat. 65, 315 (1919). — Kuhlmey: Blausäure- und Zyankaliumvergiftung in gerichtlich-medizinischer Beziehung. Vjschr. gerichtl. Med., III. F. 15, 76 (1898). — Kurlander: Paralysis of the leg following illuminating gas poisoning. J. amer. med. Assoc. 83, 271 (1924). — Kuroda: Über die Ausscheidung des Arsens durch die Galle. Arch. f. exper. Path. 120, 330 (1927). — Kyrle: Beitrag zur Kenntnis der menschlichen Zwischenzellen. Zbl. Path. 21, 454 (1910).

Laache: Todesfall durch Wasserstoffsuperoxyd. Norsk. Mag. Laegevidensk. 15, 200 (1885). Angef. bei Kobert: Intoxikationen, S. 448. — Labes: (a) Der Mechanismus der Arsenwasserstoffvergiftung. Dtsch. med. Wschr. 1926, 2152. (b) Über den Wirkungsmechanismus des Arsens. Arch. f. exper. Path. 127, 126 u. 131, 322 (1928). — Laignel-Lavastine et Alajouanine: Intoxication par le gaz d'éclairage...... Bull. Soc. med. Hôp. Paris 1921, 484. — Lämpe: Beitrag zur Kenntnis der Kohlenoxydvergiftung. Zbl. Gewerbehyg. 9, 281 (1921). — Lande et Muraret: Intoxication mortelle par la tincture d'iode. J. Méd. Paris 1910, 402. — Landerer: Intoxikation mit chlorsaurem Kali. Dtsch. Arch. klin. Med. 47, 103 (1891). — Lang, S.: Über die Umwandlung des Acetonitrils und seiner Homologe im Tierkörper. Arch. f. exper. Path. 34, 247 (1894). — Lange, F.: Blutbefunde bei Kali chloricum-Vergiftung. Med. Klin. 1909, 1929. — Langer, Fr.: Fall von rasch tödlicher Phosphorvergiftung mit eigentümlichen Befund im Magen. Prag. med. Wschr. 1892, 451. — Laqueur u. R. Magnus: Über Kampfgasvergiftungen. Z. exper. Med. 13, 31 (1921). — Lauche, A.: Die Entzündungen der Lunge und des Brustfells. Handbuch der speziellen pathologischen Anatomie und Histologie von Henke-Lubarsch. Bd. 3, 1, S. 701. 1928. — Laudenheimer: Die Schwefelkohlenstoffvergiftung der Gummiarbeiter. Leipzig: Veit & Co. 1899. — Laves: Über den Einfluß von Blausäuredämpfen auf die Farbe der Totenflecke. Dtsch. Z. gerichtl. Med. 13, 261 (1929). — Lawrence and Huffman: Fatty changes in the Kupffer cells in the liver of the guinea pig in phosphorus poisoning. Arch. of Path. 7, Nr 5 (1929). — Lebedeff: (a) Zur Kenntnis der feineren Veränderungen in der Niere bei Hämoglobinausscheidung. Virchows Arch. 91, 267 (1883). (b) Woraus bildet sich das Fett in Fällen der akuten Fettbildung? Pflügers Arch. 31, 11 (1883). — Leeser, F.: Über Gewebeveränderungen nach Salvarsan- und Wismutinjektionen im Röntgenbilde. Fortschr. Röntgenstr. 37, 486 (1928). Lehmann, C.: Phosphorvergiftung durch Schußverletzung. Zbl. Chir. 45, 452 (1918). — Lehmann, H.: Experimentelle Studien über den Einfluß technisch und hygienisch wichtiger Gase auf den Organismus: Chlor und Brom. Arch. f. Hyg. 7, 265 (1887). — Lehnert: Über tödliche Vergiftung bei einer Gravida. Beitr. path. Anat. 54, 443 (1912). — Leppmann, F.: Zur Begutachtung von Nervenstörungen nach Kohlenoxydvergiftung. Dtsch. Z. gerichtl. Med. 12, 121 (1928). — Lesser, A.: Experimentelle Untersuchungen über den Einfluß einiger Arsenverbindungen auf den tierischen Organismus. Virchows Arch. 74, 133 (1878). — Leudet: Sur les troubles des nerfs périphériques.... Arch. gén. Méd. 1, 513 (1865). Angef. bei Knecht. — Leva, J.: Wird Arsen durch die menschliche Haut resorbiert? Münch. med. Wschr. 1929, 1368. — Levaditi et Dimanesco-Nicolan: Formations artéroides autour des dépôts telluriques. C. r. Soc. Biol. Paris 95, 531 (1926). — Lévai: Über Phosphornekrose. Wien. klin. Rdsch. 1900, 676. — Lewin, E. M.: (a) Neues zur Lehre von der toxischen Wirkung der Arsenobenzolpräparate auf die Leber. Arch. f. Dermat. 157, 578; 158, 421 u. 159, 73 (1929). (b) Zur Frage der toxischen Wirkung des Salvarsans auf die Leber. Arch. f. Dermat. 153, 200 (1927). — Lewin, G.: Studien über Phosphorvergiftung. Virchows Arch. 21, 206 (1861). — Lewin, L. (a): Die Einwirkung des Schwefelwasserstoffs auf das lebende Blut. Virchows Arch. 74, 220 (1878). (b) Über die Giftwirkung des Schwefelkohlenstoffs. Virchows Arch. 78, 121 (1879). (c) Die Kohlenoxydvergiftung. Berlin: Julius Springer 1920. — Lewin, L. und Mitarbeiter: Seltene Wirkungsfolgen der Kohlenoxydvergiftung. Beitr. Giftkde **1929**, H. 4. Berlin: Stilke. — LIEBMANN: Leuchtgasvergiftung. Dtsch. med. Wschr. **1919**, 1192. — LINDAU: Purpura cerebri. Frankf. Z. Path. **30**, 271 (1924). — LINDEMANN, K.: Erblindung nach Kohlenoxydvergiftung. Z. Augenheilk. **61**, 72 (1927). — LINT, V.: Embolie d'une branche de l'artère centrale de la rétine après injection de métaarsénobenzol. Arch. d'Ophtalm. **45**, 425 (1928). — LISSAUER, M.: Zur Frage des Salvarsantodes. Dtsch. med. Wschr. **1913**, 1471. — LITTEN: Kohlenoxydvergiftung. Dtsch. med. Wschr. **1889**, 82. — LOEB, J.: Über Thomasphosphat-Pneumokoniose. Virchows Arch. **138**, 42 (1894). — LOEB, L.: (a) Studies on compensatory hypertrophy of the thyroid gland. Amer. J. Path. **5**, Nr 1 (1929). (b) The influence of jodin on hypertrophy of the thyroid gland. Amer. J. Path. **2**, 19 (1926). — LOEB, O. und ZÖPPRITZ: Beeinflussung der Fortpflanzungsfähigkeit durch Jod. Dtsch. med. Wschr. **1914**, 1261. — LOEWY, A.: Kohlensäure. Handbuch der experimentellen Pharmakologie von Heffter, Bd. 1, S. 73. 1923. — LÖFFLER und NORDMANN: Leberstudien. Virchows Arch. **257**, 119 (1925). — LÖFFLER und RÜTIMEYER: Über Vergiftung mit Brommethyl und dessen Nachweis.... Vjschr. gerichtl. Med., III. F. **60**, 60 (1920). — LÖHE: Über die örtliche Wirkung des Salvarsans bei intraglutäaler Injektion. Virchows Arch. **207**, 429 (1912). — LOMHOLT: Pulmonale Form der Neosalvarsanintoxikation. Dermat. Z. **25**, 85 (1918). — LOOS: Kasuistischer Beitrag zur Frage der Herzveränderungen bei Morbus Basedowii. Z. Kreislaufsforschg **21**, 1641 (1921). — LÖWY, J.: Chronische Kohlenoxydvergiftung. Zbl. Gewerbehyg., N. F. **3**, 153 (1926). — LUBLINSKI: Jodismus acutus. Dtsch. med. Wschr. **1906**, 304. — LUGARO: Sulle alterazione degli elementi nervosi negli avvelenamenti per arsenico e per piombo. Riv. Pat. nerv. **2** (1897). Angef. bei SACERDOTI. — LÜHRIG: (a) Interessante Fälle aus der toxikologischen Praxis. Pharmakol. Z.halle **61**, 687 (1920). (b) Ein interessanter Fall von Arsenvergiftung. Dtsch. Z. gerichtl. Med. **5**, 548 (1925). — LUNZ: Über das Verhalten der Elastizität der Arterien bei Vergiftung mit Phosphor, Quecksilber und Blei. Inaug.-Diss. Dorpat 1892.

MACAGGI: Alterazioni strutturali della tiroide per fosforo e per arsenico. Riforma med. **1904**, No 32. Ref. Zbl. Path. **16**, 686 (1905). — MAGNANIMI: Schwefelwasserstoffvergiftung. Ref. Z. Med.beamte **23**, 205 (1910). — MAGNUS, R.: Fall von tödlicher Vergiftung mit Phosphorlebertran. Vjschr. gerichtl. Med., III. F. **47**, 265 (1914). — MAJERUS: Über die Einwirkung des Jods auf den Hoden. Zbl. Path. **26**, 33 (1915). — MALOSSI: Eliminazione di acido solfidrico delle vie respiratorie... Biochimica e Ter. sper. **11**, 513 (1924). — MANASSE: Über hyaline Ballen und Thromben in den Hirngefäßen. Virchows, Arch. **130**, 217 (1892). — MANKOWSKY: Neuritiden nach Kohlenoxydvergiftung. Dtsch. Z. gerichtl. Med. **109**, 84 (1929). — MANNER: Akute Phosphorvergiftung mit Gangrän der Zehen. Jb. Wien. Krk.anst. **1893**, 716. — MANSFELD: Studien über die Physiologie und Pathologie der Fettwanderung. Pflügers Arch. **129**, 46 (1909). — MANWARING: Über chemische und mechanische Anpassung der Leberzellen bei Phosphorvergiftung. Beitr. path. Anat. **47**, 331 (1910). — MARCHAND: (a) Über die Intoxikation durch chlorsaure Salze. Virchows Arch. **77**, 455 (1879). (b) Über das Methämoglobin. Virchows Arch. **77**, 488 (1879). (c) Über die giftige Wirkung der chlorsauren Salze. Arch. f. exper. Path. **22**, 216 u. **23**, 273 (1887). — MARCHAND und ROMBERG: Alkohol. Angef. bei H. HOPPE. — MARESCH: Fall von Kohlenoxydgasschädigung des Kindes in der Gebärmutter. Wien. med. Wschr. **1929**, 445. — MARIK: Über Arsenlähmungen. Wien. klin. Wschr. **1891**, 747. — MARINE: Control of compensatory hyperplasia of the thyroid by the administration iodine. Arch. Path. a. Labor. Med. **2**, Nr 6 (1926). — MARSCHALKÓ und VESZPRÉMI: Über den Salvarsantod. Dtsch. med. Wschr. **1912**, 1222. — MARTENS: Dermatolvergiftung. Dtsch. med. Wschr. **1909**, 1770. — MARTIUS: Über lokale Salvarsanwirkungen. Münch. med. Wschr. **1910**, 1279. — MARX, A. M.: Erfahrungen mit Arsenvergiftungen. Dtsch. Z. gerichtl. Med. **11**, 36 (1928). — MASCHKA: Phosphorvergiftung mit rasch eingetretenem Tode. Wien. med. Wschr. **1884**, 608. — MAYER (Bonn): Der Phosphor in seiner Auswirkung auf den tierischen Körper. Caspers Vjschr. **18**, 185 (1861). — MAYER, A., MAGNE et PLANTEFOL: Sur la toxicité des carbonates et chlorocarbonates de méthyle chlorés. C. r. Acad. Sci. Paris **172** (10. Jan. 1921). — MAYER, EDM.: Das Verhalten der Nieren bei akuter gelber Leberatrophie. Virchows Arch. **236**, 279 (1922). — MAYER, EDM. und FÜRSTENHEIM: Wie weit entsprechen den klinischen Bildern der Basedowschen Krankheit bestimmte Formen der Schilddrüsenbläschen und des Kolloids? Virchows Arch. **278**, 391 (1930). — MAYER, H.: Abbau des Blutfarbstoffs durch Phosgen. Dtsch. med. Wschr. **1928**, 1557. — MAURER and GATEWOOD: Phenoltetrachlorphthaleine liver function test. J. amer. med. Assoc. **84**, 935 (1925). — MEEK and EYSTER: Experiments on the pathol. physiology of acute phosgene poisoning. Amer. J. Physiol. **51**, 303 (1920). — MEISSNER: Zur Toxikologie des Selenwasserstoffs. Z. exper. Med. **42**, 275 (1924). — MEIXNER: (a) Besondere Hirnbefunde bei Kohlenoxydvergiftung. Beitr. gerichtl. Med. **6**, 55 (1924). (b) Einfluß der Todesart auf den Glykogengehalt der Leber. Vjschr. gerichtl. Med., N. F. **39**, Suppl. 148 (1910). — MELTZER: On absorption of strychnine and hydrocyanic acid from the mucous membrane of the stomach. J. of exper. Med. **1896**. — MEMMESHEIMER: Der histochemische Nachweis von Arsen in der Haut bei Fällen von

Salvarsanlichen und seine Bedeutung für die Pathogenese dieser Erkrankungen. Dermat. Z. **54**, 4 (1928). — MENDEL, E.: Isolierte Lähmung des Nervus axillaris durch Kohlenoxyd. Klin. Wschr. **1922**, 685. — MENEGHETTI: Primäre Bluterkrankung durch kolloidales Schwefelantimon. Arch. ital. Ematol. e Serolog. **7**, 1 (1926). Ref. Zbl. Path. **40**, 45 (1927). — MÉNÉTRIER et COYON: Pathologische Anatomie der durch Gelbkreuzkampfgas bedingten Verletzungen der Atmungswege. Ann. Méd. **1921**. Ref. Zbl. Path. **33**, 139 (1922/23). — MERGUET: Kohlenoxydvergiftung mit choreiformer Bewegungsstörung. Arch. f. Psychiatr. **66**, 272 (1922). — MESSERLE: Histologische Befunde bei Blausäurevergiftung. Virchows Arch. **262**, 305 (1926). — MEYER, A.: (a) Verhalten des Hemisphärenmarks bei der menschlichen Kohlenoxydvergiftung. Z. Neur. **112**, 172 (1928). (b) Experimentelle Erfahrungen über die Kohlenoxydvergiftung des Zentralnervensystems. Z. Neur. **112**, 187 (1928). (c) Über die Wirkung der Kohlenoxydvergiftung auf das Zentralnervensystem. Z. Neur. **100**, 201 (1926) und Klin. Wschr. **1927**, 145. — MEYER, E.: Über das Verhalten des Schwefelwasserstoffs im Blute. Arch. f. exper. Path. **41**, 325 (1898). — MEYER, E. und HEUBNER: Beobachtungen über Arsenwasserstoffvergiftungen. Biochem. Z. **206**, 212 (1929). — MEYER, L.: Ikterus bei Phosphorvergiftung. Virchows Arch. **33**, 296 (1865). — MICHELE: Osservazioni speriment. sull' avvelenamento da sulfuro di carbonio. Boll. soc. med.-chir. Pavia **37**, 141 (1925). — MILLER: Über die pathologische Anatomie des Spättodes nach Kampfgas (Perstoff)-Verg. Beitr. path. Anat. **72**, 339 (1924). — MINAMI: Sekretion und Fermente des Magens bei Hunden nach Phosphorvergiftung. Virchows Arch. **208**, 13 (1912). — MINGAZZINI: Klinischer und pathologisch-anatomischer Beitrag zum Studium der Myelitis haemorrhagica postsalvarsanica. Dtsch. Z. Nervenheilk. **104**, 1 (1928). — MITA: Augenschädigungen bei Schwefelgrubenarbeitern. Klin. Mbl. Augenheilk. **83**, 797 (1929). — MIURA: Die Wirkung des Phosphors auf den Fötus. Virchows Arch. **96**, 54 (1884). — MOLODENKOW: Tödliche Vergiftung mit Borsäure. Petersburg. med. Wschr. **1881**, 361. — MORAWSKI: Ein Fall von Kohlenoxydvergiftung. Dtsch. Z. Nervenheilk. **52**, 71 (1914). — MOTT: Carbon monoxyde poisoning and nickel-carbonyl poisoning. Arch. Neur. County Asylum Claybury Essex **3**, 266 (1907). — MOUNIER: Brulure de l'amygdale par teinture d'iode. J. Méd. Paris **41**, 86 (1922). — MUCHA und KETRON: Über Organveränderungen bei mit Salvarsan behandelten Tieren. Wien. med. Wschr. **1913**, 2379. — MÜLLER, A.: Über Benzin- und Kohlenoxydvergiftung. Arch. f. Psychiatr. **88**, 835 (1929). — MÜLLER, E. F.: (a) Über das Wesen der Arsenschädigung der Haut. Z. klin. Med. **105**, 192 (1927). (b) Über die Pathogenese der akuten Arsenschädigung der Haut. Münch. med. Wschr. **1926**, 1025. — MÜLLER, IRMGARD: Leuchtgasvergiftung im Kriege. Vjschr. gerichtl. Med., III. F. **61**, 1 (1921). MÜLLER, R.: Über die Ähnlichkeit der Befunde bei Phosphor- und Fliegenschwammvergiftung. Vjschr. gerichtl. Med., N. F. **53**, 67 (1890). — MÜLLER, W.: Über die Wirkung verschiedener Ätzmittel auf die Haut. Z. exper. Med. **59**, 459 (1928). — MÜLLER-HESS: Hämorrhagische Diathese nach Leuchtgasvergiftung. Ärztl. Sachverst.ztg **1920**, 257. — MUNK und LEYDEN: Die akute Phosphorvergiftung. Berlin: August Hirschwald 1865. — MUSSO: Pseudoparalyse durch Kohlenoxyd. Riv. Clin. med. **1885**. Angef. bei KOBERT (Lehrbuch), S. 531.

NAEGELI: Blutkrankheiten und Blutdiagnostik, 1919. — NALLY, MC and RUST: The distribution of boric acid in human organs in six deaths due to boric acid poisoning. J. amer. med. Assoc. **90**, 382 (1928). — NATHAN, E.: Über experimentelle Sensibilisierungs- und Allergieerscheinungen usw. Klin. Wschr. **1929**, 2278. — NATHAN, E. und A. MUNK: Über experimentelle Sensibilisierungs- und Allergieerscheinungen der Haut gegenüber Salvarsan. Klin. Wschr. **1929**, 1355. — NEBELTHAU: Phosphorvergiftung durch Phosphorlebertran. Münch. med. Wschr. **1901**, 1362. — NEGRI: Della tossicità lontana dell'acido borico. Rass. Ter. e Pat. clin. **1**, 472 (1929). Ref. Dtsch. Z. gerichtl. Med. **15**, 129 (1930). — NEUBAUER: Über das Verhalten der Glykogenbildung. Arch. exper. Path. **61**, 174 (1909). — NEUBAUER und PORGES: Nebennieren bei Phosphorvergiftung. Angef. bei POULSSON (Lehrbuch). — NEUBERGER: Über Kalkablagerungen in den Nieren. Arch. f. exper. Path. **27**, 39 (1890). — NEULAND: Vergiftung von Säuglingen und Kindern durch methämoglobinbildende Substanzen. Med. Klin. **1921**, 903. — NEUMANN, J.: (a) Experimentelle Untersuchungen über die Wirkung der Borsäure. Arch. f. exper. Path. **14**, 149 (1881). (b) Über eine eigentümliche Form von Jodexanthem an der Haut und Schleimhaut des Magens. Arch. f. Dermat. **48**, 322 (1899). — NEWMARK: Softening of the spinal cord in a syphilitic after an injection of Salvarsan. Amer. J. med. Sci. **144**, 848 (1912). — NICHOLSON: Exper. study of mitochondr. changes in the thyroid gland. J. exper. Med. **39**, 63 (1924). — NIEDERMAIER: Beitrag zur Kenntnis der akuten Phosphorvergiftung und akuten gelben Leberatrophie. Friedreichs Bl. **56**, 331 (1905) u. **57**, 34 (1906). — NISSL: Über die Veränderungen der Nervenzellen nach experimentellen Vergiftungen. Neur. Zbl. **8**, 164 (1897). — NONNE: (a) Anatomische Untersuchung eines Falles von Atoxylerblindung. Med. Klin. **1908**, 757. (b) Letale Rückenmarksschädigung durch intraspinale Salvarsanbehandlung. Dtsch. Z. Nervenheilk. **94**, 158 (1926). — NUNNELEY: Untersuchungen über die Wirkung der Blausäure auf den tierischen Körper. Ref. Schmidts Jb. **66**, 19 (1850). — NUTT and BEATTIE: Arsenic cancer. Lancet **1913** II, 210.

OBERMILLER: (a) Zur Kritik der Nebenwirkungen des Salvarsans. Straßburg (Elsaß): Beust 1913. (b) Über Arsenlähmungen. Berl. klin. Wschr. 1913, 966. (c) Arsen- und Salvarsanwirkung.... Berl. klin. Wschr. 1913, 2045. — OBOLONSKY s. ZIEGLER u. OBOLONSKY. OELLER: Pathologisch-anatomische Studien zur Frage der Entstehung und Heilung von Blutungen. Dtsch. Z. Nervenheilk. 47, 48 (1913). — OETTINGEN: Beitrag zur Kenntnis der Wirkungsweise des Arsenwasserstoffs. Arch. f. exper. Path. 80, 288 (1917). — OETTINGER: Herpes zoster gangränosus nach Salvarsan. Dermat. Z. 21, 780 (1914). — OGAWA: Veränderungen der Hornhaut durch Chlormagnesiuminjektionen. Trans. jap. path. Soc. 13, 48 (1923). — O'LEARY and SNELL: Portal cirrhosis associated with chronic inorganic arsenical poisoning. J. amer. med. Assoc. 90, 1856 (1928). — OLIVER: The influence of industrial poisons... Brit. med. J. 1928, 835. — ONUMA: Akute Phosphorvergiftung. Trans. jap. path. Soc. 13, 44 (1923). — OPPEL: Kausal-morphologische Zellenstudien. Med.-naturwiss. Arch. 2, 61 (1910). — OSBORNE: Microchemical studies of arsenic in arsenical dermatitis. Arch. of Dermat. 12, 773 (1925) u. 18, 37 (1928). — OSEKI: Beitrag zur Kenntnis der Salvarsanschäden des Rückenmarks. Arb. neur. Inst. Wien. Univ. 25, 269. Wien: Franz Deuticke 1924. — OSTROWSKI: Symmetrische Gangrän nach Leuchtgasvergiftung. Przegl. dermat. (poln.) 18, 18 (1923). Ref. Dtsch. Z. gerichtl. Med. 5, 459 (1925). — OSWALD: Doppelseitiger Verschluß der Zentralarterie infolge Kampfgasvergiftung. Mschr. Augenheilk. 64, 381 (1920).

PALTAUF: (a) Über Veränderungen der Leber bei Phosphorvergiftung und genuiner Atrophie. Verh. dtsch. path. Ges. 1902, 91. (b) Über Phosphorvergiftung. Wien. klin. Wschr. 1888, 513. — PÁNDI: Veränderungen des Zentralnervensystems bei chronischer Brom-, Kokain-, Nikotin- und Antipyrin-Intoxikation. Pest. med.-chir. Presse 1893, Nr 33. — PAPPENHEIMER: Discussion on gas poisoning. J. amer. med. Assoc. 73, 690 (1919). — PEARCE, R. M.: (a) Problems of exper. Medicine. Arch. int. Med. 5, 133 (1910). (b) Exper. myocarditis. J. of exper. Med. 8, 400 (1906). — PEARCE, R. M. and W. BROWN: Chemopathological studies with compounds of arsenic. J. of exper. Med. 22, 517 (1915) u. 23, 443 (1916). — PEISACHOWITSCH: Kohlenoxyd- und inkretorische Drüsen. Virchows Arch. 274, 223 (1929). — PETER, G.: Über hämatogenes Jodekzem. Dermat. Z. 26, 71 (1918). — PETRI, E. (a): Zur pathologisch-anatomischen Diagnose der Phosphorvergiftung. Frankf. Z. Path. 25, 195 (1921). (b) Das Verhalten der Fett- und Lipoidsubstanzen in der Leber bei Vergiftungen. Virchows Arch. 251, 588 (1924). — PHOTAKIS: (a) Veränderungen des Zentralnervensystems bei Kohlenoxydvergiftung. Vjschr. gerichtl. Med., III. F. 62, 42 (1921). (b) Perakuter Todesfall nach intravenöser Neosalvarsaninjektion. Dtsch. Z. gerichtl. Med. 6, 363 (1925). — PICCAGNONI: Contributo alla conoscenza delle alterazioni da avvelenamento acuta da fosforo. Clin. med. ital. 47, 523 (1908). — PICK, F.: Über Erkrankungen durch Kampfgas. Zbl. klin. Med. 39, 305 (1918). — PINÉAS: (a) Befund eines Falles von Kohlenoxydvergiftung. Z. Neur. 93, 36 (1924). (b) Eigenartiger, auf vorangegangene Enzephalographie mit Jodipin zu beziehender Hirnbefund. Z. Neur. 110, 337 (1927). — PINI: Bromoderma nodosum. Arch. f. Dermat. 52, 163 (1900). — PISARSKI: Über den Einfluß der Phosphorvergiftung auf die morphologischen Elemente des Blutes. Dtsch. Arch. klin. Med. 93, 287 (1908). — PISTORIUS: Beitrag zur Pathologie der akuten Arsenvergiftung. Arch. f. exper. Path. 16, 188 (1883). — PLATEN: Zur fettigen Degeneration der Leber. Virchows Arch. 74, 268 (1878). — POELCHEN: Zur Ätiologie der Gehirnerweichung nach Kohlendunstvergiftung. Virchows Arch. 112, 26 (1888). — POGÁNY: Aleukie nach Salvarsanbehandlung. Z. Hals- usw. Heilk. 18, 583 (1927). — POHL, J.: Über die Wirkungsweise des Schwefelwasserstoffs. Arch. f. exper. Path. 22, 1 (1887). — POHLISCH: Das psychiatrisch-neurologische Krankheitsbild der Kohlenoxydvergiftung. Mschr. Psychiatr. 71, 82 (1929). — POINCARÉ: Recherches expér. sur les effets des vapeurs du sulfure de carbone. Arch. Physiol. norm. et Path. Paris 1879, 20. — POLLAK: (a) Zur Klassifikation der Glykosurien. Arch. f. exper. Path. 61, 376 (1909). (b) Gibt es Salvarsanschäden des Nervensystems. Wien. klin. Wschr. 1926, 1004. — POLLAND: Fall von Jodpemphigus mit Beteiligung der Magenschleimhaut. Wien. klin. Wschr. 1905, 300. — POLLNER: Durch innerlich verabreichten Phosphor verursachte Kiefernekrose. Klin. Wschr. 1929, 1475. — POPOFF: (a) Veränderungen im Rückenmark nach Vergiftung mit Arsen, Blei und Quecksilber. Virchows Arch. 93, 351 (1883). (b) Über Veränderungen im Rückenmark des Menschen nach akuter Arsenvergiftung. Virchows Arch. 113, 385 (1888). — PORAK: Du passage des substances étrangères à l'organisme.... Arch. Méd. expér. 6, 192 (1894). — POSCHARISSKY: Heterotope Knochenbildung. Beitr. path. Anat. 38, 135 (1905). — PRANTER: Zur Behandlung der Psoriasis. Wien. klin. Wschr. 1921, 303. — PREYER: Über die Giftigkeit des Zyankaliums und der Blausäure. Virchows Arch. 40, 125 (1867). — PRITZI: Fall von Salvarsanencephalitis in der Schwangerschaft. Zbl. Gynäk. 1928, 2930. — PUPPE: Über Fettembolie bei Phosphorvergiftung. Vjschr. gerichtl. Med., III. F. 95, Suppl. 12 (1896). — PÜRCKHAUER: Eine unter dem Bild einer fieberhaften Salvarsandermatitis verlaufende Salvarsanintoxikation. Med. Klin. 1917, 870. — PUTSCHAR: Über eine anscheinend durch Salvarsan bedingte Myelomalazie der grauen Substanz. Virchows Arch. 265, 403 (1927).

Quensel: Neuere Erfahrungen über Geistesstörungen nach Schwefelkohlenstoffvergiftung. Mschr. f. Psychiatr. **16**, 48 (1904).
Rabinowitsch: The effect of intraperitoneal injection of potassium jodide on the proliferative activity of the thyroid gland in guinea pigs. Amer. J. Path. **5**, 91 (1929) u. **6**, 485 (1930). — Rabinowitsch: Changes in the thyroid gland of the guinea pig following a period of administration of potatium iodide. Amer. J. Path. **6 I**, 71 (1930). — Radziejewski: Die giftigen Wirkungen des Kohlenoxysulfids. Virchows Arch. **53**, 370 (1871). — Raestrup: (a) Über kutane Schädigungen durch Zyankalium. Zbl. Gewerbehyg., N. F. **3**, 103 (1926). (b) Langsam verlaufende akute perorale Zyankaliumvergiftung. Dtsch. med. Wschr. **1928**, 2179. (c) Über Fluorvergiftungen. Dtsch. Z. gerichtl. Med. **5**, 406 (1925). — Rambousek: Zur Frage der Ausscheidung gewerblicher Gifte durch die Atmung. Zbl. Gewerbehyg. **4**, 62 (1916). — Raubitschek: Zur Pathologie der Zyankaliumvergiftung. Wien. klin. Wschr. **1912**, 149. — Raum: Künstliche Vakuolisierung der Leberzellen beim Hunde. Arch. f. exper. Path. **29**, 353 (1892). — Ravenna: Sulla patologia dei plessi nervosi dell'intestino. Arch. Sci. med. **25** (1901). — Redaelli: (a) Ricerche isto-patologiche sperimentali sulla ghiandola tiroide. Riforma med. **27**, 1205 (1911). (b) Sull' anatomia patologica dell' avvelenamento cronico da solfuro di carbonio. Boll. Soc. med.-chir. Pavia **37**, 133 (1925). — Reiche, F.: Über Kampfgasfolgen. Münch. med. Wschr. **1930**, 792. — Reichel: Fall von akuter Phosphorvergiftung. Wien. klin. Wschr. **1894**, 153. — Reiner: Zur Kasuistik der Schwefelkohlenstoffamplyopie. Wien. klin. Wschr. **1895**, 919. — Reis, v. d. und Büssow: Klinische Beobachtungen bei gewerblicher Arsenwasserstoffvergiftung. Dtsch. med. Wschr. **1929**, 1081. — Reist: Über die chronische Thyreoiditis. Frankf. Z. Path. **28**, 141 (1922). — Remak und Flateau: Neuritis und Polyneuritis. Wien 1900. — Remund: Arsennachweis in der Leichenasche. Dtsch. Z. gerichtl. Med. **13**, 33 (1929). — Rénon et Follet: Parotitis nach Jodapplikation. Bull. Soc. méd. Hôp. Paris **1898**. Ref. Zbl. Path. **11**, 181 (1900). — Rettig: Zur Frage des toxogenen Eiweißzerfalls bei der Phosphorvergiftung. Arch. f. exper. Path. **76**, 345 (1914). — Reuter, K.: Kohlensäurevergiftung. Friedreichs Bl. **65**, 161 (1914). — Reynolds: An account of the epid. outbreak of arsenical poisoning... Lancet **1**, 166 (1901). — Ribbert: Untersuchungen über die normale und pathologische Physiologie der Niere. Bibl. med. C **1896**, Nr 4. Richter, M.: (a) Die Farbe der Totenflecke bei der Zyanvergiftung. Vjschr. gerichtl. Med., III. F. **22**, 264 (1901). (b) Über Zyanvergiftung. Prag. med. Wschr. **1894**, 105. — Ricker: Beitrag zur toxischen Wirkung des Chlorkohlenoxydgases. Slg klin. Vortr. (Inn. Med.) **13**, 727 (1914—1919). — Ricker und Fölsche: Quecksilber und Salvarsan in ihrer Wirkung auf die Blutströmung. Med. Klin. **1913**, 1253. — Ricker und Knape: Mikroskopische Beobachtungen am lebenden Tier über die Wirkung des Salvarsans und Neosalvarsans. Med. Klin. **1912**, 1275. — Riedel: (a) Über Phosphornekrose usw. Arch. klin. Chir. **53**, 505 (1896). (b) Tödliche Arsenikvergiftung durch Einreibungen. Vjschr. gerichtl. Med., III. F. **17**, 49 (1899). — Rieder: Über Jodismus acutus. Münch. med. Wschr. **1887**, 73. — Riehl, G.: Über Myosalvarsandermatitis und Encephalopathie. Arch. f. Dermat. **158**, 582 (1929). — Riess: Über Vergiftung mit chlorsaurem Kalium. Arch. f. exper. Path. Suppl. **1908**, 460. — Robinson: Borsäurevergiftung. Public Health, Aug. **1899**. — Rodenacker: Zum Problem der chronischen Schwefelwasserstoffvergiftung. Zbl. Gewerbehyg. **1927**, 205. — Roger et Garnier: Lésions de la glande thyroide dans l'intoxication phosphorée. C. r. Soc. Biol. Paris, 29. Jan. **1900**. — Rohrer: Intoxikationen in ihren Beziehungen zu Hals, Nase, Ohr. Haugs klin. Vortr. **1**, 75 (1896). — Romanow: Zur pathologischen Anatomie der Intoxikation durch chlorsaures Kali. Angef. bei Winigradow. — Ronzani: Über den Einfluß von Einatmung reizender Gase der Industrie. Arch. f. Hyg. **70**, 217 (1909). — Roos: Phosgenvergiftungen. Inaug.-Diss. Basel **1914** u. Vjschr. gerichtl. Med., III. F. **48**, 67 (1914). — Rose, Edm.: Das Jod in großer Dose. Virchows Arch. **35**, 12 (1866). — Röseler: Die durch Arbeiten mit Schwefelkohlenstoff entstehenden Krankheiten. Vjschr. gerichtl. Med., III. F. **20**, 293 (1900). — Rosenblath: Über einen Fall von Leuchtgasvergiftung. Dtsch. Z. Nervenheilk. **84**, 276 (1925). — Rosenfeld, G.: Studien über Organverfettungen. Arch. f. exper. Path. **55**, 179 (1906). — Rosenthal, O.: Jododerma tuberosum. Arch. f. Dermat. **57**, 1 (1901). — Rösler, E.: Gastroadenitis, Haut- und Knochengangrän bei Phosphorintoxikation. Z. klin. Med. **83**, 149 (1916). — Rosner: Vergiftung mit Montanin. Wien. klin. Wschr. **1908**, 760. — Rossi: Alterazioni degli elementi nervosi... Riv. Pat. nerv. **2** (1897). Ref. bei Sacerdoti. — Rössle: Gibt es Schädigungen durch Kochsalzinfusionen? Berl. klin. Wschr. **1907**, 1165. — Roth, M.: (a) Über die sog. korrosive Gastritis bei akuter Phosphor- und Arsenvergiftung. Virchows Arch. **45**, 299 (1869). (b) Fall von Arsenikvergiftung. Virchows Arch. **44**, 131 (1868). — Roth, O.: Todesfall durch Jodhyperthyreoidismus. Dtsch. Arch. klin. Med. **144**, 177 (1924). — Röthig: Untersuchungen am Zentralnervensystem von mit Arsacetin behandelten Mäusen. Frankf. Z. Path. **3**, 267 (1909). — Rotky: Phosphorvergiftung. Prag. med. Wschr. **31**, 219 (1906). — Rubinato: Contributo alla patologica dei gangli nervosi del cuore e dello stomacho. Riv. Clin. med. **1902**. Angef. bei Amato und Macri. — Ruge, H.: (a) Beitrag zur Gelbsuchtfrage (Salvarsangelbsucht). Med. Welt

1928, 1048. (b) Kasuistischer Beitrag zur Kenntnis der symmetrischen Linsenerkrankungen bei Kohlenoxydvergiftung. Arch. f. Psychiatr. **64**, 150 (1921). — Ruttin: Schädigung des Gehörorgans durch Gasvergiftung. Z. Ohrenheilk. **77**, 60 (1918).

Saikowsky: Über die Fettmetamorphose der Organe nach innerlichem Gebrauch von Arsen-, Antimon-, Phosphorpräparaten. Virchows Arch. **34**, 73 (1865). — Saltykow: Heilungsvorgänge an Erweichungs- und Lichtungsbezirken des Gehirns. Verh. dtsch. path. Ges. **1905**, 299. — Sattler: (a) Pathologisch-anatomische Untersuchung eines Falles von Erblindung nach Arsacetininjektionen. Graefes Arch. **81**, 546 (1912). (b) Kohlenoxydvergiftung. Angef. bei L. Heine. — Saupe: Astthrombose der Zentralvene nach Einatmung von Kampfgas. Klin. Mbl. Augenheilk. **63**, 548 (1919). — Schaffer: Über Veränderungen der Nervenzellen bei chronischer Arsen-, Blei- und Antimonvergiftung. Ung. Arch. Med. **1893**. Angef. bei Wassermann. — Schäffer, E.: Über eine noch nicht beschriebene Veränderung des Nervenmarks der zentralen und peripherischen Nervenfasern. Neur. Zbl. **1903**, 700. — Schall: Veränderungen des Verdauungstraktus durch Ätzgifte. Beitr. path. Anat. **44**, 458 (1908). — Schede: Verh. Ges. Chir. **1872**, 86. Angef. bei Coen. — Scheiding: Leuchtgasvergiftung und Fermentintoxikation. Inaug.-Diss. Erlangen **1887**. — Scherer: Das Bromoderma im Säuglingsalter. Mschr. Kinderheilk. Orig. **10**, 195 (1911). — Schilling, F.: Arsenikvergiftung bei Psoriasisbehandlung. Ärztl. Sachverst.ztg **25**, 179 (1919). — Schilling-Siengalewicz: Experimentelle Untersuchungen über das Verhalten des Plexus chorioideus bei akuten Vergiftungen. Ref. Dtsch. Z. gerichtl. Med. **5**, 209 (1925). — Schindler: Der Salvarsantod. Berlin: S. Karger 1914. — Schinz und Slotopolsky: Bemerkungen über Entwicklung und Pathologie des Hodens. Virchows Arch. **253**, 413 (1924). — Schiske: Über den chemischen Nachweis des Kieselfluornatriums bei Vergiftungen. Beitr. gerichtl. Med. **9**, 212. (1929). — Schlammadinger: Mit Melanodermie einhergehende Salvarsanintoxikationen. Wien. klin. Wschr. **1930**, 556. — Schlayer und Hedinger: Experimentelle Studien über toxische Nephritis. Dtsch. Arch. klin. Med. **90**, 1 (1907). — Schlayer und Takayasu: Untersuchungen über die Funktion kranker Nieren. Dtsch. Arch. klin. Med. **98**, 17 (1909). — Schloffer: Gangrän des Unterarms nach Salvarsaninjektion. Zbl. Chir. **1924**, 110. — Schmaus und Böhm: Befunde in der Leber bei experimenteler Phosphorvergiftung. Virchows Arch. **152**, 261 (1898). — Schmidt, M. B.: Über Gehirnpurpura und hämorrhagische Enzephalitis. Beitr. path. Anat. **7**, Suppl., 419 (1905). — Schmidtmann und Lubarsch: Staubeinatmungskrankheiten. Henke-Lubarsch Handbuch Bd. 3/2, S. 107. 1930. — Schmitt, A.: (a) Wirkliche und angebliche Schädigungen durch Salvarsan. Würzburg: Curt Kabitzsch 1913. (b) Intramuskuläre Salvarsandepots und deren Folgezustände im Röntgenbilde. Dermat. Z. **21**, 113 (1914). — Schmitt, W.: Über Narzylenbetäubung. Würzburg. Abh. **22**. Schmitt, W. und Letterer: Experimentelle Untersuchungen über die Wirkung der Narzylenbetäubung auf parenchymatöse Organe. Zbl. Gynäk. **1927**, 131 u. 2665. — Schmorl: (a) Encephalitis haemorrhagica nach Salvarsaninjektionen. Münch. med. Wschr. **1913**, 1685. (b) Gehirn bei Blausäurevergiftung. Münch. med. Wschr. **1920**, 913. (c) Diskussionsbemerkung zu Chiari (Salvarsan). Verh. dtsch. path. Ges. **1913**, 155. — Schoenhof: Hautgangrän nach Kohlenoxydvergiftung. Dermat. Wschr. **83**, 1267 (1926). — Scholte: Schädigung der Augen durch Schwefelwasserstoff. Zbl. Gewerbehyg., N. F. **6**, 5 (1929). — Scholtz und Salzberger: Über die Lokalwirkung des Salvarsans. Arch. f. Dermat. **107**, 161 (1911). — Schönberg, S.: Zur Kenntnis der Kohlenoxydvergiftung. Dtsch. Z. gericht. Med. **14**, 517 (1930). — Schrumpf und Zabel: Untersuchungen über die Antimonvergiftungen der Schriftsetzer. Arch. f. exper. Path. **63**, 242 (1910) und Münch. med. Wschr. **1910**, 1156. — Schrup: Death 54 hours after the intravenous administration of Neosalvarsan. Amer. J. Syph. **6**, 544 (1922). — Schujeninoff: Über Veränderungen der Haut... Beitr. path. Anat. **21**, 1 (1894). — Schultz, H.: Über die Wirkungen des Fluornatriums. Arch. f. exp. Path. **25**, 326 (1889). — Schultz, H.: Über chronische Ozonvergiftung. Arch. f. exper. Path. **29**, 364 (1892). — Schulze, W.: Toxische Kiefernekrosen.... Mitt. Grenzgeb. Med. u. Chir. **30**, 366 (1918). — Schumburg: Arsenikvergiftung in gerichtsärztlicher Beziehung. Vjschr. gerichtl. Med., III. F. **5**, 283 (1893). — Schütze, A.: Jododerma tuberosum fungoides. Arch. f. Dermat. **49**, 65 (1904). — Schütze, W.: Über die Gefährdung durch große Konzentrationen einiger giftiger Gase von der Haut aus. Arch. f. Hyg. **98**, 70 (1927). — Schwabe: Kohlenoxydvergiftung. Münch. med. Wschr. **1901**, 1530. — Schwalbe: (a) Fettwanderung bei Phosphorvergiftung. Verh. dtsch. path. Ges. **1903**, 71. (b) Experimentelle Melanämie und Melanose durch Schwefelkohlenstoff und Kohlenoxysulfid. Virchows Arch. **105**, 486 (1886). — Schwalbe und Mücke: Phosphorwirkung auf mütterliches und fötales Lebergewebe. Frankf. Z. Path. **11**, 249 (1912). — Schwarz, F.: Vergiftungsfälle und Tierversuche mit Methylchlorid. Dtsch. Z. gerichtl. Med. **7**, 278 (1926). — Schwarz, G.: Vergiftung mit Dijodatophan (Biloptin). Wien. med. Wschr. **1927**, 259. — Schwarzacher: (a) Kohlenoxydvergiftung. Dtsch. Z. gerichtl. Med. **2**, 422 (1923). (b) Neuere Erfahrungen über tödliche Arsenikvergiftungen. Dtsch. Z. gerichtl. Med. **9**, 257 (1927). — Schwerin: (a) Zur Toxikologie des Wasserstoffsuperoxyds. Virchows Arch. **73**, 37 (1878). (b) Die Nachkrankheiten der Kohlenoxydvergiftung. Berl. klin. Wschr. 1891, 1089. — Schwyzer: (a) Einfluß chronischer Fluorzufuhr. Biochem. Z. 60, 32 (1914). (b) Chronical Fluorine poisoning. N. Y. med. J. 74, 1 (1901). — Scott and Moore: Fatalities following the use of Arsphenamine. Amer. J. Syph. 12, 252 (1928). — Sehrwald: Die Ätzwirkung des Broms. Wien. med. Wschr. 1889, 964. — Seifert, O.: Gewerbekrankheiten der Nase und Mundrachenhöhle. Haugs klin. Vortr. 1, 179 (1895/96). — Seifried: Die wichtigsten Krankheiten des Kaninchens. Erg. Path. 22, 1, 432 (1927). — Seitz: Untersuchungen in Schriftgießereien. Münch. med. Wschr. 1923, 1501. — Seligmann: Schwere Hautschädigungen durch Zyklondämpfe. Berl. klin. Wschr. 1921, 1329. — Sellei: Thyreoiditis acuta nach Gebrauch von Jodkali. Dtsch. med. Wschr. 1911, 549. — Senftleben: Erscheinungen und anatomischer Befund bei Phosphorvergiftung. Virchows Arch. 36, 520 (1866). — Serio: Per la diagnosi retrospettiva di avvelenamento da ossido di carbonio. Riforma med. 1929 II, 1293. Ref. Dtsch. Z. gerichtl. Med. 15, 122 (1930). — Severin und Heinrichsdorff: Zur Frage der Leberveränderungen nach Salvarsan. Z. klin. Med. 76, 138 (1912). — Seydel, C.: Ein interessanter Fall von Phosphorvergiftung. Vjschr. gerichtl. Med., III. F. 6, 280 (1893). — Shimazono: Verhalten der Nervensubstanz bei verschiedenen Vergiftungen. Arch. f. Psychiatr. 53, 1024 (1914). — Sibelius: Gehirnerkrankungen nach Kohlenoxydvergiftung. Z. klin. Med. 49, 111 (1903). — Silbermann, O.: Intravitale Blutgerinnung... Virchows Arch. 117, 288 (1889). — Simmonds: The mechanism of the protective action of carbohydrate diet in phosphorous and chloroform poisoning. Arch. int. Med. 23, 362 (1919). — Simon, Th.: Enzephalomalazie nach Kohlengasvergiftung. Arch. f. Psychiatr. 1, 263 (1868). — Skrzeczka: Über die giftige Wirkung der arsenigen Säure auf den Menschen. Königsberg. med. Jb. 1, 270 (1859). — Skworzow: Der Einfluß des Schwefelwasserstoffs.... Inaug.-Diss. Petersburg 1896. Ref. Zbl. Path. 9, 556 (1898). — Slavik: Angef· bei Jaksch. — Slowtzoff: Über die Bindung des Quecksilbers und Arsens durch die Leber. Beitr. klin. Chir. 1, 281 (1901). — Smetana: Über Braunfärbung der Haut beim Gebrauche von Arsenik. Wien. klin. Wschr. 1897, 903. — Snell: Bromvergiftung. Angef. bei Kobert (Lehrbuch S. 370). — Socin: Über Salvarsanmyelitis. Korresp.-bl. Schweiz. Ärzte 1916, 1569. — Soelder, v.: Zur Pathogenese der Kohlenoxydvergiftung. Jb. Psychiatr. 22, 287 (1902). — Soloweitschyk: Über die Wirkungen der Antimonverbindungen auf den tierischen Organismus. Arch. f. exper. Path. 12, 446 (1880). — Spamer: Fall von Primärkarzinom der Epiglottis bei Vergiftung durch französisches Kampfgas. Z. Laryng. usw. 10, 44 (1921). — Stadelmann: Die Arsenwasserstoffvergiftung. Arch. f. exper. Path. 16, 221 (1883). — Staehelin: Die Spätfolgen der Vergiftungen durch Kampfgase. Jkurse ärztl. Fortbildg 11, 17 (1920). — Staemmler: Chloroformvergiftung und Salvarsanvergiftung. Med. Welt 1929, 269. — Steinbrink und Münch: Über Knollenblätterschwammvergiftung. Z. klin. Med. 103, 408 (1926). — Steinhaus: Über Veränderungen der Netzhaut bei Phosphorvergiftung. Beitr. path. Anat. 22, 466 (1897). — Stengel: Zur Kenntnis psychischer Erkrankungen nach Leuchtgasvergiftung. Z. Neur. 122, 587 (1929). — Stern, C.: Dermatose nach arsenhaltigen Schönheitspillen. Dtsch. med. Wschr. 1929, 1592. — Stern, R.: Über toxische Wirkungen der Stickstoff-Wasserstoffsäure. Klin. Wschr. 1927, 304. — Stertz: Paralytisches Bild bei Bromvergiftung. Münch. med. Wschr. 1929, 130. — Stewart: A contribution to the histopathology of carbon-monoxyde poisoning. J. of Neur. 1, 105 (1921). — Stiefler: Spätfolge von Gasvergiftungen. Z. Neur. 81, 142 (1923). — Stiegler: Aufnahme und Ausscheidung des Schwefels durch die Haut. Münch. med. Wschr. 1929, 1795. — Stocker: Beobachtungen von Arsenvergiftung. Virchows Arch. 118, 504 (1889). — Stockman: Über die Ursache der Kiefernekrose bei Phosphorarbeitern. Ther. Mh. 13, 233 (1899). — Stoeckenius: Milzveränderungen bei frischer Syphilis. Zbl. Path. 38, 589 (1926). — Stoermer: Zur Kasuistik der Zyankalivergiftung. Dtsch. Z. gerichtl. Med. 12, 251 (1928). — Stohrer: Angef. bei Fröhner. — Strasser, M.: Fall von Leuchtgasvergiftung mit Encephalitis haemorrhagica. Wien. klin. Wschr. 1928, 932. — Strassmann, F. und Kirsteiner: Über Diffusion von Giften an der Leiche. Virchows Arch. 136, 127 (1894). — Strassmann, F. und A. Schulz: Untersuchungen zur Kohlenoxydvergiftung. Berl. klin. Wschr. 1904, 1233. — Strassmann, G.: (a) Blutung in die Herzmuskulatur bei Leuchtgasvergiftung. Wien. klin. Wschr. 1921, 482. (b) Frühzeitiges Auftreten sez. Lungenentzündung nach Leuchtgasvergiftung. Vjschr. gerichtl. Med., III. F. 61, 94 (1920). — Strassmann, G. und Weimann: Otrucie arsenem a steusceine narcadow. Now. lek. (poln.) 38 (1926). (Im Manuskript überlassen). — Straumann: Veränderungen am lymphatischen Apparat infolge Arsenvergiftung. Dtsch. Z. gerichtl. Med. 9, 266 (1927). — Strebel: Durch SO_2 verursachte Augenschädigungen. Schweiz. med. Wschr. 1923, 560. — Strothmann: Über Vergiftungen mit Dimethylsulfat. Klin. Wschr. 1929, 493. — Strotkötter: Verästelte Knochenbildung in den Lungen. Beitr. path. Anat. 73, 182 (1925). — Stubenrauch: Über die unter dem Einfluß des Phosphors entstehenden Veränderungen des wachsenden Knochens. Arch. klin. Chir. 61, 547 (1900). — Stühmer: Die Hirnschwellung nach Salvarsan. Münch. med. Wschr. 1919, 96. — Sturrock: The epidemic of periph. neuritis... Brit. med. J. 2, 1815 (1900). — Sudeck: Magengeschwüre bei Kal. chloric.-Vergiftung. Angef. bei Merkel, ds. Handbuch Bd. 4, 1

S. 219. 1926. — Sulzberger: Zur Frage der experimentellen Salvarsan-Überempfind-lichkeit. Klin. Wschr. **1929**, 253. — Sury-Bienz: Zur Kasuistik von Intoxikationen. Vjschr. gerichtl. Med., III. F. **34**, 251 (1907). — Swetnik: Die Wirkung des Kohlenoxyds auf das Nervensystem. Mschr. Psychiatr. **74**, 71 (1929). — Swift: Absorption of arsenic following intramuscul. injections of Salvarsan and Neosalvarsan. J. of exper. Med. **27**, 83 (1913).

Takana: Über experimentelle akute Myokarditis durch Thyreoidin und Jodsalze. Virchows Arch. **259**, 737 (1926). — Takayasu: Über Beziehungen zwischen anatomischen Nierenveränderungen und -funktionen. Dtsch. Arch. klin. Med. **92**, 127 (1908). — Tamassia: Del intossicazione per sulfuro di carbonio. Riv. Sper. Freniatr. 7. Ref. Virchow-Hirschs Jber. 1881, 420. — Tappeiner: (a) Zur Kenntnis der Wirkung des Fluornatriums. Arch. f. exper. Path. **25**, 216 (1889). — (b) Über Ablagerung von Fluorsalzen im Organismus nach Fütterung mit Fluornatrium. Münch. med. Wschr. **1892**, 405. — Taussig: Über Blut-befunde bei akuter Phosphorvergiftung. Arch. f. exper. Path. **30**, 171 (1892). — Teleky: Weyls Handbuch der Arbeiterkrankheiten. Jena: Gustav Fischer 1908. — Tesseraux: Über ausgedehnte Myokardnekrosen bei einem Fall von Leuchtgasvergiftung. Zbl. Path. **42**, 344 (1928). — Thandavaroyan: Gangrene due to carbon monoxyde poisoning. Lancet **1921**, 568. — Thill: Akuter Morbus Werlhof nach Myosalvarsanbehandlung. Z. klin. Med. **109**, 285 (1929). — Thornbury: Tod durch Stickstoffoxydul. Med. News **63**, 267 (1892). — Tiling: Chronische Arsenvergiftung durch eine Tapete. Purpura rheumatica. Dtsch. med. Wschr. **1926**, 2126. — Tischner: Vergleichende Untersuchungen zur Pathologie der Leber. Virchows Arch. **175**, 90 (1904). — Toeplitz: Beitrag zur Ätiologie der Perforation der Nasenscheidewand. 10. Internat. med. Kongr. Berlin XII **1890**, 25. — Tomasczewski: Experimentelle Untersuchung über das Schicksal intramuskulärer Salvarsaninjektion. Charité-Ann. **35**, 569 (1911). — Topp: Fall von hochgradiger Idiosynkrasie gegen Jod. Ther. Mh. **10**, 403 (1896). — Treu: Tödliche Kohlenoxydvergiftung durch Automobil-Auspuffgase. Med. Klin. **1926**, 1143. — Trost: Vergiftung durch Arsenwasserstoff. Vjschr. gerichtl. Med., N. F. **18**, 269 (1873). — Trýb: Gewebsveränderungen nach Einspritzung von Salvarsan. Mh. Dermat. **52**, 405 (1911). — Tscherkess: Experimentelle Beiträge zur Pathologie und Therapie der Kohlenoxydvergiftung. Arch. f. exper. Path. **138**, 161 (1928). — Tschisch: Über Veränderungen des Rückenmarks bei Vergiftung mit Kaliumbromid usw. Virchows Arch. **100**, 147 (1885). — Tüngel: Eine rasch tödliche Phosphorvergiftung ohne Gastroenteritis und ohne Ikterus. Virchows Arch. **30**, 270 (1864).

Ullmann: (a) Experimentelles zur Arsenwirkung auf die Organe. Wien. klin. Wschr. **1914**, 838. (b) Zur Frage der Toxizität des Salvarsans. Münch. med. Wschr. **1913**, 108. (c) Über einen Fall ausgebreiteter Arsenkeratose mit Ausgang in Epitheliom. Allg. Wien. med. Ztg **1906**, 59. — Ullmann und Haudek: Röntgenologische Studien zur Resorption von Quecksilber- und Arsenobenzolinjektionen. Wien. klin. Wschr. **1911**, 85. — Urban-tschitsch: Toxische Neuritis des Nervus cochlearis durch Leuchtgasvergiftung. Mschr. Ohrenheilk. **61**, 946 (1927). — Uziemblo: Die pathologischen Alterationen der Retina bei Phosphorvergiftung. Monographie Petersburg 1892. Angef. bei Steinhaus.

Velden: Dichloräthylsulfidvergiftung. Z. exper. Med. **14**, 1 (1921). — Venulet und Dmitrowski: Über das Verhalten der chromaffinen Substanz der Nebennieren unter dem Einfluß von Jodkali. Arch. f. exper. Path. **63**, 460 (1910). — Vill: Über Haut- und Schleim-hautblutungen nach Salvarsan-, Quecksilber- und Kollargolbehandlung. Münch. med. Wschr. **1921**, 1675. — Virchow: (a) Der Zustand des Magens bei Phosphorvergiftung. Virchows Arch. **31**, 399 (1864). (b) Choleraähnlicher Befund bei Arsenvergiftung. Virchows Arch. **47**, 524 (1869). — Voitel: Über einen Fall von Schwefelkohlenstoffvergiftung. Zbl. Gewerbehyg., N. F. **6**, 56 (1929). — Völckers und Koopmann: Über Zyankalivergiftung. Dtsch. Z. gerichtl. Med. **4**, 344 (1924). — Vollbracht: Zur Kasuistik der peripherischen Gangrän bei Phosphorvergiftung. Wien. klin. Wschr. **1901**, 1288. — Vulpian: Maladies du système nerveux. 1879. Angef. bei Popoff.

Wachholz: (a) Über das Schicksal des Kohlenoxyds im Tierkörper. Inaug.-Diss. Königsberg 1898. (b) Selbstmord durch Vergiftung mit Kirschlorbeerwasser. Friedreichs Bl. **53**, 269 (1902). (c) Verteilung des Kohlenoxyds im Blut damit Vergifteter. Vjschr. gerichtl. Med., III. F. **47**, Supp., 205 (1914). (d) Zur Kohlenoxydvergiftung. Vjschr. gerichtl. Med., III. F. **31**, 12 (1906). — Wachtel: Über die Wirkung ätzender Ester (unter Berücksichtigung der Kampfgasstoffe). Z. exper. Path. u. Ther. **21**, 1 (1920). — Waechter: Zur Kasuistik der Arsenwasserstoffintoxikation. Vjschr. gerichtl. Med., N. F. **28**, 251 (1878). — Wagner, E.: Beitrag zur Kenntnis des akuten Morbus Brightii. Dtsch. Arch. klin. Med. **25**, 529 (1880). — Wagner, R.: Fall von Gangrän der Nase und Zehen bei Phosphorvergiftung. Z. Med.beamte **24**, 913 (1911). — Wail: Über Protoplasmastrukturen. Monographien med. Fak. 1. Moskau. Staatsuniv. **1926**, H. 4. Ref. Zbl. Path. **42**, 520 (1928). — Walker, N.: Jododerma or dermatitis tuberosa, due to ingestion of jodide of potassium. Lancet **1892** I, 571. — Warburg, O. (a) Wirkung des CO auf den Stoffwechsel der Hefe. Biochem. Z. **177**, 471 (1926). (b) Über die Wirkung von Kohlenoxyd und Stickoxyd auf

Atmung und Gärung. Biochem. Z. **189**, 354 (1927). — Wasmuth: Experimentelle Studie zur Arsenfrage. Arch. f. exper. Path. **142**, 17 (1929). — Wassmuth: Übertritt und Wirkung des Phosphors auf menschliche und tierische Früchte. Vjschr. gerichtl. Med., III. F. **26**, 12 (1903). — Wätjen: (a) Beitrag zur Histologie der akuten Arsenvergiftung. Zbl. Path. **33**, 13 (1922). (b) Zur Pathologie der trachealen Schleimdrüsen. Beitr. path. Anat. **68**, 58 (1921). (c) Zur Keimzentrumsfrage. Verh. dtsch. path. Ges. **1925**, 366. (d) Über experimentelle toxische Schädigungen des lymphatischen Gewebes durch Arsen. Virchows Arch. **256**, 86 (1925). — Wechselmann: (a) Pathogenese der Salvarsantodesfälle. Wien u. Berlin: Urban u. Schwarzenberg 1913. (b) Über die Pathogenese der Salvarsantodesfälle. Münch. med. Wschr. **1917**, 345. — Wechselmann und Bielschowsky: Thrombose der Vena magna Galeni nach Salvarsantherapie. Leipzig: Voss 1919. — Wedensky: Pathologisch-anatomische Veränderungen nach Antimonpräparaten bei Tieren. Inaug.-Diss. Petersburg 1898. Ref. bei Maximow und Korowin. — Weelihan: Granulocytic aplasia of the bone marrow following the use of arsenic. Amer. J. Dis. Childr. **35**, 1032 (1928). — Wegelin: (a) Die Wirkung des Jods auf die fötale Schilddrüse. Schweiz. med. Wschr. **1926**, 867. (b) Die Schilddrüse. Handbuch der speziellen pathologischen Anatomie und Histologie von Henke-Lubarsch, Bd. 8, S. 1. 1926. (c) Nekrotische Hautpartie nach intravenöser Chlorkalziuminjektion. Klin. Wschr. **1927**, 1448. — Wegner, G.: Der Einfluß des Phosphors auf den Organismus. Virchows Arch. **55**, 11 (1872). — Weigeldt: Rückenmarksschädigung.... Dtsch. Z. Nervenheilk. **84**, 121 (1925). — Weigert: Angef. bei Marchand. — Weimann: (a) Hirnbefunde beim Tod in der Kohlenoxydatmosphäre. Z. Neur. **105**, 213 (1926). b) Die Kenntnis der Verkalkung intrazerebraler Gefäße. Z. Neur. **76**, 533 (1922). (c) Über Hirnpurpura nach akuten Vergiftungen. Z. gerichtl. Med. **1**, 543 (1922). (d) Arsenvergiftung. Siehe G. Strassmann und Weimann. — Weimann und Marenholtz: Zur Kenntnis der Hirnveränderungen bei akuter Kohlenoxydvergiftung. Z. Neur. **116**, 632 (1928). — Werthern: Zur Frage der Salvarsanschäden. Klin. Wschr. **1924**, 627. — Wieland und Kurtzahn: Zur Kenntnis der Fluorwirkung. Arch. f. exper. Path. **97**, 489 (1923). — Wiener: Der Thyreoglobulingehalt der Schilddrüse nach experimentellen Eingriffen. Arch. f. exper. Path. **61**, 297 (1909). — Wiethold: Zum Spätnachweis von Kohlenoxyd bei exhumierten Leichen. Dtsch. Z. gerichtl. Med. **14**, 134 (1929). — Wigand: Fall von Arsenvergiftung mit Meesschen Bändern an den Fingernägeln. Med. Klin. **1927**, 454. — Wilson and Winkelmann: (a) An unusual cortical change in carbon monoxyde poisoning. Arch. of Neur. **13**, 191 (1925). (b) Multiple Neuritis following carbon monoxyde poisoning. J. amer. med. Assoc. **82**, 1407 (1924). — Winigradow: Zur Frage der Kali chloricum-Vergiftung. Virchows Arch. **190**, 92 (1907). — Winternitz, M. C.: (a) Chronic lesions of the respiratory tract by inhalation of irritating gases. J. amer. med. Assoc. **73**, 689 (1919). (b) Collected studies on the pathology of war gas poisoning. Yale univ. press. New York **1919**. — Wirz, F.: Über das Auftreten von Lichen ruber bei Salvarsankuren. Dermat. Wschr. **75**, 745 (1922). — Wohlgemuth: Fall von Kali chloricum-Intoxikation. Ther. Mh. **4**, 564 (1890). — Wohlwill, F.: (a) Zur pathologischen Anatomie der Phosgenvergiftung. Dtsch. med. Wschr. **1928**, 1553. (b) Gehirnveränderungen bei Leuchtgasvergiftung. Dtsch. med. Wschr. **1921**, 1014. — Wolkow: Verhalten der Leber bei Arsenvergiftung. Virchows Arch. **127**, 477 (1892). — Wollstein and Meltzer: Chloralamin. J. exper. Med. **28**, 547 (1918). — Wyss, O.: (a) Beitrag zur Anatomie der Leber bei Phosphorvergiftung. Virchows Arch. **33**, 432 (1865). (b) Über Arsenmelanose. Korresp.bl. Schweiz. Ärzte **1890**, 473.

Yamakawa: (a) Die Wirkungen der arsenigen Säure auf das Ohrlabyrinth. Z. Laryng. usw. **17**, 416 (1929). (b) Die Wirkung der arsenigen Säure auf das Ohr. Arch. Ohrenusw. Heilk. **123**, 238 (1929).

Ziegler und Obolonsky: Experimentelle Untersuchungen über die Wirkung des Arsens und Phosphors. Beitr. path. Anat. **2**, 293 (1888). — Ziemke, E.: (a) Über den Durchgang des Arsens durch den Plazentarkreislauf. Dtsch. Z. gerichtl. Med. **13**, 217 (1929). (b) Vergiftung durch Genuß von bitteren Mandeln. Münch. med. Wschr. **1905**, 1172. — Ziemsen: Leuchtgas. Angef. bei Engels. — Zondek, H.: Herzbefunde bei Leuchtgasvergiftung. Dtsch. med. Wschr. **1919**, 678 und **1920**, 235. — Zumbusch: Arzneiexantheme. Rieckes Lehrbuch der Hautkrankheiten, S. 244. Jena: Gustav Fischer. — Zwetajew: Die pathologisch-anatomischen Veränderungen im Nervensystem der Hunde bei Arsenvergiftung. Newrol. Vestn. **6** (1898).

Säuren und Alkalien.

Abadie: Augenverätzungen. Angef. bei Thies. — Ando-Gianotti: Urotropinwirkung. Pensiero med. **1924** (angef. bei Schreyer).

Bamberger: Schwefelsäurevergiftung. Wien. med. Halle **1864**. Angef. bei E. Fraenkel und E. Reiche. — Basch: Schwefelwasserstoffvergiftung bei äußerlicher Applikation von elementarem Schwefel in Salbenform. Arch. f. exper. Path. **111**, 126 (1926). — Behre:

Entstehung von Bernsteinsäure im tierischen Organismus infolge chronischer Kleesalzvergiftung. Beitr. path. Anat. 71, 711 (1923). — Beintker: Überempfindlichkeit gegen Äthylazetat. Dtsch. med. Wschr. 1928, 528. — Bergmann, G. v.: Zur funktionellen Pathologie der Leber. Klin. Wschr. 1927, 776. — Birch-Hirschfeld: Lehrbuch der pathologischen Anatomie. 10. Abschnitt, IV. Kapitel. — Bloch, B.: Urotropinekzem. Korresp.bl. Schweiz. Ärzte 1917, 1259. — Bloedorn and Houghton: The role of Hexamethylentetramin in the production of haematuria. Z. urol. Chir. 11, 326 (1923). — Blumenthal, Lazló: Fall von Verätzung der Vagina mit einem Rotstift. Inaug.-Diss. Leipzig 1925. — Boehm, R.: Die chemischen Krankheitsursachen. Krehl-Marchand Bd. 1, S. 215. 1908. — Boltenstern: Fall schwerer Schwefelsäurevergiftung bei einem Kinde. Ther. Mh. 1902, 541. — Boruttau: Essigsäurevergiftung. Berl. klin. Wschr. 1920, 1174. — Brandes, K.: Ein Beitrag zur Kenntnis der Laugenvergiftungen. Inaug.-Diss. München 1898. — Brandt (Lüchow): Vergiftung mit Essigessenz. Ärztl. Sachverst.ztg 1902, 272. — Brown, W. L.: Haematuria following the administration of urotropin. Brit. med. J. 1901 I, 1472. — Buch: Über einen Fall urämischer pseudomembranöser nekrotisierender Tracheitis und Bronchitis. Inaug.-Diss. Marburg 1926. — Burdach: Ameisensäure. Angef. bei Dittrich: Handbuch der ärztlichen Sachverständigentätigkeit, Bd. 7. 1910.

Charier: Bull. Soc. méd. Emulation 1823. Angef. bei Risel. — Collins and Martland: The result of poisoning of potassium. J. nerv. Dis. 35, 417 (1908). — Crecelius: Schädigung durch Amylazetat. Klin. Wschr. 1930, 452. — Croner, F. und E. Seligmann: Beitrag zur Toxikologie der Ameisensäure. Z. Hyg. 56, 387 (1907). — Curschmann, F.: Ärztliche Gutachten über berufliche Vergiftungen. Zbl. Gewerbehyg. 6, 129 (1918). — Curschmann, H.: Lehrbuch der Arbeiter-Versicherungsmedizin. Leipzig: Gumbrecht 1913.

Delore et Arnaud: Les brûlures de l'estomac consécut. à l'ingestion d'acides. Rev. de Chir. 33, No 4 (1913). — Dierks: Schwere Scheidenverätzung durch Persil. Arch. Gynäk. 130, 813 (1927). —

Ebstein, W. und Nikolaier (a): Über die Wirkung der Oxalsäure und einige ihrer Derivate auf die Nieren. Virchows Arch. 148, 366 (1897). (b) Über experimentelle Erzeugung von Schrumpfnieren durch Oxalsäure-Oxamidfütterung. Verh. dtsch. Ges. inn. Med. Wiesbaden 1892, 518. — Eichhorst, H.: Über toxisch-desquamative Entzündungen der Speiseröhren- und Magenschleimhaut. Med. Klin. 1920, 463. — Erdmann, P.: Augenverätzung mit Dimethylsulfat. Arch. Augenheilk. 64, 249 (1909).

Fagerlund: Vergiftungen in Finnland in den Jahren 1880—1893. Vjschr. gerichtl. Med., III. F., Suppl. 8, 92 (1894). — Forwood: Philad. med. a. surg. Rep. Juni 1883. — Fraenkel, E.: Über nekrotisierende Entzündung der Speiseröhre... Virchows Arch. 167, 92 (1902). — Fraenkel, E. und F. Reiche: Über Nierenveränderung nach Schwefelsäurevergiftung. Virchows Arch. 131, 130 (1893). — Franqué: Die intrauterine Anwendung des Formalins. Münch. med. Wschr. 1903, 86. — Franz (Würzburg): Gesundheitsschädigungen durch Essigessenz. Friedreichs Bl. 61, 35 (1910). — Fullerton: Hexamethylentetramin. Report of case of medicinal cystitis following its administration. J. amer. med. Assoc. 58, 78 (1912).

Gaizler: Azetonurie bei laugevergifteten Kindern. Jb. Kinderheilk. 101, 87 (1923). — Galewsky: Über berufliche Formalinonychien und -dermatosen. Münch. med. Wschr. 1905, 104. — Gebele: Hämaturie nach Zylotropininjektion. Münch. med. Wschr. 1929, 1630. — Geissler: Die Vergiftung mit Salzsäure. Vjschr. gerichtl. Med., III. F. 37, 71 (1909). — Glaser, A.: Vergiftung mit Formaminttabletten. Med. Klin. 4, 952. — Goldschmidt: Angef. bei O. Seifert (Würzburg. Abh.). — Grau: Ausstoßung röhrenförmiger Ausgüsse aus Ösophagus und Magen nach Verätzung. Z. klin. Med. 57, 369 (1905).

Harnack: Toxikologische Beobachtungen. Berl. klin. Wschr. 1893, 1137. — Harnack und Hildebrandt: Postmortale Wirkung von Ätzgiften im Magen. Arch. f. exper. Path. Festschr. Schmiedeberg, Suppl. 1908, 246. — Hartmann: Über Darmschädigungen nach Seifeneinlauf. Zbl. Gynäk. 1928, 2912. — Hecht: Riesenzellenpneumonie. Beitr. path. Anat. 48, 263 (1910). — Heine, C.: Todesfälle nach Einspritzung von Liquor Villati.... Virchows Arch. 41, 24 (1867). — Heinemann: Magenverätzung mit Scheidewasser. Angef. bei Merkel, Handbuch der speziellen pathologischen Anatomie und Histologie von Henke-Lubarsch, Bd. 4, S. 1. — Heller, J.: Schädigung der Nägel durch Beruf. Handbuch von Oppenheim-Rille-Ullmann, Bd. 3, S. 30. 1922. — Hess, L. und J. Goldstein: Zur Lehre von der Säurevergiftung. Wien. Arch. inn. Med. 9, 461 (1925). — Hilbert, R.: Arzneiausschlag nach dem Gebrauch von Hexamethylentetramin. Münch. med. Wschr. 1910, 1503. — Hitzig: Essigsäurevergiftung. Korresp.bl. Schweiz. Ärzte 1896, 669. — Hoffmann, E.: Über Hautschädigungen durch Kalkstickstoffdünger. Dermat. Z. 28, 38 (1819). — Hofmann, E. v.: Perforation des Ösophagus nach Verätzungen desselben. Z. Med.beamte 1888, 350. — Horneffer: Ein Fall von röhrenförmiger Abstoßung der Ösophagusschleimhaut nach Schwefelsäurevergiftung. Virchows Arch. 144, 405 (1896). — Huber, A.: Klinisch-toxikologische Mitteilungen. Z. klin. Med. 14, 490 (1888).

600   Else Petri: Pathologische Anatomie und Histologie der Vergiftungen.

Ipsen: Fall von Salpetersäurevergiftung. Vjschr. gerichtl. Med., III. F. **6**, 11 (1893).
Jacobi, W. und W. Keuscher: Mikrochemischer Kalziumnachweis... Arch. f. Psychiatr.
79, 323 (1927). — Jacoby, W.: Untersuchungen über Formaldehyd-Gangrän. Arch. f.
exper. Path. **98**, 55 (1923) u. **102**, 93 (1924). — Johannessen: Über Laugenvergiftungen
bei Kindern. Jb. Kinderheilk., N. F. **51**, 153 (1900).
Kionka: (a) Die Giftwirkung des schwefligsauren Natrons. Dtsch. med. Wschr. **1902**,
89. (b) Tödliche Vergiftung durch Zitronensäure. Ärztl. Sachverst.ztg **1903**, 4. (c) Über
die Giftwirkung der schwefligen Säure und deren Salze. Z. Hyg. **22**, 351 (1896). — Kirste:
Magenperforation nach Sodaverätzung. Münch. med. Wschr. **1901**, 82 V.B. — Klein, E.:
Sanduhrmagen infolge Salzsäureverätzung. Wien. klin. Rdsch. **1900**, 85. — Kline: Form-
aldehyd poisoning. Arch. int. Med. **36**, 220 (1925). — Knaus: Über die Vergiftung mit
Schwefelsäure. Festschrift des Stuttgarter ärztlichen Vereins. Stuttgart: Schweizerbart
1897. — Kob: Vergiftung eines neugeborenen Kindes mit Chlorkalk. Vjschr. gerichtl.
Med., III. F. **27**, 85 (1904). — Kobert: Fall von Oxalsäurevergiftung. Zbl. inn. Med. **23**,
1137 (1902). — Kobert und Küssner: Die experimentellen Wirkungen der Oxalsäure.
Virchows Arch. **78**, 209 (1879). — Koch, R.: Über die Wirkung der Oxalate auf den tieri-
schen Organismus. Arch. f. exper. Path. **14**, 153 (1881). — Koelsch: (a) Hautschädigungen
durch Kalkstickstoff. Zbl. Gewerbehyg. **4**, 103 (1916). (b) Gewerbliche Vergiftungen durch
Zelluloidlacke in der Flugzeugindustrie. Münch. med. Wschr. **1915**, 1567. — Koenen:
Kriminelle Fruchtabtreibung durch Seifenwasser. Inaug.-Diss. Bonn 1923. — Köhler:
Über Vergiftung durch Salzsäure. Inaug.-Diss. Berlin 1876. — Kornfeld: Tödlicher Abort
durch Zitronensäure. Friedreichs Bl. **53**, 359 (1902). — Krauss, F.: Eine schwere Ätz-
ammoniaknekrose nach Kreuzotterbiß. Zbl. Chir. **1929**, 459. — Krüger, R.: Über die
Nierenveränderungen bei Vergiftung mit Oxalsäure und mit oxalsaurem Kalium. Virchows
Arch. **215**, 444 (1914). — Kurz, E.: Ösophagusstriktur. Tod durch Pleuritis perforativa.
Dtsch. med. Wschr. **1887**, 753.
Lange, J.: Über die akute Formalinvergiftung. Inaug.-Diss. München 1917. — Langer,
J.: Schwere Verätzung durch Schmierseife. Münch. med. Wschr. **1901**, 594. — Lesser, A.:
Anatomische Veränderungen des Verdauungskanals durch Ätzgifte. Virchows Arch. **83**,
193 (1881). — Levisohn: Formalinvergiftung. Angef. bei Merkel, Handbuch der speziellen
pathologischen Anatomie und Histologie von Henke-Lubarsch, Bd. 4, 1. — Levy, F.:
Zur Behandlung des Fleckfiebers. Münch. med. Wschr. **1915**, 567. — Lewy, B.: Beitrag
zur pathologischen Anatomie des Magens. Beitr. path. Anat. **1**, 203 (1886). — Leyden
und Munk: Nierenaffektion bei Schwefelsäurevergiftung. Virchows Arch. **22**, 237 (1861). —
Liebetrau: Akute Seifenvergiftung. Med. Klin. **1906**, 1228. — Liebmann: (a) Totale
Ausstoßung der Speiseröhrenschleimhaut nach Verätzung. Med. Klin. **1914**, 61. (b) Fall
von Abgang der Magenschleimhaut durch den Darm nach Vergiftung mit konzentrierter
Salzsäure. Münch. med. Wschr. **1917**, 1293. — Lionti: Le alterazioni dei processi di
secrezione dell' epitelio dei tubuli contorti nell' avvelenamento da formolo. Riforma med.
20, 1243 (1904). — Loening: Ein Fall von Salzsäurevergiftung. Münch. med. Wschr. **1913**,
838. — Lutz: Zur Kenntnis der Ameisensäurevergiftung. Vjschr. gerichtl. Med., III. F.
46, 239 (1913).
Maisel: Stenosierung des Ösophagus nach Laugenverätzung. Inaug.-Diss. Erlangen
1913. — Mannkopf: Angef. bei Merkel: Handbuch der speziellen pathologischen Anatomie
und Histologie von Henke-Lubarsch. Bd. 4, 1. — Marx, A. M.: Fall von akuter tödlicher Formalinvergiftung. Med. Klin. **1919**, 925. — Maschka: Gerichtsärztliche Mitteilungen. Vjschr. gerichtl. Med. **34**, 193 (1881). — Meerowitsch und Moissejewa: Über
akute Kupfervitriolvergiftung. Dtsch. Z. gerichtl. Med. **11**, 189 (1928). — Mitscherlich:
Ameisensäurevergiftung. Angef. bei Lutz. — Mond: Einige Beobachtungen über Seifen-
hämolyse. Pflügers Arch. **217**, 313 (1927). — Moorhead: Acute Formalin poisoning. Brit.
med. J. **1912**, 1470. — Morel-Lavallée: Salol. Bull. Soc. franç. dermat. **1891**. — Most:
Über Schmierseifenverätzung. Dtsch. med. Wschr. **1903**, 129. — Müller, W.: Über die
Wirkung verschiedener Ätzmittel auf die Haut. Z. exper. Med. **59**, 459 (1928). — Munk:
Über die Wirkungen der Fettsäuren und Seifen im Tierkörper. Zbl. med. Wiss. **27**, 514
(1889). — Muri: Il significato delle lesioni dentali per arione degli acidi. Stomatologia
25, 107 (1927). — Murset: Untersuchungen über Intoxikationsnephritis. Arch. f. exper.
Path. **19**, 310 (1885).
Neugebauer: Die Hautschäden durch Kontakt mit Säuren... Handbuch von Oppenheim-Rille-Ullmann, Bd. 2. 1922.
Ogata: Experimentelle Vergiftung mit schwefliger Säure. Arch. f. Hyg. **2**, 223 (1884). —
Olbrycht: (a) Vergiftung durch Ammoniak. Z. Med.beamte **29**, 704 (1916). (b) Zur Kasuistik der selteneren Vergiftungsarten. Beitr. gerichtl. Med. **9**, 82 (1929). — Ono und Yokoyama: Nachweis von Kalzium... Trans. jap. path. Soc. **14**, 147 (1924). — Onsum: Über
die toxischen Wirkungen der Baryt- und Oxalsäureverbindungen. Virchows Arch. **28**,
233 (1863). — Oppenheim, M.: Schädigungen der Haut durch Beruf und Arbeit. Handbuch der sozialen Hygiene. Berlin: Julius Springer 1926.

Petheö: Über Scharlach nach Laugenvergiftung. Jb. Kinderheilk., N. F. **101**, 197 (1923). — Picchini: Ammoniakalische Gase. Angef. bei Hart-Mayer: Henke-Lubarsch: Handbuch der pathologischen Anatomie und Histologie, Bd. 3, 1, S. 497. 1928. — Pick, L.: Über Essigsäurevergiftung. Berl. klin. Wschr. **1920**, 1173. — Pick, E. und R. Wasicky: Toxikologische Selbstbeschädigungsmittel. Med. Klin. **1919**, 6. — Pilliet: Toxische Wirkungen des Formaldehyds. Progrès méd. **1895**, 54. Ref. Zbl. Path. **7**, 313 (1896). — Polano: Kriminelle Schwangerschaftsunterbrechung mittels Seifenlösung. Münch. med. Wschr. **1926**, 1317. — Pollak, L.: Fall von Kupfersulfatvergiftung mit eigentümlichem Blutbefund. Dtsch. med. Wschr. **1910**, 1999. — Preleitner: Laugenverätzungen. Z. Heilk., N. F. **8**, Suppl. (1907). — Putti: Azione del formolo sui reni. Clin. med. ital. **1904**, No 5. Ref. bei Morpurgo.

Reichmann, V.: Blutbefunde bei akuter Schwefelsäure- und Kupfersulfatvergiftung. Münch. med. Wschr. **1913**, 181. — Richter, M.: Gerichtsärztliche Diagnostik und Technik. Leipzig 1905. — Riggio: Pathologisch-anatomische Veränderungen bei Formolvergiftung. Riforma med. **1904**, No 25. Ref. Zbl. Path. **1905**, 687. — Rohrer: Intoxikationen in ihren Beziehungen zu Hals, Nase, Ohr. Haugs klin. Vortr. **1**, 75 (1896). — Romeick: Tödliche Vergiftung mit Essigessenz. Z. Med.beamte **26**, 9 (1910). — Rosenfeld, G.: Vergiftung mit Laugenstein. Inaug.-Diss. München 1889. — Runge, H.: Alkalinekrose des Uterus und der Adnexe. Zbl. Gynäk. **1927**, 1562. — Runge, H. und Hartmann: Klinische und experimentelle Untersuchungen über Darmschädigungen nach Seifeneinlauf. Klin. Wschr. **1928**, 2389. — Ruppauer: Nekrotisierende Laryngitis bei Urämie. Zbl. Hals- usw. Heilk. **6**, 480 (1925).

Sachs, O.: Arzneiexantheme nach Gebrauch von Urotropin. Dermat. Wschr. **63**, 960 (1916). — Sandberg: Laugenvergiftung mit Perforation. Schmidts Jb. **194**, 249 (1882). — Schäffer, E.: Sektionsbefund bei Vergiftung mit sog. Frankfurter Essigessenz. Ärztl. Sachverst.ztg **1902**, 215. — Schall: Veränderungen des Verdauungstraktus durch Ätzgifte. Beitr. path. Anat. **44**, 458 (1908). — Schibkow: Zur Lehre von der Vergiftung mit Essigsäure oder deren Essenz. Vjschr. gerichtl. Med., III. F. **55**, 187 (1918). — Schmieden, W.: Fall von Vergiftung durch Inhalation salpetrigsaurer Dämpfe. Zbl. klin. Med. **1892**, 209. — Schneider, Ph.: Tödliche Vergiftung durch Ameisensäure. Beitr. gerichtl. Med. **8**, 212 (1928). — Schreyer: Bei Urotropinbehandlung einer eitrigen Meningitis beobachtete Blasen- und Nierenschäden. Dtsch. med. Wschr. **1928**, 1036. — Schujeninoff: Über Veränderungen der Haut und Schleimhäute... Beitr. path. Anat. **21**, 1 (1894). — Schultz, H.: Chemismus der Wirkung unorganischer Gifte. Arch. f. exper. Path. **18**, 174 (1884). — Schulz, L.: Versuche mit Säuren. Arch. f. exper. Path. **16**, 318 (1883). — Seifert, O.: Gewerbekrankheiten der Nase und Mundrachenhöhle. Haugs klin. Vortr. **1**, 179 (1895/96). — Sick: Über die Säurevergiftung des Magens. Dtsch. Arch. klin. Med. **148**, 318 (1925). — Silbermann, R.: Zur Kasuistik der Essigsäurevergiftung. Z. Med.beamte **24**, 113 (1911). — Simmonds: Gastritis phlegmonosa bei Oxalsäurevergiftung. Münch. med. Wschr. **1903**, 1445. — Simon, L.: Hämaturie nach großen Urotropingaben. Z. Urol. **8**, 253 (1914). — Sklodowski: Hämoglobinurie dans l'empoisonnement par l'acide acétique. Presse méd. **1925**, 1573. — Stadelmann: Über Vergiftung mit Schwefelalkalien. Berl. klin. Wschr. **1905**, 423. — Steiner: Ameisensäurevergiftung. Wien. med. Wschr. **1928**, 711. — Sternberg, C.: Darmsystem und Peritoneum. Handbuch der allgemeinen Pathologie des Kindesalters von Brüning und Schwalbe, 2. — Stoss: Münch. tierärztl. Wschr. **1919**. Angef. bei Fröhner. — Strassmann, F.: Selbstmord durch Trinken von Salpetersäure. Z. Med. beamte **35**, 559 (1922). — Strassmann, G.: Zwei eigenartige Fälle von kombiniertem Selbstmord. Wien. klin. Wschr. **1924**, 550. — Strauss, H.: Röhrenförmige Ausstoßung der Speiseröhrenschleimhaut nach Salzsäurevergiftung. Berl. klin. Wschr. **1904**, 30. — Strebel: Durch SO_2 verursachte Augenschädigungen. Schweiz. med. Wschr. **1923**, 560. — Suzuki: Zur Morphologie der Nierensekretion unter physiologischen und pathologischen Bedingungen. Jena: Gustav Fischer 1912.

Tardieu: Vergiftungen. 1868. — Thal: Ausgedehnte Gangrän durch Verbrennung mit Kupfersulfat. Zschr. ärztl. Fortbildg **19**, 399 (1922). — Thies: Ammoniakverätzung. Klin. Mbl. Augenheilk. **72**, 378 (1923). — Thompson, H.: Case of suicidal poisoning by oxalic acid. Brit. med. J. **1873**, 88. — Thompson, H. and Wilson: Vergiftung mit konzentrierter Salpetersäure. Brit. med. J. **1908**, 1670. — Tollemer: Vergiftung mit rauchender Salpetersäure. Zbl. Path. **3**, 428 (1892). — Tommasi: Pathologisch-anatomische Untersuchungen über experimentell erzeugte Formalinvergiftung. Allg. Wien. med. Ztg. **1906**, Nr 5. — Türk: Vorlesungen über klinische Hämatologie. Bd. 2, Nr 1. 1912.

Véber: Klinisches über Magenverätzung. Inaug.-Diss. Straßburg 1913. — Vercalli: Sopra un caso d'avvelenamento da formalina. Policlinico **31**, 384 (1924). — Viscarro: Salzsäureverätzung. Angef. bei Schuchardt.

Wagner, E.: Beitrag zur Kenntnis des akuten Morbus Brightii. Dtsch. Arch. klin. Med. **25**, 529 (1880). — Walbaum: Über die Einwirkung konzentrierter Ätzgifte auf die Magenwand. Vjschr. gerichtl. Med., III. F. **32**, 63 (1906). — Walter, F.: Untersuchung über

Wirkung der Säuren auf den tierischen Organismus. Arch. exper. Path. **7**, 148 (1877). — WÄTJEN: Zur Pathologie der trachealen Schleimdrüsen. Beitr. path. Anat. **68**, 58 (1921). — WEBER, S.: Über die Giftigkeit des Schwefelsäuredimethylesters. Arch. f. exper. Path. **47**, 113 (1902). — WEGELIN: Nekrotische Hautpartie nach intravenöser Chlorkalziuminjektion. Klin. Wschr. **1927**, 1448. — WUNSCHHEIM: Zur Kasuistik der Salzsäurevergiftung. Prag. med. Wschr. **1891**, 605. — WYSS, O.: Beiträge zur Kasuistik der Intoxikationen. Arch. f. Heilk. **10**, 184 (1869).

ZIEMKE, E.: Über einen seltenen Befund bei einem Abtreibungsversuch durch Salzsäurevergiftung. Vjschr. gerichtl. Med., III. F. Suppl. **39**, 20 (1920).

Nitrokörper.

BACHFELD: Über Vergiftungen mit Benzolderivaten. Vjschr. gerichtl. Med., III. F. **15**, 393 (1898). — BAUER: Über die Einwirkungen der Dämpfe der niedrigen Oxydationsstufen des Stickstoffs auf die Atmungsorgane. Festschrift zur Feier der 50. Versammlung des Vereins der Medizinalbeamten des Regierungsbezirks Düsseldorf 1895, S. 177. — BINZ: Über einige neue Wirkungen des Natriumnitrits. Arch. f. exper. Path. **13**, 137 (1881). — BÖHME, A.: Über Nitritvergiftung nach interner Darreichung von Bismutum subnitricum. Arch. f. exper. Path. **57**, 441 (1907). — BONDI: Kasuistischer Beitrag zur Lehre von der Nitrobenzolvergiftung. Prag. med. Wschr. **1894**, 129.

CHRISTNACHT: Über Pikrinsäurevergiftung. Inaug.-Diss. Bonn **1917**. — COLLISCHON: Zwei Fälle von Vergiftung mit salpetrigsaurem Natrium. Dtsch. med. Wschr. **1889**, 844. — CRIEGERN, v.: Über eine gewerbliche Vergiftung, welche unter dem Bilde des Bronchialasthmas verläuft. Verh. dtsch. Ges. inn. Med. **20**, 457 (1902). — CURSCHMANN, F.: Vergiftungen beim Arbeiten mit nitrierten Kohlenwasserstoffen. Zbl. Gewerbehyg. **6**, 93 (1918).

DITTRICH: Über methämoglobinbildende Gifte. Arch. f. exper. Path. **29**, 247 (1892).

EHRLICH, K. und LINDENTHAL: Eigentümlicher Blutbefund bei einem Fall von protrahierter Nitrobenzolvergiftung. Z. klin. Med. **30**, 427 (1896). — ERDMANN, E. und VAHLEN: Über Wirkung des p-Phenylendiamins. Arch. f. exper. Path. **53**, 401 (1905). — EULENBERG: Schädliche und giftige Gase. Braunschweig 1865. — EZOE: Dyspnoe, verursacht durch perorale akute Vergiftung mit dem japanischen Haarfärbemittel „Rurika“. Otologia (Fukuoka) **1**, 188 (1928). Ref. Dtsch. Z. gerichtl. Med. **13**, 91 (1929).

FILEHNE: Über die Giftwirkungen des Nitrobenzols. Arch. f. exper. Path. **9**, 329 (1878). — FISCHER, R.: (a) Tödliche gewerbliche Vergiftungen durch Trinitrotoluol und Tetranitromethan. Zbl. Gewerbehyg. **5**, 205 (1917). (b) Die Teerindustrie. WEYLS Handbuch der Hygiene, Bd. 7. Leipzig 1921. — FRAENKEL, A.: Beitrag zur Lehre von der Bronchiolitis obliterans fibrosa acuta. Dtsch. Arch. klin. Med. **73**, 292 (1902) und Berl. klin. Wschr. **1909**, 6. — FRIEDREICH: Kali picronitricum als Anthelminthicum. Schmidts Jb. **117**, 55 (1863).

GRAWITZ, E.: Über den Einfluß gewerblicher Schädigungen und Gifte auf das Blut. Handbuch der Arbeiterkrankheiten von WEYL, S. 647. Jena: Gustav Fischer 1908. — GÜNTZ: Nitrobenzolvergiftung mit allgemeiner Blutgerinnung und hämorrhagischer Enzephalitis. Dtsch. Z. gerichtl. Med. **15**, 461 (1930).

HANKE: Nitronaphthalintrübung der Hornhaut. Wien. klin. Wschr. **1899**, 725. — HARNACK: Vergiftung durch salpetrigsaure Salze. Vjschr. gerichtl. Med., III. F. **47**, 257 (1914). — HEDRÉN: Zur Kasuistik und Statistik der Fruchtabtreibung. Vjschr. gerichtl. Med., III. F., Suppl. **29**, 43 (1905). — HEUBNER: Über das Wesen der akuten Nitrobenzol- und Anilinvergiftung. Zbl. Gewerbehyg. **2**, 409 (1914). — HILTMANN: Über Vergiftungen durch Nitrosegase. Vjschr. gerichtl. Med., III. F. **50**, 61 (1915). — HIRSCH, K. und M. EDEL: Phenylhydroxylaminvergiftung beim Menschen. Berl. klin. Wschr. **1895**, 891. — HUBER, A.: Beitrag zur Giftwirkung des Dinitrobenzols. Virchows Arch. **126**, 240 (1891).

KAMPS: Tödliche Vergiftung durch Einatmen von salpetrigsauren Dämpfen. Dtsch. Z. gerichtl. Med. **10**, 482 (1927). — KARPLUS: Pikrinsäurevergiftung. Z. klin. Med. **22**, 210 (1893). — KEIBEL: Zur Kenntnis der nitrierten Phenole. Inaug.-Diss. Würzburg 1901. — KOCKEL: Über das Verhalten des menschlichen und tierischen Organismus gegen die Dämpfe der salpetrigen und Untersalpetersäure. Vjschr. gerichtl. Med., N. F. **15**, 1 (1898). — KOELSCH: (a) Beitrag zur Toxikologie der aromatischen Nitroverbindungen. Zbl. Gewerbehyg. **5**, 60 (1917). (b) Die Giftigkeit der Pikrinsäure. Zbl. Gewerbehyg. **7**, 185 (1919). (c) Die Giftwirkung des Tetranitromethans. Zbl. Gewerbehyg. **5**, 185 (1917). (d) Vergiftungen durch Trinitrotoluol in England und in Deutschland. Zbl. Gewerbehyg. **6**, 15 (1918). (e) Das Dinitrophenol. Zbl. Gewerbehyg., N. F. **4**, 261 (1927).

LAVES: Über das Vorkommen und das Verhalten des Methämoglobins in der Leiche. Dtsch. Z. gerichtl. Med. **12**, 549 (1928). — LEWIN, L.: (a) Über eine Elementareinwirkung des Nitrobenzols auf Blut. Virchows Arch. **76**, 443 (1879). (b) Die Vergiftung durch

Trinitrotoluol. Arch. f. exper. Path. 89, 340 (1921). (c) Nitrosegase. Z. Hyg. 68, 401 (1911). — LOESCHKE: Beiträge zur Histologie und Pathogenese der Nitritvergiftungen. Beitr. path. Anat. 49, 457 (1910). — LÖWY, J.: Zur Klinik der Berufskrankheiten. Haim 1924. — LUTZ et BAUME: Sur la charactérisation toxicologique du dinitrophenol. C. r. Soc. Biol. Paris 80, 483 (1917).

MATUSSEWITSCH: Über die Wirkung der Pikrinsäure auf den menschlichen Organismus. Z. Hyg. 108, 392 (1928). — MEISSNER: Über Paraphenylendiamin. Arch. f. exper. Path. 84, 181 (1918). — MEIXNER und MAYRHOFER: Tödliche Vergiftung durch Sprenggelatine. Vjschr. gerichtl. Med., III. F. 61, 228 (1921). — MILLER: Erstickungen besonderer Art. Handbuch der ärztlichen Erfahrungen im Weltkriege (SCHJERNING). Bd. 8, S. 538 .1921. — MOHR, L.: Über Blutveränderungen bei Vergiftungen mit Benzolkörpern. Dtsch. med. Wschr. 1902, 73. — MOLITORIS: Über Nitritvergiftung. Vjschr. gerichtl. Med., III. F. 43, II. Suppl., 289 (1912). — MOSLER: Studien über Pikrinsäure. Virchows Arch. 28, 386 (1863) und 33, 430 (1865). — MÜLLER, R.: Über die Permeabilität der roten Blutkörperchen... Zbl. Gewerbehyg. 2, 318 (1914).

NEUGEBAUER: Die Hautschäden durch Kontakt mit Säuren... Handbuch von OPPEN-HEIM-RILLE-ULLMANN, Bd. 2. 1922.

OHLSEN: Über Dinitrobenzolvergiftung. Med. Klin. 1918, 589.

PEWNITZKI: Durch Pikrinsäure erzeugter Ikterus. Ärztl. Sachverst.ztg 1909, 358. — POHL, J. und RAWICZ: Schicksal des Tetrahydronaphthalins. Z. physiol. Chem. 104, 95 (1919). — POLLAK: Vergiftung mit Paraphenylendiamin. Wien. klin. Wschr. 1900, 712. — PUPPE: Über Paraphenylenvergiftung. Vjschr. gerichtl. Med., III. F. 12, Suppl., 116 (1896).

RABE, F.: Die Wirkung der aromatischen Nitroverbindungen auf den Blutfarbstoff. Arch. f. exper. Path. 85, 91 (1920). — REACH: Vergiftung mit Cheddit. Angef. bei MERKEL, Handbuch der speziellen pathologischen Anatomie und Histologie von HENKE-LUBARSCH, Bd. 4, 1. — REIS: Sehnervenerkrankung durch Trinitrotoluol. Z. Augenheilk. 47, 199 (1922). — REUTER, F.: Unfälle durch Vergiftung mit Dinitrobenzol. Vjschr. gerichtl. Med., III. F. 52, 1 (1916). — RISEL: Tödliche Vergiftung durch Einatmung untersalpetersaurer Salze. Vjschr. gerichtl. Med., III. F. 41, 29 (1911). — RÖCKEMANN: Über Tetralinharn. Arch. f. exper. Path. 92, 52 (1922). — RUBINO: Indagini e osservazioni sull' intossicatione professionale da tritolo. Riforma med. 36, 1121 (1920). — RUMP: Über Vergiftungserscheinungen durch Roburit. Z. Med.beamte 16, 57 (1903). — RYMSZA: Ein Beitrag zur Toxikologie der Pikrinsäure. Inaug.-Diss. Dorpat 1889.

SACERDOTI: Vergiftung durch Paraphenylendiamin enthaltende Haartinktur. Arch. di Antrop. crimin. 1910, No 4. — SAVELS: Zur Kasuistik der Nitrosenvergiftung durch Inhalation von salpetriger Säure. Dtsch. med. Wschr. 1910, 1754. — SCHMIEDEN, W.: Über einen Fall von Vergiftung durch Inhalation salpetrigsaurer Dämpfe. Zbl. inn. Med. 13, 209 (1892). — SCHNOPFHAGEN: Fall von Nitrobenzolvergiftung. Wien. klin. Wschr. 1927, 998. — SCHRÖDER (Hannover) und STRASSMANN (Berlin): Über Vergiftungen mit Binitrobenzol. Vjschr. gerichtl. Med., III. F. 1891, I. Suppl., 138. — SCHUBERT (Köln): Nitrosevergiftungen. Z. Med.beamte 24, 557 (1911). — SCHULTZ-BRAUNS, O.: Über die Gefahr tödlicher Vergiftungen durch sog. Nitrosegase beim Arbeiten mit Salpetersäure. Dtsch. med. Wschr. 1930, 166 und Virchows Arch. 277, 174 (1930). — SCHÜTZ, J.: Vergiftung mit dem Haarfärbemittel „Juvenia". Ärztl. Sachverst.ztg 1902, 108. — SILEX: Über die Nitronaphthalintrübung der Kornea. Berl. klin. Wschr. 1900, 1191. — STEWART: Toxic jaundice in munition workers. Lancet 1917, 153. — STRASSMANN, F. und C. STRECKER: Dinitrobenzolvergiftung. Friedreichs Bl. 47, 273 (1896).

TAINTER and HALL: The edema of Paraphenylendiamin. Amer. J. Path. 1, 503 (1925). — THOMPSON, W. G.: Chronic Anilin poisoning. Med. Rec. 97, 401 (1920). — TOMELLINI: Über die pathologische Anatomie der akuten und chronischen Natriumnitritvergiftung. Beitr. path. Anat. 36, 395 (1905).

VIALARD et LANCELIN: Intoxication par inhalations therap. de vapeurs de nitrite d'amyle. Bull. Soc. méd. Hôp. Paris 40, 803 (1924). — VIZIANO: Avvelenamento letale da parafenilendiamina... Med. del. lavoro 16, 81 (1925). — VOEGTLIN, HOOPER and JOHNSON: Trinitrotoluene poisoning. J. ind. Hyg. 3, 239 (1921).

WALKER, N. (a) Intoxication with dinitrobenzol. Lancet 1907, 717. (b) An unusual case of chronic binitro-benzene poisoning. Lancet 1908, 719. — WANDEL: Über Nitrobenzolvergiftung im Felde. Münch. med. Wschr. 1919, 1267. — WERTHEMANN: Nitrosegasvergiftung. Klin. Wschr. 1930, 182. — WHITE, R. P.: Some new forms of occupational dermatoses. Lancet 1916 I, 400. — WINTERBERG: Pikrinsäurevergiftung. Wien. med. Presse 1900, 1994.

Narkotika der Fettreihe.

ABELSDORFF, G.: Sehnervenveränderungen bei Vergiftungen. Handbuch der speziellen pathologischen Anatomie und Histologie von HENKE-LUBARSCH. Bd. 11, 1, S. 748. 1928. — ADLER: Alkoholmyositis. Angef. bei SENATOR. — AESCHBACHER: Einfluß krankhafter

Zustände auf den Jod- und Phosphorgehalt der normalen Schilddrüse. Mitt. Grenzgeb. Med. u. Chir. 15, 291 (1905). — Afanassiew: Zur Pathologie des akuten und chronischen Alkoholismus. Beitr. path. Anat. 8, 443 (1890). — Albertoni e Pisenti: Angef. bei Poliak. — Alter: Zur Kasuistik über die Veronalvergiftung. Münch. med. Wschr. 1905, 514. — Amato: Über experimentell vom Magen-Darmkanal hervorgerufene Veränderungen der Leber. Virchows Arch. 187, 435 (1907). — Amato und Macri: Die sympathischen Ganglien des Magens bei einigen experimentellen und spontanen Magenkrankheiten. Virchows Arch. 180, 246 (1905). — Anschütz: Avertinnarkose. Zbl. Chir. 1929, 734. — Arens: Angef. bei Wilbrand und Sänger. — Arndt, R.: Wirkungen des Chloralhydrats. Arch. f. Psychiatr. 3, 673 (1872). — Atzrott: Über Nirvanolvergiftung. Ther. Gegenw. 1920, 375. — Aubertin: (a) Hyperplasie cardiaque dans l'alcoolisme exp. C. r. Soc. Biol. Paris 63, 206 (1907). (b) Hyperplasie surrénale dans l'alcoolisme exp. C. r. Soc. Biol. Paris 63, 270 (1907). (c) Lésions du foie d'origine chloroformique. Arch. méd. exper. 21, 443 (1909).

Bachem, C.: (a) Beitrag zur Toxikologie der Halogenalkyle. Arch. f. exper. Path. 122, 69 (1927). (b) Verhalten des Veronals im Tierkörper bei einmaliger und chronischer Darreichung. Arch. f. exper. Path. 63, 228 (1910). — Baiocchi: Capsule surrenali e timo nella cloronarcosi sperimentale. Sperimentale 77, 5 (1923). — Bakker: Atrophia olivo-ponto-cerebellaris. Z. Neur. 89, 213 (1924). — Bandler: Einfluß von Chloroform- und Äthernarkose auf die Leber. Mitt. Grenzgeb. Med. u. Chir. 1, 303 (1896). — Barbacci e Bebi: Stud. sperim. sull'azione dell' etere sui reni. Policlinico 3, No 9. Ref. Z. Path. 8, 345 (1897). — Bardachzi: Fall von akuter Alkoholvergiftung. Prag. med. Wschr. 1899, 87. — Battaglia: Die Leydigschen Zellen und Ciaccios Lipoidinterstitialzellen. Virchows Arch. 257, 662 (1925). — Bau: Über Paraldehydvergiftung. Dtsch. Z. gerichtl. Med. 13, 337 (1929). — Baumgarten: Über die durch Alkohol hervorzurufenden pathologisch-anatomischen Veränderungen. Verh. dtsch. path. Ges. 1907, 229. — Bechterew: Zerebellare Ataxie bei Trinkern. Neur. Zbl. 19, 834 (1900). — Beck: Intoxikationen. Handbuch von Denker-Kahler, Bd. 6, S. 829. 1926. — Beintker: Überempfindlichkeit gegenüber Äthylazetat. Dtsch. med. Wschr. 1928, 528. — Belhoradski: Veronalvergiftung. Angef. bei Renner. — Benzi: Untersuchungen und experimentelle Beobachtungen über die gewerbliche Vergiftung mit Tetrachloräthan. Bull. Soc. méd.-chir. Paris 37, 537 (1925). Ref. Physiol. Ber. 35, 179 (1926). — Berberich und Jaffé: Der Hoden bei Allgemeinerkrankungen. Frankf. Z. Path. 27, 395 (1922). — Bergmann, G. v.: Zur funktionellen Pathologie der Leber. Klin. Wschr. 1927, 776. — Berlioz: Tod durch Paraldehyd. Semaine méd. 1894, No 20. (Angef. bei L. Lewin.) — Berlit: Über Erfahrungen mit Nirvanol. Z. Neur. 61, 259 (1920). — Bernhardt, M.: Über die multiple Neuritis der Alkoholisten. Z. klin. Med. 11, 363 (1886). — Bertholet: Über Atrophie des Hodens bei chronischem Alkoholismus. Mimirverlag Stuttgart 1913 und Zbl. Path. 20, 1062 (1909). — di Biasi: Über mehrkernige Spermatiden und Spermatidenriesenzellen im menschlichen Hoden. Virchows Arch. 275, 250 (1929). — Biggs: Alkoholzirrhose bei 13jährigem Kind. Wien. med. Wschr. 1890, 2255. — Bing: Über alkoholische Muskelveränderungen. Med. Klin. 1909, 613. — Binz: Narkotische Wirkung von Jod, Brom und Chlor. Arch. f. exper. Path. 13, 137 (1881). — Birch-Hirschfeld: (a) Erkrankungen der Netzhaut und des Sehnerven. Erg. Path., Suppl. 1907, 1016. (b) Zur Pathogenese der Methylalkoholamblyopie. Arch. f. Ophthalm. 52, 358 (1901) und 54, 68 (1902). (c) Häufigere Schädigungsmöglichkeiten in der Augenheilkunde. Med. Klin. 1929, 777. — Bischoff, M.: Neue Beiträge zur experimentellen Alkoholforschung. Z. exper. Path. u. Ther. 11, 445 (1912). — Blaschko: Mitteilung über eine Erkrankung der sympathischen Geflechte der Darmwand. Virchows Arch. 94, 136 (1883). — Bodechtel: Befunde am Zentralnervensystem bei Spätnarkosefällen und bei Todesfällen nach Lumbalanästhesie. Z. Neur. 117, 366 (1928). — Boisset: Deux cas de polynévrite alcoolique. Bull. Soc. méd. Hôp. Paris 1900. — Bonanni: (a) Sul intossicazione per solfonale. Bull. Accad. med. Roma 1907/08, No 8. (b) Gli eritrociti punteggiati nell'intossicazione per solfonale. Bull. Accad. med. Roma 1908, 12 und 1909, 16. — Bondarew: Alkohol. Inaug.-Diss. Jurgew Derpt 1897. Angef. bei C. v. Otto. — Bongers: Ausscheidung körperfremder Stoffe in den Magen. Arch. f. exper. Path. 35, 415 (1895). — Bonhoeffer: (a) Klinische und anatomische Beiträge zur Kenntnis der Alkoholdelirien. Mschr. Psychiatr. 1, 221 (1897). (b) Pathologisch-anatomische Untersuchungen an Alkoholdeliranten. Mschr. Psychiatr. 5, 265 (1899). — Borchardt, M.: Über die Avertinnarkose. Dtsch. med. Wschr. 1928, 558. — Bornträger: Über den Tod durch Chloroform und Chloral. Vjschr. gerichtl. Med., N. F. 52, 306 und 53, 19 (1890). — Boshammer: Äthernarkose und Leber. Klin. Wschr. 1928, 445. — Brack: Über Hirnarterienveränderungen, speziell bei Vergiftungen. Z. Neur. 118, 526 (1929). — Brackel: Akute gelbe Leberatrophie im Anschluß an Chloroformnarkose. Med. Klin. 1915, 628. — Brandes, K.: Liquorverhältnisse an der Leiche und Hirnschwellung. Frankf. Z. Path. 35, 274 (1927). — Brauer: Untersuchungen über die Leber. Z. physiol. Chem. 40, 182 (1903). — Braun, H.: Durch chronische Alkoholintoxikation hervorgerufene Veränderungen im Nervensystem. Inaug.-Diss. Tübingen 1893. — Bremme: Tod durch Pental.

Vjschr. gerichtl. Med., N. F. 5, 80 (1893). — Bresslauer: Über die schädlichen und toxischen Wirkungen des Sulfonal. Wien. med. Bl. 1891, 3. — Brückner: Über den gegenwärtigen Stand der Methylalkoholvergiftung. Zbl. Gewerbehyg., N. F. 1, 17 (1924). — Büchner: Fall von Chloroformtod. Virchows Arch. 16, 556 (1859). — Buller: Methylalcohol-intoxication. J. amer. med. Assoc. ophthalm. Rec. 1904, 331. — Buller and Wood: Poisoning by wood alcohol. J. amer. med. Assoc. 43, 977 (1904). — Bürger, L.: Blutungen in Brücke und verlängertem Mark bei Methylalkoholvergiftung des Menschen. Berl. klin. Wschr. 1912, 1705. — Burr and Mc. Carthy: Acute alcoholic multiple neuritis with peculiar changes in the Gasserian ganglion. Philad. med. J. 1901, 714. — Butzengeiger: Klinische Erfahrungen mit Avertin. Dtsch. med. Wschr. 1927, 712.

Campbell: Zur pathologischen Anatomie der sog. Polyneuritis alcoholica. Z. Heilk. 14, 11 (1893). — Carnot et Amat: Sur l'obésite toxique. C. r. Soc. Biol. Paris 158, 164 (1905). — Carroli: Chloralvergiftung. Zbl. Chir. 1879, 109. — Cassierer: Die vasomotorisch-trophische Neurose, 2. Aufl., S. 286. Berlin 1912. — Cesaris-Demel: Fall von Alkoholismus mit Entartung der Kommissurenbahnen. 8. Verslg. ital. Ges. Path. Pisa, März 1914. Ref. Zbl. Path. 25, 793 (1914). — Chapman: Chloral Hydrate. Lancet 1871, 666. — Chiari: Alkoholismus. Diskussionsbemerkung zu Fahr. Verh. dtsch. path. Ges. 1909, 162. — Clermont et Rivière: Tetrachloräthan. Rev. chim. industr. 1913. Angef. b. Ohnesorge. — Cole: (a) Examination of the central and periph. nerv. system in a case of acute alcoholic paralysis. Arch. of Neur. 1902, Nr 11. (b) On changes in the central nerv. system in the neuritic desorders of chronic alcoholism. Brain 25, 326 (1902). — Cordes: Untersuchungen über den Einfluß akuter und chronischer Allgemeinerkrankungen auf die Testikel. Virchows Arch. 151, 402 (1898). — Le Count and Singer: Fat replacement of the glykogen in the liver as a cause of death. Arch. Path. a. Labor. Med. 1, Nr 1 (1926). — Crecelius: Schädigung durch Amylazetat. Klin. Wschr. 1930, 452. — Creutzfeldt: Hirnveränderungen bei chronischer Alkoholvergiftung. Allg. Z. Psychiatr. 90, 231 (1929). — Curschmann, H.: Nebenwirkungen des Chloralhydrats. Dtsch. Arch. klin. Med. 8, 139 (1871). — Curtius: Vergiftung mit Benzinersatz (Benzinoform). Z. Med.beamte 34, 144 (1921).

Dadlez:: Sur la toxicité de l'Aldéhyde Benzoique. C. r. Soc. Biol. Paris 99, 1038 (1928). — Dalén: Über die anatomische Grundlage der Tabak-Alkoholamblyopie. Mitt. Augenklin. Carolinisch-Medicochir. Inst. Stockholm 1906, 1. Ref. Zbl. Path. 18, 634 (1907). Davis and Whipple: Liver regeneration following chloroform injury. Arch. int. Med. 23, 711 (1919). — Dehio: Veränderungen an Ganglienzellen bei Intoxikationen. Allg. Z. Psychiatr. 52, 689 (1895). — Derenberg: Zur Kenntnis der Atrophie des Hodens. Inaug.-Diss. München 1897. — Dietrich (Degow): Über chronische Sulfonalvergiftung. Ther. Mh. 1900, 220. — Dietrich, A. und H. Siegmund: Die Nebennieren. Handbuch der speziellen pathologischen Anatomie und Histologie von Henke-Lubarsch, Bd. 8, S. 951. 1926. — Docherty: Value of carbon tetrachlorid as an anthelmintie. J. amer. med. Assoc. 81 II, 454 (1923). — Docherty and Burgess: Wirkungen des Tetrachlorkohlenstoffs auf die Leber. Brit. med. J. 1920, 907. — Dreser: Zur Pharmakologie des Bromäthyls. Arch. f. exper. Path. 36, 285 (1895). — Duchovnikova und Robinson: Über die Lokalisation pathologisch-anatomischer Veränderungen im Zentralnervensystem bei experimentellem Alkoholismus. Ref. Dtsch. Z. gerichtl. Med. 13, 26 (1929).

Ebstein, W.: Veränderungen, welche die Magenschleimhaut durch Einverleibung von Alkohol und Phosphor erleidet. Virchows Arch. 55, 469 (1872). — Eckel: Anatomische Untersuchungen über Chloroformschädigung des Gehörorgans bei Meerschweinchen. Arch. Ohr- usw. Heilk. 118, 139 (1928). — Eder: Luminalexanthem. Ther. Gegenw. 1912, 258. — Egg, Carla: Zur Kenntnis der Methylalkoholwirkung. Schweiz. med. Wschr. 1927, 5. — Ehrlich, F.: Über Veronalvergiftung. Münch. med. Wschr. 1906, 559. — Eichelter: Zur Pernoctonnarkose (Todesfall). Zbl. Chir. 1929, 2378. — Eichholtz, F.: Über rektale Narkose mit Avertin. Dtsch. med. Wschr. 1927, 710. — Eichhorst, H.: (a) Beitrag zur Kenntnis der Alkoholneuritis. Dtsch. Arch. klin. Med. 121, 1 (1917). (b) Neuritis fascians (Alkoholneuritis). Virchows Arch. 112, 237 (1888). (c) Beobachtungen über apoplektische Alkohollähmung. Virchows Arch. 129, 140 (1892). — Eisenlohr: Fall von akuter hämorrhagischer Enzephalitis. Dtsch. med. Wschr. 1892, 1065. — Ellinger und Rost: Über die Methämoglobinbildung durch Narkotika. Arch. exper. Path. 95, 281 (1922). — Engel-hardt, G.: Degenerative Veränderungen am fötalen Herzmuskel nach Chloroformnarkose der Mutter. Ärztl. Sachverst.ztg 1904, 350. — Engelmann: Sulfonalexanthem. Münch. med. Wschr. 1888, 709. — Erbslöh: Zur pathologischen Anatomie der toxischen Polyneuritis nach Sulfonalgebrauch. Z. klin. Med. 23, 197 (1903). — Erisman: Über Intoxikations-Amblyopien. Inaug.-Diss. Zürich 1867. — Ernberg: Über Intoxikation mit per os eingenommenem Chloroform. Nord. med. Ark. (schwed.) 1903. Angef. bei Schelcher. — Esser: Tödliche Vergiftung mit Ol. Chenopodii. Klin. Wschr. 1926, 511. — Eulenberg und Vohl: Die Blutgase in ihrer physikalischen und physiologischen Bedeutung. Virchows Arch. 42, 161 (1868).

Fahr: (a) Leberschädigung und Chloroformtod. Dtsch. med. Wschr. 1918, 1218. (b) Anatomische Beiträge zur Frage der Herzinsuffizienz. Verh. dtsch. path. Ges. 1910, 105. (c) Zur Frage des chronischen Alkoholismus. Verh. dtsch. path. Ges. 1909, 162 und Virchows Arch. 205, 397 (1911). — Feigl: Über das Vorkommen und die Verteilung von Fetten und Lipoiden im menschlichen Blutplasma. Biochem. Z. 90, 1 und 92, 282 (1918). — Feller: Chloralhydratvergiftung. Angef. bei Ph. Schneider. — Fischer-Wasels und Tannenberg: Endothel, Thrombose und Embolie. Dtsch. med. Wschr. 1929, 524. — Fischler, F.: (a) Über akute schwerste Degenerationszustände der Leber an Tieren mit Eckscher Fistel. Dtsch. Arch. klin. Med. 100, 329 (1910). (b) Über das Wesen der zentralen Läppchennekrose der Leber... Mitt. Grenzgeb. Med. u. Chir. 26, 553 (1913). (c) Zur Aufklärung des Chloroformspättodes. Dtsch. med. Wschr. 1928, 82. — Fischler, F. und Cutler: Die Rolle des Pankreas bei der zentralen Läppchennekrose der Leber. Arch. f. exper. Path. 75, 1 (1913). — Fischler, F. und Hjärre: Über experimentelle zentrale Läppchennekrose der Leber. Mitt. Grenzgeb. Med. u. Chir. 40, 663 (1928). — Floret: Gewerbliche Vergiftungen durch Kohlenwasserstoffe... Zbl. Gewerbehyg. N. F. 4, 257 (1927). — Forel: Alkohol und Keimzellen. Münch. med. Wschr. 1911, 2596. — Fraenkel, E.: (a) Über Chloroformnachwirkung beim Menschen. Virchows Arch. 129, 254 (1892). (b) Über Pathogenese und Ätiologie der Orchitis fibrosa. Mitt. Hamburg. Staatskrk.anst. 5, 14 (1905). — Frank, A.: Chloroformspättod. Angef. bei Esser (tödliche Vergiftung mit Ol. Chenop.). — Fränkel, J.: Zur Kasuistik der Sulfonalwirkung. Jb. Psychiatr. 6, 873 (1902). — Fraser: Notes on two cases of veronal poisoning. Lancet 1914, 1736. — Frey, H.: Die toxischen Erkrankungen des Gehörorgans. Internat. Zbl. Ohrenheilk. 2, 251 (1904). — Friedenwald: The ganglion cells of the retina changed by certain toxic agents. Ophthalm. Rec. 1901. Angef. bei Birch-Hirschfeld (Ergebnisse). — Froböse: Gegen die Anwendung von Nirvanol. Dtsch. med. Wschr. 1920, 186. — Fröhner: Zur Toxikologie des Paraldehyds. Berl. klin. Wschr. 1887, 685. — Fühner: Die Wirkungsstärke von Chloroform und Tetrachlorkohlenstoff. Arch. f. exper. Path. 97, 86 (1923). — Fünfgeld: Zur pathologischen Anatomie der Korsakowschen Psychose. Arch. f. Psychiatr. 74, 592 (1925). — Fuss: Über Störungen des Kohlehydrathaushaltes bei der Äthernarkose. Klin. Wschr. 1930, 410.

Gamper: Zur Frage der Polioenzephalitis der chronischen Alkoholiker. Dtsch. Z. Nervenheilk. 102, 122 (1928). — Gardner und Mitarbeiter: Studies on the path. histol. of exper. Carbon-Tetrachloride poisoning. Bull. Hopkins Hosp. 36, 107 (1925). — Geill: (a) Fall chronischer Trionalvergiftung. Ther. Mh. 11, 399 (1897). (b) Ein seltener Fall von chronischer Chloralvergiftung. Vjschr. gerichtl. Med., III. F. 14, Suppl. 275 (1897). — Gellhorn, v.: Klinische Beobachtungen über Chloralhydrat. Allg. Z. Psychiatr. 28, 625 (1872). — Gifford: Ophthalm. Rec. 1899, 335. — Gilbert et Lerebouillet: (a) La stéatose hépatique des alcooliques. Gaz. hebd. méd. chir. 1902 II, 577. — Glaser, E. und Frisch: Zur Kenntnis der Wirkung technisch wichtiger Gase. Arch. f. Hyg. 101, 48 (1929). — Glaser, K.: Über den Einfluß alkoholischer Getränke auf das Harnsediment des normalen Menschen. Dtsch. med. Wschr. 1891, 1193. — Glaser, O.: Über chronischen Veronalismus. Wien. klin. Wschr. 1914, 1403. — Gleich: Todesfall nach Bromäthylnarkose. Wien. klin. Wschr. 1892, 167. — Goette: Beitrag zur Atrophie des menschlichen Hodens. Veröff. Kriegs- u. Konstit.path. 2, 5 (1921). — Goldschmidt, E. und E. Kuhn: Brommethylvergiftung mit tödlichem Ausgang. Zbl. Gewerbehyg. 8, 28 (1920). — Goldzieher: (a) Konstitution und Pathogenese der Leberzirrhose. Wien. med. Wschr. 1921, 226. (b) Beitrag zur Pathologie der Nebennieren. Wien. klin. Wschr. 1910, 809. — Gottschalk: Experimentelle Untersuchungen über das Frühstadium der akuten exogenen Gastritis (Alkoholgastritis). Beitr. path. Anat. 84, 131 (1930). — Gourévitch: Über herdweise Läsionen des Leberparenchyms bei der Alkoholzirrhose. Z. Heilk. 1906, 303. — Graefe: Beitrag zur Pathologie des Glaukoms. Graefes Arch. 15 III, 237 (1869). — Gräffner: Luminalexanthem. Berl. klin. Wschr. 1912, 938. — Graham: The resistance of pups to late chloroform poisoning in its relation of liver glykogen. J. exper. Med. 21, 185 (1915). — Grandmaison: Du role de la cellule hépatique dans la production des scléroses du foie. Thèse de Paris 1892. — Gregor: Ein Fall von Arzneiexanthem mit ungewöhnlichen Allgemeinerscheinungen. Münch. med. Wschr. 1907, 834. — Grimm, Heffter und Joachimoglu: Gewerbliche Vergiftungen in Flugzeugfabriken. Vjschr. gerichtl. Med., III. F. 48, II. Suppl., 161. — Grossmann: Über das Verhalten der Leberzellen bei vitaler Speicherung. Frankf. Z. Path. 36, 635 (1928). — Gruber, G. B.: Bauchspeicheldrüse. Handbuch der speziellen pathologischen Anatomie und Histologie von Henke-Lubarsch. Bd. 5, 1, S. 402. (1930). — Grunow: Über schwere Bindehautentzündung durch Methylalkohol. Med. Reform 1912, 33. — Guazzieri: L'apparato reticolo-endoteliale nell'avvelenamento da alcool. Fol. med. (Napoli) 10, 91 (1924). — Gudden: Beitrag zur Kenntnis der multiplen Alkoholneuritis. Arch. f. Psychiatr. 28, 643 (1896). — Guleke: Akute gelbe Leberatrophie im Gefolge der Chloroformnarkose. Arch. klin. Chir. 83, 602 (1907). — Günther, H.: Bedeutung der Hämatoporphyrine. Erg. Path. 20 I, 608 (1922).

Haas, W.: Die Rektalnarkose mit E 107. Dtsch. med. Wschr. 1927, 1375. — Haberer: Pernoctonnarkose. Dtsch. Z. Chir. 208, 89 (1928). — Hadden: Two fatal cases of alcoholic paralysis. Trans. path. Soc. Lond. 36, 49 (1885). — Hage: Über Veronalvergiftung. Vjschr. gerichtl. Med., III. F. 62, 19 (1921). — Hall and Ophüls: Progressive alcoholic cirrhosis. Amer. J. Path. 1, 477 (1925). — Hall and Walbrach: Enlargement of the liver. Amer. J. med. Sci. 128, 318 (1904). — Hamilton: (a) Chloroform poisoning. Med. Tim. 1878. Ref. Zbl. Chir. 5, 555 (1878). (b) Luminalvergiftung. Illinois med. J. 49, 344 (1926). Ref. Dtsch. Z. gerichtl. Med. 8, 796 (1926). — Hansemann: Über die sog. Zwischenzellen des Hodens und deren Bedeutung bei pathologischen Veränderungen. Virchows Arch. 142, 538 (1895). — Harnack: Die akute Erblindung durch Methylalkohol und andere Gifte. Münch. med. Wschr. 1912, 1941. — Heffter und Kraus: Gewerbliche Vergiftungen durch Tetrachloräthan. Vjschr. gerichtl. Med., III. F. 48, 109 (1914). — Hegner: Intoxikation durch Spirarsyl, Alkohol und Sublimat. Klin. Mbl. Augenheilk. 48, 211 (1910). — Heilbronner: Rückenmarksveränderung bei der multiplen Neuritis der Trinker. Mschr. Psychiatr. 3, 457 (1898) und 4, 1 (1899). — Heilmann: Veränderungen des Ganglion Gasseri durch Alkoholeinspritzung. Virchows Arch. 272, 753 (1929). — Heinicke, E.: Avertin und Leberschädigung. Zbl. Chir. 1929, 3147. — Heinrich (Gumbinnen): Seltener Leichenbefund nach Alkoholvergiftung. Vjschr. gerichtl. Med., N. F. 9, 359 (1868). — Helweg: Sulfonalvergiftung. Hosp.tid. (dän.) 1892. Angef. bei R. Stern. — Herbold: Ein Fall von Äthertod. Berl. klin. Wschr. 1894, 589. — Herxheimer: (a) Akute gelbe Leberatrophie und verwandte Veränderungen. Beitr. path. Anat. 72, 349 (1924). (b) Über die „akute gelbe Leberatrophie". Klin. Wschr. 1922, 1441. — Herxheimer und H. F. Hoffmann: Über die anatomische Wirkung der Röntgenstrahlen auf den Hoden. Dtsch. med. Wschr. 1908, 1551. — Hirsch, R.: Fall von Chloroformintoxikation durch innerlich genommenes Chloroform. Z. klin. Med. 24, 190 (1894). — Hoff und Kauders: Über chronisch experimentelle Medinalintoxikation. Z. Neur. 103, 176 (1926). — Hoffmann, W.: Vier Fälle alkoholischer Leberzirrhose im Kindesalter. Z. Kinderheilk. 1904, 423. — Holden: Die Pathologie der nach Einverleibung von Methylalkohol auftretenden Amblyopie. Arch. Augenheilk. 40, 357 (1900). — Homén: Die Veränderungen im Rückenmark bei chronischem Alkoholismus. Z. klin. Med. 49, 17 (1903). — Hoppe, H.: Die Tatsachen über den Alkohol. München: Reinhardt 1912. — Hoppe-Seyler: Zur Entstehung der chronischen Lebererkrankungen. Wien. klin. Wschr. 1901, 2068. — Hornowsky: Veränderungen im Chromaffinsystem bei unaufgeklärten postoperativen Todesfällen. Virchows Arch. 198, 93 (1909) und Arch. Méd. expér. 21, 702 (1909). — Hun: Alcoholic paralysis. Amer. J. med. Sci. 1885, 373. — Hunt and Watkins: Chloralvergiftung. Virchows-Hirschs Jb. 1871, 333. — Husemann: Über tödliche Veronalvergiftungen. Vjschr. gerichtl. Med., III. F. 50, 43 (1915). — Husler: Nirvanol bei Chorea minor. Z. Kinderheilk. 38, 408 (1924).

Immermann: Siehe Allgemeines.

Jacoby, C.: Untersuchungen zur Pharmakologie des Veronals. Arch. f. exper. Path. 66, 296 (1911). — Jacottet: Études sur les altérations des cellules nerveuses de la moelle dans quelques intoxications. Beitr. path. Anat. 22, 443 (1897). — Jaeger, H.: Tod im Chloräthylrausch. Zbl. Chir. 1921, 1073. — Jakob, Ch.: Über Nirvanolvergiftung. Dtsch. med. Wschr. 1919, 1331. — Jansch: Über Veronal. Beitr. gerichtl. Med. 2, 185 (1914). — Jaquet: Über Brommethylvergiftung. Dtsch. Arch. klin. Med. 71, 370 (1901). — Jedlicka: Postoperative haematemesis as an result of Chloroform narcosis. Čas. lék. česk. 1916. Ref. Internat. Abstr. Surg. 24, 566 (1917). — Jendralski: Augenschädigung durch Narkoseäther. Graefes Arch. 118, 808 (1927). — Jungfer: Tetrachloräthanvergiftungen in Flugzeugfabriken. Zbl. Gewerbehyg. 2, 222 (1914).

Kaczander: Zur Frage der Lebergiftigkeit des Avertins. Klin. Wschr. 1930, 495. — Kahlden: Experimentelle Untersuchungen über die Wirkung des Alkohols auf Leber und Nieren. Beitr. path. Anat. 9, 349 (1891). — Kallmann: Fall von Avertintod. Dtsch. med. Wschr. 1929, 1221. — Kanngiesser: Die akuten Vergiftungen. Jena: Gustav Fischer 1911. — Karo: Ein rätselhafter Todesfall nach der Prenoctonnarkose. Münch. med. Wschr. 1928, 1555. — Kast: Zur Kenntnis der Sulfonalwirkung. Arch. f. exper. Path. 31, 69 (1893). — Kassowitz: Alkoholismus im Kindesalter. Arch. Kinderheilk., N. F. 35, 349 (1903). — Keeser: (a) Untersuchungen über chronische Alkoholvergiftung. Arch. f. exper. Path. 113, 188 (1926). (b) Über die Lokalisation des Veronals, der Phenyl- und Diallylbarbitursäure im Gehirn. Arch. f. exper. Path. 125, 251 (1927) und 127, 230 (1927). — Keferstein: Über Methylalkoholvergiftungen. Z. Med.beamte 25, 221 (1912). — Kerschensteiner: Neuritis. Erg. Path. 9 II (1907). — Keysser: Vollnarkose mit Avertin. Dtsch. med. Wschr. 1928, 806. — Killian: (a) Die bisherigen Ergebnisse mit der Avertinrektalnarkose. Narkose u. Anästh. 1, 16. Berlin: Stilke 1928. (b) Über die Analyse der Avertintodesfälle. Münch. med. Wschr. 1930, 227. — Kiparsky: Einfluß von akuter und chronischer Alkoholvergiftung auf den Prozeß der Verheilung der Hautwunden. Inaug.-Diss. Petersburg 1898. — Kipper: Adalinvergiftung oder Erfrieren? Ärztl. Sachverst.ztg

30, 151 (1924). — Kirn: Über chronische Intoxikation durch Chloralhydrat. Dtsch. Z. Psychiatr. **29,** 316 (1873). — Kiwull: Bromoformvergiftung bei einem dreijährigen Kinde. Zbl. klin. Med. **23,** 1233 (1902). — Kleefeld: Die Wirkungen des Alkohols auf die feineren Nervenelemente. Münch. med. Wschr. **1901,** 910. — Klein, F.: Therapeutische Erfahrungen bei akuten Psychosen. Mschr. Psychiatr. **16,** 388 (1904). — Klencke: Alkohol. Angef. bei E. Rose. — Klippel et Léfas: Le pancréas dans les cirrhoses veineuses du foie. Rev. Méd. **1903,** 23. — Klopstock: Alkoholismus und Leberzirrhose. Virchows Arch. **184,** 304. (1906). — Kobes: Der Übergang von Pernocton auf Neugeborene. Zbl. Gynäk. **1929,** 42. — Koblanck: Die Chloroform- und Äthernarkose in der Praxis, 1902. — Koch, K.: Zwischenzellen und Hodenatrophie. Virchows Arch. **202,** 378 (1910). — Kochmann, M.: Die Möglichkeit gewerblicher Vergiftungen mit Äthylenbromid. Münch. med. Wschr. **1928,** 1334. — Koelsch: (a) Zur Toxikologie des Tetrachlormethans und Tetrachloräthans. Zbl. Gewerbehyg. **4,** 69 (1916). (b) Gewerbliche Vergiftungen durch Zelluloidlacke in der Flugzeugindustrie. Münch. med. Wschr. **1915,** 1567. (c) Die Giftigkeit des Äthylenchlorhydrins. Zbl. Gewerbehyg., N. F. **4,** 312 (1927). — Kolb: Der Einfluß des Berufes auf die Häufigkeit des Krebses. Z. Krebsforschg **9,** 445 (1910). — Koljewnikoff: Über Alkoholparalyse. Arch. de Neur. **21,** 460 (1891). Ref. Zbl. Path. **2,** 727 (1891). — Koller: Stoffwechseluntersuchungen bei Alkoholismus. Z. gegen den Alkoholismus **1927,** 203. — Kollmar: Tod durch Äthylenbromid. Dtsch. Mschr. Zahnheilk. **1889,** 392. — Komoda: Veränderungen der Magen-Darmschleimhaut durch Chloroform. Acta Scholae med. Kioto **4,** 57 (1922). — König (Würzburg): Tod nach Avertinnarkose. Zbl. Chir. **1929,** 1894. — Köögerdal: Der Einfluß des Alkohols auf die Hirngefäße. Folia neuropath. eston **5,** 54 (1926). Ref. Dtsch. Z. gerichtl. Med. **8,** 797 (1926). — Kotzoglu: Über die Todesfälle in Avertinnarkose. Zbl. Chir. **1929,** 2206. — Kouvenaar: Vergiftung mit Tetrachlorkohlenstoff. Trans. 6. Congr. Assoc. trop. Med. Tokyo **1925.** Ref. Dtsch. Z. gerichtl. Med. **10,** 673 (1927). — Kramer, F.: Rückenmarksveränderungen bei Polyneuritis. Inaug.-Diss. Breslau 1902. — Kraus, A. F.: (a) Beitrag zu den Entwicklungsstörungen der männlichen Keimdrüsen des Menschen. Z. Konstit.lehre **13,** 779 (1928). (b) Über die Riesenzellbildung im menschlichen und tierischen Hoden. Beitr. path. Anat. **80,** 658 (1928). — Krauss: Veronalvergiftung. Angef. bei Hage. — Krebs, C.: Experimenteller Alkoholkrebs bei weißen Mäusen. Z. Immun.forschg **59,** 203 (1928). — Kremiansky: Über die Pachymeningitis haemorrhagica interna. Virchows Arch. **42,** 129 (1868). — Krischner: Ein Fall von tödlicher Trionalvergiftung. Dtsch. Z. gerichtl. Med. **12,** 483 (1928). — Kulbin: Alkoholismus. Zur Frage der Wirkung chronischer Vergiftung mit Äthylalkohol und Fuselöl an Tieren. Inaug.-Diss. Petersburg 1895. Angef. bei Kyrle und Schopper. — Kulenkampff: Über Verwendung der Chloräthylnarkose. Bruns' Beitr. **73,** 384 (1911). — Kürbitz: Zur pathologischen Anatomie des Delirium tremens. Arch. f. Psychiatr. **43,** 560 (1908). — Kyrle: Beitrag zur Kenntnis der Zwischenzellen im menschlichen Hoden. Zbl. Path. **21,** 454 (1910). — Kyrle und Schopper: Untersuchungen über den Einfluß des Alkohols auf Leber und Hoden des Kaninchens. Virchows Arch. **215,** 309 (1914).

Lafont: Contribution à l'étude de l'alcooloisme chez les adultes dans les hôpiteaux de Paris. Thèse de Paris **1908.** — Lambert: Carbon tetrachlorid in the treatment of the hookworm disease. J. amer. med. Assoc. **79,** 2055 (1922) und **80,** 526 (1923). — Lamson: Pharmak. and toxikol. of Carbon-tetrachlorid. J. of Pharmacol. **22,** 215 (1923) und **29,** 191 (1926). — Lamson, Minot and Robbins: The prevention and treatment of carbontetrachlorid intoxication. J. amer. med. Assoc. **90,** 345 (1928). — Lancereaux: Dict. encyclopédique, Art. Alcoolisme. — Lapicque et Légendre: Chloroform. Angef. bei Nicloux und Mitarb. — Lapidus: Örtliche Wirkung und die Hautresorption von Tetrachlorkohlenstoff und Chloroform. Arch. f. Hyg. **102,** 124 (1929). — Latteri: Alterazioni istologiche dell timo nell'intossicazione chloroformica sperimentale. Ann. Clin. med. e Med. sper. **13,** 133 (1923). — Lauenstein: Zur Kasuistik der juvenilen Leberzirrhose. Inaug.-Diss. München 1914. — Lazarus, P.: Beitrag zur Pathologie der Pankreasnekrose. Z. klin. Med. **52,** 147 (1904). — Leber: Alkoholneuritis. Angef. bei Graefe. Graefes Arch. **15,** 237. — Legueu, Morel et Verhac: La narcose par voie rectale. C. r. Soc. Biol. Paris **66,** S. 908 (1909). — Lehmann, K. B.: Die gechlorten Kohlenwasserstoffe der Fettreihe. Arch. f. Hyg. **74,** 1 (1911). — Leichtentritt, Lengsfeld und M. Silberberg: (a) Pro und kontra Nirvanol. Dtsch. med. Wschr. **1928,** 724. (b) Klinisches und Experimentelles zur Nirvanoltherapie. Jb. Kinderheilk. **122,** 12 (1928). — Leo, A.: Chronische Methylalkoholvergiftung. Biochem. Z. **191,** 423 (1927). — Leppmann, F.: Experimentelle und klinische Untersuchungen zur Frage der Ätherwirkung. Inaug.-Diss. Breslau 1895. — Lesser, A: Über die Verteilung einiger Gifte im menschlichen Körper. Vjschr. gerichtl. Med., III. F **15,** 27 und **16,** 89 (1898). — Leupold: Cholesterinstoffwechsel und Spermiogenese. Beitr. path. Anat. **69,** 305 (1921). — Levit: Erfahrungen mit Avertinnarkose. Ref. Zbl. Gynäk. **1929,** 316. — Leyden und F. Munk: Nierenaffektion.... Virchows Arch. **22,** 237 (1861). — Lichtenstein: Septal perforation in narcotic habitus. N. Y. med. J. **101,** 509 (1915). — Lichtenstern: Veronalvergiftung. Angef. bei O. Seifert. — Lissauer: (a) Über pathologische

Veränderungen der Herzganglien bei experimenteller chronischer Alkoholintoxikation und bei Chloroformnarkose. Virchows Arch. 218, 263 (1914). (b) Über pathologische Veränderungen des Pankreas bei chronischem Alkoholismus. Dtsch. med. Wschr. 1912, 1972. (c) Übersichtsreferat über experimentelle Leberzirrhose. Berl. klin. Wschr. 1914, 114. (d) Experimentelle Leberzirrhose nach chronischer Alkoholvergiftung. Dtsch. med. Wschr. 1913, 18. — Lobenhoffer: Über Narkosen mit E 107. Münch. med. Wschr. 1927, 849. — Loeb, H.: Über Adalinexantheme. Arch. f. Dermat. 131, 128 (1921). — Loeb, L.: Intravenous injection of ether. Univ. Pens. med. Bull. 19, Nr 9 (1906). — Loeffler und Nordmann: Leberstudien. Virchows Arch. 257, 119 (1925). — Löffler und Rütimeyer: Über Vergiftung mit Brommethyl und dessen Nachweis in Blut und Organen vergifteter Tiere. Vjschr. gerichtl. Med., III. F. 60, 60 (1920). — Lubarsch: Über Leberzirrhose, insbesondere die Pigmentzirrhose. Dtsch. med. Wschr. 1929, 1749. — Luce und Feigl: Über Luminalexantheme. Ther. Mh. 32, 236 (1918). — Lüthy und Walthard: Über Polioencephalitis haemorrhagica sup. (Wernicke). Z. Neur. 116, 404 (1928).

Magnan: (a) Epilepsie alcoolique; action spéciale de l'absynthe. Gaz. méd. Paris 1869, 62. (b) De l'alcoolisme. Paris 1874. — Mc. Mahon and S. Weiss: Carbon-tetrachloride poisoning with macroscopic fat in the pulmonary artery. Amer. J. Path. 5, 623 (1929). — Majer: Plötzlicher Tod nach Chloroformeinatmung. Württemberg. med. Korresp.bl. 21, 211 (1851). — Majerus: Erfahrungen über Nirvanol. Dtsch. Z. Nervenheilk. 63, 312 (1919) und Berl. klin. Wschr. 1918, 1111. — Mallory: Cirrhosis of the liver. Bull. Hopkins Hosp. 22, 69 (1911). — Maloff: Zur Toxikologie einiger Chlorderivate des Methans und Äthans. Arch. f. exper. Path. 134, 168 (1928). — Manchot: Über Meliturie nach Chloralamid. Virchows Arch. 136, 368 (1894). — Mankowsky: Veränderungen des Zentralnervensystems bei Morphiumvergiftung der Tiere. Russ. Arch. Path. 6 (1898). Ref. Zbl. Path. 10, 248 (1899). — Marburg: Angef. bei O. Seifert. — Marchand und Romberg: Alkohol. Angef. bei H. Hoppe. — Marchiafava e Bignami: Veränderungen des Corpus callosum bei Alkoholikern. Ref. Zbl. Path. 15, 691 (1904) und 23, 24 (1912). — Marmetschke: Über tödliche Bromäthyl- und Bromäthylenvergiftung. Vjschr. gerichtl. Med., III. F. 40, 61 (1910). — Marthen: (a) Über tödliche Chloroformnachwirkung. Berl. klin. Wschr. 1896, 204. (b) Zur Anatomie der Sulfonalvergiftung. Münch. med. Wschr. 1895, 422. — Martin, B.: Unsere heutige Kenntnis des Avertins. Dtsch. med. Wschr. 1928, 2068. — Martinowitsch: Chronische Vergiftung mit Amylalkohol bei Tieren. Inaug.-Diss. Petersburg 1896. — Maximow: Die histologischen Vorgänge bei der Heilung von Hodenverletzungen. Beitr. path. Anat. 26, 230 (1899). — Mayer, Edm.: Das Verhalten der Nieren bei akuter gelber Leberatrophie. Virchows Arch. 236, 279 (1922). — Mayr, J. K.: Erscheinungen der Haut bei inneren Krankheiten. Leipzig: F. C. W. Vogel 1926. — Meixner: (a) Vergiftung durch Dämpfe des Feuerlöschmittels Polein. Beitr. gerichtl. Med. 8, 10 (1928). (b) Einfluß der Todesart auf den Glykogengehalt der Leber. Vjschr. gerichtl. Med., III. F. 39, Suppl., 148 (1910). — Melchior: Ein Beitrag zur alkoholischen hypertrophischen Zirrhose. Beitr. path. Anat. 42, 479 (1907). — Mendel: Erfahrungen mit Nirvanol. Neur. Zbl. 1919, 637. — Menzel: Ätherverätzung des Kehlkopfes in der Narkose. Verh. Wien. laryng. Ges., 7. Nov. 1906. — Merkel: Fall von Sulfonalexanthem. Münch. med. Wschr. 1889, 449. — Mertens: Alkoholzirrhose. Angef. bei Baumgarten. — Merzbach: Zur Pharmakologie des Brommethyls und einige seiner Verwandten. Z. exper. Med. 63, 383 (1928). — Meyer, H.: (a) Zur Theorie der Alkoholnarkose. Arch. f. exper. Path. 42, 109 (1899). (b) Untersuchungen über die Giftwirkung des Trichloräthylens, besonders auf das Auge. Klin. Mbl. Augenheilk. 82, 309 (1929). — Michailow: Eigenartige Pigmentierung und Narbenbildungen an der Haut bei einem Narkotiker. Dermat. Wschr. 86, 463 (1928). — Michalke: Erfahrungen mit Nirvanol. Dtsch. med. Wschr. 1919, 380. — Mitscherlich: Todesfall durch Alkoholvergiftung. Virchows Arch. 38, 320 (1867). — Mogilnitzkie: Zur pathologischen Anatomie des vegetativen Nervensystems bei Vergiftung durch Methylalkohol. Dtsch. Z. gerichtl. Med. 9, 302 (1927). — Molitoris: Bromoformvergiftung. Z. gerichtl. Med. 7, 223 (1926). — Moncrieff and Steen: A case of early cirrhosis of the liver. Brit. J. Childr. Dis. 26, 30 (1929). — Morian: Zur klinischen Kenntnis der Neuritis acustica alcoholica. Münch. med. Wschr. 1910, 1365. — Müller, B.: Über Fettmetamorphose in den inneren Organen nach einfachen und Mischnarkosen. Arch. klin. Chir. 75, 896 (1905). — Müller, F.: (a) Über Hämatoporphyrinurie und deren Behandlung. Wien. klin. Wschr. 1894, 252. (b) Über chronische Sulfonalvergiftung. Ther. Mh. 8, 233 (1894). — Mulzer: Das Auftreten intravitaler Gerinnungen nach Äther- und Chloroformnarkose. Münch. med. Wschr. 1907, 408. — Munk, F.: Pathologie und Klinik der Nephrosen, Nephritiden und Schrumpfnieren. Wien u. Berlin: Urban & Schwarzenberg 1918. — Murawsky: Über die Wirkung der chronischen Alkoholvergiftung auf die Nieren. Inaug.-Diss. Petersburg 1896.

Nakamuta: Schädigung des Gehörorgans durch Alkohol. Angef. bei Beck. — Narbekow: Die pathologisch-anatomischen Veränderungen bei Sulfonalvergiftung des Tieres. Inaug.-Diss. Petersburg 1897. — Nestmann: Klinisches und Pharmakologisches zur Avertinnarkose. Klin. Wschr. 1928, 1901. — Neubürger: Hirnveränderungen bei Alkoholintoxikationen. Allg. Z. Psychiatr. 91, 249 (1929). — Neumann, O.: Über Pachymeningitis bei der chronischen Alkoholvergiftung. Inaug.-Diss. Königsberg 1869. — Nicloux et Yovanovitch: Fixation du chloroforme par le système nerveux central et les nerfs periph. C. r. Acad. Sci. Paris 179, 1429 (1924). — Niemeyer: Über Nebennierenveränderungen bei experimentellen Vergiftungen. Z. exper. Med. 14, 346 (1921). — Nissl: Über die Veränderungen der Nervenzellen nach experimentellen Vergiftungen. Neur. Zbl. 8, 164 (1897). — Nonne: Anatomischer Befund am Rückenmark bei Alkoholismus chronicus. Dtsch. med. Wschr. 1907, 166. — Nordmann, O.: (a) Die Avertinnarkose. Med. Klin. 1928, 529. (b) Die bisher veröffentlichten Todesfälle nach Avertinnarkose. Chirurg 1, 1142 (1929). — Norris: Chloralvergiftung. Lancet 1871, 226. — Nothnagel: Äther. Angef. bei Selbach. — Nuck: Todesfall nach Trichloräthylenvergiftung. Zbl. Gewerbehyg., N. F. 6, 295 (1929). — Nuël: Le scotome central de l'amblyopie toxique est primitivement une maladie maculaire et non une névrite interstitielle. Arch. d'Ophtalm. 16, 479.

Oberhoff: Über Leberzirrhose im Kindesalter. Z. Kinderheilk. 47, 51 (1929). — Oertel: Outlines of pathology, p. 214. Montreal 1928. — Offerhans: Ulcera neuroparalytica. Dtsch. med. Wschr. 1904, 967. — Ogston: A case of poisoning by chloralhydrate. Edinburgh med. J. 1878, 289. — Ohgushi: On the degeneration of the liver due to Carbontetrachloride. Trans. jap. path. Soc. 15, 99 (1925). — Ohnesorge: Über Zaponlackvergiftung. Dtsch. med. Wschr. 1930, 961. — Oiye: Über mehrkernige Zellen in den Samenkanälchen der Hoden. Beitr. path. Anat. 80, 645 (1928). — Olbrycht: Zur Kasuistik der selteneren Vergiftungsarten. Beitr. gerichtl. Med. 9, 82 (1929). — Opie: The causes and varietis of chronic interst. pancreatitis. Amer. J. med. Sci. 123, 845 (1902). — Oppenheim, H.: (a) Zur Pathologie der multiplen Neuritis und Alkohollähmung. Z. klin. Med. 11, 232 (1886). (b) Zur Kenntnis der Veronalvergiftung. Dtsch. Z. Nervenheilk. 57, 1 (1917). — Ostertag, R.: Die tödliche Nachwirkung des Chloroforms. Virchows Arch. 118, 250 (1889). — Otto, C. v.: Über anatomische Veränderungen im Herzen bei akuter und chronischer Alkoholvergiftung. Virchows Arch. 216, 264 (1914).

Paltauf: (a) Gerichtsärztliche Mitteilungen. Wien. klin. Wschr. 1888, 113. (b) Vergiftung mit Paraldehyd. Wien. klin. Wschr. 1893, 888. — Panzer: Veronalvergiftung. Vjschr. gerichtl. Med., III. F. 36, 311 (1908). — Paolini: Sull' intossicazione acuta da Veronal. Riforma med. 1928, 1069. — Parmenter: Observations on Chlorethane poisoning. J. ind. Hyg. 5, 159 (1923). — Pasini: Delle alterazione nella morta tardiva da Chloroformio. Clin. med. ital. 1901, No 4. Ref. bei Morpurgo. — Paulus: Polioenzephalomyelitis bei Botulismus. J. Psychol. u. Neur. 21, 201 (1915). — Pauly et Bonne: Étude sur un cas d'intoxication par l'absinthe. Lyon méd. 85, 431 (1897). — Pelman: Über Nachteile bei Anwendung des Chloralhydrats. Irrenfreund 1871, Nr 2. — Pessôa and J. R. Meyer: Study on the toxicity of Carbon tetrachloride. Amer. J. trop. Med. 3, 177 (1923). — Peter, K.: Reflektorische Pupillenstarre und Alkoholismus chronicus gravis. Dtsch. Z. Nervenheilk. 100, 131 (1927). — Petri, E.: Verhalten der Fett- und Lipoidsubstanzen in der Leber bei Vergiftungen. Virchows Arch. 251, 588 (1924). — Petrow: (a) Veränderungen der Nervenzellen bei Alkoholvergiftung. Neur. Zbl. 1903, 493. (b) Veränderungen der Nebenniere und Schilddrüse bei Alkoholvergiftung. Russ. Wratsch 1910, Nr 20. Angef. bei Hoppe. — Pfeifer: (a) Der Alkoholismus. Berlin: S. Karger 1923. (b) Die multiple Neuritis. Lehrbuch der Nervenkrankheiten von H. Oppenheim. (c) Über Veränderungen des Nebennierenorgans nach toxischen Schädigungen. Z. exper. Med. 10, 1 (1920). — Pförtner: Letale Hämatoporphyrinurie nach Sulfonalgebrauch. Dtsch. med. Wschr. 1914, 1563. — Phelps and Hu: Carbon tetrachloride poisoning. J. amer. med. Assoc. 82, 1254 (1924). — Philippe et Eide: Lésions des cellules des ganglions rachidiens. Soc. Neur. Paris, 4. Juli 1901. Ref. Neur. Zbl. 1903, 92. — Pick, L. und Bielschowsky: Histologische Befunde am Auge und Zentralnervensystem bei akuter tödlicher Methylalkoholvergiftung. Berl. klin. Wschr. 1912, 888. — Pilz, Klara: Auffallende Lungenerscheinungen bei Nirvanolintoxikation. Arch. Kinderheilk. 82, 210 (1927). — Piotrowski: Über Hydantoine als Hypnotika. Münch. med. Wschr. 1916, 1512. — Pohl, J.: Über Aufnahme und Verteilung des Chloroforms im tierischen Organismus. Arch. f. exper. Path. 28, 239 (1891). — Pohlisch: Stoffwechseluntersuchungen beim chronischen Alkoholismus. Mschr. Psychiatr. 62, 211 (1927). — Poliak: Anatomische Veränderungen bei experimenteller Azetonvergiftung. Arch. f. exper. Path. 105, 220 (1925). — Pollak: Zur Klassifikation der Glykosurien. Arch. f. exper. Path. 61, 376 (1909). — Pollitz: Fall von Sulfonalvergiftung. Vjschr. gerichtl. Med., III. F. 15, 297 (1898). — Ponfick: Chronischer Alkoholismus. Diskussionsbemerkung zu Fahr. Verh. dtsch. path. Ges. 1909, 162. — Poroschin: Die pathologisch-anatomischen Veränderungen in durch Chloroformnarkose bedingten Todesfällen. Zbl. med. Wiss. 1898, 365. — Pribram: Zur Avertinnarkose. Zbl. Chir. 1929, 1164. — Prochnow und v. Klimkó: Über Pernoctonnarkose. Arch. f. klin. Chir. 155, 51 (1929). — Prym: Die Lokalisation des Fettes im System der Harnkanälchen. Frankf. Z. Path. 5, 32 (1910). — Pye-Smith: Angef. bei Manchot.

Quervain, de: De l'influence de l'alcoolisme sur la glande thyreoide. Semaine méd. **1905**, 517. — Quisling: Protrahierter Chloroformtod. Norsk. Mag. Laegevidensk. **1909**, Nr 5. Ref. Z. Med.beamte **22**, 931 (1909). Raysky: Experimenteller Beitrag zur Chloroformwirkung auf Mutter und Fötus. Vjschr. gerichtl. Med., III. F. **41**, 71 (1911). — Reimer: Über die Entstehung von Dekubitus nach innerlichem Gebrauch von Chloralhydrat. Allg. Z. Psychiatr. **28**, 316 (1872). — Reinicke: Chronische Trionalvergiftung. Dtsch. med. Wschr. **1895**, 211. — Remak und Flateau: Neuritis und Polyneuritis. Wien 1900. — Renner: Über Schlafmittel und ihre Wirkungen. Erg. inn. Med. **23**, 234 (1923). — Rennert: Alkoholneuritis. Angef. bei Remak und Flateau. — Reunert: Zur Kenntnis der multiplen Alkoholneuritis. Dtsch. Arch. klin. Med. **50**, 213 (1892). — Reye: Über die schädlichen Wirkungen des Schlafmittels Nirvanol. Münch. med. Wschr. **1920**, 1120. — Roedius: Angef. bei Kotzoglu. — Rohrer: (a) Die Intoxikationen in ihren Beziehungen zu Hals, Nase, Ohr. Haugs klin. Vortr. **1**, 75 (1896). (b) Spätwirkungen des Brommethyls. Vjschr. gerichtl. Med., III. F. **60**, 51 (1920). — Rommel: Veronalvergiftung. Charité-Ann. **36**, 562 (1912). — Rönne: Alkoholische Intoxikationsamblyopie. Graefes Arch. **77**, 1 (1910). — Rose, E.: Delirium alcoholicum. Dtsch. Chir. 7 (1884). — Rosenfeld, G.: (a) Der Einfluß des Alkohols auf den Organismus. Wiesbaden 1901. (b) Leberzirrhose und Alkohol. Med. Welt **1**, 123 (1927). — Rosenfeld, M.: Zur Trionalintoxikation. Berl. klin. Wschr. **1901**, 547. — Rössle: Wachstum und Altern. Erg. Path. **18** II, 677 (1917) und **20** I, 369 (1923). — Ruedy: Amer. J. Insan. **1899**, 327. Angef. bei Krischner. — Ruge, P.: Wirkung des Alkohols auf den tierischen Organismus. Virchows Arch. **49**, 252 (1870). — Rühle: Tierexperimentelle Befunde im Zentralnervensystem nach Methylalkoholvergiftung. Münch. med. Wschr. **1912**, 964.

Sachs, Th.: Alkohol-Tabakamblyopie. Arch. Augenheilk. **27**, 154 (1893). — Sackur: Über die Giftwirkungen des Pentals. Virchows Arch. **133**, 30 (1893). — Saltykow: (a) Experimentelle Forschung über die pathologische Anatomie des Alkoholismus chronicus. Zbl. Path. **22**, 849 (1911). (b) Beitrag zur Kenntnis der durch Alkohol hervorgerufenen Organveränderungen. Verh. dtsch. path. Ges. **1910**, 228. — Samejima: Experimentelle Untersuchungen über Dial- und Veronalvergiftung. Trans. jap. path. Soc. **13**, 45 (1923). — Samelson: Zur Anatomie und Nosologie der retrobulbären Neuritis. Graefes Arch. **18**, 1 (1882). — Sarbach: Das Verhalten der Schilddrüse bei Intoxikationen. Mitt. Grenzgeb. Med. u. Chir. **15**, 213 (1906). — Sauerbruch: Chirurgische Behandlung von Bronchektasen. Arch. klin. Chir. **148**, 721 (1927). — Scaglione: Die Drüsen mit Innersekretion bei der Chloroformnarkose. Virchows Arch. **219**, 53 (1915). — Scagliosi: Die Rolle des Alkohols und der akuten Infektionskrankheiten in der Entstehung der interstitiellen Hepatitis. Virchows Arch. **145**, 546 (1896). — Schäffer, E.: Sulfonalvergiftung. Ther. Mh. **1893**, 57. — Schafir: Zur Lehre von der alkoholischen Leberzirrhose. Virchows Arch. **213**, 41 (1913). — Schelcher: Vergiftung durch Trinken chloroformhaltiger Flüssigkeit. Vjschr. gerichtl. Med., III. F. **60**, 175 (1920). — Scherbatscheff: Über Wirkungen des Bromäthylens. Arch. f. exper. Path. **47**, 1 (1902). — Scherwinsky: Pathologisch-anatomische Augenbefunde bei einem Fall von chronischer Äthylalkoholintoxikation. Graefes Arch. **87**, 135 (1914). — Schibler: Akute gelbe Leberatrophie nach Azetylentetrachlorid. Schweiz. med. Wschr. **1929**, 1079. — Schiek: Untersuchungen über Intoxikationsamblyopie. Graefes Arch. **54**, 458 (1902). — Schilling, F.: Leberkrankheiten. München: Otto Gmelin 1911. — Schinz und Slotopolsky: Bemerkungen über Entwicklung und Pathologie des Hodens. Virchows Arch. **253**, 413 (1924). — Schlichting: Todesfall nach Genuß von Methylalkohol. Med. Klin. **1912**, 1316. — Schmidt, H.: Über Fettmetamorphose des Herzmuskels Neugeborener. Ärztl. Sachverst.ztg **1904**, 283. — Schmidt, S.: Über Veränderungen der Herzganglien durch Chloroformnarkose. Z. Biol. **37**, 143 (1899). — Schmiergeld: Lésions des glandes à sécretion interne dans deux cas d'alcoolisme chronique. Arch. internat. Méd. expér. **21**, 75 (1909). — Schmitt, W.: Über Narcylenbetäubung. Würzburg. Abh. **22** und Mschr. Geburtsh. **71**, 229 (1925). — Schmitt, W. und Letterer: (a) Wirkung der Narcylenbetäubung. Arch. Gynäk. **131**, 203 (1927). (b) Weitere experimentelle Untersuchungen..... Zbl. Gynäk. **1927**, 2665. — Schmorl und Ingier: Über den Adrenalingehalt der Nebennieren. Dtsch. Arch. klin. Med. **104**, 125 (1911). — Schneider, Ph.: Einiges über Paraldehydvergiftung. Wien. klin. Wschr. **1929**, 357. — Schneller: Luminal und sein gerichtsärztlicher Nachweis. Z. gerichtl. Med. **7**, 259 (1926). — Schnitzler: Über Leberveränderungen nach Mischnarkosen. Virchows Arch. **240**, 220 (1922). — Schönhof: Über interne Chloroformvergiftung. Beitr. path. Anat. **58**, 130 (1914). — Schotten: Sulfonalexanthem. Ther. Mh. **4**, 187 (1890). — Schröder, A.: Ein Fall von Veronalvergiftung. Dtsch. Z. gerichtl. Med. **13**, 353 (1929). — Schrödl: Todesfall in Avertinnarkose. Zbl. Chir. **1928**, 1231. — Schubiger: Veronalvergiftung mit tödlichem Ausgang. Korresp.bl. Schweiz. Ärzte **1916**, 1741. — Schüle, A.: Über akute zentrale Augenmuskellähmungen. Münch. med. Wschr. **1894**, 605 und Arch. f. Psychiatr. **27**, 295 (1895). — Schüle, H.: Über eine bemerkenswerte Wirkung des Chloralhydrats. Allg. Z. Psychiatr. **28**, 1 (1872). — Schuler: Brommethylvergiftung. Vjschr. öffentl. Ges.dh.pfl. **31**, 696 (1899). — Schultz, H.:

Über die Wirkungen des Chlorals auf die äußere Haut. Arch. f. exper. Path. 16, 305 (1883). — Schultze, E.: Enzephalomyelomalazie als Unfallfolge nach gewerblicher Vergiftung. Berl. klin. Wschr. 1920, 941. — Schur und Wiesel: Über das Verhalten des chromaffinen Gewebes bei der Narkose. Wien. klin. Wschr. 1908, 247. — Schwarzwald: Über das Verhalten des chromaffinen Gewebes beim Menschen unter Einfluß der Narkose. Verh. dtsch. path. Ges. 13, 268 (1909). — Schwarz-Zangger: Mitteilung über die Gefahren bei Kältemaschinen. Zbl. Gewerbehyg., N. F. 3, 246 (1926). — Sée, Germain: Maladies du coeur. Übersetzt von Salomon: Klinik der Herzkrankheiten, Bd. 1, S. 217. 1890. — Sehestedt: (a) Zur Frage der Nirvanolwirkung. Dtsch. med. Wschr. 1929, 740. — (b) Weiteres zur Frage der Nirvanolwirkung. Dtsch. med. Wschr. 1929, 1511. — Seidel, M.: Vergiftungen. Handbuch der gerichtlichen Medizin von Maschka. Tübingen 1882. — Seitz: Handbuch der Kinderheilkunde von Pfaundler-Schlossmann, Bd. 3, S. 355. 1924. — Selbach: Über länger dauernde Ätherinhalationen. Arch. f. exper. Path. 34, 1 (1894). — Senator: Über multiple Neuritis und Myositis. Z. klin. Med. 15, 61 (1889). — Serafini: Alterazioni delle tiroide nell' alcoolismo sper. Angef. bei Wegelin, Handbuch der speziellen pathologischen Anatomie und Histologie von Henke-Lubarsch. Bd. 8 1926. — Shiozawa: Über die Veränderungen der Zellelemente des Hodens. Trans. jap. path. Soc. 14, 106 (1924). — Sick, C.: Zwei Todesfälle in Pentalnarkose. Dtsch. med. Wschr. 1893, 304. — Siefert: Zur Anatomie der Polyneuritis. Neur. Zbl. 1900, 1134. — Siegrist: Beitrag zur Kenntnis der anatomischen Grundlage der Alkoholamblyopie. Arch. Augenheilk. 41, 136 (1900). — Siemerling: Fall von Alkoholneuritis mit hervorragender Beteiligung des Muskelapparates. Charité-Ann. 14, 443 (1889). — Silberberg, M.: Die pathologische Anatomie der chronischen Benzolvergiftung. Virchows Arch. 267, 487 (1928). — Simmonds: (a) The mechanism of the protective action of Carbohydrate diet in phosphorous and chloroforme poisoning. Arch. int. Med. 23, 362 (1919). (b) Die Ursachen der Azoospermie. Dtsch. Arch. klin. Med. 61, 412 (1898). — Simon, J.: Alkohol. Angef. bei H. Hoppe. — Smetana: Über „Landrysche Paralyse" bei einem Potator. Sitzgsber. Ver.igg path. Anat. Wien. Ref. Zbl. Path. 46, 284 (1929). — Soukhanoff: Contribution à l'étude de la maladie de Korsakow. J. de. Neur. 7, 121 (1902). — Spangaro: Über die histologischen Veränderungen des Hodens. Anat. H. 18, 593 (1902). — Spatz: Über den makroskopisch-anatomischen Befund bei Polioencephalitis Wernicke. Allg. Z. Psychiatr. 91, 247 (1929). — Specht: Über Avertinnarkose bei Leber- und Nierenschädigungen. Zbl. Chir. 1929, 2212. — Stadelmann: Gutachten über Massenvergiftung mit Methylalkohol. Vjschr. gerichtl. Med., III. F. 44, 137 (1912). — Staemmler: Chloroformvergiftung und Salvarsanvergiftung. Med. Welt 1929, 269. — Staub: Experimentelle toxische Leberschädigung mit technischem Chloranil. Frankf. Z. Path. 35, 124 (1927). — Stehle, Bourne und Lozinsky: Wirkung des Äthylenoxyd. Arch. f. exper. Path. 104, 82 (1924). — Steiger: Über Brommethylvergiftung. Münch. med. Wschr. 1918, 753. — Steindorff: Auge und Vergiftungen. Jber. Ophthalm. 52, 306 (1925). — Steinhaus: Das Pankreas bei Leberzirrhose. Dtsch. Arch. klin. Med. 74, 537 (1902). — Stern, R.: Über Nierenveränderungen bei Sulfonalvergiftung. Dtsch. med. Wschr. 1894, 221. — Sternberg, C.: (a) Experimentell erzeugte Magengeschwüre bei Meerschweinchen. Verh. dtsch. path. Ges. 1907, 232. (b) Darmsystem und Peritoneum. Handbuch der allgemeinen Pathologie des Kindesalters von Brüning und Schwalbe. Bd. 2. — Stettner: Über die Nirvanolkrankheit. Z. Kinderheilk. 45, 445 (1928). — Stieve: (a) Beobachtungen an menschlichen Hoden. Z. mikrosk.-anat. Forschg 1, 491 (1924). (b) Unfruchtbarkeit als Folge unnatürlicher Lebensweise. München: J. F. Bergmann 1926. (c) Wechselbeziehungen zwischen Gesamtkörper und Keimdrüsen. Z. miskrosk.-anat. Forschg 5, 463 (1926). (d) Samenzellverklumpung als Grund für die Unfruchtbarkeit gesunder Tiere. Z. mikrosk.-anat. Forschg 12, 132 (1928). — Stillman and Branch: Exper. production of pneumococcus pneumonia. J. of exper. Med. 40, 733 (1924). — Stintzing: Über Neuritis und Polyneuritis. Münch. med. Wschr. 1901, 1830. — Strassmann, F.: (a) Experimentelle Untersuchungen zur Lehre vom chronischen Alkoholismus. Vjschr. gericht. Med., N. F. 49, 232 (1888). (b) Die tödliche Nachwirkung des Chloroforms. Virchows Arch. 115, 1 (1889). — Strauss, H.: Über Luminalexantheme. Ther. Mh. 31, 338 (1917). — Strohe: Zwei Unglücksfälle bei Anwendung der örtlichen Betäubung. Dtsch. Z. Chir. 99, 264 (1900). — Ströhmberg: Vergiftungsfälle mit Methylalkohol. Petersburg. med. Wschr. 1904, 421. — Suckow: Das Blutbild beim chronischen Alkoholismus. Mschr. Psychiatr. 62, 240 (1927). — Suzuki: Über die Todesursache der Spätnarkose. Trans. jap. path. Soc. 13, 111 (1923).

Takasaka: Über die Lungenblutungen bei der akuten Tetrachlormethanvergiftung. Dtsch. Z. gerichtl. Med. 6, 488 (1925). — Taylor: Case of sulfonal poisoning. Contr. Pepper Labor. clin. med. (Philad.) 1900, 120. Angef. bei H. Günther. — Telford and Falconer: Delayed chloroform poisoning. Lancet 2, 1341 (1906). — Terrien: Arch. d'Ophthalm. 41, No 4 (1924). Angef. bei Uhthoff. Graefes Arch. 74, 6 (1925). — Teschendorf: Zur Chloroformnachwirkung im Tierversuch. Arch. f. exper. Path. 90, 288 (1921). — Thomsen: (a) Zur Pathologie und Anatomie der „akuten" Augenmuskellähmungen. Arch. f. Psychiatr.

19, 185 (1886). (b) Zur pathologischen Anatomie der Alkoholneuritis. Arch. f. Psychiatr. 21, 806 (1890). — Tomasczewski: Zur Frage des Malum perf. unter Berücksichtigung seiner Ätiologie. Münch. med. Wschr. 1902, 779. — Topp: Veronalvergiftung. Ther. Mh. 1907, 163. — Tourdot: De l'alcoolisme dans la Seine inférieure. Thèse de Paris 1886. — Trétiakoff: Etude des granulations pigment. péricellulaires... Mém. Hosp. Iuquery Sao Paulo 1, 267 (1924). Ref. Dtsch. Z. gerichtl. Med. 5, 677 (1925). — Trömmer: Pathologisch-anatomische Befunde bei Delirium tremens. Arch. f. Psychiatr. 31, 700 (1899).

Uhthoff: (a) Pathologisch-anatomische Veränderungen bei der Alkoholamblyopie. Berl. klin. Wschr. 1884, 385. (b) Untersuchungen über den Einfluß des chronischen Alkoholismus auf das menschliche Sehorgan. Graefes Arch. 32, 45 (1886) und 33, 257 (1887). (c) Ein Beitrag zur Xerosis conjunct. Berl. klin. Wschr. 1890, 635. (d) Die toxische Neuritis optica. Klin. Mbl. Augenheilk. 38, 533 (1900). — Umber: Über Veronalvergiftung. Med. Klin. 1906, 1254. — Umpfenbach: Chloralamid. Angef. bei Manchot. — Ungar: (a) Über tödliche Nachwirkung der Chloroforminhalation. Vjschr. gerichtl. Med. 47, 98 (1887). (b) Fettige Entartung durch Bromoform. Dtsch. med. Wschr. 1891, 1097. — Unger und Heuss: Rektalnarkose mit E 107. Münch. med. Wschr. 1927, 567 und Med. Klin. 1927, 530.

Vas: Zur Kenntnis der chronischen Nikotin- und Alkoholvergiftung. Arch. f. exper. Path. 33, 141 (1894). — Veale: Hedonalvergiftung. Brit. med. J., 17. Aug. 1912. — Velden: Dichloräthylsulfidvergiftung. Z. exper. Med. 14, 1 (1921). — Vierordt: Degeneration der Gollschen Stränge bei einem Potator. Arch. f. Psychiatr. 17, 365 (1886).

Walbaum: Über die Einwirkung konzentrierter Ätzgifte auf die Magenwand. Vjschr. gerichtl. Med., III. F. 32, 63 (1906). — Wauer: Gewerbliche Erkrankungen durch gechlorte Kohlenwasserstoffe. Zbl. Gewerbehyg. 6, 100 (1918). — Weber, H.: Luminal und Luminalexanthem. Klin. Wschr. 1922, 928. — Weese: Vergleichende Untersuchungen über Wirksamkeit und Giftigkeit der Dämpfe niederer aliphatischer Alkohole. Arch. f. exper. Path. 135, 118 (1928). — Wegelin: Die Schilddrüse. Handbuch der speziellen pathologischen Anatomie und Histologie von Henke-Lubarsch, Bd. 8, S. 1. 1926. — Weichselbaum: (a) Veränderungen der Hoden bei chronischem Alkoholismus. Verh. dtsch. path. Ges. 1910, 234. (b) Chronischer Alkoholismus. Wien. klin. Wschr. 1912, 63. — Weil: Veränderungen im histologischen Bilde..... Pflügers Arch. 223, 350 (1929). — Weimann: (a) Über Hirnpurpura nach akuten Vergiftungen. Dtsch. Z. gerichtl. Med. 1, 543 (1922). (b) Gehirnveränderungen bei Anämie. Z. Neur. 92, 433 (1924). — Weiss, H.: Günstiger Verlauf einer Vergiftung mit schwersten Allional-Dosen. Dtsch. med. Wschr. 1930, 358. — Weitz: Über Veronalvergiftung. Med. Klin. 1918, 159. — Weller: Degenerative changes in the male germinativ epithelium in acute alcoholism. .... Amer. J. Path. 6, 1 (1930). — Wells: Tetrachlormethanvergiftung. J. of Pharmacol. 25, 235 (1925). Ref. Ber. Physiol. 32, 672 (1925). — Wernich: Über Ikterus nach Anwendung von Chloralhydrat. Dtsch. Arch. klin. Med. 12, 32 (1874). — Wernicke: Lehrbuch der Gehirnkrankheiten, Bd. 2, 235. 1881. — Wertheim-Salomonsohn: Neuritis und Polyneuritis. Handbuch der Neurologie von Lewandowsky, Bd. 2. 1911. — White, W. H.: Some misconceptions with regard to diseases of the liver. Brit. med. J. 7, 3 (1903). — Wien: Fall letaler Sulfonalvergiftung. Berl. klin. Wschr. 1898, 863. — Wilbrand und Sänger: Die Neurologie des Auges. (Augenmuskellähmungen der Säufer.) Wiesbaden 1909. — Willcox: Trionalvergiftung. Brit. med. J. 1897, 855. — Wolff, O.: Über fettige Entartung der Organe nach Chloralhydratwirkung. Inaug.-Diss. Bonn 1891. — Wood, F. C.: Ätherwirkung. Angef. bei Poulsson. — Wyrubow: Korsakowsche Psychose. Ref. Mendels Jber. 6, 1138 (1902).

Zalka, de: Studies on the effect of chloroform on the liver of rabbits. Amer. J. Path. 2, Nr 2 (1926). — Zangger: Die organischen Gifte. Lehrbuch der Toxikologie von Flury-Zangger.

Aromatische Reihe.

Adler, A.: Interne Behandlung von Erkrankungen der Leber und Gallenwege. Ther. Gegenw. 1926, 172. — Adler, O.: Die Wirkung des Benzidins im Tierkörper. Arch. f. exper. Path. 58, 167 (1908). — Afanassiew: Über die Veränderungen in Nieren und Leber bei einigen mit Hämoglobinurie oder Ikterus verbundenen Vergiftungen. Virchows Arch. 98, 460 (1884). — Albrecht, F.: Entstehung der myeloiden Metaplasie bei experimentellen Blutgiftanämien. Frankf. Z. Path. 12, 239 (1913). — Aldehoff: Dulzin. Ther. Mh. 1894, 71. — Anders, H.: Über Guajacolnephritis. Klin. Wschr. 1927, 1730. — Anderson, S. D. and Teter: Acute yellow atrophy of the liver following administration of oxyl jodide. J. amer. med. Assoc. 93, 93 (1929). — Arrak: Experimentelle Polyglobulie durch Blutgifte. Z. klin. Med. 105, 679 (1927). — Axmann: Salolekzem. Angef. bei O. Seifert: Würzburg. Abh.

Baader, E.: Erkrankungen bei der Kunstharzverarbeitung. Mschr. ung. Med. 1928, Nr 7. — Baatz: Nierenentzündung infolge von Naphtholeinreibung. Zbl. inn. Med. 15, 856 (1894). — Babes: (a) Gaucherähnliche Milzveränderungen bei Teerpinselungen des

Kaninchens. Virchows Arch. **272**, 411 (1929). (b) Die Entwicklungsstufen der Epithel-veränderungen, welche den Teergeschwülsten der Haut vorausgehen. Z. Krebsforschg **28**, 533 (1929). (c) Durch Teerpinselung bedingte Hautveränderung bei Kaninchen, die der DARIERschen Krankheit ähnlich ist. Arch. f. Dermat. **157**, 657 (1929). — BACHFELD: Gewerbehygienische Erfahrungen über die Giftigkeit der Teerfarben. Zbl. Gewerbehyg. **8**, 113 (1920). — BALDONI: Salizylsäure. Arch. Farmacol. sper. **1912**. — BARNEWITZ: Künstliche Erzeugung von Krebs bei Mäusen durch Einwirkung von Steinkohlenpech. Dtsch. med. Wschr. **1928**, 1162 und Dermat. Z. **54**, 382 (1929). — BARTA: Beitrag zur Entstehung der Thrombose bei Polyzythämie nach Phenylhydrazinbehandlung. Arch. klin. Med. **162**, 185 (1928). — BATTISTINI e ROVERE: Anämie durch Vergiftung mit Pyrodin. Accad. med. Torino **1897**. Ref. Zbl. Path. **9**, 325 (1898). — BAYET: Le Cancer **1**, 5 (1923). — BECHER und LITZNER: (a) Beobachtungen über Phenolvergiftungen beim Menschen. Klin. Wschr. **1926**, 1373. — BECHER, LITZNER und TÄGLICH: Phenolgehalt des Blutes unter normalen und pathologischen Verhältnissen. Z. klin. Med. **104**, 182 (1926). — BECK: Intoxikationen. Handbuch der Hals- usw. Heilkunde von DENKER-KAHLER, Bd. 6, S. 829. 1926. — BEHRENDT (Tilsit): Tödliche Vergiftung durch amerikanische Pastillen, enthaltend Methylsalicylsäure und Strychnin. Z. Med.beamte **24**, 118 (1911). — BENOIT: Guajakolvergiftung des Kaninchens unter besonderer Berücksichtigung der Veränderungen an den Nieren. Z. exper. Med. **62**, 585 (1928). — BERENCSY, v.: Histologische und experimentelle Beiträge zur Kenntnis der Naphtholvergiftung. Frankf. Z. Path. **30**, 237 (1924). — BERGHOFF: Über Organveränderungen bei Mäusen nach Teerpinselung. Z. Krebsforschg **26**, 468 (1928). — BIBERFELD: Atophan. Z. exper. Path. u. Ther. **13**, 301 (1913). — BIERICH: Zur Energetik der Bildung maligner Tumoren. Z. Krebsforschg **18**, 226 (1922). — BINDER: Zur akuten tödlichen Vergiftung mit Benzoldämpfen. Mschr. Unfallheilk. **28**, 202 (1921). — BINZ: Toxikologisches über das Hydroxylamin. Virchows Arch. **108**, 1 (1888). — BITTMANN: Zur Frühentstehung des Teerkarzinoms an Kaninchenohren. Z. Krebsforschg **22**, 278 (1925). — BLASCHKO: Gewerbekrankheiten. Dtsch. med. Wsch. **1891**, 1241 und **1892**, 144. — BLAU: Veränderungen im Gehörorgan nach Vergiftung mit Natrium salicyl. Arch. Ohr- usw. Heilk. **61**, 220 (1904). — BLOCH und DREYFUSS: Über die künstliche Erzeugung von Mäusekarzinomen durch Bestandteile des Teerpeches. Arch. f. Dermat. **140**, 6 (1922). — BLUMENTHAL, F.: Über Lysolvergiftung. Berl. klin. Wschr. **1906**, 651. — BOECK: Fall von tödlicher Resorzinvergiftung bei äußerlicher Anwendung. Dermat. Wschr. **60**, 449 (1915). — BÖHME, A. und R. KÖSTER: Beobachtungen über Benzinvergiftung. Arch. f. exper. Path. **81**, 1 (1917). — BONGERS: Ausscheidung körperfremder Stoffe in den Magen. Arch. f. exper. Path. **35**, 415 (1895). — BRACK: Hirnarterienveränderungen, speziell nach Vergiftungen. Z. Neur. **118**, 526 (1929). — BRANDT, M.: Blastomartige Systemerkrankung des Kaninchens nach Teerung. Z. Krebsforschg **27**, 417 (1928). — BRASCH: Antipyrin-exantheme. Ther. Mh. **1894**, 665. — BRISTOVE: Acute ulceration stomatitis caused by drugs. Brit. med. J. **1920** II, 399. — BRUCK, C.: Über das Wesen der Arzneiexantheme. Berl. klin. Wschr. **1910**, 1928. — BRÜCKEN: Über chronische Benzolvergiftung. Dtsch. med. Wschr. **1923**, 1120. — BRUDZINSKI: Beitrag zur Frage der Resorzinintoxikation im Säuglingsalter. Wien. klin. Rdsch. **1899**, 353. — BRUGSCH und HORSTERS: Cholerese und Choleretica, ein Beitrag zur Physiologie der Galle. Z. exper. Med. **38**, 386 (1923). — BRUNI: Contributio allo studio della intossicazione benzolica sperimentale. Biochemica e Ter. sper. **10**, 163 (1923). — BRÜNING: Antipyrinexanthem. Charité-Ann. **29**, 785 (1905). — BUCHACKER: Vergiftung mit Lysolersatz. Inaug.-Diss. Gießen 1920. — BURGL: (a) Zwei Fälle von tödlicher innerer Lysolvergiftung. Münch. med. Wschr. **1901**, 1524. (b) Über tödliche innere Benzinvergiftung. Münch. med. Wschr. **1906**, 414. — BUSCHKE und CURTH: Der Baumwollspinnerkrebs. Med. Klin. **1928**, 368. — BUSCHKE und E. LANGER: Tumorartige Schleimhautveränderungen im Vormagen der Ratte infolge Teereinwirkung. Z. Krebsforschg **21**, 1 (1925).

CARTAZ: Erythème eczémateux à la suite des pansements au Salol. Arch. de Laryng. **4**, 268 (1891). — CARTER: Fatal case of accidental poisoning by benzol vapor. Brit. med. J., 3. Nov. **1928**. — CHLAPOWSKI: Fall von Exitus letalis nach kleiner Dosis Salol. Ther. Mh. **5**, 213 (1891). — CHOLEWA: Über den Teerkrebs der Haut der weißen Ratte. Z. Krebsforschg **30**, 66 (1929). — CHRISTIAN: Exper. cardiorenal disease. Arch. int. Med. **8**, 468 (1911). — COHN (Glatz): Äußere Anwendung von Karbolsäure. Vjschr. gerichtl. Med., III. F. **11**, 307 (1896). — CORD, MC: (a) The present status of benzene poisoning. J. amer. med. Assoc. **93**, 280 (1929). (b) Road tar poisoning. J. amer. med. Assoc. **92**, 695 (1929). — CORDS: Gewerbliche Erkrankungen der Augen. Handbuch der sozialen Hygiene. Berlin: Julius Springer 1926. — CRAMER, H.: Leichte Kreolinvergiftung. Ther. Mh. **1888**, 573 u. **1889**, 434. — CRIEGERN, v.: Über eine gewerbliche Vergiftung, welche unter dem Bild des Bronchialasthmas verläuft. Verh. dtsch. Ges. inn. Med. **20**, 457 (1902). — CRINIS, DE: Zur Neurohistopathologie der endogenen und exogenen Vergiftungen. Mschr. Psychiatr. **62**, 307 (1927). — CURSCHMANN, F.: Statistische Erhebungen über Blasentumoren bei Arbeitern in der chemischen Industrie. Zbl. Gewerbehyg. **8**, 145 (1920).

DALCHÉ: (a) Intoxication par l'antipyrine. Bull. gén. Ther. 1897. Ref. Zbl. klin. Med. 1897, 304. (b) Vergiftung mit Pyrogallussäure. Bull. Soc. méd. Hôp. Paris 1896. Ref. Zbl. Path. 8, 942 (1897). (c) Zufälle nach Antipyringebrauch. Bull. Soc. méd. Hôp. Paris 1896. Ref. Zbl. Path. 9, 652 (1898). — DAVIS: Aniline poisoning in the rubber industry. J. ind. Hyg. 3, 57 (1921). — DAZZI: Intorno al mecanismo d'azione del benzolo sugli elementi del sangue. Giorn. Clin. med. Parma 2, 612 (1921). — DEELMANN: (a) Experimentelle maligne Geschwülste durch Teereinwirkung bei Mäusen. Z. Krebsforschg 18, 261 (1922). (b) Über die Histogenese des Teerkrebses. Z. Krebsforschg 19, 125 (1922). — DEGLE: Eigentümliche Form einer toxischen Dermatose nach Antipyringebrauch. Wien. med. Presse 1906, 2154. — DEHIO: Anilinvergiftung. Angef. bei JAKSCH. DEVRIENT: Über die Giftigkeit des Phenolphthaleins. Kazan. med. Ž., Okt. 1927. — DINTER: (a) Über Kreolinvergiftung. Ther. Mh. 3, 578 (1889). (b) Sächs. Jber. 21. Angef. bei FRÖHNER. — DÖDERLEIN: Der Teerkrebs der weißen Maus. Z. Krebsforschg 23, 241 (1926). — DOMAGH: Experimentell erzeugte Leberzirrhose beim Kaninchen. Z. Krebsforschg 29, 302 (1929). — DORENDORF: Benzinvergiftung als gewerbliche Erkrankung. Z. klin. Med. 43, 42 (1901). — DORNER: Akute Benzinvergiftung mit nachfolgender spinaler Erkrankung. Dtsch. Z. Nervenheilk. 54, 66 (1916).

EBSTEIN, E.: (a) Zur Differentialdiagnose der Flecken der Lidspaltenzone. Med. Klin. 1918, 965. (b) Zur klinischen Symptomatologie der Alkaptonurie. Münch. med. Wschr. 1918, 369. — ECKSTEIN, H.: Therapeutische Erfolge durch Hartparaffin-Injektionen. Berl. klin. Wschr. 1903, 266. — EISNER, E.: Hautentzündung infolge naphthalinhaltigen Schmieröls. Zbl. Gewerbehyg., N. F. 1, 20 (1924). — ELLINGER, A.: Aromatische Kohlenwasserstoffe usw. Handbuch der experimentellen Pharmakologie von HEFFTER, Bd. 1, S. 871. 1923. — EPPINGER: (a) Die hepato-lienalen Erkrankungen. Berlin: Julius Springer 1920. (b) Handbuch von KRAUS-BRUGSCH, Bd. 6, 2, S. 97. 1923. — ERDMANN, E. und VAHLEN: Über Wirkung des p-Phenylendiamins. Arch. f. exper. Path. 53, 401 (1905).

FABRY: Zur Frage des Teerkrebses. Med. Klin. 1924, 13. — FALK, E.: Über Nebenwirkungen und Intoxikationen durch neuere Arzneimittel. Ther. Mh. 4, 369 (1890). — FALKENBERG: Über die angebliche Bedeutung intravaskulärer Gerinnungen als Todesursache bei Vergiftungen durch Anilin, chlorsaure Salze und Sublimat. Virchows Arch. 123, 567 (1891). — FIBIGER: Virchows Reiztheorie und die heutige experimentelle Geschwulstforschung. Dtsch. med. Wschr. 1921, 1449. — FILEHNE: (a) Übergang von Blutfarbstoff in die Galle bei gewissen Vergiftungen. Virchows Arch. 117, 415 (1889) und 121, 605 (1890). (b) Der Harn bei Pyrodinvergiftung. Virchows Arch. 117, 417 (1889). — FISCHER, H.: Ergebnisse experimenteller Untersuchungen zur Erzeugung von Hautkarzinomen. Münch. med. Wschr. 1928, 1151. — FISCHER, R.: Die Teerindustrie. WEYLs Handbuch der Hygiene, Bd. 7. Leipzig 1921. — FISCHER-WASELS, B.: (a) Über Regenerationsgeschwülste. Verh. dtsch. path. Ges. 1927, 71. (b) Durch Scharlachöl-Arsen experimentell erzeugtes, infiltrierendes Hautkarzinom beim Kaninchen. Tagg westdtsch. Path. Köln 1928. Ref. Zbl. Path. 44, 311 (1929). — FISCHER-WASELS und BÜNGELER: Regeneration und Geschwulstbildung. Arch. Entw.mechan. 112, 201 (1927). — FISCHER, W. und BIRT: Paraffingranulom des Penis. Beitr. path. Anat. 66, 495 (1920). — FISHBERG: Über die Karbolochronose. Virchows Arch. 251, 376 (1924). — FLANDIN et ROBERTI: Purpura hémorrhagique mortel due a une intoxication professionelle par les vapeurs de benzol. Bull. Soc. méd. Hôp. Paris 38, 58 (1922). — FLATTEN: Vergiftung durch Karbolineum. Vjschr. gerichtl. Med., III. F. 7, 316 (1894). — FLORET: Gewerbliche Vergiftungen durch Kohlenwasserstoffe der aromatischen und aliphatischen Reihe. Zbl. Gewerbehyg., N. F. 4, 257 (1927). — FONIO: Gerinnung des Blutes bei Phosphor- und Benzolvergiftung. Handbuch von BETHE-BERGMANN, Bd. 6, 1, S. 399. 1928. — FORBUS: Pathol. changes in voluntary muscles. Arch. Path. a. Labor. Med. 2, Nr 4 (1926). — FOURNIER: Étude sur les intolérances médicamenteuses... J. Mal. cut. 10, 1 (1898). — FRANK (Dudweiler): Hautgangrän nach Paraffineinspritzung. Med. Klin. 1909, 282. — FREY, H.: Die toxischen Erkrankungen des Gehörorgans. Internat. Zbl. Ohrenheilk. 2, 251 (1904). — FRIEDBERG: Fall von tödlicher akuter Vergiftung durch Karbolsäure. Virchows Arch. 83, 132 (1881). — FRIEDRICH: Über Chrysarobinvergiftung bei interner Anwendung. Med. Klin. 1908, 1870. — FRIES: Zur Kasuistik der Lysolvergiftung. Münch. med. Wschr. 1904, 709. — FRÖHLICH und SINGER: Zur Frage der Speicherung der Salizylsäure in erkrankten Gelenken. Arch. f. exper. Path. 99, 185 (1923). — FÜRBRINGER: Schwere Vergiftung durch Laxativ-Drops. Dtsch. med. Wschr. 1917, 842.

GEILL: Tödliche Vergiftung durch Pyramidon. Dtsch. Z. gerichtl. Med. 7, 344 (1926). — GELDEREN: Histologische Veränderungen im subkutanen Bindegewebe nach subkutanen Paraffininjektionen. Virchows Arch. 257, 805 (1925). — GENKIN und DMITRUK: Über die Wirkung von Teer auf die Darmschleimhaut des Kaninchens. Z. Krebsforschg 27, 352 (1928). — GENOVA: Sopra alcuni casi di grave anaemia... Ann. Ostetr. 44, 352 (1922). Ref. Dtsch. Z. gerichtl. Med. 3, 81 (1924). — GERBIS: Chronische Benzolvergiftungen. Zbl. Gewerbehyg. 2, 41 (1914). — Gewerbeaufsichtsbeamter Bez. Düsseldorf s. unter

Mitteilung. — GOLDMANN, H.: (a) Eine toxische Katarakt, welche in tiefen Linsenschichten beginnt. Klin. Wschr. 1928, 2392. (b) Linsenveränderungen bei Ratten durch chronische Naphthalinvergiftung. Schweiz. med. Wschr. 1930, 233. — GRIGORJEFF: Untersuchungen über die Wirkung des Trikresols auf den tierischen Organismus. Beitr. path. Anat. 16, 552 (1894). — GROSS, O.: Über Ochronose. Dtsch. Arch. klin. Med. 128, 249 (1919). — GRUNERT: Kritik der experimentellen Ergebnisse KIRCHNERs bei seinen Vergiftungsversuchen mit Salizylsäure und Chinin. Arch. Ohren- usw. Heilk. 45, 161 (1898). — GULDBERG: Changes in the skin and organs in white mice after painting with tar. Acta path. scand. (København.) 4, 276 (1927). — GUMPERT: Ein Todesfall nach β-Naphthol bei Skabiesbehandlung. Med. Klin. 1925, 131.

HABERDA: Über Vergiftung durch Lysol. Wien. klin. Wschr. 1895, 289. — HABERMANN: Kriegsmelanosen und Teer- bzw. Schmierölschädigungen. Dermat. Wschr. 30, 63 (1920). — HAENDEL und MALET: Über die Beziehungen des Geschwulstwachstums zur Ernährung und zum Stoffwechsel. Z. Krebsforschg 28, 320 (1929). — HAENELT: Ein Fall von perkutaner Resorzinvergiftung. Münch. med. Wschr. 1925, 386. — HAFT: Haematuria due to shoe dye poisoning. J. amer. med. Assoc. 90, 742 (1928). — HAIKE: Experimentelle Untersuchungen zur Wirkung des Natr. salic. Arch. Ohr- usw. Heilk. 63, 72 (1904). — HALBERSTÄDTER: Teerkrebs. Z. Krebsforschg 19, 381 (1923). — HALDIMANN: Contrib. à l'étude des intoxications par l'aniline. Schweiz. med. Wschr. 1929, 839. — HAMMER: Lysolvergiftung. Münch. med. Wschr. 1903, 897. — HEFFTER: Akute Vergiftung durch Benzoldampf. Dtsch. med. Wschr. 1915, 182. — HEGLER: Chronische Benzolvergiftung. Dtsch. med. Wschr. 1929, 210. — HEINE, L.: Fall von Naphthalinvergiftung. Med. Klin. 1913, 62. — HEINZ, R.: (a) Morphologische Veränderungen der roten Blutkörperchen durch Gifte. Virchows Arch. 122, 112 (1890). (b) Der Übergang von Blutkörperchengiften auf Feten. Virchows Arch. 168, 501 (1902). — HELLER, J.: Schädigung der Nägel durch Beruf. Handbuch von OPPENHEIM-RILLE, Bd. 3, S. 30. 1922. — HERLYN: Die Gefährlichkeit der Karbolsäure bei Klistieren. Dtsch. med. Wschr. 1895, 683. — HERXHEIMER: Akute gelbe Leberatrophie und verwandte Veränderungen. Beitr. path. Anat. 72, 349 (1924). — HESS, C.: Über die Naphthalinveränderung im Kaninchenauge. Ber. 19. Verslg ophthalm. Ges. Heidelberg 1887, S. 54. — HESSBERG: Schädigungen der Augen in Beruf und Gewerbe. Handbuch von OPPENHEIM-RILLE, Bd. 3, S. 153. 1926. — HESSBERG und BÄR: Augenerkrankungen durch Pech, Teer und Teerfettöle. Graefes Arch. 115, 10 (1924). — HESSELBACH: Untersuchungen über das Salol und seine Wirkung auf die Niere. Inaug.-Diss. Halle 1890. — HETZER: Akut entstandene Pylorusstenose nach Benzolvergiftung. Dtsch. med. Wschr. 1922, 627. — HEUBNER: (a) Vergiftung durch Teerdämpfe unter dem Bilde der perniziösen Anämie? Dtsch. Z. gerichtl. Med. 4, 29 (1924). (b) Über das Wesen der akuten Nitrobenzol- und Anilinvergiftung. Zbl. Gewerbehyg. 2, 409 (1914). — HILDEBRANDT: Pharmakologische und chemotherapeutische Studien in der Toluidinreihe. Arch. f. exper. Path. 65, 59 (1911). — HIRSCHFELD, M.: Chronische Phenazetinvergiftung. Dtsch. med. Wschr. 1905, 66. — HIRT, L.: Die gewerblichen Vergiftungen. 1875. — HOEVE, V. D.: (a) Naphthalinschädigung. Arch. Augenheilk. 56, 259 (1906). (b) Wirkung des α-Naphthol. Graefes Arch. 53, 74 (1902). — HOFFMANN (Halle): Krankheiten der Arbeiter in Teer- und Paraffinfabriken. Vjschr. gerichtl. Med., III. F. 5, 128 (1893). — HOFFMANN, K. F.: Gewerbliche Schädigungen im Munde. Med. Welt 1928, 329. — HOFFMANN, E. und R. HABERMANN: Arzneiliche und gewerbliche Dermatosen durch Kriegsersatzmittel. Dtsch. med. Wschr. 1918, 261. — HOFFMANN, E., SCHREUS und ZURHELLE: Zur experimentellen Geschwulsterzeugung durch Teer und Paraffin. Dtsch. med. Wschr. 1923, 633. — HOGAN and SHRADER: Benzol poisoning. Amer. J. publ. Health 13, 279 (1923). — HUMMEL: Beginnende Fehlgeburt bei Kresolvergiftung. Vjschr. gerichtl. Med. 53, 290 (1920). — HÜPER: Histologische Veränderungen nach Paraffininjektion. Frankf. Z. Path. 29, 276 (1923).

IBUKA, FUKUDA, ONUMA: Über die künstliche Erzeugung von epithelialen Geschwülsten in der Kaninchenlunge. Trans. jap. path. Soc. 13, 204 (1923). — INONYE: Augenerkrankungen nach Antipyringaben. Med. Klin. 1907, 874.

JAFFÉ: (a) Experimentelle Untersuchungen über die Wirkung langdauernder Anilininhalationen. Zbl. Path. 31, 57 (1920). (b) Über Benzinvergiftung. Münch. med. Wschr. 1914, 175. — JAFFÉ und ELIASSOW: Versuche zur Beeinflussung der Entstehung und des Wachstums des Teerkarzinoms. Verh. dtsch. path. Ges. 1927, 78. — JAKOBSOHN: Fall von tödlicher Vergiftung mit Martiusgelb. Dtsch. med. Wschr. 1897, 359. — JASTROWITZ: Zur Pathochemie der Blutlipoide bei experimenteller Anämie. Z. exper. Med. 27, 276 (1922). — JOËL, E.: Zur Kolloidchemie des Harns. Z. Urol. 16, 124 (1922). — JOHANNESSEN: Tödlich verlaufene Petroleumvergiftung. Berl. klin. Wschr. 1896, 317. — JUCKUFF: Die Verbreitungsart subkutan beigebrachter Flüssigkeiten im tierischen Organismus. Arch. f. exper. Path. 32, 124 (1893). — JUSTOW: Die pathologisch-anatomischen Veränderungen bei akuter Phenazetinvergiftung. Inaug.-Diss. Petersburg 1896. Ref. bei MAXIMOW, Erg. Path. 5.

Kach: Über gelegentliche Gefahren kosmetischer Paraffininjektionen. Münch. med. Wschr. 1919, 965. — Kalbe: Einige Fälle von Vergiftungen mit Verfettung parenchymatöser Organe. Frankf. Z. Path. 29, 446 (1923). — Kalinowsky: Benzolvergiftung mit Neuritis des Nervus medianus. Neur. Zbl. 49, 727 (1928). — Kaminer: Phenylhydrazinvergiftung. Z. klin. Med. 41, 91 (1900). — Kathe: Zur Kenntnis des anatomischen Befundes der Lysolvergiftung. Virchows Arch. 185, 132 (1906). — Kebler, Morgan and Rupp: Lactophenin. U. St. departm. of Agric. Bur. of chem. Bull. Nr 126. Angef. bei E. Rost und A. Braun. — Kerti: Veränderungen im roten Blutbild durch Salizylsäurepräparate. Wien. klin. Wschr. 1929, 1630. — Kiess, O.: Beitrag zur Kenntnis der Salizylsäurevergiftung. Ther. Halbmh. 35, 433 (1921). — Kimura: Künstliche Erzeugung von Lungenkarzinom durch Teer. Trans. jap. path. Soc. 13, 205 (1923). — Királyfi: Das Benzol in der Therapie der Polyzythämie. Virchows Arch. 213, 399 (1913). — Kirchner: (a) Über die Einwirkung von Chinin und Salizylsäure auf das Gehörorgan. Berl. klin. Wschr. 1881, 726. (b) Paraffininjektionen in menschliches Gewebe. Virchows Arch. 182, 339 (1905). — Kislitschenko: Über einen tödlich verlaufenen Fall von Pyrogallolvergiftung. Med. Klin. 1926, 1341. — Kissmeyer: Über Teermelanose. Arch. f. Dermat. 140, 357 (1922). — Klare: Über Benzinvergiftungen. Ärztl. Sachverst.ztg 13, 93 (1907). — Klein, P.: Vorsicht bei Anwendung von Spiritusverbänden. Dtsch. med. Wschr. 1925, 111. — Klingmann: Über die Pathogenese des Naphthalinstars. Virchows Arch. 149, 12 (1897). — Klinkert: Gelbsucht als Folge längeren Gebrauchs von Atophan. Ther. Gegenw. 1926, 334. — Kochmann, M.: Experimentelle Lysolvergiftung. Arch. internat. Pharmakodynamie 14, 401 (1905). — Koelsch: (a) Hautschädigungen durch Teer- und Naphthaabkömmlinge. Zbl. Gewerbehyg. 7, 157 (1919). (b) Gesundheitsschädigung beim Arbeiten mit denaturiertem Spiritus. Polierekzem. Zbl. Gewerbehyg. 9, 203 (1921). — Kogan und Kusnetzowa: Über die durch gewerbliche Vergiftung bedingte Hämolyse. Arch. klin. Med. 161, 291 (1928). — Kolinski: Naphthalinvergiftung. Graefes Arch. 35, 46 (1889). — Komura: Sekretorische Störung des Ziliarkörpers bei Naphthalinkatarakt. Graefes Arch. 120, 766 (1928). — Koose und Cordes: Geschwulsterzeugende Fernwirkung von Teer. Bruns' Beitr. 145, 692 (1929). — Körbler: Beitrag zur Kenntnis der Paraffinome der Brustdrüse. Klin. Wschr. 1927, 652. — Korényi: Gewebsveränderungen nach Teerpinselung. Virchows Arch. 264, 383 (1927). — Kossel, A.: Über das Dulzin. Arch. f. Physiol. 1893, 389. — Kranenburg: Erkrankung durch Kunstharz. In Telekys Arb. u. Gesdh. 1927, 72. — Krasso: Über Salizylsäure- (Aspirin-) Vergiftung. Wien. klin. Wschr. 1929, 1594. — Kratter: Erfahrungen über einige wichtige Gifte. Arch. Kriminalanthrop. 14, 214 (1904). — Krönig, G.: Tödliche Phenazetinvergiftung. Berl. klin. Wschr. 1895, 998. — Krotkina: Teerkarzinom. Z. Krebsforschg 22, 125 (1925). — Krukenberg: Ein Fall von Hämoglobinurie nach intrauteriner Karbolanwendung. Z. Geburtsh. 21, 167 (1891). — Kunkel: Handbuch der Toxikologie. Jena 1901. — Küntzel: Über Paraffinkrebs. Dermat. Wschr. 71, 499 (1920). — Kurpjuweit: Antifebrin als Fruchtabtreibungsmittel. Z. Med.beamte 31, 417 (1918). — Kuwabara: Experimentelle und klinische Beiträge über die Einwirkungen von Anilinfarben auf das Auge. Arch. Augenheilk. 49, 157 (1908).

Laignel-Lavastine: Un cas mortel d'anémie aplastique hémorrhag. par intoxication benzénique professionelle. Bull. Soc. méd. Hôp. Paris 1928, 1264. — Lamalle: Intoxication par la teinture des chaussures. Ann. Soc. méd.-chir. Liège 57, 116 (1923). — Landau: Ikterus bei Karbolverband. Dtsch. med. Wschr. 1891, 753. — Landé und Kalinowsky: Zur Klinik der gewerblichen Berufserkrankungen durch Benzol. Med. Klin. 1928, 655. — Langerhans: Veränderungen der Luftwege und Lungen infolge Karbolvergiftung. Dtsch. med. Wschr. 1893, 1256. — Langlois et Desbouis: Des effets des vapeurs hydrocarbonnées sur le sang. J. Physiol. et Path. gén. 9, 253 (1907). — Laqueur: Die neueren chemotherapeutischen Präparate aus der Chinin- und Akridinreihe. Erg. inn. Med. 23, 467 (1923). — Lassar: Über den Zusammenhang von Hautödem und Albuminurie. Virchows Arch. 72, 132 (1878). — Laves: Über das Vorkommen und das Verhalten des Methämoglobins in der Leiche. Dtsch. Z. gerichtl. Med. 12, 549 (1928). — Lehmann, K. B.: Arbeits- und Gewerbehygiene, 1919, S. 237. — Leichtenstern: Über Harnblasenentzündung und -geschwülste bei Arbeitern in Farbwerken. Dtsch. med. Wschr. 1898, 709. — Leitmann: (a) Über experimentelle Leberzirrhose. Virchows Arch. 261, 767 (1926). (b) Blastomatöses Wachstum unter dem Einfluß von Naphthaprodukten. Virchows Arch. 268, 566 (1928). — Lenartowicz: Beobachtungen über kutane Resorption der Salizylsäure. Dermat. Wschr. 59, 1 (1914). — Lesser, A.: (a) Anatomische Veränderungen des Verdauungskanals durch Ätzgifte. Virchows Arch. 83, 193 (1881). (b) Über die Verteilung einiger Gifte im menschlichen Körper. Vjschr. gerichtl. Med., III. F. 15, 27 u. 16, 89 (1898). — Lettermann: Beitrag zur Frage der Naphthalinvergiftung. Inaug.-Diss. Berlin 1919. — Letulle: Glossite mercurielle. Bull. Soc. méd. Hôp. Paris 1907, 423. — Leuenberger: Die unter dem Einfluß der synthetischen Farbenindustrie beobachteten Geschwulstbildungen. Beitr. klin. Chir. 80, 208 (1912). — Levi, E.: Leberschädigung durch Phenylhydrazintherapie. Z. klin. Med. 100, 777 (1924). — Lewin, J. E.: Involution und Regeneration des Thymus unter dem Einfluß von Benzol. Virchows Arch. **268**, 1 (1928). — LEWIN, L.: (a) Über allgemeine und Hautvergiftung durch Petroleum. Virchows Arch. **112**, 35 (1888). (b) Die akute tödliche Vergiftung durch Benzoldampf. Münch. med. Wschr. **1907**, 2377. — LEWIN und POUCHET: Lysolvergiftung beim Pferde. Angef. bei KATHE. — LEYMANN: Steinkohlenteer- oder Steinkohlenteerpechkrätze und -krebs. Zbl. Gewerbehyg. **5**, 2 (1917). — LEZENIUS: Ein Fall von Naphthalinkatarakt beim Menschen. Klin. Mbl. Augenheilk. **1902**, 129; Wratsch (russ.) **22**, 1392. — LIENGME: La toxicité de la Trypaflavine. Schweiz. med. Wschr. **1929**, 964. — LIGNAC: Blastomartige Erkrankung der weißen Maus... Krkh.forschg **6**, 97 (1928). — LINDE: Über Nebenwirkungen von Arzneien. Dtsch. med. Wschr. **1898**, 539. — LINDT: Experimentelle Untersuchungen über den Einfluß des Chinins... Verh. Ges. dtsch. Naturforsch. **85**, 826 (1913). — LINK: Beiträge zur Kenntnis der Lysolvergiftung. Arb. path.-anat. Abt. hyg. Inst. Posen **1901**, 253. — LIPSCHÜTZ: (a) Untersuchungen über das experimentelle Teerkarzinom der Maus. Z. Krebsforschg **21**, 50 (1923) und Med. Klin. **1923**, 409. (b) Über das experimentelle Melanom der geteerten Maus. Dermat. Wschr. **76**, 749 (1923). — LOEWENTHAL, L. und Mitarb.: Two cases of yellow atrophy of the liver following the administration of Atophan. Brit. med. J. **1928**, 592. — LÖWENTHAL, K.: (a) Einige Grundfragen der experimentellen Geschwulstforschung. Med. Klin. **1928**, 1263. (b) Experimentelle Erzeugung von Sarkomen. Klin. Wschr. **1925**, 1455 und **1927**, 2140. — LOEWY, A.: Macht die gewerbliche Benutzung von vergälltem Branntwein Gesundheitsschädigungen? Vjschr. gerichtl. Med., III. F. **48**, Suppl., 93 (1914). — LÖWY, J.: Oberkiefernekrose als Todesursache bei chronischer Benzolvergiftung. Med. Klin. **1926**, 404.

MAAS: Experimentelle Untersuchungen zur Kenntnis der Lysolwirkung. Dtsch. Arch. klin. Med. **52**, 435 (1894). — MACCHIARULO und BÜNGELER: Durch Teer erzeugte eigenartige Veränderungen der Parotisdrüse. Frankf. Z. Path. **37**, 211 (1929). — MAGNUS, R.: Anthrachinonderivate. Handbuch der Pharmakologie (HEFFTER), Bd. 2, 2, S. 1592 (1924). — MAGNUS (Breslau): Über den Einfluß des Naphthalins auf das Sehorgan. Ther. Mh. **1**, 387 (1887). — MARTYNOW: Die Nerven im Anfangsstadium des experimentellen Teerkrebses. Sitzg russ. path. Ges. **1927**. Ref. Zbl. Path. **42**, 551 (1928). — MASSON: Über Paraffinome. Inaug.-Diss. Bonn 1920. — MAYR, J. K.: Erscheinungen der Haut bei inneren Krankheiten. Leipzig: F. C. W. Vogel 1926. — MEIROWSKY: Über den Pigmentierungsvorgang bei der Teermelanose des Menschen. Virchows Arch. **255**, 303 (1925). — MERKEL: Über Todesfälle im Gefolge von therapeutischen Maßnahmen. Dtsch. Z. gerichtl. Med. **13**, 237 (1929). — MERTENS, V.: Beobachtungen an Teertieren. Z. Krebsforschg **20**, 217 (1923). — MEYER, H.: Salizylsäurevergiftung im Kindesalter. Arch. Kinderheilk. **78**, 269 (1926). — MEYER, L.: Zur Lehre von der Albuminurie in der Schwangerschaft... Z. Geburtsh. **16**, 240 (1889). — MEYER, S.: Über Schädigung der hämatopoetischen Organe durch Naphthalin. Berl. klin. Wschr. **1920**, 1025. — MEYERHOFF: Methyl salicylate poisoning in infancy. J. amer. med. Assoc. **94**, 1751 (1930/I). — Mitt. Gewerbeaufsichtsbeamten Reg.-Bez. Düsseldorf: Vergiftung durch Toluylendiamin. Z. Gewerbehyg. **18**, 207 (1911). — MOELLER: Zur Kenntnis des Antipyrinexanthems. Ther. Mh. **8**, 565 (1894). — MOHR, L.: Über Blutveränderungen bei Vergiftungen mit Benzolkörpern. Dtsch. med. Wschr. **1902**, 73. — MÖLLER: (a): Teerkrebs. Z. Krebsforschg **19**, 393 (1923). (b) Carcinom pulmonaire chez les rats. Acta path. scand. (Københ.) **1** (1924). Ref. Zbl. Path. **36**, 403 (1925). — MOREL-LAVALLÉE: Salolekzem. Bull. Soc. franç. Dermat. **1891**. — MOSSE und ROTHMANN: Pyrodinvergiftung bei Hunden. Dtsch. med. Wschr. **1906**, 134. — MUELLER, B.: Untersuchungen an Brennspiritustrinkern. Arch. f. Psychiatr. **76**, 302 (1926). — MUGDAN: Über die Giftigkeit des Kreolins. Virchows Arch. **120**, 131 (1890). — MÜHSAM und HILLEJAHN: Über Rivanolbehandlung. Dtsch. med. Wschr. **1924**, 1169. — MÜLLER, G.: Akuteste Form der Karbolsäurevergiftung. Virchows Arch. **85**, 236 (1881). — MÜLLER, R.: Über die Permeabilität der roten Blutkörperchen... Zbl. Gewerbehyg. **2**, 318 (1914). — MÜLLER, W.: Über die Wirkung verschiedener Ätzmittel auf die Haut. Z. exper. Med. **59**, 459 (1928). — MURPHY and STURM: Primary lung tumours following the cutan application of coal-tar. J. of exper. Med. **42**, 693 (1925).

NAEGELI, DE QUERVAIN, STALDER: Nachweis des zellulären Sitzes der Allergie beim fixen Antipyrinexanthem. Klin. Wschr. **1930**, 924. — NASSAUER: Über bösartige Blasengeschwülste bei Arbeitern der organisch-chemischen Großindustrie. Frankf. Z. Path. **22**, 353 (1919). — NATHER und SCHNITZLER: Experimentelle Untersuchungen zur Frage des Teerkarzinoms. Z. exper. Med. **52**, 536 (1926). — NATHORF und WILLERT: Angef. bei A. ADLER: Interne Behandlung von Erkrankungen der Leber. — NEBLER: Tödliche Vergiftung als Folge einer Einreibung mit Ol. animale foetid. Vjschr. gerichtl. Med., III. F. **2**, 270 (1891). — NEISSER: Klinisches und Experimentelles zur Wirkung der Pyrogallussäure. Z. klin. Med. **1**, 88 (1880). — NENCKI: Über die Ausscheidung von dem Organismus fremden Stoffen in den Magen. Arch. f. exper. Path. **36**, 400 (1895). — NEUGEBAUER: Die Hautschäden durch Kontakt mit Säuren... Handbuch von OPPENHEIM-RILLE-ULLMANN, Bd. 2. 1922. — NEULAND: (a) Zur WINCKELschen Krankheit. Med. Klin. **1921**, 906. (b) Vergiftung von Säuglingen und Kindern durch methämoglobinbildende Substanzen. Med. Klin. **1921**, 903. — NEUMANN, G.: Chronische Salolvergiftung. Ther. Mh. **23**, 563

(1909). — NIKOLAJEFF und SCHPARO: Studien über Benzolwirkung auf den tierischen Organismus. Virchows Arch. 272, 123 (1929). — LE NOIR et CLAUDE: Purpura nach chronischer Benzinintoxikation. Bull. Soc. méd. Hôp. Paris, 8. Oktober 1897. Ref. Zbl. Path. 10, 675 (1899). — NOTHEN: Resorzinvergiftung bei äußerer Anwendung. Med. Klin. 1908, 901.

OHMSTED and ALDRICH: Acidosis in methyl-salicylate poisoning. J. amer. med. Assoc. 90, 1438 (1928). — OLIVER: La médecine dans l'industrie. Liège méd. 1928, 1668. — OPPEN-HEIM, M.: (a) Krebsentwicklung des Präputiums bei einem Metallschleifer. Wien. klin. Wschr. 1929, 249. (b) Hautschädigung durch die Arbeit mit einer Benzol-Vergußmasse-lösung in einer Minenzünderfabrik. Wien. klin. Wschr. 1930, 249. — OPPENHEIMER, R.: (a) Kommen Geschwülste der hinteren Harnröhre... Dtsch. med. Wschr. 1926, 1342. (b) Über die bei Arbeitern chemischer Betriebe beobachteten Erkrankungen des Harn-apparats. Z. urol. Chir. 21, 336 (1927). (c) Zur Erkennung und Behandlung der Blasen-geschwülste der Anilinarbeiter. Zbl. Gewerbehyg. 8, 105 (1920). — OPPENHEIMER, B. S. and KLINE: Ochronosis. Arch. int. Med. 29, 732 (1922). — OREMBOWSKY: Verände-rungen im Gehörorgan bei Vergiftung mit Chinin und Natrium salicyl. Arch. Ohr- usw. Heilk. 88, 93 (1912). — ORZECHOWSKI: Chronische Benzolvergiftung und Knochenmark. Virchows Arch. 271, 191 (1929).

PANAS: Études sur la nutrition de l'oeil d'après des expériences faites avec la naphtha-line. Arch. d'Ophtalm. 1887. Angef. bei KLINGMANN. — PÁNDI: Veränderungen des Zentral-nervensystems bei chronischer Brom-, Kokain-, Nikotin- und Antipyrinintoxikation. Pest. med.-chir. Presse 1893, Nr 33. — PAPPENHEIM: Experimentelle Benzolvergiftung. Z. exper. Path. u. Ther. 15, 39 (1914). — PAULI: Naphthalin bei Darmkatarrh der Kinder. Berl. klin. Wschr. 1885, 153. — PETERS, A.: (a) Pathologie der Linse. Erg. Path. Suppl. 1906—1919, 388. (b) Weitere Beiträge zur Pathologie der Linse. Klin. Mschr. Augenheilk. 1901, 351 und 1904, 37. (c) Neuritis retrobulbaris durch chronische Benzinvergiftung. Dtsch. med. Wschr. 1900, 249. — PETERSEN, F.: Vergiftung mit β-Naphthol. Hosp.tid. (dän.) 1911 Nr 22. Angef. bei O. SEIFERT. — PETTY: Acute pancreatitis following the ingestion of an excessive amount of Atophan. Brit. med. J., 8. Sept. 1928. — PEWNY: Tödlich ver-laufener Fall von Pyrogallolvergiftung. Med. Klin. 1925, 970. — PICK, L.: Über die Ochro-nose. Berl. klin. Wschr. 1906, 478. — PICK, E. P. und JOANNOVICS: Toluylendiamin-vergiftung. Z. exper. Path. u. Ther. 7, 185 (1910). — PICK, E. P. und R. WASICKY: Toxi-kologische Selbstbeschädigungsmittel. Med. Klin. 1919, 6. — PIGALEW: Über den Mecha-nismus der Entstehung von „Teerkrebs". Z. exper. Med. 63, 662 (1928). — PILLIET: Ver-änderungen bei experimenteller, durch Pyrogallussäure hervorgerufener Hämoglobinurie. Progrès méd. 1893, 5. — PINKUS and HANDLEY: Report of a case of fatal methyl-salicylate poisoning. Bull. Hopkins Hosp. 41, 163 (1927). — PINNER: Fall von Kreolinvergiftung. Dtsch. med. Wschr. 1895, 680. — POINCARÉ: Sur les effets de la respiration d'un air chargé de vapeurs de pétrole. Gaz. Hôp. 1883, 123. — PONOMAREW: Über die Folgen der Einfüh-rung von Steinkohlenteer unmittelbar in den Subarachnoidalraum bei Kaninchen. Z. exper. Med. 63, 652 (1928). — POSNER: Der Urogenitalkrebs in seiner Bedeutung für das Krebs-problem. Z. Krebsforschg 1, 4 (1904). — POULSEN: Über Ochronose bei Menschen und Tieren. Beitr. path. Anat. 48, 346 (1910). — POTT: Schornsteinfegerkrebs in England. Angef. bei KOELSCH. — PROCHOWNIK: Tödlich verlaufener Fall von Naphthalinvergiftung. Ther. Mh. 25, 489 (1911). — PRYM: Die Lokalisation des Fettes im System der Harnkanälchen. Frankf. Z. Path. 5, 32 (1910). — PUHR: Über die durch Teer verursachten Veränderungen des Magens der Ratte. Z. Krebsforschg 23, 407 (1926). — PÜRCKHAUER: Karbolsäure-vergiftung durch Resorption. Friedreichs Bl. 34, 440 (1883).

QUINCKE: Salizylsäurevergiftung. Berl. klin. Wschr. 1882, 709.

RACINE: Tod durch Benzinvergiftung. Vjschr. gerichtl. Med., III. F. 22, 63 (1901). — RAEDE: Lysolvergiftung. Dtsch. Z. Chir. 36, 565 (1893). — RAKE: A case of subacute yellow atrophy following the taking of Atophan. Guy's Hosp. Rep. 77, 229 (1927). — RAMBOUSEK: Gewerbliche Vergiftungen. Leipzig 1914. — RAVEN: Angef. bei HART-MAYER, Handbuch der speziellen pathologischen Anatomie und Histologie von HENKE-LUBARSCH, Bd. 3, 1, S. 288. 1928. — RAVENNA: Sulla patologia dei plessi nervosi.... Arch. Sci. med. 25, 1 (1901). — REGENBOGEN: Berl. tierärztl. Wschr. 1903. Angef. bei FRÖHNER. — REGGIANI: Angef. bei NAEGELI (Blutkrankheiten). — REHN: (a) Blasengeschwülste bei Fuchsin-arbeitern. Arch. klin. Chir. 50, 588 (1895). (b) Harnblasengeschwülste bei Anilinarbeitern. Verh. dtsch. Ges. Chir. 1906, 313. — REICH, FR.: Giftwirkung des Lysol. Ther. Mh. 6, 677 (1892). — REICHLE: Toxic-cirrhosis of liver due to Cinchophen. Arch. int. Med. 44, 281 (1929). — REINHARDT: Petroleumwirkung. Berl. tierärztl. Wschr. 1919. Angef. bei FRÖHNER. — RENVERS: Pyrodinwirkung. Angef. bei MOSSE und ROTHMANN. — REVENS-TORF: Lysolvergiftung und Bronchopneumonie. Ärztl. Sachverst.ztg 1907, 243. — RIVET et GUÉDÉ: Intoxication benzénique mortelle. Bull. Soc. méd. Hôp. Paris 1928, 1234. — ROESCH: Drei verschiedene Karzinome bei einem Paraffinarbeiter. Virchows Arch. 245, 1 (1923). — ROHNER, BALDRIDGE and HAUSMANN: (a) Chronic benzene poisoning. Arch.

of Path. 1, 221 (1926). (b) Benzol poisoning. Arch. Path. a. Labor. Med. 2, Nr 2 (1926). — Romeick: Karbolgangrän durch Karbolwasserumschlag. Z. Med.beamte 1903, 124. — Ronchetti: Due casi di anemia perniciosa da benzolo.... Giorn. Clin. med. 3, 481 (1922). — Rose, E.: Gefährliche Spätfolgen von Paraffininjektionen. Beitr. klin. Chir. 134, 244 (1925). — Rosenau: Dangers in the use of certain halogenated phthaleins as functional tests. J. amer. med. Assoc. 85, 2017 (1925). — Rosenbaum, N. und R. Gottlieb: Neubildungen in der Harnblase bei Textilarbeitern. Gig. Tiuc a (russ.) 1926, 30. Ref. Dtsch. Z. gerichtl. Med. 10, 676 (1927). — Rosenbloom: Report of case of nasal herpes due to Phenolphthalein. J. amer. med. Assoc. 78, 967 (1922). — Rosenstein, P.: Der Unfug mit Phenolphthalein. Münch. med. Wschr. 1920, 263. — Rosin: Ein Fall wahrscheinlicher Kreolinvergiftung. Ther. Mh. 1888, 480. — Rössle: Ein Fall von akuter Chromsäurevergiftung. Dtsch. Arch. klin. Med. 75, 695 (1903). — Rost, E. und A. Braun: Dulzin. Arb. Reichsgesdh.amt 57, 212 (1926). — Roth (Braunschweig): Ein Fall von tödlicher Benzinvergiftung. Z. Med.beamte 19, 784 (1906). — Ruben: Netzhautveränderungen bei experimenteller Naphthalinvergiftung. Inaug.-Diss. Heidelberg 1910. — Rudaux: Antipyrin Purpura. Mh. Dermat. 39, 562 (1904). — Russow: Ein Fall von tödlicher Phenazetinvergiftung. Petersburg. med. Wschr. 1908, 33.

Sabracès: Benzinvergiftung. Angef. bei Naegeli. — Sachs, O.: Klinische und experimentelle Untersuchungen über die Einwirkungen von Anilinfarbstoffen... Wien. klin. Wschr. 1911, 1551. — Santesson: Über chronische Vergiftung mit Steinkohlenteerbenzin. Arch. f. Hyg. 31, 336 (1897). — Schabad: Über die Wirkung des Steinkohlenteers... Vestn. Rentgenol. (russ.) 5 (1927). Ref. Zbl. Path. 42, 529 (1928). — Schäffer, J.: Arzneiexantheme der Mundschleimhaut. Arch. f. Dermat. 85, 422 (1907). — Schall: Veränderungen des Verdauungstraktus durch Ätzgifte. Beitr. path. Anat. 44, 458 (1908). — Schapiro: Zur Kenntnis der Pyrogallolvergiftung. Fol. haemat. (Lpz.) Arch. 15, 351 (1913). — Schdanow: Experimentelle Salizylsäurevergiftung. Inaug.-Diss. Petersburg 1896. Ref. bei Maximow, Erg. Path. 5. — Scheele: Anilintumoren der Blase. Verh. dtsch. Ges. Urologie 1926, 343. — Scheele und Stolze: Das zystoskopische Bild der Strangurie bei akuter Anilinvergiftung. Z. Urol. 1927, 161. — Schleicher: Fall von Karbolvergiftung bei einer Gebärenden. Dtsch. med. Wschr. 1891, 9. — Schmilinsky: Hämolyse durch Phenolphthalein. Dtsch. med. Wschr. 1922, 1311. — Schmorl: Paraffingranulom. Münch. med. Wschr. 1922, 215. — Schreus: Siehe E. Hoffmann und Mitarbeiter. — Schroen: Medizinale Intoxikation durch Petroleum. Z. Med.beamte 1909, 218. — Schuchardt: Über die Wirkungen des Anilins auf den tierischen Organismus. Virchows Arch. 20, 446 (1861). — Schustrow und Letawet: Die Bedeutung der Fettsubstanzen bei der Benzinintoxikation. Dtsch. Arch. klin. Med. 154, 180 (1927). — Schustrow und Salistowskaja: Benzinangewöhnung. Das Blut bei der Benzinintoxikation. Dtsch. Arch. klin. Med. 150, 271 (1926). — Schwalbe und Solley: Die morphologischen Veränderungen der Blutkörperchen nach Toluylendiamin. Virchows Arch. 168, 399 (1902). — Schweinitz: (a) Exper. salicylic acid amblyopia. Trans. amer. ophthalm. Soc. New London Connect. 1895. (b) The toxic amblyopias. Philadelphia: Brothers a. Co. 1896. Ref. Zbl. prakt. Augenheilk. 20, 208 (1896). — Schwimmer: Über einige neuere dermatotherapeutische Mittel. Wien. med. Wschr. 1889, 178. — Sclavunos: Über Oesophagitis dissecans superficialis. Virchows Arch. 133, 250 (1893). — Sehrt: Die histologischen Veränderungen im menschlichen Gewebe bei Paraffininjektion. Beitr. klin. Chir. 55, 601 (1907). — Selling: Benzol als Leukotoxin. Beitr. path. Anat. 51, 576 (1911). — Senn: Hornhauterkrankung bei Anilinfärbern. Korresp.bl. Schweiz. Ärzte 1897, 161. — Sexton: Guajacol poisoning by absorption, with report of a case. Arch. of Pediatr. 31, 285 (1914). — Shepherd: Ein bemerkenswerter Fall von Purpura-Ausschlag mit Ausgang in Gangrän, hervorgerufen durch salizylsaures Natron. J. of cutan. genito-urin. Dis., Jan. 1896. — Siedamgrotzky: Sächsischer Jahresbericht 1892. Angef. bei Fröhner. — Silberberg, M.: Die pathologische Anatomie der chronischen Benzolvergiftung nach Versuchen am Kaninchen. Virchows Arch. 267, 487 (1928). — Silbermann, O.: (a) Intravitale Blutgerinnung nach akuter Intoxikation durch chlorsaure Salze usw. Virchows Arch. 117, 288 (1889). (b) Karbolsäurevergiftung in Einwirkung auf die Atmungsorgane. Dtsch. med. Wschr. 1895, 681. — Silberstein, L.: Der Phenolphthaleinunfug. Ther. Halbmh. 34, 306 (1920). — Sinonin: Benzinvergiftung. Bull. Soc. méd. Hôp. Paris, 16. Febr. 1903. Ref. Zbl. Path. 15, 427 (1904). — Snapper: Phenazetin als Ursache für Sulfhämoglobinämie. Dtsch. med. Wschr. 1925, 648. — Sobieranski: Über die Resorption des Vaselins von der Haut aus. Arch. exper. Path. 31, 329 (1893). — Sobolewa, Schabad und Schorr: Beitrag zum experimentellen Teerkrebs. Sitzg russ. path. Ges. 1927. Ref. Zbl. Path. 42, 551 (1928). — Sonnenburg: Zur Lehre der Karbolintoxikationen. Zbl. Chir. 5, 753 (1878). — Southam: Occupational cancer of mule-spinners. Brit. med. J. 1928, 437. — Spurr: Über Benzinvergiftung. Angef. bei Kobert (Lehrbuch). — Stadelmann: (a) Das Toluylendiamin und seine Wirkung auf den Tierkörper. Arch. f. exper. Path. 14, 231 u. 422 (1881). (b) Die chronische Vergiftung mit Toluylendiamin. Arch. f. exper. Path. 23, 427 (1887). — Starck: Seltener Fall von Anilinvergiftung. Ther. Mh. 6, 377 (1892). — Staub:

Experimentelle toxische Leberschädigung mit technischem Chloranil. Frankf. Z. Path. 35, 124 (1927). — STEIN: Paraffininjektionen. Stuttgart: Ferdinand Enke 1904. — STEINDL: Paraffinome des Peritoneums. Z. Urol. 209, 31 (1928). — STERN, K.: Über Vergiftung durch äußerliche Anwendung von β-Naphthol. Ther. Mh. 1900, 165. — STERNBERG, A.: Zur experimentellen Krebserzeugung durch Teer. Z. Krebsforschg 20, 420 (1923). — STIEFLER: Epilepsie nach Benzinvergiftung. Münch. med. Wschr. 1928, 938. — STRAUS, H.: Fälle von Icterus catarrhalis während des Gebrauchs von Lactophenin. Ther. Mh. 9, 467 (1895). — STUELP: Akute Benzolvergiftung. Z. Med.beamte 32, 265 (1919). — SUCHIER: Akute Dermatitis durch Lederfärbemittel. Münch. med. Wschr. 1928, 570. — SURY-BIENZ: Gerichtlich-medizinisches aus chemischen Fabriken. Vjschr. gerichtl. Med., N. F. 49, 138 (1888). — SUTTON: Acute yellow atrophy of the liver following the taking of Cinchophen. J. amer. med. Assoc. 9, 310 (1928). — SWEENEY: Chronic aplastic anaemia and symptomatic hemorrhagic purpura probably due to Benzol poisoning. Amer. J. med. Sci. 175, 377 (1928).

TAKAMURA: Über die Wirkung von Naphthalin und α-Naphthol auf das Auge. Arch. Augenheilk. 70, 335 (1912). — TAUBER: Beitrag zur Kenntnis über das Verhalten des Phenols im tierischen Organismus. Z. physiol. Chem. 2, H. 6 (1879). Angef. bei KOBERT und KÜSSNER. — TAUSCH: Zwei Fälle von Lysolvergiftung. Berl. klin. Wschr. 1902, 802. — TESTA: Experimentaluntersuchungen über die physiologische Wirkung des Naphthalins. Schmidts Jb. 206, 238 (1885). — TEUTSCHLÄNDER: (a) Über die endgültigen Ergebnisse unserer Experimente zum Nachweis karzinogener Komponenten im Heidelberger Gaswerkteer. Z. Krebsforschg 20, 111 (1923). (b) Über den Pechkrebs der Brikettarbeiter. Z. Krebsforschg 28, 283 (1928). (c) Neue Untersuchungen über die Wirkungsweise von Teer und Pech bei der Entstehung beruflicher Hautkrebse. Z. Krebsforschg 30, 537 (1930). — THIES: Ausguß der Konjunktivalsäcke und maskenartige Überziehung des Gesichtes mit Teer. Klin. Mbl. Augenheilk. 77, 549 (1926). — THOMPSON, W. G.: Chronic anilin poisoning. Med. Rec. 97, 401 (1920). — THOMSON, E.: Universelles Exanthem nach Scheidenspülung mit Lysollösung. Ther. Mh. 18, 433 (1904). — THORLING: Kreosotvergiftung bei einem Säugling. Uppsala Läk.för. Förh. 26, 14 (1921). — TURTLE and DOLAN: A case of rapid and fatal absorption of carbolic acid through the skin. Lancet 203, 1273 (1922). — TWORT and JUG: Mulespinners cancer and mineral oils. Lancet 1928, 752.

ULLMANN: Krebsentwicklung als Folge beruflich-gewerblicher Hautschäden. Handbuch OPPENHEIM-RILLE-ULLMANN, Bd. 3, S. 234. 1926. — UYENO: Experimentelle Untersuchungen über die Veränderung der Nieren bei Karbolsäurevergiftung. Beitr. path. Anat. 47, 126 (1910).

VEIT: Entzündungsvorgänge bei Kaninchen, die durch Benzol aleukozytär gemacht worden sind. Beitr. path. Anat. 68, 425 (1921). — VERNEUIL: Gangrène partielle du pied... Bull. Acad. Méd. Paris, III. s. 26, 602 (1891). — VERSÉ: Das Problem der Geschwulstmalignität. Jena: Gustav Fischer 1914. — VOLK: Nierenerkrankung nach äußerlicher Chrysarobinapplikation. Wien. klin. Wschr. 1906, 1194. — VOLKMANN: Beiträge zur Chirurgie. Leipzig: Breitkopf und Härtel 1875.

WACHHOLZ: Über Veränderungen der Atmungsorgane infolge Karbolsäurevergiftung. Dtsch. med. Wschr. 1895, 146. — WACKEZ: Kreolin-Ekzem. Ther. Mh. 3, 264 (1889). — WAGNER, E.: Beitrag zur Kenntnis des akuten Morbus Brightii. Dtsch. Arch. klin. Med. 25, 529 (1880). — WALBAUM: Über die Einwirkung konzentrierter Ätzgifte auf die Magenwand. Vjschr. gerichtl. Med., III. F. 32, 63 (1906). — WALDSTEIN: Über künstlich erzeugte Phlegmonen. Wien. med. Wschr. 1919, 1796. — WALKER, N.: Siehe unter Nitrokörper. — WANDEL: Zur Pathologie der Lysol- und Kresolvergiftung. Arch. f. exper. Path. 56, 162 (1907). — WARFIELD: Karbolsäuregangrän. Med. News 1890, Nr 15. Ref. Ther. Mh. 4, 364 (1890). — WETZEL and NOURSE: Wintergreen poisoning. Arch. Path. a. Labor. Med. 1, 182 (1926). — WIEDOW: Tödlich verlaufener Fall von Naphthalinvergiftung. Inaug.-Diss. Gießen 1914. — WIENER: Phenolphthaleinvergiftung. Angef. bei JAKSCH. — WINTER, W.: Ein Fall von röhrenförmiger Ausstoßung einer Ösophagusmembran nach Lysolvergiftung. Inaug.-Diss. Göttingen 1910. — WISE and ABRAMOWITZ: Phenolphthalein eruptions. Arch. of Dermat. 5, 297 (1922). — WITTHAUER: Über Ikterus nach Laktopheningebrauch. Ther. Mh. 12, 111 (1898). — WORONOW: Über die morphologischen Veränderungen des Blutes und der bluterzeugenden Organe unter dem Einfluß des Benzols und dessen Abkömmlingen. Virchows Arch. 271, 173 (1929). — WYSS, O.: Über Guajakolvergiftung. Dtsch. med. Wschr. 1894, 296.

YAMAGIVA: (a) Über die künstliche Erzeugung von Brustdrüsenkrebs beim Kaninchen. Virchows Arch. 245, 20 (1923). (b) Über die künstliche Erzeugung von Teerkarzinom und -Sarkom. Virchows Arch. 233, 235 (1921). — YAMAGIVA und ICHIKAWA: Experimentelle Studien über die Pathogenese der Epithelgeschwülste. Mitt. med. Fak. Tokyo 1916, 295; 1917, 19 u. 1919, 1. — YAMAGUCHI: Studien über die Mundspeicheldrüsen. Beitr. path. Anat. 73, 123 (1925).

Zenker, R.: Über Teerkarzinom mit langer Latenzzeit. Z. Krebsforschg **28**, 121 (1928).
Zieler und Birnbaum: Akute gelbe Leberatrophie nach intravenöser Anwendung
von Yatren. Münch. med. Wschr. **1922**, 665. — Zillner: Drei Fälle von Karbolsäureeinwirkung. Wien. med. Wschr. 1879, 1233. — Zoltán: Zur Verhütung von Nebenerscheinungen des Trypaflavins. Romania med. **1928**, Nr 13. — Zörnlaib: Über Benzinvergiftungen. Wien. med. Wschr. **1906**, 365. — Zumbroich: Tödlich verlaufener Fall von Vergiftung mit Salizylsäure. Mschr. Kinderheilk. Orig. **15**, 167 (1919). — Zumbusch: Arzneiexantheme in Riecke: Lehrbuch der Hautkrankheiten. Jena: Gustav Fischer 1914. —
Zweig: Über Berufskarzinome. Dermat. Z. **16**, 85 (1909).

<h3 align="center">Glykoside.</h3>

Aschoff: Über ortho- und pathologische Morphologie der Nebennierenrinde. Vorträge über Pathologie. Jena: Gustav Fischer 1925.
Bachem: Ein Fall von Rettichvergiftung. Klin. Wschr. **1925**, 2115. — Blatt: Siehe
unter Giftpflanzen. — Blumenthal, Leo: Masernartiges Exanthem nach Senfpackung.
Z. Kinderheilk. **38**, 158 (1924). — Brandl, J.: Saponinvergiftung. Arch. f. exper. Path.
59, 299 (1908). — Bunting: Exper. anaemias in the rabbit. J. of exper. Med. **8**, 625 (1906).
Carlau: Beitrag zur Kenntnis der Leberveränderungen durch Gifte. Inaug.-Diss.
Rostock 1903.
Eckstein, A.: Vergiftung mit Digipuratum. Arch. f. Kinderheilk. **68**, 322 (1921).
Fabris: Osservazioni sopra la mielose eterotop negli avvelenamenti da saponina. Arch.
ital. ematol. **7**, 229 (1926). — Ferber: Die Wirkung des Digitalis. Virchows Arch. **47**, 151
(1869). — Fichera: Verteilung des Glykogens bei verschiedenen Arten experimenteller
Glykosurie. Beitr. path. Anat. **36**, 273 (1904). — Firket and Campos: Generalized megalocaryocytic reaction to Saponin poisoning. Bull. Hopkins Hosp. **33**, 271 (1922). — Fischer, H.:
Aufnahme, Bindung und Abbau von Digitalisstoffen. Arch. f. exper. Path. **130**, 111 (1928). —
Foà: Saponinvergiftung. Angef. bei Kollert und Rezek. — Friedmann, K.: Purpura nach
Thiosinamin. Ther. Gegenw. **13**, 205 (1911). — Fühner: Rektale Strophantinvergiftung.
Dtsch. med. Wschr. **1929**, 1408. — Fukui: Saponinwirkung. Biochem. Z. **147**, 146 (1926).
Gaisböck und Bayer: Beitrag zur Toxikologie der Saponine. Wien. klin. Wschr. **1924**,
952. — Gottlieb, R. und R. Magnus: Digitalis. Angef. bei Poulsson. — Grosse, P.: Ein
Fall von Vergiftung nach Gebrauch von Thiosinamin. Münch. med. Wschr. **1908**, 910.
Halberkann: Über Assamin, das neutrale Saponin der Assamteesamen. Biochem.
Z. **19**, 310 (1909). — Haudrick: Über die Beeinflussung und Resistenz der roten Blutkörperchen durch hämatoxische Substanzen. Dtsch. Arch. klin. Med. **107**, 312 (1912). —
Hayn, F.: Über Thiosinaminvergiftung. Münch. med. Wschr. **1910**, 350. — Heffter:
Meerrettichvergiftung. Klin. Wschr. **1922**, 1561. — Henze: Versuche über das ätherische
Senföl. Zbl. med. Wiss. **24**, 433 (1886). — Hoffmann, E.: Über durch Pflanzen bedingte
artefizielle Dermatitiden. Berl. klin. Wschr. **1904**, 960.
Isaak und Möckel: Experimentelle Untersuchungen über die Einwirkung des Saponins auf die hämatopoetischen Organe. Z. klin. Med. **72**, 231 (1911).
Kobert: (a) Die Saponine. Biochemisches Handlexikon (Abderhalden), Bd. 7,
S. 45. Berlin: Julius Springer 1912. (b) Neue Beiträge zur Kenntnis der Saponinsubstanzen.
Stuttgart: Ferdinand Enke 1917. (c) Über Quillajasäure. Arch. f. exper. Path. **23**, 260
(1887). — Kofler: (a) Die Saponine. Berlin: Julius Springer 1927. (b) Die Bedeutung
der Saponine in Arznei- und Nahrungsmitteln. Klin. Wschr. **1929**, 1098. — Kofler und
Lázár: Über die Resistenz des Blutes verschiedener Tiere gegen Saponinhämolyse. Wien.
klin. Wschr. **1927**, 16. — Kofler und Schrutka: Vergleichende Untersuchungen über die
Toxizität der Saponine und die Entgiftung durch Cholesterin. Biochem. Z. **159**, 327 (1925). —
Köhnhorn: Digitalisvergiftung. Vjschr. gerichtl. Med., N. F. **24**, 278 (1876). — Kollert
und Grill: Einwirkung von Saponininjektion auf den Cholesteringehalt des Kaninchenserums. Z. exper. Med. **49**, 522 (1926). — Kollert, Kofler und Susani: Wirkungen
der Primulasäure. Z. exper. Med. **45**, 682 (1925). — Kollert und Rezek: Beitrag zur
Histologie der Saponinvergiftung. Virchows Arch. **262**, 838 (1926) und **270**, 706 (1928). —
Koppe: Untersuchungen über die pharmakologischen Wirkungen des Digitoxins, Digitalins
und Digitaleins. Arch. f. exper. Path. **3**, 274 (1875). — Kruskal: Über die Zusammensetzung der Ergotinsäure. Arb. pharmakol. Inst. Dorpat 1 (1888).
Lange, F.: Purpura haemorrhagica im Verlaufe von Fibrolysininjektionen. Med. Klin.
1920, 1055. — Leupold: (a) Cholesterinstoffwechsel und Spermiogenese. Beitr. path.
Anat. **69**, 305 (1921). (b) Beziehungen zwischen Nebennieren und männlichen Keimdrüsen.
Veröff. Kriegs- u. Konstit. path. **1**, H. 4 (1920). — Lewitzky: Über pathologisch-histologische
Veränderungen des Herzens bei Digitalisvergiftungen. Inaug.-Diss. Petersburg 1904. Ref.
Zbl. Path. **1905**, 532. — Loewi: Digitoxingruppe. Angef. bei Poulsson.
Meyer, P.: Über die Wirkung des Allylsenföls auf Leber und Nieren. Virchows Arch.
180, 477 (1905). — Mitscherlich: Über die Einwirkung der ätherischen Öle auf den
tierischen Organismus. Preuß. Ver.ztg Berlin **1843**. Angef. bei Husemann.

Neumayer: Über die Wirkung des Sapotoxins von Agrostemma Githago. Arch. f. exper. Path. **59**, 311 (1908). — Neustätter: Verletzung des Auges durch Senföl. Zbl. prakt. Augenheilk. **25**, 196 (1901). — Niemeyer: Über Nebennierenveränderungen nach experimentellen Vergiftungen. Z. exper. Med. **14**, 346 (1921).

Pachorukow: Über Sapotoxin. Arb. pharmakol. Inst. Dorpat **18**, 1 (1888). — Pander: Beiträge zum gerichtlich-chemischen Nachweis des Bruzins, Emetins usw. Inaug.-Diss. Dorpat 1871. — Pick, E. P. und Wasicky: Toxikologische Selbstbeschädigungsmittel. Med. Klin. **1919**, 6. — Podwyssotzki: Beiträge zur Kenntnis des Emetins. Arch. f. exper. Path. **11**, 231 (1879). — Pritchard: A case of purpura haemorrhagica following the use of Fibrolysin. Lancet **1914**, 450.

Reinhardt: Vergiftung mit unreifen Nießwurzsamen. Münch. med. Wschr. **1909**, 2056. — Rezek: Saponinvergiftung. Diskussionsbemerkung zu Gräff: Verh. dtsch. path. Ges. **1927**, 284. — Ruge, H.: Emetininjektionen. Angef. bei O. Seifert: Nebenwirkungen der Arzneimittel.

Schliomensum: Digitalis. Angef. in Poulssons Lehrbuch der Pharmakologie. — Schmiedeberg, O.: Untersuchungen über die pharmakologisch wirksamen Bestandteile der Digitalis purpurea. Arch. f. exper. Path. **3**, 16 (1875).

Tufanow: Saponin. Arb. pharmakol. Inst. Dorpat **18**, 117 (1888).

Wacker: Über die Wirkung der Saponinsubstanzen. Biochem. Z. **12**, 8 (1908). — Wacker, Hueck und Koller: Saponinvergiftung. Arch. f. exper. Path. **71**, 373 (1913). — Wateff: Fall von Vergiftung mit Oleandrin. Dtsch. med. Wschr. **1901**, 801.

Alkaloide.

Abelsdorff, G.: (a) Fall von Optochinamblyopie. Dtsch. med. Wschr. **1923**, 792. (b) Über Optochinsehstörungen und ihre anatomischen Grundlagen. Klin. Mbl. Augenheilk. **62**, 31 (1919). — Adler, J. und Hensel: Intravenöse Nikotineinspritzungen in ihrer Wirkung auf die Kaninchenaorta. Dtsch. med. Wschr. **1906**, 1826. — Agapi: Action de l'Atropin sur quelques organs. C. r. Soc. Biol. Paris **97**, 1120 (1927). — Alkan: Die Wirkung des Alkaloids von Chelidonium majus auf den Magen-Darmkanal. Arch. Verdgskrkh. **43**, 46 (1928). — Allard: Die Strychninvergiftung. Vjschr. gerichtl. Med., III. F. **25**, Suppl., 234 (1903). — Alt: Morphiumvergiftung. Angef. bei Weimann. — Altland: Zur Pathologie der Sehstörungen bei Chininvergiftung. Klin. Mbl. Augenheilk. **42**, 1 (1904). — Amato: Neue Untersuchungen über die experimentelle Pathologie der Blutgefäße. Virchows Arch. **192**, 86 (1908). — Annau und Hergloz: Über die Einwirkung der chronischen Strychninvergiftung auf die Zahl der roten Blutkörperchen. Z. exp. Med. **61**, 114 (1928). — Arima: (a) Über die paradoxe Speichelsekretion bei chronischer Atropinvergiftung. Arch. f. exper. Path. **83**, 1 (1918). (b) Die histologischen Veränderungen des Pankreas infolge chronischer Atropinvergiftung beim Tier. Arch. f. exper. Path. **83**, 157 (1918). — Asam: Erfahrungen über Orthoform. Münch. med. Wschr. **1899**, 252. — Auerbach: Der Tod durch Morphiumvergiftung. Vjschr. gerichtl. Med., III. F. **11**, 253 (1896). — Augstein: Pigmentstudie am lebenden Auge. Klin. Mbl. Augenheilk. **1**, 1 (1912).

Baermann: Über Chinintod. Münch. med. Wschr. **1909**, 2319. — Barbacci: Referat über die Nervenzelle... Zbl. Path. **1898**, 865. — Barrett: Melbourne intercolonial. Med. J. Austral. **1897**. Angef. bei L. Lewin und Guillery. — Barros: Über die sog. spezifische Wirkung der Krampfgifte... Z. Neur. **93**, 720 (1924). — Baylac: Athérome exp. de l'Aorte consécutiv à l'action du tabac. C. r. Soc. Biol. Paris **1**, 935 (1906). — Behse: Experimentelle Untersuchungen über die Einwirkungen des Chinins auf das Auge. Graefes Arch. **70**, 239 (1909). — Beneke, R.: Über die speziellen Gefäßerkrankungen bei Nikotinvergiftung. Münch. med. Wschr. **1919**, 1463. — Bertelli, Schweeger und Falta: Über die Wechselwirkung der Drüsen mit innerer Sekretion. (Über Chemotaxis.) Z. klin. Med. **71**, 23 (1910). — Bihler: Fall tödlicher Opiumvergiftung. Dtsch. Arch. klin. Med. **66**, 301 (1913). — Birch-Hirschfeld: (a) Häufigere Schädigungsmöglichkeiten in der Augenheilkunde. Med. Klin. **1929**, 777. (b) Zur Pathogenese der chronischen Nikotinamblyopie. Graefes Arch. **53**, 79 (1901). — Blamoutier et Joannon: La maladie quinique d'origine professionelle. Rev. d'Hyg. **44**, 521 (1922). — Bodechtel: Befunde am Zentralnervensystem bei Spätnarkosefällen und bei Todesfällen nach Lumbalanästhesie. Z. Neur. **117**, 366 (1928). — Bogomolez: Über die Hypersekretion der Lipoidsubstanzen.. Z. Immun.forschg **8**, 35 (1911). — Bongers: Ausscheidung körperfremder Stoffe in den Magen. Arch. f. exper. Path. **35**, 415 (1895). — Bono, de: Amaurose durch Chinin. Arch. Ottalm. **2**. Ref. Zbl. Augenheilk. **1895**, 583. — Bonvicini: Die lokalen Erscheinungen bei den Kokainschnupfern. Jb. Psychiatr. **44**, 1 (1925). — Brack: (a) Über Koronarthrombosen. Dtsch. med. Wschr. **1928**, 1578. (b) Über Hirnarterienveränderungen, speziell bei Vergiftungen. Z. Neur. **118**, 526 (1929). — Brandes, K.: Liquorverhältnisse an der Leiche und Hirnschwellung. Frankf. Z. Path. **35**, 274 (1927). — Brandess: Symmetrische Gangrän beider Füße bei febrilem Abort und gleichzeitiger Gynergendarreichung. Zbl. Gynäk. **52**, 620 (1928). —

BRAUN, H.: Über einige neuere Anästhetika. Dtsch. med. Wschr. 1905, 1667. — BRAVETTA: Diaria e autopsia di un cocainomane. Boll. Soc. med.-chir. Pavia 35, No 6 (1922). — BRAVETTA e INVERNIZZI: Il cocainismo. Note Psichiatr. 10, 543 und 11, 179 (1922/23). — BURGL: Strychninvergiftung. Friedreichs Bl. 53, 438 (1902). — BUSCHKE und A. FRÄNKEL: Über die Funktion der Talgdrüsen und deren Beziehung zum Fettstoffwechsel. Berl. klin. Wschr. 1905, 318. — BUSSCHER: Intoxikationsfälle durch Aconitinum nitric. gallic. Berl. klin. Wschr. 1880, 337. — BUTTE: Colchicin. Ann. Hyg. publ. 15, 347 (1886). Angef. bei KOBERT.

CAFFIER: Kritische Beiträge zum Problem des Ergotismus gangränosus. Z. Geburtsh. 92, 116 (1927). — CASPER: Strychninvergiftung. Vjschr. gerichtl. Med., N. F. 1, 1 (1864). — CEELEN: Über die Nebenwirkungen des Theacylon. Münch. med. Wschr. 1918, 251. — CHOPRA, GHOSH and PREMANKER: Some observations of the toxicity of emetine. Indian. med. Gaz. 59, 338 (1924). — CLOETTA: Die Vergiftungen durch Alkaloide und andere Pflanzenstoffe. Lehrbuch der Toxikologie von FLURY und ZANGGER, 1928. — COURTOIS-SUFFIT: Kolchizinvergiftung. Bull. Soc. méd. Hôp. Paris, 6. Febr. 1903. Ref. Zbl. Path. 15, 428 (1904). — CREUTZFELDT: Histologische Befunde bei Morphinismus. Z. Neur. 101, 97 (1926). — CRISPINO: La tiroide nella infezione e intossi cazione sperimentale. Giorn. Assoc. Napoli. Med. e Natural. 12 (1902).

DADDI: Sulle alterazioni delle cellule nervose nell' avvelenamento da cocaina. Sperimentale 53 I (1899). — DALÉN: Über die anatomische Grundlage der Tabak-Alkoholamblyopie. Mitt. Augenklin. des Carolin. med.-chir. Inst. Stockholm. 1906, 1. Ref. Zbl. Path. 18, 634 (1907). — DAVIDSON, A.: Fatal case of poisoning by ergot of rye. Lancet 2, 526 (1882). — DESZIMIROVICZ: Über einen interessanten Fall von Nikotinvergiftung. Wien. klin. Wschr. 1919, 226. — DEUTSCH: Eine Vergiftung durch Tabak. Preuß. med. Ver.ztg 1851, Nr 8. — DIXON and MALDEN: Colchicin and bone-marrow. J. of Physiol. 37, 50 (1908). — DOMENICIS: Über den Übergang des Strychnins auf den Fötus. Zbl. Path. 15, 677 (1904). — DONATH und LANDSTEINER: Chinin. Angef. bei NOCHT und KIKUTH. — DOTTO: Sulle alterazione del sistema nervoso nell' avvelenamento subacuto per chinina e ergotina. Ref. Zbl. Path. 8, 321 (1897). — DRESEL: Pathologie der Schilddrüse und Epithelkörperchen. Rundfunkvortrag Berlin, Nov. 1926. — DRUAULT: Recherches sur la pathogénie de l'amaurose quinique. Travail du labor. d'opht. de l'hôtel de Dieu. Paris: Steinheil 1900. Angef. bei BIRCH-HIRSCHFELD. — DUBREUILH: Orthoformexantheme. Ther. Mh. 16, 107 (1902).

EBERT, M.: Zur Frage der Pathogenese der Hämoglobinurie bei Malaria. Z. Immun. forschg 53, 297 (1927). — EDLEFSEN: Fall von Opiumvergiftung. Ther. Mh. 15, 206 (1901). — EHRLICH, P.: Studien in der Kokainreihe. Dtsch. med. Wschr. 1890, 717. — EISELSBERG: Plasmochinvergiftung. Wien. klin. Wschr. 1927, 525. — ELLINGER, PH. und W. HOF: Der Einfluß von Leberschädigungen auf die Giftigkeit örtlich betäubender Mittel. Schmerz 2, 1 (1929/30). — ERZER: Selbstmord durch Kokain; Befunde bei experimenteller Kokainvergiftung. Dtsch. Z. gerichtl. Med. 4, 40 (1924).

FAGERLUND: Vergiftungen in Finnland in den Jahren 1880—1893. Vjschr. gerichtl. Med., III. F. 8, Supp., 92 (1894). — FAUST: Über die Ursachen der Gewöhnung an Morphin. Arch. f. exper. Path. 51, 248 (1904). — FAVARGER: Über die chronische Tabakvergiftung. Wien. med. Wschr. 1887, 323. — FISCHER (Sontra): Schädigung der Mundschleimhaut durch Tabakstaub. Z. Hyg. 99, 296 (1923). — FISCHER, B.: Experimentelle Untersuchungen über die blasige Entartung der Leberzelle. Frankf. Z. Path. 28, 201 (1922). — FLEISHER and L. LOEB: Experimental myocarditis. Arch. int. Med. 3, 78 (1909). — FORCKE: Physiologisch-therapeutische Untersuchungen über das Veratin. Hannover 1837. Angef. bei PRAAG. — FREY, H.: Die toxischen Erkrankungen des Gehörorgans. Internat. Zbl. Ohrenheilk. 2, 251 (1904). — FRIEDLÄNDER, R.: Orthoformwirkung. Ther. Mh. 1900. 676. — FÜHNER, H.: (a) Rektale Strophantinvergiftung. Dtsch. med. Wschr. 1929, 1408. (b) Akonitin. Angef. in POULSSONS Lehrbuch der Pharmakologie. — FÜHRER: Tötung eines Neugeborenen durch Krähenaugenpulver. Vjschr. gerichtl. Med., N. F. 25, 290 (1876).

GALEOTTI: Zur Kenntnis der Sekretionserscheinungen in den Epithelien der Schilddrüse. Arch. mikrosk. Anat. u. Entw.mechan. 48, 305 (1897). — GAZA, V.: Gewebsnekrose nach Anwendung alter Novokainlösung. Dtsch. med. Wschr. 1913, 746. — GEBHARD: Über die Wirkung des Veratins. Angef. bei PRAAG. — GERNHARDT: Zur Kasuistik der Physostigminvergiftung. Klin. Wschr. 1927, 1433. — GHIRON: Studien über die Pathogenese des Schwarzwasserfiebers. Arch. Schiffs- u. Tropenhyg. 31, 63 (1927). — GLASER, E.: Der Einfluß von Alkaloiden auf die Haut in gewerblichen Betrieben. Handbuch von OPPENHEIM-RILLE, Bd. 2, S. 367. 1926. — GOLDBERGER: Symmetrische Gangrän an den unteren Extremitäten nach Mutterkornmedikation. Zbl. Gynäk. 1928, 1573. — GOUVEA, DE: Amaurose quinique. Annales d'Ocul. 1894, 363. — GRIGORJEFF: Zur pathologischen Anatomie der chronischen Mutterkornvergiftung bei Tieren. Beitr. path. Anat. 18, 1 (1895). — GROSZ, V.: Erblindung durch Granatwurzel. Ärztl. Ver. Budapest 1895. — GRUBER, G. B.: Über intravenösen Morphiummißbrauch. Münch. med. Wschr. 1923, 147. — GRUNERT, K.: Kritik der experimentellen Ergebnisse KIRCHNERS bei seinen Vergiftungsversuchen.

Arch. Ohr- usw. Heilk. 45, 161 (1898). — GRÜNFELD: (a) Über die anatomischen Veränderungen bei chronischer Sphacelinvergiftung. Arb. pharmakol. Inst. Dorpat 4 (1890). (b) Zur Frage über die Wirkung des Mutterkorns auf das Rückenmark der Tiere. Arch. f. Psychiatr. 21, 618 (1890). — GUGGISBERG: Beitrag zur Sekalefrage. Zbl. Gynäk. 1929, 578. — GUILLAIN et GY: Les lésions hépatiques dans l'intoxication tabagique. C. r. Soc. Biol. Paris 65, 482 (1908).

HARRISON: A case of Ipecacuanha poisoning. Lancet, Aug. 1908, 537. — HARTMANN und ZILA: Das Schicksal des Chinins im Organismus. Arch. f. exper. Path. 83, 221 (1918). — HAXTHAUSEN: Koloquintenhaltiger Spiritus als Ursache von Handekzem bei Friseuren. Ugeskr. Laeg. (dän.) 90, 844 (1928). — HEERMANN (Posen): Orthoformvergiftung. Ther. Mh. 1901, 158. — HEINE, L.: Die Krankheiten des Auges. Berlin: Julius Springer 1921. — HELLIN und SPIRO: Die Wirkung von Koffein und Phloridzin bei artefizieller Nephritis. Arch. f. exper. Path. 38, 368 (1897). — HERAUSGEBER: Septumperforation durch Kokainmißbrauch. Internat. Zbl. Laryng., 29. Mai 1920. — HEYER: Symmetrische Gangrän beider Füße bei febrilem Abort und Gynergendarreichung. Zbl. Gynäk. 1927, 1718. — HILDEBRANDT: Zur Pharmakologie der Chinatoxine. Arch. f. exper. Path. 59, 127 (1908). — HJELT: Über die Mitochondrien in den Epithelzellen der gewundenen Harnkanälchen bei der Einwirkung von Koffein. Virchows Arch. 207, 207 (1912). — HOFSTÄTTER: Experimentelle Studie über die Einwirkung des Nikotins auf die Keimdrüsen. Virchows Arch. 244, 183 (1923). — HOLDEN: Die Pathologie der experimentellen Chininamblyopie. Arch. Augenheilk. 39, 139 (1899). — HORBACZEWSKI: Beiträge zur Kenntnis ... Sitzgsber. Akad. Wiss. Wien, Math.-naturwiss. Kl. III, C 4, 78 (1891). — HORMUCHI: Befunde der Nebennieren bei experimenteller Morphiumvergiftung. Trans. jap. path. Soc. 13, 47 (1923). — HUBER, K. J.: Über die Ausscheidung subkutan einverleibter Alkaloide. Arch. f. exper. Path. 94, 327 (1922). — HUSEMANN: Zur Tabaksamaurose. Dtsch. med. Wschr. 1894, 819.

IPSEN: Über Akonitinvergiftung. Vjschr. gerichtl. Med., III. F., 47, 180, I. Suppl. (1914).

JACOTTET: Études sur les altérations des cellules nerveuses de la moelle dans quelques intox. expér. Beitr. path. Anat. 22, 443 (1897). — JAKOBY, C.: Pharmakologische Untersuchungen über das Kolchikumgift. Arch. f. exper. Path. 27, 128 (1890). — JANSEN: Über Koloquintenvergiftung. Ther. Mh. 3, 39 (1889). — JOËL, E. und FR. FRÄNKEL: Der Kokainismus. Erg. inn. Med. 25, 988 (1924). — JOHNSON, SCOTT and SIEBERT: Experimental myocarditic lesions in the rabbit. Arch. of Path. 6, 54 (1928) und Amer. Heart J., 3. Febr. 1928. — JORDAN: Über Novokainekzeme. Dermat. Wschr. 1927, 977.

KAHLDEN: Toxische Nephritis. Beitr. path. Anat. 11, 531 (1892). — KEESER: Über den Nachweis von Koffein, Morphin und Barbitursäurederivaten im Gehirn. Arch. f. exper. Path. 127, 230 (1927). — KENZIE, Mc.: Local anaesthetic action of Stovaine. Brit. med. J. 1906, 1099. — KIENLIN: Spontangangrän im Wochenbett. Zbl. Gynäk. 52, 622 (1928). — KIRCHNER: Über die Einwirkung von Chinin und Salizylsäure auf das Gehörorgan. Berl. klin. Wschr. 1881, 726. — KOBERT: Über die Wirkungen des Mutterkorns. Arch. f. exper. Path. 18, 316 (1884). — KOCH, R.: Über Schwarzwasserfieber. Z. Hyg. 30, 295 (1899). — KOHBERG und BECK: Ein Fall tödlich verlaufender Heroinvergiftung. Dtsch. Z. gerichtl. Med. 12, 112 (1928). — KOKORIN: Über die Gewebsveränderungen im tierischen Organismus bei chronischer Mutterkornvergiftung. Inaug.-Diss. Petersburg 1884. Angef. bei GRIGORJEFF. — KOLINSKI: Über den Einfluß von Schnupftabak auf die Augen. Ref. Z. Augenheilk. 4, 237 (1900). — KOLOSSOW: Zur Frage des Ursprungs der Fettsubstanzen in der Nebenniere. Virchows Arch. 264, 468 (1927). — KOSDOBA: (a) Zur Frage der experimentellen Pathologie der Nebennieren bei intravenöser Nikotineinverleibung. Arch. klin. Chir. 156, 550 (1929). (b) Zur Frage nach den pathologisch-anatomischen Begründungen des Zusammenhanges einiger chirurgischer Erkrankungen des Blutgefäßsystems mit Nikotinismus. Mitt. Grenzgeb. Med. u. Chir. 41, 687 (1928/30). — KRATTER: Tödliche Physostigminvergiftung. Vjschr. gerichtl. Med. 43, II. Suppl., 262 (1912). — KRITSCHEWSKY und MURATOFFA: Pathogenese des Schwarzwasserfiebers. Angef. bei GHIRON. KRYLOW: Zur Frage der sog. experimentellen Arteriosklerose. Inaug.-Diss. Petersburg 1910. Ref. Zbl. Path. 22, 380 (1911). — KRYSINSKI: Pathologische und kritische Beiträge zur Mutterkornfrage. Jena: Gustav Fischer. — KUČZYNSKI: Beobachtungen über die Beziehungen von Milz und Leber ... Beitr. path. Anat. 65, 315 (1919).

LANGGAARD: Über eine Art japanischer Akonitknollen. Virchows Arch. 79, 229 (1880). — LAQUEUR: Die neueren chemotherapeutischen Präparate aus der Chinin- und Akridinreihe. Erg. inn. Med. 23, 467 (1923). — LAWROW: Zur Kasuistik der Mutterkornvergiftung. Kazan. med. Ž. 1928, Nr 1. Ref. Fortschr. Med. 1928, 1055. — LEHMANN-MODEL: Über Bronchitis fibrinosa. Inaug.-Diss. Freiburg 1890. — LEVENT: Les accidents de l'émétine. Gaz. Hôp. 98, 424 (1925). — LEWIN, L.: (a) Chinin und Blutfarbstoff. Arch. f. exper. Path. 60, 324 (1909). (b) Die gewerbliche Vergiftung der Haut durch Morphin und Opium. Med. Klin. 1908, 1633. — LEYSER: Seltene Form der Morphiumvergiftung. Mschr.

Psychiatr. **51**, 12 (1922). — Lichtenstein: Septal perforation in narcotic habitus. N. Y. med. J. **101**, 509 (1915). — Lickint: (a) Tabak und Tabakrauch als ätiologischer Faktor des Karzinoms. Z. Krebsforschg **30**, 349 (1929). (b) Über Hautschädigungen curch Tabak und Tabakrauchen. Dermat. Wschr. **89**, 1596 (1929). — Liebl: Über Lokalanästhesie mit Novokain-Suprarenin. Münch. med. Wschr. **1906**, 201. — Lindt, H.: Experimentelle Untersuchungen über den Einfluß von Chinin und Natr. salic. auf das Gehörorgan. 85. Verslg dtsch. Naturforsch. Wien **1913**, 826. — Lipps: Pharmakologische Untersuchungen in der Kolchizinreihe. Arch. f. exp. Path. **85**, 235 (1920). — Lowin: Beiträge zur Kenntnis der Ipecacuanha-Alkaloide. Inaug.-Diss. Rostock 1902.

Mabille: Vergiftung durch Kolchizin. Ther. Mh. **16**, 219 (1902). — Magnus, R.: Ipecacuanha-Alkaloide. Handbuch der Pharmakologie von Heffter, Bd. 2, S. 466. 1920. — Maier, H. W.: Der Kokainismus. Leipzig: Georg Thieme 1926, S. 202. — Mankowsky: Veränderungen des Zentralnervensystems bei Morphiumvergiftung bei Tieren. Russ. Arch. Path. **6** (1898). Ref. Zbl. Path. **10**, 248 (1899). — Marx, H.: Über die Wirkung des Chinins auf den Blutfarbstoff. Arch. f. exper. Path. **54**, 460 (1906). — Maurel: Recherches sur les causes de la mort par la cocaine. Bull. thér. (Marseille) **1892**. — Mayr, J. K.: Erscheinungen der Haut bei inneren Krankheiten. Leipzig: F. C. W. Vogel 1926. — Meixner: Einfluß der Todesart auf den Glykogengehalt der Leber. Vjschr. gerichtl. Med., III. F. **39**, 148 Suppl. (1910). — Meltzer: On absorption of strychnine and hydrocyanic acid from the mucous membrane of the stomach. J. of exper. Med. **1896**. — Metzner: Paradoxer Speichelfluß bei chronischer Atropinvergiftung. 80. Verslg dtsch. Naturforsch. Köln **1909**. — Meyer, J.: Versuche über Strychninvergiftung. Inaug.-Diss. Bern 1864. — Mezger und Jesser: Tödliche Vergiftung durch Chinintabletten. Dtsch. Z. gerichtl. Med. **10**, 75 (1927). — Michailow: Eigenartige Pigmentierungen und Narbenbildungen an der Haut bei einem Narkotiker. Dermat. Wschr. **86**, 463 (1928). — Milko: Ein Fall chronischer Pilokarpinvergiftung. Klin. Wschr. **1930**, 170. — Mills: Effects of morphine, quinine and strychnine on thyroid activity. Amer. J. Physiol. **46**, 329 (1918). — Mitsutasi: Zur pathologischen Anatomie der Optochinamaurose. Korresp.bl. Schweiz. Ärzte **1918**, 1556. Mohr, L. und R. Freund: Über die Rolle der Ölsäure bei der Eklampsie. Mschr. Gynäk. **33**, 757 (1911). — Montagnani: Sull' azione protettiva del fegato.... Sperimentale **78**, 792 (1924). — Mosse und Tautz: Untersuchungen über Berberin. Z. klin. Med. **43**, 257 (1901). — Mozikuchi: Mikroskopische Untersuchung über die durch Nikotin verursachte Lähmung der Ganglienzellen des Herzens. Fukuoka acta med. **21**, 85 (1928).

Naecke: Seltener Fall von Nikotinausschlag. Münch. med. Wschr. **1909**, 2581. — Nannias: Tabak. Gaz. Hôp. **1864**, 336. Angef. bei Lickint. — Natanson und Lipskeroff: Über Perforationen der knorpeligen Nasenscheidewand bei Kokainschnupfern. Z. Hals- usw. Heilk. **7**, 409 (1924). — Nauwerck: Akute Nephritis bei Opiumvergiftung. Beitr. path. Anat. **1**, 82 (1886). — Neuberg und Kobel: Isolierung von Methylalkohol aus Tabakrauch. Biochem. Z. **206**, 240 (1929). — Neuberger: Über Kalkablagerung in den Nieren. Arch. f. exper. Path. **27**, 39 (1890). — Neureiter: Tödliche Physostigminvergiftung. Dtsch. Z. gerichtl. Med. **1**, 517 (1922). — Nicholson: Exper. study of mitochondr. changes in the thyroid gland. J. of exper. Med. **39**, 63 (1924). — Nicol: Fall von „Xanthelasma" der Haut nach Chininexanthem. Beitr. path. Anat. **65**, 148 (1919). — Nissl: Über die Veränderungen der Nervenzellen nach experimentellen Vergiftungen. Zeur. Zbl. **8**, 164 (1897). — Nocht und Kikuth: Über hämolytische Chininwirkungen. Arch. Schiffs- u. Tropenhyg. **33**, 355 (1929).

Orembowsky: Veränderungen im Gehörorgan bei Vergiftung mit Chinin und Natr. salic. Arch. Ohr- usw. Heilk. **88**, 93 (1912). — Orlow: Veränderung des Auges bei chronischer Vergiftung durch Sekale cornutum. Wratsch (russ.) **1902**, Nr 51. Angef. bei Birch-Hirschfeld (Erg.). — Otto, C. v.: Über anatomische Veränderungen des Herzens infolge von Nikotin. Virchows Arch. **205**, 384 (1911). — Otto, H.: Beiträge zur Kenntnis der sympathikuslähmenden Wirkung der Ergotoxins. Wien. klin. Wschr. **1926**, 1507.

Pachomow: Zur Frage des Mechanismus des Todes bei akuter Kokainvergiftung. Inaug.-Diss. Petersburg 1896. Ref. bei Maximow und Korowin (Erg. Path.). — Padtberg: Über die Stopfwirkung von Morphin usw. bei Koloquintendurchfällen. Arch. f. Physiol. **130**, 318 (1911). — Paltauf: Gerichtsärztliche Mitteilungen. Wien. klin. Wschr. **1888**, 113. — Pander: Beiträge zum gerichtlich-chemischen Nachweis des Brucins, Emetins usw. Inaug.-Diss. Dorpat 1871. — Pándi: Veränderungen des Zentralnervensystems bei chronischer Brom-, Kokain- usw. Vergiftung. Pest. med.-chir. Presse **1893**, Nr 33. — Papadia: Experimentelle Arteriosklerose durch Nikotin. Riv. Pat. nerv. **1907**, No 4. Ref. Zbl. Path. **20**, 226 (1909). — Papilian und Jianu: Einfluß des vegetativen Systems auf das Knochenmark. Virchows Arch. **264**, 361 (1927). — Passow: Erkrankungen der Nasenscheidewand. Handbuch der Hals-, Nasen-, Ohrenheilkunde von Denker-Kahler, Bd. 2, S. 491. 1926. — Pecker: Vergiftung mit Chinindragées. Ref. Pharmakol. Z.halle **55**, 754 (1914). — Perles: Zur Kenntnis der Wirkungen des Solanins. Arch. f. exper. Path. **26**, 99 (1890). — Pflüger: Zur Behandlung des Glaukoms. Ber. ophthalm. Ges. Heidelberg **1882**, 150. — Pick, E.:

Zur Kenntnis der Chininidiosynkrasie. Dermat. Wschr. **1924**, 157. — PIETRKOWSKI und SCHÜRMEYER: Aconitum napellus in der Therapie. Dtsch. med. Wschr. **1929**, 1249. — PILLIET: Histologische Veränderungen nach subakuter Morphiumvergiftung. Ref. Neur. Zbl. **1888**, 149. — PILZ: Über den Einfluß verschiedener Gifte auf die Totenstarre. Inaug.-Diss. Königsberg 1901. — PLEHN: Zur Toxikologie, Therapie und Klinik der Malaria. Münch. med. Wschr. **1919**, 185. — PODWYSSOTZKI: Beiträge zur Kenntnis des Emetins. Arch. exper. Path. **11**, 231 (1879). — PORGES: Über die Behandlung des Hyperthyreoidismus. Med. Klin. **1927**, 200. — PRAAG, LEONIDES VON: (a) Nikotin. Virchows Arch. **8**, 65 (1855). (b) Veratrin und Akonitin. Virchows Arch. **7**, 252, 438 (1854).

RANKE: Versuche über die Nachweisbarkeit des Strychnins in verwesenden Kadavern. Virchows Arch. **75**, 1 (1879). — RAPMUND: Über Strychninvergiftung vom gerichtsärztlichen Standpunkt. Vjschr. gerichtl. Med., III. F. **42**, 250 (1911). — RATNER: Experimentelle Untersuchung über die physiologische Wirkung des Tabakrauchens. Pflügers Arch. **113**, 198 (1906). — REDAELLI: Ricerche isto-patologiche sperimentali sulla ghiandola tiroide. Riforma med. **27**, 1205 (1911). — REFORMATSKI: Psychische Störungen nach Mutterkornvergiftung. Inaug.-Diss. Moskau **1893**. Angef. bei GRIGORJEFF. — REHR: Die besondere Form der durch Nikotin verursachten Aortenveränderung. Virchows Arch. **218**, 99 (1914). — REISCHER: Erfahrungen mit „Theacylon Merck". Ther. Gegenw. **1918**, 346. — RITTER, P.: Gaumennekrose infolge Kokaininjektion. Berl. klin. Wschr. **1917**, 218. — ROGER et GARNIER: Angef. bei WEGELIN. Handbuch der speziellen pathologischen Anatomie und Histologie von HENKE-LUBARSCH, Bd. 8. — ROMM und KUSCHMIR: Funktionelle Veränderungen der Herz- und Nierengefäße bei chronischer Adrenalin- und Nikotinvergiftung (experimentelle Arteriosklerose) der Kaninchen. Frankf. Z. Path. **36**, 614 (1928). — RONCATI: Alterazioni istol. del sistema nervoso centrale nelle intossicazione sperim. per cocaina e morfina. Note Psichiatr. **12**, 357 (1924). — ROOKS: Fall von tödlicher Physostigminvergiftung. Dtsch. Z. gerichtl. Med. **10**, 479 (1927). — ROSENBUSCH: Fall von akuter Chininvergiftung mit scharlachähnlichem Exanthem. Ther. Mh. **4**, 316 (1890). — RÖSSLE: Nasenschleimhaut bei Kokainismus. Schweiz. med. Wschr. **1926**, 4. — ROST, E.: Alkaloidvergiftungen. Lehrbuch der Toxikologie von STARKENSTEIN-ROST-POHL. — RUGE, H.: Emetininjektionen. Angef. bei O. SEIFERT. — RUNGE, M.: Chinineinfluß auf den fetalen Organismus. Zbl. Gynäk. **4**, 49 (1880).

SACHS, TH.: Studien zur Pathologie des Nervus opticus. Arch. Augenheilk. **27**, 154 (1893). — SACKUR: Über die tödliche Nachwirkung der durch Koffein erzeugten Muskelstarre. Virchows Arch. **141**, 479 (1895). — SAENGER, H.: Über Puerperalgangrän bei septischen Zuständen und Gynergenmedikation. Zbl. Gynäk. **1929**, 586. — SALOMON, O.: Fall von Chininintoxikation. Münch. med. Wschr. **1908**, 1787. — SAMELSON: Zur Anatomie und Nosologie der retrobulbären Neuritis. Graefes Arch. **28**, 1 (1882). — SARATSCHOW: Über die Veränderungen an Nervenelementen des Zentralnervensystems bei Morphiumvergiftung. Ref. Neur. Zbl. **1895**, 366. — SCHIEK: Pathologisch-anatomische Untersuchungen über die Intoxikationsamblyopie. Graefes Arch. **54**, 458 (1902). — SCHINZ und SLOTOPOLSKY: Bemerkungen über Entwicklung und Pathologie des Hodens. Virchows Arch. **253**, 413 (1924). — SCHLEUSSING: Ungewöhnliche Nebenwirkung geburtshilflicher Arzneimittel. Dtsch. Z. gerichtl. Med. **9**, 63 (1927). — SCHMID, E.: Der Sekretionsvorgang in der Schilddrüse. Arch. mikrosk. Anat. **47**, 181 (1896). — SCHMIDT, M.: Nikotin als Selbstmordmittel. Dtsch. Z. gerichtl. Med. **14**, 559 (1930). — SCHMIDT, O.: Gangrän an den Extremitäten nach normaler Entbindung, Tubargravidität und septischem Abort. Zbl. Gynäk. **1928**, 1950. — SCHMIEDL: Experimentelle Untersuchungen über die Wirkung des Tabakrauchens auf das Gefäßsystem. Frankf. Z. Path. **13**, 45 (1913). — SCHRAUBE: Neuere Mitteilungen über Strychninvergiftungen. Schmidts Jb. **131**, 233 (1866). — SCHUM: Über juvenile Gangrän. Zbl. Chir. **1929**, 1569. — SCHÜTZ: Anatomische Befunde am Rückenmark und Nerven bei einer Morphinistin. Ref. Neur. Zbl. **1908**, 157. — SCHWEINITZ: The toxic amblyopias. Philadelphia, Brothers Co. **1896**. Ref. Zbl. Augenheilk. **20**, 208 (1896). — SECHER: Untersuchungen über die Einwirkung des Koffeins auf die quergestreifte Muskulatur. Arch. f. exper. Path. **77**, 83 (1914). — SÉE, GERMAIN: Maladies du coeur. Übersetzt von M. SALOMON in Klinik der Herzkrankheiten, Bd. 1. — SEIFERT, O.: Gewerbekrankheiten der Nase und Mundrachenhöhle. HAUGS klin. Vortr. **1**, 179 (1895/96). — SEIFFERT, H.: Notizen aus der Tropenpraxis, 1911, Nr 1. — SEIFRIED: Die wichtigsten Krankheiten des Kaninchens. Erg. Path. **22**, 1, 432 (1927). — SEITZ: Schwangerschaftstoxikosen. Biologie und Pathologie des Weibes (HALBAN-SEITZ), Bd. 7, 1, S. 815. 1927. — SIDLER-HUGUENIN: Sehnervenatrophie durch Granatwurzel. Korresp.bl. Schweiz. Ärzte **1898**, 513. — SOKOLOW: Über die Wirkung der Kokainvergiftung. Inaug.-Diss. Petersburg 1897. Ref. bei MAXIMOW und KOROWIN. — SPEISER: Puerperale Uterusgangrän. Zbl. Gynäk. **52**, 2458 (1928). — SPIEGEL: Wieder ein Fall von Gynergenvergiftung. Zbl. Gynäk. **1928**, 2957. — SPIELMEYER: Veränderungen des Nervensystems nach Stovainanästhesie. Münch. med. Wschr. **1908**, 1629. — STAUFFER: Tabakekzem. Schweiz. med. Wschr. **1929**, 1203. — STEINDORFF: Auge und Vergiftungen. Jber. Ophthalm. **52**, 306 (1925). — STICH: Vergiftung mit Akonitknollen. Vjschr. gerichtl. Med., III. F. 11, 295 (1896). — STIEVE: Koffein und Nachkommenschaft. Med. Welt 1929, 1133, 1173. — STRASSMANN, F.: Morphiumvergiftung. Ärztl. Sachverst.ztg 1919, 108. — STROHE: Zwei Unglücksfälle bei Anwendung der örtlichen Betäubung. Dtsch. Z. Chir. 99, 264 (1909). — SUSTMANN: Sekalevergiftung beim Kaninchen. Dtsch. tierärztl. Wschr. 1923, 463. — SYSAK: Zur Frage der pathologisch-anatomischen Veränderungen bei akuter und chronischer Morphiumvergiftung. Virchows Arch. 254, 163 (1925).

THEVENOT: Athérome aortique expérimental. Thèse de Lyon 1907. — THIEBIERGE: Morphinismus. Bull. Soc. méd. Hôp. Paris, 24. Nov. 1899. Ref. Zbl. Path. 11, 966 (1900). — THOREL: Pathologie der Blutgefäße. Erg. Path. 18, 1, 219 (1925). — TIVY: A case of cocaine poisoning. Brit. med. J. 1906, 868. — TOMASELLI: La intossicazione chinica... Catania, III. Edit. 1897. Angef. bei R. KOCH. — TRAINA: Sulle alterazione degli elementi nervosi nell' avvelenamento per morfina. Arch. Sci. med. 22, 325 (1898). — TROEGER: Akute Morphiumvergiftung. Friedreichs Bl. 53, 62 (1902). — TSCHISCH: Über Veränderungen des Rückenmarks bei Vergiftung mit Morphium usw. Virchows Arch. 100, 147 (1885). — TUCZEK: (a) Über die Veränderungen im Zentralnervensystem bei Ergotismus. Arch. f. Psychiatr. 13, 99 (1882). (b) Über die bleibenden Folgen des Ergotismus für das Zentralnervensystem. Arch. f. Psychiatr. 18, 329 (1887).

UHTHOFF: (a) Beiträge zur Optochinamblyopie. Klin. Mbl. Augenheilk. 57, 14 (1916). (b) Ein weiterer Sektionsbefund von vorübergehender Optochinamaurose. Klin. Mbl. Augenheilk. 58, 1 (1917). (c) Kornealulzera bei Morphiumvergiftung. Klin. Mbl. Augenheilk. 38, 533 (1900). — UNBEHAUN: Untersuchungen über die Frage der gewerblichen Schädigungen der Genitalfunktionen bei Tabakarbeiterinnen. Arch. Frauenkde u. Konstitforschg 14, 344 (1928). — UNDERHILL, FRANK and FREIHEIT: Effect of pilocarpine in the production of specific lesions in the stomach of rabbits. Arch. Path. a. Labor. Med. 5, Nr 3 (1928).

VAS: Zur Kenntnis der chronischen Nikotin- und Alkoholvergiftung. Arch. f. exper. Path. 33, 141 (1894). — VELHAGEN: Ein Beitrag zum Kapitel Optochin und Auge. Klin. Mbl. Augenheilk. 75, 122 (1925). — VINCI: Über das Eukain B. Virchows Arch. 149, 217 (1897).

WACHHOLZ: Selbstmord durch Strychnin. Vjschr. gerichtl. Med., III. F. 8, Suppl., 202 (1894). — WALKER, R.: Über die bleibenden Folgen des Ergotismus für das Zentralnervensystem. Arch. f. Psychiatr. 25, 383 (1894). — WEIDANZ: Über die Vergiftung mit Nikotin. Vjschr. gerichtl. Med., III. F. 33, 52, 253 (1907). — WEIGELDT: Rückenmarksschädigung nach Vuzininjektion. Dtsch. Z. Nervenheilk. 84, 121 (1925). — WEILL, DUFOURT et DELORE: Intoxication aigue par la nicotine. Lyon méd. 133, 415 (1924). — WEIMANN: (a) Gehirnveränderungen bei Anämie. Z. Neur. 92, 433 (1924). (b) Zur pathologischen Anatomie der akuten und chronischen Morphiumvergiftung. Dtsch. Z. gerichtl. Med. 8, 205 (1926). (c) Gehirnveränderungen bei akuter und chronischer Morphiumvergiftung. Z. Neur. 105, 704 (1926). — WEIMANN und MARENHOLTZ: Doppelseitige Linsenkernerweichung nach akuter Morphiumvergiftung. Dtsch. Z. gerichtl. Med. 12, 297 (1928). — WERNER, H.: Neuere Ergebnisse der Malariaforschung. Erg. inn. Med. 7, 1 (1911). — WERNICH: Einige Versuchsreihen über das Mutterkorn. Berlin: August Hirschwald 1874. — WIENER: Der Thyreoglobulingehalt der Schilddrüse nach experimentellen Eingriffen. Arch. f. exper. Path. 61, 297 (1909). — WINOGRADOW: (a) Über die pathologisch-anatomischen Veränderungen bei Mutterkornvergiftung. Inaug.-Diss. Kasan 1897. Ref. bei MAXIMOW und KOROWIN. (b) Über die Veränderungen des Herzens bei Raphanie. Med. Obozr. Nižn. Povolzja (russ.) 48 (1897). Ref. bei MAXIMOW und KOROWIN. (c) Über die Veränderungen des peripherischen Nervensystems bei Ergotismus. Med. Obozr. Nižn. Povolzja (russ.) 48 (1897). Ref. bei MAXIMOW und KOROWIN. — WITTMAACK: Über die Wirkung des Chinins im Gehörorgan. Pflügers Arch. 95, 220 (1903) und Passow-Schaefers Beitr. 12, 27 (1903). — WYSS, H. v.: Über die Bedeutung der Schilddrüse. Korresp.bl. Schweiz. Ärzte 1889, 175.

ZADEK, J.: Heroinvergiftung bei einem Epileptiker. Zbl. Gewerbehyg. 5, 119 (1917). — ZEBROWSKI: Über die Wirkung des Tabakrauches auf die Blutgefäße bei Tieren. Zbl. Path. 18, 337 (1907) und 19, 609 (1908).

Tierische und pflanzliche Fette (Lipoide), Öle, Kampfer, Terpene, Balsame, Harze.

ADLER-HERZMARK, J.: Seltener Fall von Terpentinvergiftung. Zbl. Gewerbehyg., N. F. 5, 65 (1928). — AFANASSIEW: Über die Veränderungen in Nieren und Leber bei einigen mit Hämoglobinurie oder Ikterus verbundenen Vergiftungen. Virchows Arch. 98. 460 (1884). — AMOSOW: Pathologisch-anatomische Veränderungen unter dem Einfluß von Sadebaumpräparaten. Inaug.-Diss. Petersburg 1896. Ref. bei MAXIMOW, Erg. Path. 5. ANITSCHKOW: Über die Veränderungen der Kaninchenaorta bei experimenteller Cholesterinsteatose. Beitr. path. Anat. 56, 379 (1913).

Bardenheuer: Über die histologischen Vorgänge bei der durch Terpentin hervorgerufenen Entzündung. Beitr. path. Anat. 10, 394 (1891). — Becker (Naumburg): Pfefferminzölschädigung des Auges. Z. f. Augenheilk. 66, 255 (1928). — Beintker: Über Gummikrätze. Veröff. Med.verw. 21, 162 (1926/II). — Berberich: Vigantolschäden auf Grund experimenteller Untersuchungen. Münch. med. Wschr. 1929, 1312 u. 1740. — Bernheim-Karrer und Zaruski: Über Hautpigmentierung nach Vigantoldarreichung. Mschr. Kinderheilk. 42, 24 (1929). — Biesin: Vergiftungsgefahr und Idiosynkrasie bei Darreichung von Ol. Chenopodii. Münch. med. Wschr. 1929, 661. — Binz: Über einige Wirkungen ähterischer Öle. Arch. f. exper. Path. 8, 64 (1878). — Bolle: Über die subakute Leberatrophie; ein Beitrag zur Lebertranfütterung der Jungschweine. Arch. Tierheilk. 57, 264 (1928). — Borchardt, H.: Terpenhaltige Badezusätze und Idiosynkrasie. Klin. Wschr. 1928, 1915. — Braun, K.: Tödliche Vergiftung durch Chenopodiumöl. Münch. med. Wschr. 1925, 810. — Buttersack: Akute Vergiftung nach Ölklystieren. Dtsch. med. Wschr. 1907, 1867.

Chuma: Organveränderungen nach Lanolinfütterungen beim Kaninchen. Virchows Arch. 242, 300 (1923). — Collazzo, Rubino und Varela: Knochenbildung und Wachstumsstörungen bei Ratten... Dtsch. med. Wschr. 1929, 1794 und Virchows Arch. 274, 281 (1929). — Creyx: Lésions pulmonaires, provoqués expérimentalement chez le lapin par l'essence de Térébenthine. C. r. Soc. Biol. Paris 99, 1985 (1928).

Demole und Fromherz: Serumkalzium und Organverkalkungen unter der Wirkung von bestrahltem Ergosterin. Arch. f. exper. Path. 146, 347 (1929). — Deutsch: Tödliche Vergiftung mit Perubalsam. Z. Med.beamte 13, 409 (1905). — Dixon and Clifford Hoyle: The effect of irratiated Ergosterol in large doses. Brit. med. J. 1928, 832. — Drescher: Tödliche Vergiftung durch Inhalation von Terpentinöldämpfen. Z. Med.beamte 19, 131 (1906). — Dubler: Beitrag zur Lehre von der Eiterung. Basel 1890.

Eichhorst, H.: Über toxisch-desquamative Entzündungen der Speiseröhren- und Magenschleimhaut. Med. Klin. 1920, 463. — Esser: Tödliche Vergiftung mit Ol. Chenopodii. Klin. Wschr. 1926, 511. — Eulenberg: Über die Wirkung des Terpentinöls. Handbuch der Gewerbehygiene, 1876, S. 648.

Falk, E.: Über Ol. Pulegii. Ther. Mh. 4, 448 (1890). — Filehne: (a) Weshalb erzeugt intravenöse Einbringung von Glyzerin weniger Hämoglobinurie als subkutane? Virchows Arch. 117, 413 (1889). (b) Übergang von Blutfarbstoff bei gewissen Vergiftungen. Virchows Arch. 117, 415 (1889) und 121, 605 (1890). — Floret: Gewerbliche Vergiftungen durch Kohlenwasserstoffe der aromatischen und aliphatischen Reihe. Zbl. Gewerbehyg., N. F. 4, 257 (1927). — Flury: Vergiftungen durch ätherische Öle usw. Lehrbuch der Toxikologie von Flury und Zangger. — Fröhner: Lehrbuch der Toxikologie für Tierärzte. Stuttgart: Ferdinand Enke 1927.

Gassmann: Schwere Nephritis nach Einreibung eines Skabiösen mit Perubalsam. Münch. med. Wschr. 1904, 1345. — Gierke, v.: Diskussionsbemerkung zum Referat über den Cholesterinstoffwechsel. Verh. dtsch. path. Ges. 1925, 159. — Gills: Acute uraemia resulting from Terpentine. N. Y. med. J. 90, 361 (1909). — Graevenitz: Verfettende Wirkung einiger ätherischer Öle. Arch. f. exper. Path. 104, 289 (1924). — Grimm: Überempfindlichkeit gegen Kautschuk. Klin. Wschr. 1927, 1479. — Guillain et Laroche: La fixation des essences sur le système nerveux. C. r. Soc. Biol. Paris 69, 118 (1910). Ref. Z. Med.beamte 26, 765 (1910).

Haendel und Malet: Über Ergosterinvergiftung. Virchows Arch. 276, 1 (1930). — Hartwich, A.: Über histologische Befunde bei subkutanen medikamentösen Injektionen. Virchows Arch. 240, 249 (1923). — Heffter: Zur Pharmakologie der Safrolgruppe. Arch. f. exper. Path. 35, 365 (1895). — Henschen: Subkutane Fremdkörpergeschwülste aus nicht resorbierten Kampferölinjektionen. Verh. dtsch. path. Ges. 1914, 342. — Herlitz, Jundell und Wahlgren: Schädigungen, besonders des Herzens durch antirachitische Mittel. Acta paediatr. (Stockh.) 8, H. 4. Ref. Dtsch. med. Wschr. 1929, 1607. — Herxheimer: Akute gelbe Leberatrophie und verwandte Veränderungen. Beitr. path. Anat. 72, 349 (1924). — Herzenberg: Studien über die Wirkungsweise des bestrahlten Ergosterins und die Beziehungen der von ihm gesetzten Veränderungen zur Arteriosklerose. Beitr. path. Anat. 82, 27 (1929). — Hess and Suppley: The action of irradiated ergosterol.... Proc. Soc. exper. Biol. a. Med. 27, 609 (1930). — Hesse, E.: Zur Therapie der Quecksilbervergiftung. Arch. f. exper. Path. 107, 43 (1925). — Heubner: Beobachtungen über die toxische Wirkung des Vitasterins auf die Arterien. Beitr. path. Anat. 84, 559 (1930). — Heubner und Holtz: Antirachitische und Arterienwirkung bestrahlten Ergosterins. Klin. Wschr. 1929, 1456. — Hildebrandt: Synthesen im Tierkörper. Arch. f. exper. Path. 45, 110 (1901). — Hirsch, W.: Ergosterinumwandlung und Ergosterinwirkung. Med. Welt 1930, 655. — Hoejer: Cardiac changes produced by cod-liver-oil. J. amer. med. Assoc. 88, 1124 (1927). — Hoffmann, E.: Über durch Pflanzen bedingte artefizielle Dermatitiden. Berl. klin. Wschr. 1904, 960. — Hückel und Wenzel: Über Veränderungen im Tierkörper mit bestrahltem Ergosterin, insbesondere über

Veränderungen der Arterien. Z. Kreislaufsforschg **21**, 409 (1929). — HUEBSCHMANN: Zur Kritik der experimentellen Vigantolschädigungen. Beitr. path. Anat. **84**, 251 (1930). JOACHIM: Terpentinvergiftung mit tödlichem Ausgang. Med. Klin. **1909**, 965. — JONGH, DE: Ein Fall von Terpentinvergiftung. Ther. Mh. **1915**, 583. — JUASA: Über die experimentelle Cholesterinkrankheit bei Omnivoren. Beitr. path. Anat. **80**, 570 (1928). KALT: Thuja occidentalis als Emmenagogum und Abortivum. Korresp.bl. Schweiz. Ärzte **1894**, 242. — KLINGE und WACKER: Über Lipoidstoffwechsel und Gewebsveränderungen unter Eifluß von Fett-, Cholesterin- und Scharlachrotfütterung. Krkh.forschg **1**, 257 (1925). — KOBASHI und NAKANOIN: Veränderungen des Augapfels durch Lanolinfütterung. 16. Verslg jap. path. Ges. Tokyo **1926**. Ref. Zbl. Path. **40**, 90 (1927). — KOELSCH: Gewerbliche Vergiftung durch Akrolein. Zbl. Gewerbehyg., N. F. **5**, 353 (1928). — KREITMAIR und MOLL: Hypervitaminose durch große Dosen Vitamin D. Münch. med. Wschr. **1928**, 637. — KROETZ: Über Wirkungen des bestrahlten Ergosterins auf den gesunden Erwachsenen. Klin. Wschr. **1927**, 1171. — KUNKEL: Handbuch der Toxikologie. Jena 1901.

LEBEDEFF: Zur Kenntnis der feineren Veränderungen der Niere bei Hämoglobinausscheidung. Virchows Arch. **91**, 267 (1883). — LEHMANN, K. B.: Über die Aufnahmewege der Fabrikgifte. Chem.-Ztg **1906**, 940. — LEVADITI et LI YUAN PO: La calcification des lésions d'encéphalite... C. r. Soc. Biol. Paris **101**, 881 (1929). — LEWIN, L.: Über die Giftwirkungen des Akrolein. Arch. f. exper. Path. **43**, 351 (1900). — LIERSCH: Zur Vergiftung durch Terpentindunst. Caspers Vjschr. **22**, 232 (1862). — LINDEMANN, W.: (a) Über Wirkungen des Ol. Pulegii. Arch. f. exper. Path. **42**, 556 (1899). (b) Über pathologische Fettbildung. Beitr. path. Anat. **25**, 392 (1899). — LOHAUS: Intoxikation durch Perubalsam. Berl. klin. Wschr. **1892**, 130, — LÖHR: Über das Verhalten der Plazenta bei cholesteringespeicherten Kaninchen. Krkh.forschg **6**, 383 (1928). — LÖWENTHAL, K.: Neuere Probleme der experimentellen Arterioskleroseforschung. Med. Klin. **1926**, 770. — LUCHSINGER: Experimentelle Hemmung einer Fermentwirkung des lebenden Tieres. Pflügers Arch. **11**, 507 (1875).

MACKENZIE and DIXON: The physiological action of Podophyllin... Edinburgh med. J., N. s. **4**, 393 (1898). — MAGAT: Experimentelle Lipoidspeicherung. Virchows Arch. **267**, 477 (1928). — MARIQUE: Vergiftung eines 16monatigen Kindes mittels Kampfer. Wien. med. Ztg **1906**, Nr 34. — MAYER-SIMMERN: Tod nach Terpentinöldarreichung. Z. Med. beamte **13**, 45 (1900). — MITSCHERLICH: Über die Einwirkung der ätherischen Öle auf den tierischen Organismus. Preuß. Ver.ztg Berlin **1843**. Angef. bei HUSEMANN. — MOHR, L. und R. FREUND: Über die Rolle der Ölsäure bei der Eklampsie. Mschr. Gynäk. **33**, 757 (1911). MUCH, H.: Strahlende Energie und Lipoide. Münch. med. Wschr. **1927**, 1909. — MURAOKO, CHIHIRO: Morphologische Veränderungen in den weiblichen Organen der Kaninchen durch Fütterung mit Fett und Lipoiden. Ref. Zbl. Gynäk. **1927**, 2062.

NEUBERGER: Über Kalkablagerungen in der Niere. Arch. f. exper. Path. **27**, 39 (1890). — NIEMEYER: Über Chenopodiumölvergiftung. Dtsch. med. Wschr. **1924**, 1145. — NIKOLAEFF und ZIMBLER: Über Athyreose nebst einigen Befunden betreffend die Frage von der toxischen Wirkung des bestrahlten Ergosterins. Jb. Kinderheilk. **126**, 223 (1929/30).

PAGE: Die Verteilung von Ergosterin in tierischen Geweben nach seiner Verfütterung. Biochem. Z. **220**, 420 (1930). — PFANNENSTIEL: (a) Diskussionsbemerkung zu VOGT: Vigantolwirkung. Klin. Wschr. **1927**, 2310. (b) Weitere Beobachtungen über Wirkungen bestrahlten Ergosterins im Tierversuch. Münch. med. Wschr. **1928**, 1113. — PFEIFFER, H.: Über Veränderungen des Nebennierenorgans nach nervösen und toxischen Schädigungen. Z. exper. Med. **10**, 1 (1920). — PICK, E. und R. WASICKY: Toxikologische Selbstbeschädigungsmittel. Med. Klin. **1919**, 6. — PINKERTON: The reaction to oils and fats in the lung. Arch. Path. a. Labor. Med. **5**, Nr 3 (1928). — PREUSCHOFF: Vergiftungsfälle mit amerikanischem Wurmsamenöl. Z. exper. Path. u. Ther. **21**, 425 (1920). — PUTSCHAR: Über Vigantolschädigung der Niere bei einem Kind. Z. Kinderheilk. **48**, 269 (1929).

RAUTENBERG: Über Blutvergiftungen durch Sesamöl. Dtsch. Arch. klin. Med. **86**, 294 (1906). — READ: Chalmoograöl. J. of Pharmacol. **24**, 221 (1924). — REINEK: Das Verhalten von Leber und Nebenniere bei experimenteller Cholesterinsteatose des Kaninchens. Beitr. path. Anat. **80**, 145 (1928). — REYHER und WALKHOFF: Über die toxische Wirkung ultraviolett bestrahlter Milch und anderer Substanzen. Münch. med. Wschr. **1928**, 1071. — RICHARZ: Ein Fall von akuter Nephritis nach Gebrauch von Perubalsam. Münch. med. Wschr. **1906**, 909. — RIEHL: Über Myosalvarsandermatitis und Encephalopathie. Arch. f. Dermat. **158**, 528 (1929). — RODECURT: Über Hautveränderungen bei Säuglingen nach Vigantoldarreichung. Münch. med. Wschr. **1929**, 1420. — ROSENFELD, G.: Studien über Organverfettungen. Arch. f. exper. Path. **55**, 179 (1906). — ROSSBACH und FLEISCHMANN: Terpentinölwirkung. Angef. bei POULSSON. — ROSSIYSKY: Über die Wirkung einiger ätherischer Öle auf die Nieren. Z. klin. Med. **105**, 766 (1927). — RYHINER: Über Chenopodiumölvergiftung. Korresp.bl. Schweiz. Ärzte **1919**, 360.

SACHS, O.: Siehe unter Giftpflanzen. — SCHEER: Zur Frage der Hypervitaminose. Münch. med. Wschr. **1925**, 2167. — SCHIEBLICH: Beitrag zur Frage der Toxizität bestrahlter

Ergosterinpräparate. Klin. Wschr. 1930, 890. — SCHIFF, A.: Die durch Vigantol erzeugbaren Gefäßwandveränderungen .... Virchows Arch. 278, 62 (1930). — SCHMIDTMANN: (a) Experimentelles zur Frage der Schrumpfniere. Verh. dtsch. path. Ges. 1927, 226. (b) Vigantolversuche. Verh. dtsch. path. Ges. 1929, 75. — SCHOENHOLZ: (a) Experimentelle Untersuchungen mit Vigantol am trächtigen Ratten. Klin. Wschr. 1929, 1257. (b) Experimentelles zur Vitamin-D-Frage. Klin. Wschr. 1930, 476. — SCHÖNHEIMER: (a) Über die Bedeutung der Pflanzensterine für den tierischen Organismus. Z. physiol. Chem. 180, 1 (1929). (b) Die experimentelle Cholesterinkrankheit der Kaninchen. Virchows Arch. 249, 1 (1924). (c) Experimentelle Venen-Atherosklerose. Virchows Arch. 251, 732. — SCHULZ, K.: Über hyaline Glomeruli der Neugeborenen und Säuglinge. Beitr. path. Anat. 85, 33 (1930). — SEEL: Wirkungen und Nebenwirkungen des bestrahlten Ergosterins. Münch. med. Wschr. 1929, 1413. — SEEMANN: Über das Schicksal des ins Blut eingeführten Cholesterins... Beitr. path. Anat. 83, 705 (1930). — SELYE: Morphologische Studien über die Veränderungen nach Verfütterung von bestrahltem Ergosterin bei der weißen Ratte. Krkh.forschg 7, 289 (1929). — SPINNER: Zur Toxikologie des Eukalyptusöls. Dtsch. med. Wschr. 1920, 389. — STERN, GRETE: Überempfindlichkeit gegen Kautschuk. Klin. Wschr. 1927, 1096. — SUCHANKA: Vergiftung und Tod nach einer Wurmkur mit Oleum Chenopdii. Wien. klin. Wschr. 1926, 160.

UNNA: Albuminurie während der Styraxeinreibung Krätziger. Virchows Arch. 74, 424 (1878). — USKOFF: Gibt es eine Eiterung unabhängig von niederen Organismen? Virchows Arch. 86, 150 (1881).

VARA-LOPEZ: Über den Einfluß des Vigantols auf den Tierkörper. Klin. Wschr. 1930, 1072. — VARELA, COLLAZZO und Mitarb.: Experimentelle Arteriosklerose im Verlaufe der Hypervitaminose D bei Kaninchen und Ratten. Virchows Arch. 274, 270 (1929). — VOGT (Arolsen): Ein Fall von Schellackvergiftung. Z. Med.beamte 22, 48 (1909). — VOGT, H.: Über Kampferabszesse. Mschr. Kinderheilk. Orig. 13, 381 (1914). — VÖRNER: Exanthem durch Eukalyptusöl. Dermat. Z. 14, 678 (1907).

WALCHER: Plötzlicher Todesfall nach Einnahme von sog. Haarlemer Öl. Münch. med. Wschr. 1924, 135. — WALDVOGEL: Vergiftung mit Isosafrol. Münch. med. Wschr. 1905, 206. — WARKANY: Über die Wirkungsweise des bestrahlten Ergosterins. Klin. Wschr. 1930, 63. — WEISENBERG und WILLIMZIK: Erblindung nach Sadebaumvergiftung. Klin. Mbl. Augenheilk. 73, 476 (1924). — WENZEL: Über experimentelle Gefäßveränderungen beim Kaninchen durch bestrahltes Ergosterin. Arch. f. exper. Path. 137, 215 (1928). — WIELAND: Die moderne Rachitistherapie. Dtsch. med. Wschr. 1929, 1236. — WIENER, C.: Drei Fälle von Vigantolschädigung. Mschr. Kinderheilk. 45, 53 (1929). — WINTERNITZ, R.: Über Veränderungen regionärer Lymphdrüsen nach Terpentinölinjektionen. Arch. f. exper. Path. 43, 45 (1900). — WISKOTT: (a) Zur Vigantolbehandlung der Rachitis. Münch. med. Wschr. 1928, 1442. — (b) Paradox erscheinendes Verhalten normaler Tierknochen auf Verfütterung von bestrahltem Ergosterin. Z. Kinderheilk. 49, 79 (1930). — WITTHAUER: Über Vergiftung mit Eukalyptusöl. Klin. Wschr. 1922, 1461.

YUASA: Über die experimentelle Cholesterinkrankheit bei Omnivoren. Beitr. path. Anat. 80, 570 (1928).

Giftige Pflanzen und Pflanzenteile.

ABEL and FORD: Observations on the poisons of Amanita phalloides. Arch. f. exper. Path. Supp. 1908, 8.

BACHEM, C.: Ein Fall von Rettichvergiftung. Klin. Wschr. 1925, 2115. — BAEHR: Über experimentelle Glomerulonephritis. Beitr. path. Anat. 55, 545 (1913). — BARROS: Über die sog. spezifische Wirkung der Krampfgifte. Z. Neur. 93, 720 (1924). — BEGER: Primeln als Urheber von Haut- und Augenschädigungen. Z. ärztl. Fortbildg 1928, 526. — BENSEN: Vergiftungen durch den Saft des Manzanillabaumes. Arch. Schiffs- und Tropenhyg. 12, 316 (1908). — BERG (Langenburg): Santoninvergiftung. Württemberg. med. Korresp.bl., 16. Juni 1862. — BERRAR: Die Wirkung des Aloins auf den Stoffwechsel. Biochem. Z. 49, 426 (1913). — BIRCH-HIRSCHFELD: Zur Kenntnis der Netzhautganglienzellen unter physiologischen und pathologischen Verhältnissen. Graefes Arch. 50, 166 (1900). — BLATT: Pannus arteficialis, erzeugt durch Helleborus odorus. Graefes Arch. 120, 742 (1928). BOEHM, R.: Über den giftigen Bestandteil des Wasserschierlings. Arch. f. exper. Path. 5, 287 (1876). — BÖHM, M. und KÜLZ: Über den giftigen Bestanteil der eßbaren Morchel (Helvella esculenta). Arch. f. exper. Path. 19, 403 (1885). — BOSTROEM: Über die Intoxikation durch die eßbare Lorchel. Leipzig: Hirschfeld 1882 und Dtsch. Arch. klin. Med. 32, 209 (1883). — BRANDENBURG, K.: Über die Wirkung des Aloins auf die Nieren. Inaug.-Diss. Berlin 1893. — BRÜDERL: Beitrag zur pathologischen Anatomie der Pilzvergiftung. Inaug.-Diss. München 1915. — BUSCHKE und A. JOSEPH: Hautentzündung durch Makassarholz. Dtsch. med. Wschr. 1927, 1641. — BUTTERWIESER und BODENHEIMER: Über den Übertritt des Knollenblätterschwammgiftes in die Brustmilch. Dtsch. med. Wschr. 1924, 607.

Cadéac: Maladies du système nerveux des animaux domestiques. Paris: Baillière et Fils 1899. Ref. bei Dexler. — Christomanos: (a) Zur Pharmakologie des Apiols und einiger seiner Verwandten. Arch. f. exper. Path. 123, 252 (1927). (b) Apiolum viride als Abortivum. Klin. Wschr. 1927, 1859. — Cloetta: Vergiftungen durch Alkaloide und andere Pflanzenstoffe. Lehrbuch der Toxikologie von Flury-Zangger, 1929. — Courtois-Suffit: Kolchizinvergiftung. S. Alkaloide. Ref. Zbl. Path. 15, 428 (1904). — Cruz: Les altérations histol. dans l'empoisonnement par la ricine. Arch. Méd. expér. et Anat. path. 11, No 2 (1899).

Demme: Santoninvergiftung. Angef. bei Sury-Bienz. — Dexler: Pathologie des Nervensystems der Tiere. Erg. Path. 7, 455 (1900). — Dixon and Malden: Colchicin and bone-marrow. J. of Physiol. 37, 50 (1908). — Dmochowski und Janowski: Über die eitererregende Wirkung des Krotonöls. Arch. f. exper. Path. 34, 105 (1894).

Ehrlich, P.: Untersuchungen über Immunität. Über Abrin. Dtsch. med. Wschr. 1891, 1218. — Eich: Über Giftwirkung des Extraktes Filic. maris. Dtsch. med. Wschr. 1891, 966.

Fahr: Vergiftung mit Knollenblätterpilz. Dtsch. med. Wschr. 1917, 1623. — Fahrig: Über Vergiftung durch Pilze der Gattung Inocybe. Arch. f. exper. Path. 88, 227 (1920). — Faschingbauer und Kofler: Phasinvergiftung. Klin. Wschr. 1929, 813. — Faust: Pilzgifte. Handbuch der experimentellen Pharmakologie von Heffter, Bd. 2, 2, S. 1677. 1924. — Jilimonoff: Zur pathologisch-anatomischen Charakteristik des Lathyrismus. Z. Neur. 105, 76 (1926). — Firgau: Gifte und stark wirkende Arzneimittel. Berlin: Haering 1901. — Flexner: (a) Ricin. Chem. News 2, 116. Angef. bei F. Müller. (b) The histological changes produced by ricin and abrin intoxications. J. exper. Med. 1897, 197. — Flury: Über die chemische Natur der Nesselgifte. Z. exper. Med. 56, 402 (1927). — Fornaca: Vergiftung mit Rizinussamen. Ref. Zbl. klin. Med. 28, 488 (1907). — Fraenkel, E.: Über Knollenblätterschwammvergiftung. Münch. med. Wschr. 1920, 1193. — Frey, W.: Zwei tödlich verlaufene Fälle von Pilzvergiftung mit Milchsäure und Vermehrung der Aminosäuren im Urin. Z. klin. Med. 75, 455 (1912). — Freyer: Über die Giftwirkung des Extraktum Filicis mar. Ther. Mh. 3, 90 (1889).

Gans, O.: Über die Dermatitis durch Achillea millefolium. Dtsch. med. Wschr. 1929, 1213. — Georgiewsky: Experimentelle Untersuchungen über die Wirkung des Extractum Filicis maris aetherum auf das Blut. Beitr. path. Anat. 24, 1 (1898). — Gersbach: Die sog. Vanillevergiftungen. Klin. Wschr. 1924, 1278. — Goldmann, H.: Über Vergiftungen mit Agaricus torminosus. Wien. klin. Wschr. 1901, 279. — Gottschalk: Über die Einwirkung des Aloins auf den Körper, speziell auf die Nieren. Inaug.-Diss. Leipzig 1882. — Gräff: Amanitavergiftung. Verh. dtsch. path. Ges. 1927, 284. — Grawitz, E.: Über die Bedeutung des Auftretens von Ikterus nach dem Gebrauch von Extractum Filicis maris aetherum. Berl. klin. Wschr. 1894, 1171. — Guillaume: Les intoxications provoquées par les gesses. Bull. Sci. pharmacol. 36, 226 (1929). — Gutstein-Sternberg: Über eine im Anschluß an Filmaronöl aufgetretene akute gelbe Leberatrophie. Z. klin. Med. 92, 46 (1921). — Gutzeit, R.: Über Morchel- und Lorchelvergiftung. Dtsch. med. Wschr. 1929, 1342.

Hanser: (a) Knollenblätterschwammvergiftung. Berl. klin. Wschr. 1921, 302. (b) Atrophie, Nekrose usw. Handbuch der speziellen pathologischen Anatomie und Histologie von Henke-Lubarsch, Bd. 5, 1, S. 219 (1930). — Harmsen: Zur Toxikologie des Fliegenschwamms. Arch. f. exper. Path. 50, 361 (1903). — Hedrén: Zur Kasuistik und Statistik der Fruchtabtreibung. Vjschr. gerichtl. Med., III. F. Suppl. 29, 43 (1905). — Heffter: Meerrettichvergiftung. Klin. Wschr. 1922, 1561. — Hegi: Über Pilzvergiftungen. Dtsch. Arch. klin. Med. 65, 385 (1900). — Hellin: Abrinvergiftung. Angef. bei Werhowsky. — Herxheimer: Akute gelbe Leberatrophie und verwandte Veränderungen. Beitr. path. Anat. 72, 349 (1924). — Herzog, G.: Pathologisch-anatomischer Beitrag zur Kenntnis der Pilzvergiftungen. Frankf. Z. Path. 21, 297 (1918). — Heye, R.: Über die Dermatitis durch Pastinacea sativa. Dtsch. med. Wschr. 1929, 1722. — Hilbert, R.: Zur Kenntnis der Iritis toxica. Wschr. Ther. u. Hyg. des Auges 3, 181 (1900). — Hoffmann, E.: (a) Über durch Pflanzen bedingte artefizielle Dermatitiden. Berl. klin. Wschr. 1904, 960. (b) Durch Pflanzen verursachte Hautentzündungen (Primelkrankheit). Münch. med. Wschr. 1904, 1966. — Hofmann, E. v.: Giftwirkung des Extractum Filicis mar. aeth. Wien. klin. Wschr. 1890, 493. — Homa: Zur Kasuistik der durch Kokkelskörner hervorgerufenen Vergiftungen. Wien. klin. Wschr. 1908, 1557. — Hunziker: Pilzvergiftungen. Dtsch. med. Wschr. 1912. 688.

Ipsen: Über Akonitinvergiftung. Vjschr. gerichtl. Med., III. F. 47, 180, I. Suppl. (1914).

Jaffé: Plötzliche Todesfälle nach Vergiftung mit Wasserschierling. Med. Klin. 1917, 1. — Jaffé und C. Sternberg: Kriegspathologische Erfahrungen. Virchows Arch. 231, 417, 429 (1921). — Jakoby, C.: Pharmakologische Untersuchungen über das Kolchikumgift. Arch. f. exper. Path. 27, 128 (1890). — Joachimoglu: Apiolum viride als Abortivum. Dtsch. med. Wschr. 1926, 2079.

Kalt: Thuja occidentalis als Emmenagogum und Abortivum. Korresp.bl. Schweiz. Ärzte **1894**, 242. — Kärnbach und Habersang: Über Latyrismus bei Pferden. Mschr. prakt. Tierheilk. **25**, 289 (1914). — Karsten, G.: Phanerogamen. Lehrbuch der Botanik von Strassburger-Jost-Schenk-Karsten, 1911. — Klemperer, P.: Die Leberveränderungen bei Schwammvergiftung. Virchows Arch. **237**, 400 (1922). — Kobert: Amanitatoxine. Chem.-Ztg **1916**, 901. — Kohn, R.: Beitrag zur Wirkung der Aloe. Berl. klin. Wschr. **1882**, 68. — Kratter: Tödliche Vergiftung mit Belladonnabeeren. Vjschr. gerichtl. Med. **44**, 1 (1886). — Kratzeisen: Zwei Fälle von Pilzvergiftung. Wien. klin. Wschr. **1925**, 96. — Kusama: Aufbau und Entstehung der toxischen Thrombose. Beitr. path. Anat. **55**, 500 (1913).

Langerfeldt: Vergiftung infolge Genusses der Samenkörner des Rizinusstrauches. Berl. klin. Wschr. **1882**, 9. — Laux: Beitrag zur Pathogenese der Knollenblätterschwammvergiftung. Virchows Arch. **264**, 11 (1927). — Leather: Angef. bei Dexler: Pathologie des Nervensystems bei Tieren. Erg. Path. **7**, 455 (1900). — Lehmann, F. A.: Untersuchungen über Allium sativum. Arch. f. exper. Path. **147**, 245 (1929/30). — Lewin, L.: Gifte im Holzgewerbe. Berlin: Stilke 1928. — Lipps: Pharmakologische Untersuchungen in der Kolchizinreihe. Arch. f. exper. Path. **85**, 235 (1920). — Lövegren: Die Lorchelintoxikation. Jb. Kinderheilk., N. F. **69**, 412 (1909). — Löwy, J.: Über lokale Toxikose nach Verletzung mit Kakteenstacheln. Med. Klin. **1926**, 290. — Lyon: Zur Kenntnis der Sektionsbefunde bei Pilzvergiftungen. Med. Klin. **1916**, 237.

Mabille: Vergiftung durch Kolchizin. Ther. Mh. **16**, 219 (1902). — Magnus, R.: Anthrachinonderivate. Handbuch der Pharmakologie von Heffter, Bd. 2, 2, 1592. 1924. Mankowsky: Bryonia alba. Koberts historische Studien aus dem pharmakologischen Institut Dorpat **2**, 143 (1890). Angef. bei E. Rost. — Martin, Sydney: Report on proteid poisons with special reference to that of the Jequirity. Brit. med. J. **1889**, 184. — Maschka: Fruchtabtreibungsversuch mit Asar. europ. Vjschr. gerichtl. Med., N. F. **2**, 54 (1865). — Masius et Mahaim: Acad. de Belg., 1898. — Mayer, Edm.: Das Verhalten der Nieren bei akuter gelber Leberatrophie. Virchows Arch. **236**, 279 (1922). — Mayer, M.: Tödliche Dermatitis nach Anwendung von Scillablättern. Vjschr. gerichtl. Med., III. F. **31**, 97 (1906). — Meyer, F. G.: Foudroyante Pneumokokkensepsis mit Hämoglobinurie. Münch. med. Wschr. **1910**, 300. — Miessner: Über die Giftigkeit der Rizinussamen. Mitt. Kaiser-Wilhelm-Inst. Landw. Bromberg 1, Nr 3 (1909). — Miller: Über Hämoglobinurie. Berl. klin. Wschr. **1912**, 1921. — Mirande: Sur le lathyrisme. C. r. Acad. Sci. Paris **172**, 1142 (1921). — Mosse und Tautz: Untersuchungen über Berberin. Z. klin. Med. **43**, 257 (1901). — Mulert: Eine merkwürdige Wirkung der Krokusaufnahme. Ther. Mh. **19**, 217 (1905). — Müller, F.: (a) Toxikologie des Rizins. Arch. f. exper. Path. **42**, 302 (1899). (b) Pathologisch-anatomische Befunde bei Rizinvergiftung. Beitr. path. Anat. **27**, 331 (1900). — Müller, R.: Über die Ähnlichkeit des Sektionsbefundes bei Phosphor und Fliegenschwammvergiftung. Vjschr. gerichtl. Med., N. F. **53**, 67 (1890). — Murset: Untersuchungen über Intoxikationsnephritis. Arch. f. exper. Path. **19**, 310 (1885).

Nestler: Hautreizende Primeln. Berlin: Gebrüder Bornträger 1904. — Neuberger: Über die Wirkungen des Podophyllotoxins. Arch. f. exper. Path. **28**, 32 (1891). — Nuël: De la névroglie dans les névrites optiques. Bull. Acad. Méd. Belg. **1900**. Angef. bei Birch-Hirschfeld (Erg. Path.).

Okamoto: Mikroskopische Untersuchungen von Sehnerven bei Filixamaurose. Vjschr. gerichtl. Med., III. F. **19**, 76 (1900).

Palermo: Neuritis retrobulbaris toxica. Ann. Oftalm. **34**, No 5 (1905). — Pauly et Bonne: Étude sur un cas d'intoxication par l'absinthe. Lyon méd. **85**, 431 (1897). — Peters, A.: Augenerkrankung durch Primula sinensis. Dtsch. med. Wschr. **1900**, 249. V. B. — Petri, E.: Das Verhalten der Fett- und Lipoidsubstanzen in der Leber bei Vergiftungen. Virchows Arch. **251**, 588 (1924). — Pick, L.: Lungen- und Schleimhauterkrankungen durch Morchelausdünstungen. Dtsch. med. Wschr. **1927**, 1563 und Z. Augenheilk. **61**, 325 (1927). — Pick, E. und R. Wasicky: Toxikologische Selbstbeschädigungsmittel. Med. Klin. **1919**, 6. — Pietrowski und Schürmeyer: Aconitum napellus in der Therapie. Dtsch. med. Wschr. **1929**, 1249. — Plugge: Untersuchungen über Akonitin. Virchows Arch. **87**, 410 (1882). — Pohl (Breslau): Über Lupinenbrot. Berl. klin. Wschr. **1919**, 457. — Pohl, J.: Über das Aristolochin. Arch. f. exper. Path. **29**, 282 (1892). — Ponfick: Über die Gemeingefährlichkeit der eßbaren Morchel. Virchows Arch. **88**, 445 (1882). — Port: Über Rißpilzvergiftungen. Münch. med. Wschr. **1921**, 985. — Poulsson: Vergiftungen durch Filixextrakt. Arch. f. exper. Path. **29**, 1 (1892). — Praag, v.: (a) Veratrin. Virchows Arch. **7**, 252 (1854). (b) Akonitin. Virchows Arch. **7**, 438 (1854). — Preti: Über den sog. Fabismus. Klin. Wschr. **1927**, 2429. — Prym, P.: Zur pathologischen Anatomie der Pilzvergiftung. Virchows Arch. **226**, 229 (1918). — Pucci: Fabismus. Ref. Schmidts Jb. **257**, 202 (1898).

Quirll: Experimentelle Untersuchungen über die Wirkung des Extractum Filicis maris. Inaug.-Diss. Berlin 1888.

RAVENNA: Sulla patologia dei plessi nervosi... Arch. Sci. med. 25, 1 (1901). — REGEN-BOGEN: Berl. tierärztl. Wschr. 1903. Angef. bei FRÖHNER. — REINHARDT: Vergiftung mit unreifem Nießwurzsamen. Münch. med. Wschr. 1909, 2056. — REZEK: Siehe unter Glykoside. — ROLOFF: Über die Lupinose. Arch. Tierheilk. 9, 1 (1883). — ROSE, EDM.: Über die Wirkung des Santonikum. Virchows Arch. 16, 233 (1859) und 18, 15 (1860). — ROSSI: Alterazioni degli elementi nervosi nell'avvelenamento da fosforo. Riv. Pat. nerv. 2 (1897). Ref. bei SACERDOTI (Erg. Path.)

SAAKE: Drei Fälle von Zytisinvergiftung. Dtsch. med. Wschr. 1895, 369. — SACHS, O.: Gewerbliche Dermatosen. Dermat. Wschr. 76, 582 (1923). — SCHAU: Pikrotoxinvergiftung. Med. News, 11. Juli 1891. — Ref. Ther. Mh. 5, 649 (1891). — SCHILL: Über Simulation beim Militär. Dtsch. med. Wschr. 1907, 973. — SCHLAYER und TAKAYASU: Untersuchungen über die Funktion kranker Nieren. Dtsch. Arch. klin. Med. 98, 17 (1909). — SCHMIDT, E.: Über die Alkaloide der Lupinensamen. Arch. Pharmaz. 192, 235 (1897). — SCHMIDT, M. B.: Über die pathologisch-anatomischen Veränderungen nach Pilzvergiftung, S. 554. Festschrift für GASSER. Berlin: Julius Springer 1917. Z. angew. Anat. 3, 146 (1918). — SCHMORL: Über Abrinvergiftung. Jber. Ges. Natur- u. Heilk. Dresden 1899/1900, 146. — SCHNYDER: Über Hirnödem bei Pilzvergiftung. Vjschr. gerichtl. Med., III. F. 54, 211 (1917). — SCHUCHARDT: Lathyrismus. Dtsch. Arch. klin. Med. 46, 312 (1887). — SCHÜRER: Zur Kenntnis der Pilzvergiftungen. Dtsch. med. Wschr. 1912, 548. — SCHWABE: Lupinenvergiftung. Z. Med. beamte 26, 267 (1913). — SCHWARZ, E.: Vergiftungen mit Knollenblätterschwamm. Sitzgsber. naturforsch. Ges. Rostock 7, 12 (1918). — SIDLER-HUGUENIN: Sehnervenatrophie durch Granatwurzel. Korresp.bl. Schweiz. Ärzte 1898, 513. — SIEMENS, H. W.: Die strichförmige bullöse Wiesenpflanzendermatitis der Badenden. Münch. med. Wschr. 1929, 449. — SPRINGENFELDT: Seidelbast. Inaug.-Diss. Dorpat 1890. — STEIDLE: Über ein Kapillargift in höheren Pilzen. Arch. f. exper. Path. 111, 58 (1926). — STEINBRINCK und MÜNCH: Über Knollenblätterschwammvergiftung. Z. klin. Med. 103, 408 (1926). — STEINER-WOURLISCH: Experimentelle Erzeugung des Primelekzems bei Meerschweinchen. Klin. Wschr. 1930, 302. — STICH: Vergiftung mit Akonitknollen. Vjschr. gerichtl. Med., III. F. 11, 295 (1896). — STILLMARK: Über Rizin. Arb. pharmakol. Inst. Dorpat 3, 59 (1888). — STOCKMAN, R.: Lathyrism. J. of Pharmacol. 37, 43 (1929). — STÖDTER: Hamburg. Z.ztg 1897. Angef. bei FRÖHNER. — STRAUCH, C.: Über experimentelle Nephritis nach Aloinintoxikation. Inaug.-Diss. Göttingen 1888. — STUELP: Über dauernde Filix mas-Amaurosen bei der „Wurmkur" der Bergleute. Arch. f. Augenheilk. 51, 190 (1905). — SURY: Fruchtabtreibung mit Asarum europ. Münch. med. Wschr. 1910, 26. — SURY-BIENZ: Zur Kasuistik von Intoxikationen. Vjschr. gerichtl. Med., III. F. 34, 251 (1907).

TAKAYASU: Beziehungen zwischen anatomischen Nierenveränderungen und Funktion. Dtsch. Arch. klin. Med. 92, 127 (1908). — TATERKA: Diskussionsbemerkung zu UMBER. — TAPPEINER: Bericht über Schwammvergiftungen. Münch. med. Wschr. 1895, 133. — THIEMISCH: Zur Pathologie der Pilzvergiftungen. Dtsch. med. Wschr. 1898, 760.

UMBER: Akute gelbe Leberatrophie durch Lorchelvergiftung. Med. Klin. 1930, 947.

WELSMANN: Vergiftung mit Amanita phalloides. Dtsch. Arch. klin. Med. 145, 151 (1924). — WERHOVSKY: Beitrag zur pathologischen Anatomie der Abrinvergiftung. Beitr. path. Anat. 18, 115 (1895).

Gifttiere und ihre Gifte.

ALBRECHT, M.: Über Vergiftung von Pferden durch Bienenstiche. Mh. prakt. Tierheilk. 1892, 241. — ALLEN: A case of poisoning by Jellyfish. U. S. nav. med. Bull. 14, 396 (1920). — ALT: Untersuchungen über Ausscheidung des Schlangengiftes. Münch. med. Wschr. 1892, 724. — AOKI: Über die akute „Habu"-Gift-Nephritis. Trans. jap. path. Soc. 14, 127 (1924). — ARON, F.: Verletzung des Auges durch das Gift der Kreuzspinne. Klin. Mbl. Augenheilk. 80, 80 (1928). — AUCHÉ et VAILLANT-HOVIUS: Altérations du sang produites par les morsures des serpents vénimeux. Arch. Méd. expér. 14, 221 (1902). — AUFRECHT: Über Schrumpfniere nach Kantharidin. Zbl. med. Wiss. 1882, 849.

BAUDISCH: Kreuzotterbiß und Bienenstich. Prag. med. Wschr. 1906, 515. — BELO-NOWSKI: Beziehungen der Toxine zu den Zellelementen des Organismus. Biochem. Z. 5, 65 (1907). — BENEKE, R.: Über Muskelveränderungen bei Intoxikationen und Infektionen. Verh. dtsch. path. Ges. 1913, 403. — BENEKE, R. und STEINSCHNEIDER: Zur Kenntnis der anaphylaktischen Giftwirkungen. Zbl. Path. 23, 529 (1912). — BERBLINGER: Zur Histologie der örtlichen Gewebsveränderungen nach Kreuzotterbiß beim Menschen. Beitr. path. Anat. 80, 595 (1928). — BERG, R.: Ein Fall von Idiosynkrasie gegen Wespengift. Münch. med. Wschr. 1920, 1204. — BERNSTEIN: Zur Frage der Berufskrankheiten der Perlmutterarbeiter. Zbl. Gewerbehyg., N. F. 5, 135 (1928). — BLATT: Zur Kasuistik der Augenveränderungen bei Vergiftung durch Schlangenbiß. Z. Augenheilk. 49, 280 (1923). — BOGEN: Arachnidism. Arch. int. Med. 38, 623 (1926). — BRABEC: Vergiftung mit Viperngift. Wien. med. Wschr. 1902, 2029. — BRENNING: Die Vergiftungen durch Schlangen.

Stuttgart: Ferdinand Enke 1895. — Briot: Action hémolytique du venin de vive. C. r. Soc. Biol. Paris **54**, 1197 (1902). — Burdach: Siehe unter Säuren.
Calmette: (a) Contribution a l'étude des vénins. Ann. Inst. Pasteur **9**, 232 (1895). (b) Les vénins, les animaux vénimeux et la sérothérapie antivénimeux. Paris 1907. — Contardi und Latzer: Die tierischen Gifte in der Chemie. Biochem. Z. **197**, 222 (1928). — Cornil: Action de la cantharide sur les reins. C. r. Soc. Biol. Paris **32**, 51 (1880). — Cornwall: Some centipedes and their venom. Indian J. med. Res. **3**, 541 (1916). — Coutière: Poissons vénimeux et poissons vénéneux. Paris 1899. — Czerwonka: Vergiftung mit Kantharidenpulver. Med. Welt **1929**, 86.
Dinter: Raupen. Sächsischer Jahresbericht 21. Angef. bei Fröhner. — Duboscq: Recherches sur les chilopodes. Arch. zool. expér. **6**, 481 (1899). — Dunbar-Brunton: The poisonbearing fishes... Lancet **74**, 600 (1896).
Escomel: Le Glyptocranium gasteracanthoïdes, araignée vénimeuse du Pérou. Bull. Soc. Path. exot. Paris **11**, 136 (1918) und **12**, 702 (1919). — Eliaschoff: Über die Wirkung des Kantharidins auf die Nieren. Virchows Arch. **94**, 323 (1883). — Ellinger, A.: Studien über Kantharidin. Arch. f. exper. Path. **45**, 89 (1901) und **58**, 424 (1908). — Englisch: Über multiple, rezidivierende Knochenentzündung. Wien. med. Wschr. **1870**, 1005. — Eppinger: Ikterus. Handbuch Kraus-Brugsch, Bd. 6, 2, 97. 1923. — Evans: Observations on the poisoned spines of the weever fish. Brit. med. J. **1**, 73 (1907).
Fabre: Sur les phénomènes d'intoxications des aux piqûres d'hyménoptères. Paris: Steinheil 1906. — Faust: (a) Über das Gift der nordamerikanischen Klapperschlange. Arch. f. exper. Path. **64**, 244 (1911). (b) Vergiftungen durch tierische Gifte. Handbuch der inneren Medizin von Mohr-Staehelin-Bergmann, Bd. 4, S. 1745. 1927. — Flury: (a) Tierische Gifte. Naturwiss. **7**, 613 (1919) und Klin. Wschr. **1923**, 2157. (b) Über die chemische Natur des Bienengiftes. Arch. f. exper. Path. **85**, 319 (1920). (c) Über den Bienenstich. Naturwiss. **11**, 341 (1923). — Fock: Kreuzotterbiß. Med. Welt **1930**, 257. — Frantzius: Vergiftete Wunden durch den Biß der Mimirspinne. Virchows Arch. **47**, 235 (1869).
Götz, A.: Generalisierte Urtikaria. Dtsch. med. Wschr. **1929**, 1837. — Gros: Contribution à l'étude des accidents provoqués par les animaux vénimeux. Arch. trop. Hyg. **10**, 490 (1906). — Gross, W.: Untersuchungen über den Zusammenhang zwischen histologischen Veränderungen und Funktionsstörungen der Niere. Beitr. path. Anat. **51**, 528 (1911). — Gussenbauer: Perlmutterostitis. Angef. bei Teleky.
Haberfeld, W. und Axter-Haberfeld: Über Pseudoleukämiesymptome als Folge von Zeckenstichen. Wien. klin. Wschr. **1914**, 149. — Hase, A.: (a) Über die Giftwirkung der Bisse von Tausendfüßlern. Zbl. Bakter. I Orig. **99**, 325 (1926). (b) Über die Wirkung der Stiche blutsaugender Insekten. Münch. med. Wschr. **1929**, 107. — Haug: Krankheiten des Ohres in ihren Beziehungen zu Allgemeinerkrankungen. Wien u. Berlin: Urban & Schwarzenberg 1893. — Heidenschild: Untersuchungen über die Wirkung des Giftes der Brillen- und Klapperschlange. Inaug.-Diss. Dorpat 1886. — Héricourt et Richet: Action locale du sérum d'anguille. C. r. Soc. Biol. Paris **49**, 74 (1897) und **50**, 137 (1898). — Herrenschwand: Zur Histopathologie der Augenverletzung durch Wespenstich. Klin. Mbl. Augenheilk. **73**, 330 (1924). — Hilbert, R.: Zur Kenntnis der Iritis toxica. Wschr. Ther. u. Hyg. des Auges. **3**, 181 (1900). — Hirschhorn: Infektion durch Schlangengift per os. Wien. med. Presse **1895**, 1165. — Höring: Fall eines Wespenstiches. Württemberg. med. Korresp.bl., 15. März 1862. — Houssay: Contribution a l'étude de l'hémolysine des araignées. C. r. Soc. Biol. Paris **79**, 658 (1916). — Houssay et Sordelli: Action des vénins des serpents sur la coagulation du sang in vivo. C. r. Soc. Biol. Paris **81**, 12 (1918) und **82**, 1029 (1919).
Ishiyama: Nephritiden als Folge von Giftinjektionen. Z. exper. Med. **63**, 707 (1928).
Joyeux-Laffuie: Sur l'appareil vénimeux et vénin du scorpion. Archives de Zool. **1**, 733 (1883) und Thèse de Paris **1883**.
Klausner: Zur Kenntnis des Wanzengiftes. Arch. f. Dermatol. **123**, 443 (1916). — Kobert: (a) Über die giftigen Spinnen Rußlands. Biol. Zbl. **1888**, 287. (b) Beiträge zur Kenntnis der Giftspinnen. Stuttgart 1901. — Konstansow: Über die Natur des Fischgiftes. Arch. biol. Wiss. (russ.) **10**, (1904). Angef. bei Pawlowsky. — Kopaczewski: Recherches sur la nature du sérum de la murène. C. r. Acad. Sci. Paris **164**, 963 (1917) und **165**, 37 (1917) und Ann. Inst. Pateur **32**, 584 (1918). — Kraus, R.: Serumtherapie der Vergiftungen durch tierische Gifte. Handbuch der pathogenen Mikroorganismen, Bd. 3, Lief. 5. 1927. — Krawkow: Über das giftige Sekret der Hautdrüsen der Kröten. Angef. bei Pawlowsky. — Kyes: (a) Über die Lezithide des Schlangengiftes. Biochem. Z. **4**, 99 (1907). (b) Isolierung von Schlangenlezithiden. Berl. klin. Wschr. **1903**, 983.
Langer, J. (a): Über das Gift unserer Honigbiene. Arch. f. exper. Path. **38**, 381 (1897). (b) Untersuchungen über das Bienengift. Arch. internat. Pharmacodynamie **6**, 181 (1899). (c) Über Bienengift. Wien. med. Wschr. **1904**, 1061. — Laudon: Bemerkungen über die Prozessionsraupen und die Ätiologie der Urticaria endemica. Virchows Arch. **125**, 220 (1891). — Launoy: Altérations rénales consécutives à l'intoxication aigue par le vénin

de scorpion. C. r. Soc. Biol. Paris 53, 91 (1901). — Levy, W.: Multiple rezidivierende Knochenentzündung der Perlmutterarbeiter. Berl. klin. Wschr. 1889, 973. — Liebreich: Über Kantharidin. Zbl. Path. 2, 692 (1891). — Linde: Über Nebenwirkungen von Arzneien. Dtsch. med. Wschr. 1898, 539. — Linnell: Note on a case of death following the sting of scorpion. Lancet, 6. Juni 1914. — Löwy, J.: Die Klinik der Berufskrankheiten. Haim 1924.

Maschka: Gerichtsärztliche Mitteilungen. Vjschr. gerichtl. Med., N. F. 34, 193 (1881). — Matsusaki and Kabeda: Triton poison. Tokyo med. News 1908, 455. — Mayer, H.: Das Krankheitsbild des Skopolenderbisses und Skorpionstiches. Dermat. Z. 38, 1 (1923). — Melen: Haematuria due to cantharides poisoning. Urologic Rev. 26, 337 (1922). — Mitscherlich: Ameisenbisse. Angef. bei Lutz. — Miura und Sumikawa: Beitrag zur Untersuchung des Schlangengiftes. Zbl. Path. 13, 980 (1902). — Morawitz: Über die gerinnungshemmende Wirkung des Kobragiftes. Dtsch. Arch. klin. Med. 80, 340 (1904). — Morgenroth und Carpi: (a) Über ein Toxolezithid des Bienengiftes. Berl. klin. Wschr. 1906, 1424. (b) Über Toxolezithide. Biochem. Z. 4, 248 (1907). — Moritsch: Histologische Veränderungen nach Vergiftung mit Viperntoxinen und Kreuzotterbiß. Wien. klin. Wschr. 1928, 1242. — Moritsch und Brumlik: Histologische Veränderungen nach Vipern- und Kreuzottervergiftung. Mitt. Grenzgeb. Med. u. Chir. 40, 399, 466 (1928). — Möskwin: Die Wirkung des Bisses der Zecke Ornithodorus papillipes auf die Haut der Versuchstiere. Zbl. Bakter. 110, 208 (1929). — Mosso: (a) Die giftige Wirkung des Serums der Muräniden. Arch. f. exper. Path. 25, 111 (1888). (b) Recherche sur la nature du vénin qui se trouve dans le sang de l'anguille. Arch. di Biol. 10, 141 (1888) und 12, 229 (1889). — Mühlpfordt: Generalisierte Urtikaria nach Wespenstich. Dtsch. med. Wschr. 1929, 106.

Novaro: Action toxique du vénin de crapond pour l'homme et les animaux. C. r. Soc. Biol. Paris 87, 824 (1922). — Nowak: Étude expér. des altérations histol. produites dans l'organisme par les vénins des serpents vénimeux et des scorpions. Ann. Inst. Pasteur 12, 369 (1898).

Parisius und Heimberger: Akute Myelosen nach Bienenstichen. Dtsch. Arch. klin. Med. 143, 335 (1924). — Pawlowsky: Gifttiere und ihre Giftigkeit. Jena: Gustav Fischer 1927. — Pawlowsky und A. K. Stein: (a) Experimentelle Untersuchungen über die Giftwirkung von Paederus fuscipes Curt. auf den Menschen. Arch. Schiffs- u. Tropenhyg. 31, 271 (1927). (b) Experimentelle Untersuchungen über die Wirkung des Aktiniengiftes (Actinia equina) auf die Menschenhaut. Arch. f. Dermat. 157, 647 (1929). — Pearce, R. M.: (a) Experimental glomerular lesions caused by venom (Crotalus adamanteus). J. of exper. Med. 11, 532 (1909). (b) Glomerular lesions caused by crotalus venom. J. of exper. Med. 18, 149 (1913). (c) Problems of exper. Medizin. Arch. int. Med. 5, 133 (1910). — Phisalix: Effets de la morsure d'un Lézard vénimeux d'Arizona. C. r. Acad. Sci. Paris 152, 1790 (1911). — Pick, E. und R. Wasicky: Toxikologische Selbstbeschädigungsmittel. Med. Klin. 1919, 6. — Pröscher: Beitrag zur Kenntnis des Krötengiftes. Beitr. chem. Physiol. u. Path. 1, 575 (1902). — Pugliese: Sull'azione metemoglobinigena del veleno di rospo. Arch. Formacol. e Ter. 2, 321 (1894).

Ragotzi: Über die Wirkung des Giftes der Naja trip. Virchows Arch. 122, 229 (1890). — Rohrer: Die Intoxikationen in ihren Beziehungen . . . . Haugs klin. Vortr. 1, 75 (1896). — Rössle: Tierische Blutgifte. Erg. Path. 13 II, 196 (1909). — Ruge, R , Mühlens, zur Verth: Krankheiten und Hygiene der warmen Länder. Leipzig: Wilh. Klinkhardt 1925.

Sachs, H.: Zur Kenntnis des Kreuzspinnengiftes. Beitr. chem. Physiol. u. Path. 2, 125 (1902). — Schaefer, H.: Generalisierte Urtikaria nach Wespenstich. Dtsch. med. Wschr. 1929, 1308. — Schlayer und Mitarb.: Experimentelle Studien über toxische Nephritis. Dtsch. Arch. klin. Med. 90, 1 (1907) und 98, 17 (1909). — Schmaus, L. F.: Case of arachnoidism (spider bite). J. amer. med. Assoc. 92, 1265 (1929). — Suzuki: Experimentelle „Habu"-Gift-Nephritis. Arb. path.-anatom. Inst. Sendai 1, 225, 243 (1921).

Takahashi und Inoki: Experimentelle Untersuchungen über das Fugugift. Arch. f. exper. Path. 26, 401 (1890). — Takashima: (a) Über die Kurukosakame als Erreger von Augenleiden. Klin. Mbl. Augenheilk. 50, 685 (1912). (b) Über Aalblutkonjunktivitis. Klin. Mbl. Augenheilk. 51, 776 (1913). — Takayasu: Beziehungen zwischen anatomischen Nierenveränderungen und Funktion. Dtsch. Arch. klin. Med. 92, 127 (1908). — Teleky: Die Erkrankungen der Perlmutterarbeiter. Handbuch der Arbeiterkrankheiten von Weyl, S. 235. Jena: Gustav Fischer 1908.

Vellard: Toxicité des vénins ophidiques par voie nasale. C. r. Soc. Biol. Paris 102, 418 (1929). — Veth: Ein Fall von Biß durch eine Kreuzotter. Wien. med. Wschr. 1886, 10.

Wehrmann: Recherches sur les propriétés toxiques des anguilles et des vipères. Ann. Inst. Pasteur 11, 810 (1897). — Weiss: Zur Kenntnis der Perlmutterdrechsler-Ostitis. Wien. med. Wschr. 1885, 8.

Zander und Geissler: Verletzungen des Auges. Schmidts Jb. 100, 321 (1858). — Zeliony: Pathologisch-histologische Veränderungen der quergestreiften Muskulatur an der Infektionsstelle des Schlangengiftes. Virchows Arch. 179, 36 (1905). — Zervos: La maladie des pêcheurs d'éponges. Semaine méd. 1903, 208.

Nahrungsmittel.

BAERTHLEIN: Ausgedehnte Wurstvergiftungen, bedingt durch Bacillus proteus vulgaris. Münch. med. Wschr. 1922, 155. — BARROS: Über die sog. spezifischen Krampfgifte... Z. Neur. 93, 720 (1924). — BENEKE, R.: Über Muskelveränderungen bei Intoxikationen und Infektionen. Verh. dtsch. path. Ges. 1913, 403. — BITTER: Der Botulismus. Erg. Path. 19 II, 733 (1921). — BLASCHKO: Über die Ursache der Vergiftung mit Vanilleeis. Vjschr. gericht. Med., III. F. 7, 362 (1894). — BOGOMOLEZ: Über die Hypersekretion der Lipoidsubstanzen durch die Nebenniere bei experimentellem Botulismus. Z. Immun. forschg 8, 35 (1911). — BOINET: Zwei tödlich verlaufene Fälle von Miesmuschelvergiftung. C. r. Soc. Biol. Paris 70, No 18 (1911). Ref. Z. Med.beamte 24, 531 (1911). — BÖTTICHER: Tod nach Genuß von Miesmuschelwurst. Z. Med.beamte 31, 445 (1918). — BROSCH: Zur Kasuistik der Fischvergiftung. Wien. klin. Wschr. 1896, 219. — BROSS: Experimentelle Studien über Leberveränderung bei Vergiftung mit Botulinustoxin. Now. lek. 35, H. 11 (1923). Ref. Zbl. Path. 36, 68 (1925). — BÜRGER, L.: (a) Über Botulismus. Med. Klin. 1913, 1846. (b) Vergiftungen durch Botulismus. Z. Med.beamte 27, 1 (1914).

COWDRY and NICHOLSON: Histol. study of the central nervous system in exper. botulismus poisoning. J. of exper. Med. 39, 287 (1924).

DIEUDONNÉ: Massenvergiftung durch Kartoffelsalat. Münch. med. Wschr. 1903, 2282. — DORENDORF: Über Botulismus. Dtsch. med. Wschr. 1917, 1531.

EISENHEIMER: Vanillespeisevergiftung. Med. Klin. 1913, 251. — ERMENGEN, V.: Handbuch der pathogenen Mikroorganismen von KOLLE-WASSERMANN, Bd. 4, S. 910. 1912.

FAUST: Über das Fäulnisgift Sepsin. Arch. f. exper. Path. 51, 248 (1904).

GERSBACH: Die sog. Vanillevergiftungen. Klin. Wschr. 1924, 1278.

HUBER, K.: Über Fleischvergiftungen. Dtsch. Arch. klin. Med. 25, 220 (1880). — HÜBENER, E.: (a) Die bakteriellen Nahrungsmittelvergiftungen. Erg. inn. Med. 9, 30 (1912). (b) Nahrungsmittelvergiftungen. Handbuch von MOHR-STAEHELIN-BERGMANN, Bd. 4, 2 1927, S. 1868. (c) Fleischvergiftungen nach Paratyphusinfektionen. Jena: Gustav Fischer 1910. — HÜBENER, E. und UHLENHUTH: Infektiöse Erkrankungen der Paratyphus- und Gärtnergruppe. Handbuch der pathogenen Mikroorganismen von KOLLE-WASSERMANN, Bd. 3, S. 1005. 1913. — HUEBSCHMANN: Die pathologische Anatomie und Pathogenese der gastro-intestinalen Paratyphuserkrankungen. Beitr. path. Anat. 56, 514 (1913) und Münch. med. Wschr. 1912, 841. — HUGUES and HEALY: Vergiftung durch Käse. Ref. Ther. Mh. 14, 453 (1900).

JAEGER, H.: Zur Pathogenität der Proteusarten. Z. Hyg. 12, 524 (1892).

KEMPNER und POLLACK: Die Wirkung des Botulismustoxins auf die Nervenzellen. Dtsch. med. Wschr. 1897, 505. — KOMOTZKI: Experimentelle Untersuchungen über die Wirkung des Botulismustoxins auf die inneren Organe. Virchows Arch. 206, 178 (1911). — KONSTANSOW: Über die Natur des Fischgiftes. Arch. biol. Wiss. (russ.) 10 (1904). Angef. bei PAWLOWSKY.

LAUK: Acht Fälle von Wurstvergiftung. Münch. med. Wschr. 1900, 1345. — LEVY, E.: Experimentelles und Klinisches über die Sepsinvergiftung. Arch. f. exper. Path. 34, 342 (1894).

MARINESCO: Pathol. générale de la cellule nerveux. Presse méd. 1897, Nr 8. — MAYER-SIMMERN: Brechdurchfall-Epidemie durch Paratyphus B? Ärztl. Sachverst.ztg 24, 179 (1918). — MÖLLER: Altes und Neues über Fischvergiftung. Z. Fleisch- u. Milchhyg. 23, 219 (1913).

PAULUS: Polioenzephalomyelitis bei Botulismus. J. Psychol. u. Neur. 21, 201 (1915). — PAWLOWSKY: Gifttiere und ihre Giftigkeit. Jena: Gustav Fischer 1927. — PERGOLA: Untersuchungen über einen aus Wurstwaren isolierten tierpathogenen Keim. Zbl. Bakt. Orig. 54, 418 (1910) und 63, 193 (1912). — PRESSLER: Das Blutbild der mit Fleischvergiftern infizierten weißen Maus. Z. Fleisch- u. Milchhyg. 37, 55 (1927).

RÖMER und STEIN: Die Akkomodationsparese bei Botulismus. Graefes Arch. 58, 291 (1904).

SALTYKOW: (a) Ein Fall von Nahrungsmittelvergiftung mit dem Bacillus proteus vulgaris als Krankheitserreger. Virchows Arch. 253, 685 (1924). (b) Nahrungsmittelvergiftungen durch Proteusbazillen. Erg. Path. 21, 1/2, 83 (1925). (c) Über die Entstehung der Myokardfragmentierung. Beitr. path. Anat. 73, 477 (1925). — SCHOTTMÜLLER: Die typhösen Erkrankungen. Handbuch der inneren Erkrankungen von MOHR-STAEHELIN. Infektionskrankheiten, Teil II, S. 992. Berlin: Julius Springer 1925. — SCHÜBEL: Über das Botulismustoxin. Arch. f. exper. Path. 96, 193 (1923). — SCHUCHARDT: Untersuchungen über Leichenalkaloide. Arch. f. exper. Path. 18, 296 (1884). — SCHUMBURG: Wurstvergiftung. Z. Hyg. 41, 183 (1902). — SEMERAU und NOACK: Mitteilungen über Botulismus. Dtsch. med. Wschr. 1917, 1312. — SILBERSCHMIDT, W.: Ein Beitrag zur Frage der sog. Fleischvergiftung. Z. Hyg. 30, 328 (1899). — SOUCHAY: Zur Kenntnis der Wurstvergiftung. Inaug.-Diss. Tübingen 1889. — STERNBERG, C.: Leber. ASCHOFFS Lehrbuch. — STOLL: Mitteilung über 7 Fälle von Fleischvergiftung. Korresp.bl. Schweiz. Ärzte 35, 137 (1905). — STONE, W. J.:

Botulism from ingestion of ripe fruit. J. amer. med. Assoc. 92, 2019 (1929). — Stroebe: Zur Kenntnis der sogenannten akuten Leberatrophie. Beitr. path. Anat. 21, 379 (1897). — Strümpell: Botulismus. Lehrbuch der speziellen Pathologie und Therapie, Bd. 2. — Swab: The status of foot poisoning in relation to ophthalmology. Amer. J. Ophthalm. 12, 949 (1929). — Sysak und Meniowitsch: Zur pathologischen Veränderung beim experimentellen Botulismus. Frankf. Z. Path. 38, 261 (1929).

Takahashi und Inoki: Experimentelle Untersuchungen über das Fugugift. Arch. f. exper. Path. 26, 401 (1890). — Thesen: Studien über die paralytische Form von Vergiftung durch Muscheln. Arch. f. exper. Path. 47, 311 (1902). — Tiberti: Bakteriologische Untersuchungen über eine Fleischvergiftungsepidemie. Z. Hyg. 60, 41 (1908).

Uhthoff: Die toxische Neuritis optica. Klin. Mbl. Augenheilk. 38, 533 (1900).

Vagedes: Über Fleischvergiftung. Vjschr. gerichtl. Med., III. F. 30, 188 (1905). — Visscher, de: Vergiftung durch Ptomaine. Zbl. Path. 1, 607 (1890).

Wiechert: Über einen Fall von Paratyphus B mit Herzmuskellähmung. Inaug.-Diss. Marburg 1907. — Wolff, M.: Die Lokalisation des Giftes in den Miesmuscheln. Virchows Arch. 103, 187 (1886).

<h3 style="text-align:center">Hormone.</h3>

Aalbertsberg: Neuritis optica door het gebruik van schildklier. Nederl. Tijdschr. Geneesk. 1902, 1125. — Adler, A.: Über die Nebenwirkungen des Synthalins. Klin. Wschr. 1927, 493. — Adlersberg und Perutz: Beeinflussung der Regenerationsfähigkeit der Haut durch lokale Insulinapplikation. Klin. Wschr. 1927, 108. — Amato: (a) Neue Untersuchungen über die experimentelle Pathologie der Blutgefäße. Virchows Arch. 192, 86 (1908). (b) Weitere Untersuchungen über die von Nebennieren-Extrakten bewirkten Veränderungen der Blutgefäße. Berl. klin. Wschr. 1906, 1100. — Anderson, M. D. und A. B. Anderson: Insulin und Glykogenbildung. Erg. Physiol. 29, 370 (1929). — Angiotella: Über die experimentelle Vergiftung durch Thyreoidin. Ann. di Neur. Bd. 2. Ref. Zbl. Path. 9, 324 (1898). — Anitschkoff: Über die Histogenese der Myokardveränderungen bei einigen Intoxikationen. Virchows Arch. 211, 193 (1903). — Arndt, H. J.: Versuche über Insulinwirkung. Verh. dtsch. path. Ges. 22, 215 (1927). — Arndt, H. J. und Mitarbeiter: Synthalinwirkung. Klin. Wschr. 1927, 2283. — Aronheim: Fall von ausgedehnter Phlegmone, verursacht durch subkutane Injektion einer Kokain-Adrenalinlösung. Münch. med. Wschr. 1904, 615. — Avery: Insulin fat atrophy a traumatic atrophic panniculities. Brit. med. J. 1929, 597.

Barboka: Fatty atrophy from injections of Insulin. J. amer. med. Assoc. 87, 1646 (1926). Baur, H.: Zur Kenntnis des Insulins und seiner Wirkungen. Beitr. path. Anat. 83, 1 (1929). — Belawenetz: Über die Wirkung des Pituitrins auf das Wachstum und die Hoden der weißen Ratte. Virchows Arch. 274, 585 (1929). — Bertelli, Schweeger und Falta: Über die Wechselwirkung der Drüsen mit innerer Sekretion. Z. klin. Med. 71, 23 (1910). — Bertram, F.: Zum Wirkungsmechanismus des Synthalins. Dtsch. Arch. klin. Med. 158, 76 (1928). — Birch-Hirschfeld: Häufigere Schädigungsmöglichkeit in der Augenheilkunde. Med. Klin. 1929, 777. — Birch-Hirschfeld und Inonye: Untersuchungen über die Pathogenese der Thyreoidinamblyopie. Graefes Arch. 61, 499 (1905). — Bonem: Nebenwirkungen von Insulin. Münch. med. Wschr. 1929, 1585. — Bressot: Injections souscutanées de novocaine-adrénaline... Bull. Soc. chir. Paris 21, 406 (1929). Ref. Zbl. Path. 49, 23 (1929). — Brugsch, H.: Insulin in menschlichen Organen. Z. exper. Med. 65, 574 (1929).

Carmichael and Graham: Local fat atrophy following Insulin Injections. Lancet 1928, 601. — Christian: Exper. cardiorenal disease. Arch. int. Med. 8, 468 (1911). — Citron: Über die durch Suprarenin experimentell erzeugten Veränderungen. Z. exper. Path. 1, 648 (1905). — Coppez: Névrite optique par absorption de thyrioidine. Arch. d'Ophtalm. 20, 656 (1900).

David: Synthalin und Leberschädigung. Dtsch. med. Wschr. 1928, 473. — Depisch: Über lokale Lipodistrophie bei lange Zeit mit Insulin behandelten Fällen von Diabetes. Klin. Wschr. 1926, 1965.

Ehrmann, R. und A. Jacoby: Über Blutungen bei mit Insulin behandelten Komafällen. Klin. Wschr. 1925, 2151 und Dtsch. med. Wschr. 1924, 138. — Erb: Über Gehirnblutungen beim Kaninchen nach Adrenalininjektion. Beitr. path. Anat. 7, Suppl., 500 (1905).

Feiler: Adrenalin. Verh. 25. Kongr. dtsch. Ges. inn. Med. Wien 1908, 367. — Fischer, A. E.: The frequency of atrophy of the subcutaneous fat following the injection of Insulin. Amer. J. Dis. Childr. 38, 715 (1929). — Fischer, B.: Die experimentelle Erzeugung von Aneurysmen. Dtsch. med. Wschr. 1905, 1713. — Fischer-Wasels und Jaffé: Varizen und Aneurysmen. Handbuch der normalen und pathologischen Physiologie von Bethe, Bd. 7, 2, S. 1133. 1927. — Frank, E.: Synthalin. Med. Klin. 1928, 563. — Frank, E., R. Stern und Nothmann: Die Guanidintoxikose des Säugetiers. Z. exper. Med. 24, 341 (1921). — Fuchs, A.: Analyse der Guanidinvergiftung am Säugetiere. Arch. f. exper. Path. 97, 79

(1923). — Fühner: Guanidingruppe. Handbuch der Pharmakologie von Heffter, Bd. 1, S. 681. 1923.

Glass, A.: Über Beeinflussung des Adrenalin-Lungenödems usw. Arch. f. exper. Path. 136, 88 (1928). — Goodpasture: The influence of thyroid products on the production of myocardial necrosis. J. of exper. Med. 34, 407 (1921). — Graham: Local fat atrophy following insulin injections. Lancet 1928, 601.

Henderson: Haematuria following Insulin injections. Brit. med. J. 1927, 231. — Hirsch-Kauffmann, H. und A. Heimann-Trosien: Zur Frage der toxischen Synthalinwirkung bei diabetischen Kindern. Klin. Wschr. 1928, 1272. — Hoffmann, H.: Über Erfahrungen bei der Verwendung des synthetischen Suprarenins. Münch. med. Wschr. 1907, 1981. — Hofmann, E.: Veränderungen des Nebennierenorgans nach Insulinwirkung. Krkh.forsch. 2, 295 (1926). — Holsclaw: Case of symmetrical gangrene following excessive dose of pituitrin. Arch. of Pediatr. 42, 64 (1925). — Hornung: Synthalin und Leberschädigung. Klin. Wschr. 1928, 69. — Hoxie and Morries: Adrenalin in asthma. A case of chronic adrenalism. Endocrinology 4, 47 (1920).

Istamanowa und Chudoroschewa: Über die Wirkung des Adrenalins auf das rote Blutbild. Z. exper. Med. 71, 212 (1930).

Jores: Arterien. Handbuch der speziellen pathologischen Anatomie und Histologie von Henke - Lubarsch, Bd. 2, S. 712. 1924. — Josué: Athérome aortique exp. par injections répétées d'adrénaline dans les veins. Presse méd. 11, 798 (1903).

Kahn und Münzer: Nebennierenrinde während Insulinvergiftung. Pflügers Arch. 217, 521 (1927). — Kaufmann, E. (Köln): Chronische Synthalinschäden. Med. Klin. 1928, 1942. — Kleeberg: Die Synthalinbehandlung und ihre Gefahren. Z. klin. Med. 113, 247 (1930). — Klein, O. und A. Holzer: Beobachtungen über Insulinhypoglykämie... Z. klin. Med. 106, 360 (1927). — Kosdoba: Zur Frage der experimentellen Adrenalinämie. Arch. klin. Chir. 156, 284 (1929). — Kraus, E. J. und Selye: Über die Veränderungen der Niere beim insulinbehandelten Coma diabeticum. Klin. Wschr. 1928, 1627. — Krylow: Zur Frage der sog. experimentellen Arteriosklerose. Ref. Zbl. Path. 22, 380 (1911). — Külbs: Experimentelle Studien über die Wirkungen des Nebennierenextraktes. Arch. f. exper. Path. 53, 140 (1905).

Lawrence: Wirkung des prolongierten Gebrauches von Insulin auf das Unterhautzellgewebe. Lancet 214, Nr 5470 (1928). — Lawrence and Hollins: Two cases of haematuria caused by Insulin treatment. Brit. med. J. 1928, 977. — Lereboullet: Hypophyse et dystrophies infantiles. J. Méd. franc. 11, 321 (1922). — Lereboullet, Lelong et Frossard: L'erythrodermie oedemateuse insulienne. Bull. Soc. méd. Hôp. Paris 48, 1184 (1924). — Lévai: Insulin in der Wundbehandlung. Wien. klin. Wschr. 1930, 362. — Loeffler und Nordmann: Leberstudien. Virchows Arch. 257, 119 (1925). — Loos: Kasuistischer Beitrag zur Frage der Herzveränderungen bei Morbus Basedowii. Z. Kreislaufforschg 21, 1641 (1921). — Lupan: Die Insulinbehandlung der Fistel nach Magenoperation. Zbl. Chir. 1929, 1423.

Mandelstamm: Über den Einfluß des Adrenalins auf den hämatopoetischen Apparat. Virchows Arch. 261, 858 (1926). — Mayr, J. K.: Erscheinungen der Haut bei inneren Krankheiten. Leipzig: F. C. W. Vogel 1926. — Mentzer and du Bray: Fat atrophy by Insuline. California Med. 26, 212 (1927). — Mühlmann und Schmel: Die Wirkung des Adrenalins auf die Hirngefäße. Beitr. path. Anat. 81, 211 (1928).

Neale: Haematuria during treatment with Insulin. Brit. med. J., 8. Sept. 1928. — Neumann, A.: Fall von Quinckeschem Ödem nach Insulin. Wien. med. Wschr. 1928, 1363. — Nowicki und Hornowski: Über den Befund in Nebennieren und Aorta von Kaninchen bei intravenöser Adrenalininjektion. Virchows Arch. 192, 338 (1908).

Osman: Haematuria and Insulin administration. Brit. med. J., 14. Juli 1928.

Papilian und Jianu: Einfluß des vegetativen Systems auf das Knochenmark. Virchows Arch. 264, 361 (1927). — Partos: Ausscheidung des Insulins durch die Nieren und ihre Bedeutung. Pflügers Arch. 221, 562 (1928). — Pearce, R. M.: Exper. myocarditis. J. of exper. Med. 8, 400 (1906). — Philosophow: Über Veränderungen der Aorta bei Kaninchen.. Virchows Arch. 199, 238 (1910). — Pighini e de Paoli: Sui rapporti tra la tiroide ed il ricambio colesterinico e fosfatidico del sangue. Biochimica e Terp. sper. 12, 49 (1925). — Poll: Veränderungen der Nebennieren nach Einspritzung von Insulin. Med. Klin. 1925, 1717. — Preston, Mary: Effects of thyroxin injections on the suprarenal glands of the mouse. Endocrinology 12, 322 (1928). — Priesel und Wagner: Über lokale Lipoiddystrophie nach Insulininjektionen. Z. Kinderheilk. 46, 453 (1928).

Riddle, Honeywell and Fisher: Suprarenal enlargement under heavy dosage of Insulin. Amer. J. Physiol. 118, 461 (1924). — Romm und Kuschnir: Funktionelle Veränderungen der Herz- und Nierengefäße bei chronischer Adrenalin- und Nikotinvergiftung (experimenteller Arteriosklerose) der Kaninchen. Frankf. Z. Path. 36, 614 (1928).

Schazillo und Ksendsowsky: Die Wirkung des Insulins auf die Regeneration. Pflügers Arch. 220, 774 (1928). — Scheidemantel: Über die durch Adrenalin zu erzeugende Arterienverkalkung der Kaninchen. Virchows Arch. **181**, 363 (1905). — SCHIROKOJOROFF: Die sklerotische Erkrankung der Arterien nach Adrenalininjektionen. Virchows Arch. **191**, 482 (1908). — SCHOEN und BERCHTOLD: Die Wirkung des Adrenalins auf das Blutbild. Arch. f. exper. Path. **105**, 63 und **106**, 78 (1925). — SCHÖNDUBE und KALK: Zur Diagnostik der Gallenblasenerkrankungen. Med. Klin. **1925**, 1949. — SCHULTZ, A.: Pathologie der Blutgefäße. Erg. Path. **12** I, 337 (1927). — SECHER: Selbstmordversuch mit Insulin. Dtsch. med. Wschr. **1928**, 462. — SHIMA: Zur Frage der nach Adrenalinwirkung auftretenden Veränderungen des Zentralnervensystems. Neur. Zbl. **1908**, 159. — STARGARDT: Nekrosen nach Suprarenininjektionen. Klin. Mbl. Augenheilk. **44**, 213 (1906). — STARKEN-STEIN: Der Mechanismus der Adrenalinwirkung. Z. exper. Path. u. Ther. **10**, 78 (1911). — STOCKINGER: Der Einfluß von Adrenalin und Thyroxin auf die Bildung oxydasepositiver Zellformen. Z. exper. Med. **58**, 757 (1928).

TAKANA: Über experimentelle akute Myokarditis durch Thyreoidin und Jodsalze. Virchows Arch. **259**, 737 (1926). — THATCHER: Effects of Insulin on the weight of the rabbits suprarenal glands. J. of exper. Med. **43**, 357 (1926). — THEVENOT: Athérome aortique expérimental. Thèse de Lyon **1907**.

VALDES: Experimentelle Untersuchungen über das Verhalten des Herz-, Leber-, Skelett muskelglykogens... Virchows Arch. **274**, 361 (1929). — VOGT, E.: Über hormonale temporäre Sterilisierung weiblicher Tiere durch Fütterung mit Insulin. Med. Klin. **1929**, 1163.

WALTERHÖFER: Die Veränderung des weißen Blutbildes nach Adrenalininjektion. Dtsch. Arch. klin. Med. **135**, 208 (1921). — WEIL: Adrenalin. Internat. Zbl. Laryngologie **19**, 377 (1903). — WOHLWILL, F.: Über Hirnbefunde bei Insulinüberdosierung. Klin. Wschr. **1928**, 344.

ZIEGLER: Über die Wirkung intravenöser Adrenalininjektionen auf das Gefäßsystem. Beitr. path. Anat. **38**, 229 (1905).

Namenverzeichnis.

Die *kursiv* gedruckten Ziffern weisen auf das Schrifttumverzeichnis hin.

KOSSÁ 47, 48, 72, 73, 137, 139, *581*.
— v. *574, 589*.
KOSSEL 164, 174, *589*.
— A. 337, *617*.
KOSSOBUDSKI 151, *589*.
KOSTITCH 175, *589*.
KOSUGI 36, 40, 154, *574, 589*.
KOTZOGLU 274, *608, 611*.
KOUVENAAR 269, 270, *608*.
KRAHNSTÖVER 143, *589*.
KRAMER 41, 284.
— F. *608*.
— L. 53, *574*.
— O. 107, 108, 120, *589*.
— (Schleswig) *574*.
KRAMOLIK 62, *574*.
KRANENBURG 311, *617*.
KRASSO 329, *617*.
KRATTER 2, 4, 209, 318, 363, 364, 370, 384, *565, 617, 625, 633*.
KRATTER-SCHÜRMAYER 311.
KRATZEISEN 422, 424, 425, 426, 428, *633*.
KRAUS 269, *607*.
— A. F. 292, *608*.
— E. J. 478, *565, 590, 639*.
— R. 465, *635*.
KRAUSE, P. 104, 115, 121, *590*.
KRAUSS *608*.
— E. J. 150.
— F. 245, *600*.
KRAUSSE (Glogau) 104, *590*.
KRAWKOW 464, *635*.
KREBS 189.
— C. *608*.
— KARL 287.
KRECKE *574*.
— -BUMM 12.
KREHL-MARCHAND *565, 599*.
KREITMAIR 406, 407, 408, *630*.
KREMIANSKY 280, *608*.
KREYSSIG 150, *590*.
KRISCHNER 300, *608, 611*.
KRITSCHEWSKY 107, 108, 177, 182, 183, 185, 398, *590, 625*.
KRÖNIG, G. 148, 152, 158, 336, *590, 617*.
KROETZ 405, *630*.
KROMER 144, *590*.
KROSZ *590*.
KROTKINA 347, *617*.
KRÜGER, R. 234, 236, *600*.
KRUKENBERG 313, 314, *617*.
KRUSKAL 358, *622*.
KRYLOW 393, 483, *625, 639*.
KRYSINSKI 393, *625*.
KSENDSOWSKY 477, *639*.
KUBELER 188, *590*.
KUCZYNSKI 182, 185, 186, 396, *590, 625*.
KÜHN 48, *574*.
KÜLBS 483, *639*.
KÜLZ 429, *631*.

KÜNTZEL *617*.
KÜRBITZ 280, *608*.
KÜSSNER 232, 233, 234, *600*.
KÜSTER 85, *574*.
KÜTTNER 83, *574*.
KUHLMEY 209, *590*.
KUHN 177, 273, *582*.
— E. *586, 606*.
KULBIN 279, 282, 285, 286, 289, *608*.
KULENKAMPF *608*.
KULKOW 42, *574*.
KUMITA 81, 95, *574*.
KUNKEL 8, 73, 287, 326, 342, 415, 429, *565, 617, 630*.
KUNZ *586*.
KURLANDER 190, *590*.
KURODA 160, *590*.
KUROSU 61, *574*.
KURPJUWEIT 336, *617*.
KURTZAHN 103, *598*.
KURZ, E. 242, *600*.
KUSAMA 435, 436, 437, *633*.
KUSCHMIR 376, 483, *627, 639*.
KUSNETZOWA 332, *617*.
KUSSMAUL 42, 43, 88, 95, *565, 574*.
KUTHE 274.
KUWABARA 333, *617*.
KYES 456, 465, *635*.
KYRLE 138, 286, 289, 290, 293, *590, 608*.
KZADA 84.

LAACHE 142, *590*.
LABES 159, 175, *590*.
LACASSAGNE 10, 11, 12, 13, *574, 578*.
LACAPÈRE 102.
LÄMPE 200, *590*.
LAET 11.
— DE *574*.
LAFONT 288, *608*.
LAIGNEL-LAVASTINE 191, 307, 310, *590, 617*.
LAMALLE 332, *617*.
LAMBERT 270, *608*.
LAMSON 269, 270, *608*.
LANCELIN 250, *603*.
LANCEREAUX 88, 293, *574, 608*.
LANDAU 313, *617*.
LANDE 136, 137, *590*.
LANDÉ 307, 308, 309, 310, *617*.
LANDERER 111, 112, *590*.
LANDSTEINER 397, *624*.
LANG, S. 208, *590*.
LANGE, F. 111, 362, *590, 622*.
— J. 229, 231, *600*.
LANGER 64, 65, 348, 349.
— E. *568, 614*.
— F. 153.
— Fr. *590*.
— J. 240, 243, 457, 458, 459, *600, 635*.

LANGERFELDT 435, 436, *633*.
LANGERHANS 89, 311, 313, 314, *574, 617*.
LANGGAARD 368, *625*.
LANGLOIS *617*.
LAPICQUE 262, *608*.
LAPIDUS 269, *608*.
LAQUEUR 115, 118, 345, 399, *590, 617, 625*.
LAROCHE 414, *629*.
LARSEN 52, 53, *574*.
LASERRE *574*.
LASSAR *617*.
LATTERI 262, *608*.
LATZER 462, *635*.
LAUCHE, A. 115, *590*.
LAUDENHEIMER 144, *590*.
LAUDON 452, *635*.
LAUENSTEIN 288, *608*.
LAUK 474, *637*.
LAUNOY 455, *635*.
LAUX 425, *633*.
LAVES 209, 212, 248, *590, 602, 617*.
LAWRENCE 154, 477, 478, *590, 639*.
LAWROW 391, 392, *625*.
LÁZÁR 357, *622*.
LAZARUS 11.
— P. *574, 608*.
LEATHER 442, *633*.
LEBEDEFF 137, 154, 409, *590, 630*.
LEBEDOW 17, 21, *574*.
LEBER *608*.
LEESER 101, 178.
— F. *574, 590*.
LÉFAS 289, *608*.
LÉGENDRE 262, *608*.
LEGGE 86, 88, 93, 96, *574, 579*.
LEGUEU 297, *608*.
LEHMANN, C. 148, *590*.
F. 206.
— F. A. 433, 434, *633*.
— H. 86, 87, 93, 107, 108, 218, — *574, 590*.
— K. B. 3, 73, 74, 75, 76, 268, 269, 270, 305, 307, 341, 409, *565, 574, 608, 617, 630*.
— -MODEL 369, *625*.
LEHNERT 111, 112, 113, *590*.
LEHNKERING 158, *583*.
LEICHTENSTERN 333, 335, *617*.
LEICHTENTRITT 304, 305, *608*.
LEINEWEBER *565*.
LEISER 80, *579*.
LEITMANN 330, 347, 349, *617*.
LELONG 477, *639*.
LENARTOWICZ 327, 329, *617*.
LENGSFELD 304, *608*.
LEO, A. 293, *608*.
LEONARD 100, *574*.
LEONCINI 41, *569*.
LEOPOLD (Glachau) *574*.
LEPPMANN 196, 298.

Sachverzeichnis.

Allylaldehyd s. Akrolein 409.
Allylsenföl 361.
— Reizgift für die Augenbindehäute und
 Schleimhäute 361.
Aloëvergiftung 447, 448.
— Aloinnachweis 448.
— Tierversuche: Nierenbefunde 448.
— Vergiftungserscheinungen, allgemeine
 448.
Aloine 447.
Aloinniere:
— histologisches Bild 448.
Alopezie, Thalliumvergiftung und 64.
Aluminium:
— Ätzwirkung 62.
— Nachweis von 63.
— Vergiftung durch 62.
Amalgamplomben in den Zähnen und chro-
 nische Quecksilbervergiftung 42.
Amanirta cocculus 444.
Amanita muscaria, Vergiftung durch 421.
— phalloides, Vergiftung durch 421—428.
Amanitatoxin:
— Blutkörperchenzerstörende Eigen-
 schaften 423.
Amblyopie:
— durch Alkohol 282.
— Bleivergiftung und 88.
— durch Thyreoidin 480.
Ameisenbiß 456.
— Allgemeinvergiftung nach 228.
— Scheidenentzündung und Verwachsungen
 durch 229, 456, 457.
Ameisensäure:
— Allgemeinvergiftung durch 228; Hämo-
 lyse, Hämo- bzw. Methämoglobinurie
 228.
— Nachweis bei Vergiftung durch 229.
Amine 254.
Ammoniak 245.
— Allgemeinvergiftung durch 245.
— Ätzwirkung des 245.
— gasförmiges:
— — Augenschädigungen, chronische 245.
— — Hautveränderungen durch 245.
— kohlensaures, Wirkung 245.
— Lippen- und Mundwinkelverätzung nach
 peroralen Vergiftungen mit 245.
Ammoniakflüssigkeit s. Liquor Ammonii
 caustici.
Ammoniakvergiftung 245—247:
— Verhalten der Körperhöhlen, Geruch der
 nach Ammoniak 245.
— — Luftwege 245; Glottisödem 245;
 Laryngotracheobronchitis und Bron-
 chiolitis 245; Herdpneumonien 245.
— — Lungen 246.
— Nachweis von Ammoniak bei 247.
Amphibien, Gift der 464.
Amygdalin 356.
Amylazetatvergiftung 239, 599.
— Glottisödem bei 239.
— Kehlkopfveränderungen 239.
— Oberlappenpneumonie bei 239.
— Pleuritis 239.
— Tracheobronchitis bei 239.

Amylnitritvergiftung 250.
— Haut, Gefäßerweiterung, Zustande-
 kommen der 250.
— Verhalten der Leber bei 250.
— Magen 250.
— Nieren 250.
Anämie bei:
— Anilinvergiftung 332.
— aplastische nach Salvarsan 586.
— Fabismus 440.
— Nitroglyzerinvergiftung, chronische 250.
— Quecksilbervergiftung, chronische und
 42.
— Tetrachlormethanvergiftung 269.
— der Zinkhüttenarbeiter 16.
Anätzung der Gefäßwände 214.
Anemonenkampfer 438.
Anemonin 438.
Anemonismus 438.
Aneurysmenbildung bei verschiedenen Ver-
 giftungen (Tabellen) 524, 525.
Anilinarbeiter:
— Gewächse bei 334, 335.
— Hornhautbefunde bei 333.
— Verfärbung der Haare, Fingernägel,
 Hände 333.
Anilindämpfe, Reizwirkung der Luftwege
 durch 334.
Anilinvergiftung 332—336.
— akute 332.
— durch Einatmung von Anilindämpfen
 schwarz gefärbter Schuhe 332.
— Anämie, fortschreitende als Folgeerschei-
 nung akuter und als kennzeichnendes
 Merkmal der chronischen Vergiftung
 332.
— Blut 333.
— Blutungen und entzündliche Vorgänge in
 Harnblase und Harnröhre 335.
— chronische (gewerbliche) 332.
— — Harnblasengewächse334; Entstehungs-
 ursache 334; Histologie 335.
— Hautnekrosen, aseptische durch Kopier-
 stifte bei 333.
— Nachweis des Anilins 336.
— papulös-verruköse Bildungen an Gesicht
 und Händen bei 333.
— Verhalten vom Sehnerv 333.
— — Verdauungsschlauch 334.
Antifebrinvergiftung 336.
— Blutzerfall, methämoglobinämischer 336.
— Giftnachweis bei 336.
— Krankheitserscheinungen nach chroni-
 schem Gebrauch 336.
Antimon:
— Allgemeinwirkung 187; venöses System
 187; Neigung der Organe zur Fett-
 speicherung 187.
— als Gewerbegift 186.
— örtliche Wirkung des, auf Haut, Auge,
 Verdauungsschlauch 186, 187.
— Übergang von, in die Milch bei vergifteten
 Tieren 186.
Antimontrichlorid, Zahnfleischverfärbung
 durch 187.
Antimonverbindungen s. Brechweinstein.

Bienengift:
— Allgemeinvergiftung 228, 458.
— chemische Beschaffenheit 457.
— hämolytische und methämoglobinbildende
    Fähigkeit 458.
— Methämoglobinurie bei Pferden 459.
— örtliche Wirkung 457, 458; mikroskopi-
    sches Bild der Stichstelle 458.
Biergenuß, chronischer, Fettpolster bei 278.
Biloptin:
— Anwendung zur röntgenologischen Dar-
    stellung der Gallenblase 139.
— Ikterus durch 139.
— Nierenschädigung durch 140.
Biloptinvergiftung 139.
Bindehaut (s. a. Augen):
— Verätzung nach Argentumeinträufelungen
    in den Konjunktivalsack 51.
Bindehautentzündung, chronische mit Nar-
    benbildung und Verwachsungen bei Lu-
    minalvergiftung 303.
Bismogenolexanthem, lokales embolisches,
    Schrifttum 570.
Blasenkäfer 459.
Blätterschwämme 421.
Blausäure, gasförmige:
— gewerbliche Vergiftungen 589.
Blausäuredämpfe:
— Totenflecke durch 209.
Blausäurevergiftung 207—212.
— apoplektische Vergiftungsform 207.
— Bittermandelgeruch bei der Leichen-
    öffnung 210.
— Blut 210.
— Blutbild 210; bei „chronischer" (gewerb-
    licher) Gifteinwirkung 210.
— „chronische" Vergiftungen (in gewerb-
    lichen Betrieben) 208.
— Dickdarm 211.
— Dünndarm: Schleimhautnekrosen 211.
— Gehirngefäße 210.
— Geschlechtsteile, äußere 209.
— Giftaufnahme und -ausscheidung 208.
— Hautausschläge 209.
— Herz 210.
— Histologische Befunde 592.
— Ikterus 209.
— laugenhafte Eigenschaften des Giftes 211.
— Leber 212.
— Luftwege 211.
— Lungen 211.
— Magen 211.
— Mageninhalt: Geruch 211.
— Nachweis der Blausäure 212.
— Nerven, peripherische 210.
— Nieren 212.
— Pankreas 212.
— Pupillen 209.
— Spätfolgen 208.
— Speiseröhre 211.
— Totenflecke, Farbe der 209.
— Verdauungsschlauch 211.
— Vergiftung durch freie Blausäure 208.
— Wesen der Vergiftung: „innere Er-
    stickung" 208.

Blausäurevergiftung:
— Zentralnervensystem 210; Blutungen 210;
    Linsenkern 210; Brust- und Lenden-
    mark chronisch vergifteter Tiere 210.
— Zwölffingerdarm 211.
Blei:
— Bronzediabetes und 95.
— metallisches 80.
— Resorption durch die unverletzte Haut
    79, Schrifttum 566.
— Übergang in den Plazentarkreislauf 98.
Bleiarbeiter, Fingernägel der 83.
Bleiarteriosklerose 89.
Bleiazetat 80.
Bleiepilepsie, anatomische Befunde 87; Tier-
    versuche 87; geweblicher Umbau der
    grauen Vorderhörner 87.
Bleigangrän 84.
Bleigeschosse, toxikologische Bedeutung 85.
Bleigicht 84.
Bleiglätte, Abtreibungen durch 80, 82.
Bleihämatoporphyrinurie, experimentelle 98,
    Schrifttum 575.
Bleihaltige Präparate als Abtreibungsmittel
    80.
Bleikarbonat 80.
Bleikolik, Harn während der 98.
Bleikolorit 83.
Bleikranke, „Arthralgien" der 84.
Bleioxyd (Bleiglätte) 80.
Bleisaum am Zahnfleisch 81, 83, 93; Ab-
    lagerung von Schwefelblei in den Zahn-
    fleischpapillen 93; Einteilung der Blei-
    saumarten 93; Differentialdiagnose 94.
Bleischrumpfniere 96.
Bleisulfid (Bleiglanz) 80.
Bleisulfidfärbung des Dickdarms 95.
Bleisuperoxyd (Mennige) 80.
Bleivergiftung 79—99.
— akute 80; beim Kinde 80.
— — Blut 82.
— — Ikterus 81.
— — Knochenmark bei, im Tierversuch
    82.
— — Nieren 82.
— — Verdauungsschlauch bei 81.
— — Zentralnervensystem 81.
— Ausscheidung des Metalls 80.
— Bleinachweis 98; histochemischer 99.
— chronische 82—89.
— — Augenerkrankungen 88.
— — Blutveränderungen 91; basophil ge-
    tüpfelte rote Blutzellen 92; Ent-
    stehungsweise 92; Tierversuchs-
    ergebnisse 93.
— — Darm 94, 95.
— — Endokrine Drüsen 98.
— — Entstehungsweise 82.
— — Gefäßerkrankungen 89.
— — Gefäßsystem, Einfluß des Giftes auf
    96.
— — Gehirn 86; Hirnschlagadern 90.
— — Gewerbekrankheit 82.
— — Gliedmaßengangrän bei Schriftsetzern
    84.
— — Hämatoporphyrinurie bei 98.

44*